建筑电气工长培训教程

孙景芝　韩永学　柴　秋　主编

孙陆平　主审

中国建筑工业出版社

图书在版编目（CIP）数据

建筑电气工长培训教程/孙景芝等主编.—北京：中国建筑工业出版社，2005

ISBN 7-112-07347-2

Ⅰ.建… Ⅱ.孙… Ⅲ.房屋建筑设备：电气设备-技术培训-教材 Ⅳ.TU85

中国版本图书馆CIP数据核字（2005）第032192号

本书主要内容可概括为：电学基础；建筑供电、照明与识图；建筑设备电气控制；楼宇智能化与安防技术；建筑电气施工技术及建筑电气工程预算等六个方面。本书根据建筑电气行业的特点，为了确保从业人员全面掌握该行业的现代化技术，以较好地完成现代化建筑电气工程施工指导、组织管理及工程预结算等，在编写时，注重在强、弱电阐述过程中，确保密切联系工程实际，由浅入深，覆盖面全，行业针对性强。

本书作者将几十年从教、进行省内电气工长、预算员培训及多年的工程实践发于笔端，使本书具有鲜明的职业技术培训特点，既是电气工长、预算员的专门培训教材，也是高等院校电气专业师生及从事建筑电气行业的工程技术人员的参考书。

* * *

责任编辑：唐炳文
责任设计：刘向阳
责任校对：刘 梅 王雪竹

建筑电气工长培训教程
孙景芝 韩永学 柴 秋 主编
孙陆平 主审

*

中国建筑工业出版社出版、发行（北京西郊百万庄）
新 华 书 店 经 销
北京蓝海印刷有限公司印刷

*

开本：787×1092毫米 1/16 印张：39½ 字数：958千字
2005年7月第一版 2006年2月第二次印刷
印数:2501—4000册 定价：62.00元
ISBN 7-112-07347-2
（13301）

本社网址：http：//www.china-abp.com.cn
网上书店：http：//www.china-building.com.cn

编 写 人 员

主　　编　孙景芝　韩永学　柴　秋

副 主 编　于学同　陈　响　王　刚

编写人员　张　力　季学法　王连娣　温红真

孙继武　孙景翠　孙继文　王丽君

孔祥华　张斌阁　赵建滨　庄若杉

杨玉红　韩　翀　孙　石　孙志超

夏广奇　李红叶　曲明辉　李建军

张宝君　张　恬　杨喜林　宋佳男

吴　波　陈延辉　董　娟　陈延东

王　辉　王苏夏　杨海军　冯海军

王统杰

前　言

在我国，根据建筑电气行业的特点，为了确保施工、预算的质量和安全，要求持证上岗，多年来一直进行着电气工长、预算员的培训工作，然而现代化的建筑电气工程技术正日新月异地发展，新规范、新技术、新材料、新工艺的问世，使从业人员大有力不从心之感，尤其是随着智能化建筑的发展，以自动控制技术、通信网络技术和计算机技术为依托的现代化工程，急需培养出适应其施工项目指导、组织管理和工程预结算的应用型人才。因此，作者根据建设部对建筑行业从业人员的要求，总结了多年的工程实践和培训经验，从实际出发编写了本书。

全书分为六章，第一章电学知识：作为电气工程各类技术的研究基础，主要讲述直流电路基本定律；单、三相交流电的产生、特点及应用；变压器、电动机的构造、原理、选用及特点。第二章建筑工程供电、照明及识图：以施工现场及楼宇供电为主，介绍负荷计算、变压器选择及供电设计等；识图主要介绍电气工程中的识图基础知识、相关规定和识图方法；照明主要阐述照明线路组成、设计等内容。第三章建筑设备电气控制：在介绍了电气元件、基本环节的基础上，详细阐述了建筑电气常用设备的控制实例，如给水系统控制、消防系统控制、电梯控制、锅炉房动力设备控制、混凝土搅拌机控制及塔式起重机的控制等。第四章楼宇智能化及安全系统：介绍了智能化技术特点、组成，详细阐述了火灾自动报警系统、出入口控制系统、防盗报警系统及电视监视系统的构成、作用及计算机管理等，并列举了楼宇智能化的工程实例，对其各子系统的作用进行了说明。第五章建筑电气施工：主要介绍了强电和弱电工程的施工方法、步骤和技巧，对智能工程的综合布线部分进行了阐述。第六章建筑电气工程预算：在对工程量计算方法、定额使用及取费等基本知识讲述的基础上，列举了大量的工程预算实例，如照明预算、动力预算及消防预算等，尤其消防预算实例是作者本人工程实践的结晶，具有独到之处。

参加编写本书的作者大部分是从事建筑电气工程多年的专家、教授、高级工程师等。在编写过程中得到了建设部有关领导及黑龙江省建设厅职教处等有关领导的大力支持；得到了黑龙江省建筑电气学会马洪骤会长总工、副会长总工杨大林、哈尔滨工业大学孙光伟教授、奥新智能网络责任有限公司董事长林彬、黑龙江省安装公司自动化分公司经理高工闫巡忠等的热心帮助，对此一并表示谢意！本书由哈尔滨理工大学孙陆平主审。

由于作者水平有限，加之时间仓促，书中难免有错误和缺点，恳请读者指正！

作者

2003 年 4 月于哈尔滨

目　　录

第一章　电　学　知　识

第一节　直流电及磁的基础知识

本节主要讨论电路的基本概念以及电与磁的基本关系，为研究电气线路打基础。

一、直流电路

（一）电路的组成

什么是电路？简要地说就是电流所经过的路径。在建筑工程或生活中所用任一用电设备都必须将用电设备与电源形成一个完整的闭合电路，才能实现能量的传输与转换，用电设备才可以投入运行。作为一个完整的闭合电路必须具备以下几部分，即：电源 E、控制开关 S、负载（用电器、保护电器 FU 以及连接导线），如图 1-1 所示。

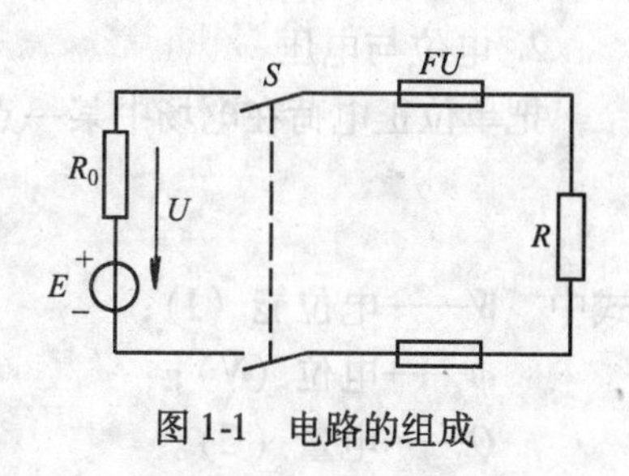

图 1-1　电路的组成

1. 电源

它的作用是将非电形式的能量转换成电能。例如：发电机将机械能转换成电能，蓄电池将化学能转换为电能。

当电路中有了电源后，就可以使电源两端产生一个电压。在这个电压作用下，电路中的电荷将有规则地运动，形成电流。由此可知，电源是产生电流的“动力”。

2. 负载

其作用是将电能转换为其他形式的能量。例如：电热炉、电灯将电能转成热能、光能，电动机将电能转成机械能。

3. 连接导线

它的作用是联通电路，是组成电流通路的中间环节。

4. 控制开关与保护电器

开关是向电路发出开通和分断指令的控制设备，用 S 表示。为了保证电路在发生短路、过流时不损坏用电设备，电路中必须有保护设备，这里用熔断器 FU 作保护。

（二）电路的基本物理量

要想定量地描述电路在运行过程中的特征，应对电流、电压、电动势、电功率等基本参数予以掌握，以较好地完成电路的分析及计算。

1. 电流

在电路中，把电荷的定向运动称为电流。从电流通过导体中所产生的磁效应、热效应、发光、化学效应等现象中，能觉察到电流的存在。

电流的强弱可用电流强度衡量。电流强度是指单位时间内流过导线截面的电量，其计算公式为：

$$I = \frac{Q}{t} \tag{1-1}$$

式中 I——电流（A）；

Q——电量（C）；

t——时间（S）。

当电流较小时可采用毫安（mA）或微安（μA）作单位，即 1A = 1000mA，1mA = 1000μA。

大家知道水是从高处流向低处，由此规定电流的正方向是从高电位流向低电位，也就是把正电荷移动方向定为电流的方向。在实际进行电路计算时，电流沿导线流动的方向有两种可能性，可规定某一方向为电流正方向，并用箭头表示。当电流正方向与实际方向相同时，则电流取正值；当电流的正方向与实际方向相反时，则电流取负值。

2. 电位与电压

把单位正电荷在电场中某一点所具有的电位能称为该点的电位，用字母 ϕ 表示，则：

$$\phi = \frac{W}{Q} \tag{1-2}$$

式中 W——电位能（J）；

ϕ——电位（V）；

Q——电量（C）。

物体处于某点位能的大小是对参考点而言的，参考点不同，电路中各点电位大小也不同。参考点的电位为零，用符号“⊥”表示，参考点可任意选择，但一经定下参考点，各点电位大小就被确定了。

例如有两个电源，一个 3V，一个 9V，把它们顺向连接起来如图 1-2 所示。

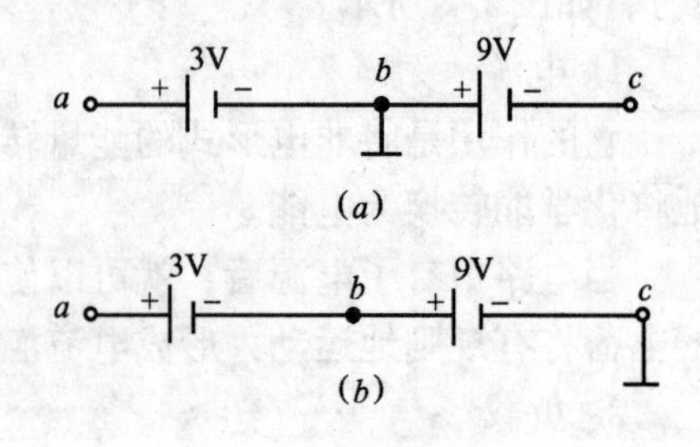

图 1-2　各点的电位

如图 1-2（*a*），*b* 点为参考点，则各点电位为：$\phi_a = 3V$，$\phi_b = 0V$，$\phi_c = -9V$。

如图 1-2（*b*），*c* 点为参考点，则各点的电位为：$\phi_a = 12V$，$\phi_b = 9V$，$\phi_c = 0V$。

我们把电路中两点之间的电位之差称为这两点的电位差，即电路中 A、B 两点间的电压为 $U_{AB} = \phi_A - \phi_B$。或者说电场力把单位正电荷从高电位移向低电位所做的功称为电位差或电压降，即如果 A 点为高电位，B 点为低电位，则两点间电压降为

$$U_{AB} = \frac{W_{AB}}{Q} \tag{1-3}$$

式中 U_{AB}——A、B 两点间的电压（V）；

W_{AB}——电场力移动电荷所做的功（J）；

Q——电荷量。

电压的正方向为从高电位指向低电位，用箭头表示。

例如图 1-2（*a*）中：$U_{ac} = \phi_a - \phi_c = 3 - (-9) = 12V$；图 1-2（*b*）中：$U_{ac} = \phi_a - \phi_c$

$=12-0=12\text{V}$，由此得出结论，电路中任意两点间的电压与电位参考点的选择无关。

3. 电动势

电源是组成电路不可缺少的部分，是在电路中产生电压驱动电流的必要条件。为了描述电源作用能力的大小，引入了一个重要的物理概念，即电源电动势 E。它的定义是：电源力将单位正电荷由电源负极（低电势）通过电源内部移至电源正极（高电势）时所做的功，其定义式为：

$$E=\frac{W_{\mathrm{BA}}}{Q} \tag{1-4}$$

式中 E——电源电动势（V）；

W_{BA}——电源力移动电荷所做的功（J）；

Q——电荷量。

例如：1 号干电池它的电动势为1.5V。

电源电动势正方向的规定：由电源的负极通过电源的内部指向电源的正极为电动势正方向。其方向可用箭头表示，也可以用“+”和“-”表示。

4. 电阻

按物质本身传导电流的能力，一般可分为三类：导体、绝缘体和半导体。金属大多是导体，如铜、铝、铁等，另外有些液体（如溶有盐类的水）也可以导电。绝缘体是不导电的物质，常见的有橡皮、陶瓷、云母、石蜡、玻璃、棉纱以及干燥的木材、空气等。半导体的特性则介于导体与绝缘体之间，如锗、硅、氧化铜等均为半导体。本书中仅研究导体的导电性能。不同的物质接到同样的电源上，各种物质中流过的电流大小都不相同，说明不同的物质有不同的阻力。一般把加在导体两端的电压和通过导体电流的比值称为电阻，用 R（或 r）表示，则有

$$1\,\text{欧姆}(\Omega)=\frac{1\,\text{伏特}(\text{V})}{1\,\text{安培}(\text{A})} \tag{1-5}$$

然而，电阻的大小不仅和导体材料有关，而且和导体的尺寸有关。实践证明，同一材料导体的电阻和导体的截面积成反比，而和导体的长度成正比。另外，同一种导体，在不同的温度下有不同的电阻值，一般而言，导体的电阻随温度的升高而增大，可用公式表示为：

$$R=\rho\frac{L}{S} \tag{1-6}$$

式中 ρ——导体材料的电阻系数，又称电阻（$\Omega\cdot\text{mm}^2/\text{m}$）；

L——导体材料的长度（m）；

S——导体材料的截面积（mm^2）。

电阻系数的倒数为电导系数（又称电导率）即：$r=\dfrac{1}{\rho}$。因此式（1-6）可写为：

$$R=\frac{1}{rS} \tag{1-7}$$

在计算时为了方便，有时用电阻的倒数表示称之为电导，电导符号用 G 表示，则：

$$G=\frac{1}{R} \tag{1-8}$$

电导的单位是西门子简写为 S，则有：

$$1\ 西门子 = \frac{1A}{1V}$$

二、欧姆定律、电能和电功率

电路中电压、电流和电阻是相互联系且具有一定的规律。1826 年欧姆通过反复实验得到了这一规律，即为欧姆定律。通常为计算电路方便采用两种形式表示。

（一）一段电路的欧姆定律

如图 1-3 所示，在一段无源电路上加上电压 U，这段电路中通过的电流 I 与所加电压成正比，而与电阻的大小成反比，称之为一段电路的欧姆定律，即有

$$I = \frac{U}{R} \tag{1-9}$$

上式也可以表示为

$$R = \frac{U}{I} \tag{1-10}$$

或

$$U_{ab} = IR = \phi_a - \phi_b \tag{1-11}$$

式（1-11）说明电流流过电阻，必引起电位的变化，即电流流过电阻要引起电压降（实为电位降）。

（二）全电路的欧姆定律

在工程实际的应用中，电路都是如图 1-4 所示构成闭合的回路，即有电源、导线、负载电阻构成称为全电路。若已知电源电动势 E、电源内阻 R_0 和负载电阻 R 的大小，则电流可由全电路欧姆定律求得即：

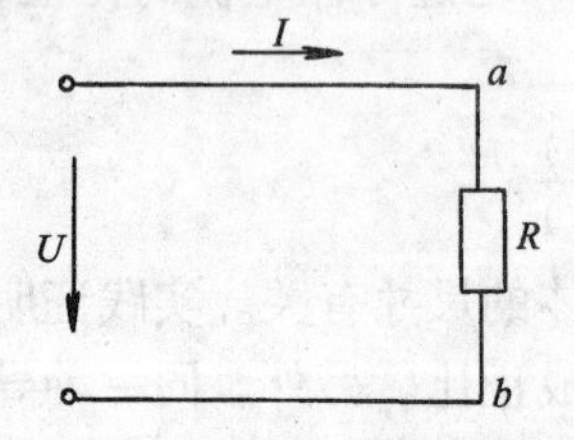

图 1-3　一段无源电路的欧姆定律

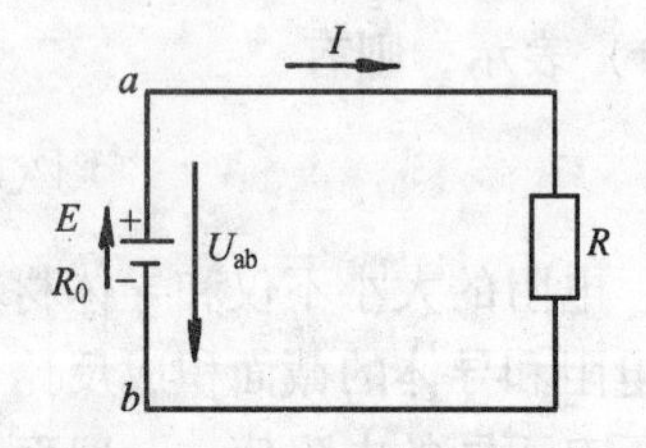

图 1-4　全电路

$$I = \frac{E}{R_0 + R} \tag{1-12}$$

对于电动势进行精确测量较难，而用电压表测电源两端电压较方便，故应找到电动势与端电压 U_{ab} 的关系。把 $R = \frac{U}{I}$ 代入（1-12）式中得

$$U_{ab} = E - IR_0 \tag{1-13}$$

根据（1-13）式，可画出电源等效电路图 1-5。图中将内阻 R_0 人为地与电动势 E 分开，这时从电源 a、b 两端输出的电压 U_{ab} 便是满足式（1-13）中的电压，与图 1-5 的端电压等效。

由式（1-13）知，电源的端电压随着电流增大而逐渐减小，由此式所绘如图 1-6 所示，称其为电源的外特性。由此可见内阻越小，外特性越硬（即随电流增大电源端电压下降较小），反之特性越软。如果内阻很小，则忽略其内阻，压降则有：$U_{ab} = E - IR \approx E$。

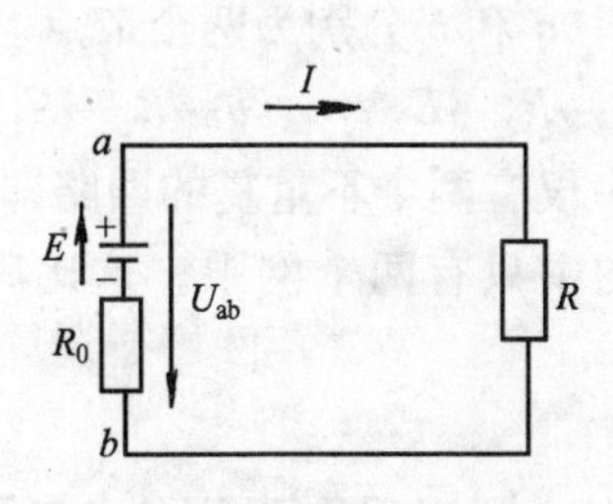

图 1-5　电源的等效电路

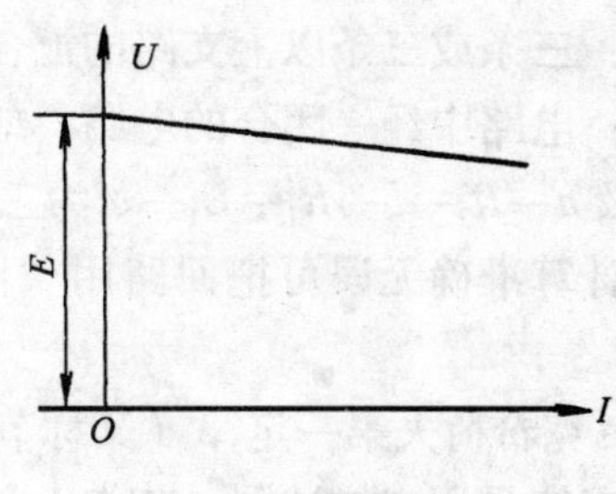

图 1-6　电源外特性

（三）电能和电功率

1. 电能

电能有电源给的电能和外电路吸收的电能之分。

电源供给的电能：根据电源力移动电荷作功的概念及电动势的定义应为：

$$A_{\mathrm{d}} = EQ = EIt \tag{1-14}$$

外电路吸收的电能：根据电场力做功的概念有

$$A_{\mathrm{fz}} = UQ = UIt \tag{1-15}$$

电能的单位为焦耳（J）。

2. 电功率

电源的电功率是指电源在单位时间内供给的电能，表示为：

$$P_{\mathrm{d}} = \frac{A_{\mathrm{d}}}{t} = EI \tag{1-16}$$

负载吸收的电功率是指在单位时间内负载吸取的电能，表示为：

$$P_{\mathrm{fz}} = \frac{A_{\mathrm{fz}}}{t} = UI = (IR)I = I^2R = U\left(\frac{U}{R}\right) = \frac{U^2}{R} \tag{1-17}$$

功率的单位用瓦（W）表示。

在工程中，例如电度表的读数是按另一种单位计算电能的，即千瓦小时，又称一度电，则 1 度电 =1 千瓦 ×1 小时。

【例题】 一盏 60W 的白炽灯，每天平均照明 3h，每度电为 0.5 元，试问 30d 耗电多少？应收电费多少？

【解】

$$A = 0.06 \times 3 \times 30 = 5.4\ （度电）$$

$$电费 = 5.4 \times 0.5 = 2.7\ （元）$$

三、克希荷夫定律

在实际工程中进行电路计算时，电路中电阻、电动势是已知的，需求取电路中电流及电压和电功率等，如为简单电路，自然用前面知识可以解决，但对于两个以上的复杂电路，如图 1-7 所示就无法计算了，为此克希荷夫经实验得到两个解复杂电路的定律。

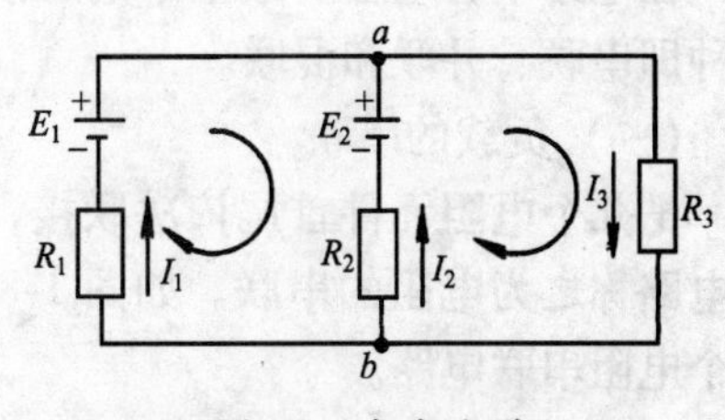

图 1-7　复杂电路

名词解释：

支路：不分岔的部分电路，图中为三条支路。

节点：三条或三条以上支路的汇合点称为节点，图中 a 和 b 分别为两个节点。

回路：电路中经一闭合的电路，如图中有 $a \to R_3 \to b \to R_2 \to E_2 \to a$、$b \to R_1 \to E_1 \to a \to E_2 \to R_2 \to b$ 及 $a \to R_3 \to b \to R_1 \to E_1 \to a$ 为三个回路，但本图中仅有两个不重复的回路即前两个。

为了计算准确无误可把回路用“网眼”代替，上图中只有两个网眼，这比确定回路方便。

（一）克希荷夫第一定律（又称节点电流定律）

这一定律是用来描述同一节点上各支路中电流关系的，可以采取两种形式表示这一关系，一种为流入节点电流的代数和等于流出节点电流的代数和，即：

$$\Sigma I_{入} = \Sigma I_{出} \tag{1-18}$$

由图中节点 a 可列出节点电流方程为：

$$I_1 + I_2 = I_3$$

另一种表示为一个节点上电流的代数和恒等于零即

$$\Sigma I = 0 \tag{1-19}$$

根据式 1-19 列电流方程时，流入节点的电流取正，流出节点的电流取负，由此节点 a 可表示为 $I_1 + I_2 - I_3 = 0$。

（二）克希荷夫第二定律（又称回路电压定律）

回路电压定律是用来确定回路中各部分电压关系的。它表明：在任一闭合回路内，电动势（电位升）的代数和恒等于电压降（电位降）的代数和，即

$$\Sigma E = \Sigma IR = \Sigma U \tag{1-20}$$

关于各项符号的规定是：凡与绕行方向（绕行方向可根据每个网眼确定一个，可顺时针，也可逆时针方向）一致的取正号（即对电动势如绕向与规定正方向从低至高一致，对电阻上的电压则为电流从低至高与绕向一致），反之取负号。

例如图 1-7 中的电压回路方程的列写过程是：在已标出电流方向的情况下，分别确定两网眼的绕行方向为顺时针，只要按上述规定列出两网眼回路电压方程便是独立合理的回路电压方程，即：

$$E_1 - E_2 = I_1R_1 - I_2R_2$$

$$E_2 = I_2R_2 + I_3R_3$$

由回路电压方程及节点电流方程三个方程联立求解可得到 I_1、I_2、I_3 及各段电压大小。

四、电阻的串联和并联

在电路中，电阻的最基本的连接方法有三种即串联、并联和混联。

（一）负载的串联

把几个电阻元件首尾依次联接，无分支的电路称之为电阻的串联。如图 1-8 所示为三个电阻串联电路。

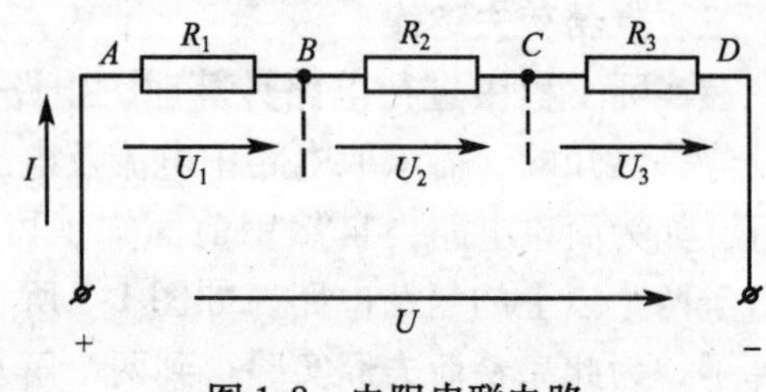

图 1-8　电阻串联电路

1. 串联电路的特点

（1）根据电流连续性原理，串联电路中电流强度处处相等。

（2）根据能量平衡原理，串联电路的总电压等于各个电阻上电压的代数和。则有：

$$U = U_1 + U_2 + U_3 + \cdots\cdots + U_n$$

2. 串联电路总等效电阻

由图 1-8 知：

$$U_1 = IR_1,\ U_2 = I_2R_2,\ U_3 = I_3R_3$$

设总等效电阻为 R，则有

$$U = IR$$

因为

$$U = U_1 + U_2 + U_3$$

$$IR = IR_1 + IR_2 + IR_3$$

则有

$$R = R_1 + R_2 + R_3$$

推广到一般式为：$R = R_1 + R_2 + R_3 + \cdots + R_n$

结论：串联电路的总电阻等于各个分电阻之和。

3. 串联电路各电阻上的电压与电路总电压的关系

由图 1-8 知，

$$I = \frac{U}{R}$$

于是有：

$$U_1 = I_1R_1 = \frac{U}{R}R_1 = \frac{R_1}{R}U$$

同理：

$$U_2 = IR_2 = \frac{R_2}{R}U$$

一般式：

$$U_n = IR_n = \frac{R_n}{R}U$$

此式称为串联电路的分压公式。

【例题】 在图 1-8 电路中，$U = 100\text{V}$，$R_1 = 5\Omega$，$R_2 = 15\Omega$，$R_3 = 30\Omega$，试求：

（1）电路中总电阻。（2）电路中电流。（3）各电阻上的电压。（4）电路消耗的功率。

【解】 （1）等效电阻

$$R = R_1 + R_2 + R_3 = 5 + 15 + 30 = 50\ (\Omega)$$

（2）电流

$$I = \frac{U}{R} = \frac{100}{50} = 2\ (\text{A})$$

（3）分电压

$$U_1 = (R_1/R)\ U = \frac{5}{50} \times 100 = 10\ (\text{V})$$

$$U_2 = (R_2/R)\ U = \frac{15}{50} \times 100 = 30\ (\text{V})$$

$$U_3 = (R_3/R)\ U = \frac{30}{50} \times 100 = 60\ (\text{V})$$

（4）消耗的功率

$$P = I^2R = 2^2 \times 50 = 200\ (\text{W})$$

（二）负载的并联

把若干个电阻接在相同的两个节点之间，各电阻两端电压相同，这种连接方法称为并联电路，如图 1-9 所示。

1. 并联电路的特点

（1）各电阻两端分电压与总电压相等，即：

$$U = U_1 = U_2 = U_3 = \cdots = U_n$$

（2）用电量守恒定律知，电路中的电流等于各支路电流之和，即

$$I = I_1 + I_2 + I_3 + \cdots + I_n$$

2. 并联电路的等效内阻

设各个电阻分别为 R_1、R_2……R_n，流过它们的电流分别为 I_1、I_2……I_n，它们的端电压为 U。

则有 $$I = \frac{U}{R},\ I_1 = \frac{U}{R_1},\ I_2 = \frac{U}{R_2}\cdots\cdots$$

$$I_n = \frac{U}{R_n}$$

于是 $$\frac{U}{R} = \frac{U}{R_1} + \frac{U}{R_2} + \cdots\cdots + \frac{U}{R_n}$$

消去 U 得：

$$\frac{1}{R} = \frac{1}{R_1} + \frac{1}{R_2} + \cdots\cdots + \frac{1}{R_n}$$

上式为并联等效总电阻计算公式，于是得到结论：

等效电阻倒数等于各分电阻倒数之和。

3. 总电流与各支路电流关系

因 $$U = IR$$

所以 $$I_1 = \frac{U}{R_1} = \frac{R}{R_1}I,\ I_2 = \frac{U}{R_2} = \frac{R}{R_2}I$$

一般地 $$I_n = \frac{R}{R_n}I$$

上式为并联电路分流公式。

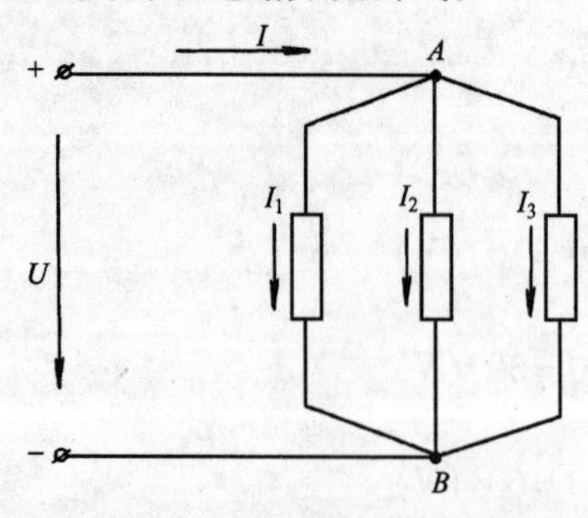

图 1-9 电阻的并联电路

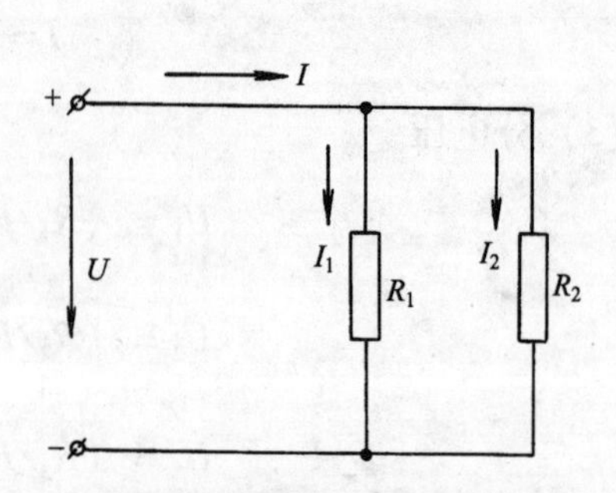

图 1-10 两电阻并联电路

两电阻并联如图 1-10 所示，其等效总电阻为

$$R = \frac{R_1 R_2}{R_1 + R_2}$$

分流公式为

$$I_1 = \frac{R}{R_1}I = \frac{R_2}{R_1 + R_2}I$$

$$I_2 = \frac{R}{R_2}I = \frac{R_1}{R_1 + R_2}I$$

（三）负载的混联

在实际工程中，电路连接较复杂，有时电路中会出现即有并联也有串联的称为混联电路，如图 1-11 所示。混联电路总等效电阻的计算，应先求并联部分的等效电阻，然后将其串在线路中再求总等效电阻。在图 1-11 中，求法为：

$$R_{并} = \frac{R_1R_2}{R_1 + R_2}$$

画出等效电路图如图 1-12 所示，则该混联电路的总电阻为：

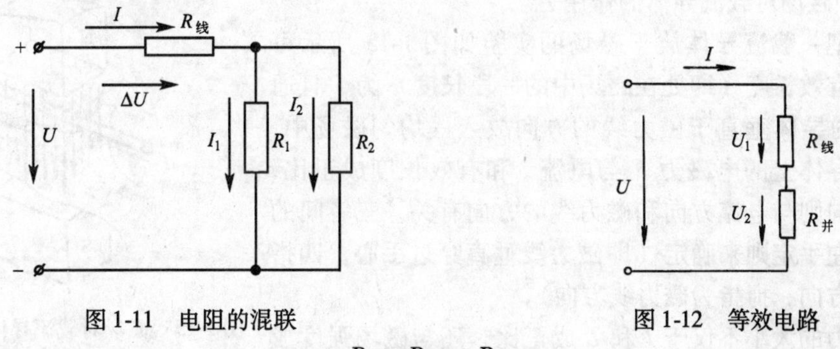

图 1-11　电阻的混联　　图 1-12　等效电路

$$R = R_{线} + R_{并}$$

五、电磁原理

磁场与电流是密不可分的，在后叙课电动机与变压器中都是围绕电磁原理进行的，因此这里仅对电与磁的有关物理量作简单的阐述。

（一）电和磁的关系

电流的磁效应（电动生磁）：

在通有电流的导体周围放一块磁铁，会见到磁针受到力的作用，说明产生了磁场，交变电流产生交变磁场，恒定（直流）电流产生恒定磁场。而且电流越大，磁场越强，磁力线越密，在磁铁外部，磁力线从 N 极指向 S 极，在磁铁内部，磁力线从 S 极指向 N 极，磁力线互不相交。磁场的方向由电流方向决定，我们把电动生磁这种现象称之为电流的磁效应。实践中人们把为了反应电动生磁这一现象总结为一种定律即为“右手螺旋定则”。

右手螺旋定则适用于两种不同的情况 。如果电流通入直导体，如图 1-13 所示。右手握直导体，拇指指向电流方向，四指为产生的磁力线方向。图 1-14 所示的螺旋导体，四指指向电流方向，拇指为磁力线方向。

磁场强度 B 是表示磁场内某点的强弱和方向的物理量，它是一个矢量，它的方向就是该点的磁场方向，其大小是用一根通电导线在磁场中受力的大小来衡量的（该导线与磁场方向垂直），即

$$B = \frac{F}{IL} \tag{1-21}$$

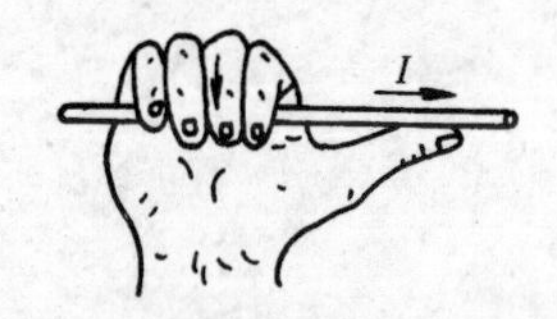

图 1-13　电流产生的磁场（直导体）

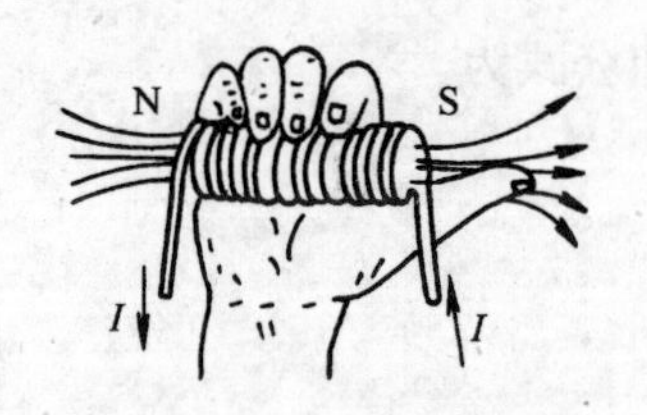

图 1-14　电流产生的磁场（螺旋线圈）

式中　F——磁力（N）；

I——通过导线的电流（A）；

L——导线长度（m）；

B——磁场强度（T）。

磁感应强度也可以用垂直于磁场方向单位面积的磁力线数目来表示。

（二）磁场对载流导体的作用力

通过把一载流导体放于磁场的实验如图 1-15 所示可知：若把有效长度（即处在磁场中的一段长度）为 L 且通过电流 I 的导体垂直于磁力线的方向放入一均匀磁场中，则作用在导体上的电磁力 F 与电流 I 和有效长度成正比，而力的方向则与电流方向和磁力线的方向有关，三者间的关系可用左手定则来确定（即磁力线垂直穿过手心，四指指向电流方向，拇指为磁力线方向）。

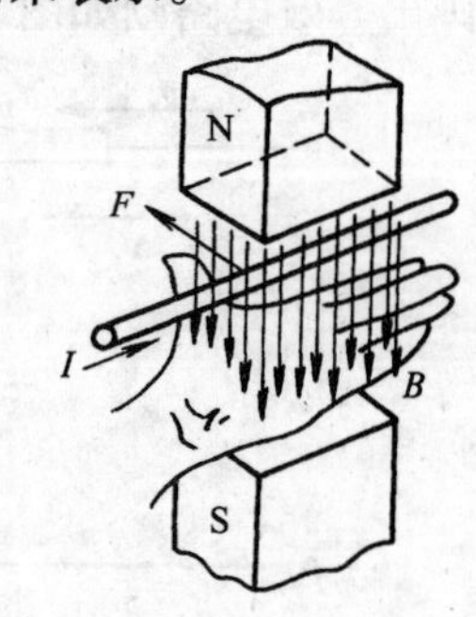

图 1-15　磁场对载流导体的作用力

电磁力的大小不仅于 I 和 L 成正比，还与磁场强度成正比，即：

$$F = BIL \tag{1-22}$$

式中　F——通电导体所受电磁力（N）；

B——载流导体所在位置的磁感应强度（T）；

I——导体通过的电流（A）；

L——导体有效长度（m）。

结论：磁场对放置在磁场中的载流导体具有作用力，是磁场的重要特性之一。

（三）电磁感应

当导体与磁场间有相对运动，导体切割磁力线，在导体里会产生感应电势；或与闭合回路或线圈相并联的磁通发生变化（增加或减少），组成回路或线圈的导线里也会产生感应电动势。这种产生感应电动势的现象就称为电磁感应。

1. 导体与磁场间有相对运动时的电磁感应

如图 1-16 所示，当置于 N 极下侧并与磁力线相垂直的导线移动时，它与磁场间便有相对运动，导体切割磁力线，便在导体中产生感应电动势。

设一均匀磁场的磁感应强度为 B，导体处于 N 极下的有效长度为 L，导体与磁感应强度 B 垂直放置，若导体相对磁场作垂直的移动速度为 v，则感应电动势为：

$$e = BLv \tag{1-23}$$

式中，e 的单位为 V；B 的单位为 wb/m^2；$1wb/m^2 = 1T$；L 的单位为 m；v 的单位为 m/s。

采用右手定则确定感应电动势的方向：如图 1-17 所示。将右手掌伸直，磁力线垂直从手心穿过，拇指指向导体运动方向，四指为感应电动势方向。

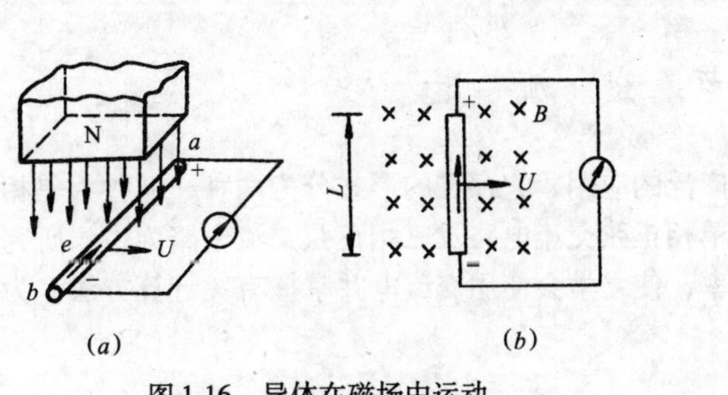

图 1-16　导体在磁场中运动
（a）立体图；（b）平面图

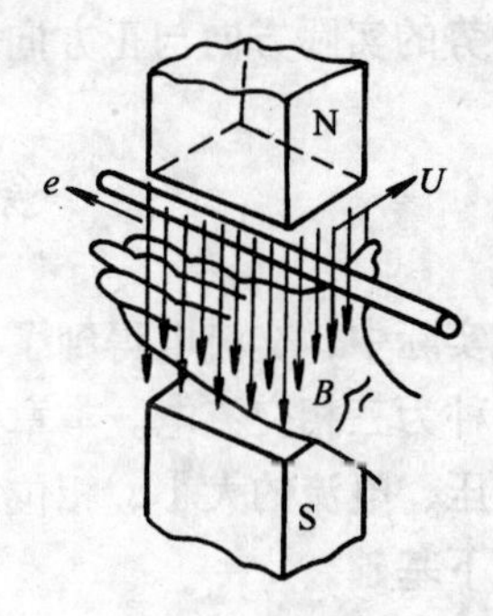

图 1-17　右手定则

由上述可知：当导体与磁场间有相对运动时，便在导体中产生感应电动势，这种电磁感应现象是制作发电机的理论根据。

2. 楞次定律

如图 1-18（a）所示，当磁铁 N 极从线圈中抽出时，线圈中磁通减少，感应电动势的方向 a 端正 b 端负；图 1-18（b）中为磁铁插入线圈的情况，此时线圈中磁通增加，感应电动势的方向变为 a 负 b 正。通过这一实验可知：感应电动势的实际方向，不仅与引起感应电动势的磁通方向有关，还与磁通的增量是正还是负有关，这种现象楞次归纳为："闭合电路中产生的感应电流所产生的磁场，总是企图阻碍回路中原磁场或磁通的变化"，这就是楞次定律。

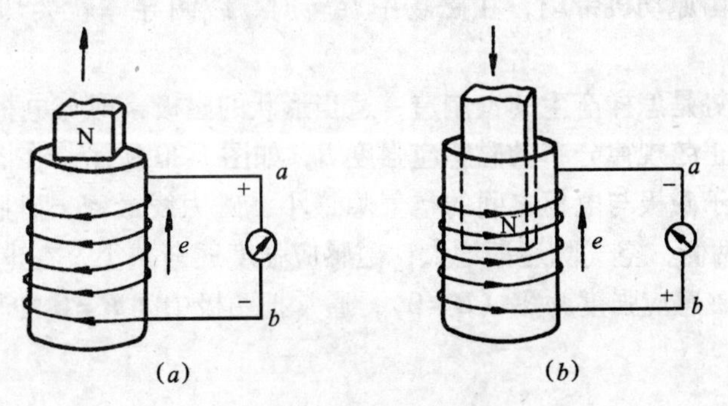

图 1-18　电磁感应现象
（a）磁铁抽出；（b）磁铁插入

在规定感应电动势的正方向与原磁通之间符合右手螺旋定则的前题下，感应电动势的大小和实际方向可按下式求得：

$$e = -W\frac{\Delta\phi}{\Delta t} \tag{1-24}$$

图 1-18 中，给定了感应电动势的正方向与原磁通之间符合右手螺旋定则。图（a）中，ϕ 减少，$\frac{\Delta\phi}{\Delta t}$为负，根据（1-24）式，e 为正值，表示感应电动势的实际方向和正方向

一致，即 a 正 b 负；而在图（b）中，ϕ 增加，$\frac{\Delta\phi}{\Delta t}$为正，根据 1-24 式，$e$ 为负值，表示感应电动势的实际方向与正方向相反，即 b 正 a 负。

第二节　交　流　电　路

在实际中，交流电得到了极其广泛的应用，它存在的形式分为两种，一种为单相交流电，一种为三相交流电。本章仅以单相正弦交流电路及三相正弦交流电路为主，研究交流电路电压、电流的大小、相位及功率，使之学会使用交流电并掌握有关计算方法，为后叙课程打下基础。

一、单相交流电路

所谓交流电其特点是它的大小和方向随时间变化，随时间作周期性变化的称周期性交流电，随时间变化不作周期性变化的称为非周期性交流电。在工程中大多数采用正弦交流电。交流电有电动势、电压、电流等物理量，如果它们都按正弦规律变动，且交变量为时间的正弦函数，便可称之为正弦交流电动势、电流及电压。

（一）正弦交流电的产生

1. 两极交流发电机的构造

如图 1-19 所示，它主要由定子和电枢组成。定子产生磁场，电枢由铁芯、线圈及两个滑环组成。线圈两端分别接在两个互相绝缘的滑环上，滑环上压着两个电刷 A、B，通过电刷与外电路连接。

2. 正弦交流电动势的产生

当铁芯及线圈由原动机带动，在磁场中旋转时，线圈导体就会切割磁力线产生感应电势。

那么正弦电动势是怎样产生的？制造一适当形状的磁极，即与电枢表面的空气隙大小不等，就可获得按正弦规律分布的磁感应强度 B，如图 1-20 所示。在图中，对应于磁极中心的电枢表面，由于磁极与电枢之间的空气隙最小，磁力线最密，磁感应强度最大（$B=B_m$）。越靠近磁极两侧，空气隙逐渐增大，磁感应强度逐渐减小，在电枢表面 N 极与 S 极的分界线 OO'处，磁感应强度为零（$B=0$），通常把两极中间 $B=0$ 的平面 OO'叫做几何中性面。

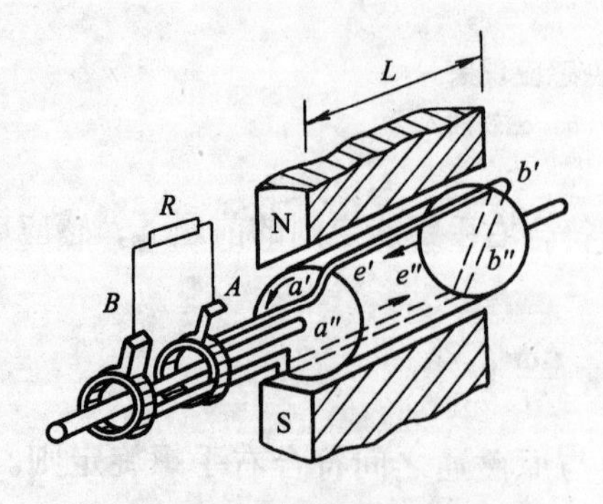

图 1-19　交流发电机示意图

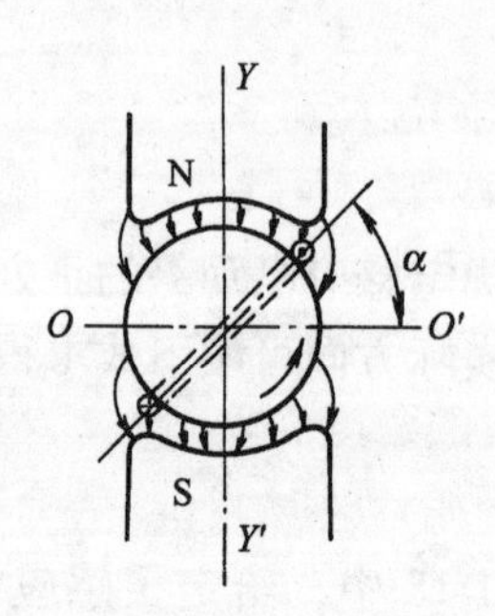

图 1-20　交流发电机磁极形状图

因磁感应强度沿电枢表面的空间按正弦规律分布，所以电枢表面任一点的磁感应强度为

$$B = B_{m}\sin\alpha$$

式中，α 角是通过电枢表面任一点构成的与平面 OO' 的夹角。

当原动机带动电枢在磁场中作等速旋转时，线圈导体因切割磁力线而在线圈中产生感应电动势。如果单匝线圈每一有效边（能切割磁力线的部分）中产生的电动势 e'，则这个线圈产生的感应电动势为：

$$e = 2e' = 2BLVW = 2B_{m} \cdot L \cdot V\sin\alpha \cdot W$$

式中 L——有效边长度（m）；

V——线圈沿圆周切线方向的速度（m/s）；

W——电枢线圈匝数；

B——磁感应强度（T）。

当 $\alpha = 90°$ 时，线圈处于轴线下，$B = B_{m}$，这时磁感应电势达到最大值，即

$$e = 2B_{m}lV = E_{m}$$

故线圈产生的电动势可改写成

$$e = E_{m}\sin\alpha \tag{1-25}$$

在计时起点（$t = 0$），线圈的两个有效边正在中性面上，$\alpha = 0$，此时感应电动势 $e = 0$。当 $\alpha = 90°$，线圈感应电动势为最大值 $e = E_{m}$，如图 1-19 所示。根据右手法则，感应电动势的方向是从有效边 a'' 到有效边 a'，如规定此时感应电势方向为正方向，则线圈产生的正方向为 $+E_{m}$。对外电路来说，如接通负载，在感应电势作用下，将有电流输出，电流的方向为从电刷 A 经过负载流向电刷 B。当电枢旋转了半周即 $\alpha = 180°$，线圈的两个有效边又处于中性面上，$e = 0$。当电枢旋转为 $\alpha = 270°$，两有效边又处于磁极轴线下，感应电势又达到最大值。由于两个有效边调换了位置（有效边 a'' 在 N 极之下，a' 在 S 极下），此时感应电动势方向是从 a' 至 a''，与上规定方向相反，即为 $-E_{m}$。对外电路电流方向亦相反，即从 B 电刷经负载至 A 电刷。当电枢旋转一周，$\alpha = 360°$，则电势又为零。由此可知，当电枢旋转一周，电势从零开始逐渐增大，达到 $+E_{m}$ 后又逐渐减小，在达到零值后，将按相反的方向逐渐增大到 $-E_{m}$，以后又减小到零，即感应电动势交变了一次，如图 1-21 示。

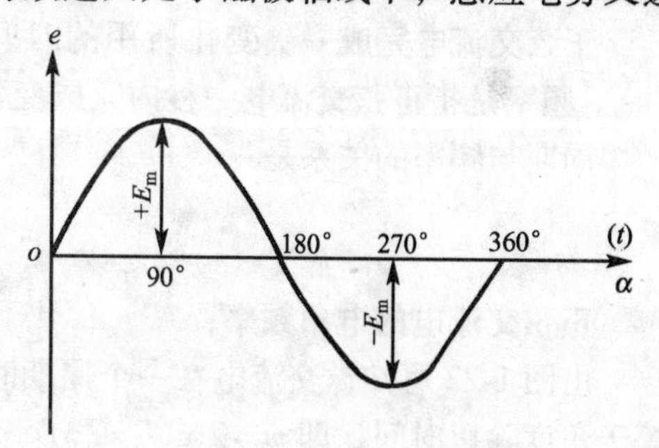

图 1-21　正弦交流电波形图

（二）正弦交流电的特征

正弦交流电的各物理量是随时间按正弦规律变化的。设电枢以角速度 w 旋转，在任一时刻 t 转过的角度 $\alpha = wt + \phi$。

ϕ 为开始计时时，线面平面与中性面的角度，则正弦交流电动势为

$$e = E_{m}\sin(wt + \phi) \tag{1-26}$$

式 1-26 可用图 1-22 表示。

1. 正弦交流电的瞬时值、最大值与有效值

交流电的大小总是随着时间变化，把交流电在某一瞬时的数值称为瞬时值，用小写字母表示。例如 e、u、i 分别表示交流电动势、电压、电流的瞬时值。交流电在一个周期出现两次最大瞬时值称为最大值，分别用 E_m、U_m、I_m 表示。然而一般电路中所指的电压、电流即不是瞬时值，也不是最大值，而是有效值。什么是有效值呢？有效值是根据正弦交流电的热效应来确定的。设交流电流 i 及直流电流 I 在一个周期内，通过两个相同电阻 R 时产生热量相同，则这一直流电 I 叫该交流电 i 的有效值。有效值是不随时间改变的确定值，可以用来表示交流电的大小。

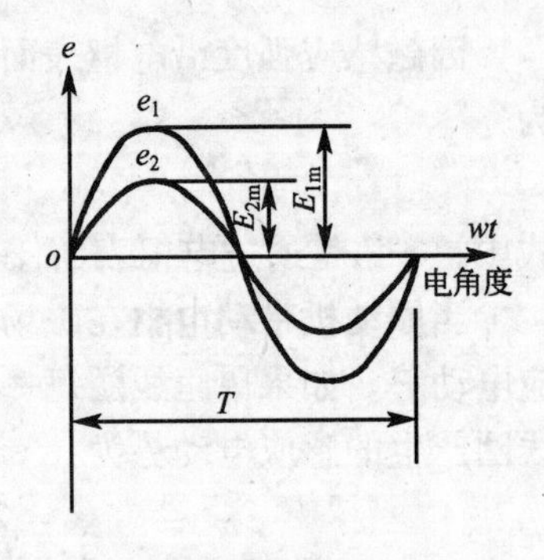

图 1-22　正弦交流电波形图

具有一定有效值的交流电与同一数值的直流电在电路中具有相同的热效应。

根据有效值定义及严格的数学推导，得到交流电有效值与最大值关系如下：

$$I = I_m/\sqrt{2} = 0.707I_m$$

$$U = U_m/\sqrt{2} = 0.707U_m$$

$$E = E_m/\sqrt{2} = 0.707E_m$$

或
$$I_m = \sqrt{2}I,\ U_m = \sqrt{2}U,\ E_m = \sqrt{2}E$$

即有效值是最大值的 $1/\sqrt{2}$ 倍，或最大值是有效值的 $\sqrt{2}$ 倍。例如在某插座处量得市电电压为220V，它的最大值应为 $U_m = \sqrt{2} \times 220 = 311\text{V}$。已知通过某电器的交流电最大值为 $I_m = 14.14\text{A}$，它的有效值应为 $I = 14.14/\sqrt{2} = 10\text{A}$。

2. 周期与频率

正弦交流电完成一次变化所用的时间叫周期，周期一般用字母 T 表示，其单位是秒（s）。频率是指正弦交流电一秒内完成变化的次数，用字母 f 表示，单位是赫兹（Hz）。

周期与频率的关系是：

$$f = \frac{1}{T} \text{ 或 } T = \frac{1}{f}$$

正弦交流电的电角频率：

由图 1-22 可知，交流电在一个周期时间 T 内角度变了 2π 弧度，那么角频率即角速度等于角度除以时间，即 $w = 2\pi/T = 2\pi f$。

【例】 我国交流电频率是 50Hz，则交流电的角频率 $w = 2\pi \times 50 = 314$ 弧度/s，周期为

$$T = \frac{1}{f} = \frac{1}{50} = 0.02\text{s}$$

把正弧交流电 $u = u_m\sin(wt + \phi)$ 中的（$wt + \phi$）叫正弧交流电的相位，它表示在任意时刻正弦交流电的角度。不同时刻它的相位不同。相位及最大值决定了不同时刻正弦交流电的瞬时值。

把 $t = 0$ 时刻的相位叫初相位。相位是由角频率 w 及初相位 ϕ 决定的。

两个同频率的正弦交流电

$$e_1 = E_{1m}\sin(wt + \phi_1),\ e_2 = E_{2m}\sin(wt + \phi_2)$$

它们的相位差就是它们的相位之差，即

$$\Delta\phi = (wt + \phi_1) - (wt + \phi_2) = \phi_1 - \phi_2$$

由此可见，两正弦交流电相位差就是它们初相位之差。今后我们把相位差 $\Delta\phi$ 也用 ϕ 表示。

【例题】 已知电压 $u = 100\sin 314t$，电流 $i = 15\sin(314t + 30°)$，试求这两个正弦交流电的最大值、角频率、周期、频率、初相、$t = 0$ 时的瞬时值及它们的相位关系，画出瞬时波形图。

【解】 $u_m = 100\text{V}$, $I_m = 15\text{A}$

$$T = \frac{2\pi}{w} = \frac{6.28}{314} = 0.02 \text{ (s)}$$

$$f = \frac{1}{T} = \frac{1}{0.02} = 50 \text{ (Hz)}$$

$$\phi_u = 0, \quad \phi_i = 30°$$

$$\phi = \phi_u - \phi_i = 0 - 30° = -30°$$

i 较 u 导前 30°。

波形如图 1-23 所示。

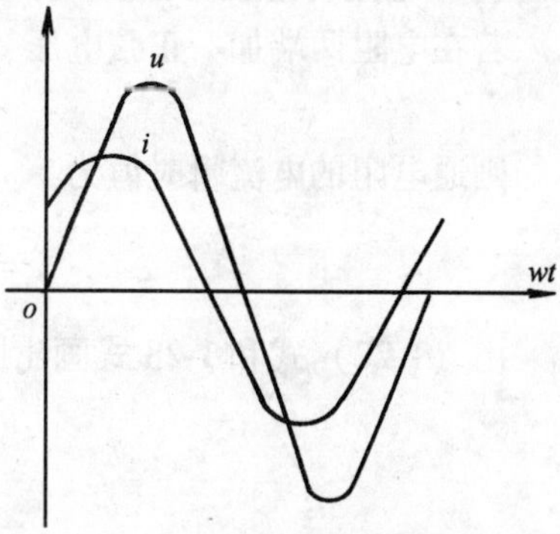

图 1-23

（三）单相交流电路

单相交流电路有电阻性负载、电感性负载及电容性负载。

凡是利用电流热效应而工作的负载，都可以看作是电阻热效应而工作的负载。例如白炽灯、电炉、电烙铁等，它们接入交流电或直流电时都可以工作，都对电流呈现出相同的阻力（电阻 R），是电阻性负载的特点。

凡是利用电流的磁效应和电磁感应原理而工作的负载，大多可以看成是电感性质的负载。如日光灯电路中的镇流器、在启动交流电动机时所加入的启动电抗器、交流电焊机上限制工作电流的电抗器等。电感性质的负载对直流电路不产生感应电动势，因为电流不随时间变化，对直流电路无影响。在交流电路中，因为电流是交变的，线圈中始终有自感电动势产生来反抗电流的变化。把电感线圈对电流的阻力用感抗 X_L 表示。

电容性质的负载：电容具有隔离直流电而通交流电的作用。

如把电容接到交流电路里，电容器在交变电压的作用下就要周期性地充电和放电，因而电路中不断有电流通过。但是，电路中电流也不是通行无阻的，由于在电容器极板间充入一定电荷之后，它将排斥新的电荷继续充入，这样就形成了对电荷流动的阻碍作用，把电容器在交流电路中所具有的抵抗电流流过的能力，称为容抗 X_C。

下面我们对电阻性负载、电感性负载及电容性负载的电流、电压关系及功率关系进行讨论。

1. 纯电阻负载

如图 1-24 示，白炽灯为纯电阻负载，经过用电压表、电流表、功率表测出电路参数可得到以下结论：

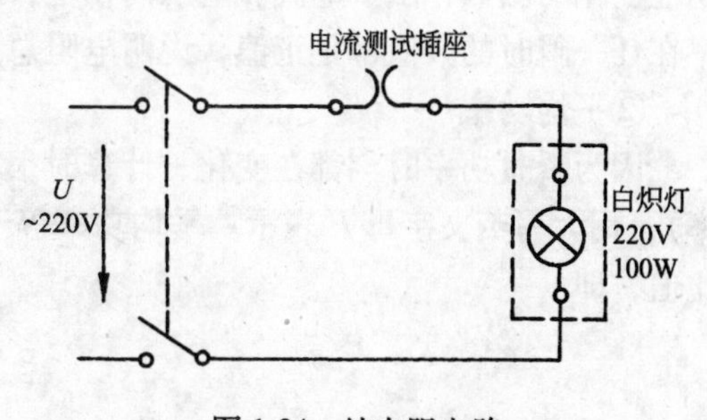

图 1-24 纯电阻电路

（1）电流、电压的大小关系。

有效值 $$I=\frac{U}{R}$$

瞬时值 $$i=\frac{u}{R}$$

最大值 $$I_{m}=\frac{U_{m}}{R}$$

（2）电流与电压的相位关系

若在电阻两端加一正弦电压

$$u_{R}=U_{Rm}\sin wt \tag{1-27}$$

则通电阻的电流瞬时值为

$$i=\frac{u_{R}}{R}=\frac{U_{Rm}}{R}\sin wt=I_{m}\sin wt \tag{1-28}$$

由（1-27）式和1-28式画出图1-25（*a*）。

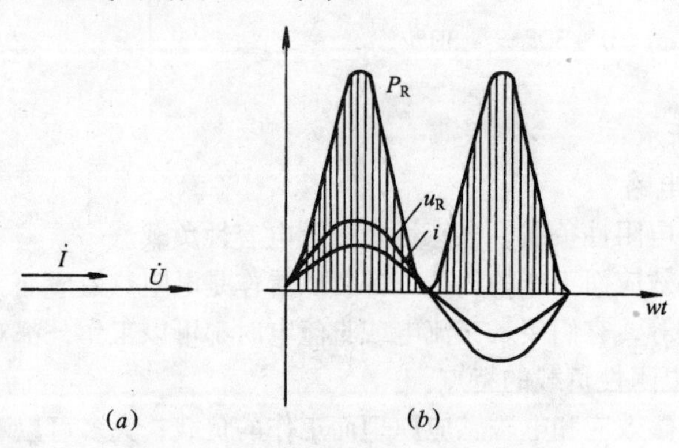

图1-25 纯电阻电路矢量图和波形图

由此可见，电压与电流相位差为零，即称同相位。

（3）功率

①瞬时功率

电路在某一瞬时吸收或放出的功率称为瞬时功率，以字母 P_{R} 表示。瞬时功率等于电压瞬时值和电流瞬时值的乘积，即

$$P_{R}=U_{R}\cdot i=U_{Rm}\cdot I_{m}\cdot\sin^{2}wt \tag{1-29}$$

瞬时功率的变化曲线如图1-25（*b*）示。从曲线和式（1-29）可见，P_{R} 是随时间作周期性变化的函数，由于电流和电压同相位，它们同时为正值，又同时为负值，所以瞬时功率在任一瞬时的数值都是正值，说明电阻总是向电源取用功率。

②平均功率

因为瞬时功率时刻都在变化，计算时很不方便，所以通常计算平均功率（又叫有功功率），用大写英文字母 P 表示。平均功率等于一个周期内电路所取用的电能 W 与周期 T 的比值，即

$$P=\frac{W}{T}$$

在此时间内，电阻所消耗的电能为

$$dW = P_R dt$$

在一个周期内所取用的电能为

$$W = \int_0^T dw = \int_0^T P_R dt = \int_0^T V_{Rm} I_m \sin^2 wt = U_{Rm} I_m \int_0^T \sin^2 wtdt$$

$$= U_{Rm} I_m \int_0^T (1 - \cos 2wt) dt = \frac{1}{2} U_{Rm} \cdot I_m \cdot T$$

于是

$$P = \frac{W}{T} = \frac{1}{T} \cdot \frac{U_{Rm} \cdot I_m \cdot T}{2} = \frac{U_{Rm} \cdot I_m}{2} = UI = I^2 R \qquad (1\text{-}30)$$

由式（1-30）知，纯电阻电路取用的有功功率等于加在电阻两端的电压有效值与通过电阻的电流有效值的乘积，单位是瓦特（W）。

【例题】 已知加在电阻两端的电压有效值 $U_R = 220\text{V}$，$R = 22\Omega$，求通过电阻的电流 I 和电阻所消耗的有功功率。

【解】

$$I = \frac{U_R}{R} = \frac{220}{22} = 10 \text{（A）}$$

$$P = U_R I = 220 \times 10 = 2200 \text{（W）}$$

2. 纯电感电路

如图 1-26 示，负载是电感 L，当交流电通过电感 L 时，受到电感的阻碍作用，把这种阻碍作用称感抗，用 X_L 表示，可用下式计算：

$$X_L = wL = 2\pi fL \qquad (1\text{-}31)$$

由（1-31）式知，感抗 X_L 与频率 f 及电感 L 成正比，感抗单位为欧姆。

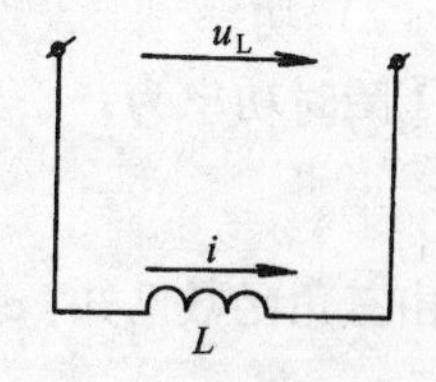

图 1-26　电感负载电路图

（1）电流与电压的大小及相位关系

假定通过线圈的电流为：

$$i = I_m \sin wt \qquad (1\text{-}32)$$

由于线圈的电阻等于零，所以通过电流时没有电阻压降，这时电源所加电压 u_L 完全用来平衡线圈中所产生的自感电动势，于是有

$$u_L = -e_L = L\frac{di}{dt} \qquad (1\text{-}33)$$

将（1-32）式代入（1-33）式得

$$u_L = -e_L = L\frac{d(I_m \sin wt)}{dt} = wLI_m \cos wt$$

$$= wLI_m \sin(wt + \frac{\pi}{2})$$

$$= UL_m \sin(wt + \frac{\pi}{2}) \qquad (1\text{-}34)$$

比较（1-32）式和（1-34）式知，纯电感线圈中通过的正弦电流与加在它两端的电压同频率，在相位上，i 滞后 90°，图 1-27 为矢量图和波形图。

由（1-34）式得正弦电流最大值为

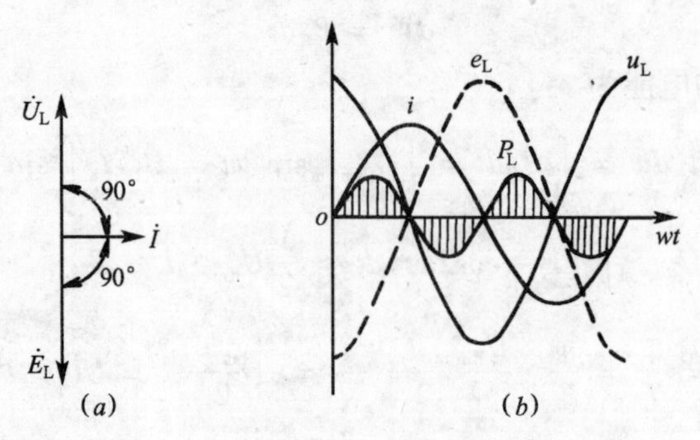

图 1-27　纯电感电路电压、电流的矢量图和波形图

(a) 矢量图；(b) 波形图

$$I_m = \frac{U_{Lm}}{X_L} = \frac{U_{Lm}}{w_L} \tag{1-35}$$

上式两边同除以$\sqrt{2}$得

$$I = \frac{U_L}{X_L} \tag{1-36}$$

（2）功率

①瞬时功率为

$$P_L = u_L \cdot i = U_{Lm} \cdot I_m \cdot \cos wt \cdot \sin wt$$

由三角函数已知：$\cos wt \sin wt = \frac{1}{2}\sin 2wt$

则
$$P_L' = U_{Lm} I_m \cdot \frac{1}{2}\sin 2wt = U_L I \sin 2wt \tag{1-37}$$

瞬时功率变化曲线见图 1-27（b）示，由图可见，在第一和第三个 1/4 周期内（u_L、i 同时为正，或同时为负），P_L 为正值，表明线圈从电源取用电能，并把电能转换成磁场能，储藏在线圈周围的磁场中。

在第二及第四个 1/4 周期，u_L 和 i 两者一个为正值，一个为负值，故 P_L 为负，这表明线圈是在向电源输送能量，也就是把线圈中的磁场能再转换为电能而返还给电源。

②平均功率、无功功率

由图 1-27（b）知，平均功率应为瞬时功率在一个周期内的平均值，应该等于零，即

$$P_L = 0$$

纯电感线圈在电路中不消耗能量，并且平均功率为零。但是，由于不断的进行电源与线圈磁场之间的能量互换，瞬时功率确不为零，因此，采用瞬时功率的最大值 $U_L I$ 来表示电源与线圈之间的能量互换的情况，称之为无功功率，用 Q_L 表示，即

$$Q_L = U_L I = I^2 X_L \tag{1-38}$$

Q_L 的单位为乏（Var）。

【例题】 已知一电感线圈其电感为 127mH，接于电压为 100V、频率为 50Hz 的交流电源上，求通过线圈的电流 I 及无功功率 Q_L。若把此线圈接于电压为 100V、频率为 1000Hz 的交流电源上，求通过线圈的电流 I 及无功功率 Q_L 又为多少？

【解】 当$f=50\text{Hz}$时：

$$X_L=2\pi fL=2\times3.14\times50\times127\times10^{-3}=40(\Omega)$$

$$I=\frac{U_L}{X_L}=\frac{100}{40}=2.5(\text{A})$$

$$Q=I^2X_L=2.5^2\times40=250(\text{Var})$$

当$f=1000\text{Hz}$时：

$$X_L=2\times3.14\times50\times127\times10^{-3}=800\ (\Omega)$$

$$I=\frac{100}{800}=0.125\ (\text{A})$$

$$Q=0.125^2\times800=12.5\ (\text{Var})$$

3. 纯电容电路

如图1-28示，负载是电容C。当交流电通过电容时，将受到电容的阻碍作用，把这种阻碍作用称为容抗，用字母X_C表示，其大小可用下式计算：

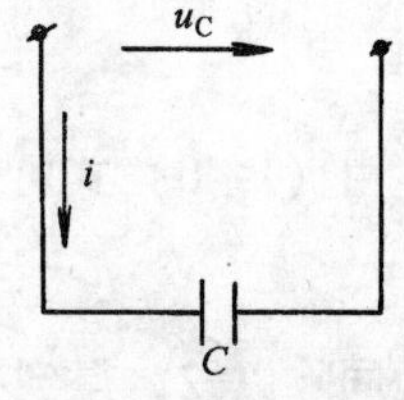

图1-28 纯电容电路

$$X_C=\frac{1}{2\pi fc}=\frac{1}{wc}$$

由此可见，容抗X_C与频率f和电容C成反比。频率f的单位赫兹（Hz），电容C的单位法拉（F），容抗X_C的单位是欧姆（Ω）。

电容等于电容Q与电压U的比值即

$$C=\frac{Q}{U}$$

电容的单位是法拉（F），因这个单位太大，通常用微法（μF）和皮法（PF）来表示，其换算关系为：

$$1\text{F}=10^6\mu\text{F}$$

$$1\text{F}=10^{12}\text{PF}$$

（1）电流、电压的大小及相位关系

设加在电容器两端的电压为

$$u_C=U_{cm}\sin wt \tag{1-39}$$

在电源电压作用下，电容器各个极板上的电荷量为正、负为Q，而

$$Q=Cu_C=CU_{cm}\sin wt$$

当电压交变时，电容器极板上的电荷量随着充放电过程增高和降低，由于极板上的电量的变化是通过电荷在电路中的移动来实现的，因此，纯电容电路在交流电压的作用下，将通过交变电流。

设在dt时间内，极板上的电荷变化量为dq，此时电路中通过的电流瞬时值为

$$\begin{aligned}i&=\frac{dq}{dt}=C\frac{du_C}{dt}=C\frac{d(U_{cm}\sin wt)}{dt}=wcU_{cm}\cos wt\\&=wcU_{cm}\sin\left(w+\frac{\pi}{2}\right)=I_m\sin(wt+\frac{\pi}{2})\end{aligned} \tag{1-40}$$

由式（1-39）和（1-40）式知，在纯电容电路中电流与电压同频率，在相位上电流

超前电压90°。图1-29（a）、（b）中分别画出了纯电容电路电流、电压的矢量图和瞬时波形图。

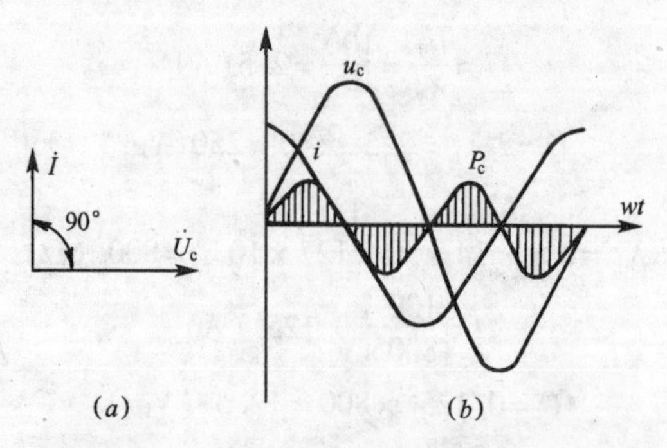

图1-29　纯电容电路矢量图及瞬时波形图

由（1-40）式可知，正弦电流的最大值为

$$I_m = wcU_{cm} \tag{1-41}$$

两边同除以$\sqrt{2}$，得到有效值为

$$I = wcU_C$$

或

$$I = \frac{U_C}{\frac{1}{wc}} = \frac{U_C}{X_C} \tag{1-42}$$

（2）功率

①瞬时功率

$$\begin{aligned} P_C &= U_C i = U_{cm} I_m \sin wt \cos wt \\ &= U_C I \sin 2wt \end{aligned} \tag{1-43}$$

②有功功率

纯电容电路在一个周期内，有两个1/4周期储进能量，有两个1/4周期向电源送还能量，所以消耗的平均功率等于零，即$P_C=0$。

与纯电感电路相似，我们用瞬时功率的最大值$U_C I$来衡量电源与电容器之间能量互换的规模，同样也称作无功功率，用Q_C表示，单位为乏，即

$$Q_C = U_C I = I^2 X_C \tag{1-44}$$

【例题】 将$C=4.5\mu F$的电容器接入电压为220V、频率为50Hz的交流电路，求电路中的电流I及无功功率Q_C。若接于电压为220V、频率为1000Hz的电源，I、Q_C又为多少?

【解】 （1）当$f=50Hz$

$$X_C = \frac{1}{2\pi fc} = \frac{1}{2 \times 3.14 \times 50 \times 4.5 \times 10^{-6}} = 708(\Omega)$$

$$I = \frac{U_C}{X_C} = \frac{220}{708} = 0.31(A)$$

$$Q_C = U_C I = 220 \times 0.31 = 68.4\ (Var)$$

（2）当$f=1000Hz$

$$X_C = \frac{1}{2 \times 3.14 \times 1000 \times 4.5 \times 10^{-6}} = 35.4\ (\Omega)$$

$$I = \frac{U_C}{X_C} = \frac{220}{35.4} = 6.2\ (A)$$

$$Q_C = U_C I = 220 \times 6.2 = 1367\ (Var)$$

4. 电阻与电感的串联电路

在建筑工程中许多电气设备，电阻与电感都不能忽略，为了寻找分析这些线路的方法，我们研究如图 1-30 所示的具有电阻、电感串联的电路。

（1）电流与电压的关系由图可知，电路中元件通过的是同一电流。没流过的电流为

$$i = I_m \sin wt$$

由前已知加在电阻 R 两端的电压瞬时值为

$$u_R = iR = I_m R \sin wt$$

u_R 与 i 同相位

加在感抗两端的电压瞬时值为

$$u_L = L\frac{di}{dt} = I_m X_L \sin\left(wt + \frac{\pi}{2}\right)$$

u_L 超前i 90°。

电源电压 u 为：

$$u = u_R + u_L = I_m R \sin wt + I_m X_L \sin\left(wt + \frac{\pi}{2}\right)$$

根据 u_R、u_L 与 i 的瞬时值解析式画出其瞬时波形，再将 u_R 与 u_L 叠加起来就是总电压 u 的瞬时波形如图 1-31 所示。

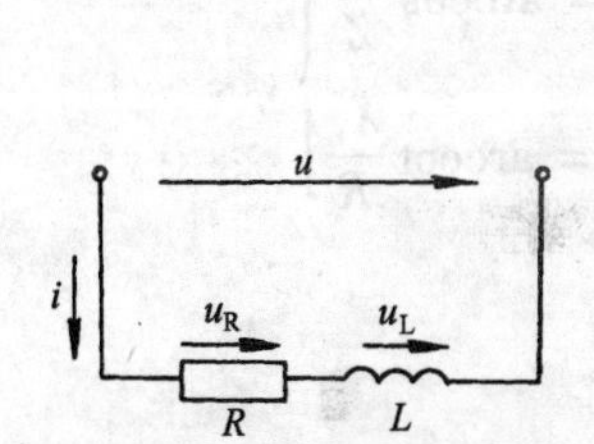

图 1-30　电阻、电感串联电路

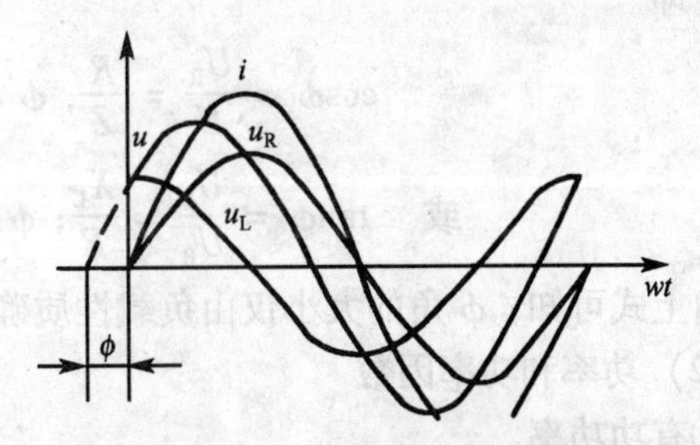

图 1-31　R、L 串联电路瞬时波形图

从图 1-31 看出，总电压 u 是 u_R 及 u_L 同频率的正弦交流电，但是它超前 $i\phi$ 角，其最大值用 u_m 表示，则总电压的瞬时值方程式为

$$u = U_m \sin(wt + \phi)$$

对于 U_m 和 ϕ 值大小的求取可采用矢量图的方法，以简化计算。

利用有效值分析：

选电流 $\dot{I}$ 为参考矢量，水平画出，因为电阻两端电压的有效值 $\dot{U}_R$ 与 $\dot{I}$ 同相位，故同方向画出，而电感两端的电压 $\dot{U}_L$ 超前 $\dot{I}$90°，所以画 $\dot{U}_L$ 垂直于 $\dot{I}$ 且方向朝上，总电压 $\dot{U}$ 的矢量为 $\dot{U}_R$ 及 $\dot{U}_L$ 的矢量和，即

$$\dot{U} = \dot{U}_R + \dot{U}_L$$

如图 1-32 所示。

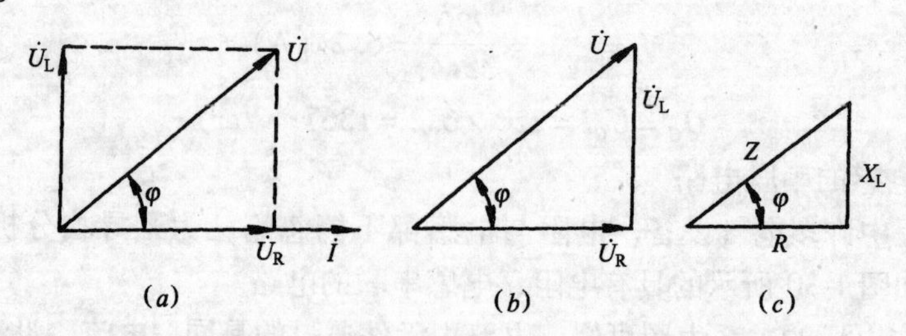

图 1-32 电阻、电感串联电路电流电压矢量图及电压三角形、阻抗三角形

由图 1-32（a）得图 1-32（b），即电压三角形。

由直角电压三角形得

$$U = \sqrt{U_R^2 + U_L^2} = \sqrt{(IR)^2 + (IX_L)^2} = I\sqrt{R^2 + X_L^2} = IZ$$

或
$$I = \frac{U}{\sqrt{R^2 + L^2}} = \frac{U}{Z} \tag{1-45}$$

式中
$$Z = \sqrt{R^2 + X_L^2} = \sqrt{R^2 + (wL)^2} \tag{1-46}$$

Z 称电路的阻抗，它是一个与电路参数及频率有关的量，单位也是欧姆。

如果将电压三角形三边同除以电流 I，则得到以电阻、感抗及阻抗三者构成的三角形，称为阻抗三角形，如图 1-32（c）示。

从矢量图可见，电路中总电压 $\dot{U}$ 超前电流 $\dot{I}$，其相位差可由电压三角形、阻抗三角形求得，即

$$\left.\begin{aligned} \cos\phi &= \frac{U_R}{U} = \frac{R}{Z};\ \phi = \arccos\frac{U_R}{U} = \arccos\frac{R}{Z} \\ \text{或}\quad \tan\phi &= \frac{U_L}{U_R} = \frac{X_L}{R};\ \phi = \operatorname{arccot}\frac{U_L}{U_R} = \operatorname{arccot}\frac{X_L}{R} \end{aligned}\right\} \tag{1-47}$$

由上式可知，ϕ 角的大小仅由负载性质确定。

（2）功率和功率因数

①有功功率

因为电感吸取的平均功率为零，只有电阻消耗功率，所以有

$$P = U_R I \tag{1-48}$$

由电压三角形得　$U_R = U\cos\phi$

故有
$$P = UI\cos\phi \tag{1-49}$$

$\cos\phi$ 为电流与电压之间相位差角的余弦称电路的功率因数，它是表征电路性质的重要数据之一。对于纯电感电路，因电流电压同相位，即 $\phi = 0$，所以 $\cos\phi = 1$；而纯电感纯电容电路，电流电压相位差 $\phi = 90°$，故 $\cos\phi = 0$。电阻电感串联电路中，其功率因数在 0 到 1 之间，由其参数的相对大小所确定。

②无功功率

$$Q = U_L I \tag{1-50}$$

由电压三角形得 $U_L = U\sin\phi$

故 $$Q = UI\sin\phi \tag{1-51}$$

③视在功率

$$S = UI$$

视在功率也称表观功率，其单位用伏安（VA）或千伏安（kVA）。

视在功率虽不表示实际消耗的功率，但在实际中还是有重要意义的。如发电机、变压器等都有额定电压 U_e 和额定电流 I_e，作为正常使用的限值，把额定视在功率 $S_e = U_e I_e$ 定为它们的容量，并标在铭牌上。

如果把电压三角形三边同乘 I 得到功率三角形，如图 1-33 所示。

S、P、Q 三者的关系由直角三角形得：

$$\left.\begin{aligned} S^2 &= P^2 + Q^2 \\ P &= S\cos\phi \\ Q &= S\sin\phi \end{aligned}\right\} \tag{1-52}$$

$$\cos\phi = \frac{P}{S} \quad \phi = \arccos\phi\,\frac{P}{S}$$

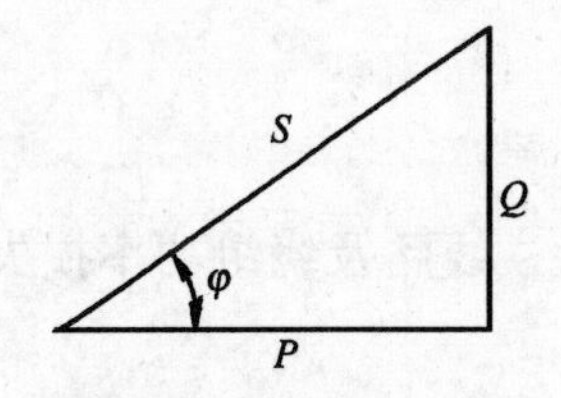

图 1-33　功率三角形

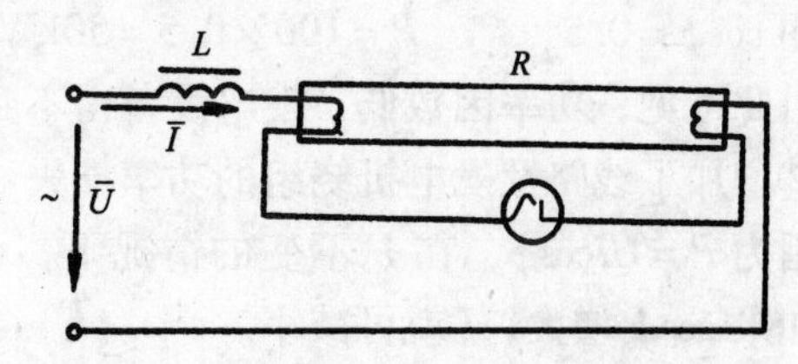

图 1-34　日光灯电路

【例题】 如图 1-34 所示为一日光灯电路，其中电源电压为 220V，频率 $f = 50\text{Hz}$，日光灯镇流器的电感 $L = 2.22$ 亨，日光灯的电阻 $R = 403\Omega$，试求：(1) 电路中的电流，(2) 日光灯的功率因数、有功功率和视在功率。

【解】 (1) 因 $I = \dfrac{U}{Z}$

$$X_L = 2\pi fL = 2 \times 3.14 \times 50 \times 2.22 = 690.8(\Omega)$$

$$Z = \sqrt{R^2 + X_L^2} = \sqrt{403^2 + 690.8^2} = 800(\Omega)$$

所以 $$I = \frac{220}{800} = 0.275(\text{A})$$

(2) $$\cos\phi = \frac{R}{Z} = \frac{403}{800} = 0.5$$

$$\phi = 60°$$

有功功率 $$P = UI\cos\phi = 220 \times 0.275 \times 0.5 = 30.3\ (\text{W})$$

视在功率 $$S = UI = 220 \times 0.275 = 60.5\ (\text{VA})$$

5. 功率因数的提高

由前所述可知，在交流电路中有功功率 $P = UI\cos\phi$，显然有功功率大小不仅与电流电压大小有关，而且与功率因数有关，而功率因数的大小取决于负载的类型，对不同性质负载功率因数列于表 1-1 中。

不同性质负载功率因数表 **表 1-1**

负载类型	功率因数	原因
纯电阻性质的负载 R	$\cos\phi = 1$	电流与电压同相，即 $\phi = 0°$
纯电感性质的负载 L	$\cos\phi = 0$	电流落后于电压 90°，即 $\phi = 90°$
纯电容性质的负载 C	$\cos\phi = 0$	电流超前电压 90°，即 $\phi = 90°$
具有电阻、电感的感性负载	$1 > \cos\phi > 0$	电流落后于电压 ϕ 角，而 $0° < \phi < 90°$

当电流与电压之间有相位差时，即功率因数不等于 1 时，会出现：

①发电设备的容量不能充分利用

如果有一台 100kVA 的发电机，供给供电照明负载 $\cos\phi = 1$，则发出 $P = S\cos\phi = 100\text{kW}$ 的有功功率，这时利用率最高。

如供给功率因数 $\cos\phi = 0.8$ 的负载，则

$P = S\cos\phi = 100 \times 0.8 = 80\text{kW}$

如 $\cos\phi = 0.5$ $P = 100 \times 0.5 = 50\text{kW}$

由此可见，功率因数低，发电设备得不到充分利用。

②增加了线路及发电机绕组的功率损失

因为 $P = UI\cos\phi$，在 U 不变的情况下，$\cos\phi$ 低，I 就大，线路及绕组功率损失就大，可见如果 $\cos\phi$ 增大，I 就可减小。

提高功率因数的方法是：在电感负载上并联电容器。

【例题】 某教室安 9 盏 40W 的日光灯，为了提高线路的功率因数，在每盏日光灯上均并联了 4.75μF 的电容器。若将功率因数提高到 0.95，试问：向电源取用的总电流是多少？在控制该支线的闸盒内应装何种规格的保险丝？

【解】 9 盏灯向电源取用的总功率为

$$P = 40 \times 9 = 360\ (\text{W})$$

当 $\cos\phi = 0.95$ 时，其工作电压为

$$I = \frac{P}{U\cos\phi} = \frac{360}{220 \times 0.95} = 1.72\ (\text{A})$$

闸内应装保险丝的电流为

$$I_{熔} \geqslant I_2 = 1.72\text{A}$$

应选配 2A 的保险丝。

二、三相交流电路

目前在发电、输电和配电方面，全部采用三相制，而且在建筑工程用电中，绝大部分为三相交流电源，三相交流电的特点是：(1) 远距离输送时节省电线用的金属材料，经济性好；(2) 三相交流电动机与单相交流电动机相比具有结构简单、价格低廉、性能好、工作可靠等优点。

(一) 三相交流电的产生

三相电动势是由三相交流发电机产生的。三相交流发电机的构造如图 1-35 所示。其

磁场同单相交流发电机一样，磁感应强度 B 沿电枢表面也是按正弦分布的，不同的是在旋转电枢上装有三个具有相同结构的绕组 AX、BY 和 CZ，其中 A、B、C 为三个绕组的首端，X、Y、Z 为三个绕组的尾端。三个绕组在空间的位置彼此互差 120°电角，每一绕组称为一相，如 A 相、B 相、C 相。

当电枢由原动机带动沿逆时针方向匀速转动时，在每相绕组中都分别产生正弦交变电动势。由于三个绕组的匝数和尺寸相同，切割磁力线的速度相同。然而，由于它们在空间的位置互差 120°电角，所以三个电动势到达最大值的时刻不同，即存在 120°的相位差。

频率相同、最大值相等、相位互差 120°的三相电动势称三相对称电动势。如图 1-36 所示为发电机三相绕组的示意图，电动势的正方向规定由绕组的尾端指向首端。

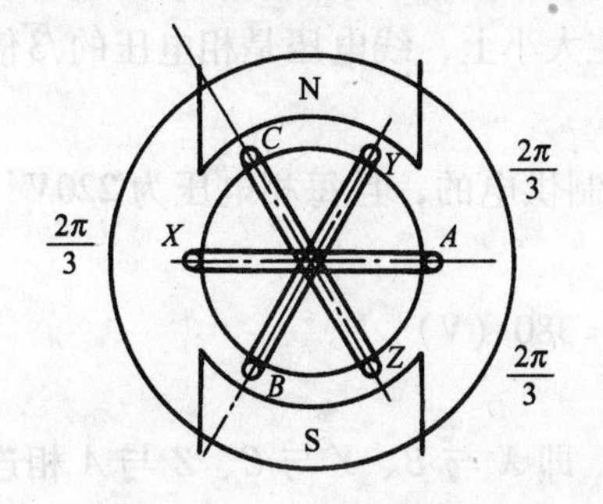

图 1-35　三相交流发电机

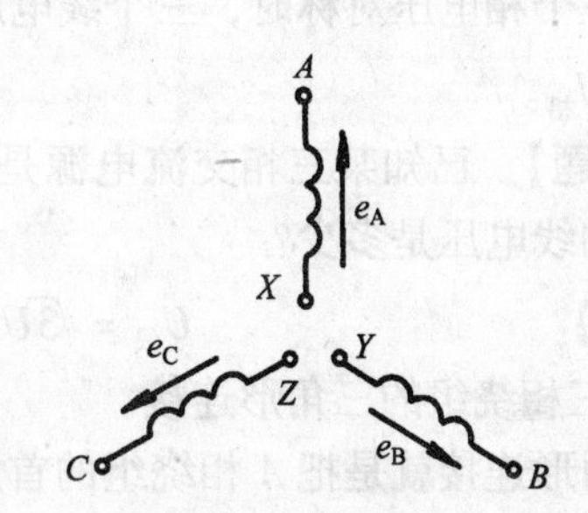

图 1-36　发电机三相绕组示意图

如果以 A 相为参考量，于是三相电动势的瞬时值方程式为：

$$\left.\begin{aligned} e_A &= E_m \sin wt \\ e_B &= E_m \sin(wt - 120°) \\ e_C &= E_m \sin(wt - 240°) \end{aligned}\right\} \tag{1-53}$$

把三个电动势达到最大值的先后顺序称为相序，通常称 $e_A \to e_B \to e_C$ 为正相序；称 $e_A \to e_C \to e_B$ 为逆相序。其瞬时波形图如 1-37 所示。

（二）三相绕组的连接

如果把每相绕组的两端分别接上负载，得到如图 1-38 所示电路，显然得到的是彼此独立的单相交流电路。用这样的方式输送电能需六条输电线，它显示不出三相制的优越性。因此在实际中，是把发电机的三相绕组进行适当连接，然后联合对外供电。

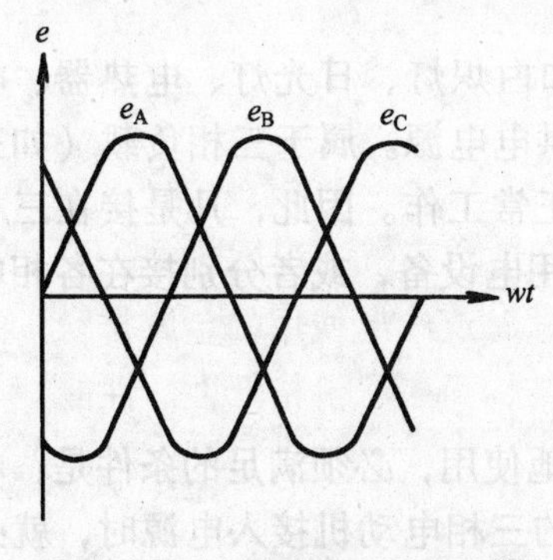

图 1-37　三相电动势瞬时波形图

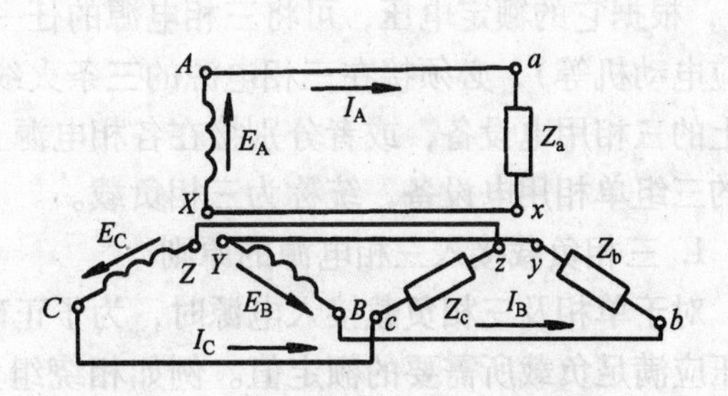

图 1-38　彼此不相关的三相电路

1. 三相发电机绕组的星形连接

如图 1-39 所示，把发电机的三相绕组的尾端 X、Y、Z 接在一起，称为中性点（简称中点），用 N 表示，由中点引出一条导线，称为中性线（简称中线、俗称地线），从 A、B、C 三个始端分别引出三条导线，称为端线（俗称火线），这样就把互不关联的三个单相电源联合在一起进行供电了。显然它们单独供电时，省去了两条输电导线，这种连接方法称为星形（Y）连接。这种由三相发电机引出四条输电线供电的方式，称为三相四线制。

在三相四线制供电线路中，端线与中线之间的电压称为相电压（即各相绕组的首端与末端之间的电压），如图 1-39 中的 U_a、U_b、U_c，一般用 $U_{线}$ 来表示（如 U_{AB}、U_{BC}、U_{CA}）。

当三个相电压对称时，三个线电压也必对称，在大小上，线电压是相电压的$\sqrt{3}$倍，即 $U_{线}=\sqrt{3}U_{相}$。

【例题】 已知某三相交流电源是采用三相四线制供电的，且每相电压为 220V，试问该电源的线电压是多少？

【解】 $U_{线}=\sqrt{3}U_{相}=1.73\times220=380$ (V)

2. 三相绕组的三角形连接

三角形连接就是把 A 相绕组的首尾端依次相连，即 X 与 B、Y 与 C、Z 与 A 相连，由三个接点引出三条相线对外供电，如图 1-40 所示。可见，当发电机绕组作三角形连接时，没有零线引出。在用电时，也只能得到线电压 U_{AB}、U_{BC}、U_{CA}。

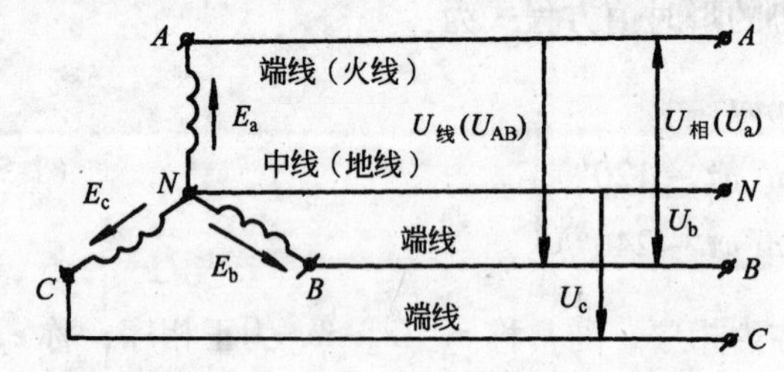

图 1-39 三相发电机绕组的星形连接

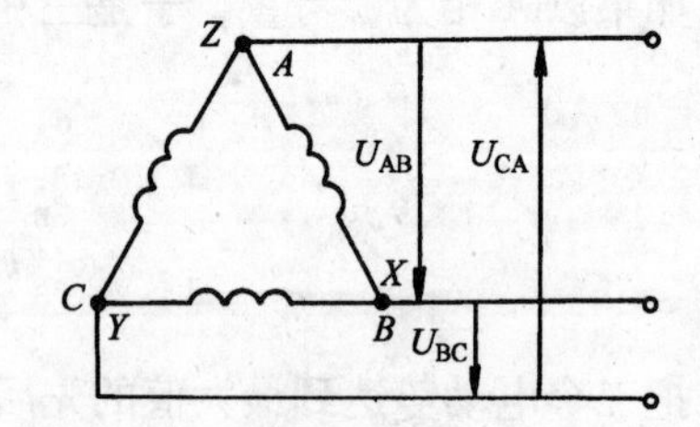

图 1-40 发电机绕组的三角形连接

在三相低压供电系统中，广泛采用的是 380/220V 三相四线制供电，存在两种电压，可供给不同的负载需要，三相动力负载能够得到三相 380V 的线电压，而照明、单相电热，家用电器等单相负载可以使用每相 220V 的相电压。

（三）三相负载的连接

常用的负载有单相和三相两种。属于单相负载（如白炽灯、日光灯、电热器、电焊机），根据它的额定电压，可将三相电源的任一相作为供电电源。属于三相负载（如三相感应电动机等），必须接在三相电源的三条火线上才能正常工作。因此，凡是接在三相电源上的三相用电设备，或者分别接在各相电源上的三相用电设备，或者分别接在各相电源上的三组单相用电设备，统称为三相负载。

1. 三相负载接入三相电源的原则

对于单相及三相负载接入电源时，为了正确、合理地使用，必须满足的条件是：电源电压应满足负载所需要的额定值。例如相绕组为 380V 的三相电动机接入电源时，就必须保证其相电压为 380V。

2. 三相负载接入三相电源的方法

三相负载接入三相电源有两种方法，即星形连接和三角形连接方法。

（1）三相负载的星形连接

如图 1-41 所示，把三相负载的每一相分别跨接在端线与中线之间的连接称为星形连接，又称“Y”形连接。

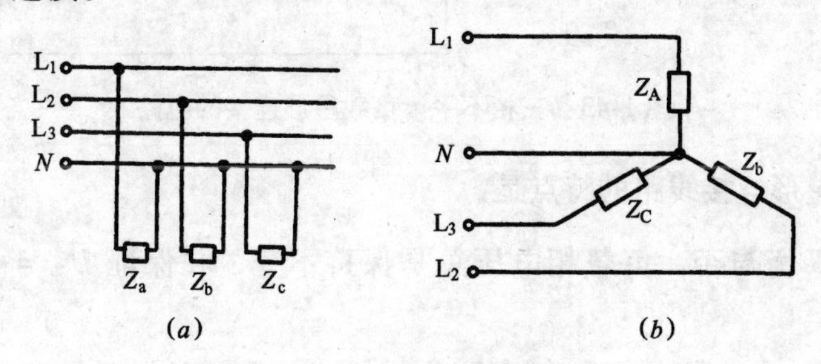

图 1-41　三相负载的星形连接

（2）三相负载的三角形连接

如图 1-42 所示，把三相负载的每一相分别跨接在端线与端线之间的连接称为三角形连接，又称“△”形连接。

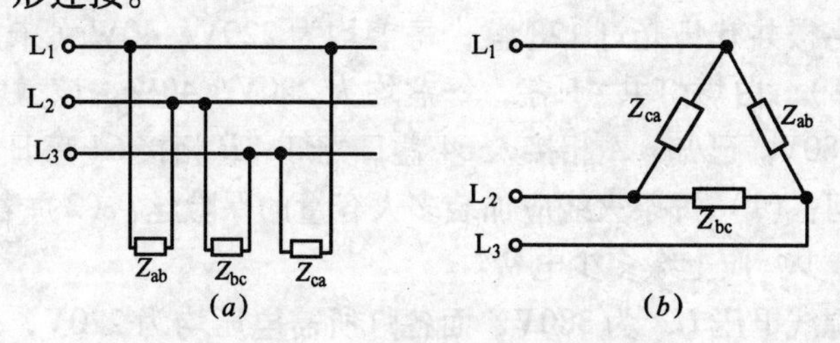

图 1-42　三相负载的三角形连接

3. 负载星形连接的三相电路

三相负载分为三相对称（平衡）负载和三相不对称（不平衡）负载。所谓平衡，就是这负载的三相，在电路中所起的作用，所造成的影响是完全相同的。即各相功率相等，各相功率因数相同即称三相平衡负载，否则，就称为三相不平衡负载。

三相不平衡负载作星形连接接入三相电源时，除了三条端线之外还需要接入中线，形成三相四线制。如果三相平衡负载作星形连接，只要接入三条端线即可，不接中线，形成三相三线制。

（1）三相不平衡电路

如图 1-43 所示。A 相负载 Z_a、b 相负载 Z_b、C 相负载 Z_c，且 $Z_a \neq Z_b \neq Z_c$，称相阻抗。

相电压——各相负载两端所承受的电压，图中 U_a、U_b、U_c 为相电压，可用 $U_{相}$ 表示。

相电流——通过各相负载的电流，图中 I_a、I_b、I_c 为相电流，用 $I_{相}$ 表示。

线电流——各条端线中流过的电流，图中 I_A、I_B、I_C 为线电流，用 $I_{线}$ 表示。

中线电流——三相四线供电时，中线内流过的电流即为中线电流，图中 I_N 为中线电流。

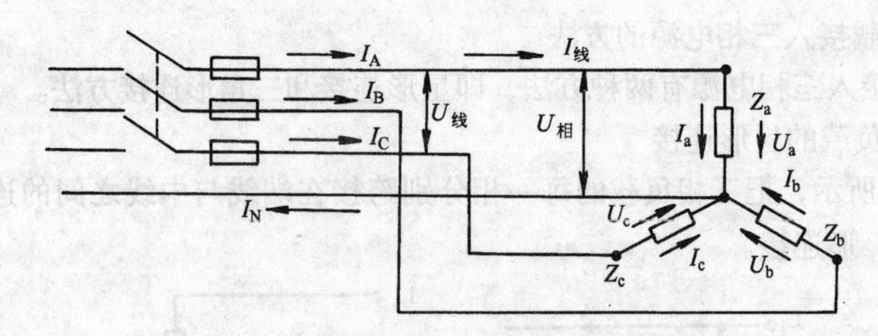

图 1-43 三相不平衡负载星形连接的电路

三相四线制星形连接线路的特点是：

①不论负载平衡与否，负载相电压总是保持不变，并保证 $U_{相}=\frac{1}{\sqrt{3}}U_{线}$ 的电压关系不变。

②电源的线电流 $I_{线}$ 等于相应负载的相电流 $I_{相}$。

③各相负载与电源间独自构成回路，互不相扰。尽管它们各相总起来对三相电源来说是个三相负载，但对每一相来说，可看成是三个独立互不相关的单相负载，因此有关电路的计算与单相负载的电路相同。

【例题】 某住宅楼共有日光灯 128 盏，每盏均为 220V、40W（未加装电容器，其功率因数可按 0.6 计算），白炽灯共 41 盏，每盏均为 220V、40W。该教学楼为三相四线供电，电源线电压为 380V。已知：A 相接入 64 盏日光灯，B 相接 64 盏日光灯，而白炽灯全部接入了 C 相。试问：(1) 每条火线应加装多大容量的保险丝？(2) 若每日用电按 3h 计算，每月耗用电能多少？应上缴多少电费？

【解】 因为电源线电压 $U_{线}$ 为 380V，而各灯所需电压均为 220V，所以这三组灯应以Y接入三相电源。又因负载不平衡而加接了中线，这时保证了相电压 $U_{相}=\frac{1}{\sqrt{3}}U_{线}=\frac{1}{\sqrt{3}}\times 380=220$ (V)。

(1) A 相接入日光灯的总功率为

$$P_A=40\times 64=2560\ (\text{W})$$

$$I_A=\frac{P_A}{U_{相}\cos\phi_{相}}=\frac{2560}{220\times 0.6}=19.4\ (\text{A})$$

因 $I_{线}=I_{相}$、火线应加装 20A 的保险丝。

C 相接入白炽灯的总功率为

$$P_C=40\times 41=1641\ (\text{W})$$

C 相负载的总电流为

$$I_C=\frac{P_C}{U_{相}\cos\phi_{相}}=\frac{1640}{220\times 1}=7.46\ (\text{A})$$

C 相火线应加装 10A 的保险丝。

B 相接入灯数与 A 相同，故 B 相火线也应加装 20A 的保险丝。

(2) 全楼照明负载的总功率为

$$P=40\times 128+40\times 41=6.76\ (\text{kW})$$

每月耗用电能为

$$W = P \cdot t = 6.76 \times 3 \times 30 = 608\ (\mathrm{kW \cdot h}) = 608\ (度电)$$

每月应上缴电费为

$$0.238 \times 608 = 144.70\ (元)$$

在三相四线制，中线电流 I_N 是多大呢？参照图 1-43 将三相负载（灯箱）作星形连接，接入三相 380V 电源上投入正常工作，并将电流测试插座分别接入三条火线内，以便量测电流。实验结果记录列于表 1-2 中。

表 1-2

三相负载		火线电流（A）			中线电流
		I_A	I_B	I_C	I_N(A)
不平衡	A-2 灯，B-3 灯，C-5 灯	0.94	1.41	2.33	1.18
平衡	各相均开 5 灯	2.35	2.35	2.33	0

实验电路不变，将中线断开，按实验的实际数据记录于表 1-3 中。从中可见，当三相负载不平衡时断开中线，会引起三相相电压的严重不对称，很可能导致烧毁负载，所以在作无中线负载不平衡的实验时，动作要快，在不观察和不量测时立即拉闸断电。

表 1-3

三相负载		火线电流（A）			中线电流 I_N(A)		
		U_a	U_b	U_c	$A_{相}$	$B_{相}$	$C_{相}$
平衡	各相均开 5 灯	218	218	218	正常	正常	正常
不平衡	A-4 灯，B-5 灯，C-5 灯	238	208	208	变亮	稍暗	稍暗
	A-3 灯，B-5 灯，C-5 灯	260	200	200	特亮	更暗	更暗

从以上的两次实例及对实验记录分析中，得出如下结论：中线的作用是：①负载不平衡时，中线里虽有电流流过，但一般均较火线电流小，所以中线的截面较火线的截面小一些。负载越接近平衡，中线电流就越小。②当负载平衡时，中线电流为零，中线不起作用，可以去掉。③负载不平衡时，中线可以确保负载相电压不变。若此时断开中线，则会引起负载相电压的严重不平衡，影响负载的正常工作，甚至会烧毁设备。

由上分析知，三相四线制供电中的中线作用就是确保负载不平衡时，仍能获得对称相电压，保证负载正常工作。也就是说，把由于负载不平衡而引起的中线电流送回电源。因此在中线上绝不允许安装保险丝和刀闸开关。

（2）三相平衡电路

由前可知，如果三相负载平衡，中线电流为零，去掉中线后形成三相三线制，其特点是：

①各相负载所承受的电压

$$U_{相} = \frac{1}{\sqrt{3}} U_{线}$$

②电源线电流 $I_{线}$ 等于负载相电流 $I_{相}$。

③电源供给的三相总功率为各相功率的3倍，即

$$P = 3P_{相} = 3U_{相} I_{相} \cos\phi_{相} = \sqrt{3}U_{相} I_{线} \cos\phi_{相}$$

（四）负载三角形连接的三相电路

1. 连接方法

如图1-44所示为三相负载的三角形连接，这种连接方式，就是把每相负载分别接在电源的两条相线之间。

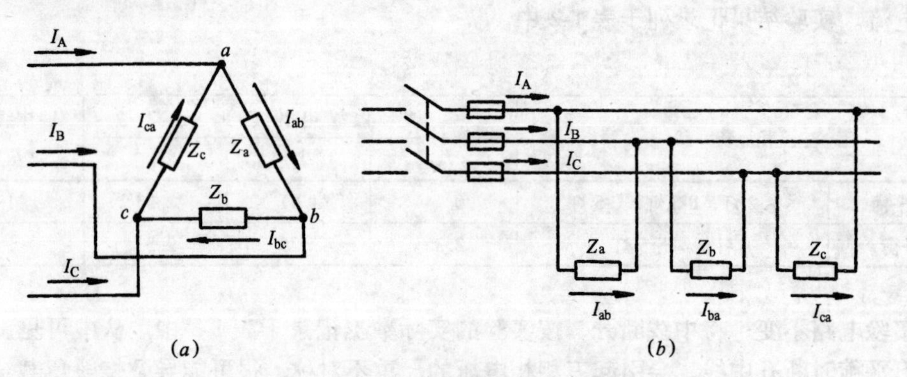

图1-44 三相负载的三角形连接

显然，三相负载作三角形连接时，不用电源引出的零线。

三相负载作三角形连接时，各相电压用U_{ab}、U_{bc}、U_{ca}表示。由于作三角形连接的负载每相都接在两条相线上，负载的各相电压等于电源的各线电压，即

$$U_{ab} = U_{AB},\ U_{bc} = U_{BC},\ U_{ca} = U_{CA}$$

或

$$U_{线} = U_{相} \tag{1-54}$$

2. 电路计算

(1) 相电流的计算

各相负载流过的相电流用I_{ab}、I_{bc}、I_{ca}表示，或用$I_{相}$表示，则

$$\left.\begin{aligned} I_{ab} &= \frac{U_{ab}}{Z_a} \\ I_{bc} &= \frac{U_{bc}}{Z_b} \\ I_{ca} &= \frac{U_{ca}}{Z_c} \end{aligned}\right\} \tag{1-55}$$

各相电流的正方向规定为与该相所承受的电压方向一致，并由下标顺序表明。例如I_{ab}的正方向是从a到b。

各相电流与各相电压的相位差角，可由各相负载的电阻、感抗来计算，即

$$\left.\begin{aligned} \phi_a &= \arctan\frac{X_d}{R_d} \\ \phi_b &= \arctan\frac{X_b}{R_b} \\ \phi_c &= \arctan\frac{X_c}{R_c} \end{aligned}\right\} \tag{1-56}$$

在三相负载对称的情况下，各相电流也是对称的，所以各相电流的有效值为

$$I_{ab} = I_{bc} = I_{ca} = I_{相} = \frac{U_{相}}{Z_{相}} \tag{1-57}$$

各相电流与各相电压的相位差角也都相等，即

$$\phi_a = \phi_b = \phi_c = \arctan\frac{X_{相}}{R_{相}} \tag{1-58}$$

（2）线电流的计算

由前所述，通过各相线的电流叫线电流，仍然用 I_A、I_B、I_C 表示，其正方向规定为由电源流向负载。

实验证明，当对称三相负载作三角形连接时，线电流在数值上等于相电流的$\sqrt{3}$倍，即

$$I_{线} = \sqrt{3}I_{相} \tag{1-59}$$

各线电流较其对应的相电流滞后30°。

（3）三相电功率的计算

三相负载对称时，每相负载的有功功率

$$P_{相} = U_{相}\, I_{相}\cos\phi_{相} \tag{1-60}$$

三相有功功率

$$P = 3P_{相} = 3U_{相}\, I_{相}\cos\phi_{相} = \sqrt{3}U_{线}\, I_{线}\cos\phi_{相} \tag{1-61}$$

同理，三相无功功率

$$Q = 3U_{相}\, I_{相}\sin\phi_{相} = \sqrt{3}U_{线}\, I_{线}\sin\phi_{相} \tag{1-62}$$

三相视在功率

$$\begin{aligned} S &= \sqrt{P^2 + Q^2} = \sqrt{(\sqrt{3}U_{线}\, I_{线}\cos\phi_{相})^2 + (\sqrt{3}U_{线}\, I_{线}\sin\phi_{相})^2} \\ &= \sqrt{3}U_{线}\, I_{线} \end{aligned} \tag{1-63}$$

由此可知：三相对称负载不论作三角形连接还是作星形连接，用线电压与线电流计算三相电功率（包括有功功率、无功功率、视在功率）的公式是完全一样的。

【例题】 已知三相对称负载，每相负载 $R=6\Omega$，$X_L=8\Omega$，电源线电压 $U_{线}=220V$。

（1）当三相负载作三角形连接时，求相电流、线电流及三相总平均功率。

（2）当三相负载作星形连接时，求相电流、线电流及三相总平均功率。

【解】 （1）因为 $U_{线}=U_{相}$

每相阻抗　$Z_{相}=\sqrt{R_{相}^2+X_{相}^2}=\sqrt{6^2+8^2}=10$（Ω）

相电流　$I_{相}=\frac{U_{相}}{Z_{相}}=\frac{220}{10}=22$（A）

线电流　$I_{线}=\sqrt{3}I_{相}=\sqrt{3}\times 22=38$（A）

每相功率因数　$\cos\phi_{相}=\frac{R_{相}}{Z_{相}}=\frac{6}{10}=0.6$

三相电功率　$P=\sqrt{3}U_{线}\, I_{线}\cos\phi_{相}$

$=\sqrt{3}\times 220\times 38\times 0.6$

$=8.7$（kW）

（2）三相负载作星形连接时：

$$U_{相} = \frac{U_{线}}{\sqrt{3}} = \frac{220}{\sqrt{3}} = 127(\text{V})$$

相电流：　　$I_{相} = \frac{U_{相}}{I_{相}} = \frac{127}{10} = 12.7\ (\text{A})$

线电流：　　$I_{线} = I_{相} = 12.7\ (\text{A})$

三相电功率：　$P = \sqrt{3}U_{线}\ I_{线}\ \cos\phi_{相}$

$= \sqrt{3} \times 220 \times 12.7 \times 0.6$

$= 2.9\ (\text{kW})$

由上计算结果知：虽然三相负载作星形连接和三角形连接时三相电功率的计算公式一样，但是当同一负载分别作星形及三角形连接且接在同一三相电源上，所取用的三相电功率是不同的。

第三节　变压器和三相异步电动机

一、单相变压器的构造及工作原理

变压器的芯体部分主要由两部分组成，一是铁芯，二是绕组。绕组分高、低压绕组，如图 1-45 所示。

按变压器铁芯的构造，可分为芯式变压器和壳式变压器两种。低压绕组绕在靠铁芯的柱上，高压绕组绕在低压绕组的外面。

电力变压器构造除芯体部分外，还有油箱、散热管、贮油柜和变压器油等。

变压器是将某一数值的交流电压变为同频率的另一数值的交流电压，变压器高低压绕组彼此绝缘，它们通过铁芯磁路相交链。

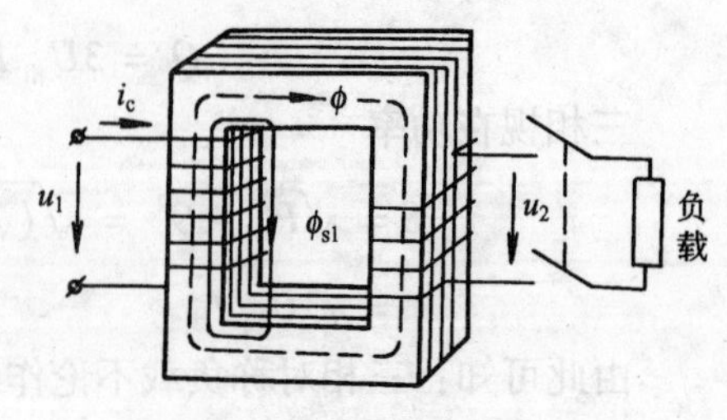

图 1-45　变压器简单构造

当变压器原绕组通过正弦交流电时，在铁芯磁路中产生交变的主磁通 ϕ，它不仅与原绕组交链，也与副绕组交链，于是在副绕组中产生交变电压。因此说，变压器的铁芯是原副绕组电的传播的桥梁，即变压器是利用电磁感应原理进行变压的，可用下式表示：

$$\left.\begin{aligned} &\text{变压器原绕组的电压}\ U_1 = 4.44W_1f\phi_m \\ &\text{变压器副绕组的电压}\ U_2 = 4.44W_2f\phi_m \end{aligned}\right\} \tag{1-64}$$

式中　f——交流电频率；

ϕ_m——变压器铁芯交变磁通的最大值；

W_1、W_2——变压器原副绕组的匝数。

于是有

$$\frac{U_1}{U_2} = \frac{4.44W_1f\phi_m}{4.44W_2f\phi_m} = \frac{W_1}{W_2} = K_u \tag{1-65}$$

结论：变压器原副绕组电压之比与它们的匝数成正比，K_u 称变压比。改变 K_u 可以得到不同数值的电压。

变压器不但可以变压还可以变流。设原副绕组的电流分别为 I_1 和 I_2，则有

$$\frac{I_1}{I_2}=\frac{W_2}{W_1}=K_i \tag{1-66}$$

结论：变压器原副绕组电流之比与它们匝数成反比，K_i 称电流变比。

二、三相变压器

在输、配电系统中，广泛采用的是三相电力变压器。

（一）三相变压器构造和接线

1. 变压器的构造

它相当于三个单相变压器，有三个铁芯柱，每个铁芯柱上绕着一相高低压绕组，这三相高低压绕组可以根据需要进行不同的连接，如图 1-46 所示。

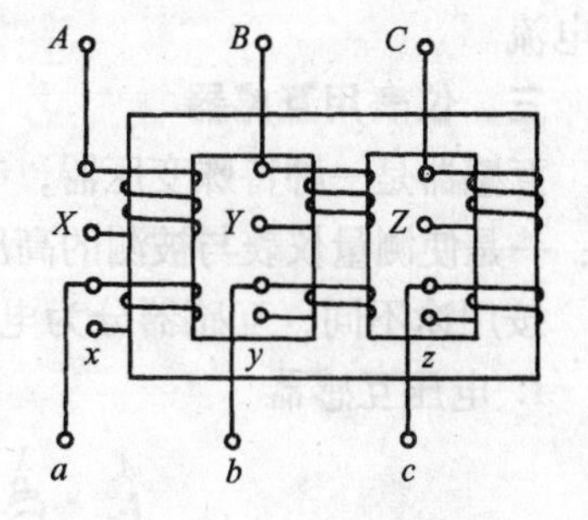

图 1-46　三相变压器

2. 变压器的接线

三相变压器在运行时原副绕组的连接方式很多，一般有Y/Y_0、Y/△、△/Y_0、△/△、Y/Y几种。其意义是：分子代表变压器原绕组接法，分母代表副绕组接法。

Y表示星形连接，Y_0表示星形连接且带中线，△表示三角形连接。常用的接法有Y/Y_0和Y/△两种接法，如图 1-47 和图 1-48 所示。

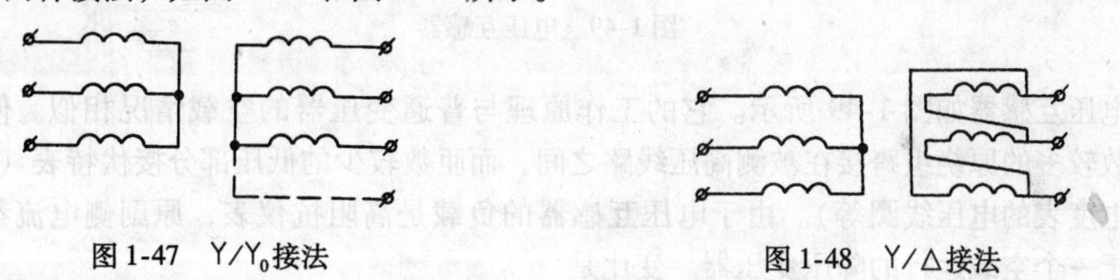
图 1-47　Y/Y_0接法　　　　图 1-48　Y/△接法

（二）变压器的铭牌

在变压器外壳上钉有一块反映这台变压器额定数据及接法的铭牌，这就是变压器铭牌。为确保正常使用变压器，必须对变压器铭牌上的主要数据的意义加以了解。

1. 型号含义

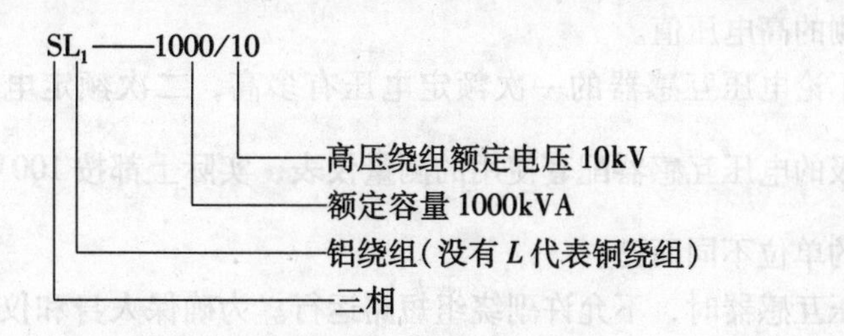

2. 额定容量

额定容量指的是变压器额定视在功率。

单相变压器　$S_e=I_{2e}U_{2e}/1000$ （kVA）　(1-67)

三相变压器　$S_e=\sqrt{3}I_{2e}U_{2e}/1000$ （kVA）　(1-68)

I_{2e}、U_{2e}指变压器低压绕组的线电流和线电压。

3. 额定电压

变压器正常工作时其原绕组所承受的电压 U_{1e}及变压器空载时绕组的电压 U_{2e}称额定电压。三相变压器的额定电压指线电压。

4. 额定电流

变压器正常工作时，原副绕组所通过的最大电流称额定电流，三相变压器额定电流指线电流。

三、仪表用互感器

互感器是一种特殊变压器，专供测量仪表和继电保护配用。仪表配用互感器的目的有两点：一是使测量仪表与被测的高压电路隔离，以保障工作安全；再一点是扩大仪表的量程。

按用途不同，互感器分为电压互感器和电流互感器两种。

1. 电压互感器

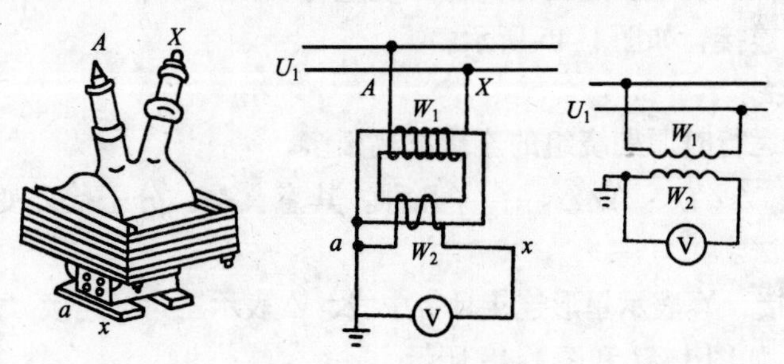

图 1-49　电压互感器

电压互感器如图 1-49 所示。它的工作原理与普通变压器的空载情况相似。使用时，把匝数较多的原绕组跨接在被测高压线路之间，而匝数较少的低压部分接伏特表（或功率表、电度表的电压线圈等）。由于电压互感器的负载是高阻抗仪表，原副侧电流都很小，相当于一个空载运行的降压变压器。变比是

$$K_u = \frac{W_1}{W_2} = \frac{U_1}{U_2} \tag{1-69}$$

由此可知，利用互感器可以将被测的高电压转换成低电压，然后用电压表去测这个低电压，其读数 U_2 乘以 K_u 即是被测的高电压 U_1。为使用者方便，在配套的电压表标尺上，可直接标出被测的高电压值。

实际上，不论电压互感器的一次额定电压有多高，二次额定电压均为 100V。这样，与不同电压等级的电压互感器配套使用的测量仪表，实际上都按 100V$\left(\text{或}\frac{100}{\sqrt{3}}\text{V}\right)$定额制造，只是标尺刻度的单位不同而已。

在使用电压互感器时，不允许副绕组短路运行。为确保人身和仪表安全，必须注意先把互感器铁壳和副绕组的一端接地，防止万一绝缘破坏，副绕组出现高压，使工作人员遭受人身危险和损坏仪表。

2. 电流互感器

电流互感器有两个相互绝缘的原副绕组，套在同一个铁芯上，如图 1-50 所示。

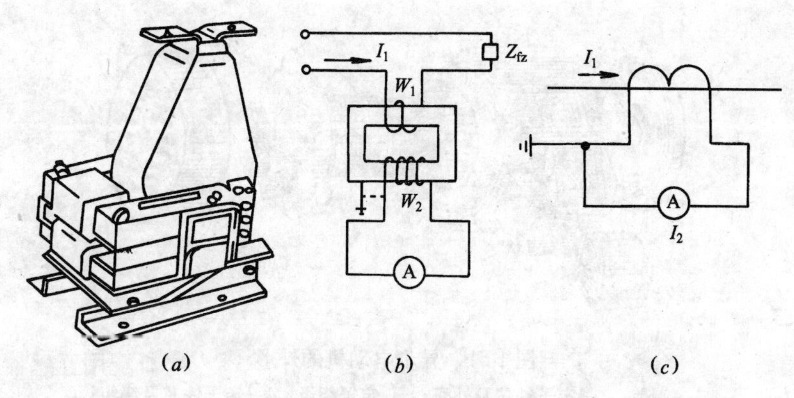

图 1-50　电流互感器

使用电流互感器的目的是：一是扩大仪表（安培表、瓦特表、电流表的电流线圈等）的量程；另是当测量高压线路中的电流时，也是为了隔离高压。使用时的接法是：原绕组与被测电路串联，副绕组接电流表。因为原绕组匝数少（最少可只有一匝，副绕组又近似于短路状态（因电流表的内阻很小），电流互感器原、副绕组的电压均可忽略不计，即相当于变压器的短路运行状态。其原、副电流之比为：

$$\frac{I_1}{I_2}=\frac{W_2}{W_1}=K_i \tag{1-69a}$$

K_i 称电流互感器的变换系数。

在实际中，为了便于和仪表配套，实现标准化，电流互感器不管一次额定电流多大，二次额定电流总为5A。

在使用电流互感器时，要特别注意二次绕组绝对不允许开路。因为正常工作时，相当于短路状态，原副电流在铁芯中产生的磁通近似相等，相位相反，而互相抵消，总磁通（即工作磁通）很小。如果在运用时二次电路一旦断开，则二次电流 I_2 和磁动势 I_2N_2 随即消失，而一次电流 I_1 决定于线路中的负载，仍保持不变。这时，全部的一次电流成为励磁电流，使铁芯中的磁通剧增。其结果铁芯过热，使整个设备烧毁；且在绕组中会感应出过高的电动势，对工作人员不安全。另外，若电流互感器接于高压电路，副绕组的一端和互感器的铁壳也必须接地。

四、三相异步电动机的构造和工作原理

三相异步电动机结构简单，价格便宜，运行可靠，维护简便。因此在实践中得到了广泛应用。

（一）三相异步电动机的构造

异步电动机由固定部分（称为定子）和转动部分（称为转子）两大基本部分组成。转子装在定子里面，定子与转子之间隔着空气隙，转子的轴支承在两边的盖的轴承之中，其外形如图 1-51 所示。

1. 定子

它包括机座、定子铁芯、定子绕组三部分。为了减少铁芯中的涡流损耗，用0.5mm厚的硅钢片叠成筒形铁芯，在铁芯内表面均匀分布若干与轴平行的槽，见图 1-52。

机座是电机外壳，用铸铁或铸钢制成。定子绕组为三相，各相互差120°，放在定子铁

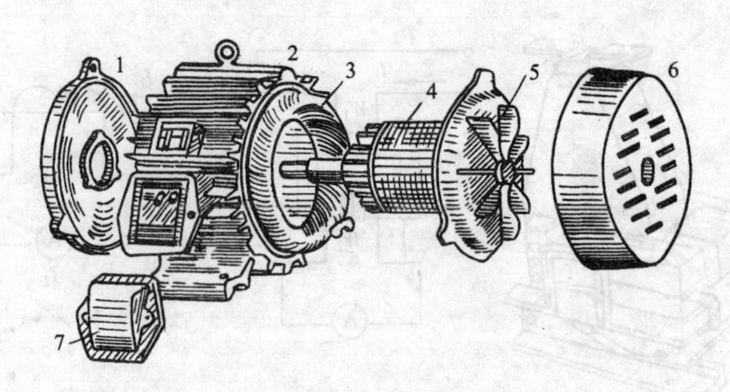

图 1-51　异步电动机的外形

1—端盖；2—定子铁芯及外壳；3—定子绕组；4—转子铁芯及绕组；
5—风扇；6—风扇罩；7—接线盒盖

芯的槽中，三相绕组的三个首端（起端）和三个尾端（末端）引到接线盒中的六个接线柱上，电机与电源连接时可以根据铭牌标注接成星形或三角形。三个首端接在接线盒中用 D_1、D_2、D_3 标记，尾端用 D_4、D_5、D_6 标记，其连接如图 1-53 所示。

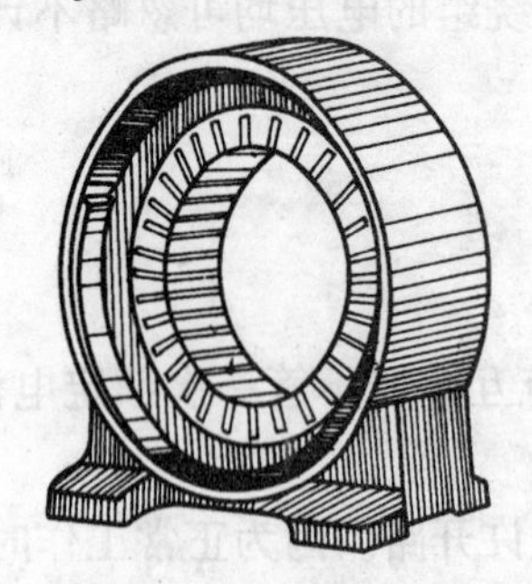

图 1-52　定子铁芯

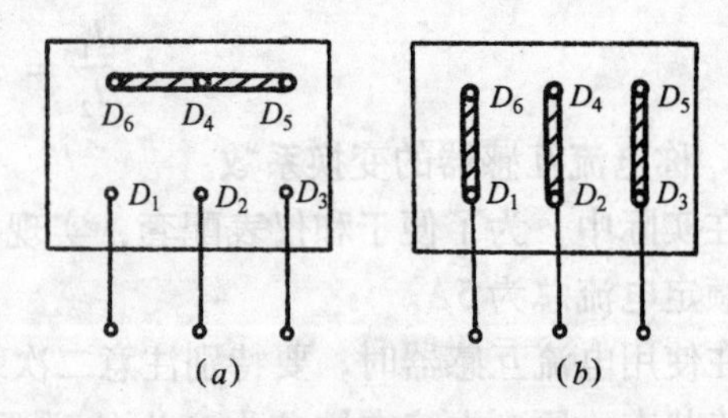

图 1-53　异步电动机定子绕组接法

(a) Y接法；(b) △接法

2. 转子

转子有鼠笼式和绕线式两种，故异步电动机视转子不同而分为鼠笼式和绕线式异步电动机两种。

转子由铁芯、绕组、转轴、风扇等组成。

转子铁芯是一个圆柱体，用 0.5mm 厚的硅钢片叠成，外表面均匀地分布着与轴平行的沟槽。

转子绕组是由放置在槽内的裸铜线和焊在两端的两个铜环（称为端环）所构成，称为鼠笼形转子，如图 1-54 所示。

绕线式转子，是在转子铁芯沟槽放置三相对称绕组，三相绕组作星形连接，尾端接在一起为中点，三个起端分别接在电机的三个铜制滑环上。三个滑环固定在轴的一端，但与转轴绝缘，滑环之间也彼此绝缘。转子绕组可以通过滑环与电刷作滑动接触，使转子回路接入三相变压器（调速和启动用），如图 1-55 所示。

（二）异步电动机的工作原理

异步电动机接上电源后产生旋转磁场，在旋转磁场的作用下电机才转动起来。因此必须先了解旋转磁场的产生。

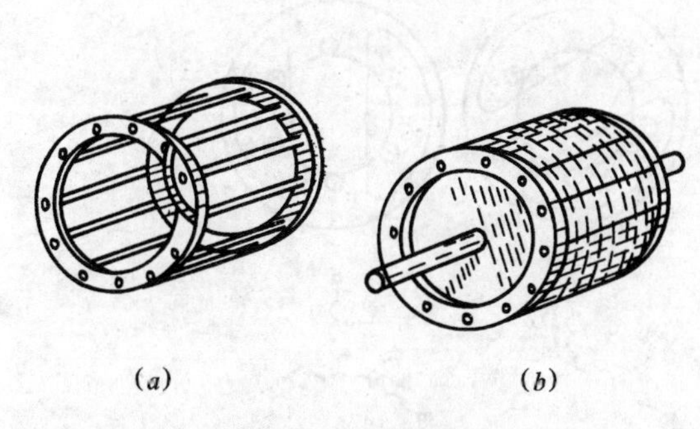

图 1-54 鼠笼形转子
(a) 鼠笼；(b) 转子结构

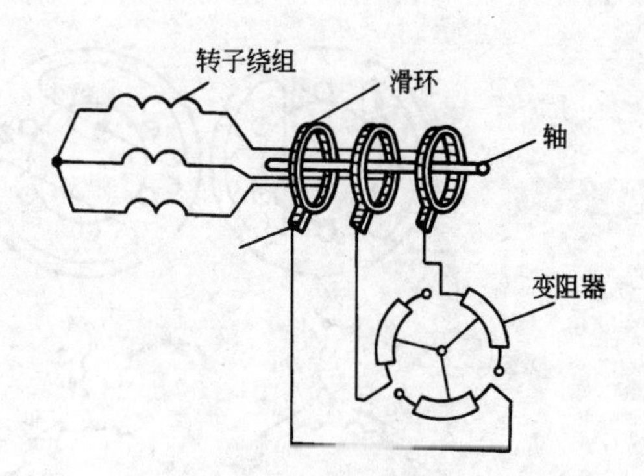

图 1-55 绕线式转子

1. 旋转磁场的产生

定子中三相绕组首端为 A、B、C，尾端为 X、Y、Z，作星形连接，如图 1-56 所示。

把定子绕组三个首端与三相电源连接，于是三相对称电流通入到三相绕组中，如图1-57所示。

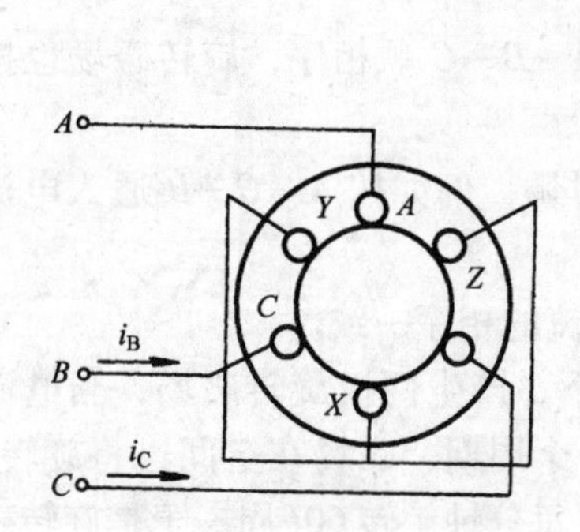

图 1-56 简单的定子三相绕组

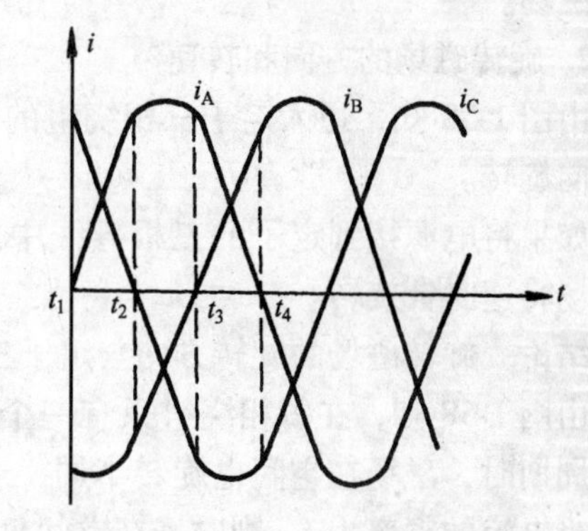

图 1-57 三相电流波形

规定：绕组中电流的正方向是首进尾出，当电流在某瞬时为正时，应为首进、尾出，而当某瞬间电流为负时，应为尾进首出，进用“⊗”表示，出用“⊙”表示。

下面选用几个时刻，根据各电流在绕组中的实际方向，来分析三相交变电流产生的旋转磁场，如图 1-58 所示为两极电动机旋转磁场的示意图。

当 $t=0$ 的瞬间，$i_A=0$，即 A 相绕组没有电流；i_B 为负值，即电流的正方向与正方向相反，电流从 Y 进用“⊗”表示，B 端出用“⊙”表示；i_C 为正值，即电流实际方向与正方向相同，从 C 端进“⊗”，Z 端“⊙”，即图 1-58（d）所示，根据右手螺旋定则磁力线方向，得到三相交变电流，在此时建立两极的合成磁场，得到图中 N—S 极位置。

当 $t_2=\dfrac{T}{6}$时，i_A 为正，A 进“⊗”，X 出“⊙”；i_B 为负，Y 进“⊗”，B 出“⊙”；$i_C=0$，如图 1-58（b）所示。

同理，$t_3=\dfrac{T}{3}$和 $t_4=\dfrac{T}{2}$瞬时可得到如图 1-58（c）和（d）图所示。

由上图可知：当三相交变电流的相位从零变化 60°时，它们产生合成磁场的方向，也

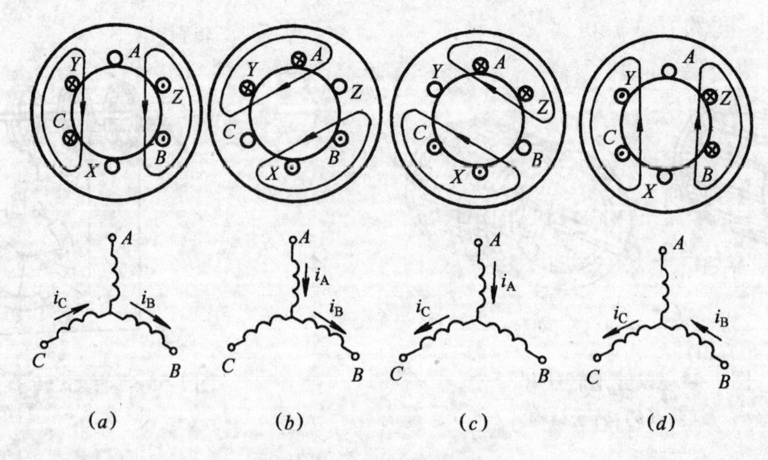

图 1-58　二极旋转磁场

在空间旋转 60°；当电流完成一个周期变化时，电流产生的合成磁场，在空间也转过一周。可见，三相交变电流通入三相绕组时，所产生的合成磁场是在空间不停旋转的，故称之为旋转磁场。

2. 旋转磁场的方向和转速

由图 1-58 知，通入定子三相绕组的电流相序为 *A*—*B*—*C* 顺相序，旋转磁场也按顺时针方向旋转。

如果将电源接到定子的三根导线中的任意两根对调，例如按 *A*—*C*—*B* 通入电流，旋转磁场将逆时针旋转。

结论：旋转磁场的旋转方向与定子三相绕组中电流的相序一致。

由图 1-58 知，在每相绕组只有一个线圈的情况下，产生两极旋转磁场，当电流变化半个周期时，磁场在空间也旋转半周，若电流变化一个周期，磁场在空间也将旋转一周，所以当电流的频率为 f，则磁场在空间每秒旋转 f 周，每分钟旋转 $60f$ 周，于是旋转磁场的转速为

$$n_1 = 60f(\mathrm{r/min}) \tag{1-70}$$

如果定子绕组每相有两个线圈相串联，各线圈在空间的位置互差 60°，每相的两个线圈在相位上差 180°，将绕组Y接成△接，如图 1-59 所示。

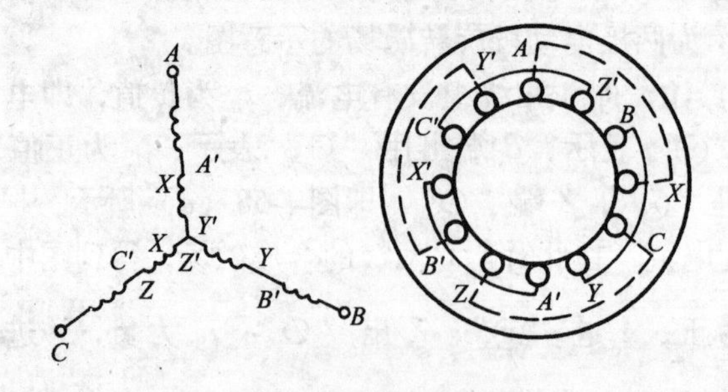

图 1-59　四极电机定子绕组

图 1-59 中，*A* 相绕组 *AX*—*A′X′* 串联而成，首端为 *A*，尾端为 *X′*，*B* 相和 *C* 相由图可见。如作星形连接时，应将 *A*、*B*、*C* 三首端接电源，而将 *X′*、*Y′*、*Z′* 连接在一起。

采用同上相同的方法分析，当定子绕组通入对称的且顺相序的三相交流电源后，将产生四个磁极（两对磁极）的旋转磁场。

当 $t=0$ 时，$i_A=0$；i_B 为负，即 Y “⊗”，B' “⊙”，Y “⊗”，B “⊙”；i_C 为正，即 C “⊗”，Z “⊙”，C' “⊗”，Z' “⊙”；由右螺旋定则判断出合成的磁场是由四个磁极所组成，如图1-60（a）所示。

当 $t=\frac{T}{3}$ 时，$i_B=0$，i_A 正，A “⊗”，X “⊙”，A “⊗”，X' “⊙”；i_C 负，Z' “⊗”，C' “⊙”，Z “⊗”，C “⊙”，同 $t=0$ 时相比较知，三相电流变化了120°，磁场在空间旋转了60°，如图1-60（b）示。

当 $t=\frac{2}{3}T$ 和 $t=T$ 时，如图1-60（c）和（d）所示。

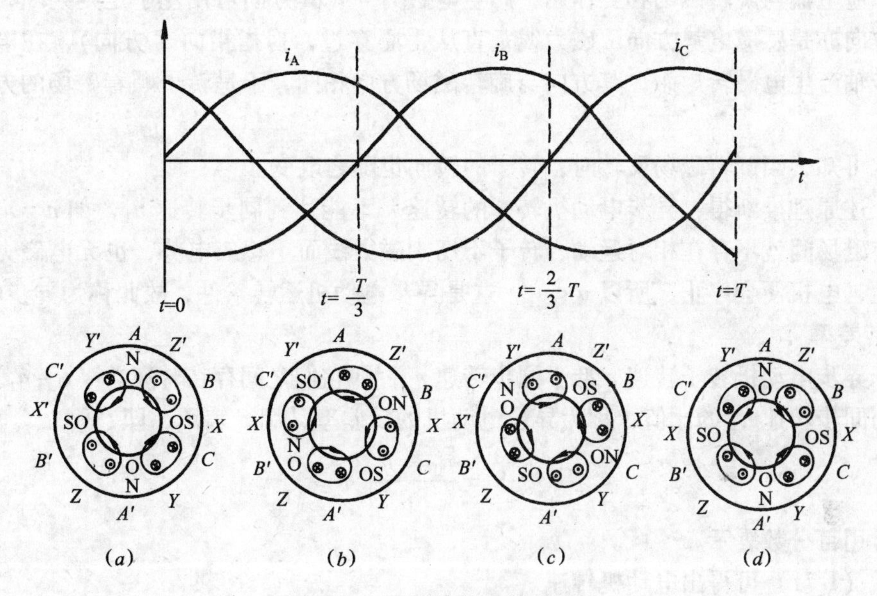

图1-60　四极旋转磁场的产生

由图得到结论：当电流变化一周，合成的四极磁场在空间将旋转半周，与两极相比，旋转磁场减慢了一半，即 $n_1=\frac{60f}{2}$（r/min）。

推论：如果有几个线圈相串联，则可获得几对磁极的旋转磁场，其 n_1 就减小几倍，于是

$$n_1=\frac{60f}{p}(\text{r/min}) \tag{1-70a}$$

式中　f——定子绕组中通过的交变电流的频率Hz；

p——旋转磁场的磁极对数；

n_1——旋转磁场的转速，称为同步转速。

由于我国工频标准频率为50Hz，所以国产电动机的同步转速，两极旋转磁场为3000r/min，四极旋转磁场为1500r/min，六极旋转磁场为1000r/min等。

3. 异步电动机的工作原理

如图1-61所示，当电动机定子三相绕组通入三相交流电时，便产生了如前所述的旋转磁场，如旋转磁场以 n_1 速度顺时针旋转，使静止的转子同旋转磁场间发生相对运动，于是转子上的导体因切割磁力线而感应电动势（感应电动势的方向用右手定则判断，拇指指向导体运动方向，即与磁场的旋转方向相反，与磁力线垂直从手心穿过，四指为感应电势方向，转子上半部感应电势方向为朝向读者用"⊙"表示，下半部是背向读者的用"⊗"表示）。在感应电势作用下，转子导体中有感应电流产生并与感应电势方向相同，转子的感应电流与旋转磁场相互作用，产生电磁力 F（其方向可用左手定则判断，四指指向电流方向亦是感应电势方向，磁力线垂直从手心穿过，拇指指向 F 方向），在电磁力作用下对转轴产生电磁转矩 M，其方向与旋转磁场方向相同，于是转子顺着磁场的方向旋转起来。

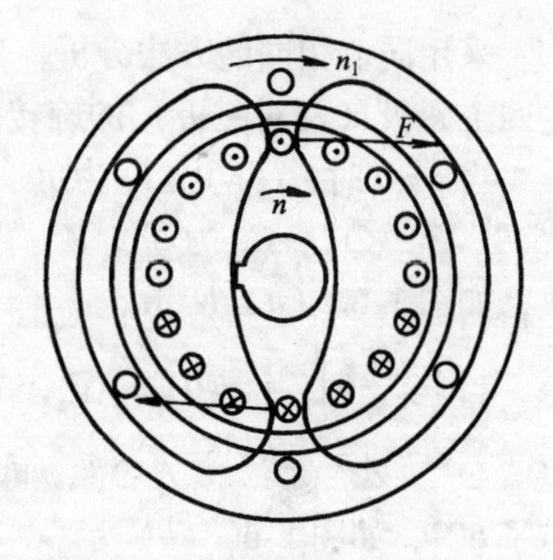

图1-61 异步电动机的运转原理

由此可知，当旋转磁场反转时，转子的转向也随之改变。

从上述原理推断得：异步电动机转子的转速 n 不能达到同步转速 n_1，如 $n=n_1$，则转子与旋转磁场间就不存在相对运动，转子不切割磁力线而不感应电势，也无电磁力和电磁转矩产生，电机便会停止，所以 $n<n_1$，这是异步电动机运转条件，故此称为异步电动机。

4. 转差率

由于异步电动机转子转速 n 低于同步转速 n_1，即它们之间存在转速差（$n-n_1$），这个转速差与同步转速 n_1 的比值，称为异步电动机的转差率，用 S 表示，即

$$S=\frac{n_1-n}{n_1} \tag{1-71}$$

转差率常用百分数表示。

由式（1-71）可得出电动机转速

$$n=(1-S)n_1 \tag{1-72}$$

转差率是异步电动机的重要参数之一，其变化范围为0~1之间（因当电机不动时，$n=0$，$S=1$，当 n 趋近于 n_1 时，S 趋近于零），转子转速转高，S 越小。电动机在带负载运行时，转差率 $S_e=2\sim6\%$。

【例题】 一台两极异步电动机，转子转速为2840r/min，求转差率。

【解】

$$n_1=\frac{60f}{p}=\frac{60\times50}{1}=3000\text{r/min}$$

$$S=\frac{n_1-n}{n_1}=\frac{3000-2840}{3000}=0.05=5\%$$

五、异步电动机的转矩和机械特性

（一）异步电动机的电磁转矩

异步电动机的电磁转矩是由旋转磁场的每极磁通 ϕ 及与转子电流 I_2 相互作用产生的，还受到转子功率因数的影响，于是有

$$M = C_m \phi I_2 \cos\phi_2 \tag{1-73}$$

式中 M——电动机的电磁转矩（kgf·m）；

ϕ——气隙合成磁场的每极磁通量（Wb）；

I_2——转子每相绕组的电流（A）；

$\cos\phi_2$——转子每相电路的功率因数；

C_m——与电动机结构有关的常数。

在实际计算中用公式1-73不方便，所以根据数学推导得出转矩的另一表达式

$$M = C_m \frac{U_1^2 R_2 S}{R_2^2 + S^2 X_{20}^2} \tag{1-74}$$

式中 U_1——定子绕组相电压；

R_2——转子电路每相的电阻；

X_{20}——转子不动时，转子绕组一相的感抗。

如把不同的 S 值代入（1-74）式中，便可给出如图1-62所示的异步电动机的转矩曲线。

曲线中出现的最大值称为最大转矩，用 M_m 表示，对应的转差率称为临界转差率，用 S_L 表示。

由此可知，转矩与电压的平方成正比，当 U_1 变化时，对 M 影响较大。

（二）异步电动机的机械特性

异步电动机的机械特性是指电动机的转速 n 和其电磁转矩 M 之间的关系。即 $n=f(m)$ 的关系曲线称为机械特性曲线。机械特性曲线可由转矩特性曲线得到，即把 $M=f(s)$ 曲线的转差率换成转子转速 n，再把座标轴按顺时针转过90°，便可得到图1-63所示异步电动机机械特性曲线。

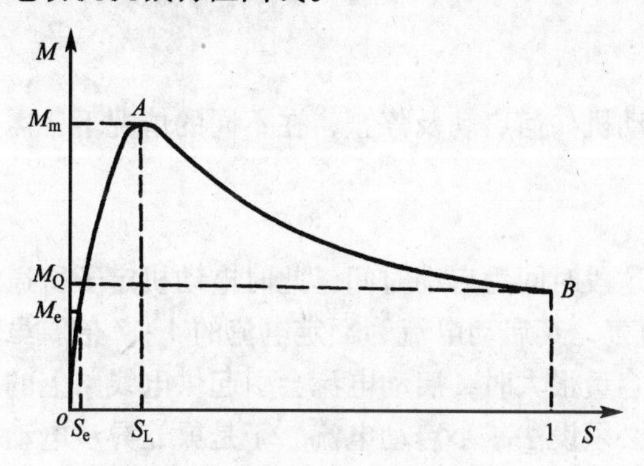

图1-62 异步电动机的转矩曲线

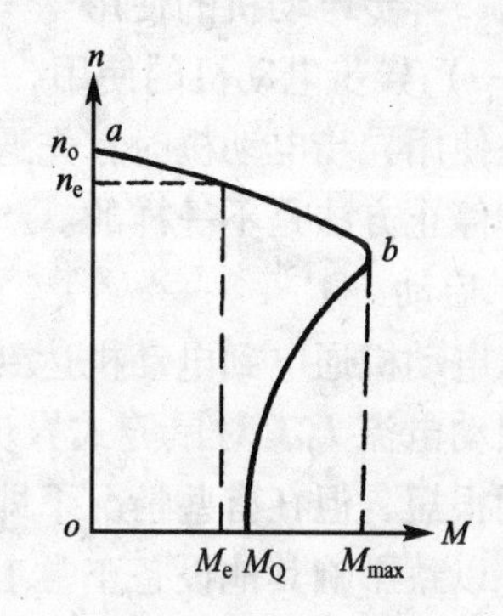

图1-63 异步电动机的机械特性曲线

从图1-63中看到：

（1）额定转矩 M_e

在电动机等速运转时，电动机的电磁转矩 M 必须与负载转矩 M_2 相平衡，即 $M=M_z$，此外还包括机械损耗转矩（即空载时的转矩）M_0，由于 M_0 很小，可忽略，所以有

$$M = M_z + M_0 \approx M_z$$

并由此得到

$$M \approx M_z = \frac{P_2}{W} = \frac{P_2}{\frac{2\pi n}{60}} = 9554\frac{P_2}{n}$$

式中　M——异步电动机的转矩；

P_2——异步电动机的输出功率；

n——异步电动机的转速。

当电动机在额定情况下运行时（也就是在额定电压、额定功率、额定转速下运行），在电动机轴上便可获得与额定功率相对应的额定转矩，即：

$$M_e = 9554\frac{P_e}{n_e} \tag{1-75}$$

由此可见，额定转矩近似与 P_e 成正比，与 n_e 成反比。

（2）最大转矩 M_{max}

机械特性曲线上转矩的最大值称为最大转矩 M_{max}。一般电动机都具有一定的过载能力，称为过载系数，用"K_M"表示，即

$$K_M = \frac{M_{max}}{M_e} \tag{1-76}$$

一般 K_M 在 1.8 ~2.2。

在选用电动机时，必须考虑可能出现的最大负载转矩，而后根据所选电动机的过载系数算出电动机的最大转矩，它必须大于最大负载转矩，否则就要重选电动机。

（3）启动转矩 M_Q

电动机刚启动时（$n=0$，$S=1$）的转矩称启动转矩 M_Q。启动转矩与额定转矩的比值称启动倍数。

$$启动倍数 = \frac{M_Q}{M_e}$$

六、异步电动机的使用

（一）异步电动机的使用

在使用异步电动机时首先遇到的是电动机如何启动及停止，在不同的情况下，需要的启动和停止方法是不一样的。

1. 启动

从电动机通电到电动机达到额定状态这段时间为启动时间，此时电动机定子所通的电流为启动电流 I_Q，对鼠笼式异步电动机而言，其启动电流为额定电流的 4 ~7 倍。虽然启动时间很短，但在有些情况下即当电动机容量很大时，启动电流会引起供电线路上的电压降低，以致影响其他设备正常工作，因此必须设法减小启动电流。于是鼠笼异步电动机启动有直接和降压起动。

（1）直接启动（全压启动）

直接启动即采用三相刀开关、铁壳开关、自动开关、磁力启动器等直接接通电动机。这种方法简单经济，不需要启动设备，但是启动电流大。在电网允许条件下启动不太频繁的电动机均采用此法。可采用直接启动的条件是：

①容量在 10kW 以下的电动机；

②启动时，电网电压降不大于正常电压的 10%（不经常启动的不大于 15%）；

③有专用变压器供电时，不经常启动的电动机容量不大于变压器容量的 20%。

（2）降压启动

如果电动机容量较大且启动频繁，为了减小其启动电流，采用降低启动电压的方法，以减小启动电流。

①定子串电阻（或电抗）启动

在电源与电动机三相定子绕组之间串入电阻 R（或电抗 X），采用接触器或开关控制，启动时串电阻（或电抗）降压启动，启动后切除电阻（或电抗）进行全电压稳定运行。如图 1-64 所示为采用刀开关控制，启动时合上开关 QS1，QS2 断开，这时电动机串 R（X）降压启动，启动结束后，合上开关 QS2，R（X）并短接，电动机进行全电压稳定运行。

②星形—三角形启动（Y-△）

在启动时，把定子三相绕组接成星形，当转速接近额定值时，再将定子绕组换成三角形接法，如图 1-65 所示，这种启动电流适用于正常工作时定子绕组进行三角形连接的电动机。

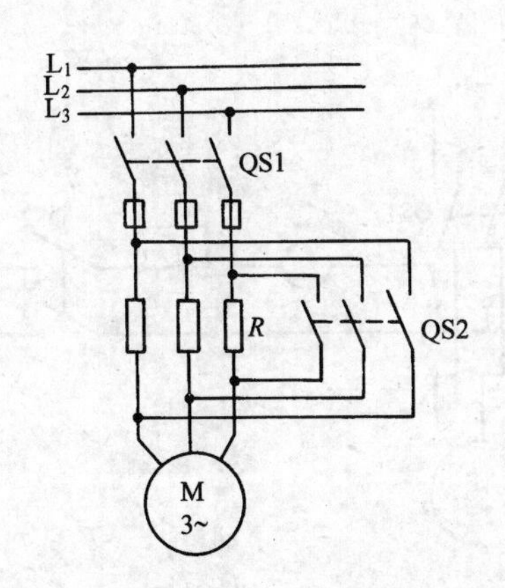

图 1-64　定子串电阻（电抗）降压启动

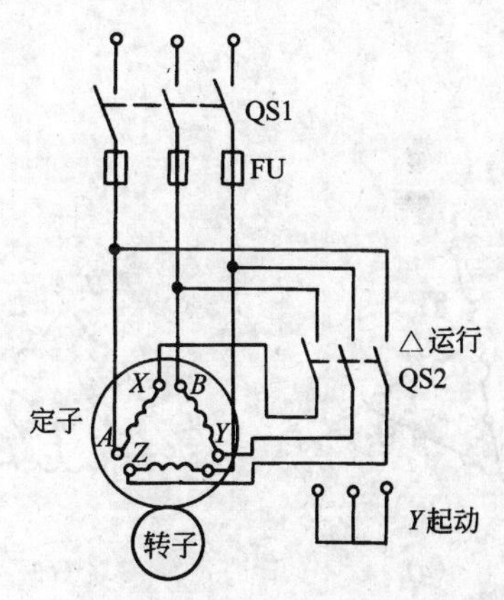

图 1-65　Y-△降压启动

③自耦变压器降压启动

自耦变压器是一种特殊的变压器，其特点是高压绕组的一部分兼做低压绕组，如图 1-66所示。启动时先合上 QS1，再合上 QS2，电机串自耦变压器降压启动，启动后打开 QS1，合上 QS3，电动机切除自耦变压器进行全电压稳定运行。

④延边三角形降压启动

适用于这种启动的电动机应有九个抽头即定绕组有三个首端，三个尾端及三个中间抽头。启动时将电动机绕组接成延边三角形（△），接法进行降压启动。如图 1-67（a）所示，U_1、V_1、W_1 为三个首端，U_2、V_2、W_2 为三个尾端，U_3、V_3、W_3 为三个中间抽头。

启动后接成三角形接法，如图 1-67（b）所示，进行全电压稳定运行。

对于绕组式异步电动机，启动时可以在转子上

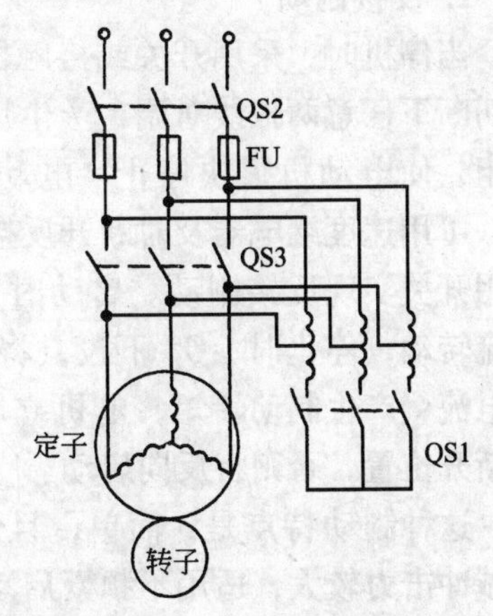

图 1-66　自耦变压器降压启动线路

通过滑环进行串电阻或频敏变阻器启动。

（二）异步电动机的制动

异步电动机转动部分有转动惯量，当脱离电源后，会继续转动一会再停下来。因此电动机停车时视实际情况分为自由停车和制动停车。自由停车即切断电源即可。制动停车可使电动机快速停车，以适应生产机械的需要。如有些机床主轴停车、桥式起重机、电梯等停车均需要制动停车。而制动停车又分为机械制动和电气制动两种。这里仅对电气制动进行简单的叙述。电气制动分为能耗制动和反接制动两种。

1. 能耗制动

能耗制动是用消耗转子动能转换成电能，而后又变成热能，消耗在转子电路中以进行制动，所以称为能耗制动。

其方法是，停止时，将定子三相交流电切除，同时在定子通入直流电，以产生恒定的磁场，产生与转子转向相反的制动转矩，起制动作用，使电动机立即停止，如图 1-68 所示。

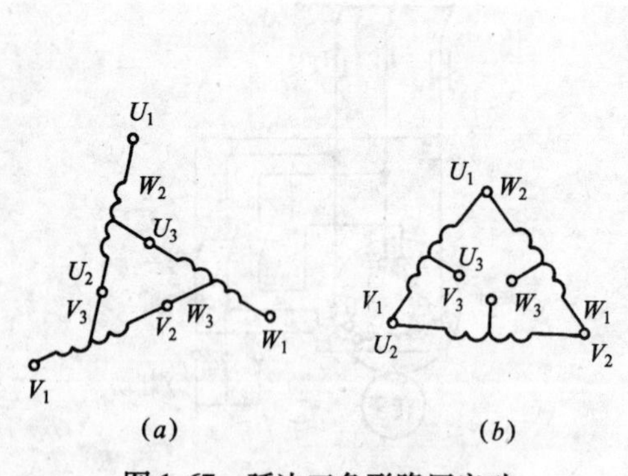

图 1-67　延边三角形降压启动

（*a*）启动时；（*b*）正常运行

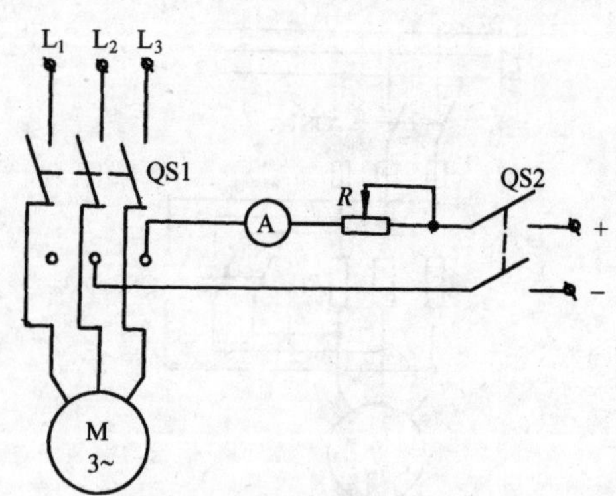

图 1-68　能耗制动

能耗制动的特点是：制动准确、平稳、能量损耗小，但需要直流电源，适用于制动平稳场所。

2. 反接制动

当停机时，采用开关或接触器将电机定子绕组在原电源切断下任意两根线对调，产生反向电流，从而产生制动转矩，使电动机很快停止，电动机停止后为防止反向启动，可用速度继电器及时断开反接制动电源。如图 1-69 是利用开关实现反接制动。启动时 QS 上投，电机通入顺序电流转动，停止时，QS 下投，将 L_1L_2 两相对调，通入反向电流，产生制动转矩，电机立即停止，停止后把 QS 扳停断开位置，否则将反向启动。

这种制动特点是：简单，且制动力强，能量损失大，机械冲击力较大，适用不频繁启动的场所，如万能铣床主轴电机制动就是采用这种方法。

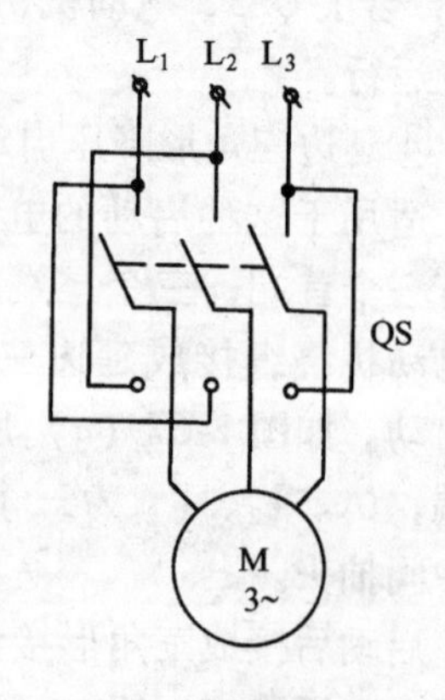

图 1-69　反接制动

七、异步电动机的铭牌及选用

（一）异步电动机的铭牌及主要技术数据

在异步电动机的铭牌上标明的主要数据有型号、额定值、运行方式及温升等。

1. 型号

型号表明异步电动机结构的系列型式和产品规格。

异步电动机的型号表示为

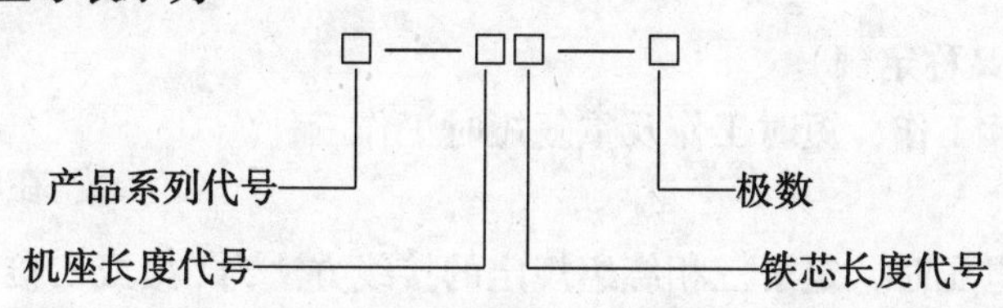

产品系列代号用字母表示，如JO为封闭式鼠笼转子三角异步电动机，J为防护式鼠笼转子三相异步电动机，JR为防护式绕线转子三相异步电动机，JRO为封闭式绕线转子异步电动机等。

例如JO_2—52—4表示封闭式鼠笼转子异步电动机，旋转磁场是4极的，5号机座，2号铁芯，下角标2是表示设计序号。

20世纪80年代全国统一设计的新产品Y系列及其派生系列三相异步电动机的型号表示为

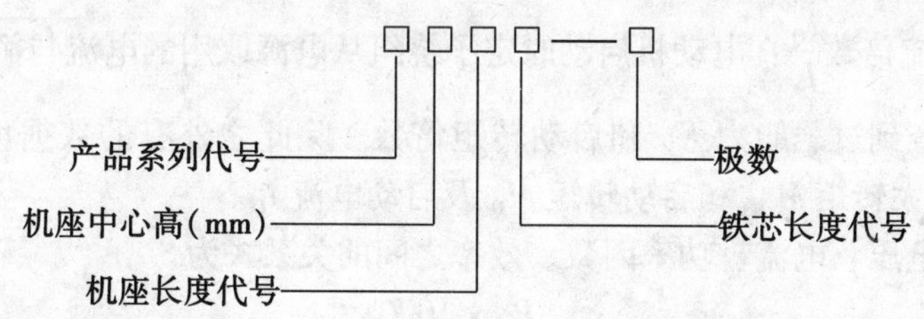

产品系列代号用字母表示。Y系列是小型鼠笼转子异步电动机。Y系列的派生系列有：YR系列绕线转子电动机、YZ和YZR系列起重冶金用电动机、YB系列防爆型电动机等。

机座长度号：L—长机座，M—中机座，S—短机座。

2. 额定值

（1）额定电压U_e：定子三相绕组应加线电压的规定值。

（2）额定频率f_e：定子绕组外加电压的允许频率。国产异步电动机额定频率为50Hz。

（3）额定功率P_e：电动机在额定运行时（即电源为额定电压、额定频率的条件下）轴上输出的机械功率。异步电动机的额定功率以千瓦为单位。

（4）额定电流I_e：电动机在额定运行时，定子绕组从电源取用的线电流。

（5）额定转速n_e：电动机在额定运行时，定子每分钟的转数。

3. 绝缘等级

指电动机定子绕组所用绝缘材料的耐热等绝缘材料耐热性能的等级。电动机在运行时的最高允许温升是由电动机所用绝缘材料的耐热性能所决定的。电动机所用绝缘材料主要有A、B、E、F和H等五等级，表1-4为绝缘材料的耐热等级。

绝缘材料耐热等级 **表 1-4**

绝缘等级	最高允许温度（℃）	绝缘等级	最高允许温度（℃）
A	105	F	155
E	120	H	180
B	130		

4. 工作方式（又称定额）

工作方式有连续工作、短时工作及重复短时工作三种。

5. 接线

电动机加额定电压时，定子三相绕组规定的接线方法为Y接或△接。

各型号电动机的技术数据，可从产品样本中查找。

从表中查得的技术数据还有：

（1）额定效率 η_e：电动机在额定运行时，轴上输出功率与电动机从电源取用电动率的比值，一般用百分数表示。鼠笼式异步电动机的额定效率约为 75% ~93%。

（2）额定功率因数 $\cos\phi_e$：指电动机在额定运行时，定子每相电路的功率因数。

（3）过载能力 K_M：前已叙及。

（4）启动转矩倍数：前已叙及。

（5）启动电流倍数$\frac{I_Q}{I_e}$：电动机启动时定子绕组从电源取用的电流与额定电流的比值。

另外还可以查到过载能力 K_M 和启动转矩倍数。除此之外有的数据可通过计算求得，额定转矩 M_e、最大转矩 M_{max}和启动转矩 M_Q 及启动电流 I_Q。

额定功率、电压、电流、功率因数、效率之间的关系式为

$$I_e = \frac{P_e \times 1000}{\sqrt{3} \times U_e \cos\phi_e \eta_e}(A)$$

【例题】 一台 JO_2—32—4 的异步电动机，$P_e = 3kW$，$\eta_e = 1430r/min$，$U_e = 380V$，$I_e = 6.5A$，$\cos\phi_e = 0.84$，$\frac{M_Q}{M_e} = 2$，$\frac{I_Q}{I_e} = 7$，试求：（1）额定运行时，电动机从电源取用的电功率 P_1；（2）电动机的额定效率 η_e；（3）额定转矩 M_e；（4）最大转矩 M_{max}；（5）启动转矩 M_Q；（6）启动电流 I_Q。

【解】 （1）$P_1 = \sqrt{3}U_e I_e \cos\phi_e = \sqrt{3} \times 380 \times 6.5 \times 0.84 = 3594W \approx 3.6kW$

（2）$\eta_e = \frac{P_e}{P_1} \times 100\% = \frac{3 \times 1000}{3594} \times 100\% = 83.5\%$

（3）$M_e = 9554\frac{P_e}{n_e} = 9554 \times \frac{3}{1430} = 20.04N \cdot m$

（4）$M_{max} = K_M M_e = 2 \times 20.04 = 40.08N \cdot m$

（5）$\because \frac{M_Q}{M_e} = 1.8$

$\therefore M_Q = 1.8M_e = 1.8 \times 20.04 = 36.07N \cdot m$

(6) $\because \frac{I_Q}{I_e}=7$,

$\therefore I_Q=7I_e=7\times6.5=45.5\text{A}$

（二）异步电动机的选择

异步电动机的选择，应从实用、经济、安全、先进等原则出发，根据生产实际的需要，正确地选择。

1. 类型的确定

异步电动机有鼠笼式和绕线式两种，根据两种电动机的特点，选择时，鼠笼式适用于空载或轻载启动的场所，而绕线式适用于启动转矩大的场合。

电动机型式分为开启式、防护式、封闭式和防爆式等，可根据电动机的工作环境选择。

2. 转速的选择

异步电动机的转速接近同步转速，而磁场是以磁极对数 P 来分档的，在两档之间的转速是没有的。因此选择转速时为了减化传动装置，应使其尽可能接近生产机械的转速。

3. 容量的选择

电动机的容量（功率）的大小是由生产机械决定的。容量过大，带小负荷不能充分发挥其潜力，设备费用高，并且电动机在不满载下运行效率和功率因数都低，增加运行费用；如果容量过小形成“小马拉大车”无法正常工作，会损坏电动机。可见正确合理地选择容量是非常必要的。

下面主要介绍连续运行并拖动恒定负载的电动机的选择，这类电动机有水泵、通风机、空气压缩机等。

方法是：先算出生产机械的功率，所选电动机的额定功率等于或稍大于生产机械的功率即可。例如水泵所需的功率为

$$P=\frac{QrH}{102\eta_1\cdot\eta_2}(\text{kW}) \tag{1-77}$$

式中 Q——流量（m^3/s）；

r——液体比重（kg/m^3）；

H——扬程（即液体被压送的高度）（m）；

η_1——水泵效率；

η_2——传动效率。

根据计算的 P，在样本中查一台 $P_e\geq P$ 的电动机即可。对于不是恒定负载的电动机常采用等值计算负荷，具体计算步骤可查阅有关书籍。

本 章 小 结

本章主要阐述了直流电路的组成、基本物理量、欧姆定律、电能和电功率、电阻的串并联及电磁原理。

1. 电路是由电源、负载、连接导线及控制开关和保护电器所组成。

2. 电路的基本物理量有电流 $I=\frac{Q}{t}$、电位 $\phi=\frac{W}{Q}$、电压 $U_{AB}=\frac{W_{AB}}{Q}$、电动势 $E=\frac{W_{BA}}{Q}$、电阻 $R=\rho\frac{L}{S}$等，是研究电路的重要依据。

3. 欧姆定律有三种表达形式：

（1）无源支路 $I=\frac{U}{R}$

（2）全电路 $I=\frac{E}{R+r_0}$

（3）含源电路 $I=\frac{E-U}{r_0}$

以上是求解简单电路的基本公式。

4. 电能和电功率：

电能分为电源供能 $A_d=EIt$，负载吸能 $A_{fz}=VIt$；

电动率包括电源供给的电动率 $P_d=EI$ 和负载吸收的电动率 $P_{fz}=UI$。

5. 电阻的串并联的特点及各物理量关系如表 1-5 所示。

电阻串并联特点及各物理量关系 **表 1-5**

	串 联	并 联
特 点	电流是相等 $U=U_1+U_2+\cdots+U_n$	电压是相等的 $I=I_1+I_2+\cdots+I_n$
等效电阻	$R=R_1+R_2+\cdots+R_n$	$\frac{1}{R}=\frac{1}{R_1}+\frac{1}{R_2}+\cdots+\frac{1}{R_n}$
关系式	分压公式 $U_1=\frac{R_1}{R}U$ $U_2=\frac{R_2}{R}U$ $U_n=\frac{R_n}{R}U$	分流公式 $I_1=\frac{R}{R_1}I$ $I_2=\frac{R}{R_2}I$ $I_n=\frac{R}{R_n}I$

6. 电磁原理主要阐述右手螺旋定则、左手定则及右手定则。

7. 单相交流电及三相交流电的产生。正弦交流电的三大要素是最大值、频率、初相位。交流电的大小一般用有效值表示。三相交流电是由三个有效值相同、频率相同、相位互差 120°的单相交流电组成。

8. 交流负载是由电阻、电感、电容三个基本参数构成。交流负载的阻抗可用阻抗三角形表征，交流电路的电流可由公式

$$I=\frac{U}{Z}，其中\ Z=\sqrt{R^2+X^2}$$

来计算。交流电的公式可由公式

$$P=UI\cos\phi，Q=UI\sin\phi，S=UI$$

来计算。其中 ϕ 角由阻抗三角形来决定。$\cos\phi$ 是交流电路的功率因数，即

$$\cos\phi=\frac{R}{Z}$$

9. 三相电源有两种连接方法，星形连接和三角形连接。其中作为基本供电的三相四线制——即星形连接最为普遍。在丫形连接时，$U_{线} = \sqrt{3} U_{相}$。在三角形连接时，$U_{线} = U_{相}$，三相负载也有丫形和△形两种连接方式，丫形连接时，

$$U_{线} = \sqrt{3} U_{相}, \ I_{线} = I_{相} = \frac{U_{相}}{Z_{相}}$$

△形连接时，$U_{线} = U_{相}$，负载对称时 $I_{线} = \sqrt{3} I_{相}$。

在对称负载丫形连接时，中线电流等于零，可以去掉中线。在不对称负载丫形连接时，中线电流不等于零，不能去掉中线，否则将造成某相负载电压过高而损坏设备。

10. 三相负载不对称时，三相有功功率等于各相负载有功功率之和。三相负载对称时，无论负载是丫接还是△接，三相有功功率均可用公式 $P = \sqrt{3} U_{线} I_{线} \cos\phi$ 计算。

11. 变压器是利用电磁感应原理制成的，它主要由铁芯、原副绕组构成。电力变压器是三相变压器，油自冷式铝绕组三相变压器，主要由铁芯、高低压三相绕组、外壳、变压器油、散热器、储油柜、高低压套管等组成。

变压器空载（副绕组开路）时，原绕组中的空载电流 I_0 很小。磁通势 $I_0 W_1$ 作用于磁路，在铁芯中产生交变磁通，交变磁通使原、副绕组中各产生感应电动势，其有效值为

$$E_1 = 4.44 f W_1 \phi_m$$

$$E_2 = 4.44 f W_2 \phi_m$$

变压比

$$K_u = \frac{W_1}{W_2} = \frac{E_1}{E_2} \approx \frac{U_1}{U_2}$$

若$K_u > 1$，$U_1 > U_{20}$，为升压变压器；

$K_u < 1$，$U_1 < U_{20}$，为降压变压器。

变压器负载运行时，副绕组输出电流 I_2，原绕组输入电流 I_1 较空载时的输入电流 I_0 增大，而且 I_1 与 I_2（亦即与接在变压器副边负载）的大小有关，这是由于在变压器副边接上负载时，铁芯中磁通的最大值 ϕ_m 应近似保持不变，原绕组的磁通势 $I_1 W_1$ 增大，其中一部分与副绕组的磁通势 $I_2 W_2$ 抵消，保持磁通势平衡。

接近满载时，

$$\frac{I_1}{I_2} = \frac{W_2}{W_1}$$

12. 仪表用互感器

电压互感器可将被测的高电压转换为低电压。使用时，把匝数较多的原绕组跨接在高压线路之间，而匝数较少的低压副绕组接电压表，不允许副绕组短路，副绕组的二次额定电压为100V，其变压比为

$$K_u = \frac{W_1}{W_2} \approx \frac{U_1}{U_2}$$

电流互感器的作用一是扩大仪表量程，二是当测量高压线路电流时，可以隔离高压。使用时，匝数少的（最少为一匝）原绕组和被测电路串联，副绕组接电流表，二次绕组不允许开路，二次电流均为5V，其电流比为

$$K_i = \frac{W_2}{W_1} = \frac{I_1}{I_2}$$

13. 三相异步电动机主要由定子和转子两部分组成。根据转子的不同又分为鼠笼式和绕线式两种。定子绕组通入三相电流产生旋转磁场，转子受到电磁转矩作用而转动。

14. 三相异步电动机铭牌包括电动机型号、额定电压、额定电流、额定功率、额定效率、功率因数等，并且注明使用时电动机的接法。

15. 异步电动机有直接（全压）启动和降压启动。当 $I_Q/I_e \leqslant \frac{3}{4}+\frac{\text{变压器容量（kVA）}}{4\times\text{电动机容量（kW）}}$ 时，可直接启动，否则应降压启动。

习题与思考题

1. 什么是电路？电路由哪几部分组成？它们各起什么作用？

2. 欧姆定律有几种形式？各在什么情况下应用？

3. 电阻串联与并联电路各有哪些特点？

4. 如图 1-11 中，已知：线路电阻 $R_{线}=2\Omega$，负载电阻 $R_1=10\Omega$，负载电阻 $R_2=40\Omega$，线路的电压 $U=200V$，试求：

（1）线路中总电流及分电流。

（2）电阻 R_1 上的电压 U_1 及线路上的损失电压 ΔU。

（3）每个负载电阻消耗的功率 P_1 和 P_2 线路上损失的功率 ΔP。

5. 在电压为 110V 的直流电路中，并联 10 盏 55W、电压为 110V 的灯泡，试计算电路中总电流。若每天用电 5h，一个月（按 30 天计算）共耗电多少度？如每度电按 0.5 元计算，需交多少电费？

6. 什么叫楞次定律？右手定则的意义是什么？

7. 叙述右手螺旋定则及左手定则的内容。

8. 什么是交流电？交流电的三要素是什么？

9. 正弦交流电的最大值和有效值有何关系？一正弦交流电的最大值是 380V，它的有效值是多大？

10. 某电路通以交变电流 $i=30\sin\left(314t+\frac{\pi}{3}\right)$，求该电流的角频率、频率、周期、最大值、有效值和初相，并画出电流的瞬时波形图。

11. 已知 $e_1=100\sin\left(100\pi t+\frac{\pi}{2}\right)$ 和 $e_2=100\sin\left(100\pi t-\frac{\pi}{4}\right)$。求 e_1 和 e_2 的相位差，指出何者超前？画出 e_1 和 e_2 的瞬时波形图。

12. 什么是功率因数？提高电路的功率因数的意义是什么？提高功率因数的一般方法是什么？

13. 有一个额定电压为 220V、额定功率为 3kW 的电阻炉，接在电压为 220V 的交流电源上，求该电阻炉的阻值和工作电流。

14. 有一个 $L=40.5mH$ 的纯电感线圈接在电压 $u=220\sqrt{3}\sin\left(314t+\frac{\pi}{2}\right)V$ 的交流电源上，试求电路中电压与电流的有效值，并计算平均功率、无功功率。

15. 已知有一电阻和电感串联电路，用伏特表测得电阻的端电压为 20V，电感线圈两端电压为 30V，求串联电路的总电压。

16. 把 $R=3\Omega$，$X_L=4\Omega$ 的线圈接在 $f=50Hz$、$V=100V$ 的交流电路中。试计算电路中的电流、平均功率、无功功率、视在功率、功率因数及线圈的电感。

17. 在三相负载作星形连接时，什么情况下可以去掉零线？什么情况下必须有零线？零线在三相电路中的作用是什么？

18. 某三相异步电动机，每相绕组的额定电压是 220V，当电源的线电压是 380V 时，电动机的三相绕组应作什么连接？当电源线电压为 220V 时，又应作什么连接？

19. 每相电阻为30Ω，感抗为40Ω的三相线圈，作Y形连接，电线电压为380V的三相电源供电，求三相有功功率、无功功率和视在功率。如果该线圈作△形连接，电线电压为220V的三相电源供电，再求有功功率、无功功率和视在功率。

20. 变压器是利用什么原理工作的？它的主要结构由哪几部分组成？

21. 三相变压器常用的接法有哪几种？变压器的铭牌包括哪些主要技术数据？$SL_1-180/10$代表什么意义？

22. 叙述三相异步电动机的工作原理，它的同步转速是什么决定的？一台四级异步电动机在工频电压下它的同步转速是多少？

23. 单相变压器的原绕组接于电压220V的交流电源，空载时，用电压表量得副绕组的端电压为36V，如果副绕组的匝数为20匝，试求变压比及原绕组的匝数。

24. 某三相变压器的容量$S_e=50kVA$，已知原、副边额定电压$U_{1e}=10kV$，$U_{2e}=400V$，求原、副边的额定电流。

25. 电动机如何反转？

26. 异步电动机不异步行吗？为什么？

27. 一台JO_2—72—4型三相异步电动机，其额定转速为1470r/min，电源频率为50Hz，求电动机的磁极对数、同步转速和额定转差率。

28. 某三相异步电动机的额定功率为5.5kW，额定电压为380V，额定电流为11A、额定转速为2920r/min，接线为△接，过载能力2.2，启动转矩倍数为1.6，求额定转矩、最大转矩、启动转矩。

29. 已知某三相异步电动机的额定值为：

$P_e=22kW$，$n_e=2940r/min$，$U_e=380V$，$I_e=42A$，$\cos\phi=0.9$，$I_Q/I_e=7$，$M_Q/M_e=1.2$，$K_M=2.2$，求n_e、M_e、M_Q、M_{max}及I_Q。

第二章　建筑电气安装工程供电、照明与识图

第一节　输配电及建筑工地户外小型变电所

一、输配电概述

各行业所需用的电能都是由发电厂供给的，而大中型发电厂一般建在能源较集中的地区，距离用电地区很远，所以发电厂要将生产的电能用高压输电线送到用电地区，然后再降压分配给各用户。把从发电厂到用户输送和分配电能的电路称之为电力网。

三相交流发电机产生的电压通常是6kV、10kV或15kV，除供给发电厂附内区域外，都要经过升压变压器将电压升高（称升压站或升压变电所），根据输电距离的远近、输电容量的大小、升高后的电压可以为35kV、110kV、220kV等。输电距离越远，输电容量越大，则输电电压越高。在用户地区设置6kV、10kV的降压变电所，将电压降低后再分配到用户配电变压器，由变压器再将电压降到380V及220V供负载使用。

低压配电系统采用的供电方式为三相四线制、即在配电变压器的低压侧引出三条火线和一条零线。这种供电方式即可供三相电源给动力负载用电，也可供单相电源给照明等负载用电，且可提供线、相两种电压，因此得到了广泛的应用。

二、建筑工地户外小型变电所

工地变电所属临时设施，容量一般不超过320kVA和户外小型变电所。所址的选择原则是：尽量靠近负载中心；便于高压引入和低压线的引出；便于大型设备的运输；有良好的排水条件。

户外小型变电所容量小，线路简单，如图2-1所示为户外小型变电所的主结线，高压侧用跌落式高压熔断器操作，进行短路保护。

跌落式熔断器外形如图2-2所示。它由固定的支架和活动的保险管两部分组成，当保险管里的熔丝熔断时，装在保险管上的活动触头依靠保险管的重力和接触部分的弹力作用而自动跌落，这时电弧被拉长而熄灭。

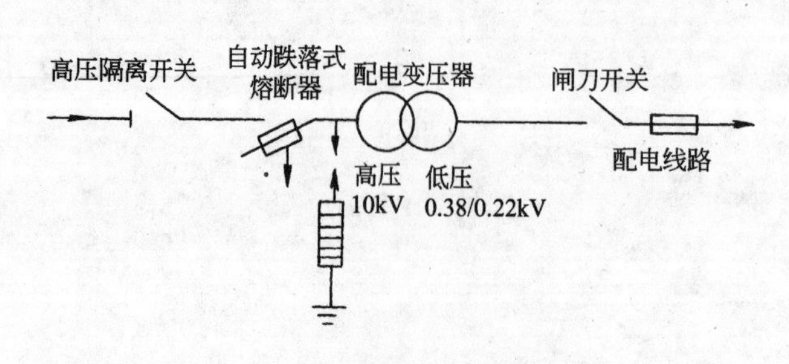

图2-1　户外小型变电所主结线

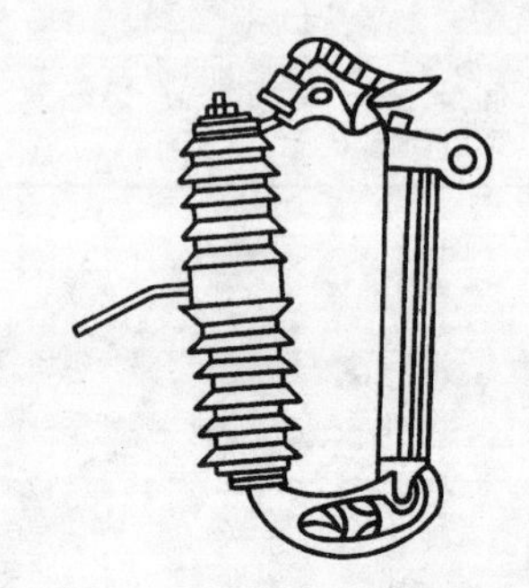
图2-2　高压跌落式熔断器外形

变压器低压侧的总开关一般采用闸刀开关。高压侧还装有阀型避雷器，其作用时防止大气过电压沿架空线引入。

第二节 负 荷 计 算

负荷计算是确定供电网络的依据，在供电线路中，配电线路的导线截面、开关及保护设备、变压器容量等都是根据负荷的大小确定的。所谓负荷，是指供电线路中通过的电流和功率。常用的负荷计算方法有利用系数法、需要系数法和二项式法。建筑工地一般采用需要系数法计算负荷。

需要系数法是将用电设备组的容量乘以一个小于1的系数，把这个系数称之为需要系数。经过负荷计算得到的结果，称为计算负荷。

需要系数与各用电设备同时工作情况、同时满载情况、用电设备的效率、给用电设备供电的线路损耗以及工人操作水平、工作条件等多种因素有关，计算很复杂。为了简化计算，对各类用电设备进行实测，将所有影响计算负荷的因素综合成一个系数，即成为需要系数 K_x 制成各类表格，供计算时查阅，表2-1是部分用电设备组的需要系数。

在采用需要系数法进行计算时，首先把性质相同、且有相近需要系数的同类用电设备合并成组，然后进行用电设备组的负荷计算。

部分用电设备组的需要系数及功率因数 **表2-1**

序号	用电设备名称	需要系数	$\cos\phi$	$\tan\phi$
1	大批生产及流水作业的热加工车间	0.30~0.40	0.65	1.17
2	大批生产及流水作业的冷加工车间	0.20~0.25	0.50	1.73
3	小批生产及单独生产的冷加工车间	0.16~0.2	0.50	1.73
4	生产用的通风机、水泵	0.75~0.85	0.80	0.75
5	卫生保健用的通风机	0.65	0.80	0.75
6	运输机、传送带	0.52~0.60	0.75	0.88
7	破碎机、筛、泥泵、砾石洗涤机	0.70	0.70	1.02
8	混凝土及砂浆搅拌机	0.65~0.70	0.65	1.17
9	起重机、掘土机、升降机	0.25	0.70	1.02
10	磨球机	0.70	0.70	1.02
11	电焊变压器	0.45	0.45	1.98
12	工业企业建筑室内照明	0.80	1.00	0
13	大面积住宅、办公室之内照明	0.4~0.70	1.00	0
14	变电所、仓库照明	0.5~0.70	1.00	0
15	室外照明	1.00	1.00	0

1. 设备组的计算负荷

$$\left.\begin{aligned} P_{js} &= K_x \Sigma P_e \\ Q_{js} &= P_{js}\tan\phi \end{aligned}\right\} \tag{2-1}$$

式中 P_{js}——用电设备组的有功计算负荷（kW）；

K_x——用电设备组的需要系数；

P_e——各用电设备的容量（kW）；

Q_{js}——用电设备组的无功计算负荷；

ϕ—— 用电设备的功率因数角。

如果用电设备是白炽灯、电动机，其设备容量就是铭牌上的额定功率，但如果是高压水银灯、日光灯等，则应考虑镇流器消耗的功率，设备容量应将灯管（灯泡）的铭牌功率乘以 1.2 倍来计算。

建筑工地有些负载是单相的，如对焊机、电焊机等，应将它们尽量均匀地分配到三相上，负荷计算时，作为三相负荷计算。如果单相设备的台数不是 3 的整数倍时，备相负荷仍不平衡，就把负荷少的相也按负荷大的相来计算，称为单相负荷的三相等值功率，其设备容量的具体换算方法如下：

当单相设备接于相电压时，每 1 ~ 3 台的三相等值功率为

$$P_e = 3P_{e1} \tag{2-2}$$

式中 P_{e1}———一台单相设备的设备容量；

P_e——换算成为三相等值设备容量。

当单相设备接于线电压时：

单相设备为一台时 $$P_e = \sqrt{3}P_{e1} \tag{2-3}$$

单相设备为二 ~ 三台时 $$P_e = 3P_{e1} \tag{2-4}$$

若不平衡单相用电设备的总容量不大（不超过三相用电设备总容量的 15% 时），可不换算，全部按三相对称负荷计算。

在施工现场有许多间歇工作的用电设备，如起重机、电焊机等。它们的工作时间和停止时间都很短。因此在工作时间内，电动机的温度来不及达到稳定值，而在停止时，电动机又来不及冷却到周围环境温度，工作时间和停止时间作周期性的重复。把工作时间与一个周期时间的比称为暂载率，常用百分数表示，即暂载率 JC 为：

$$JC = \frac{\tan}{\tan + t_0} \times 100\% \tag{2-5}$$

式中 tan———一个周期内工作时间（s）；

t_0———一个周期内停止时间（s）。

暂载率是重复短时运行用电设备的技术数据。对于重复短时运行的用电设备进行负荷计算时，要把铭牌的功率统一换算成暂载率下的功率，作为负荷计算时的设备容量。

对于起重运输设备，要统一换算到 $JC = 25\%$ 时的功率，即

$$P_e = 2\sqrt{JC}P_e' \tag{2-6}$$

式中 P_e'——电动机铭牌上的额定功率；

P_e——经换算后的电动机设备容量；

JC——电动机铭牌暂载率。

对于电焊机，要统一换算到 $JC=100\%$ 时的功率，即

$$P_e=\sqrt{JC}S_e\cos\phi \tag{2-7}$$

式中 S_e——电焊机容量（kVA）；

P_e——经换算后电焊机设备容量；

$\cos\phi$——电焊机额定功率因数；

JC——电焊机铭牌上的暂载率。

2. 低压总计算负荷

在求出各用电设备组负荷后，便可求出总计算负荷。但考虑到在实际工程中各用电设备组的最大负荷往往不同时出现，所以将各用电设备组的有功和无功负荷相加后，再乘以一个同期系数 K_Σ（K_Σ 取 0.7～1），便得到总计算负荷，即：

总的有功计算负荷 $$P_{\Sigma js}=K_\Sigma \Sigma P_{js}(\text{kW}) \tag{2-8}$$

总的无功计算负荷 $$Q_{\Sigma js}=K_\Sigma Q_{js}(\text{kVar}) \tag{2-9}$$

总的视在计算负荷 $$S_{\Sigma js}=\sqrt{P_{\Sigma js}^2+Q_{\Sigma js}^2}\ (\text{kVA}) \tag{2-10}$$

在进行负荷计算时，如果照明灯具数不明确，则在 $P_{\Sigma js}$、$Q_{\Sigma js}$ 中未包括照明负荷时，可以用动力负荷的 10% 来估算照明负荷，这时总的视在计算负荷为

$$S_{\Sigma js}=1.1\sqrt{P_{\Sigma js}^2+Q_{\Sigma js}^2} \tag{2-11}$$

3. 变压器容量的确定

由用电设备计算负荷确定变压器容量，即

$$S_b\geqslant S_{\Sigma js} \tag{2-12}$$

式中 S_b——变压器的额定容量（kVA）。

【例题】 某施工工地有如下用电设备，试确定工地变电所低压母线上的总计算负荷。

混凝土搅拌机 4 台每台 10kW

砂浆搅拌机 2 台每台 4.5kW

电焊机单相 380V，$JC=65\%$，3 台，每台 22kVA

起重机 $JC=25\%$，2 台，每台 30kW

照明（白炽灯）共 10kW

【解】

（1）混凝土搅拌机

由表 2-1 查取 0.7，$\cos\phi_1=0.65$，$\tan\phi_1=1.17$

$$P_{js1}=K_{x1}\Sigma P_{e1}=0.7\times4\times10=28\text{kW}$$

$$Q_{js1}=P_{js1}\tan\phi_1=28\times1.17=32.8\text{kVar}$$

（2）砂浆搅拌机

取 $K_{x2}=0.7$，$\cos\phi_2=0.65$，$\tan\phi_2=1.17$

$$P_{js2}=K_{x2}\Sigma P_{e2}=0.7\times2\times4.5=6.3\text{kW}$$

$$Q_{js2}=P_{js2}\tan\phi_2=6.3\times1.17=7.4\text{kVar}$$

（3）电焊机

取 $K_{x3}=0.45$，$\cos\phi_3=0.45$，$\tan\phi_1=1.99$

在进行负荷计算前，应先计算暂载率折算到100%时的设备容量：

$$P_{e3}=\sqrt{JC}S_e\cos\phi_3=\sqrt{0.65}\times22\times0.45=8\text{kW}$$

$$P_{js3}=K_{x3}\Sigma P_{e3}=0.45\times3\times8=10.8\text{kW}$$

$$Q_{js3}=P_{js3}\tan\phi_3=10.8\times1.99=21.4\text{kVar}$$

（4）起重机

取 $K_{x4}=0.25$，$\cos\phi_4=0.7$，$\tan\phi_4=1.02$

起重机的设备容量应换算为暂载率为25%时的功率，在本题中，起重机的暂载率已经是25%，所以不必换算。

$$P_{js4}=K_{x4}\Sigma P_{e4}=0.25\times2\times30=15\text{kW}$$

$$Q_{js4}=P_{js4}\tan\phi_4=15\times1.02=15.3\text{kVar}$$

（5）照明

取 $K_{x5}=1$，$\cos\phi_5=1$，$\tan\phi_5=0$

$$P_{js5}=K_{x5}\Sigma P_{e5}=1\times10=10\text{kW}$$

$$Q_{js5}=P_{js5}\tan\phi_5=0$$

总的有功计算负荷（取 $K_\Sigma=0.9$）

$$P_{\Sigma js}=K_\Sigma(P_{js1}+P_{js2}+P_{js3}+P_{js4}+P_{js5})$$
$$=0.9(28+6.3+10.8+15+10)=63.1\text{kW}$$

$$Q_{\Sigma js}=K_\Sigma(Q_{js1}+Q_{js2}+Q_{js3}+Q_{js4})$$
$$=0.9\times(32.8+7.4+21.4+15.3)=69.2\text{kVar}$$

总的视在计算负荷为：

$$S_{\Sigma js}=\sqrt{P_{\Sigma js}^2+Q_{\Sigma js}^2}=\sqrt{63.1^2+69.2^2}=93.7\text{kVA}$$

选一台 $S_b\geqslant S_{\Sigma js}$ 的变压器即可。

第三节　导　线　选　择

一、导线型号的选择

导线种类很多，一般分为裸导线和绝缘线两种，配电线路常用塑料绝缘或橡皮绝缘的导线。导线的导电线芯一般采用铜和铝两种。与铜线比较，铝线电阻率大、强度低、焊接困难，但是重量轻、价格便宜，为了节省用铜，在不影响供电质量的前题下，应尽量采用铝线。

导线截面的大小按国家规定分级制造，配电线路常采用 1.5mm^2、2.0mm^2、2.5mm^2、4mm^2、6mm^2、10mm^2、16mm^2、25mm^2、35mm^2、50mm^2、70mm^2、95mm^2、120mm^2、150mm^2、185mm^2 等。表2-2为几种常用导线型号、名称和主要用途。

二、导线截面的选择

正确地选择导线截面，对于保证系统安全、经济、可靠，合理地运行有着重要意义，同时对于节省有色金属消耗也很重要。配电线路导线截面选择应按下面3条原则综合确定：

常用导线型号、名称和主要用途　　表 2-2

型号		名称	主要用途
铝芯	铜芯		
LJ	TJ	裸绞线	室外架空
LGJ		钢芯铝绞线	室外大跨度架空输电线路
BLV	BV	聚氯乙烯绝缘线	室内固定架空或穿管敷设
BLX	BX	橡皮绝缘线	供干燥及潮湿场所固定架空或穿管敷设
BLXF	BXF	氯丁绝缘橡皮线	室内外敷设用
BLVV	BVV	聚氯乙烯绝缘及护套线	室内固定敷设
	RV	铜芯聚氯乙烯绝缘软线	交流 250V 及以下各种移动电器接线
	RVB	扁平型聚氯乙烯绝缘软线	
	RVS	双绞型聚氯乙烯绝缘软线	
	RVV	聚氯乙烯绝缘及护套软线	交流 250V 及以下条件移动电器接线
	RXB	扁平型橡皮绝缘软线	
	RH	普通橡套软线	交流 500V，供室内照明和日用电器接线用

1. 按发热条件确定

导线在通过最大连续负荷电流时，导线发热不超过它所允许的温升，因而不致由于过热而使绝缘损坏或加速老化。

各类导线通过电流时，由于导线本身的电阻而使导线发热、温度升高。而导线外层的绝缘物有一定的耐热限度，如果温度过高，可能引起绝缘老化或损坏，继而造成线路短路。当线路长度一定时，导线越细，线路电阻就越大，则通过相同电流时产生的热量越多，所以截面越小的导线，其允许长期通过的电流亦小。另外导线的敷设方法、地点与环境温度都对导线运行时的散热有影响。根据这些条件，规定了不同型号和截面的导线，在不同环境温度、不同敷设方式时的长期允许电流值（又称安全载流量），见表 2-3 和表 2-4。导线在这个范围内使用时，温度不致于超过允许值。

按导线最大允许电流选择导线时，先计算导线电流，即：

$$I_{js} = \frac{S_{\Sigma js} \times 10^3}{\sqrt{3}U_{线}} \tag{2-13}$$

式中 I_{js}——计算电流（A）；

$S_{\Sigma js}$——视在计算负荷（kVA）；

$U_{线}$——电网额定线电压（V）。

选择导线时，应保证计算电流不大于导线长期允许电流 I_{xu}，即

$$I_{js} \leqslant I_{xu}$$

2. 按允许电压损失选择导线截面

为了保证供电质量，要求导线通过电流时引起的电压损失不超过允许值。

所谓电压损失是：当电流通过导线时，由于线路存在着阻抗而产生的电压降落。

500V 铜芯绝缘导线长期连续负荷允许载流量表 表 2-3

导线截面（mm^2）	线芯结构			导线明敷设(A)				橡皮绝缘导线多根同穿在一根管内时，允许负荷电流(A)												塑料绝缘导线多根同穿在一根管内时，允许负荷电流(A)											
				25℃		30℃		25℃						30℃						25℃						30℃					
	股数	单芯直径（mm）	成品外径（mm）	橡皮	塑料	橡皮	塑料	穿金属管			穿塑料管			穿金属管			穿塑料管			穿金属管			穿塑料管			穿金属管			穿塑料管		
								2根	3根	4根	2根	3根	4根	2根	3根	4根	2根	3根	4根	2根	3根	4根	2根	3根	4根	2根	3根	4根	2根	3根	4根
1.0	1	1.13	4.4	21	19	20	18	15	14	12	13	12	11	14	13	11	12	11	10	14	13	11	12	11	10	13	12	10	11	10	9
1.5	1	1.37	4.6	27	24	25	22	20	18	17	17	16	14	19	17	16	16	15	13	19	17	16	16	15	13	18	16	15	15	14	12
2.5	1	1.76	5.0	35	32	33	30	28	25	23	25	22	20	26	23	22	23	21	19	26	24	22	24	21	19	24	22	21	22	19	18
4	1	2.24	5.5	45	42	42	39	37	33	30	33	30	26	35	31	28	31	28	24	35	31	28	31	28	25	33	29	26	29	26	23
6	1	2.73	6.2	58	55	54	51	49	43	39	43	38	34	46	40	36	40	36	32	47	41	37	41	36	32	44	38	35	38	34	30
10	7	1.33	7.8	85	75	80	70	68	60	53	59	52	46	64	56	50	55	49	43	65	57	50	56	49	44	61	53	47	52	46	41
16	7	1.68	8.8	110	105	103	96	86	77	69	76	68	60	80	72	65	71	64	56	82	73	65	72	65	57	77	68	61	67	61	53
25	19	1.28	10.6	145	138	136	129	113	100	90	100	90	80	106	94	84	94	84	75	107	95	85	95	85	75	100	89	80	89	80	70
35	19	1.51	11.8	180	170	168	159	140	122	110	125	110	98	131	114	103	117	103	92	133	115	105	120	105	93	124	108	98	112	98	87
50	19	1.81	13.8	230	215	215	201	175	154	137	160	140	123	164	144	128	150	131	115	165	146	130	150	132	117	154	137	122	140	123	109
70	49	1.33	17.3	285	265	267	248	215	193	173	195	175	155	201	181	162	182	164	145	205	183	165	185	167	148	194	171	154	173	156	138
95	84	1.20	20.8	345	325	323	304	260	235	210	240	215	195	243	220	197	224	201	182	250	225	200	230	205	185	234	210	187	215	192	173
120	133	1.08	21.7	400	—	374	—	300	270	245	278	250	227	280	252	229	260	234	212	—	—	—	—	—	—	—	—	—	—	—	—
150	37	2.24	22.0	470	—	439	—	340	310	280	320	290	265	318	290	262	299	271	248	—	—	—	—	—	—	—	—	—	—	—	—
185	37	2.49	24.2	540	—	505	—	—	—	—	—	—	—	—	—	—	—	—	—	—	—	—	—	—	—	—	—	—	—	—	—
240	61	2.21	27.2	660	—	617	—	—	—	—	—	—	—	—	—	—	—	—	—	—	—	—	—	—	—	—	—	—	—	—	—

注：导电线芯最高允许工作温度 +65℃。

500V 铝芯绝缘导线长期连续负荷允许载流量表 **表 2-4**

导线截面 (mm²)	线芯结构			导线明敷设（A）				橡皮绝缘导线多根同穿在一根管内时，允许负荷电流（A）												塑料绝缘导线多根同穿在一根管内时，允许负荷电流（A）											
	股数	单芯直径 (mm)	成品外径 (mm)	25℃		30℃		25℃						30℃						25℃						30℃					
				橡皮	塑料	橡皮	塑料	穿金属管			穿塑料管			穿金属管			穿塑料管			穿金属管			穿塑料管			穿金属管			穿塑料管		
								2 根	3 根	4 根	2 根	3 根	4 根	2 根	3 根	4 根	2 根	3 根	4 根	2 根	3 根	4 根	2 根	3 根	4 根	2 根	3 根	4 根	2 根	3 根	4 根
2.5	1	1.76	5.0	27	25	25	23	21	19	16	19	17	15	20	18	15	18	16	14	20	18	15	18	16	14	19	17	14	17	16	13
4	1	2.24	5.5	35	32	33	30	28	25	23	25	23	20	26	23	22	23	22	19	27	24	22	24	22	19	25	22	21	22	21	20
6	1	2.73	6.2	45	42	42	39	37	34	30	33	29	26	35	32	28	31	27	24	35	32	28	31	27	25	33	30	26	29	28	24
10	7	1.33	7.8	65	59	61	55	52	46	40	44	40	35	49	43	37	41	38	33	49	44	38	42	38	33	46	41	36	39	38	34
16	7	1.68	8.8	85	80	80	75	66	59	52	58	52	46	62	55	49	54	49	43	63	56	50	55	49	44	59	52	47	51	49	44
25	7	2.11	10.6	110	105	103	98	86	76	68	77	68	60	80	71	64	72	64	56	80	70	65	73	65	57	75	65	61	68	61	57
35	7	2.49	11.8	138	130	129	122	106	94	83	95	84	74	99	89	78	89	79	69	100	90	80	90	80	70	94	84	75	84	79	70
50	19	1.81	13.8	175	165	164	154	138	118	105	120	108	95	124	110	98	112	101	89	125	110	100	114	102	90	117	103	94	107	96	88
70	19	2.14	16.0	220	205	206	192	165	150	133	153	135	120	154	140	124	143	126	112	155	143	127	145	130	115	145	134	119	136	125	111
95	19	2.49	18.3	265	250	248	234	200	180	160	184	165	150	187	168	150	172	154	140	190	170	152	175	158	140	178	159	142	164	149	133
120	37	2.01	20.0	310	—	290	—	230	210	190	210	190	170	215	197	178	197	178	159	—	—	—	—	—	—	—	—	—	—	—	—
150	37	2.24	22.0	360	—	337	—	260	240	220	250	227	205	243	224	206	234	212	192	—	—	—	—	—	—	—	—	—	—	—	—

注：导电线芯最高允许工作温度 +65℃。

电压损失的绝对值 ΔU 是用线路的始端电压 U_1 与终端电压 U_2 有效值的代数差来衡量的，即：

$$\Delta U = U_1 - U_2$$

对于不同等级的电压，绝对值 ΔU 不能确切地表达电压损失的程度，所以工程上常用它与额定电压 U_e 的百分数表示电压损失，即

$$\varepsilon = \frac{U_1 - U_2}{U_e} \times 100\% = \frac{\Delta U}{U_e} \times 100\% \tag{2-14}$$

用电设备对电压的变化非常敏感，如果电压降得太低，将使白炽灯的灯光昏暗，日光灯不能起辉，电动机启动不起来等，影响正常工作、学习和生活需要。为了保证用电设备的正常运行，一般照明线路中允许电压损失不超过5%，对于视觉较高的室内照明不超过2.5%，远离变电所的小面积工作场所允许降到10%；一般情况下的允许电压偏移不超过5%。

电压损失的计算方法如下：

(1) 集中负荷接于单相交流电路

集中负荷接于单相交流电路如图2-3 所示。

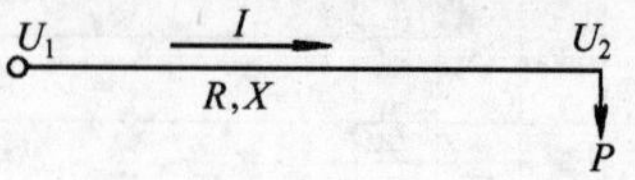

图2-3　终端有集中负荷的单相供电线路

电压损失的计算公式为：

$$\varepsilon = \frac{2(PR + QX)}{U_e^2} \times 100\% \tag{2-15}$$

式中　P——线路上的有功功率（W）；

Q——线路上的无功功率（Var）；

U_e——线路额定相电压（V）；

R——每条线路的电阻（Ω）；

X——每条线路的感抗（Ω）。

当线路长度为 L(km)时，每条线路的 R、X 可根据线路单位长度的电阻(R_0)和感抗(X_0)求得，即

$$R = R_0L;\ X = X_0L$$

LJ 型铝绞线单位长度的电阻和感抗见表2-5 所示。

LJ 型铝绞线单位长度的电阻和感抗表　　**表 2-5**

截面（mm²）		16	25	35	50	70	95	120	150	185	240
电阻（Ω/km）	50℃	2.069	1.331	0.957	0.664	0.475	0.355	0.283	0.225	0.183	0.142
	55℃	2.106	1.354	0.974	0.676	0.483	0.361	0.288	0.229	0.186	0.144
	60℃	2.143	1.378	0.991	0.688	0.492	0.368	0.294	0.233	0.189	0.147
	65℃	2.18	1.402	1.008	0.700	0.500	0.374	0.299	0.237	0.193	0.149
线间几何均距（m）		线路感抗（Ω/km）									
0.6		0.36	0.349	0.339	0.327	0.317	0.304	0.297	0.289	0.283	0.275
0.8		0.381	0.367	0.357	0.345	0.335	0.322	0.315	0.307	0.301	0.293
1.0		0.395	0.381	0.371	0.359	0.349	0.336	0.329	0.321	0.315	0.307
1.25		0.408	0.395	0.385	0.373	0.363	0.350	0.343	0.335	0.329	0.321
1.50		0.420	0.407	0.396	0.385	0.374	0.361	0.354	0.347	0.340	0.332
2.00		0.438	0.425	0.414	0.403	0.392	0.379	0.372	0.365	0.358	0.350

（2）集中负荷接于三相交流电路

集中负荷接于三相交流电路如图 2-4 所示。

电压损失的计算公式为

$$\varepsilon = \frac{PR + QX}{U_{线}^2} \times 100\% \tag{2-16}$$

式中 $U_{线}$——线路上额定线电压（V）；

P——线路上三相有功功率（W）；

Q——线路上三相无功功率（Var）；

R——每条线路电阻（Ω）；

X——每条线路感抗（Ω）。

（3）线路上接有几个负载的线路

接有三个三相负载的线路如图 2-5 所示。

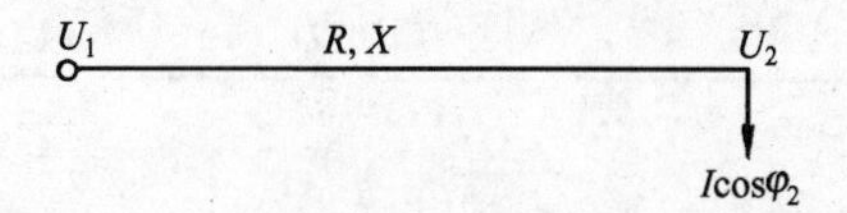

图 2-4　终端有集中负荷的三相供电线路

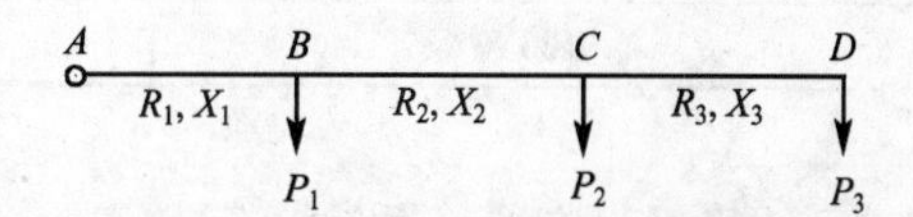

图 2-5　接有三个三相负载的线路

线路 AD 段的电压损失 ε_{AD}，可由 AB、BC、CD 各段电压损失的和来计算，即

$$\varepsilon_{AD} = \varepsilon_{AB} + \varepsilon_{BC} + \varepsilon_{CD} \tag{2-17}$$

式中 ε_{AB}、ε_{BC}、ε_{CD} 为各段电压损失。

计算时应注意：AB 段线路上的负载是 P_1、P_2、P_3 之和；BC 段上的负载是 P_2、P_3 之和；CD 段上的负载是 P_3。

对于低压供电线路，若功率因数等于 1 或接近于 1、则式（2-15）及式（2-16）可简化为式（2-18）。

单相供电线路　$\varepsilon = \frac{2PR}{U_e^2} \times 100\%$

三相供电线路　$\varepsilon = \frac{PR}{U_{线}^2} \times 100\%$　（2-18）

又因电阻公式　$R = \frac{L}{rs}$

式中 L——供电线路的长度（m）；

r——导线的电导率（电阻率 ρ 的倒数）（$m/\Omega \cdot mm^2$）；

s——导线截面（mm^2）。

代入式 2-18 可整理得出式 2-19，即

单相供电线路　$\varepsilon = \frac{2PL}{U_e^2 rs} \times 100\%$

三相供电线路　$\varepsilon = \frac{PL}{U_{线}^2} \times 100\%$　（2-19）

当 P 用千瓦表示时，令

$$C = \frac{rU_e^2}{2 \times 10^5} \text{或} C = \frac{rU_{线}^2}{10^5}$$

并用 $\varepsilon\%$ 表示 $\varepsilon \times 100$，用负荷矩 $M = PL$ 表示，则

$$\varepsilon\% = \frac{PL}{CS} = \frac{M}{CS} \tag{2-20}$$

系数 C 称之为电压损失计算常数，它是由线路电压、导线材料（铝或铜）以及电源的供电方式（单相或三相）所决定的，C 值大小可由表2-6查得。

C 值表（$T=25℃$） **表2-6**

电　源	铜导线	铝导线
三相四线（380V/220V）	77	46.3
单相220V	12.8	7.75
单相110V	3.2	1.9
单相36V	0.34	0.21

3. 按机械强度选择导线截面

配电线路在运行时，由于自身的重量及外界因素的影响，会使导线内部受到张力的作用，当张力超过限度时，会引起导线断裂。为确保可靠供电，要求导线必须有足够的机械强度，因此规定在各种不同敷设方式下，最小允许截面如表2-7及表2-8所示。

绝缘导线最小允许截面（mm^2） **表2-7**

序　号	用　途	线芯的最小截面		
		铜芯软线	铜　线	铝　线
1	照明用灯光线 （1）民用建筑屋内 （2）工业建筑屋内 （3）屋　外	 0.4 0.5 1.0	 0.5 0.8 1.0	 2.5 2.5
2	移动式用电设备 （1）生活用 （2）生产用	 0.2 1.0		
3	架设在绝缘支持件上的绝缘导线 其支持点间距 （1）2m及以下，屋内 （2）2m及以下，屋外 （3）6m及以下 （4）12m及以下		 1.0 1.5 2.5 2.5	 2.5 2.5 4 6
4	穿管敷设的绝缘导线	1.0	1.0	2.5
5	塑料护套线沿墙明敷设		1.0	2.5
6	板孔穿线敷设的导线		1.5	2.5

配电线路导线最小截面（mm^2） 表 2-8

导线种类	高压线路		低压线路
	居民区	非居民区	
铝绞线及铝合金绞线	35	25	16
钢芯铝绞线	25	16	16
铜绞线	16	16	（直径 3.2mm）

【例题】 某教学楼距变电所 400m 远，其照明负荷共计 36kW，用三相四线制供电，线路上的电压损失不超过 5%，敷设地点的环境温度为 25℃，采用 BLX 型导线穿管敷设，试选择干线的截面。

【解】 （1）先按线路电压损失允许值选择

负荷矩 $M = PL = 36 \times 400 = 14400 \text{kW} \cdot \text{m}$

查表2-6，根据三相四线制采用铝线得到 $C = 46.3$，于是

$$S = \frac{M}{C\varepsilon\%} = \frac{14400}{46.3 \times 5} = 62.2(\text{mm}^2)$$

选 $S = 70\text{mm}^2$ 的线三根

50mm^2 的零线一根

（2）按发热条件选择

由表 2-4 查得 $S = 70\text{mm}^2$ 的 BLX 导线，在环境温度为 25℃时，四根导线穿金属管敷设时，最大允许电流为 133A，而线路计算电流为：

$$S_{\Sigma js} = K_{\Sigma} \frac{P}{\cos\phi} = 0.9 \times \frac{36}{1} = 32.4(\text{kVA})$$

$$I_{\Sigma js} = \frac{S_{\Sigma js} \times 10^3}{\sqrt{3} U_{线}} = \frac{32.4 \times 10^3}{\sqrt{3} \times 380} = 49.23(\text{A})$$

计算可知，导线允许载流量 133A，远远大于计算电流 49.23A。

（3）按机械强度选择

由表 2-7 查得，铝导线穿管敷设时，最小允许截面积为 2.5mm^2。

最后确定该教学楼干线为 BLX－3×70＋1×50 的导线。

第四节 施工现场临时供电

在施工现场中，拖动施工机械的电动机、电焊机、照明等都需要电源供电。

对施工现场临时供电，即要符合供电的基本要求，又应注意到其临时性的特点。

施工现场的供电电源，即可借用就近原有变压器供电，也可利用附近高压电网，向供电局申请，设置临时配电变压器。其容量应根据现场施工总用电量确定。

把变压器低电能输送到建筑工地施工负载去的任务，是由低压架空配电线路来承担的。

架空线路由导线、电杆、横担、绝缘子四部分组成。

架空线路常用的导线有铝绞线、钢芯铝绞线和铜绞线等。

导线用电杆架起来，使它与地面有一定的高度，电杆上装有横担，用来固定绝缘子，将导线固定在绝缘瓷瓶上，使导线之间保持一定的距离。

两根电杆之间的水平距离为档距，低压架空线路的档距在院内 30～40m，在空旷地带为 40～60m。

由架空配电线路引下来到建筑物的第一个支持点（如进户横担）的一段线路叫接户线。低压接户线的档距不宜大于 25m，在档距超过 25m 时，要增设接户杆，接户杆的档距不应超过 40m。

低压接户线在进户点的离地距离不应小于 2.7 米；跨越街道时，对于通车街道，不得小于 6m；对于通车困难的街道、人行道、胡同（里弄、巷），不得小于 3m。

室外绝缘导线至建筑物最小距离如表 2-9 所示。

室外绝缘导线至建筑物最小距离 **表 2-9**

敷 设 方 式	最小允许距离（mm）
水平敷设时的垂直距离距阳台、平台、屋顶	2500
水平敷设时的垂直距离距下方窗户	300
水平敷设时的垂直距离距上方窗户	800
垂直敷设时至阳台窗户的水平距离	750
导线至墙壁和构架的距离（挑檐下除外）	50

室外临时开关箱应作成防水坡式的，开关箱不得太小，以免影响操作。施工用电的配电箱要设置在便于操作的地方。

施工现场的电气设备，应搭设防雨棚，以免线圈受潮。

施工现场的电力供应，可用平面图表明。

第五节　电气照明的基本知识

在建筑施工中，需要安装大量的电气照明和动力设备，而照明设备的安装是设备安装的主要部分，为了配合土建工程进行电气照明设备安装，必须了解照明的有关知识。

一、照度标准

1. 光通量

光源发光是它不断地向周围空间发射能量的结果。光源在单位时间内发射出的光能称为光源的光通量，用“F”表示。光通量的单位是流明（L/m）。

额定电压为 220V，额定功率为 25W 的白炽灯，光通量为 191L/m。而 220V、100W 的白炽灯，光通量为 1000L/m。

2. 照度

照度是表示物体被照亮程度的物理量。当光通量投射到物体表面时，可以把表面照亮，投射到被照面的光通量与该物体表面面积的比值，称为被照面的照度，即

$$E = \frac{F}{S} \tag{2-21}$$

式中　F——投射到被照面的光通量；

S——被照面的表面积；

E——被照面的照度（lx）。

各类不同建筑推荐照度值见表2-10。

各类建筑中不同房间推荐照度值 **表2-10**

建筑性质	房间名称	推荐照度（lx）
居住建筑	厕所、盥洗室	5~15
	餐室、厨房、起居室	15~30
	卧室	20~50
	单宿、活动室	30~50
科教办公建筑	厕所、盥洗室、楼梯间、走道	5~15
	食堂、传达室	30~75
	厨房	50~100
	医务室、报告厅、办公室、会议室、接待室	75~150
	实验室、阅览室、书库、教室	75~150
	设计室、绘图室、打字室	100~200
	电子计算机房	150~300
医疗建筑	厕所、盥洗室、楼梯间、走道	5~15
	病房、健身房	15~30
	X线诊断室、化疗室，同位素扫描室	30~75
	理疗室、麻醉室、候诊室	30~75
	解剖室、化验室、药房、诊室、护士站	75~150
	医生值班室，门诊挂号病案室	75~150
	手术室、加速器治疗室	100~200
	电子计算机X线扫描室	100~200
商业建筑	厕所、更衣室、热水间	5~15
	楼梯间、冷库、库房	10~20
	一般旅馆客房、浴池	20~50
	大门厅、售票室、小吃店	30~75
	餐厅、照相馆营业厅、菜市场	50~100
	粮店、钟表眼镜店	70~150
	银行出纳厅、邮电营业厅	70~150
	理发室、书店、服装商店	70~150
	字画商店、百货商场	100~200

二、常用电光源及灯具

（一）常用电光源

电光源的种类很多，但大体分为两大类：一类是热辐射光源，如白炽灯、碘钨灯；另一类是气体放电光源，如荧光灯、荧光高压汞灯等。

1. 白炽灯

白炽灯是常用的电光源。它是由灯头、灯丝和玻璃罩等组成的。灯丝是用高熔点材料钨丝绕成。一般较小功率的白炽灯（40W以下）玻璃泡被抽成真空，而较大功率的玻璃泡抽成真空后充入惰性气体、充气的目的是为减少使用的钨丝蒸发，以提高灯泡的使用寿命。

白炽灯当电流通过其灯丝时产生热量，使灯丝温度升高到白炽程度而发光。白炽灯光效很低，只有百分之几到十几的电能转化为可见光。但它价格低，安装方便，在照度要求不高的场所广泛使用。

2. 碘钨灯

碘钨灯是卤钨灯的一种，其构造如图2-6所示。灯管用耐高温的石英玻璃或含高硅量的硬玻璃制成，螺旋状的钨丝绕得很密，由支架支承装设在灯管的轴线上，经灯管两端的钼片与石英玻璃管密封，由两端引出电极。灯管内充入压力较大的微量卤素及惰性气体氩气，能抑制钨丝的蒸发而提高灯丝寿命。碘钨灯用于照度要求高，显色性要求较好的场所，但它耐震性差，不应在有震动场所使用。

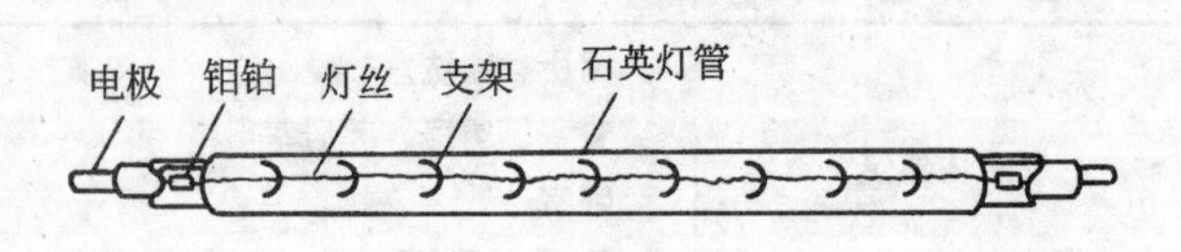

图2-6　碘钨灯结构图

3. 荧光灯

荧光灯是一种被广泛采用的电光源，属于气体放电光源。荧光灯电路由三个部分组成：灯管、镇流器和启辉器，如前图1-34所示。

在玻璃灯管两端各装有钨丝电极，电极与两根引入线焊接，并固定在玻璃芯柱上，引入线与灯帽的两个灯脚连接。管内抽真空后充入少量汞和惰性气体氩。灯管内壁均匀地涂一层荧光粉。

镇流器是一个有铁芯的线圈。

启辉器是在一个充有氖气玻璃泡中装有固定触片和U形的可动触片（用双金属片制成）。

荧光灯的工作原理是：当合上电源开关后，电源电压加在启辉器的固定触片和可动触片之间，由于电极间的距离小，在线路电压的作用下，产生辉光放电，启辉器的电极由此受热而膨胀，与固定电极接触。这时经镇流器、灯丝、启辉器、电极构成电流的通路。在此同时，灯管的灯丝由于通过电流而被加热，当灯丝的温度升高到800～1000℃，便发出大量电子。当启辉器固定和可动电极接通后，辉光放电消失，电极迅速冷却、双金属片则恢复原状，使固定和可动电极分开，灯丝回路的电流突然被切断。这时镇流器的线圈由于自感应而产生较高的电动势，与电源电压叠加，加在灯管的两端，因灯丝已发射大量电子，就使管内两极间击穿放电。当灯管两极间放电后，镇流器由于本身的阻抗，产生较大的电压降，使灯管两端维持较低的工作电压。在灯管放电后，汞原子受到电子的不断碰撞，激发产生紫外线，紫外线照射到灯管的荧光粉上，发出可见光。

荧光灯的特点是：光线柔和，光效高，显色性能好，使用寿命长，表面亮度低，功率因数低。

（二）灯具

灯具是使光源发出的光进行再分配的装置。其作用是：固定光源（灯泡或灯管）；使光源发出的光通量按需要方向照射；遮挡刺眼的光线，防止眩光；保护光源，使之不受机械损伤；装饰美化建筑物等。

灯具主要有三大类：（1）直射灯具；（2）反射灯具；（3）漫射灯具。在选用时，可根据环境条件，灯具发光强度，房屋的天花板、地板、墙壁的反射作用综合考虑。

第六节 电气照明计算

照明计算的目的，是在确定照明方式、灯具类型及布置方案等情况下，根据照度标准，求出灯具所需的数量和功率。

一、选择灯具型式

在选择灯具时，应根据建筑的特点、环境、条件、性质、房间的大小和高度及对照度的要求综合考虑。

二、灯具布置

合理布置灯具，可确保工作面照度均匀、减少阴影和眩光、减少安装容量。

具体布置方法的有关规定：

如图 2-7 所示。H 为室内净高（m），h_s 为灯具至被照面的高度（m），称为灯具的悬挂高度，h 为灯具至被照面的高度（m），称计算高度，h_a 为被照面距地高度（m）；h_0 为顶棚距灯具底边高度（m），称为重吊高度，一般在 0～1.5m 之间。

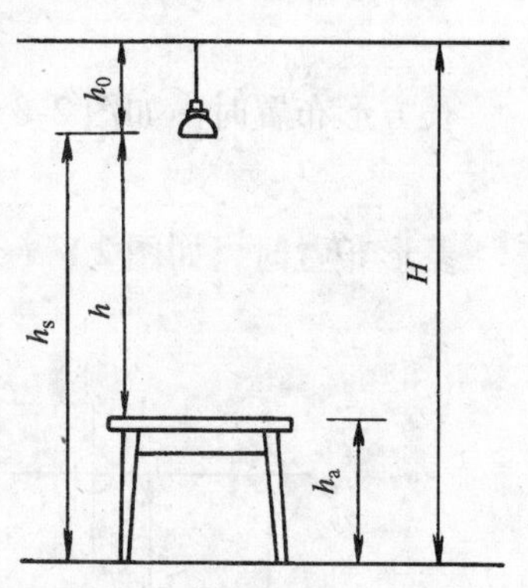

图 2-7 灯具悬挂尺寸示意图

从图可知：计算高度 $h = h_s - h_a$，在一般情况下 h_a 取 0.8m。

灯具之间的垂直距离 L 与计算高度 h 的比值（L/h）称为距高比。为了保证工作面照度均匀，应使 L/h 为一合理数值。当采用不同型式的灯具时，最大允许距高比有不同的数值，表 2-11 给出了荧光灯最大允许距高比。

荧光灯的最大允许距高比值（L/h） **表 2-11**

名称		型号	灯具效率（%）	最大允许距高比 L/h		光通量 F（lm）	
				A—A	B—B		
筒式荧光灯	1×40W	YG1-1	81	1.62	1.22	2400	A 90° B B 0° A
	1×40W	YG2-1	88	1.46	1.28	2400	
	2×40W	YG2-2	97	1.33	1.28	2×2400	
封闭型荧光灯 1×40W		YG4-1	84	1.52	1.27	2400	
封闭型荧光灯 2×40W		YG4-2	80	1.41	1.26	2×2400	
吸顶式荧光灯 2×40W		YG6-2	86	1.48	1.22	2×2400	
吸顶式荧光灯 3×40W		YG6-3	86	1.5	1.26	3×2400	
嵌入式格栅荧光灯（塑料格栅）3×40W		YG15-3	45	1.07	1.05	3×2400	
嵌入式格栅荧光灯（铝格栅）2×40W		YG15-2	63	1.28	1.20	2×2400	

灯具位置的确定方法是：先确定灯具型号，查出所选用灯具最大允许距高比的数值，结合预先定出的计算高度，可确定出灯具之间距离 L，即

$$L=(L/h)\cdot h \tag{2-22}$$

式中 L——灯具间距离（m）；

h——灯具计算高度（ m）；

L/h——被选用的合适距高比。

边缘灯具与墙壁之间的距离 l_1 应按下述要求计算：

当靠墙有被照面时：
$$l_1(l_2)=(0.25\sim0.3)L \tag{2-23}$$

当靠墙无被照面时：
$$l_1(l_2)=(0.4\sim0.5)L \tag{2-24}$$

由于荧光灯的形状纵向与横向是不同的，它的最大允许距高比在纵向（A—A）与横向（B—B）有不同的值，所以应用 l_1 和 l_2 分别计算。

常用均匀布灯的形式有：正方形、长方形、菱形等。

正方形布置时，如图 2-8（*a*）所示，灯具间距离为：

$$L=L_a=L_b \tag{2-25}$$

长方形布置时，如图 2-8（*b*）所示，灯具间距离为：

$$L=\sqrt{L_a\cdot L_b} \tag{2-26}$$

菱形布置时，如图 2-8（*c*）所示，灯具间距离为：

$$L=\sqrt{L_a^2+L_b^2} \tag{2-27}$$

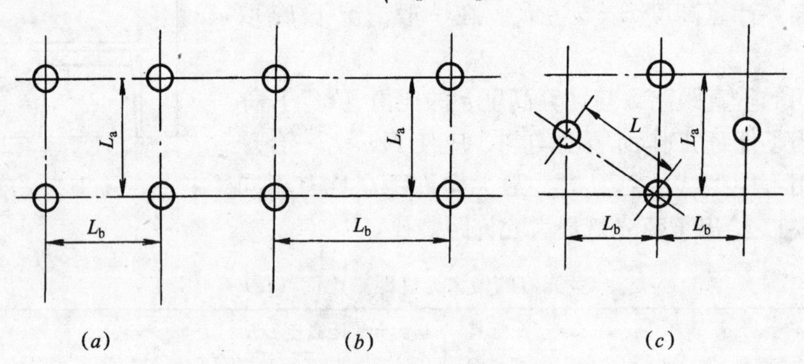

图 2-8 灯具均匀布置图

（*a*）正方形；（*b*）长方形；（*c*）菱形

三、灯具电功率的确定

照明计算是在房间面积已知，灯具悬挂高度和平面布置确定后，计算每盏灯的额定功率。单位容量法是利用已编好的单位面积安装功率来计算每盏灯的电功率。表 2-12 和表 2-13为荧光灯单位面积安装功率表。

查表时，应先根据建筑使用特点、照明要求、照度标准、房间面积及高度、计算高度等查表得到单位面积安装功率，则一间房屋内照明灯具的总功率为：

$$P=W\cdot S \tag{2-28}$$

式中 P——房间总功率（W）；

W——单位面积安装功率（W/m^2）；

S——房间面积（m^2）。

每盏灯所需的功率为：

$$P_1 = \frac{P}{N} \tag{2-29}$$

式中 P_1——每盏灯功率（W）；

P——房间总功率；

N——该房间 N 灯泡数量。

单位面积安装功率　　表2-12

灯　型	计算高度（m）	房间面积（m^2）	荧光灯照度（lx）					
			30	50	75	100	150	200
带反射罩荧光灯（铁皮罩）	2~3	10~15	3.2	5.2	7.8	10.4	15.6	21
		15~25	2.7	4.5	6.7	8.9	13.4	18
		25~50	2.4	3.9	5.8	7.7	11.6	15.4
		50~150	2.1	3.4	5.1	6.8	10.2	13.6
		150~300	1.9	3.2	4.7	6.3	9.4	12.5
		300以上	1.8	3.0	4.5	5.9	8.9	11.8
	3~4	10~15	4.5	7.5	11.3	15	23	30
		15~20	3.8	6.2	9.3	12.4	19	25
		20~30	3.2	5.3	8.0	10.6	15.9	21.2
		30~50	2.7	4.5	6.8	9	13.6	18.1
		50~120	2.4	3.9	5.8	7.7	11.6	15.4
		120~300	2.1	3.4	5.1	6.8	10.2	13.5
		300以上	1.9	3.2	4.8	6.3	9.5	12.6

单位面积安装功率　　表2-13

灯　型	计算高度（m）	房间面积（m^2）	荧光灯照度（lx）					
			30	50	75	100	150	200
不带反射罩荧光灯（木底座）	2~3	10~15	3.9	6.5	9.8	13.0	19.5	26.0
		15~25	3.4	5.6	8.4	11.1	16.7	22.2
		25~50	3.0	4.9	7.3	9.7	14.6	19.4
		50~150	2.6	4.2	6.3	8.4	12.6	16.8
		150~300	2.3	3.7	5.6	7.4	11.1	14.8
		300以上	2.0	3.4	5.1	6.7	10.1	13.4
	3~4	10~15	5.9	9.8	14.7	19.6	29.4	39.2
		15~20	4.7	7.8	11.7	15.6	23.4	31.0
		20~30	4.0	6.7	10.0	13.3	20.0	26.6
		30~50	3.4	5.7	8.5	11.3	17.0	22.6
		50~120	3.0	4.9	7.3	9.7	14.6	19.4
		120~300	2.6	4.2	6.3	8.4	12.6	16.8
		300以上	2.3	3.8	5.7	7.5	11.2	14.0

在进行照明计算时，在考虑安装高度、电功率及布置时，有时需要经过反复计算才能最后确定。

【例题】 已知某教室长为7.2m；宽为5.4m，高为3.6m。试用单位容量法进行照明计算。

【解】 (1) 确定灯具型式

因教室特点适用于选用带反射罩的荧光灯，吊链安装，由表2-10查得教室的推荐照度值为75～150lx，计算时取$E=100$lx。

(2) 灯具布置

由表2-11查得：简易YG_2-1型荧光灯的最大允许距高比，在（A—A）方向为$L_A/h=1.46$，在（B—B）方向为$L_B/h=1.28$，取被照面的高度$h_a=0.8$m，灯具的垂吊高度$h_0=0.8$m，于是计算高度为：

$$h=H-h_0-h_a=3.6-0.8-0.8=2(\text{m})$$

在（A—A）方向灯与灯之间间距为：

$$L_A=1.46\times 2=2.92(\text{m})$$

在（B—B）方向灯与灯之间间距为：

$$L_B=1.28\times 2=2.56(\text{m})$$

灯与墙之间的距离：

有被照面侧： $l_1=(0.25\sim 0.3)\times 2.92=0.1\sim 0.88(\text{m})$

无被照面侧： $l_2=(0.4\sim 0.5)\times 2.56=1\sim 1.3(\text{m})$

根据房间的长、宽，确定$L_A=1.8$m，$L_B=2.5$m，$l_1=0.9$m，$l_2=1.1$m，确定为9支荧光灯，即$N=9$，其布置如图4-8所示。

(3) 计算灯管电功率

由$E=100$lx，$S=7.2\times 5.4=38.9\text{m}^2$，$h=2$m，查表2-12得带反射罩荧光灯单位安装功率$W=7.7\text{W/m}^2$，于是总安装功率为：

$$P=W\cdot S=7.7\times 38.9=299.6(\text{W})$$

每盏灯的功率为：

$$P_1=\frac{P}{N}=\frac{299.6}{9}=33.3(\text{W})$$

根据荧光灯的规格，选额定功率为40W、电压为220V的简易带罩荧光灯9套。

(4) 验算

计算和布置是否合理可通过验算，不合理时应再重新进行调整。

验算是用实际距高比与查得距高比比较，如实际的小于或等于查得的距高比视为合理。

查例中

（A—A）方向：$L_A/h=1.8/2=0.9\text{m}<1.46\text{m}$合理。

（B—B）方向：$L_B/h=2.5/2=1.25\text{m}<1.28\text{m}$也合理。

第七节　照明供电线路及敷设

一、供电方式

照明线路的供电一般为单相交流220V和380/220V的三相四线制供电。为负载电流超过30A时，应采用三相四线制供电。

为保证事故照明可靠，事故照明电源应具有一定的独立性。根据要求可采用如下形式：

（1）当变电所装设两台及以上变压器时，事故照明和工作照明的干线应分别接自不同的变压器；

（2）当仅装设一台变压器时，事故照明和工作照明的干线应从变电所低压配电屏开始或从厂房、建筑物总进线入口开始，与工作照明回路分开供电。

另外，对于危险场所，应根据其危险程度采用不超过36V的安全电压。

二、照明配电线路的布置

1. 进户线

进户点就是建筑照明供电电源的引入点。由进户点到屋内总配电箱的一段导线称进户线。一般应尽量从建筑物的侧面或正面进户，对于多层建筑物用架空线引入电源时，一般由二层进户。

2. 配电箱

配电箱是接受和分配电能的装置。用电量较小的建筑物可设一个配电箱，对于多层建筑物可设有总配电箱并由引出干线向各分配电箱配电。在配电箱里，装有开关、熔断器、电度表等电气设备。

配电箱的安装高度，底边距地一般为1.5m。

3. 干线

从总配电箱到分配电箱的一段线称为干线。照明干线的连接方法有三种：

（1）树干式；（2）放射式；（3）混合式，如图2-9所示。多层干线布置如图2-10所示。

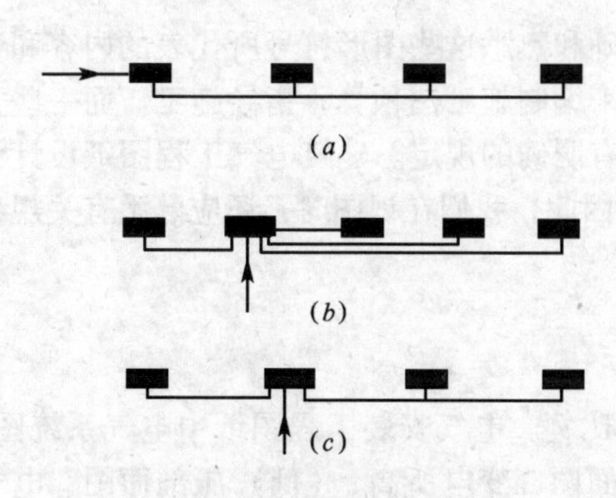

图2-9　干线布置图
（a）树干式；（b）放射式；（c）混合式

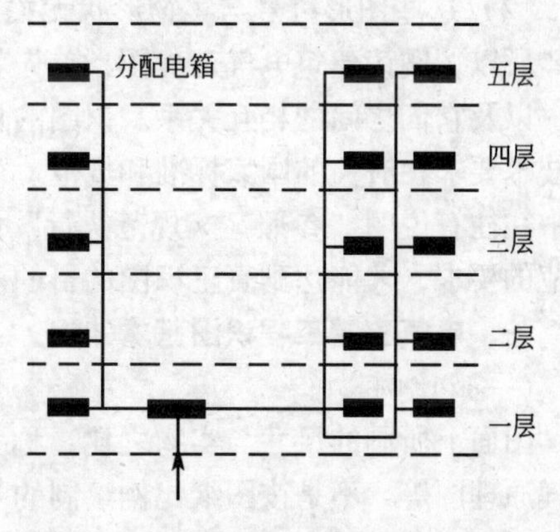

图2-10　多层建筑的干线布置示意图

4. 支线

从分配电箱至灯具的一段线称支线。支线所组成的电路叫支路或回路。布置回路时每一单相回路，电流不宜超过15A，灯和插座数量不宜超过20个（最多不应超过25个）

三、照明线路的敷设

室内照明线路的敷设，通常采用明敷设和暗敷设两种。

明敷设配电线路有：瓷夹、瓷瓶、槽板、线管（电线管、水煤气钢管、硬塑料管）配线多种。

暗敷设配电线路有：水煤气钢管、电线管、阻燃型半硬塑料管等配线。

在选择配线方式时可根据不同场所，不同要求确定。

穿管布线时，管内导线的总截面（包括外护层），不应超过管子截面积的40%，绝缘导线允许穿管根数及相应的最小管径可查有关手册。

管内的导线不应有接头，有接头时应设接线盒，在接线盒内接头。为便于穿线，当管过长或弯多时，也应适当的加装接线盒。在下列情况下应加装接线盒：

无弯时，在管路长度超过45m处；

有一个弯时，在管路长度超过30m处；

有两个弯时，在管路长度超过20m处；

有三个弯时，在管路长度超过12m处。

目前广泛采用阻燃型半硬塑料管暗配线，线路走向沿墙体及板孔，所以敷设时应注意预制楼板板孔的方向。

第八节　电气安装工程识图

电气安装工程图是电气工程界的技术语言，设计人员通过各种规定的图形符号和文字说明，把设想和意图表达在图纸上，施工人员按图施工，将图纸上的工程通过劳动变成实际建筑安装产品。

电气安装工程施工图具备以下特点：

（1）反映在图面上的不是按比例放大或缩小了的实物，而是规定的各种图形符号。

（2）这些图形符号与实物形状无关。

所以，阅读建筑电气工程图，首先就必须明确和熟悉这些图形符号所代表的内容和含义，以及它们之间的相互关系。识图的目的是用来编制施工图预算，指导施工。而一些安装技术要求在有关的国家标准和规范、规程中都有明确的规定。建筑电气工程图纸设计说明中往往有说明“参照××规范执行”的字样，因此，我们在识图时，还应熟悉有关规程规范的要求，才能达到真正识图的目的。

一、电气安装工程识图基本知识

（一）比例

图面上所画的尺寸与实物之比，称为图纸的比例。电气安装工程图纸中电气系统图、电气原理图等，不是按图纸比例绘制的。电气平面图、变电所高、（低）压剖面图、电气干线平面图等是按比例绘制的，且多用缩小比例绘制。通常比例为1:100、1:150、1:50等。

图纸所画的尺寸比实物小，称为缩小比例。比例的第一个数字表示图纸的尺寸，第二个数字表示实物与图纸的倍数。如1:100，图纸的尺寸是实物的100倍。图纸所画的尺寸比实物大，称为放大比例。如10:1，图纸的尺寸比实物大10倍。

（二）标高

在建筑电气工程图中，线路和电气设备的安装高度通常用标高表示。标高有绝对标高和相对标高两种表示法。绝对标高又称为海拔标高，它是以青岛市外海平面作为零点而确定的高度尺寸。相对标高是选定某一参考面或参考点作为零点而确定的高度尺寸。建筑电气工程平面图等均采用相对标高。它一般采用室外某一平面或某层楼平面作为零点而计算高度。这一标高称为安装标高或敷设标高。安装标高的符号及标高尺寸标注如图2-11所示。图2-11（*a*）用于室内平面、剖面图上，表示高于某一基准面3.000m；图2-11（*b*）用于总平面图上的室外地面，表示高出室外某一基准面4.000m。

（三）建筑物定位轴线

照明、动力及消防等平面图上均标有建筑物定位轴线。定位轴线的作用是确定电气设备安装位置和线管敷设位置。凡承重墙、柱、梁等主要承重构件的位置所画的轴线，称为定位轴线。定位轴线的编号原则是：在水平方向，从左至右用顺序的阿拉伯数字；在垂直方向采用拉丁字母，由下向上编号；数 字和字母分别用点划线引出。轴线标注如图2-12所示。

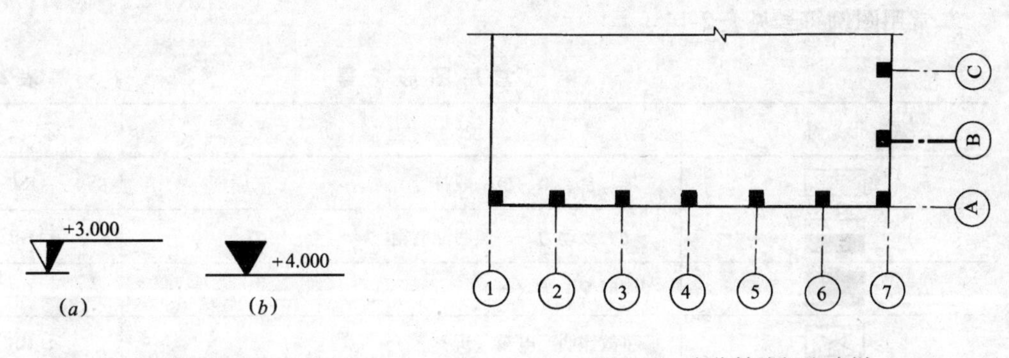

图2-11　安装标高表示方法

图2-12　定位轴线标注式样

二、识图的一般程序

识图应该按照一定的顺序进行，才能全面理解设计者的意图。一套建筑电气安装图纸内容较多，图纸量很大。一般应按下面的顺序依次阅读。

（一）看图纸目录

根据目录查找出所要阅读的图纸。

（二）看设计说明及图例符号

了解工程概况、设计内容，了解图纸中未能表达清楚的各有关事项。如供电电源的来源、电压等级，架设或敷设距离及方式，设备安装高度及安装方式，配电设备外形尺寸，接地装置所用材料规格、种类及要求等。

（三）看系统图

系统图是反映整个建筑物供电系统情况的图纸。如电气照明工程的系统图、动力工程的电力系统图、电气消防工程系统图、防范工程系统图等。看系统图的目的是了解系统的组成和原理及它们的规格、型号、数量等。

(四) 看电气原理图和接线图

了解系统中用电设备的电气自动控制原理，用来指导设备的接线和调试工作。

(五) 看平面布置图

平面布置图是建筑电气工程图纸中的重要图纸之一，如某商场的平面图有：电力平面图、照明平面图、消防平面图、防雷接地平面图等。这些平面图都是用来表示设备安装位置，线路敷设部位，敷设方法及所用导线型号、规格、数量、管径规格、材质的，是安装施工、编制施工图预算、施工预算的主要依据，必须全面理解。

(六) 看安装大样图

安装大样图是按照机械图方法绘制的，用来详细表示设备安装方法的图纸，也是用来指导施工和计算材料工程量的图纸，安装大样图多采用全国通用电气装置标准图集。

(七) 看设备材料表

设备材料表给我们提供了该工程所使用的设备、材料的型号、规格和数量，是我们编制购置主要设备、材料计划的重要依据之一。

三、电气图用图例符号和文字符号

(一) 常用图例符号

常用图例符号见表2-14。

电气常用图形符号 **表2-14**

图形符号	说明	标准
	屏、台、箱、柜一般符号	IEC
	动力或动力——照明配电箱	GB
	照明配电箱〈屏〉	GB
	事故照明配电箱〈屏〉	GB
	电源自动切换箱〈屏〉	GB
	多种电源配电箱	GB
	直流电源配电箱〈屏〉	GB
～	交流电源配电箱（屏）	GB
	落地交接箱	GB
	电话分线箱〈壁龛交接箱〉	GB
	电话分线盒	GB
	信号箱〈板〉	GB
	接地的一般符号	IEC
	无噪声接地〈抗干扰接地〉	IEC

续表

图形符号	说明	标准
	保护接地	IEC
	接机壳或接地板	IEC
	等电位	IEC
	单相插座〈明装〉	IEC
	单相插座〈暗装〉	GB
	密闭〈防水〉单相插座	GB
	防爆型单相插座	GB
	带接地插孔的单相插座〈明装〉	IEC
	带接地插孔的单相插座〈暗装〉	IEC
	带接地插孔的密闭〈防水〉单相插座	IEC
	带接地插孔的防爆型单相插座	IEC
	带接地插孔的三相插座〈明装〉	GB
	带接地插孔的三相插座〈暗装〉	GB
	带接地插孔的三相插座密闭〈防水〉	GB
	带接地插孔的三相插座防爆	GB
	插座箱〈板〉	GB
	具有防护板的插座	IEC
	具有单极开关的插座	IEC
	具有隔离变压器的插座〈如电动剃刀插座〉	IEC
	电信插座的一般符号	IEC
TP	电话插座	IEC
TV	电视插座	IEC
	带熔断器的插座	GB
	开关一般符号	IEC
	单极开关〈明装〉	GB
	单极开关〈暗装〉	GB
	单极开关密闭〈防水〉	GB
	单极开关〈防爆〉	GB

续表

图形符号	说　　明	标　准
	双极开关〈明装〉	IEC
	双极开关〈暗装〉	IEC
	双极开关密闭〈防水〉	IEC
	双极开关（防爆〉	IEC
	三极开关〈明装〉注：多极开关现有四、六极型	GB
	三极开关〈暗装〉注：多极开关现有四、六极	GB
	三极开关密闭〈防水〉	GB
	三极开关〈防爆〉	GB
	单极拉线开关〈明装〉	IEC
	单极拉线开关〈暗装〉	GB
	单极双控拉线开关〈明装〉	GB
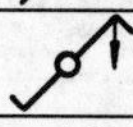	单极双控拉线开关〈暗装〉	GB
	单极限时开关〈明装〉	IEC
✳	单极限时开关〈暗装＊新增〉	GB
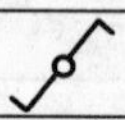	双控开关〈单极三线、明装〉	IEC
	双控开关〈单极三线、暗装〉	GB
	双联双控开关〈暗装〉	GB
	具有指示灯的开关	IEC
	调光开关、风扇电阻开关	IEC
	分线盒　室内分线盒	GB
	室外分线盒	GB
	按钮一般符号	IEC
	按钮盒〈单钮〉多钮时按钮数绘制	GB
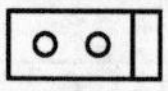	密闭型按钮	GB
	防爆型按钮盒	GB
	带指示灯的按钮	IEC
	限制接近的按钮〈玻璃罩等〉	IEC
	电动机启动器的一般符号	IEC

续表

图形符号	说明	标准
	带自动释放的启动器	IEC
	星—三角形启动器	IEC
	自耦变压器式启动器	IEC
	有线广播台、站	
	电信机房的屏 、盘、架一般符号	GB
	室内消火栓	GB
	灯的一般符号	IEC
	闪光信号灯	IEC
	荧光灯一般符号	IEC
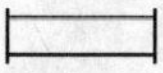	双管荧光灯	IEC
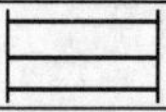	三管荧光灯	IEC
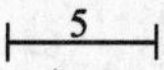 5	五管荧光灯	IEC
	防爆荧光灯	GB
	在专用电路上的事故照明灯	IEC
	自带电源的事故照明灯装置〈应急灯〉	IEC
	气体放电灯的辅助设备〈用于与光源不在一起〉	
	投光灯一般符号	IEC
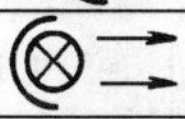	聚光灯	IEC
	泛光灯	IEC
	深照型灯	GB
	广照〈配照〉型灯	GB
	防水防尘灯	GB
	球形灯	GB
	局部照明灯	GB
	矿山灯	GB
	安全灯	GB
	隔爆灯	GB
	天棚灯	GB

续表

图形符号	说明	标准
	花灯	GB
	弯灯	GB
	壁灯	GB
P	压力开关、动断触点	GB
	三端水银〈液位〉开关	
	多极开关一般符号〈单线表示〉	GB
	多极开关〈多线表示〉	GB
	接触器〈在非动作位置触点断开〉	IEC
	具有自动释放的接触器	IEC
	接触器（在非动作位置触点闭合）	IEC
	断路器	IEC
	隔离开关	IEC
	具有中间断开位置的双向隔离开关	IEC
	负荷开关〈负荷隔离开关〉	IEC
	具有自动释放的负荷开关	IEC
	熔断器一般符号	IEC
	跌开式熔断器	GB
	熔断器式开关	IEC
	熔断器式隔离开关	IEC
	熔断器式负荷开关	IEC
	方向耦合器	IEC
	用户分支器〈示出一路分支〉	IEC
	系统出线端	IEC
	环路系统出线端、串联出线端〈串接单元〉	IEC
	混合器	IEC
dB	固定衰减器	IEC
	天线的一般符号	IEC
	火灾报警器一般符号、框内注字母： Q 区域报警器、J 集中报警器、TB 火灾探测	

续表

图形符号	说明	标准
	三角形连接的三相绕组	IEC
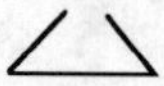	开口三角形连接的三相绕组	IEC
	星形连接的三相	IEC
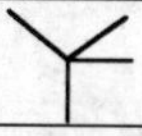	中性点引出的星形连接的三相绕组	IEC
	电机一般符号	
	双绕组变压器	IEC
	三绕组变压器	IEC
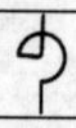	电抗器	IEC
	星形—三角形联结的三相变压器	IEC
	星形—三角形联结有载调压三相变压器	IEC
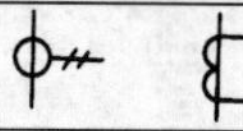	电流互感器、脉冲变压器	IEC
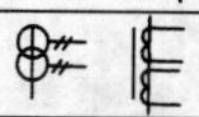	在一个铁芯上有两个次级绕组的电流互感器	IEC
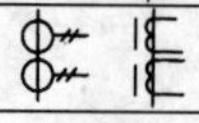	具有两个铁芯和两个次级绕组的电流互感器	IEC
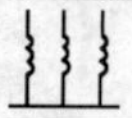	频敏变阻器	GB
	桥式全波整流器	IEC
	逆变器	IEC
	整流器	IEC
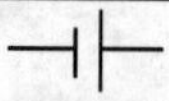	原电池或蓄电池	IEC
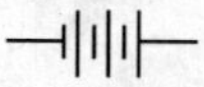	蓄〈原〉电池组	IEC
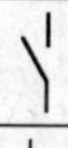	开关一般符号、动合〈常开〉触点	IEC
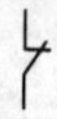	开关一般符号、动断〈常闭〉触点	IEC
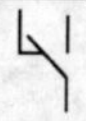	先断后合的转换触点	IEC
	中间断开的双向触点	IEC
	当操作件被吸合时延时闭合的动合触点	IEC

（二）常用文字符号

1. 光源种类

PZ—普通照明白炽灯泡
YZ—直管荧光灯
YJ—环形荧光灯管
YU—U 形荧光灯管
YZS—三基色荧光灯管
SLB—双曲形荧光灯管
NG—高压钠灯泡
ND—低压钠灯泡
GGY—荧光高压汞灯泡
LZG—卤钨灯泡
DDG—镝灯泡

2. 电气设备及电力干线文字符号

AA—交流配电屏
AH—高压开关柜
AP—动力配电箱
AL—照明配电箱
AEL—事故照明配电箱
AK—刀开关箱
FU—熔断器
F—避雷器
HR—红灯
HG—绿灯
YO—合闸线圈
YR—跳闸线圈
PV—电压表
PA—电流表
PJ—电度表
PT—温度表
QF—断路器
QS—隔离开关、刀开关
SB—按钮
TM—电力变压器
WB—母线
WP—电力干线
WL—照明干线
WE—事故照明干线
WT—滑触线
XT—端子板
XS—插座

XB—连接片
SQ—限位开关、行程开关
WPS—插接式母线
3. 标注安装方式的文字符号
(1) 导线敷设方式的标注
SC—穿焊接钢管敷设
TC—穿电线管敷设
PC—穿硬塑料管敷设
FPC—穿阻燃半硬塑料管敷设
CT—用电缆桥架敷设
PL—用瓷夹敷设
PCL—用塑料夹敷设
CP—穿金属软管敷设
(2) 导线敷设部位的标注
SR—沿钢索敷设
BE—沿屋架或跨屋架敷设
CLE— 沿柱或跨柱敷设
WE—沿墙明敷设
CE—沿棚明敷设
ACE—在能进人的吊顶内敷设
BC—梁内暗设
CLC—柱内暗设
WC—墙内暗设
FC—沿地暗设
CC—暗设在屋面或顶板内
ACC—暗设在不能进人的吊顶内
(3) 灯具安装方式
CP—线吊式
CP_1—固定线吊式
CP_2—防水线吊式
CP_3—吊线器式
Ch—链吊式
W—壁装式
S—吸顶式
R—嵌入式(嵌入不可进人的顶棚)
HM—座装
CL—柱上安装
SP—支架上安装
T—台上安装

（三）文字标注格式

1. 用电设备的文字标注格式

$$a/b \text{ 或 } \frac{a}{b}\Big|\frac{c}{d}$$

其中　a——设备编号；

b——额定功率（kW）；

c——线路首端熔断片或自动开关释放器的电流（A）；

d——安装标高（m）。

2. 电力和照明配电箱的文字标注格式

$$a\frac{b}{c} \text{或 } a—b—c$$

当需要标注引入线的规格时，则应标注为：

$$a\frac{b-c}{d(e\times f)-g}$$

其中　a——设备编号；

b——设备型号；

c——设备功率；

d——导线型号；

e——导线根数

f——导线截面（mm^2）；

g——导线敷设方式及部位。

3. 开关及熔断器的文字标注格式

$$a\frac{b}{c/i} \text{或 } a—b—c/i$$

当需要标注引入线的规格时，则应标注为：

$$a\frac{b-c/i}{d(e\times f)-g}$$

其中　a——设备编号；

b——设备型号；

c——额定电流（A）；

i——整定电流（A）；

d——导线型号；

e——导线根数；

f——导线截面（mm^2）；

g——导线敷设方式。

4. 照明变压器的文字标注方式

$$a/b—c$$

其中　a——一次电压（V）；

b——二次电压（V）；

c——额定容量（VA）。

5. 照明灯具的文字标注方式

$$a—b\frac{c\times d\times I}{e}f$$

当灯具安装方式为吸顶安装时，则应标注为：

$$a—b\frac{c\times d\times I}{—}$$

其中　a——灯具数量；

b——灯具的型号或编号；

c——每盏照明灯具的灯泡数；

d——每个灯泡的容量（W）；

e——灯泡安装高度（m）；

f——灯具安装方式；

I——光源的种类。

四、电气照明平面图识图

某办公试验楼是一幢两层楼带地下室的平顶楼房。图 2-13、图 2-14 和图 2-15 分别为该楼地下室照明平面图和一层照明平面图、二层照明平面图并附有施工说明。

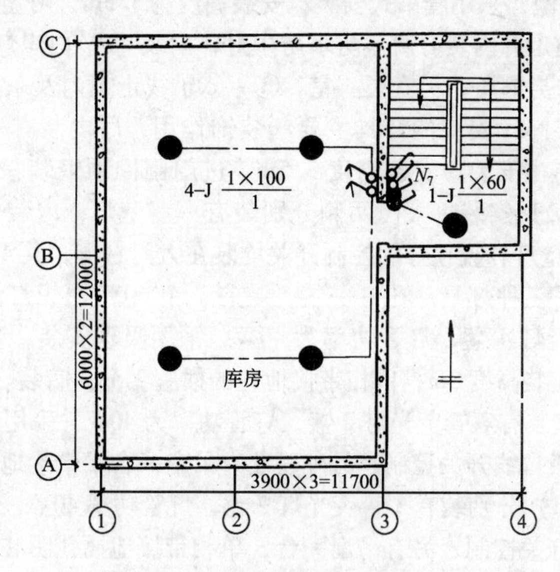

图 2-13　地下室照明平面图

施工说明：

（1）电源为三相四线 380/220V，进户导线采用 BLV-500-4 ×16mm²，自室外架空线路引来，室外埋设接地极引出接地线作为 PE 线随电源引入室内。

（2）化学试验室、危险品仓库为 Q—2 级防爆，导线采用 BV-500-2. 5mm²。

（3）一层配线：插座电源导线采用 BLV-500-4 ×2. 5mm²，穿直径为 20mm 普通水煤气管理地暗敷；化学试验室和危险品仓库为普通水煤气管明敷设；其余房间为电线管暗敷设。

二层配线：接待室为塑料管暗敷设及多孔板孔内暗敷，导线用 BLV-500-2. 5mm²，其余房间为 BLVV-500-2 ×2.5 mm^2 塑料护套线明敷。

地下室：采用瓷柱明敷。

楼梯：均采用电线管暗敷。

(4) 灯具代号说明：G—隔爆灯；J—乳白玻璃球型灯；W_W—无磨砂玻璃罩万能型灯；H—花灯；F—防水防尘灯；B—壁灯；Y—荧光灯。

以该工程为例，说明阅读电气照明平面图的一般规律。通常情况下，可按电流入户方向依次阅读，即进户点⟶配电箱⟶支路⟶支路上的用电设备。

(一) 照明设备布置状况

一层物理实验室装有4盏无磨砂玻璃灯罩的万能型灯，每盏灯装有一只100W白炽灯泡，采用管吊安装，安装高度为3.5m，4盏灯用两只暗装单极开关控制；另外有2只暗装三相插座。化学试验室有防爆要求，装有4盏隔爆灯，每盏装一只150W白炽灯泡，管吊式安装，安装高度为3.5m，4盏灯用两只防爆式单极开关控制；另外还装有密闭防爆三相插座两个。危险品仓库亦有防爆要求，装有一盏隔爆灯，灯泡功率为150W，采用管吊式安装，安装高度为3.5m，由一只防爆单极开关控制。分析室要求光色较好，装有一盏三管荧光灯，每只灯管功率为40W，采用链吊式安装，安装高度为3m，用两只暗装单极开关控制，另有暗装三相插座两个。由于浴室内水汽较多，较潮湿，所以装有两盏防水防尘灯，内装100W白炽灯泡，采用管吊式安装，安装高度为3.5m，两盏灯用一个单极开关控制。化学试验室两门前走廊内装有两盏防水防尘灯，内装60W白炽灯泡，采用吸顶安装，用一个单极开关控制。男厕所，男女更衣室，③~⑥轴线走廊内及东、西出口门处都装有乳白玻璃球形灯。一层门厅安装的灯具主要起装饰作用，厅内装有一盏花灯，装有9个60W白炽灯泡，采用链吊安装，安装高度3.5m。进门雨棚顶安装一盏乳白玻璃球形灯，内装1个60W灯泡，吸顶安装。大门两侧分别装有一盏壁灯，内装2个40W白炽灯泡，安装高度3m。花灯、壁灯和吸顶灯的控制开关均装在大门右侧，共4个单极开关。

二层接待室安装了三种灯具。花灯一盏，装有7个60W白炽灯泡，链吊式安装，安装高度3.5m；3管荧光灯4盏，灯管功率为40W，采用吸顶安装；壁灯4盏，每盏装有40W白炽灯泡3个，安装高度3m；单相带接地孔的插座2个，暗装。总计9盏灯由11个单极开关控制。会议室装有双管荧光灯2盏，灯管功率为40W，采用链吊安装，安装高度2.5m，由2只明装单极拉线开关控制；另外还装有吊扇一台，带接地插孔的明装单相插座1个。研究室(1)、(2)分别装有3管荧光灯2盏，灯管功率40W，链式吊装，安装高度2.5m，均用2个拉线开关控制；另有吊扇一台，单相带接地插孔明装插座1个。图书资料室装有双管荧光灯6盏，灯管功率40W，链吊式安装，安装高度3m：吊扇2台；6盏荧光灯由6个拉线开关分别控制。办公室装有双管荧光灯2盏，灯管功率40W，吸顶安装，各用一个拉线开关控制；还装有吊扇一台。值班室装有一盏单管40W荧光灯，吸顶安装；还装有一盏乳白玻璃球形灯，内装一只60W白炽灯泡，各自用一个拉线开关控制。女厕所、走廊和楼梯均安装有乳白玻璃球形灯，每盏1个60W的白炽灯泡，共7盏。

地下室是库房，对照度要求较低，因为比较潮湿，为保证用电安全，其照明采用36V安全电压，吸顶安装4盏乳白玻璃球形灯，每盏装1个100W白炽灯泡。地下室门前装有一盏60W乳白玻璃球形灯，为吸顶安装。

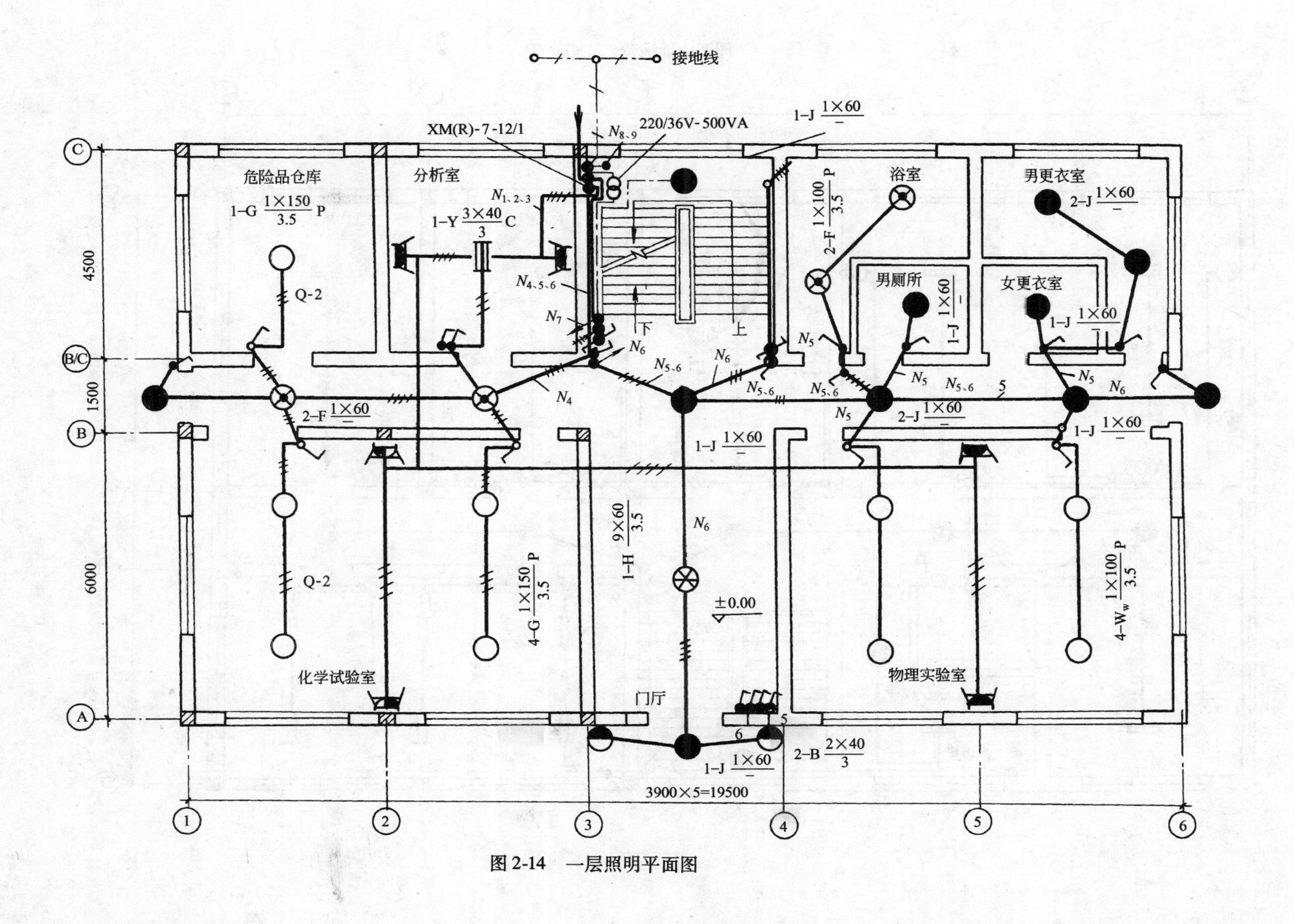

图 2-14　一层照明平面图

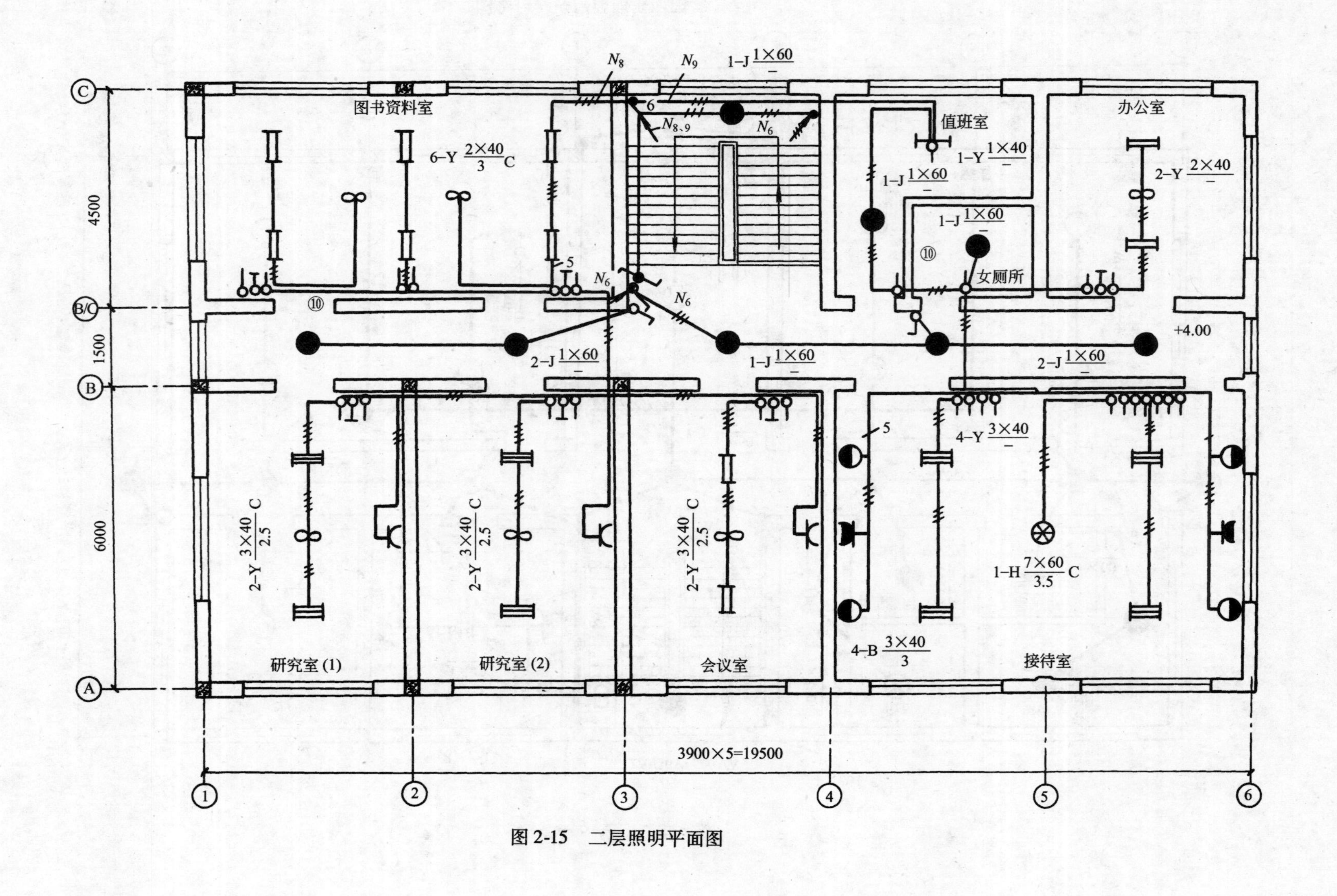

图 2-15 二层照明平面图

（二）各配线支路的负荷分配及接线

1. 各支路配电及设备

由前已知本大楼电源进线用4根16mm^{2}铝芯聚氯乙烯绝缘导线，自室外架空线路引至照明配电箱（XM（R）-7-12/I型）。该照明配电箱可引出12条线路，现使用9路（N_1～N_9），其中N_1、N_2、N_3同时向一层三相插座供电；N_4向一层③轴线西部的室内照明灯具及走廊灯供电；N_5向一层③轴线东部的室内照明灯供电；N_6向一层③轴线东部和二层的走廊灯供电；N_7引向干式变压器（220/36V—500VA），变压器次级36V出线引下穿过楼板向地下室内照明灯具和地下室楼梯灯供电；N_8、N_9支路引向二楼，N_8为二层④轴线西部的图书资料室、研究室和会议室内的照明灯具、吊扇、插座供电；N_9为二层④轴线东部的接待室、值班室、女厕所及办公室内的照明灯具、吊扇、插座供电。各支路配电示意如图2-16所示。

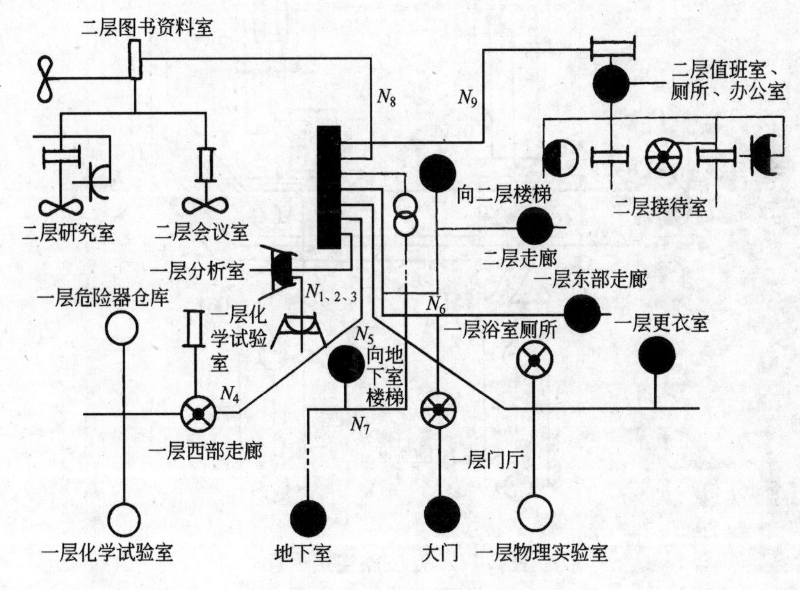

图2-16　各支路配电及负荷

2. 各支路的接线即相序分配

考虑到三相负荷应均匀分配的原则，N_1～N_9支路应分别接在A、B、C三相上。因N_1、N_2、N_3是向三相插座供电的，故必须分别接在A、B、C三相上；N_4、N_5和N_8、N_9各为同一层楼的照明线路，应尽量不要接在同一相上。因此，可以将N_1、N_4、N_6接在A相上；将N_2、N_5、N_8接在B相上，将N_3、N_7、N_9接在C相上。使得A、B、C三相负荷比较接近。读者可根据这一分配原则结合后页系统图的绘制画出符合该配电箱的配电系统图。

（三）线路的连接状况分析

各条线路导线的根数及其走向是电气照明平面图的主要表现内容之一。然而，要真正认识每根导线及导线根数的变化原因，也是难点之一。为此，应首先了解采用的接线方法，是在开关盒、灯头盒内共头接线，还是在线路上直接接线，其次是了解各照明灯的控制方式，特别应注意分清，哪些是采用两个开关或三个开关控制一盏灯的控制接线，然后再一条线路一条线路的查看，难题就解决了。对各支路的连接情况逐一阅读如下：

1. N_1、N_2、N_3 支路

N_1、N_2、N_3 为一条回路，加一根保护线 PE，总计 4 根线，引向一层的各个三相插座，导线在插座盒内作共头连接。

2. N_4 支路

N_4、N_5、N_6 是三相线，各有一根零线，再加上一根 PE 线（接防爆灯外壳），共 7 根线，从配电箱沿③轴线引出。N_4 在③轴线和Ⓑ/Ⓒ轴线交叉处转引向一层西部几个房间，其 N_4 支路接线情况可用图 2-17 所示。

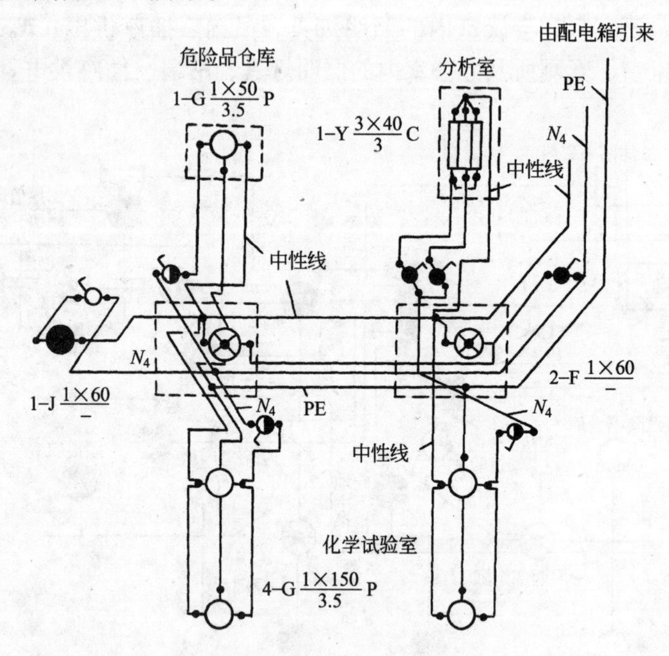

图 2-17　N_4 支路连接示意

由图可知：N_4 相线接③轴线与Ⓑ/Ⓒ轴线交叉处的一只暗装单极开关，控制西部走廊内的两盏防水防尘灯。相线进入开关后往西引至西部走廊第一盏防尘灯的灯头盒内，并在灯头盒内分成三路：第一路引至分析室门侧面的二联开关盒内，与两只开关相连，控制一只荧光灯的三支灯管。其一只开关控制一支灯管，另一开关控制两支灯管，以实现开一支、两支或三支灯管的任意选择。第二路往南引向化学试验室右边门侧防爆开关的开关盒内，控制两盏隔爆灯。第三路向西引至走廊内第二盏防水防尘灯的灯头盒内，在这个灯头盒内又分成三路：一路至西头门灯；一路至危险品仓库；一路至化学试验室左侧门边防爆开关盒。

另外，零线和 PE 线也和 N_4 相线一起走，并同在一层西部走廊两盏防水防尘灯的灯头盒内分支或在隔爆灯的灯头盒内处理分支接头。

3. N_5 支路

N_5、N_6 相线各带一根零线，沿③轴线引至③轴线和轴Ⓑ/Ⓒ轴线交叉处，经开关盒转向东南引至一层走廊正中的乳白玻璃球型灯的灯头盒内。但 N_5 支路相线和零线只是从此盒

通过（并不分支），一直向东至男厕所门口的一盏乳白玻璃球型灯的灯头盒内，才分成四路（在盒内接头分支），分别引向物理实验室左门、浴室、男厕所和女更衣室门前的乳白玻璃球型灯，并在此灯头盒内再分成两路，分别引向物理实验室右门和男、女更衣室。连接如图 2-18 所示。

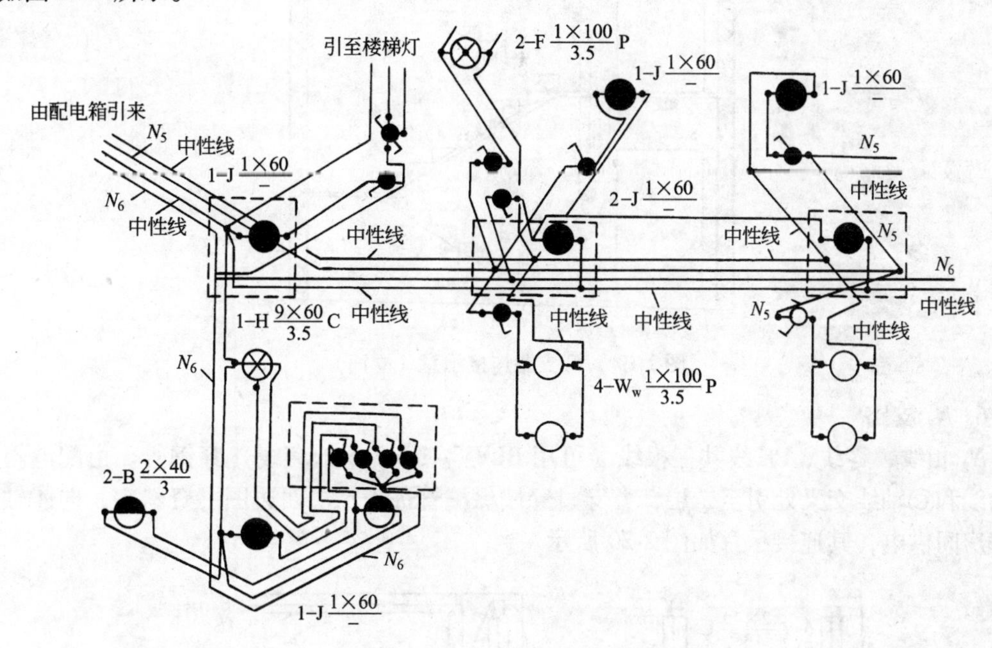

图 2-18 N_5、N_6 连接示意

4. N_6 支路

N_6 相线和一根零线引至③轴线和Ⓑ/Ⓒ轴线交叉处的开关盒内分成两路：一路由此引上至二层，给二层走廊灯供电；另一路向一层③轴线以东走廊灯供电。该路 N_6 相线和零线引至走廊正中乳白玻璃球型灯的灯头盒内，再分成三路，第一路往东北方向，引至④轴线和Ⓑ/Ⓒ轴线交叉点处的开关盒内，作为走廊正中乳白玻璃球形灯单极开关和一层至二层楼梯灯双控开关的电源线。第二路往南引至门厅花灯的灯头盒内，中性线在此开断接头，引接至花灯 9 个灯泡的灯座上，并继续往南引至大门雨棚下乳白玻璃球形灯的灯头盒内，接入该灯座，并同时分支引入大门两侧壁灯灯头盒。N_6 相线通过花灯灯头盒，经大门雨棚下乳白玻璃球形灯灯头盒，再转向东北方向，直引至大门右侧墙内开关盒，作为 4 只开关的电源线。此处的 4 只开关，有两只开关分别控制花灯的三只和六只灯泡，这样能实现分别开亮三只、六只和九只灯泡的方案。另两只开关，一只控制雨棚下乳白玻璃球型灯，一只控制两盏壁灯，如图 2-18 中所示。

5. N_7 支路

N_7 相线和零线经一台 220/36V－500VA 的干式变压器，将 220V 电压回路变成 36V 电压的低压回路，该回路沿③轴线向南引至③轴线和Ⓑ/Ⓒ轴线交叉点处开关盒附近，向下穿过一层地坪，进入地下室门外的二联开关盒内，接入开关，并进入地下室内二联开关盒，作地下室内两只开关的电源线。其连接情况如图 2-19 所示。

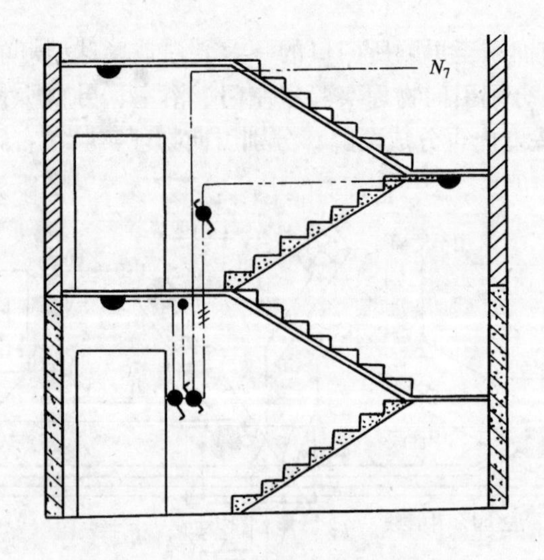

图 2-19　N_7 支路连接示意（立面）

6. N_8 支路

N_8 相线、零线、PE 线共三根线（可用 BLVV－3×2.5 护套线）穿钢管，由配电箱旁③轴线和Ⓒ轴线交叉处引至二层，并穿过穿墙保护管进入二层西边图书资料室，向④轴线西部房间供电，其连接示意如图 2-20 所示。

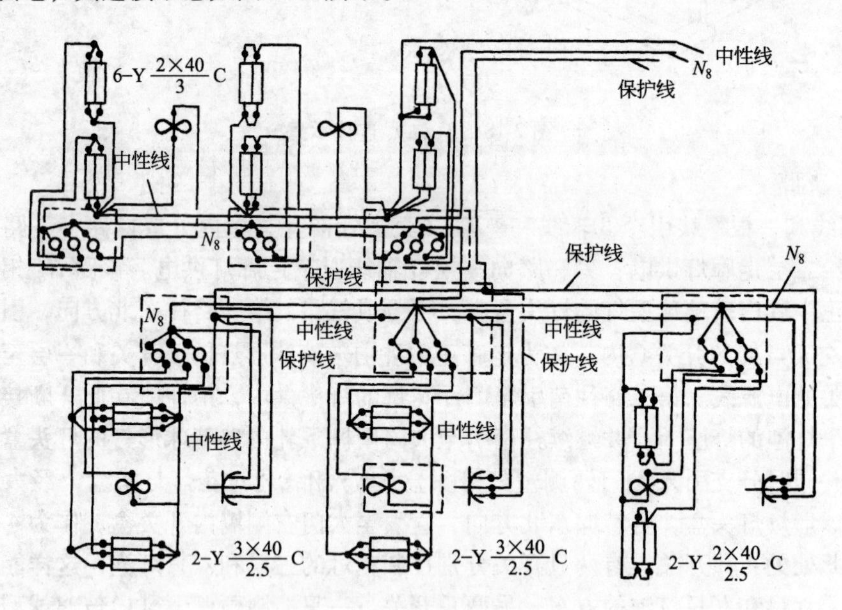

图 2-20　N_8 支路连接示意

从图 2-20 看出，零线在图书资料室东北角第一盏荧光灯处，开断分支，一路直接接第一盏荧光灯；另一路引向东南角的第二盏荧光灯。而 N_8 相线和 PE 线不开断，直接经两盏荧光灯引至东门边的一只开关。在两盏荧光灯之间是 4 根线，其中多了一根从开关引至第一盏荧光灯的控制线（或称开关线）。在第二盏荧光灯和开关之间，理论上是五根线，图 2-15 二层照明平面图上标注也是五根线，即：N_8 相线、PE 线、零线和两根控制线。而在实际施工中，为了减少零线中间开断次数，故在第二盏荧光灯处，零线不开断，而引至开关处开断，将零线接头放在开关盒内，再由开关处向第二盏荧光灯引去两根零线，这样在第二盏荧光灯与开关间就出现了七根线（如图 2-20 所示）。同样，其他四盏荧光灯在施工接线时也可以如此处理。

在研究室（1）和研究室（2）中，虽然灯具、开关和吊扇数量都相等，但在图 2-15 平面图上研究室（1）从北到南电气器具间导线根数标注是 4→4→3；而研究室（2）却是 4→3→2。这在图 2-20 中也反映得比较清楚。研究室（1）中三只开关中，左边一只是控制两盏灯具中的两支灯管的；右边一只开关是控制两盏灯具中的一支灯管的；中间一只开关是控制吊扇的。而在研究室（2）中，是一只开关控制一盏灯，要开灯就是三支灯管一齐开，没有选择的余地。

值得注意的一点是：图 2-15 所示 N_8 相线、零线和 PE 线共三根由图书资料室引至研究室（2）的开关盒，再在开关盒中分支，引向研究室（1）、研究室（2）的单相插座和会议室，如果采取在③轴线和Ⓑ轴线交叉处分支的做法，则应在此设置一只过路接线盒。因为，一般接头处理只能在灯头盒、开关盒或接线盒中进行，不准在钢管内或线路中间接头，只有采用瓷瓶配线才允许在线路中间接头分支，但也要恢复好绝缘。

7. N_9 支路

N_9 相线、零线、PE 线共三根（可用三根护套线），引上三层后沿Ⓒ轴线向东引至值班室，先经日光灯开关盒，然后再往南引至接待室。其连接见图 2-21 所示。

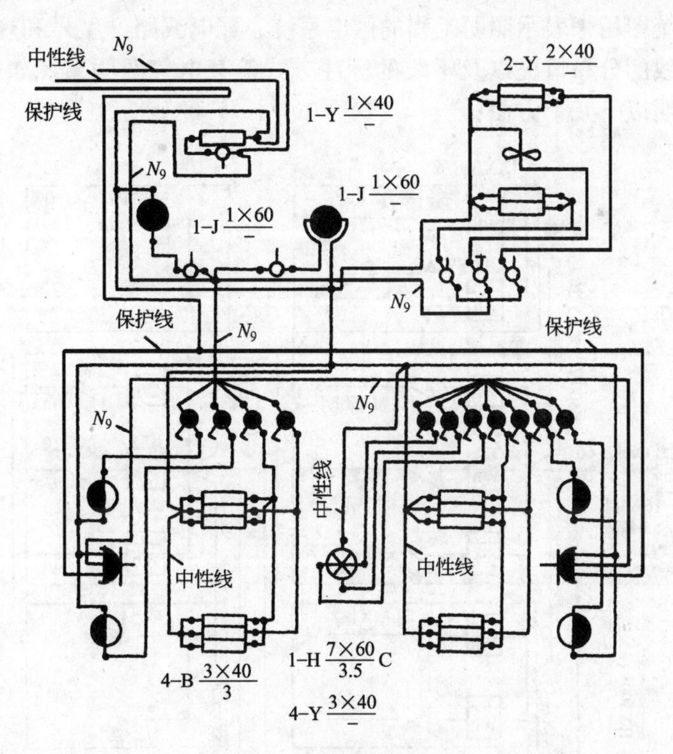

图 2-21　N_9 支路连接示意

前面几条支路我们分析的顺序都是从开关到灯具，反过来也可以从灯具到开关阅读。例如图 2-15 上标注着引向南边壁灯的是两根线，一根应该是开关控制线，一根应该是零线。暗装单相三孔插座至北面的一盏壁灯之间，线路上标注是四根线，其中必是相线、零线、PE线（三线接插座），另外一根则应是南边壁灯的开关控制线。南边壁灯的零线则可从插座上的零线引一分支到壁灯就行了。北边壁灯与开关间标注的是五根线，这必定是相线、零线、保护线（接插座）和两盏壁灯的两根开关控制线。

再看开关的分配情况。接待室东边门西侧有七只暗装单极开关，⑥轴线上有两盏壁灯，导线的根数是递减的（由五根减为四根），这说明两盏灯各使用一只开关控制。这样还剩下五只开关，还有三盏灯具。⑤~⑥轴线间的两盏荧光灯，导线根数标注都是三根，其中必有一根是零线，剩下的两根线中又不可能有相线，那必定是两根开关控制线，由此即可断定这两盏荧光灯是用两只开关分别控制的。（控制方式与二层研究室（1）相同）。这样剩下的三只开关必定是控制花灯的了。那么三只开关如何控制花灯的七只灯泡呢？可作如下分配，即一只开关控制一个灯泡，另两只开关分别控制三只灯泡。这样即可实现分别开一、三、四、六、七只灯泡的方案。

综上对各支路的连接情况进行了分析，并分别画出了各支路的连接示意图。目的是帮助我们更好地阅读图纸，但应做到不看连接示意图就能看懂图纸，看到施工平面图，脑子里就能出现一个相应的连接图，而且还要能想象出一个立体布置的概貌。因为设计院是不给连接示意图的。

五、电气照明系统图

电气照明系统图用来表示照明工程的供电系统，配电线路的型号和规格，计算负荷的功率和电流，干线的分布情况以及干线的标注方式等某电气照明系统如图2-22所示。通过系统图可以表明以下几个方面：

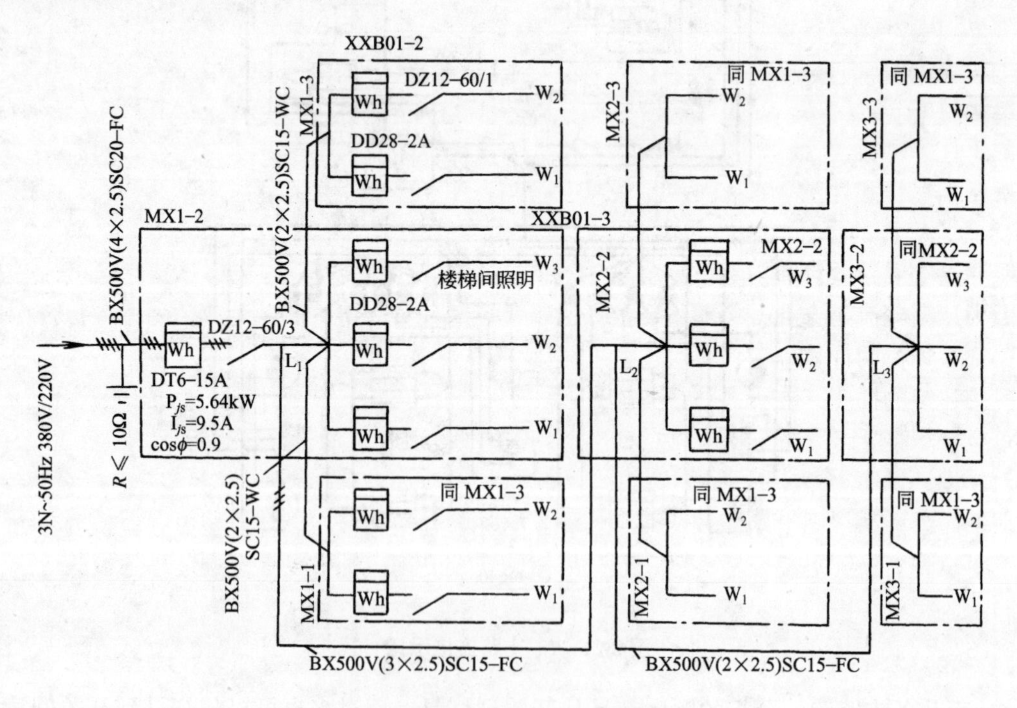

图2-22　电气照明系统图

1. 供电电源的种类及表示方式

对建筑物的照明供电，通常采用220V的单相交流电源；当建筑物的负荷电流较大时，采用380/220V的三相四线制电源供电，三相四线制电源常为中性点直接接地的系统。照明为单相负荷，应尽量使照明负荷均匀地分配在三相中，以使零线电流达到最小。电源的表示方式如下：

$$m \sim fV$$

其中　m为电源相数；f为电源频率；V为电源电压。

图2-22中，进户线旁边的标注为：

$$3N \sim 50\text{Hz} \qquad 380/220\text{V}$$

表示三相四线制（N代表零线）电源供电，电源频率为50Hz，电源电压为380/220V。

2. 进户线、干线、支线

一幢建筑物对同一个供电电源只设一路进户线。当建筑物较长，用电负荷较大或有特殊要求时，可考虑设置多路进户线。进户线需做重复接地，接地电阻小于10Ω。

在系统图中，进户线和干线的型号、截面、穿管管径和管材、敷设方式及敷设部位等均需表示清楚。配电导线的表示方式为：

$$a - b(c \times d)e - f$$

或

$$a - b(c \times d + c \times d)e - f$$

其中　a为回路编号；b为导线型号；c为导线根数；d为导线截面；e为导线敷设方式（包括管材、管径）；f为敷设部位。

3. 配电箱

配电箱较多时，要进行编号，如图2-10中的MX1-1、MX1-2等。

三相电源的零线不能接开关和熔断器，应直接接在配电箱内的零线板上。零线板固定在配电箱内的一个金属条上，每一单相回路所需的零线都可以从零线板上引出。

为了计算负荷消耗的电能，在配电箱内要装设电度表。

控制、保护和计量装置的型号、规格应标注在图上电气元件旁边。

4. 计算负荷的标注

照明供电线路的计算功率、计算电流、计算时取用的需要系数等均应标注在系统图上。因为计算电流是选择开关的主要依据，也是自动开关整定电流的主要依据，所以每一级开关都必须标明计算电流。

民用建筑的插座，在无具体设备连接时，每个插座可按100W计算；住宅建筑中的插座，每个按50W计算。

六、设计说明

在平面图和系统图上未能表明而又与施工有关的问题，可在设计说明中补充说明。如进户线距地高度、配电箱安装高度、开关插座的安装高度、进户线重复接地时的做法等均需说明。

例图2-22的设计说明如下：

（1）本工程采用交流50Hz、380/220V三相四线制电源供电，架空引入。进户线沿二层地板穿水煤气钢管暗敷设至总配电箱。进户线距室外地面高度≥3.6m。进户线需做重复接地，接地电阻$R \leqslant 10\Omega$，做法见《建一集》JD_{10}—125。

(2) 配电箱外形尺寸为：宽×高×厚（mm）。

MX1-1 为 350×400×125

MX1-2 为 500×400×125

见《建一集》JD_3—501。MX1-2 配电箱需定做。内装 DT_6—15A 型三相四线电度表一块，DZ_{12}—60/3 型三相自动开关 1 个，DD_{28}—2A 型单相电度表三块，DZ_{12}—60/1 型单相自动开关 3 个。配电箱底边距地 1.4m。

(3) 跷板开关距地 1.3m，距门框 0.2m。

(4) 插座距地 1.8m。

(5) 导线除标注外，均采用 BLX—500—2.5mm^2 的导线穿 $\phi15$ 的水煤气管暗敷。

(6) 施工做法，参见《电气装置安装工程施工及验收规范》、《建一集》等。

注：《建一集》为吕光大主编的《建筑电气安装工程图集》。

七、材料表

材料表是反应电气照明施工图中各电气设备、元件的图例、名称、型号、规格、数量、生产厂家等的表格，应在施工图中反应出来，以供施工单位照材料表采购设备。

第九节 安全用电与建筑防雷

一、安全用电

电能已被广泛地应用于生产与生活中，安全用电就更加显出其重要所在，因此必须了解和掌握有关安全用电的知识。

(一) 触电形式

电流是通过人体即触电，有两类：一是电击，另一是电伤。

1. 电击

由于人体接触了带电部分，电流通过人体造成肌肉抽筋、呼吸困难、心脏麻痹以至于死亡。

人体触电常有以下几种形式：

(1) 单相触电：当人体站在地面上，触及电源的一根相线或漏电设备的外壳而触电。人体承受相电压 220V 很危险。

(2) 两相触电：当人体的两处，如两手或手和脚同时触及电源的两根相线的触电称为两相触电。此时人体承受 380V 电压最为危险。

(3) 跨步电压：在高压电网接地点或防雷装置接地点，当有电流通过接地装置流入大地时，电流在接地装置周围的土壤中产生电压降，接地点的电位常很高，越远离接地点，电位越低。当人、畜在接地点附近行走时，由于两脚所踩的地方具有不同的电位，此时人体承受的电压叫跨步电压。步子越大跨步电压越大。

2. 电伤

由于电弧以及熔化、蒸发的金属微粒对人体外表的伤害，称为电伤。如熔丝熔断时，飞溅起的金属微粒可能使人皮肤烫伤或渗入皮肤表层等。

3. 安全用电的注意事项

(1) 应经常对电气设备进行检查，看是否有裸露的带电部分和漏电现象，绝缘是否良好，如有问题应立即检修。

（2）架空线路安装应有一定高度，避免人体触及，沿地面敷设临时线在道路上应穿钢管敷设。

（3）建立安全操作规程，非专业电工不要带电操作，专业电工在带电操作时也必须严格执行安全操作规程，并应有人在场监护。

（4）临时照明灯及经常移动的照明灯，应采用36V以下的低压。

（5）安装电气设备时，要按施工及验收规范进行工作。对于隐蔽工程更不要马虎从事。

（6）电动机械或手持电动工具应单机单闸或专门插座，并用软线连接。使用手持电动工具，原则上应配戴绝缘手套、穿绝缘鞋。

（7）地台式临时供电变压器，应该用不低于1.7m的钢板做围栏，进出门应上锁，并挂上“有电危险”的警告牌，以防触电 。

（8）电气设备拆除时，应将电源线拆除，不宜拆除时，应将接线头包上绝缘胶布。

（9）电气设备应做接零和接地保护。

（10）不能用铜丝或钢丝代替熔断器中熔丝，电气设备停电后，应拉闸。

（二）电气设备的接地与接零保护

为了确保电气设备的正常运行和安全用电，应将电气设备不带电的金属外壳接地或接零，称之为保护接地或保护接零。

1. 工作接地

从变压器三相绕组星形连接中性点引导线与地连接即零线接地，称为变压器的工作接地。

2. 保护接地

在正常情况下不带电的金属外壳通过导线与接地体和大地之间作良好的连接，称保护接地，如图2-23所示。

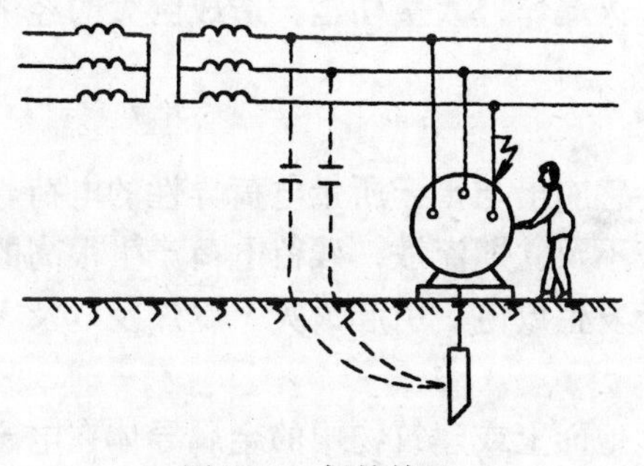

图2-23　保护接地

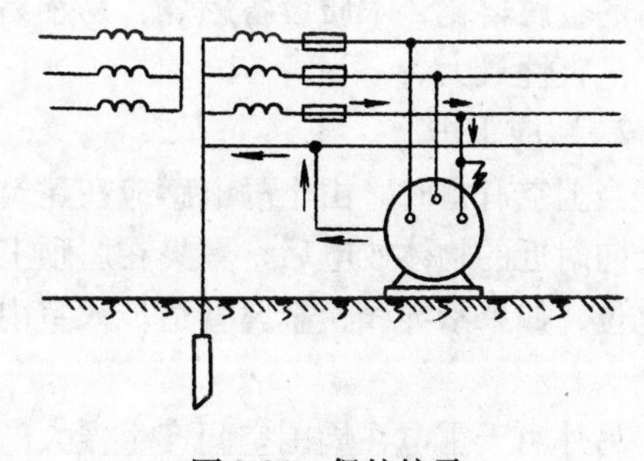

图2-24　保护接零

3. 保护接零

将电气设备的金属外壳用导线与电源的零线连接起来叫保护接零，如图2-24所示。

因为在电源中性点接地系统中，若电气设备用保护接地，一旦电气设备漏电，即一相与外壳短路时，若电气设备外壳接地电阻是4Ω，与变压器工作接地电阻相同，则外壳对地电压为相电压一半，即110V，仍会发生触电事故。所以中性点接地的供电系统中，电气设备外壳不能保护接地，只能保护接零。采用保护接零后，一旦一相与外壳短路、电流增大，使该相熔断器熔丝熔断，电源被切断，外壳亦不带电，避免了触电事故。

采用保护接零时应注意下列问题：

（1）用于保护接零的零线上，不得装设开关或熔断器，以防零线断开。

（2）电源中性点不接地的三相四线制配电系统中，不允许采用保护接零。

（3）零线应牢固，连接可靠。如果零线断线，接在断线处后面的一些电气设备就得不到相应的保护。

（4）在同一配电系统中，不允许把一部分设备作保护接零而另一部分作保护接地。

4. 重复接地

在三相四线制供电线路中，每隔一段距离将零线接一次地，称为重复接地。零线重复接地主要是对接零保护的一种补充，即当零线断线时，使断路点以后的接零电气设备的外壳可通过零线入地，减小触电的可能性。另外，当零线断线时，后面线路的零线通过接地与变压器中心点接通使零线仍能起到三相电压平衡作用，因此能避免因零线断线而毁坏电气设备。

二、建筑物的防雷

（一）雷电的危害

雷电是常见的一种自然现象，在雨季极易产生雷电现象。实质是天空云层间一种放电现象，有时云层与地面上建筑物也产生放电，造成建筑物受到雷击。由于云层中云集的电荷蕴藏大量的能量，所以在云层放电产生雷击时释放出为数可观的电能，使受到雷击的建筑物和电气设备受到严重损毁。

雷电的危害有如下几方面：

1. 直接雷击

雷云直接对建筑物或地面上的其他物体放电的现象称为直击雷。

当雷电产生直接雷击时，释放电流很大，而且放电时间短促，会产生大量热能，使被雷击的金属熔化，木质设备燃烧，易燃易爆物品起火爆炸，人畜伤亡，造成巨大的经济损失，危害性最大。

2. 感应雷击

当上空有雷时，由于静电感应在建筑物上就会感应出与雷云所带电荷异性的电荷。当雷云向附近的物体放电后，聚集在屋顶上的电荷来不及立即流散，残留电荷产生很高的对地电位，如果沿导线、金属管道传入室内，有可能发生放电，引起火灾、爆炸及危及人身安全。

另外由于雷电在周围空间产生强大的电磁场，地面上或建筑物中的金属导体在电磁感应作用下产生火花放电。

以上的静电感应和电磁感应产生的雷击称为感应雷击。

3. 雷电波侵入

当架空线路或架空金属管道遭受雷击，或者与遭受雷击的物体相碰，以及由于雷云在附近放电，在导线上感应出很高的电动势，沿线路或管路将高电位引进建筑物内部，称为雷电波侵入，会发生火灾及触电事故。

（二）雷电活动的规律及防雷等级

1. 雷电的活动规律

雷电活动是有一定规律的。从时间上看，春夏和夏秋之交雷电活动较多；从气候上看，热而潮湿的地区比冷而干燥的地区雷电活动多；从地域上看，山区多于平原。容易遭受雷击的场所及部位有：

（1）建筑物高耸，突出部位。如烟囱，屋脊、屋角、山墙、女儿墙、水塔等，并和屋顶的坡度有关，坡度愈大，雷击率愈大。

（2）屋顶为金属结构、地下埋有金属管道，内部有大量金属设备的厂房。

（3）大树和山区的输电线路。

（4）地下有金属矿物的地带。

（5）排出导电尘埃的烟囱、废气管道和厂房等。

2. 防雷等级

我国的工业建筑物、构筑物防雷分为三类，民用建筑分成两类。

（1）工业建筑物的防雷等级

一类防雷：凡建筑物中制造、使用或贮存大量爆炸物品，容易因火花引起爆炸，并会造成重大破坏和人身伤亡的；

二类防雷：凡建筑物中制造、使用或贮存爆炸性物质，但是出现火花时不会引起爆炸或不致于造成巨大破坏和人身伤亡的；

三类防雷：未列入一、二类的爆炸、火灾危险场所，根据雷击的可能性及对工业生产的影响，确定需要防雷的，高度在15m以上的高耸建筑物，雷电活动较弱地区，高度在20m以上者。

（2）民用建筑的防雷等级

属于一类的是：具有重大意义的建筑物。如重要的国家机关、大会堂、宾馆、国际机场的主要建筑物及国家重点文物保护的建筑物。

属于二类的是：重要的公共建筑物。如大型影剧院、百货商店、按当地雷击情况确定为防雷的建筑群高度在25m以上的建筑物。旷野中高度在20m以上的建筑物。

（三）防雷措施和防雷装置

1. 防直击雷

防直击雷采取的措施是引导雷云与防雷装置之间放电，使雷电流迅速泄入大地，以保护建筑物使之免遭雷击。所采用的避雷装置有：避雷针、避雷带、避雷网、避雷笼等。

避雷装置由接闪器、引下线和接地装置组成。

（1）接闪器

用以接受雷云放电的金属导体称为接闪器，有针、带、网、笼四种形式。

①避雷针

它是采用镀锌圆钢或镀锌钢管制成的针形导体。所采用的圆钢和钢管的直径不小于下列数值：

当针长1m以下，圆钢为ϕ12mm，钢管为ϕ20；当针长为1~2m时，圆钢为ϕ16mm，钢管为ϕ25mm；烟囱顶上的避雷针，圆钢为ϕ20mm。

当避雷针较长时，针体应由针尖和不同管径的管段组合而成。

避雷针对建筑物的防雷保护是有一定范围的。其保护范围可用一个以避雷针为轴的圆锥形来表示，圆锥的边界是一条曲线，为计算方便，按折线圆锥形考虑，如图 2-25 所示。如果建筑物在这个空间范围内，就可以得到保护。

图中，h 为避雷针距地面的总高度，h_x 为保护高度（以被保护建筑物最上部突出部分为准，h_a 是避雷针的有效高度，显然 $h_a = h - h_x$，r_x 为在 h_x 高度上的保护半径，$r = 1.5$，h 为避雷针在地面上的保护半径。

空间保护范围的围线，可用以下方法求得，从针的顶点向下作 45°的斜线，构成锥形保护空间的上部。从距离针底各方向 $1.5h$ 处向避雷针 $0.75h$ 高度处作连接线，与上述 45°斜线相交，交点以下的斜线构成锥形保护空间的下部。

避雷针在被保护物高度 h_x 水平面上的保护半径 r_x 可按下列公式计算：

当
$$h_x \geqslant \frac{h}{2}\text{时}, r_x = (h - h_x)P = haP \tag{2-30}$$

当
$$h_x < \frac{h}{2}\text{时}, r_x = (1.5h - 2h_x)P \tag{2-31}$$

式中　P——高度影响系数。当 $h \leqslant 30$m 时，$P = 1$；当 $h > 30$m 时，$P = \frac{5.5}{\sqrt{h}}$。

②避雷带

安装设在建筑物易遭雷击部位（屋脊、屋角等），每隔 1m 用支架固定在墙上或现浇的混凝土支座上，如图 2-26 所示。避雷带一般要高出屋面 0.2m，两根平行的避雷带之间距离在 10m 之内。

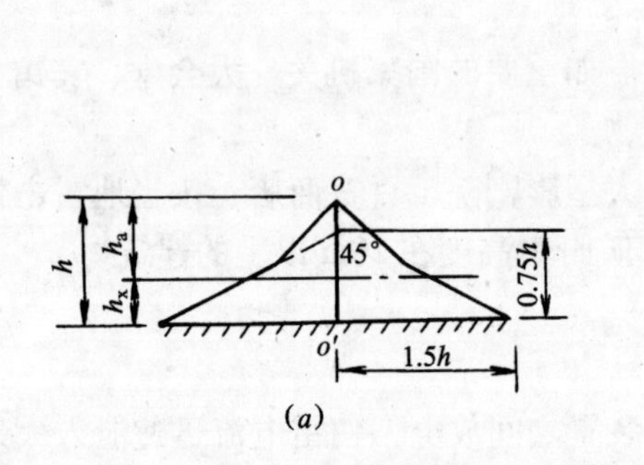

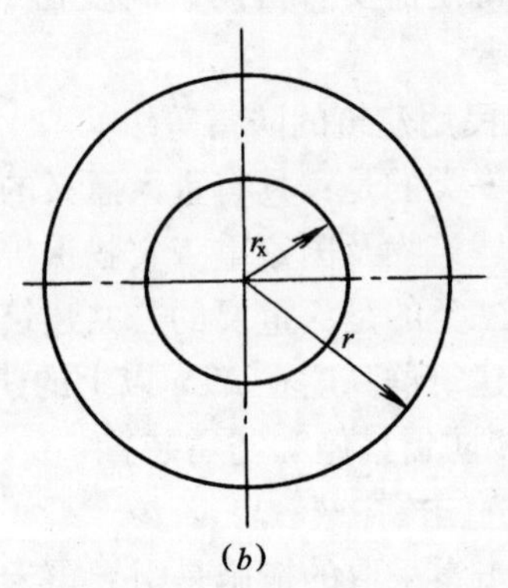

图 2-25　单根避雷针的保护范围

③避雷网

它相当于屋面上纵横敷设的避雷带组成的网络。与避雷带一样，避雷网（带）安装于平屋顶时如图 2-27 所示。

（2）引下线

引下线是用以连接接闪器与接地装置的导体，其作用是将接闪器收到的雷电流引入接地装置。采用圆钢或扁钢，作镀锌或涂漆防腐处理。其尺寸不小于下列数值：

圆钢直径为 8mm；扁钢截面为 48mm²，扁钢厚度为 4mm。

引下线可以明装也可以暗装。明装时，必须沿建筑物的外墙敷设，如图 2-27 所示。引下线应在地面上 1.7m 和地面下 0.3m 的一段用钢管加以保护，以免受机械损伤。

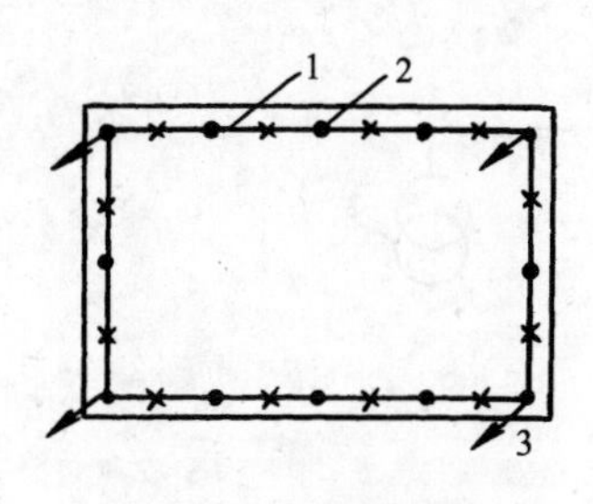

图 2-26　防雷平面图

1—ϕ8mm 镀锌圆钢；2—混凝土支座；
3—防雷带引下处

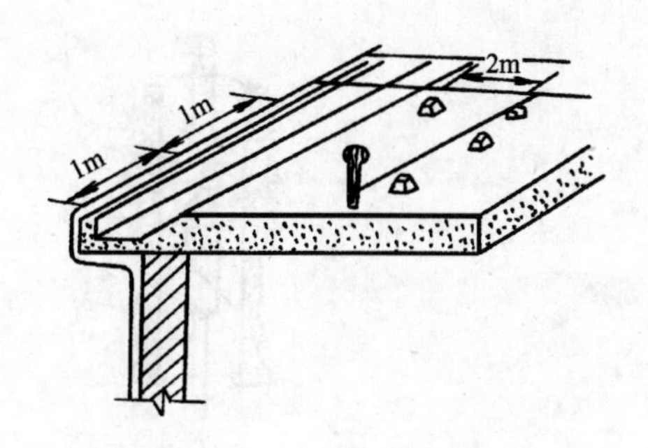

图 2-27　平屋顶避雷装置

暗装时，可以利用建筑本身的金属结构，如钢筋混凝土柱子中的主筋作引下线，但暗装的引下线应比明装时增大一个规格，每根柱子内要焊接两根主筋，各构件之间必须连成电气通路。屋内接地干线与防雷电感应接地装置的连接不应少于两处。

（3）接地装置

接地装置是引导雷电流安全入地的导体。它由接地体和接地线两部分组成。接地体指的是与大地作良好接触的导体，接地线指的是从断接卡子至接地体的连接导体。

接地体通常采用长度为 2.5m 的钢管或角钢垂直埋设于地下，其尺寸不小于下列数值：圆钢直径为 10mm；钢管壁厚为 3.5mm。

在安装接地体时，首先从地面挖下 0.8m 左右深，然后把接地体垂直打入地下，顶端与接地线焊接在一起。垂直接地体间的距离为 5m，也可适当减小。

当有雷电流通过接地装置向大地流散时，在接地装置附近地面会形成较高的跨步电压，因此接地体应埋设在行人较少的地方，要求接地装置距建筑物或构筑物出入口及人行道不应小于 3m，当受地方限制而小于 3m 时，应采取降低跨步电压的措施（即在接地装置上面敷设 50～80mm 厚的沥青层，其宽度超过接地装置 2m）。

2. 防雷电感应的措施

为了防止雷电感应产生火花，建筑物内部的设备、管道、钢窗、构架等金属物，均应通过接地装置与大地作可靠的连接，以将雷云放电后在建筑物上残留的电荷迅速引入大地，避免雷害。

3. 防雷电波侵入的措施

防止雷电波侵入的方法是：利用避雷器或保护间隙将电流在室外引入大地。

常用的阀型避雷器是由空气间隙与一个非线性电阻串联起来，装在密封的瓷瓶中构成的，如图 2-28（*a*）所示。

当阀型避雷器为正常电压时，非线性电阻的阻值很大，而在过电压时，非线性电阻的阻值很小。在雷电波侵入发生过电压时，击穿间隙，非线性电阻很小，雷电流很快泄入大地。当过电压消失后，非线性电阻又增大，间隙恢复断路状态。阀型避雷器接线如图 2-28（*b*）所示。

对于重要建筑物，为了防止雷电波侵入，在导线进户时，可使用一段长度不小于 50m 的金属铠装电缆直接埋地引入。在电缆与架空线连接处，还应装设阀型避雷器。

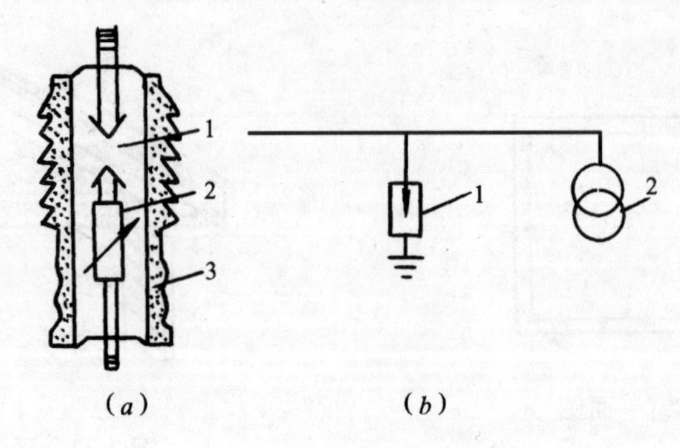

图 2-28　阀型避雷器

(a) 结构图

1—间隙；2—可变电阻；3—瓷瓶

(b) 接线图

1—避雷器；2—变压器

本　章　小　结

1. 触电对人体造成的危害程度与触电电流大小有直接关系，超过 20mA 就会有生命危险。还与触电时间长短，触电电流通过人体路径，触电面积和压力有关。40～60Hz 交流电对人体危害最大。

2. 电流对人体伤害有电击和电伤两种。人体触电分为单相、两相触电及跨步电压等。

3. 为确保安全用电，应采取保护接零和保护接地。在电源中性点直接接地的 380/220V 三相四线制供电系统中，应采用保护接零；在中性点不接地的供电系统中应采用保护接地。为了对电气设备进行可靠保护，可采取重复接地。在采取保护接零的系统中，不允许一些设备接零而另一些设备接地。

4. 雷电对人类有很大危害，主要形式有：直击雷、雷电感应、雷电波侵入。

5. 防直击雷的防雷装置由接闪器、引下线、接地装置组成。接地装置的接地电阻要小于 4Ω。

6. 建筑防雷平面图是电气施工图的一部分。它反应了防雷装置的安装要求与技术性能。

7. 施工现场供电采用三相四线制，可提供照明和动力两种电压，施工现场设备移动性大，临时用电多，负荷变化大，一般采用架空线路。

8. 施工现场应做以下几项工作：

(1) 用电量估算和变压器选择；

(2) 用电线路平面布置；

(3) 配电线路导线截面的选择。

9. 施工现场供电线路布置是在确定变压器的位置之后，根据建筑施工平面图各用电设备位置画出的。图中标出变压器位置、配电箱及分配电盘位置及线路走向、所用导线型号和规格、架空线路电杆的档距等。绘出现场施工电气平面图。

10. 照明供电线路采用三相四线制供电。照明系统图用单线图表示。

11. 照明线路由进户线配电箱、室内布线及开关、插座和照明灯具组成。

12. 电气施工图由系统图、平面图、大样图及施工说明组成。

13. 电气照明线路敷设有明敷和暗敷两种。电器明装与线路敷设一起进行。暗装应与土建配合做好预埋预留工作，在土建施工中，现浇工程与电气管线预埋预留有重大关系，一定要做好配合，否则影响施工质量和进度。

习题与思考题

1. 施工现场变压所所址选择时应考虑哪些因素？

2. 如何估算施工现场电量？根据什么原则选变压器的型号？

3. 施工现场配电线路有哪几种敷设方式？常用的是哪一种？

4. 低压配电线路的接线方式有几种？

5. 某施工工地有如下设备，试确定用电负荷，并选择变压器。

混凝土搅拌机 4 台，每台 7.5kW；

砂浆搅拌机 2 台，每台 3kW；

单相交流电焊机 3 台，每台 20kVA，单相 380V，$JC=4\%$；

起重机 2 台，每台 40kW，$JC=25\%$；

照明（白炽灯）共 10kW。

6. 建筑物内照明线路有哪几种配电方式？照明线路的组成是什么？

7. 电光源有几种类型？灯具的作用是什么？

8. 进户线在引入建筑物时，安装敷设有什么规定和要求。

9. 电气照明施工图由什么组成？

10. 某施工工地的一个临时食堂，长×宽×高=10m×5m×3.5m，试作照明设计及布置。

11. 某教室地面面积为 9.9m×6.6m，房间净高为 3.6m，若采用带反射罩荧光灯，试进行照明计算及布置。

12. 安全用电有哪些注意事项？

13. 电气设备有哪些保护措施？各在什么情况下采用？单相设备接零时应注意什么问题？参观及实习中所见到的电气设备采用了哪些保护措施？

14. 建筑物常有哪些防雷措施和防雷装置？每根避雷针的保护范围怎样确定？避雷针接地装置的接地电阻应小于多少？观察你周围的建筑物采用了哪些防雷措施？各具有什么特点？

第三章　常用建筑设备电气控制

在建筑工程设备的电气控制中，随着智能建筑的迅速发展，电气控制从设备的单一化控制向系统的集成过渡，涉及的领域越来越广泛，要求从业者有丰富的知识面，以适应工作需要。本章的任务是：从电气元件和基本环节入手，然后例举建筑工程中常用机械设备的电气控制，通过这些典型线路的研究，培养读图能力。并通过对电气线路原理的理解，了解电气与机械的配合，为从事电气控制设计、安装、调试和维护运行打下基础。

对于较复杂的电气控制线路的分析，应掌握方法，才能较好地完成。一般原则是："化整为零看电路，积零为整看整体"。在了解了设备构造、运动形式的基础上具体分析步骤如下：

（1）阅读主电路：通过主电路电动机类型、台数、工作方式、启动、转向、调速、制动及保护等情况，查找出相关的控制器件应有的作用。

（2）阅读辅助电路：采用"化整为零"的原则，将图分为若干个环节，先从电源和主令电器开始，按着动作的先后顺序自上而下一个环节一个环节分析，再找出保护和联锁，最后"积零为整看整体"，全面分析后再查找有无遗漏。

第一节　常用电气控制元件

一、常用开关

（一）按钮开关

1. 按钮开关的作用

按钮开关是一种结构简单、应用广泛、短时接通或断开小电流电路的电器。它不直接控制电路的通断，而是在低压控制电路中，用于手动发布控制指令，故称为"主令电器"，属于手动电器。

2. 按钮开关分类

按钮开关可分为常开、常闭和复合式等多种形式。在结构形式上有揿钮式、紧急式、钥匙式与旋钮式等。为识别其按钮作用，通常将按钮帽涂以不同的颜色，一般红色表示停止，绿色或黑色表示启动。

3. 按钮开关的构造及原理

按钮开关一般是由按钮帽、恢复弹簧、桥式动触头和外壳等组成。其外形，结构如图3-1所示。当按下按钮帽即克服弹簧反弹力时，其动触头动作，使内部常开触点闭合，常闭触点断开，手抬起时，在弹簧反弹力作用下，触头复位。

4. 按钮开关的型号及选用

按钮开关的型号意义：

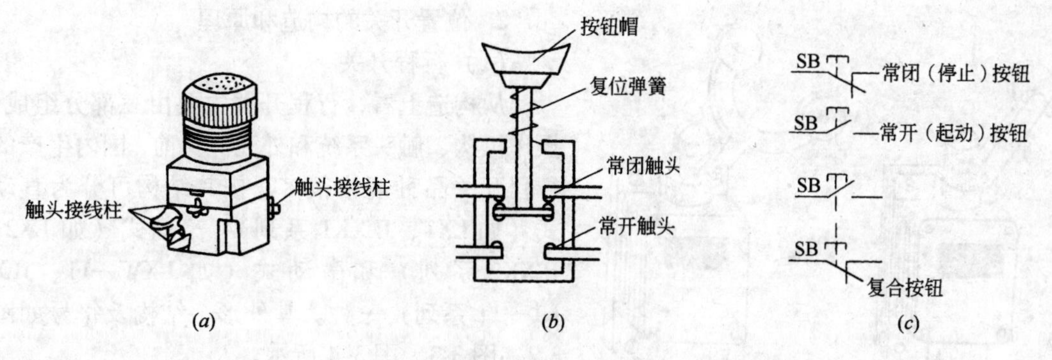

图 3-1 按钮的外形、结构及符号
（a）外形；（b）结构；（c）符号

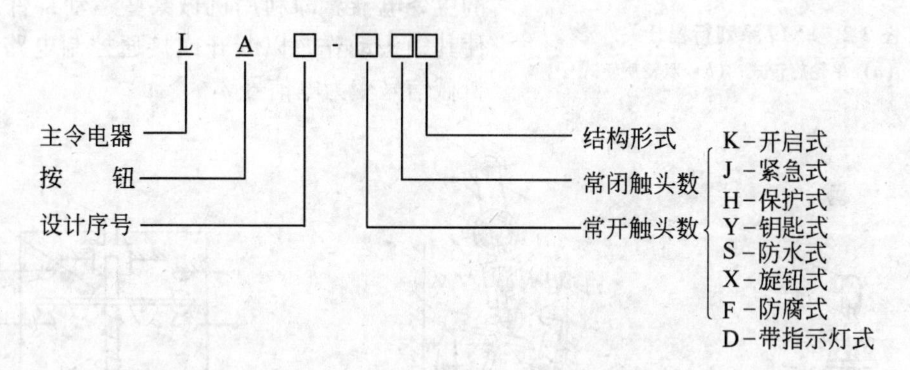

选择时，应根据所需要的数量、使用的场所及颜色来确定。

常用的 LA18、LA19、LA20 系列按钮开关，通用交流电压 500V，直流电压 440V，额定电流 5A。

常见的按钮开关技术数据如表 3-1 所示。

常用按钮开关技术数据　　表 3-1

型　号	额定电压（V）	额定电流（A）	结构形式	触头对数		按钮数	用　途
				常开	常闭		
LA2	500	5	元　件	1	1	1	作为单独元件用
LA10-2K	500	5	开启式	2	2	2	用于电动机启动、停止控制
LA10-2H	500	5	保护式	2	2	2	
LA10-2A	500	5	开启式	3	3	3	用于电动机的倒、顺、停控制
LA10-3H	500	5	保护式	3	3	3	
LA19-11D	500	5	带指示灯	1	1	1	特殊用途
LA18-22Y			带钥匙式	2	2	1	
LA18-44Y			带钥匙式	4	4	1	

（二）位置控制

1. 位置开关的作用及类型

在电气控制系统中，位置开关的作用是：实现顺序控制、定位控制和位置状态的检测。它可以分为两类：一类为以机械行程直接接触驱动，作为输入信号的行程开关和微动开关；另一类为以电磁信号（非接触式）输入动作信号的接近开关。

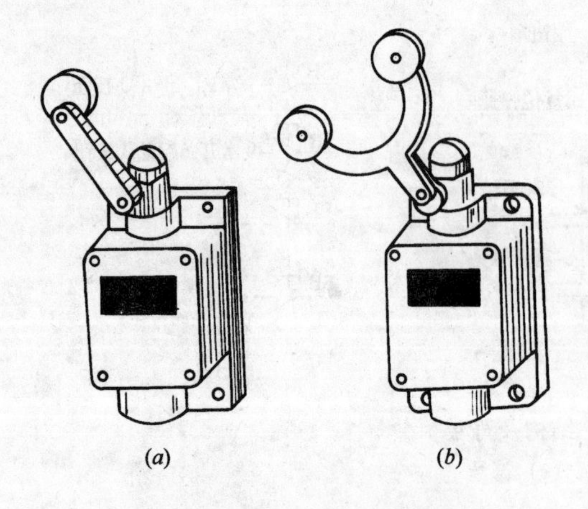

图 3-2　LX19 系列行程开关外形

（*a*）单轮旋转式；（*b*）双轮旋转式

2. 位置开关的构造和原理

(1) 行程开关

从构造上看，行程开关主要由三部分组成：操作机构、触头系统和外壳。目前，国内生产的行程开关品种规格很多，按其结构可分为直动式（如 LX1、JLXK1 系列）、滚动式（如 LX2、JLXK2 系列）和微动式（如 LXW—11、JLXK1—11 系列）三种。其外形、结构及符号如图 3-2、图 3-3、图 3-4 所示。

位置开关是依机械运动的行程位置而动作的主令电器。即利用机械某些运动部件的碰撞使其触头动作，以断开或接通控制电路，而将机械信号变为电信号。

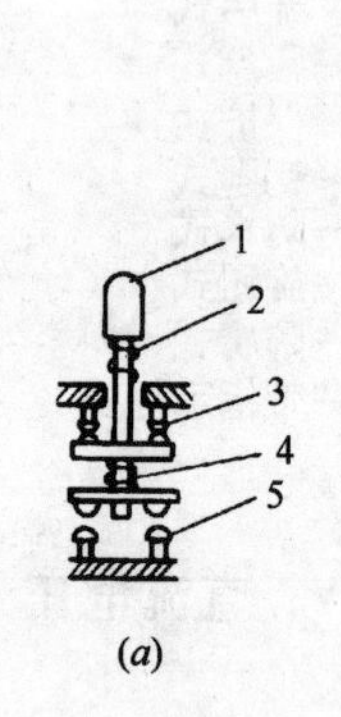

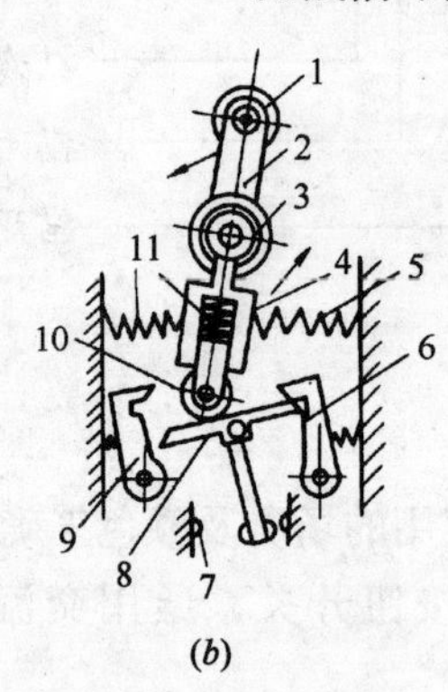

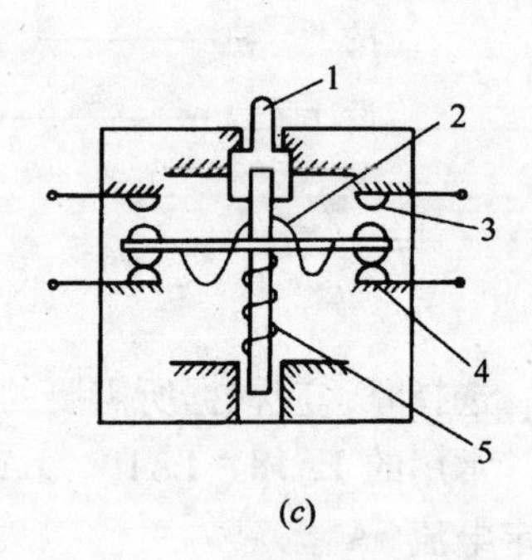

图 3-3　行程开关结构图

（*a*）直动式行程开关　1—顶杆；2—弹簧；3—常闭触点；4—触点弹簧；5—常开触点

（*b*）滚轮式行程开关　1—滚轮；2—上轮臂；3、5、11—弹簧；4—套架；6、9—压板；7—触点；8—触点推杆；10—小滑轮

（*c*）微动行程开关　1—推杆；2—弯形片状弹簧；3—常开触点；4—常闭触点；5—复位弹簧

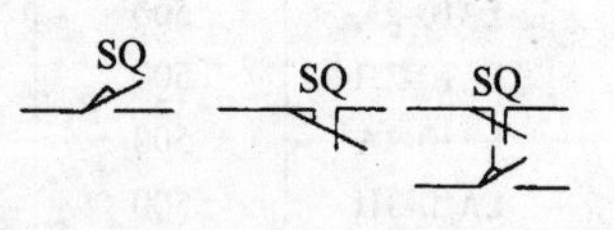

图 3-4　行程开关符号

直动式行程开关的动作原理同按钮类似，所不同的是：一个是手动，另一个则由运动部件上撞块碰撞。当外界运动部件上的撞块碰压按钮，使它向内位移时，压迫弹簧，并通过弹簧使触桥由与常闭静触头接触转而同常开静触头接触。当运动部件离开后，在弹簧作用下，使触桥重新自动恢复原来的位置。

滚动式行程开关的动作原理是：当运动机械的挡铁（撞块）压到行程开关的滚轮上时，传动杠杆连同转轴一同转动，使凸轮推动撞块，当撞块碰压到一定位置时，推动微动开关快速动作。当滚轮上的挡铁移开后，复位弹簧就使行程开关复位。这种是单轮自动恢复式行程开关。而双轮旋转式行程开关不能自动复原，它是依靠运动机械反向移动时，挡铁碰撞另一滚轮将其复原。

(2) 接近开关：接近开关（亦称无触点行程开关），按原理分类，接近开关有感应电桥型、光电型、霍尔效应型、电容型、永磁及磁敏元件型、超声波型及高频振荡型等多种。其中最常用的是高频振荡型，占全部产量的80%以上。

接近开关是一种非接触式开关，当生产机械接近它到一定距离范围之内时，它就能发出信号，以控制生产机械的位置或进行计数。

接近开关由感应头、振荡器、开关器、输出器及稳压器等电子器件组成。

当安装在机械上的金属检测体（即铁磁体）接近感应头时，感应作用使处于高频振荡器线圈磁场中的物体内部产生涡流及磁滞损耗，致使振荡回路因电阻增大、损耗增加而使振荡减弱，直至停止振荡。此时，晶体管开关器导通，并通过输出器输出信号，以控制线路。

3. 位置开关的技术数据

（1）行程开关的技术数据如表3-2所示。

常用位置开关技术数据 **表3-2**

型 号	额定电压 电流	结 构 特 点	触 头 对 数	
			常开	常闭
LX19	380V 5A	元件	1	1
LX19-111		内侧单轮、自动复位	1	1
LX19-121		外侧单轮、自动复位	1	1
LX19-131		内外侧单轮、自动复位	1	1
LX19-212		内侧双轮、不能自动复位	1	1
LX19-222		外侧双轮、不能自动复位	1	1
LX19-232		内外侧双轮、不能自动复位	1	1
LX19-001		无滚轮、反径向转动杆、自动复位	1	1
JLXK1		快速位置开关（瞬动）		
LXW_1-11		微动开关		
LXW_2-11			1	1

在选用时，应根据不同的使用场所，机械位置对开关型式触头数目的要求，满足电流、电压种类及额定参数要求。

型号意义：

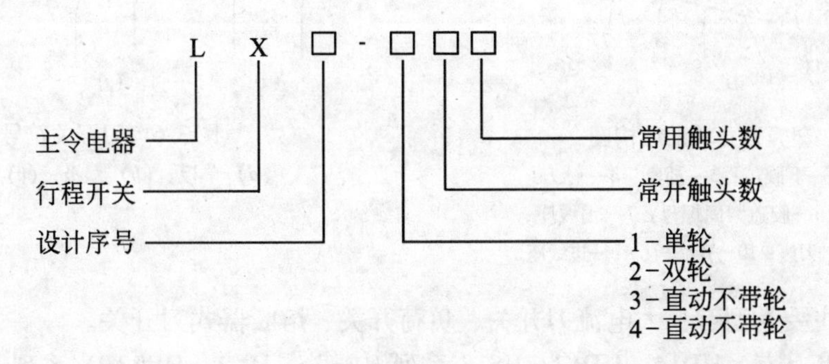

（2）接近开关的主要技术指标。重复精度：是指在额定电压和常温下连续进行10次

试验，取其中最大或最小值与 10 次试验的平均值之差。操作频率：是指每次最高操作次数。动作距离：不同类型的接近开关其含意各异。多数接近开关指刚好动作时感应体与检测体之间的距离。而以能量束为原理（如超声波及光）的接近开关的动作距离则是指发送器与接收器之间的距离。一般动作距离为 5 ~ 30mm 之间，精度为 5μm ~ 0.5mm。复位行程：是指开关从动作到复位的位移距离。

同行程开关比较：接近开关具有寿命长、耐冲击振荡、定位精度和操作频率高及适应恶劣工作环境等优点，在控制系统中属于推广应用的上乘产品。

（三）刀开关

刀开关是由操作手柄、熔丝、触刀、静插座和绝缘底板组成。按刀数可分为单极、双极和三极。用手扳动手柄实现触刀插入或脱离插座的控制。

刀开关的作用是不频繁接通与分断电源。具有结构简单、应用广泛的特点，属于手动电器。

刀开关在安装时，手柄应向上，不得倒装或平装，避免由于重力自动下落，从而引起误动作合闸。在接线时，电源线应接在上端，负载线接在下端，确保拉闸后刀片与电源隔离，防止发生意外事故。

刀开关的主要技术参数有：额定电压、额定电流、通断能力、热稳定电流和动稳定电流。

在规定的条件下，在额定电压下接通与分断的电流值称通断能力。

当电路发生短路时，刀开关在一定时间内（通常为 1s）通过某一短路电流，并不会因温度急骤升高而发生熔焊现象，这一最大短路电流称为刀开关的热稳定电流。

当电路发生短路故障时，刀开关不变形、损坏或刀片自动弹出的现象，这一短路电流（峰值）称刀开关的动稳定电流。

刀开关的构造如图 3-5 所示。

刀开关的图形及文字符号如图 3-6 所示。

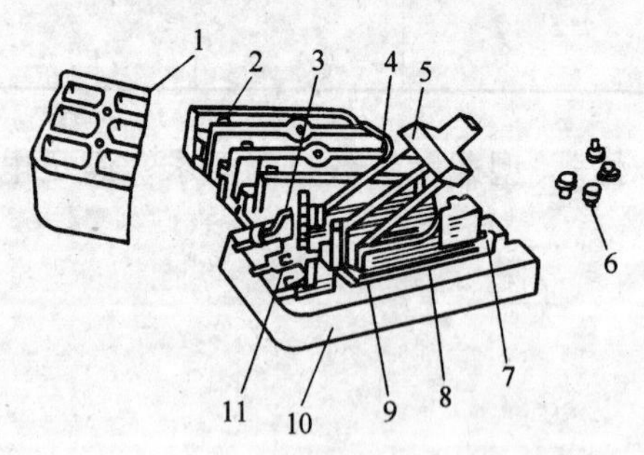

图 3-5 塑壳刀开关的结构图

1—上胶盖；2—下胶盖；3—插座；4—触刀；5—触刀手柄；6—胶盖紧固螺母；7—出线座；8—熔丝；9—触刀座；10—瓷底板；11—进线座

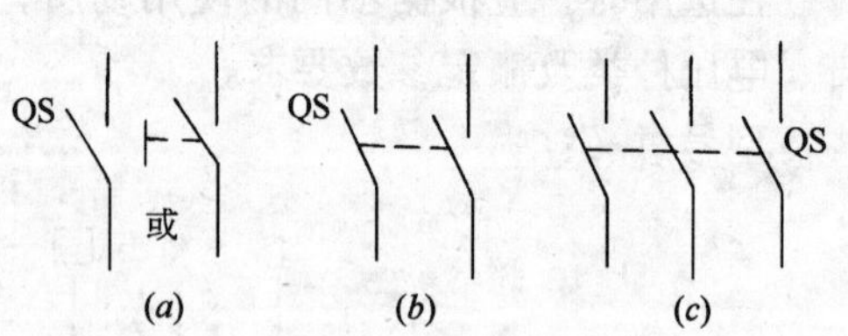

QS 或 (a) QS (b) QS (c)

图 3-6 刀开关符号

（*a*）单极；（*b*）双极；（*c*）三极

刀开关主要类型有：大电流刀开关、负荷开关、熔断器式刀开关。

常用的产品有：HD14、HD17、HS13 系列刀开关，HK2、HD13BX 系列开启式负荷开关，HR3、HR5 系列熔断器式刀开关。

刀开关的型号意义：

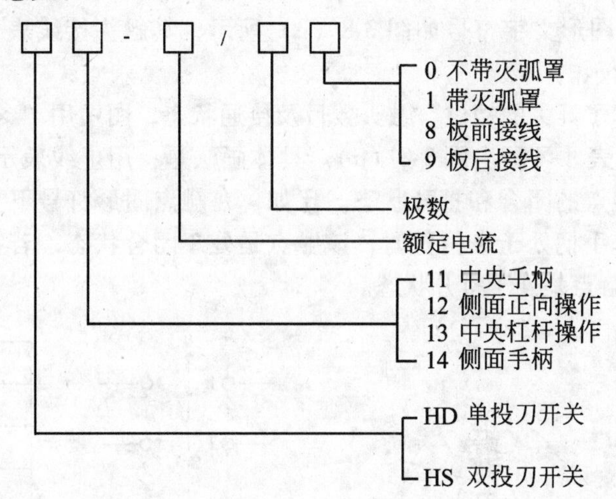

塑壳刀开关的技术数据见表 3-3，熔断器式刀开关的见表 3-4 所示。

HK2 系列塑壳刀开关的技术数据 **表 3-3**

额定电压（V）	额定电流（A）	极数	熔体极限分断能力（A）	控制最大电动机功率（kW）	机械寿命（次）	电寿命（次）
200	10	2	500	1.1	10000	2000
	15		500	1.5		
	30		1000	3.0		
330	15	3	500	2.2	10000	2000
	30		1000	4.0		
	60		1500	5.5		

HR5 系列熔断器式刀开关的主要技术参数 **表 3-4**

额定绝缘电压（V）	660			
额定工作电压（V）	380		660	
约定的发热电流（A）	100	200	400	630
配用熔体电流（A）	4～160	80～250	125～490	315～630
	熔断器型号：RT□（系列引进德国 AEG 公司 NT 型）			

（四）万能转换开关

转换开关的作用是：用于不频繁接通与断开的电路，实现换接电源和负载。是一种多档式、控制多回路的主令电器。

转换开关由转轴、凸轮、触点座、定位机构、螺杠和手柄等组成。其外形、结构如图 3-7 所示。当将手柄转动到不同的档位时，转轴带着凸轮随之转动，使一些触头接通，另一些触头断开。它具有寿命长、使用可靠、结构简单等优点，适用于交流 50Hz、380V，直流 220V 及以下的电源引入，5kW 以下小容量电动机的直接启动，电动机的正、反转控制及照明控制的电路中，但每小时的转换次数不宜超过15~20次。

万能转换开关的图形文字符号如图3-8（*a*）所示，其触头接线表可从设计手册中查到，如图3-8（*b*）所示。

图3-8（*b*）显示了开关的档位、触头数目及接通状态，图中用“×”表示触点接通，否则为断开，由接线表才可画出图3-8（*a*）。具体画法是：用虚线表示操作手柄的位置，用有无“·”表示触点的闭合和打开状态。比如，在触点图形符号下方的虚线位置上面“·”，则表示当操作手柄处于该位置时，该触点是处于闭合状态；若在虚线位置上未画“·”时，则表示该触点是处于打开状态。

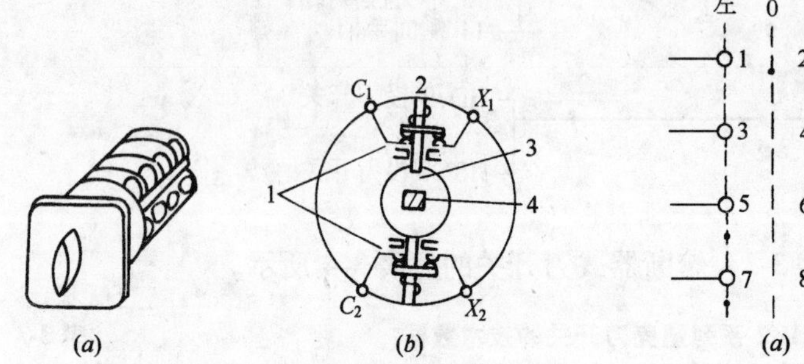

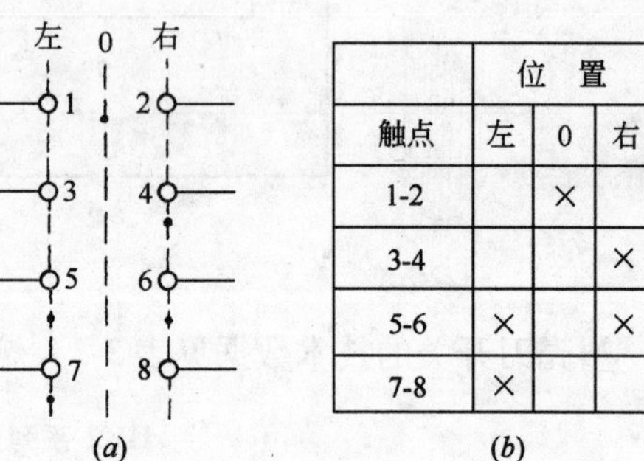

触点	位置 左	位置 0	位置 右
1-2		×	
3-4			×
5-6	×		×
7-8	×		

(*b*)

图3-7 LW5系列万能转换开关

（*a*）外形图；（*b*）结构原理图

1—触点；2—触点弹簧；3—凸轮；4—转轴

图3-8 万能转换开关符号表示

（*a*）图形及文字符号；（*b*）触头接线表

（五）自动开关

自动开关又称自动空气断路器或自动空气开关。它的特点是：在正常工作时，可以人工操作，接通或切断电源与负载的联系；当出现故障时，如短路、过载、欠压等，又能自动切断故障电路，起到保护作用，因此得到了广泛的应用。

1. 自动开关的构造和原理

其外形及结构如图3-9所示。开关盖上有操作按钮（红分、绿合），正常工作用手动操作。有灭弧装置，灭弧原理同接触器相同。

断路器主要由三个基本部分组成：即触头、灭弧系统和各种脱扣器，包括过电流脱扣器、失压（欠电压）脱扣器、热脱扣器、分励脱扣器和自由脱扣器。

图3-10是断路器工作原理示意图。图中三对主触头，串接在被保护的三相主电路中，当按下绿色按钮，触头2和锁链3保持闭合，线路接通。

当线路正常工作时，电磁脱扣器6线圈所产生的吸力不能将它的衔铁8吸合，如果线路发生短路和产生较大过电流时，电磁脱扣器的吸力增加，将衔铁8吸合，并撞击杠杆7，把搭钩4顶上去，锁链3脱扣，被主弹簧1拉回，切断主触头2。如果线路上电压下降或失去电压时，欠电压脱扣器11的吸力减小或消失，衔铁10被弹簧9拉开。撞击杠杆7，也能把搭钩4顶开，切断主触头2。

当线路出现过载时，过载电流流过发热元件13，使双金属片12受热弯曲，将杠杆7顶开，切断主触头2。

脱扣器都可以对脱扣电流进行整定，只要改变热脱扣器所需要的弯曲程度和电磁脱扣器铁芯机构的气隙大小就可以。热脱扣器和电磁脱扣器互相配合，热脱扣器担负主电路的过载保护，电磁脱扣器担负短路故障保护。当低压断路器由于过载而断开后，应等待2~3min才能重新合闸以使热脱扣器回复原位。

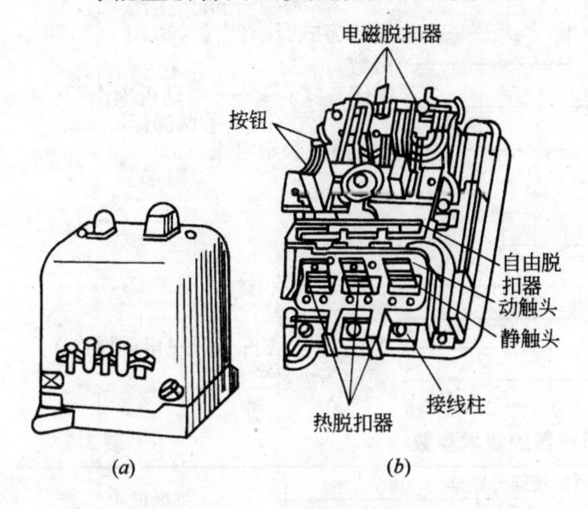

图3-9 D25-20型自动开关

(a) 外形；(b) 结构

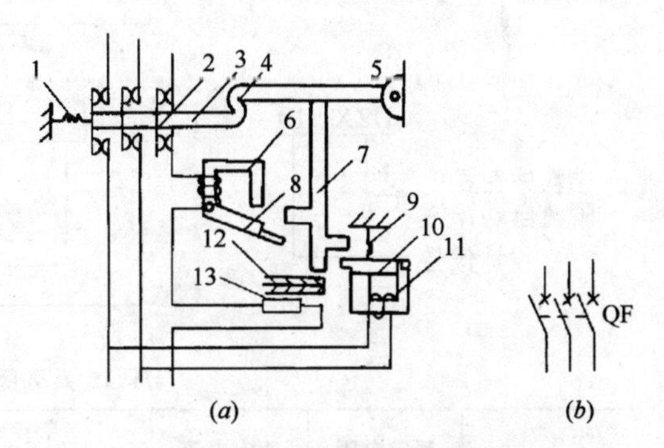

图3-10 自动空气开关动作原理图及符号

(a) 原理图；(b) 符号

1—主弹簧；2—主触头三副；3—锁链；4—搭钩；5—轴；6—电磁脱扣器；7—杠杆；8—电磁脱扣器衔铁；9—弹簧；10—欠压脱扣器衔铁；11—欠压脱扣器；12—双金属片；13—热元件

低压断路器的主要触点由耐电弧合金（如银钨合金）制成，采用灭弧栅片加陶瓷罩来熄灭电弧。

2. 自动开关的种类、型号及技术数据

(1) 自动开关的种类

①万能式低压自动开关。又称敞开式低压自动开关，具有绝缘衬底的框架结构底座，所有的构件组装在一起，用于配电网络的保护。主要型号有DW10和DW15两个系列。

②限流自动开关。利用短路电流产生巨大的吸力，使触点迅速断开，能在交流短路电流尚未达到峰值之前就把故障电路切断，用于短路电流相当大（高达70kA）的电路中。主要型号有DWX15和DZX10两种系列。

③装置式低压自动开关。又称塑料外壳式低压自动开关，具有用模压绝缘材料制成的封闭型外壳将所有构件组装在一起。用作配电网络的保护和电动机、照明电路及电热器等控制开关。主要型号有DZ5、DZ10、DZ20等系列。

④快速自动开关。具有快速电磁铁和强有力的灭弧装置，最快动时作间可在0.02s以内，用于半导体整流元件和整流装置的保护。主要型号有DS系列。

(2) 自动开关的型号意义

(3) 自动开关的技术数据

技术数据包括额定电压、额定电流、极数、脱扣器类型及其额定电流、整定范围、电磁脱扣器整定范围、主触点的分断能力等。国产低压断路器DW15、DZ5-20系列的技术数据如表3-5及表3-6所列。

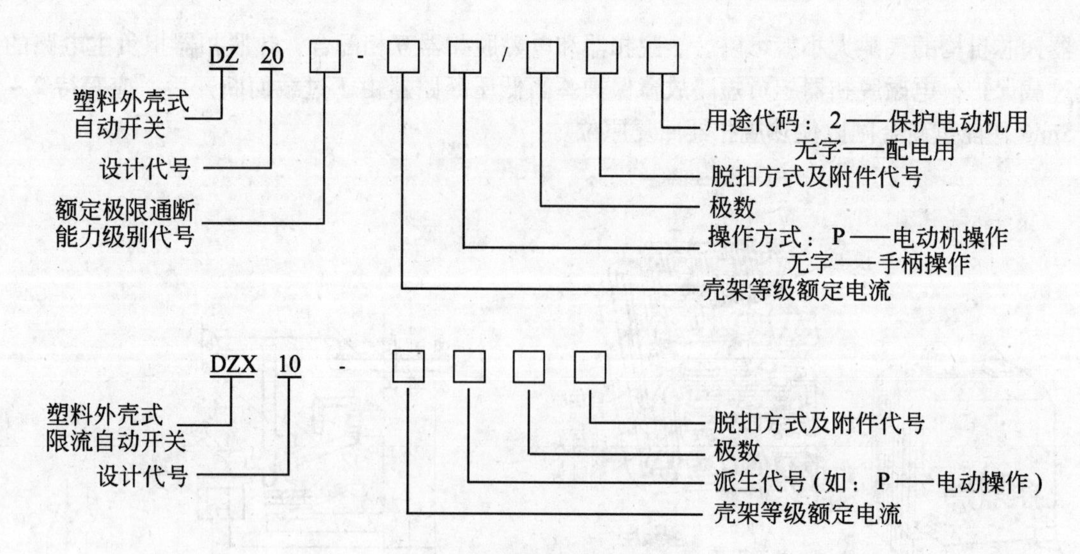

DW15 系列断路器的技术参数 **表 3-5**

型号	额定电压（V）	额定电流（A）	额定短路接通分断能力（kA）					外形尺寸 宽×高×深（mm）
			电压（V）	接通最大值	分断有效值	cosφ	短路时最大延时（s）	
DW15-200	380	200	380	40	20	—	—	242×420×341（正面） 386×420×316（侧面）
DW15-400	380	400	380	52.5	25	—	—	242×420×341 386×420×316
DW15-630	380	630	380	63	30	—	—	242×420×341 386×420×316
DW15-1000	380	1000	380	84	40	0.2	—	441×531×508
DW15-1600	380	1600	380	84	40	0.2	—	441×531×508
DW15-2500	380	2500	380	132	60	0.2	0.4	687×571×631 897×571×631
DW15-4000	380	4000	380	196	80	0.2	0.4	687×571×631 897×571×631

DZ5-20 型自动空气开关技术数据 **表 3-6**

型号	额定电压（V）	主触头额定电流（A）	极数	脱扣器型式	热脱扣器额定电流（括号内为整定电流调节范围）（A）	电磁脱扣器瞬时动作整定值（A）
DZ5-20/330 DZ5-20/230	交流 380 直流 220	20	3 2	复式	0.15（0.10~0.15） 0.20（0.15~0.20） 0.30（0.20~0.30） 0.45（0.30~0.45） 0.65（0.45~0.65）	为热脱扣器额定电流的 8~12 倍（出厂时整定于 10 倍）
DZ5-20/320 DZ5-20/220			3 2	电磁式	1（0.65~1） 1.5（1~1.5） 2（1.5~2） 3（2~3）	
DZ5-20/310 DZ5-20/210			3 2	热脱扣器式	4.5（3~4.5） 6.5（4.5~6.5） 10（6.5~10） 15（10~15） 20（15~20）	
DZ5-20/300 DZ5-20/200			3 2	无脱扣器式		

3. 自动开关的选择

（1）根据电气装置的要求确定自动开关的类型，如框架式、塑料外壳式、限流式等。

（2）自动开关的额定电压和额定电流应不小于电路的正常工作电压和工作电流。

（3）热脱扣器的整定电流应与所控制的电动机的额定电流或负载额定电流一致。

（4）电磁脱扣器的瞬时脱扣整定电流应大于负载电路正常工作时的峰值电流。对于电动机来说，DZ 型自动开关电磁脱扣器的瞬时脱扣整定电流值 I_z 可按下式计算：

$$I_z \geqslant KI_Q$$

式中 K—— 安全系数，可取 1.7；

I_Q—— 电动机的启动电流。

（5）自动开关价格较高，如非必要，仍宜采用闸刀开关和熔断器组合，以利节约。

（6）初步选定自动开关的类型和各项技术参数后，还要和其上、下级开关作保护特性的协调配合，从总体上满足系统对选择性保护的要求。

（六）漏电保护开关

随着家用电器的增多，由于绝缘不良引起漏电时，因泄漏电流小，不能使其保护装置（熔断器、自动开关）动作，这样漏电设备外露的可导电部分长期带电，增加了触电危险。漏电保护开关是针对这种情况在近年来发展起来的新型保护电器，有电压型和电流型之分。电压型和电流型漏电保护开关的主要区别在于检测故障信号方式的不同。这里仅以通用的电流型漏电保护开关为例加以说明，其构造原理如图 3-11 所示。它由主回路断路器（内含脱扣器 YR）、零序电流互感器 TAN 和放大器 A 等三个主要部件组成。

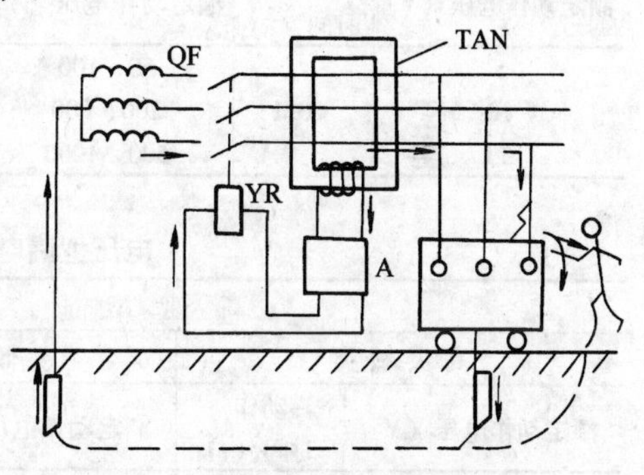

图 3-11 漏电保护开关动作原理图
A—放大器；QF—断路器；
YR—脱扣器；TAN—零序互感器

漏电保护开关按保护功能分为两类：一类是带过电流保护的，它除具备漏电保护功能外，还兼有过载和短路保护功能。使用这种开关，电路上一般不需要配用熔断器。另一类是不带过流保护的，它在使用时还需要配用相应的过流保护装置（如熔断器）。

漏电保护断电器也是一种漏电保护装置，它由放大器、零序互感器和控制触点组成。它只具有检测与判断漏电的能力，本身不具备直接开闭主电路的功能，通常与带有分励脱扣器的自动开关配合使用，当断电器动作时输出信号至自动开关，由自动开关分断主电路。

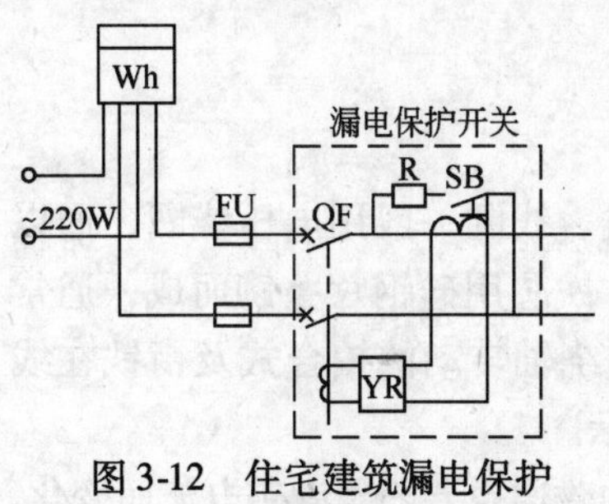

图 3-12 住宅建筑漏电保护开关接线图

漏电保护开关的工作原理：在设备正常运行时，主电路电流的相量和为零，零序互感器的铁芯无磁通，其二次侧没有电压输出。当设备发生单相接地或漏电时，由于主电路电流的相量和不再为零，TAN 的铁芯有零序磁通，其二次侧有电压输出，经放大器 A 判断、放大后，输入给脱扣器 YR，使断路器 QF 跳闸，切断故障电路，避免发生触电事故。

漏电保护开关在住宅工程中应用如图 3-12 所示。国产电流动作型漏电保护装置如 DZL18-20 型漏电保护开关，适用于额定电压为220V、电源中性点接地的单相回路。它具有结构简单、体积小、动作灵敏、性能稳定可靠等优点，适合民用住宅使用。

漏电保护开关器接入电路时，应接在电度表和熔断器后面，安装时应按开关规定的标志接线。接线完毕后应按动试验按钮，检查漏电保护开关是否动作可靠。漏电保护开关投入正常运行后，应定期校验，一般每月需在合闸通电状态下按动试验按钮 SB 一次，检查漏电保护开关是否正常工作，以确保其安全性。

漏电保护开关的技术数据：电流型漏电保护开关见表3-7，电压型漏电保护开关见表3-8所示。

电流型漏电保护开关的基本技术数据 表3-7

高速型				一般型	
高灵敏类		低灵敏类		低灵敏类	
额定动作电压（V）	动作时间（s）	额定动作电压（V）	动作时间（s）	额定动作电压（V）	动作时间（s）
5 10 30	<0.1	50、100 200、300 500、1000	<0.1	50、100 200、300 500、1000	<0.2

电压型漏电保护开关的基本技术数据 表3-8

高速型				一般型	
高灵敏类		低灵敏类		低灵敏类	
额定动作电压（V）	动作时间（s）	额定动作电压（V）	动作时间（s）	额定动作电压（V）	动作时间（s）
25	<0.1	50	<0.1	50	<0.2

二、接触器

接触器的作用和刀开关类似，即可以用来接通和分断电动机或其他负载主电器。与刀开关所不同的是它是利用电磁吸力和弹簧反作用力配合使触头自动切换的电器，它具有比工作电流大数倍接通分断能力，但不能分断短路电流，并具有体积小、价格低、维护方便、控制容量大、动作可靠和寿命长的特点，适于频繁操作和远距离控制。因此在电力拖动与自动控制系统中得到了广泛的应用。

接触器按其触头通过电流的种类可分为交流接触器和直流接触器。

（一）交流接触器

1. 交流接触器的构造

交流接触器由电磁机构、触头系统和灭弧三部分组成。

（1）电磁机构

电磁机构是感应机构。它由激磁线圈、铁芯和衔铁构成。线圈一般用电压线圈、通以单相交流电。为减少涡流、磁滞损耗，以防铁芯发热过甚，铁芯用硅钢片叠铆而成，通常做成双“E”型，常见的铁芯有衔铁围绕棱角转合式、衔铁绕轴转动的拍合式及衔铁在线圈内部作直线运动的螺管式等三种结构型式，如图3-13所示。

交流接触器的电磁机构一般用交流电激磁，因此铁芯中的磁通也要随着激磁电流而变化。当激磁电流过零时，电磁吸力也为零。由于激磁电流的不断变化，将导致衔铁的快速振动，发出剧烈的噪声。振动将使电气结构松散，寿命降低，更重要的是影响其触头系统的正常分合。为减少这种振动和噪声，在铁芯柱端面上嵌装一个金属环，称为短路环，如图 3-14 所示。

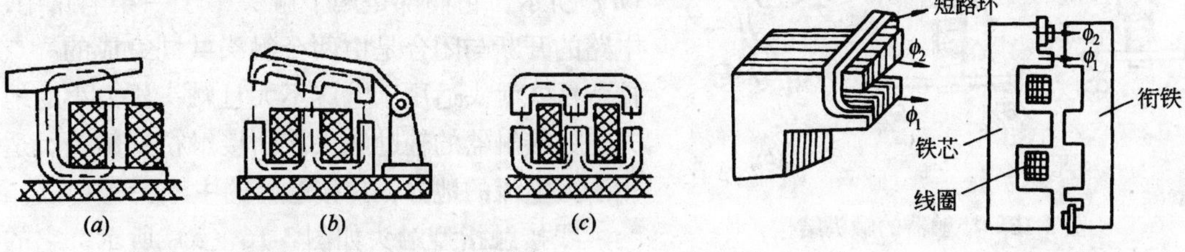

图 3 13　接触器电磁系统的结构图

（*a*）衔铁绕棱角转合式；（*b*）衔铁绕轴转动拍合式；（*c*）衔铁作直线运动螺管式

图 3-14　交流接触器铁芯的短路环

短路环相当于变压器的副绕组，当激磁线圈通入交流电后，在短路环中有感应电流存在，短路环把铁芯中的磁通分为两部分，即不穿过短路环的 ϕ_1 和穿过短路环的 ϕ_2。磁通 ϕ_1 由线圈电流 I_1 产生，而 ϕ_2 则由 I_1 及短路环中的感应电流 I_2 共同产生的。电流 I_1 和 I_2 相位不同，故 ϕ_1 和 ϕ_2 的相位也不同，即在 ϕ_1 过零时 ϕ_2 不为零，使得合成吸力无过零点，铁芯总可以吸住衔铁，使其振动减小。

（2）触头系统

它是接触器的执行元件，起分断和闭合电路的作用，要求触头导电性能良好。触头有主触头和辅助触头之分。还有使触头复位用的弹簧。主触头用以通断主回路（大电流电路），常为三对、四对或五对常开触头。而辅助触头则用以通断控制回路（小电流回路），起电气联锁或控制作用，所以又称为联锁触头。所谓常开、常闭是指电磁机构未动作时的触头状态。图 3-15 所示为交流接触器的外形、结构及符号。

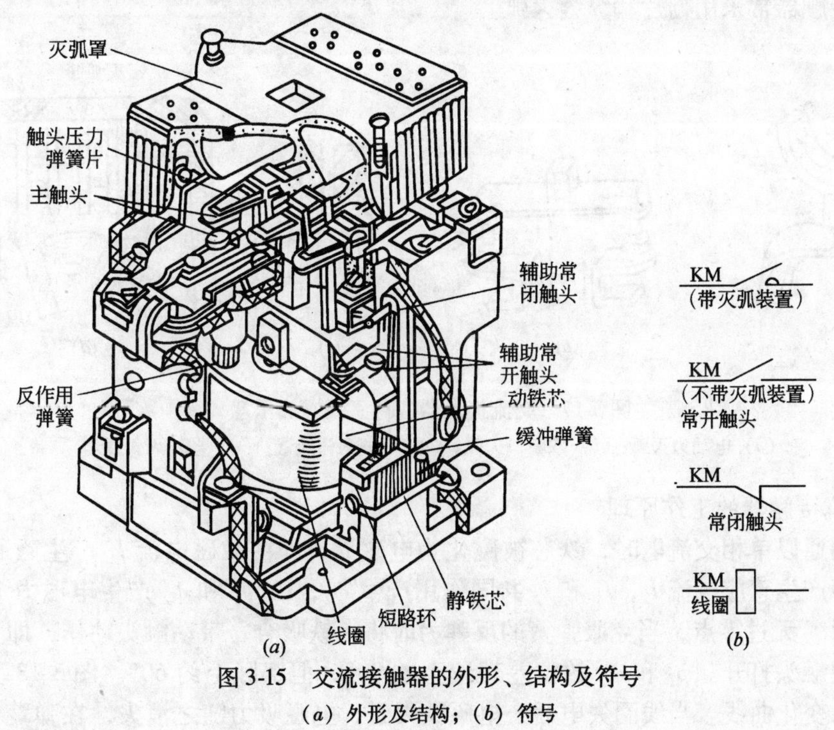

图 3-15　交流接触器的外形、结构及符号

（*a*）外形及结构；（*b*）符号

触头的结构型式分为桥式触头和线接触指形触头，如图 3-16 所示。

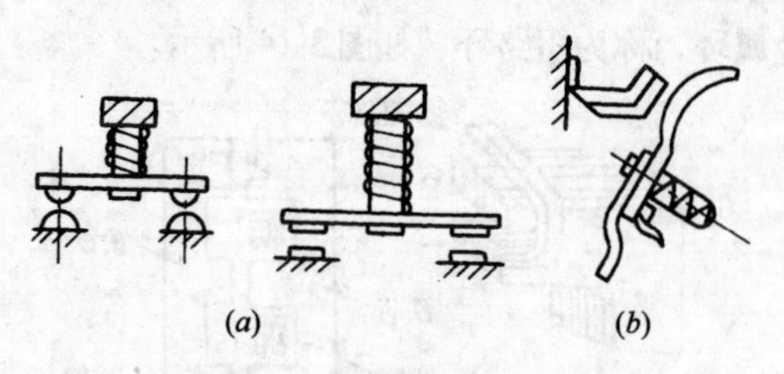

图 3-16　接触器的触头结构

（a）点接触桥式触头；（b）线接触指型触头

桥式触头有点接触和面接触之分，如图 3-16（a）所示，它们都是两个触头串于一条电路中，电路的开断与闭合是由两个触头共同完成的。点接触桥式触头适用于电流不大且触头压力小的地方，如接触器的辅助触头。面接触桥式触头，适用于大电流的地方，如接触器的主触头。

线接触指型触头如图 3-16（b）所示，它的接触区域为一直线，触头开闭时产生滚动接触。这种触头适用于接电次数多，电流大的地方，如接触器的主触头。

选用接触器时，要注意触头的通断容量和通断频率，如应用不当，会缩短其使用寿命，不能开断电路，严重时会使触头熔化；反之则触头得不到充分利用。

（3）灭弧装置

当分断带有电流负荷的电路时，在动、静两触头间形成电弧。交流接触器要经常接通和分断带有电流负荷的电路。电弧的形成主要是由于空气发生游离，但电弧形成也存在去游离（减弱离子浓度）的作用。游离作用强，电弧就剧烈，去游离作用强，电弧就易熄灭。电器中设置灭弧装置，其目的是加强去游离作用，促使电弧尽快熄灭，以防造成相间短路。交流接触器的灭弧方法有四种，如图 3-17 所示。用电动力使电弧移动拉长，如：电动力灭弧、双断口灭弧；或将长弧分成若干短弧，如：栅片灭弧、纵缝灭弧等。容量在 10A 以上的接触器有灭弧装置，而小容量的接触器采用双断口桥型触头以利于灭弧。对于大容量的接触器常采用栅片和纵缝灭弧。

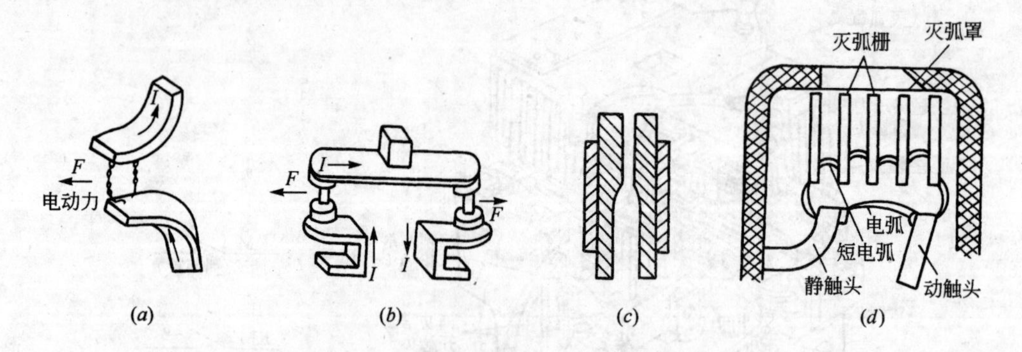

图 3-17　交流接触器各种灭弧方法示意

（a）电动力灭弧；（b）双断口灭弧；（c）纵缝灭弧装置；（d）栅片灭弧原理

2. 交流接触器的工作原理

当线圈通以单相交流电时，铁芯被磁化为电磁铁，即由激磁电流 I_1 产生磁通 ϕ_1，而在短路环中产生感应电流 I_2，I_1 和 I_2 共同作用产生 ϕ_2，由 ϕ_1 和 ϕ_2 产生电磁力 F_1 和 F_2，使合成吸力 F 无过零点，当克服弹簧的反弹力时将衔铁吸合，带动触头动作，即常开触头闭合，常闭触头打开。ϕ_1 和 ϕ_2 的位差理论上差 90°，但实际上约 60°。图 3-18 为电磁吸力随时间的变化曲线。当线圈失电后，电磁铁失磁，电磁吸力随之消失，在弹簧作用下触头复位。

3. 交流接触器在使用时的注意事项

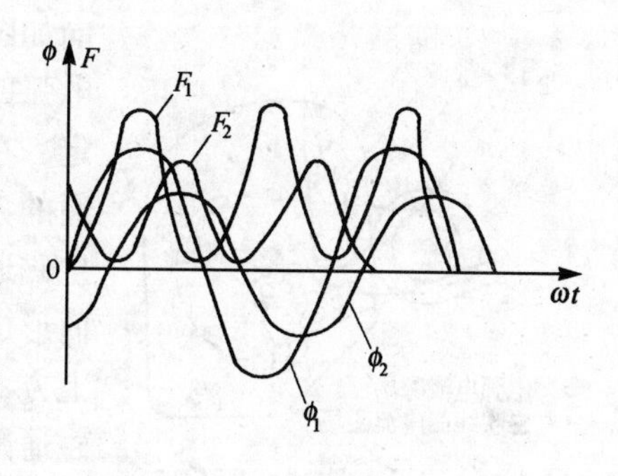

图 3-18 电磁吸力曲线

（1）交流接触器在启动时，由于铁芯气隙大，电抗小，所以通过激磁线圈的启动电流往往比衔铁吸合后的线圈工作电流大十几倍，所以交流接触器不宜使用于频繁启动的场合。

（2）交流接触器激磁线圈的工作电压，应为其额定电压的 85% ~105%，这样才能保证接触器可靠吸合。如电压过高，交流接触器磁路趋于饱和，线圈电流将显著增大，有烧毁线圈的危险。反之，衔铁将不动作，相当于启动状态，线圈也可能过热烧毁。

（3）使用时还应注意，决不能把交流接触器的交流线圈误接到直流电源上，否则由于交流接触器激磁绕组线圈的直流电阻很小，将流过较大的直流电流，致使交流接触器的激磁线圈烧毁。

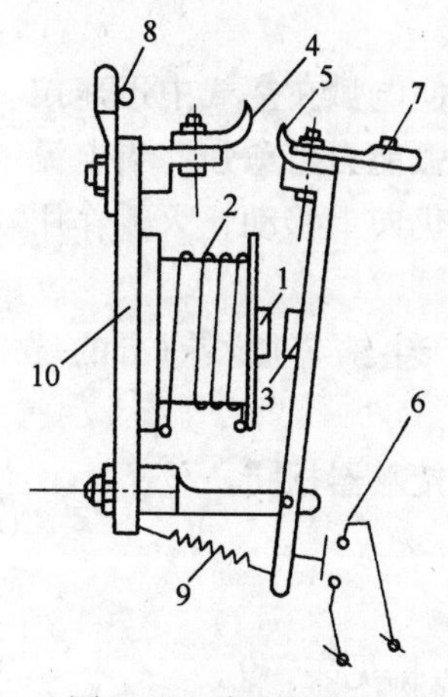

图 3-19 直流接触器的结构原理图

1—铁芯；2—线圈；3—衔铁；4—静触头；5—动触头；6—辅助触头；7、8—接线柱；9—反作用弹簧；10—底板

（二）直流接触器

直流接触器主要用以控制直流的用电设备。和交流接触器相似，同样由电磁机构、触头系统和灭弧装置等三部分构成，但是也存在着一定的差别。直流接触器结构原理图见图 3-19 所示。

交、直流接触器的区别如下：

1. 铁芯

因为直流接触器线圈中通的是直流电，铁芯中不会产生涡流，故铁芯可用整块的铸铁或铸铁构成。因为直流电产生恒定的电磁吸力，所以不会产生振动和噪声，无需在铁芯的端面上嵌装短路环；由于 $f=0$，$X_L=2\pi fL=0$，故 $Z=R$。可见直流接触器限制励磁电流的因素主要是电阻，所以其线圈匝数较多，电阻较大、铜耗也大，线圈发热是需要考虑的主要因素。为了使线圈散热良好，通常将线圈做成长而薄的圆筒状。

2. 触头系统

同交流接触器类似，有主触头和辅助触头之分。主触头因为通断电流大，故采用指形触头，辅助触头通断电流小，常采用点接触的桥式触头，如图 3-16 中所示。

3. 灭弧装置

直流接触器的主触头在断开直流电路时，如电流较大会产生强烈的电弧，次数一多触头便要烧坏，不能继续工作。为了迅速切断电弧，不使触头烧坏，采用了磁吹式灭弧装置，其结构如图 3-20 所示。图中表示动、静触头已分开，并已形成电弧。磁吹式灭弧装置由磁吹线圈 1、灭弧罩 5 和灭弧角 6 所组成。磁吹线圈由扁铜条弯成，中间装有铁芯 2，它们之间隔有绝缘套筒 3，铁芯的两端装有两片铁质的夹板 4，夹板 4 支持在灭弧罩的两边，而放在灭弧罩 5 内的触头就处在夹板之间。灭弧罩由石棉水泥板或陶土制成，它把触头罩住。磁吹线圈和触头串联，因此流过触头的电流就是流过磁吹线圈的电流，电流的方

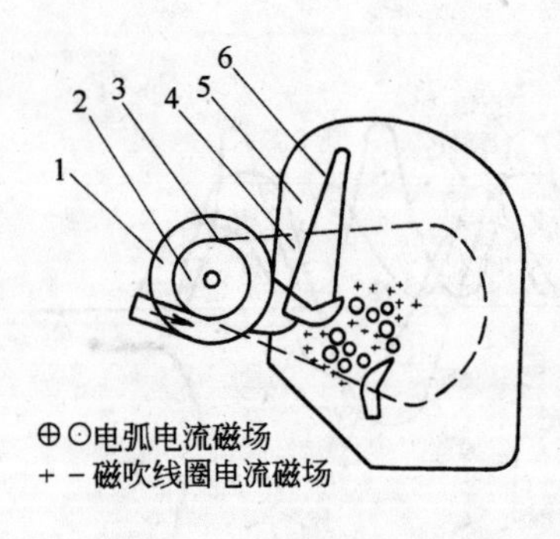

图 3-20　磁吹式灭弧装置

1—磁吹线圈；2—铁芯；3—绝缘套筒；4—夹板；5—灭弧罩；6—灭弧角

向如图中的箭头所示。当触头分开电弧燃烧时，电弧电流在电弧四周形成一个磁场，磁场的方向可用右手螺旋定则确定，在电弧上方磁通的方向是离开纸面的，而在电弧下面磁通的方向是进入纸面的。流过磁吹线圈的电流在铁芯 2 中产生磁通，磁通经过一边夹板穿过夹板间的空隙进入另一夹板而形成闭合磁路，磁通方向如图 3-20 所示。可见，在电弧上方，磁吹线圈与电弧电流所产生的磁通方向相反，于是磁通减少；而在电弧下方，则由于两个磁通方向相同，磁通增加，电弧将从磁场强的一边拉向弱的一边，这样电弧就向上运动，灭弧角 6 和静触头相连接，它的作用是引导电弧向上运动。由于电弧自下而上地迅速拉长，和空气发生了相对运动，使电弧温度降低，起到冷却去游离作用，促使电弧熄灭。另外，电弧被吹进灭弧罩上部的时候，进入了灭弧夹缝的区域，电弧和灭弧罩相接触。将热量传给了灭弧罩，这样也降低了电弧的温度，起到加强冷却去游离的作用。同时，电弧在向上运动的过程中，它的长度不断增加，当电源电压不足以维持电弧燃烧时，它就熄灭了。

综上叙述可知：磁吹灭弧装置的灭弧原理是靠磁吹力的作用，使电弧在空气中迅速拉长并同时进行冷却去游离，从而使电弧熄灭。因此，电流愈大，灭弧能力也愈强。当电流方向改变时，磁场的方向也同时改变，而电磁力的方向不变，电弧仍向上移动，灭弧作用相同。

直流接触器线圈中通的是直流电，没有冲击启动电流，不会产生铁芯猛烈撞击的现象，因此它的寿命长，适宜用于频繁启动的场合。

直流接触器的线圈及触头在电路原理图中的图形及符号与交流接触器相同。

（三）接触器主要技术数据

1. 接触器的型号及代表意义

常用的交流接触器有 CJ0、CJ20、CJ12、CJ12B 等，主要技术数据见表 3-9。

CJ0、CJ20 系列交流接触器的技术数据　　表 3-9

<table>
<tr><th rowspan="3">型号</th><th colspan="3">主触头</th><th colspan="3">辅助触头</th><th colspan="2">线圈</th><th colspan="2">可控三相异步电动机的最大功率（kW）</th><th rowspan="3">额定操作频率（次/h）</th></tr>
<tr><th rowspan="2">对数</th><th rowspan="2">额定电流（A）</th><th rowspan="2">额定电压（V）</th><th rowspan="2">对数</th><th rowspan="2">额定电流（A）</th><th rowspan="2">额定电压（V）</th><th rowspan="2">电压（V）</th><th rowspan="2">功率（VA）</th><th>220V</th><th>380V</th></tr>
<tr><th></th><th></th></tr>
<tr><td>CJ0-10</td><td>3</td><td>10</td><td rowspan="8">380</td><td rowspan="8">均为两常开两常闭</td><td rowspan="8">5</td><td rowspan="8">380</td><td rowspan="8">可为36
110
127
220
380</td><td>14</td><td>2.5</td><td>4</td><td rowspan="8">≤660</td></tr>
<tr><td>CJ0-20</td><td>3</td><td>20</td><td>33</td><td>5.5</td><td>10</td></tr>
<tr><td>CJ0-40</td><td>3</td><td>40</td><td>33</td><td>11</td><td>20</td></tr>
<tr><td>CJ0-75</td><td>3</td><td>75</td><td>55</td><td>22</td><td>40</td></tr>
<tr><td>CJ20-10</td><td>3</td><td>10</td><td>11</td><td>2.2</td><td>4</td></tr>
<tr><td>CJ20-20</td><td>3</td><td>20</td><td>22</td><td>5.5</td><td>10</td></tr>
<tr><td>CJ20-40</td><td>3</td><td>40</td><td>32</td><td>11</td><td>20</td></tr>
<tr><td>CJ20-60</td><td>3</td><td>60</td><td>70</td><td>17</td><td>30</td></tr>
</table>

型号意义：

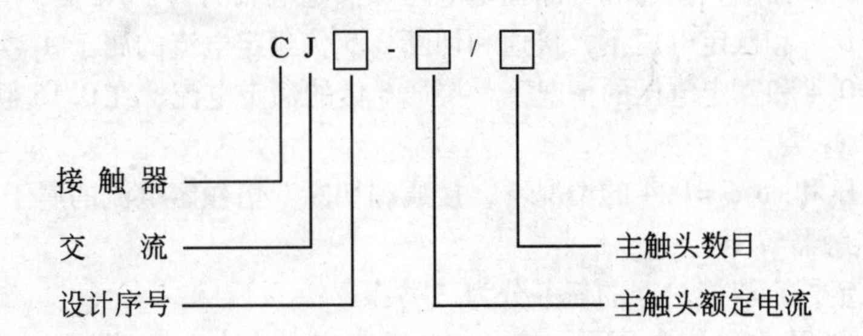

常用的直流接触器有 CZ0、CZ1、CZ2、CZ3、CZ5-11 等系列产品。CZ5-11 为联锁接触器，常用于控制电路中。CZ0 系列直流接触器的基本技术参数见表 3-10 所示。

CZ0 系列直流接触器基本技术参数 表 3-10

型 号	额定电压（V）	额定电流（A）	额定操作频率（次/h）	主触头极数		最大分断电流（A）	辅助触头型式及数目		吸引线圈电压（V）	吸引线圈消耗功率（W）
				常开	常闭		常开	常闭		
CZ0-40/20	440	40	1200	2	0	160	2	2	24，48 110，220	22
CZ0-40/02		40	600	0	2	100	2	2		24
CZ0-100/10		100	1200	1	0	400	2	2		24
CZ0-100/01		100	600	0	1	250	2	1		24
CZ0-100/20		100	1200	2	0	400	2	2		30
CZ0-150/10		150	1200	1	0	600	2	2		30
CZ0-150/01		150	600	0	1	375	2	1		25
CZ0-150/20		150	1200	2	0	600	2	2		40
CZ0-250/10		250	600	1	0	1000	5 其中一对为固定常开，另4对可任意组合成常开或常闭			31
CZ0-250/20		250	600	2	0	1000				40
CZ0-400/10		400	600	1	0	1600				28
CZ0-400/20		400	600	2	0	1600				43
CZ0-600/10		600	600		0	2400				50

型号意义：

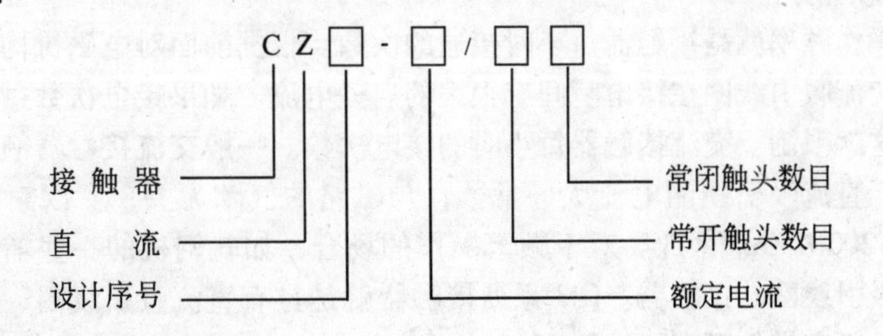

2. 接触器的工作任务类别

（1）交流接触器

根据国家标准，将交流接触器的任务分成四类：

①在 $\cos\phi = 0.9$ 以下，接通和分断额定电压和额定电流的属于 A_1 类；

②在 $\cos\phi = 0.7$ 和额定电压下，接通和切断 2.5 倍额定电流的属于 A_2 类；

③在 $\cos\phi = 0.4$ 和额定电压的情况下，接通 6 倍的额定电流；在 0.16 额定电压下断开额定电流的属于 A_3 类；

④在额定电压和 $\cos\phi = 0.4$ 的情况下，接通和切断 6 倍额定电流的属于 A_4 类。

（2）直流接触器

国家标准规定，直流接触器的任务分为三类：

①在 $L/R = 0.005$ 和额定电压下，接通与分断额定电流称为 D_1 类；

②在 $L/R = 0.015$ 和额定电压下，接通 2.5 倍的额定电流；在 $L/R = 0.015$ 或 0.1 和额定电压下开断额定电流的称为 D_2 类；

③在 $L/R = 0.015$ 和额定电压下，接通与分断 2.5 倍额定电流的称为 D_3 类。

例如：CJ20、CJ0、CJ20 系列交流接触器相当于 A_3 类。CJ1、CJ12、CJ3 系列交流接触器相当于 A_4 类与 A_2 类间。CZ3 系列直流接触器相当于 D_1 类。CZ1、CZ0 系列直流接触器相当于 D_2 类或 D_3 类。

3. 接触器的额定参数

（1）接触器铭牌上的额定电压

是指主触头的额定电压，通用时必须使它与被控制的负载回路的额定电压相同。交流有 220V、380V、660V，在特殊场合使用的高达 1140V，直流有 110V、220V 和 440V。

（2）额定电流

接触器铭牌上的额定电流是指主触头的额定电流。主触头的额定电流就是当接触器装在敞开的控制屏上，在间断-长期工作制下，而温度升高不超过额定温升时，流过触头的允许电流值。间断-长期工作制是指接触器连续通电时间不大于 8h 的工作制，工作 8h 后，必须连续操作开闭触头（空载）三次以上（这一工作制通常是在交接班时进行），以便清除氧化膜。常用的电流等级为 10 ~ 800A。

（3）吸引线圈的额定电压

交流吸引线圈的额定电压一般有 36V、127V、220V 和 380V 四种。直流吸引线圈的额定电压一般有 24V、48V、110V、220V 和 440V 五种，考虑到电网电压的波动，接触器的线圈允许在电压等于 105% 额定值下长期接通，而线圈的温升不超过绝缘材料的容升。

（4）额定操作频率

接触器的操作频率就是接触器每小时接通的次数。根据前面对电磁机构吸力特性的分析，我们知道交流吸引线圈在接电瞬间有很大的启动电流。如果接电次数过多，会引起线圈过热，所以这就限制了交流接触器每小时的接电次数。一般交流接触器额定操作频率最高为 600 次/h，直流吸引线圈电流为一常数，与磁路的气隙无关，所以额定操作频率较高。最高可达 1200 次/h。因此，对于频繁操作的场合，如轧钢机的一些辅助机械，就采用了具有直流吸引线圈的接触器。CJ3 系列接触器就是具有直流吸引线圈、主触头交直两用的接触器，其额定操作频率可达到 1200 次/h。

（5）动作值

动作值是指接触器的吸合电压和释放电压。吸合电压大于线圈额定电压的 85% 时应可靠吸合，释放电压不高于线圈额定电压的 70%。

(6) 寿命

寿命是指机械寿命和电气寿命，因属频繁操作电器，应有较高的寿命。寿命是象征产品质量的重要指标之一。

三、继电器

继电器是一种根据外界输入的电的或非电的信号（如电流、电压、转速、时间、温度等）的变化开闭控制电路（小电流电路），自动控制和保护电力拖动装置用的电器。继电器的种类很多，其分类方法也较多。

按其动作原理可分为：电磁式、感应式、机械式、电动式、热力式和电子式继电器等。

按其反应信号不同可分为：电流、电压、时间、速度、温度、压力继电器等。

以下将按其反应的参数不同，阐述在建筑设备控制系统中常用的几种继电器。

(一) 电磁式电流、电压和中间继电器

电流及电压继电器是用来反应电流和电压变化的电器，中间继电器则是转换控制信号的中间元件。

1. 交流电磁式继电器

(1) 构造

交流电磁式继电器与交流接触器一样，由电磁机构和触头系统构成，继电器因无需开断大电流电路，故触头均采用无灭弧装置的桥式触头，磁路系统由硅钢片叠成，在铁芯上绕有线圈。JT4 系列继电器的构造如图3-21所示。

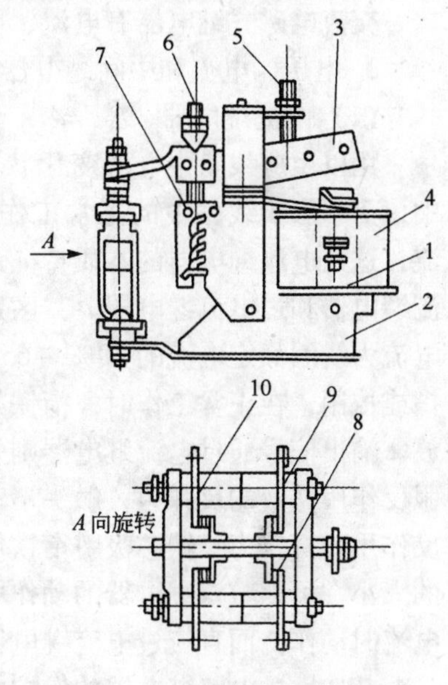

图 3-21 JT4 系列交流电磁继电器

1—铁芯；2—底座；3—衔铁；4—线圈；5—调节螺钉；6—调节螺母；7—释放弹簧；8—动触头；9、10—静触头

(2) 工作原理

当交流继电器的线圈内通以交流电流时，在铁芯 1 中产生电磁吸力，当电磁吸力足以克服释放弹簧 7 的反弹力时，衔铁 3 绕支点转动与铁芯吸紧，带动其触头动作（即常开触头闭合，常闭触头断开）。

当线圈电流消失或减小到一定值时，铁芯中电磁吸力随之减小。当吸力小于释放弹簧 7 的反弹力时，在释放弹簧作用下，衔铁将恢复到释放位置，其触头复位。

(3) 继电器的返回系数与调整

①返回系数：返回系数是表征继电器工作性能的一个重要指标，分为电流返回系数和电压返回系数。返回系数与相关量之间的关系可表示如下：

$$\beta_i(\text{电流返回系数}) = \frac{\text{释放电流}}{\text{吸上电流}}$$

$$\beta_v(\text{电压返回系数}) = \frac{\text{释放电压}}{\text{吸上电压}}$$

所谓吸上电流（电压）是：当继电器的衔铁开始吸合时吸引线圈的电流（电压）。而释放电流（电压）则是：当继电器释放时吸引线圈的电流（电压）。

因为吸上参数大于释放参数；所以 β_i 和 β_v 的数值都小于 1。返回系数的数值由继电器本身的结构确定，在选择与调整继电器时，需考虑这一数据，以保证继电器可靠而准确地工作。

②继电器的调整方法

a. 调整释放弹簧7的松紧程度来改变吸上电流的大小，释放弹簧越紧吸上电流越大，反之吸上电流越小。

b. 调整调节螺钉5，改变初始气隙的大小来改变吸上电流，气隙越大，吸上电流越大，反之吸上电流越小。在释放弹簧和触头弹簧不变的情况下，改变气隙，释放电流不变。

c. 改变非磁性垫片的厚度来调整释放电流。非磁性垫片越厚，释放电流越大，反之释放电流越小。在释放弹簧和触头弹簧不变的情况下，调整非磁性垫片的厚度，吸上电流不变。

交流电磁式继电器有电流、电压和中间继电器之分，以下分别加以说明。

2. 电压、电流和中间继电器的区别

（1）电流继电器

用以反应线路中电流变化状态的继电器称为电流继电器。在使用时线圈应串在线路中，为不影响线路中的正常工作，电流线圈应阻抗小，导线较粗，匝数少，能通过大电流，这是电流继电器的本质特征。随着使用场合和用途的不同，电流继电器分欠（零）电流继电器和过电流继电器。其区别在于它们对电流的数量反应不同。欠电流继电器的吸引电流为线圈额定电流的30%～65%，释放电流为额定电流的10%～20%，用于欠电流保护或控制，在正常工作时，衔铁是吸合的，只有当电流降低到某一整定值时，继电器才释放。输出信号通过电流继电器则是当线圈通以额定电流时，它所产生的电磁吸力不足以克服反作用弹簧的反弹力，触头不动作。只有当通过线圈的电流超过整定值后电磁吸力大于反作用弹簧拉力，铁芯吸引衔铁使触头动作，这适用于作过电流保护。调节反作用弹簧力的大小，可以整定继电器的动作电流值。一般交流过电流继电器调整在110%～350%额定电流时动作，而直流过电流继电器调整在70%～300%额定电流时动作。

在选用过电流继电器的保护中，对于小容量直流电动机和绕线式异步电动机的线圈的额定电流一般可按电动机长期工作的额定电流来选择。对于频繁启动的电动机，考虑到启动电流在继电器中的发热效应，继电器的额定电流应选大一级。

过电流继电器的整定值，考虑到这类继电器的动作误差在±10%的范围内，应再加上一定的余量，可以按电动机的最大工作电流（一般为1.7～2倍额定电流）的12%来调整。

根据欠（零）电流继电器和过电流继电器的动作条件可知，欠（零）电流继电器属于长期工作的电器，故应考虑其振动和噪声。应在铁芯中装有短路环，而过电流继电器属于短时工作的电器，不需装短路环。

有的过电流继电器带有手动复位机构，当过电流时，继电器动作，衔铁动作后，即使线圈电流减小到零，衔铁也不会返回，只有当操作人员检查故障并处理后，采用手动复位，松掉锁扣机构，这时衔铁才会在复位弹簧作用下返回原位，从而避免过电流事故的发生。

（2）电压继电器

用以反应线路中电压变化的继电器称为电压继电器。在应用时，电压线圈并联在电路中，为使之减小分流，电压线圈导线细、匝数多，电阻大。随着应用场所不同，电压继电器有欠（失）压及过电压继电器之分，其区别在于：欠（失）压继电器在正常电压时动作，而当电压过低或消失时，触头复位；过电压继电器则是在正常电压下不动作，只有当其线圈两端电压超过其整定值后，其触头才动作，以实现过电压保护。同电流继电器道理相同，欠（失）压继电器装有短路环，而过电压继电器则不需短路环。

欠电压继电器是在电压为40%～70%额定电压时才动作，对电路实行欠压保护，零电压继电器是当电压降至5%～25%额定电压时动作，进行零压保护，过电压继电器是在电压为105%～120%额定电压以上动作，具体动作电压的调整根据需要决定。

（3）中间继电器

中间继电器是将一个输入信号变成一个或多个输出信号的继电器，它的输入信号为线圈的通电或断电，它的输出是触头的动作，将信号同时传给几个控制元件或回路。

常用的中间继电器有JZ7和JZ8系列两种，JZ7系列中间继电器的结构如图3-22（*a*）所示，它由电磁机构（线圈、衔铁、铁芯）和触头系统（触头和复位弹簧）构成，其线圈为电压线圈，当线圈通电后，铁芯被磁化为电磁铁，产生电磁吸力，当吸力大于反力弹簧的弹力时，将衔铁吸引，带动其触头动作。当线圈失电后，在弹簧作用下触头复位。可见也应考虑其振动和噪声，所以铁芯中装有短路环。中间继电器的图形及文字符号如图3-22（*b*）所示。

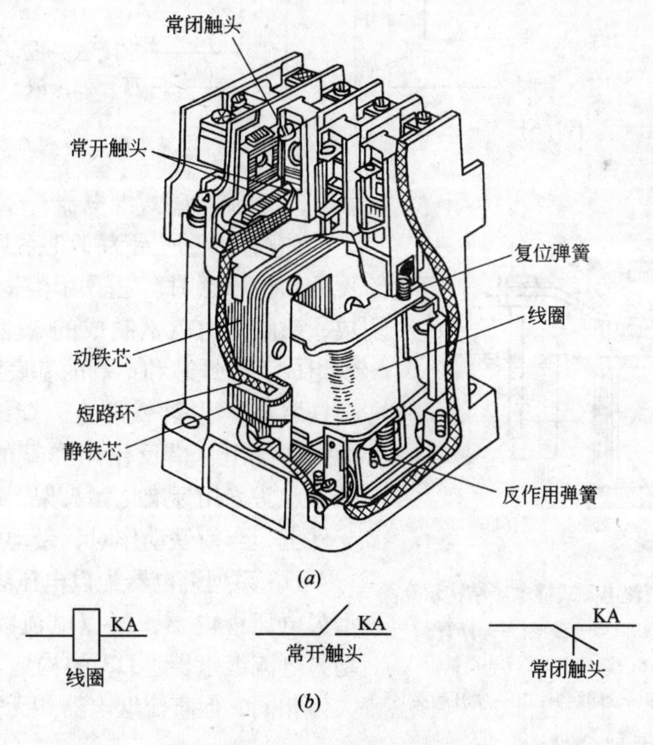

图3-22　JZ7型中间继电器
（*a*）结构；（*b*）符号

中间继电器的特点：触头数目多（6 对以上），可完成对多回路的控制，触头电流较大（5A 以上），动作灵敏（动作时间不大于 0.05s）。与接触器不同的是触头无主、辅之分，所以当电动机的额定电流不超过 5A 时，可以用它代替接触器使用，可以认为中间继电器是小容量的接触器。

中间继电器的选择，主要是根据被控制电路的电压等级，同时还应考虑触点的数量、种类及容量，以满足控制线路的要求。JZ7 系列中间继电器的技术数据如表 3-11 所示。

JZ7 系列中间继电器技术数据 **表 3-11**

型号	触头额定电压（V）		触头额定电流（A）	触头数量		额定操作频率（次/h）	吸引线圈电压（V）		吸引线圈消耗功率（VA）	
	直流	交流		常开	常闭		50Hz	60Hz	启动	吸持
JZ7-44	440	500	5	4	4	1200	12，24，36，48，110，127，220，380，420，440，500	12，36，110，127，220，380，440	75	12
JZ7-62	440	500	5	6	2	1200			75	12
JZ7-80	440	500	5	8	0	1200			75	12

中间继电器的型号意义：

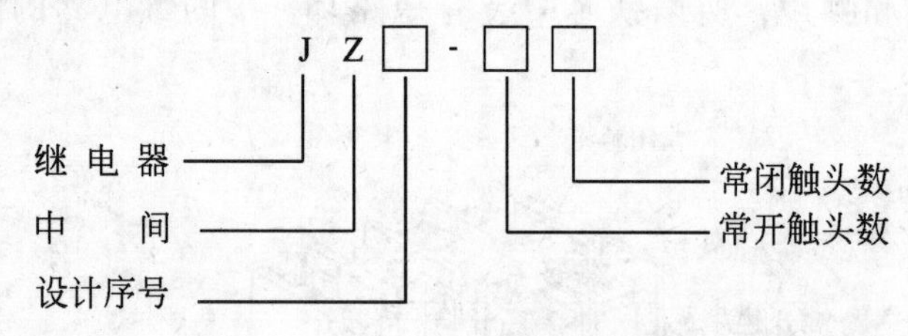

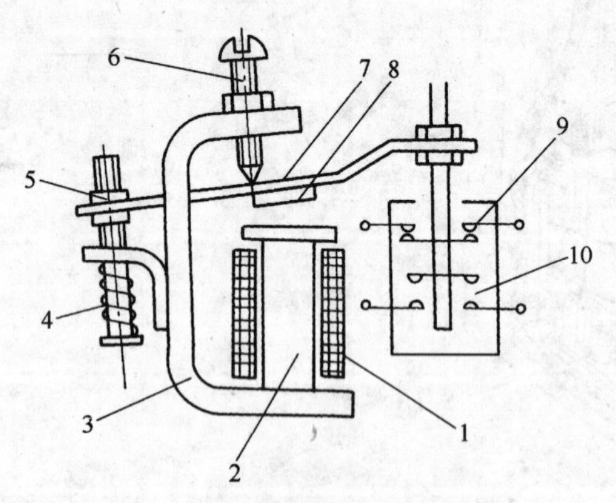

图 3-23 JT3 系列直流电磁式继电器结构示意图
1—线圈；2—铁芯；3—磁轭；4—弹簧；5—调节螺母；6—调节螺钉；7—衔铁；8—非磁性垫片；9—常闭触头；10—常开触头

3. 直流电磁式继电器

如图 3-23 所示为 JT3 系列直流电磁式继电器的结构示意图，主要由电磁机构和触头系统构成，磁路是由软钢制成的 V 形静铁芯和板状衔铁组成，静铁芯和铝制的基底浇铸成一体。板状衔铁装在 V 形静铁芯上，能绕支点转动，在不通电情况下，借反作用弹簧的反弹力使衔铁打开。触头采用标准化触头架，触头架连接在衔铁支件上，当衔铁动作时，带动触头动作。

JT3 系列继电器配以电压线圈，便成了 JT3A 型欠电压继电器，配以电流线圈，便成为 JT3L 型欠电流继电器。JT3 的构造与原理同 JT4 系列大体相同，但直流继电器均无需短路环。

4. 电磁式继电器的整定

继电器的吸动电流值和释放电流值可以根据保护要求在一定范围内调整。现以图 3-23 所示 JT3 系列直流电磁式继电器为例予以说明。

（1）调紧弹簧的松紧程度，弹簧收紧，反作用力增大，则吸引电流（电压）和释放电流（电压）就越大，反之就越小。

（2）改变非磁性垫片的厚度，非磁性垫片越厚衔铁吸合后磁路的气隙和磁阻就越大，释放电流（电压）就越大，反之就越小，而吸引值不变。

（3）改变初始气隙的大小，在反作用弹簧力和非磁性垫片厚度一定时，初始气隙越大，吸引电流（电压）就越大，反之就越小，而释放值不变。

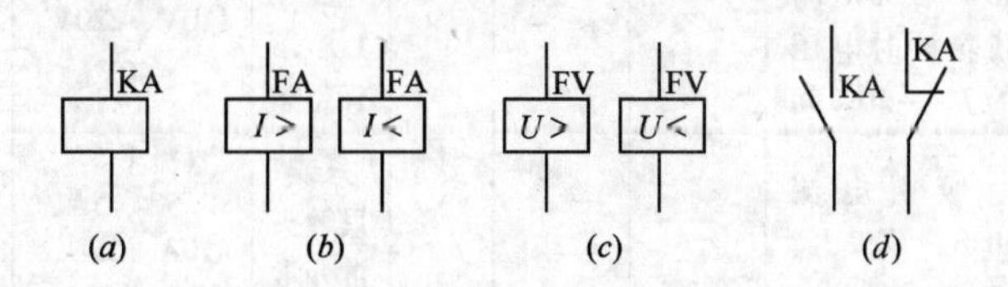

图 3-24　电磁式继电器符号

（a）线圈一般符号；（b）电流继电器线圈；（c）电压继电器线圈；（d）触头

5. 电磁式继电器常用符号

常用电磁式继电器有：JL14、JL18、JT18、JZ15、3TH80、3TH82 及 JZC2 等系列。其中 JL14 系列为交直流电流继电器，JZ18 系列为交直流过电流继电器。JT18 系列为直流通用继电器，JZ15 为交直流中间继电器，3TH80、3TH82 为接触式继电器，与 JZC2 系列类似。

电磁式继电器的符号如图 3-24 所示，电流继电器的符号为 KI，电压继电器的符号为 RV，中间继电器的符号为 KA。

6. 继电器的选择及技术数据

（1）电磁式控制继电器的选用

控制继电器主要按其被控制或被保护对象的工作特性来选择使用。电磁式继电器选用时，除线圈电压或线圈电流应满足要求外，还应按被控制对象的电压、电流和负载性质及要求来选择。如果控制电流超过继电器的额定电流，在需要提高分断能力时（一定范围内）可用触头串联方法，但触头有效数量将减少。

电流继电器的特性有瞬时动作特性、反时限动作特性等，可按不同要求选取。

（2）电磁式继电器的技术数据

这里仅举几种常用的继电器的技术数据，见表 3-12 及表 3-13。

JL3 电流继电器主要技术数据　　　　**表 3-12**

<table>
<tr><th>型　号</th><th>动作电流</th><th>触头数目</th><th>吸引线圈电流（A）</th><th>主要用途</th><th>动作误差</th><th>复位方式</th></tr>
<tr><td>JL3-□□型直流过电流继电器</td><td rowspan="2">线圈额定电流（70% ~300%）范围内调节</td><td rowspan="2">一只或二只常开常闭可以任意组合</td><td rowspan="2">1.5，2.5，5，10，25，50，100，150，300，600，1200</td><td rowspan="2">在自动控制电力拖动的直流电路中，作为过电流继电器</td><td>±10%</td><td>自动</td></tr>
<tr><td>JL3-□□S型直流过电流继电器</td><td>±10%</td><td>手动</td></tr>
</table>

JT3 系列直流电磁继电器主要技术数据 **表 3-13**

型号	动作电压或动作电流	延时（s）		动作误差	触头数目	吸引线圈电压、电流	消耗功率（W）	固有动作时间（s）	重量（kg）
		线圈继电	线圈短路						
JT3-□□型电压（或中间）继电器	吸引电压在额定电压的 30% ~50% 间或释放时电压的 7% ~20% 间				2 常分 2 常合 或 1 常分 1 常合	直流 12V、24V、48V、110V、220V、440V			2
JT3-□□L 型欠电流继电器	吸引电流 30% ~60% I_e，释放电流 10% ~20% I_e				2 只或 3 只触头常分常合可任意组合	直流 1.5A、2.5A、5A、10A、25A、50A、100A、150A、300A、600A			
JT3-□□/1 型时间继电器	大于额定电压的 75% 时保证延时	0.3 ~0.9	0.3 ~1.5	±10%			约 16	约 0.2	2
JT3-□□/3 型时间继电器	大于额定电压的 75% 时保证延时	0.8 ~3	1 ~3.5		2 常分 2 常合 或 1 常分 1 常合	直流 12V、24V、48V、110V、220V、440V			2.2
JT3-□□/5 型时间继电器	大于额定电压的 75% 时保证延时	2.5 ~5	3 ~5.5						2.5

（二）时间继电器

时间继电器在电路中起着控制动作时间的作用。当它的感测系统接受输入信号以后，需经过一定的时间，它的执行系统才会动作并输出信号，进而操纵控制电路。所以说时间继电器具有延时的功能。它被广泛用来控制生产过程中按时间原则制定的工艺程序，如鼠笼式异步电动机的几种降压启动均可由时间继电器发出自动转换信号，应用场合很多。

时间继电器的延时方式有两种：一种为通电延时：即在接受输入信号后延迟一定的时间后，输出信号才发生变化；当输入信号消失后，输出瞬时复位。另一种为断电延时：即在接受输入信号后，瞬时产生相应的输出的信号；当输入信号消失后，延迟一定的时间，输出才复位。

时间继电器种类繁多，主要有直流电磁式、空气阻尼式（又称气囊式）、电动式及晶体管式等几种。其中电动式时间继电器的延时精确度高，且延时时间可以调整得很长（由几分钟到几小时），但价格较高；晶体管式应用越来越广泛，精确度高，延时时间长且价格不高；电磁式时间继电器结构简单，价格便宜，但延时较短（约 0.3 ~1.6s），而且只适用于直流电路，体积和重量又较大。目前在交流电路中得到较广泛应用的是空气阻尼式时间继电器，它结构简单，延时范围较大（0.4 ~180s），更换一只线圈便可用于直流电路，以下仅介绍较常用的电磁式时间继电器和空气阻尼式时间继电器。

1. 直流电磁式时间继电器

直流电磁式时间继电器实际是一个电磁式电压继电器。在铁芯上增加了一个阻尼铜套，即构成了直流电磁式时间继电器。这类时间继电器主要用于失电延时。带阻尼铜套的铁芯结构如图3-25所示。

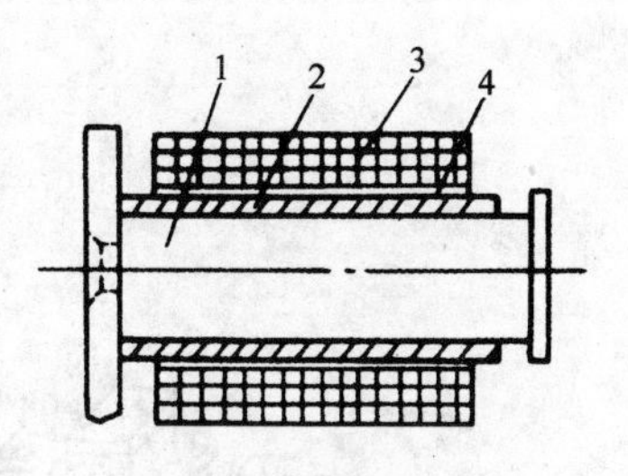

图3-25　带有阻尼铜套的铁芯结构

1—铁芯；2—阻尼铜套；3—线圈套；4—绝缘层

电磁式时间继电器的原理是：当线圈通电时，由于衔铁处于打开位置，气隙大，磁阻大，线圈电感很小，时间常数 $T=L/Rm$，很小，铜套的阻尼作用很小，线圈通电时，电流增长很快，触动时间一般只有百分之几秒，可以认为是瞬间完成的。

当线圈断电时，磁通由大到小变化时，将在铜套上产生感应电动势，出现感应电流。根据楞次定律，铜套中感应电流产生的磁通要补偿原有磁通的减少，即阻碍它的变化，致使原有磁通缓慢地降至使衔铁释放的数值，继电器触点才复位，从线圈失电到触点复位这段为延时时间。延时时间的长短与阻尼铜套上电阻大小有关，电阻越大，消耗能量快，延时时间越短。

直流电磁式时间继电器延时调整：

（1）改变非磁性垫片的厚度：即改变剩磁大小，得到不同延时。垫片薄，剩磁大，延时长；垫片厚，剩磁小，延时短。

（2）改变弹簧的松紧：释放弹簧松，反力减小，延时长；释放弹簧紧，反力作用强，延时短。

直流电磁式时间继电器技术数据如表3-14所示。

直流电磁式时间继电器JT3系列的技术数据　　**表3-14**

型　　号	吸引线圈电压（V）	触点组合及数量（常开、常闭）	延时（s）
JT3-□□/1	12，24，48，110，220，440	11，02，20，03，12，21，04，40，22，13，31，30	0.3～0.9
JT3-□□/3			0.8～3.0
JT3-□□/5			2.5～5.0

注：表中型号JT3-□□后面之1、3、5表示延时类型（1s、3s、5s）。

2. 空气阻尼式时间继电器

（1）JS7-A系列时间继电器的构造

本系列空气式时间继电器，是利用气囊中空气通过小孔节流的原理来获得延时动作的，根据触头延时的特点，它可以分为通电延时动作（如JS7-2A型）与断电延时复位（如JS7-4A）两种。JS7-A系列外形及结构如图3-26所示。它由电磁系统、工作触头、气室及传动机构等四部分组成。其中电磁系统由线圈、铁芯和衔铁组成。其他还有反力弹簧和弹簧片。工作触头由两对瞬时触头（一对瞬时闭合，另一对瞬时断开）及两对延时触头组成。气室内有一块橡皮薄膜，随空气的增减而移动。气室上面的调节螺钉可调节延时的长短。传动机构由推板、活塞杆、杠杆及宝塔型弹簧组成。

（2）JS7-A系列时间继电器的动作原理

图3-27所示为本系列时间继电器动作原理示意图，其中图（a）为通电延时型时间继电器动作原理图，图（b）则为断电延时型的动作原理图，其原理叙述如下：

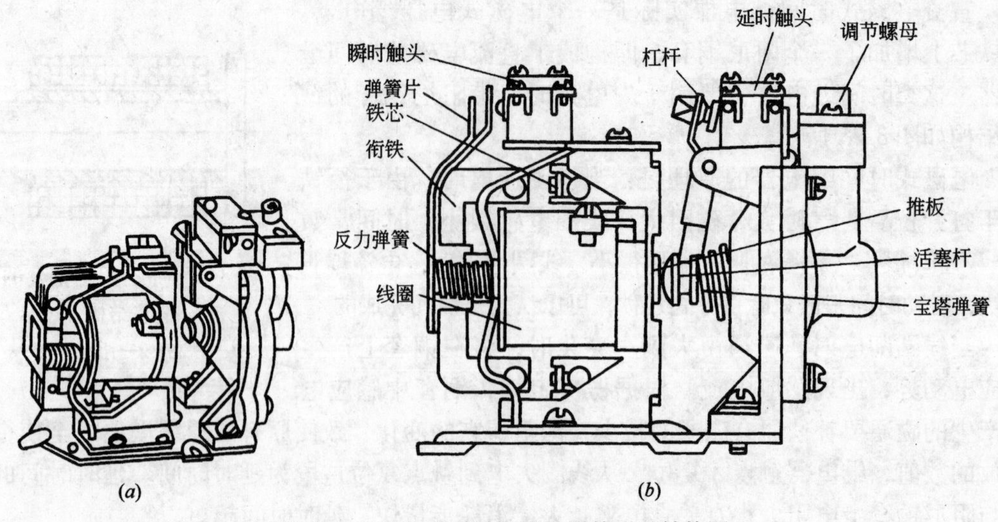

图 3-26　JS7-A 系列时间继电器外形及结构图

（a）外形；（b）结构

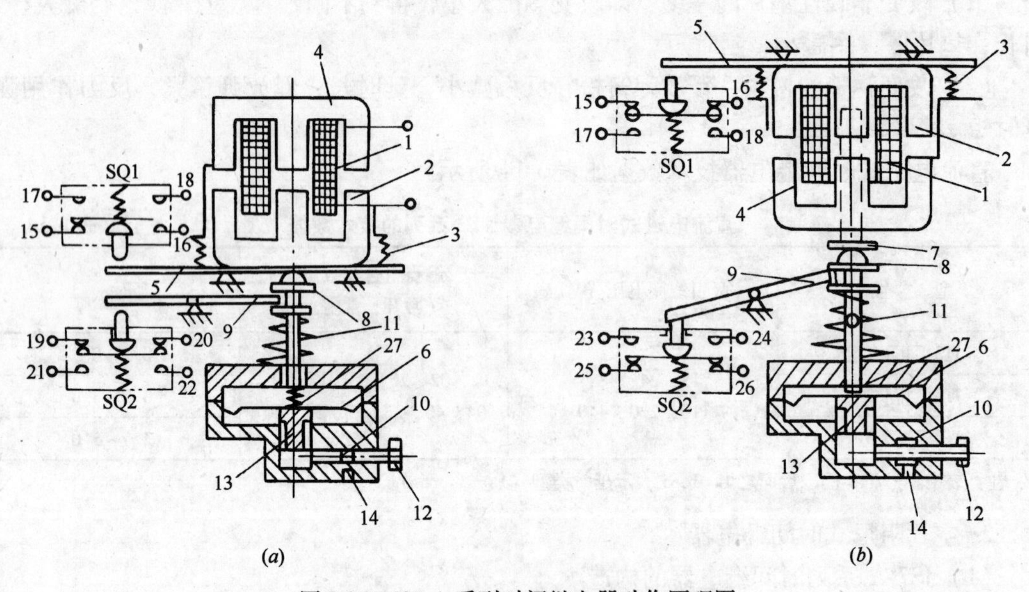

图 3-27　JS7-A 系列时间继电器动作原理图

（a）通电延时；（b）断电延时

1—线圈；2—衔铁；3—反力弹簧；4—铁芯；5—推板；6—橡皮膜；7—多衔铁推杆；8—活塞杆；9—杠杆；10—螺旋；11—宝塔形弹簧；12—调节螺钉；13—活塞；14—进气孔；15、16—瞬时断开常闭触头；17、18—瞬时闭合常开触头；19、20—延时断开瞬时闭合常闭触头；21、22—延时闭合瞬时断开常开触头；23、24—瞬时闭合延时断开常开触头；25、26—瞬时断开延时闭合常闭触头；27—弱弹簧

①通电延时型的时间继电器工作原理

如图 3-27（a）所示，当线圈 1 通电后，衔铁 2 克服反力弹簧 3 的阻力，与固定的铁芯 4 吸合，活塞杆 8 在宝塔形弹簧 11 的作用下向上移动。移动的速度要根据进气孔 14 的节流程度而定，可通过螺钉 12 和螺旋 10 加以调整，微动开关 SQ1 是在衔铁吸合后通过推板 5 立即动作，使瞬时触头 15、16 瞬时断开，17、18 瞬时闭合。经过一定的延时后，活

塞 13 才移动到最上端，这时通过杠杆 9 将微动开关 SQ2 压动，使常闭触头 19、20 延时断开，常开触头 21、22 延时闭合，起到通电延时作用。19、20 称为延时断开的常闭触头，21、22 称为延时闭合的常开触头。

当线圈断电时，衔铁 2 在弹簧 3 的作用下，通过活塞杆 8 将活塞推向最下端，这时橡皮膜 6 下方气室内的空气都通过橡皮膜 6、弱弹簧 27 和活塞 13 的局部所形成的单阀，很迅速地从橡皮膜上方的气室缝隙中排掉，使得微动开关 SQ2 的常闭触头 19、20 瞬时闭合，常开触头 21、22 瞬时断开，同时微动开关 SQ1 复位，使瞬时触头 15、16、17、18 立即复位。通过动作原理可知，19、20、21、22 是通电延时动作而断电瞬时复位的延时触头，也称单向延时触头。

②断电延时型的时间继电器工作原理

如图 3-27（*b*）所示。断电延时与通电延时两种时间继电器的组成元件是通用的。

当线圈 1 通电时，铁芯 4 将衔铁 2 吸合，带动推板 5 下移压合微动开关 SQ1，使瞬时触头 15、16 瞬时断开，17、18 瞬时闭合，与此同时衔铁 2 压动推杆 7，使活塞杆克服了弹簧 11 的阻力向下移动，通过杠杆 9 使微动开关 SQ2 也瞬时动作。延时触头 25、26 瞬时断开，23、24 瞬时闭合，无延时作用。

当线圈失电时，衔铁 2 在弹簧 3 的作用下瞬时释放，通过推杆 5 使 SQ1 瞬时复位，触头 15、16、17、18 瞬时复位，与此同时使活塞杆 8 在塔式弹簧 11 及气室各部分元件作用下延时复位，SQ2 也延时复位，触头 23、24、25、26 也延时复位，所以称为断电延时复位的单向延时触头。也有双向延时（即通断电均延时）的触头。

3. 时间继电器的型号及符号

（1）型号

型号意义：

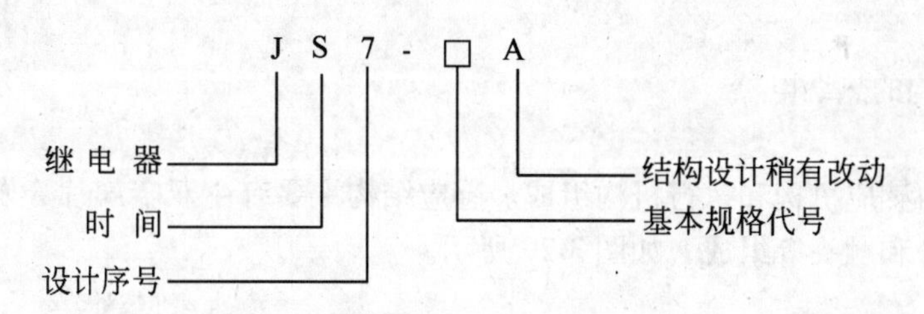

（2）符号

如图 3-28 所示为时间继电器各类型触头、线圈的图形符号，文字符号为 KT。

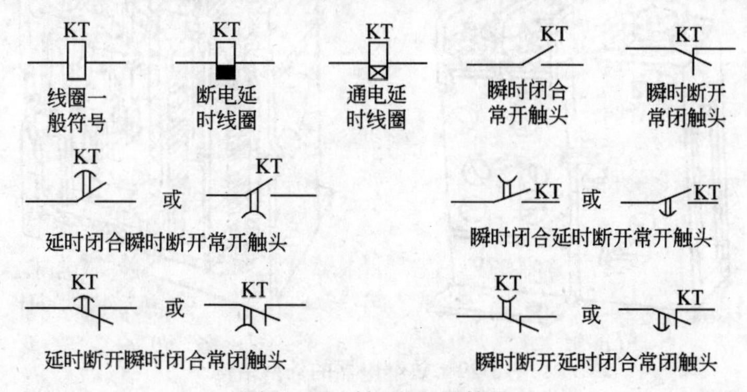

图 3-28 时间继电器符号

空气阻尼式（JS7-A 系列）时间继电器的技术数据如表 3-15 所示。

JS7-A 系列空气阻尼式时间继电器技术数据 **表 3-15**

型号	吸引线圈电压（V）	触点额定电压（V）	触点额定电流（A）	延时范围（s）	延时触点				瞬动触点	
					通电延时		断电延时		常开	常闭
					常开	常闭	常开	常闭		
JS7-1A	24，36，110，127，220，380，420	380	5	均有 0.4～60 和 0.4～180 两种产品	1	1				
JS7-2A					1	1			1	1
JS7-3A							1	1		
JS7-4A							1	1	1	1

注：1. 表中型号 JS7 后面之 1A～4A 是区别通电延时还是断电延时，以及带瞬动触点 1。
2. JST-A 为改型产品，体积小。

（三）热继电器

它是一种保护用继电器。大家知道，电动机在运行中，随负载的不同，常遇到过载情况，而电机本身有一定的过载能力，若过载不大，电机绕组不超过允许的温升，这种过载是允许的。但是过载时间过长，绕阻温升超过了允许值，将会加剧绕组绝缘的老化，降低电动机的使用寿命，严重时会使电动机绕组烧毁。为了充分发挥电动机的过载能力，保证电动机的正常启动及运转，在电动机发生较长时间过载时能自动切断电路，防止电动机过热而烧毁，为此采用了这种能随过载程度而改变动作时间的热保护装置，即热继电器。热继电器是利用热效应的工作原理来工作的，有单相、两相、三相式三种类型。按功能分，三相式热继电器又有不带断相保护和带断相保护两种。热继电器的每种类型按发热元件的额定电流又有不同的规格和型号。那么它是怎样实现其过载保护作用？下面以两相和三相式为例说明。

1. 两相结构的热继电器

（1）构造

热继电器由感应机构和执行机构组成。感应结构主要有主双金属片、发热元件，执行机构由传动部分和触头等组成，如图 3-29 所示。

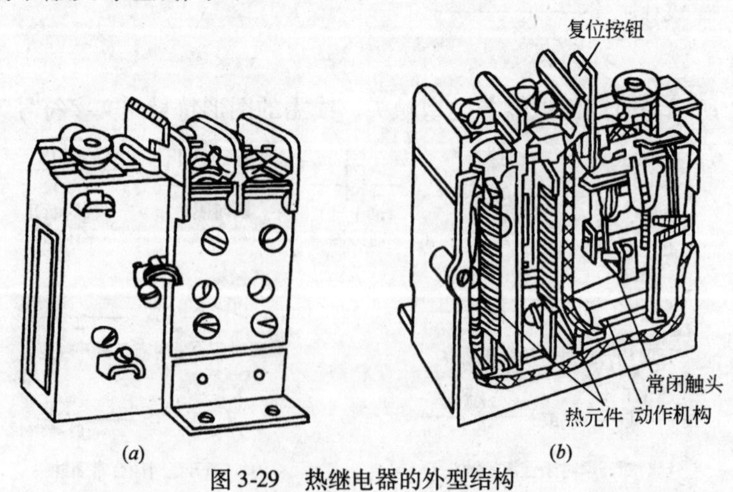

图 3-29　热继电器的外型结构

（a）外部形状；（b）内部构造

发热元件串接于电动机电路中，使之直接反映电动机的过载电流。作为热继电器感测元件的双金属片，是将两种线膨胀系数不同的金属片以机械辗压方式使之形成一体。膨胀系数大的称为主动层，膨胀系数小的称为被动层。双金属片受热后产生线膨胀，由于两层金属的线膨胀系数不同，且两层金属又紧密地贴合在一起，因此，使得双金属片向被动层一侧弯曲，如图 3-30 所示。由双金属片弯曲产生的机械力便带动触点动作。

双金属片的受热方式有 4 种，即直接受热式、间接受热式、复合受热式和电流互感器受热式，如图 3-31 所示。直接受热式是将双金属片当做发热元件，让电流直接通过它；间接受热式的发热元件由电阻丝或带制成，绕在双金属片上且与双金属片绝缘；复合受热式介于上述两种方式之间；电流互感器受热式的发热元件不直接串接于电动机电路，而是接于电流互感器的二次侧，这种方式多用于电动机电流比较大的场合，以减少通过发热元件的电流。

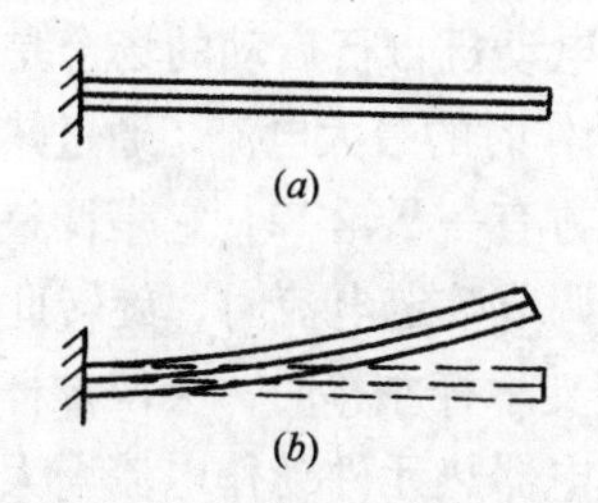

图 3-30　双金属片工作原理

（a）受热前；（b）受热后

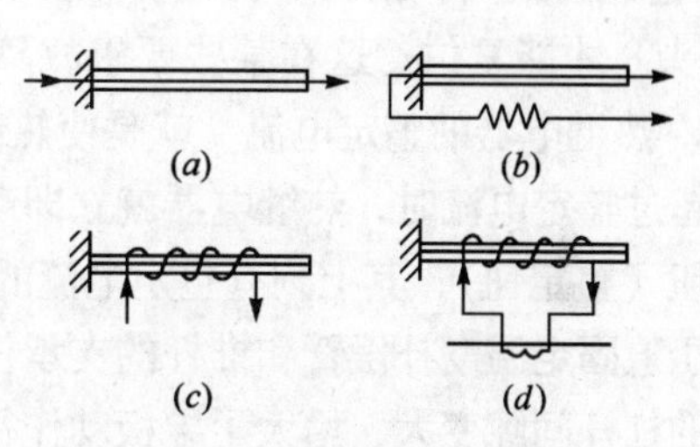

图 3-31　双金属片的受热方式

（a）直接受热方式；（b）间接受热方式；（c）复合受热方式；（d）互感器受热方式

（2）工作原理

如图 3-32 为热继电器的工作原理和符号。

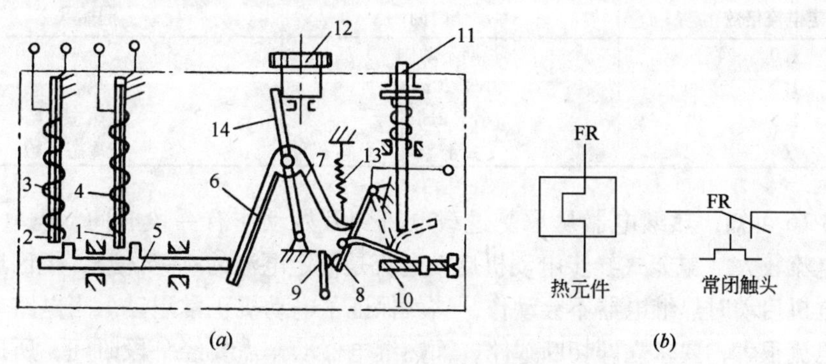

图 3-32　热继电器原理和符号

（a）继电器原理图；（b）符号

1、2—主双金属片；3、4—加热元件；5—导板；6—温度补偿片；7—推杆；8—动触头；9—静触头；10—螺钉；11—复位按钮；12—凸轮；13—弹簧；14—温度补偿臂

两个加热元件 3 和 4 分别串接在电动机主电路的两相电路中，动断触头 8、9 接于电动机线路接触器线圈的控制回路中，其原理阐述如下：

①电机正常运行时的工作情况：当电机在额定电流下运行时，发热元件 3、4 虽有电流通过，但是因电流不大，故发热元件不发热，此时，热继电器触头 8、9 仍处于常闭状

态，不影响电路的正常工作，可以说此时热继电器不起任何作用。

②电机过载时的工作情况：当电动机流过一定的过载电流并经一定时间后，发热元件发热，其热量足可以使双金属片 1 或 2 遇热膨胀并弯曲，推动导板 5 移动，导板 5 又推动温度补偿双金属片 6 与推杆 7，使动触头 8 与静触头 9 分开，从而使电动机线路接触器断电释放，将电源切除，防止长期过载使电机烧毁，起到保护电动机之作用。

③有关问题的说明：

a. 关于热继电器动作后的复位　热继电器动作以后，其复位方式有两种型式，一种称自动复位，另一种称手动复位。

自动复位：电源切断后，热继电器开始冷却，经过一段时间后，主双金属片恢复原状，于是触头 8 在弹簧作用下自动复位。

手动复位：将螺钉 10 拧出，使触头 8 的移动超过一定角度，此时只有按下复位按钮 11 触头 8 才能复位。这在某些要求故障未被消除而防止电动机自行启动的场合是必须的。

b. 热继电器的整定电流　就是使热继电器长时间不动作时的最大电流，通过热继电器的电流超过整定电流时，热继电器就立即动作。热继电器上方有一凸轮 12，它是调整整定电流的旋钮（整定钮），其上刻有整定电流的数值。根据需要调节整定电流时，旋转此旋钮，使凸轮压迫固定温度补偿臂和推杆的支承杆左右移动，当使支承杆左移时，会使推杆与连接动触点的杠杆间隙变大，增大了导板动作行程，这就使热继电器热元件动作电流增大。反之会使动作电流变小。所以旋动整定钮，调节推杆与动触头之间的间隙，就可方便地调节热继电器的整定电流。一般情况下，当过载电流超过整定电流的 1.2 倍时，热继电器就会开始动作。过载电流越大，热继电器动作时间越快。过载电流大小与动作时间关系见表 3-16。

一般型不带有断相运转保护装置的热继电器动作特性　　**表 3-16**

整定电流倍数	动作时间	起始状态
1.0	长期不动作	
1.2	小于 20min	从热态开始
1.5	小于 2min	从热态开始
6	大于 5s	从冷态开始

由表 3-16 可知，热继电器从承受过载电流到开始动作有一段时间，当电机起动时，虽然启动电流较大（鼠笼式异步电动机启动电流是额定电流的 4 ~ 7 倍），但因启动时间很短，所以电机启动时热继电器不会动作，这就保证了电动机正常启动。当电路中发生短路时，短路电流很大，要求立即切断线路，而热继电器动作需要经一段时间，所以不能用于短路保护。

另外，热继电器动作电流与温度有关，当温度变化时，主双金属片会发生零点漂移（即热继电器未通过电流时所产生的变形），因此在一定动作电流下的动作时间会发生误差。为解决这一问题，加设了温度补偿双金属片 6。当主双金属片因温度升高向右弯曲时，补偿双金属片也向右弯曲，这就使热继电器在同一整定电流下，动作行程基本一致。

2. 三相结构的热继电器

由电工知识可知，在三相电源对称、电机三相绕组正常情况下，电机则通以三相对称电流，这时，采用一相结构的热继电器就可以了。但当电机出现一相断线故障，并恰好是发生在串有一相结构的热继电器这一相上，那么热继电器就失去了保护作用，为此采用两相结构的热继电器。然而有时两相结构的也不能可靠的保护，例如，当三相电源因供电线路故障而发生严重的不平衡情况或电机绕组内部发生短路或绝缘不良等故障时，就可能使电机某一线电流比其他两线电流要高。假如恰好在电流过高的一相线中没串有热元件，就无法可靠保护电机了。因此有时需采用三个热元件的热继电器。三相结构的热继电器的原理与两相结构的基本相同，而带有断相保护的继电器是在原基础上增加了差动机构，以对三个电流进行比较，如图 3-33 所示。

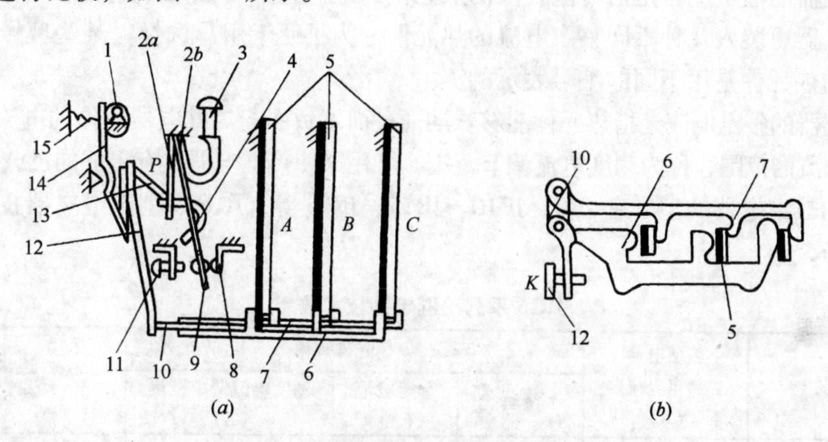

图 3-33 JR-20/30 热继电器结构与工作原理

（a）结构原理图；（b）差动导板

1—刻度电流调节凸轮；2a、2b—片簧；3—手动复位按钮；4—弓簧；5—主双金属片；6—外导板；7—内导板；8—静触头；9—动触头；10—杠杆；11—复位调节螺钉；12—辅双金属片（温度补偿片）；13—推杆；14—连杆；15—压簧

热继电器的导板改为差动导板，由内导板 7、外导板 6 及杠杆 10 组成。它们之间均用转轴连接。在电动机正常情况下，热元件通过正常工作电流，此时三相双金属片都受热向左弯曲，但弯曲的挠度不够，继电器不动作；当电动机三相均过载时，三相双金属片同时向左弯曲，外导板 6 向左移动，通过杠杆 10 使常闭触点立即打开；当电动机的某相如 A 相断线时，A 相双金属片冷却降温，端部向右移动，推动内导板 7 向右移动，而另外两相双金属片温度上升，端部向左移动，推动外导板 6 继续向左移动。这样内外导板 7 左-右移动，便产生了差动作用，通过杠杆放大，使常闭触点断开。由于差动作用，使热继电器在电动机断相时动作加快，实现了断相保护。

3. 热继电器的型号及主要技术数据

（1）型号

型号意义：

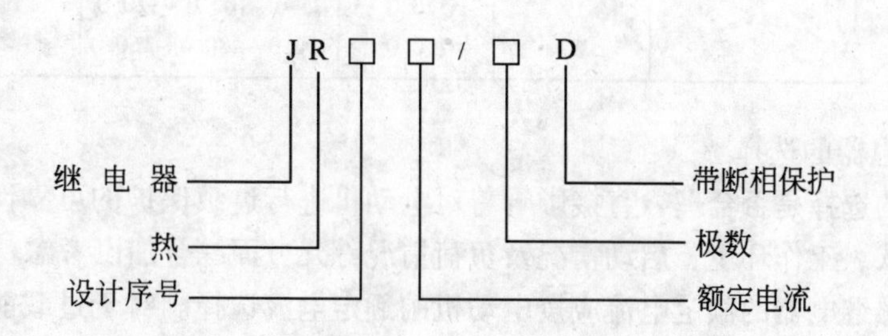

型号中不带“D”的表示不带断相保护。

例如，JR16-20/3，表示热继电器，设计序号是16，额定电流是20A，3极，热元件有12个等级（从0.35～22A），不带断相保护。

（2）热继电器的主要技术数据

热继电器的主要技术参数为：额定电压、额定电流、相数、热元件的编号、整定电流及刻度电流调节范围等。

热继电器的额定电流是指可能装入的热元件的最大整定（额定）电流值。每种额定电流的热继电器可装入几种不同整定电流的热元件。为了便于用户选择，某些型号中的不同整定电流的热元件是用不同的编号表示的。

热继电器的整定电流是指热元件能够长期通过而不致引起热继电器动作的电流值。手动调节整定电流的范围，称为刻度电流调节范围，可用来使热继电器具有更好的过载保护。

常用的热继电器的型号有JR0、JR10、JR15、JR16等。R16系列热继电器技术数据如表3-17所示。

JR16系列热继电器技术数据 **表3-17**

型号	热继电器额定电流（A）	发热元件规格			连接导线规格
		编号	额定电流（A）	刻度电流调整范围（A）	
JR16－20/3 JR16－20/3D	20	1	0.35	0.25～0.3～0.35	$4mm^2$ 单股塑料铜线
		2	0.5	0.32～0.4～0.5	
		3	0.72	0.45～0.6～0.72	
		4	1.1	0.68～0.9～1.1	
		5	1.6	1.0～1.3～1.6	
		6	2.4	1.5～2.0～2.4	
		7	3.5	2.2～2.8～3.5	
		8	5.0	3.2～4.0～5.0	
		9	7.2	4.5～6.0～7.2	
		10	11.0	6.8～9.0～11.0	
		11	16.0	10.0～13.0～16.0	
		12	22.0	14.0～18.0～22.0	
JR16－60/3 JR16－60/3D	60	13	22.0	14.0～18.0～22.0	$16mm^2$ 多股铜芯橡皮软线
		14	32.0	20.0～26.0～32.0	
		15	45.0	28.0～36.0～45.0	
		16	63.0	40.0～50.0～63.0	
JR16－150/3 JR16－1503D	150	17	63.0	40.0～50.0～63.0	$35mm^2$ 多股铜芯橡皮软线
		18	85.0	53.0～70.0～85.0	
		19	120.0	75.0～100.0～120.0	
		20	160.0	100.0～130.0～160.0	

（3）热继电器的选择

热继电器的选择是否合理，直接影响着对电动机进行过载保护的可靠性。通常选用时应按电动机形式、工作环境、启动情况及负荷情况等几方面综合加以考虑。

①原则上热继电器的额定电流应按电动机的额定电流选择。对于过载能力较差的电动

机，其配用的热继电器（主要是发热元件）的额定电流可适当小些。一般选取热继电器的额定电流（实际上是发热元件的额定电流）为电动机额定电流的60%～80%。

②在非频繁启动的场合，必须保证热继电器在电动机的启动过程中不致误动作。通常，在电动机启动电流为其额定电流6倍，以及启动时间不超过6s的情况下，只要是很少连续启动，就可按电动机的额定电流来选择热继电器。

③断相保护用热继电器的选用　对星形接法的电动机，一般采用两相结构的热继电器。对于三角形接法的电动机，若热继电器的热元件接于电动机的每相绕组中，则选用三相结构的热继电器，若发热元件接于三角形接线电动机的电源进线中，则应选择带断相保护装置的三相结构热继电器。

④对比较重要的、容量大的电动机，可考虑选用半导体温度继电器进行保护。

（4）热继电器使用时的注意事项

①在安装时，热继电器应按产品说明书规定方式安装。当同其他电器安装在同一装置上时，为了防止其动作特性受其他电器发热的影响，热继电器应安装在其他电器的下方。

②对于热继电器的出线端的连接导线应为铜线，JR16应按表1-17规定选用。若用铝线，导线截面应放大1.8倍。另外，为了确保保护特性稳定，出线端螺钉应拧紧。

③热继电器的发热元件不同的编号都有一定的电流整定范围，选用时应使发热元件的电流与电动机的电流相适应，然后根据实际情况作适当调整。例如：某鼠笼式电动机，30kW、380V，其额定电流为42A，根据电动机连续工作的特点，由表3-17查得选用JR16-60/3D型热继电器和16号发热元件，其电流整定范围为40～50～63A，先整定在50A档上，使用时发现在温升较高时，热继电器不及时动作，说明整定值过高，调整旋钮，将电流整定在40A档上，反之可上调。

④要保持热继电器清洁，定期清除污垢、尘埃。双金属片有锈斑时应用棉布蘸上汽油轻轻揩拭。不得用砂纸打磨。

⑤为了保证已调整好的配合状况，热继电器和电动机的周围介质温度应保持相同，以防止热继电器的动作延迟或提前。

⑥热继电器必须每年通电校验一次，以保证可靠保护。

（四）压力继电器

压力继电器一般常用在气压给水设备、消防系统中或用于机床的气压、水压和油压等系统中的保护。

压力继电器由微动开关、调节螺母、压缩弹簧、顶杆、橡皮薄膜、缓冲器等组成，其结构及符号如图3-34所示。压力继电器装在气路（水路或油路）的分支管路中。当管

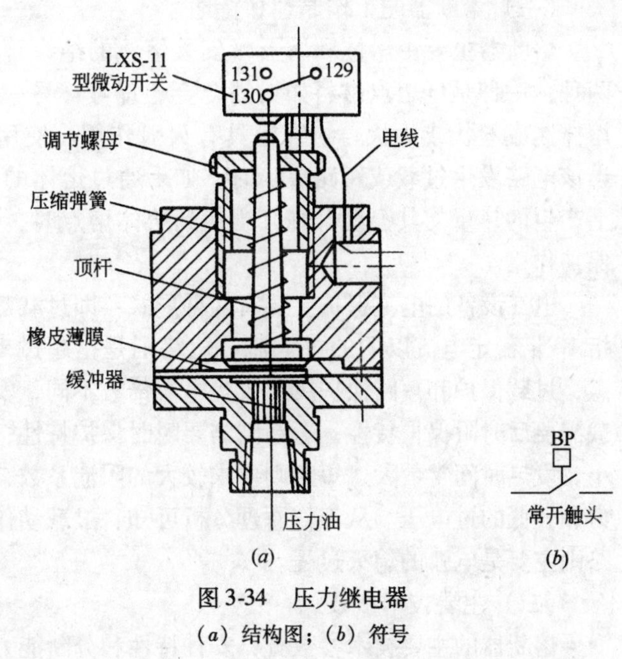

图3-34　压力继电器
（a）结构图；（b）符号

路压力超过整定值时，通过缓冲器、橡皮薄膜抬起顶杆，使微动开关动作，若管路中压力等于或低于整定值后，顶杆脱离微动开关，使触头复位。触头两端接线应在 131 和 129 端。

压力继电器调整方便，只需放松或拧紧调整螺母即可改变控制压力。

常用的压力继电器有 YJ 系列、TE52 系列和 YT-1226 系列压力调节器等。

YJ 系列压力继电器的技术数据如表 3-18 所示。

YJ 系列继电器技术数据 **表 3-18**

型 号	额定电压（V）	长期工作电流（A）	分断功率（VA）	控制压力（Pa）	
				最大控制压力	最小控制压力
YJ-0	交流 380	3	380	6.0795×10^5	2.0265×10^5
YJ-1				2.0265×10^5	1.01325×10^5

四、熔断器

熔断器是一种最简单的保护电器，它可以实现对配电线路的过载和短路保护。由于结构简单、体积小、重量轻、维护简单、价格低廉，所以在强电或弱电系统中都获得了较广泛的应用。

熔断器按其结构可分为开启式、半封闭式和封闭式及新型熔断器四类。开启式很少采用。半封闭式如瓷插式熔断器。封闭式又可分为有填料管式、无填料管式及有填料螺旋式；新型熔断器又分自复式熔断器和高分断能力熔断器等。

熔断器按用途分有四类：（1）一般工业用熔断器；（2）保护硅元件用快速熔断器；（3）具有两段保护特性、快慢动作熔断器；（4）特殊用途熔断器，如直流牵引用、旋转励磁用以及自复熔断器等。

（一）熔断器的工作原理和特性

熔断器主要由熔体和熔器（安装熔体的绝缘管或绝缘底座）所组成。熔体的材料有两种：一种是低熔点材料如铅锡合金、锌等；另一种是高熔点材料，如银、铜等。常将熔体制成丝状或片状。绝缘管具有灭弧作用。使用时，熔断器同它所保护的电路串联，当该电路发生过载或短路故障时，如果通过熔体的电流达到或超过了某一定值，在熔体上产生的热量使其温度升高，当达到熔体熔点时，熔体自行熔断，切断故障电流，达到保护作用。

电气设备的电流保护主要有两种形式：即过载延时保护和短路瞬时保护。过载一般是指 10 倍额定电流以下的过电流，短路则是指超过 10 倍额定电流以上的过电流。但应注意，过载保护和短路保护决不仅是电流倍数不同，实际上差异很大。从特性方面来看，过载需要反时限保护特性；短路则需要瞬时保护特性；从参数方面来看，过载要求熔化系数小，发热时间常数大，短路则要求较大的限流系数，较小的发热时间常数，较高的分断能力和较低的过电压。从工作原理分析可知，过载动作的物理过程主要是热熔化过程，而短路则主要是电弧的熄灭过程。

（二）主要技术参数

熔断器的主要技术参数有：安秒特性和分断能力。这两个参数都体现了保护方面对熔断器提出的要求。

1. 保护特性曲线

熔断器的保护特性曲线也称安秒特性曲线，它表征了流过熔体的电流大小与熔断时间的关系。如图 3-35 所示为熔断器的保护特性曲线，它是反时限曲线。这是因为熔断器是以过载时的发热现象作为动作的基础，而电流引起的发热过程中，总是存在着 I^2t 为常数的规律，即熔断时间与电流平方成反比，电流越大，熔断越快。

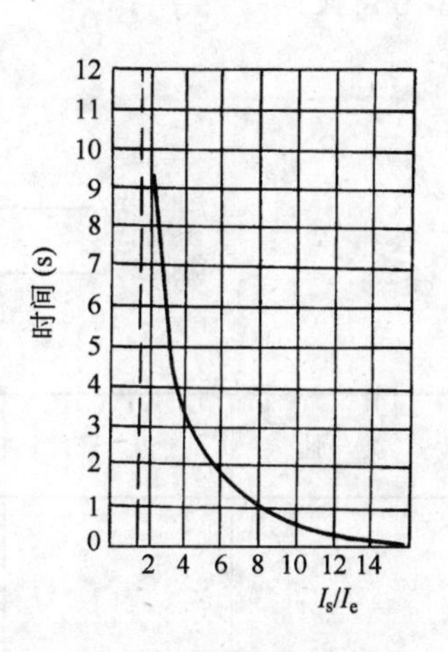

图 3-35　熔断器的保护特性曲线

图 3-35 的纵坐标为熔断时间，以 s 表示：横坐标为熔体实际电流与额定电流的比值 I_s/I_e，其中 I_e 为熔体的额定电流，I_s 为通过熔丝的实际电流。由图（并根据实验）可见，当通过熔体的电流小于额定电流的 1.25 倍时，熔体长期不熔断；当电流达到额定电流的 1.6 倍时，约经 1h 后熔断；当电流达到两倍时，约 30 ~ 40s 后熔断；当电流达到 8 ~ 10 倍时，熔体则瞬时熔断。由此可知：如用于电动机过载保护时应适当选择其熔丝电流。熔断器安秒特性数值关系见表 3-19 所示。

熔断器安秒特性数值关系　　　　**表 3-19**

熔断电流	$1.25 \sim 1.30I_N$	$1.6I_N$	$2I_N$	$2.5I_N$	$3I_N$	$4I_N$
熔断时间	∞	1h	40s	8s	4.5s	2.5s

2. 分断能力

熔断器的分断能力通常是指它在额定电压及一定的功率因数（或时间常数）下切断短路电流的极限能力，所以常常用极限断开电流值（周期分量的有效值）来表示。

以上分析可知：安秒特性曲线（可熔化特性曲线）主要是为过载保护服务的，而分断能力则主要是为短路保护服务的。前者需要反时限特性，后者则需要瞬动限流特性。

（三）常用的熔断器举例

常用的熔断器有：瓷插式、螺旋式及管式熔断器三种。

1. 瓷插式熔断器

瓷插式熔断器由瓷底、瓷盖、动静触头及熔丝几部分组成，其外形结构如图 3-36（*a*）所示，图形符号如图 3-36（*b*）所示，文字符号为 FU。

常用的瓷插式熔断器有 RC1A 系列，其主要技术数据见表 3-20 所示。RC1A 系列熔断器结构简单，使用方便，广泛应用于照明和小容量电动机的短路保护。

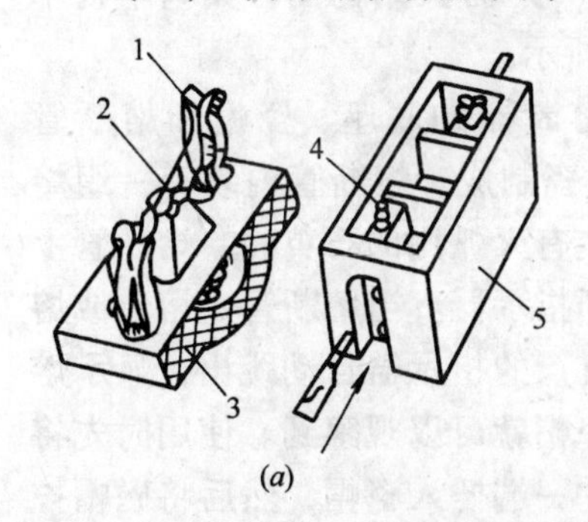

图 3-36　RC1A 系列瓷插式熔断器

（*a*）外形结构；（*b*）图形符号

1—动触头；2—熔丝；3—瓷盖；

4—静触头；5—瓷底座

型号意义：

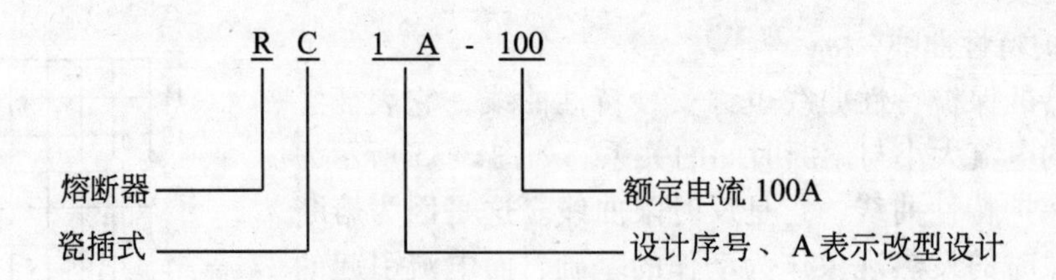

常用低压熔断器的基本技术数据 **表 3-20**

类 别	型 号	额定电压（V）	额定电流（A）	熔体额定电流等级（A）
插入式熔断器	RC1A	380	5	2，4，5
			10	2，4，6，10
			15	6，10，15
			30	15，20，25，30
			60	30，40，50，60
			100	50，80，100
			200	100，120，150，200
螺旋式熔断器	RL1	500	15	2，4，5，6，10，15
			60	20，25，30，35，40，50，60
			100	60，80，100
			200	100，125，150，200
	RL2	500	25	2，4，6，10，15，20，25
			60	25，35，50，60
			100	80，100

2. 螺旋式熔断器

螺旋式熔断器主要由瓷帽、瓷套、上下接线端、底座和熔断管组成。常用的有 RL1 和 RL2 系列，如图 3-37（*a*）为 RL1 系列熔断器外形，图 3-37（*b*）为其结构图。其基本技术数据见表 3-21 所示。

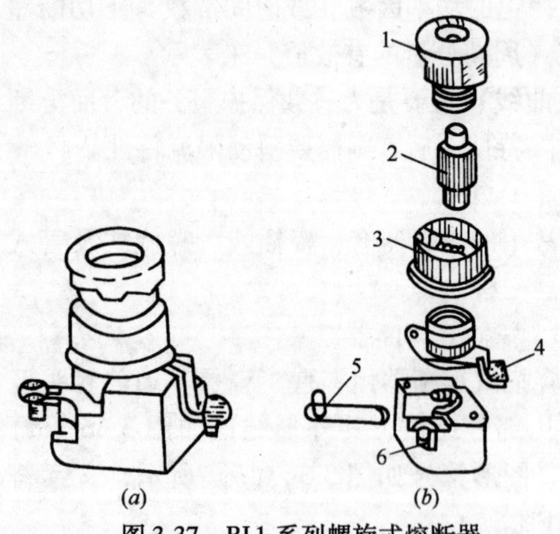

图 3-37 RL1 系列螺旋式熔断器

（*a*）外形；（*b*）结构

1—瓷帽；2—熔断管；3—瓷套；

4—上接线端；5—下接线端；6—底座

RL1 系列熔断器的底座、瓷帽和熔断管（芯子）均由电瓷制成。熔断管内装有一组熔丝或熔片，还装有灭弧用的石英砂。熔断管上盖中有一个熔断指示器。当熔断管中熔丝或熔片熔断时，带红点的指示器自动跳出，显示熔丝熔断，通过瓷帽就可以观察到。使用时先将熔断管带红点的一端插入瓷帽，然后将磁帽拧入瓷座上，熔断管便可接通电路。在安装螺旋式熔断器时，电气设备接线应接在连接金属螺纹壳上的上接线端，电源线应接在底座上的下接线端。这样连接时，可保证在更换熔断管时，螺纹金属壳不带电，保证人身安全。

RL1 系列螺旋式熔断器断流能力大，体积小，更换螺丝容易，使用安全可靠，并带有熔断显示装置，常用在电压为 500V、电流为 200A 的交流线路及电动机控制电路中作过载或短路保护。

型号意义：

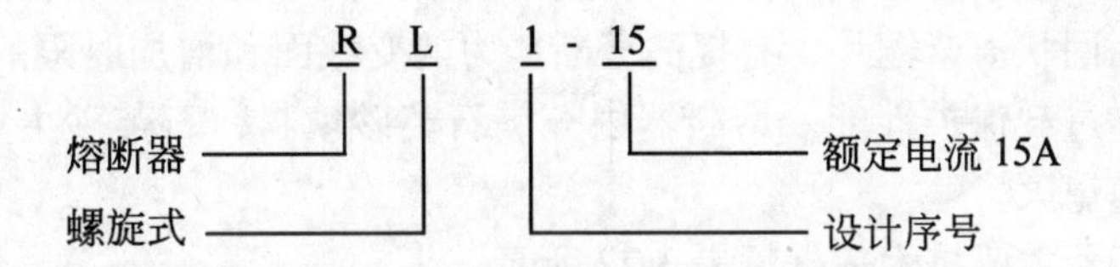

3. 管式熔断器

管式熔断器常分为无填料封闭式和有填料封闭式两种。其外形结构如图 3-38 所示。

(1) RM10 系列无填料封闭式熔断器

该系列熔断器为可拆卸式，具有结构简单、更换方便的特点。它由熔断管、熔体及触座组成，适用于交流 50Hz、额定电压为 380V 或直流额定电压 440V 及以下电压等级的动力线路和成套配电设备中作短路保护或连续过载保护。

RM10 系列熔断器的技术数据见表 3-21 所示。

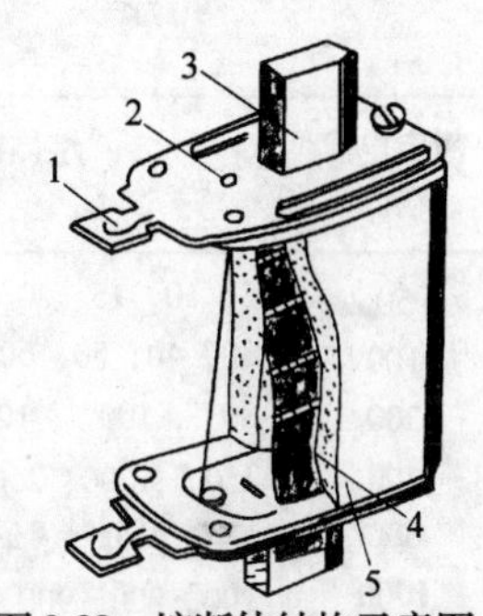

图 3-38 熔断体结构示意图

1—盖板；2—指示器；3—触角；4—熔体；5—熔管

RM10 系列熔断器技术数据 **表 3-21**

额定电流 (A)		极限分断能力 (A)
熔断管	装在熔断管内的熔体	
15	6，10，15	1200
60	15，20，25，35，45，60	3500
100	60，80，100	
200	100，125，160**，200	10000
350	200，225，*260**，300*，350*	
600	350*，430*，500*，600*	12000
1000	600*，700*，850*，1000*	

* 电压为 380、220V 时，熔体需两片并联使用。

** 仅在电压为 380V 时，熔体需两片并联使用。

RM10 系列熔断器的熔断管在触座中插拔次数是：350A 及以下的为 500 次；350A 以上的为 300 次。

型号意义：

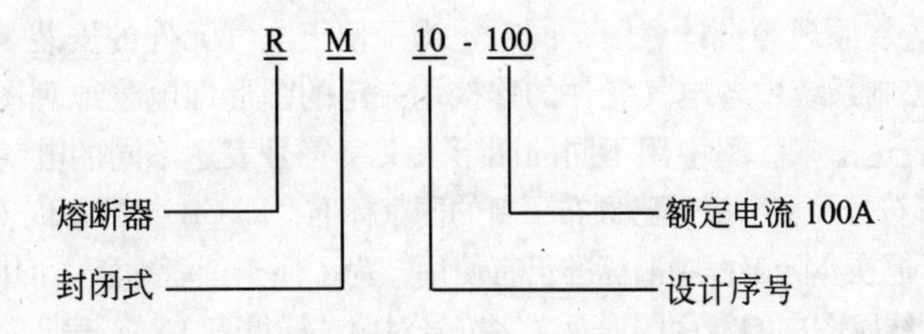

（2）RT0 系列有填料封闭管式熔断器

RT0 系列有填料封闭管式熔断器主要由熔断管、指示器、石英砂和熔体几部分组成。熔断管采用高频电瓷制成，具有耐热性强、机械强度高等特点。指示器为一机械信号装置，有与熔体并联的康铜丝，在熔体熔断后立即烧断，使红色指示件弹出，表示熔体已断的信号。熔体采用网状薄紫铜片，有提高分断能力的变截面和增加时限的锡桥，从而获得较好的短路保护和过载保护性能。熔断器内充满石英砂填料，石英砂主要用来冷却电弧，使产生的电弧迅速熄灭。

RT0 系列熔断器主要技术数据见表 3-22 所示。

RT0 系列熔断器技术数据 **表 3-22**

额定电流（A）	熔体额定电流（A）	极限分断能力（kA）		回路参数	
		交流 380V	直流 440V	交流 380V	直流 440V
50	5，10，15，20，30，40，50	50（有效值）	25	$\cos\phi = 0.1 \sim 0.2$	$T = 1.5 \sim 20$ms
100	30，40，50，60，80，100				
200	80*，100*，120，150，200				
400	150*，200，250，300，350，400				
600	350*，400*，450，500，550，600				
1000	700，800，900，1000				

* 尽可能不采用。

型号意义：

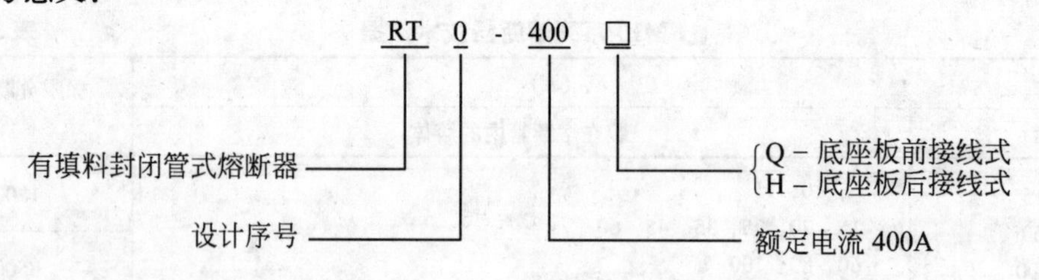

有填料式熔断器还有 RT10 和 RT11 系列。

第二节 电气控制的基本环节

本节介绍继电——接触控制的基本环节。通过这部分内容的学习，为分析复杂的建筑电气设备的电气控制线路打下基础，并掌握分析与设计线路的方法。因此它是本章的核心内容。

一、电气控制图形的绘制规则

电气控制系统是由若干电器元件按动作及工艺要求联接而成的。为了表述建筑设备电气控制系统的构造、原理等设计意图，同时也为了便于电气元件的安装、调整、使用和维修，需要将电气控制系统中各电气元件的连接用一定的图形即电气原理图、电器布置图及电气安装接线图表达出来。图中用不同的图形及文字符号表达不同的电气元件及用途。

关于电气图形符号及文字符号已颁布了新的国家标准，即 GB 4728—85（84），本书均按新的国标符号编写，但在实际工程中旧标准仍有使用，为了便于读者对新、旧标准进行对照，书中给出了电气控制线路图中的常用图形及文字符号对照，详见表 3-23、表 3-24 和表 3-25。

常用电气图形符号 **表 3-23**

符号名称	图形符号	符号名称	图形符号
直流		导线的交叉连接 ①单线表示法	
直流 若上面符号可能引起混乱，则用本符号			
交流		导线的交叉连接 ②多线表示法	
交直流			
正极		导线的不连接 ①单线表示法	
负极		导线的不连接 ②多线表示法	
接地一般符号			
接机壳或接底板	形式 1 形式 2	不需要示出电缆芯数的电缆终端头	
导线		电阻器	
柔软导线			
导线的连接		可变电阻器 可调电阻器	
端子 注：必要时圆圈可画成圆黑点			
可拆卸的端子		滑动触点电位器	
预调电位器		N 型沟道结型场效应半导体管	
具有固定抽头的电阻		P 型沟道结型场效应半导体管	
分流器		光电二极管	
电容器一般符号 注：如果必须分辨同一电容器的电极时，弧形的极板表示：①在固定的纸介质和陶瓷介质电容器中表示外电极；②在可调和可变的电容器中表示动片电极；③在穿心电容器中表示低电位电极	优选形	光电池	
	其他形	三极晶体闸流管	

续表

符号名称	图形符号	符号名称	图形符号
极性电容器	优选形	原电池或蓄电池	
	其他形	旋转电机的绕组 ①换向绕组或补偿绕组 ②串励绕组 ③并励或他励绕组	
可变电容器 可调电容器	优选形		
	其他形	集电环或换向器上的电刷 注：仅在必要时标出电刷	
电感器		旋转电机一般符号： 符号中的星号必须用下述字母代替：C 同步变流机；G 发电机；GS 同步发电机；M 电动机；MS 同步电动机；SM 伺服电机；TG 测速发电机	*
带磁芯的电感器			
半导体二极管			
PNP 型半导体管		三相鼠笼式感应电动机	M 3~
NPN 型半导体管			
他励直流电动机	M	串励直流电动机	M
电抗器、扼流圈		动合（常开）触点开关一般符号，两种形式	
双绕组变压器		动断（常闭）触点	
电流互感器 脉冲变压器		先断后合的转换触点	
三相变压器 星形-三角形联结		中间断开的双向触点	
		当操作器件被吸合时，延时闭合的动合触点形式	
电机扩大机		当操作器件被释放时，延时断开的动合触点形式	

续表

符号名称	图形符号	符号名称	图形符号
多极开关一般符号 ①单线表示 ②多线表示		当操作器件被释放时，延时闭合的动断触点形式 当操作器件被吸合时，延时断开的动断触点形式	
接触器（在非动作位置触点闭合）		吸合时延时闭合和释放时延时断开的动合触点	
断路器		带复位的手动开关（按钮）形式	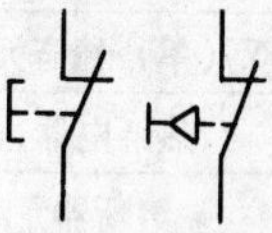
隔离开关		双向操作的行程开关	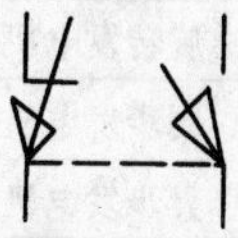
接触器（在非动位置触点断开）	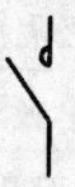	热继电器的触点	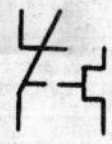
操作器件一般符号	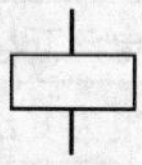	手动开关	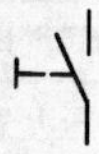
熔断器一般符号		电压表	 V
熔断式开关		转速表	 *n*
熔断式隔离开关		力矩式自整角发送机	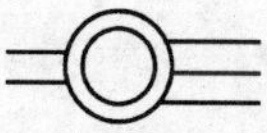
火花间隙		灯 信号灯	
避雷器		电喇叭	
缓慢吸合继电器的线圈	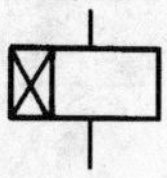	信号发生器 波形发生器	 G
位置开关的动合触点		电流表	 A
位置开关的动断触点		脉冲宽度调制	
		放大器	

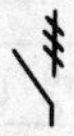

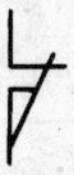

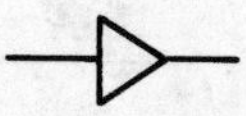

常用电气文字符号 表 3-24

名称	文字符号（GB 7159—87）	名称	文字符号（GB 7159—87）
分离元件放大器	A	电抗器	L
晶体管放大器	AD	电动机	M
集成电路放大器	AJ	直流电动机	MD
自整角机旋转变压器	B	交流电动机	MA
旋转变换器	BR	电流表	PA
电容器	C	电压表	PV
双（单）稳态元件	D	电阻器	R
热继电器	FR	控制开关	SA
熔断器	FU	选择开关	SA
旋转发电机	G	按钮开关	SB
同步发电机	GS	行程开关	SQ
异步发电机	GA	三极隔离开关	QS
蓄电池	GB	单极开关	Q
接触器	KM	刀开关	Q
继电器	KA	电流互感器	TA
时间继电器	KT	电力变压器	TM
电压互感器	TV	信号灯	HL
电磁铁	YA	发电机	G
电磁阀	YV	直流发电机	GD
电磁吸盘	YH	交流发电机	GA
接插器	X	半导体二极管	V
照明灯	EL		

常用辅助文字符号（GB 7159—87） 表 3-25

名称	文字符号	名称	文字符号
交流	AC	直流	DC
自动	A AUT	接地	E
加速	ACC	快速	F
附加	ADD	反馈	FB
可调	ADJ	正，向前	FW
制动	B BRK	输入	IN
向后	BW	断开	OFF
控制	C	闭合	ON
延时（延迟）	D	输出	OUT
数字	D	启动	ST

（一）电气原理图

电气原理图是用来说明电气控制工作状态的电气图形，它是根据生产机械对控制所提出的要求，按照各电器元件的动作原理和顺序，并根据简单清晰的原则，用线条代表导线将各电器符号按一定规律连接起来的电路展开图。它包括所有电气元件的导电部件和接线端子，但并不是按照电气元件实际布置的位置绘制的。由于原理图具有结构简单、层次分明、适于研究、分析线路的工作原理方便等优点，所以得到了广泛的应用。

电气控制电路图一般分为主电路（或称一次接线）和辅助电路（或称二次接线）两部分。主电路是电气控制线路中强电流通过的部分，如图3-39所示，是三相异步电动机双向旋转的控制接线图。其主电路是由刀开关QS经正反转接触器的主触头、热继电器FR的发热元件到电动机M这部分电路构成。辅助电路是电气控制线路中弱电流通过的部分，它包括控制电路、信号电路及保护电路。

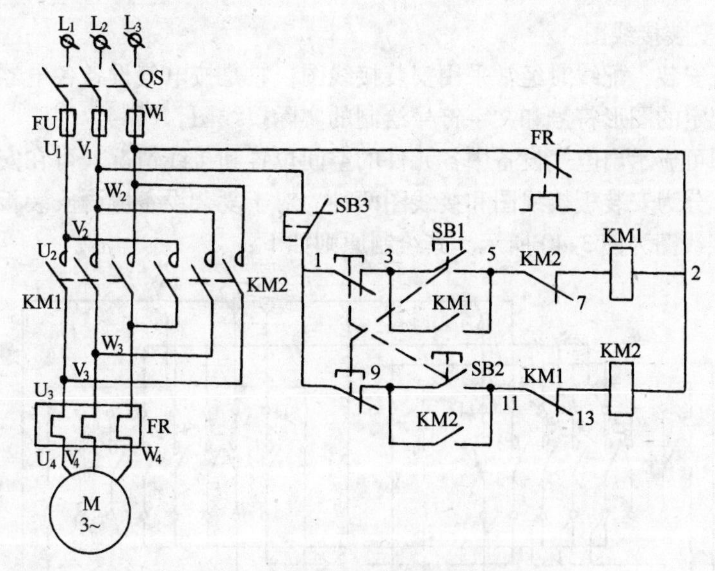

图3-39 三相异步电动机正反转电路图

主电路一般用粗实线画出，以区别于辅助电路。辅助电路由继电器和接触器的线圈、继电器的触点、接触器的辅助触点、按钮、信号灯、小型变压器等电气元件组成，一般用细实线画出。

电气控制原理图的绘制规则：

（1）各电气元件及部件在图中的位置，应根据便于阅读的原则来安排。同一电器的各个部件可以不画在一起，通常主电路和辅助电路分开来画，并分别用粗实线与细实线来表示，但同一电器的不同部件必须用同一文字符号标注。如图3-39中正向接触器的主触头、辅助触头分别画在主电路及控制电路的不同位置，但均用KM1同一文字符号标注，以表示它们为同一只接触器。

（2）原理图中各电气元件触头的开闭状态，均以吸引线圈未通电，手柄置于零位，即没有受到任何外力作用，或生产机械在原始位置时情况为准。如图3-39中，触头呈开断状态的，称为常开触头，触头呈闭合状态的，称常闭触头。

（3）在原理图中，各电气元件均按动作顺序自上而下或自左向右的规律排列，各控制电路按控制顺序先后自上而下水平排列。两根及两根以上导线的电气连接处要画圆点（·）或圆圈（∘），以示连接连通。

（4）为了安装与检修方便，电机和电器的接线端均应标记编号。主电路的电气接点一般用一个字母，另附一个或两个数字标注。图 3-39 中用 U_1、V_1、W_1 表示主电路刀开关与熔断器的电气接点。辅助电路中的电气接点一般用数字标注。具有左边电源极性的电气接点用奇数标注，具有右边电源极性的电气接点用偶数标注。奇偶数的分界点在产生大压降处（例如：线圈、电阻等）。图 3-39 中以接触器线圈为分界，左边接点数标注为 1、3、5、7，右边接点数标注为 2。

（5）具有三根及以上电气连接处用"∘"或"·"以示连接。

在以上的原理图绘图规则中，只是在工程设计中应全面遵守，而在一般学习图形中并不全面展示。

（二）电气安装接线图

在电气设备安装、配线时经常采用安装接线图，它是按电气设备各电器的实际安装位置，用各电器规定的图形符号和文字符号绘制的实际接线图。

安装接线图可显示出电气设备中各元件的空间位置和接线情况，可在安装或检修时对照原理图使用，分为安装板接线图和接线图两种。对于复杂设备应画安装板接线图，如图 3-39 的安装板接线图为图 3-40 所示。其绘制原则如下：

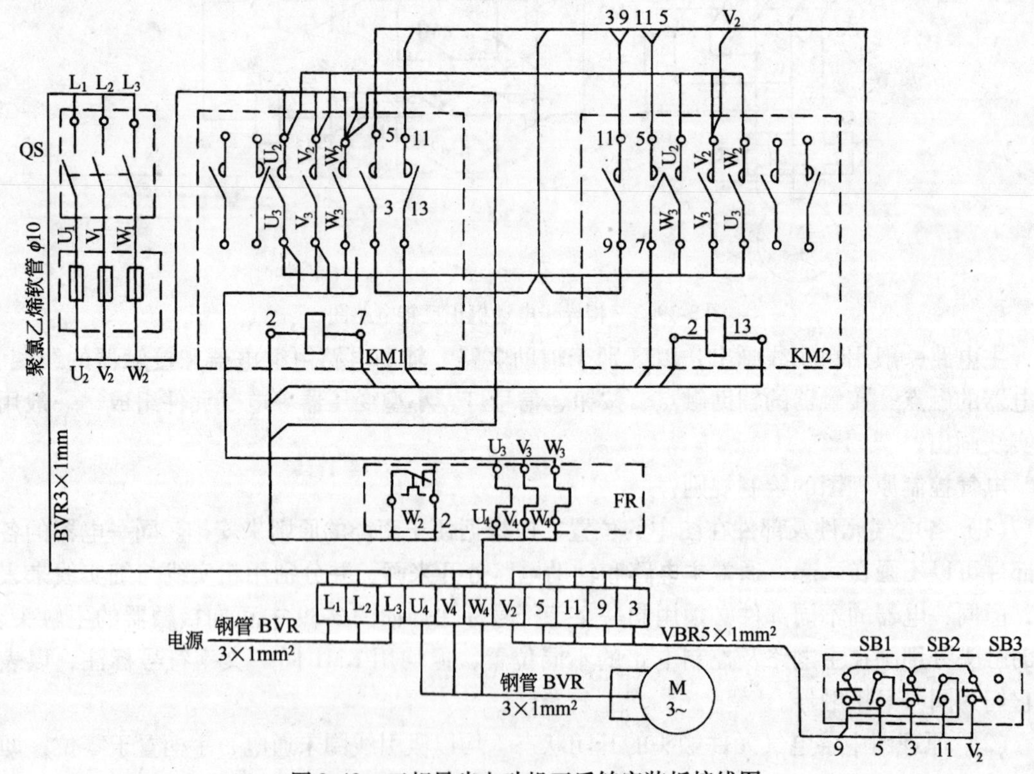

图 3-40 三相异步电动机正反转安装板接线图

（1）应表示出电器元件的实际安装位置。同一电器的部件应画在一起，各部件相对位置与实际位置一致，并用虚线框表示，如图 3-40 所示。

（2）在图中画出各电气元件的图形符号和它们在控制板上的位置，并绘制出各电气元件及控制板之间的电气连接。控制板内外的电气连接则通过接线端子板接线。

（3）接线图中电气元件的文字符号及接线端子的编号应与原理图一致，以便于安装和检修时查对，保证接线正确无误。

（4）为方便识图，简化线路，图中凡导线走向相同且穿同一线管或绑扎在一起的导线束均以一单线画出。

（5）接线图上应标出导线及穿线管的型号、规格和尺寸。管内穿线满7根时，应另加备用线一根，便于检修。

对简单线路，仅画出接线图就可以了，例如图3-41的接线图可用图3-42所示。

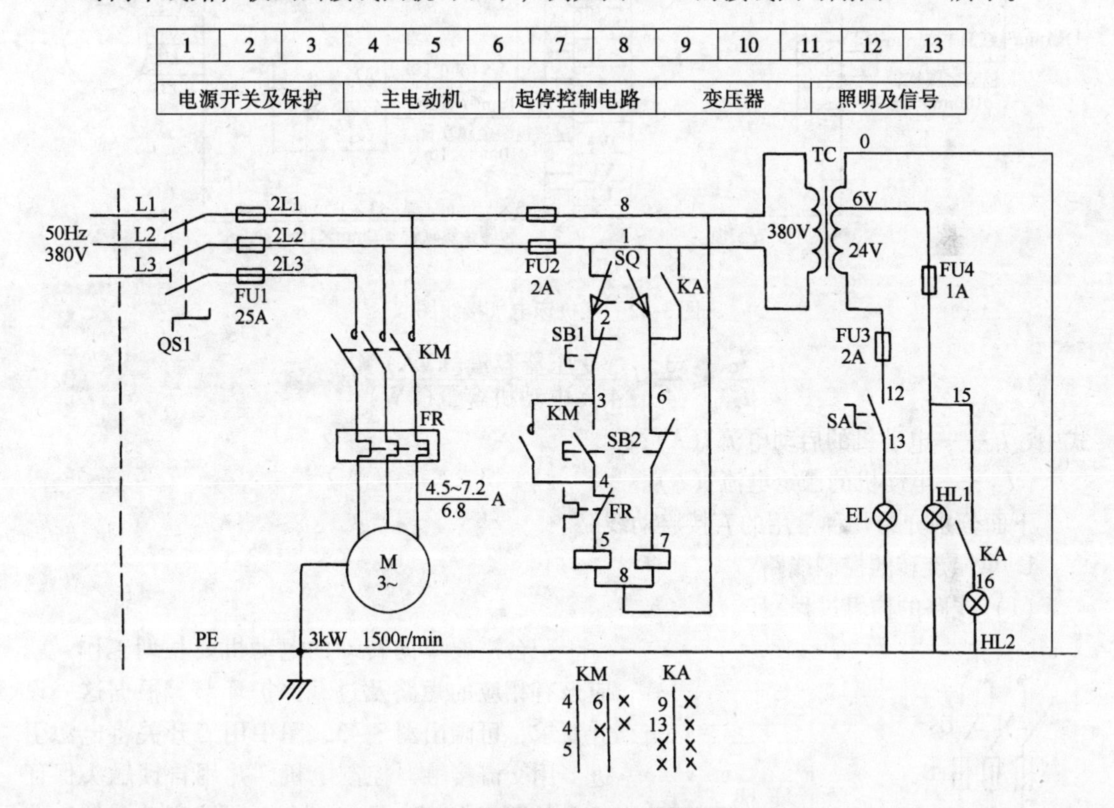

图3-41　某机床电气原理图

图中应表明电气设备中的电源进线、行程开关、照明灯、按钮板、电动机与机床安装板接线端之间的连接关系，标注出管线规格、根数及颜色。

二、三相鼠笼式异步电动机的控制线路

（一）直接启动的控制线路

三相鼠笼式异步电动机在建筑工程设备中应用极其广泛，而对其控制主要是采用继电器、接触器等有触点的电器元件。在电机课中已讲过，三相鼠笼式异步电动机在直接启动时，其启动电流大约是电动机额定电流的4倍到7倍。在电网变压器容量允许下，一定容量的电动机可直接启动，但当电机容量较大时，如仍采用直接启动会引起电动机端电压降低，从而造成启动困难，并影响网内其他设备正常工作。那么在何种情况下可直接启动呢？如满足下列公式时，便可直接启动。

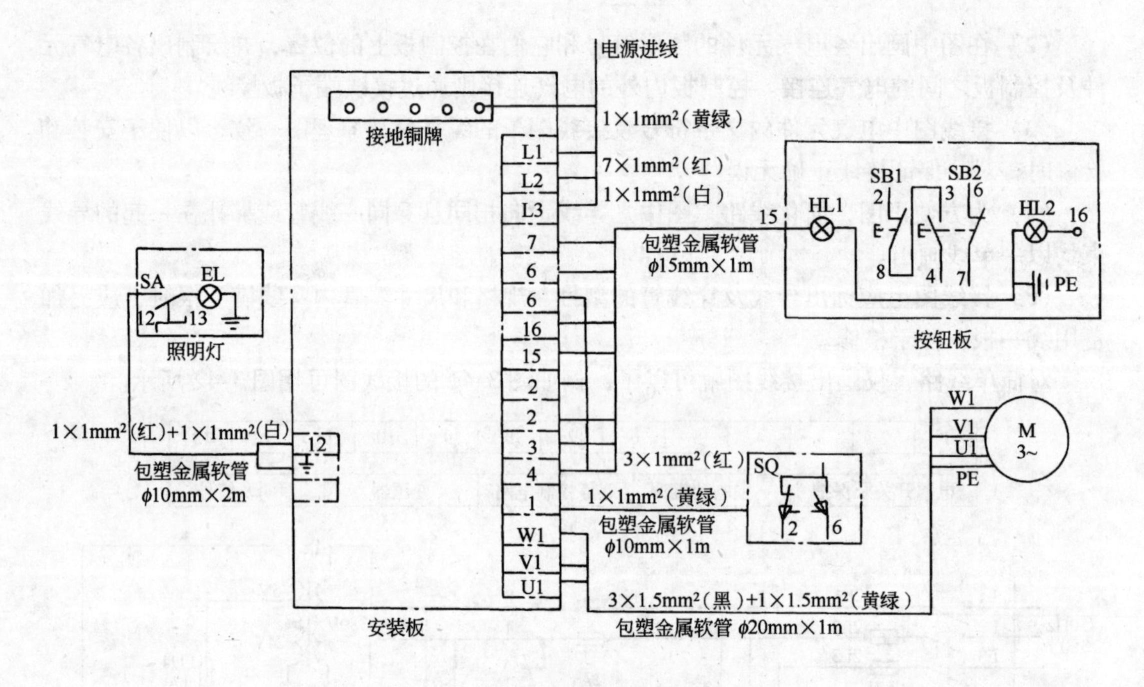

图 3-42　某机床电气接线图

$$\frac{I_Q}{I_{ed}} \leqslant \frac{3}{4} + \frac{\text{变压器容量(kVA)}}{4 \times \text{电动机容量(kW)}} \tag{3-1}$$

式中　I_Q——电动机的启动电流（A）；

I_{ed}——电动机的额定电流（A）。

下面分别介绍几种常用的直接启动线路。

1. 单向旋转的控制线路

（1）线路的构思过程

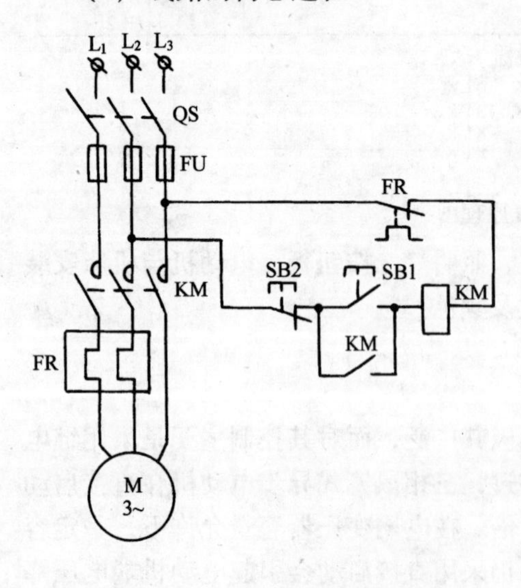

图 3-43　单相旋转的控制线路

一台需要单向转动的电动机要长期工作，就应该有相应的短路及过载保护环节。根据这一设计要求，可画出图 3-43，图中用刀开关将电源引进，用交流接触器控制电机，并用自锁触头保证电机长期工作，应具有主令电器即启动与停止按钮，用熔断器做短路保护，热继电器做过载保护。

（2）线路的工作情况分析

启动时，合上刀开关 QS，按下启动按钮 SB1，交流接触器 KM 的线圈通电，其所有触头均动作，主触头闭合后，电动机启动运转。同时其辅助常开触头闭合，形成自锁。因此该触头称为“自锁触头”。此时按按钮的手可抬起，电机仍能继续运转。与启动按钮相并联的自锁触点即组成了电器控制线路中的一个基本控制环节——自锁环节，设置自锁环节的目的就是使受控元件能够连续工作。这里受控元件是电动机，可见，自锁环节是电动机长期工作的保证。需停止时，按下停止按钮 SB2，KM 线圈失电释放，主触头断开，电机脱离电源而停转。

（3）线路的保护

①短路保护：电路中用熔断器 FU 做短路保护。当出现短路故障时，熔断器熔丝熔断，电动机停止。在安装时注意将熔断器靠近电源，即安装在刀开关下边，以扩大保护范围。

②过载保护：用热继电器 FR 作电动机的长期过载保护。出现过载时，双金属片受热弯曲而使其常闭触点断开，KM 释放，电机停止。因热电器不属瞬动电器，故在电机启动时不动作。

③失（欠）压保护：由自动复位按钮和自锁触头共同完成。当失（欠）压时，KM 释放，电机停止，一旦电压恢复正常，电机不会自行启动，防止发生人身及设备事故。

2. 点动控制线路

在建筑设备控制中，常常需要电机处于短时重复工作状态。如机床工作台的快移、电梯检修、电动葫芦的控制等，均应根据操作者的意图实现灵活控制。即需电动机转动多长时间便转动多长时间，能够完成这一要求的控制称为“点动控制”。

点动与长动是对立的，只要设法破坏自锁通路便可实现点动。然而世界上的事物总是对立又统一的，许多场合都要求电动机既能点动也能长动，以下举例说明。

（1）只能点动的线路如图 3-44 所示为最简单的点动控制线路，此线路只用按钮和接触器便可。

当按下启动按钮 SB 时，接触器 KM 线圈通电，其主常开触头闭合，电动机启动运转，将揿按 SB 的手抬起时，KM 失电释放，电动机停止。此电路用在电动葫芦及铣床工作台的快速移动等控制中。

（2）既能点动也能长动的线路

能够实现这种要求的方法很多，这里仅举采用手动开关和点动按钮的方式实现的，如图 3-45 所示。

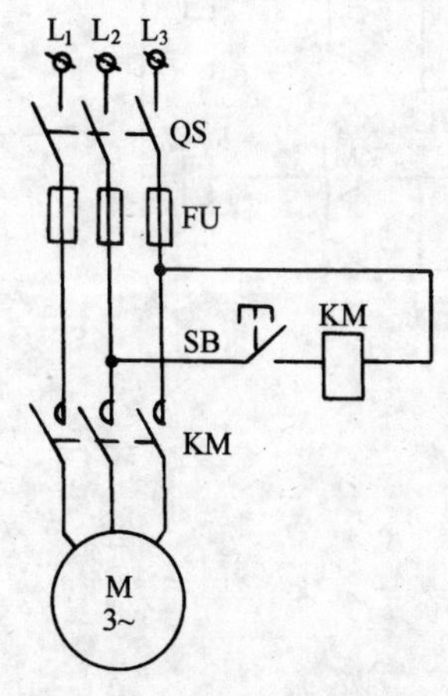

图 3-44　最简单的点动线路

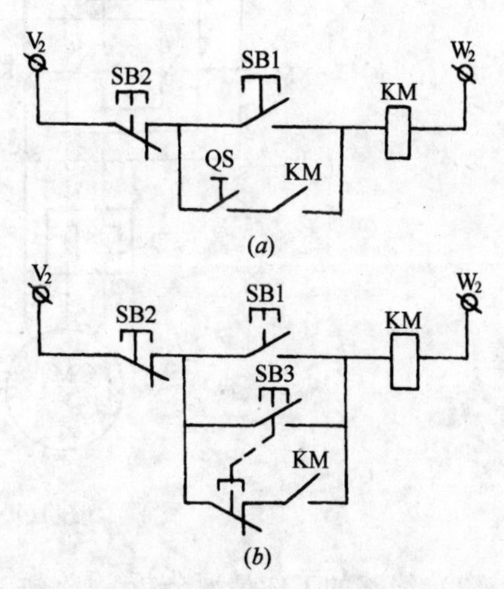

图 3-45　既能点动也能长动的线路

（a）采用手动开关实现；（b）采用点动按钮实现

用转换开关或手动开关安在自锁通道中，如图3-45（*a*）所示。点动时，将开关QS打开，破坏了自锁通路，按下SB1，KM线圈通电，其主触头闭合，电机转动，手抬起时，电机便停止。

需长动时，将QS合上，再按SB1，KM线圈通电，自锁触头实现自锁，电机可长动。

采用复合式按钮（这里称为点动按钮）构成的线路如图3-45（*b*）所示，将按钮常开点与长动启动按钮并联，而将其常闭点串在自锁通道中。点动时，按下点动按钮SB3，KM通电，电机启动，手抬起，KM失电释放，电机停止。（这里应对按钮抬手时其常开和常闭点的动作顺序进行分析）。

长动时，按SB1即可。

综上是最基本的点动控制，在实际工程的应用时应视实际情况进行合理的设计。总之，点动的原则是需动则动，要停就停，满足原则视为合理。

3. 双向旋转控制线路

在实际工程中使用的电动机需要正反转的设备很多，如电梯、桥式起重机等。由电机原理可知，为了达到电机反向旋转的目的，只要将定子的三根线的任意两根调头即可。

（1）线路的构思

要使电机可逆运转，可用两只接触器的主触头把主电路任意两相对调，再用两只启动按钮控制两只接触器的通电，用一只停止按钮控制接触器失电，同时要考虑两只接触器不能同时通电，以免造成电源相间短路，为此采用接触器的常闭触头加在对应的线路中，称为“互锁触头”其他构思与单向旋转线路相同，如图3-46所示。

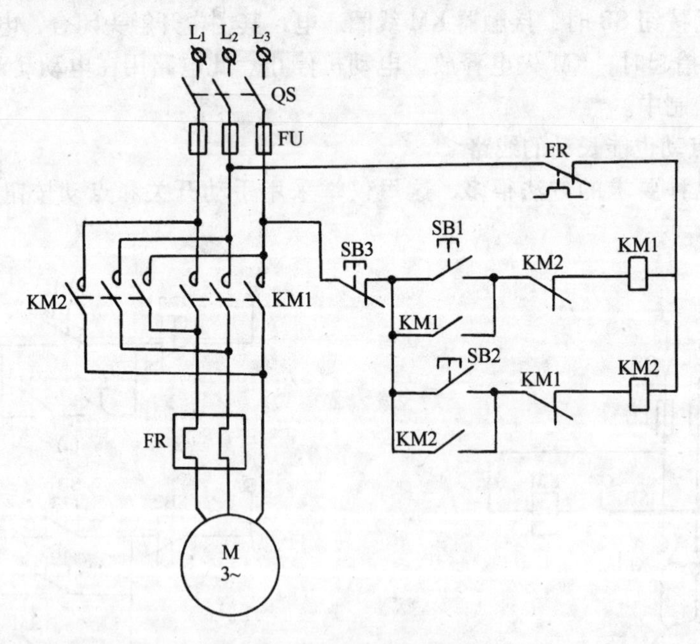

图3-46　双向旋转控制线路

（2）线路的工作情况分析

启动时，合上刀开关QS，将电源引入。以电机正转为例，按下正向按钮SB1，正向接触器KM1线圈通电，其主常开触头闭合，使电机正向运转，同时自锁触头闭合形成自锁，按按钮的手抬起，其常闭触头即互锁触头断开，切断了反转通路，防止了误按反向启动按钮而造成的电源短路现象。这种利用辅助触点互相制约工作状态的方法形成了一个基本控制环节——互锁环节。

如想反转时，必须先按下停止按钮SB3，使KM1线圈失电释放，电机停止，然后再按下反向启动按钮SB2，电机才可反转。

由此可见，以上电路的工作是：正转⟶停止⟶反转⟶停止⟶正转的过程。由于正反转的变换必须停止后才可进行，所以非生产时间多，效率低。为了缩短辅助时间，采用复合式按钮控制，可以从正转直接过渡到反转，反转到正转的变换也可以直接进行。并且此电路实现了双互锁，即接触器触头的电气互锁和控制按钮的机械互锁，使线路的可靠性得到了提高，如图3-47所示。线路的工作情况与图3-46相似。

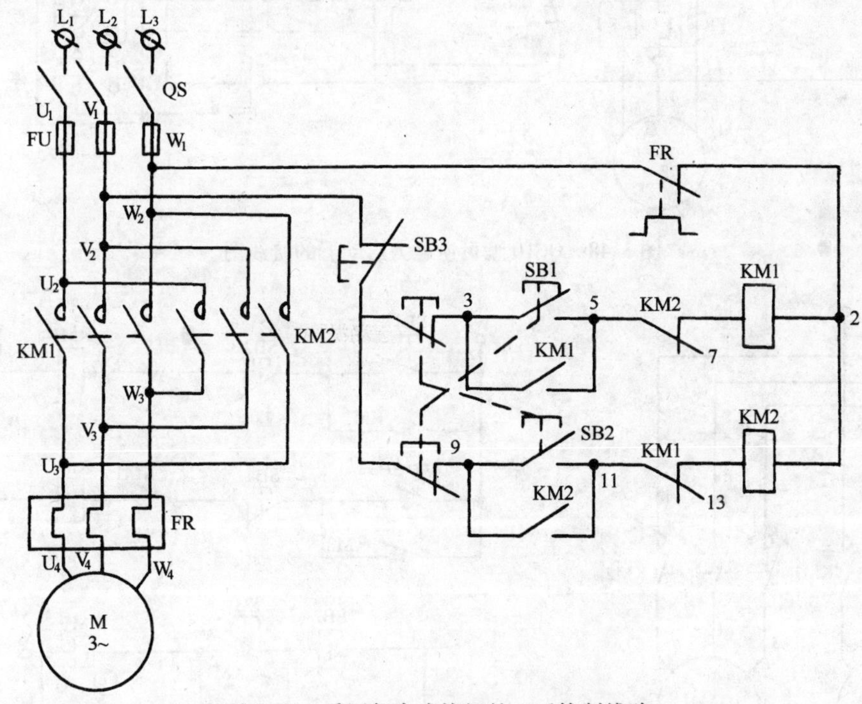

图3-47　采用复合式按钮的正反控制线路

某些建筑设备中电动机的正反转控制可用磁力启动器直接实现。磁力启动器一般由两只接触器，一只热继电器及按钮组成。磁力启动器有机械联锁装置，保证了同一时刻只有一只接触器处于吸合状态。例如QC10型可逆磁力启动器的接线如图3-48所示，其工作原理与图3-46线路相似。

4. 联锁控制

（1）KM1通电后，才允许KM2通电：应将KM1的辅助常开触头串在KM2线圈回路中，如图3-49（*a*）所示。

（2）KM1通电后，不允许KM2通电：应将KM1的辅助常闭触头串在KM2线圈回路中，如图3-49（*b*）所示。

（3）启动时，KM1先起，KM2后起，停止时KM2先停，KM1后停，如图3-49（*c*）所示。

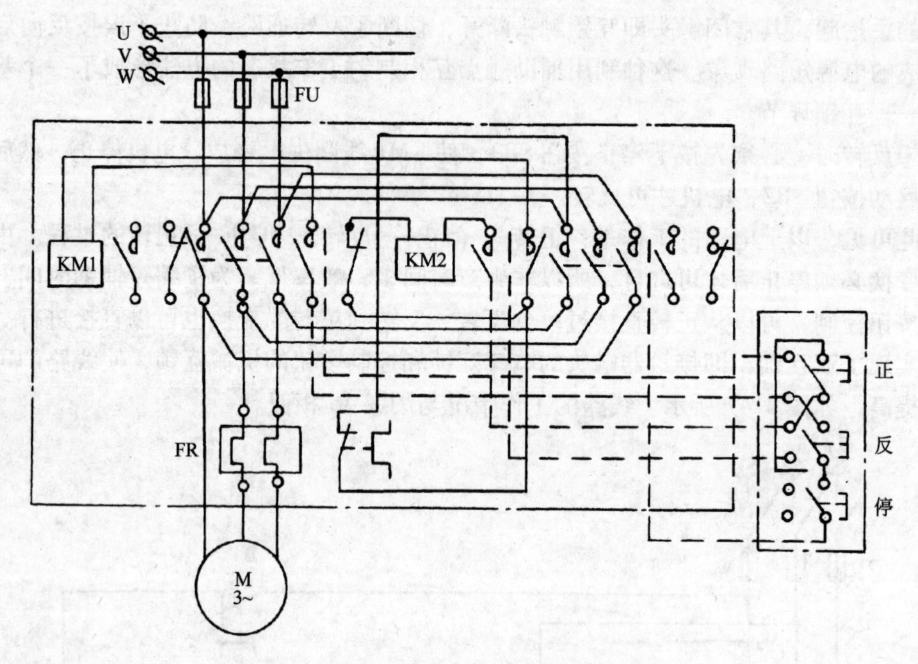

图 3-48　QC10 型可逆磁力启动器的接线图

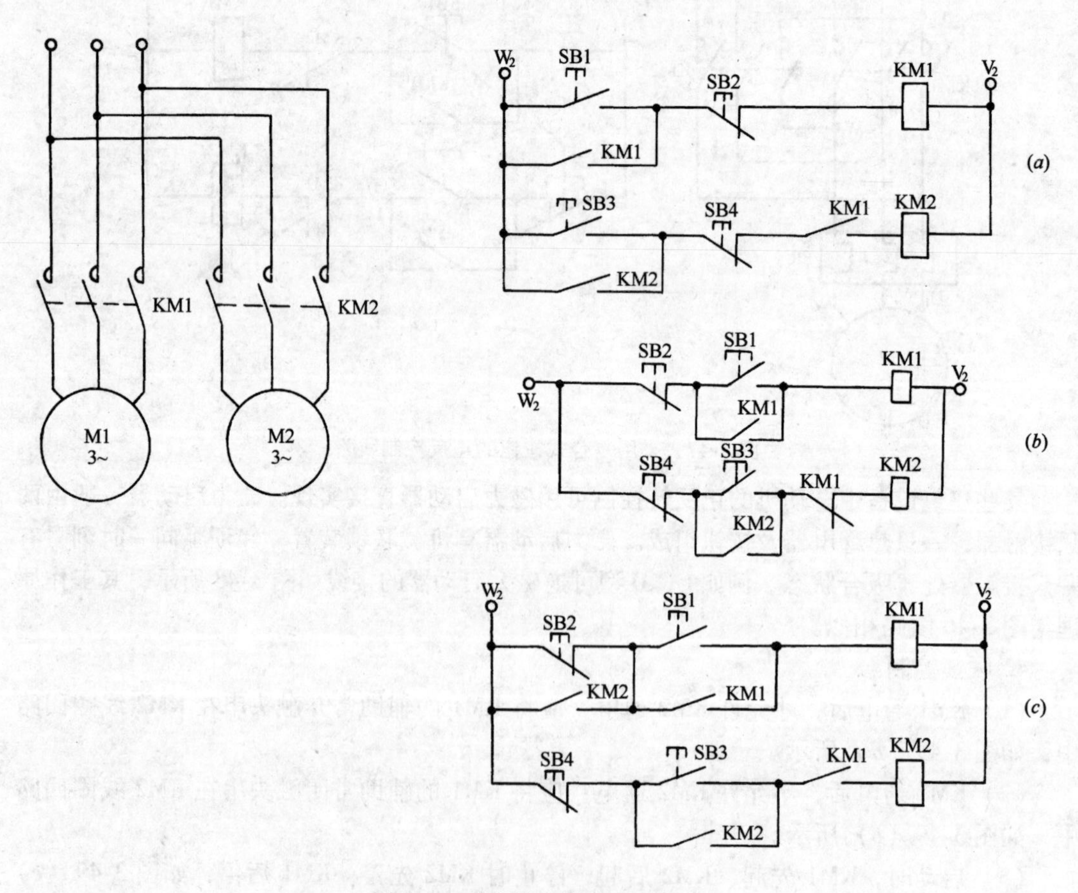

图 3-49　按顺序工作的联锁控制

总结出如下规律：

（1）对于甲接触器动作后，乙接触器才动作的要求，需将甲接触器的辅助常开触点串在乙接触器线圈电路中；

（2）对于甲接触器动作后，不许乙接触器动作的要求，需将甲接触器的辅助常闭触点串在乙接触器线圈电路中；

（3）对于乙接触器先断电后，甲接触器方可断电的要求，需将乙接触器的辅助常开触点并在甲回路的停止按钮上。

5. 两（多）地控制

在实际工程中，许多设备需要两地或两地以上的控制才能满足要求，如锅炉房的鼓（引）风机、除渣机、循环水、泵电机、炉排电机等均需在现场就地控制和在控制室远动控制，另外，电梯、机床等电气设备也有多地控制要求。

（1）两（多）地控制作用：主要是为了实现对电气设备的远动（遥）控制。

（2）实现原则：采用两组按钮控制，常开按钮并联，常闭按钮串联。远动控制设备是指不与电气设备控制装置组装在一起的设备，应用虚线框起，如图 3-50 所示为某设备的两地控制线路。

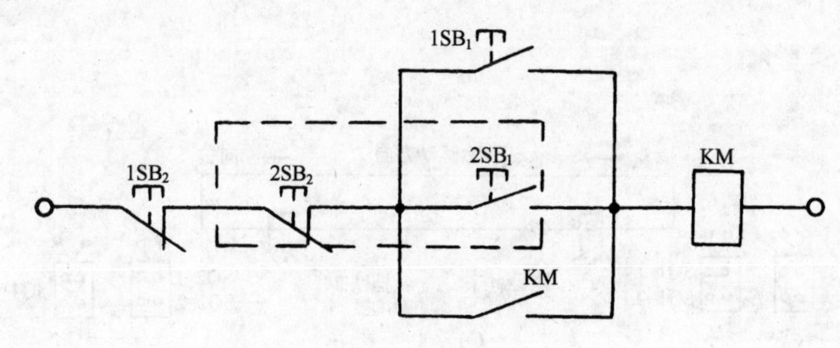

图 3-50 两地控制线路

6. 自动往返控制

在实践中，常有按行程进行控制的要求。如混凝土搅拌机的提升降位，桥式吊车、龙门刨床工作台的自动往返，水厂沉淀池排泥机的控制等。总之，从建筑设备到工厂的机械设备均有按行程控制的要求。

（1）线路的构思

如果运动部件需两个方向往返运动，拖动它的电动机应能正、反转，而自动往返的实现就应采用具有行程功能的行程开关作为检测元件，以实现控制。

电路图见 3-51（*a*），限位开关安装位置示意如图 3-51（*b*）所示。行程开关 SQ1 的常闭触头串接在正转控制电路中，把另一个行程开关 SQ2 的常闭触头串接在反转控制电路中，而 SQ3、SQ4 用于两个方向的终点限位保护。

（2）线路工作过程

当合上电源开关 QS，按下正向启动按钮 SB1 时，正向接触器 KM1 线圈通电，其触头都动作，主常开触头闭合，使电机正向运转并带动往返行走的运动部件向左移动，当左移到设定位置时，运动部件上安装的撞块（挡铁）碰撞左侧安装的限位开关 SQ1，使它的常闭触点断开，常开触点闭合，KM1 失电释放，反向接触器 KM2 线圈通电，其触头动作，

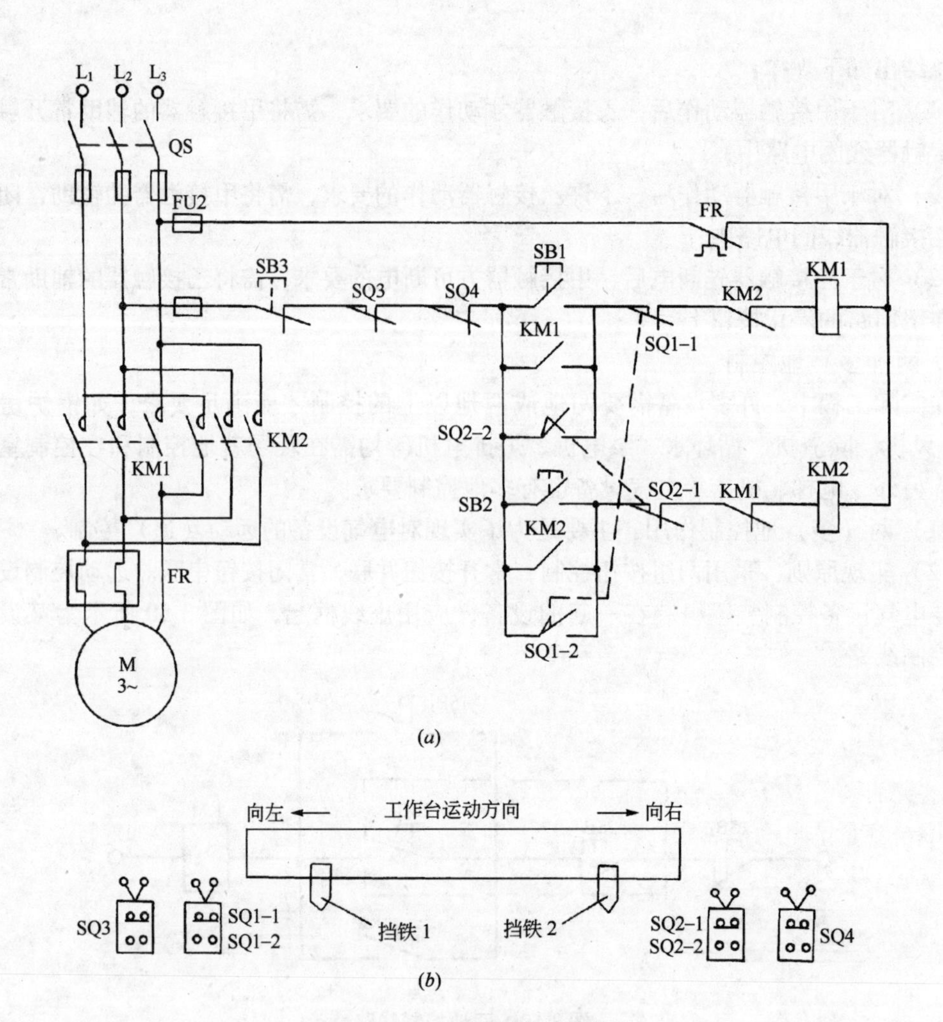

图 3-51　自动循环控制线路

（*a*）电路图；（*b*）限位开关安装位置示意

电机反转并带动运动部件向右移动。当移动到限定的位置时，撞块碰撞右侧安装的限位开关 SQ2，其触头动作，使 KM2 失电释放，KM1 又一次重新通电，部件又左移。如此这般自动往返，直到按下停止按钮 SB3 时为止 。一旦 SQ1（SQ2）故障时，有通过 SQ3（SQ4）做终端限位保护。

（二）三相鼠笼式异步电动机的降压启动控制线路

鼠笼异步电动机采用全电压直接启动时，控制线路简单，维修方便。但是，并不是所有的电动机在任何情况下都可以采用全压启动的，这是因为在电源变压器容量不是足够大时，由于异步电动机启动电流较大，致使变压器二次侧电压大幅度下降，这样不但会减小电动机本身启动转矩，拖长启动时间，甚至使电动机无法启动，同时还影响同一供电网络中其他设备的正常工作。

1. 定子串电阻（电抗）降压启动控制

（1）线路构思

在电动机启动过程中，利用定子侧串接电阻（电抗）来降低电动机的端电压，以达到限制启动电流的目的，当启动结束后，应将所串接的电阻（电抗）短接，使电动机进入全电压稳定运行的状态。串接的电阻（电抗）称为启动电阻（电抗），启动电阻的短接时间可由人工手动控制或由时间继电器自动控制。自动控制的线路如图 3-52 所示。

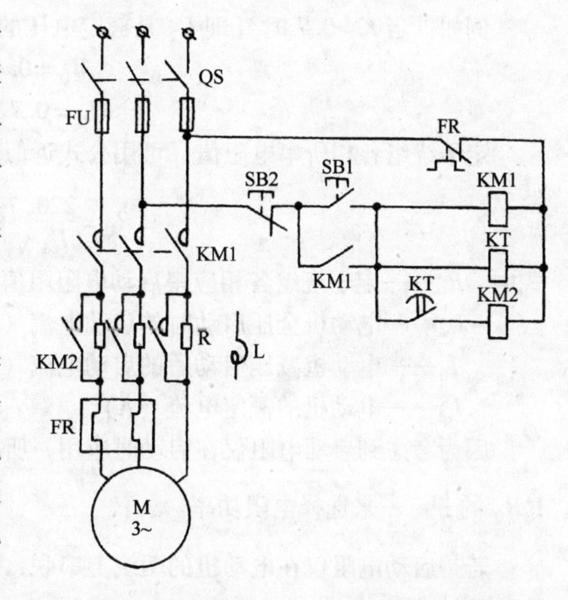

图 3-52　定子串电阻（电抗）降压启动控制线路

（2）线路的工作过程分析

启动时，合上刀开关 QS，按下启动按钮 SB1，接触器 KM1 和时间继电器 KT 同时通电吸合，使 KM1 的主触头闭合，电动机串接启动电阻 R（L）进行降电压启动，经过一定的延时后（延时时间应延至电动机启动结束），KT 的延时闭合的常开触头闭合，使运转接触器 KM2 通电吸合，其正常开触头闭合，将 R（L）切除，于是电动机在全电压下稳定运行。停止时，按下 SB2 即可。

这种启动方式不受绕组接线形式的限制，所用设备简单，因而适于要求平稳、轻载启动的中小容量的电动机采用，其缺点是：启动时，在电阻上要消耗较多的电能，控制箱体积大。

（3）降压后的数量关系

串电阻或串电抗降压后对启动转矩 M_Q 和启动电流 L_Q 的影响分析如下：

设 K 为降压系数，则

$$K=\frac{U_2}{U_{le}}\ (K<1) \tag{3-2}$$

$$U_2=KU_{le}$$

式中　U_2——降压后加在电动机定子绕组上的电压（V）；

U_{le}——额定端电压（V）。

由电机原理知道启动转矩 $M_Q \propto V^2$，则

$$\frac{M_Q}{M_{Qe}}=\frac{(KU_{le})^2}{U_{le}^2}=K^2 \tag{3-3}$$

$$M_Q=K^2M_{Qe}$$

式中　M_Q——降压启动转矩；

M_{Qe}——额定电压下启动转矩。

由于电流与电压成正比，即

$$\frac{I_Q}{I_{Qe}}=\frac{U_2}{U_{le}}=\frac{KU_{le}}{U_{le}}=K$$

$$I_Q=KI_{Qe} \tag{3-4}$$

例如：当 $K=0.7$ 时（即 U_2 是额定电压的70%时）：

$$M_Q=0.49M_{Qe}$$

$$I_Q=0.7I_{Qe}$$

定子绕组各相所串电阻值，可用公式近似计算：

$$R_Q=\frac{220}{I_{ed}}\sqrt{(\frac{I_{Qe}}{I_Q})^2-1} \tag{3-5}$$

式中 R_Q——定子绕组各相应串启动电阻阻值（Ω）；

I_{Qe}——电动机全压启动时的启动电流（A）；

I_Q——电动机减压启动后的启动电流（A）；

I_{ed}——电动机的额定电流（A）。

因为考虑到启动电阻仅在启动时应用，所以为减小体积，可按启动电阻 R_Q 的功率 $P=I_Q^2R_Q$ 的 $\frac{1}{2}\sim\frac{1}{3}$ 来选择电阻功率。

若是启动电阻仅在电动机的两线上串联，那么此时选用的启动电阻应为上述计算值的1.5倍。

2. 定子串自耦变压器（TM）的降压启动控制

(1) 线路构思

电动机启动电流的限制，是依靠自耦变压器的降压作用来实现的。电动机启动时，定子绕组得到的电压是自耦变压器的二次电压，即串接自耦变压器。启动结束后，自耦变压器被切除，电动机便在全电压下稳定运行。通常习惯称这种自耦变压器为启动补偿器。其线路如图3-53所示。

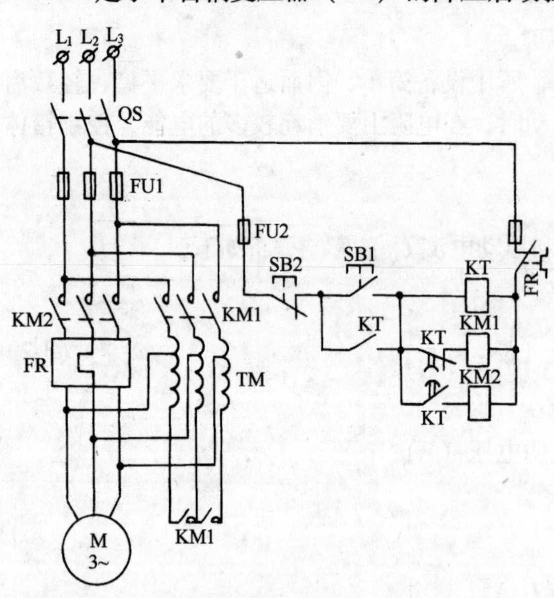

图3-53 定子串自耦变压器的降压启动线路

(2) 线路的工作情况

合上刀开关QS，按下启动按钮SB1，接触器KM1和时间继电器KT线圈同时通电，电动机串接自耦变压器TM降压启动，时间继电器的瞬时常开触头闭合形成自锁，待电动机启动结束后，时间继电器的延时触头均动作，使KM1失电释放，TM被切除，而接触器KM2通电吸合，电动机在全电压下稳定运行。需停止时按下SB2即可。

(3) 降压启动的数量关系

自耦变压器一次侧电压为 U_{le}，电流为 I_{le}，二次侧电压为 U_2，电流为 I_Q，在忽略损耗情况下，自耦变压器输入功率等于输出功率，为

$$U_{le}I_{le}=U_2I_Q$$

$$I_{le} = \frac{U_2 I_Q}{U_{le}} = KI_Q \tag{3-6}$$

式中　$K = \frac{U_2}{U_{le}} < 1$ 为自耦变压器的变化。

由此可知，启动时电网电流将减小为电机电流的 K 倍。

设 I_Q 为降压后的启动电流，它与全压直接启动的启动电流 I_{Qe} 的关系为

$$\frac{I_Q}{I_{Qe}} = \frac{U_2}{U_{le}} = K \tag{3-7}$$

把式子（2-7）代入式（2-6）得

$$I_{le} = K^2 I_{Qe}$$

$$K = \sqrt{\frac{I_{le}}{I_{Qe}}}$$

当自耦变压器变比为 K 时，电动机启动转矩将为

$$M_Q = \left(\frac{U_2}{U_{le}}\right)^2 M_{Qe} = K^2 M_{Qe} \tag{3-8}$$

由此可知，启动转矩和启动电流按变比 K 的平方降低。

当变比为 $K = 0.73$ 时

$$I_{le} = 0.53 I_{Qe}$$

$$M_Q = 0.53 M_{Qe}$$

通过比较计算结果可看出，在获得同样大小转矩的情况下，采用自耦变压器降压启动时从电网索取的电流要比采用电阻降压启动时小得多。自耦变压器所以称为补偿器，其来由就在这里。反过来说，如果从电网取得同样大小的启动电流时，则采用自耦变压器降压启动会产生较大的启动转矩。此种降压启动方法的缺点是，所用自耦变压器的体积庞大，价格较贵。

3. 采用星形-三角形降压启动控制线路

（1）线路的构思

星形-三角形降压启动，简称星三角（Y-△）降压启动。这种方法适用于正常运行时定子绕组接成三角形的鼠笼式异步电动机。电动机定子绕组接成三角形时，每相绕组所承受的电压为电源的线电压（380V）；而作为星形接线时，每相绕组所承受的电压为电源的相电压（220V）。如果在电动机启动时，定子绕组先星接，待启动结束后再自动改接成三角形，这样就实现了启动时降压的目的。其线路如图 3-54 所示。

（2）线路的工作情况

启动时，合上刀开关 QS，按下启动按钮 SB1，星接接触器 KM_Y 和时间继电器 KT 的线圈同时通电，KM_Y 的主触头闭合，使电机星接，KM_Y 的辅助常开触头闭合，使启动接触器 KM 线圈通电，于是电动机在Y接下降压启动，待启动结束，KT 的触头延时打开，使 KM_Y 失电释放，角接接触器 KM_Δ 线圈通电，其主触头闭合，将电机接成△形，这时电机在△形接法下全电稳定运行，同时 KM_Δ 的常闭触头断开使 KT 和 KM_Y 的线圈均失电。停机时按下停止按钮 SB2 即可 。

在工程中常采用星形-三角形启动器来完成电动机的Y-△启动。QX3-13 型自动星形-三

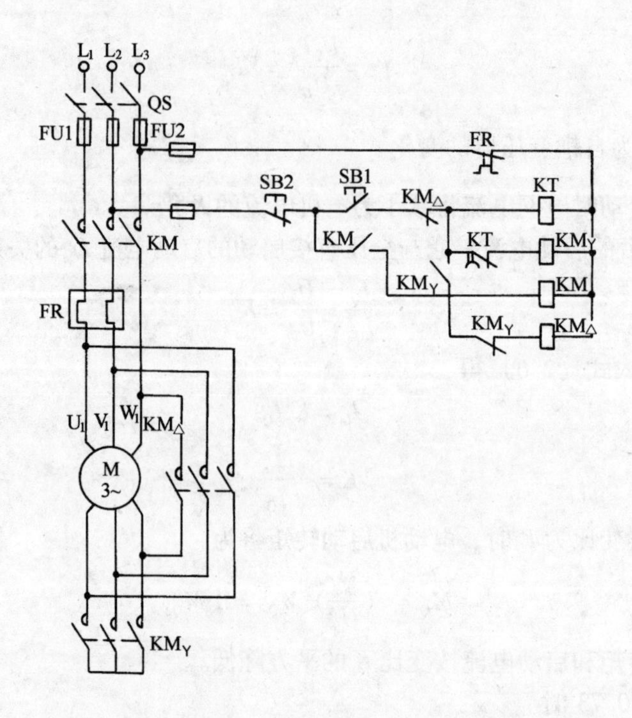

图 3-54　采用时间继电器自动控制的Y-△降压启动线路

角形启动器，是由三个接触器、一个时间继电器和一个热继电器所组成的启动器。其控制线路如图 3-55 所示。

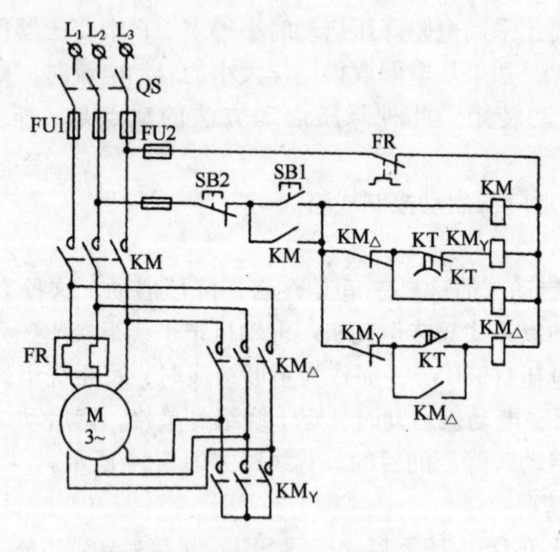

图 3-55　QX3-13 型 Y-△自动启动器

（3）Y-△降压启动数量关系

设电网电压 U_e，定子接成星形和三角形时的相电压为 U_Y、U_Δ。

线和相启动电流分别为 I_Y、I_Δ 及 I_{XY}、$I_{X\Delta}$，绕组一相阻抗为 Z，星形启动时

$$I_Y = I_{XY} = \frac{U_Y}{Z} = \frac{U_e}{\sqrt{3}Z} \tag{3-9}$$

三角形启动时：

$$I_{x\triangle}=\frac{U_{\triangle}}{Z}=\frac{U_{e}}{Z} \tag{3-10}$$

$$I_{\triangle}=\sqrt{3}I_{x\triangle}=\sqrt{3}\ \frac{U_{e}}{Z} \tag{3-11}$$

式（3-9）和式（3-11）相比得

$$\frac{I_{Y}}{I_{\triangle}}=\frac{1}{3}\qquad I_{Y}=\frac{1}{3}I_{\triangle} \tag{3-12}$$

由此可见，当定子绕组接成星形时，网络内启动电流减小为三角形接法的1/3。此时启动转矩为：

$$M_{XY}=KU_{Y}^{2}=K\left(\frac{U_{e}}{\sqrt{3}}\right)^{2}=K\frac{U_{e}^{2}}{3}=\frac{1}{3}M_{Q\triangle} \tag{3-13}$$

它说明了启动转矩也减小为$\frac{1}{3}M_{Q\triangle}$

由此可见，星-三角降压启动，其启动电流和启动转矩为全电压直接启动电流和启动转矩的三分之一，并且有线路简单、经济可靠的优点，适用于空载或轻载状态下启动。但它要求电动机具有六个出线端子，而且不能用于正常运行时定子绕组接成星形的鼠笼式异步电动机，这在很大程度上限制了它的使用范围。

4. 延边三角形（△）-三角形（△）降压启动控制

（1）线路的构思

这是一种较新的启动方法，它要求电动机定子有九个出线头，即三相绕组的首端U_1、V_1、W_1、三相绕组的尾端U_2、V_2、W_2及各相绕组的抽头U_3、V_3、W_3。绕组的结构如图3-56所示。

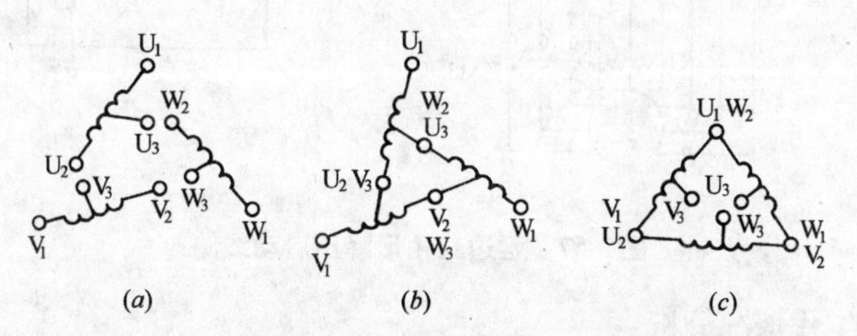

图3-56　延边三角形接法时电动机绕组的连接方法

（*a*）原始状态；（*b*）启动时；（*c*）正常运转

电机启动时，定子绕组的三个首端U_1、V_1、W_1接电源，而三个尾端分别与次一相绕组的抽头端相接，如图3-56（*b*）的U_2—V_3、V_2—W_3、W_2—U_3相接，这样使定子绕组一部分接成Y形，另一部分则接成△形。从图形符号上看，好像是将一个三角形的三个边延长，故称为“延边三角形”以符号“△”表示。

在电机启动结束后，将电动机接成三角形，即定子绕组的首尾相接U_1—W_2、V_1—U_2、W_1—V_2相接，而抽头U_3、V_3、W_3空着，如图3-56（*c*）所示。

那么这种接法的电压是否降低呢？如前所述，一台正常运转为三角形接法的电动机，若启动时接成星形（即Y-△启动），电动机每相绕组所承受的电压只是三角形接法时的$1/\sqrt{3}$。

这是因为三角形接法时，各相绕组所承受的是电源的线电压，而星形接法时，各相绕组所承受的是电源的相电压。如果三角形接法时，各相绕组所承受的电压（线电压）为380V，则星形接法时，各相绕组所承受的电压（相电压）就只有220V。在Y-Δ启动时，正因为各相绕组所承受的电压降低了，才使电流相应下降。同理，延边三角形启动时，之所以能降低启动电流，也是因为三相绕阻接成△形时，绕组所承受的相电压有所降低，而降低程度，随电动机绕组的抽头比例的不同而异。如果将△形看成一部分绕组是Δ形接法，另一部分绕组是Y形接法，则接成Y形部分的绕组圈越多，电动机的相电压也就越低。

据实验知，在电动机制动状态下，当抽头比为1∶1时。（即△形接法时，Y形接法部分的绕组的线圈数 $Z_{\phi1}$ 比Δ形接法部分绕组的圈数 $Z_{\phi2}$ 为1∶1），电动机的线电压约为264V左右，启动电流及启动转矩降低约一半；当抽头比例为1∶2时，线电压约为270V。由此可见，恰当选择不同的比例，便可达到适当降低启动电流，而又不致于损失较大的启动转矩的目的。

显然，如果能使电动机启动时△形接法，而稳定运行时又自动换为Δ形接法，就构成了△-Δ形降压启动，如图3-57所示。

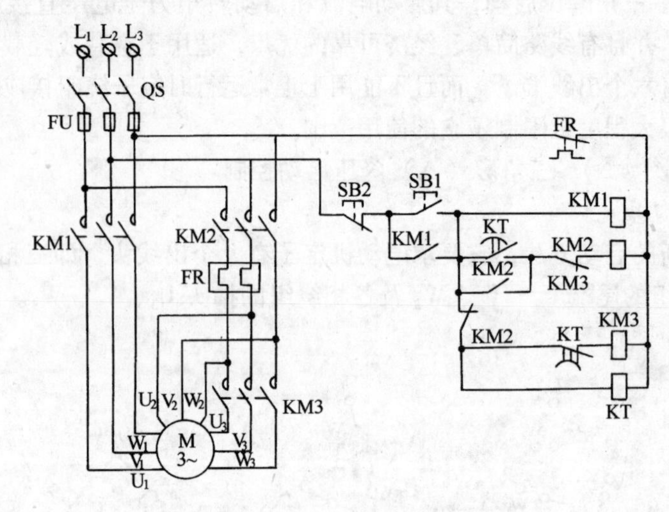

图3-57　延边三角形降压启动线路

（2）线路的工作情况分析

启动时，合上刀开关QS，按下启动按钮SB1，接触器KM1和KM3及时间继电器KT线圈同时通电，KM3的主触头闭合，使电机 U_2—V_3、V_2—W_3、W_2—U_3 相接，KM1的主触头闭合，使电机 U_1、V_1、W_1 端与电源相通，电机在△形接法下降压启动。当启动结束时，时间继电器KT的触头延时动作，使KM3失电释放，接触器KM2线圈通电，电机 U_1—W_2、V_1—U_2、W_1—V_2 相接在一起后与电源相接，于是电机在Δ形接法下全电压稳定运行。同时KM2常闭触点断开，使KT线圈失电释放，保证时间继电器KT不长期通电。需要电动机停止时按下停止按钮SB2即可。

采用△形降压启动，比采用自耦变压器降压启动结构简单，维护方便，可以频繁启动，改善了启动性能。但因为电动机需有九个线端，故仍使其应用范围受限。

上述四种降压启动，都能自动地转换为全电压运行，这是借助于时间继电器控制的。

即依靠时间继电器的延时作用来控制各种电器的动作顺序，以完成操作任务。这种控制线路称为时间原则控制线路。这种按时间进行的控制，称为时间原则自动控制，简称时间控制。

（三）三相鼠笼式异步电动机的调速

三相鼠笼式异步电动机的调速方法很多，常用的有变极调速、调压调速、电磁耦合调速、液压耦合调速、变频调速等方法。这里仅介绍变极调速。

1. 变极调速原理

从电机原理知道，同步转速与磁极对数成反比，改变磁极对数就可实现对电动机速度的调节。而定子磁极对数可由改变定子绕组的接线方式来改变。变极调速方法常用于机床、电梯等设备中。

电动机每相如果只有一套带中间抽头的绕组，可实现 2:1 和 3:2 的双速变化。如 2 极变 4 极、4 极变 8 极或 4 极变 6 极、8 极变 12 极。

如果电动机每相有两套绕组则可实现 4:3 和 6:5 的双速变化，如 6 极变 8 极或 10 极变 12 极。

如果电动机每相有一套带中间抽头的绕组和一套不带抽头的绕组，可以实现三速变化；每相有两套带中间抽头的绕组，则可实现四速变化。

2. 双速电动机的变极调速控制

（1）双速电动机绕组的联接方法：如图 3-58 所示，其中（*a*）图为三角形连接，此时磁极为 4 极，同步转速为 1500r/min。若要电动机高速工作时，可接成图 3-58（*b*）形式，即电机绕组为双Y连接，磁极为 2 极，同步转速为 3000r/min。可见电动机高速运转时的转速是低速的两倍。

（2）双速电动机的控制线路：为了实现对双速电动机的控制，可采用按钮和接触器构成调速控制线路，如图 3-59 所示。其工作情况如下：

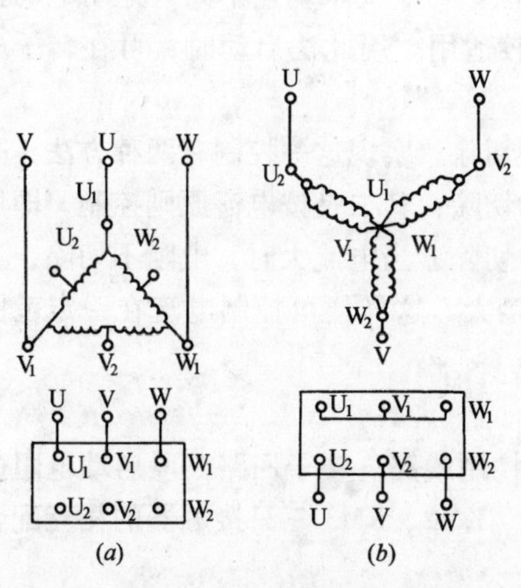

图 3-58　电动机三相定子绕组△/YY接线图

（*a*）低速—△接法（4 极）；

（*b*）高速—YY接法（2 极）

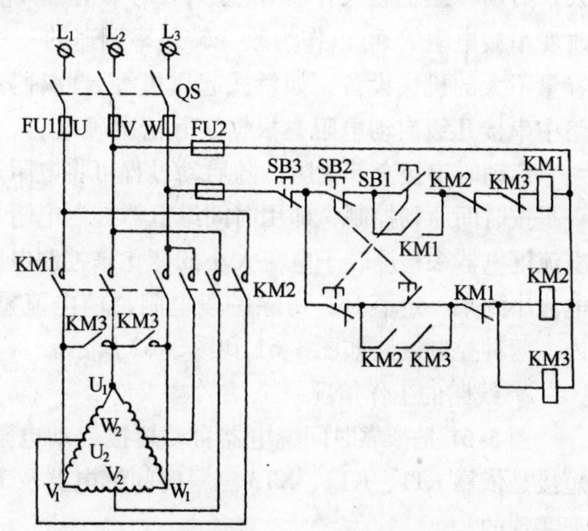

图 3-59　接触器控制双速电动机的控制线路

合上电源开关 QS，按下低速启动按钮 SB1，低速接触器 KM1 线圈通电，其触头动作，电动机定子绕组作△连接，电动机以 1500r/min 低速启动。

当需要换成 3000r/min 的高速时，可按下高速启动按钮 SB2，于是 KM1 先失电释放，高速接触器 KM2 和 KM3 的线圈同时通电，使电动机定子绕组接成双Y并联，电动机高速运转。电动机的高速运转是由 KM2 和 KM3 同时控制，为了保证工作可靠，采用它们的辅助常开触头串联自锁。

三、绕线式异步电动机的控制线路

三相绕线式异步电动机的优点是可以通过滑环在转子绕组中串接外加电阻或频敏变阻器，以达到减小启动电流，提高转子电路的功率因数和增加启动转矩的目的，在要求启动转矩较高的场合，绕线式异步电动机得到了广泛应用。

（一）转子回路串接电阻启动控制线路

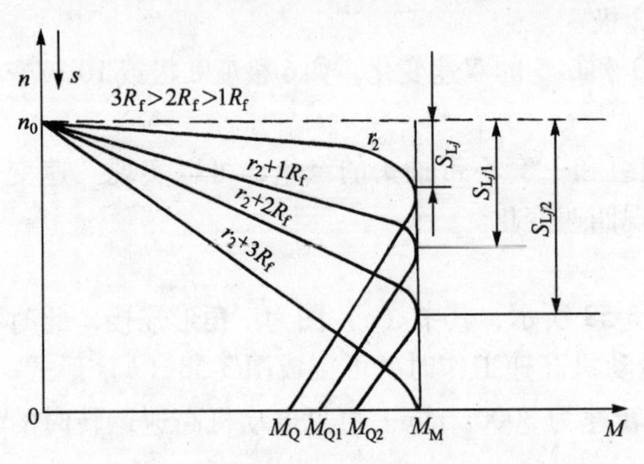

图 3-60　转子串对称电阻的人为特性

1. 线路构思

串接在三相转子回路中的启动电阻，一般接成星形。在启动前，启动电阻全部接入电路，随着启动的进行，启动电阻被逐段地短接。其短接的方法有三相不对称短接法和三相电阻对称短接法两种。所谓不对称短接是每一相的启动电阻是轮流被短接的，而对称短接是三相中的启动电阻同时被短接。这里仅介绍对称接法。转子串电阻的人为特性如图 3-60 所示。

从图中曲线可知：串接电阻 R_f 值愈大，启动转矩也愈大，而 R_f 愈大临界转差率 S_{Lj} 也愈大，特性曲线的斜度也愈大。因此改变串接电阻 R_f 可以作为改变转差率调速的一种方法。对于要求调速不高，拖动电动机容量不大的机械设备，如桥式起重机等，此种方法较适用。用此法启动时，可在转子电路中串接几级启动电阻，根据实际情况确定。

启动时串接全部电阻，随启动过程可将电阻逐段切除。实现这一控制有两种方法，其一是按时间原则控制，即用时间继电器控制电阻自动切除；其二是按电流原则控制，即用电流继电器来检测转子电流大小的变化来控制电阻的切除，当电流大时，电阻不切除，当电流小到某一定值时，切除一段电阻，使电流重新增大，这样便可控制电流在一定范围内。两种控制线路如图 3-61 和图 3-62 所示。

2. 线路的工作情况

图 3-61 是依靠时间继电器自动短接启动电阻的控制线路。转子回路三段启动电阻的短接是依靠 KT1、KT2、KT3 三只时间继电器及 KM1、KM2、KM3 三只接触器的相互配合来实现的。

启动时，合上刀开关 QS，按下启动按钮 SB1，接触器 KM 通电，电动机串接全部电阻启动，同时时间继电器 KT1 线圈通电，经一定延时后 KT1 常开触头闭合，使 KM1 通电，KM1 主触头闭合，将 R_1 短接，电机加速运行，同时 KM1 的辅助常开触头闭合，使 KT2 通电。经延时后，KT2 常开触头闭合，使 KM2 通电，KM2 的主触头闭合，将 R_2 短接，电机继续加速。同时 KM2 的辅助常开触头闭合，使 KT3 通电，经延时后，其常开触头闭合，使 KM3 通电，R_3 被短接。至此，全部启动电阻被短接，于是电机进入稳定运行状态。

在线路中，KM1、KM2、KM3 三个常闭接点的串联的作用是：只有全部电阻接入时才能启动，以确保电机可靠启动（这样一方面节省了电能，更重要的是延长了它们的有效使用寿命）。图 3-62 原理自行分析。

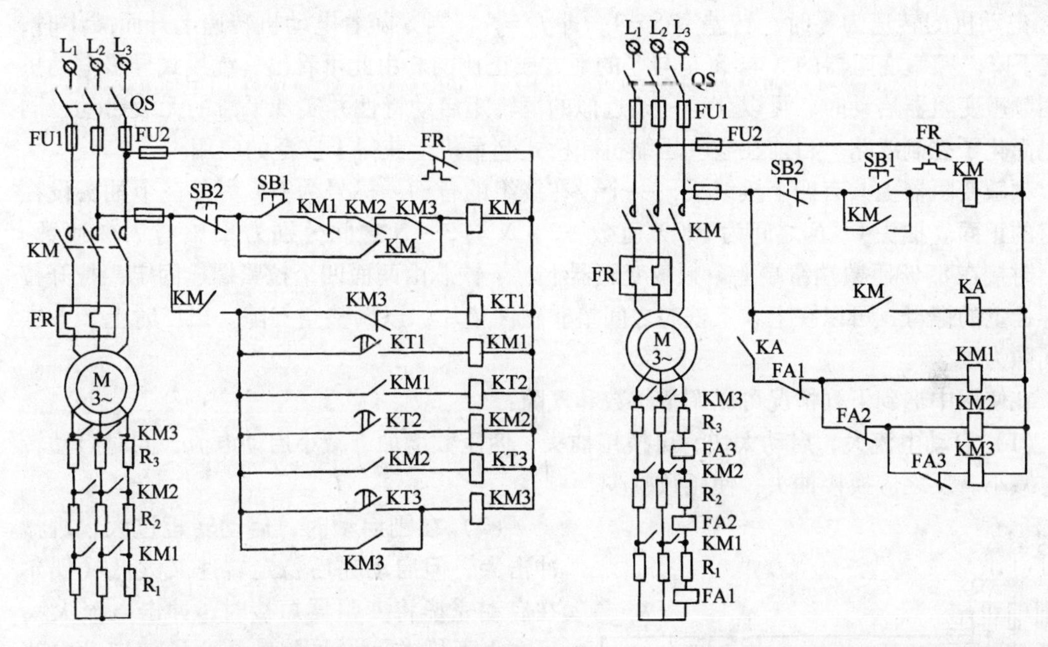

图 3-61　时间继电器自动短接启动电阻的控制线路　　图 3-62　电流继电器自动短接启动电阻的控制线路

（二）转子回路串频敏变阻器启动控制线路

采用转子串电阻的启动方法，在电动机启动过程中，逐渐减小电阻值，电流及转矩突然增大，产生不必要的机械冲击。

从机械特性上看，启动过程中转矩 M 不是平滑的，而是有突变性的。为了得到较理想的机械特性，克服启动过程中不必要的机械冲击力，可采用频敏变阻器启动方法。频敏变阻器是一种电抗值随频率变化而变化的电器，它串接于转子电路中，可使电动机有接近恒转矩的平滑无级启动性能，是一种较理想的启动设备。

1. 频敏变阻器

频敏变阻器实质上是一个铁芯损耗非常大的三相电抗器。它由数片 E 型钢板叠成，具有铁芯与线圈两部分，并制成开启式、星形接法。将其串接在转子回路中，相当于转子绕组接入一个铁损很大的电抗器，这时的转子等效电路如图 3-63 所示。图中 R_b 为绕组电阻，R 为铁损等值电阻，X 为铁芯电抗，R 与 X 是并联的。

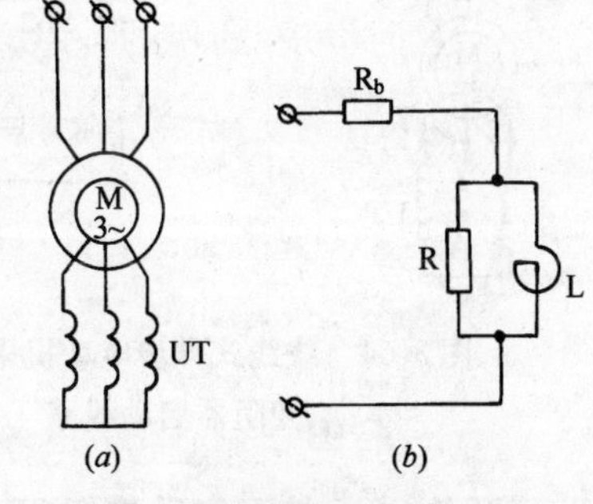

图 3-63　频敏变阻器等效电路及电动机的连接

(a) 频敏变阻器与电动机的连接；
(b) 等效电路图

当电动机接通电源启动时，频敏变阻器便通过转子电路得到交变电流，产生交变磁通，其电抗为X。而频敏变阻器铁芯由较厚钢板制成，在交变磁通作用下，产生较大的涡流损耗（其中涡流损耗占全部损耗的80%以上）。此涡流损耗在电路中用一个等效电阻R表示。由于电抗X和电阻R都是由交变磁通产生的，所以其大小都随转子电流频率变化而变化。

在异步电动机的启动过程中，转子电流的频率 f_2 与网络电源频率 f_1 的关系为：$f_2 = Sf_1$，电动机的转速为零时，转差率 $S=1$，即 $f_2=f_1$，当 S 随着电动机转速上升而减小时，f_2 便下降。频敏变阻器的X与R是与 S 的平方成正比的。由此可看出，绕线式异步电动机采用频敏变阻器启动时，可以获得一条近似的恒转矩启动特性并实现平滑的无级启动，同时也简化了控制线路。目前在空气压缩机和桥式起重机上获得了广泛的应用。

频敏变阻器上共有四个接线头，一个设在绕组的背面，标号为N，另外三个抽头设在绕组的正面。抽头1～N之间为100%匝数，2～N与3～N之间分别为85%与71%匝数，出厂时接在85%匝数端钮端上。频敏变阻器上、下铁芯由两面四个拉紧螺栓固定，拧开拉紧螺栓上的螺母，可以在上、下铁芯之间垫非磁性垫片，以调整空气隙。出厂时上、下铁芯间隙为零。

在使用中遇到下列情况可以调整匝数和气隙：

（1）启动电流大，启动太快，可换接抽头，使匝数增加，减小启动电流，同时启动转矩也减小。反之应换接抽头，使匝数减少。

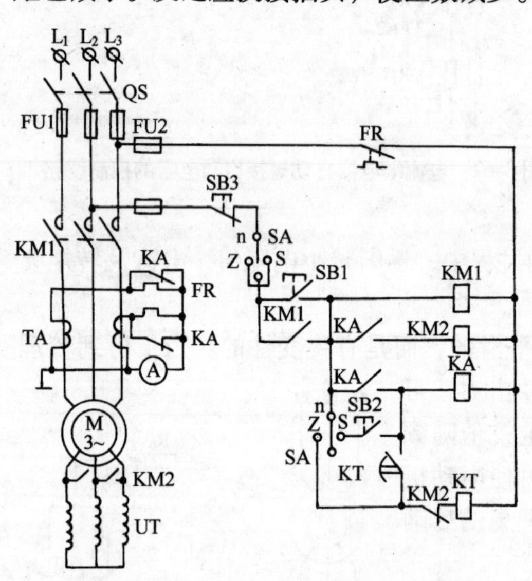

图3-64　绕线式异步电动机采用频敏变阻器启动线路

（2）在刚启动时，启动转矩过大，机械冲击大，但启动完后稳定转速又太低（偶尔在启动完毕将变阻器短接时，冲击电流大），可在上下铁芯间增加气隙，这样使启动电流略有增加，启动转矩略有减小，但启动完毕后转矩增大，从而提高了稳定转矩。

2. 采用频繁变阻器启动的控制线路

在电机启动过程中串接频敏变阻器，待电机启动结束时用手动或自动将频敏变阻器切除，能满足这一要求的线路如图3-64所示。线路的工作情况如下：

线路中利用转换开关SA实现手动及自动控制的变换。用中间继电器KA的常闭触头短接热继电器FR的热元件，以防止在启动时误动作。

自动控制时，将SA拨至“Z”位置，合上刀开关QS，按下启动按钮SB1，接触器KM1和时间继电器KT线圈通电，电动机串频敏变阻器UT启动，待启动结束后，KT的触头延时闭合，使中间继电器KA线圈通电，其常开触头闭合使接触器KM2通电，将UT短接，电动机进入稳定运行状态，同时KA的常闭触头打开，使热元件接与电流互感器二次侧串接，以起过载保护作用。

手动控制时，将 SA 拨至“S”位置，按下 SB1、KM1 通电，电机串接 UT 启动，当看到电流表 A 中读数降到电机额定电流时，按下手动按钮 SB2，使 KA 通电，KM2 通电，UT 被短接，电机进入稳定运行状态。

第三节　给水系统的电气控制

在建筑工程中，每一座建筑都离不开用水，而水是从高往低处流的，但对于楼宇建筑来说，则需要水能送到中高层去，这就需要对水进行加压控制，以适应要求。另外，在给排水工程中，自动控制及远动控制是提高科学管理水平，减轻劳动强度，保证给排水系统正常运行，节约能源的重要措施。自动控制的内容主要是水位控制和压力控制，而远动控制则主要是调度中心对远处设置的一级泵房（如井群）、加压泵房的控制。这里仅对建筑工程中常用的给水及排水系统的电气自动控制进行阐述。

一、水位自动控制的生活给水泵

一般情况下，生活给水泵采用离心式清水泵。在实际工程中，由于不同建筑对供水可靠性、供水压力、供水量及电源情况等的不同要求，使生活给水泵形成不同的组合，如有：单台的；两台一用一备的；两台自动轮换的；三台两用一备交替使用的；多台恒压供水的；因其电机容量变化范围很大，所以又分为全压及降压启动方式等等。这里介绍几种典型电路。

（一）水位开关

水位开关也叫液位开关，又可称液位信号器。它是控制液体的位式开关，即是随液位变动而改变通断状态的有触点开关。按结构区别，液位开关有磁性开关（称干式舌簧管）、水银开关和电极式开关等几大类。

水位开关（水位信号控制器）常与各种有触点或无触点电气元件组成各种位式电气控制箱。按采用的元件区别，国产的位式电气控制箱一般有继电-接触型、晶体管型和集成电路型等。

继电接触型控制箱主要采用机电型继电器为主的有触点开关电路，其特点是速度慢、体积大，一般采用 380V 及以下低压电源。晶体管型除了采用小型的机电型继电器外，信号的处理采用半导体二极管、三极管或晶闸管。它具有速度快、体积小的特点。集成电路型速度更快，且体积更小。

1. 浮子式磁性开关（又称干簧式水位开关）

浮子式磁性开关由磁环、浮标、干簧管及干簧接点、上下限位环等构成，如图 3-65 所示。干簧管装于塑料导管中，用两个半圆截面的木棒开孔固定，连接导线沿木棒中间所开槽引上，由导管顶部引出。塑料导管必须密封，管顶箱面应加安全罩，导管可用支架固定在水箱扶梯上，磁环装于管外周可随液体升降而浮动的浮标中。干簧管有两个、三个及四个不等。其干簧触点常开常闭数目也不同。图 3-66 为简易浮子式磁性开关的安装示意图。

当水位处于不同高度时，浮标和磁环也随水位变化，于是磁环磁场作用于干簧接点而使之动作，从而实现对水位的控制。适当调整限位环即可改变上下限干簧接点的距离，从而实现了对不同水位的自动控制，其应用将在后面途述。

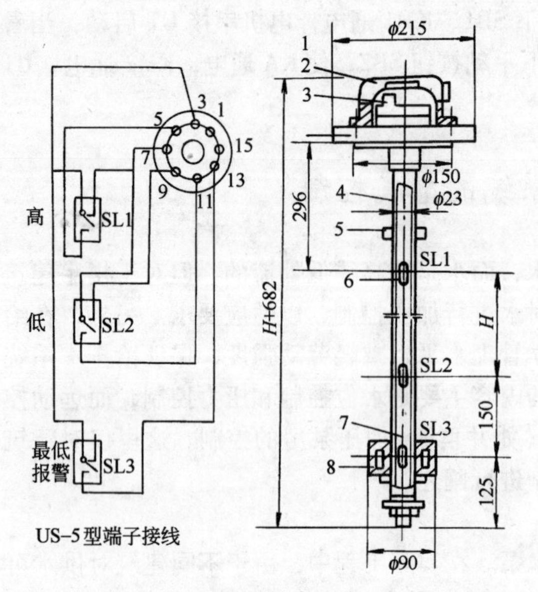

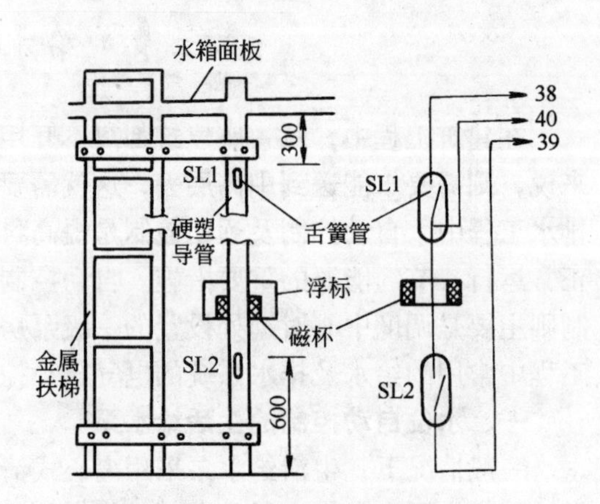

图 3-65　VS-5 型液位信号器外形及端子接线

1—盖；2—接线柱；3—连接法兰；4—导向管；
5—限位环；6、7—干式舌簧接点；8—浮子

图 3-66　简易干簧水位开关

2. 电极式水位开关

电极式水位开关是由两根金属棒组成的，如图 3-67 所示。

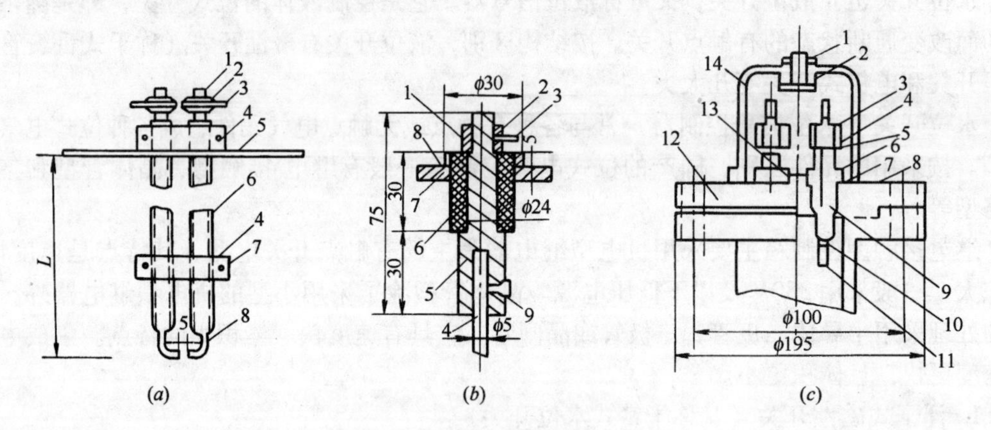

图 3-67　电极式水位开关

（a）简易液位电极

1—铜接线柱 φ12mm；2—铜螺帽 M12；3—铜接线板 δ=8mm；4—玻璃夹板 δ=10mm；
5—玻璃钢搁板 φ300mm，δ=10～12mm；6—φ3/4in 钢管或镀锌钢管；7—螺钉；8—电极

（b）BUDK 电极结构

1、2—螺母；3—接线片；4—电极棒；5—芯座；6—绝缘垫；7—垫圈；8—安装板；9—螺母；

（c）BUCK 电极安装

1—密封螺栓；2—密封垫；3—压垫；4—压帽；5—填料；6—外套；7—垫圈；8—电极盖垫；
9—绝缘套管；10—螺母；11—电极；12—法兰；13—接地柱；14—电极盖

电极开关用于低水位时，电极必须伸长到给定的水位下限，故电极较长，需要在下部给以固定，以防变位；用于高水位时，电极只需伸到给定的水位上限即可；用于满水时，电极的长度只需低于水箱（池）箱面即可。

电极的工作电压可以采用36V安全电压，也可直接接入380V三相四线制电网的220V控制电路中，即一根电极通过继电器220V线圈接于相线，而另一根电极接零线。由于一对接点的两根电极处于同一水平高程，水总是同时浸触两根电极的，因此，在正常情况下金属容器及其内部的水皆处于零电位。

为保证安全，接零线的电极和水的金属容器必须可靠地接地（接地电阻不大于10Ω）。

电极开关的特点是：制作简单、安装容易、成本低廉、工作可靠。

（二）干簧式磁性开关控制实例

采用干簧式开关（磁性开关）作为水位信号控制器对水泵电动机进行控制，以供生活给水之用。水泵电动机一台为工作泵，另一台为备用泵，控制方式有备用泵不自动投入、备用泵自动投入及降压启动等，以下分别叙述。

1. 备用泵不自动投入的控制线路（两台给水泵一用一备）

（1）线路构成

该线路由干簧水位信号器的安装图、接线图、水位信号回路、水泵机组的控制回路和主回路构成，并附有转换开关的接线表，如图3-68、图3-69及表3-26所示。受屋顶水箱水位开关的控制，低水位启泵，高水位停泵。工作泵故障，备用泵手动投入。

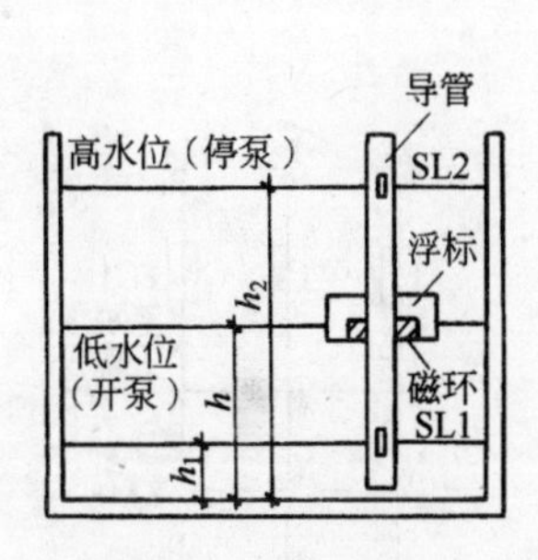

图3-68　干簧水位开关装置示意图

SA1、SA2 接线　　表3-26

触点编号	定位特征	自动 Z 45°	手动 S 0°
1○┤ ├○2	1—2	×	
3○┤ ├○4	3—4	×	
5○┤ ├○6	5—6		×
7○┤ ├○8	7—8		×

（2）工作情况分析

令1号为工作泵，2号为备用泵。

合上电源开关后，绿色信号灯HL_{GN1}、HL_{GN2}亮，表示电源已接通，将转换开关SA1转至“Z”位，其触点1—2、3—4接通，同时SA2转至“S”位，其触点5—6、7—8接通。

当水箱水位降到低水位h_1时，浮标和磁钢也随之降到h_1，此时磁钢磁场作用于下限干簧管接点SL1使其闭合，于是水位继电器KA线圈得电并自锁，使接触器KM1线圈通电，其触头动作，使1号泵电动机M1启动运转，水箱水位开始上升，同时停泵信号灯HL_{GN1}灭，开泵红色信号灯HL_{RI1}亮，表示1号泵电机M1启动运转。

随着水箱水位的上升，浮标和磁钢也随之上升，不再作用下限接点，于是SL1复位，但因KA已自锁，故不影响水泵电机运转，直到水位上升到高水位h_2时，磁钢磁场作用于上限接点SL2使之断开，于是KA失电，其触头复位，使KM1失电释放，M1脱离电源停

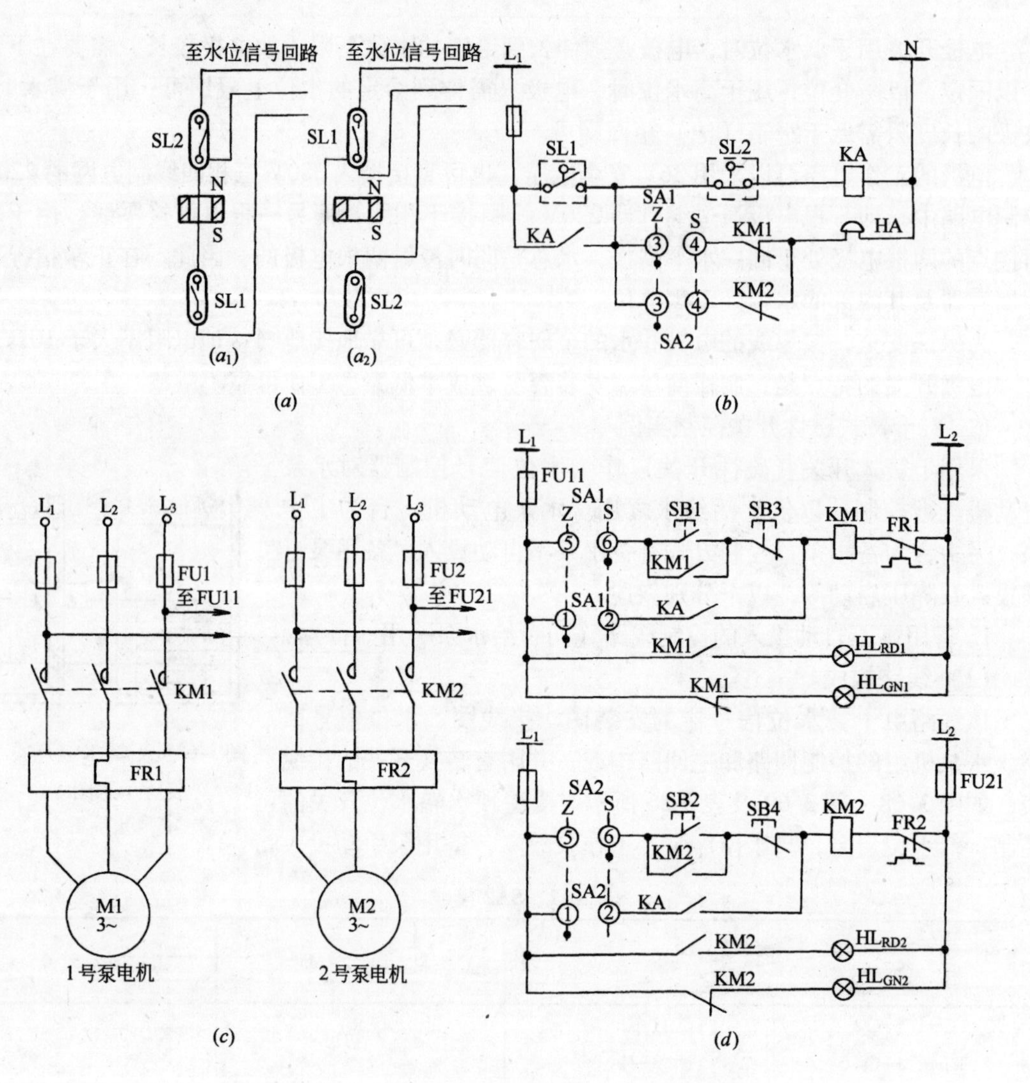

图 3-69　备用泵不自动投入的控制方案电路图

（a）接线图：（a_1）低水位开泵高水位停泵；（a_2）高水位开泵低水位停泵；

（b）水位信号回路；（c）主回路；（d）控制回路

止工作，同时 HL_{RD1} 灭，HL_{GN1} 亮，发出停泵信号。如此在干簧水位信号器的控制下，水泵电动机随水位的变化自动间歇地启动或停止。这里用的是低水位开泵、高水位停泵，如用于排水则应采用高水位开泵，低水位停泵。

当 1 号泵故障时，电铃 HA 发出事故音响，操作者按下启动按钮 SB2，接触器 KM2 线圈通电并自锁，2 号泵电动机 M2 投入工作，同时绿色 HL_{GN2} 灭，红色 HL_{RD2} 亮。按下 SB4，KM2 失电释放，2 号泵电机 M2 停止，HL_{RD2} 灭，HL_{GN2} 亮。这就是故障下备用泵的手动投入过程。

2. 备用泵自动投入的线路

（1）线路构成

备用泵自动投入的完成主要由时间继电器 KT 和备用继电器 KA2 及转换开关 SA，其电路如图 3-70 所示，转换开关接线见表 3-27。

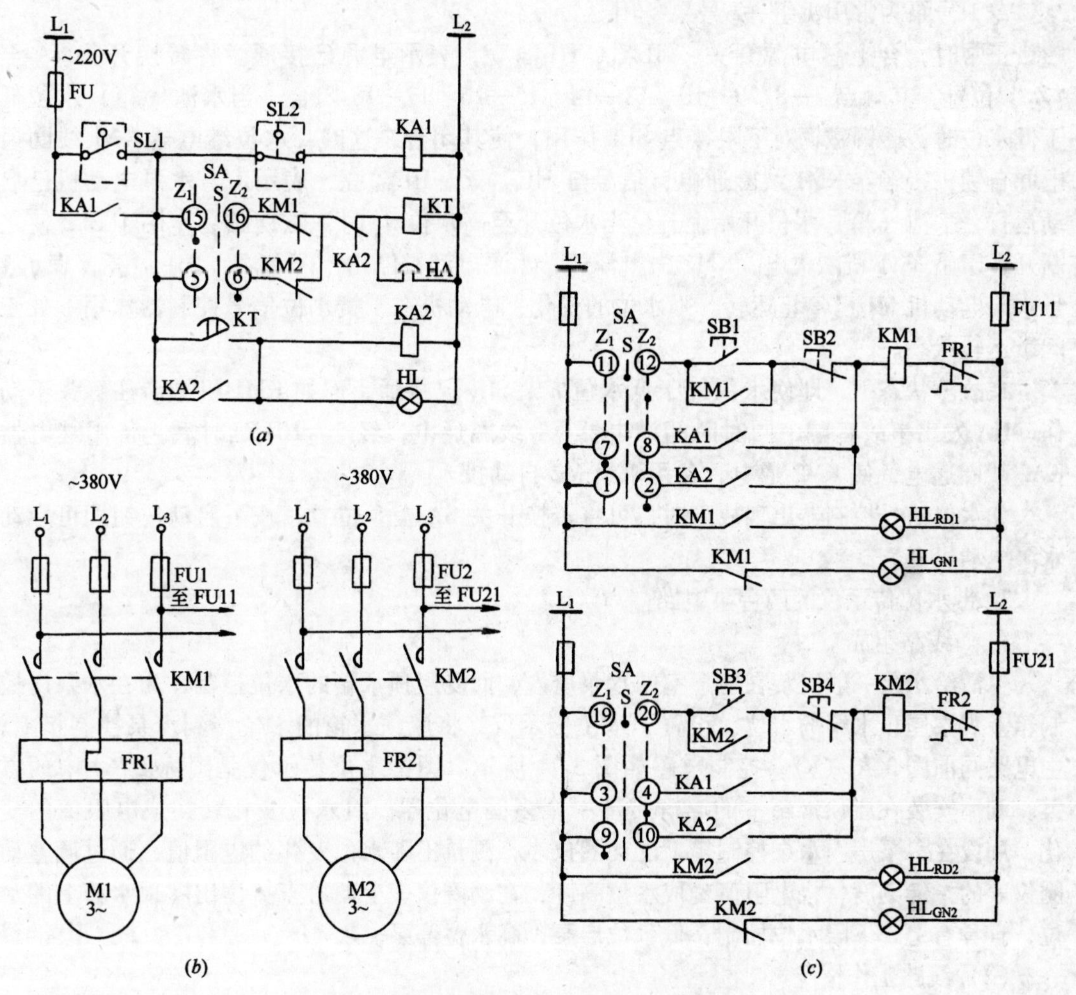

图 3-70　备用泵自动投入控制方案原理图

(*a*) 水位信号回路；(*b*) 主回路；(*c*) 控制回路

SA 接线　　　　表 3-27

触点编号	特征	1 号泵用 2 号泵备 $Z_1$45°	手动 S0°	2 号泵用 1 号泵备 $Z_2$45°
1○┤ ├┤ ├○2	1—2			×
3○┤ ├┤ ├○4	3—4			×
5○┤ ├┤ ├○6	5—6			×
7○┤ ├┤ ├○8	7—8	×		
9○┤ ├┤ ├○10	9—10	×		
11○┤ ├┤ ├○12	11—12		×	
13○┤ ├┤ ├○14	13—14	×		×
15○┤ ├┤ ├○16	15—16	×		
17○┤ ├┤ ├○18	17—18	×		×
19○┤ ├┤ ├○20	19—20		×	

(2) 工作原理

令1号泵为常用机组、2号泵备用。

正常时，合上总电源开关，HL_{GN1}、HL_{GN2}亮，表示电源已接通。将转换开关SA至"Z_1"位置，其触点7—8、9—10、13—14、15—16、17—18闭合，当水池（箱）水位低于低水位时，磁钢磁场对下限接点SL1作用，使其闭合，这时，水位继电器KA1线圈通电并自锁，接触器KM1线圈通电，信号灯HL_{GN1}灭、HL_{RD1}亮，表示1号水泵电动机已启动运行，水池（箱）水位开始上升，当水位升至高水位h_2时，磁钢磁场作用于SL2使之断开，于是KA1线圈失电，KM1失电释放，水泵电动机停止，HL_{RD1}灭、HL_{GN1}亮，表示1号水泵电动机M1已停止运转。随水位的变化，电动机在干簧水位信号控制器作用下处于间歇运转状态。

在故障状态下，即使水位处于低水位h_1，SL1已接通，但如KM1机械卡住触头不动作，HA发出事故音响，同时时间继电器KT线圈通电，经5～10s延时后，备用继电器KA2线圈通电，使KM2通电，备用机组M2自动投入。

如水位信号控制器出现故障时，可将转换开关SA至S位置，按下启动按钮即可启动水泵电动机。

3. 带水位传示仪的两台泵电路

(1) 线路组成

生活给水泵一般安装在地下室的水泵房内，而受屋顶水箱的水位控制，为在水泵房控制箱上观察屋顶水箱的水位，设置了水位传示仪，将屋顶水箱的水位传到水泵控制箱上。主电路同前图3-70（*b*），控制电路如图3-71所示。图中水位传示仪是国标D764中的方案。利用安装在屋顶水箱中的浮球带动一个多圈电位器。将水位变化转换成电阻值的变化，用设在水泵房内水泵控制箱上的动圈仪表，测量出随水位变化的电阻值，通过调整动圈仪表的指针刻度，将电阻值刻成水位高度，在动圈仪表上便可直接读出屋顶水箱上的水位，且具有上、下限水位控制，低水位启泵，高水位停泵。

(2) 线路工作情况

将转换开关SA至"自动"位，其触点3—4、5—6闭合，当屋顶水箱水位降至低水位时，水位传示仪YZ-Ⅱ中读出低水位值，且低水位触点⑧～⑨闭合，中间继电器KA2线圈通电，因此时水位没有低于消防预留水位，SL不闭合，KA1不通电，于是KM1通电，同时KT1通电，1号水泵电动机M1启动。当水箱水位达高水位时，水位传示仪读出高水位值，且高水位触点⑥～⑦断开，KA2失电释放，KM1失电，M1停止。下次水位低时，M2先启动。

这种线路的特点是：设备简单、价格低廉，观察水位方便。

4. 两台泵降压启动（一用一备）

当电动机容量较大时需要降压启动，鼠笼式异步电动机的四种降压方式常用于水泵控制中，这里仅以星-三角降压启动为例说明之。

(1) 线路组成

由主电路和控制电路组成，如图3-72所示。图中采用了SA1和SA2两个转换开关，两台泵可分别选择自己的工作状态，使控制更具灵活性。

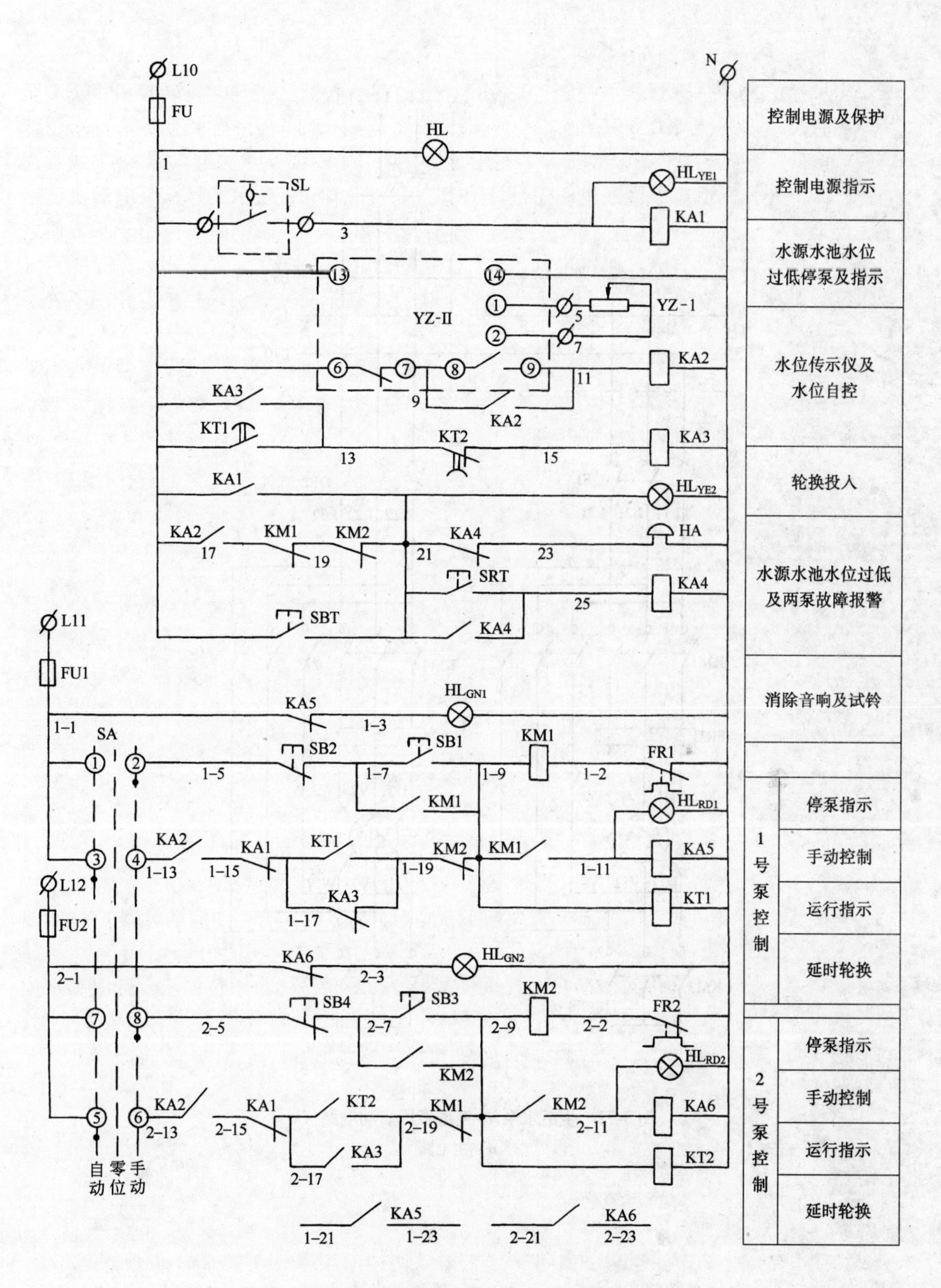

图 3-71　带水位传示仪的两台泵一用一备自动转换工作

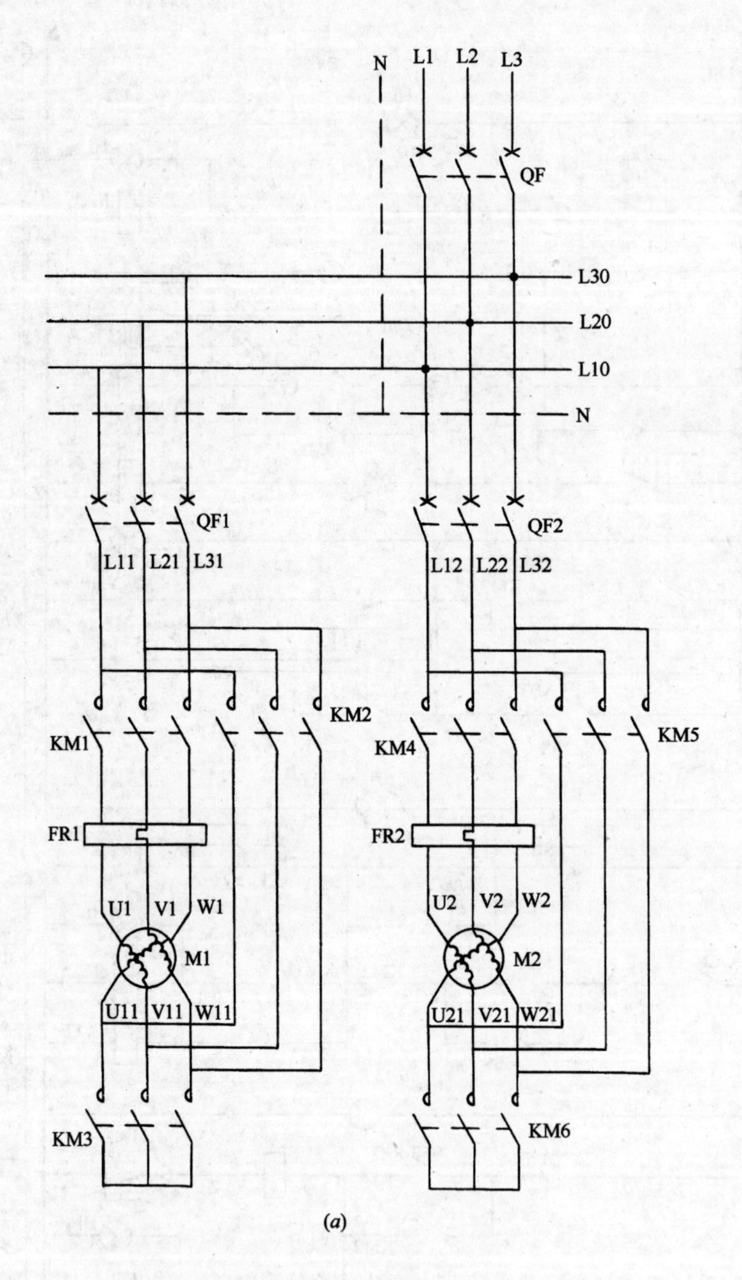

(*a*)

图 3-72　生活水泵星-三角降压启动电路（一）

（*a*）主电路

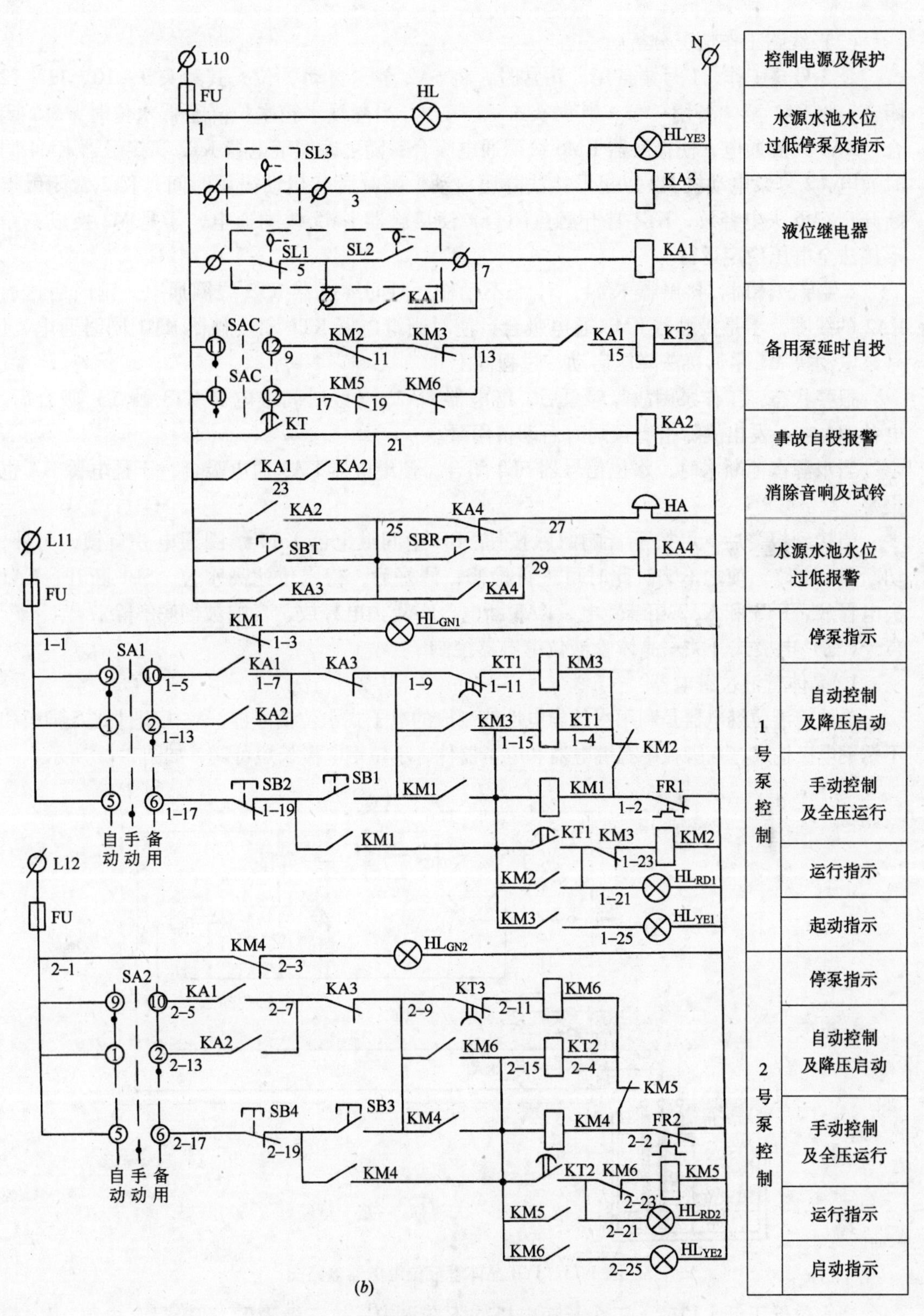

图 3-72 生活水泵星-三角降压启动电路（二）

（*b*）控制电路

（2）线路工作情况分析

令 2 号泵工作、1 号泵备用。正常时，将 SA2 至“自动”位，其触头 9～10、11～12 闭合；将 SA1 至“备用”位，其触头 1～2 闭合。当屋顶水箱水位降至低水位时，SL2 闭合，KA1 线圈通电，使接触器 KM6 线圈通电吸合，随之时间继电器 KT2 和接触器 KM4 同时通电，2 号泵电动机 M2 以星形接法降压启动，延时后（启动需用时间）KT2 常闭触点断开，KM6 失电释放，KT2 常开触点闭合，使接触器 KM5 线圈通电，于是 M2 换成三角形接法全电压稳定运行。

2 号泵故障时，接触器 KM4，5，6 不动作，时间继电器 KT3 线圈通电，延时后接通 KA2 的线圈，于是接触器 KM3 通电吸合，使时间继电器 KT1 和接触器 KM1 同时通电，1 号泵电动机 M1 星形接法降压启动，过程同上。

报警状态：工作泵因故障停泵后，继电器 KA2，（经时间继电器 KT3 触点）吸合后，电铃 HA 响，发出故障报警且同时启动备用泵。

当水源水池断水时，水位信号器 SL3 闭合，使继电器 KA3 通电吸合，于是电铃 HA 也报警。

当接到报警后，可按下音响解除按钮 SBR 中间继电器 KA4 线圈通电并自锁，另外，切断 HA 电路，使之不响。此时可进行检修，修好后，待水位达高水位，SL1 断开，KA1 失电释放，KT3 和 KA2 相继断电，KA3 断电，KA4 失电释放，音响被彻底解除。

（三）电极式开关—晶体管液位继电器控制

1. 晶体管液位继电器

晶体管液位继电器是利用水的导电性能制成的电子式水位信号器。它由组件式八脚板和不锈钢电极构成，八脚板中有继电器和电子器件，不锈钢电极长短可调，如图 3-73 所示。

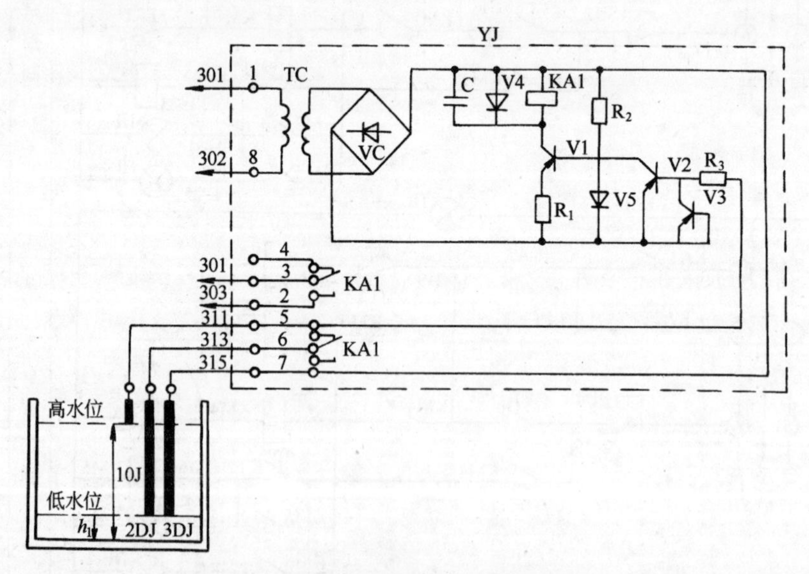

图 3-73　JYB 晶体管液位继电器电路图

当水位低于低水位时，三个长短电极均不在水中，故三极管 V_2 基极呈高电位，V_2 截止，V_2 的集电极呈低电位，V_1 的基极呈低电位，V_1 导通，V_1 的集电极电流流过继电器 KA1 的线圈，使 KA1 触头动作，当水位处于高低水位之间时，虽然长电极已浸在水中，但是短电极仍不在水中，其 V_2 基极仍呈高电位，KA1 继续通电。

当水位高于高水位时，三个电极均浸在水中，由于水的导电性将水箱壁低电位引至电极上，使 KA1 的5-7 短接，于是 V_2 基极呈低电位，V_2 导通，V_1 截止，KA1 线圈失电，其触头复位。

2. 晶体管液位继电器控制线路

采用晶体管液位继电器可以对水泵电动机进行各种控制，即可构成备用泵不自动投入、备用泵自动投入及降压启动的方式。这里仅以备用泵不自动投入方式说明晶体管液位继电器的应用。其水位信号回路如图 3-74 所示，主电路及控制电路如图 3-69（*c*）、（*d*）所示。

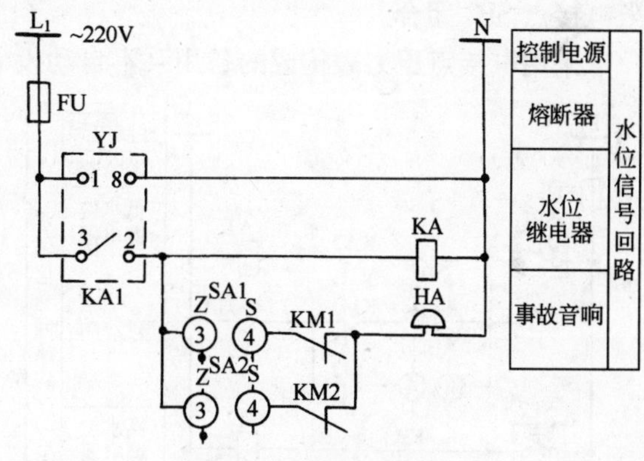

图 3-74　水位信号回路

令 1 号为工作泵，2 号为备用泵。

将 SA1 至“Z”位，SA2 至“S”位，合总闸，HL_{GN1}、HL_{GN2} 均亮，表示电源已接通，且两台电机均处于停止状态。

当水箱水位低于低水位 h_1 时，V_2 截止，V_1 导通，KA1 线圈通电，$KA1_{2\text{-}3}$ 闭合，使水位继电器 KA 通电，接触器 KM1 线圈通电，M1 启动运转，水位开始上升，同时 HL_{GN1} 灭、HL_{RD1} 亮，表示 1 号泵电动机已投入运行。

当水箱水位达到高水位 h_2 时，V_2 导通，V_1 截止，KA1 失电释放，使 KA 失电，其触头复位，使 KM1 失电，1 号泵电动机 M1 停止运转，HL_{RD1} 灭、HL_{GN1} 亮。如此随水位变化水泵电动机处于循环间歇运转状态，启停时间由上下限水位距离而定，如距离太短，启动停止变换频繁，为此应适当调整上下限水位的距离，即适当确定长短电极的长度，以确保可靠供水。

二、压力自动控制的生活水泵

（一）采用电接点压力表控制方案

常用的是 YX-150 型电接点压力表，既可以作为压力控制，也可作为就地检测之用。它由弹簧管、传动放大机构、刻度盘指针和电接点装置等构成。其示意图如图 3-75（*a*）、接线图如图 3-75（*b*）、结构图如图 3-75（*c*）所示。

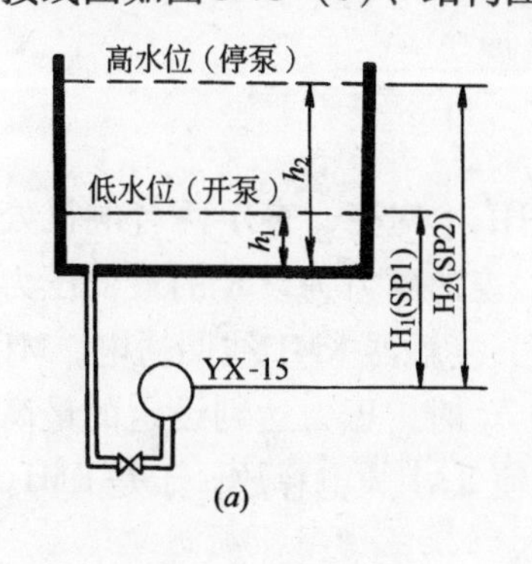

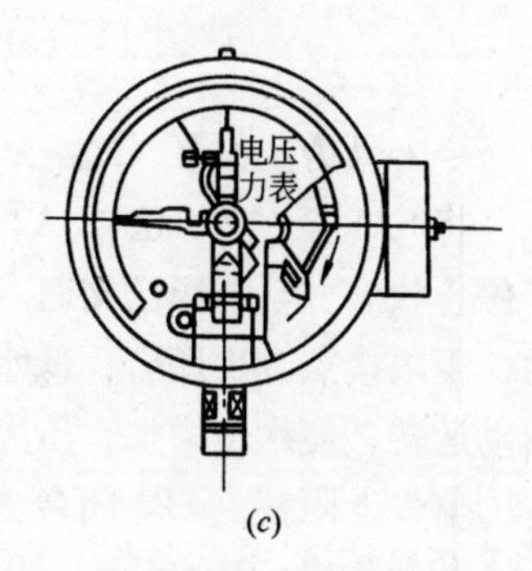

图 3-75　电接点压力表

（*a*）示意图；（*b*）接线图；（*c*）结构图

当被测介质的压力进入弹簧管时，弹簧产生位移，经传动机构放大后，使指针绕固定轴发生转动，转动的角度与弹簧中气体的压力成正比，并在刻度盘上指示出来，同时带动电接点动作。如图所示当水位为低水位 h_1 时，表的压力为设定的最低压力值，指针指向SP1，下限电接点SP1闭合，当水位升高到 h_2 时，压力达最高压力值，指针指向SP2，上限电接点SP2闭合。

采用电接点压力表构成的备用泵不自动投入的线路如图3-76所示。

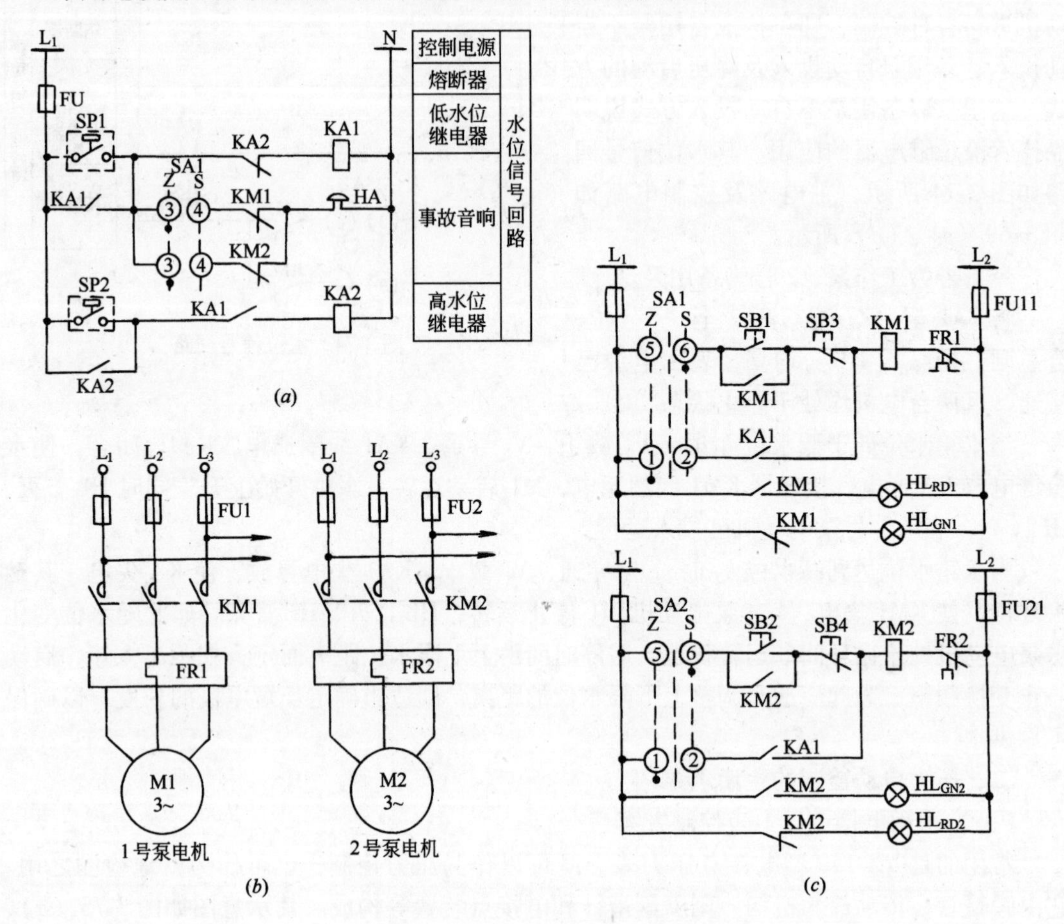

图3-76 电接点压力表控制方案电路图

（a）水位信号回路；（b）主回路；（c）控制回路

令1号为工作泵，2号为备用泵。

将SA1至“Z”位，SA2至“S”位，合总闸，HL_{GN1}、HL_{GN2} 均亮，表示两台电机处于停止状态，且电源已接通。当水箱水位处于低水位 h_1 时，表的压力为设定的最低压力值，下限接点SP1闭合，低水位继电器KA1线圈通电并自锁，接触器KM1线圈通电，M1启动运转，使水位增加，压力增大，当水箱水位升至高水位 h_2 时，压力达到设定的最高压力值，上限接点SP2闭合，高水位继电器KA2通电动作，使KA1失电释放，于是KM1、KA2相继失电，M1停止，并由信号灯显示。

当KM1故障时，HA发出事故音响。操作者按下SB2，KM2通电并自锁，备用泵电机

M2 启动运转，当水位上升到高水位时，压力表指向 SP2，按下停止按钮 SB4，KM2 失电释放，M2 停止。必要时，也可构成备用泵自动投入线路。

（二）采用气压罐式控制方案

1. 气压给水设备的构成

气压给水设备是一种局部升压设备，可以代替水塔或水箱。它由气压给水设备、气压罐、补气系统、管路阀门系统、顶压系统和电控系统所组成。如图 3-77 及图 3-70（*b*）、（*c*）所示。

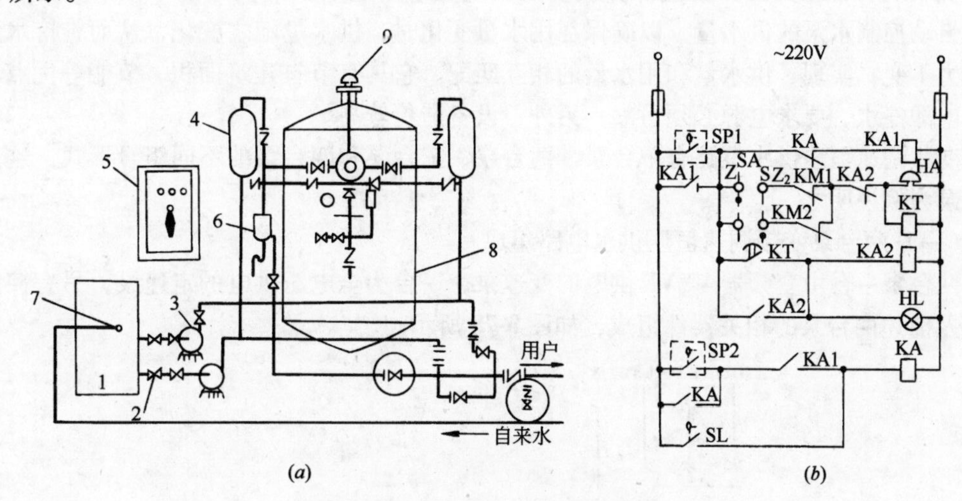

图 3-77　气压罐式水压自动控制

（*a*）系统示意；（*b*）水位信号电路

1—水池；2—闸阀；3—水泵；4—补气罐；5—电控箱；6—呼吸阀；7—液位报警器；8—气压罐；9—压力控制器

它是利用密闭的钢罐，由水泵将水压入罐内，靠罐内被压缩的空气压力将贮存的水送入给水管网，但随着水量的减小，水位下降，罐内的空气密度增大，压力逐渐减小。当压力下降到设定的最小工作压力时，水泵便在压力继电器作用下启动，将水压入罐内。当罐内压力上升到设定的最大工作压力时，水泵停止工作，如此重复工作。

气压给水罐内的空气与水直接接触，在运行过程中，空气由于损失和溶解于水而减少，当罐内空气压力不足时，经呼吸阀自动增压补气。

2. 电气控制线路的工作情况

令 1 号泵为工作泵，2 号泵为备用泵，将转换开关 SA 至 "Z_1" 位（SA 闭合状态见表 3-27），当水位低于低水位，气压罐内压力低于设定的最低压力值时，电接点压力表下限接点 SP1 闭合，低水位继电器 KA1 线圈通电并自锁，使接触器 KM1 线圈通电，1 号泵电动机启动运转，当水位增加到高水位时，压力达最大设定压力，电接点压力表上限接点 SP2 闭合，高水位继电器 KA 线圈通电，其触头将 KA1 断开，于是 KM1 断电释放，1 号泵电动机停止。就这样保持罐内有足够的压力，以供用户用水。

SL 为浮球继电器触点，当水位高于高水位时，SL 闭合，也可将 KA 接通。使水泵停止，防止压力过高罐爆炸。

在故障下 2 号泵电动机的自动投入的过程如前所述，这里不再作分析。

三、变频调速恒压供水的生活水泵

一般情况下，生活给水设备分成两种形式，即非匹配式与匹配式。非匹配式的特征是：水泵的供水量总保持大于系统的用水量。应设置蓄水设备，如水塔、高位水箱等，当水至低水位时启泵上水，达到高水位时停泵。只有在高位之上才可向用户供水。如前面的干簧式、晶体管液位继电器式及电接点压力表控制方案等均属此类。而匹配式供水设备的特征是：水泵的供水量随着用水量的变化而变化，无多余水量，不设蓄水设备。变频调速恒压供水就属于此类型。通过计算机控制，改变水泵电动机的供电频率，调节水泵的转速，自动控制水泵的供水量，以确保在用水量变化时，供水量随之变化，从而维持水系统的压力不变，实现了供水量和用水量的相互匹配。它具有节省建筑面积、节能等优点。但因停电即停水，要求电源必须可靠，另外，设备造价较高。

变频调速恒压供水电路有单台泵、两台泵、三台泵和四台泵的不同组合形式，这里以两台泵为例说明之。

（一）两台泵变频调速恒压供水电路组成

两台泵一台由变频器 VVVF 供电的变速泵，一台为全电压供电的定速泵，另有控制器 KGS 及前述两台泵的相关器件组成，如图 3-78 所示。

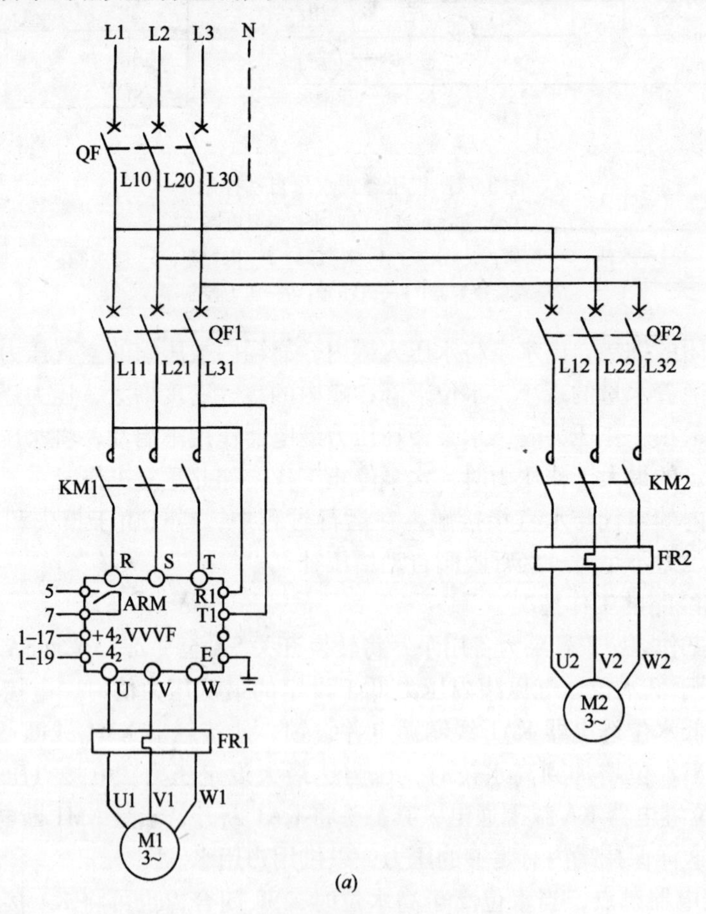

(*a*)

图 3-78　生活泵变频调速恒压供水电路（一）

（*a*）主电路

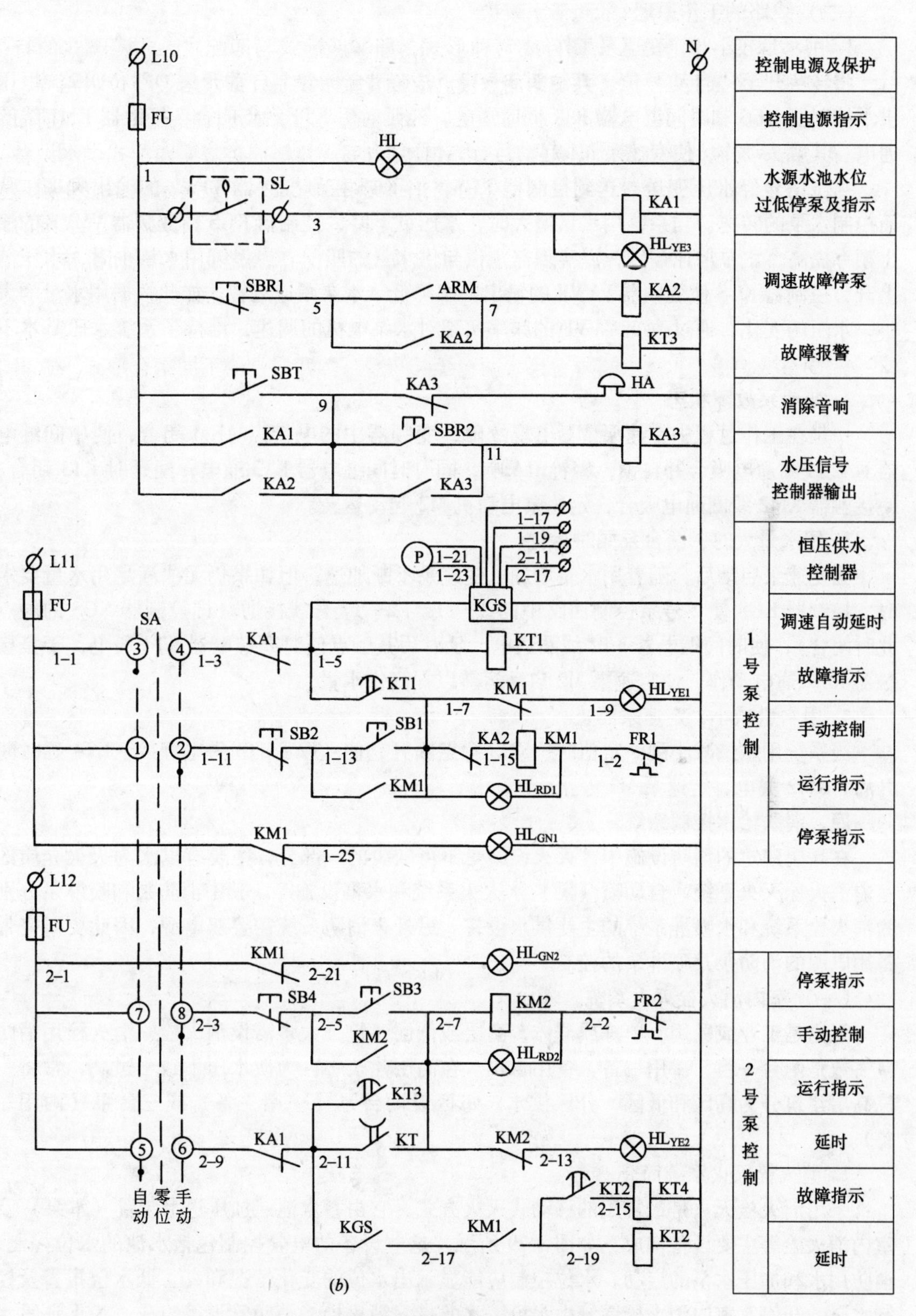

(*b*)

图 3-78　生活泵变频调速恒压供水电路（二）

（*b*）控制电路

（二）线路的工作原理

1. 用水量较小时，变速泵工作

将转换开至“自动”位，其触头3—4、5—6闭合，合上自动开关QF1、QF2，恒压供水控制器KGS和时间继电器KT1同时通电，经延时后KT1触点闭合，接触器KM1线圈通电，其触头动作，使变速泵M1起动运行，恒压供水。

水压信号经水压变送器送到控制器KGS，由KGS控制变频器VVVF的输出频率，从而控制水泵的转速。当系统用水量增大时，水压欲下降，控制器KGS使变频器VVVF的输出频率提高，水泵加速运转，以实现需水量与供水量的匹配。当系统用水量少时，水压欲上升，控制器KGS使变频器VVVF的输出频率降低，水泵减速运转。如此根据用水量的大小，水压的变化，通过改变VVVF的频率实现对水泵电机的调速，维持了系统水压基本不变。

2. 变速泵故障状态

一旦在工作过程中变速泵M1出现故障，变频器中的电接点ARM闭合，使中间继电器KA2线圈通电吸合并自锁，警铃HA响，同时时间继电器KT3通电，经延时KT3闭合，使接触器KM2线圈通电吸合，定速泵电动机M2起动运转。

3. 用水量大时，两台泵同时运行

当变速泵启动后，随着用水量增加，变速泵不断加速，但如果仍无法满足用水量要求时，控制器KGS使2号泵控制回路中的2—11与2—17号线接通（即控制器KGS的触点此时闭合），使时间继电器KT2线圈通电，延时后其触点使时间继电器KT4通电，于是接触器KM2通电动作，使定速泵M2启动运转以提高供水量。

4. 用水量减小，定速泵停止

当系统用水量减小到一定值时，KGS触点断开，使KT2、KT4失电释放，KT4延时断开后，KM2失电，定速泵M2停止。

四、消防给水控制系统

在高层建筑的消防设施中，灭火设施是不可缺少的一部分，主要有以水为灭火介质的室内消火栓灭火系统、自动喷（洒）水灭火系统和水幕设施等。其中消防泵和喷淋泵分别为消火栓系统和水喷淋系统的主要供水设备。另外，消防系统需要双电源，因此要研究带备用电源的消防泵及喷淋泵的控制。

（一）室内消火栓灭火系统

无论是工业或民用、单栋或群体、高层或低层建筑，大多需设消火栓，消火栓用消防泵多数是两台一组，一用一备，备用自投。在高层建筑中，为使水压不致于过高，常将一栋高层建筑分为高区和低区，分区供水。每区设两台泵（一用一备）或三台泵（两用一备）。

1. 消火栓灭火系统简介

采用消火栓灭火是最常用的移动式灭火方式，它由蓄水池、加压送水装置（水泵）及室内消火栓等主要设备构成，如图3-79所示。这些设备的电气控制包括水池的水位控制、消防用水和加压水泵的启动。水位控制应能显示出水位的变化情况和高、低水位报警及控制水泵的开停。室内消火栓系统由水枪、水龙带、消火栓、消防管道等组成。为保证喷水枪在灭火时具有足够的水压，需要采用加压设备。常用的加压设备有两种：消防水泵和气压给水装置。采用消防水泵时，在每个消火栓内设置消防按钮，灭火时用小锤击碎按钮上的玻璃小窗，按钮不受压而复位，从而通过控制电路启动消防水泵，水压增高后，灭火水管有水，用水枪喷水灭火。采用气压给水装置时，由于采用了气压水罐，并以气水分离器来保证供水压力，所以水泵功率较小，可采用电接点压力表，通过测量供水压力来控制水泵的启动。

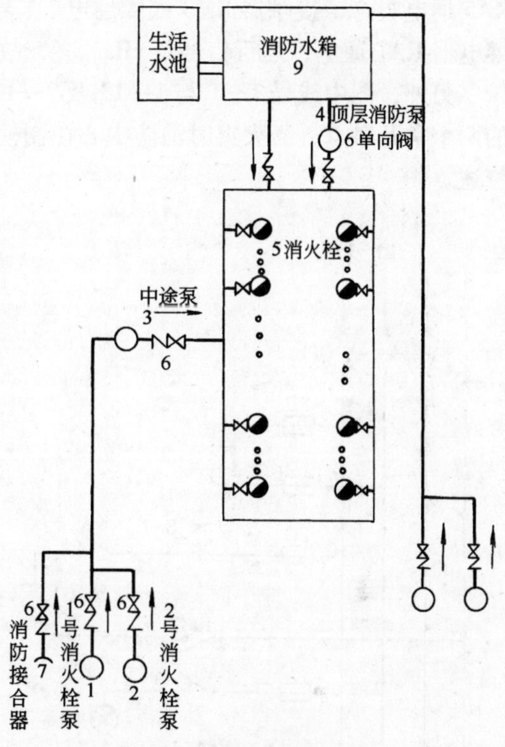

图 3-79 室内消火栓系统

对消火栓灭火系统的要求：

（1）消防按钮必须选用打碎玻璃启动的按钮，为了便于平时对断线或接触不良进行监视和线路检测，消防按钮应采用串联接法。

（2）消防按钮启动后，消火栓泵应自动启动投入运行，同时应在建筑物内部发出声光报警，通告住户。在控制室的信号盘上也应有声光显示，并应能表明火害地点和消防泵的运行状态。

（3）为防止消防泵误启动使管网水压过高而导致管网爆裂，需加设管网压力监视保护，当水压达到一定压力时，压力继电器动作，使消火栓泵停止运行。

（4）消火栓工作泵发生故障需要强投时，应使备用泵自动投入运行，也可以手动强投。

（5）泵房应设有检修用开关和启动、停止按钮，检修时，将检修开关接通，切断消火栓泵的控制回路以确保维修安全，并设有有关信号灯。

2. 消火栓泵的电气控制

（1）全电压启动的消火栓泵

消防泵属于一级负荷，需双电源供电，末端互投。采用双电源供电全电压启动的两台消防泵（一用一备）电路如图 3-80 所示。

①双电源切换：合上自动开关 QF1、QF2、QF3、QF4，合上旋钮开关 SA1、SA2，中间继电器 KA 线圈通电，KM1 通电吸合，主电源投入使用。当主电源无电或因过载而跳闸时，KA 失电释放，KM1 失电，接触器 KM2 线圈通电动作，备用电源送上，当主电源恢复常态时，KA 线圈重新通电，使 KM2 失电释放，KM1 重新通电吸合，恢复使用主电源。

②正常情况下的自动控制：令 1 号泵为工作泵，2 号泵为备用泵。将转换开关 SA 至“1 号用、2 号备”位置，其触点 9—10、11—12 闭合，做好火警下 1 号泵启动，2 号泵备用准备。

当发生火灾时，打碎消防按钮玻璃，该按钮的常开触点 SE1 ~ SEn 中相关触点因不受压而断开，继电器 KA4 线圈失电释放，时间继电器 KT3 线圈通电，延时后中间继电器

KA5 通电吸合，接触器 KM3 线圈通电，1 号消火栓泵电动机 M1 启动加压灭火。另外中间继电器 KA1 通电，运行信号灯 HL_{RD3}亮，故障信号灯 HL_{YE1}和停泵信号灯 HL_{GN1}灭。

另外，图中线号 1—1 与 1—13 及 2—1 与 2—13 之间分别接入消防控制系统控制模块的两个常开触点，当火灾时消防中心控制模块常开触点闭合后，也有上述的启泵过程，不赘述。

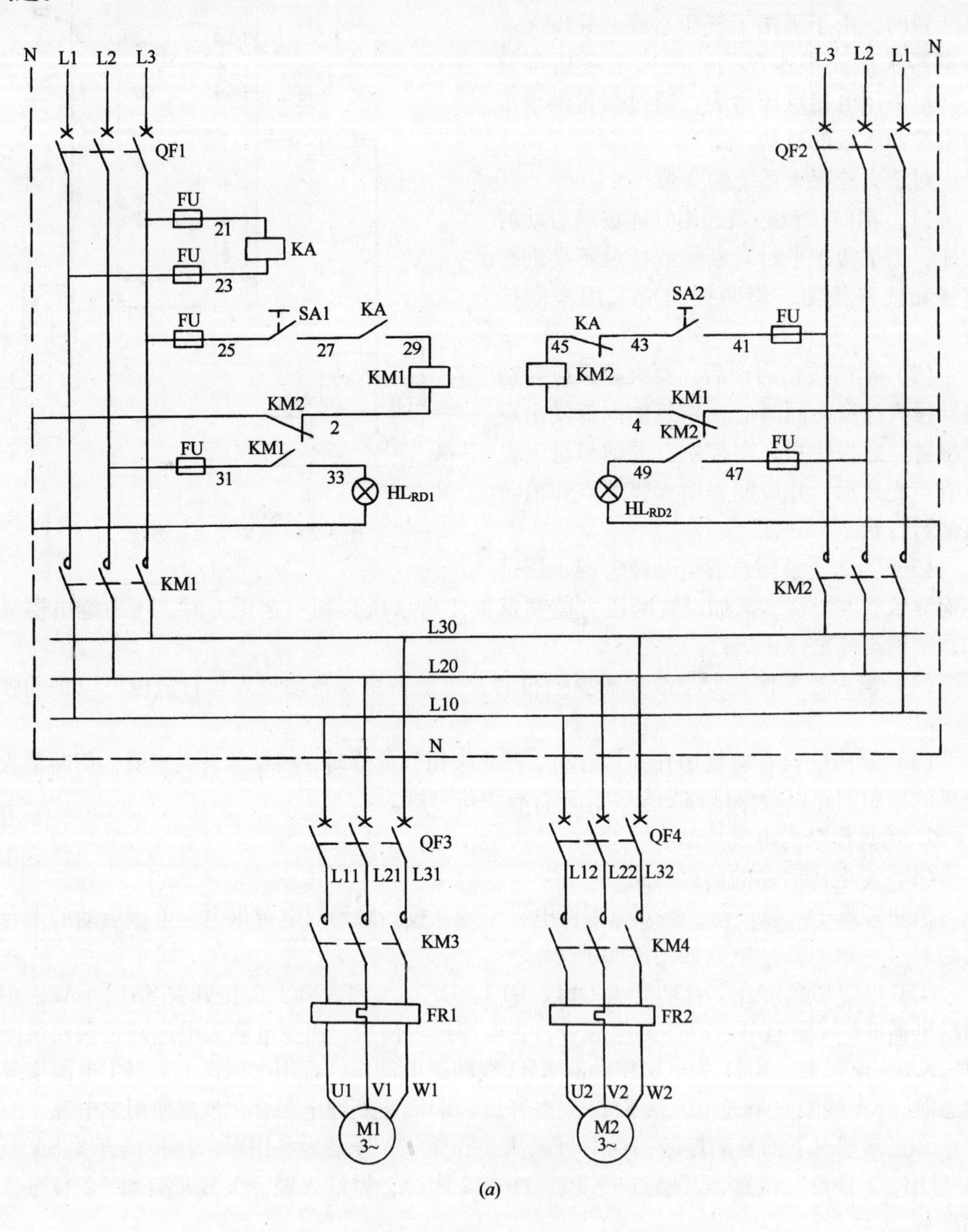

(*a*)

图 3-80　全电压启动的消火栓用消防泵电路（一）

（*a*）主电路

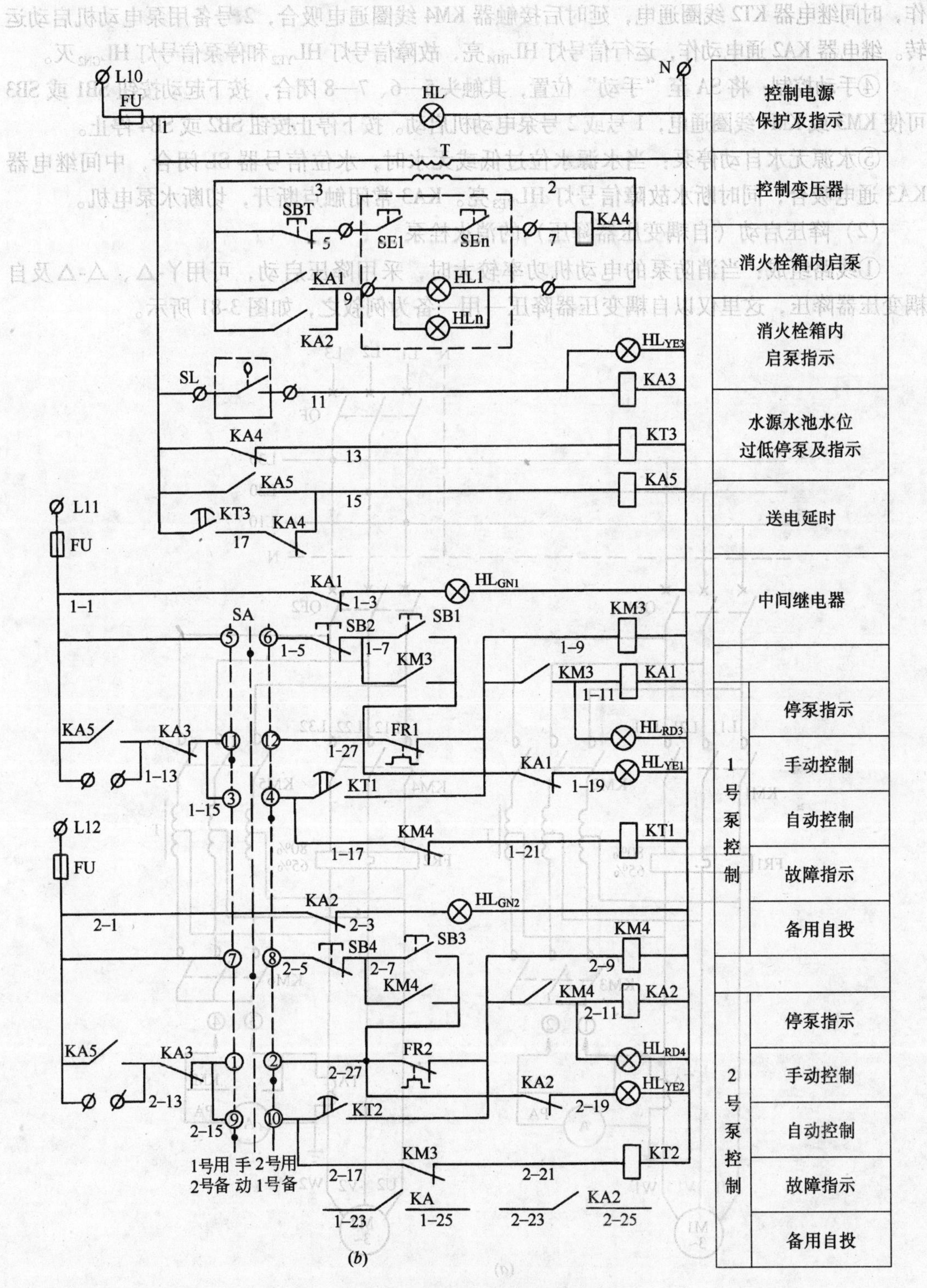

图 3-80 全电压启动的消火栓用消防泵电路（二）

（b）控制电路

③故障下的工作状态：当火灾时，如果1号泵控制回路中某电气故障时，KM3触点不动作，时间继电器KT2线圈通电，延时后接触器KM4线圈通电吸合，2号备用泵电动机启动运转。继电器KA2通电动作，运行信号灯HL_{RD4}亮，故障信号灯HL_{YE2}和停泵信号灯HL_{GN2}灭。

④手动控制：将SA至“手动”位置，其触头5—6、7—8闭合，按下起动按钮SB1或SB3可使KM3或KM4线圈通电，1号或2号泵电动机启动。按下停止按钮SB2或SB4停止。

⑤水源无水自动停泵：当水源水位过低或无水时，水位信号器SL闭合，中间继电器KA3通电吸合，同时断水故障信号灯HL_{YE3}亮。KA3常闭触点断开，切断水泵电机。

（2）降压启动（自耦变压器降压）的消火栓泵

①线路组成：当消防泵的电动机功率较大时，采用降压启动，可用Y-△、△-△及自耦变压器降压，这里仅以自耦变压器降压一用一备为例叙之，如图3-81所示。

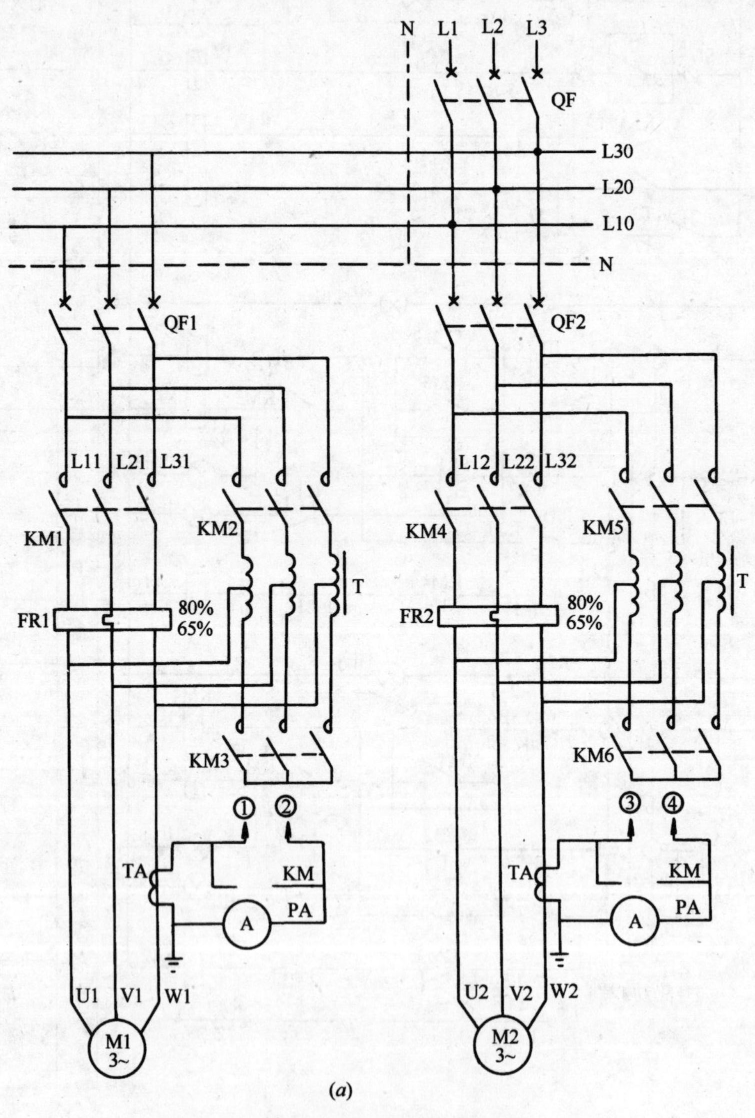

图3-81 降压启动的消火栓泵电路（一）

（a）主电路

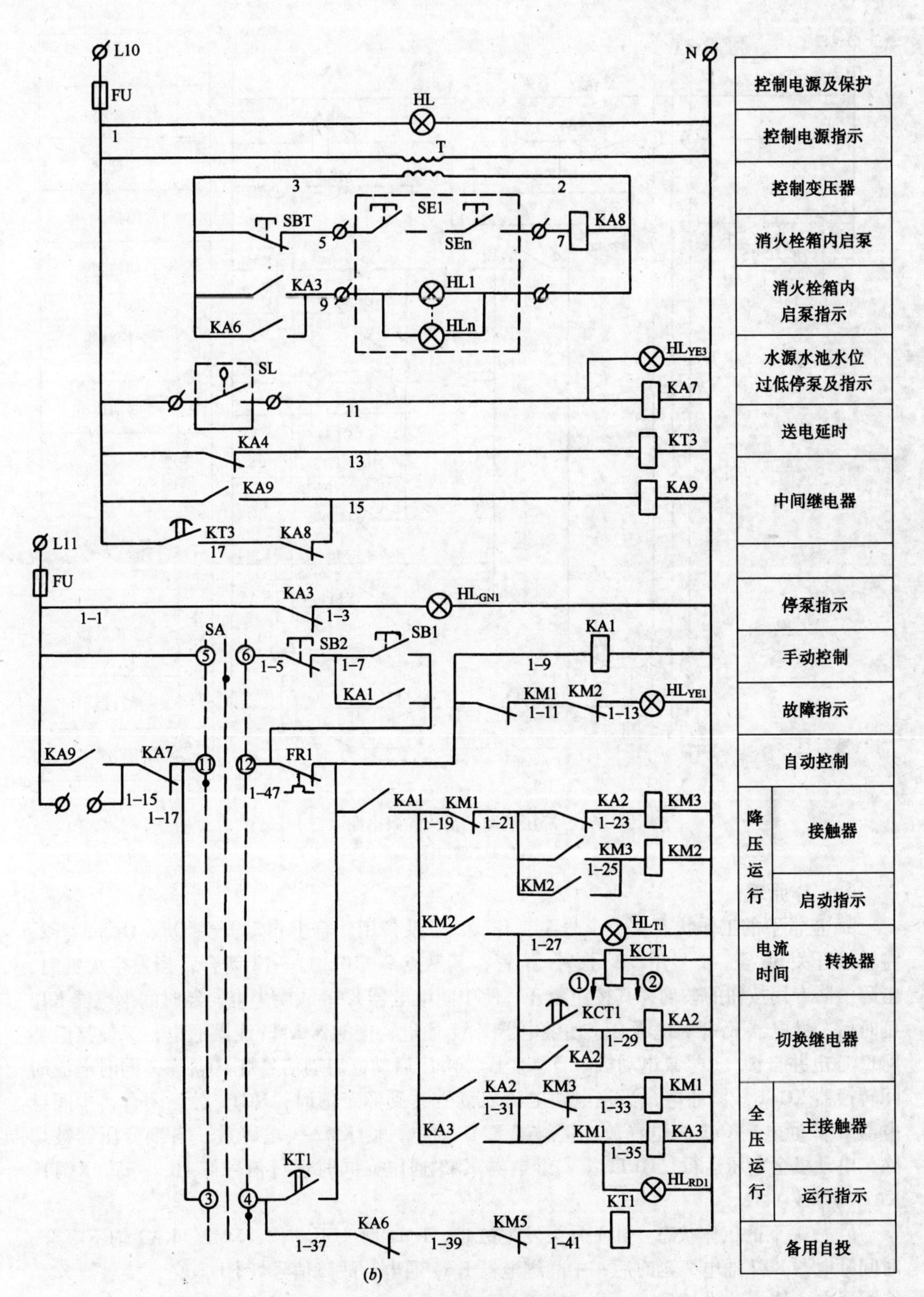

图 3-81　降压启动的消火栓泵电路（二）

（*b*）控制电路；

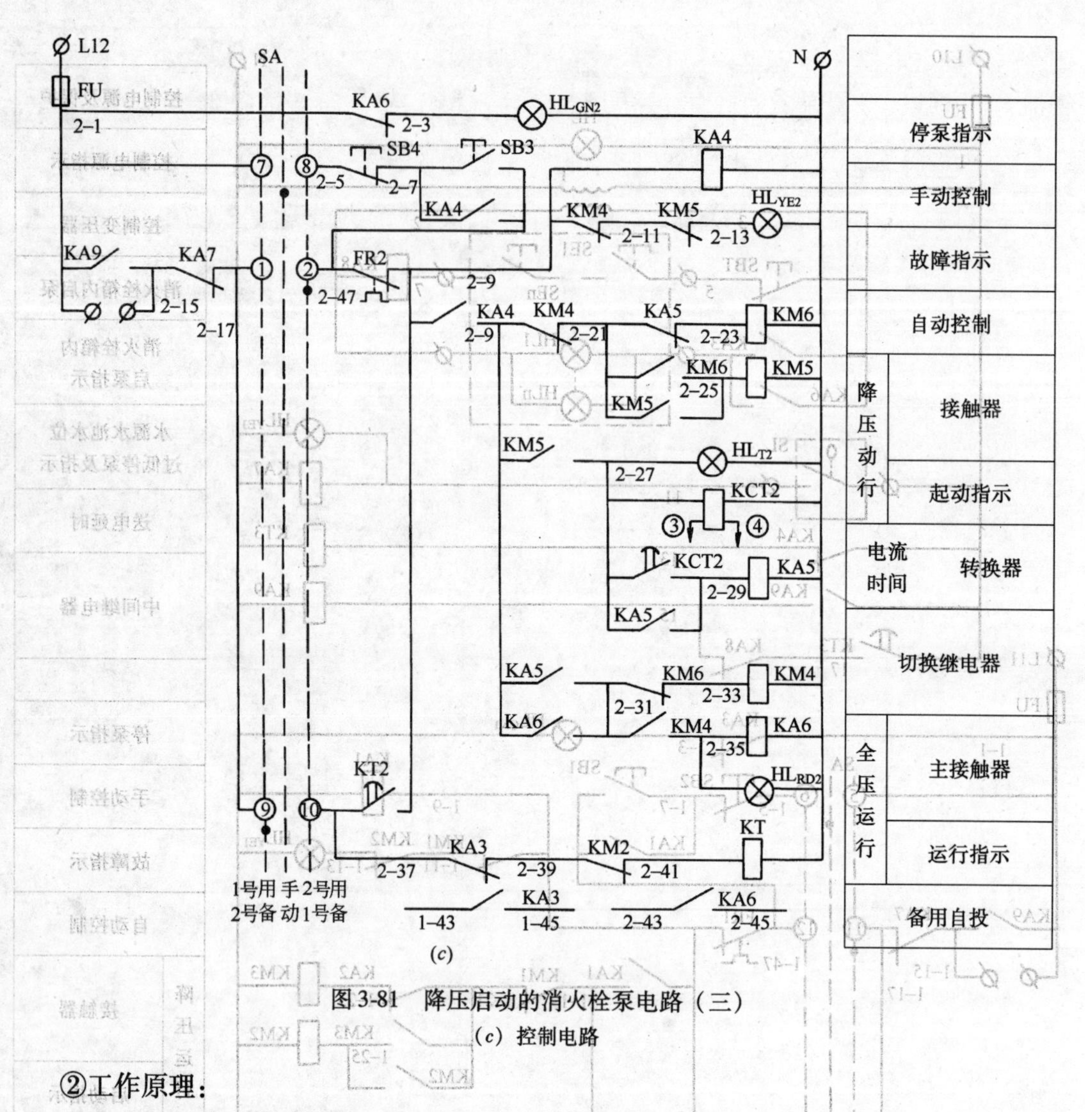

图 3-81　降压启动的消火栓泵电路（三）

(c) 控制电路

②工作原理：

a. 正常下的工作状态：令 1 号泵工作，2 号泵备用，合上自动开关 QF、QF1、QF2，将转换开关 SA 至“1 号用，2 号备”位置，其触点 9—10、11—12 闭合，当发生火灾时，击碎消防专用按钮的玻璃，其按钮断开，使中间继电器 KA8 线圈失电，经时间继电器 KT3 延时后，继电器 KA9 通电吸合，使继电器 KA1 通电，接触器 KM3 线圈通电，又使接触器 KM2 通电并自锁，1 号泵电动机串自耦变压器降压启动，启动信号灯 HL_{T1}亮，同时电流时间转换器 KCT1 线圈通电，当主电路电流表读数达到额定值时，KCT1 触点闭合，中间继电器 KA2 通电，KM3 失电释放，接触器 KM1 通电，使 KM2 失电释放，自耦变压器被切除，电动机全电压运行，HLT1 灭，继电器 KA3 通电，同时运行信号灯 HL_{RD1}亮。KCT1、KA2 均释放。

b. 故障下的工作状态：如 1 号泵发生故障，KM1 触头不动作，KM2、KA3 均不吸合，时间继电器 KT2 通电，延时后，中间继电器 KA4 通电，故障信号灯 HL_{YE2}亮，接触器 KM6 线圈通电，使接触器 KM5 通电并自锁，HL_{YE2} 灭，2 号备用泵串自耦变压器降压启动，启动信号灯 HL_{T2}亮，同时电流、时间转换器 KCT2 通电，当电流表读数为额定值时，其触点

闭合，中间继电器 KA5 通电，KM6 失电释放，接触器 KM5 失电切除自耦变压器，同时接触器 KM4 通电，2 号泵电动机 M2 全电压稳定运行，HL_{T2}灭，运行信号灯 HL_{RD2}亮。

当水源水池无水时，水位信号器 SL 闭合，继电器 KA7 通电，同时断水故障信号灯 HL_{YE3}亮，KA7 常闭触点断开，切断水泵电机。

手动控制时，将 SA 至“手动”位置，按 SB1（SB3）启泵，按 SB2（SB4）停泵。

（二）自动喷洒水灭火系统

1. 系统简介

自动喷水灭火系统是目前世界上采用最广泛的一种固定式灭火设施。它的基本功能是：能在火灾发生后，自动地进行喷水灭火；能在喷水灭火的同时发出警报。它分秒不离开值勤岗位，不怕浓烟烈火，随时监视火灾，是最安全可靠的灭火装置，适用于温度不低于4℃（低于4℃受冻）和不高于70℃（高于70℃失控，误动作造成水灾）的场所。自动喷洒用消防泵受水路系统的压力开关或水流指示器直接控制，火灾时延时启泵或由消防中心控制启停泵。

（1）系统的组成

湿式喷水灭火系统是由喷头、报警止回阀、延迟器、水力警铃、压力开关（安在干管上）、水流指示器、管道系统、供水设施、报警装置及控制盘等组成，报警阀的前后充满压力水。如图 3-82 所示，主要器件如表 3-28 所示。其动作程序如图 3-83 所示。

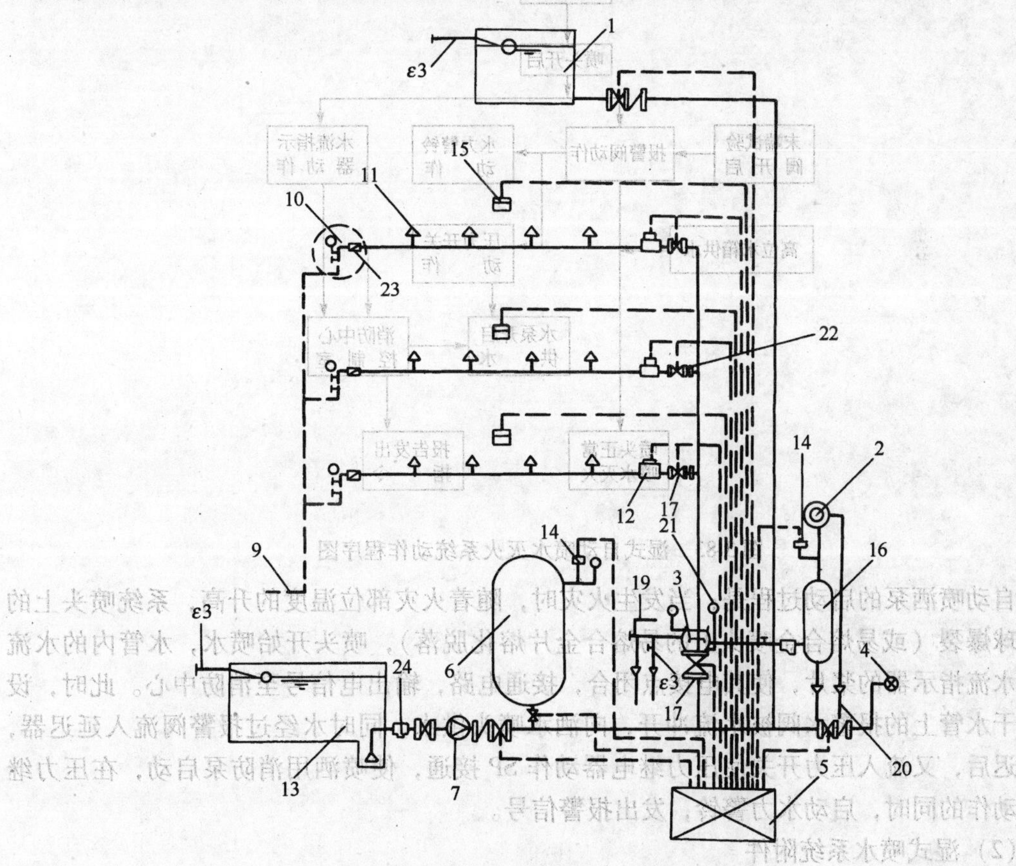

图 3-82 湿式自动喷水灭火系统示意图

主 要 部 件 表 **表 3-28**

编号	名称	用途	编号	名称	用途
1	高位水箱	储存初期火灾用水	13	水池	储存 1h 火灾用水
2	水力警铃	发出音响报警信号	14	压力开关	自动报警或自动控制
3	湿式报警阀	系统控制阀，输出报警水流	15	感烟探测器	感知火灾，自动报警
4	消防水泵接合器	消防车供水口	16	延迟器	克服水压液动引起的误报警
5	控制箱	接收电信号并发出指令	17	消防安全指示阀	显示阀门启闭状态
6	压力罐	自动启闭消防水泵	18	放水阀	试警铃阀
7	消防水泵	专用消防增压泵	19	放水阀	检修系统时，放空用
8	进水管	水源管	20	排水漏斗（或管）	排走系统的出水
9	排水管	末端试水装置排水	21	压力表	指示系统压力
10	末端试水装置	试验系统功能	22	节流孔板	减压
11	闭式喷头	感知火灾，出水灭火	23	水表	计量末端试验装置出水量
12	水流指示器	输出电信号，指示火灾区域	24	过滤器	过滤水中杂质

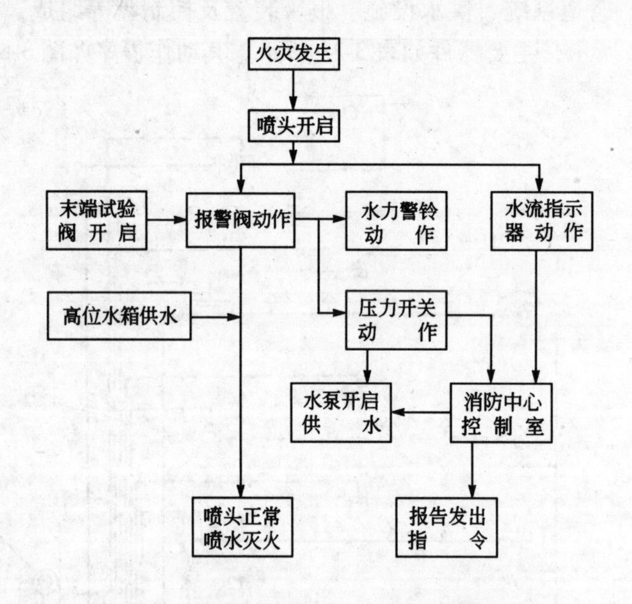

图 3-83 湿式自动喷水灭火系统动作程序图

自动喷洒泵的启动过程是：当发生火灾时，随着火灾部位温度的升高，系统喷头上的玻璃球爆裂（或易熔合金喷头上的易熔合金片熔化脱落），喷头开始喷水，水管内的水流推动水流指示器的桨片，使其电接点闭合，接通电路，输出电信号至消防中心。此时，设在主干水管上的报警水阀被水流冲开，向洒水喷头供水，同时水经过报警阀流入延迟器，经延迟后，又流入压力开关使压力继电器动作 SP 接通，使喷洒用消防泵启动，在压力继电器动作的同时，启动水力警铃，发出报警信号。

（2）湿式喷水系统附件

①水流指示器（水流开关）：水流指示器的作用是：把水的流动转换成电信号报警的

部件。其电接点即可直接启动消防水泵，也可接通电警铃报警。

在多层或大型建筑的自动喷水灭火系统中，在每一层或每分区的干管或支管的始端安装一个水流指示器。为了便于检修分区管网，水流指示器前宜装设安全信号阀，可以直接报知建筑物的哪一层、哪一部分闭式喷头已喷水。也可以安装在主干水管上直接控制启动水泵，适用于管径 $d=50\sim150$mm 系统中。

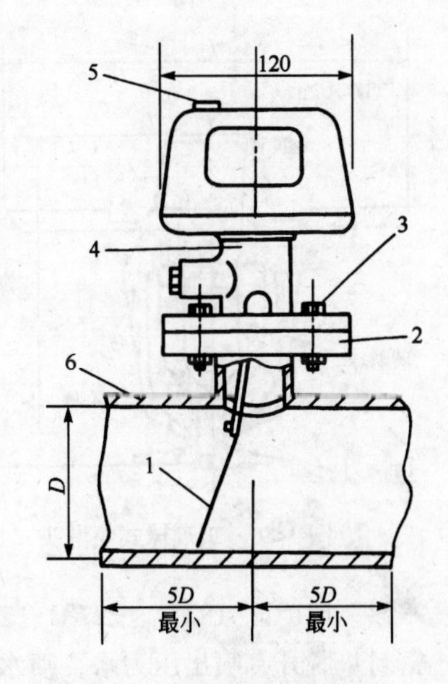

图 3-84　水流指示器示意

1—桨片；2—法兰底座；3—螺栓；4—本体；5—接线孔；6—喷水管道

水流指示器分类：

按叶片形状分为板式和桨式两种。按安装基座分为管式、法兰连接式和鞍座式三种。

这里仅以桨式水流指示器为例说明之。桨式水流指示器又分为电子接点方式和机械接点方式两种。桨式水流指示器的构造如图 3-84 所示，主要由桨片、法兰底座、螺栓、本体和电接点等组成。

桨式水流指示器的工作原理：当发生火灾时，报警阀自动开启后，流动的消防水使桨片摆动，带动其电接点动作，通过消防控制室启动水泵供水灭火。

水流指示器的接线：水流指示器在应用时应通过模块与系统总线相连，水流指示器的接线如图 3-85 所示。

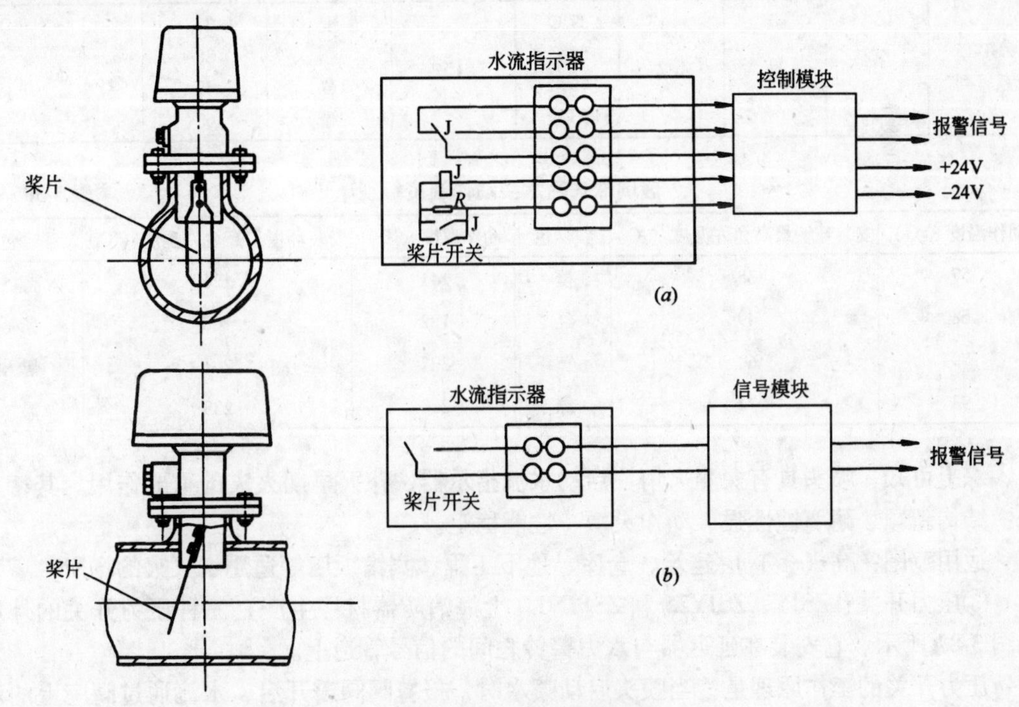

图 3-85　水流指示器接线

(*a*) 电子接点方式；(*b*) 机械接点方式

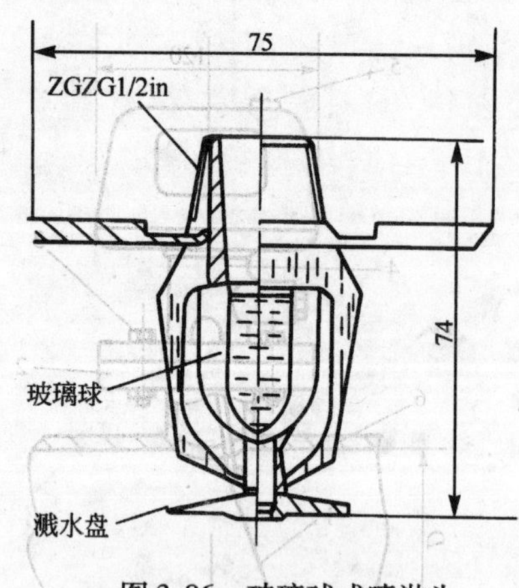

图 3-86　玻璃球式喷淋头

②洒水喷头：喷头可分为开启式和封闭式两种。它是喷水系统的重要组成部分，因此其性质、质量和安装的优劣会直接影响火灾初期灭火的成败，可见选择时必须注意。

封闭式喷头：可以分为易熔合金式、双金属片式和玻璃球式三种。应用最多的是玻璃球式喷头，如图3-86所示。喷头布置在房间顶棚下边，与支管相连。喷头主要技术参数如表3-29所列，动作温度级别如表3-30所列。

在正常情况下，喷头处于封闭状态。火灾时，开启喷水是由感温部件（充液玻璃球）控制，当装有热敏液体的玻璃球达到动作温度（57℃、68℃、79℃、93℃、141℃、182℃、227℃、260℃）时，球内液体膨胀，使内压力增大，玻璃球炸裂，密封垫脱开，喷出压力水，喷水后，由于压力降低压力开关动作，将水压信号变为电信号向喷淋泵控制装置发出启动喷淋泵信号，保证喷头有水喷出。同时，流动的消防水使主管道分支处的水流指示器电接点动作，接通延时电路（延时20～30s），通过继电器触点，发出声光信号给控制室，以识别火灾区域。

玻璃球式喷淋头主要技术参数　　**表3-29**

型　号	直径（mm）	通水口径（mm）	接管螺纹（mm）	温度级别	炸裂温度范围	玻璃球色　标	最高环境温度（℃）	流量系数 K（%）
ZST-15 系　列	15	11	1/2	57℃ 68℃ 79℃ 93℃	+15%	橙 红 黄 绿	27 38 49 63	80

玻璃球式喷水头动作温度级别　　**表3-30**

动作温度（℃）	安装环境最高允许温度（℃）	颜　色	动作温度（℃）	安装环境最高允许温度（℃）	颜　色
57	38	橙	141	121	蓝
68	49	红	182	160	紫
79	60	黄	227	204	黑
93	74	绿	260	238	黑

综上可知，喷头具有探测火情、启动水流指示器、扑灭早期火灾的重要作用。其特点是：结构新颖、耐腐蚀性强、动作灵敏、性能稳定。

适用范围：高（多）层建筑、仓库、地下工程、宾馆饭店等适用水灭火的场所。

③压力开关：ZSJY、ZSJY25和ZSJY50（上海消防器材厂生产）三种压力开关的外形如图3-87所示。它安装在延迟器与水力警铃之间的信号管道上。

压力开关的工作原理是：当喷头启动喷水时，报警阀阀瓣开启，水流通过阀座上的环形槽流入信号管和延迟器。延迟器充满水后，水流经信号管进入压力继电器，压力继电器接到水压信号，即接通电路报警，并启动喷淋泵。

压力开关特点：ZSJY 型：*a*、膜片驱动，工作压力为 0.07～1MPa 之间可调。*b*、适用于空气、水介质。*c*、可用交直流电，工作电压为：AC220V、380V；DC12V、24V、36V、48V；触点所能承受的电容量：AC220V，5A；DC24V，3A；接线电缆外径 20mm。ZSJY25、50 型：工作压力为 0.02～0.025MPa 及 0.04～0.05MPa。用弹簧接线柱给接线带来了方便，触点容量为 DC24V，5A。以上三种压力开关都有一对常开触点和一对常闭触点，作自动报警时自动控制用。

压力开关的应用接线：压力开关用在系统中需经模块与报警总线连接，如图 3-88 所示。

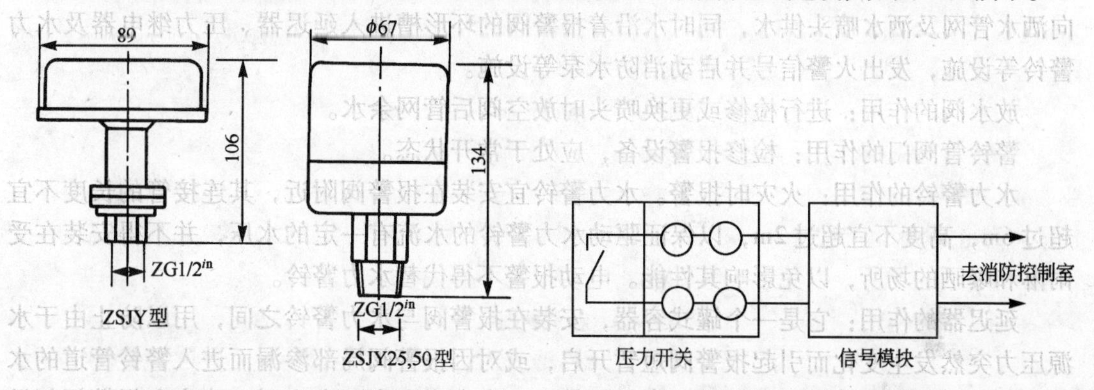

图 3-87　压力开关外形图　　　　图 3-88　压力开关接线图

④湿式报警阀：湿式报警阀在湿式喷水灭火系统中是非常关键的。安装在总供水干管上，连接供水设备和配水管网。它必须十分灵敏，当管网中即使有一个喷头喷水，破坏了阀门上下的静止平衡压力，就必须立即开启，任何迟延都会耽误报警的发生。它一般采用止回阀的形式，即只允许水流向管网，不允许水流回水源，其作用：一是防止随着供水水源压力波动而启闭，虚放警报；二是管网内水质因长期不流动而腐化变质，如让它流回水源将产生污染。当系统开启时，报警阀打开，接通水源和配水管；同时部分水流通过阀座上的环形槽，经信号管道送至水力警铃，发出音响报警信号。湿式报警阀的构造如图 3-89 所示。

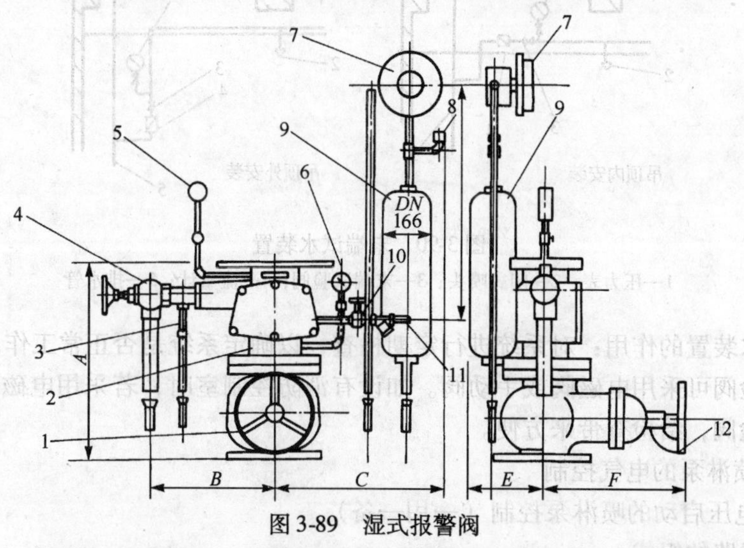

图 3-89　湿式报警阀

1—控制阀；2—报警阀；3—试警铃阀；4—放水阀；5、6—压力表；7—水力警铃；8—压力开关；9—延时器；10—警铃管阀门；11—滤网；12—软锁

控制阀的作用：上端连接报警阀，下端连接进水立管，是检修管网及灭火后更换喷头时关闭水源的部件。它应一直保持常开状态，以确保系统使用。因此用环形软锁将闸门手轮锁在开启状态，也可以用安全信号阀显示其开启状态。

湿式报警阀的作用：平时阀芯前后水压相等，水通过导向杆中的水压平衡小孔保持阀板前后水压平衡，由于阀芯的自重和阀芯前后所受水的总压力不同，阀芯处于关闭状态（阀芯上面的总压力大于阀芯下面的总压力）。发生火灾时，闭式喷头喷水，由于水压平衡小孔来不及补水，报警阀上面的水压下降，此时阀下水压大于阀上水压，于是阀板开启，向洒水管网及洒水喷头供水，同时水沿着报警阀的环形槽进入延迟器、压力继电器及水力警铃等设施，发出火警信号并启动消防水泵等设施。

放水阀的作用：进行检修或更换喷头时放空阀后管网余水。

警铃管阀门的作用：检修报警设备，应处于常开状态。

水力警铃的作用：火灾时报警。水力警铃宜安装在报警阀附近，其连接管的长度不宜超过6m，高度不宜超过2m，以保证驱动水力警铃的水流有一定的水压，并不得安装在受雨淋和曝晒的场所，以免影响其性能。电动报警不得代替水力警铃。

延迟器的作用：它是一个罐式容器，安装在报警阀与水力警铃之间，用以防止由于水源压力突然发生变化而引起报警阀短暂开启，或对因报警阀局部渗漏而进入警铃管道的水流起一个暂时容纳作用，从而避免虚假报警。只有在火灾真正发生时，喷头和报警阀相继打开，水流源源不断地大量流入延迟器，经30s左右充满整个容器，然后冲入水力警铃。

试警铃阀的作用：进行人工试验检查，打开试警铃阀泄水，报警阀能自动打开，水流应迅速充满延迟器，并使压力开关及水力警铃立即动作报警。

⑤末端试水装置：喷水管网的末端应设置末端试水装置，如图3-90所示。宜与水流指示器一一对应。图中流量表直径与喷头相同，连接管道直径不小于20mm。

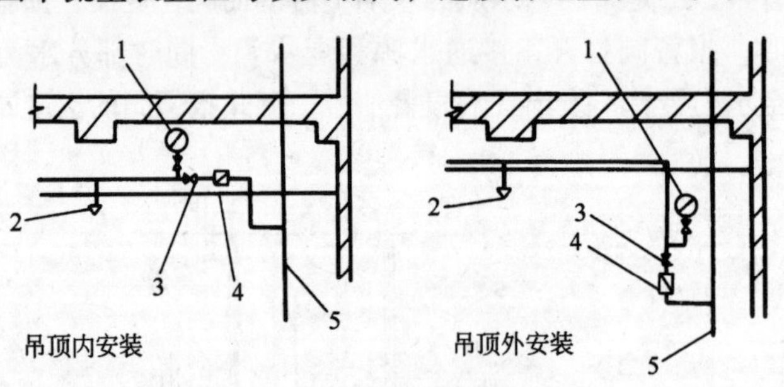

图3-90　末端试水装置

1—压力表；2—闭式喷头；3—末端试验阀；4—流量计；5—排水管

末端试水装置的作用：对系统进行定期检查，以确定系统是否正常工作。

末端试验阀可采用电磁阀或手动阀。如设有消防控制室时，若采用电磁阀可直接从控制室启动试验阀，给检查带来方便。

2. 自动喷淋泵的电气控制

(1) 全电压启动的喷淋泵控制（一用一备）

①电气线路的组成

在高层建筑及建筑群体中，每座楼宇的喷水系统所用的泵一般为2～3台。采用两台泵时，平时管网中压力水来自高位水池，当喷头喷水，管道里有消防水流动时，流水指示器启动消防泵，向管网补充压力水。平时一台工作，一台备用，当一台因故障停转，接触器触点不动作时，备用泵立即投入运行，两台可互为备用。图 3-91 为两台泵的全电压启动的喷淋泵电路，图中 B1、B2、Bn 为区域水流指示器。如果分区较多可有 n 个水流指示器及 n 个继电器与之配合。

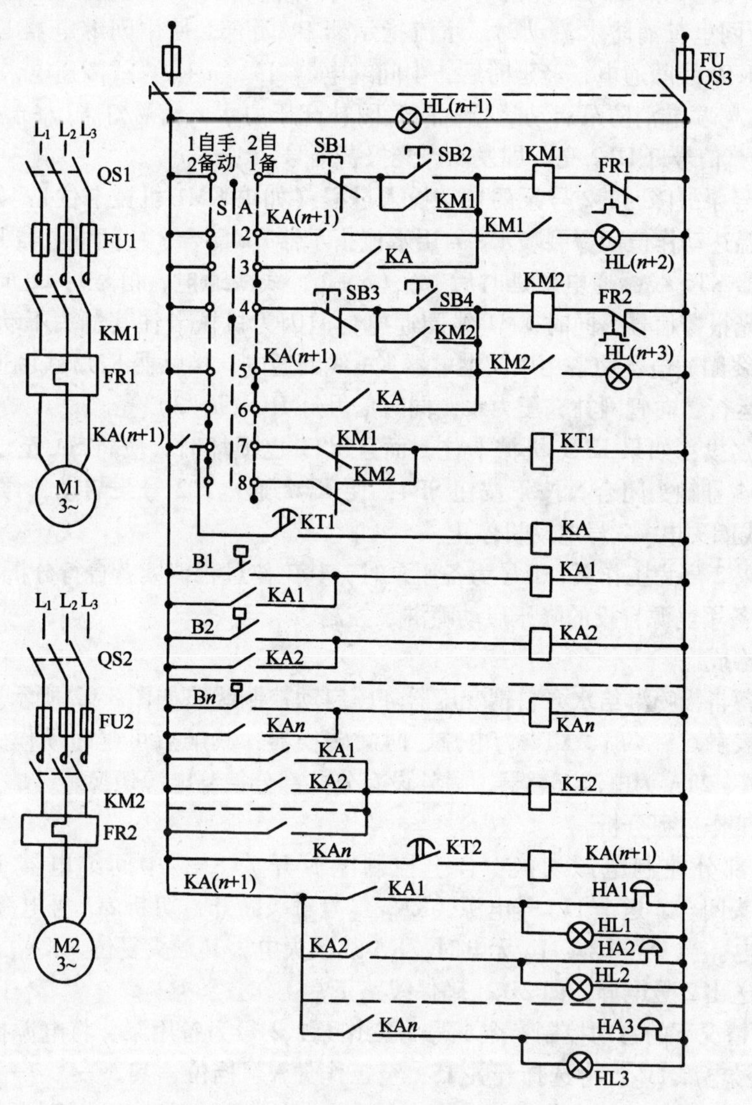

图 3-91　全电压启动的喷淋泵控制电路

采用三台消防泵的自动喷水系统也比较常见，三台泵中其中两台为压力泵，一台为恒压泵。恒压泵一般功率很小，在 5kW 左右，其作用是使消防管网中水压保持在一定范围之内。此系统的管网不得与自来水或高位水池相连，管网消防用水来自消防贮水池，当管网中的渗漏压力降到某一数值时，恒压泵启动补压。当达到一定压力后，所接压力开关断开恒压泵控制回路，恒压泵停止运行。

②电路的工作情况分析

a. 正常（即 1 号泵工作，2 号泵备用）时：将 QS1、QS2、QS3 合上，将转换开关 SA 至“1 自，2 备”位置，其 SA 的 2、6、7 号触头闭合，电源信号灯 HL（*n*+1）亮，做好火灾下的运行准备。

如二层着火，一旦火势使灾区现场温度达到热敏玻璃球发热程度时，二楼的喷头爆裂并喷出水流。由于喷水后压力降低，压力开关动作，向消防中心发去信号（此图中未画出），同时管网里有消防水流动时，水流指示器 B_2 闭合，使中间继电器 KA2 线圈通电，时间继电器 KT2 线圈通电，经延时后，中间继电器 KA（*n*+1）线圈通电，使接触器 KM1 线圈通电，1 号喷淋消防泵启动运行，向管网补充压力水，信号灯 HL（*n*+1）亮，同时警铃 HA2 响，信号灯 HL2 亮，即发出声光报警信号。

b. 当 1 号泵故障时，2 号泵的自动投入过程（如果 KM1 机械卡住）：如 *n* 层着火，*n* 层喷头因室温达动作值而爆裂喷水，*n* 层水流指示器 B*n* 闭合，中间继电器 KA*n* 线圈通电，使时间继电器 KT2 线圈通电，延时后 KA（*n*+1）线圈通电，信号灯 HL*n* 亮，警铃 HL*n* 响，发出声光报警信号，同时 KM1 线圈通电，但因为机械卡住其触头不动作，于是时间继电器 KT1 线圈通电，使备用中间继电器 KA 线圈通电，接触器 KM2 线圈通电，2 号备用泵自动投入运行，向管网补充压力水，同时信号灯 HL（*n*+3）亮。

c. 手动强投：如果 KM1 机械卡住，而且 KT1 也损坏时，应将 SA 至“手动”位置，其 SA 的 1、4 号触头闭合，按下按钮 SB4，使 KM2 通电，2 号泵启动，停止时按下按钮 SB3，KM2 线圈失电，2 号电动机停止。

那么如果 2 号为工作泵，1 号为备用泵时，其工作过程请读者自行分析。

（2）带备用电源自投的降压启动喷淋泵控制

①线路构成

两台互备自投喷淋给水泵自耦变压器降压启动控制线路如图 3-92 所示。本图中 SP 为电接点压力表触点，KT3、KT4 为电流、时间转换器，其触点可延时动作，1PA、2PA 为电流表，1TA、2TA 为电流互感器，另外设有公共部分控制电源切换。

②线路工作过程分析

a. 公共部分控制电源切换：合上控制电源开关 SA，中间继电器 KA 线圈通电，KA_{13-14}号触头闭合，送上 $1L_2$ 号电源，KA_{11-12}号触头断开，切断 $2L_2$ 号电源，使公共部分控制电路有电。当 1 号电源 $1L_2$ 无电时，KA 线圈失电，其触头复位，KA_{11-12}号触头闭合，为公共部分送出 2 号电源，即 $2L_2$，确保线路正常工作。

b. 正常情况下的自动控制：令 1 号为工作泵，2 号为备用泵，将电源控制开关 SA 合上，引入 1 号电源 $1L_2$，将选择开关 1SA 至工作“A”档位，其 3—4、7—8 号触头闭合，当消防水池水位不低于低水位时，$KA2_{21-22}$闭合，当发生火灾时，水流指示器和压力开关相“与”后，向来自消防控制屏或控制模块的常开触点发出闭合信号，即发来启动喷淋泵信号，中间继电器 KA1 线圈通电，使中间继电器 1KA 通电，$1KA_{23-24}$号触头闭合，使接触器 13KM 线圈通电，$13KM_{13-14}$号触头使接触器 12KM 通电，其主触头闭合，1 号喷淋泵电动机 M1 串联接自耦变压器 1TC 降压启动，12KM 触头使中间继电器 12KA、电流时间转换器 KT3 线圈通电，经过延时后，当 M1 达到额定工作电流时，即从主回路 $KT3_{3-4}$号触点引来电流变化时，$KT3_{15-16}$号触头闭合，使切换继电器 KA4 线圈通电，13KM 失电释放，使 11KM 通电，1TC 被切除，M1 全电压稳定运行，并使中间继电器 11KA 通电，其触头使运

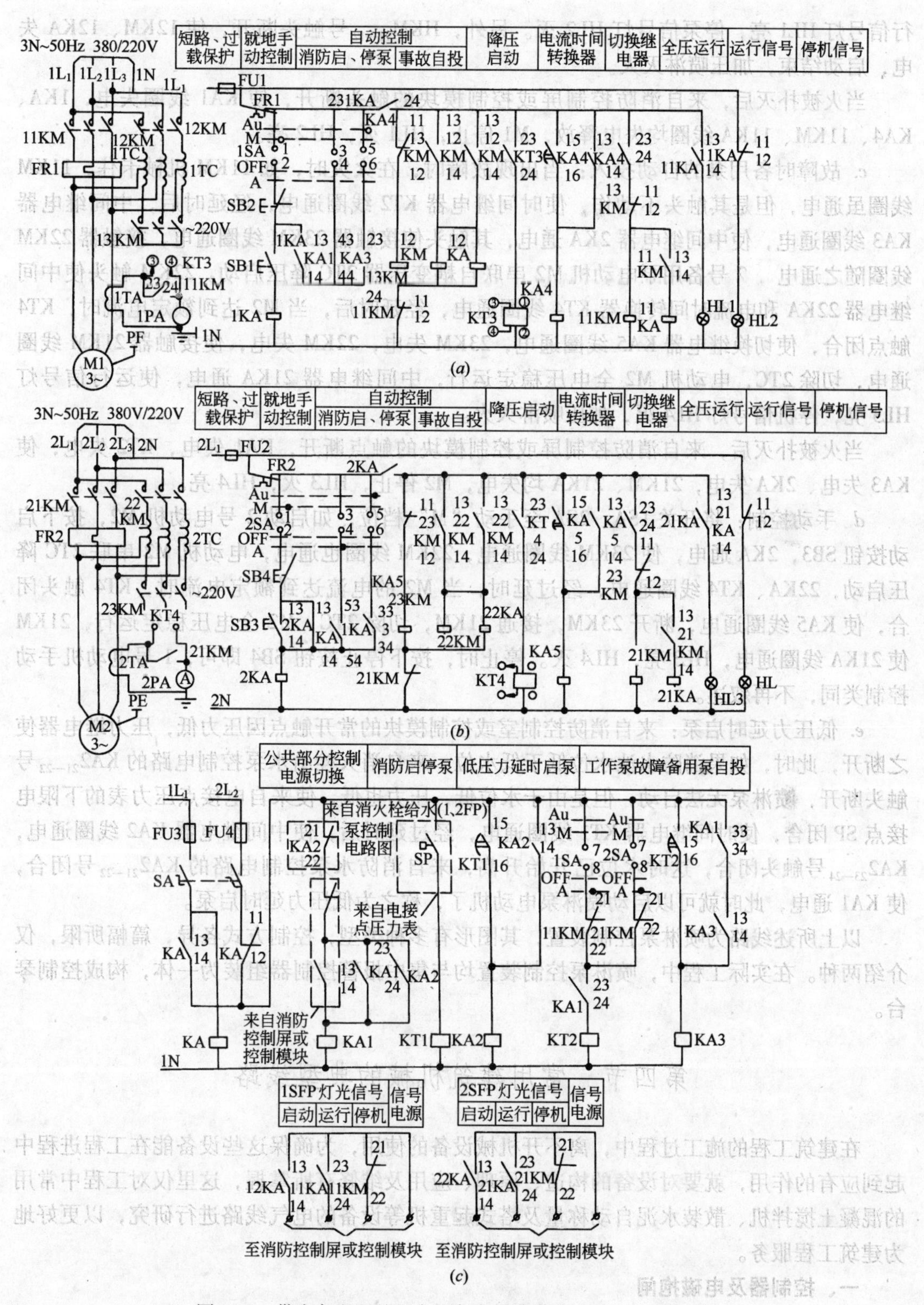

图 3-92 带自备电源的两台互备自投喷淋给水泵（1、2SFP）

（*a*）1 号泵正常运行电路；（*b*）2 号泵正常运行电路；（*c*）故障控制电路

行信号灯 HL1 亮，停泵信号灯 HL2 灭。另外，HKM_{11-12}号触头断开，使 12KM、12KA 失电，启动结束，加压喷淋灭火。

当火被扑灭后，来自消防控制屏或控制模块的触头断开，使 KA1 线圈失电，1KA、KA4、11KM、11KA 线圈均失电释放，M1 停止，HL1 灭，HL2 亮。

c. 故障时备用泵的自动投入：当出现故障时，在火灾时，如 11KM 机械卡住，11KM 线圈虽通电，但是其触头不动作，使时间继电器 KT2 线圈通电，经延时后，中间继电器 KA3 线圈通电，使中间继电器 2KA 通电，其触头使接触器 23KM 线圈通电，接触器 22KM 线圈随之通电，2 号备用泵电动机 M2 串联自耦变压器 2TC 降压启动。22KM 触头使中间继电器 22KA 和电流时间转换器 KT4 线圈通电，经延时后，当 M2 达到额定电流时，KT4 触点闭合，使切换继电器 KA5 线圈通电，23KM 失电，22KM 失电，使接触器 21KM 线圈通电，切除 2TC，电动机 M2 全电压稳定运行，中间继电器 21KA 通电，使运行信号灯 HL3 亮，停机信号灯 HL4 灭，加压喷淋灭火。

当火被扑灭后，来自消防控制屏或控制模块的触点断开，KA1 失电，KT2 失电，使 KA3 失电、2KA 失电，21KM、21KA 均失电，M2 停止，HL3 灭，HL4 亮。

d. 手动控制：将开关 1SA、2SA 至手动“M”档位，如启动 2 号电动机 M2，按下启动按钮 SB3，2KA 通电，使 23KM 线圈通电，22KM 线圈也通电，电动机 M2 串联 2TC 降压启动，22KA、KT4 线圈通电，经过延时，当 M2 的电流达到额定电流时，KT4 触头闭合，使 KA5 线圈通电，断开 23KM，接通 21KM，切除 2TC，M2 全电压稳定运行，21KM 使 21KA 线圈通电，HL3 亮，HL4 灭。停止时，按下停止按钮 SB4 即可，1 号电动机手动控制类同，不再叙述。

e. 低压力延时启泵：来自消防控制室或控制模块的常开触点因压力低，压力继电器使之断开，此时，如果消防水池水位低于低水位，来自消火栓给水泵控制电路的 $KA2_{21-22}$号触头断开，喷淋泵无法启动，但是由于水位低，压力也低，使来自电接点压力表的下限电接点 SP 闭合，使时间继电器 KT1 线圈通电，经过延时后，使中间继电器 KA2 线圈通电，$KA2_{23-24}$号触头闭合，这时水位已开始升高，来自消防水泵控制电路的 $KA2_{21-22}$号闭合，使 KA1 通电，此时就可以启动喷淋泵电动机了，称之为低压力延时启泵。

以上所述线路为喷淋泵控制装置，其图形有多种类型，控制方式各异，篇幅所限，仅介绍两种。在实际工程中，喷淋泵控制装置均与集中报警控制器组装为一体，构成控制琴台。

第四节 常用建筑机械的典型线路

在建筑工程的施工过程中，离不开机械设备的使用，为确保这些设备能在工程进程中起到应有的作用，就要对设备的构造、原理、应用及维修有所掌握，这里仅对工程中常用的混凝土搅拌机、散装水泥自动称量及塔式起重机等设备的电气线路进行研究，以更好地为建筑工程服务。

一、控制器及电磁抱闸

（一）主令控制器

控制器是一种具有多种切换线路的控制器，它用以控制电动机的启动、调速、反转和制动，使各项操作按规定的顺序进行。在起重机中，目前应用最普遍的有凸轮控制器和主令控制器。本书仅介绍主令控制器。

主令控制器是用来频繁地换接多回路的控制电器，按一定顺序分合触头，达到发布指令或与其他控制线路联锁、转换的目的，从而实现远距离控制，因此称为主令控制器。

主令控制器由手柄（手轮），与手柄相连的转轴、动、静触头，弹簧凸轮，辊轮，杠杆等组成。其原理是：当转动手柄时，转轴随之转动，凸轮的凸角将挤开装在杠杆上的辊轮，使杠杆克服弹簧作用，沿转轴转动，结果装在杠杆末端的动触头将离开静触头而使电路断开；反之，转到凹入部分时，在复位弹簧的作用下使触头闭合。不同形状的凸轮组合可使触头按一定顺序动作，而凸轮的转角是控制器的结构决定的，凸轮数量的多少取决于控制线路的要求，由于凸轮形状的不同，手柄放在不同位置可以使不同的触头断开或闭事。例如 LK-16-01 型主令控制器的闭合表中（表 3-31），用“×”表示触头闭合，用“—”表示断开，向前和向后表示被控制机构的运动方向，它是由操作手柄转动到相应的方位上来实现的。例如：当手柄转动到“0”位时，只有 S_1 触头接通，其他触头断开；手柄位于前进“1”时，则 S_2 和 S_3 触头接通，其他位置依此类推。

LK1-6-01 型主令控制器闭合表 **表 3-31**

触头标号	向后			0	向前		
	3	2	1		1	2	3
S_1	—	—	—	×	—	—	—
S_2	×	×	×	—	×	×	×
S_3	—	—	—	—	×	×	×
S_4	×	×	×	—	—	—	—
S_5	×	×	—	—	—	×	×
S_6	×	—	—	—	—	—	×

主令控制器型号意义为：

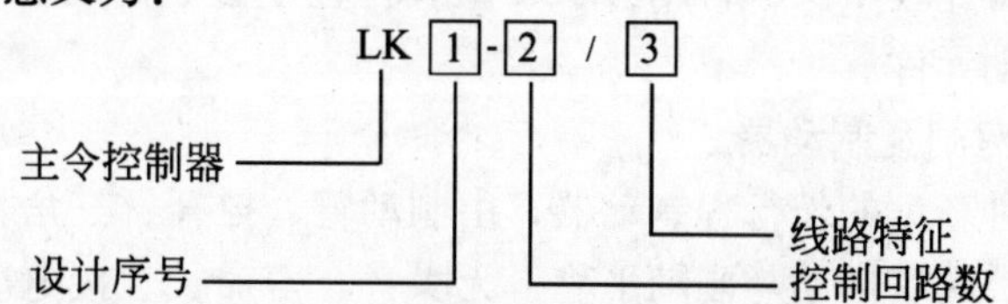

起重机上常用的主令控制器有 LK1 系列，主要技术数据列于表 3-32 中。

LK1 系列主令控制器技术数据 **表 3-32**

型号	所控制的电路数	质量（kg）	型号	所控制的电路数	质量（kg）
LK1-6/01 LK1-6/03 LK1-6/07	6	8	LK1-12/51 LK1-12/57 LK1-12/59 LK1-12/61 LK1-12/70 LK1-12/76 LK1-12/77 LK1-12/90 LK1-12/96 LK1-12/97	12	18
LK1-8/01 LK1-8/02 LK1-8/04 LK1-8/05 LK1-8/08	8	16			
LK1-10/06 LK1-10/58 LK1-10/68	10	18			

注：额定电流 10A，每小时最多操作 600 次。

(二) 制动器与制动电磁铁

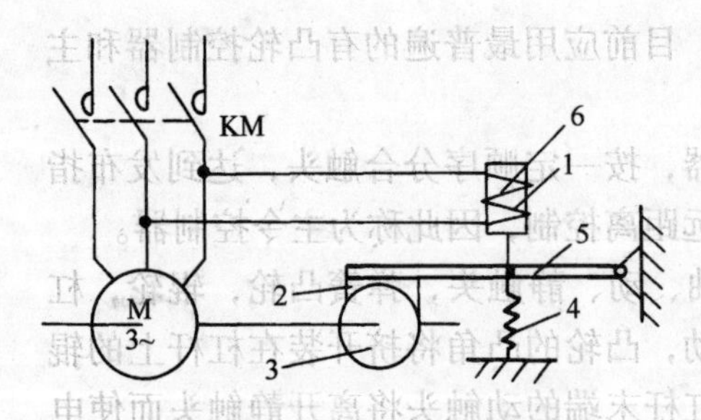

图 3-93　制动器原理图

1—电磁铁；2—闸瓦；3—制动轮；4—弹簧；5—杠杆；6—线圈

在起重机械中常应用（制动器）电磁抱闸以获得准确的停放位置，其原理图如图 3-93 所示。

工作原理：当电动机通电时，线圈 6 通电，使电磁铁 1 产生电磁吸力，向上拉动杠杆 5 和闸瓦 2，松开了电动机轴上的制动轮 3，电动机便可自由运转。当切断电动机电源时，电磁铁 1 的电磁力消失，在弹簧 4 的作用下，向下拉动杠杆 5 和闸瓦 2，抱住制动轮 3，使电动机迅速停止转动。

这里主要介绍制动器执行元件——电磁铁，即图 3-93 中通常采用单相制动电磁铁、电力液压推动器及三相制动电磁铁。

1. 长行程制动器

（1）单相弹簧式长行程电磁铁双闸瓦制动器

图 3-94 为其构造原理图。图中拉杆 4 两端分别连接于制动臂 5 和三角板 3 上，制动臂 5 和套板 6 联接，套板的外侧装有主弹簧 7。电磁铁通电时，抬起水平杠杆 1，推动主杆 2 向上运动，使三角板绕轴逆时针方向转动，弹簧 7 被压缩。在拉杆 4 与三角板 3 的作用下，两个制动臂分别左右运动，使闸瓦离开闸轮。当需要制动时，电磁线圈断电，靠主弹簧的张力，使闸瓦抱住制动轮。

这种制动器结构简单，能与电动机的操作电路联锁，工作时不会自振，制动力矩稳定，闭合动作较快，它的制动力矩可以通过调整弹簧的张力进行较为精确地调整，安全可靠，在起升机构中用得比较广泛，常用的 JCZ 型长行程电磁铁制动器，上面配用 MZS1 系列制动电磁铁作为驱动元件。

（2）液压推杆式双闸瓦制动器

这种制动器是一种新型的长行程制动器，由制动臂、拉杆、三角板等件组成的杠杆系统与液压推动器组成。具有启动与制动平稳、无噪音、寿命长、接电次数多、结构紧凑和调整维修方便等优点。其结构原理图如图 3-95 所示。

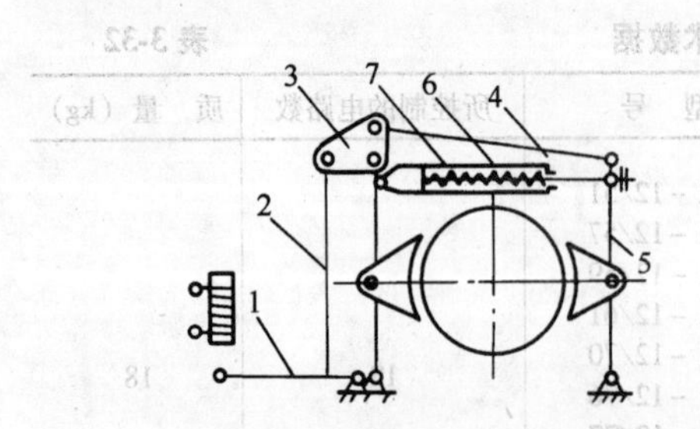

图 3-94　单相电磁铁制动器

1—水平杠杆；2—主杆；3—三角板；4—拉杆；5—制动臂；6—套板；7—主弹簧

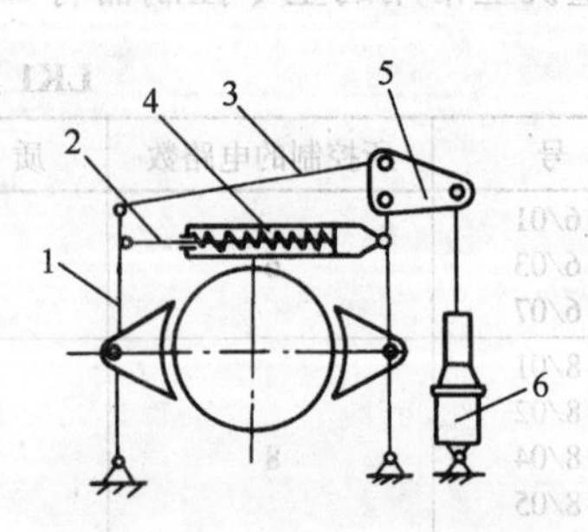

图 3-95　电力液压推动器

1—制动臂；2—推杆；3—拉杆；4—主弹簧；5—三角板；6—液压推动器

液压推动器由驱动电动机和离心泵组成。电动机带动叶轮旋转，在活塞内产生压力，迫使活塞迅速上升，固定在活塞上的推杆及横架同时上升，克服主弹簧作用力，并经杠杆作用将制动瓦松开。当断电时，叶轮减速直至停止，活塞在主弹簧及自重作用下迅速下降，使油重新流入活塞上部，通过杠杆将制动瓦抱紧在制动轮上，达到制动。常用液压推动器为 YT1 系列，配用制动器为 YWZ 系列，驱动电动机功率有 60、120、250、400W 几种。这种制动器性能良好，应用广泛。

2. 制动电磁铁

（1）MZD1 系列制动电磁铁

MZD1 系列制动电磁铁是交流单相转动式制动电磁铁。其额定电压有 220V、380V、500V，接电持续率分别为 JC＝100%、JC＝40%。技术数据及电磁铁线圈规格见表 3-33。

MZD1 系列单相制动电磁铁的技术数据 表 3-33

型　式	磁铁的力矩值（N·m）		衔铁的重力转矩值（N·m）	吸持时电流值（A）	回转角度值（°）	额定回转角度下制动杆位置（mm）	备　　注
	JC 为 40%	JC 为 100%					
MZD1-100	5.5	3	0.5	0.8	7.5	3	1. 电磁铁力矩是在回转角度不超过所示之数值，电压不低于额定电压 85% 时之力矩数值
MZD1-200	40	20	3.5	3	5.5	3.8	2. 磁铁力矩，并不包括由衔铁重量所产生的力矩
MZD1-300	100	40	9.2	8	5.5	4.4	3. 当磁铁是根据重复短时工作制而设计时，即 JC% 值不超过 40%，根据发热程度，每小时关合不允许超过 300 次，持续工作制每小时关合次数不超过 20 次

（2）MZS1 系列制动电磁铁（三相）

MZS1 系列制动电磁铁为交流三相长行程制动电磁铁。其额定电压为 380/220V，接电持续率为 JC＝40%。电磁铁的主要技术数据见表 3-34。

MZS1 系列三相制动电磁铁的技术数据 表 3-34

型　式	牵引力（N）	衔铁重量（kg）	最大行程（mm）	磁铁重量（kg）	视在功率（VA）		铁芯吸入时实际输入功率（W）	每小时接电次数为 150、300、600 次时允许行程（mm）					
					接电时	铁　芯吸入时		JC＝25%			JC＝40%		
								150	300	600	150	300	600
MZS1-6	80	2	20	9	2700	330	70	20			20		
MZS1-7	100	2.8	40	14	7700	500	90	40	30	20	40	25	20
MZS1-15	200	4.5	50	22	14000	600	125	50	35	25	50	35	25
MZS1-25	350	9.7	50	36	23000	750	200	50	35	25	50	35	25
MZS1-45	700	19.8	50	67	44000	2500	600	50	35	25	50	35	25
MZS1-80	1150	33	60	183	96000	3500	750	60	45	30	60	40	30
MZS1-100	1400	42	80	213	120000	5500	1000	80	55	40	80	50	35

二、散装水泥自动控制电路

在混凝土搅拌站，散装水泥通常储存在水泥罐中。水泥从罐中出灰、运送，往料斗中给料、称量和计数，其自动控制电路如图 3-96 所示。图中螺旋运输机由电动机 M1 驱动，振动给料器由电动机 M2 驱动。其工作情况是：

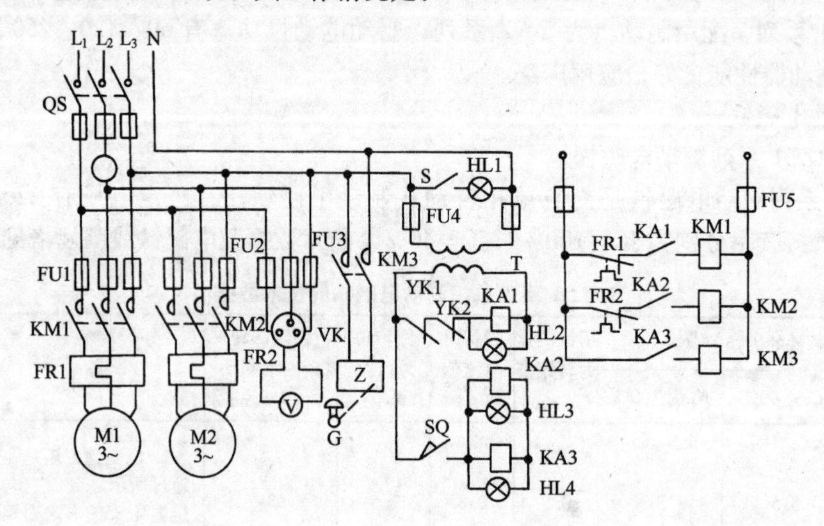

图 3-96　散装水泥控制电器

散装水泥是通过振动给料器从水泥罐中给出的，当电动机 M2 转动时，就会使散装水泥从罐中不断流出，进入螺旋运输机。当电动机 M1 转动时，可将水泥通过螺旋运输机称量斗。称量斗是利用杠杆原理工作的。它的一端是平衡重，另一端是装水泥的容器，在两端装有水银开关 YK1 和 YK2，以判断水泥的重量。只要水泥不够预定的重量，称量斗的两端达不到平衡，水银开关就呈倾斜状态。水银开关示意如图 3-97 所示。水银是导体，它把水银开关的两个电极接通，水银开关 YK1 和 YK2 使图 3-96 中的继电器 KA1 线圈通电，其触头又使接触器 KM1 线圈通电，电动机 M1 转动，带动螺旋给料机不断地向称量斗给料；当水泥重量达到预定值时，水银开关呈水平状态，水银开关的两电极 YK1、YK2 断开，KA1、KM1 失电释放，电动机 M1 停止，螺旋给料机停止给料，使位置开关 SQ 断开，中间继电器 KA2、KA3 失电，使 KM2、KM3 也失电释放，电动机 M2 停转，振动给料器停止工作，同时电磁铁 YA 释放，带动计数器计数一次。

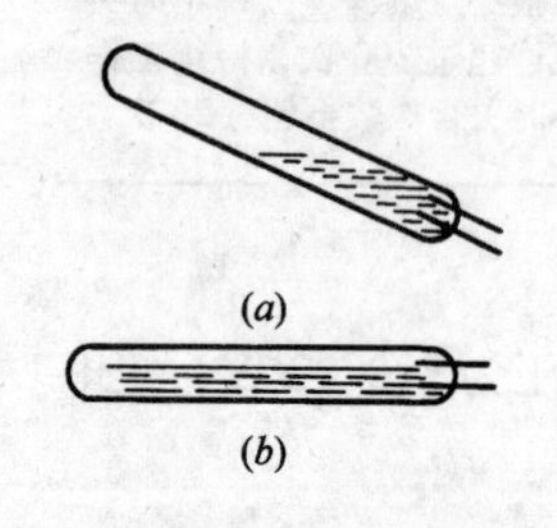

图 3-97　水银开关示意图
(a) 水银开关的接通状态；
(b) 水银开关的断开状态

三、混凝土搅拌机的控制

在建筑工地，混凝土搅拌是一项不可缺少的任务，分为几道工序：搅拌机滚筒正转搅拌混凝土，反转使搅拌好的混凝土出料，料斗电动机正转，牵引料斗起仰上升，将骨料和水泥倾入搅拌机滚筒，反转使料斗下降放平（以接受再一次的下料）；在混凝土搅拌过程中，还需要操作人员按动按钮，以控制给水电磁阀的启动，使水流入搅拌机的滚筒中，当加足水后，松开按钮，电磁阀断电，切断水源。

（一）混凝土骨料上料和称量设备的控制电路

混凝土搅拌之前需要将水泥、黄砂和石子按比例称好上料，需要用拉铲将它们先后铲入料斗，而料斗和磅秤之间，用电磁铁 YA 控制料斗斗门的启闭。其原理如图 3-98 所示。

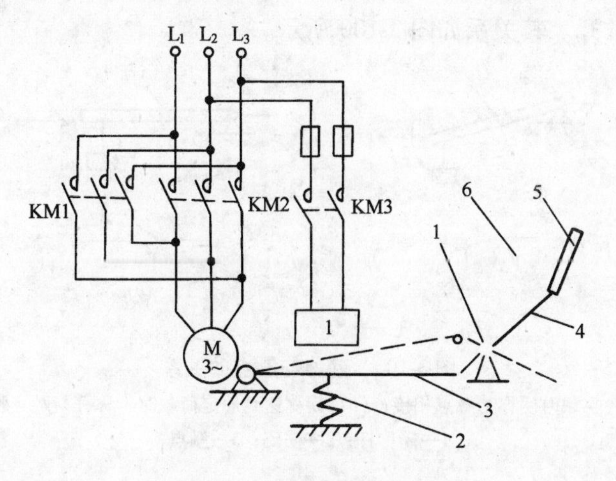

图 3-98　电磁铁控制料斗斗门

1—电磁铁；2—弹簧；3—杠杆；4—活动门；5—料斗；6—骨料

当电动机 M 通电时，电磁铁 YA 线圈得电产生电磁吸力，吸动（打开）下料斗的活动门，骨料落下；当电路断开时，电磁铁断电，在弹簧的作用下，通过杠杆关闭下料料斗的活动门。

上料和称量设备的电气控制如图 3-99 所示。电路中共用 6 只接触器，KM1 ~ KM4 接触器分别控制黄砂和石子拉铲电动机的正、反转，正转使拉铲拉着骨料上升，反转使拉铲回到原处，以备下一次拉料；KM5 和 KM6 两只接触器分别控制黄砂和石子料斗斗门电磁铁 YA1 和 YA2 的通断。

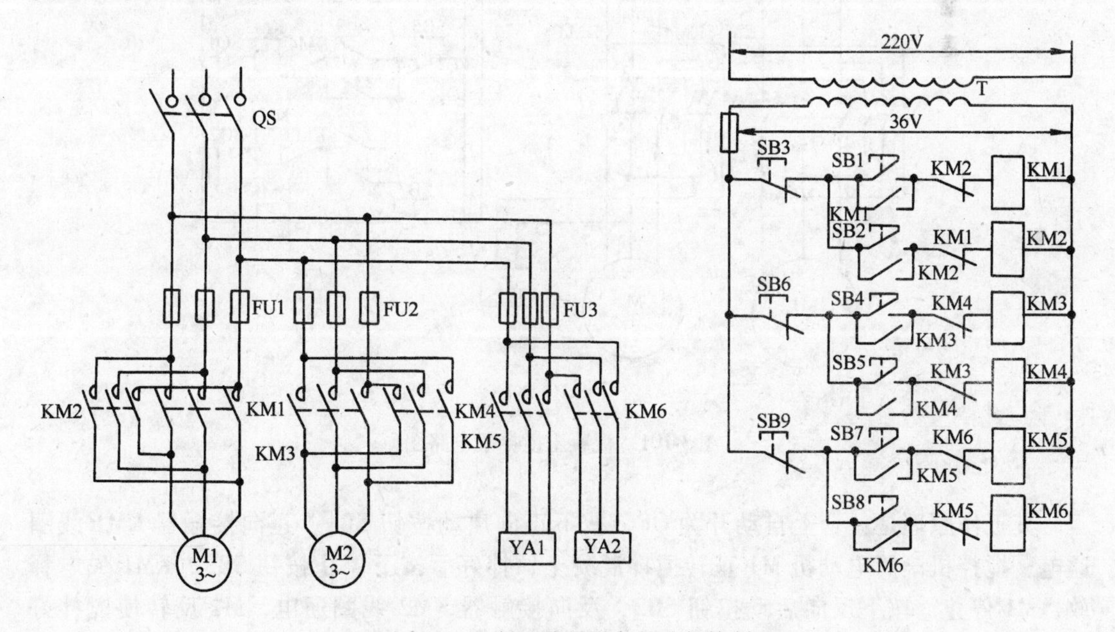

图 3-99　上料和称量设备的电气控制

应当注意的是：料斗斗门控制的常闭触头 KM5 和 KM6 常以磅称称杆的状态来实现。空载时，磅称称杆与触点相接，相当于触点常闭；一旦满了称量，磅称称杆平衡，与触点脱开，相当于触头常开。其关系如图 3-100 所示。

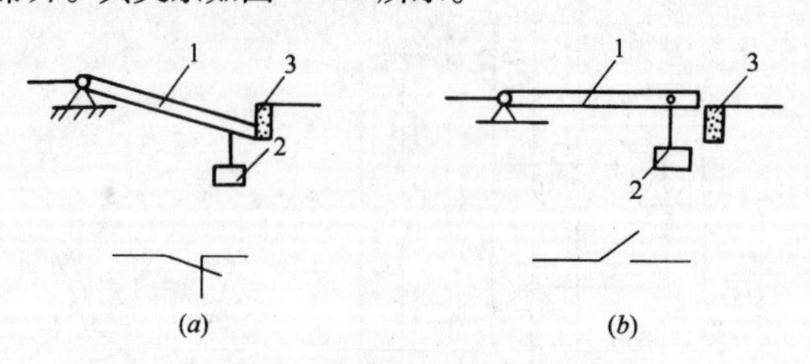

图 3-100　磅称与触点的关系

(a) 空载时磅称与触点相接；(b) 磅称达到规定荷载时，称杆与触点脱开

1—磅称杆；2—砝码；3—触点

（二）混凝土搅拌机的控制电路

典型的混凝土搅拌机控制电路如图 3-101 所示。M1 为搅拌机滚筒电动机，可以正、反转，无特殊要求；M2 为料斗电动机，并联一个电磁铁线圈，称制动电磁铁。

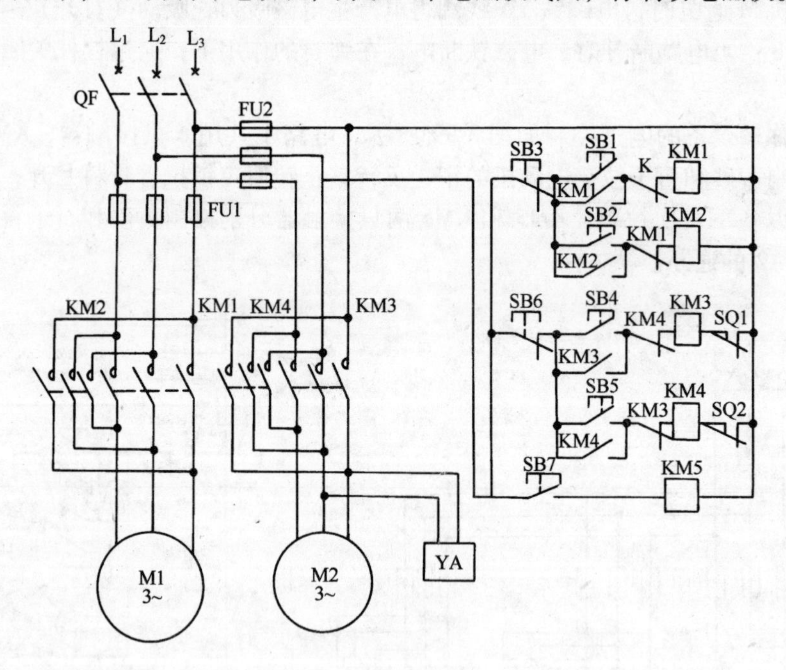

图 3-101　混凝土搅拌机电路图

其工作原理是：合上自动开关 QF，按下正向启动按钮 SB1，正向接触器 KM1 线圈通电，搅拌机滚筒电动机 M1 正转搅拌混凝土，拌好后按下停止按钮 SB3，KM1 失电释放，M1 停止。按下反向启动按钮 SB2，反向接触器 KM2 线圈通电，M1 反转使搅拌好的混凝土出料；当按下料斗正向启动按钮 SB4 时，正向接触器 KM3 线圈通电，料斗电

动机 M2 通电，同时 YA 线圈通电，制动器松开 M2 的轴，使 M2 正转，牵引料斗起仰上升，将骨料和水泥倾入搅拌机滚筒。按下 SB6，KM3 失电释放，同时 YA 失电，制动器抱闸制动停止。按下反向启动按钮 SB5，反向接触器 KM4 线圈得电，同时 YA 得电松开，M2 反转使料斗下降放平（以接受再一次的下料）。位置开关 SQ1 和 SQ2 为料斗上、下极限保护。

需要注意：在混凝土搅拌过程中，应由操作者按按钮 SB7，使给水电磁阀启动，使水流入搅拌机的滚筒中，加足水后，松开 SB7，电磁阀断电，停止进水。

四、塔式起重机的电气控制

塔式起重机是目前国内建筑工地普遍应用的一种有轨道的起重机械，是一种用来起吊和放下重物，并使重物在短矩离水平移动的机械设备，它的种类较多，这里仅以 QT60/80 型塔式起重机为例进行介绍。

（一）塔式起重机的构造及电力拖动特点

1. 塔式起重机的构造及运动形式

QT60/80 型塔式起重机外形如图 3-102 所示。它是由底盘、塔身、臂架旋转机构、行走机构、变幅机构、提升机构，操纵室等组成，此外还具有塔身升高的液压顶升机构。它的运动形式有升降、行走、回转、变幅四种。

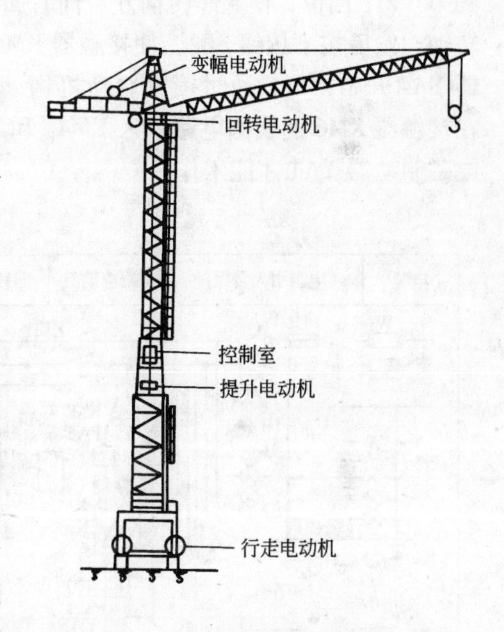

图 3-102　塔式起重机简图

2. 塔式起重机的电力拖动特点及要求

（1）起重用电动机

它的工作属于间歇运行方式，且经常处于启动、制动、反转之中，负载经常变化，需承受较大的过载和机械冲击。所以，为了提高其生产效率并确保其安全性，要求升降电动机应具有合适的升降速度和一定的调速范围。保证空钩快速升降，有载时低速升降，并应确保提升重物开始或下降重物到预定位置附近采用低速。在高速向低速过渡时应逐渐减速，以保证其稳定运行。为了满足上述要求应选用符合其工作特点的专用电动机，如 YZR 系列绕线式电动机，此类电动机具有较大的起重转矩，可适应重载下的频繁启动、调速、反转和制动，能满足启动时间短和经常过载的要求。为保证安全，提升电动机还应具有制动机构和防止提升越位的限位保护措施。

（2）变幅、回转和行走机构用电动机

这几个机构的电力拖动对调速无要求，但要求具有较大的起重转矩，并能正、反转运行，所以也选用 YZR 绕线式电动机，为了防止其越位，正、反行程亦应采用限位保护措施。

3. 塔式起重机的电气线路

QT60/80 型塔式起重机线路如图 3-103 所示。提升电动机 M1 转子回路采用外接电阻方式，以便对电动机进行启动、调速和制动，控制吊钩上重物升降的速度。由于变幅、回转和行走没有调速的要求，因此其他电动机采用频敏变阻器启动，以限制启动电流，增大启动转矩。启动结束后，转子回路中的常开触头闭合，把频敏变阻器短接，以减少损耗，提高电动机运行的稳定性。

变幅电动机 M5 的定子上，并联一个三相电磁铁 YA5，制动器的闸轮与电动机 M5 同轴，一旦 M5 和 YA5 同时断电时，实现紧急制动，使起重臂准确地停在某一位置上。

回转电动机 M4 的主回路上也并有一个三相制动电磁铁 YA4，但它不是用来制动回转电动机 M4 的，而是用来控制回转锁紧制动机构。为了保证在有风的情况下，也能使吊钩上重物准确下放到预定位置上，M4 转轴的另一端上装有 1 套锁紧机构，当三相电磁制动器通电时，带动这套制动机构锁紧回转机构，使它不能回转，固定在某一位置上。

回转机构的工作过程：操纵主令控制器 SA4 至“1”档位，电动机转速稳定后再转换到第“2”档位，使起重机向左或向右回转到某一位置时返回“0”位，电动机 M4 先停止转动，然后按下按钮 SB2，使接触器 KM6 线圈通电，常开触头 KM6 闭合，三相电磁制动器 YA4 开始得电，通过锁紧制动机构，将起重臂锁紧在某一位置上，使吊件准确就位。在接触器 KM6 的线圈电路串入 $KM4_F$ 和 $KM4_R$ 的常闭触头，保证电动机 M4 停止转动后，电磁制动器 YA4 才能工作。

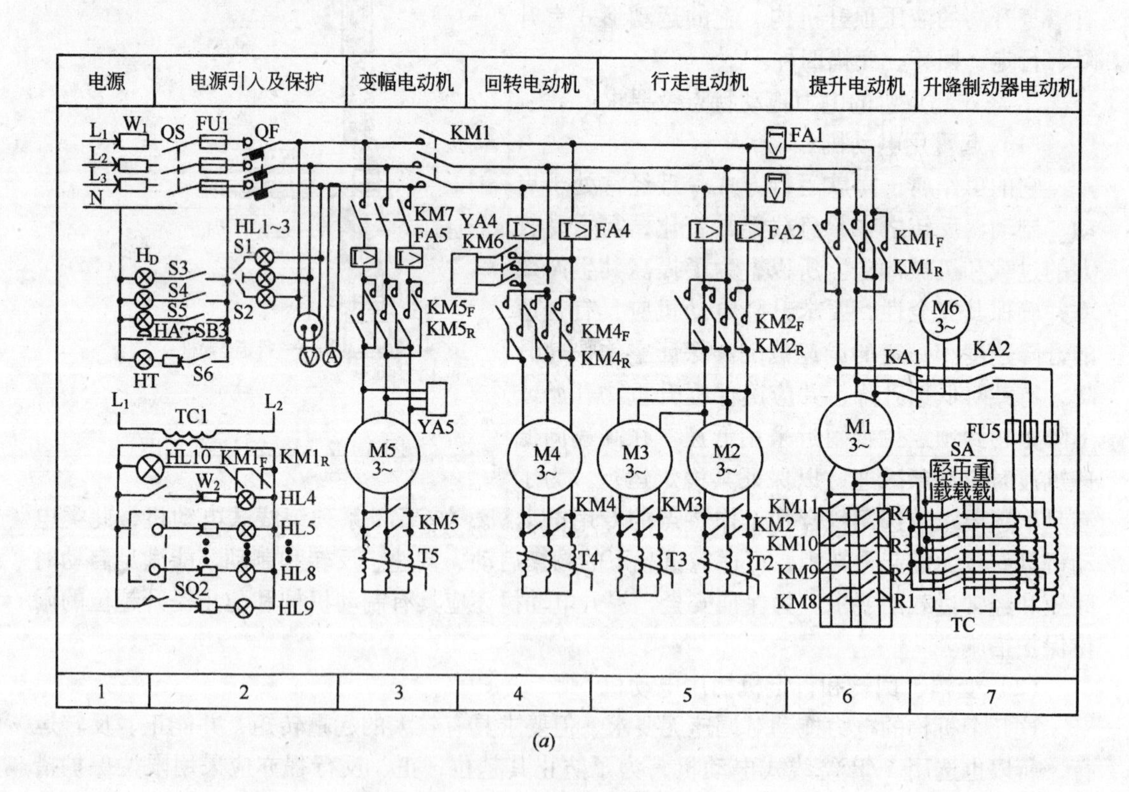

图 3-103 塔式起重机电气原理图（一）

(*a*) 主电路

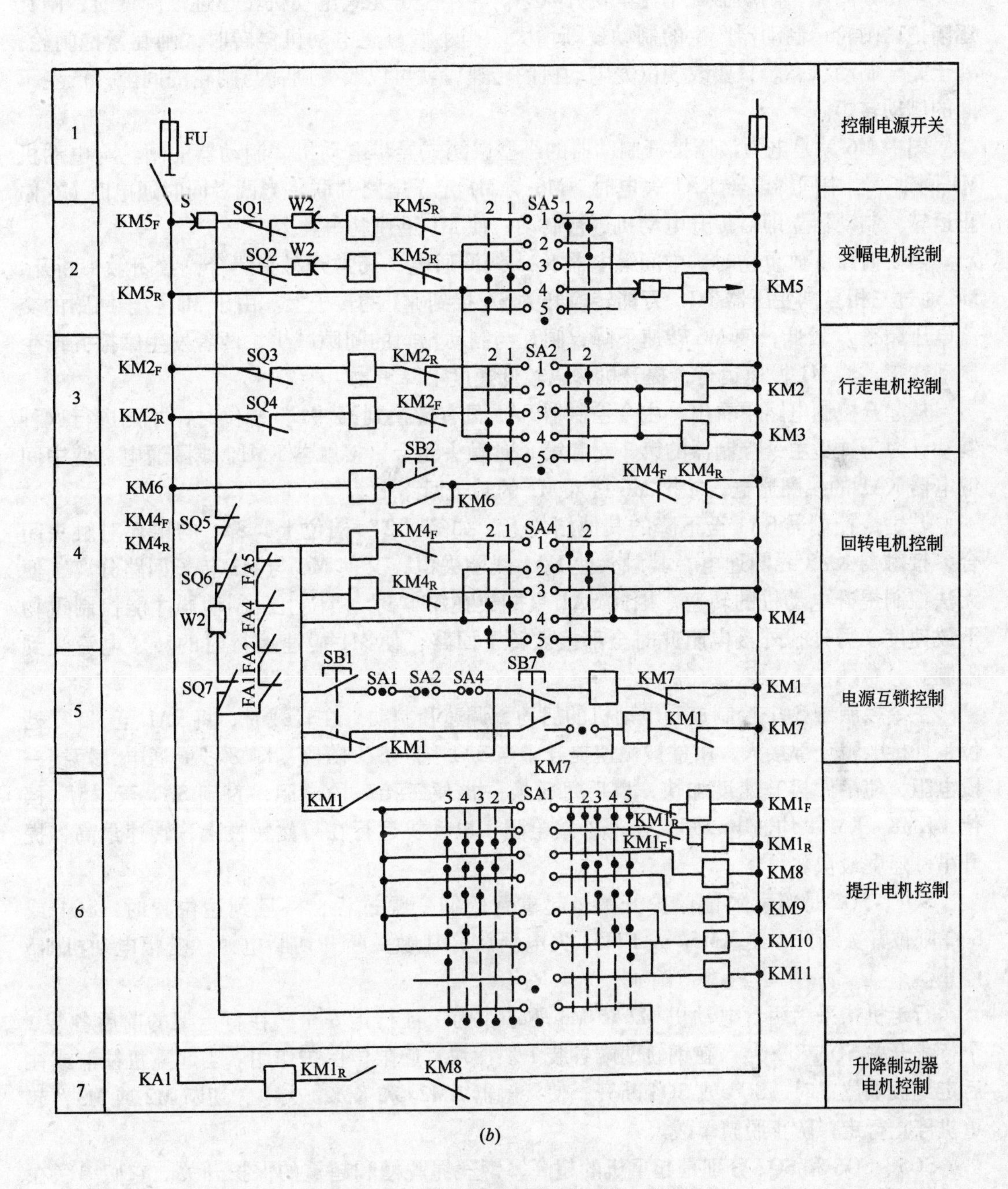

(*b*)

图 3-103　塔式起重机电气原理图（二）

（*b*）控制电路

提升电动机 M1 采用电力液压推杆制动器进行机械制动。电力液压推杆制动器，由小型鼠笼式异步电动机、油泵和机械抱闸等部分组成。当小型鼠笼式电动机高速转动时，闸瓦完全松开闸轮，制动器处于完全松开状态。当小型鼠笼式电动机转速逐渐降低时，闸瓦逐渐抱紧闸轮，制动器产生的制动逐渐增大。当小型鼠笼电动机停转时，闸瓦紧抱闸轮，处于完全制动状态。只要改变鼠笼电动机的转速，就可以改变闸瓦与闸轮的间隙，产生不同的制动转矩。

图中 M6 就是电力液压推杆制动器的小型鼠笼式异步电动机。制动器的闸轮与电动机 M1 同轴。当中间继电器 KA1 失电时，M6 与 M1 定子电路并联。当两者同时通电时 M6 停止运转，制动器立即对提升电动机进行制动，使 M1 迅速刹车。

需要慢速下放重物时，中间继电器 KA1 线圈通电，其常开触头闭合，常闭触头断开，M6 通过三相自耦变压器 TC、万能转换开关 SA 接到 M1 的转子上。由于 M1 转子回路的交流电压频率 f_2 较低，使 M6 转速下降，闸瓦与制动轮间的间隙减少，两者发生摩擦并产生制动转矩，使 M1 慢速运行，提升机构以较低速度下降重物。

从起升控制电路中看出，主令控制器 SA1 只有转换到第“1”档位时，才能进行这种制动，因为这是主令控制器的第 2 对和第 8 对触头闭合，接触器 $KM1_R$ 线圈通电，使中间继电器 KA1 的线圈通电，才把 M6 接入 M1 的转子回路中。

若主令控制器 SA1 至下降的其他档位上，如第“2”档位上，SA1 的第 3 对触头闭合，接触器 KM8 线圈通电，其触头使 KA1 线圈失电，又使 M6 与 M1 转子回路分离，便无法控制提升电动机的转速。因此 SA1 只能放在第“1”档位上，制动器才能控制重物下放速度。另外，外接电阻此时全部接入转子回路，使 M1 慢速运行时的转子电流受到限制。

主令控制器 SA1 控制提升电动机的启动、调速和制动。在轻载时，将 SA1 至“1”档位，外接电阻全部接入，吊件被慢速提升。当 SA1 至“2”档位，KM8 线圈通电，短接一段电阻，使吊件提升速度加快，以后每转换一档便短接一段电阻，直到 SA1 至“5”档位，KM8～KM11 均通电，短接全部外接电阻，电动机运行在自然特性上，转速最高，提升吊件速度最快。

SQ1、SQ2 是幅度限位保护开关，起重臂俯仰变幅过程，一旦到达位置时，SQ1 或 SQ2 限位开关断开，使 $KM5_F$ 或 $KM5_R$ 失电释放，其触头断开切断电源，变幅电动机 M5 停止。

行走机构采用两台电动机 M2 和 M3 驱动，为保证行走安全，在行走架的前后各装 1 个行程开关 SQ3 和 SQ4，在钢轨两端各装 1 块撞块，起限位保护作用。当起重机往前或往后走到极限位置时，SQ3 或 SQ4 断开，使接触器 $KM2_F$ 和 $KM2_R$ 失电，切断 M2 或 M3，起重机停止行走，防止脱轨事故。

SQ5、SQ6 和 SQ7 分别是起重机的超高、钢丝绳脱槽和超重的保护开关。它们串联在接触器 KM1 和 KM7 的线圈电路中，在正常情况下它们是闭合的，一旦吊钩超高、提升重物超重或钢丝绳脱槽时，相应的限位开关断开，KM1 和 KM7 线圈失电，其主触头断开，切断电源，各台电动机停止运行，起到保护作用。

QT60/80 型塔式起重机电路中的电气设备符号和名称等，如表 3-35 所示。

QT60/80 型塔式起重机电气设备符号和名称　　表 3-35

序号	符　号	名　称	型 号 规 格	数量
1	M1	提升电动机	JZR_2-51-8，22kW	1
2	M2 M3	行走电动机	JZR_2-31-8，7.5kW	2
3	M4	回转电动机	JZR_2-12-6，3.5kW	1
4	M5	变幅电动机	JZR_2-31-8，7.5kW	1
5	M6	电力液压推杆制动器	YT_1-90，250W	1
6	YA4	三相电磁制动器	MZS_1-7	1
7	YA5	三相电磁制动器	MZS_1-25	1
8	FA1	过电流继电器	JL_5-60	2
9	FA2	过电流继电器	JL_2-40	2
10	FA4	过电流继电器	JL_5-10	2
11	FA5	过电流继电器	JL_5-20	2
12	R1～4	提升附加电阻	RS-51-8/3	1
13	T2、3	行走频敏变阻器	BP_1-2	2
14	T4	回转频敏变阻器	BP_1-2	1
15	T5	变幅频敏变阻器	BP_1-2	1
16	KM1、$KM1_F$、$KM1_R$、$KM2_F$、$KM2_R$、KM10、KM11	交流接触器	CJ_{10}-100/3	3
17	KM6	交流接触器	CJ_{10}-60/3	4
18	KM7、$KM4_F$、$KM4_R$、$KM5_F$ $KM5_R$	交流接触器	CJ_{10}-20/3	1
19	KM8、KM9、KM2、KM3 KM4 KM5	交流接触器	CJ_{10}-40/3	11
20	KA1	中间继电器	JZ_7-44，380V	1
21	QS FU1	铁壳开关	HH-100	1
22	QF	自动开关	DZ_{10}-250/330，100A	1
23	S	事故开关	2×2，3A，钮子开关	1
24	SA1	主令控制器	LW_5-15-L6559/5	1
25	SA2、4、5	主令控制器	LW_5-15-F5871/3	3
26	SQ5	超高限位开关	LX_3-131 或 $JLXK_1$-111M	1
27	SQ6	脱槽保护开关	LX_3-11H 或 $JLXK_1$-411M	1
28	SQ7	起重保护开关	LX_3-11H 或 $JLXK_1$-411M	1
29	SQ3 SQ4	行走限位开关	LX_4-12	1
30	SQ1 SQ2	变幅限位开关	LX_2-131 成 $JLXK_1$-111M	2
31	S1 S2	钮子开关	2X2，220V，3A	2
32	S3 S4	钮子开关	2X2，220V，3A	2
33	S5 S6	组合开关	220V，10A	2
34	SA	万能转换开关	LW_5-15-D6370/5	1

续表

序号	符　号	名　称	型 号 规 格	数量
35	SB1、2、3、7	按钮	LA_2	4
36	A	电流表	0~100A	1
37	V	电压表	0~500V	1
38	FU2	熔断器	RC_{1A}-15	2
39	FU3	熔断器	BLX	3
40	FU4 FU5	熔断器	RC_1A-10	5
41	TC1	信号变压器	50VA，380/6V	1
42	$HL_{1\sim3}$	电源指示灯	XD_4、~220V，2VA	3
43	$HL_{4\sim9}$	变幅信号灯	6V	6
44	HL10	提升零位指示灯	6V	1
45	H_D	吸顶灯	100W，220V	1
46	H_T	探照灯		1

第五节　电梯的电气控制

伴随着建筑业的发展，为建筑物内提供上下交通运输的电梯技术也日新月异地发展着。在现代化的今天，电梯已不仅是一种生产环节中的重要设备，更是一种工作和生活中的必需设备，电梯已像轮船、汽车一样，成为人们频繁乘用的交通运输设备。电梯是一种相当复杂的机电综合设备，技术上又较难全面掌握，为了使从事楼宇电气控制人员对电梯技术有一定的了解，本章对电梯的机械部分仅作简单介绍，重点是通过实例对电梯的电气控制进行分析，使之掌握电梯的安装、调试及维护。

一、概述

电梯的电气控制系统决定着电梯的性能、自动程度和运行可靠性。电梯控制方式有继电器控制、可编程 PLC 控制晶闸管控制和微机控制。随着控制技术的提高，电梯的安全、可靠性得到了保障，使人乘座更加舒适。

（一）电梯的分类

1. 按用途分类

（1）乘客电梯：为运送乘客而设计的电梯。主要应用在宾馆、饭店、办公楼、百货商场等客流量大的场所。其特点是：运行速度快，自动化程度高，安全可靠，乘坐舒适，装饰美观。

（2）货梯：为运送货物而设计的并常有人伴随的电梯。主要应用在两层楼以上的车间和各类仓库等场合。其特点是：运行速度和自动化程度低，其装潢和舒适感不太讲究。

（3）客货两用电梯：即可运送乘客也可运送货物。它与乘客电梯的区别在于轿厢内部装饰结构不同。

（4）病床电梯：为医院运送病人和医疗器械而设计的电梯。其特点是：轿厢窄而深。有专职司机操纵，运行比较平稳。

（5）住宅电梯：供住宅使用的电梯。

（6）杂物电梯（服务电梯）：为图书馆、办公楼、饭店运送图书、文件、食品等。其特点是：由门外按钮操纵，安全设施不齐全，禁止乘人。

(7) 特种电梯：为特殊环境、特殊要求、特殊条件而设计的电梯。如观光电梯、车辆电梯、船舶电梯、防爆电梯、防腐电梯等等。

2. 按运行速度分类

(1) 低速电梯：速度 $V \leqslant 1m/s$ 的电梯。

(2) 快速电梯：速度 $1.0m/s < V < 2.0m/s$ 的电梯。

(3) 高速电梯：速度 $V \geqslant 2.0m/s$ 的电梯。

3. 按拖动方式分类

(1) 交流电梯：包括采用单速交流电机拖动、交流异步双速电机变极调速电机拖动（简称交流双速电梯；速度一般小于 1.0m/s）；交流异步双绕组双速电机调压调速拖动的电梯（俗称 ACVV 拖动电梯）；交流异步单绕组单速电机调频调压调速拖动的电梯（俗称 VVVF 拖动）。

(2) 直流电梯：包括采用直流发电机——电动机组拖动；直流晶闸管励磁拖动；晶闸管整流器供电的直流拖动，这在 20 世纪 80 年代中期前用在中、高档乘客电梯上，以后不再生产。

4. 按驱动方式分类

(1) 钢丝绳式：曳引电动机通过蜗杆、蜗轮、曳引绳轮、驱动曳引钢丝绳两端的轿厢和对重装置做上下运动的电梯。

(2) 液压式：电动机通过液压系统驱动轿厢上下运行的电梯。

5. 按曳引机房的位置分类

(1) 机房位于井道上部的电梯；

(2) 机房位于井道下部的电梯。近年来也有无机房电梯。

6. 按控制方式分类

(1) 手柄操纵控制电梯：

由电梯司机操纵轿厢内的手柄开关，实行轿厢运行控制的电梯。

司机用手柄开关操纵电梯的启动、上、下和停层。在停靠站楼板上、下 0.5 ~ 1m 之内有平层区域，停站时司机只需在到达该区域时，将手柄扳回零位，电梯就会以慢速自动到达楼层停止。有手动开、关门和自动门两种，自动门电梯停层后，门将自动打开。手柄操纵方式一般应用在低楼层的货梯控制。

(2) 按钮控制电梯：

操纵层门外侧按钮或轿厢内按钮，均可使轿厢停靠层站的控制。

①轿内按钮控制按钮箱安装在轿厢内，由司机进行操纵。电梯只接受轿内按钮的指令，厅门上的召唤按钮只能以点亮轿厢内召唤指示灯的方式发出召唤信号，不能截停和操纵电梯，多用于客货两用梯。

②轿外按钮控制由安装在各楼层厅门口的按钮箱进行操纵。操纵内容通常为召唤电梯、指令运行方向和停靠楼层。电梯一旦接受了某一层的操纵指令，在完成前不接受其他楼层的操纵指令，一般用在杂物梯上。

(3) 信号控制电梯：

将层门外上下召唤信号、轿厢内选层信号和其他专用信号加以综合分析判断，由电梯司机操纵控制轿厢的运行。

电梯除了具有自动平层和自动门功能外，还具有轿厢命令登记、厅外召唤登记、自动停层、顺向截停和自动换向等功能。这种电梯司机操作简单，只需将需要停站的楼层按钮逐一按下，再按下启动按钮，电梯就能自动关门启动运行，并按预先登记的楼层逐一自动停靠、自动开门。在这中间，司机只需操纵启动按钮。当一个方向的预先登记指令完成后，司机只需再按下启动按钮，电梯就能自动换向，执行另一个方向的预先登记指令。在运行中，电梯能被符合运行方向的厅外召唤信号截停。采用这种控制方式的常为住宅梯和客梯。

（4）集选控制电梯：

将各种信号加以综合分析，自动决定轿厢运行的无司机控制。

乘客在进入轿厢后，只需按一下层楼按钮，电梯在等到预定的停站时间时，便自动关门启动运行，并在运行中逐一登记各楼层召唤信号，对符合运行方向的召唤信号，逐一自动停靠应答，在完成全部顺向指令后，自动换向应答反向召唤信号。当无召唤信号时，电梯自动关门停机或自动驶回基站关门待命。当某一层有召唤信号时，再自动启动前往应答。由于是无司机操纵，轿厢需安装超载装置。采用这种控制方式的，常为宾馆、办公大楼中的客梯。集选控制电梯一般都设有有/无司机操纵转换开关。实行有司机操纵时，与信号控制电梯功能相同。

（5）群控电梯：对集中排列的多台电梯，公用层门外按钮，按规定程序的集中调度和控制，利用微机进行集中管理的电梯。

（6）并联控制电梯：2~3 台集中排列的电梯，公用层门外召唤信号，按规定顺序自动调度，确定其运行状态的控制，电梯本身具有自选功能。

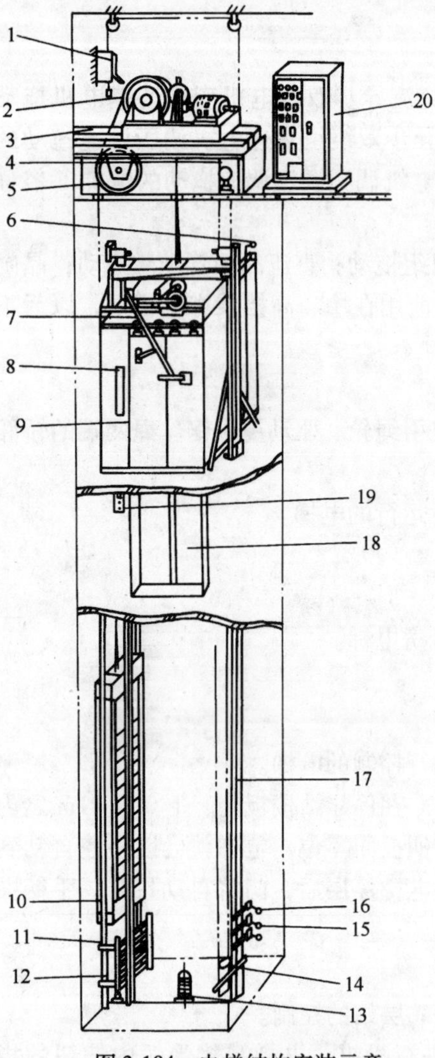

（二）电梯的基本构造

电梯是机、电合一的大型复杂产品，电梯由机械和电气两大系统组成。机械部分相当于人的躯体，电气部分相当于人的神经，机与电的高度合一，使电梯成了现代科学技术的综合产品。

机械系统由曳引系统、导向系统、轿厢和对重装置、门系统和安全保护系统组成。电气控制系统主要由控制柜、操纵等十多个部件和几十个分别装在各有关电梯部件上的电气元件组成。机电系统的主要部件分别安装在机房、井道、厅门及底坑中。其基本结构如图 3-104 所示。

图 3-104　电梯结构安装示意

1—极限开关；2—曳引机；3—承重梁；4—限速器；5—导向轮；6—换速平层传感器；7—开门机；8—操纵箱；9—轿厢；10—对重装置；11—防护栅栏；12—对重导轨；13—缓冲器；14—限速器涨紧装置；15—基站厅外开关门控制开关；16—限位开关；17—轿厢导轨；18—厅门；19—召唤按钮箱；20—控制柜

为了分析电气线路时对其各部分的机械配合有所了解，下面就机械系统作简单介绍。

1. 曳引系统

功能：输出与传递动力，使电梯运行。

组成：主要由曳引机、曳引钢丝绳、导向轮、电磁制动器等组成。

(1) 曳引机：它是电梯的动力源，由电动机、曳引轮等组成。以电动机与曳引轮之间有无减速箱曳引机又可分为无齿曳引机和有齿曳引机。

无齿曳引机由电动机直接驱动曳引轮，一般以直流电动机为动力。由于无减速箱为中间传递环节，它具有传动效率高、噪声小、传动平稳等优点。但存在体积大、造价高等缺点，一般用于2m/s以上的高速电梯。

有齿曳引机的减速箱具有降低电动机输出转速，提高输出力矩的作用。减速箱多采用蜗轮蜗杆传动减速，其特点是启动传动平稳、噪声小，运行停止时根据蜗杆头数不同起到不同程度的自锁作用。有齿曳引机一般用在速度不大于2m/s的电梯上，配用的电动机多为交流机。曳引机安装在机房中的承重梁上。

曳引轮是曳引机的工作部分，安装在曳引机的主轴上，轮缘上开有若干条绳槽，利用两端悬挂重物的钢丝绳与曳引轮槽间的静摩擦力，提高电梯上升、下降的牵引力。

(2) 曳引钢丝绳：

连接轿厢和对重（也称平衡重），靠与曳引轮间的摩擦力来传递动力，驱动轿厢升降。钢丝绳一般有4~6根，其常见的绕绳方式有半绕式和全绕式，见图3-105。

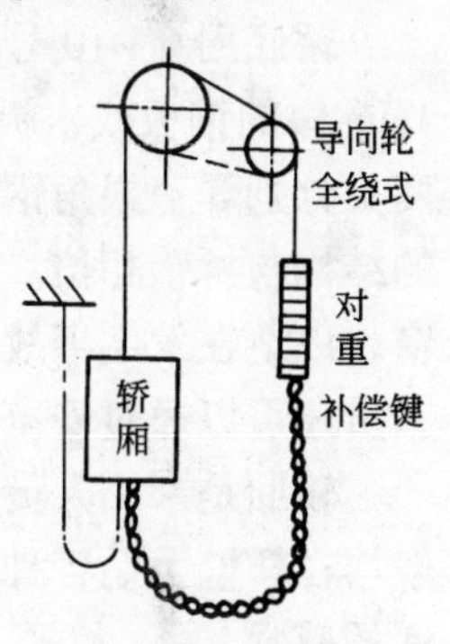

图3-105 绕绳方式

(3) 导向轮：

因为电梯轿厢尺寸一般比较大，轿厢悬挂中心和对重悬挂中心之间距离往往大于设计上所允许的曳引轮直径，所以要设置导向轮，使轿厢和对重相对运行时不互相碰撞，安装在承重梁下部。

(4) 电磁制动器：

是曳引机的制动用抱闸。当电动机通电时松闸，电动机断电时将闸抱紧，使曳引机制动停止，由制动电磁铁、制动臂、制动瓦块等组成。制动电磁铁一般采用结构简单、噪声小的直流电磁铁。电磁制动器安装在电动机轴与减速器相连的制动轮处。

2. 导向系统

功能：限制轿厢和对重的活动自由度，使轿厢和对重只能沿着导轨作升降运动。

组成：由导轨、导靴和导轨架组成。

(1) 导轨：

在井道中确定轿厢和对重的相互位置，并对它们的运动起导向作用的组件。导轨分轿厢导轨和对重导轨两种，对重导轨一般采用75mm×75mm×（8~10）mm的角钢制成，而轿厢导轨则多采用普通碳素钢轧制成T字形截面的专用导轨。每根导轨的长度一般为3~5m，其两端分别加工成凹凸形状榫槽，安装时将凹凸榫槽互相对接好后，再用连接板将两根导轨紧固成一体。

(2) 导靴：

装在轿厢和对重架上，与导轨配合，是强制轿厢和对重的运动服从于导轨的部件。导靴分滑动导靴和滚动导靴。滚动导靴主要由两个侧面导轮和一个端面导轮构成。三个滚轮从三个方面卡住导轨，使轿厢沿着导轨上下运行，并能提高乘坐舒适感，多用在高速电梯中。

（3）导轨架：

是支承导轨的组件，固定在井壁上。导轨在导轨架上的固定有螺栓固定法和压板固定法两种。

3. 轿厢

功能：用以运送乘客或货物的电梯组件，是电梯的工作部分。

组成：由轿厢架和轿厢体组成。

（1）轿厢架：

是固定轿厢体的承重构架。由上梁、立柱、底梁等组成。底梁和上梁多采用16～30号槽钢制成，也可用3～8mm厚的钢板压制而成。立柱用槽钢或角钢制成。

（2）轿厢体：

是轿厢的工作容体，具有与载重量和服务对象相适应的空间，由轿底、轿壁、轿顶等组成。

轿底用6～10号槽钢和角钢按设计要求尺寸焊接框架，然后在框架上铺设一层3～4mm厚的钢板或木板而成。轿壁多采用厚度为1.2～1.5mm的薄钢板制成槽钢形，壁板的两头分别焊一根角钢做头。轿壁间以及轿壁与轿顶、轿底间多采用螺钉紧固成一体。轿顶的结构与桥壁相仿。轿顶装有照明灯，电风扇等。除杂物电梯外，电梯的轿顶均设置安全窗，以便在发生事故或故障时，司机或检修人员上轿顶检修井道内的设备。必要时，乘用人员还可以通过安全窗撤离轿厢。

轿厢是乘用人员直接接触的电梯部件，各电梯制造厂对轿厢的装潢是比较重视的，一般均在轿壁上贴各种类别的装潢材料，在轿顶下面加装各种各样的吊顶等，给人以豪华舒适的感觉。

4. 门系统

功能：封住层站入口和轿厢入口。

组成：由轿厢门、层门、门锁装置、自动门拖动装置等组成。

（1）轿门：

设在轿厢入口的门，由门、门导轨架、轿厢地坎等组成。轿门按结构形式可分为封闭式轿门和栅栏式轿门两种。如按开门方向分，栅栏式轿门可分为左开门和右开门两种。封闭式轿门可分为左开门、右开门和中开门三种。除一般的货梯轿门采用栅栏门外，多数电梯均采用封闭式轿门。

（2）层门：

层门也称厅门，设在各层停靠站通向井道入口处的门。由门、门导轨架、层门地坎、层门联动机构等组成。门扇的结构和运动方式与轿门相对应。

（3）门锁装置：

设置在层门内侧，门关闭后，将门锁紧，同时接通门电联锁电路，使电梯方能启动运行的机电联锁安全装置。轿门应能在轿内及轿外手动打开，而层门只能在井道内人为解脱门锁后打开，厅外只能用专用钥匙打开。

(4) 开关门机：

使轿门、层门开启或关闭的装置。开关门电动机多采用直流分激式电动机作原动力，并利用改变电枢回路电阻的方法，来调节开、关门过程中的不同速度要求。轿门的启闭均由开关门机直接驱动，而厅门的启闭则由轿门间接带动。为此，厅门与轿门之间需有系合装置。

为了防止电梯在关门过程中将人夹住，带有自动门的电梯常设有关门安全装置，在关门过程中只要受到人或物的阻挡，便能自动退回，常见的是安全触板。

5. 重量平衡系统

功能：相对平衡轿厢重量，在电梯工作中能使轿厢与对重间的重量差保持在某一个限额之内，保证电梯的曳引传动正常。

组成：由对重和重量补偿装置组成。

(1) 对重：

由对重架和对重块组成，其重量与轿厢满载时的重量成一定比例，与轿厢间的重量差具有一个衡定的最大值，又称平衡重。

为了使对重装置能对轿厢起最佳的平衡作用，必须正确计算对重装置的总重量。对重装置的总重量与电梯轿厢本身的净重和轿厢的额定载重量有关，它们之间的关系常用下式来决定：

$$P = G + QK \tag{3-14}$$

式中 P——对重装置的总重量（kg）；

G——轿厢净重（kg）；

Q——电梯额定载重量（kg）；

K——平衡系数（一般取0.45~0.5）。

(2) 重量补偿装置：

在高层电梯中，补偿轿厢侧与对重侧曳引钢丝绳长度变化对电梯平衡设计影响的装置，分为补偿链和补偿钢丝绳两种形式。补偿装置的链条（或钢丝绳）一端悬挂在轿厢下面，另一端挂在对重下面，并安装有张紧轮及张紧行程开关。当轿厢蹾底时，张紧轮被提升，使行程开关动作，切断控制电源，使电梯停驶。

6. 安全保护系统

功能：保证电梯安全使用，防止一切危及人身安全的事故发生。

组成：分为机械安全保护系统和机电联锁安全保护系统两大类。机械部分主要有：限速装置、缓冲器等。机电联锁部分主要有终端保护装置和各种联锁开关等。

(1) 限速装置：

限速装置由安全钳和限速器组成。其主要作用是限制电梯轿厢运行速度。当轿厢超过设计的额定速度运行处于危险状态时，限速器就会立即动作，并通过其传动机构——钢丝绳、拉杆等，促使（提起）安全钳动作抱住（卡住）导轨，使轿厢停止运行，同时切断电气控制回路，达到及时停车，保证乘客安全的目的。

①限速器：限速器安装在电梯机房楼板上，其位置在曳引机的一侧。限速器的绳轮垂直于轿厢的侧面，绳轮上的钢丝绳引下井道与轿厢连接后再通过井道低坑的张紧绳轮返回到限速器绳轮上，这样限速器的绳轮就随轿厢运行而转动。

限速器有甩球限速器和甩块限速器两种。甩球限速器的球轴突出在限速器的顶部，并与拉杆弹簧连接，随轿厢运行而转动，利用离心力甩起球体控制限速器的动作，结构图见图 3-106。甩块限速器的块体装在心轴转盘上，原理与甩球相同。如果轿厢向下超速行驶时，超过了额定速度的 15%，限速器的甩球或甩块的离心力就会加大，通过拉杆和弹簧装置卡住钢丝绳，制止钢丝绳移动。但若轿厢仍向下移动，这时，钢丝绳就会通过传动装置把轿厢两侧的安全钳提起，将轿厢制停在导轨上。

②安全钳：安全钳安装在轿厢架的底梁上，即底梁两端各装一副，其位置和导靴相似，随轿厢沿导轨运行，如图 3-107 所示，安全钳楔块由拉杆、弹簧等传动机构与轿厢侧限速器钢丝绳连接，组成一套限速装置。

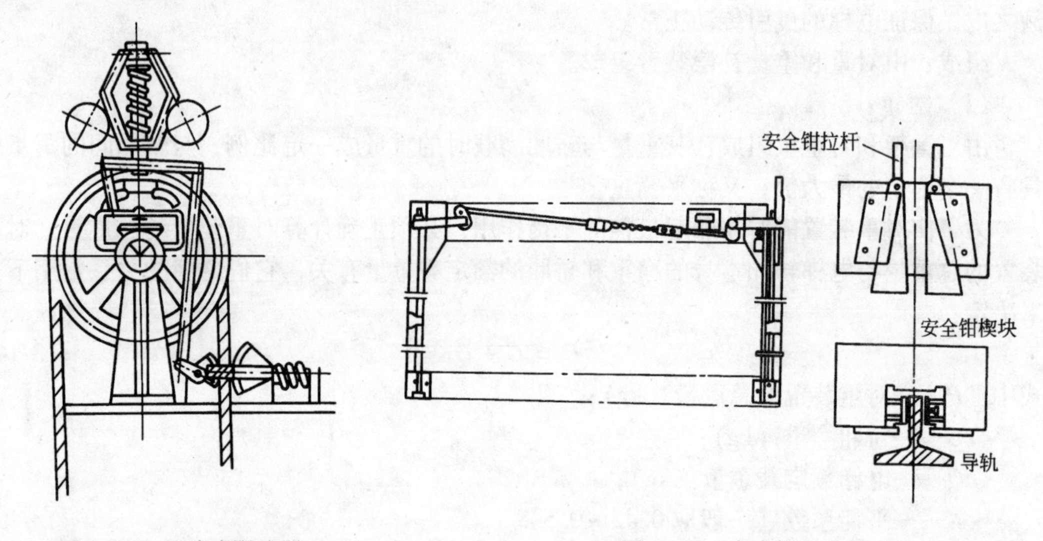

图 3-106　甩球式限速器　　　　图 3-107　安全钳

当电梯轿厢超速，限速器钢丝绳被卡住时，轿厢再运行，安全钳将被提起。安全钳是有角度的斜形楔块并受斜形外套限制，所以向上提起时必然要向导轨夹靠而卡住导靴，制止轿厢向下滑动，同时安全钳开关动作，切断电梯的控制电路。

（2）缓冲器：

缓冲器安装在井道底坑的地面上。若由于某种原因，当轿厢或对重装置超越极限位置发生蹾底时，它是用来吸收轿厢或对重装置动能的制停装置。

缓冲器按结构分，有弹簧缓冲器和油压缓冲器两种。弹簧缓冲器是依靠弹簧的变形来吸收轿厢或对重装置的动能，多用在低速梯中。油压缓冲器是以油作为介质来吸收轿厢或对重的动能，多用在快速梯和高速梯中。

（3）端站保护装置：

是一组防止电梯超越上、下端站的开关，能在轿厢或对重碰到缓冲器前，切断控制电路或总电源，使电梯被曳引机上电磁制动器所制动。常设有强迫减速开关、终端限位开关和极限开关，见图 3-108 所示。

①强迫减速开关：是防止电梯失控造成冲顶或蹾底的第一道防线，由上、下两个限位开关组成，一般安装在井道的顶端和底部。当电梯失控，轿厢行至顶层或底层而又不能换

速停止时，轿厢首先要经过强迫减速开关，这时，装在轿厢上的碰块与强迫减速开关碰轮相接触，使强迫减速开关动作，迫使轿厢减速。

②终端限位开关：是防止电梯失控造成冲顶和蹾底的第二道防线，由上、下两个限位开关组成，分别安装在井道的顶部或底部。当电梯失控后，经过减速开关而又未能使轿厢减速行驶，轿厢上的碰铁与终端限位开关相碰，使电梯的控制电路断电，轿厢停驶。

③极限开关：极限开关由特制的铁壳开关，和上、下碰轮及传动钢丝绳组成。钢丝绳的一端绕在装于机房内的特制铁壳开关闸柄驱动轮上，并由张紧配重拉紧，另一端与上、下碰轮架相接。

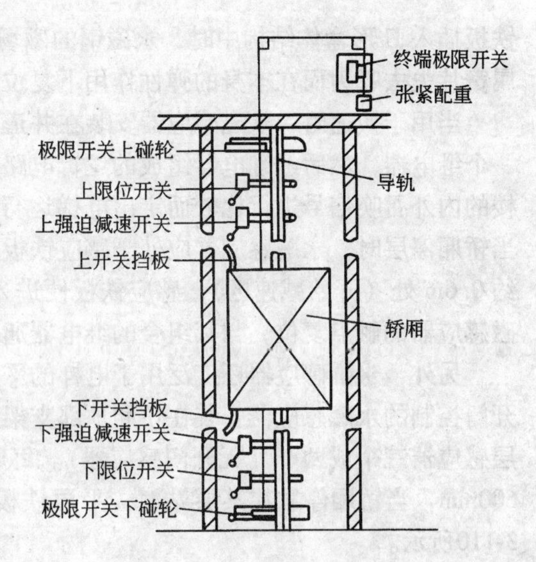

图 3-108　端站保护装置

当轿厢超越端站碰撞强迫减速开关和终端限位开关仍失控时（如接触器断电不释放），在轿厢或对重未接触缓冲器之前，装在轿厢上的碰铁接触极限开关的碰轮，牵动与极限开关相连的钢丝绳，使只有人工才能复位的极限开关拉闸动作，从而切断主回路电源，迫使轿厢停止运行。

④钢丝绳张紧开关：电梯的限速装置、重量补偿装置、机械选层器等的钢绳或钢带都有张紧装置。如发生断绳或拉长变形等，其张紧开关将断开，切断电梯的控制电路等待检修。

⑤安全窗开关：轿厢的顶棚设有一个安全窗，便于轿顶检修和断电中途停梯而脱离轿厢的通道，电梯要运行时，必须将打开的安全窗关好后，安全窗开关才能使控制电路接通。

⑥手动盘车：当电梯运行在两层中间突然停电时，为了尽快解脱轿厢内乘坐人员的处境而设置的装置。手动盘轮安装在机房曳引电动机轴端部，停电时，人力打开电磁抱闸，用手转动盘轮，使轿厢移动。

二、电梯电气控制系统中的主要专用器件

1. 换速平层装置（又称井道信息装置）

功能：当电梯要达预定站时，为人乘坐舒适应从高速换成低速，此时的换速平层装置起发换速指令作用。而当电梯到站时为确保轿厢准确就位，应由换速平层装置发出平层停车指令。

换速平层装置（也称永磁传感器或干簧继电器）主要由 U 型永磁钢、干簧管、盒体组成。干簧管中装有既能导电，又能导磁的金属簧片制成的动触头，并装有两个静触头，一个由导磁材料制成，与动触头组成一对常开触点，另一个由非导磁材料制成，与动触头组成一对常闭触点（永磁感应器的图形符号就是按此状态画出的），结构图见图 3-109 所示。

把干簧管和永磁钢安放在 U 形结构的盒体对侧上，中间一般相距 20 ~ 40mm。在永磁钢磁场的吸引下，两个导磁材料触点被磁化，相互吸引而闭合，常闭触点断开，若有感应

铁板插入U形盒体结构中时，永磁钢的磁场通过铁板而组成回路（称磁短路或旁路），金属簧片失去吸力而在本身的弹性作用下复位，其常闭触点恢复。

当用于换速时，永磁感应器安装在井道中停层区适当位置，每层楼安装一个，并带动一个继电器，然后经继电器组成的逻辑电路，有顺序的反映出电梯的位置信号，再与各层楼的内外召唤信号进行比较而定出电梯运行方向。感应铁板固定在轿厢侧面，长约1.2m，当轿厢停层时，永磁感应器应处于感应铁板正中间。轿厢运行时，到达平层区停车位置前约0.6m处（开始减速区），感应铁板便进入永磁感应器的U形结构中起磁短路作用，永磁感应器的触点复位，与其组合的继电器通电吸合，发出层楼转换的换速信号。

另外，永磁感应器还广泛用于电梯的平层停车和自动开门控制，作为平层停车和自动开门控制的永磁感应器安装在轿厢顶部支架上。有上升平层感应器、开门感应器、下降平层感应器三个或两个（无开门感应器）。每层楼平层区井道中装有平层感应铁板，长度为600mm，当轿厢停靠在某层站时，平层铁板应全部插入三个永磁感应器的空隙中，见图3-110所示。

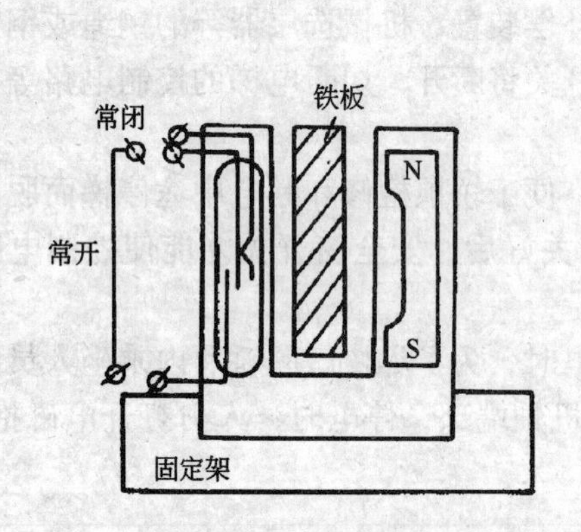

图3-109 永磁感应器

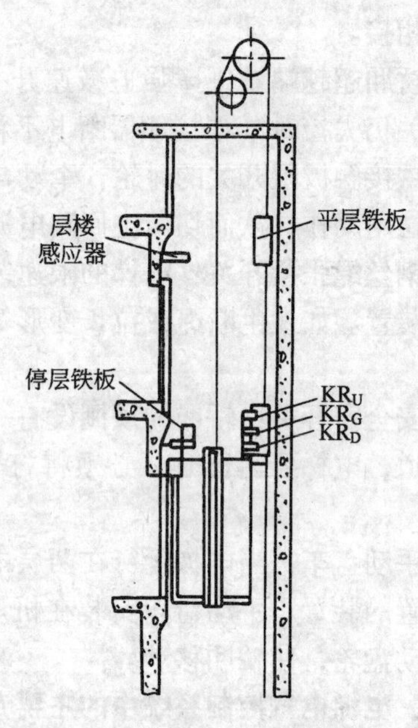

图3-110 电梯平层时示意图

当轿厢到达需要停的楼层并转为慢速运行进入平层区时，平层铁板插入永磁感应器中，永久磁钢的磁场被铁板短路，干簧管中的常闭触点复位，使与其串联的平层控制继电器得电吸合，其触点切断方向接触器的电源，使电动机失电停车，同时，开门感应器常闭触点接通开门电路，实现自动开门控制。

此种定向装置组成的控制电路简单，但在使用过程中有撞击现象，容易损坏，仅用在低层楼的杂物梯和货梯中。

20世纪80年代中期出现了一种新型的换速平层用的器件，即双稳态磁性开关，在电梯控制中经常被使用，这里不作介绍。

2. 选层器

选层器的作用是：模拟电梯运行状态，向电气控制系统发出相应电信号的装置。

选层器分为两种，下面分别介绍。

（1）层楼指示器：常用于货梯和医用电梯控制中，层楼指示器由固定在曳引机主轴上的主动链轮部分及通过自行车链条带动的指示器部分组成。指示器部分由自行车链条、减速牙轮、动、静触头、塑料固定板及其固定架组成，如图3-111所示。

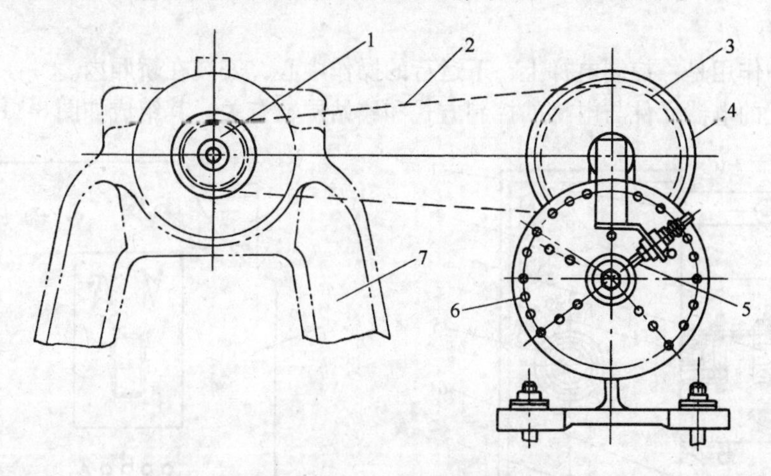

图3-111　层楼指示器

1—主动链轮；2—自行车链条；3—减速链轮；4—减速牙轮；5—动触点；6—定触点；7—曳引机轴架

其工作原理是：当电梯作上、下运行时，固定在曳引机主轴上的主动链轮随之转动，主动链轮通过自行车链条、减速牙轮带动指示器的三只动触点，在270°的范围内往返转动，三只动触点与对应的三组定触点配合，向电气控制系统发出三个电信号，通过这三个信号实现轿厢位置自动显示，自动消除厅外上、下召唤记忆指示灯信号。

（2）机械选层器：主要用于客梯的控制中。机械选层器实质上是按一定比例（如60∶1）缩小了的电梯井道，由定滑板、动滑板、钢架、传动齿轮箱等组成。动滑板由链条和变速链轮带动，链轮又和钢带轮相接，钢带轮的钢带（或链带）伸入井道，通过张紧轮张紧，钢带中间接头处固定在轿厢架上。电梯运行时，动滑板和轿厢作同步运动，如图3-112所示。

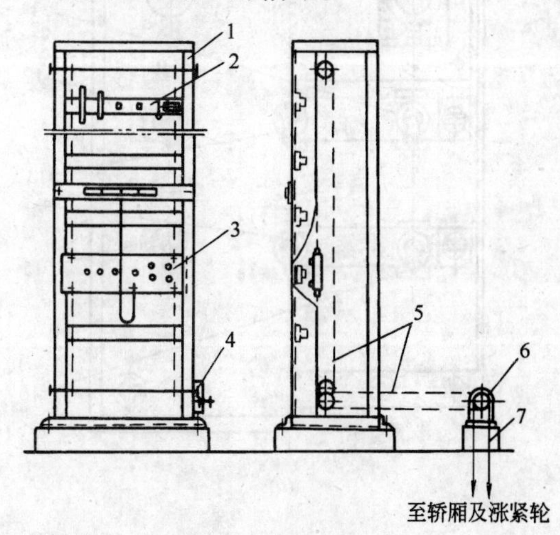

图3-112　选层器

1—机架；2—层站定滑板；3—动滑板；4—减速箱；5—传动链条；6—钢带牙轮；7—冲孔钢带

在选层器中，对应每层楼有一个定滑板，在定滑板上安装有多组静触头和微动开关（或干簧继电器），在动滑板上安装有多组动触头和碰块（或感应铁板）。当动滑板运行到对应楼层时，该层的定滑板上的静触头与动滑板上的动触头相接触，其微动开关也因碰块的碰撞发生相应的变化。当动滑板离开对应的楼层时，其触头组又恢复原状态。

利用选层器中的多组触头可实现定向、选层消号、位置显示、发出减速信号等，功能越多，其触头组越多，也可使继电线路结构简化，可靠性提高。但因其按电梯井道比例缩小，对选层器的机械制造精度要求较高，目前多用于快速电梯的控制。近几年还生产有数字选层器、微机选层器等先进产品，主要用于微机控制的电梯。选层器设置在机房或隔声层内。

3. 操纵箱

操纵箱的作用是：控制电梯上、下运行的操作中心，安装在轿厢内。

操纵箱上的电器元件与电梯的控制方式和停站层数有关。其组成如图 3-113 所示。

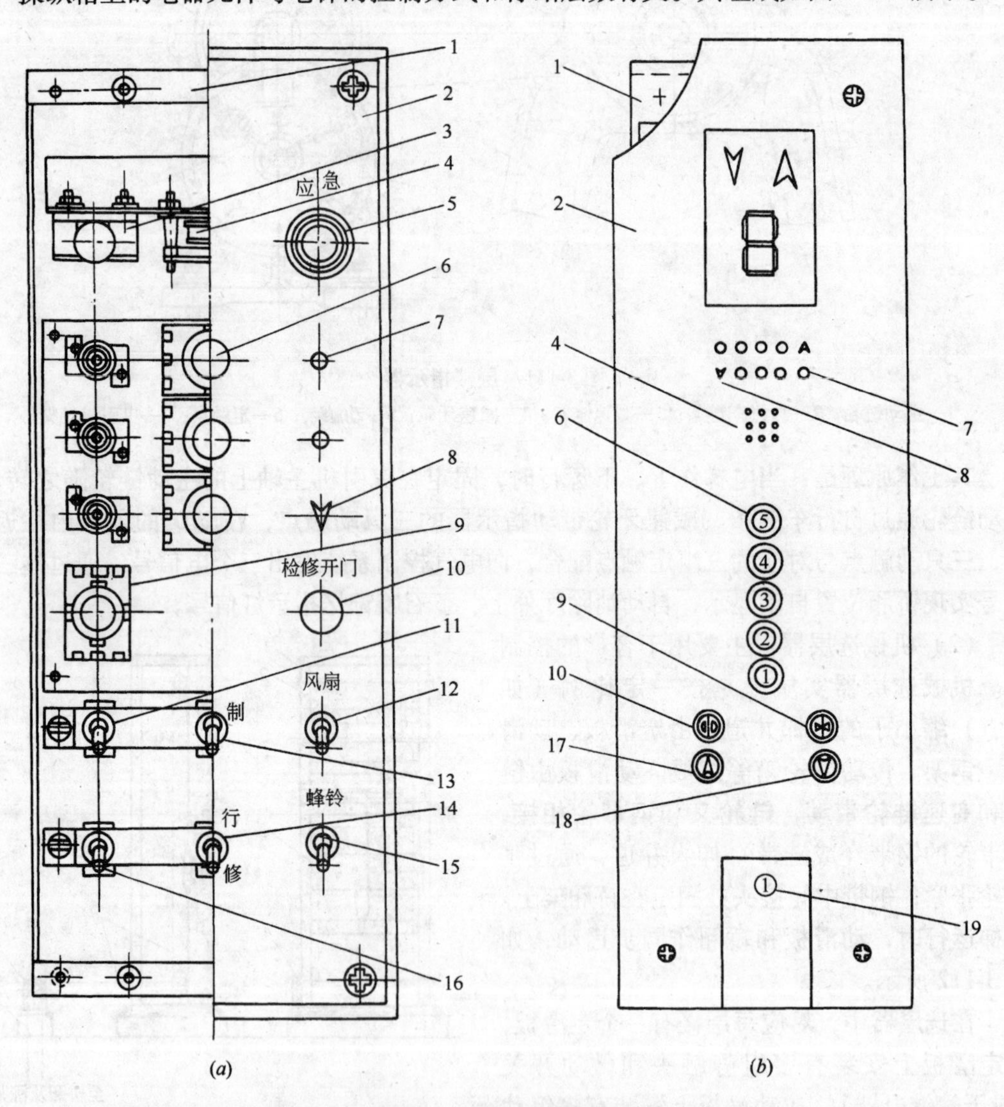

图 3-113 轿内按钮操纵箱

(a) 老式轿内按钮操纵箱；(b) 新式轿内按钮操纵箱

1—盒；2—面板；3—急停按钮；4—蜂鸣器；5—应急按钮；6—轿内指令按钮；7—外召唤下行位置灯；8—外召唤下行箭头；9—关门按钮；10—开门按钮；11—照明开关；12—风扇开关；13—控制开关；14—运、检转换开关；15—蜂鸣器控制开关；16—召唤信号控制开关；17—慢上按钮；18—慢下按钮；19—暗盒

操纵箱电器元件包括：（1）发指令的轿内手柄控制电梯的手柄开关；（2）轿内指令按钮；（3）控制电梯工作状态的手指开关或钥匙开关；（4）控制开关；（5）轿内照明开关及电风扇开关；（6）外呼梯人员所在位置指示灯；（7）呼梯人员要求前往方向信号灯；（8）急停和应急按钮；（9）点动开关门按钮等。

4. 指层灯箱

功能是：给司机，轿内、外乘用人员提供电梯运行方向和所在位置指示灯信号。

指层灯箱分为厅外和轿内两种，但结构相同，如图3-114（*a*）所示，新型采用数码显示的指层灯箱如图3-114（*b*）所示。

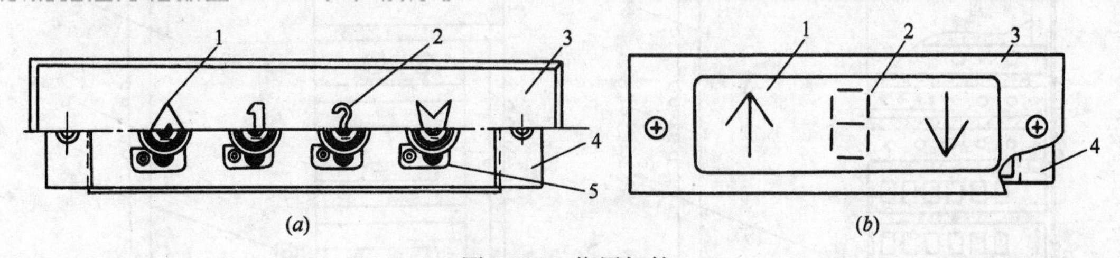

图3-114　指层灯箱

（*a*）老式指层灯箱；（*b*）新式指层灯箱

1—上行箭头；2—层楼数；3—面板；4—盒；5—指示灯

5. 召唤按钮箱

功能：供乘用人员召唤电梯用。

设置情况：有单按钮召唤箱和双按钮召唤箱，安装在电梯停靠站厅门外侧。单按钮召唤箱在每层厅门外只安一只召唤按钮，无论想上行还是下行均用此按钮召唤。双按钮召唤箱在每层厅门外安两只召唤按钮，上行时按上面的召唤按钮，下行时按下面的召唤按钮。这里仅给老式的单按钮召唤箱和新式的能显示电梯运行位置和方向的单按钮召唤箱，如图3-115所示。

6. 轿顶检修箱

功能：对电梯进行安全、可靠、方便地检修，安装在轿厢顶上。

构造：由控制电梯的慢上、慢下按钮（不受平层限制，随处都可停车），点动急停按钮，急停按钮，轿顶检修灯，运行检修转换开关等组成，如图3-116所示。

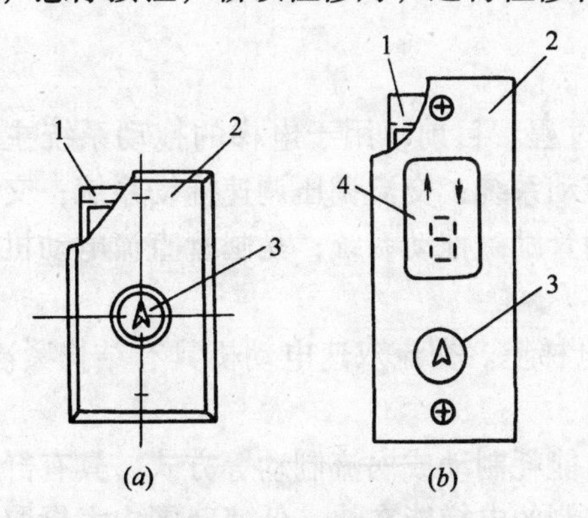

图3-115　单钮召唤箱

（*a*）老式单钮召唤箱；（*b*）新式单钮召唤指层箱

1—盒；2—面板；3—辉光按钮；4—位置、方向显示

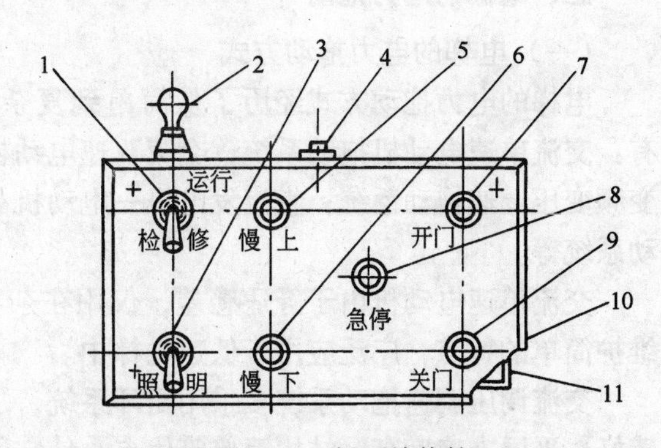

图3-116　轿顶检修箱

1—运行检修转换开关；2—检修照明灯；3—检修照明灯开关；4—电源插座；5—慢上按钮；6—慢下按钮；7—开门按钮；8—急停按钮；9—关门按钮；10—面板；11—盒

7. 控制柜

功能：是电梯电气控制系统完成各种主要任务，实现各种性能的控制中心。

控制柜由柜体和各种控制元件组成。控制元件的数量和规格主要与电梯的停层站数、额定载荷、速度、控制方式、曳引电动机类别等参数有关，不同参数的电梯，其设计的电气线路不同，采用的控制柜也不同。电梯控制柜如图 3-117 所示。

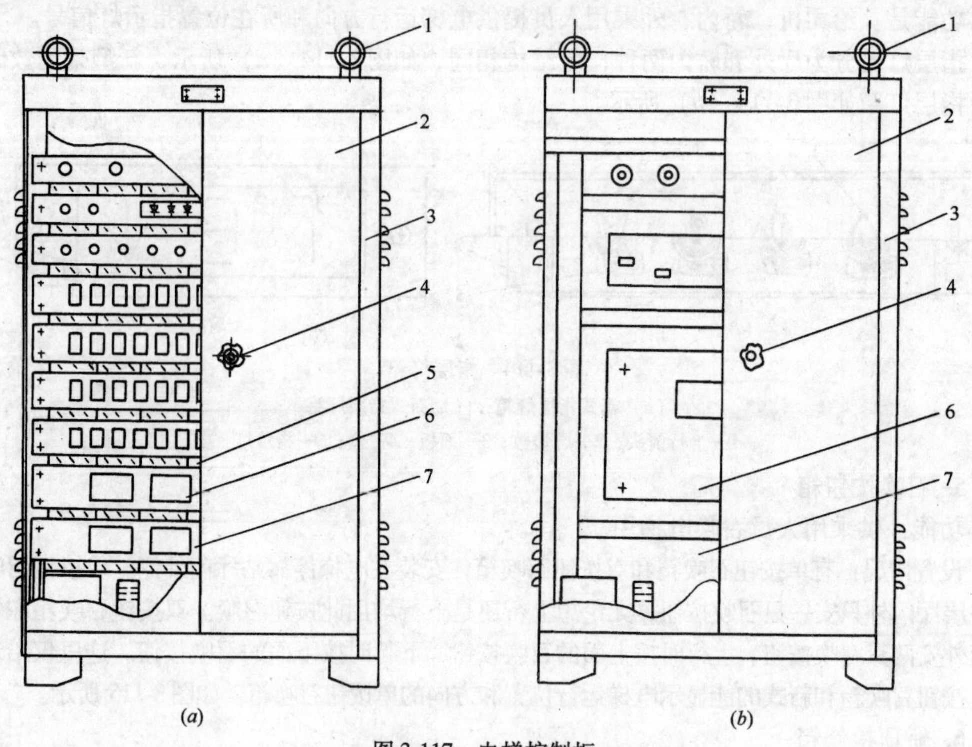

图 3-117　电梯控制柜

(a) 老式控制柜；(b) 新式控制柜

1—吊环；2—门；3—柜体；4—手把；5—过线板；6—电器元件；7—电器元件固定板

三、电梯的电力拖动

(一) 电梯的电力拖动方式

电梯的电力拖动方式经历了从简单到复杂的过程。目前，用于电梯的拖动系统主要有：交流单速电动机拖动系统；交流双速电动机拖动系统；交流调压调速拖动系统；交流变频变压调速拖动系统；直流发电机—电动机晶闸管励磁拖动系统；晶闸管直流电动机拖动系统等。

交流单速电动机由于舒适感差，仅用在杂物电梯上。交流双速电动机具有结构紧凑，维护简单的特点，广泛应用于低速电梯中。

交流调压调速拖动系统多采用闭环系统，加上能耗制动或涡流制动等方式，具有舒适感好、平层准确度高、结构简单等优点，使它所控制的电梯能在快、低速范围内大量取代直流快速和交流双速电梯。

直流发电机—电动机晶闸管励磁拖动系统具有调速性能好、调速范围宽等优点，在 20 世纪 70 年代以前得到广泛的应用。但因其机组结构体积大、耗电大、造价高等缺点，已逐渐被性能与其相同的交流调速电梯所取代。

晶闸管直流电动机拖动系统在工业上早有应用，但用于电梯上却要解决低速时的舒适感问题，因此应用较晚，它几乎与微机同时应用在电梯上，目前世界上最高速度的(10m/s）电梯就是采用这种系统。

交流变频变压拖动系统可以包括上述各种拖动系统的所有优点，已成为世界上最新的电梯拖动系统，目前速度已达6m/s。

从理论上讲，电梯是垂直运动的运输工具，无需旋转机构来拖动，更新的电梯拖动系统可能是直线电机拖动系统。

（二）交流双速电动机拖动系统的主电路

1. 电梯用交流电动机

电梯能准确地停止于楼层平面上，就需要使停车前的速度愈低愈好。这就要求电动机有多种转速。交流双速电动机的变速是利用变极的方法实现的，变极调速只应用在鼠笼式电动机上。为了提高电动机的启动转矩，降低启动电流，其转子要有较大的电阻，这就出现了专用于电梯的 JTD 和 YTD 系列交流电动机。

双速电动机分双绕组双速和单绕组双速电动机。双绕组双速（JTD 系列）电动机是在定子内安放两套独立绕组，极数一般为6极和24极。单绕组双速（YTD 系列）电动机是通过改变定子绕组的接线来改变极数进行调速。根据电机学知识，变速时要注意相序的配合。

电梯用双速电动机，高速绕组用于启动、运行。为了限制启动电流，通常在定子回路中串入电抗或电阻来得到启动速度的变化。低速绕组用于电梯减速、平层过程和检修时的慢速运行。电梯减速时，由高速绕组切换成低速绕组，转换初始时电动机转速高于低速绕组的同步转速，电动机处于再生发电制动状态，转速将迅速下降，为了避免过大的减速度，在切换时应串入电抗或电阻并分级切除，直至以慢速绕组（速度）进行低速稳定运行到平层停车。

2. 交流双速电动机的主电路

图3-118是常见的低速电梯拖动电动机主电路，电动机为单绕组双速鼠笼式异步电机，与双绕组双速电动机的主要区别是增加了虚线部分和辅助接触器 KM_{FA}。

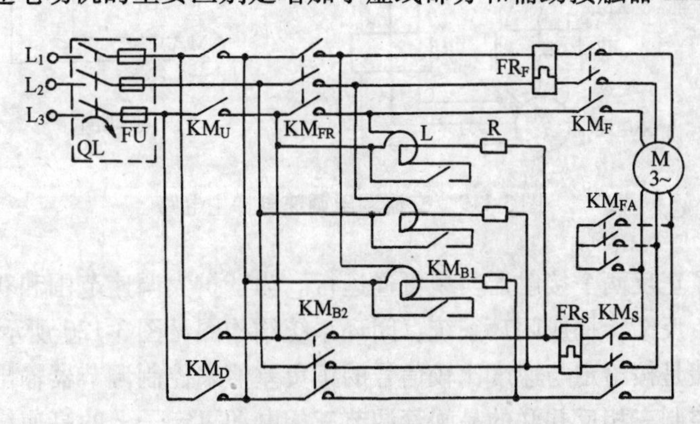

图3-118 交流双速电梯的主电路

电路中的接触器 KM_U 和 KM_D 分别控制电动机的正、反转，接触器 KM_F 和 KM_S 分别控制电动机的快速和慢速接法。快速接法的启动电抗 L 由快速运行接触器 KM_{FR}控制切除。慢速接法的启、制动电抗 L 和启、制动电阻 R 由接触器 KM_{B_1} 和 KM_{B_2}分两次切除，均按时间原则控制。

电动机正常工作的工艺过程是：接触器 KM_U 或 KM_D 通电吸合，选择好方向；快速接触器 KM_F 和快速辅助接触器 KM_{FA}通电吸合，电动机定子绕组接成 6 极接法，串入电抗 L 启动，经过延时，快速运行接触器 KM_{FR}通电吸合，短接电抗 L，电动机稳速运行，电梯运行到需停的层楼区时，由停层装置控制使 KM_F、KM_{FA}和 KM_{FR}失电，又使慢速接触器 KM_S 通电吸合，电动机接成 24 极接法，串入电抗 L 和电阻 R 进入再生发电制动状态，电梯减速，经过延时，制动接触器 KM_{B1}通电吸合，切除电抗 L，电梯继续减速；又经延时，制动接触器 KM_{B2}通电吸合，切除电阻 R，电动机进入稳定的慢速运行；当电梯运行到平层时，由平层装置控制使 KM_S，KM_{B1}，KM_{B2}失电，电动机由电磁制动器制动停车。

（三）交流调压调速电梯的主电路

交流调压调速电梯在快速梯中已广泛应用，但其主电路的控制方式差别较大，此处仅以天津奥的斯快速梯为例进行简单介绍。

系统组成特点：

该系统采用双绕组双速鼠笼式电动机。高速绕组由三相对称反并联的晶闸管交流调压装置供电，以使电动机启动、稳速运行。低速绕组由单相半控桥式晶闸管整流电路供电，以使电梯停层时处于能耗制动状态，系统能按实际情况实现自动控制。主电路见图 3-119 所示。

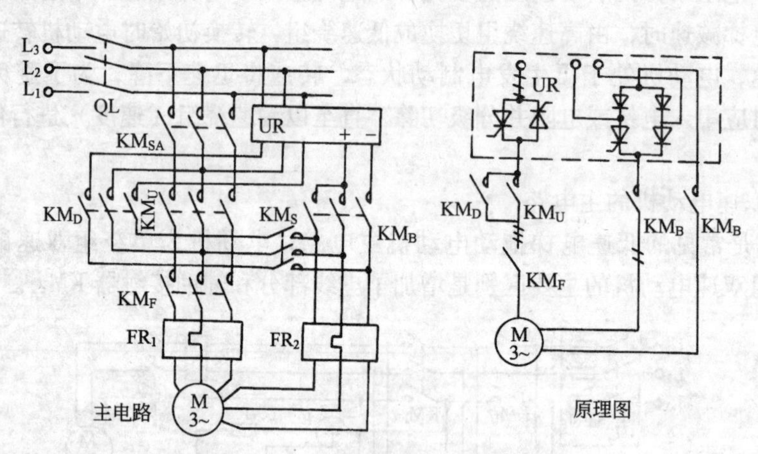

图 3-119　交流调压调速电梯主电路

该系统采用了正反两个接触器实现可逆运行。为了扩大调速范围和获得较好的机械特性，采用了速度负反馈，构成闭环系统，闭环系统结构图见图 3-120 所示。

此速度负反馈是按给定与速度比较信号的正负差值来控制调节器输出的极性，或通过电动单元触发器控制三相反并联的晶闸管调节三相电动机定子上的高速绕组电压以获得电动工作状态；或经反相器通过制动单元触发器，控制单相半控桥式整流器调节该电动机定子上低速绕组的直流电压以获得制动工作状态。无需逻辑开关，也无需两组调节器，便可以依照轿厢内乘客多寡以及电梯的运行方向使电梯电机工作在不同状态。

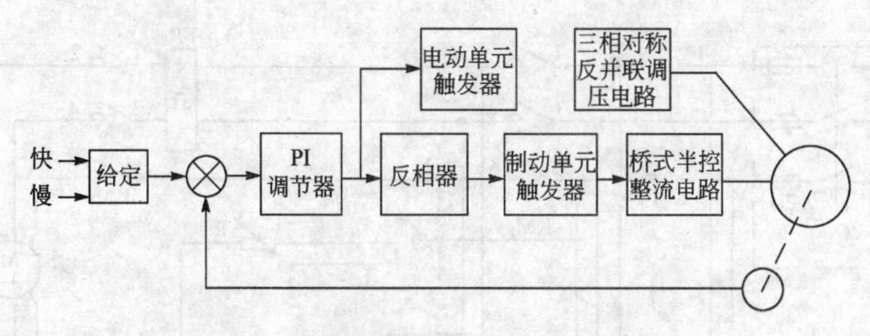

图 3-120　交流调压调速电梯闭环结构图

四、交流双速、轿内按钮控制电梯

（一）交流双速、轿内按钮继电器控制电梯的电路组成

本书列举的按钮控制电梯由拖动电路（即主电路），自动开关门电路，选层、定向电路，启动、运行电路，停层减速电路，平层停车电路，厅门停车电路，厅门召唤电路，位置、方向显示电路，安全保护电路等组成，如图 3-121 所示。用这些环节可以构成各种控制方式，根据控制方式和管理要求不同，其整体控制电路繁简差别较大，也无标准电路，各个环节又相互穿插，融为一体，单独画出对初学者难于理解。现以轿内按钮控制电梯为例，按运行工艺过程对各个环节进行介绍。

（二）主拖动部分

交流双速曳引电动机 YD 有两种不同的结构形式。一种电动机的快、慢速定子绕组是两个独立绕组。快速绕组通电时，电动机以 1000r/min 同步转速作快速运行；慢速绕组通电时，电动机以 250r/min 同步转速作慢速运行。另一种电动机的快、慢速定子绕组是同一绕组，依靠控制系统改变绕组接法，实现一个绕组具有两个不同速度的目的。当绕组为 YY 联结时，电动机的同步转速为 1000r/min。当绕组为 Y 联结时，电动机的同步转速为 250r/min。

快速运行时，快速接触器 KM_F 触点动作向电动机引出线 D_4、D_5、D_6 提供交流电源，快速辅助接触器 KM_{FA}触点动作，把电动机引出线 D_1、D_2、D_3 短接，于是，绕组形成 YY 联结。

慢速运行时，KM_F 和 KM_{FA}复位，慢速接触器 KM_S 动作，交流电源经 D_1、D_2、D_3 端引入电动机，电机绕组变为 Y 联结。

为了使乘用人员有舒适感，高速换低速较平稳，电路中串有电阻和电抗。

（三）直流控制电路中的门电路

直流控制电路是电梯电气控制系统的重要组成部分，经过变压器 T 把 380V 的交流电变为 115～125V 的交流电压，此电压加在二极管桥式整流电路，整流后输出直流 110V 电压为直流电路供电。

1. 对开关门电路的要求

（1）电梯关门停用时，应能在外面将厅门自动关好；启用时应能在外面将门自动打开；门关到位或开到位应能使门电机自动断电。

（2）为了使轿厢门能开闭迅速而又不产生撞击，开启过程应以较快速度开门，最后阶段应减速，直到开启完毕；在关门的初始阶段应快速，最后阶段分两次减速，直至轿门全部合拢。为了安全，应设防止夹人安全装置。

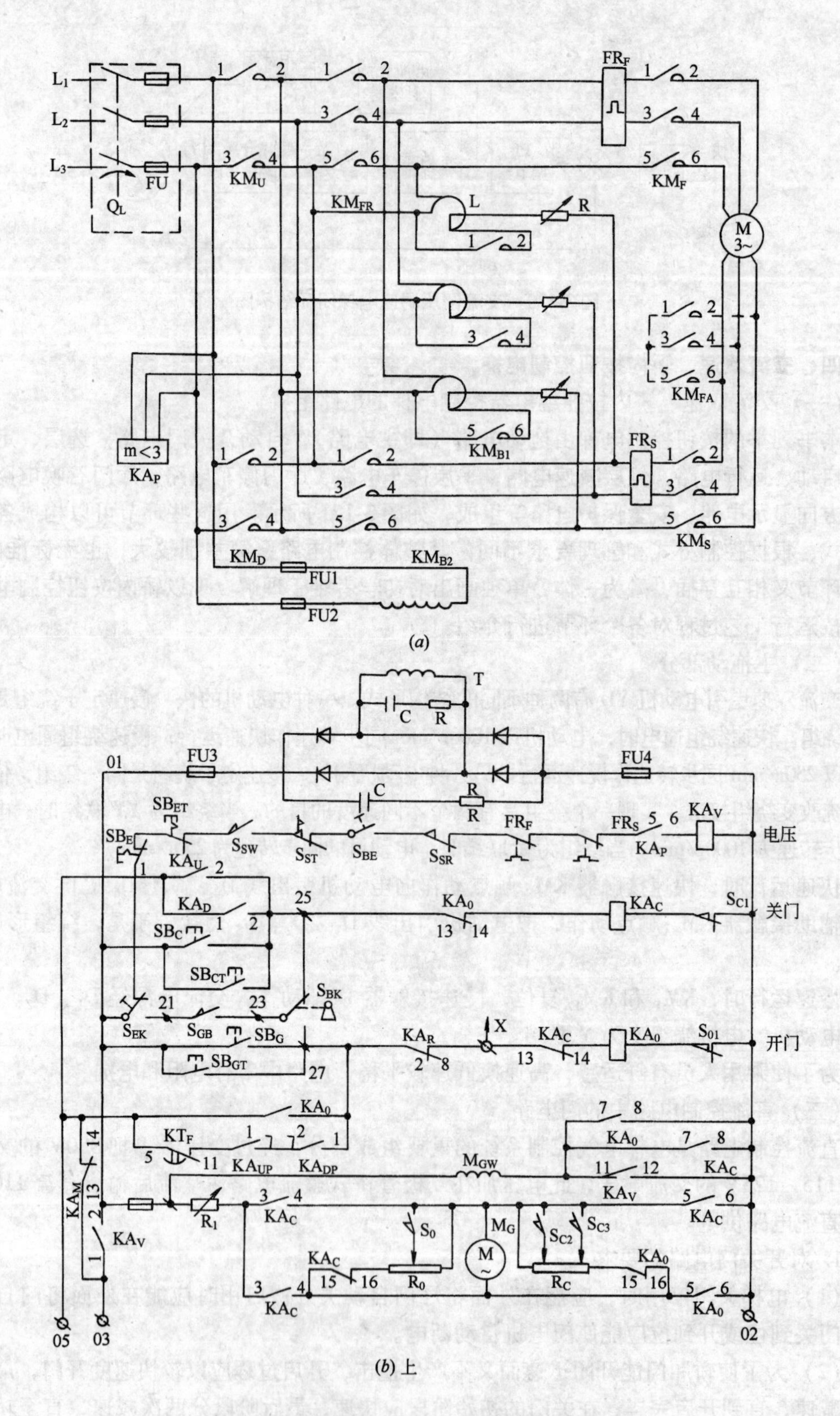

图 3-121　交流、双速、轿内按钮控制电梯电路

（a）主拖动；（b）上　直流控制电路

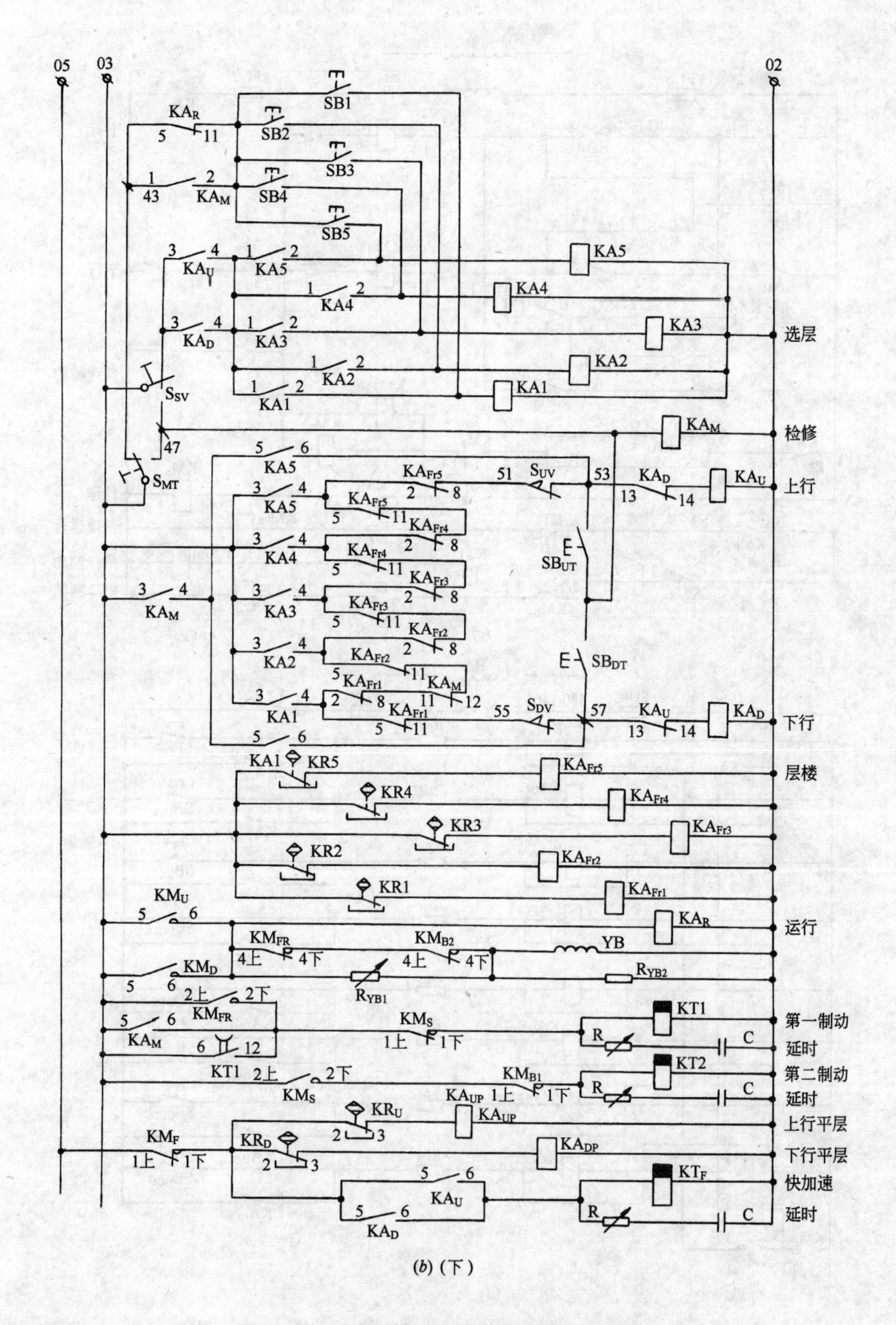

(b)(下)

图 3-121 交流、双速、轿内按钮控制电梯电路

(b) 下 直流控制电路

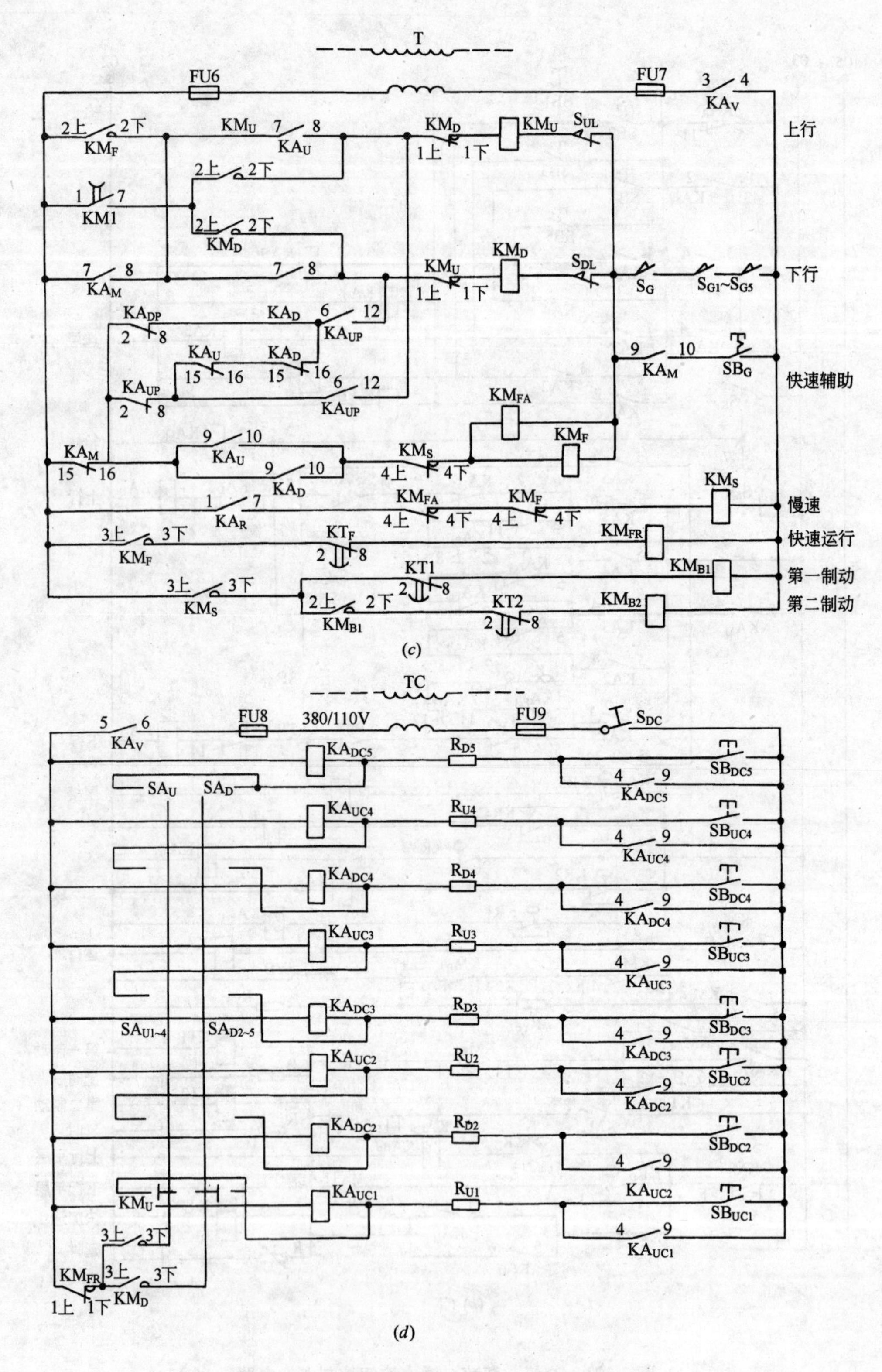

图 3-121　交流、双速、轿内按钮控制电梯电路

(*c*) 交流控制电路；(*d*) 召唤控制电路

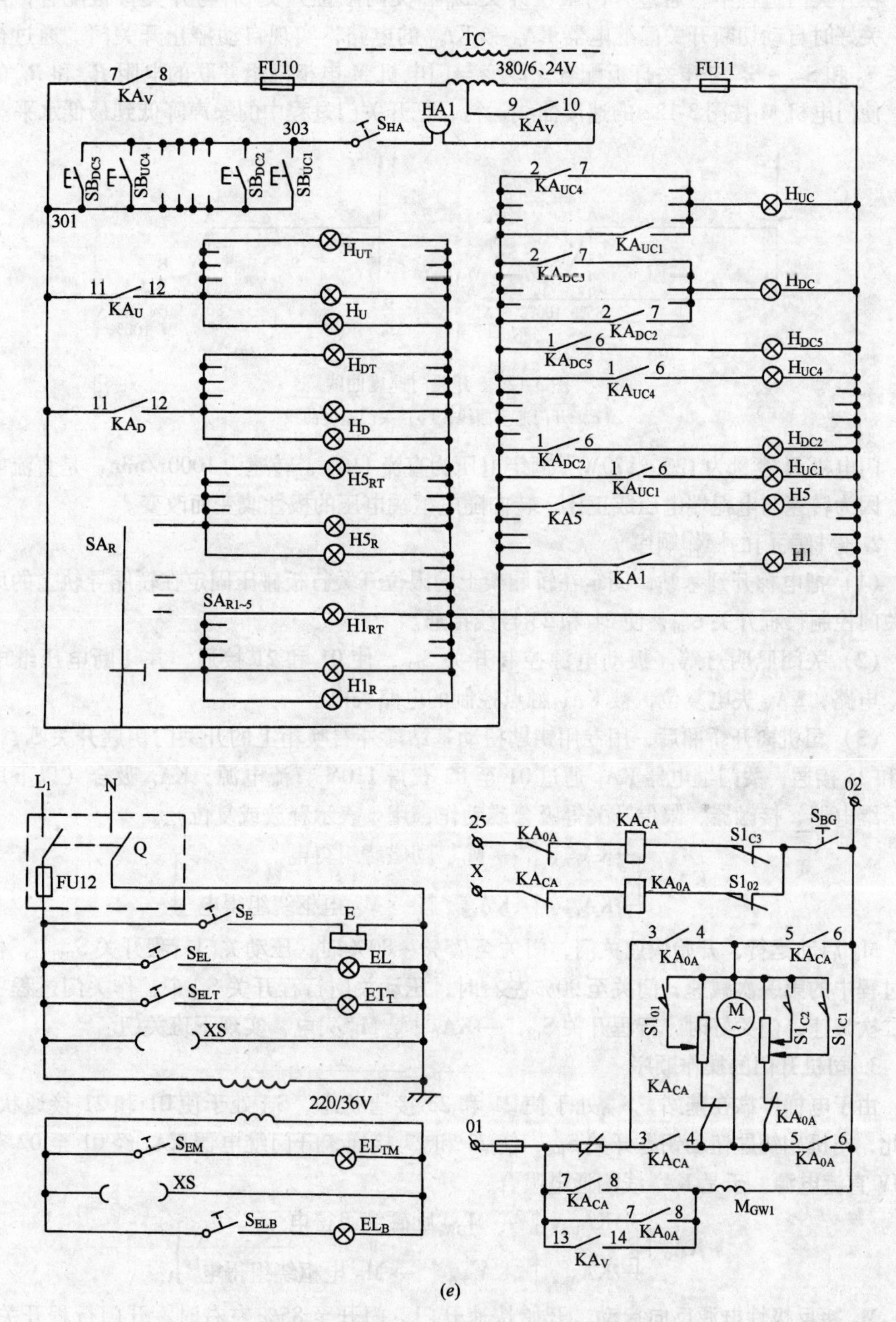

(e)

图 3-121 交流、双速、轿内按钮控制电梯电路

(e) 信号显示、照明、后门电路

在开关门过程中，通过开门限位开关 S_{01} 和关门限位开关 S_{C1} 与开关打板配合，当门开、关好时自动切断开关门继电器 KA_0 和 KA_C 的电路，实现自动停止开关门。通过行程开关 S_0 和 $S_{C2}\sim S_{C3}$ 与开关打板配合，改变与门电机 M 电枢绕组并联的电阻 R_0 和 R_C 的阻值，使门电机 M 按图 3-122 的速度曲线运行，把开关门过程中的噪声降低到最低水平。

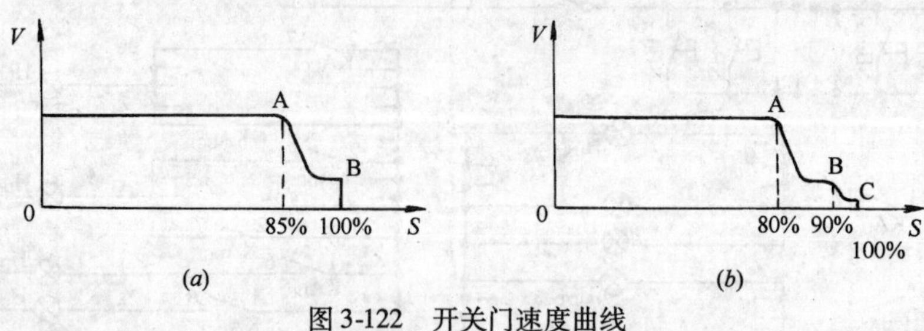

图 3-122　开关门速度曲线

（a）开门速度曲线；（b）关门速度曲线

门电机 M 容量为 120～170W，额定电压为直流 110V，转速为 1000r/min，是直流电动机。因为转速与电枢端电压成正比，转向随电枢端电压的极性改变而改变。

2. 停梯关门的操作顺序

（1）把电梯开到基站，固定在轿厢架上的限位开关打板碰压固定在轿厢导轨上的厅外开关门控制行程开关 S_{GB}，使 21 和 23 号线接通。

（2）关闭照明灯等。扳动电源控制开关 S_{EK}，使 01 和 21 接通，并切断电压继电器 KA_V 电路，KA_V 失电复位，被 KA_V 触点控制的电路失电。

（3）司机离开轿厢后，用专用钥匙扭动基站厅外召唤箱上的开关门钥匙开关 S_{BK}，使 23 和 25 接通，关门继电器 KA_C 通过 01 至 02 获得 110V 直流电源，KA_C 吸合（以下用↑表示继电器、接触器、限位开关等吸合或动作，用↓表示释放或复位）：

$$KA_C\uparrow\begin{cases}\rightarrow KA_{C7、8}\uparrow\rightarrow M_{GW}\text{ 励磁绕组得电}\\ \rightarrow KA_{C3、4}\uparrow、KA_{C5、6}\uparrow\rightarrow M_G\text{ 电枢绕组得电}\end{cases}$$

M_G 启动运行，开始快速关门，门关至 75%～80% 时，压动关门行程开关 $S_{C3}\uparrow$，作关门过程中的第一次减速，门关至 90% 左右时，压动关门行程开关 $S_{C2}\uparrow$，作关门过程中的第二次减速，门关好时，行程开关 $S_{C1}\uparrow\rightarrow KA_C\downarrow$，$M_G$ 失电，实现下班关门。

3. 司机开门的操作顺序

由于电梯停靠在基站，S_{GB} 处于使 21 和 23 接通状态，S_{EK} 处于使 01 和 21 接通状态。因此，司机用钥匙钮动钥匙开关 S_{BK}，使 23 和 27 接通，开门继电器 KA_0 经 01 至 02 获得 110V 直流电源，于是 KA_0 线圈通电吸合：

$$KA_0\uparrow\begin{cases}\rightarrow KA_{07、8}\uparrow\rightarrow M_{GW}\text{ 励磁绕组得电}\\ \rightarrow KA_{03、4}\uparrow、KA_{05、6}\uparrow\rightarrow M_G\text{ 电枢绕组得电}\end{cases}$$

M_G 接反极性电源反向启动，开始快速开门，门开至 85% 左右时，开门行程开关 $S_{02}\uparrow$，作开门过程中的减速，门开足时，$S_{01}\uparrow\rightarrow KA_0\downarrow$，$M_G$ 继电，实现上班开门。

4. 司机开梯前的准备工作

司机扳动操纵箱上的电源控制开关 S_{EK}，使 01 通过轿内急停按钮 SB_E、轿顶急停按钮

SB_{ET}、安全窗开关 S_{SW}、安全钳开关 S_{ST}、底坑检修急停开关 S_{BE}、限速器钢绳张紧开关 S_{SR}、过载保护热继电器 FR_F 和 FR_S、缺相保护继电器 KA_P（均为安全保护）使电压继电器 KA_V 与 02 接通，KA_V 吸合：

KA_V↑
- $KA_{V1、2}$↑→03、05 与 01 接通，直流控制电路得电。
- $KA_{V3、4}$↑→交流控制电路得电。
- $KA_{V5、6}$↑→召唤控制电路得电。
- $KA_{V7、8}$↑、$KA_{V9、10}$↑→召唤指示灯电路，电梯位置指示灯电路及蜂鸣器控制电路得电。

（四）呼梯、信号及其他电路

1. 呼梯及信号电路

呼梯部分的厅门召唤按钮有单召唤按钮和双召唤按钮之分。单召唤按钮是在每层厅门旁装一召唤按钮，无论是上行还是下行都按此按钮进行呼梯。本例中采用的是双召唤按钮，即分为向上召唤按钮和向下召唤按钮，而顶层只设向下召唤按钮，最低层只设向上召唤按钮。如图 3-121（*d*）中，每个召唤按钮均对应一只召唤继电器。且召唤按钮均采用双联式的，其中一对常开触头接通对应的召唤继电器，而另一对常开触头对应接在蜂鸣器回路（图 3-121*e* 图中）。

如果四楼有人要下行，呼梯过程是：按下四楼厅门召唤按钮 SB_{DC4}，召唤继电器 KA_{DC4} 线圈通电，其触点 $KA_{DC4(4-9)}$ 号触头闭合自锁，$KA_{DC4(1-6)}$ 号触头闭合，厅门 SB_{DC4} 所带信号灯 H_{DC2} 亮，表示呼梯信号已成功发出，$KA_{DC4(2-7)}$ 号触头闭合，轿内操纵箱上下行呼梯信号灯 H_{DC} 亮，同时蜂鸣器 HA 响，松开按钮后，声信号消失，光信号保持。本例仅显示上、下行信号、具体到哪层需乘客进轿厢后说明。

层楼召唤信号的消除是利用层楼指示器的动、静触点实现的。三个活动电刷组分别对应共有三圈的触头盘。

当轿厢位于任何一站时，指示灯电刷 SA_R 与第一圈相应的触头组 $SA_{R1\sim5}$ 接通，使轿内层楼指示灯 $H1_R \sim H5_R$ 和厅外层楼指示灯 $H1_{RT} \sim H5_{RT}$ 中相对应该站的数字灯点亮，指示出轿厢运行到几层。

触头盘上另两圈触头作为上、下召唤继电器复位用，其数量与位置各对应于层楼数和停站位置。当轿厢位于各层站位置时，复位电刷应与其相应的触头接触。图 3-121（*d*）中，SA_U 为向上运行复位电刷，SA_D 为向下运行复位电刷，$SA_{U1\sim4}$ 为上行各站触头组，$SA_{02\sim5}$ 为下行各站触头组。例如，当轿厢下行到四层时，电刷 SA_D 与触头组 SA_{D4} 接触，使 KA_{DC4} 线圈被短接，KA_{DC4} 失电释放，完成呼梯后的复位。

2. 其他电路

（1）轿厢后门自动门电路：如果电梯轿厢需要前后都有门称串通门。后门也可以自动开、关。其控制线路如图 3-121（*e*）中所示，与前门的控制电路相同，在线路增设了后门开关 SB_G。当需要前、后门同时开与关时，只要将 SB_G 合上便能实现。

（2）保护电路：过载保护由热继电器实现；短路保护由熔断器实现；缺相保护 KA_P、轿内急停用 SB_E、轿顶急停用 SB_{ET}、安全窗开关 S_{SW}、安全钳开关 S_{ST}、底坑检修急停开关 S_{BE}、限速钢绳张紧开关 S_{SR} 中任何一个不闭合都使失（欠）压继电器 KA_V 线圈失电，起到保护作用。另外还设有三道限位保护，以防止电梯失控造成冲顶或蹾底。第一道开关受碰撞应发出减速信号，第二道开关受碰撞应发出停止信号，第三道开关受碰撞应切断电源。

（五）选层定向及启动运行

1. 选层定向

当电梯停靠在基站的平层位置时，安装在轿顶的上、下平层感应器 KR_U、KR_D 插入位于井道的平层铁板中，感应器内永久磁铁产生的磁场被平层铁板短路，KR_U 和 KR_D 触点复位，上升平层继电器 KA_{UP} 和下降平层继电器 KA_{DP} 均得电吸合。同时，位于轿顶实现换速的感应铁板插入位于井道的层楼感应器中。如果基站在一楼，一楼的层楼感应器 KR1 触点复位，层楼继电器 KA_{Fr1} 通电吸合，发来的呼梯信号被接收且显示，轿内外指层灯、位置指示灯均亮，电梯作好选层、定向准备。

当司机发现四楼在呼梯时，司机按选层按钮 SB4，选层继电器 KA3 线圈通电，$KA3_{3\sim4}$ 号触头闭合，经层楼继电器 $KA_{Fr3、2-8}$↓、$KA_{Fr4、5-11}$↓、$KA_{Fr4、2-8}$↓、$KA_{Fr5、5-11}$↓、$KA_{Fr5、2-8}$↓等触点使上行方向继电器 KA_U 吸合，即选了四层又定了上行方向。

2. 启动运行过程

当司机按 SB4 后，上行方向接触器 KA_U 线圈通电，电梯自动关门后，启动、加速运行，这一过程的工作原理见动作程序图 3-123 所示。

```
（启动时）
SB4↑→KA4↑{ KA4(1、2)↑ ──────────────→ }→KA4自保，可松开SB4
          { KA4(3、4)↑→KA(U)↑ { KA(U3、4)↑
                               { KA(U5、6)↑→  KT(F)↑准备快速加速

KA(U1、2)↑→KA(C)↑，自动关门，门关好 { S(C1)↑→KA(C)↓→M(G)失电
                                    { S(G)↑ ──────→ }
                                    { S(G1)~S(G5)↑→ }

KA(U9、10)↑→ } { KM(FA)↑  |KM(FA1~6)↑→M为6极接法
               { KM(F)↑ { KM(F1~6)↑→M接快速绕组
                        { KM(F1上、1下)↑→KT(F)↓    （延时）       { KM(FR1~6)↑ M加速
                        { KM(F3上、3下)↑ ─────→ } ──────→KM(FR)↑{ KM(FR1上、1下)↑防止错消号
                        { KM(F2上、2下)↑                          { KM(FR2上、2下)↑→KT(1)↑

KA(U7、8)↑→ } KM(U)↑ { KM(U1~4)↑→ ─────────→ }M得电启动
                     { KM(U5、6)↑→ { YB↑
                     {              { KA(R)↑ { KA(R1、7)↑→准备慢速
                     {                       { KA(R5、11)↑→不许登记
                     { KM(U2上、2下)↑，准备自保
                     { KM(U3上、3下)↑，准备消除外招唤信号

KA(U11、12)↑→H(U)、H(UT)亮
KA(U13、14)↑→切断KA(D)电路
KA(U15、16)↑→切断KM(D)电路。
```

图 3-123　启动运行时电器元件动作程序图

经过对启动、运行过程分析可知：电梯曳引电动机与电磁制动器 YB 是同时得电的，要求电磁制动器必须快速打开，因此需对电磁制动器进行全电压控制。当电磁制动器打开以后，为了减少能耗，应串入经济电阻 R_{YB1}。而 R_{YB2} 的作用是：当 YB 失电时，通过放电电阻 R_{YB2} 放电，确保电磁制动器不突然抱紧而引起乘客的不良感觉。

（六）减速和平层停车

1. 减速过程

当电梯启动运行后，从一楼出发到达具有内指令登记信号的四楼过程中，位于轿顶的层楼感应器铁板分别插入二、三、四楼井道减速区的层楼感应器中，使层楼感应器 KR2、KR3、KR4 触点先后复位，层楼继电器 KA_{Fr2}、KA_{Fr3}、KA_{Fr4} 的线圈先后吸合。但因二、三楼无轿内指令登记信号，虽然 KA_{Fr2}、KA_{Fr3} 通电使其触点 $KA_{Fr2、2、8}$、$KA_{Fr3、2、8}$、$KA_{Fr2、5、11}$、$KA_{Fr3、5、11}$ 触点断开，但不能切断 KA_U 的电路，确保轿厢继续上行到四楼减速区，此时 KR4 触点复位，KA_{Fr4} 线圈得电，其触点 $KA_{Fr4、2、8}$ 和 $KA_{Fr4、5、11}$ 断开，使 KA_U 线圈失电释放，电梯便由快速运行转入到减速运行，详细原理用动作程序图 3-124 描述。

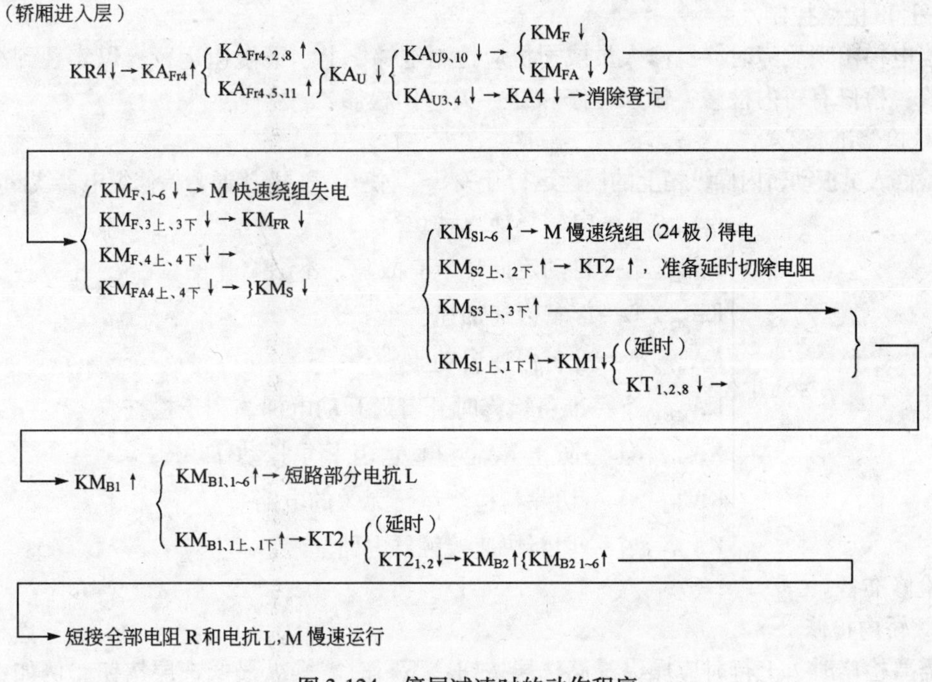

图 3-124 停层减速时的动作程序

2. 平层停车

电梯减速上行，当轿厢踏板同四楼厅门踏板相平时，轿厢顶部的上、下平层感应器进入四楼井道平层铁板中，向上平层感应器 KR_U 和向下平层感应器 KR_D 触头复位，使向上平层继电器 KA_{UP} 和向下平层继电器 KA_{DP} 线圈通电，电梯实现自动停车和自动开门，其详细原理如动作程序图 3-125 所示。

当电梯轿厢停靠四楼后，乘客进、出轿厢后，司机问明前往楼层后，点按操纵箱的选层按钮登记记忆，电梯通过定向电路自动控制上、下运行。

值得说明的是：这种控制电梯，每次只能选择一个楼层，如果在同一方向按两个层楼

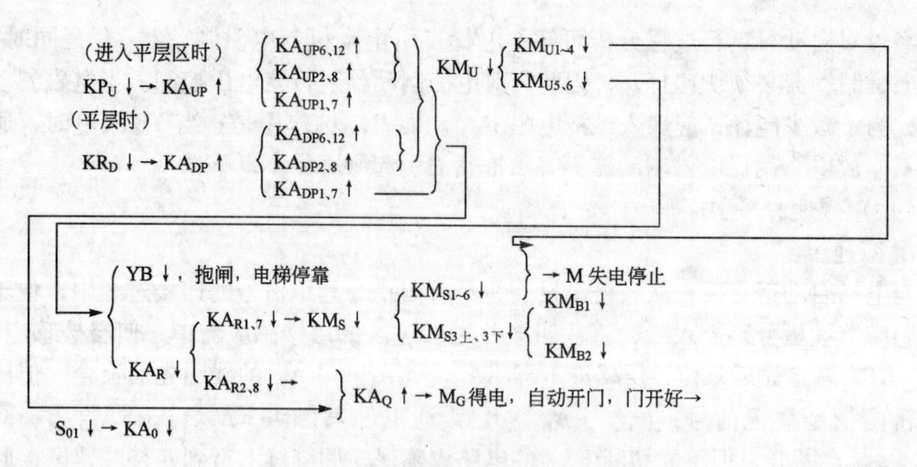

图 3-125　平层停车时的动作程序

按钮，那么电梯就会停靠在两个中较远的楼层，因此操作时应注意。

（七）检修控制

当电梯出现故障时，检修人员或司机应控制电梯作上、下慢速运行，以实现到故障点处检修，检修有轿内检修、轿顶检修和开（关）门检修。

1. 检修准备

检修人员扳动轿内操纵箱上的慢速运行开关 S_{SV}，使 03 和 47 接通，检修继电器线圈得电：

KA_M ↑
- $KA_{M1、2}$ ↑→电梯只能点动运行。
- $KA_{M3、4}$ ↑→自动定向环节有故障，不影响开梯。
- $KA_{M5、6}$ ↑→准备慢速加速。
- $KA_{M7、8}$ ↑→准备慢速启动。
- $KA_{M9、10}$ ↑→准备检修时开着门开动电梯，利于检查。
- $KA_{M11、12}$ ↑→防止 KA_U 和 KA_D 互相争抢动作。
- $KA_{M13、14}$ ↑→切除与检修运行无关的电路。
- $KA_{M15、16}$ ↑→切断快速接触器电路。

作好检修准备。

2. 轿内检修

需要检修时，上行时应操纵最高选层按钮，下行时需操纵最低选层按钮。例如：电梯在三楼停靠，准备到四楼检修时：如关门检修，应按下操纵箱的关门按钮 SB_C，把门关好。如开门检修，应按下操纵箱的门联锁按钮 SB_G，使门打开。然后按下最高层按钮 SB5，电梯便能启动上行。其原理见动作程序图 3-126 所示。

当电梯到达位置时，把 SB5 松开，电梯立即停靠，这种点动开梯不受平层限制，随处都可停梯，给检修带来了方便。电梯需要下行时，只需按最底层 SB1 即可。

3. 轿顶检修

当需要在轿厢顶部检修时，可以通过轿顶检修箱上的慢上按钮 SB_{UT}或慢下按钮 SB_{DT}，点动控制实现上、下慢速运行。

检修前，扳动轿顶检修箱上的检修开关 S_{MT}，使 03 和 47 接通，KA_M 得电吸合，当按

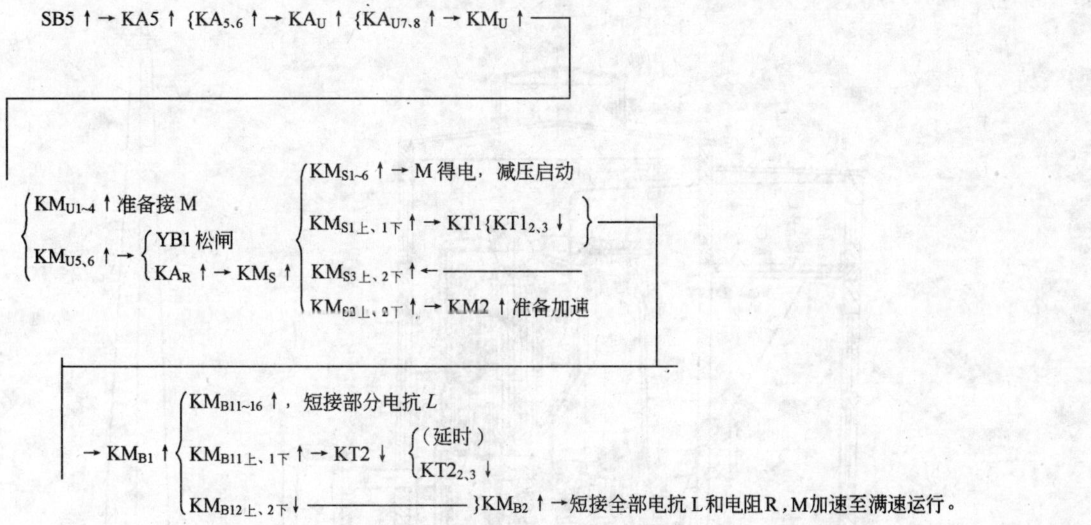

SB5 ↑ → KA5 ↑ {$KA_{5、6}$ ↑ → KA_U ↑ {$KA_{U7、8}$ ↑ → KM_U ↑

{$KM_{U1\sim4}$ ↑ 准备接 M

{$KM_{U5、6}$ ↑ → {YB1 松闸 / KA_R ↑ → KM_S ↑ {

$KM_{S1\sim6}$ ↑ → M 得电，减压启动

$KM_{S1上、1下}$ ↑ → KT1{$KT1_{2、3}$ ↓ }

$KM_{S3上、2下}$ ↑ ←

$KM_{S2上、2下}$ ↑ → KM2 ↑ 准备加速

→ KM_{B1} ↑ {

$KM_{B11\sim16}$ ↑，短接部分电抗 L

$KM_{B11上、1下}$ ↑ → KT2 ↓ {（延时） $KT2_{2、3}$ ↓

$KM_{B12上、2下}$ ↓ ——— }KM_{B2} ↑ →短接全部电抗 L 和电阻 R，M 加速至满速运行。

图 3-126　检修慢上程序图

下 SB_{UT} 或 SB_{DT} 时，轿厢便慢速上、下行。其动作情况与图 3-126 相似，这里不重复。

第六节　锅炉房动力设备的电气控制

锅炉一般分为两种：一种叫动力锅炉，应用于动力、发电方面；另一种叫供热锅炉（又称为工业锅炉），应用于工业及采暖方面。

锅炉是供热之源。锅炉设备的任务是：可以安全可靠、经济有效地把燃料的化学能转化为热能，进而将热能传递给水，以生产一定温度和压力的热水或蒸汽。

一、锅炉设备的组成和运行工况

（一）锅炉设备的组成

锅炉设备由两部分组成：一是锅炉本体，二是锅炉房辅助设备。根据使用燃料的不同，锅炉可分为燃煤锅炉、燃油锅炉、燃气锅炉等。其区别只是燃料供给方式不同，其他结构基本相同。这里以 SHL 型（即双锅筒横置式链条炉）燃煤锅炉为例说明锅炉房设备的组成，如图 3-127 所示。

1. 锅炉本体

锅炉本体一般由五部分组成，即汽锅、炉子、蒸汽过热器、省煤器和空气预热器。

(1) 汽锅（汽包）：汽锅由上下锅筒和三簇沸水管组成。水在管内受管外烟气加热，因而管簇内发生自然的循环流动，并逐渐汽化，产生的饱和蒸汽集聚在上锅筒里面。为了得到干度比较大的饱和蒸汽，在上锅筒中还应装设汽水分离设备。下锅筒系作为连接沸水管之用，同时储存水和水垢。

(2) 炉子：炉子是使燃料充分燃烧并放出热能的设备。燃料（煤）由煤斗落在转动的链条炉箅上，进入炉内燃烧。所需的空气由炉箅下面的风箱送入，燃尽的灰渣被炉箅带到除灰口，落入灰斗中。得到的高温烟气依次经过各个受热面，将热量传递给水以后，由烟窗排至大气。

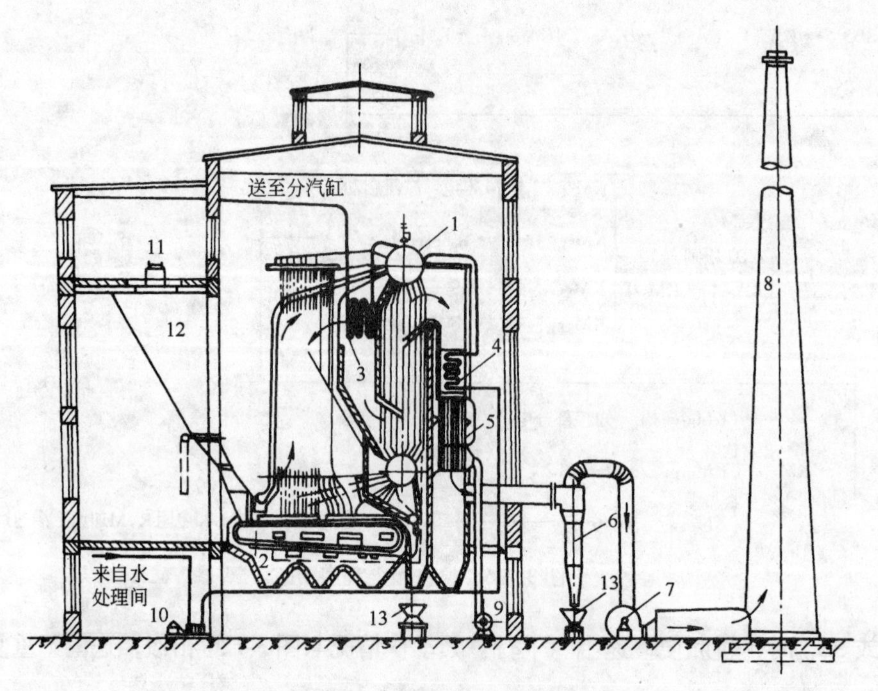

图 3-127　锅炉房设备简图

1—锅筒；2—链条炉排；3—蒸汽过热器；4—省煤器；5—空气预热器；6—除尘器；7—引风机；8—烟囱；9—送风机；10—给水泵；11—运煤皮带运输机；12—煤仓；13—灰车

（3）过热器：过热器是将汽锅所产生的饱和蒸汽继续加热为过热蒸汽的设备，由联箱和蛇形管所组成，一般布置在烟气温度较高的地方。动力锅炉和较大的工业锅炉才有过热器。

（4）省煤器：省煤器是利用烟气余热加热锅炉给水，以降低排出烟气温度的换热器。省煤器由蛇形管组成。小型锅炉中常采用具有肋片的铸铁管式省煤器或不装省煤器。

（5）空气预热器：空气预热器是继续利用离开省煤器后的烟气余热，加热燃料燃烧所需要的空气的换热器。热空气可以强化炉内燃烧过程，提高锅炉燃烧的经济性。为力求结构简单，一般小型锅炉不设空气预热器。

2. 锅炉房的辅助设备

锅炉房辅助设备是保证锅炉本体正常运行必备的附属设备，由以下四个系统组成。

（1）运煤、除灰系统：其作用是保证为锅炉运入燃料和送出灰渣。

锅炉房的运煤系统是指煤从煤场到炉前煤的输送，其中包括煤的转运、破碎、筛选、磁选和计量等。锅炉房较完善的运煤系统，如图 3-128 所示。室外煤场上的煤由铲斗车 2 运送到低位受煤斗 4，再由斜皮带运输机 5 将磁选后的煤送入碎煤机 8，然后通过多斗提升机 10 提升到锅炉房运煤层，最后由平皮带运输机将煤卸入炉前煤斗 14，煤秤 13 是设置在平皮带运输机前端，用以计量输煤量。

锅炉房的运煤机械，是为了解决煤的提升，水平运输及装卸等问题的。

（2）送引风系统：由引风机，一、二次送风机和除尘器等组成。引风机的作用是将炉膛中燃料燃烧后的烟气吸出，通过烟囱排到大气中去。送风机的作用是：供给锅炉燃料燃烧所需要的空气量，空气经冷风道进入空气预热器，预热后经热风道送入炉膛（无预热器

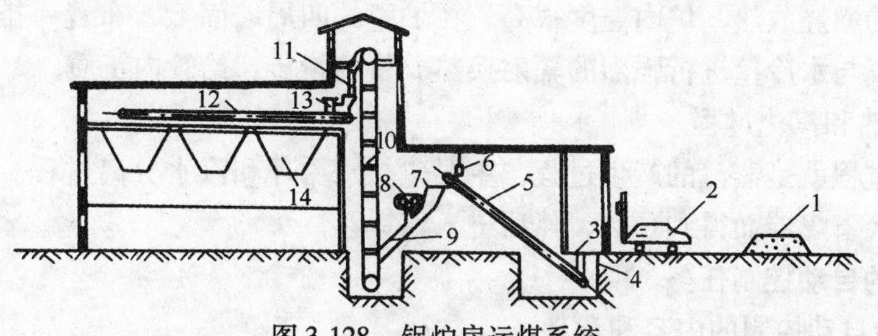

图 3-128　锅炉房运煤系统

1—堆煤场；2—铲斗车；3—筛子；4—煤斗；5—斜皮带运输机；6—悬吊式磁铁分离器；7—振动筛；8—齿滚式碎煤机；9—落煤管；10—多斗式提升机；11—落煤管；12—平皮带运输机；13—煤秤；14—炉前炉斗

的直接送入炉堂），以帮助燃烧。二次风机的作用是：将一部分空气以很高的速度喷射到炉膛空间，促使可燃气体、煤末、飞灰、烟气和空气强烈搅拌充分地混合，以利燃料充分燃尽，提高锅炉效率。除尘器的作用是：清除烟气中的灰渣，以改善环境卫生和减少烟尘污染。为了防倒烟，其控制要求是：启动时先启动引风机，经 10s 后再开鼓风机和炉排电机；停止时，先停鼓风机和链条炉排机，经过 20s 后再停止引风机。

（3）水、汽系统（包括排污系统）：汽锅内具有一定的压力，因此需供给水由泵提高压力后送入。给水系统的调节多采用电极式或浮球式水位控制器，锅炉汽包水位的自动调节与报警采用电极水位控制器对给水泵作启停控制，用以维持锅炉汽包水位在规定的范围内。另外热水锅炉还有循环水泵，其电机应为单向连续运行方式，并且要求在炉排机和鼓风机停止运行后，循环水泵应继续运行一段时间，以防止炉水汽化。为了保证给水质量，避免汽锅内壁结垢或受腐蚀，还有水处理设备；如用以软化、除氧等的盐液泵、加药泵，只需单向短时运转即可。为了储存给水设有一定容量的水箱。锅炉生产的蒸汽先送入锅炉房内的水汽缸，由此再接出分送至各用户的管道。锅炉的排污水因具有相当高的温度和压力，因此需要排入排污减温池专设的扩容器，进行膨胀减温和减压。

（4）仪表及控制系统：除锅炉本体上装有的仪表外，为了监督锅炉设备的安全可靠和经济运行，还设有一系列的仪表和控制设备，如蒸汽流量计、水量表、烟温计、风压计、排烟含氧量指示等常用仪表，以显示汽包水位、炉膛负压、炉排运转、蒸汽压力等，此外还有联锁保护和限值保护，包括越限报警和指示等。随着自动控制技术的迅速发展，对锅炉的自动控制要求愈来愈高，除广泛应用常规仪表进行给水及燃烧系统的自动调节和汽包压力及温度的自动调节外，在智能小区工程中采用计算机与网络对锅炉进行集成控制。

（二）锅炉的运行工况

锅炉的运行工况有：燃料的燃烧过程、烟气向水的传热过程和水的受热汽化过程（蒸汽的生产过程）。

1. 燃料的燃烧过程

燃煤锅炉的燃烧过程为：燃烧煤加到煤斗中，借助于自重下落在炉排上，炉排借助电动机通过变速齿轮箱变速后由链轮来带动，将燃料煤带入炉内。燃料一面燃烧，一面向炉后移动。燃烧所需要的空气是由风机送入炉排腹中风仓室后，向上通过炉排到达燃烧燃料层，风量和燃料量要成比例，进行充分燃烧形成高温烟气。

2. 烟气向水（汽等工质）的传热过程

由于燃料的燃烧放热，炉内温度很高。在炉膛的四周墙面上，布置一排水管，俗称水冷壁。高温烟气与水冷壁进行强烈的辐射换热，将热量传递给管内工质。

3. 水的受热和汽化过程

水的汽化过程就是蒸汽的产生过程，主要包括水循环和汽水分离过程。经过处理的水由泵加压，先经省煤器而得到预热，然后进入汽锅。

二、锅炉的自动控制任务

（一）锅炉自动控制的内容和意义

1. 自动检测

锅炉的任务是根据负荷的要求，生产具有一定参数（压力和温度）的蒸汽。为了满足负荷设备的要求，保证锅炉正常运行和给锅炉自动调节提供必要的数据，锅炉房内必须安装相关的热工检测仪表。它们可以显示、记录和变送锅炉运行的各种参数，如温度、压力、流量、水位、气体成分、汽水品质、转速、热膨胀等等，并随时提供给人和自动化装置。

检测仪表相当于人和自动化装置的眼睛。如果没有来自检测仪表的信号，是无法进行操作和控制的，更谈不上自动化。因此，要求检测仪表必须可靠、稳定和灵敏。

大型锅炉机组常采用巡回检测的方式，对各运行参数和设备状态进行巡测，以便进行显示、报警、工况计算以及制表打印。

2. 自动调节

为确保锅炉安全、经济的运行，必须使一些能够决定锅炉工况的参数维持在规定的数值范围内或按一定的规律变化。该规定的数值常称为给定值。

当需要控制的参数偏离给定值时，使它重新回到给定值的动作叫做调节。靠自动化装置实现调节的叫做自动调节。锅炉自动调节是锅炉自动化的主要组成部分。锅炉自动调节主要包括给水自动调节、燃烧自动调节和过热蒸汽温度自动调节等。在火力发电厂中按机组的调节方式可分分散调节、集中调节和综合调节。

目前应用较广的是链条炉排工业锅炉，其仪表及自控装备见表3-36所示。

链条炉排工业锅炉仪表自控装备表 　　表3-36

蒸发量（t/h）	检　测	调　节	报警和保护	其　他
1~4	A：1. 锅筒水位，2. 蒸汽压力，3. 给水压力，4. 排烟温度，5. 炉膛负压，6. 省煤器进出口水温 B：7. 煤量积算，8. 排烟含氧量测定，9. 蒸汽流量指示积算，10. 给水流量积算	A：位式或连续给水自控。其他辅机配开关控制 B：鼓风、引风风门挡板遥控。炉排位式或无级调速	A：水位过低、过高指示报警和极限水位过低保护。蒸汽超压指示报警和保护	A：鼓风、引风机和炉排启、停顺控和联锁 B：如调节用推荐栏，应设鼓风、引风风门开度指示
6~10	A：1、2、3、4、5、6同上，并增加B中的9、10及11. 除尘器进出口负压。对过热锅炉增加12. 过热蒸汽温度指示 B：7、8. 同上，增加13. 炉膛出口烟温	A：连续给水自控。鼓风、引风风门挡板遥控。炉排无级调速。过热锅炉增加减温水调节 B：燃烧自控	A：同上。增加炉排事故停转指示和报警，过热锅炉增加过热蒸汽温度过高、过低指示	A：同上A B：过热锅炉增加减温水阀位开度指示

注：A为必备，B为推荐选用。

从表中了解到了锅炉的自动控制概况。由于热工检测和控制仪表是一门专门的学科，内容极为丰富，篇幅所限，我们仅对控制部分进行介绍。

3. 程序控制

程序控制是根据设备的具体情况和运行要求，按一定的条件和步骤，对一台或一组设备进行自动操作，以实现预定目的的手段。程序控制是靠程序控制装置来实现的，它必须具备必要的逻辑判断能力和联锁保护功能。即当设备完成每一步操作后，它必须能够判断此操作已经实现，并具备下一步操作条件时，才允许设备自动进入下一步操作，否则中断程序并进行报警。

程序控制的优点是：提高锅炉的自动化水平，减轻劳动强度，并避免误操作。

4. 自动保护

自动保护的任务是当锅炉运行发生异常现象或某些参数超过允许值时，进行报警或进行必要的动作，以避免设备发生事故，保证人身安全。锅炉运行中的主要保护项目有：灭火自动保护；高、低水位自动保护；超温、超压自动保护等。

5. 计算机控制

计算机控制功能齐全，不仅具备自动检测、自动调节、程序控制及自动保护功能，而且还具有下列优点：（1）突出的计算功能：快速计算出机组在正常运行和启停过程中的有用数据；（2）分析故障原因，并提出处理意见；（3）追忆并打印事故发生前的参数，供事故分析用；（4）分析主要参数的变化趋势；（5）监视操作程序等。

（二）锅炉的自动调节

1. 锅炉给水系统的自动调节

锅炉汽包水位的高度，关系着汽水分离的速度和生产蒸汽的质量，也是确保安全生产的重要参数。因此，汽包水位是一个十分重要的被调参数，锅炉的自动控制都是从给水自动调节开始的。

锅炉给水自动调节的任务是：

第一，维持锅筒水位在允许的范围内。

第二，给水实现自动调节，可以保证给水量稳定，这有助于省煤器和给水管道的安全运行。

工业锅炉房常用的给水自动调节有位式调节和连续调节两种方式。

位式调节是指调节系统对锅筒水位的高水位和低水位两个位置进行控制，即低水位时，调节系统接通水泵电源，向锅炉上水，达到高水位时，调节系统切断水泵电源，停止上水。随着水的蒸发，锅筒水位逐渐下降，当水位降至低水位时重复上述工作。常用的位式调节有电极式和浮子式两种。

连续调节是指调节系统连续调节锅炉的上水量，以保持锅筒水位始终在正常水位的位置。调节装置动作的冲量可以是锅筒水位、蒸汽流量和给水流量，根据取用的冲量不同，可分为单冲量、双冲量和三冲量调节三种类型。简述如下：

（1）单冲量给水调节

单冲量给水调节原理图如图 3-129 所示，是以汽包水位为惟一的调节信号。系统由汽包水位变送器（水位检测信号）、调节器和电动给水调节阀组成。当汽包水位发生变化时，水位变送器发出信号并输入给调节器，调节器根据水位信号与给定值的偏差，经过放大后

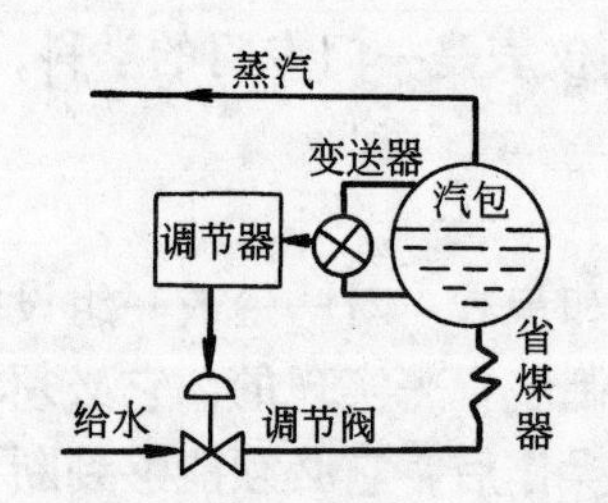

图 3-129 单冲量给水调节图

输出调节信号，去控制电动给水调节阀的开度，改变给水量来保持汽包水位在允许范围内。

单冲量给水调节的优点：系统结构简单、常用在汽包容量相对较大，蒸汽负荷变化较小的锅炉中。

单冲量给水调节的缺点：

①不能克服“虚假水位”现象。“虚假水位”产生的原因主要是：蒸汽流量增加，汽包内的气压下降，炉水的沸点降低，使炉管和汽包内的汽水混合物中的汽容积增加，体积膨大，引起汽包水位上升。如调节器只根据此项水位信号作为调节依据，就去关小阀门减少给水量，这个动作对锅炉流量平衡是错误的，它在调节过程一开始就扩大了蒸汽流量和给水流量的波动幅度，扩大了进出流量的不平衡。

②不能及时地反应给水母管方面的扰动。当给水母管压力变化大时，将影响给水量的变化，调节器要等到汽包水位变化后才开始动作，而在调节器动作后，又要经过一段滞后时间才能对汽包水位发生影响，将导致汽包水位波动幅度大，调节时间长。

（2）双冲量给水调节

双冲量给水调节原理图如图 3-130 所示，是以锅炉汽包水位信号作为主调节信号，以蒸汽流量信号作为前馈信号，组成锅炉汽包水位双冲量给水调节。

系统的优点是：引入蒸汽流量前馈信号，可以消除因“虚假水位”现象引起的水位波动。例如：当蒸汽流量变化时，就有一个给水量与蒸汽量同方向变化的信号，可以减少或抵消由于“虚假水位”现象而使给水量向相反方向变化的错误动作，使调节阀一开始就向正确的方向动作，减小了水位的波动，缩短了过渡过程的时间。

系统存在的缺点是：不能及时反应给水母管方面的扰动。因此，如果给水母管压力经常有波动，给水调节阀前后压差不能保持正常时，不宜采用双冲量调节系统。

（3）三冲量给水调节

三冲量给水自动调节原理图如图 3-131 所示。系统是以汽包水位为主调节信号，蒸汽流量为调节器的前馈信号，给水流量为调节器的反馈信号组成的调节系统。系统抗干扰能力强，改善了调节系统的调节品质，因此，在要求较高的锅炉给水调节系统中得到广泛的应用。

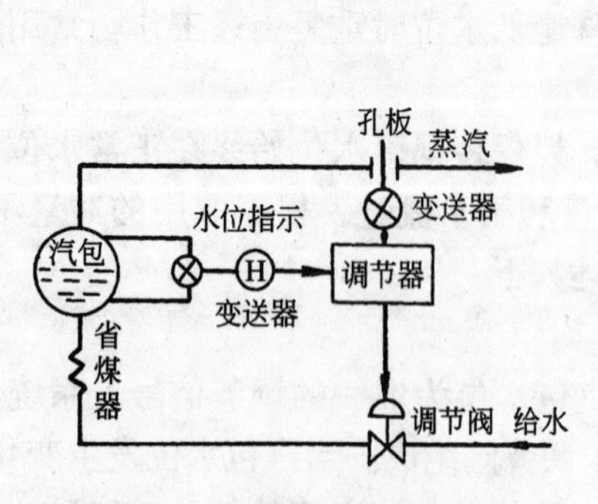

图 3-130 双冲量给水调节原理图

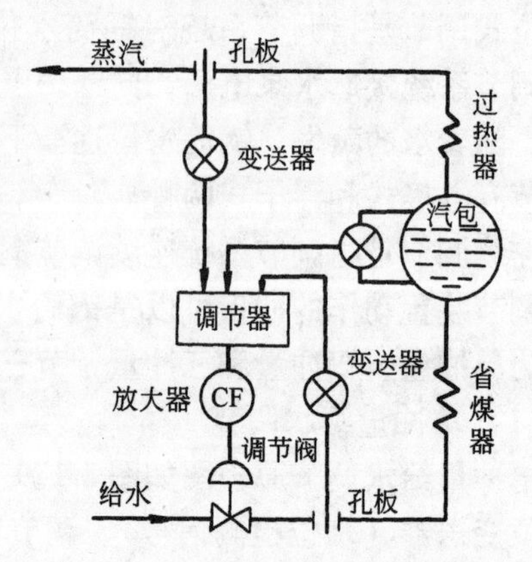

图 3-131 三冲量给水调节原理图

以上分析的三种类型的给水调节系统可采用电动单元组合仪表组成，也可采用气动单元组合仪表组成，目前均有定型产品。

2. 锅炉蒸汽过热系统的自动调节

（1）蒸汽过热系统自动调节的任务：是维持过热器出口蒸汽温度在允许范围之内，并保护过热器，使过热器管壁温度不超过允许的工作温度。

（2）过热蒸汽温度调节类型主要有两种：改变烟气量（或烟气温度）的调节；改变减温水量的调节。其中，改变减温水量的调节应用较多。

3. 锅炉燃烧过程的自动调节

（1）锅炉燃烧系统自动调节的基本任务：是使燃料燃烧所产生的热量适应蒸汽负荷的需要，同时还要保证经济燃烧和锅炉的安全运行。具体调节任务可概括为以下三个方面：

一是维持蒸汽母管压力不变，这是燃烧过程自动调节的主要任务。

二是保持锅炉燃烧的经济性：据统计，工业锅炉的平均热效率仅为60%左右，所以人们都把锅炉称做煤老虎。因此，锅炉燃烧的经济性问题也是非常重要的。

三是维持炉膛负压在一定范围内。炉膛负压的变化，反映了引风量与送风量的不相适应。通常要求炉膛负压保持在一定的范围内。这时燃烧工况，锅炉房工作条件，炉子的维护及安全运行都最有利。

（2）燃煤锅炉燃烧过程自动调节：以上三项调节任务是相互关联的，它们可以通过调节燃料量、送风量和引风量来实现。对于燃烧过程自动调节系统的要求是：在负荷稳定时，应使燃烧量、送风量和引风量各自保持不变，及时地补偿系统的内部扰动。这些内容扰动包括燃烧质量的变化以及由于电网频率变化、电压变化引起燃料量、送风量和引风量的变化等。在负荷变化引起外扰作用时，则应使燃料量、送风量和引风量成比例地改变，既要适应负荷的要求，又要使三个被调量：蒸汽压力、炉膛负压和燃烧经济性指标保持在允许范围内。

燃煤锅炉自动调节的关键问题是燃料量的测量，在目前条件下，要实现准确测量进入炉膛的燃料量（质量、水分、数量等）还很困难，为此，目前常采用按“燃料——空气”比值信号的自动调节、氧量信号的自动调节、热量信号的自动调节等类型。

三、锅炉动力设备电气控制实例

为了了解锅炉电气控制内容，下面我们以某锅炉厂制造的型号为KZL_4-13型4t快装锅炉为例分析其电气控制的工作原理。

（一）电气线路组成

KZL_4-13型4t快装锅炉的电气控制由主电路的七台电机即上煤机M1、除灰机M2、水泵电机M3、循环水泵M4、引风机M5、鼓风机M6、炉排电机M7和控制电路及水位控制电路组成，如图3-132所示。

（二）锅炉电气控制过程分析

1. 锅炉点火前的检查和准备

对锅炉内、外部，各附件，阀门进行检查，向锅炉内进水，进水速度不应太快，水温不宜太高。进水时间夏季不少于1h，冬季不少于2h，进水温度夏季不高于90℃，冬天不高于60℃。当锅炉进水达到锅炉最低水位时，停止进水。停水后，应检查水位是否有变动。当水位逐渐上升时，说明给水阀关不严，应进行修理和更换；当水位逐渐降低时，说明锅炉排污阀关不严，应查明原因，予以消除。对新安装、长期停用和大修后的锅炉应按规定做好水压试验、烘炉和煮炉工作。在确认送、引风等都合格的情况下，打开烟道挡板和风门进行通风，并启动引风机5min，以排出烟道中可能残存的可燃气体或沉积物。合上电源开关QS1，将转换开关S4至“自动”位，作好点火前的准备。

2. 水位自动调节与报警

（1）汽包水位的自动调节：由电极式水位控制器中的晶体管 T_1、灵敏继电器KA4和水位电极Ⅱ、Ⅲ完成，水位电极Ⅱ、Ⅲ间的间距为水位允许的波动范围。当锅炉水位低于“低水位”时，晶体管 T_1 的基极电 $I_B=0$，$I_C=0$，T_1 截止，KA4的线圈无电，控制支路6中的KA4常闭触点闭合，使接触器KM4线圈通电，水泵电动机M3启动，水位逐渐上升，当水达高水位时，T_1 导通，KA4线圈通电，其触头动作，KM4线圈失电释放，水泵电动机M3停止。当水位下降到低水位以下时，重新启动水泵，如此按双位调节规律保持汽包水位在一定的波动范围内。

（2）水位报警：当水位降至“低限水位”时，KA5线圈失电，其触头复位，KA6线圈也失电，其触头复位，于是（*b*）图16、19支路的报警信号灯H1亮，同时警铃HA响，当值班人员接到通知后，可按下解除按钮SBH，使继电器KA3线圈通电，HA不响。当水位升到“高限水位”时，KA5线圈通电，KA3线圈失电，KA6线圈通电，于是H2亮，同时HA响。发出高水位声光报警信号。

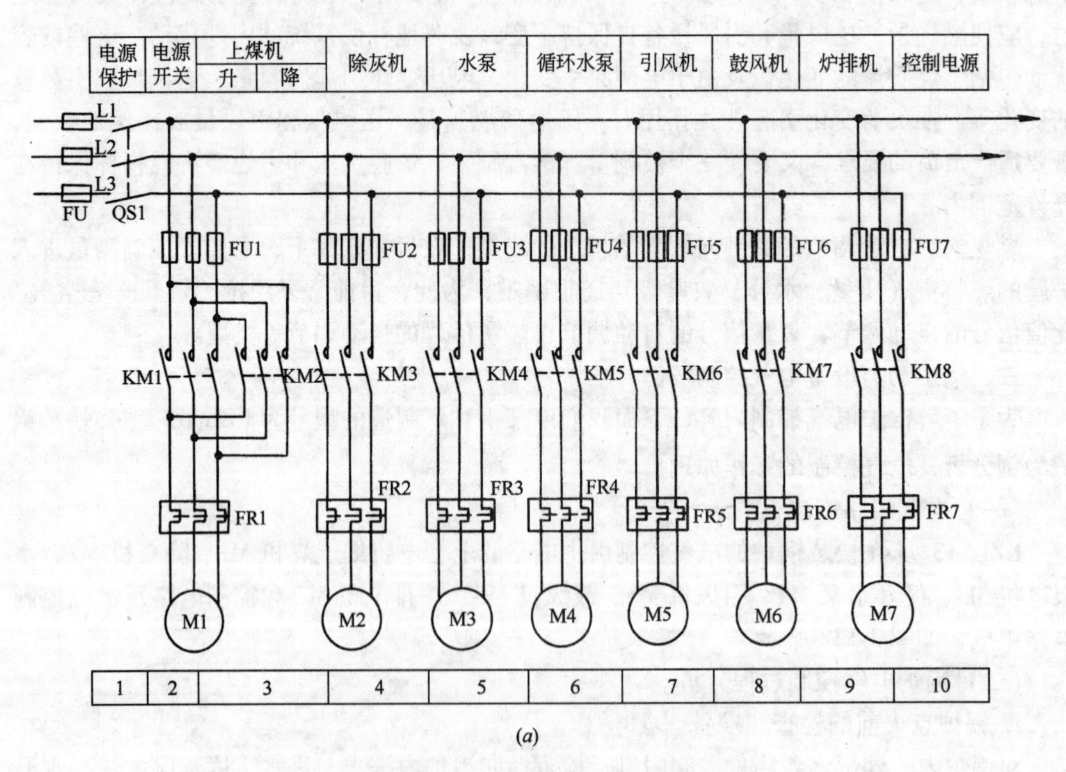

(*a*)

图3-132　KZL_4-13型4t快装锅炉电气控制原理图（一）

（*a*）主电路

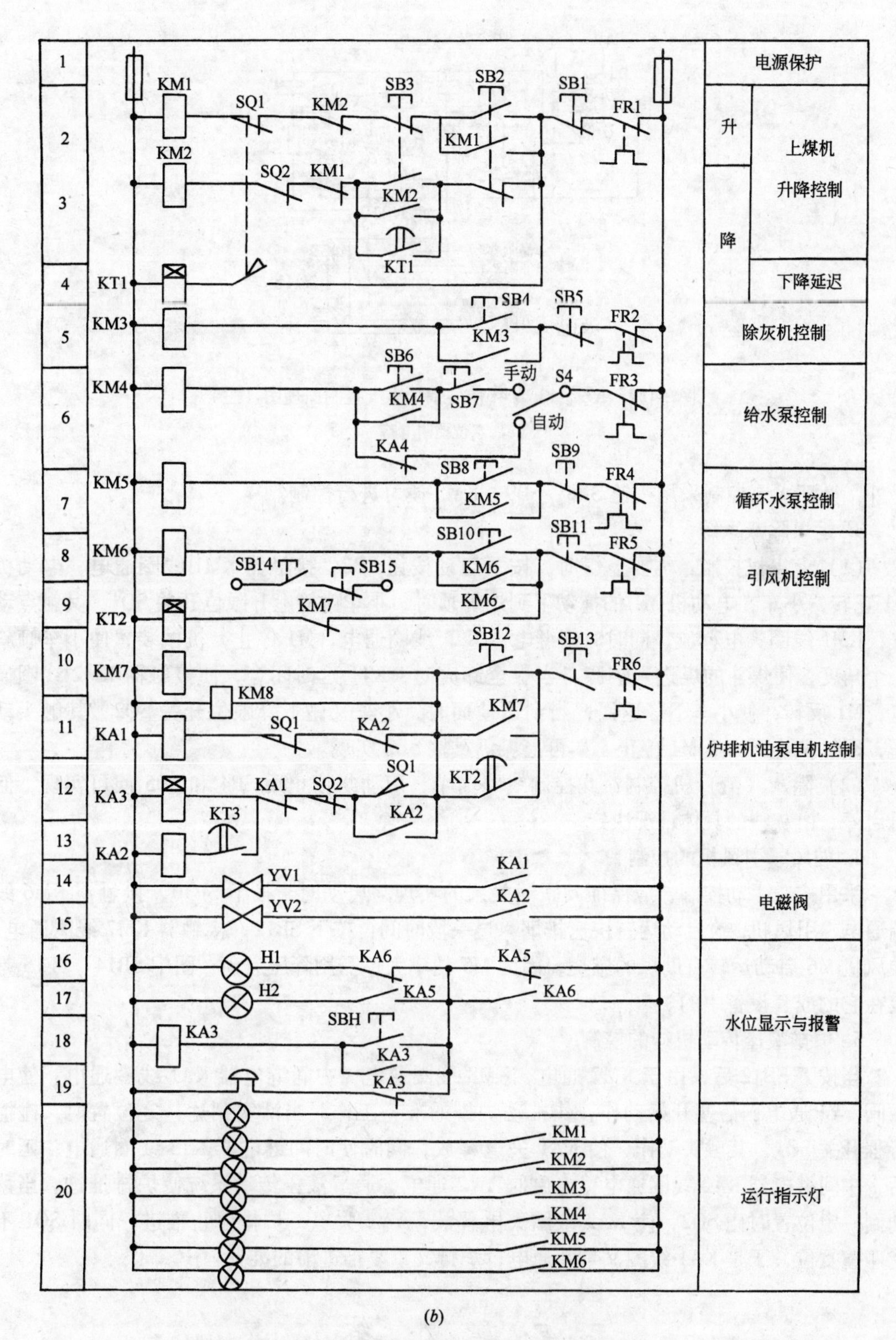

图 3-132　KZL_4-13 型 4t 快装锅炉电气控制原理图（二）

（*b*）控制电路

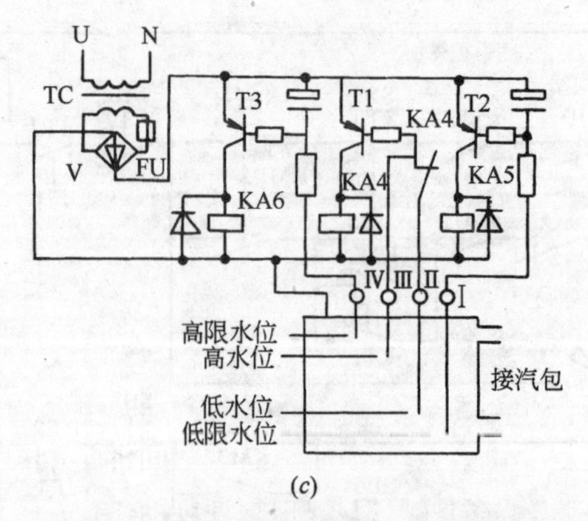

图 3-132　KZL_4-13 型 4t 快装锅炉电气控制原理图（三）

（c）水位控制电路

另外，循环水泵控制采用按钮 SB8、SB9，KM5 便可进行控制。

3. 运煤除灰系统

（1）上煤机控制：需要上煤时，按下启动按钮 SB2，接触器 KM1 线圈通电，电动机 M1 正转，小车在电动机 M1 的拖动下到达炉顶时，小车碰撞上升限位开关 SQ1，其触点动作，KM1 线圈失电释放，同时时间继电器 KT1 线圈通电，M1 停止，机械装置使小车倾斜一个角度，使煤斗的煤进入炉膛，当煤全卸完时，KT1 延时闭合，使接触器 KM2 线圈通电，M1 反转，使小车下降返回，当到达地面时，小车又碰下降限位开关 SQ2，其触头动作，KM2 失电释放，M1 停止。如再上煤仍重按 SB2 实现。

（2）除灰（渣）机控制：此控制线路简单，启动与停止用 SB4 和 SB5 便可实现，何时启停，由灰渣的具体情况决定。

4. 鼓风、引风机的控制

采用按钮手动控制，应保证其联锁关系的实现，启动时，按下 SB10，接触器 KM6 线圈通电，引风机 M5 启动运转快速排烟，过一段时间再按下 SB12，接触器 KM7 线圈通电，鼓风机 M6 启动运转有助煤的燃烧，因为 M5 功率大，需用降压启动，图中 SB14、SB15 是装在它的成套设备中的。

5. 炉排液压传动机构的控制

当按下 SB12 后，由于 KM7 通电，KM8 线圈通电，中间继电器 KA1 线圈通电，使电磁阀 YV1 通电，活塞开始动作，作推动炉排的准备工作，当活塞到达一定位置时，碰撞行程开关 SQ1，其触头动作，使 KA1 失电释放，同时使时间继电器 KT3 线圈通电，延时后，中间继电器 KA2 线圈通电，电磁阀 YV2 通电，通过液压传动系统使炉排推进。当移动到一定位置时碰 SQ2，使 KA2 线圈失电释放，YV2 失电，炉排停止推进。同时 SQ1 不受碰撞复位，于是 KA1 线圈又重新通电，炉排又重复推进前的准备……。

本 章 小 结

本章从电气控制元件入手，对电气控制的基本环节进行了认真的阐述，然后列举了建筑工程中常用的典型设备的电气控制实例，通过对其电气控制特点、拖动要求及电气原理的分析，使读者对楼宇电气控制有一个较全面的了解，从而掌握分析、阅读电气设备的基本方法，为将来从事楼宇电气控制工程和学习智能化建筑控制和系统的集成、为从事电气工程的安装、调试、检修及维护打下良好的基础。

1. 低压电器是指用于交流额定电压在1200V以下，起控制、保护和通断电路作用的电气设备。低压电器种类繁多，本章主要介绍了接触器、继电器及开关和主令电器等常用低压电器的构造原理、图形符号、技术参数、特点及用途等。

2. 控制电器的作用主要是用以接通和切断电路，以实现各种控制要求。它主要分自动切换和非自动切换两大类。自动切换的有接触器、中间继电器、时间继电器、行程开关、自动开关、漏电保护开关等，其特点是触头的动作是自动的。非自动切换电器有按钮、转换开关等，其触头的动作是靠手动实现的。

3. 保护电器的作用是用以对电动机及电气控制系统实现短路、过载、过流、漏电及失（欠）压等保护。如熔断器、热继电器、过电流和失（欠）电流继电器、漏电保护开关及过电压和失（欠）压继电器等。这些电器可根据电路的故障情况自动切断电路，以实现保护作用。

4. 每一种电器都有自己的应用范围，应联系工程实践，结合实物，通过实践或实习等手段，加深对本章内容的理解，抓住各自的特点及共性，根据使用条件，以实现合理使用及正确选择电器的要求。要想恰当合理选择电器设备，必须对其技术参数有所了解，在工程实践中选用时应查阅有关技术资料及手册。

5. 电气控制系统图主要有电气原理图、元件布置图、安装接线图等。为了正确绘制和阅读分析这些图纸，必须掌握国家标准及绘图规则。

6. 对于鼠笼式异步电动机的控制，对于小容量的电动机（一般10kW以下，特殊情况参照有关设计规范）允许直接启动，为了防止过大的启动电流对电网及传动机构的冲击作用，大容量或启动负载大的场合应采用降压启动的方式。

直接启动中的单向旋转、双向旋转、点动、两（多）处控制、自动循环、联锁控制等基本线路采用各种主令电器、控制电器及各种控制触点按一定的逻辑关系的不同组合实现。各自控制的要点是：自锁触头是电动机长期工作的保证；互锁触头是防止误操作造成电源短路的措施；点动控制是实现灵活控制的手段；两（多）处控制是实现远动控制的方法；自动循环是完成行程控制的途径；联锁控制是实现电机相互联系相互制约关系的保证。

四种降压启动方法其特点各异，可根据实际需要确定相应的方法，总结如表3-37所示。

鼠笼型电动机各种降压启动方式的特点 **表3-37**

降压启动方式	电阻降压	自耦变压器降压	星三角转换	延边三角形启动 当抽头比例为		
				1:2	1:1	2:1
启动电压	kU_e	kU_e	$0.58U_e$	$0.78U_e$	$0.71U_e$	$0.66U_e$
启动电流	kI_{qd}	k^2I_{qd}	$0.33I_{qd}$	$0.6I_{qd}$	$0.5I_{qd}$	$0.43I_{qd}$

续表

降压启动方式	电阻降压	自耦变压器降压	星三角转换	延边三角形启动		
				当抽头比例为		
				1:2	1:1	2:1
启动转矩	k^2M_{qd}	k^2M_{qd}	$0.33M_{qd}$	$0.6M_{qd}$	$0.5M_{qd}$	$0.43M_{qd}$
定型启动设备	QJ1 型电阻减压启动器、PY-1 系列冶金控制屏、ZX1 与 ZX2 系列电阻器	QJ3 型自耦减压启动器、GTZ 型自耦减压启动器	QX1、QX2、QX3、QX4 型星三角启动器，XJ1 系列启动器	XJ1 系列启动器		
优缺点及适用范围	启动电流较大，启动转矩小；启动控制设备能否频繁启动由启动电阻容量决定；需启动电阻器，耗损较大，一般较少采用	启动电流小，启动转矩较大；不能频繁启动、设备价格较高，采用较广	启动电流小，启动转矩小，可以较频繁启动，设备价格较低，适用于定子绕组为三角形接线的中小型电动机，如 J2；JO2、J3、JO3 等	启动电流小，启动转矩较大，可以较频繁启动；具有自耦变压器及星三角启动方式两者之优点；适用于定子绕组为三角形接线且有 9 个出线头的电动机，如 J3、JO3 等		

注：U_e—额定电压；I_{qd}、M_{qd}—电动机的全压启动电流及启动转矩；k—启动电压/额定电压，对自耦变压器为变比。

为了提高生产效率，缩短辅助时间，采用电气与机械制动的方法以快速而准确停机。这里的电气制动总结如表 3-38 所示，可根据需要适当选择。

电气制动方式的比较 表 3-38

比较项目＼制动方式	能耗制动	反接制动
制动设备	需直流电源	需速度继电器
工作原理	采用消耗转子动能使电动机减速停车	依靠改变定子绕组电源相序而使电动机减速停车
线路情况	定子脱离交流电网接入直流电	定子相序反接
特点	制动平稳，制动能量损耗小，用于双速电机时制动效果差	设备简单，调整方便，制动迅速，价格低，但制动冲击大，准确性差，能量损耗大，不宜频繁制动
适用场合	适用于要求平稳制动，如磨床、铣床等	适用于制动要求迅速，系统惯性较大，制动不频繁的场合，如大中型车床、立床、镗床等

关于鼠笼式异步电动机的调速主要介绍了变极调速和电磁调速。

变极调速是通过改变电动机的磁极对数实现对其速度的调节。巧妙地利用相关电器实现对电动机的双速、三速及四速控制。

电磁调速是通过晶闸管控制器中的电位器改变励磁电流的大小，改变转差离合器的转速，以调节电动机的转速。

7. 绕线式异步电动机的启动性能好，可以增大启动转矩。采用转子串电阻和转子串频敏变阻器的方法。串电阻启动，控制线路复杂，设备庞大（铸铁电阻片或镍铬电阻丝比较笨重），启动过程中有冲击；串频敏变阻器线路简单，启动平稳，启动过程调速平滑，克服了不必要的机械冲击力。

8. 在线路控制中，常涉及时间原则、电流原则、行程原则、速度原则和反电势原则，在选用时不仅要根据本身的一些特点，还应考虑电力拖动装置所提出的基本要求以及经济指标等。以启动为例，列表进行比较，见表3 39。

自动控制原则优缺点比较表 **表3-39**

控制原则	反电势原则	电流原则	时间原则
电器用量	最　少	较　多	较　多
设备互换性	不同容量电机可用同一型号电器	不同容量电机得用不同型号继电器	不同容量与电压的电机均可采用同型号继电器
线路复杂程度	简单	联锁多，较复杂	联锁多，较复杂
可靠性	可能启动不成；换接电流可能过大	可能启动不成；要求继电器动作比接触器快	不受参数变化影响
特　点	能精确反映转速	维持启动的恒转矩	加速时间几乎不变

9. 本章通过几种常见的保护装置，如短路保护、过流保护、热保护、失（欠）压保护阐述了电动机的保护问题。常用的保护内容及采用电器列于表3-40中，以供选用。

常用的保护环节及其实现方法 **表3-40**

保护内容	采用电器	保护内容	采用电器
短路保护	熔断器、断路器等	过载保护	热继电器、断路器等
过电流保护	过电流继电器	欠电流保护	欠电流继电器
零电压保护	按钮控制的接触器、继电器等	欠电压保护	电压继电器

10. 给水系统的电气控制

首先分析了几种水位开关的构造和原理，然后根据水位控制的电气要求，分析了采用干簧水位信号控制器、晶体管液位继电器构成的控制线路工作原理，对水位控制的两台水泵、三台水泵线路进行了分析。在压力控制中，通过对电接点压力表及气压罐式给水设备的学习，掌握了压力控制的特点。

对变频调速恒压供水的生活水泵的电气线路及特点进行了阐述，从而使读者看到了水位控制的先进技术的应用。

通过对一系列方式水泵电动机电气控制的分析可知：水泵电动机的自动启停及负荷调节是根据水池（箱）水位、气压罐压力或管网压力来决定的，由于水池和管网都是大容量对象，它本身对调节精度也没有很高的要求，一般采用水位调节就可以了。上、下限水位间的距离及上、下限水压差的调整是决定电动机间歇时间长短的一个重要参数，应根据实际在安装时考虑。

11. 消防给水控制

消火栓灭火系统是移动式灭火设施，本文介绍了降压与全压启动的消火栓灭火系统的电气控制特点及控制原理。

喷淋灭火系统是固定式灭火设施，有降压与全压启动方式，其与消防中心的联系也在图中进行了阐述。

12. 常用建筑机械的典型线路

从控制器及电磁抱闸入手，研究了散装水泥电路、混凝土搅拌机和塔式起重机的电路。

电磁抱闸，以单相电磁抱闸和电力液压推动器为主，简单说明了三相电磁抱闸，单、三相电磁抱闸只有抱闸和放松两种工作状态，而电力液压推动器有抱闸、放松和半松半紧三种状态，分别适用于不同的控制中。

控制器，这里仅对主令控制器的构造、原理及作用进行了介绍，便于对塔式起重机线路的分析。

散装水泥的电路中，主要阐述了称量及控制过程。

混凝土搅拌机是进行混凝土搅拌的设备，在搅拌之前需上料和称量，因此先对上料称量设备的电气控制进行分析，然后对混凝土搅拌机电路进行了详细的阐述。

塔式起重机是起重设备，本章对其结构、组成、运动方式及电气控制原理进行了叙述。

通过这些建筑机械的学习，可为较好从事建筑工程打下基础。

13. 电梯的电气控制

本书从电梯的分类和基本构造入手，叙述了电梯中的专用设备、相关知识及电梯的电力拖动，最后以按钮控制电梯和信号控制电梯两个应用实例对电梯的控制进行了详细的分析，为从事电梯工程打下了基础。

电梯是由六个系统组成的，即：曳引系统、导向系统、轿厢系统、门系统、重量平衡系统和安全保卫系统。本书电梯实例中，电动机构采用交流双速拖动。层楼转换开关、平层感应器等均为电梯的专用设备，前者实现层楼转换，后者准确发出平层停车信号。

书中实例采用了两种不同的分析方法，即前例采用一般分析法，后例则采用分区式箭头分析法，即分析前先规定：触头动作“↑”，触头复位“↓”，线圈通电“↑”，线圈断电“↓”，分析时，在这个基础上排出动作过程程序图，这种方法，对分析复杂线路较为适用。

14. 锅炉房动力设备的电气控制

介绍了锅炉房设备的组成及自动控制的任务，着重阐述了锅炉房设备的应用实例。

锅炉由锅炉本体和锅炉房辅助设备组成，其自动控制的任务是：给水系统的自动调节、锅炉蒸汽过热系统的自动调节及锅炉燃烧系统的自动调节。

本章以链条炉排小型快装锅炉为例，讨论了锅炉动力部分的自动控制线路。主要放在鼓风机、引风机的联锁以及声光报警部分，其他部分进行了简单的说明，从而为较好地从事锅炉安装及调试打下了基础。

习题与思考题

1. 简述产生电弧的原因及电弧的危害。

2. 交流接触器频繁启动后，线圈为什么会过热?

3. 单相交流电磁铁的短路环断裂或脱落后，在工作中会出现什么现象？为什么?

4. 交流接触器在衔铁吸合前的瞬间，为什么在线圈中产生很大的冲击电流？而直流接触器会不会出现这种现象？为什么?

5. 交流接触器在运行中有时线圈断电后，衔铁仍掉不下来，试分析故障原因，并确定排除故障的措施。

6. 已知交流接触器吸引线圈的额定电压为220V，如果给线圈通以380V的交流电行吗？为什么？如果使线圈通以127V的交流电又如何?

7. 交、直流接触器在结构上有何区别？为什么?

8. 交流电磁式电流、电压和中间继电器哪种装短路环？为什么?

9. 两个相同的交流接触器，其线圈能否串联使用？为什么?

10. 热继电器和过电流继电器有何区别？各有何用途?

11. 电动机的启动电流很大，当电动机启动时，热继电器会不会动作？为什么?

12. 在电动机控制中，既有热继电器还有熔断器，没有熔断器行不行？为什么?

13. 两台电动机能否用一只热继电器作过载保护？为什么?

14. 在某自动控制的电路中，电动机由于过载而自动停止后，有人立即按启动按钮，但启动不起来，为什么?

15. 自动开关的作用是什么？与转换开关比较有何不同?

16. 位置开关与按钮有哪些区别?

17. 漏电保护开关有几种？有何区别？采用漏电保护开关的作用是什么?

18. 熔断器与漏电保护开关的区别是什么?

19. 当家电出现漏电时，漏电开关如何动作？为什么?

20. 试从经济、方便、安全、可靠等几个方面分析比较题图1中的特点。

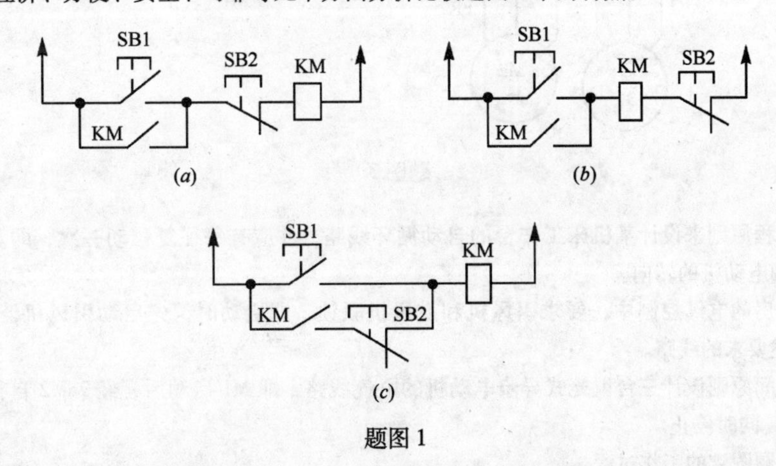

题图 1

21. 试设计一个用按钮和接触器控制电动机的启停，用组合开关选择电动机的旋转方向的主电路及控制电路；并应具备短路和过载保护。

22. 如果将电动机的控制电路接成如题图2的四种情况，欲实现自锁控制，试标出图中的电器元件文字符号，再分析线路接线有无错误，并指出错误将造成什么后果?

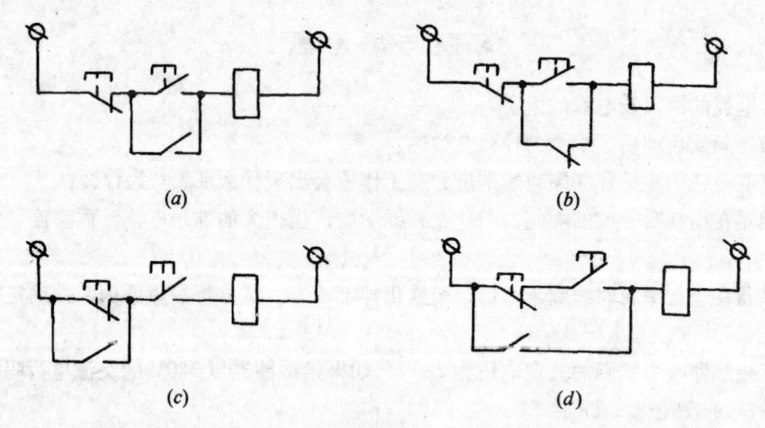

题图 2

23. 试画出一台电动机需单向运转，两地控制，既可点动也可连续运转，并在两地各安装有运行信号指示灯的主电路及控制电路。

24. 试说明题图 3 中控制特点，并说明 FR1 和 FR2 为何不同？

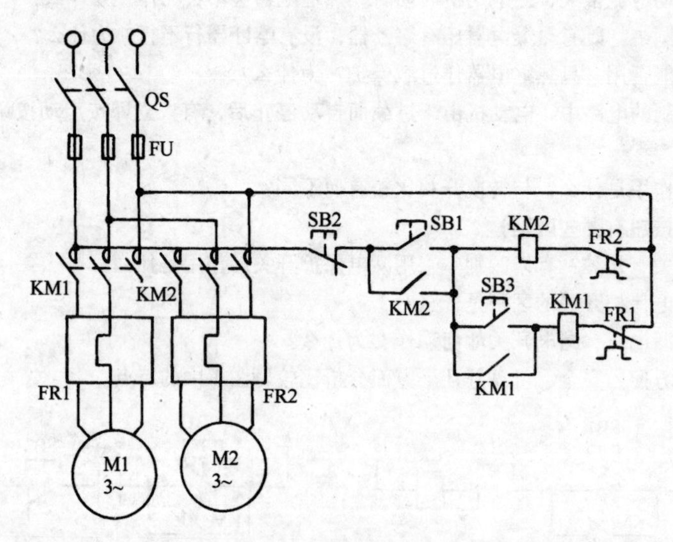

题图 3

25. 试用行程原则来设计某机床工作台的自动循环线路，并应有每往复移动一次，即发一个控制信号，以显示主轴电动机的转向。

26. 在锅炉房的电气控制中，要求引风机和鼓风机联锁，即启动时，先启动引风机，停止时相反，试设计满足上述要求的线路。

27. 试用时间原则设计三台鼠笼式异步电动机的电气线路，即 M1 启动后，经 2sM2 自行启动，再经 5sM3 自行启动，同时停止。

28. 试分析题图 4 的工作过程。

29. 试设计满足下述要求的控制线路：按下启动按钮后 M1 线圈通电，经 5s 后 M2 线圈通电，经 2s 后 M2 释放，同时 M3 吸引，再经 10s 后，M3 释放。

30. 试用按钮、开关、中间继电器、接触器画出四种点动及长动的控制线路。

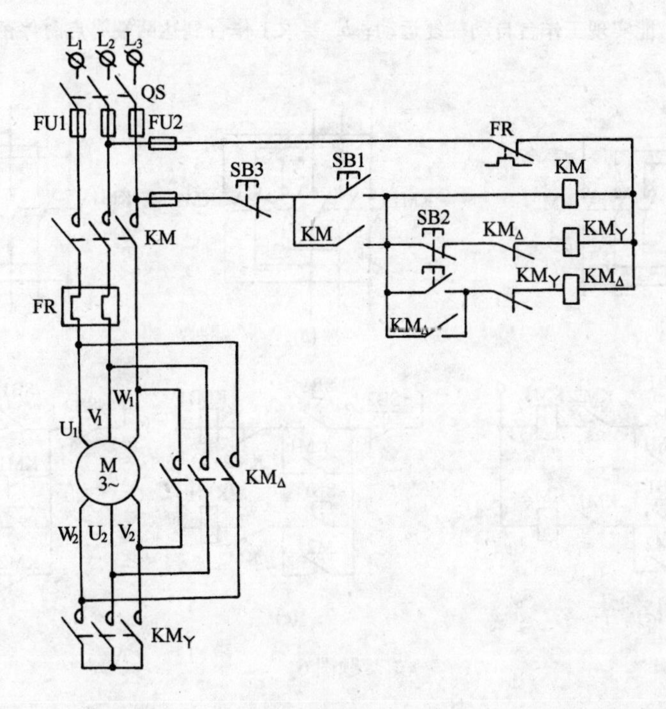

题图 4

31. 什么是点动控制？在题图 5 的几个点动控制线路中：

（1）标出各电器元件的文字符号；

（2）判断每个线路能否正常完成点动控制？为什么？

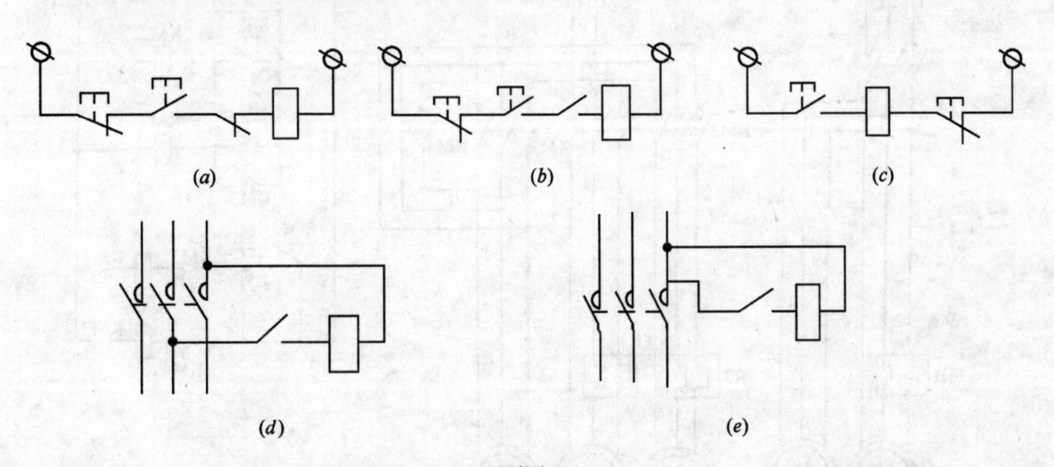

题图 5

32. 如题图 6 所示为正反转控制的几种主电路及控制电路，试指出各图的接线有无错误，错误将造成什么现象？

33. 已知有两台鼠笼式异步电动机为 M1 和 M2，要求：（1）M1 和 M2 可分别启动；（2）停车时要求 M2 停车后 M1 才能停车，试设计满足上述要求的主电路及控制电路。

34. 试说明题图 7 所示各电动机的工作情况。

35. 见题图 8 所示：（1）试分析此控制线路的工作原理；（2）按照下列两个要求改动控制线路（可

适当增加电器）：*a.* 能实现工作台自动往复运动；*b.* 要求工作台到达两端终点时停留 6s 再返回，进行自动往复。

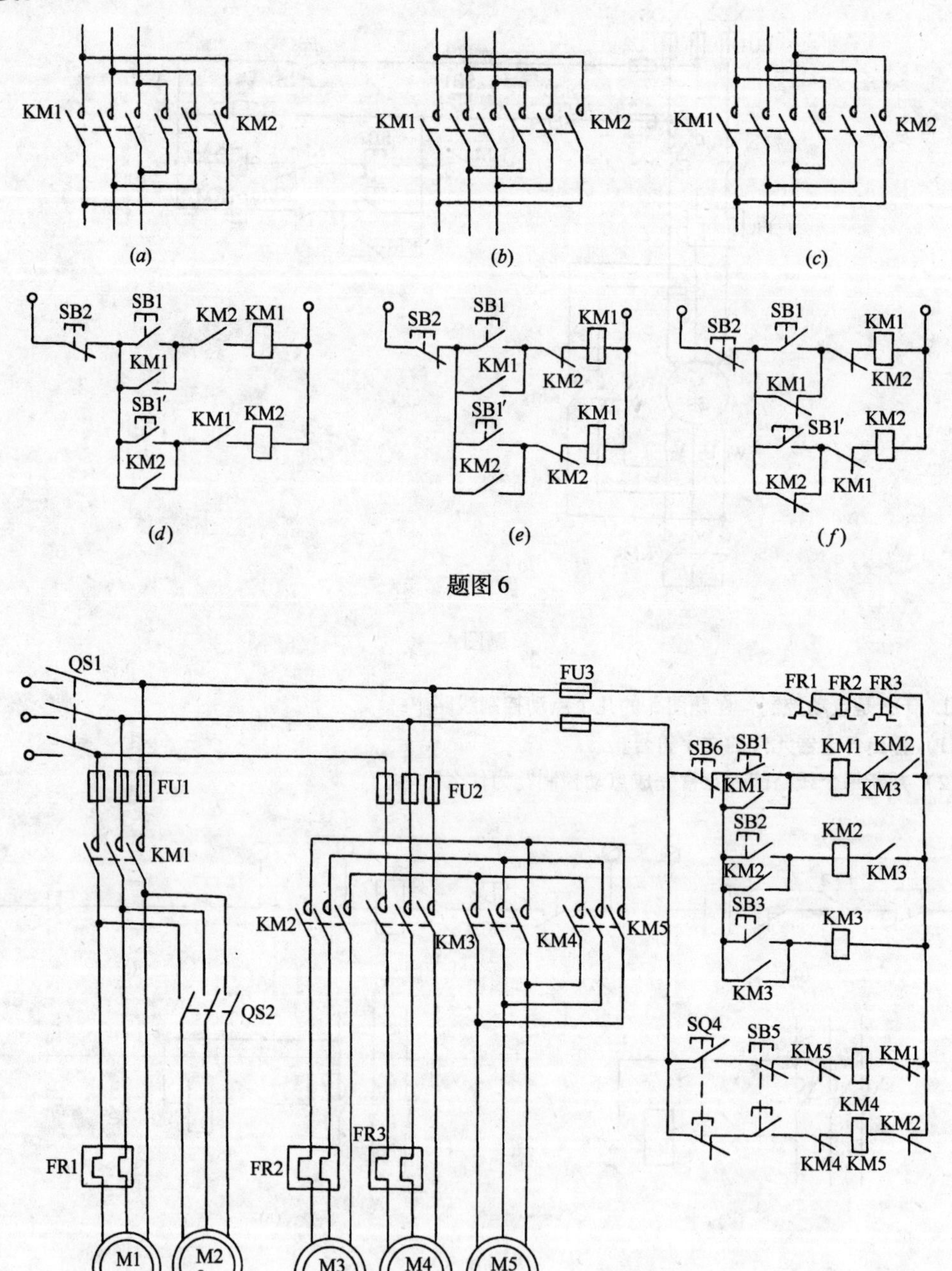

题图 6

题图 7

36. 某机床的主轴由一台鼠笼式异步电动机带动，润滑油泵由另一台鼠笼式异步电动机带动，现要求：(1) 必须在油泵开动后，主轴才能开动；(2) 主轴要求能用电器实现正反转连续工作，并能单独停车；(3) 有短路、欠压及过载保护，试画出控制线路。

37. 题图 9 为正转控制线路。现将转换开关 QS 合上后，按下启动按钮 SB1，根据下列不同故障现象，

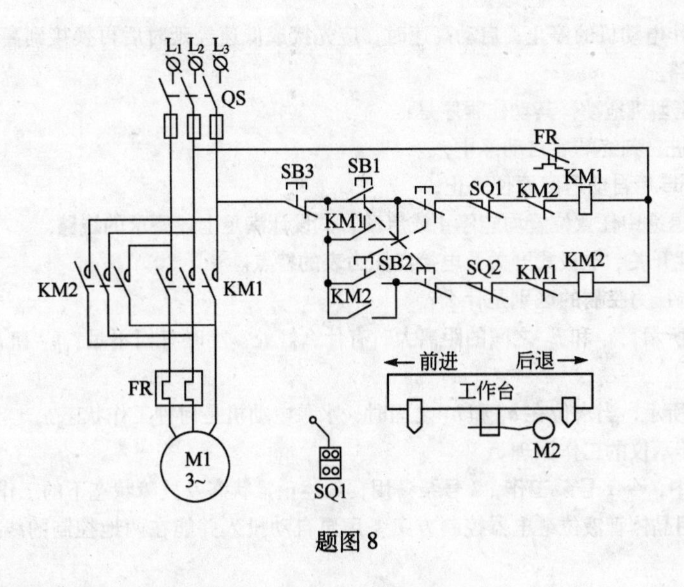

题图 8

试分析原因，提出检查步骤，确定故障部位，并提出故障处理办法。

（1）接触器 KM 不动作。

（2）接触器 KM 动作，但电动机不转动。

（3）接触器 KM 动作，电动机转动，但一松手按钮 SB1 接触器 KM 复原，电动机停转。

（4）接触器触头有明显颤动，噪声较大。

（5）接触器线圈冒烟甚至烧坏。

（6）电动机转动较慢，有嗡嗡声。

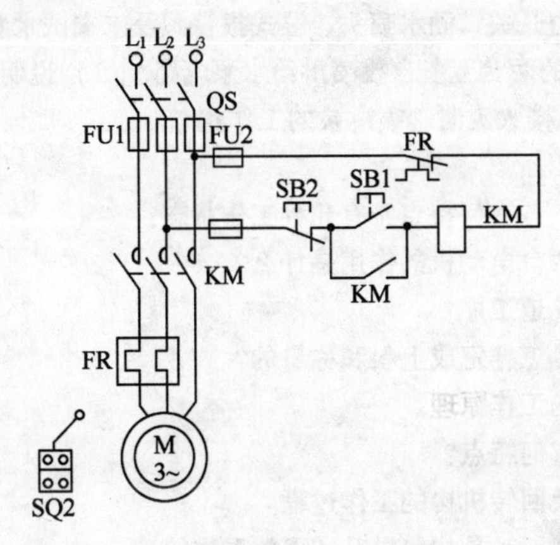

题图 9

38. 直流电动机的启动方法有几种？各种方法有何特点？直流电动机的能耗制动与鼠笼式异步电动机的能耗制动有何区别？

39. 试采用时间原则，设计出鼠笼式异步电动机定子串电抗的启动控制线路。

40. 某绕线式异步电动机，启动时转子串四段电阻，试采用电流原则设计线路。

41. 当鼠笼式异步电动机脱离电源后，在定子绕组中通入直流电时，电动机就迅速停止，为什么？

42. 有一台四级皮带传输机，分别由 M1、M2、M3、M4 四台电动机拖动，其动作顺序如下：启动时按 M1→M2→M3→M4，停止时按 M4→M3→M2→M1，试设计满足要求的线路。

43. 某双速鼠笼式异步电动机，设计要求是：分别采用两个按钮操作电动机的高速启动和低速启动；

用一个总停按钮操作电动机的停止；启动高速时，应先接成低速经延时后再换接到高速；应有短路和过载保护，试设计线路。

44. 某小车由笼型机拖动，其动作程序是：

小车由原位前进，到终端后自动停止；

在终端停留5min后自动返回原位停止；

能在前进或后退途中任意位置均能停止或启动，试设计满足上述要求的线路。

45. 试说明磁性开关、电极式开关及电接点压力表的特点。

46. 水位控制与压力控制的区别是什么？

47. 如图3-68所示，h_1 和 h_2 之间的距离大时有什么好处？小时有何不足？h_1 和 h_2 之间的距离能无限大吗？为什么？

48. 如图3-68所示，当水位在 h_1 和 h_2 之间时，水泵电动机是何种工作状态？

49. 简述水位传示仪的工作原理。

50. 在图3-70中，令1号泵工作，2号泵备用，叙述正常状态及故障状态下的工作原理。

51. 试设计采用晶体管液位继电器控制方案备用泵自动投入并能在两地控制的线路，设计后说明其工作原理。

52. 简述气压罐式水位自动控制的特点。

53. 简述电接点压力表的工作原理。

54. 如图3-78为生活泵变频调速恒压供水电路，说明用水量大或小时生活水泵电机的工作情况。

55. 消火栓灭火系统由哪些设备组成？

56. 对消火栓灭火系统的要求是什么？

57. 在全电压启动的消火栓灭火系统的电路中，令2号泵工作，1号泵备用，如果2楼发生火灾，说明灭火过程。

58. 简述水流指示器、压力开关、洒水喷头、湿式报警阀及末端试水装置的作用。

59. 图3-92为带自备电源的两台互备自投喷淋给水泵电路。(1) 说明公共电源的切换过程；(2) 令2号泵工作，1号泵备用，当3楼火灾时，喷淋泵的工作状态。

60. 简述主令控制器的作用。

61. 所学电磁抱闸有几种？各有何特点？有几种工作状态？

62. 在散装水泥控制中，两台电动机的作用是什么？

63. 混凝土搅拌机搅拌有几道工序？

64. 骨料上料称量电路中是怎样完成上料和称量的？

65. 叙述混凝土搅拌过程的工作原理。

66. 塔式起重机电力拖动有何特点？

67. 叙述塔式起重机变幅及回转机构的工作过程。

68. 说明塔式起重机在轻载下，是如何提升和下放重物的。

69. 电梯如何分类？

70. 电梯由哪些部分组成？

71. 曳引系统主要由什么组成？曳引轮、导向轮各起什么作用？

72. 门系统主要由哪些部分组成？门锁装置的主要作用是什么？

73. 限速器与安全钳是怎样配合对电梯实现超速保护的？

74. 端站保护装置的三道防线各起什么作用？

75. 简述换速平层装置的工作原理、安装位置。

76. 层楼指示器和机械选层器的作用和特点是什么？

77. 操纵箱、指层灯箱、召唤按钮箱、轿顶检修箱、控制柜各自的功能是什么？

78. 电梯的电力拖动有几种方式？其适用范围如何？

79. 某台电梯的额定载重量为1000kg，轿厢净重为1200kg，若取平均系数为0.5，求对重装置的总重量 p 为多少？

80. 按钮控制电梯对开关门电路有何要求？

81. 电梯的选层定向方法有几种？各安装在什么位置？怎样工作？

82. 自动门电路：关门时，KA_C 得电，关好门后怎样失电的？开门时，KA_0 得电，门开好后怎样失电的？

83. 电梯用双速鼠笼式电动机的快速绕组和慢速绕组各起什么作用？串入的电阻或电感各起什么作用？

84. 电磁制动器 YB 控制回路，接入 R_{YB1} 和 R_{YB2}，各起什么作用？

85. 按钮控制电梯，当电梯在一层时，同时按下 SB3 和 SB4，电梯运行到几层，为什么？

86. 电梯的平层装置安装在什么位置？怎样工作的？

87. 按钮控制电梯，轿内检修时，如电梯在一层，按 SB4，电梯能否运行？如电梯在五层，按 SB4，电梯能否运行？

88. 按钮控制电梯，电梯在五层，试分析电梯下行轿顶检修运行工作过程（用程序图表示）。

89. 锅炉本体和锅炉房辅助设备各由哪些设备组成？

90. 简述锅炉房三个同时进行的过程。

91. 锅炉给水的自动调节任务是什么？

92. 锅炉给水系统自动调节类型有几种？各有何特点？

93. 什么是位式调节？什么是连续调节？

94. 锅炉点火前应作哪些检查和准备？

95. 书中实例汽包水位的自动调节是怎样实现的？

96. 简述图 3-132（*c*）中锅炉是怎样实现高低水位报警的？

97. 锅炉在启动过程为什么要先启动引风机，后启动一、二次送风机和炉排电机，停止时相反？

98. 说明图 3-132 锅炉动力控制的电气控制特点？

99. 叙述图 3-132 中锅炉上煤过程的工作原理。

100. 简述图 3-132 中锅炉的炉排推进与停止过程。

第四章　楼宇智能化及安全系统

随着科学技术的日新月异，建筑行业智能化技术也得到了更加广泛的应用。智能大厦、智能化小区的不断兴建，使智能建筑正以60%的速度发展。电气安全系统是智能建筑中的重要系统之一，这就给从事建筑电气的工程技术人员提出了如何适应新技术的课题。本章主要任务是对智能化技术及安全系统的组成、原理及特点进行阐述，以便于从事建筑电气施工、预算等工程技术人员的工程实践。

第一节　概　　述

一、楼宇智能化技术的基本特征

实现智能化楼宇（或称智能大厦、智能建筑）功能所需要的高新技术称为楼宇智能化技术。

（一）楼宇智能化的技术依据

楼宇智能化技术的实现是以先进的4C技术为依托的，即：现代计算机技术（Computer）、现代控制技术（Control）、现代通信技术（Communication）、现代图形显示技术（CRT）。

（二）建设智能化楼宇的目标

1. 提供安全、舒适、便捷的优质服务

（1）安全性方面：由8个子系统实现：①防盗报警系统；②出入口控制系统；③闭路电视监视系统；④安保巡更系统；⑤消防系统；⑥紧急广播系统；⑦紧急呼叫系统；⑧停车场管理系统。

（2）舒适性方面：由5个子系统实现：①空调与供热系统；②供电与照明控制系统；③卫星及共用天线电视系统；④背景音乐系统；⑤多媒体音响系统。

（3）便捷性方面：由5个子系统实现，即：①结构化综合布线系统；②信息传输系统；③通信网络系统；④办公自动化系统；⑤物业管理系统。总体看智能化系统由以上18个子系统组成。

2. 建立先进科学的管理机制

先进的科学管理的实现主要是：①硬件设施建设是先决条件；②软件、管理和使用人员的素质是保证；③高度集成系统的系统技术的掌握是基础。竣工后的智能化楼宇系统和管理之间还存在相辅相成的依赖关系，只有这样才能实现先进的综合管理机制。

3. 节能与经济性好

智能楼宇实现了能源的科学与合理的消费，节省了能源。同时，由于科学化、智能化管理，自动化程度大大提高，自然也降低了人工成本，具有较好的经济性。智能大厦的建设目标如图4-1所示。

（三）智能楼宇的主要特征

智能化楼宇是多学科高新技术的巧妙集成。其内涵为：建筑设备自动化系统 BAS（BUILDING AUTOMATION SYSTEM）；办公自动化系统 OAS（OFFICE AUTOMATION SYSTEM）；通信自动化系统 CAS（COMMUNICATION AUTOMATION SYSTEM）；结构化综合布线 SCS（STRUCTURED CABLING SYSTEM），它包括综合布线系统 PDS（PREMISESDISTRIBUTION SYSTEM）。如图 4-2 所示为智能楼宇内涵。

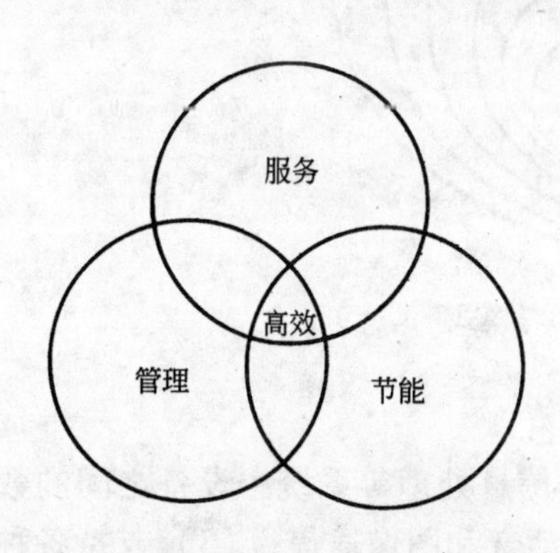

图 4-1　智能大厦建设目标示意图

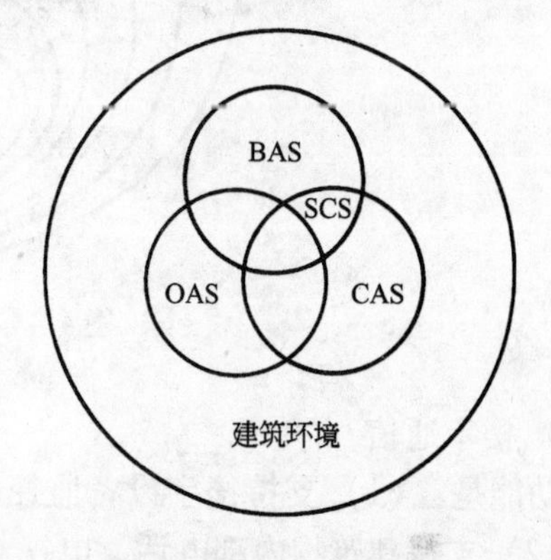

图 4-2　智能楼宇内涵

通常人们常说的 3A 系统是指具有办公自动化（OA）、通信自动化（CA）和楼宇自动化（BA）的建筑。

智能建筑管理系统（IBMS）：采用 4C 技术，建立一个由计算机系统管理的一元化集成系统。系统的三个最基本的要素是：先进的 4C 技术、计算机系统模式和系统一体化集成。4C 技术是实现智能大厦的前提手段；计算机系统模式是为了适应管理组织的结构；系统一体化集成是智能楼宇的核心和目标。三个基本要素关系如图 4-3 所示。

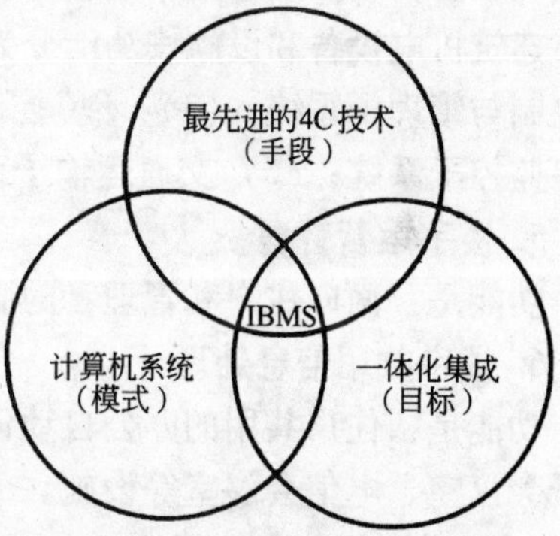

图 4-3　三个基本要素关系图

智能楼宇的实质是一个系统集成、功能集成、网络集成和软件集成的高科技产物，实现了信息、资源和任务的共享。

二、楼宇智能化技术的主要内容

（一）从功能上描述智能楼宇的构成

用智能建筑体系结构参考模式 IBARM（INTELLIGENT BUILDING ARCHITECTURE REFERENCE MODEL）描述智能楼宇的逻辑构成，从底向上分为 7 个功能层，如图 4-4 所示，各层的功能如下：

1. 一般环境（一层）

功能是：（1）建筑空间体量组合；（2）建筑结构；（3）机电设备与设施。

2. 智能建筑环境

功能是：提供“楼宇智能化部分”的特殊空间、结构、材料和环境。

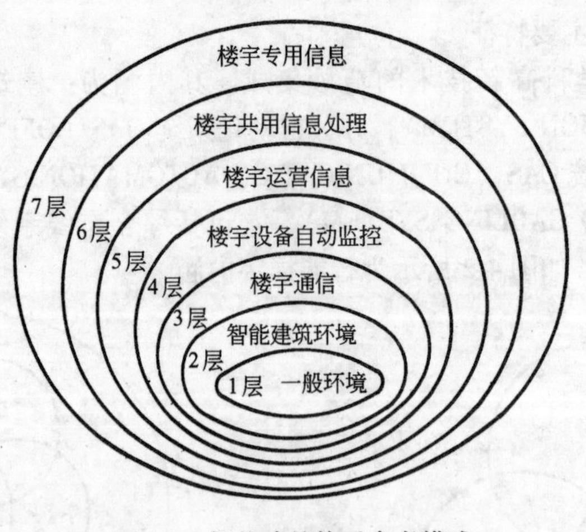

图4-4 智能建筑体系参考模式

3. 楼宇通信

功能是：(1) 支持楼宇设备监控、运营管理、信息处理等系统中设备之间的数据通信；(2) 支持建筑物内部电话、电视、电信会议等话音和图像通信；(3) 支持各种广域网的连接。

4. 楼宇设备自动监控

功能是：将建筑机电设备和设施作为自动控制和管理的对象，实现单机级、分系统级或系统级的自动控制、监视和管理。

建筑机电设备和设施按功能分为7个子系统：(1) 电力供应与管理子系统；(2) 照明控制与管理子系统；(3) 环境控制与管理子系统；(4) 消防报警与控制子系统；(5) 安保监控子系统；(6) 交通运输子系统；(7) 广播子系统。

5. 楼宇运营管理

功能是：面向住户和管理者的服务。

6. 楼宇共用信息处理

功能是：住户共用的办公自动化设施，如计算中心或信息处理部门的计算机系统以及电子会议室、电信会议室等设施。

7. 用户专用信息处理

功能是：提供适合于各用户建立各自的专用信息处理系统所需的建筑环境和设施。

以上各功能层不是每幢楼都有，智能化程度和水平各异，规范中根据各功能层典型设备的配备不同分为三级设计标准：A级标准：智能建筑物管理系统；B级标准：楼宇管理自动化系统；C级标准：3A独立子系统。

(二) 智能楼宇的智能化、集成化、协调化关系

智能楼宇主要由建筑基体、楼宇通信网、楼宇设备监控系统、楼宇运营管理系统、楼宇共用信息处理系统、用户专用信息处理系统组成。其实质是楼宇通信自动化CAS、楼宇自动化系统BAS和楼宇共用办公自动化系统OAS，外加结构化综合布线和系统的集成。其智能化、集成化、协调化关系如图4-5所示。

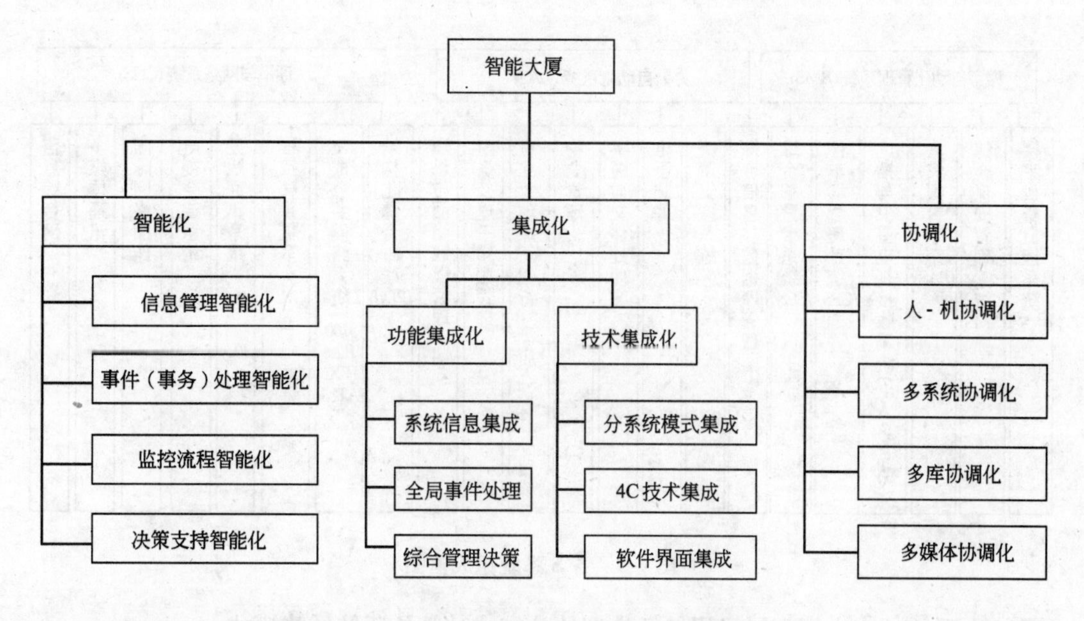

图4-5　智能化、集成化、协调化关系图

1. 智能化

人工智能的理论、方法和技术在建筑物内的具体应用称为智能化。

2. 集成化

集成化分为功能集成化和技术集成化两方面。系统集中的监视、控制、管理及监控流程自动化功能称为功能集成化。而子系统模式集成、多技术集成、软件界面集成和一体化公共通讯网络的集成称为技术集成。在功能和技术集成的基础上实现“人-机”智能集成系统。

3. 协调化

多变量协调控制理论和集成系统的“分解-协调”方法称为协调化。它是智能大厦内行政组织管理、指挥调度的重要手段。智能大厦的集成系统的协调化包括：人-机之间协调化、多子系统协调化、多库（数据库、知识库、模型库、方法库等）协调化和多媒体协调化。

（三）智能化系统的集成

智能大厦采用系统一体化集成是一个必然趋势，为了满足多种不同功能和管理的需要，建立了若干个不同结构模式和功能的计算机系统，如：用于大厦内各种机电设备车库、保安、消防等实时要求的监控与管理计算机系统（BMS），用于大厦内各类信息共享和处理的办公自动化计算机系统（OAS），实施大厦内通讯方式和网络管理的通讯与网络管理计算机系统（CNS），称为3S系统（BMS、OAS、CNS），每个S系统均由若干个子系统组成。

1. 各S系统组成

如图4-6所示。

2. 3S系统的集成

集成应满足如下条件：

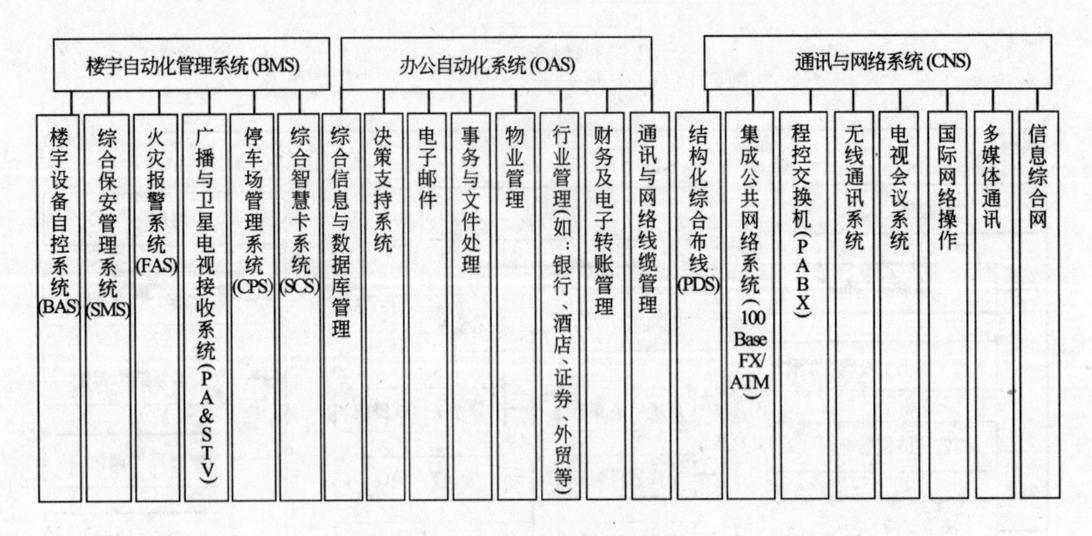

图 4-6　各 S 系统组成框图

（1）系统的中央管理层采用并行处理的分布式计算机系统结构模式；

（2）各 S 系统应该运行在同一个高速网络环境中；

（3）各 S 系统应采用统一的监控和管理软件界面；

（4）各 S 系统监控级的硬件和软件采用模块化结构，并且是通用可替换的。3S 系统集成示意如图 4-7 所示。3S 系统的集成，也包括各 S 系统和相应的子系统，如图 4-8 所示。集成的目的是信息、资源、工作、任务共享，做到综合管理、优质服务，以创造出一流的智能大厦。智能大厦 3S 系统网络集成示意如图 4-9 所示。

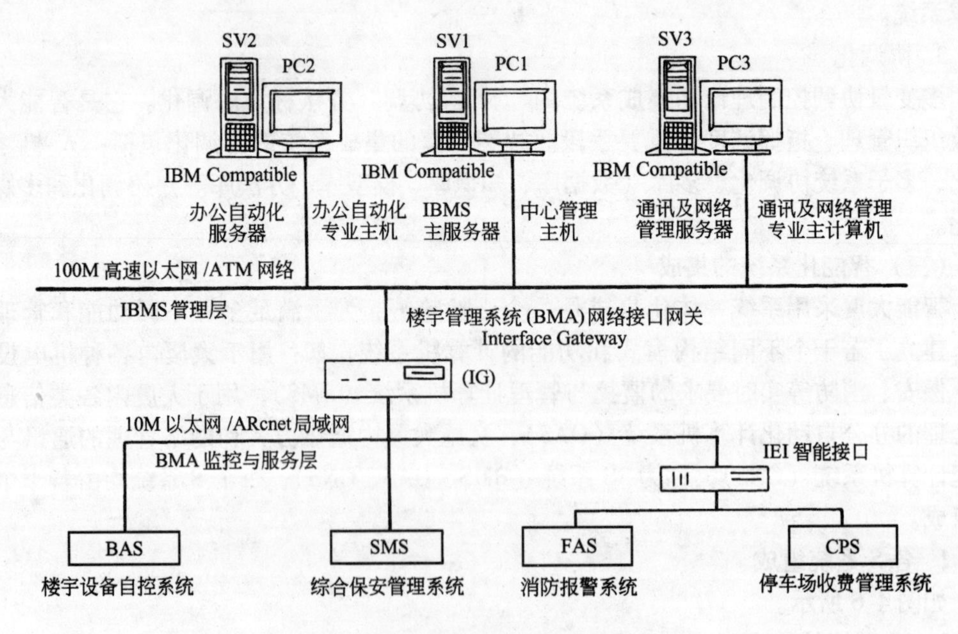

图 4-7　智能大厦 3S 系统集成示意图

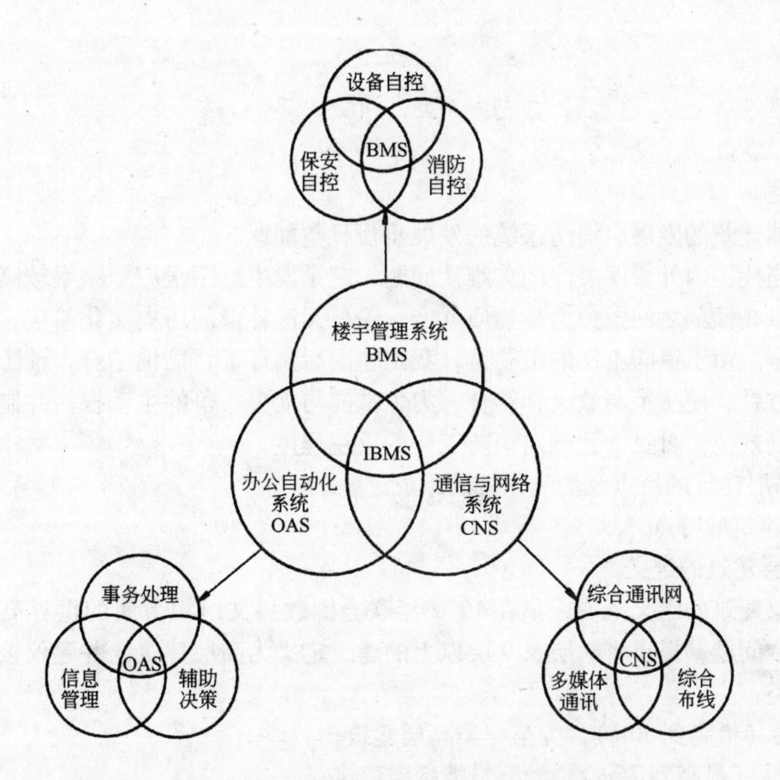

图 4-8　3S 系统与各 S 子系统集成示意图

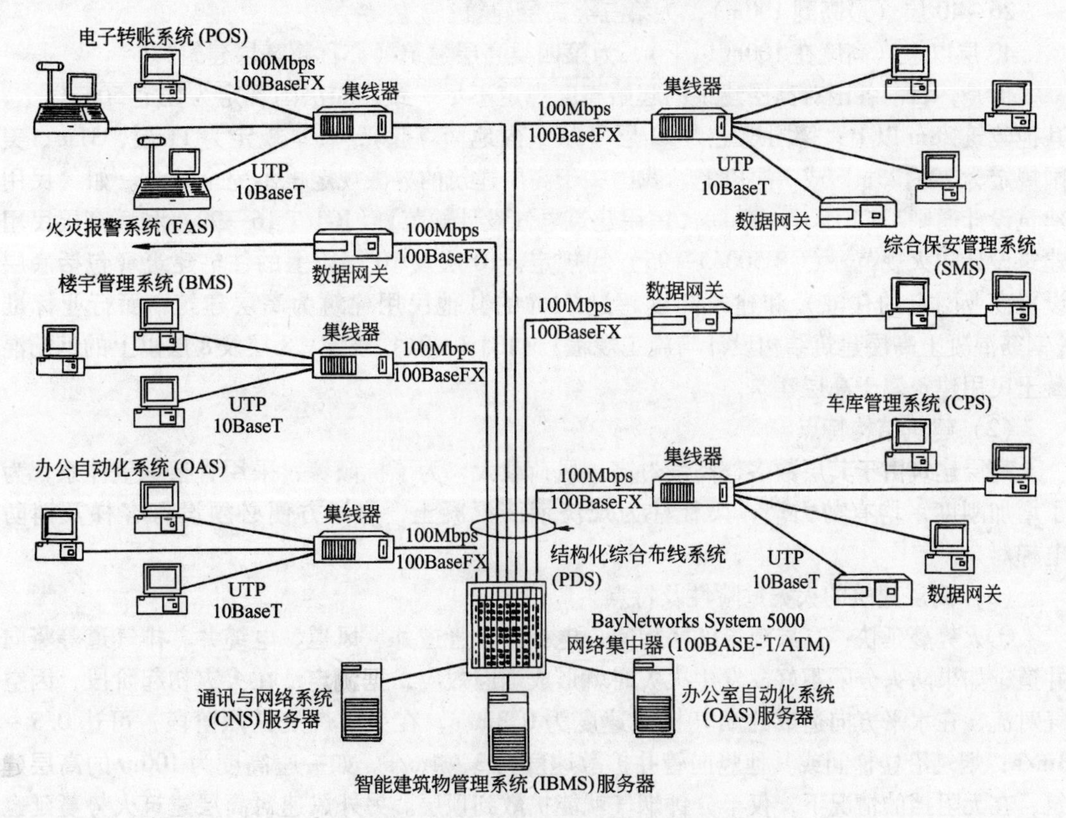

图 4-9　智能大厦 3S 系统网络集成示意图

第二节　消　防　系　统

一、概述

随着智能建筑的发展，消防系统的发展步伐日益加速。

火灾是当代国内外普遍关注的灾难性问题，它是发生范围很广、频率较高的一种常见灾害。它可以在倾刻之间毁掉大量物质财产，毁灭无法补偿的历史文化珍宝，甚至危及人们的生命安全。由于消防工作的重要性，我国建国后制订了“防消结合，预防为主”的消防工作八字方针，使防范与救火相结合，力争掌握与火灾斗争的主动权。并制定了相应的法规和一系列规范，可见，我国对消防工作的重视程度。

（一）高层建筑的特点及消防系统的组成

1. 高层建筑的特点

（1）高层建筑的定义

关于高层建筑的定义范围，早在1972年联合国教科文组织下属的世界高层建筑委员会讨论过这个问题，提出将9层及9层以上的建筑定义为高层建筑，并建议按建筑的高度将其分为4类：

9～16层（最高到50m），为第一类高层建筑；

17～25层（最高到75m），为第二类高层建筑；

26～40层（最高到100m），为第三类高层建筑；

40层以上（高度在100m以上），为第四类高层建筑（亦称超高层建筑）。

但是，目前各国对高层建筑的起始高度规定不尽一致，如法国规定为住宅50m以上，其他建筑28m以上；德国规定为22层（从室内地面算起）；日本规定为11层，31m；美国规定为22～25m，或7层以上。我国关于高层建筑的界限规定也不完全统一。如《民用建筑设计通则》（JGJ 37—87）、《民用建筑电气设计规范》（JGJ/T 16—92）和《高层民用建筑设计防火规范》（GB 50045—95）均规定，10层及10层以上的住宅建筑（包括底层设置商业网点的住宅）和建筑高度超过24m的其他民用建筑为高层建筑；而行业标准《钢筋混凝土高层建筑结构设计与施工规程》（JGJ 3—91）规定，8层及8层以上的钢筋混凝土民用建筑属于高层建筑。

（2）建筑结构特点

高层建筑由于其层数多，高度过高，风荷载大，为了抗倾覆，采用骨架承重体系，为了增加刚度，均有剪力墙，梁板柱为现浇钢筋混凝土，为了方便必须设有客梯及消防电梯。

（3）高层建筑的火灾危险性及特点

①火势蔓延快：高层建筑的楼梯间、电梯井、管道井、风道、电缆井、排气道等竖向井道，如果防火分隔不好，发生火灾时就形成烟囱效应，据测定，在火灾初起阶段，因空气对流，在水平方向造成的烟气扩散速度为0.3m/s，在火灾燃烧猛烈阶段，可达0.5～3m/s；烟气沿楼梯间或其他竖向管井扩散速度为3～4m/s。如一座高度为100m的高层建筑，在无阻挡的情况下，仅半分钟烟气就能扩散到顶层。另外风速对高层建筑火势蔓延也有较大影响，据测定，在建筑物10m高处风速为5m/s，而在30m处风速就为8.7m/s，在

60m 高处风速为 12.3m/s，在 90m 处风速可达 15.0m/s。

②疏散困难：由于层数多，垂直距离长，疏散引入地面或其他安全场所的时间也会长些，再加上人员集中，烟气由于竖井的拔风，向上蔓延快，都增加了疏散难度。

③扑救难度大：由于层楼过高，消防车无法接近着火点，一般应立足自救。

（4）高层建筑电气设备特点

①用电设备多：如弱电设备；空调制冷设备；厨房用电设备；锅炉房用电设备；电梯用电设备；电气安全防雷设备；电气照明设备；给排水设备；洗衣房用电设备；客房用电设备；消防用电设备等。

②电气系统复杂：除电气子系统外，各子系统也相当复杂。

③电气线路多：根据高层系统情况，电气线路分为火灾自动报警与消防联动控制线路、音响广播线路、通讯线路、高压供电线路及低压配电线路等。

④电气用房多：为确保变电所设置在负荷中心，除了把变电所设置在地下层、底层外，有时也设置在大楼的顶部或中间层。而电话站、音控室、消防中心、监控中心等都要占用一定的房间。另外，为了解决种类繁多的电气线路，在竖向上的敷设，以及干线至各层的分配，必须设置电气竖井和电气小室。

⑤供电可靠性要求高：由于高层建筑中大部分电力负荷为二级负荷，也有相当数量的负荷属一级负荷，所以，高层建筑对供电可靠性要求高，一般均要求有两个及以上的高压供电电源。为了满足一级负荷的供电可靠性要求，很多情况下还需设置柴油发电机组（或燃气轮发电机组）作为备用电源。

⑥用电量大，负荷密度高：由上已知高层建筑的用电设备多，尤其空调负荷大，约占总用负电荷的 40% ~ 50%，因此说高层建筑的用电量大，负荷密度高。例如：高层综合楼、高层商住楼、高层办公楼、高层旅游宾馆和酒店等负荷密度都在 $60W/m^2$ 以上，有的高达 $150W/m^2$，即便是高层住宅或公寓，负荷密度也有 $10W/m^2$，有的也达到 $50W/m^2$。

⑦自动化程度高：根据高层建筑的实际情况，为了降低能量损耗、减少设备的维修和更新费用、延长设备的使用寿命、提高管理水平，就要求对高层建筑的设备进行自动化管理，对各类设备的运行、安全状况、能源使用状况及节能等实行综合自动监测、控制与管理，以实现对设备的最优化控制和最佳管理。特别是计算机与光纤通讯技术的应用，以及人们对信息社会的需求，高层建筑正沿着自动化、节能化、信息化和智能化方向发展。

高层建筑消防应“立足自防、自救，采用可靠的防火措施，做到安全适用、技术先进、经济合理”。

2. 消防系统的组成与分类

（1）消防系统的组成

所谓消防系统主要由两大部分组成：一部分为感应机构，即火灾自动报警系统，另一部分为执行机构，即灭火及联动控制系统。

火灾自动报警系统由探测器、手动报警按钮、报警器和警报器等构成，以完成检测火情并及时报警之用。

灭火系统的灭火方式分为液体灭火和气体灭火两种，常用的为液体灭火方式。如目前国内经常使用的消火栓灭火系统和自动喷水灭火系统。其中自动喷水灭火系统类型较多，在后面将一一介绍。无论哪种灭火方式，其作用都是：当接到火警信号后应执行灭火任务。

联动系统有火灾事故照明及疏散指示标志、消防专用通讯系统及防排烟设施等，均是为火灾时人员较好地疏散、减少伤亡所设。

综上所述，消防系统的主要功能是：自动捕捉火灾探测区域内火灾发生时的烟雾或热气，从而发出声光报警并控制自动灭火系统，同时联动其他设备的输出接点，控制事故照明及疏散标记、事故广播及通讯、消防给水和防排烟设施，以实现监测、报警和灭火的自动化。

（2）消防系统的分类

消防系统的类型，如按报警和消防方式可分为两种：

①自动报警，人工消防

中等规模的旅馆在客房等处设置火灾探测器，当火灾发生时，在本层服务台处的火灾报警器发出信号，同时在总服务台显示出某一层（或某分区）发生火灾，消防人员根据报警情况采取消防措施。

②自动报警，自动消防

这种系统与上述不同点在于：在火灾发生处可自动喷洒水，进行消防。而且在消防中心的报警器附设有直接通往消防部门的电话。消防中心在接到火灾报警信号后，立即发出疏散通知（利用紧急广播系统），并开动消防泵和电动防火门等防火设备。消防系统的相互关系图见图 4-10 所示。

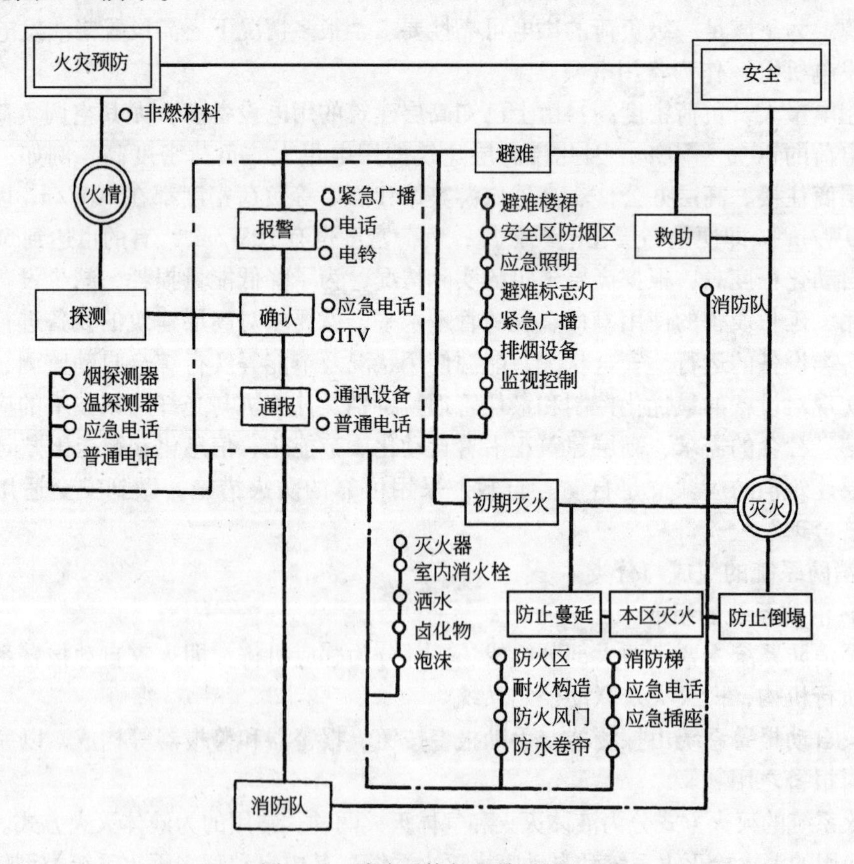

图 4-10 消防系统相互关系图

（二）建筑防火类型、耐火等级及相关区域的划分

1. 防火类别的确定

《高层民用建筑设计防火规范》根据高层建筑的使用性质、火灾危险性、疏散和扑救难度等对高层建筑进行了防火等级的分类，如表4-1所示。

建筑防火分类 **表4-1**

名称	一类	二类
居住建筑	高级住宅 十九层及十九层以上的普通住宅	十层至十八层的普通住宅
公共建筑	1. 医院 2. 高级旅馆 3. 建筑高度超过50m或每层建筑面积超过1000m^{2}的商业楼、展览楼、综合楼、电信楼、财贸金融楼 4. 建筑高度超过50m或每层建筑面积超过1500m^{2}的商住楼 5. 中央级和省级（含计划单列市）广播电视楼 6. 网局级和省级（含计划单列市）电力调度楼 7. 省级（含计划单列市）邮政楼、防灾指挥调度楼 8. 藏书超过100万册的图书馆、书库 9. 重要的办公楼、科研楼、档案楼 10. 建筑高度超过50m的教学楼和普通的旅馆、办公楼、科研楼、档案楼等	1. 除一类建筑以外的商业楼、展览楼、综合楼、电信楼、财贸金融楼、商住楼、图书馆、书库 2. 省级以下的邮政楼、防灾指挥调度楼、广播电视楼、电力调度楼 3. 建筑高度不超过50m的教学楼和普通的旅馆、办公楼、科研楼、档案楼等

注：1. 高级住宅是指建筑装修复杂、室内满铺地毯、家具和陈设高档、设有空调系统的住宅。
2. 高级宾馆指建筑标准高、功能复杂、火灾危险性较大和设有空气调节系统的具有星级条件的旅馆。
3. 综合楼是指由两种及两种以上用途的楼层组成的公共建筑，常见的组成形式有商场加办公写字楼层加高级公寓、办公加旅馆加车间仓库、银行金融加旅馆加办公等等。
4. 商住楼指底部作商业营业厅、上面作普通或高级住宅的高层建筑。
5. 网局级电力调度楼指可调度若干个省（区）电力业务的工作楼，如东北电力调度楼、中南电力调度楼、华北电力调度楼等。
6. 重要的办公楼、科研楼、档案楼，指这些楼的性质重要，如有关国防、国计民生的重要科研楼等。
7. 建筑装修标准高，即与普通建筑相比，造价相差悬殊。
8. 设备、资料贵重主要指高、精、尖的设备，机密性大、价值高的资料。
9. 火灾危险性大、发生火灾后损失大、影响大，一般指可燃物多，火源或电源多，发生火灾后也容易造成大损失和影响。

2. 保护对象级别的确定

根据防火类别和建筑的实际情况，即使用性质、火灾危险性、疏散和扑救难度，保护对象可分为三级，即：特级、一级和二级，如表4-2所示。

3. 相关名词解释

（1）综合楼：由两种或两种以上用途的楼层组成的公共建筑。

（2）商住楼：底部商业营业厅与住宅组成的高层建筑。

（3）网局级电力调度楼：可调度若干个省（区）电力业务的工作楼。

（4）高级旅馆：具备星级条件且设有空气调节系统的旅馆。

（5）高级住宅：建筑装饰标准高和设有空气调节系统的住宅。

（6）重要的办公楼、科研楼、档案楼：性质重要、建筑装修标准高，设备、材料贵

重，火灾危险性大、发生火灾后损失大、影响大的。

（7）裙房：与高层建筑相连的建筑高度不超过24m的附属建筑。

（8）耐火极限：建筑构件按时间-温度标准曲线进行耐火试验，从受到火的作用时起，到失去支持能力或完整性被破坏或失去隔火作用时止的这段时间，用小时表示。

（9）不燃烧体：用不燃烧材料做成的建筑构件。

火灾自动报警系统保护对象分级 表4-2

等级	保护对象	
特级	建筑高度超过100m的高层民用建筑	
一级	建筑高度不超过100m的高层民用建筑	一类建筑
	建筑高度不超过24m的民用建筑及建筑高度超过24m的单层公共建筑	1. 200床及以上的病房楼，每层建筑面积1000m² 及以上的门诊楼 2. 每层建筑面积超过3000m² 的百货楼、商场、展览楼、高级旅馆、财贸金融楼、电信楼、高级办公楼 3. 藏书超过100万册的图书馆、书库 4. 超过3000座位的体育馆 5. 重要的科研楼、资料档案楼 6. 省级（含计划单列市）的邮政楼、广播电视楼、电力调度楼、防灾指挥调度楼 7. 重点文物保护场所 8. 大型以上的影剧院、会堂、礼堂
	工业建筑	1. 甲、乙类生产厂房 2. 甲、乙类物品库房 3. 占地面积或总建筑面积超过1000m² 的丙类物品库房 4. 总建筑面积超过1000m² 的地下丙、丁类生产车间及物品库房
	地下民用建筑	1. 地下铁道、车站 2. 地下电影院、礼堂 3. 使用面积超过1000m² 的地下商场、医院、旅馆、展览厅及其他商业或公共活动场所 4. 重要的实验室，图书、资料、档案库
二级	建筑高度不超过100m的高层民用建筑	二类建筑
	建设高度不超过24m的民用建筑	1. 设有空气调节系统的或每层建筑面积超过2000m²、但不超过3000m² 的商业楼、财贸金融楼、电信楼、展览楼、旅馆、办公楼，车站、海河客运站、航空港等公共建筑及其他商业或公共活动场所 2. 市、县级的邮政楼、广播电视楼、电力调度楼、防灾指挥调度楼 3. 中型以下的影剧院 4. 高级住宅 5. 图书馆、书库、档案楼
	工业建筑	1. 丙类生产厂房 2. 建筑面积大于50m²，但不超过1000m² 的丙类物品库房 3. 总建筑面积大于50m²，但不超过1000m² 的地下丙、丁类生产车间及地下物品库房
	地下民用建筑	1. 长度超过500m的城市隧道 2. 使用面积不超过1000m² 的地下商场、医院、旅馆、展览厅及其他商业或公共活动场所

注：1. 一类建筑、二类建筑的划分，应符合现行国家标准《高层民用建筑设计防火规范》GB 50045的规定；工业厂房、仓库的火灾危险性分类，应符合现行国家标准《建筑设计防火规范》GBJ 16的规定。
2. 本表未列出的建筑的等级可按同类建筑的类比原则确定。

（10）难燃烧体：用难燃烧材料做成的建筑构件或用燃烧材料做成而用不燃烧材料做保护层的建筑构件。

（11）燃烧体：用燃烧材料做成的建筑构件。

4. 高层建筑耐火等级的划分

高层建筑的耐火等级根据高层建筑规范规定应分为一、二两级，其建筑构件的燃烧性能和耐火极限不应低于如表4-3中的规定。

（1）预制钢筋混凝土构件的节点缝隙或金属承重构件节点的外露部位，必须加设防火保护层，其耐火极限不应低于表4-3规定相应建筑构件的耐火极限。

建筑构件的燃烧性能和耐火极限　　表4-3

构件名称 \ 燃烧性能和耐火极限（h）		耐火等级 一级	耐火等级 二级
墙	防火墙	不燃烧体3.00	不燃烧体3.00
墙	承重墙、楼梯间、电梯井和住宅单元之间的墙	不燃烧体2.00	不燃烧体2.00
墙	非承重外墙、疏散走道两侧的隔墙	不燃烧体1.00	不燃烧体1.00
墙	房间隔墙	不燃烧体0.75	不燃烧体0.50
柱		不燃烧体3.00	不燃烧体2.50
梁		不燃烧体2.00	不燃烧体1.50
楼板、疏散楼梯、屋顶承重构件		不燃烧体1.50	不燃烧体1.00
吊顶		不燃烧体0.25	难燃烧体0.25

（2）一类高层建筑的耐火等级应为一级，二类高层建筑的耐火等级不应低于二级，裙房的耐火等级不应低于二级。高层建筑地下室的耐火等级应为一级。

（3）二级耐火等级的高层建筑中，面积不超过100m² 的房间隔墙，可采用耐火极限不低于0.50h的难燃烧体或耐火极限不低于0.30h的不燃烧体。

（4）二级耐火等级高层建筑的裙房，当屋顶不上人时，屋顶的承重构件可采用耐火极限不低于0.50h的不燃烧体。

（5）高层建筑内存放可燃物的平均重量超过200kg/m² 的房间，当不设自动灭火系统时，其柱、梁、楼板和墙的耐火极限应比表4-3规定提高0.50h。

（6）玻璃幕墙的设置应符合下列规定：

①窗间墙、窗槛墙的填充材料应采用不燃烧材料。当其外墙面采用耐火极限不低于1.00h的不燃烧体时，其墙内填充材料可采用难燃烧材料；

②无窗间墙和窗槛墙的玻璃幕墙，应在每层楼板外沿设置耐火极限不低于1.00h、高度不低于0.80m的不燃烧实体裙墙；

③玻璃幕墙与每层楼板、隔墙处的缝隙，应采用不燃烧材料严密填实；

④高层建筑的室内装修，应按现行国家标准《建筑内部装修设计防火规范》的有关规定执行。

5. 相关区域的划分

（1）报警区域：将火灾自动报警系统的警戒范围按防火分区或楼层划分的单元称报警区域。一个报警区域宜由一个或同层相邻几个防火分区组成。

（2）探测区域：将报警区域按探测火灾的部位划分的单元称探测区域。探测区域的划分应符合规范中的下列规定：

①探测区域应按独立房（套）间划分。一个探测区域的面积不宜超过 500m²；从主要入口能看清其内部，且面积不超过 1000m² 的房间，也可划为一个探测区域。

②红外光束线型感烟火灾探测器的探测区域长度不宜超过 100m；缆式感温火灾探测器的探测区域长度不宜超过 200m；空气管差温火灾探测器的探测区域长度宜在 20～100m 之间。

符合下列条件之一的二级保护对象，可将几个房间划为一个探测区域。

①相邻房间不超过 5 间，总面积不超过 400m²，并在门口设有灯光显示装置。

②相邻房间不超过 10 间，总面积不超过 1000m²，在每个房间门口均能看清其内部，并在门口设有灯光显示装置。

下列场所应分别单独划分探测区域：

①敞开或封闭楼梯间；

②防烟楼梯间前室、消防电梯前室、消防电梯与防烟楼梯间合用的前室；

③走道、坡道、管道井、电缆隧道；

④建筑物闷顶、夹层。

（3）防火分区：采用防火分隔措施划分出的、能在一定时间内防止火灾向同一建筑的其余部分蔓延的局部区域称防火分区。

对于不同建筑，防火分区划分有不同规定如：

对厂房的防火分区应执行表 4-4 中的规定。

厂房的耐火等级、层数和占地面积（m²） **表 4-4**

生产类别	耐火等级	最多允许层数	防火分区最大允许占地面积			
			单层厂房	多层厂房	高层厂房	厂房的地下室和半地下室
甲	一级	除生产必须采用多层者外，宜采用单层	4000	3000	—	—
	二级		3000	2000	—	—
乙	一级	不限	5000	4000	2000	—
	二级	6	4000	3000	1500	—
丙	一级	不限	不限	6000	3000	500
	二级	不限	8000	4000	2000	500
	三级	2	1000	2000	—	—
丁	一、二级	不限	不限	不限	4000	1000
	三级	3	4000	2000	—	—
	四级	1	1000	—	—	—
戊	一、二级	不限	不限	不限	6000	1000
	三级	3	5000	3000	—	—
	四级	1	1500	—	—	—

注：1. 防火分区间应用防火墙分隔。一、二级耐火等级的单层厂房（甲类厂房除外）如面积超过本表规定，设置防火墙有困难时，可用防火水幕带或防火卷帘加水幕分隔。

2. 一级耐火等级的多层及二级耐火等级的单层、多层纺织厂房（麻纺厂除外）可按本表的规定增加 50%，但上述厂房的原棉开包、清花车间均应设防火墙分隔。

3. 一、二级耐火等级的单层、多层造纸生产联合厂房，其防火分区最大允许占地面积可按本表的规定增加 1.5 倍。

4. 甲、乙、丙类厂房装有自动灭火设备时，防火分区最大允许占地面积可按本表的规定增加 1 倍；丁、戊类厂房装设自动灭火设备时，其占地面积不限，局部设置时，增加面积可按该局部面积的 1 倍计算。

5. 一、二级耐火等级的谷物筒仓工作塔，且每层人数不超过 2 人时，最多允许层数可不受本表限制。

6. 邮政楼的邮件处理中心可按丙类厂房确定。

对库房的防火分区应按表4-5执行。

库房的耐火等级、层数和建筑面积（每个防火分区）（m^2） **表4-5**

储存物品类别		耐火等级	最多允许层数	最大允许建筑面积（m^2）						
				单层库房		多层库房		高层库房		库房地下室半地下室
				每座库房	防火墙间	每座库房	防火墙间	每座库房	防火墙间	防火墙间
甲	1、3、4项	一级	1	180	60	—	—	—	—	—
	2、5、6项	一、二级	1	750	250	—	—	—	—	—
乙	1、3、4项	一、二级	3	2000	500	900	300	—	—	—
		三级	1	500	250	—	—	—	—	—
	2、5、6项	一、二级	5	2800	700	1500	500	—	—	—
		三级	1	900	300	—	—	—	—	—
丙	1项	一、二级	5	4000	1000	2800	700	—	—	150
		三级	1	1200	400	—	—	—	—	—
	2项	一、二级	不限	6000	1500	4800	1200	4000	1000	300
		三级	3	2100	700	1200	400	—	—	—
丁		一、二级	不限	不限	3000	不限	1500	4800	1200	500
		三级	3	3000	1000	1500	500	—	—	—
		四级	1	2100	700	—	—	—	—	—
戊		一、二级	不限	不限	不限	不限	2000	6000	1500	1000
		三级	3	3000	1000	2100	700	—	—	—
		四级	1	2100	700	—	—	—	—	—

注：1. 高层库房、高架仓库和筒仓的耐火等级不应低于二级；二级耐火等级的筒仓可采用钢板仓。储存特殊贵重物品的库房，其耐火等级宜为一级。

2. 独立建造的硝酸铵库房、电石库房、聚乙烯库房、尿素库房、配煤库房以及车站、码头、机场内的中转仓库，其建筑面积可按本表的规定增加1倍，但耐火等级不应低于二级。

3. 装有自动灭火设备的库房，其建筑面积可按本表及注②的规定增加1倍。

4. 石油库内桶装油品库房面积可按《石油库设计规范》执行。

5. 煤均化库防火分区最大允许建筑面积可为12000m^2，但耐火等级不应低于二级。

6. 本条和有关条文中规定的“占地面积”均指建筑面积。

对汽车库建筑防火分区的划分应为：

①汽车库应设防火墙划分防火分区。每个防火分区的最大允许建筑面积应符合表4-6的规定。

②汽车库内设有自动灭火系统时，其防火分区的最大允许建筑面积可按表4-6的规定增加一倍。

③机械式立体汽车库的停车数超过50辆时，应设防火墙或防火隔墙进行分隔。

④甲、乙类物品运输车的汽车库、修车库，其防火分区最大允许建筑面积不应超过500m^2。

⑤修车库防火分区最大允许建筑面积不应超过2000m^2，当修车部位与相邻的使用有机溶剂的清洗和喷漆工段采用防火墙分隔时，其防火分区最大允许建筑面积不应超过4000m^2。设有自动灭火系统的修车库，其防火分区最大允许建筑面积可增加1倍。

汽车库防火分区最大允许建筑面积（m^2） **表4-6**

耐火等级	单层汽车库	多层汽车库	地下汽车库或高层汽车库
一、二级	3000	2500	2000
三级	1000		

注：1. 敞开式、错层式、斜楼板式的汽车库的上下连通层面积迭加计算，防火分区最大允许建筑面积可按本表规定值增加1倍。

2. 室内地坪低于室外地坪面高度超过该层汽车库净高1/3且不超过净高1/2的汽车库，或设在建筑物首层的汽车库的防火分区最大允许建筑面积不超过2500m^2。

3. 复式汽车库的防火分区最大允许建筑面积应按本表规定值减少35%。

对民用建筑防火分区的划分为：

①民用建筑的耐火等级、层数、长度和面积应符合表4-7的规定。

②建筑物内如设有上下层相连通的走马廊、自动扶梯等开口部位时，应按上下连通层作为一个防火分区。

③建筑物的地下室、半地下室应采用防火墙分隔成面积不超过500m^2的防火分区。

民用建筑的耐火等级、层数、长度和面积 **表4-7**

耐火等级	最多允许层数	防火分区间		备注
		最大允许长度（m）	每层最大允许建筑面积（m^2）	
一、二级	按相关规定处理	150	2500	（1）体育馆、剧院等的长度和面积可以放宽 （2）托儿所、幼儿园的儿童用房不应设四层及四层以上
三级	5层	100	1200	（1）托儿所、幼儿园的儿童用房不应设在三层及三层以上 （2）电影院、剧院、礼堂、食堂不应超过二层 （3）医院、疗养院不应超过三层
四级	2层	60	600	学校、食堂、菜市场、托儿所、幼儿园、医院等不应超过一层

注：1. 重要的公共建筑应采用一、二级耐火等级。商店、学校、食堂、菜市场如采用一、二级耐火等级的建筑有困难时，可采用三级耐火等级的建筑。

2. 建筑物的长度，系指建筑物各分段中线长度的总和。如遇有不规则的平面而有各种不同量法时，应采用较大值。

3. 建筑内设有自动灭火设备时，每层最大允许面积可按本表增加1倍。局部设置时增加面积可按该局部面积1倍计算。

4. 防火分区间应采用防火墙分隔，如有困难时，可采用防火卷帘和水幕分隔。

对于高层民用建筑防火分区的划分为：

①高层建筑内应采用防火墙等划分防火分区，每个防火分区的允许最大建筑面积，不应超过表4-8的规定。

每个防火分区的允许最大建筑面积（m^2） **表4-8**

建筑类别	每个防火分区建筑面积
一类建筑	1000
二类建筑	1500
地下室	500

注：设有自动灭火系统的防火分区，其允许最大建筑面积可按本表增加1倍；当局部设置自动灭火系统时，增加面积可按该局部面积的1倍计算；一类建筑的电信楼，其防火分区允许最大建筑面积可按本表增加50%。

②高层建筑内的商业营业厅、展览厅等，当设有火灾自动报警系统和自动灭火系统，且采用不燃烧或难燃烧材料装修时，地上部分防火分区的允许最大建筑面积为4000m²，地下部分防火分区的允许最大建筑面积为2000m²。

③当高层建筑与其裙房之间设有防火墙等防火分隔设施时，其裙房的防火分区允许最大建筑面积不应大于2500m²，当设有自动喷水灭火系统时，防火分区允许最大建筑面积可增加1.00倍。

④高层建筑内设有上下层相连通的走廊、敞开楼梯、自动扶梯、传送带等开口部位时，应按上下连通层作为一个防火分区，其允许最大建筑面积之和不应超过表4-8的规定。当上下开口部位设有耐火极限大于3.00h的防火卷帘或水幕等分隔设施时，其面积可不叠加计算。

（4）防烟分区的划分：以屋顶挡烟隔板、挡烟垂壁或从顶棚下突出不小于0.5m的梁为界，从地板到屋顶或吊顶之间的空间称防烟分区。防烟分区的划分为：

①设置排烟设施的走道、净高不超过6.00m的房间，应采用挡烟垂壁、隔墙或从顶棚下突出不小于0.50m的梁划分防烟分区。人防工程中或垂壁至室内地面的高度不应小于1.8m。

②每个防烟分区的建筑面积不宜超过500m²，且防烟分区不应跨越防火分区。人防工程中，每个防烟分区的使用面积不应大于400m²；但当顶棚（或顶板）高度在6m以上时，可不受此限制。

③有特殊用途的场所，如防烟楼梯间、避难层（间）、地下室、消防电梯等，应单独划分防烟分区。

④防烟分区一般不跨越楼层，但如果一层面积过小，允许一个以上楼层为一个防烟分区，但不宜超过三层。

⑤不设排烟设施的房间（包括地下室）和走道，不划分防烟分区。

⑥走道和房间（包括地下室）按规定都设排烟设施时，可根据具体情况分设或合设排烟设施，并按分设或合设的情况划分防烟分区。

⑦一座建筑物的某几层需设排烟设施，且采用垂直排烟道（竖井）进行排烟时，其余各层（按规定不需要设排烟设施的楼层），如增加投资不多，可考虑扩大设置范围，各层也宜划分防烟分区，设置排烟设施。

⑧人防工程中，丙、丁、戊类物品库宜采用密闭防烟措施。

⑨防烟分区根据建筑物种类及要求的不同，可按用途、面积、楼层来划分。

（三）消防系统设计、施工及维护技术依据

1. 法律依据

消防系统的设计、施工及维修必须根据国家和地方颁布的有关消防法规及上级批准的文件的具体要求进行。从事消防系统的设计、施工及维护人员应具备国家公安消防监督部门规定的有关资质证书，在工程实施过程中还应具备建设单位提供的设计要求和工艺设备清单，在基建主管部门主持下，由设计、建设单位和公安消防部门协商确定的书面意见。对于必要的设计资料，建设单位又提供不了的，设计人员可以协助建设单位调研后，由建设单位确认为其提供的设计资料。

2. 设计依据

消防系统的设计，在公安消防部门的政策、法规的指导下，根据建设单位给出的设计资料及消防系统的有关规程、规范和标准进行，有关规范如下：

(1)《高层民用建筑设计防火规范》(GB 50045—95)(2001 版)；

(2)《火灾自动报警系统设计规范》(GBJ 116—88)；

(3)《人民防空工程设计防火规范》(GB 50116—98)；

(4)《汽车库、修车库、停车场、设计防火规范》(GB 50067—97)；

(5)《建筑设计防火规范》(GBJ 16—87)(2001 年版)；

(6)《自动喷水灭火系统设计规范》(GB 50084—2001)；

(7)《建筑灭火器配置设计规范》(GBJ 140—90)(1997 年版)；

(8)《低倍数泡沫灭火系统设计规范》(GB 50151—92)(2000 年版)；

(9)《建筑电气设计技术规程》(JGJ 16—83)；

(10)《通用用电设备配电设计规范》(GB 50055—93)；

(11)《爆炸和火灾危险环境电力装置设计规程》(GB 50058—92)；

(12)《火灾报警控制器通用技术条件》(GB 4717—93)；

(13)《消防联动控制设备通用技术条件》(GB 16806—97)；

(14)《水喷雾灭火系统设计规范》(GB 50219—95)；

(15)《卤代烷 1211 灭火系统设计规范》(GBJ 110—87)；

(16)《卤代烷 1301 灭火系统设计规范》(GB 50163—92)；

(17)《民用建筑电气设计规范》(JGJ/T 16—92)；

(18)《供配电系统设计规范》(GB 50052—95)；

(19)《石油库设计规范》(修订本)(GBJ 74—84)；

(20)《民用爆破器材工厂设计安全规范》(GB 50089—98)；

(21)《村镇建筑设计防火规范》(GBJ 39—90)；

(22)《建筑灭火器配置设计规范》(GBJ 140—90)(1997 年版)；

(23)《氧气站设计规范》(GB 50030—91)；

(24)《乙炔站设计规范》(GB 50031—91)；

(25)《地下及覆土火药炸药仓库设计安全规范》(GB 50154—92)；

(26)《小型石油库及汽车加油站设计规范》(GB 50156—92)；

(27)《地下铁道设计规范》(GB 50157—92)；

(28)《石油化工企业设计防火规范》(GB 50160—92)；

(29)《烟花爆竹工厂设计安全规范》(GB 50161—92)；

(30)《原油和天然气工程设计防火规范》(GB 50183—93)；

(31)《高倍数、中倍数泡沫灭火系统设计规范》(GB 50196—93)；

(32)《小型火力发电厂设计规范》(GB 50049—94)；

(33)《建筑物防雷设计规范》(GB 50057—94)(2000 年版)；

(34)《二氧化碳灭火系统设计规范》(GB 50193—93)(1999 年版)；

(35)《发生炉煤气站设计规范》(GB 50195—94)；

(36)《输气管道工程设计规范》(GB 50251—94)；

(37)《输油管道工程设计规范》(GB 50253—94)；

(38)《建筑内部装修设计防火规范》(GB 50222—95);
(39)《火力发电厂与变电所设计防火规范》(GB 50229—96);
(40)《水力水电工程设计防火规范》(SDJ 278—90)。

3. 施工依据

在消防系统施工过程中，除应按设计图纸之外，还应执行下列规则、规范：

(1)《火灾自动报警系统施工及验收规范》(GB 50166—92);
(2)《自动喷水灭火系统施工及验收规范》(GB 50261—96);
(3)《气体灭火系统施工及验收规范》(GB 50263—97);
(4)《钢质防火卷帘通用技术条件》(GB 14102—93);
(5)《钢质防火门通用技术条件》(GB 12955—91);
(6)《电气装置安装工程接地装置施工及验收规范》(GB 50169—92);
(7)《电气装置安装工程 1kV 及以下配线工程施工及验收规范》(GB 50258—96)。

二、火灾自动报警系统

(一) 概述

1. 火灾的形成过程

火灾是一种特定的物质燃烧过程，它遵循物质燃烧的基本规律，是能量转换的物理、化学过程。在物质燃烧过程中将产生燃烧气体、烟雾、热、光等。

物质燃烧过程分为早期阶段、阴燃阶段、火焰放热阶段及衰减阶段。其燃烧过程曲线如图 4-11 所示。

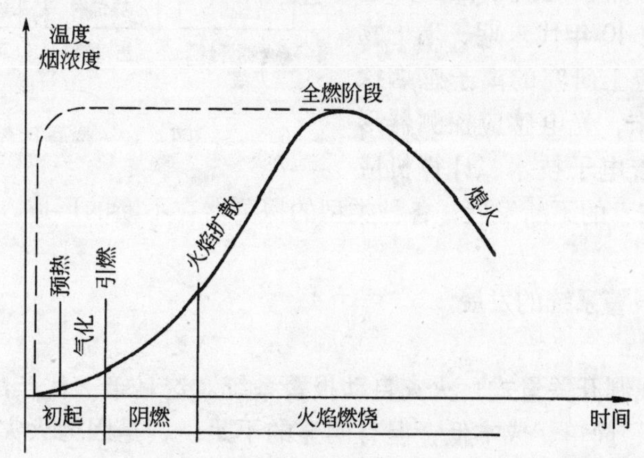

图 4-11 物质燃烧过程曲线

(1) 早期阶段：由于物质开始的预热和气化作用，这一阶段主要产生燃烧气体，如 CO、CO_2、H_2、碳水化合物、水蒸气及某些特殊材料燃烧产生的分子化合物。把这些悬浮在空气中的较大分子团、物质燃烧后的灰烬等不可见悬浮物称为气溶胶粒子，无可见的烟雾和火焰，热量也相当少，环境温升不易鉴别出来。但这些燃烧气体和气溶胶粒子，通过布朗运动、扩散、燃烧产物的浮力以及背景的空气运动，引起微弱的对流。火情仅限于火源所在部位的一个很小的有限范围内，探测对象是燃烧气体和气溶胶粒子，为实现早报警应从此阶段开始探测。

(2) 阴燃阶段：此阶段以引燃为起始标志，此时热解作用充分发展，产生大量的肉眼可见烟雾（主要包括焦油粒子、高沸点物质的凝缩液滴、炭黑粒子等）和不可见的烟雾，烟雾粒子通过程度逐渐增大的对流运动和背景的空气运动向四周扩散，充满建筑物的内部空间，但仍无火焰产生，热量也较少，环境温度不高，此时是探测火情的关键阶段，探测对象是烟雾粒子。

（3）火焰放热阶段：称为物质燃烧的快速反应阶段。从着火开始到燃烧充分发展成全燃阶段。是因物质内能的快速释放和转化，以火焰热辐射的形式呈球形波向外传播热量，再加上强烈的对流运动，环境温度迅速上升，同时火情得以逐步蔓延扩散，且蔓延的速度愈来愈快，范围也愈来愈大。

（4）衰减阶段：这是物质经全面着火燃烧后逐步衰弱至熄灭的阶段。燃烧过程特征也可用框图4-12所示。

另外，有些特殊火灾，早期阶段和阴燃阶段不明显，骤然产生大量的热，在此情况下，报警的探测对象主要是热（温升）；还有些火灾过程一开始就着火爆燃，及时报警的对象主要是光（火焰）。

2. 火灾自动报警系统的形成和发展

（1）火灾自动报警系统的形成

1847年，美国牙科医生Channing和缅甸大学教授Farmer研究出世界上第一台城镇火灾报警发送装置，拉开了人类开发火灾自动报警系统的序幕。此阶段主要是感温探测器。上个世纪40年代末期，瑞士物理学家Ernst Meili博士研究的离子感烟探测器问世，70年代末，光电感应探测器形成。80年代初，随着电子技术、计算机应用及火灾自动报警技术的不断发展，各种类型的探测器在不断的形成，同时也在线制上有了很大的改观。

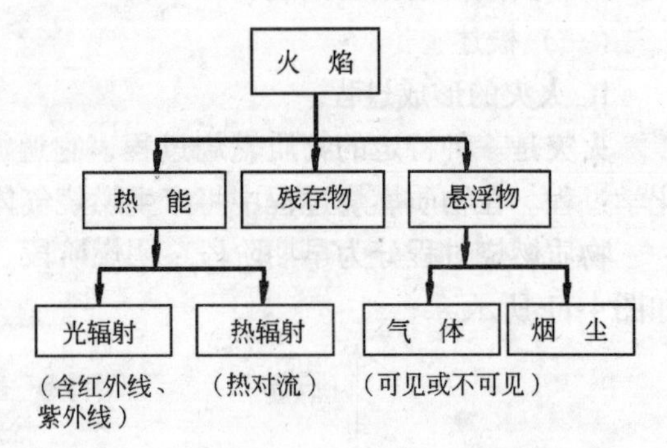

图4-12 燃烧过程特征框图

（2）火灾自动报警系统的发展

可分为五个阶段：

①传统的（多线制开关量式）火灾自动报警系统。这是第一代产品（主要是70年代以前），主要特点是：简单、成本低，但有明显的不足：一是因为火灾判断依据仅仅是根据所探测的某个火灾现象参数是否超过其自身设定值（阈值）来确定是否报警，因此无法排除环境和其他干扰因素。它是以一个不变的灵敏度来面对不同使用场所，不同使用环境的变化是不科学的。灵敏度选低了，会使报警不及时或漏报，灵敏度选高了又会形成误报。另外由于探测器内部元器件失效或漂移现象等因素，也会产生误报。根据国外统计数据表明：误报与真实火灾报警之比达20:1之多。二是性能差、功能少，无法满足发展需要。例如：多线制系统费线费工；不具备现场编程能力；不能识别报警的个别探测器（地址编码）及探测器类型；无法自动探测系统重要组件的真实状态；不能自动补偿探测器灵敏度的漂移；当线路短路或开路时，不能切断故障点；缺乏故障自诊断、自排除能力；电源功耗大等等。

②总线制可寻址开关量式火灾探测报警系统（在80年代初形成）。这是第二代产品。

尤其是二总线制系统被广泛使用。其优点是：省线省工；所有的探测器均并联到总线上；每只探测器设置地址编码；使用多路传输的数据传输法；还可连接带地址码模块的手动报警按钮、水流指示器及其他中继器等；增设了可现场编程的键盘；系统自检和复位功能；火灾地址和时钟记忆与显示功能；故障显示功能；探测点开路、短路时隔离功能；准确地确定火情部位、增强了火灾探测或判断火灾发生的能力等。但对探测器的工况几乎无大改进，对火灾的判断和发送仍由探测器决定。

③模拟量传输式智能火灾报警系统（80 年代后期出现）。这是第三代产品，其特点是：在探测处理方法上做了改进，即把探测器的模拟信号不断地送到控制器去评估或判断，控制器用适当的算法辨别虚假或真实火灾及其发展程度，或探测器受污染的状态。可以把模拟量探测器看作一个传感器，通过一个串联发讯装置，不仅能提供找出装置的位置信号，还能将火灾敏感现象参数（如：烟雾浓度、温度等）以模拟值（一个真实的模拟信号或者等效的数字编码信号）传送给控制器，对火警的判断和发送由控制器决定，报警方式有多火灾参数复合式、分级报警式和响应阈值自动浮动式等。还能降低误报，提高系统的可靠性。在这种集中智能系统中，探测器无智能，属于初级智能系统。

④分布智能火灾报警系统（亦称多功能智能火灾自动报警系统）。这是第四代产品，探测器具有智能，相当于人的感觉器官，可对火灾信号进行分析和智能处理，做出恰当的判断，然后将这些判断信息传给控制器，控制器相当于人的大脑，既能接收探测器送来的信息，也能对探测器的运行状态进行监视和控制。由于探测部分和控制部分的双重智能处理，使系统运行能力大大提高。此类系统分三种，即：智能侧重于探测部分、智能侧重控制部分和双重智能型。

⑤无线火灾自动报警系统和空气样本分析系统。同时出现在 90 年代，这是第五代产品。无线式火灾自动报警系统由传感-发射机、中继器以及控制中心三大部分组成。以无线电波为传播媒体。探测部分与发射机合成一体，由高能电池供电，每个中继器只接收自己组内的传感发机信号。当中继器接到组内某传感器的信号时，进行地址对照，一致时判读接收数据并由中继器将信息传给控制中心，中心显示信号。此系统具有节省布线费及工时，安装开通容易的优点，适于不宜布线的楼宇、工场、仓库等，也适于改造工程。空气样本分析系统中采用高灵敏吸气感烟探测器（HSSD 探测器），主要抽取空气样本并进行烟粒子探测，还采用了特殊设计的检测室，高强度的光源和高灵敏度的光接收器件，使感烟灵敏度增加了几百倍。这一阶段还相继产生了光纤温度探测报警系统和载波系统等，总之火灾产品的不断更新换代，使火灾报警系统发生了一次次革命，为及早而准确地报警提供了重要保障。

3. 火灾自动报警系统的组成

火灾自动报警系统由探测器、手动报警按钮、警报器（报警器）组成。其各部分的作用是：

火灾探测器的作用：它是火灾自动探测系统的传感部分，它能产生并在现场发出火灾报警信号，或向控制和指示设备发出现场火灾状态信号的装置。可形象地称之为“消防哨兵”。

手动报警按钮的作用：也是向报警器报告所发生火情的设备，只不过探测器是自动报警而它是手动报警而已，其准确性更高。

警报器的作用是：当发生火情时，能发出声或光报警。

火灾报警控制器：可向探测器供电，并具有下述功能：

（1）能接收探测信号并转换成声、光报警信号，指示着火部位和记录报警信息；

（2）可通过火警发送装置启动火灾报警信号或通过自动消防灭火控制装置启动自动灭火设备和消防联动控制设备；

（3）自动地监视系统的正确运行和对待定故障给出声光报警。

火灾自动报警系统的工作原理如图4-13所示。安装在保护区的探测器不断地向所监视的现场发出巡测信号，监视现场的烟雾浓度、温度等，并不断反馈给报警控制器，控制器将接收的信号与内存的正常整定值比较、判断确定火灾。当发生火灾时，发出声光报警，显示烟雾浓度，显示火灾区域或楼层房号的地址编码，并打印报警时间、地址等。同时向火灾现场发出警铃（电笛）报警，在火灾发生楼层的上下相邻层或火灾区域的相邻区域也同时发出报警信号，以显示火灾区域。各应急疏散指示灯亮，指明疏散方向。

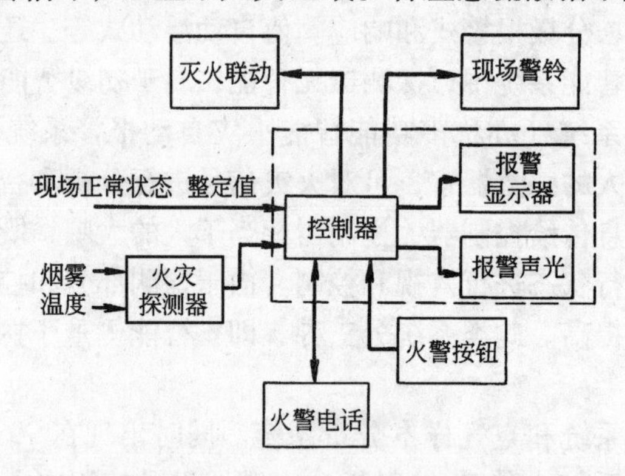

图4-13 火灾自动报警系统原理框图

综上所述可知，火灾自动报警系统的作用是：能自动（手动）发现火情并及时报警，以不失时机地控制火灾的发展，将火灾的损失减到最低限度。

（二）火灾探测器

1. 探测器的分类及型号

（1）探测器类型：根据对可燃固体、液体及气体的燃烧试验，为了准确无误对不同物体火灾的探测，目前研制出常用的感烟、感温、感光、复合及可燃气体探测器五种系列，另外，根据探测器警戒范围不同又分为点型和线型两种型式，具体分类如下：

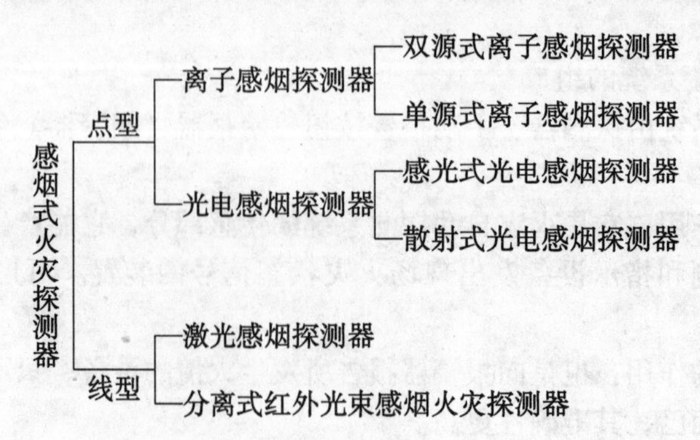

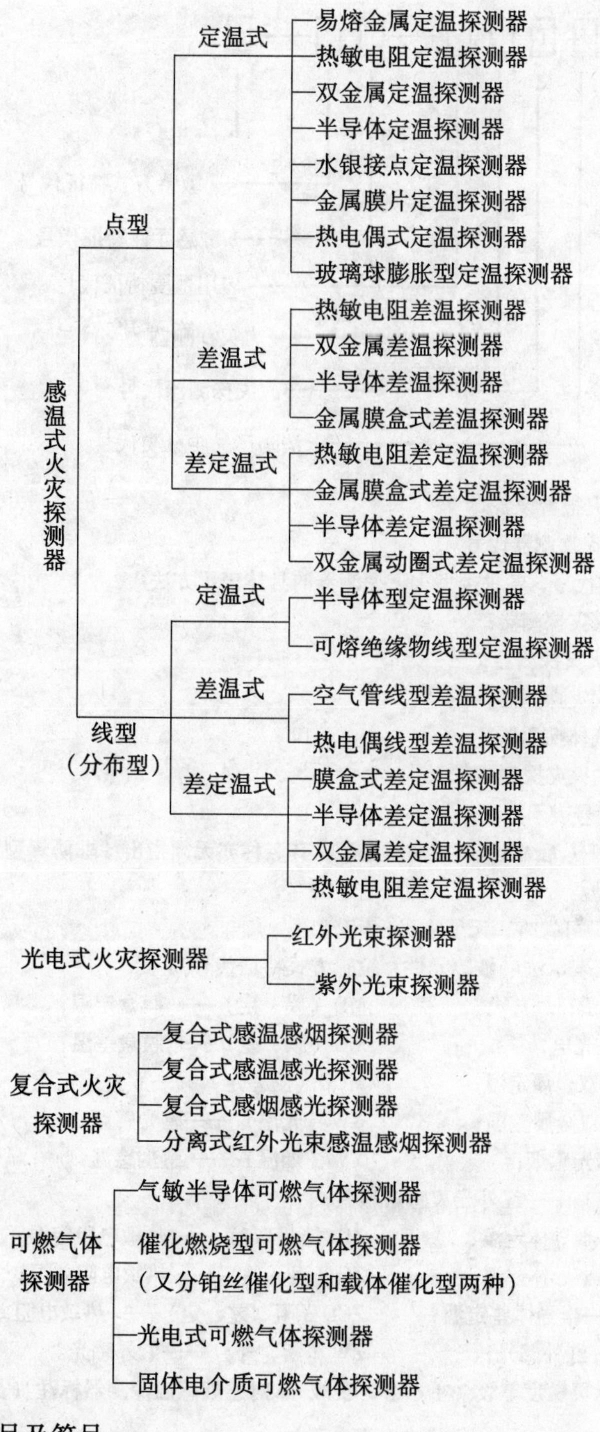

（2）探测器型号及符号：

①探测器的型号命名：

火灾报警产品种类较多，附件更多，但都是按照国家标准编制命名的。国标型号均是按汉语拼音字头的大写字母组合而成，只要掌握规律，从名称就可以看出产品类型与特征。

火灾探测器的型号意义：

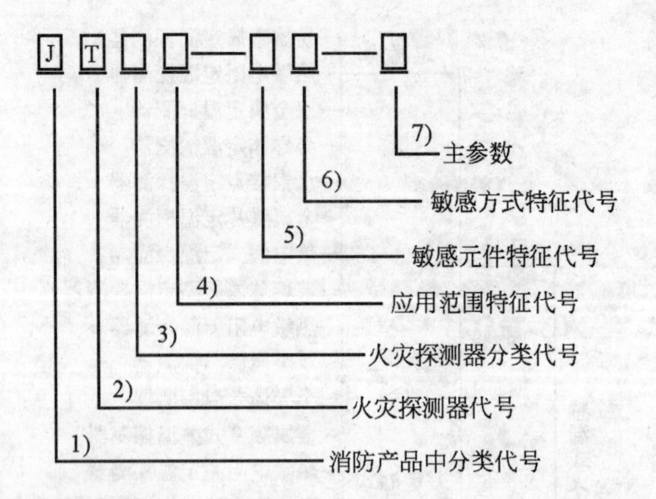

1）J（警）——火灾报警设备。

2）T（探）——火灾探测器代号。

3）火灾探测器分类代号，各种类型火灾探测器的具体表示方法：

Y（烟）——感烟火灾探测器；

W（温）——感温火灾探测器；

G（光）——感光火灾探测器；

Q（气）——可燃气体探测器；

F（复）——复合式火灾探测器。

4）应用范围特征代号表示方法：

B（爆）——防爆型（无“B”即为非防爆型，其名称亦无须指出“非防爆型”）；

C（船）——船用型。

非防爆型或非船用型可省略，无须注明。

5）、6）探测器特征表示法（敏感元件，敏感方式特征代号）：

LZ（离子）——离子；

MD（膜、定）——膜盒定温；

GD（光、电）——光电；

MC（膜、差）——膜盒差温；

SD（双、定）——双金属定温；

MCD（膜差定）——膜盒差定温；

SC（双、差）——双金属差温；

GW（光温）——感光感温；

GY（光烟）——感光感烟；

YW（烟温）——感烟感温；

YW-HS（烟温-红束）——红外光束感烟感温；

BD（半、定）——半导体定温；

ZD（阻、定）——热敏电阻定温；

BC（半、差）——半导体差温；

ZC（阻、差）——热敏电阻差温；

BCD（半差定）——半导体差定温；

ZCD（阻、差、定）——热敏电阻差定温；

HW（红、外）——红外感光；

ZW（紫、外）——紫外感光。

7）主要参数；表示灵敏度等级（Ⅰ、Ⅱ、Ⅲ级），对感烟感温探测器标注（灵敏度：对被测参数的敏感程度）。

例 JTY-HS-1401 红外光束感烟火灾探测器（北京核仪器厂生产）。

JTW-ZD-2700/015 热敏电阻定温火灾探测器（国营二六二厂生产）。

JTY-LZ-651 离子感烟火灾探测器（北京原子能研究院电子仪器厂生产）。

②探测器的图形符号：

在国家标准中消防产品图形符号不全，目前在设计中图形符号的绘制有两种选择，一种按国家标准绘制，另一种根据所用厂家产品样本绘制，这里仅给出几种常用探测器的国家标准画法供参考，如图 4-14 所示。

2. 探测器的构造及原理

（1）感烟探测器

常用的感烟探测器有离子感烟探测器、光电感烟探测器及红外光束线性感烟探测器。感烟探测器对火灾前期及早期报警很有效，应用最广泛。

①感烟探测器的作用及构造

作用：感烟探测器是对探测区域内某一点或某一连续线路周围的烟参数敏感响应的火灾探测器。

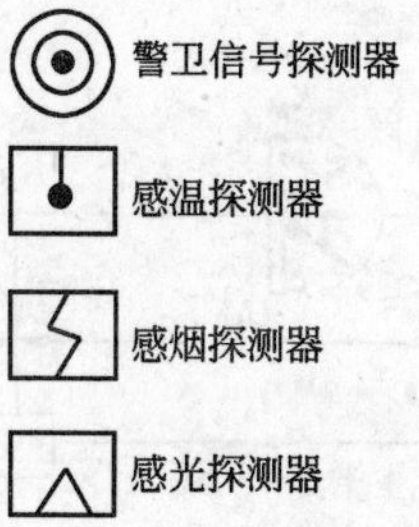

警卫信号探测器

感温探测器

感烟探测器

感光探测器

图 4-14　探测器的图形符号

在探测器的电离室内空气中的氮和氧分子受放射性核素的 α 粒子的轰击引起电离，产生大量带正、负电荷的离子。当在电离室的两电极上施加一电压时，引起正、负离子向极性相反的电极移动，产生了电离电流。电离电流的大小与电离室的几何尺寸、放射源活度、α 粒子能量、施加电压的大小以及空气的密度、温度、湿度和气流速度等因素有关。当烟粒子进入电离室时，这些比离子重千百倍的烟粒子俘获离子，此时离子的复合机率大大增加，从而电离电流减小，当电离电流减小到预定程度时便输出报警信号。

构造及原理：感烟探测器有双源双室和单源双室之分，双源双室探测器是由两块性能一致的放射源片（配对）制成相互串联的两个电离室及电子线路组成的火灾探测装置。一个电离室开孔，称采样电离室（或称作外电离室）K_M，烟可以顺利进入，另一个是封闭电离室，称参考电离室（或内电离室）K_R，烟无法进入，仅能与外界温度相通，如图 4-15（a）所示。两电离室形成一个分压器。两电离室电压之和 $U_M + U_R$ 等于工作电压 U_B（例如 24V）。流过两个电离室的电流相等，同为 I_K。采用内、外电离室串联的方法，是为了减少环境温度、湿度、气压等自然条件对电离电流的影响，提高稳定性，防止误报。把采样电离室等效为烟敏电阻 R_M，参考电离室等效为固定或预调电阻 R_R，I_A 为报警电流，S 为电子线路，等效电路如图 4-15（b）所示。两个电离室的特征如图 4-16 所示，图中，A 为无烟存在时采样室的特性曲线，$B(B_1、B_2、B_3)$ 为有烟时采样时的特性曲线，$C(C_1、C_2、C_3)$ 为参考室的特性曲线，特性曲线 C_1 对应低灵敏度，C_2 对应中灵敏度，C_3 对应高灵敏度。

单源双室探测器：构造如图 4-17 所示。图中进烟孔既不敞开也不节流，烟气流通过防虫网从采样室上方扩散到采样室内部。采样电离室和参考电离室内部构造及特性曲线如图 4-18 所示。两电离室共用一块放射源，参考室包含在采样室中，参考室小，采样室大。采样室的 α 射线是通过中间电极的一个小孔放射出来的。在电路上，内外电离室同样是串联，在相同的大气条件下，电离室的电离平衡是稳定的，与双源双室探测器类似。当发生火灾时，烟的绝大部分进入采样室，采样室两端的电压变化为 $\Delta U = U'_0 - U_0$，当 ΔU 达到预定值时，探测器便输出火警信号。

单源双室与双源双室探测器比较特点如下：

因参考室与采样室联通，有利于抗潮、抗温、抗气压变化对探测器性能的影响；

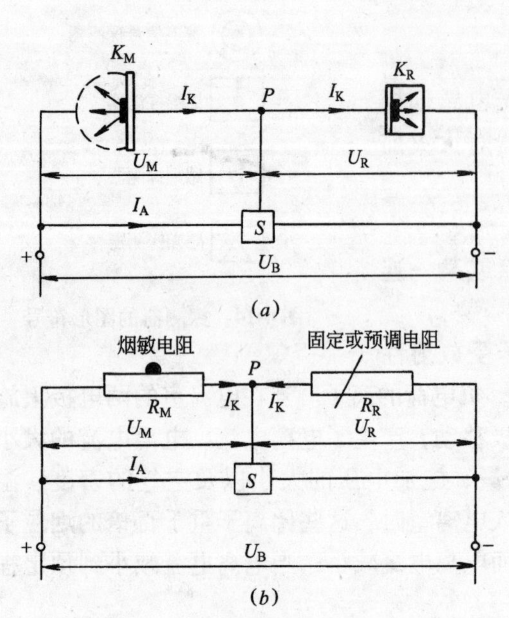

图 4-15 双源双室探测器电路示意

(a) 双源双电离室；(b) 等效电路

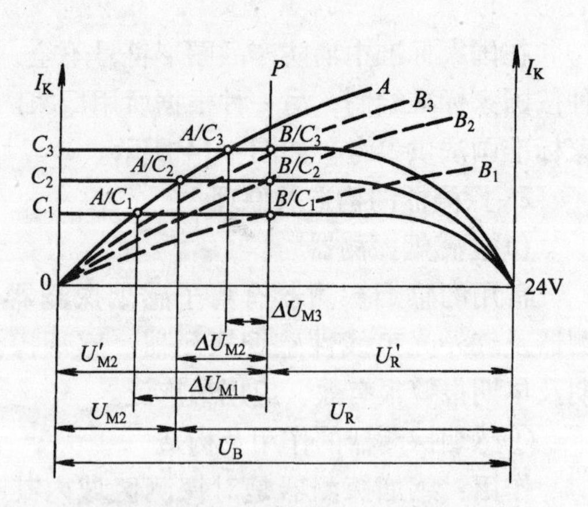

图 4-16 双源双室探测器 I-U 特性曲线

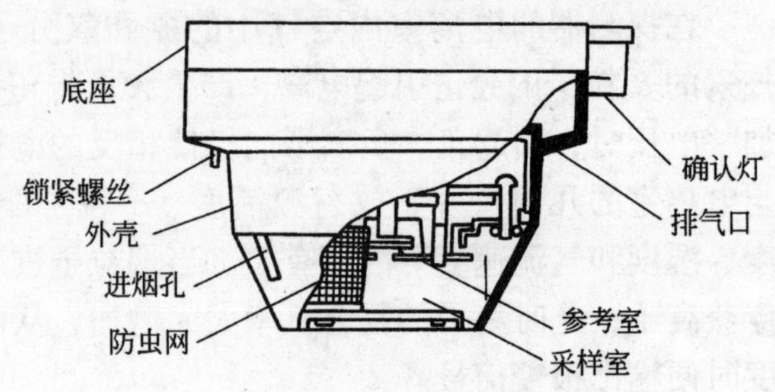

图 4-17 单源双室探测器的构造

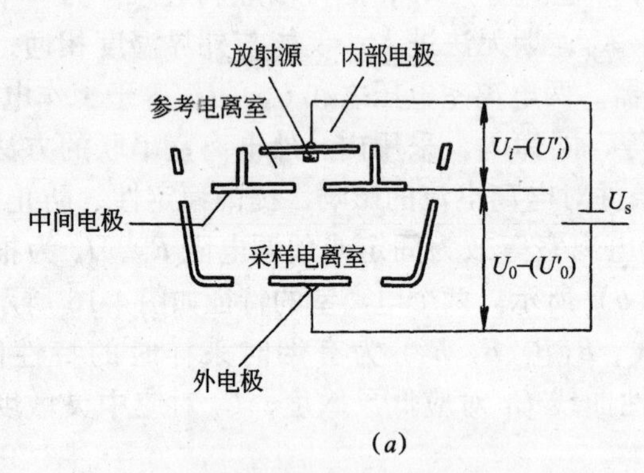

U_s……加在内外电离室两端的电压

U_i……无烟时加在参考电离室两端的电压　　U_0……无烟时加在采样电离室两端的电压

U'_i……有烟时加在参考电离室两端的电压　　U'_0……有烟时加在采样电离室两端的电压

图 4-18 单源双室探测器构造及 I-U 特性曲线

(a) 内部构造；(b) 特性曲线

只需较微弱的 α 放射源（比双源双室的源强减少一半），并克服了双源双室要求两源片相互匹配的缺点；

源极和中间极的距离是连续可调的，能够比较方便地改变采样室的分压，便于探测器响应阈一致性调整，简单易行；

抗灰尘污染的能力增强，当有灰尘轻微地沉积在放射源源面上时，采样室分压的变化不明显；

能作成超薄型探测器，具有体积小、重量轻及美观大方的特点。

②离子感烟探测器

离子感烟探测器是对能影响探测器内电离电流的燃烧产物敏感的探测器。

离子感烟探测器可用方框图 4-19 表示。放射源由物质镅^{241}（^{241} Am）α 放射源构成。放射源产生的 α 射线使内外电离室内空气电离，形成正负离子，在电离室电场作用下，形成通过两个电离室的电流。这样可以把两电离室看成两个串联的等效电阻，两电阻交接点与“地”之间维持某一电压值。

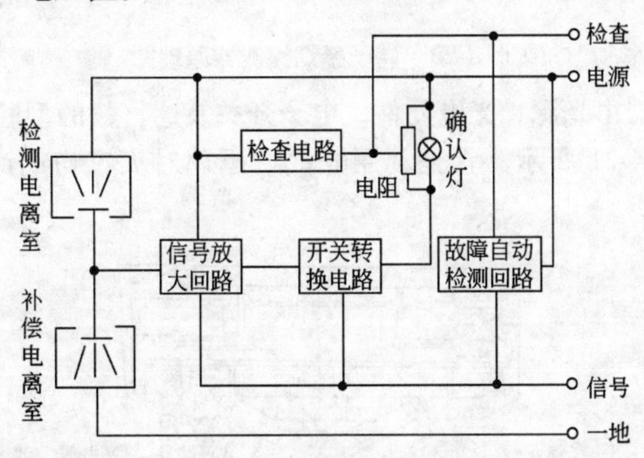

图 4-19　离子感烟探测器方框图

当发生火灾时，烟雾进入外电离室后，镅^{241}产生的 α 射线被阻挡，使其电离能力降低率增大，因而电离电流减小。正负离子被体积比其大得多的烟粒子吸附，外电离室等效电阻变大，而内电离室因无烟进入，电离室的等效电阻不变，因而引起两电阻交接点电压变化。当交接点电压变化到某一定值，即烟密度达到一定值时（由报警阈值确定）交接点的超阈部分经过处理后，开关电路动作，发出报警信号。可见离子感烟探测器是对能够影响探测器内电离电流的燃烧产生敏感的探测器。

现以 FJ-2701 型离子感烟探测器为例说明其工作原理，电路图如图 4-20 所示。由于两电离室的镅^{241} α 放射源是串联的，所以等效阻抗很大，大约在 $10^{10}\Omega$ 左右，这样就必须采用高输入阻抗的场效应管。

由 V_1、V_2 两只三极管组成正反馈电路，当外离子室由于受烟粒子影响电阻变大而使场效应管导通后，又使 V_1 导通，使稳压管 V_{D5} 达到稳压定值后也导通，使三极管 V_3 也随之导通，V_3 的集电极电流使确认灯亮，同时使信号线输出火警信号。三极管 V_4 作为探测器断线监控，安装在终端时，起断线故障告警作用。

从图 4-20 可知，FJ-2701 型离子感烟探测器的出线为四根：即讯号线、巡检线、电源线、地线。其中讯号线为单线，每个探测器有一根，其他三根线可与其他探测器共用，为总线。不同型号的探测器其接线各异，关于接线在本节后面途述。

③光电式感烟探测器

是对能影响红外、可见和紫外电磁波频谱区辐射的吸收或散射的燃烧产物敏感的探测器。

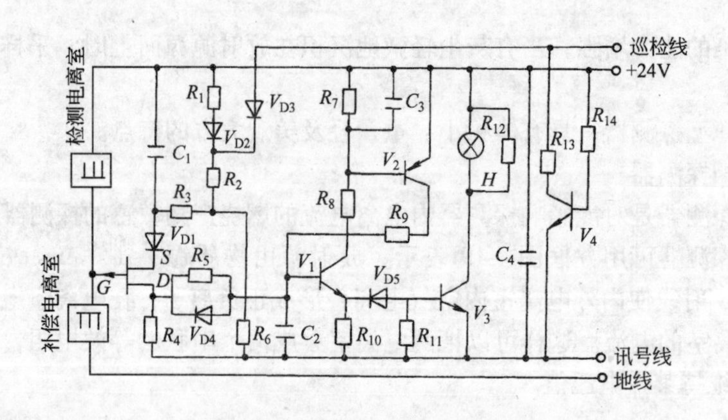

图 4-20　离子感烟探测器原理图

光电式感烟探测器由光源、光电元件、电子开关及迷宫般的型腔密室组成。散射光型探测器内部结构如图 4-21 所示。它是利用光散射原理对火灾初期产生的烟雾进行探测，并及时发出报警信号。

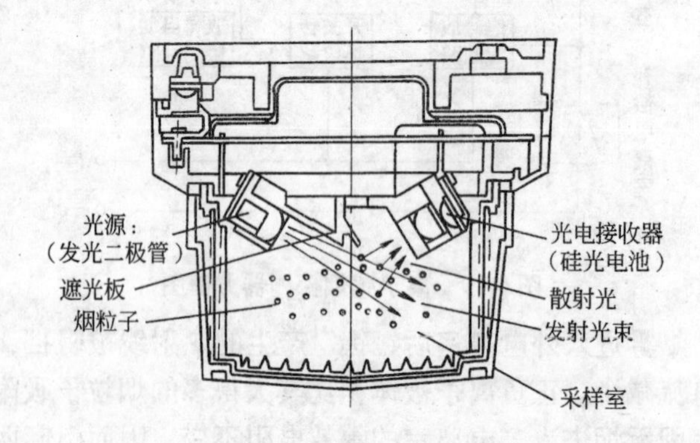

图 4-21　散射光型探测器内部结构图

光电式感烟探测器根据其结构和原理分为遮光型和散射型两种。

遮光型（或减光型）光电式感烟探测器由一个光源（灯泡或发光二极管）和一个光敏元件（硅光电池）对应装置在小暗室（即型腔密室或称采样室）里构成。在正常（无烟）情况下，光源发出的光通过透镜聚成光束，照射到光敏元件上，并将其转换成电信号，使整个电路维持正常状态，不发生报警。当发生火灾有烟雾存在时，光源发出的光线受烟粒子的散射和吸收作用，使光的传播特性改变，光敏元件接收的光强明显减弱，电路正常状态被破损，则发出声光报警。

散射型光电式感烟探测器的发光二极管和光敏元件设置的位置不是相对的，光敏元件设置在多孔的小暗室里。无烟雾时，光不能射到光敏元件上，电路维持在正常状态。而发生火灾有烟雾存在时，光通过烟雾粒子的反射或散射到达光敏元件上，则光信号转换成电信号，经放大电路放大后，驱动报警装置，发出火灾报警信号。具有环形散射体积的探测器结构和光路如图 4-22 所示。

④红外光束线型火灾探测器

特点及适用范围：

线型火灾探测器是响应某一连续线路附近的火灾产生的物理和或化学现象的探测器。

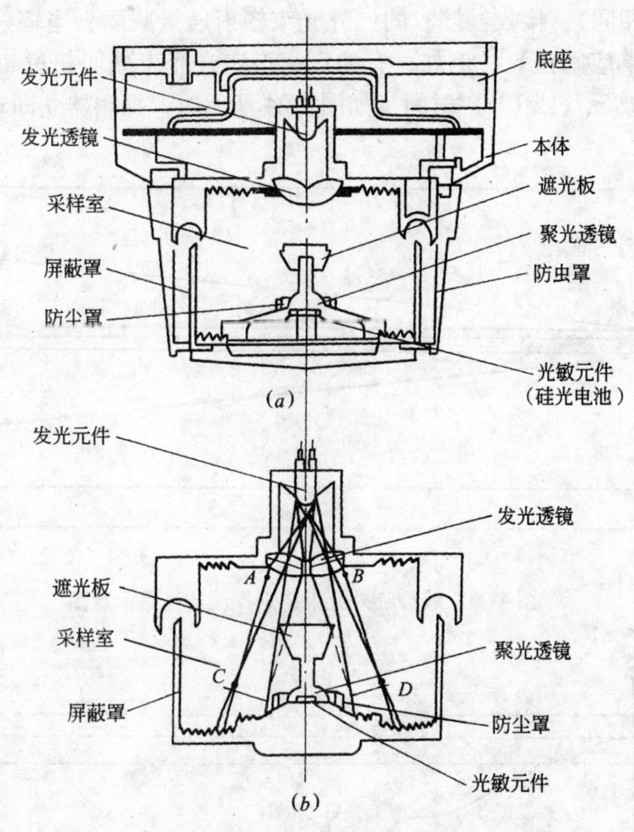

图 4-22　具有环形散射体积的探测器结构和光路图
（a）结构；（b）光路图

红外光束线型感烟火灾探测器是应用烟粒子吸收或散射红外光束强度发生变化的原理而工作的一种探测器。

其特点是：具有保护面积大、安装位置较高、在相对湿度较高和强电场环境中反应速度快，适宜保护较大空间的场所，尤其适宜保护难以使用点型探测器甚至根本不可能使用点型探测器的场所，主要适合下列场所：

无遮挡大空间的库房、飞机库、纪念馆、档案馆、博物馆等；

隧道工程；

变电站、发电厂；

古建筑、文物保护的厅堂馆所等。

不宜使用线型光束探测器的场所：有剧烈振动的场所；有日光照射或强红外光辐射源的场所；在保护空间有一定浓度的灰尘、水气粒子且粒子浓度变化较快的场所。

探测器的构造及原理：

这种探测器是由发射器和接收器两部分组成的，其工作原理是：在正常情况下红外光束探测器的发射器发送一个不可见的、波长 940mm 的脉冲红外光束，它经过保护空间不受阻挡地射到接收器的光敏元件上，如图 4-23 所示。当发生火灾时，由于受保护空间的烟雾气溶胶扩散到红外光束内，使到达接收器的红外光束衰减（这里灰色烟和黑色烟的衰减作用效果几乎相同)，接收器接收的红外光束辐射通量减弱。当辐射通量减弱到预定的感烟动作阈值（响应阈值）（例如，有的厂家设定在光束减弱超过40%（且小于93%）时，如果保持衰减5s（或10s）时间，如图4-24所示时，探测器立即动作，发出火灾报警信号。

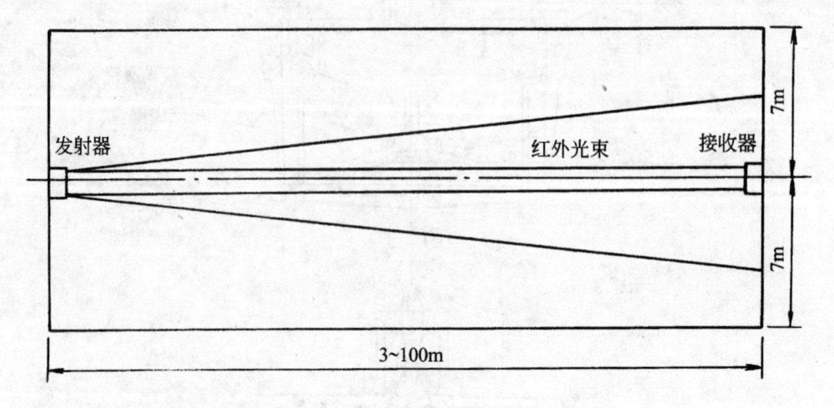

图4-23 线型红外光束感烟探测器光路示意图

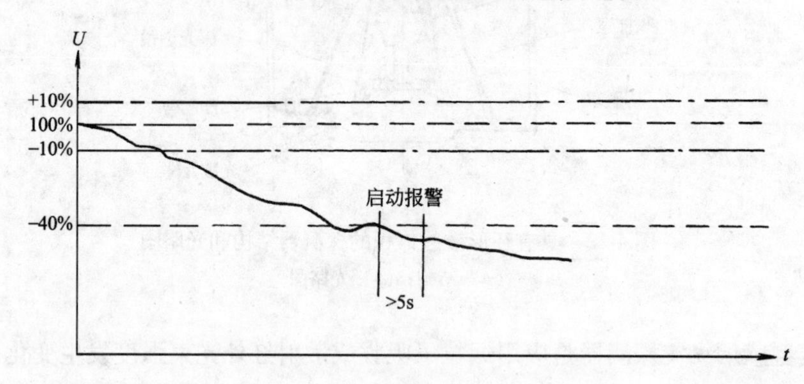

图4-24 感烟探测器的响应阈值

在使用过程中，探测器窗口若积聚灰尘或受到污染，会减弱红外光束到达接收器光敏元件上的辐射通量，使探测器的感烟灵敏度受到影响，在接收器中，对感烟响应阈值设有自动增益控制电路，补偿辐射通量的损失。如果光学窗污染严重，例如，有的厂家设定光衰减10%连续时间超过9h（或更长时间，取决于设定），或者光辐射强度增大10%连续时间超过2min，则探测器便达到重新调整程度，发出检修信号，如图4-25所示。

为了自动监视探测器线路故障和红外光束被全部遮挡，设有故障监控环节。例如，探测器线路断线或光束受遮挡的持续时间超过1s时，如图4-26所示，将引起探测器信号线输出故障报警信号。

这里以JTY-HS型红外光束感烟探测器为例说明其构造及原理。JTY-HS型红外光束感烟探测器如图4-27所示。它由发射器和接收器两部分组成，相对安装在保护空间的两端。发射器中装有辐射源，即红外发光管，间歇发出红外光束。这一光束通过双凸镜形成的近似平行的红外光，通过不受遮挡的保护空间射到接收器中的光敏管并由此转换成电信号，经放大检波变为直流电平，此直流电平的大小就模拟了红外光束的辐射通量大小。

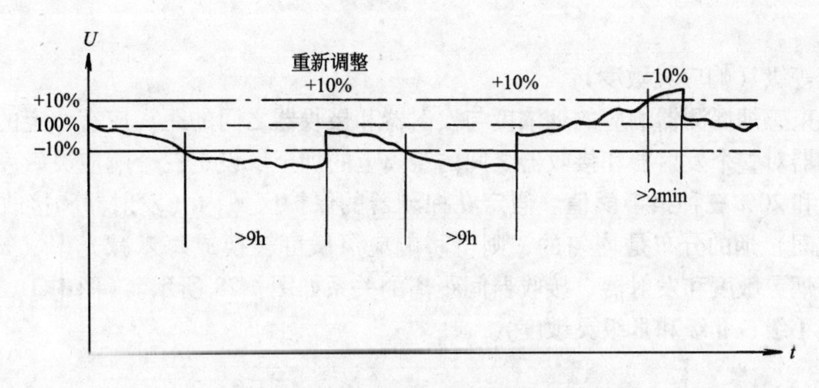

图 4-25　探测器达重新调整程度发检修信号

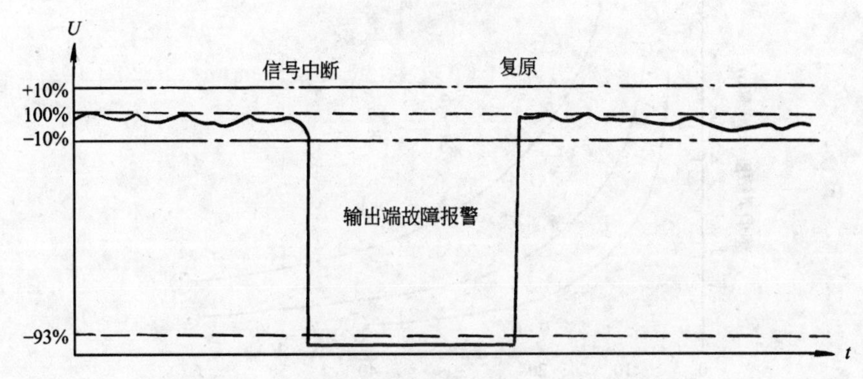

图 4-26　探测器线路断线或光束受遮挡发故障信号

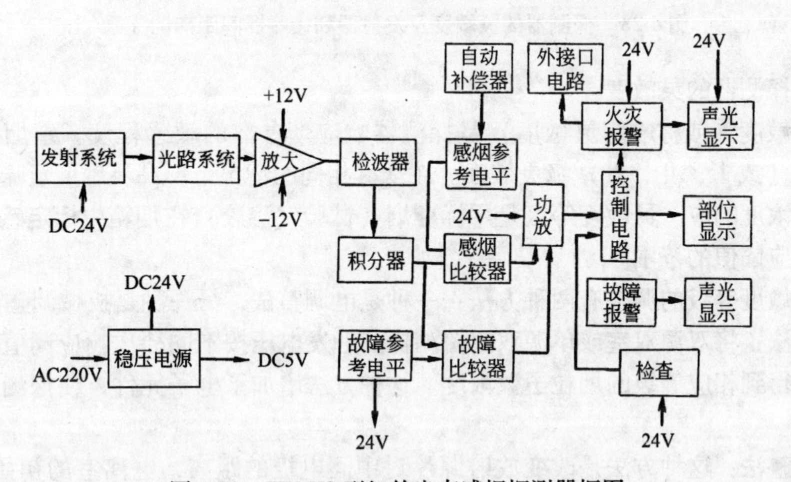

图 4-27　JTY-HS 型红外光束感烟探测器框图

当发生火灾烟进入光束的保护空间时，接收器内直流电平下降到感烟动作阈值（响应阈值），信号线输出 20V 电平的火警信号，并启动火灾报警线路，同时点燃探测器上的红色确认灯。

线路中设有补偿线路，补偿较长时间，缓慢增加起来的灰尘污染造成工作点漂移。另外设有故障监视环节，当探测器线路故障或光束被人为遮挡时，信号线输出 9V 故障信号，并切断火灾报警线路，以避免引起误报，同时，显示故障报警，并设有模拟火灾自动检测环节。

灵敏度等级（响应灵敏度）：

红外光束感烟探测器响应的烟浓度与发射器和接收器之间的距离应有一定的关系。比如，将探测器对整个发射器和接收器之间的距离上的烟至少设定三个响应灵敏度等级，即60%、35%和20%三种报警阈值。假定在探测器的保护区域内（发射器和接收器之间一定范围的空间）烟的分布是均匀的，则可将响应灵敏度转换成每米减光率（%/m）值。探测器的感烟灵敏度和发射器、接收器间距离的关系如图4-28所示。（图中①、②、③曲线分别对应Ⅰ级、Ⅱ级和Ⅲ级灵敏度）。

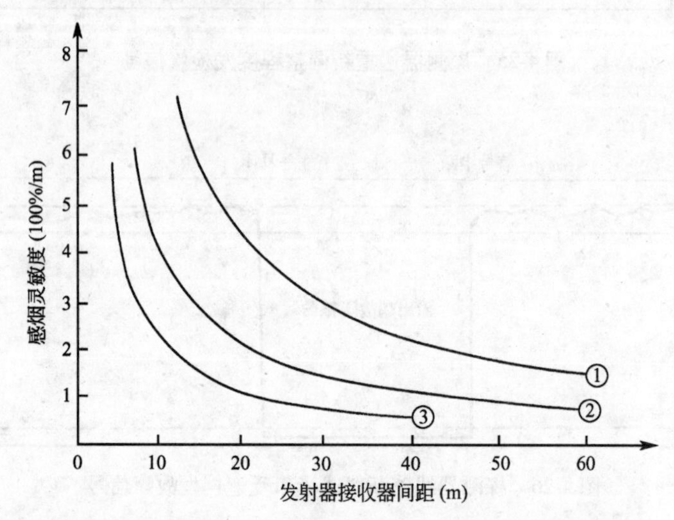

图4-28　探测器的灵敏度及发射器和接收器间距离的关系

⑤感烟探测器的灵敏度

感烟灵敏度（或称响应灵敏度）是探测器响应烟参数的敏感程度。感烟探测器分为高、中、低（或Ⅰ、Ⅱ、Ⅲ）级灵敏度。在烟雾相同的情况下，高灵敏度意味着可对较低的烟粒子数浓度响应。灵敏度等级是用标准烟（试验气溶胶）在烟箱中标定感烟探测器几个不同的响应阈值的范围。

感烟灵敏度等级的调整有两种方法：一种是电调整法，另一种是机械调整法。

电调整法：将双源双室或单源双室探测器的触发电压按不同档次响应阈值的设定电压调准，从而得到相应等级的烟粒子数浓度。这种方法增加了电子元件，使探测器的可靠性下降。

机械调整法：这种方法是改变放射源片对中间电极的距离，电离室的初始阻抗 R_0 与极间距离 L 成正比。L 小时，R_0 小，灵敏度高；当 L 大时，R_0 大，灵敏度低。不同厂家根据产品情况确定的灵敏度等级所对应的烟浓度是不一样的。

一般来讲，高级灵敏度者用于禁烟场所，中级灵敏度者用于卧室等少烟场所，低级灵敏度者用于多烟场所。高、中、低级灵敏度的探测器的感烟动作率为10%、20%、30%。

(2) 火焰探测器

点型火焰探测器是一种对火焰中特定波段中的电磁辐射敏感（红外、可见和紫外谱带）的火灾探测器，又称感光探测器。因为电磁辐射的传播速度极快，因此，这种探测器对快速发生的火灾（譬如易燃、可燃液体火灾）或爆炸能够及时响应，是对这类火灾早期通报火警的理想探测器。响应波长低于400nm辐射能通量的探测器称紫外火焰探测器，响应波长高于700nm辐射能通量的探测器称作红外火焰探测器。

①分类及特点

单通道红外火焰探测器的特点：对大多含碳氢化合物的火灾响应较好；对电弧焊不敏感；通过烟雾及其他许多污染的能力强；日光盲；对一般的电力照明、人工光源和电弧不响应；其他形式辐射的影响很小。

透镜上结冰可造成探测器失灵，对受调制的黑体热源敏感。由于只能对具有闪烁特征的火灾响应，因而使得探测器对高压气体火焰的探测较为困难。

双通道红外火焰探测器：对大多含碳氢化合物的火灾响应较好；对电弧焊不敏感。能够透过烟雾和其他许多污染；日光盲；对一般的电力照明、人工光源和电弧不响应；其他形式辐射的影响很小；对稳定的或经调制的黑体辐射不敏感，误报率较低。

由于分辩真假火灾是根据二通道信号电平之比确定，选择的参考谱带在对黑体的抑制能力的变化很宽，即对火焰的灵敏度与黑体抑制能力成反比，所以比单通道的灵敏度低。

紫外火焰探测器：对绝大多数燃烧物质能够响应，但响应的快慢有不同，最快响应可达12ms，可用于抑爆等特殊场合；不要求考虑火焰闪烁效应；在高达125℃的高温的场合下，可采用特种型式的紫外探测器；对固定的或移动的黑体热源的反应不灵敏，对日光辐射和绝大多数人工照明辐射不响应；可带自检机构，某些类型探测器可进行现场调整，调整探测器的灵敏度和响应时间，具有较大的灵活性。

对电焊弧产生的电弧极敏感，透镜上沉积的油污会降低响应火灾的能力，某些蒸气，较典型的是非饱和键的水蒸气，可能使得火灾信号衰减，烟雾会使火灾信号减弱。当探测器受其他形式的辐射（例如X射线、γ射线等非破坏性试验设备的干扰及闪电作用等）也可能产生误报。

紫外/红外火焰探测器：由两种类型的探测器组成的一组装置（又称组合式探测器）。这两种不同的紫外和红外信号模式必须同时出现，并满足预先规定的电平阈值。只要紫外和红外信号电平阈值分别符合规定要求，则经过一个简单的表决单元，便可发出报警号。“比例”型紫外/红外火焰探测器，也应在紫外和红外信号电平值之间的比值符合规定时，才能产生报警信号。

对大多含碳氢化合物的火灾响应较好；对电弧焊不敏感；比单通道红外火焰探测器响应稍快，但比紫外火焰探测器稍慢；对一般的电力照明、大多数人工光源和电弧不响应；其他形式辐射的影响很小；日光盲；对黑体辐射不敏感；即使背景正在进行电弧焊，但经过简单的表决单元也能响应一个真实的火灾。同样，即使存在高的背景红外辐射源，也不降低其响应真实火灾的灵敏度。带简单表决单元的紫外/红外探测器的火焰灵敏度可现场调整，以适合特殊的安装场合的应用。

火焰灵敏度可能受紫外和红外吸收物质沉积的影响。红外探测器可能因结冰使其不响应。紫外探测器可能受透镜上沉积的油污的有害影响。烟和某些化学蒸气将造成灵敏度下降。对这些沉积的影响程度来说，较轻的引起探测器的灵敏度下降，较严重的将使探测器可能不能响应火灾。紫外/红外火焰探测器要求闪烁的火焰，以满足红外火焰信号输入通道的要求。具有简单表决机构的紫外/红外探测器能对同时来的符合“简单表决”要求的紫外和红外信号起反应。

②构造及原理

本书以紫外火焰探测器为例说明之。紫外火焰探测器由圆柱型紫外充气光敏管、自检管、屏蔽套、反光环、石英窗口等组成，如图 4-29（*a*）所示，工作原理如图 4-29（*b*）所示。

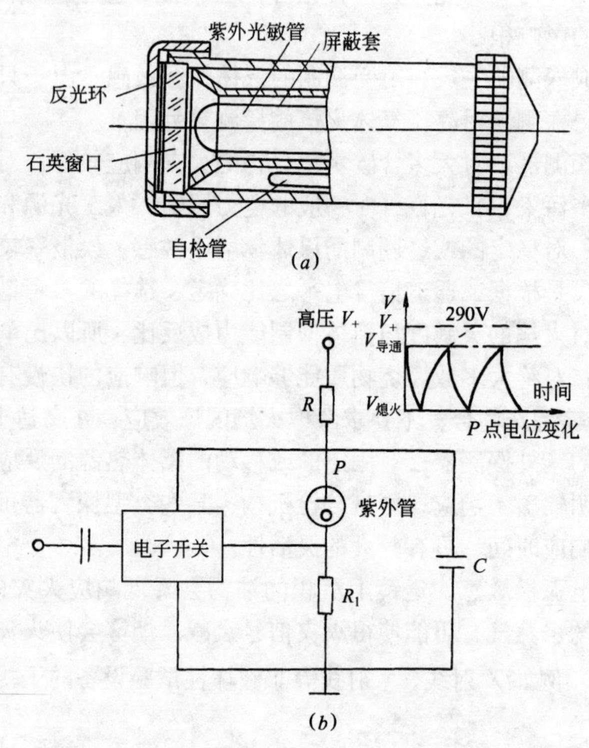

图 4-29　紫外火焰探测器

（*a*）结构示意图；（*b*）工作原理示意图

当光敏管接收到 185 ~ 245nm 的紫外线时，产生电离作用，进行盖革放电，使其内阻变小，因而导电电流增加，使电子开关导通，光敏管工作电压降低，当电压降低到 $V_{熄灭}$ 电压时，光敏管停止放电，使导电电流减小，电子开关断开，此时电源电压通过 *RC* 电路充电，又使光敏管的工作电压重新升高到 $V_{导通}$ 电压，于是又重复上述过程，这样便产生了一串脉冲，脉冲的频率与紫外线强度成正比，同时与电路参数有关。

（3）感温探测器

感温探测器是响应异常温度、温升速率和温差等参数的探测器。

感温式火灾探测器按其结构可分为电子式和机械式两种。每种按原理又可分为定温、差温、差定温组合式等三种。

①定温式探测器

定温式探测器是随着环境温度的升高，达到或过预定值时响应的探测器。

双金属型定温探测器：这种探测器有两种，一种如图 4-30 所示。它是在一个不锈钢的圆形外壳上固定两块磷铜合金片，磷铜片两边有绝缘套，在中段部位则另固定一对金属触头，各有导线引出。由于不锈钢外壳的热膨胀大于磷铜片，故有受热后磷铜片拉伸，而使两个触头靠拢，当达到预定温度时触头闭合，导线构成闭合回路，便能输出信号给报警器报警。两块磷铜片的固定如有调整螺钉，可以调整它们之间的距离以改变动作值，一般可使探测器在标定的 40 ~ 250℃ 的范围内进行调整。另一种如图 4-31 所示，它是由膨胀系数不同的双金属片和固定触头组成。当环境温度升高到一定值时，双金属片向上弯曲，使触点闭合，输出信号给报警器。

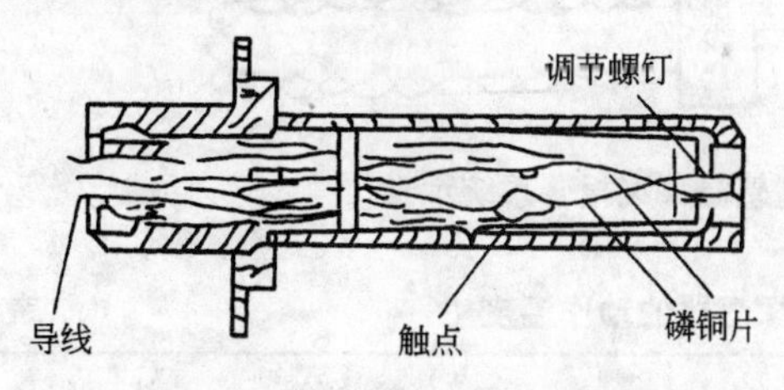

图 4-30　双金属定温探测器

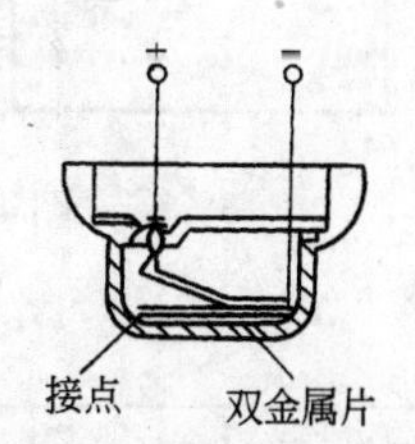

图 4-31　双金属片定温探测器

易熔金属型定温探测器：其构造如图 4-32 所示。在探测器下端的吸热罩的中间焊有一块低熔点合金（熔点为 70 ~ 90℃），与特种螺钉间焊有一弹性接触片及固定触点，平时它们互不接触，如遇火灾，当温度升至标定值时，低熔点合金熔化脱落，顶杆借助弹簧的弹力弹起，使弹性接触片与固定触头相碰通电而发出报警信号。这种探测器的特点是：牢固可靠，结构简单，很少误动作。

缆式线型定温探测器：是采用缆式线结构的线型定温探测器。

热敏电缆线型定温探测器的构造及原理：缆式探测器由两根弹性钢丝、热敏绝缘材料、塑料色带及塑料外护套组成，如图 4-33 所示。在正常时，两根钢丝间呈绝缘状态。火灾报警控制器通过传输线、接线盒、热敏电缆及终端盒构成一个报警回路。报警控制器和所有的报警回路组成数字式线型感温火灾报警系统，如图 4-34 所示。

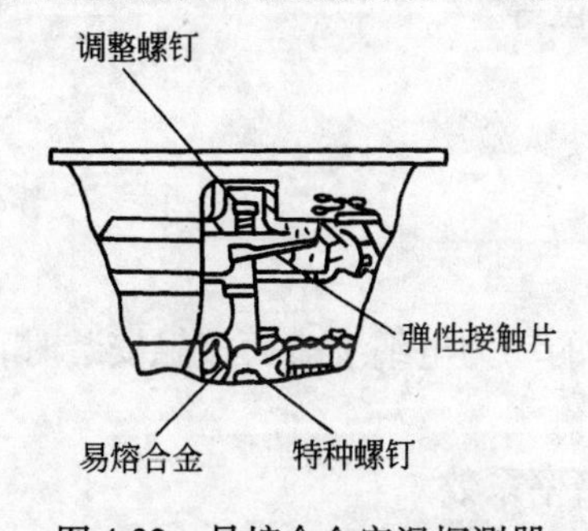

图 4-32　易熔合金定温探测器

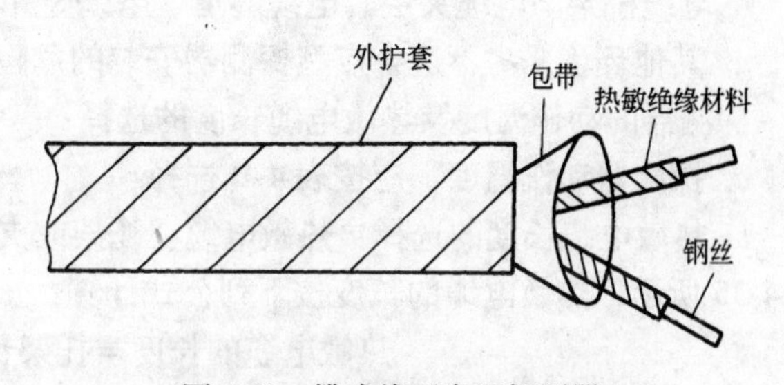

图 4-33　缆式线型定温探测器

在每一热敏电缆中有一极小的电流流动。当热敏电缆线路上任何一点的温度（可以是“电缆”周围空气或它所接触物品的表面温度）上升达额定动作温度时，其绝缘材料熔化，两根钢丝互相接触，此时报警回路电流骤然增大，报警控制器发出声、光报警的同时，数码管显示火灾报警的回路号和火警的距离（即热敏电缆动作部分的米数）。报警后，经人工处理热敏电缆可重复使用。当热敏电缆或传输线任何一处断线时，报警控制器可自动发出故障信号。探测器的动作温度如表 4-9 所列。

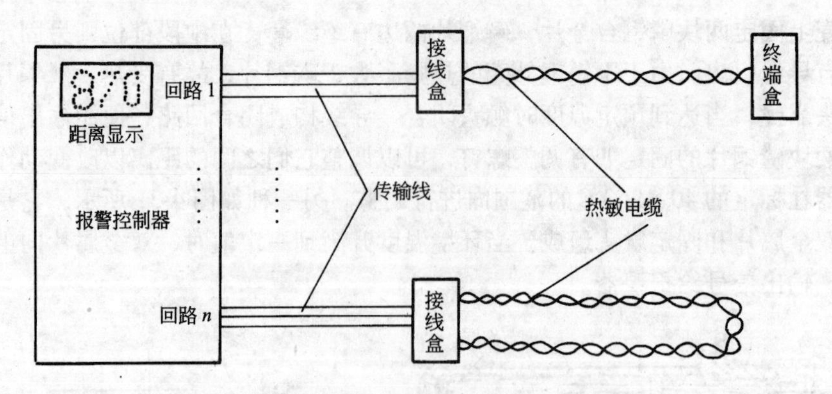

图4-34　数字式线型感温火灾报警系统示意

缆式线型定温探测器的动作温度　　表4-9

安装地点允许的温度范围（℃）	额定动作温度（℃）	备　　注
-30~40	68±10%	应用于室内、可架空及靠近安装使用
-30~55	85±10%	应用于室内、可架空及靠近安装使用
-40~75	105±10%	适用于室内、外
-40~100	138±10%	适用于室内、外

探测器的适用场所：

a. 控制室、计算机室的闷顶内、地板下及重要设施隐蔽处等。

b. 配电装置：包括电阻排、电机控制中心、变压器、变电所、开关设备等。

c. 灰尘收集器、高架仓库、市政设施、冷却塔等。

d. 卷烟厂、造纸厂、纸浆厂及其他工业易燃的原料垛等。

e. 各种皮带输送装置、生产流水线和滑道的易燃部位等。

f. 电缆桥架、电缆夹层、电缆隧道、电缆竖井等。

g. 其他环境恶劣不适合点型探测器安装的危险场所。

探测器的动作温度及热敏电缆长度的选择：

a. 探测器动作温度：应按表4-9选择。

b. 热敏电缆长度的选择：热敏电缆在托架或支架上的动力电缆上表面接触安装时，如图4-35所示，热敏电缆的长度按下列公式计算：

热敏电缆的长度＝托架长×倍率系数

倍率系数可按表4-10选定。

倍率系数的确定　　表4-10

托架宽（m）	倍率系数	托架宽（m）	倍率系数
1.2	1.75	0.5	1.15
0.9	1.50	0.4	1.10
0.6	1.25		

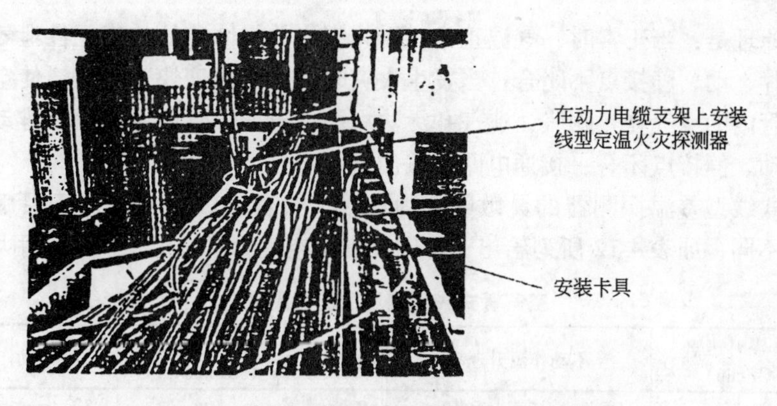

图 4-35　热敏电缆在动力电缆上表面接触安装

热敏电缆以正弦波方式安装在动力电缆上时，其固定卡具的数目计算方法如下：

固定卡具数目 = 正弦波半波个数 ×2 +1

②差温探测器

差温探测器是当火灾发生时，室内温度升高速率达到预定值时响应的探测器。按其工作原理又分机械式、电子式或和空气管线型几种。

膜盒差温探测器：以膜盒为敏感元件的探测器，属于机械式的一种。它由感热室、气塞螺钉、波纹膜片、确认灯及触点组成，如图 4-36 所示。由壳体、衬板、波纹膜片和气塞螺钉形成密闭的气室，称感热室。室内空气只能通过气塞螺钉的大小与大气相通。当环境温度缓慢变化时，气室内外的空气可通过泄漏孔进行调节，使内外压力保持平衡。如遇火灾发生时，环境温升速率很快，气室内空气由于急剧受热而膨胀，来不及从泄漏孔外逸，致使气室内压力增高，将波纹片鼓起，与中心接线柱相碰，于是接触了电接点，便发出火灾报警信号。这种探测器具有灵敏度高、可靠性好、不受气候变化影响的特点，因而应用非常广泛。

电子差温探测器：是由基准热敏电阻和热敏电阻串联组成的感应元件，它们相当于感烟探测器内部电离室，前者的阻值随环境温度缓慢变化，当探测空间温度上升的速率超过某一定值时，电阻交接点对地的电压超阈部分经处理后发出报警信号。

空气管线型差温探测器：它是一种感受温升速率的火灾探测器。由敏感元件空气管（为 ϕ3mm ×0.5mm 紫铜管）（安装于要保护的场所）、传感元件膜盒和电路部分（安装在保护现场或装在保护现场之外）组成，如图 4-37 所示。

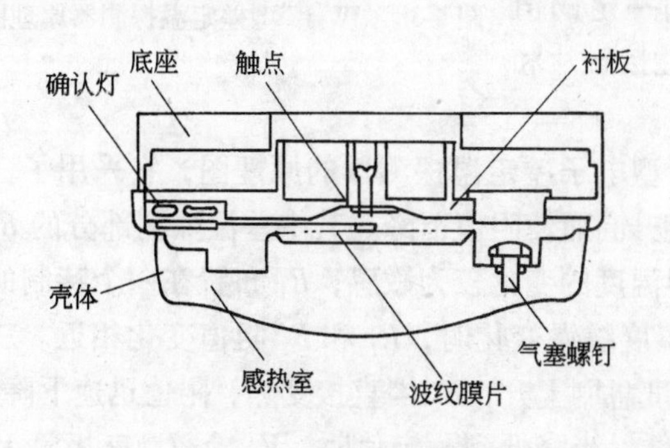

图 4-36　膜盒差温探测器

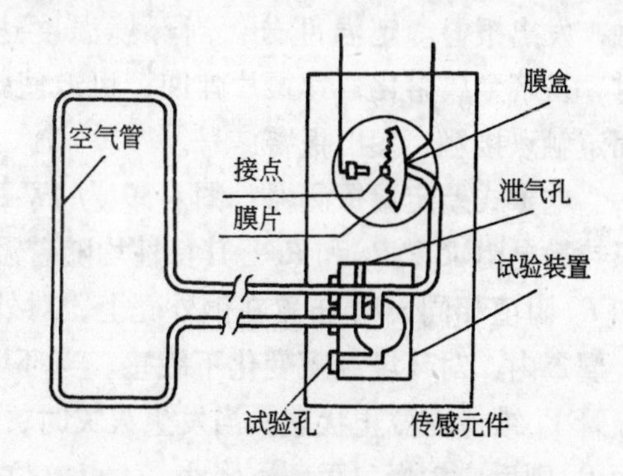

图 4-37　空气管式线型差温探测器

其工作原理是：当正常时，气温正常，受热膨胀的气体能从传感元件泄气孔排出，不推动膜盒膜片，动、静接点不闭合；当发生火灾时，灾区温度快速升高，使空气管感受到温度变化，管内的空气受热膨胀，泄气孔无法立即排出，膜盒内压力增加推动膜片，使之产生位移，动、静接点闭合，接通电路，输出报警信号。

空气管式线型差温探测器的灵敏度分为三级，如表4-11所列。由于灵敏度不同，其使用场所也不同，如表4-12所列给出了不同灵敏度空气管式差温探测的适用场合。

空气管式线型差温探测器灵敏度 **表4-11**

规　格	动作温升速率（℃/min）	不动作温升速率	规　格	动作温升速率（℃/min）	不动作温升速率
1种	7.5	1℃/min 持续上升10min	3种	30	3℃/min 持续上升10min
2种	15	2℃/min 持续上升10min			

注：以第2种规格为例，当空气管总长度的1/3感到以15℃/min速率上升的温度时，1min之内会给出报警信号。而空气管总长度的2/3感受到以2℃/min速率上升的温度时，10min之内不应发出报警信号。

3种不同灵敏度的使用场合 **表4-12**

规　格	最大空气管长度（m）	使　用　场　合
1种	<80	书库、仓库、电缆隧道、地沟等温度变化率较小的场所
2种	<80	暖房设备等温度变化较大的场所
3种	<80	消防设备中要与消防泵自动灭火装置联动的场所

③差定温组合式探测器

这种探测器是将差温式、定温式两种感温探测元件组合在一起，同时兼有两种功能。其中某一种功能失效，另一种功能仍能起作用，因而大大提高了可靠性，分为机械式和电子式两种。

机械式差定温探测器：图4-38为JW-JC型差定温探测器的结构示意图。它的温差探测部分与膜盒型基本相同，而定温探测部分与易熔金属定温探测器相同。其工作原理是：差温部分，当发生火情时，环境温升速率达到某一数值，波纹片在受热膨胀的气体作用下，压迫固定在波纹片上的弹性接触片向上移动与固定触头接触，发出报警。定温部分，当环境温度达到一定阈值时，易熔金属熔化，弹簧片弹回，也迫使弹性接触片和固定触点接触，发出报警信号。

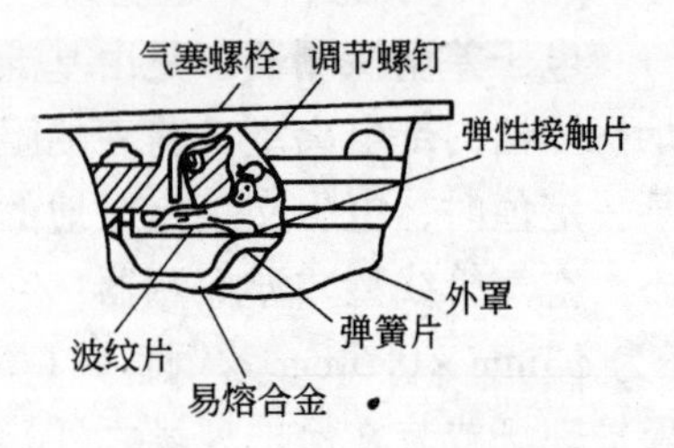

图4-38　JW-JC型差定温探测器原理图

电子式差定温探测器：图4-39为JW-DC型电子差定温探测器的原理图，它采用了三只热敏电阻 R_1、R_2 和 R_5，其特性均随着温度升高而使阻值下降。其中差温探测部分的 R_1 和 R_2 阻值相同，R_2 布置在铜外壳上，对外界温度的变化较为敏感；R_1 布置在一个特制的金属罩内，对环境温度变化不敏感。当环境温度缓慢变化时，R_1 和 R_2 阻值变化相近。三极管 V_1 维持在截止状态。当发生火灾时，温度急剧上升，R_2 因直接受热，阻值迅速下降；而 R_1 则反应较慢，阻值下降小，A 点电位降低，当降低到一定值时，V_1 导通，三极管 V_3 也随即导通，向报警器输出火警信号。

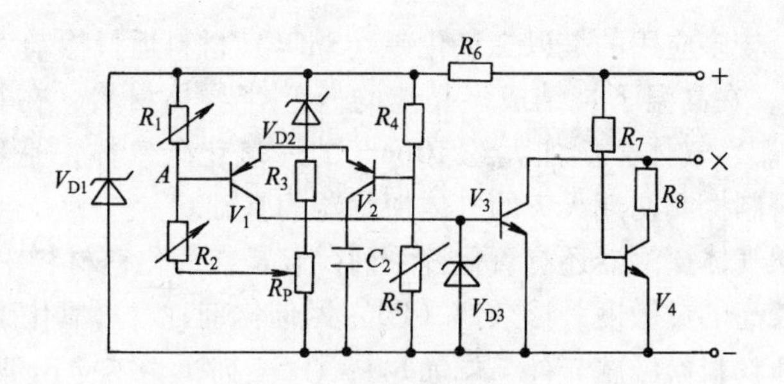

图 4-39　电子式差定温探测器原理图

定温部分由三极管 V_2 和 R_5 组成。当温度升高至定值时，R_5 的阻值降低至动作值，使 V_2 导通，随即 V_3 也导通，向报警器发出火警信号。

三极管 V_4 为断线检测监控环节，正常时 V_4 导通，当探测器三根引出线中任一条断线，V_4 截止，向报警器发出断线故障信号。这一监控环节只在报警器的一个分路上的最后一只（终端）探测器上才设置，与其并联的其他探测器上均无此监控环节。

④感温探测器灵敏度

火灾探测器在火灾条件下响应温度参数的敏感程度称感温探测器灵敏度。

感温探测器分为Ⅰ、Ⅱ、Ⅲ级灵敏度。定温、差定温探测器灵敏度级别标志如下：

Ⅰ级灵敏度（62℃）：绿色；

Ⅱ级灵敏度（70℃）：黄色；

Ⅲ级灵敏度（78℃）：红色。

（4）气体火灾探测器（又称可燃气体探测器）

所谓气体火灾探测器是对探测区域内某一点周围的气体参数敏感响应的探测器。

①适用场所

目前，气体火灾探测器用于探测溶剂仓库、压气机站、炼油厂、输油输气管道的可燃性气体方面，用于预防潜在的爆炸或毒气危害的工业场所及民用建筑（煤气管道、液化气罐等），起防爆、防火、监测环境污染的作用。

②构造及原理

敏感元件：

金属氧化物半导体元件：当氧化物暴露在温度 200～300℃的还原性气体中时，大多数氧化物的电阻将明显地降低。这种元件的机理是，由于半导体表面接触的气体的氧化作用，被离子吸收的氧从半导体表面移出，自由形成的电子对于电传导有贡献。由特殊的催化剂，例如 Pt、Pd 和 Gd 的掺和物可加速表面反应。这一效应是可逆的，即当除掉还原性气体时，半导体恢复到它的初始的高阻值。对于金属氧化物电导的一个经验公式为：

$$G = G_0 + \alpha p_g^{\beta} \tag{4-1}$$

式中　G_0——在无还原性气体时的电导；

β——常用系数，取值为$\frac{1}{2}$；

α——取决于不同的暴露表面的反应速率；

p_g——气体压力。

目前，在商业上较多应用的是以二氧化锡（SnO_2）材料适量掺杂［添加微量钯（Pd）等贵金属做催化剂］，在高温下烧结成多晶体的N型半导体材料，在其工作温度（250～300℃）下，如遇可燃性气体，例如大约10ppm的一氧化碳气体，是足够灵敏的，因此，它们能够构成用来研制探测初期火灾的气体探测器的基础。

其他类型的可燃气体探测器还有氧化锌系列，它是在氧化锌材料中掺杂铂（Pt）做催化剂，对煤气具有较高的灵敏度；掺杂钯（Pd）做催化剂，对一氧化碳和氢气比较敏感。

有时还采用其他材料做敏感元件，例如γ-Fe_2O_3系列，它不使用催化剂也能获得足够的灵敏度，且因不使用催化剂而大大延长其使用寿命。

各类半导体可燃气体敏感材料如表4-13所列。

半导体可燃气体敏感材料　　表4-13

检测元件	检出成分	检测元件	检出成分
ZnO薄膜	还原性、氧化性气体	氧化物（WO_3、MoO_3、Gr_2O_3等）+催化剂（Pt、Ir、Rh、Pd等）	还原性气体
氧化物薄膜（ZnO、SnO_2、CdO、Fe_2O_3、NiO等）	还原性、氧化性气体	SnO_2 + Pd	还原性气体
SnO_2	可燃性气体	SnO_2 + Sb_2O_3 + Au	还原性气体
In_2O_3 + Pt	H_2、碳化氢	WO_3 + Pt	H_2
混合氧化物（$LaNiO_3$等）	C_2H_5OH等	$MgFe_2O_4$	还原性气体
V_2O_5 + Ag	NO_2	γ-Fe_2O_3	C_2H_8，C_4H_{10}等
GoO	O_2	SnO_2 + ThO_2	CO
ZnO + Pt ZnO + Pd	C_3H_8、C_4H_{10}等 H_2、CO		

催化燃烧元件：一个很小的多孔的陶瓷小珠（直径约为1mm），例如氧化铝和一个Pt加热线圈烧结到一起，如图4-40所示，把小球浸渍一种催化剂（Pt，Th，Pd等）以加速某些气体的氧化作用。该催化的活性小珠在电路上桥式连接，其参考桥臂由一类似结构的惰性小珠构成。两个小珠相邻地放于探测器壳体中，而Pt线圈加热到500℃左右的温度。

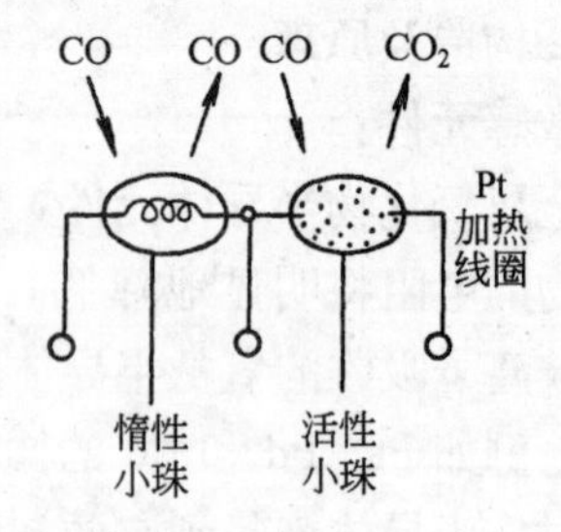

图4-40　催化燃烧气敏感元件示意图

可氧化的气体在催化的活性小珠热表面上氧化，但在惰性小珠上不氧化。因此，活性小珠的温度稍高于惰性小珠的温度。两个小珠的温差可由Pt加热线圈电阻的相应变化测出。对于低气体浓度来说，电路输出信号与气体浓度C成正比，即

$$S = A \cdot C \tag{4-2}$$

式中　S——电路输出信号；

A——系数（A与燃烧热成正比）；

C——气体浓度。

催化燃烧气敏元件制成的探测器仅对可氧化的气体敏感。它主要用于监测易爆气体(其浓度在爆炸下限的1/100到1/10，即大于100ppm)。探测器的灵敏度可勉强探出典型火灾初期阶段的气体浓度，而且探测器的功率较大（约1W)，在大多数情况下，由于在1年左右时间内将有较大的漂移，所以它需要重新进行电气调零。

电化电池：据报道，日本采用高分子固体电解质电化电池作一氧化碳浓度探测器，并采取以下措施使之实用化：

a. 用等离子聚合法制造的聚四氟乙烯膜作保护膜，以防止由电解质表面渗入不纯物，并通过老化处理使保护膜结构稳定，从而延长了寿命；

b. 带有氧化还原反应的监测装置，使之具有自我诊断寿命功能；

c. 带有温度补偿装置，消除了周围温度导致探测器输出对温度的依赖性。

气体火灾探测器的响应性能：

火灾包含有机物质的不完全燃烧，产生大量的一氧化碳气体。一氧化碳往往先于火焰或烟出现，因此，可能提供最早期的火灾报警。

使用半导体气体探测器探测低浓度的一氧化碳（体积比在百万分之几数量级)，这一浓度远小于一般火灾产生的浓度。一氧化碳气体按扩散方式到达探测器，不受火灾对流气流的影响，对探测火灾是一个有利的因素。

一氧化碳半导体气体探测器对各种火灾具有较普遍的响应性，这是其他火灾探测器无法比拟的。可燃气体探测器的主要技术性能如表4-14所列。

可燃气体探测器的主要技术性能 **表4-14**

项目	型号	
	HRB-15型	RH-101型
测量对象	一般可燃性气体	一般可燃性气体
测量范围	0%~120%L. E. L.	0%~100%L. E. L.
防爆性能	BH_4IIIe	B_3d
测量精度	混合档±30%L. E. L. 专用档±10%L. E. L.	满刻度的±5%
指定稳定时间	5s	
警报启动点	20%L. E. L. 或自定	25%L. E. L. 或自定
被测点数	1点	15点
环境条件	温度-20~+40℃ 环境湿度0%~98%	-30~40℃
重量	小于2kg	检测器：9kg 显示器：46kg

注：L. E. L. 指爆炸下限。

半导体气体探测器结构简单，由较大表面积的陶瓷元件构成，对大气有一定的抵御能力，体积可以做得较小，且坚固，成本较低。

以上所介绍的几种常用的探测器的构造和原理，仅就一般探测器而言的。目前许多厂家推出一种编码探测器，这种编码探测器的特点是：

由编码电路通过两条、三条或四条总线（即P、S、T、G线）将信息传到区域报警器。现在以离子感烟探测器为例，如图4-41所示为离子感烟探测器编码电路的方框图。

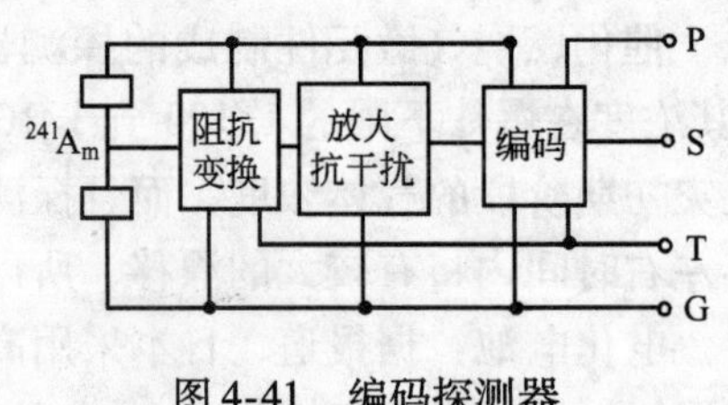

图4-41 编码探测器

四条总线用不同的颜色，其中P为红色电源线，S为绿色讯号线，T为蓝色或黄色巡检线，G为黑色地线。

探测器的编码简单容易，一般可做到与房间号一致。编号是用探测器上的一个七位微型开关来实现的，该微型开关每位所对应的数见表4-15所列。探测器编成的号，等于所有处于“ON”（接通）位置的开关所对应的数之和。例如，当第2、3、5、6位开关处于“ON”时，该探测器编号为54，探测器可编码范围为1～127。

七位编码开关位数及所对应的数　**表4-15**

编码开关位数 n	1	2	3	4	5	6	7
对应数 2^{n-1}	1	2	4	8	16	32	64

可寻址开关量报警系统比传统系统能够较准确地确定着火地点（所谓系统具备可寻址智能），增强了火灾探测或判断火灾发生的及时性，比传统的多线制系统更加节省安装导线的数量。同一房间的多只探测器可用同一个地址编码，如图4-42所示，这样不影响火情的探测，方便控制器信号处理。但是在每只探测器底座（编码底座）上单独装设地址编码（编码开关）的缺点是：

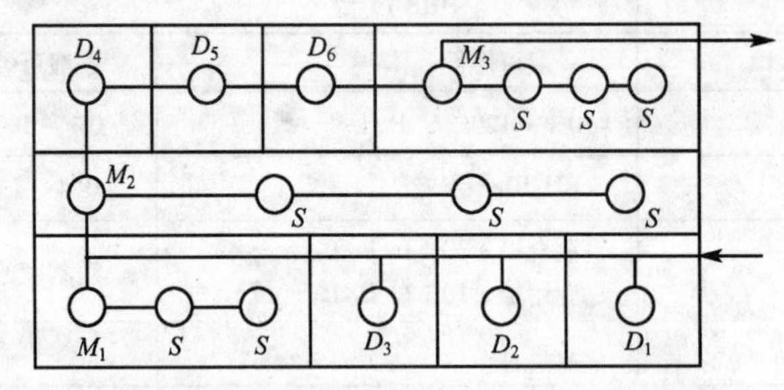

图4-42 可寻开关量报警系统探测器编码（D_0～D_6）及地址号码（M_1～M_3）的示意

编码开关本身要求较高的可靠性，以防止受环境（潮湿、腐蚀、灰尘）的影响；

在安装和调试期间，要仔细检查每只探测器的地址，避免几只探测器误装成同一个地址编码（同一房间内除外）；

在顶棚或不容易接近的地点，调整地址编码不方便，浪费时间，甚至不容易更换地址编码。

为了克服地址编码的缺点，多路传输技术不专门设址，采用链式结构。探测器的寻址使各个开关顺序动作，每个开关有一定延时，不同的延时电流脉冲分别代表正常、故障和报警三种状态。其特点是不需要拨码开关，也就是不需要赋址，在现场把探测器一个接一个地串入回路即可。

（5）感烟、感温探测器响应时间的比较

感烟、感温探测器响应时间的比较如图 4-43 所示。两条曲线表示几种最常用类型的火灾探测器所作出的反应。感烟探测器能够在短时间内作出反应，早期发出火灾报警信号，而感温探测器则要在较长时间后才能作出反应。当火灾达到火焰燃烧阶段，温度急剧升高时，差温探测器响应。而当燃烧不断扩大，温度不断升高，使环境温度达到某一定值时，定温探测器才能响应，发出火灾报警信号。由此可知，对于同一种可燃物，在燃烧状态相同的条件下，感烟探测器比感温探测器能够更早地响应。感温探测器对大部分火灾不仅灵敏度比感烟探测器差，而且在房间高度和保护面积上都有局限性。

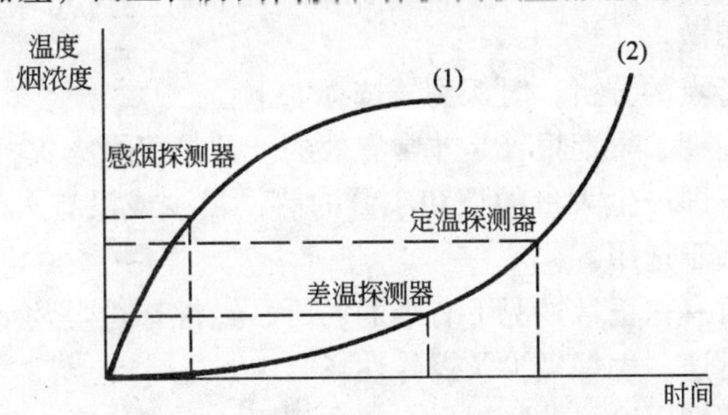

图 4-43　感烟、感温探测器响应时间曲线

（1）燃烧气体的烟浓度与时间的关系；（2）热气流温度与时间的关系

（6）复合火灾探测器

它是一种可以响应两种或两种以上火灾参数的探测器。是两种或两种以上火灾探测器性能的优化组合，集成在每个探测器内的微处理机芯片上，对相互关联的每个传感器的检测值进行计算，从而降低了误报率。通常有感烟感温型、感温感光型、感烟感光型、红外光束感烟感光型、感烟感温感光型复合探测器。

（7）智能火灾探测器

它为了防止误报，预设了一些针对常规及个别区域和用途的火情判定计算规则，探测器本身带有微处理信息功能，可以处理由环境所收到的信息，并针对这些信息进行计算处理，统计评估。结合“火势很弱-弱-适中-强-很强”的不同程度，再根据预设的有关规则，把这些不同程度的信息转化为适当的报警动作指标。如“烟不多，但温度快速上升-发出警报”，又如“烟不多，且温度没有上升-发出预警报”等。

例如：SDN 感烟型智能探测器，能自动检测和跟踪由灰尘积累而引起的工作状态的漂移，当这种漂移超出给定范围时，自动发出故障信号，同时这种探测器跟踪环境变化，自动调节探测器的工作参数，因此可大大降低由灰尘积累和环境变化所造成的误报和漏报。

3. 探测器的选择及数量确定

在火灾自动报警系统中，探测器的选择是否合理，关系到系统能否正常运行，因此探测器种类及数量的确定十分重要。另外，选好后的合理布置是保证探测质量的关键环节。为此在选择及布置时应符合国家规范。

（1）探测器种类的选择

探测器种类的选择应根据探测区域内的环境条件、火灾特点、房间高度、安装场所的气流状况等，选用适宜类型的探测器或几种探测器的组合。

①根据火灾特点、环境条件及安装场所确定探测器的类型

火灾受可燃物质的类别、着火的性质、可燃物质的分布、着火场所的条件、火载荷重、新鲜空气的供给程度以及环境温度等因素的影响。一般把火灾的发生与发展分为四个阶段：

前期：火灾尚未形成，只出现一定量的烟，基本上未造成物质损失。

早期：火灾开始形成，烟量大增、温度上升，已开始出现火，造成较小的损失。

中期：火灾已经形成，温度很高，燃烧加速，造成了较大的物质损失。

晚期：火灾已经扩散。

根据以上对火灾特点的分析，对探测器选择如下：

感烟探测器作为前期、早期报警是非常有效的。凡是要求火灾损失小的重要地点，对火灾初期有阴燃阶段，即产生大量的烟和小量的热，很少或没有火焰辐射的火灾，如棉、麻织物的引燃等，都适于选用。

不适于选用的场所有：正常情况下有烟的场所，经常有粉尘及水蒸气等固体、液体微粒出现的场所；发火迅速、生烟极少及爆炸性场合。

离子感烟与光电感烟探测器的适用场合基本相同，但应注意它们各有不同的特点。离子感烟探测器对人眼看不到的微小颗粒同样敏感，例如人能嗅到的油漆味、烤焦味等都能引起探测器动作，甚至一些分子量大的气体分子，也会使探测器发生动作，在风速过大的场合（例如大于6m/s）将引起探测器不稳定，且其敏感元件的寿命较光电感烟探测器的短。

对于有强烈的火焰辐射而仅有少量烟和热产生的火灾，如轻金属及它们的化合物的火灾，应选用感光探测器，但不宜在火焰出现前有浓烟扩散的场所及探测器的镜头易被污染、遮挡以及受电焊、X射线等影响的场所中使用。

感温型探测器作为火灾形成早期（早期、中期）报警非常有效。因其工作稳定，不受非火灾性烟雾汽尘等干扰。凡无法应用感烟探测器、允许产生一定的物质损失、非爆炸性的场合都可采用感温型探测器，特别适用于经常存在大量粉尘、烟雾、水蒸气的场所及相对湿度经常高于95%的房间，但不宜用于有可能产生阴燃火的场所。

定温型允许温度有较大的变化，比较稳定，但火灾造成的损失较大，在0℃以下的场所不宜选用。

差温型适用于火灾早期报警，火灾造成损失较小，但火灾温度升高过慢则无反应而漏报。差定温型具有差温型的优点而又比差温型更可靠，所以最好选用差定温探测器。

各种探测器都可配合使用，如感烟与感温探测器的组合，宜用于大中型计算机房、洁净厂房以及防火卷帘设施的部位等处。对于蔓延迅速、有大量的烟和热产生、有火焰辐射的火灾，如油品燃烧等，宜选用三种探测器的配合。

总之，离子感烟探测器具有稳定性好、误报率低、寿命长、结构紧凑等优点，因而得到广泛应用。其他类型的探测器，只在某些特殊场合作为补充才用到。例如：在厨房、发电机房、地下车库及具有气体自动灭火装置时，需要提高灭火报警可靠性而与感烟探测器联合使用的地方才考虑用感温探测器。

点型探测器的适用场所如表4-16所列。

点型探测器的适用场所或情形一览表（举例）　　表 4-16

序号	探测器类型 / 场所或情形	感烟		感温				火焰		说明
		离子	光电	定温	差温	差定温	缆式	红外	紫外	
1	饭店、宾馆、教学楼、办公楼的厅堂、卧室、办公室等	○	○							厅堂、办公室、会议室、值班室、娱乐室、接待室等，灵敏度档次为中、低，可延时；卧室、病房、休息厅、衣帽室、展览室等，灵敏度档次为高
2	电子计算机房、通讯机房、电影电视放映室等	○	○							这些场所灵敏度要高或高、中档次联合使用
3	楼梯、走道、电梯、机房等	○	○							灵敏度档次为高、中
4	书库、档案库	○	○							灵敏度档次为高
5	有电器火灾危险	○	○							早期热解产物，气溶胶微粒小，可用离子型；气溶胶微粒大，可用光电型
6	气流速度大于 5m/s	×	○							
7	相对湿度经常高于 95% 以上	×				○				根据不同要求也可选用定温或差温
8	有大量粉尘、水雾滞留	×	×	○	○	○				
9	有可能发生无烟火灾	×	×	○	○	○				根据具体要求选用
10	在正常情况下有烟和蒸汽滞留	×	×	○	○	○				
11	有可能产生蒸汽和油雾		×							
12	厨房、锅炉房、发电机房、茶炉房、烘干车间等			○		○				在正常高温环境下，感温探测器的额定动作温度值可定得高些，或选用高温感温探测器
13	吸烟室、小会议室等				○	○				若选用感烟探测器则应选低灵敏度档次
14	汽车库				○	○				
15	其他不宜安装感烟探测器的厅堂和公共场所	×	×	○	○	○				
16	可能产生阴燃火或者如发生火灾不及早报警将造成重大损失的场所	○	○	×	×	×				
17	温度在 0℃以下			×						

续表

序号	探测器类型 场所或情形	感烟		感温				火焰		说明
		离子	光电	定温	差温	差定温	缆式	红外	紫外	
18	正常情况下，温度变化较大的场所				×					
19	可能产生腐蚀性气体	×								
20	产生醇类、醚类、酮类等有机物质	×								
21	可能产生黑烟		×							
22	存在高频电磁干扰		×							
23	银行、百货店、商场、仓库	○	○							
24	火灾时有强烈的火焰辐射							○	○	如：含有易燃材料的房间、飞机库、油库、海上石油钻井和开采平台；炼油裂化厂等
25	需要对火焰作出快速反应							○	○	如：镁和金属粉末的生产，大型仓库、码头
26	无阴燃阶段和火灾							○	○	
27	博物馆、美术馆、图书馆	○	○					○	○	
28	电站、变压器间、配电室	○	○					○	○	
29	可能发生无焰火灾							×	×	
30	在火焰出现前有浓烟扩散							×	×	
31	探测器的镜头易被污染							×	×	
32	探测器的“视线”易被遮挡							×	×	
33	探测器易受阳光或其他光源直接或间接照射							×	×	
34	在正常情况下有明火作业以及X射线、弧光等影响							×	×	
35	电缆隧道、电缆竖井、电缆夹层等								○	发电厂、变电站、化工厂、钢铁厂
36	原料堆垛								○	纸浆厂、造纸厂、卷烟厂及工业易燃堆垛
37	仓库堆垛								○	粮食、棉花仓库及易燃仓库堆垛
38	配电装置、开关设备、变压器、电控中心							○		

续表

序号	探测器类型 场所或情形	感烟		感温				火焰		说明
		离子	光电	定温	差温	差定温	缆式	红外	紫外	
39	地铁、名胜古迹、市政设施						○			
40	耐碱、防潮、耐低温等恶劣环境						○			
41	皮带运输机、生产流水线和滑道的易燃部位						○			
42	控制室、计算机室的闷顶内、地板下及重要设施隐蔽处等						○			
43	其他环境恶劣，不适合点型感烟探测器安装的场所						○			

注：1. 符号说明：在表中，“○”适合的探测器，应优先选用；“×”不适合的探测器，不应选用；空白，无符号表示，须谨慎使用。

2. 在散发可燃气体和可燃蒸气的场所宜选用可燃气体探测器，实现早期报警。

3. 对可靠性要求高，需要有自动联动装置或安装自动灭火系统时，宜采用感烟，感温，火焰探测器（同类型或不同类型）的组合。这些场所通常都是重要性很高，火灾危险性很大的。

4. 在实际使用时，如果在所列项目中找不到时，可以参照类似场所。如果没有把握或很难判定是否合适时，最好作燃烧模拟试验最终确定。

5. 下列场所可不设火灾探测器：

（1）厕所、浴室等；

（2）不能有效探测火灾者；

（3）不便维修、使用（重点部位除外）者。

在工程实际中，在危险性大又很重要的场所即需设置自动灭火系统或设有联动装置的场所，均应采用感烟、感温、火焰探测器的组合。

线型探测器的适用场所：

下列场所宜选用缆式线型定温探测器：

a. 计算机室、控制室的闷顶内、地板下及重要设施隐蔽处等；

b. 开关设备、发电厂、变电站及配电装置等；

c. 各种皮带运输装置；

d. 电缆夹层、电缆竖井、电缆隧道等；

e. 其他环境恶劣不适合点型探测器安装的危险场所。

下列场所宜选用空气管线型差温探测器：

a. 不易安装点型探测器的夹层、闷顶；

b. 公路隧道工程；

c. 古建筑；

d. 可能产生油类火灾且环境恶劣的场所；

e. 大型室内停车场。

下列场所宜选用红外光束感烟探测器：

a. 隧道工程；

b. 古建筑、文物保护的厅堂馆所等；

c. 档案馆、博物馆、飞机库、无遮挡大空间的库房等；

d. 发电厂、变电站等。

下列场所宜选用可燃气体探测器：

a. 煤气表房、煤气站以及大量存贮液化石油气罐的场所；

b. 使用管道煤气或燃气的房屋；

c. 其他散发或积聚可燃气体和可燃液体蒸气的场所；

d. 有可能产生大量一氧化碳气体的场所，宜选用一氧化碳气体探测器。

②根据房间高度选探测器

由于各种探测器特点各异，其适于房间高度也不尽一致，为了使选择的探测器能更有效地达到保护之目的，表4-17列举了几种常用的探测器对房间高度的要求，供学习及设计参考。

根据房间高度选择探测器 **表4-17**

房间高度h（m）	感烟探测器	感温探测器			火焰探测器
		一 级	二 级	三 级	
$12<h\leqslant20$	不适合	不适合	不适合	不适合	适 合
$8<h\leqslant12$	适 合	不适合	不适合	不适合	适 合
$6<h\leqslant8$	适 合	适 合	不适合	不适合	适 合
$4<h\leqslant6$	适 合	适 合	适 合	不适合	适 合
$h\leqslant4$	适 合	适 合	适 合	适 合	适 合

高出顶棚的面积小于整个顶棚面积的10%，只要这一顶棚部分的面积不大于1只探测器的保护面积，则该较高的顶棚部分同整个顶棚面积一样看待。否则，较高的顶棚部分应如同分隔开的房间处理。

在按房间高度选用探测器时，应注意这仅仅是按房间高度对探测器选用的大致划分，具体选用时尚需结合火灾的危险程度和探测器本身的灵敏度档次来进行。如判断不准时，需作模拟试验后最后确定。

（2）探测器数量的确定

在实际工程中房间大小及探测区大小不一，房间高度、棚顶坡度也各异，那么怎样确定探测器的数量呢？规范规定：探测区域内每个房间应至少设置一只火灾探测器。一个探测区域内所设置探测器的数量应按下式计算：

$$N\geqslant\frac{S}{k\cdot A}\text{（只）}\tag{4-3}$$

式中 N——一个探测区域内所设置的探测器的数量，单位用“只”表示，N应取整数（即小数进位取整数）；

S——一个探测区域的地面面积（m^2）；

A——探测器的保护面积（m^2），指一只探测器能有效探测的地面面积。由于建筑物房间的地面通常为矩形，因此，所谓“有效”探测的地面面积实际上是指探测器能探测到的矩形地面面积；

k——称为安全修正系数。重点保护建筑 k 取 0.7～0.9，非重点保护建筑 k 取 1。选取时根据设计者的实际经验，并考虑一旦发生火灾，对人身和财产的损失程度、火灾危险性大小、疏散及扑救火灾的难易程度及对社会的影响大小等多种因素。

对于一个探测器而言，其保护面积和保护半径的大小与其探测器的类型、探测区域的面积、房间高度及屋顶坡度都有一定的联系。表 4-18 以两种常用的探测器反映了保护面积、保护半径与其他参量的相互关系。

感烟、感温探测器的保护面积和保护半径 **表 4-18**

火灾探测器的种类	地面面积 $S(m^2)$	房间高度 $h(m)$	探测器的保护面积 A 和保护半径 R①					
			房顶坡度 θ					
			$\theta \leq 15°$		$15° < \theta \leq 30°$		$\theta > 30°$	
			$A(m^2)$	$R(m)$	$A(m^2)$	$R(m)$	$A(m^2)$	$R(m)$
感烟探测器	$S \leq 80$	$h \leq 12$	80	6.7	80	7.2	80	8.0
	$S > 80$	$6 < h \leq 12$	80	6.7	100	8.0	120	9.9
		$h \leq 6$	60	5.8	80	7.2	100	9.0
感温探测器	$S \leq 30$	$h \leq 8$	30	4.4	30	4.9	30	5.5
	$S > 30$	$h \leq 8$	20	3.6	30	4.9	40	6.3

注：①探测器的保护半径 R（m）是指一只探测器能有效探测的单向最大水平距离。

另外，通风换气对感烟探测器的面积有影响，在通风换气房间，烟的自然蔓延方式受到破坏。换气越频，燃烧产物（烟气体）的浓度越低，部分烟被空气带走，导致探测器接受烟量的减少，或者说探测器感烟灵敏度相对地降低。常用的补偿方法有两种：一是压缩每只探测器的保护面积；二是增大探测器的灵敏度，但要注意防误报。感烟探测器的换气系数如表 4-19 所列。可根据房间每小时换气次数（N），将探测器的保护面积乘以一个压缩系数。

感烟探测器的换气系数 **表 4-19**

每小时换气次数 N	保护面积的压缩系数	每小时换气次数 N	保护面积的压缩系数
$10 < N \leq 20$	0.9	$40 < N \leq 50$	0.6
$20 < N \leq 30$	0.8	$50 < N$	0.5
$30 < N \leq 40$	0.7		

【例】 设房间换气次数为 50/h，感烟探测器的保护面积为 $80m^2$，考虑换气影响后，探测器的保护面积为：

$$A = 80 \times 0.5 = 40m^2$$

【例题】 某高层教学楼的其中一个被划为一个探测区的阶梯教室，其地面面积为 30m×40m，房顶坡度为 13°，房间高度为 8m，试求：（1）应选用何种类型的探测器？

（2）探测器的数量为多少只？

【解】（1）根据使用场所从表 4-15 知选感烟或感温探测器均可，但按房间高度即表 4-16中可知，仅能选感烟探测器。

（2）由 4-3 式，因属非重点保护建筑，k 取 1，地面面积 $S = 30\text{m} \times 40\text{m} = 1200\text{m}^2 > 80\text{m}^2$，房间高度 $h = 8\text{m}$，即 $6\text{m} < h \leqslant 12\text{m}$，房顶坡度 θ 为 13°，即 $\theta \leqslant 15°$，于是根据 S、h、θ 查表 4-17 得，保护面积 $A = 80\text{m}^2$，保护半径 $R = 6.7\text{m}$。

$\therefore N = \dfrac{1200}{1 \times 80} = 15$（只）

此房间应安 15 只探测器。

由上例可知：对探测器类型的确定必须全面考虑。确定了类型，数量也就被确定了。那么数量确定之后如何布置及安装，在有梁等特殊情况下探测区域怎样划分？则是我们以下要解决的课题。

4. 探测器的布置

探测器布置及安装的合理与否，直接影响保护效果。一般火灾探测器应安装在屋内顶棚表面或顶棚内部。考虑到维护管理的方便，其安装面的高度不宜超过 20m。

（1）安装间距的确定

与安装间距相关的两点规定：

探测器 0.5m 之内不允许有遮挡物；

探测器距墙（梁）的距离应小于或等于 0.5m，大于或等于安装间距的一半，如图 4-44 所示。

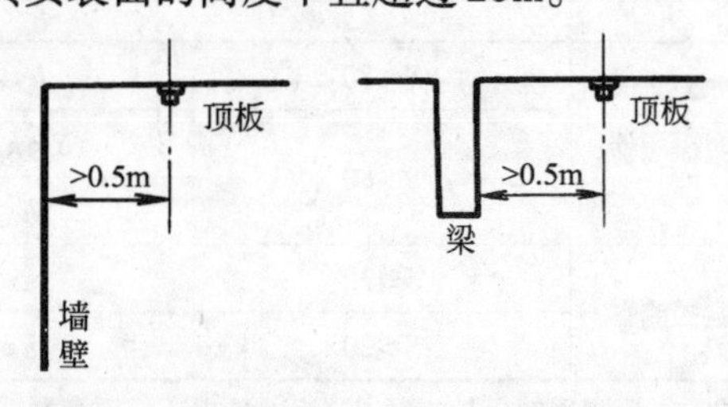

图 4-44　探测器在顶棚下安装时与墙（梁）的距离

安装间距的定义及确定：

探测器在房间中布置时，如果是多只探测器，那么两探测器的水平距离及垂直距离称安装间距，用 a、b 表示。其 a、b 的确定方法有两种，一种为计算法，另一种为经验法。

①计算法：由表 4-17 中查得的保护面积 A 和保护半径 R，计算 $D = 2R$ 值，由 D 值及保护面积 A 在图 4-45 曲线上取一点，此点应在粗实线部分上，即 Y、Z 两点间的曲线范围内（可使保护面积得到充分利用）。这点所对应数即为安装间距 a、b 值。注意实际布置探测器的安装间距应不大于查得的 a、b 值。具体布置后，再检验探测器到最远点水平距离是否超过了探测器的保护半径，如超过时应重新布置或增加探测器的数量。

图 4-45 曲线中的安装间距是以二维座标的极限曲线的形式给出的，即：给出感温探测器的三种保护面积（20m^2、30m^2 和 40m^2）及其 5 种保护半径（3.6m、4.4m、4.9m、5.5m 和 6.3m）所适宜的安装间距极限曲线 $D_1 \sim D_5$。给出感烟探测器 4 种保护面积（60m^2、80m^2、100m^2 和 120m^2）及其 6 种保护半径（5.8m、6.7m、7.2m、8.0m、9.0m 和 9.9m）所适宜的安装间距极限曲线 $D_6 \sim D_{11}$（含 D'_9）。

【例题】　对例 1 中确定的 15 只感烟探测器的布置如下：

由已查得的 $A = 80\text{m}^2$ 和 $R = 6.7\text{m}$ 计算得：

$$D = 2R = 2 \times 6.7 = 13.4\text{m}$$

根据 $D = 13.4\text{m}$，由图 4-45 曲线中 D_7 上查得的 Y、Z 线段上选取探测器安装间距 a、b 的数值，并根据现场实际情况选取 $a = 8\text{m}$，$b = 10\text{m}$，其布置方式如图 4-46 所示。

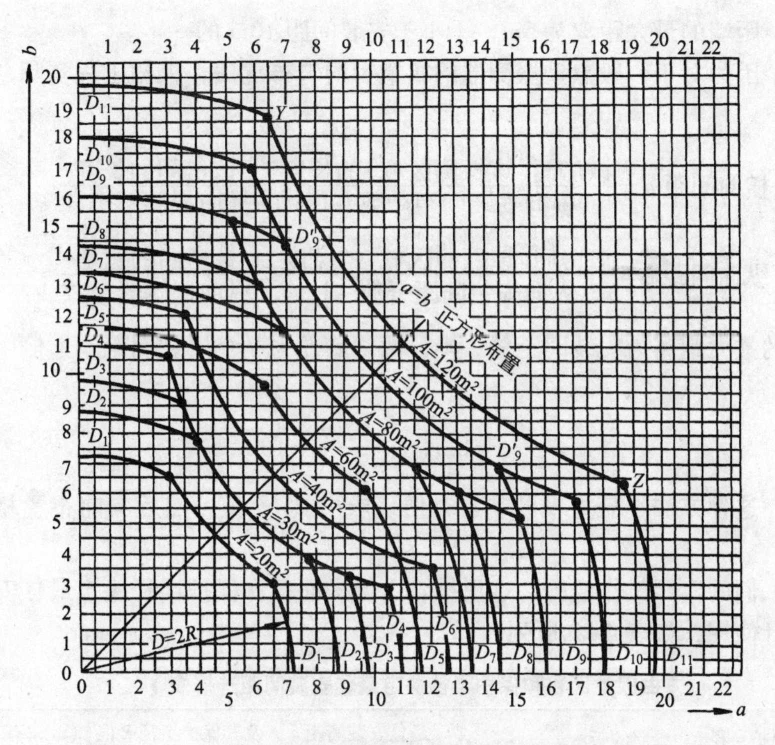

图 4-45 探测器安装间距的极限曲线

A——探测器的保护面积（m^2）；

a、b——探测器的安装间距（m）；

$D_1 \sim D_{11}$（含 D'_9）——在不同保护面积 A 和保护半径 R 下确定探测器安装间距 a、b 的极限曲线；

Y、Z——极限曲线的端点（在 Y 和 Z 两点间的曲线范围内，保护面积可得到充分利用）。

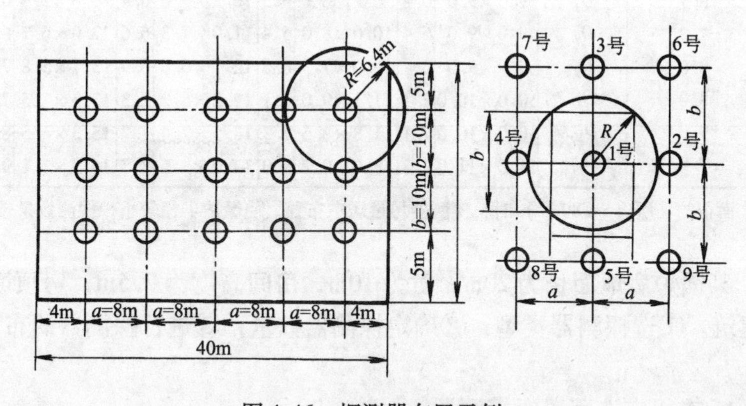

图 4-46 探测器布置示例

那么这种布置是否合理呢？回答是肯定的，因为只要是在极限曲线内取的值一定是合理的。验证如下：

本例中所采用的探测器 $R=6.7$m，只要每个探测器之间的半径都小于或等于 6.7m 即可有效地进行保护。图 4-46 中，探测器间距最远的半径 $R=\sqrt{4^2+5^2}=6.4$m，小于 6.7m，显然布置合理。距墙的最大距离为5m，不小于安装间距10m的一半。

②经验法：因为对于一般点型探测器的布置为均匀布置法，根据工程实际总结，a、b计算法如下：

$$横向间距\ a=\frac{该房间(该探测区域)的长度}{横向安装间距个数+1}=\frac{该房间的长度}{横向探测器个数}$$

$$纵向间距\ b=\frac{该房间(该探测区域)的宽度}{纵向安装间距个数+1}=\frac{该房间的宽度}{纵向探测器个数}$$

因为距墙的最大距离为安装间距的一半，两侧墙即为1个安装间距。上例中按经验法布置如下：

$$a=\frac{40}{4+1}=8\text{m},\ b=\frac{30}{2+1}=10\text{m}$$

由此可见，这种方法不需查表可非常方便地求出a、b值，然后与前布置相同就可以了。

另外根据人们的实际工作经验，这里推荐由保护面积和保护半径决定最佳安装间距的选择表，供设计使用，如表4-20所列。

由保护面积和保护半径决定最佳安装间距选择表 **表4-20**

探测器种类	保护面积 A(m²)	保护半径 R 的极限值(m)	参照的极限曲线	最佳安装间距 a、b 及其保护半径 R 值[①](m)									
				$a_1\times b_1$	R_1	$a_2\times b_2$	R_2	$a_3\times b_3$	R_3	$a_4\times b_4$	R_4	$a_5\times b_5$	R_5
感温探测器	20	3.6	D_1	4.5×4.5	3.2	5.0×4.0	3.2	5.5×3.6	3.3	6.0×3.3	3.4	6.5×3.1	3.6
	30	4.4	D_2	5.5×5.5	3.9	6.1×4.9	3.9	6.7×4.8	4.1	7.3×4.1	4.2	7.9×3.8	4.4
	30	4.9	D_3	5.5×5.5	3.9	6.5×4.6	4.0	7.4×4.1	4.2	8.4×3.6	4.6	9.2×3.2	4.9
	30	5.5	D_4	5.5×5.5	3.9	6.8×4.4	4.0	8.1×3.7	4.5	9.4×3.2	5.0	10.6×2.8	5.5
	40	6.3	D_6	6.5×6.5	4.6	8.0×5.0	4.7	9.4×4.3	5.2	10.9×3.7	5.8	12.2×3.3	6.3
感烟探测器	60	5.8	D_5	7.7×7.7	5.4	8.3×7.2	5.5	8.8×6.8	5.6	9.4×6.4	5.7	9.9×6.1	5.8
	80	6.7	D_7	9.0×9.0	6.4	9.6×8.3	6.3	10.2×7.8	6.4	10.8×7.4	6.5	11.4×7.0	6.7
	80	7.2	D_8	9.0×9.0	6.4	10.0×8.0	6.4	11.0×7.3	6.6	12.0×6.7	6.9	13.0×6.1	7.2
	80	8.0	D_9	9.0×9.0	6.4	10.6×7.5	6.5	12.1×6.6	6.9	13.7×5.8	7.4	15.1×5.3	8.0
	100	8.0	D'_9	10.0×10.0	7.1	11.1×9.0	7.1	12.2×8.2	7.3	13.3×7.5	7.6	14.4×6.9	8.0
	100	9.0	D_{10}	10.0×10.0	7.1	11.8×8.5	7.3	13.5×7.4	7.7	15.3×6.5	8.3	17.0×5.9	9.0
	120	9.9	D_{11}	11.0×11.0	7.8	13.0×9.2	8.0	14.9×8.1	8.5	16.9×7.1	9.2	18.7×6.4	9.9

注：①在较小面积的场所（$S\leqslant80\text{m}^2$）时，探测器尽量居中布置，使保护半径较小，探测效果较好。

【例题】 某锅炉房地面长为20m，宽为10m，房间高度为7.5m，房顶坡度为12°，属非重点保护建筑。①选探测器类型；②确定探测器数量；③进行探测器的布置。

【解】

①由表4-16查得应选用感温探测器。

②$N\geqslant\frac{S}{k\cdot A}=\frac{20\times10}{1\times20}=10$（只）

由表4-18查得$A=20\text{m}^2$，$R=3.6\text{m}$。

③布置：

采用经验法布置：

横向间距 $a=\frac{20}{5}=4\text{m}$，$a_1=2\text{m}$

纵向间距 $b=\frac{10}{2}=5\text{m}$，$b_1=2.5\text{m}$

布置如图 4-47 所示。

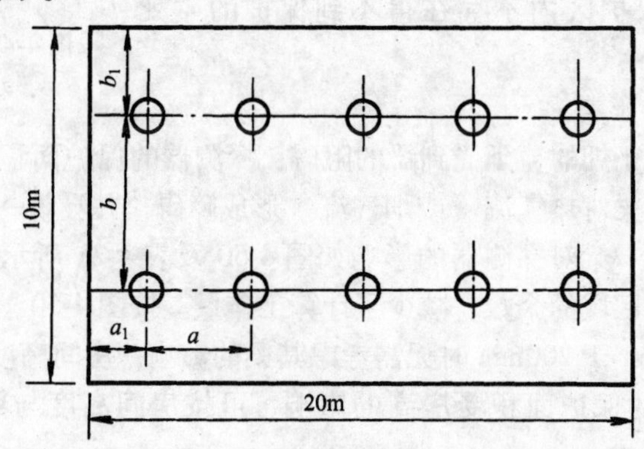

图 4-47　锅炉房探测器布置示意

校验：$r=\sqrt{a_1^2+b_1^2}=\sqrt{2^2+2.5^2}\doteq 3.2\text{m}<3.6\text{m}$

可见满足要求，布置合理。

【例题】　某吸烟室地面面积为 9m×13.5m，平顶棚，房间高度为 3m，属重点保护建筑。①确定探测器种类；②确定探测器数量；③布置探测器。

【解】

①由表 4-16 查得应选感温探测器。

②k 取 0.9，由表 4-17 查得$\begin{cases}A=30\text{m}^2\\R=4.4\text{m}\end{cases}$

$N=\frac{9\times 13.5}{0.9\times 30}=4.5$ 只　取 6 只（为布置方便）。

③布置：如按正方形布置时（取保护面积等于 20m^2），从表 4-20 中查得 $a=b=4.5\text{m}$，如图 4-48 所示。

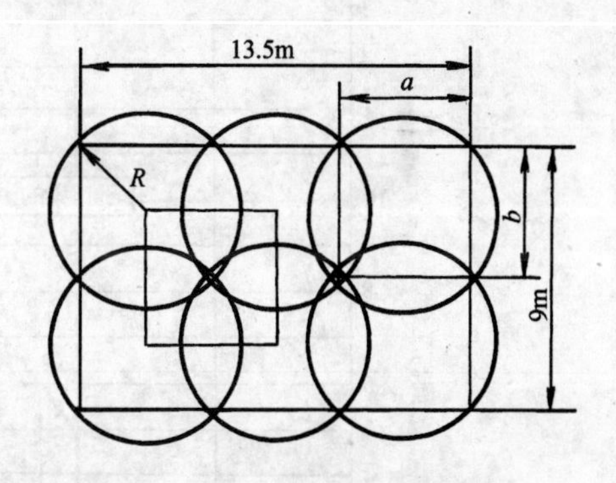

图 4-48　正方形组合布置形式

校验：$r=\sqrt{a^2+b^2}/2=3.18\text{m}<4.4\text{m}$ 合理

【例题】　某茶炉房地面面积为 3m×8m，平顶棚，属重点保护建筑，房间高度为 2.8m。①确定探测器类型；②确定探测器数量；③布置探测器。

【解】

①由表 4-16 查得应选用感温探测器。

②由表 4-18 查得 $A=30\text{m}^2$，$R=4.4\text{m}$

取 $k=0.7$，$N=\frac{8\times 3}{0.7\times 30}=1.1$ 只，取 2 只。

③采用矩形组合布置：

$a=\frac{8}{2}=4\text{m}$，$b=3\text{m}$，如图 4-49 所示。

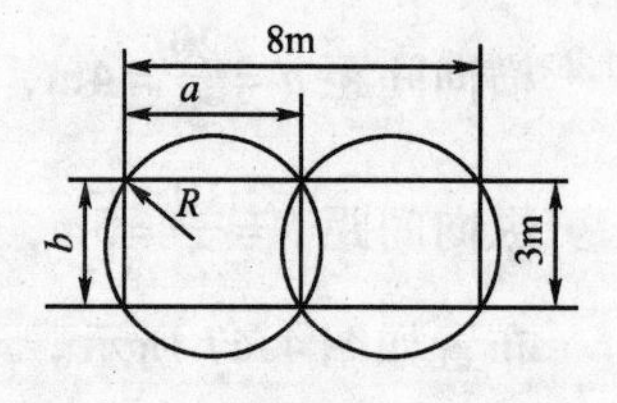

图 4-49　矩形组合布置形式

校验：$r=\sqrt{a^2+b^2}/2=\sqrt{4^2+3^2}/2=2.5<4.4\text{m}$

经校验证明：满足要求，可将被保护区内各点完全保护起来。其优点是：保护区内不存在得不到保护的“死角”，布置均匀美观。

（2）梁对探测器的影响

在顶棚有梁时，由于烟的蔓延受到梁的阻碍，探测器的保护面积会受梁的影响。如果梁间区域的面积较小，梁对热气流（或烟气流）形成障碍，并吸收一部分热量，因而探测器的保护面积必然下降。梁对探测器的影响如图 4-50 及表 4-21 所示。查表可以决定一只探测器能够保护的梁间区域的个数，减少了计算工作量。按图 4-50 规定房间高度在 5m 以下，感烟探测器在梁高小于 200mm 时无需考虑其梁的影响；房间高度在 5m 以上，梁高大于 200mm 时，探测器的保护面积受房高的影响，可按房间高度与梁高之间的线性关系考虑。

由图 4-50 可查得三级感温探测器房间高度极限值为 4m，梁高限度 200mm；二级感温探测器房间高度极限值为 6m，梁高限度为 225mm；一级感温探测器房间高度极限值为 8m，梁高限度为 275mm；感烟探测器房间高度极限值为 12m，梁高限度为 375mm。在线性曲线左边部分均无需考虑梁的影响。

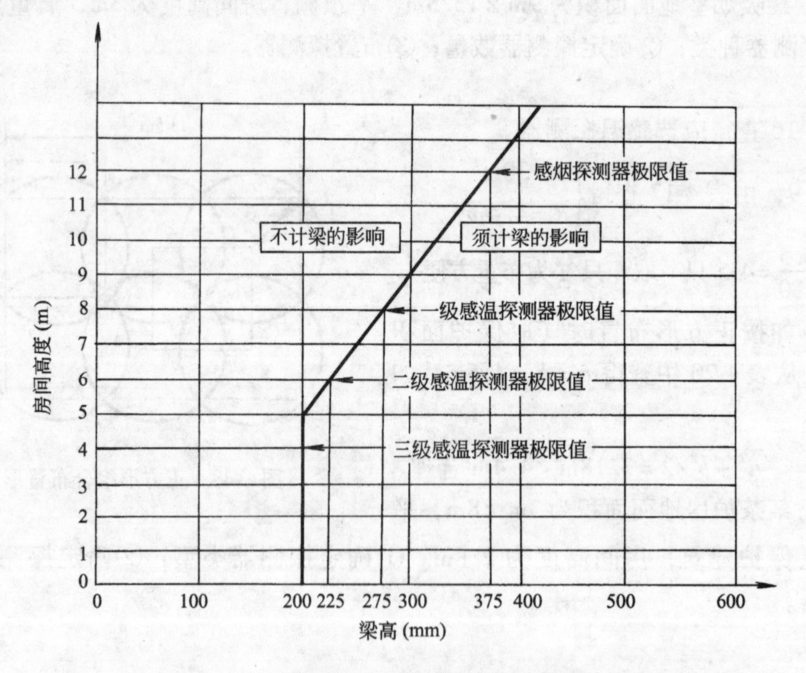

图 4-50　不同高度的房间梁对探测器设置的影响

可见当梁突出顶棚的高度在 200mm 至 600mm 时，应按图 4-50 和表 4-21 确定梁的影响和一只探测器能够保护的梁间区域的数目。

当梁突出顶棚的高度超过 600mm 时，被梁阻断的部分需单独划为一个探测区域，即每个梁间区域应至少设置一只探测器。

当被梁阻断的区域面积超过一只探测器的保护面积时，则应将被阻断的区域视为一个探测区域，并应按规范有关规定计算探测器的设置数量。探测区域的划分如图4-51所示。

按梁间区域面积确定一只探测器能够保护的梁间区域的个数 **表4-21**

探测器的保护面积 $A(m^2)$		梁隔断的梁间区域面积 $Q(m^2)$	一只探测器保护的梁间区域的个数
感温探测器	20	$Q>12$	1
		$8<Q\leqslant12$	2
		$6<Q\leqslant8$	3
		$4<Q\leqslant6$	4
		$Q\leqslant4$	5
	30	$Q>18$	1
		$12<Q\leqslant18$	2
		$9<Q\leqslant12$	3
		$6<Q\leqslant9$	4
		$Q\leqslant6$	5
感烟探测器	60	$Q>36$	1
		$24<Q\leqslant36$	2
		$18<Q\leqslant24$	3
		$12<Q\leqslant18$	4
		$Q\leqslant12$	5
	80	$Q>48$	1
		$32<Q\leqslant48$	2
		$24<Q\leqslant32$	3
		$16<Q\leqslant24$	4
		$Q\leqslant10$	5

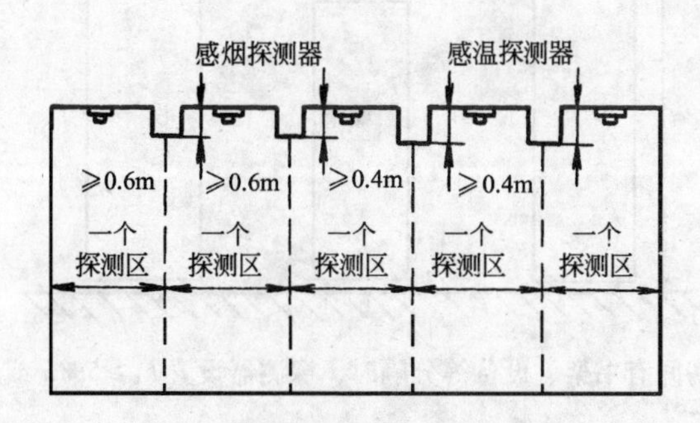

图4-51 探测区域的划分

当梁间净距小于1m时，可视为平顶棚。

如果探测区域内有过梁，定温型感温探测器安装在梁上时，其探测器下端到安装面必须在0.3m以内，感烟型探测器安装在梁上时，其探测器下端到安装面必须在0.6m以内，如图4-52所示。

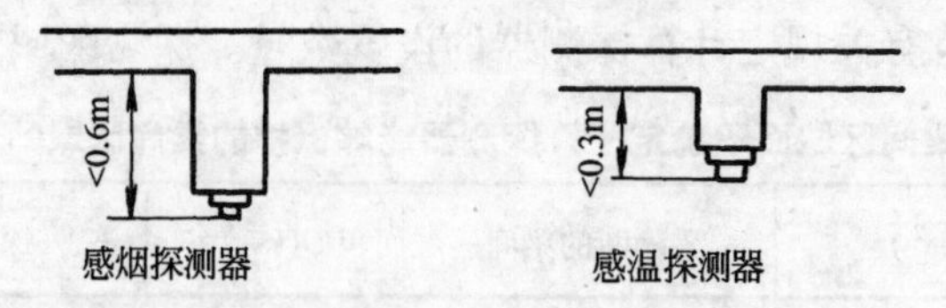

图4-52　探测器在梁下皮安装时至顶棚的尺寸

（3）探测器在一些特殊场合安装时的注意事项

①在宽度小于3m的内走道的顶棚设置探测器时应居中布置。感温探测器的安装间距不应超过10m，感烟探测器安装间距不应超过15m。探测器至端墙的距离，不应大于安装间距的一半，在内走道的交叉和汇合区域上，安装1只探测器，如图4-53所示。

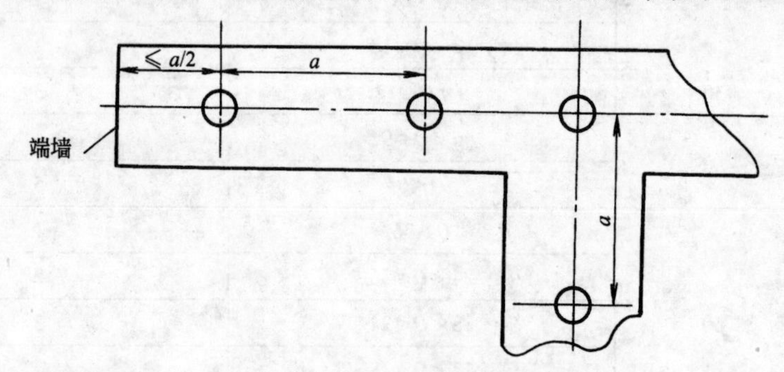

图4-53　探测器布置在内走道顶棚上

②房间被书架、贮藏架或设备等阻断分隔，其顶部至顶棚或梁的距离小于房间净高的5%时，则每个被隔开的部分至少安装一只探测器，如图4-54所示。

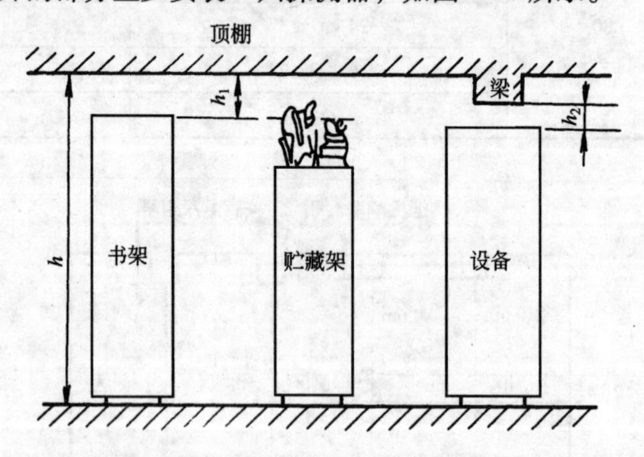

图4-54　房间有书架、设备等分隔时，探测器设置 $h_1 \geqslant 5\% h$ 或 $h_2 \geqslant 5\% h$

【例】　如某书库地面面积为40m²，房间高度为3m，内有两书架分别安在房中间，书架高度为2.9m，问选用感烟探测器应几只？

房间高度减去书架高度等于0.1m，为净高的3.3%，可见书架顶部至顶棚的距离小于房间净高的5%，所以应选用3只探测器。即每个被隔开的部分均应放一只探测器。

③在空调机房内，探测器应安装在离送风口 1.5m 以上的地方，离多孔送风顶棚孔口的距离不应小于 0.5m，如图 4-55 所示。

图 4-55 探测器装于有空调房间时的位置示意

④楼梯或斜坡道至少垂直距离每 15m（Ⅲ级灵敏度的火灾探测器为 10m）应安装一只探测器。

⑤探测器宜水平安装，如需倾斜安装时，倾斜角不应大于 45°，当屋顶坡度 θ 大于 45°时，应加木台或类似方法安装探测器，如图 4-56 所示。

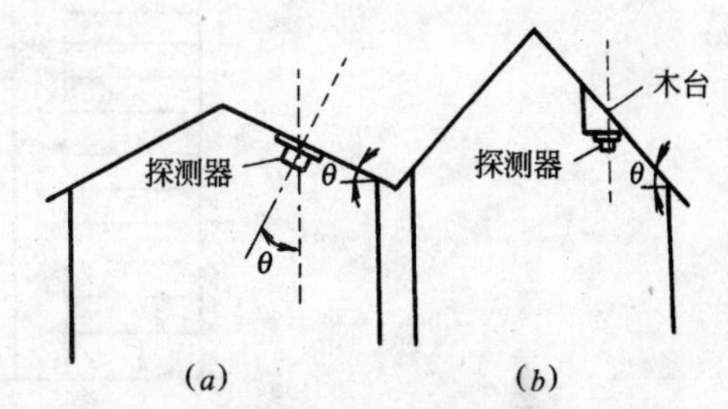

图 4-56 探测器的安装角度

（a）$\theta<45°$时；（b）$\theta>45°$时

（θ 为屋顶的法线与垂直方向的交角）

⑥在电梯井、升降机井设置探测器时，未按每层封闭的管道井（竖井）等处，其位置宜在井道上方的机房顶棚上，如图 4-57 所示。这种设置既有利于井道中火灾的探测，又便于日常检验维修。因为通常在电梯井、升降机井的提升井绳索的井道盖上有一定的开口，烟会顺着井绳冲到机房内部，为尽早探测火灾，规定用感烟探测器保护，且在顶棚上安装。

⑦当房屋顶部有热屏障时，感烟探测器下表面距顶棚距离应符合表 4-22 所列数据。

感烟探测器下表面距顶棚（或屋顶）的距离　　表 4-22

探测器的安装高度 h(m)	感烟探测器下表面距顶棚（或屋顶）的距离 d（mm）					
	$\theta\leqslant15°$		$15°<\theta\leqslant30°$		$\theta>30°$	
	最 小	最 大	最 小	最 大	最 小	最 大
$h\leqslant6$	30	200	200	300	300	500
$6<h\leqslant8$	70	250	250	400	400	600
$8<h\leqslant10$	100	300	300	500	500	700
$10<h\leqslant12$	150	350	350	600	600	800

⑧顶棚较低（小于 2.2m）、面积较小（不大于 $10m^2$）的房间，安装感烟探测器时，宜设置在入口附近。

⑨在楼梯间、走廊等处安装感烟探测器时，宜安装在不直接受外部风吹的位置处。安装光电感烟探测器时，应避开日光或强光直射的位置。

⑩在浴室、厨房、开水房等房间连接的走廊，安装探测器时，应避开其入口边缘 1.5m。

⑪安装在顶棚上的探测器边缘与下列设施的边缘水平间距，宜保持在：

与电风扇，不小于 1.5m；

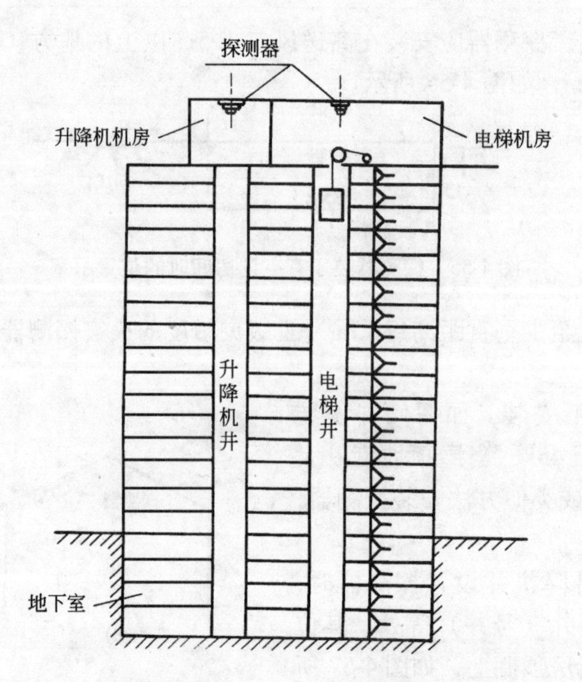

图 4-57　探测器在井道上方机房顶棚上的设置

与自动喷水灭火喷头，不小于 0.3m；

与防火卷帘、防火门，一般在 1～2m 的适当位置；

与多孔送风顶棚孔口，不小于 0.5m；

与不突出的扬声器，不小于 0.1m；

与照明灯具不小于 0.2m；

与高温光源灯具（如碘钨灯、容量大于 100W 的白炽灯等），不小于 0.5m。

⑫对于煤气探测器，在墙上安装时，应距煤气灶 4m 以上，距地面 0.3m；在顶棚上安装时，应距煤气灶 8m 以上；当屋内有排气口时，允许装在排气口附近，但应距煤气灶 8m 以上，当梁高大于 0.8m 时，应装在煤气灶一侧；在梁上安装时，与顶棚的距离小于 0.3m。

⑬探测器在厨房中的设置：饭店的厨房常有大的煮锅、油炸锅等，具有很大的火灾危险性，如果过热或遇到高的火灾荷载更易引起火灾。定温式探测器适宜厨房使用，但是应预防煮锅喷出的一团团蒸气，即在顶棚上使用隔板可防止热气流冲击探测器，以减少或消除误报。而当发生火灾时的热量足以克服隔板使探测器发生报警信号，如图 4-58 所示。

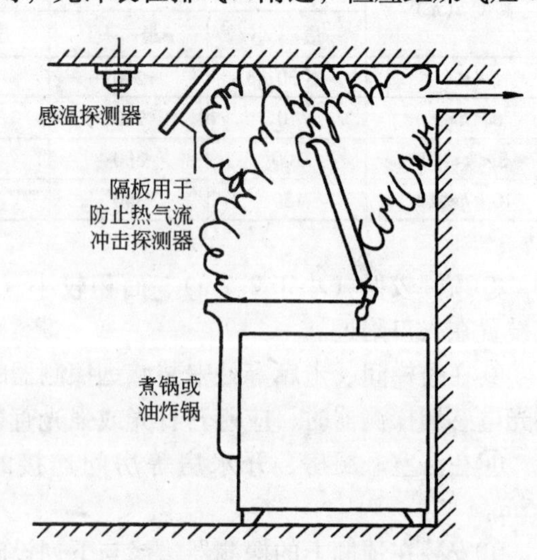

图 4-58　感温探测器在厨房中布置

⑭探测器在带有网格结构的吊装顶棚

场所下的设置。

在宾馆等较大空间场所，有带网格或格条结构的轻质吊装顶棚，起到装饰或屏蔽作用。这种吊装顶棚允许烟进入其内部，并影响烟的蔓延，在此情况下设置探测器应谨慎处理。

如果至少有一半以上网格面积是通风的，可把烟的进入看成是开放式的。如果烟可以充分地进入顶棚内部，则只在吊装顶棚内部设置感烟探测器，探测器的保护面积除考虑火灾危险性外，仍按保护面与房间高度的关系考虑，如图 4-59 所示。

如果网格结构的吊装顶棚开孔面积相当小（一半以上顶棚面积被覆盖），则可看成是封闭式顶棚，在顶棚上方和下方空间须单独地监视。尤其是当阴燃火发生时，产生热量极少，不能提供充足的热气流推动烟的蔓延，烟达不到顶棚中的探测器，此时可采取二级探测方式，如图 4-60 所示。在吊装顶棚下方光电感烟探测器对阴燃火响应较好。在吊装顶棚上方，采用离子感烟探测器，对明火响应较好。每只探测器的保护面积仍按火灾危险度及地板和顶棚之间的距离确定。

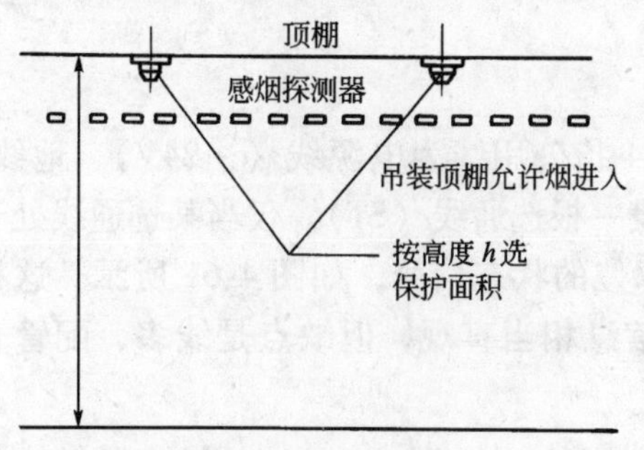

图 4-59　探测器在吊装顶棚中定位

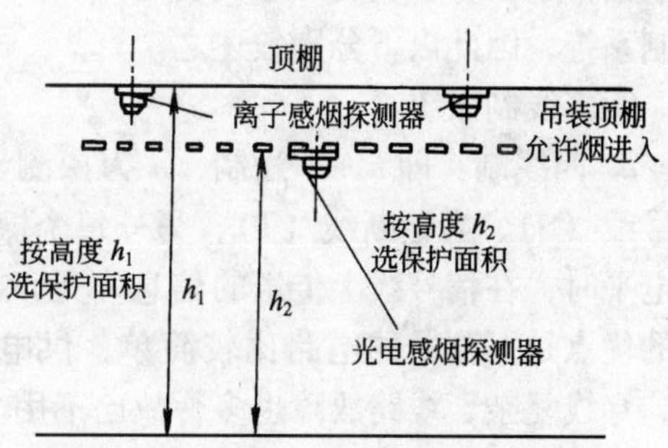

图 4-60　吊装顶棚探测阴燃火的改进方法

⑮下列场所可不设置探测器：

厕所、浴室及其类似场所；

不能有效探测火灾的场所；

不便维修、使用（重点部位除外）的场所。

关于线型红外光束感烟探测器、热敏电缆线型探测器、空气管线型差温探测器的布置与上述不同，具体情况在安装中阐述。

5. 探测器与区域报警器的连接方式

随着消防业的发展，探测器的接线形式变化很快，即从多线向少线至总线发展，给施工、调试和维护带来了极大的方便。我国采用的线制有四线、三线、两线制及四总线、二总线制等几种。对于不同厂家生产的不同型号的探测器其接线形式也不一样，从探测器到区域报警器的线数也有很大差别。

（1）火灾自动报警系统的技术特点

火灾自动报警系统包括四部分：火灾探测器、配套设备（中断器、显示器、模块、总线隔离器、报警开关等）、报警控制器及长线，这就形成了系统本身的技术特点。

①系统必须保证长期不间断地运行，在运行期间不但发生火情能报警到探测点，而且应具备自判断系统设备传输线断路、短路、电源失电等状况的能力，并给出有区别的声光报警，以确保系统的高可靠性。

②探测部位之间的距离可以从几米至几十米。控制器到探测部位间可以从几十米到几百米、上千米。一台区域报警控制器可带几十或上百只探测器，有的通用控制器做到了带500个探测点，甚至上千个。无论什么情况，都要求将探测点的信号准确无误地传输到控制器去。

③系统应具有低功耗运行性能。探测器对系统而言是无源的，它只是从控制器上获取正常运行的电源。探测器的有效空间是狭小有限的，要求设计时电子部分必须是简练的。探测器必须低功耗，否则给控制器供电带来问题，也就是给控制探测点的容量带来限制。主电源失电时，应有备用电源可连续供电8h，并在火警发生后，声光报警能长达50min，这就要求控制器亦应低功耗运行。

（2）火灾自动报警系统的线制

从上述技术特点看出，线制对系统是相当重要的。这里说的线制是指探测器和控制器间的长线数量。更确切地说，线制是火灾自动报警系统运行机制的体现。按线制分，火灾自动报警系统有多线制和总线制之分。多线制目前基本不用，但已运行的工程大部分为多线制系统，因此以下分别叙述之。

①多线制系统

a. 四线制：即 $n+4$ 线制，n 为探测器数，4指公用线为电源线（+24V）、地线G、信号线（S）、自诊断线（T），另外每个探测器设一根选通线（ST）。仅当某选通线处于有效电平时，在信号线上传送的信息才是该探测部位的状态信号，如图4-61所示。这种方式的优点是探测器的电路比较简单，供电和取信息相当直观，但缺点是线多，配管直径大，穿线复杂，线路故障也多，故已不用。

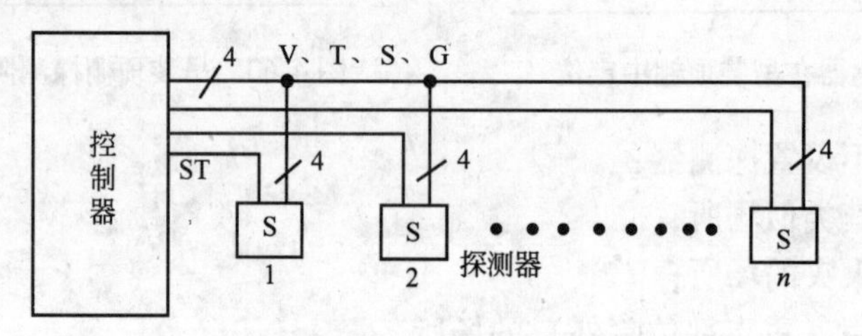

图4-61　多线制（四线制）接线方式

b. 两线制，也称 $n+1$ 线制，即一条公用地线，另一条则承担供电、选通信息与自检的功能，这种线制比四线制简化得多，但仍为多线制系统。

探测器采用两线制时，可完成：电源供电故障检查、火灾报警、断线报警（包括接触不良、探测器被取走）等功能。

火灾探测器与区域报警器的最少接线是：$n+\frac{n}{10}$，其中 n 为占用部位号的线数，即探测器信号线的数量，$\frac{n}{10}$（小数进位取整数）为正电源线数（采用红线导线），也就是每10个部位合用一根正电源线。

另外也可以用另一种算法，即 $n+1$，其中 n 为探测器数目（准确地说是房号数），如探测器数 $n=50$，则总线为51根。

前一种计算方法应是 $50+\frac{50}{10}=55$ 根，这是已进行了巡检分组的根数，与后一种分组是一致的。

每个探测器各占一个部位时底座的接线方法。

例如有 10 只探测器，占 10 个部位，无论采用哪种计算方法其接线及线数均相同，如图 4-62 所示。

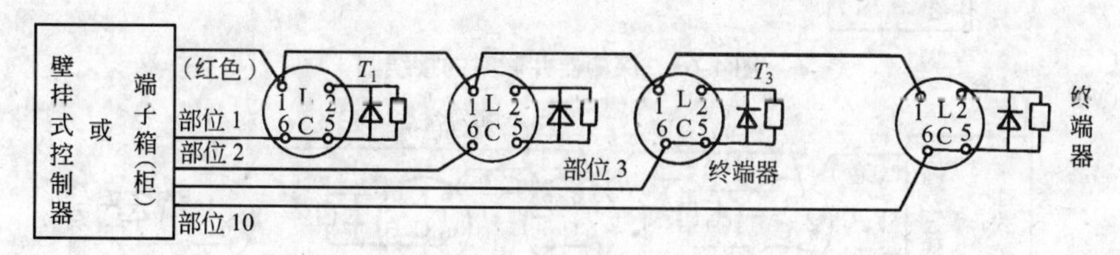

图 4-62　探测器各占一个部位时的接线方法

在施工中应注意：

为保证区域控制器的自检功能，布线时每根连接底座 L_1 的正电源红色导线，不能超过十个部位数的底座（并联底座时作为一个看待）。

每台区域报警器容许引出的正电源线数为 $\frac{n}{10}$（小数进位取整数），n 为区域控制器的部位数。当碰到管道较多时，要特别注意这一情况，以便 10 个部位分成一组，有时某些管道要多放一根电源正线，以利编组。

探测器底座安装好并确定接线无误后，将终端器接上。然后用小塑料袋罩紧，防止损坏和污染，待装上探测器时才除去塑料罩。

终端器为一个半导体硅二极管（2CK 或 2CZ 型）和一个电阻并联。安装时注意二极管负极接 +24V 端子或底座 L_2 端。其终端电阻值大小不一，一般取 5 ~ 36kΩ 之间。凡是没有接探测器的区域控制器的空位，应在其相应接线端子上接上终端器。如设计时有特殊要求可与厂家联系解决。

探测器的并联：同一部位上，为增大保护面积，可以将探测器并联使用，这些并联在一起的探测器仅占用一个部位号。不同部位的探测器不宜并联使用。

如比较大的会议室，使用一个探测器保护面积不够，假如使用 3 个探测器并联就够的话，则这 3 个探测器中的任何一个发出火灾信号时，区域报警器的相应部位信号灯燃亮，但无法知道哪一个探测器报警，需要现场确认。

某些同一部位但情况特殊时，探测器不应并联使用。如大仓库，由于货物堆放较高，当探测器发出火灾信号后，到现场确认困难。所以从使用方便，准确角度看，应尽量不使用并联探测器为好。不同的报警控制器所允许探测器并联的只数也不一样，如 JB—O_B^T—10 ~ 50—101 报警控制器只允许并联 3 只感烟探测器和 7 只感温探测器；而 JB—Q_B^T—10 ~ 50—101A 允许并联感烟、感温探测器分别为 10 个。

探测器并联时，其底座配线是串联式配线连接，这样可以保证取走任何一只探测器时，火灾报警控制器均能报出故障。当装上探测器后，L_1 和 L_2 通过探测器连接片连接起来，这时对探测器来说就是并联使用了。

探测器并联时，其底座应依次接线，如图 4-63 所示。不应有分支线路，这样才能保证终端器接在最后一只底座的 L_2—L_5 两端，以保证火灾报警控制器的自检功能。

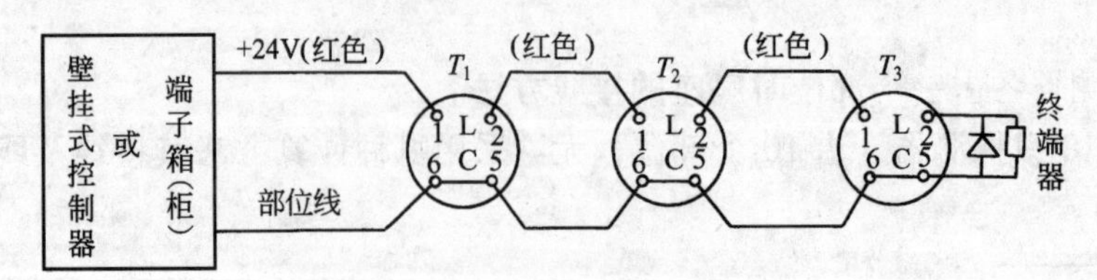

图 4-63　探测器并联时的接线图

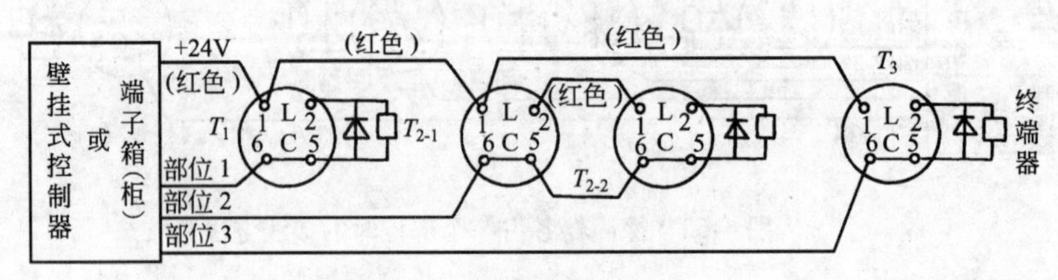

图 4-64　探测器混合连接

②总线制系统

采用地址编码技术，整个系统只用几根总线，建筑物内布线极其简单，给设计、施工及维护带来了极大的方便，因此被广泛采用。值得注意的是：一旦总线回路中出现短路问题，则整个回路失效，甚至损坏部分控制器和探测器，因此为了保证系统正常运行和免受损失，必须采取短路隔离措施，如分段加装短路隔离器。

a. 四总线制：如图 4-65 所示。四条总线为：P 线给出探测器的电源、编码、选址信号；T 线给出自检信号以判断探测部位或传输线是否有故障；控制器从 S 线上获得探测部位的信息；G 为公共地线。P、T、S、G 均为并联方式连接，S 线上的信号对探测部位而言是分时的，从逻辑实现方式上看是“线或”逻辑。

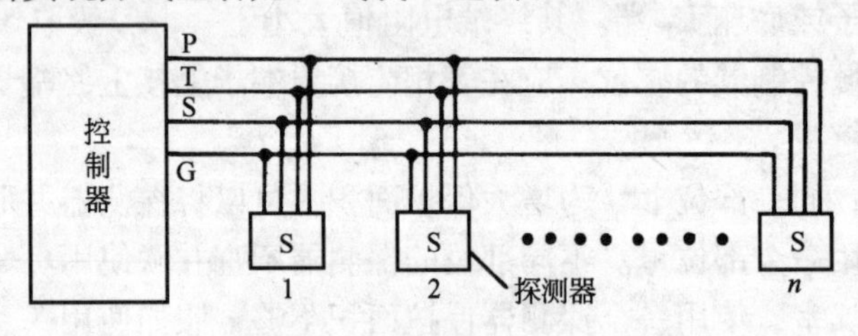

图 4-65　四总线制连接方式

由图可见，从探测器到区域报警器只用四根全总线，另外一根 V 线为 DC24V，也以总线形式由区域报警控制器接出来，其他现场设备也可使用（见后述）。这样控制器与区域报警器的布线为 5 线，大大简化了系统，尤其是在大系统中，这种布线优点更为突出。

b. 二总线制：这一种最简单的接线方法，用线量更少，但技术的复杂性和难度也提高了。二总线中的 G 线为公共地线，P 线则完成供电、选址、自检、获取信息等功能。目前，二总线制应用最多，新型智能火灾报警系统也建立在二总线的运行机制上。二总线系统有树枝型和环型两种。

树枝型接线：如图 4-66 为树枝型接线方式。这种方式应用广泛，这种接线如果发生断线，可以报出断线故障点，但断点之后的探测器不能工作。

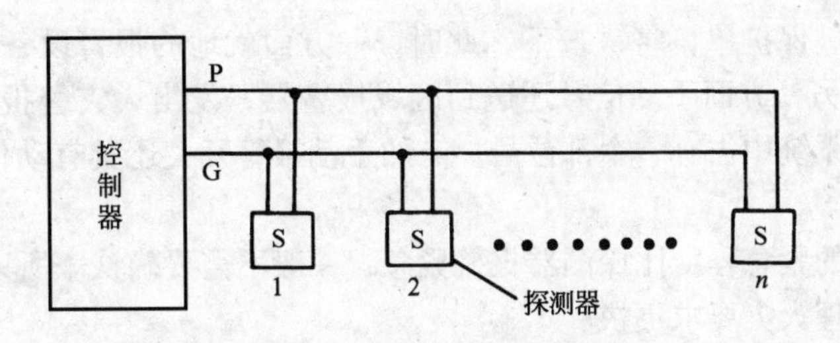

图 4-66　树枝型接线（二总线制）

环形接线：图 4-67 为环形接线方式。这种系统要求输出的两根总线再返回控制器另两个输出端子，构成环形。这种接线方式如中间发生断线不影响系统正常工作。

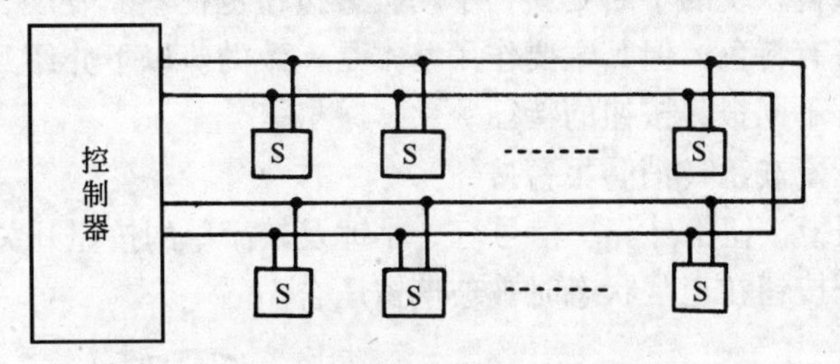

图 4-67　环型接线（二总线制）

链式接线：如图 4-68 所示，这种系统的 P 线对各探测器是串联的，对探测器而言，变成了三根线，而对控制器还是两根线。

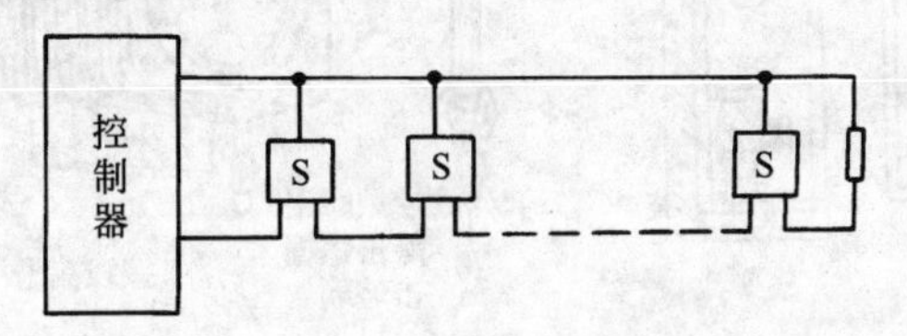

图 4-68　链式连接方式

（三）火灾自动报警系统的配套设备

近年来，新技术、新工艺的应用，使消防电子产品更新周期不断缩短。在火灾自动报警系统中，无论是火灾探测器，还是报警控制器，都趋于小型化、微机化，目前最先进的系统为模拟量无阈值智能化。

随着消防产品的不断更新换代，不同厂家、不同系列的产品在实际应用中其配套设备各异，但其基本种类及功能相同，下面仅就一些常用的配套设备进行介绍。

1. 手动火灾报警按钮（亦称手动报警开关）

（1）作用及构造原理

火灾自动报警系统应有自动和手动两种触发装置。各种类型的火灾探测器是自动触发装置，而手动火灾报警按钮是手动触发装置，它具有在应急情况下人工手动通报火警或确认火警的功能。

当人们发现火灾后，可通过装于走廊、楼梯口等处的手动报警开关进行人工报警。手动报警开关为装于金属盒内的按键，一般将金属盒嵌入墙内，外露红色边框的保护罩。人工确认火灾后，敲破保护罩，将键按下，此时，一方面就地的报警设备（如火警讯响器、火警电铃）动作，另一方面手动信号还送到区域报警器，发出火灾警报。象探测器一样，手动报警开关也在系统中占有一个部位号。有的手动报警开关还具有动作指示、接受返回信号等功能。

手动报警按钮的紧急程度比探测器报警紧急，一般不需要确认。所以手动按钮要求更可靠、更确切，处理火灾要求更快。

手动报警按钮宜与集中报警器连接，且应单独占用一个部位号。因为集中控制器设在消防室内，能更快采取措施，所以当没有集中报警器时，它才接入区域报警器，但应占用一个部位号。

随着火灾自动报警系统的不断更新，手动报警按钮也在不断发展，不同厂家生产的不同型号的报警按钮各有特色，但其主要作用基本是一致的。以下介绍几种手动报警按钮的构造及原理，以了解不同报警按钮的特征。

SHD-1 型手动报警按钮（消防报警按钮）

SHD-1 型手动报警按钮由外壳、信号灯、小锤及较简单的按钮开关等构成，如图 4-69 所示。其内部的常开按钮在正常状态时被玻璃窗压合。

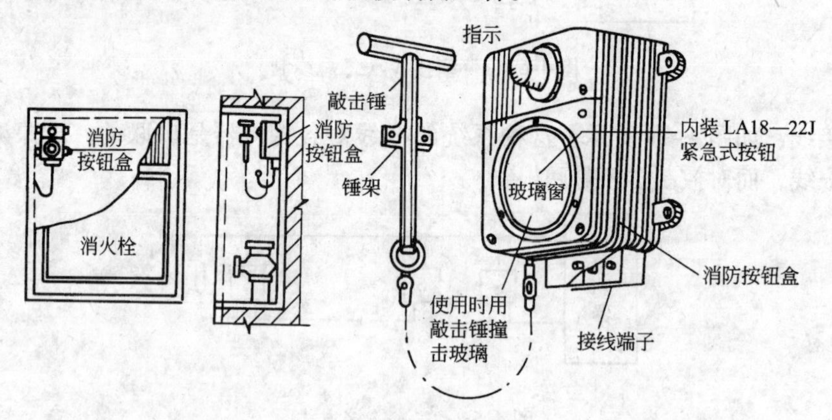

图 4-69　消防按钮

例如在用于消火栓系统中时，当发生火灾时，人工用小锤击碎玻璃，常开按钮因不受压而复位，于是即有火灾信号至消防中心（集中报警器）或直接启动消火栓泵电动机进行灭火。由此可见，它的作用是：当发生火情时，能向火灾报警器发送火灾信号，并由报警器反馈一个灯光信号至手动报警按钮，表示信号已送出。

Q-K/1644 地址编码手动报警开关

这种报警按钮属于编码型的，编码范围为 1～127，当出现火情时，手动破坏保护罩后，按下开关，火警讯号送到区域报警器（或进一步送到集中报警器），同时它的一组动合触点可接现场报警设备。当布线及内部电路损坏时，将自动发出故障报警信号。

J-SAP-M-DBE 1210 型编址手动报警按钮

组成特点：该编址按钮设有电话通讯插孔和地址拔码开关，报警操作可重复性使用。在紧急状态下，当人工确认火灾后，由手动操作方式向消防控制室报警，并且可通过话机手柄与消防控制室通话联系，适用于 DBE 1000 系列总线制火灾报警控制系统。其外形及尺寸如图 4-70 所示。

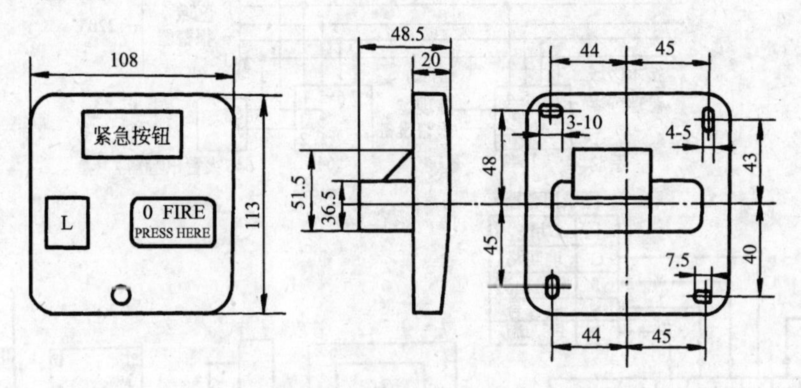

图 4-70　编址按钮外形及尺寸

（2）基本功能

①具有编址功能。安装时拨动拨码开关，设置编址按钮在系统中的地址编码，同探测器一样直接与控制总线连接，不分极性。

②按钮的防护罩采用可重复性使用结构，操作时不必敲碎防护罩，火警结束后人工将防护罩复位。

③按下按钮上的保护罩，稍候片刻指示灯闪亮加强，表示控制器已收到报警信号。

④具有电话通讯功能，将话机手柄插头插入通信插孔内，可与消防控制室直接进行通话联系。

（3）接线方法

总线采用双绞线，其接线端子如图 4-71 所示。

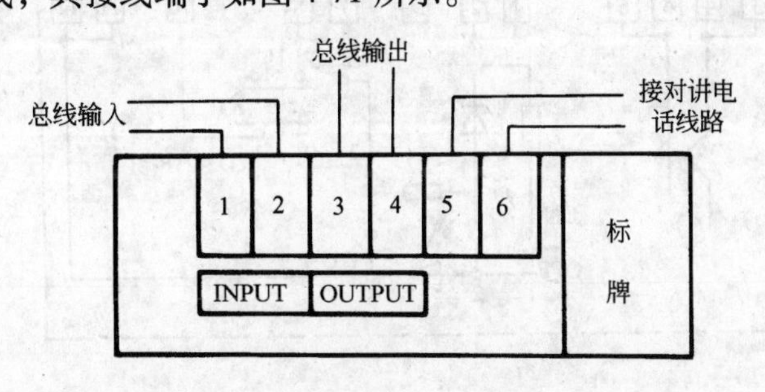

图 4-71　编址按钮接线端子

对于不同的火灾自动报警系统，所选用的手动报警按钮是不同的，其接线亦因不同报警按钮而各异。现以三种手动报警按钮说明其布线方法。

①JQ-K/1644 型编码手动报警开关接线：手动报警开关可引出六条线，其中四条引线连到区域报警器引出的四条总线 P、S、T、G 上，另两条引线可连到现场设备上。其布线图、接线图及安装图如图 4-72 所示。

②SA90D 型手动报警按钮接线：这是一个两线制带电话插孔的手动报警按钮，其 24V 电源线采用截面积大于 1.0mm^2 多股软铜线，信号线采用截面积大于 0.5mm^2 多股软铜线。单独使用时如图 4-73（a）所示，并联使用时如图 4-73（b）所示。

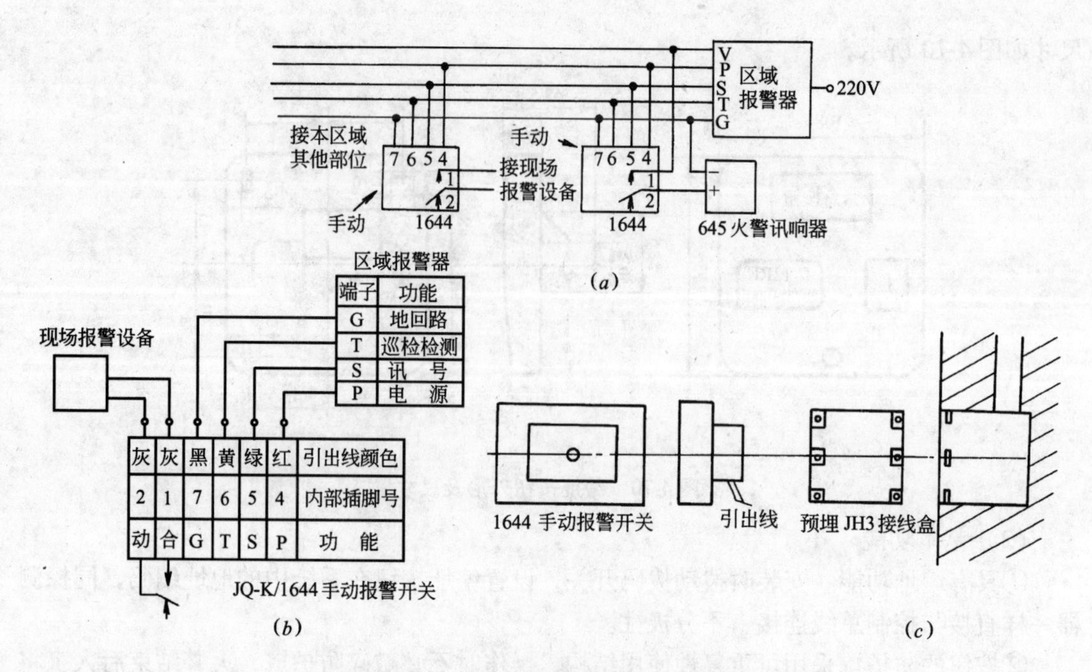

图 4-72 JQ-K/1644 手动报警开关

(a) 布线原理图；(b) 接线图；(c) 安装图

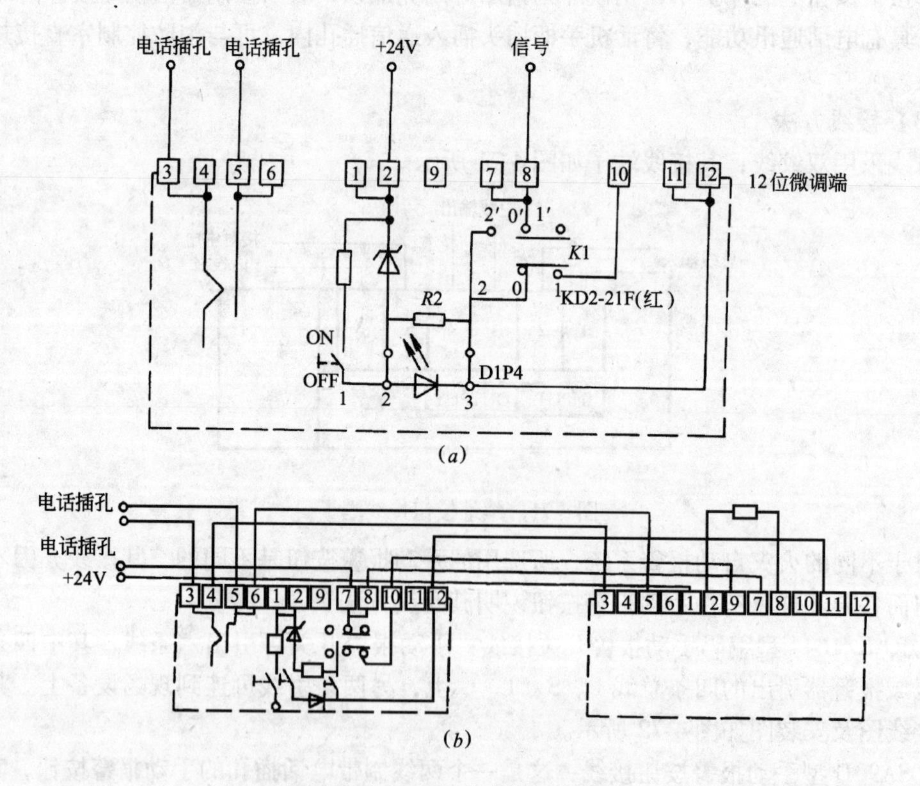

图 4-73 SA90D 手动按钮布线图

(a) 单独使用时布线示意（布线时去掉电话线两根）；(b) 并联使用时布线示意（去掉电话线两根）

③FJ-2712 型手动报警按钮的接线：这种报警按钮采用四线制接法，即由报警按钮引出四根线分别为 24V 电源、信号、检查及地线接到报警器上去。其电路图如图 4-74 所示。

如探测器并联时，需将内部 51K 电阻 R_3 断开，端子 3～4 内部短接（终端盒不改装），然后将各并联盒的检查线相互串联（从端子 3 进，从端子 4 出），如图 4-75 所示。

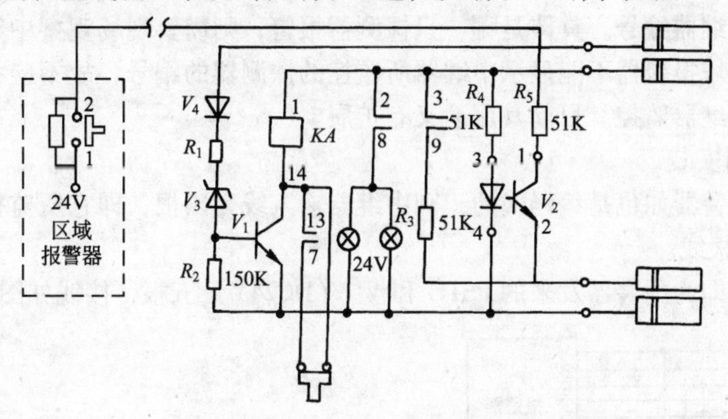

图 4-74　FJ-2712 手动火灾报警按钮电路图

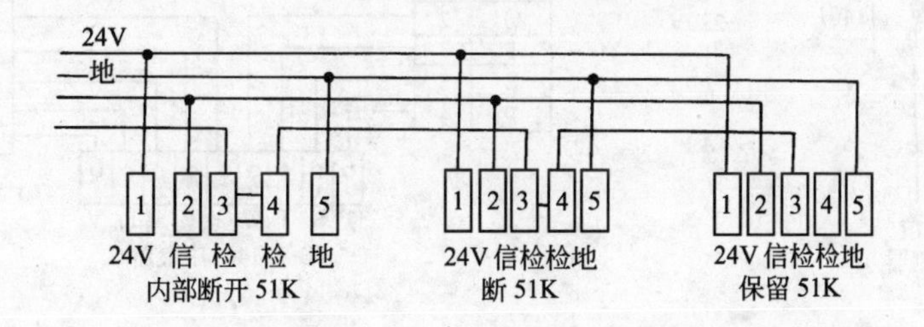

图 4-75　FJ-2712 并联接线图

（4）手动报警按钮的设置

从安装的数量上看，规范要求报警区域内每个防火分区应至少设置一只手动报警按钮。从一个防火分区内的任何位置到最邻近的一个手动报警按钮的步行距离不应大于 30m。应设置在明显和便于操作的部位，即设置在建筑物的大厅、过厅、主要公共活动场所出入口、餐厅、多功能厅等处的主要出入口、值班人员工作场所、主要通道门厅等经常有人通过的地方，安装在墙上距地（楼）面高度 1.3～1.5m 处明显和便于操作的部位。手动火灾报警按钮应在火灾报警控制器或消防控制室的控制盘上显示部位号，但以不同显示方式或不同的编码区段与其他触发装置信号区别开。

2. 地址码中继器

（1）作用及使用注意事项

当一个区域内探测器数量太多（不超过 200 只）而部位号数量不够时，可将大空间的多个探测器利用中继器占用同一个部位号（其作用可与中间继电器相比），在该系统中起到远距传输放大驱动和隔离作用，即现场消防设备和控制器之间通过总线传转信号，便于控制器掌握每个中继器的工作情况。

这里以 JB-2/1401 型中继器（原子能科学研究所产品）为例加以说明。它按地址编码，其编码方式与探测器相同，用一个七位微型开关编码。对于区域报警器来说，中继器就像一只探测器一样，占有整个区域中的一个部位号。中继器所监控的探测器最多为8只，分别给以编码1~8号。当受监控的探测器不足8只时，关断八位微型开关任意一个，以便系统正常运行。

中继器所监控的探测器，当任意一只报火警或报故障时，均会在区域报警控制器报警并显示该部位中继器编号。具体是哪一只探测器报警，则需要现场观察中继器分辨显示灯加以确定。因区域报警器不能显示中继器所监控的探测器的编号，故不应将不同空间的探测器共受一只中继器监控。目前其用途又有扩展。

（2）接线与安装

探测器及报警器如也是编码式的，则中继器输入线为四根，即它所监控的编码探测器送来的PSTG四根线。

它的输出线即为报警器发来的PSTG和$V_{线}$（DC24V）五根，接线如图4-76所示。

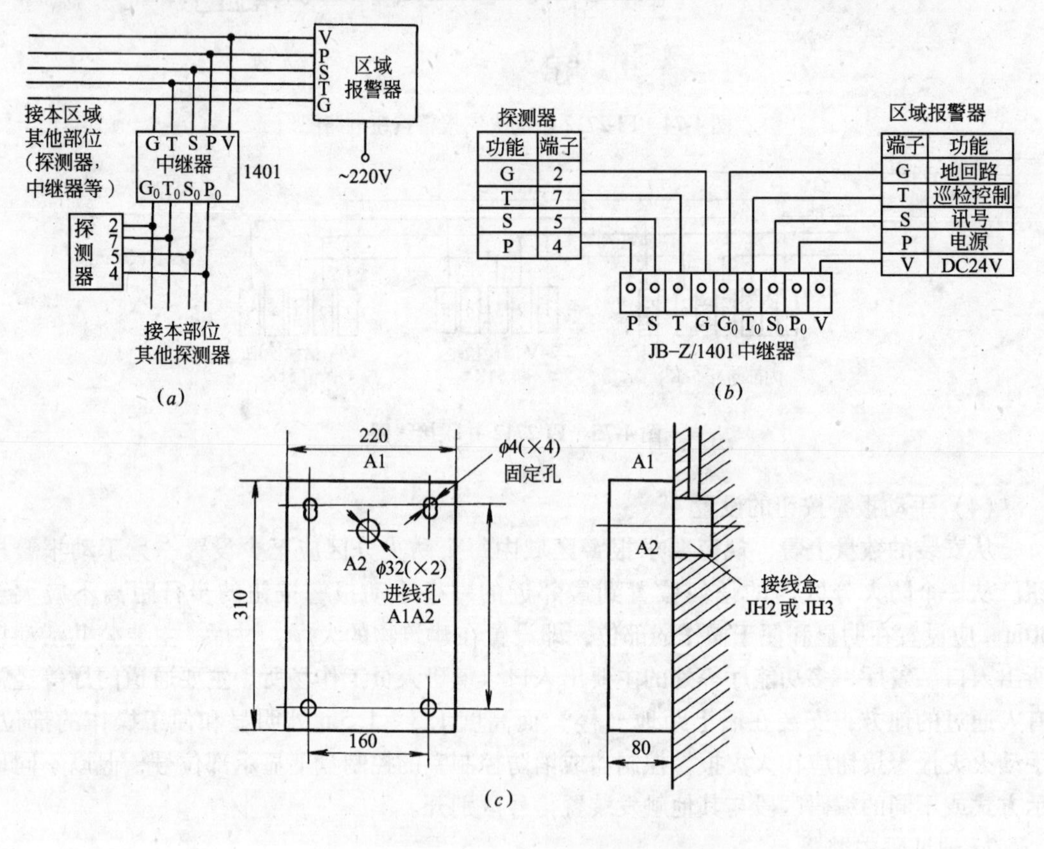

图4-76　JB-2/1401地址编码报警中继器

（a）布线原理图；（b）接线端子图；（c）安装图

中继器为外挂式安装。

3. 编址模块（DBE 1400）

（1）编址输入模块

①用途及适用范围

输入模块可将各种消防输入设备的开关信号（报警信号或动作信号）接入探测总线，

实现信号向火灾报警控制器的传输，从而实现报警或控制的目的。

输入模块适用于水流指示器、报警阀、压力开关、非编址手动火灾报警按钮、普通型感烟、感温火灾探测器等。

②接线

编址输入模块接线如图 4-77 所示，图中：

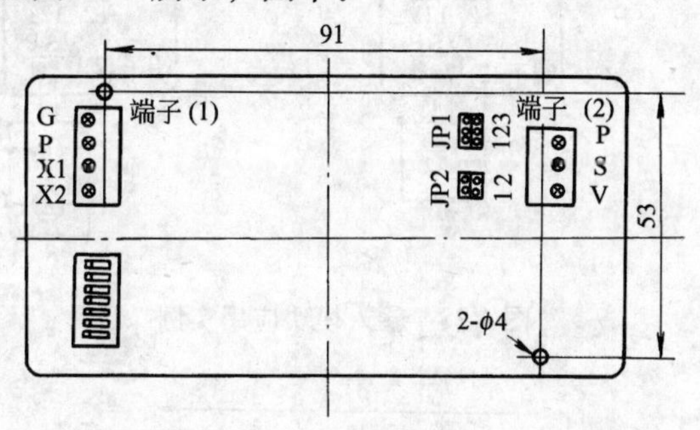

图 4-77　编址输入模块

端子（1）中：

G、P ——DC24V 电源输入，G 为负，P 为正；

X1、X2 ——总线输入（不分极性）。

端子（2）中：

P——外接 DC24V 电源正极输出；

V——内部 DC24V 电源正极输出；

S——设备动作信号输入。其应通过设备的无源触点与 DC24V 正端即 P 端（外接 DC24V 电源时）或 V 端（未接 DC24V 电源时）相连；

JP1—*a*、JP1—*b*——电源选择跳线。外接 DC24V 电源时，JP1—*a*、JP1—*b* 均为 2-3 短接；未外接 DC24V 电源时，JP1—*a*、JD1—*b* 均为 1-2 短接，出厂为 1-2 短接；

JP2—*a*、JP2—*b*——调试跳线，厂家调试用，出厂为 JP2—*a*、JP2—*b* 的 1 端短接。

③应用实例

输入模块应用实例如图 4-78 所示，图中 *E* 表示报警按钮、压力开关、水流指示器等消防设备的常开无源触点或普通型火灾探测器，*R* 表示终端电阻，其阻值为 100kΩ。无论接入何种设备，均应在接线的最末端并接上终端电阻，以实现对连线的断线监视。另外，接入普通型探测器时，其数目不宜超过 6 只。

（2）编址输入/输出模块（DBE 1410）

①用途及适用范围

输入/输出模块能将报警器发出的动作指令通过继电器触点来控制现场设备以完成规定的动作；同时将动作完成信息反馈给报警器。它是联动控制柜与被控设备之间的桥梁，适用于排烟阀、送风阀、风机、喷淋泵、消防广播、警铃（笛）等。

②接线

编址输入/输出模块接线如图 4-79 所示，其端子值 m 如下：

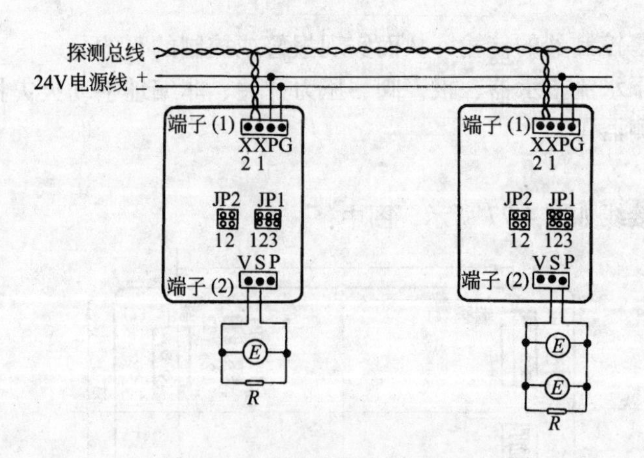

图 4-78　输入模块应用实例

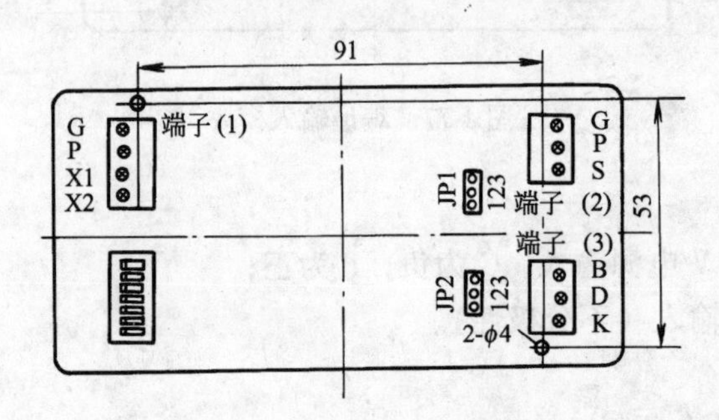

图 4-79　编址输入/输出模块

端子（1）中：

G、P——DC24V 电源输入，G 为负，P 为正；

X1、X2——总线输入（不分极性）。

端子（2）中：

G、P——DC24V 电压输出，G 为负，P 为正；

S——设备动作信号输入。其应通过设备的无源触点与 DC24V 正端即 P 端相连。

端子（3）中：

B、D、K——继电器触点。其中 D—B 为常闭，D—K 为常开。

跳线 JP1：

当其 2-3 短接时，模块内部的终端电阻被接入，适合于对无动作返回信号的设备的控制，出厂为 1-2 短接。

跳线 JP2：

当其 2-3 短接时，继电器公共触点与“G”相连，以适应某些应用场合对 24V 电源负极控制输出的需要；

当其 1-2 短接时，继电器公共触点悬空，为无源触点，出厂为 1-2 短接。

③应用实例

编址输入/输出模块的应用实例如图 4-80 所示。如果被接设备具备动作信号返回端时，则将其动作信号的无源触点并接在模块的 S、P 端，终端电阻并接在设备的与模块的 S、P 端相连的接线端子上；如被控设备不具备动作信号返回端（如警笛、警铃等设备），只需将模块短路跳线 JP1 跳在 2-3 位即可。

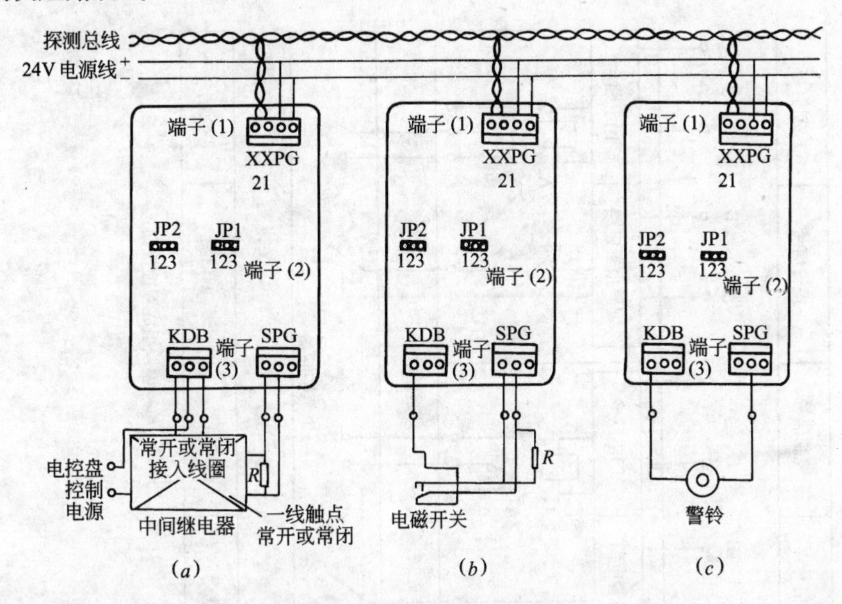

图 4-80　编址输入/输出模块应用实例

(*a*) 与具有电控盘的设备连接；(*b*) 与风阀等电磁类设备连接；(*c*) 与警铃（笛）等设备连接

控制接口原理图如图 4-81 所示。

关于模块的名称有输入模块、输出模块、输入输出模块、监视模块、信号模块、控制模块、信号接口、控制接口、单控模块、双控模块等，不同厂家产品各异，名称也不同，但是其用途基本是一致的。

4. 短路隔离器（又称总线隔离器）

(1) 作用及适用场所

①作用

短路隔离器用在传输总线上，对各分支线作短路时的隔离作用。它能自动使短路部分两端呈高阻态或开路状态，使之不损坏控制器，也不影响总线上其他部件的正常工作，当这部分短路故障消除时，能自动恢复这部分回路的正常工作，这种装置叫短路隔离器。

②适用场所

一条总线的各防火分区；

一条总线的不同楼层；

总线的其他分支处；

下接部件（手动开关、模块）接地址号个数小于等于 30 个；

下接探测器个数小于等于 40 个；

下接中继器不超过一个。

(2) 接线端子及应用

短路隔离器的接线端子如图 4-82 所示，两组接线端子（1）、（2）中的 X1、X2 串接于控制器的总线中，不分输入、输出，无极性要求。短路隔离器应用实例如图 4-83 所示。

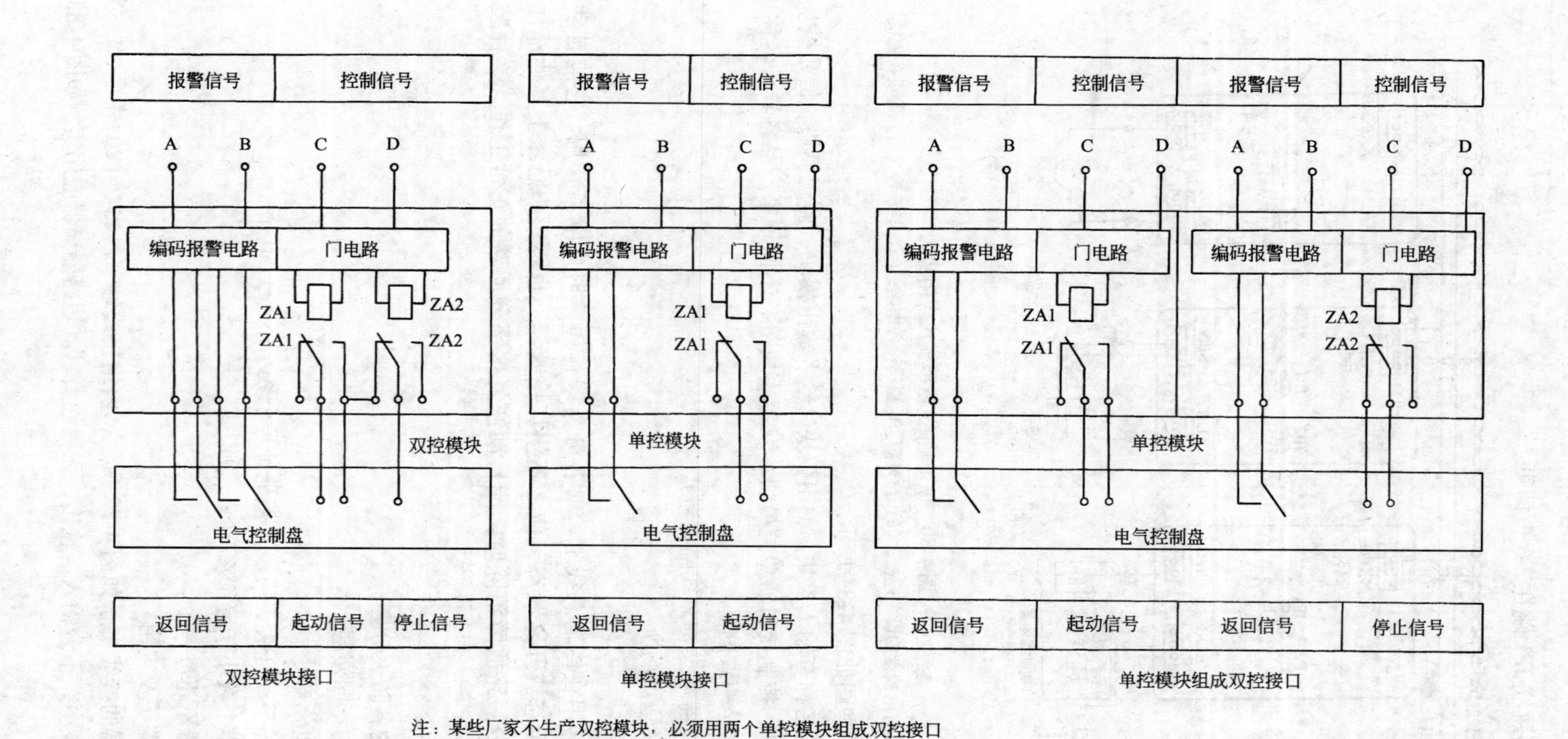

注：某些厂家不生产双控模块，必须用两个单控模块组成双控接口

图 4-81　控制接口原理图

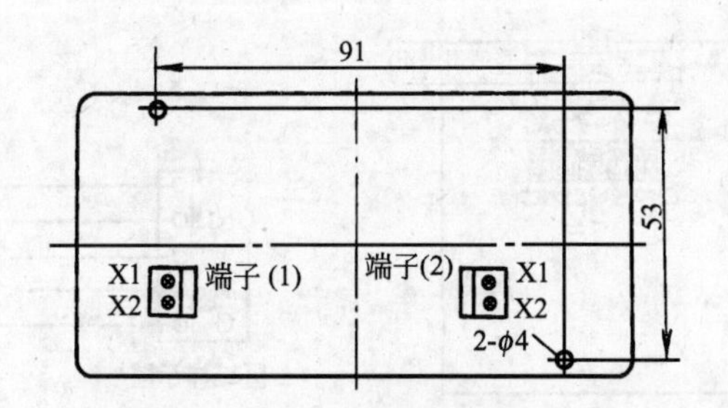

图 4-82　短路隔离器端子

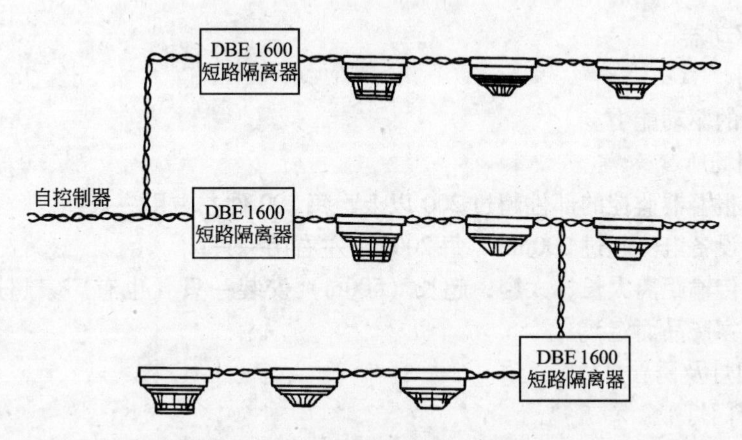

图 4-83　短路隔离器的应用实例

5. 区域显示器（DBE 1500）

（1）作用及适用范围

区域显示器显示来自报警器的火警及故障信息，适用于各防火监视分区或楼层。

（2）功能及特点

①具有声报警功能。当火警或故障送入时，将发出两种不同的声报警（火警为变调音响，故障为长音响）。

②具有控制输出功能。具备一对无源触点，其在火警信号存在时吸合，可用来控制一些警报器类的设备。

③具有计时钟功能。在正常监视状态下，显示当前时间。

④采用壁式结构，体积小，安装方便。

（3）接线

区域报警显示器的外形及端子如图 4-84 所示。现将接线端子说明如下：

D、K——继电器常开触点；

GND——DC24V 负极；

24V——DC24V 正极；

T——通讯总线数据发送端；

R——通讯总线数据接收端；

G——通讯总线逻辑地。

显示器与报警控制器的连线如图 4-85 所示。在报警系统中的详细应用后面将叙述。

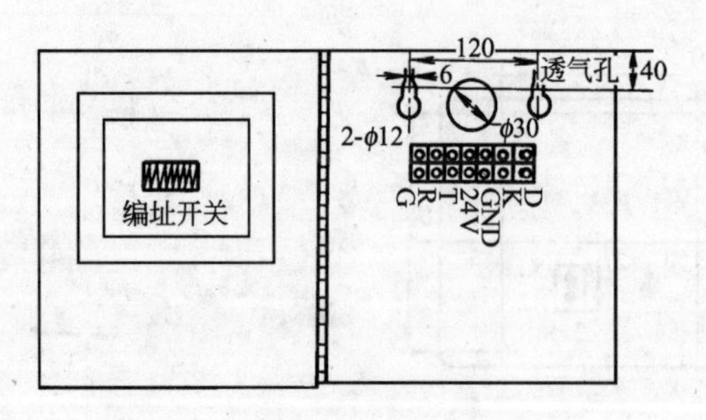

图 4-84　区域显示器外形及端子

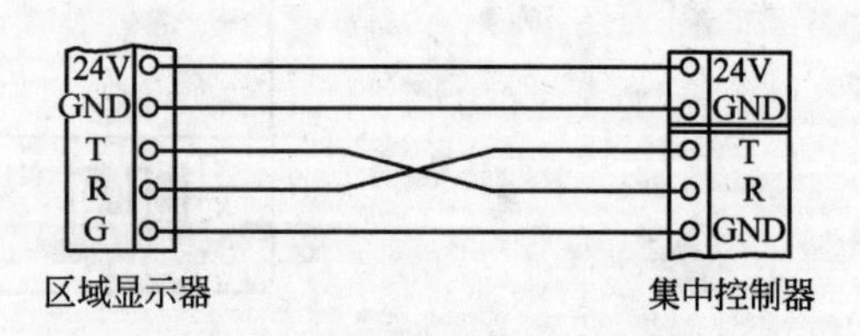

图 4-85　区域显示器与集中报警器接线

6. 总线驱动器

(1) 作用

增强线路的驱动能力。

(2) 使用场所

①当一台报警器监控的部件超过 200 以上，每 200 件左右用一只；

②所监控设备电流超过 200mA，每 200mA 左右用一只；

③当总线传输距离太长、太密，超长（500m）安装一只（也有厂家超过 1000m 安一只，应结合厂家产品而定）。

7. 报警门灯及诱导灯

(1) 报警门灯

①报警门灯的作用

报警门灯应安装在每一楼层的门顶上端，当某一探测器报警时，门灯亮，指示火警楼层位置。

②报警门灯的分类及接线方式

报警门灯分为Ⅰ型和Ⅱ型。

报警门灯（Ⅰ型）接线方式如图 4-86 所示。

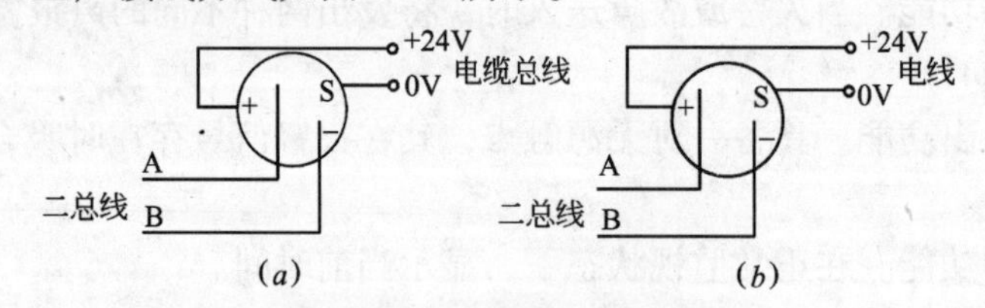

图 4-86　Ⅰ型报警门灯接线

(a) 不带电池；(b) 带电池

Ⅱ型报警门灯接线方式为：带电池的接线为二总线，不带电池的，除 A、B 二总线连接外，还应与控制器接有 +24V 和 0V 线。接线如图 4-87 所示。

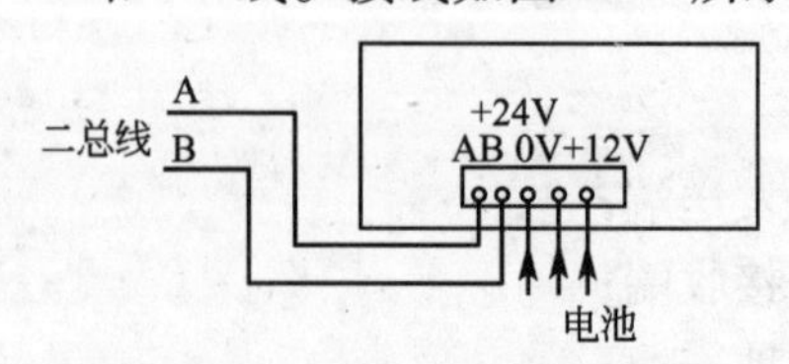

图 4-87　Ⅱ型报警门灯接线

(2) 引导灯

引导灯安装在各疏散通道上，均与消防控制中心控制器相接。当火灾时，在消防中心手动操作打开有关的引导灯，指示人员疏散通道。

8. 声光报警盒（亦称声光讯响器）

(1) 声光讯响器的分类及作用

声光讯响器一般分为非编码型与编码型两种。编码型可直接接入报警控制器的信号二总线（需由电源系统提供二根 DC24V 电源线），非编码型可直接由有源 24V 常开触点进行控制，例如用手动报警按钮的输出触点控制等。

声光讯响器的作用是：当现场发生火灾并被确认后，安装在现场的声光讯响器可由消防控制中心的火灾报警控制器启动，发出强烈的声光信号，以达到提醒人员注意的目的。

(2) 声光讯响器的技术指标、安装及接线

①主要技术指标

工作电压 DC24V；

监视电流≤0.8mA，报警电流≤1mA（信号总线）；

使用环境：温度：-10～50℃；相对湿度≤95%（40±2)℃；

外形尺寸：长 14.4cm，宽 9cm，厚 3.7cm。声光讯响器外形示意如图 4-88 所示。

②安装

讯响器安装在现场，采用壁挂式安装，一般情况下安装在距顶棚 0.2m 处。

③接线

讯响器接线端子示意如图 4-89 所示。图中，Z_1、Z_2 为与报警控制器信号二总线连接的端子，非编码型此端子无效；+24V 为与 DC24V 电源线（编码型）或 DC24V 常开控制触点连接的端子；DGND 为地线端子。

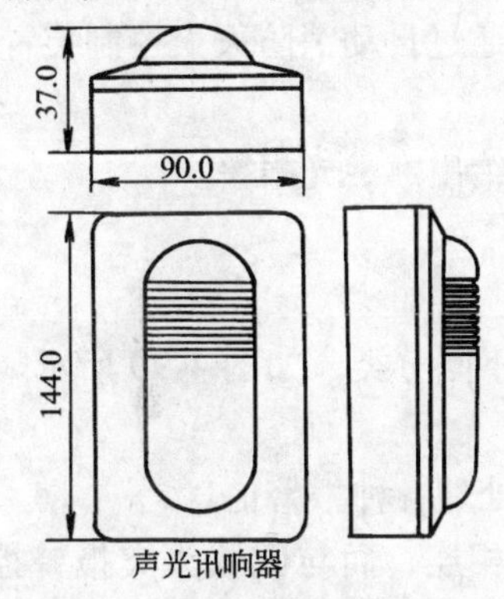

图 4-88　声光讯响器外形示意

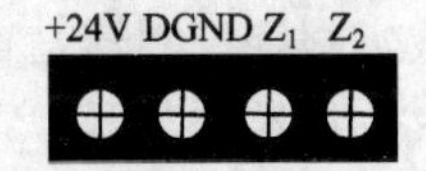

图 4-89　声光讯响器接线端子示意

布线要求：信号二总线 Z_1、Z_2 采用 PVS 型双绞线，截面积≥1.0mm²，电源线 +24V，DGND 采用 BV 线，截面积≥2.5mm²。

9. CRT 彩色显示系统

在消防系统的控制中必须采用微机显示系统，它包括系统的接口板、计算机、彩色监视器、打印机，是一种高智能化的显示系统。该系统采用现代化手段、现代化工具及现代化的科学技术代替以往庞大的模拟显示屏，其先进性对造型复杂的建筑群体更加突出。

(1) CRT 报警显示系统的作用

CRT 报警显示系统是把所有与消防系统有关的建筑物的平面图形及报警区域和报警点存入计算机内，在火灾时，CRT 显示屏上能自动用声光显示部位，如用黄色（预警）和红色（火警）不断闪动，同时用不同的音响来反映各种探测器、报警按钮、消火栓、水喷淋等各种灭火系统和送风口、排烟口等的具体位置。用汉字和图形来进一步说明发生火灾的部位、时间及报警类型，打印机自动打印，以便记忆着火时间，进行事故分析和存档，给消防值班人员更直观更方便地提供火情和消防信息。

(2) 对 CRT 报警显示系统的要求

随着计算机的不断更新换代，CRT 报警显示系统产品种类不断更新，在消防系统的设计过程中，选择合适的 CRT 系统是保证系统正常监控的必要条件，因此要求所选用的 CRT 系统必须具备下列功能：

①报警时，自动显示及打印火灾监视平面及平面中火灾点位置、报警探测器种类、火灾报警时间；

②所有消火栓报警开关、手动报警开关、水流指示器、探测器等均应编码，且在 CRT 平面上建立相应的符号。利用不同的符号、不同的颜色代表不同的设备，在报警时有明显的不同音响。

③当火灾自动报警系统需进行手动检查时，显示并打印检查结果。

④所具有的火警优先功能，应不受其他以及用户的要求所编制的软件影响。

(四) 火灾自动报警控制器

火灾报警控制器是火灾自动报警系统的心脏，可向探测器供电，并具有下述功能：

(1) 用来接收火灾信号并启动火灾警报装置。该设备也可用来指示着火部位和记录有关信息。

(2) 能通过火警发送装置启动火灾报警信号或通过自动消防灭火控制装置启动自动灭火设备和消防联动控制设备。

(3) 自动地监视系统的正确运行和对特定故障给出声、光报警。

1. 火灾自动报警器的分类、功能及型号

(1) 火灾自动报警控制器分类

火灾自动报警控制器种类繁多，从不同角度有不同分类，如图 4-90 所示。

①按控制范围分类：

区域火灾报警控制器：直接连接火灾探测器，处理各种报警信息。

集中火灾报警控制器：它一般不与火灾探测器相连，而与区域火灾报警控制器相连，处理区域级火灾报警控制器送来的报警信号，常使用在较大型系统中。

通用火灾报警控制器：它兼有区域、集中两级火灾报警控制器的双重特点。通过设置或修改某些参数（可以是硬件或者是软件方面），既可作区域级使用，连接控制器；又可作集中级使用，连接区域火灾报警控制器。

②按结构型式分类：

壁挂式火灾报警控制器：连接探测器回路相应少一些，控制功能较简单，区域报警器多采用这种型式。

台式火灾报警控制器：连接探测器回路数较多，联动控制较复杂，使用操作方便，集

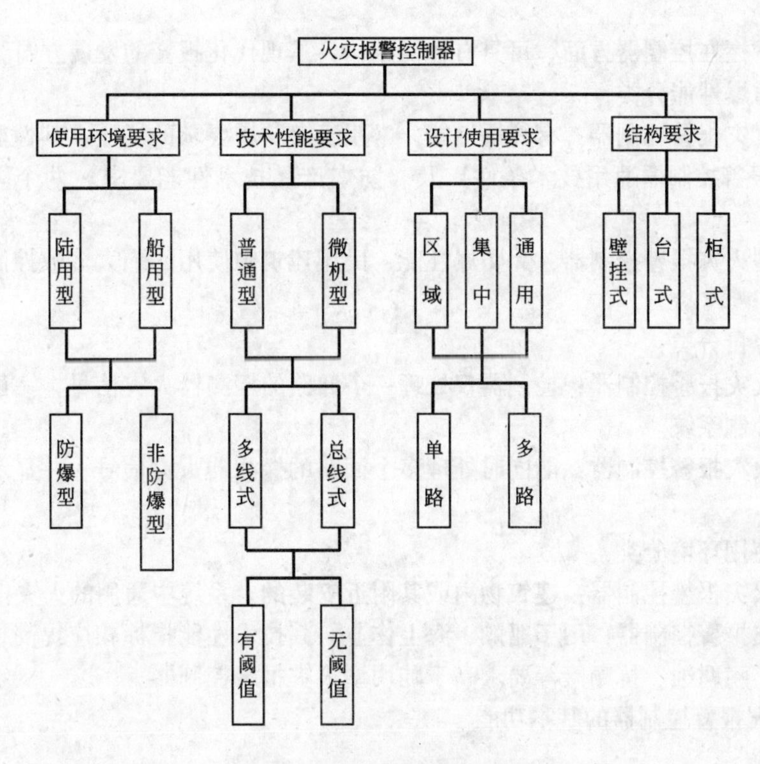

图 4-90　火灾报警控制器分类

中报警器常采用这种型式。

框式火灾报警控制器：可实现多回路连接，具有复杂的联动控制，集中报警控制器属此类型。

③按内部电路设计分类：

普通型火灾报警控制器：其内部电路设计采用逻辑组合型式，具有成本低廉、使用简单等特点，可采用以标准单元的插板组合方式进行功能扩展，其功能较简单。

微机型火灾报警控制器：内部电路设计采用微机结构，对软件及硬件程序均有相应要求，具有功能扩展方便、技术要求复杂、硬件可靠性高等特点，是火灾报警控制器的首选型式。

④按系统布线方式分类：

多线制火灾报警控制器：其探测器与控制器的连接采用一一对应方式。每个探测器至少有一根线与控制器连接，曾有五线制、四线制、三线制、两线制，连线较多，仅适用于小型火灾自动报警系统。

总线制火灾报警控制器：控制器与探测器采用总线方式连接，所有探测器均并联或串联在总线上，一般总线有二总线、三总线、四总线，连接导线大大减少，给安装、使用及调试带来了较大方便，适于大、中型火灾报警系统。

⑤按信号处理方式分类：

有阈值火灾报警控制器：该类探测器处理的探测信号为阶跃开关量信号，对火灾探测器发出的报警信号不能进一步处理，火灾报警取决于探测器。

无阈值模拟量火灾报警控制器：这类探测器处理的探测信号为连续的模拟量信号，其报警主动权掌握在控制器方面，可具有智能结构，是现代化报警的发展方向。

⑥按其防爆性能分类：

防爆型火灾报警控制器：有防爆性能，常用于有防爆要求的场所，其性能指标应同时满足《火灾报警控制器通用技术条件》及《防爆产品技术性能要求》两个国家标准的要求。

非防爆型火灾报警控制器：无防爆性能，民用建筑中使用的绝大多数控制器为非防爆型。

⑦按其容量分类：

单回路火灾报警控制器：控制器仅处理一个回路的探测器火灾信号，一般仅用在某些特殊的联动控制系统。

多回路火灾报警控制器：能同时处理多个回路的探测器火灾信号，并显示具体的着火部位。

⑧按其使用环境分类：

陆用型火灾报警控制器：建筑物内或其附近安装的，系统中通用的火灾报警控制器。

船用火灾报警控制器：用于船舶、海上作业。其技术性能指标相应提高，如工作环境温度、湿度、耐腐蚀、抗颠簸等要求高于陆用型火灾报警控制器。

（2）火灾报警控制器的基本功能

主备电源

在控制器中备有浮充备用电池，在控制器投入使用时，应将电源盒上方的主、备电开关全打开，当主电网有电时，控制器自动利用主电网供电，同时对电池充电，当主电网断电时，控制器会自动切换改用电池供电，以保证系统的正常运行。在主电供电时，面板主电指示灯亮，时钟口正常显示时分值。备电供电时，备电指示灯亮，时钟口只有秒点闪烁，无时分显示，这是节省用电，其内部仍在正常走时，当有故障或火警时，时钟口重又显示时分值，且锁定首次报警时间。在备电供电期间，控制器报类型号为 26 的主电故障，此外，当电池电压下降到一定数值时，控制器还要报类型号 24 故障。当备电低于 20V 时关机，以防电池过放而损坏（这里以 JB-TB/2A6351 型微机通风火灾报警控制器为例）。

火灾报警

当接收到探测器、手动报警开关、消火栓报警开关及输入模块所配接的设备发来的火警信号时，均可在报警器中报警，火灾指示灯亮并发出火灾变调音响，同时显示首次报警地址号及总数。

故障报警

系统在正常运行时，主控单元能对现场所有的设备（如探测器、手动报警开关、消火栓报警开关等）、报警总值、控制器内部的关键电路及电源进行监视，一有异常立即报警。报警时，报警灯亮并发出长音故障音响，同时显示报警地址号及类型号（不同型号报警器编号不同）。

时钟锁定，记录着火时间

系统中时钟走时是通过软件编程实现的，有年、月、日、时、分。每次开机时，时分值从 00:00 开始，月日值从 01:01 开始，所以需要调校。当有火警或故障时，时钟显示锁定，但内部能正常走时，火警或故障一旦恢复，时钟将显示实际时间。

火警优先

在系统存在故障的情况下出现火警，则报警器能由报故障自动转变为报火警，而当火警被清除后又自动恢复报原有故障。当系统存在某些故障而又未被修复时，会影响火警优先功能，如下列情况下：*a.* 电源故障；*b.* 当本部位探测器损坏时本部位出现火警；*c.* 总线部分故障（如信号线对地短路、总线开路与短路等）均会影响火警优先。

调显火警

当火灾报警时，数码管显示首次火警地址，通过键盘操作可以调显其他的火警地址。

自动巡检

报警系统长期处于监控状态，为提高报警的可靠性，控制器设置了检查键，供用户定期或不定期进行模拟火警检查。处于检查状态时，凡是运行正常的部位均能向控制器发回火警信号。只要控制器能收到现场发回来的信号并有反应而报警，则说明系统处于正常的运行状态。

自动打印

当有火警、部位故障或有联动时，打印机将自动打印记录火警、故障或联动的地址号，此地址号同显示地址号一致，并打印出故障、火警、联动的月、日、时、分。当对系统进行手动检查时，如果控制正常，则打印机自动打印正常（OK）。

测试

控制器可以对现场设备信号电压、总线电压、内部电源电压进行测试。通过测量电压值，判断现场部件、总线、电源等的正常与否。

部位的开放及关闭

部位的开放及关闭有以下几种情况：

①子系统中空置不用的部位（不装现场部件），在控制器软件制作中即被永久关闭。如需开放新部位应与制造厂联系；

②系统中暂时空置不用的部位，在控制器第一次开机时需要手动关闭；

③系统运行过程中，已被开放的部位其部件发生损坏后，在更新部件之前应暂时关闭，在更新部件之后将其开放。部位的暂时关闭及开放有以下几种方法：

a. 逐点关闭及逐点开放：在控制器正常运行中，将要关闭（或开放）的部位的报警地址显示号用操作键输入控制器，逐个地将其关闭或开放。被关闭的部位如果安装了现场部件则该部件不起作用，被开放的部位如果未安装现场部件则将报出该部位故障。对于多部件部位（指编码不同的部件具有相同的显示号），进行逐点关闭（或开放），是将该部位中的全部部件实现了关闭（或开放）。

b. 统一关闭及统一开放。统一关闭是在控制器报警（火警或故障）的情况下，通过操作键将当时存在的全部非正常部位进行关闭；统一开放是在控制器运行中，通过操作键将所有在运行中曾被关闭的部位进行开放。当部位是多部件部位时，统一关闭也只是关闭了该部位中的不正常部件。系统中只要有部位被关闭了，面板上的“隔离”灯就被点亮。

显示被关闭的部位

在系统运行过程中，已开放的部位在其部件出现故障后，为了维持整个系统正常运行，应将该部位关闭。但应能显示出被关闭的部位，以便人工监视该部位的火情并及时更换部件。操作相应的功能键，控制器便顺序显示所有在运行中被关闭的部位。当部位是多部件部位时，这些部件中只要有一个是关闭的，它的部位号就能被显示出来。

输出

①控制器中有 V 端子，V.G 端子间输出 DC24V、2A。向本控制器所监视的某些现场部件和控制接口提供 24V 电源。

②控制器有端子 L_1、L_2，可用双绞线将多台控制器连通以组成多区域集中报警系统，系统中有一台作为集中报警控制器，其他作为区域报警控制器。

③控制器有 GTRC 端子，用来同 CRT 联机，其输出信号是标准 RS232 信号。

联动控制

可分“自动”联动和“手动”启动两种方式，但都是总线联动控制方式。在联动方式时，先按 E 键与自动键，“自动”灯亮，使系统处于自动联动状态。当现场主动型设备（包括探测器）发生动作时，满足既定逻辑关系的被动型设备将自动被联动，联动逻辑因工程而异，出厂时已存贮于控制器中。手动启动在“手动允许”时才能实施，手动启动操作应按操作顺序进行。

无论是自动联动还是手动启动，应该动作的设备编号均应在控制面板上显示，同时启动灯亮。已经发生动作的设备的编号也在此显示，同时回答灯亮。启动与回答能交替显示。

阈值设定

报警阈值（即提前设定的报警动作值）对于不同类型的探测器其大小不一，目前报警阈值是在控制器的软件中设定。这样，控制器不仅具有智能化，高可靠的火灾报警，而且可以按各探测部位所在应用场所的实际情况不同，灵活方便地设定其报警阈值，以便更加可靠地报警。

（3）型号

火灾报警产品型号是按照《中华人民共和国专业标准》（ZBC 81002—84）编制的，其型号意义如下：

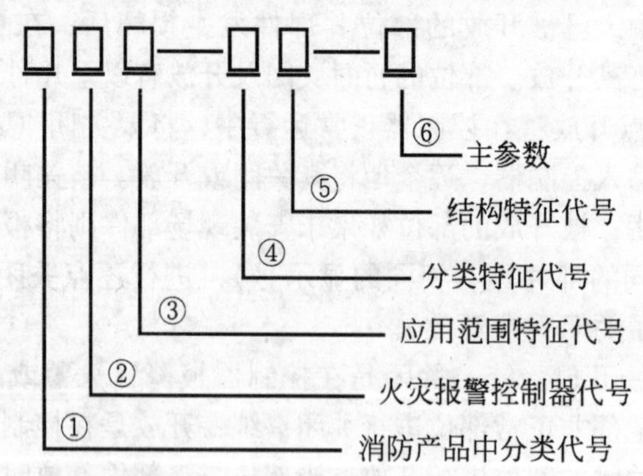

①J（警）——消防产品中的分类代号（火灾报警设备）；

②B（报）——火灾报警控制代号；

③应用范围特征代号 B（爆）——防爆型；C（船）——船用型

非防爆型和非船用型可以省略，无需指明。

④分类特征代号：D（单）——单路；Q（区）——区域；J（集）——集中；T（通）——通用，

即可作集中报警，又可作区域报警；

⑤结构特征代号：G（框）——框式；T（台）——台式；B（壁）——壁挂式；

⑥主参数：一般表示报警器的路数。例如：40，表示40路。

型号举例：

JB-TB-8-2700/063B：8路通用火灾报警控制器。

JB-JG-60-2700/065：60路柜式集中报警控制器。

JB-QB-40：40路壁挂式区域报警控制器。

2. 基本原理

火灾报警控制器主要包括电源和主机，其工作原理如下：

（1）电源部分

承受主机部分和探测器供电，是整个控制器的供电保证环节。输出功率要求较大，大多采用线性调节稳压电路，在输出部分增加相应的过压、过流保护。其具有稳压精度高、输出稳定的特点。但存在电源转换效率相对较低，电源部分热损耗较大，影响整机的热稳定性。目前，使用的开关型稳压电源，利用大规模微电子技术，将各种分立元器件进行集成及小型化处理，使整个电源部分的体积大大缩小；同时输出保护环节也日趋完善，除具有一般的过压、过流保护外，还增加了过热、欠压保护及软启动等功能；因主输出功率工作在高频开关状态，整个电源部分转换效率也大大提高，可达80%~90%，并大大改善了电源部分的热稳定性，提高了整个控制器的技术性能。开关型稳压电源的工作原理如图4-91所示。

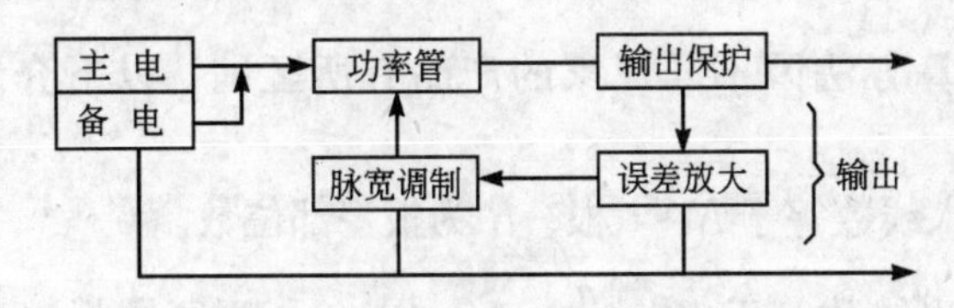

图4-91 开关型稳压电源工作原理

（2）主机部分

承担着将火灾探测源传来的信号进行处理、报警并中继的作用。从原理上讲，无论是区域报警控制器，还是集中报警控制器，都遵循同一工作模式，即收集探测源信号→输入单元→自动监控单元→输出单元。同时，为了使用方便，增加功能，增加了辅助人机接口——键盘、显示部分、输出联动控制部分、计算机通讯部分、打印机部分等。火灾报警控制器主机部分基本原理如图4-92所示。

3. 区域报警控制器

区域报警控制器种类日益增多，而且功能不断完善和齐全。区域报警控制器一般都是由火警部位记忆显示单元、自检单元、总火警和故障报警单元、电子钟、电源、充电电源以及与集中报警控制器相配合时需要的巡检单元等组成。区域报警控制器有总线制区域报警器和多线制区域报警器之分。其外形有壁挂式、柜式和台式三种。区域报警控制器可以在一定区域内组成独立的火灾报警系统，也可以以集中报警控制器连接起来，组成大型火灾报警系统，并作为集中报警控制器的一个子系统。总之，能直接接收保护空间的火灾探测器或中继器发来的报警信号的单路或多路火灾报警控制器称为区域报警器。

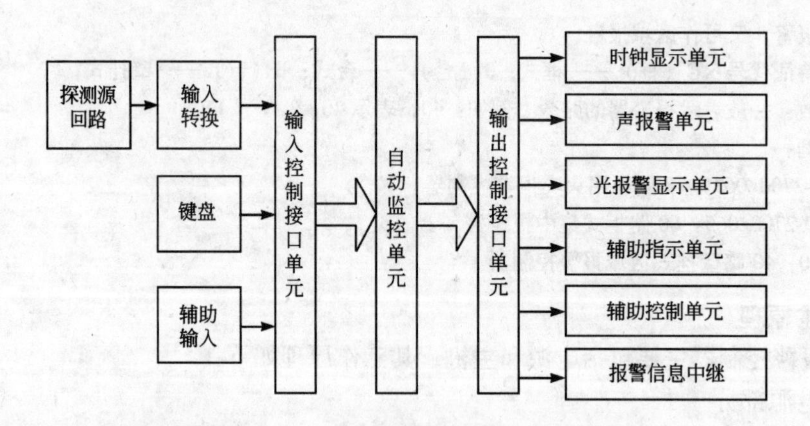

图 4-92　火灾报警控制器主机部分基本原理

4. 集中报警控制器

(1) 集中报警控制器的作用

集中报警控制器能接收区域报警控制器（含相当于区域报警控制器的其他装置）或火灾探测器发来的报警信号，并能发出某些控制信号使区域报警控制器工作。

(2) 集中报警控制器的接线

接线形式根据不同产品有不同线制，如三线制、四线制、两线制、全总线制及二总线制等，这里仅介绍传统的两线制及现代的全总线制两种。

①两线制：

两线制的接线计算方法因不同厂家的产品有所区别，以下介绍的计算方法具有一般性。

区域报警器的输入线数等于 $N+1$ 根，N 为报警部位数。

区域报警器的输出线数等于 $10+\frac{n}{10}+4$，式中：n 为区域报警器所监视的部位数目；10 为部位显示器的个数；$n/10$ 为巡检分组的线数；4 包括：地线一根、层号线一根、故障线一根、总检线一根。

集中报警器的输入线数为 $10+n/10+S+3$，式中：S 为集中报警器所控制区域报警器的台数；3 为故障线一根、总检线一根、地线一根。

【例题】 某高层建筑的层数为 50 层，每层一台区域报警器，每台区域报警器带 50 个报警点，每个报警点有一只探测器，试计算报警器的线数并画出布线图。

【解】 区域报警器的输入线数为 $50+1=51$ 根，区域报警器的输出线数为 $10+\frac{50}{10}+4=19$ 根；

集中报警器的输入线数为 $10+\frac{50}{10}+50+3=68$ 根。

其接线如图 4-93 所示，这种接线方法大多用在小系统中，目前已很少使用。

②采用地址编码全总线火灾自动报警系统接线：

这种接线方式在大系统中显示出其明显的优势，接线非常简单，给设计和施工带来了较大的方便，大大减少了施工工期。

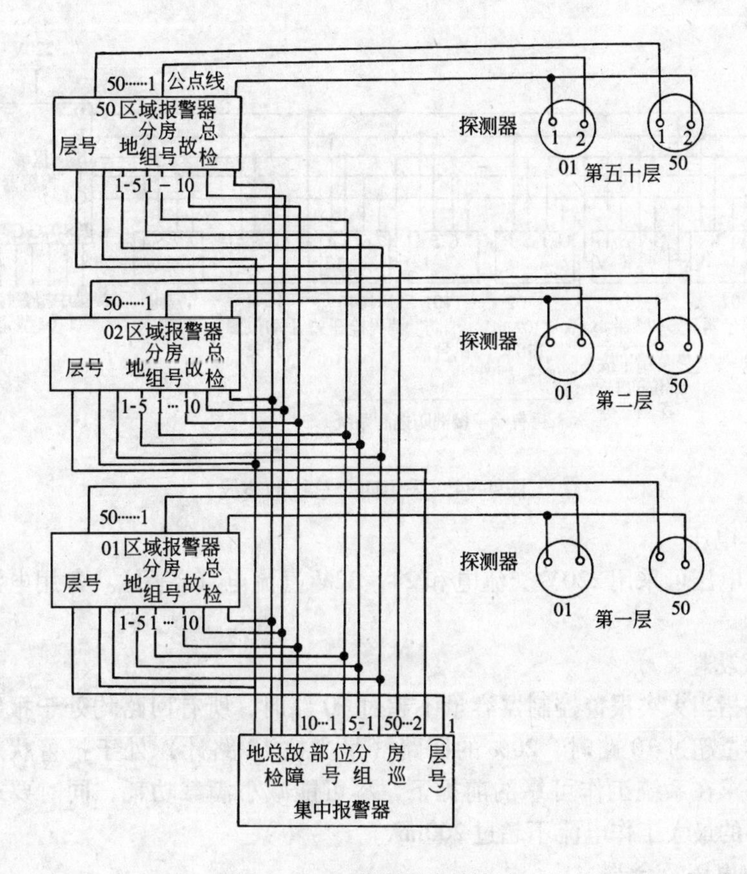

图4-93 两线制的布线方法

区域报警器输入线为五根，即P、S、T、G及V线，即电源线、讯号线、巡检控制线、回路地线及DC24V线。

区域报警器的输出线数等于集中报警器接出的六条总线，即P_0、S_0、T_0、G_0，G_0、D_0，C_0为同步线，D_0为数据线。所以称之为四全总线（或称总线）是因为该系统中所使用的探测器、手动报警按钮等设备均采用P、S、T、G四根出线引至区域报警器上。其布线如图4-94所示。

关于三总线、二总线系统接线使线路更加简化，目前在实际工程中，二总线系统得到了越来越广泛的应用。

5. 火灾报警控制器的技术指标

火灾报警控制器的主要技术指标如下：

（1）容量

容量是指能够接收火灾报警信号的回路数，以“M”表示。一般区域报警器M的数值等于探测器的数量。对于集中报警控制器，容量数值等于M乘以区域报警器的台数N，即$M \cdot N$。

（2）使用环境条件

使用环境条件主要指报警控制器能够正常工作的条件，即温度、湿度、风速、气压等项。要求陆用型环境条件为：温度－10～50℃；相对湿度≤92%（40℃）；风速<5m/s；气压为85～106kPa。

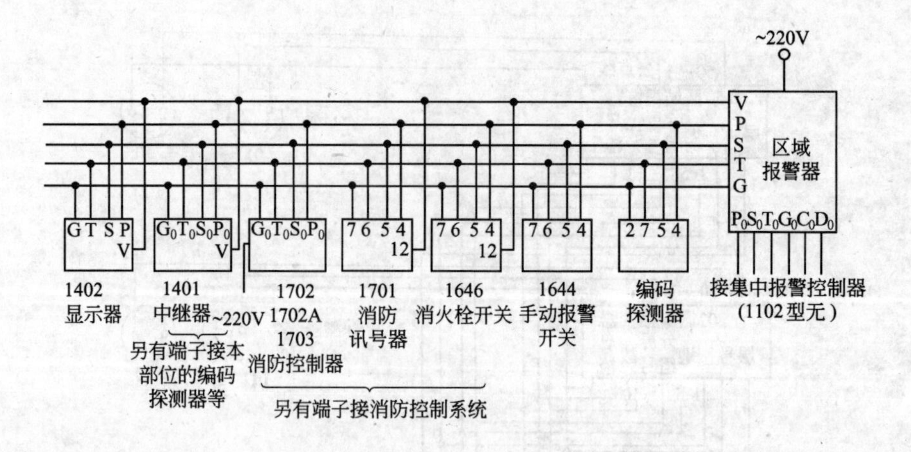

图4-94　采用四全总线的布线

（3）工作电压

工作时，电压可采用220V交流电和24～32V直流电（备用)。备用电源应优先选用24V。

（4）满载功耗

满载功耗指当火灾报警控制器容量不超过10路时，所有回路均处于报警状态所消耗的功率；当容量超过10路时，20%的回路（最少按10路计）处于报警状态所消耗的功率。使用时要求在系统工作可靠的前提下，尽可能减小满载功耗；同时要求在报警状态时，每一回路的最大工作电流不超过200mA。

（5）输出电压及允差

输出电压即指供给火灾探测器使用的工作电压，一般为直流24V，此时输出电压允差不大于0.48V。输出电流一般应大于0.5A。

（6）空载功耗

即指系统处于工作状态时所消耗的电源功率。空载功耗表明了该系统的日常工作费用的高低，因此功耗应是愈小愈好；同时要求系统处于工作状态时，每一报警回路的最大工作电流不超过20mA。

（五）火灾自动报警系统的种类

随着新消防产品的不断出现，火灾自动报警系统也由传统火灾自动报警系统向现代火灾报警系统发展。虽然生产厂家较多，其所能监控的范围随不同报警设备各异，但设备的基本功能日趋统一，并逐渐向总线制、智能化方向发展，使得系统误报率降低，且由于采用总线制，系统的施工和维护非常方便。

1. 传统型火灾报警系统

在高层建筑及建筑群体的消防工程中，传统型火灾自动报警系统仍不失为一种实用、有效的重要消防监控系统，下面分别叙述。

（1）区域报警系统：区域火灾报警系统由区域火灾报警控制器、火灾探测器、手动火灾报警按钮、火灾警报装置及电源等组成，如图4-95所示。

①区域报警控制系统的设计要求：

一个报警区域宜设置一台区域火灾报警控制器。

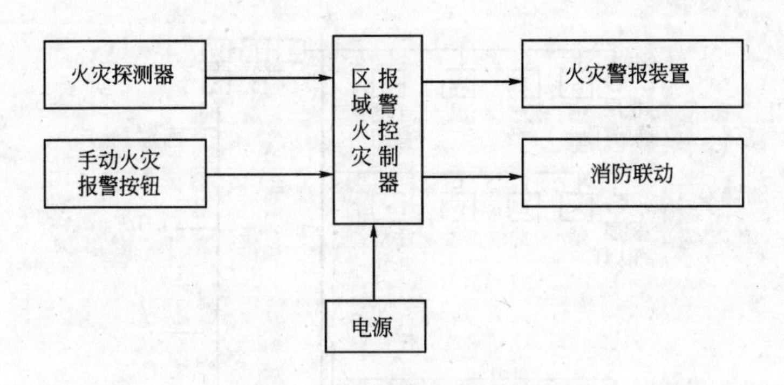

图 4-95　区域报警系统组成框图

区域火灾报警系统报警器台数不应超过两台。

当一台区域报警器垂直方向警戒多个楼层时，应在每个楼层的楼梯口或消防电梯前室等明显部位，设置识别楼层的灯光显示装置，以便发生火警时，能及时找到火警区域，并迅速采取相应措施。

区域报警器安在墙上时，其底边距地高度应在 1.3～1.5m，靠近其门轴的侧面距墙不应小于 0.5m，正面操作距离不应小于 1.2m。

区域报警器应设置在有人值班的房间或场所。

区域报警器的容量应大于所监控设备的总容量。

系统中可设置功能简单的消防联动控制设备。

②区域报警控制系统应用实例：

区域报警系统简单且使用广泛，一般在工矿企业的计算机房等重要部位和民用建筑的塔楼公寓、写字楼等处采用区域报警系统，另外还可作为集中报警系统和控制中心系统中最基本的组成设备。公寓塔楼火灾自动报警系统如图 4-96 所示。目前区域系统多数由环状网络构成（如右边所示）。也可能是支状线路构成（如左边所示），但必须加设楼层报警确认灯。

（2）集中火灾自动报警系统：由集中火灾报警控制器、两台及以上区域火灾报警控制器（或区域显示器）、火灾探测器、手动火灾报警按钮、火灾报警装置及电源等组成，如图 4-97 所示。

①集中报警控制系统的设计要求：

系统中应设有一台集中报警控制器和两台以上区域报警控制器，或一台集中报警控制器和两台以上区域显示器（或灯光显示装置）。

集中报警控制器应设置在有专人值班的消防控制室或值班室内。

集中报警控制器应能显示火灾报警部位信号和控制信号，亦可进行联动控制。

系统中应设置消防联动控制设备。

集中报警控制器及消防联动设备等在消防控制室内的布置应符合下列要求：

设备面盘前操作距离，单列布置时不应小于 1.5m，双列布置时不应小于 2m。

在值班人员经常工作的一面，设备面盘至墙的距离不应小于 3m。

设备面盘的排列长度大于 4m 时，其两端应设置宽度不小于 1m 的通道。

设备面盘后的维修距离不宜小于 1m。

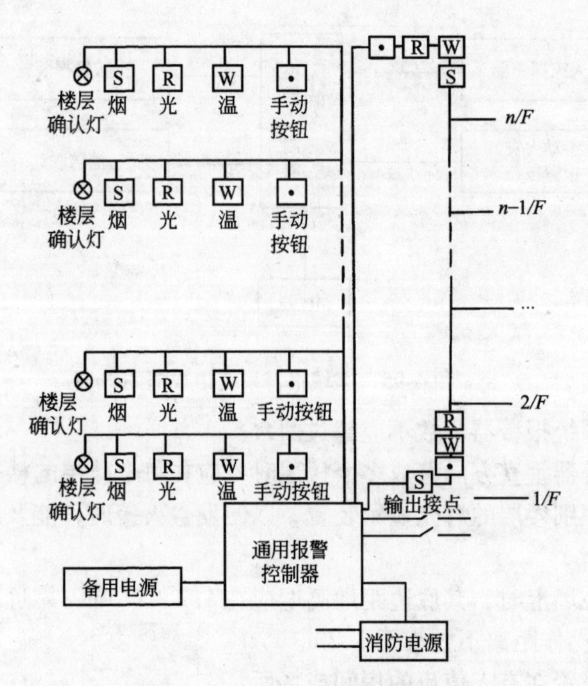

图 4-96 公寓火灾自动报警示意图

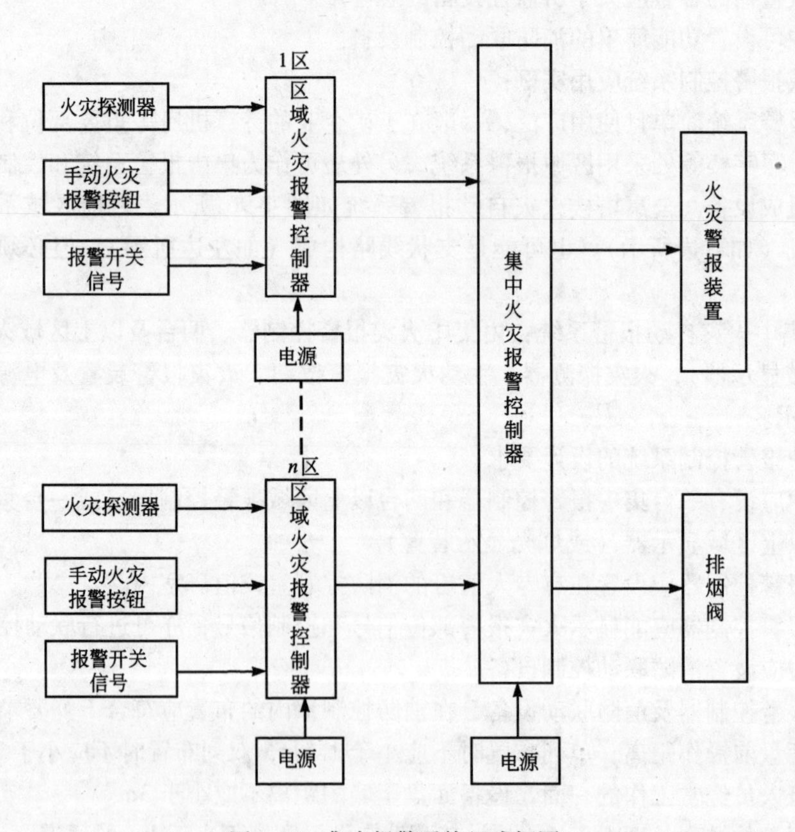

图 4-97 集中报警系统组成框图

集中火灾报警控制器安装在墙上时，其底边距地高度为1.3～1.5m，靠近其门轴的侧面距墙不应小于0.5m，正面操作距离不应小于1.2m。

②集中报警控制系统应用实例：

集中报警控制系统在一级中档宾馆、饭店用得比较多。根据宾馆、饭店的管理情况，集中报警控制器（或楼层显示器）设在各楼层服务台，管理比较方便。宾馆、饭店火灾自动报警系统如图4-98所示。

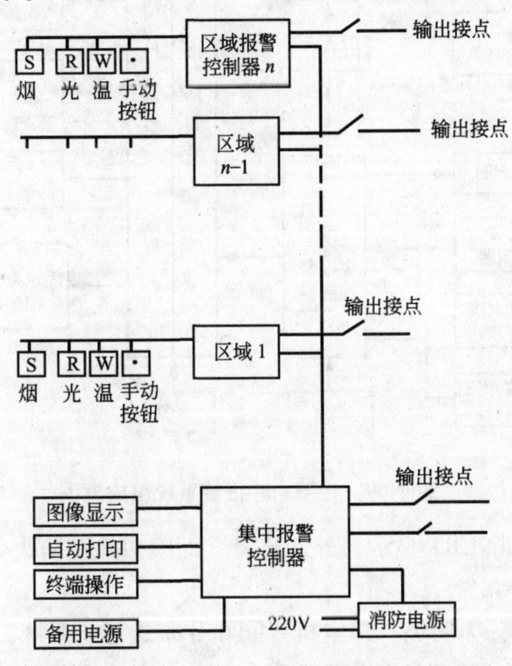

图4-98　宾馆、饭店火灾自动报警系统示意图

（3）控制中心报警系统：一般由至少一台集中火灾报警控制器、一台消防联动控制设备、两台及以上区域火灾报警控制器（或区域显示器）、火灾控制器、手动火灾报警按钮、火灾报警装置、火警电话、火灾应急照明、火灾应急广播、联动装置及电源等组成，如图4-99所示。

控制中心报警系统主要用于大型宾馆、饭店、商场、办公室等。此外，多用在大型建筑群和大型综合楼工程。控制中心系统在商场、宾馆、公寓、综合楼的应用也比较普遍。如图4-100所示，为采用多线制传输的宾馆、饭店消防控制中心报警系统自动报警和系统功能示意图。每层设区域报警控制器（简称区控），控制中心设集中报警控制器（简称集控）和联动控制装置。每层的探测器、手动报警按钮的报警信号送同层区控，同层的防排烟阀门、防火卷帘等对火灾影响大，但误动作不会造成损失的设备由区控联动。联动的回授信号也进入区控，然后经母线送到集控。必须经过确认才能动作的设备则由控制中心控制，如水流指示器信号、分区断电、事故广播、电梯返底指令等。控制中心配有IBM-PC微机系统，将集控接口送来的信号经处理、加工、释译，在彩色CRT显示器上用平面模拟图形显示出来，便于正确判断和采取有效措施。火灾报警和处理过程，经加密处理后存入硬盘，同时由打印机打印给出，供分析记录事故用。全部显示、操作设备集中安装在一

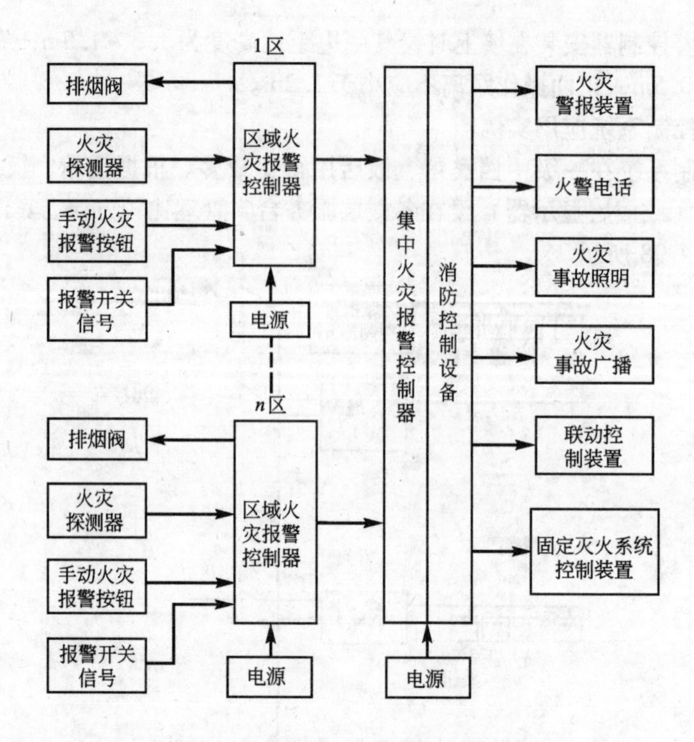

图 4-99　控制中心报警系统组成框图

个控制台上。控制台上除 CRT 显示器外，还有立面模拟盘和防火分区指示盘。

2. 智能型火灾报警系统

智能火灾报警系统分为两类：即主机智能和分布式智能系统。

（1）主机智能系统：该系统是将探测器的阈值比较电路取消，使探测器成为火灾传感器，无论烟雾影响大小，探测器本身不报警，而是将烟雾影响产生的电流、电压变化信号通过编码电路和总线传给主机，由主机内置软件将探测器传回的信号与火警典型信号比较，根据其速率变化等因素判断出是火灾信号还是干扰信号，并增加速率变化、连续变化量、时间、阈值幅度等一系列参考量的修正，只有信号特征与计算机内置的典型火灾信号特征相符时才会报警，这样就极大地减少了误报。

主机智能系统的主要优点有：灵敏度信号特征模型可根据探测器所在环境特点来设定；可补偿各类环境中干扰和灰尘积累对探测器灵敏度的影响，并能实现报脏功能；主机采用微处理机技术，可实现时钟、存储、密码、自检联动、联网等多种管理功能；可通过软件编程实现图形显示、键盘控制、翻译等高级扩展功能。

尽管主机智能系统比非智能型系统优点多，但由于整个系统的监测、判断功能不仅全部要控制器完成，而且还要一刻不停地处理上千个探测器发回的信息，因而系统软件程序复杂、量大，并且探测器巡检周期长，导致探测点大部分时间失去监控，系统可靠性降低和使用维护不便等缺点。

（2）分布式智能系统：该系统是在保留智能模拟量探测系统优点的基础上形成的，它将主机智能系统中对探测信号的处理、判断功能由主机返回到每个探测器，使探测器真正具有智能功能，而主机由于免去了大量的现场信号处理负担，可以从容不迫地实现多种管

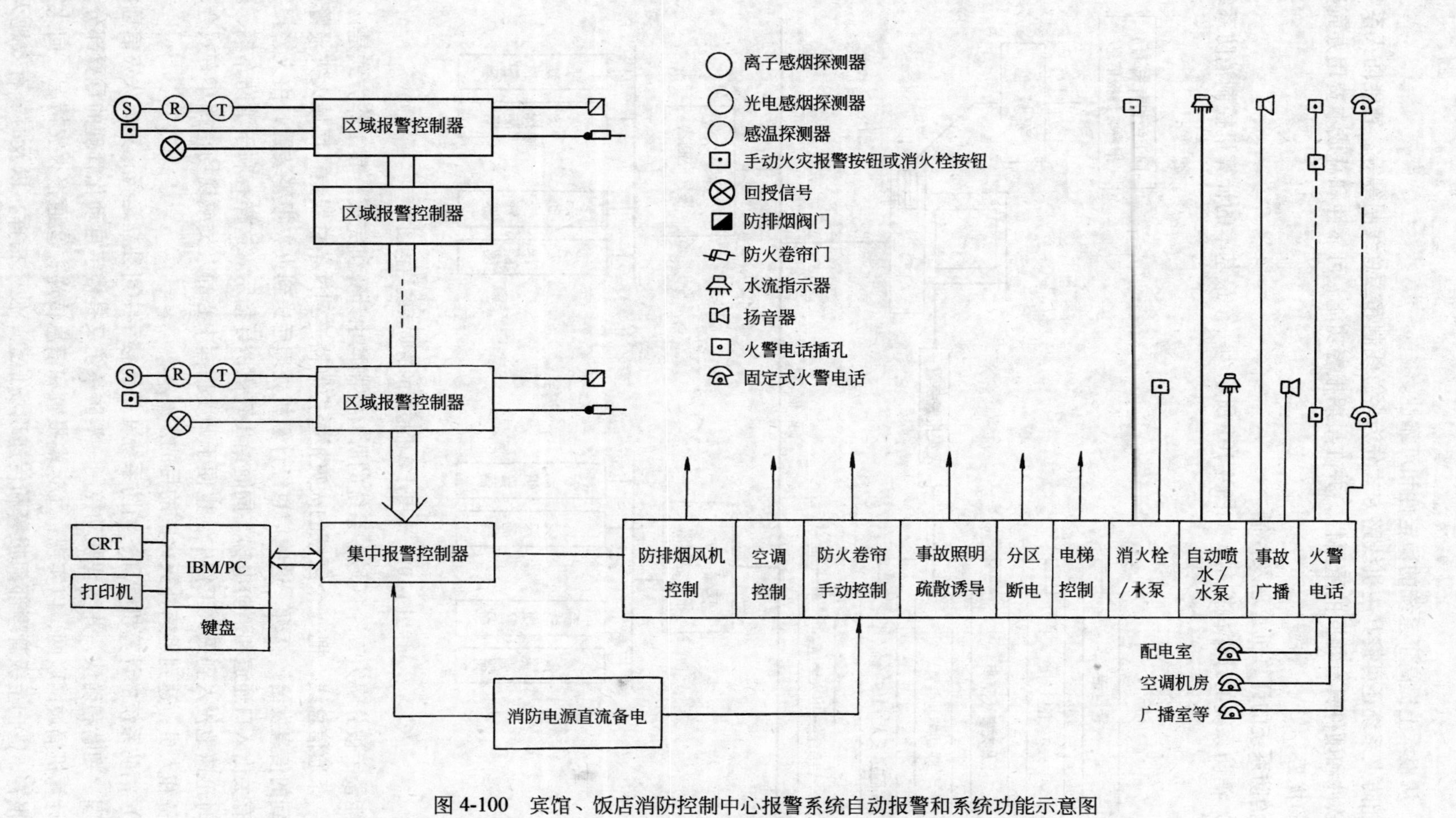

图 4-100　宾馆、饭店消防控制中心报警系统自动报警和系统功能示意图

理功能，从根本上提高了系统的稳定性和可靠性。

智能防火系统还可按其主机线路方式分为多总线制和二总线制等等。智能防火系统的特点是软件和硬件具有相同的重要性，并在早期报警功能、可靠性和总成本费用方面显示出明显的优势。

3. 消防系统的计算机管理及控制

（1）消防系统的计算机控制：如图4-101所示为一个最基本的计算机控制消防系统结构图。

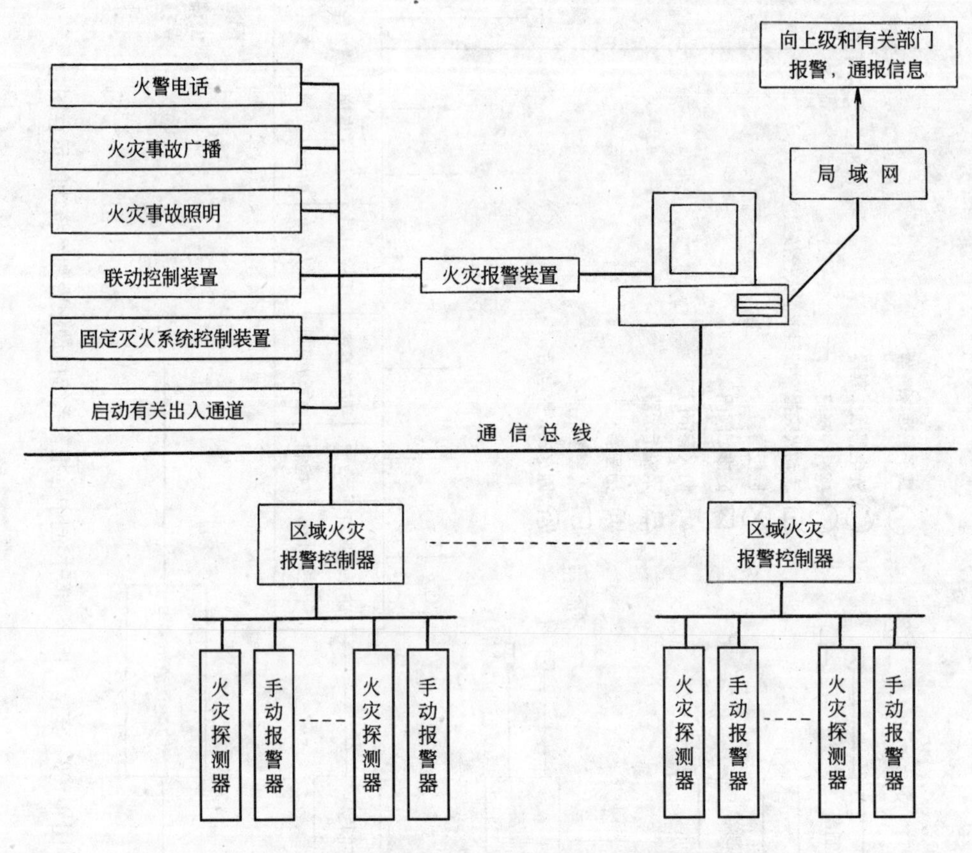

图4-101　采用计算机控制的消防系统结构图

智能楼宇被分解为N个区域，系统的所有控制均由计算机完成。其工作方式是：从计算机引一条通信总线，把N个区域的火灾报警控制器连到这条总线上，区域火灾报警控制器将收到的信息发给计算机，这些信息经计算机处理后送到火灾报警装置，由火警报警装置启动有关出入口通道和消防电梯，同时给出疏散诱导指示。这样有利于消防车辆、救灾人员及时迅速地投入到灭火工作中，也便于调度指挥中心的人员或现场指挥车有效合理地使用装备和人员，达到迅速扑灭火灾的目的。

（2）消防系统的计算机管理：消防系统在智能楼宇中可独立运行，完成火灾信息的采集、处理、判断和确认，并实现联动控制。消防系统又是楼宇自动化管理的重要部分，因此应与计算机局域网联网，以实现：①远端报警和信息传递；②通报火灾情况，向火灾受理中心报警；③向上级管理部门报警和传递现场信息。便于指挥，以及时、有效地灭火，减少损失。

4. 火灾报警系统与消防联动控制

现以某贸易中心的火灾报警与消防联动系统为例说明联动状况，如图4-102所示。

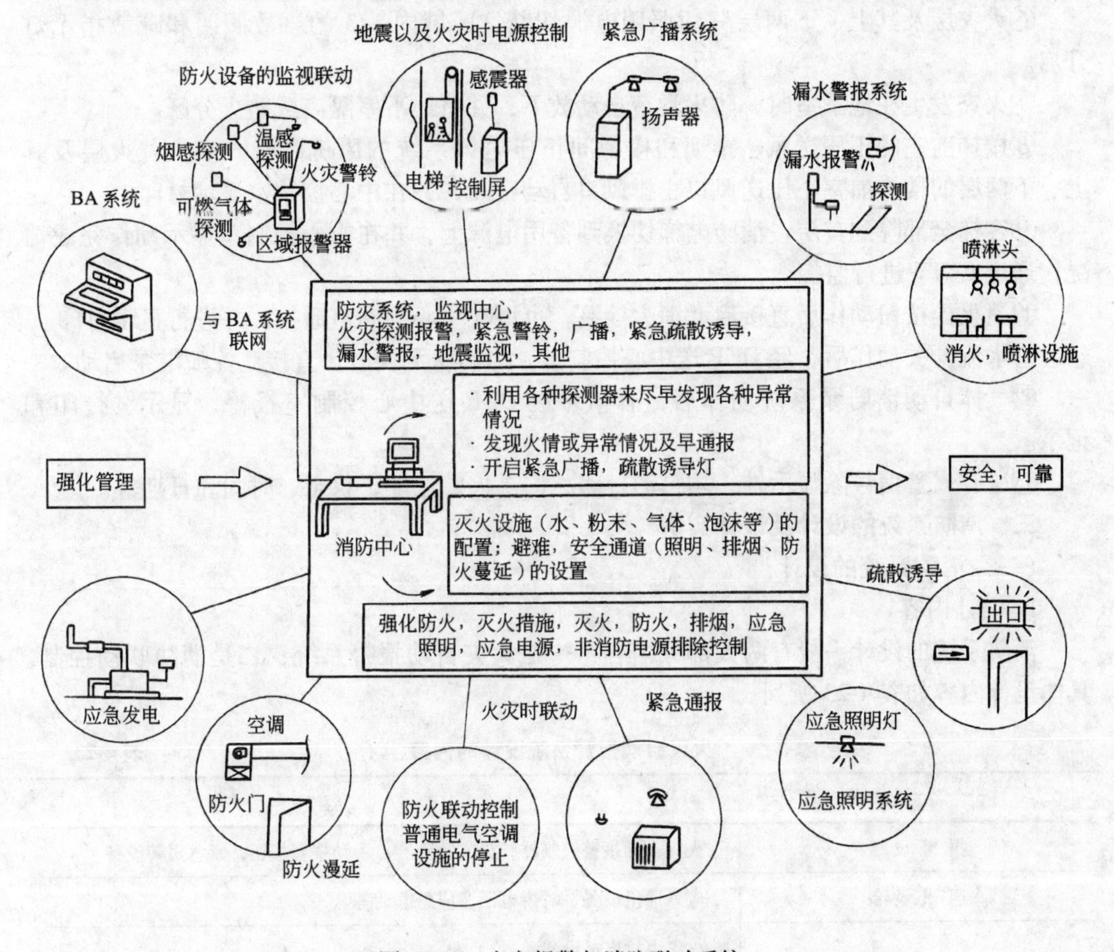

图4-102　火灾报警与消防联动系统

由图可知，本系统由报警系统控制主机、操作终端和显示终端、打印设备、彩色图形显示终端、带备用蓄电池的电源装置、火灾探测器、手动报警开关、消防广播、疏散警铃、输入和输出监控模块或中继器、消防专用通信电话，区域报警装置及其他有关设施等组成。

自动报警和联动监控系统的控制程序和动作过程如下：

①火警信号经数据收集站（DGP）送入中央处理机（CPU），屏幕显示器（CRT）和彩色图像显示器（CCRT）分别显示出火灾楼层报警部位、楼层平面图或系统图，打印机（PRT）打印记录有关消防动作及状态。

②中央控制室利用火灾指挥系统，包括紧急电话或对讲电话与灾区值班人员联系，确认火灾后，操作人员输入火灾事件程序，指挥疏散和扑救。

③火灾本层及其上、下两层的背景音乐停播，火灾指挥疏散录音带投入，扬声器接通，处于紧急广播状态，以指挥疏散。

④火灾本层及其上、下两层的非消防电源经DGP控制自动切断，空调停止，并在中心控制室显示记录动作完成情况。

⑤着火层所在区的卫生间的排气系统及本区各层卫生间排气扇的电源均同时切断。

⑥火灾层及其上、下两层一切照明电源切断，区域内1/3的事故照明和疏散指示灯开启。

⑦火灾发生在地下室时，防火卷帘自动放下，并将地下室隔离成防火分区。

⑧楼梯前室的正压送风、排烟和楼梯间正压送风系统的风机同时开启，着火层及其上、下两层的楼梯前室正压送风口、排风口自动密闭，并在中心控制室显示打印。

⑨客梯全部降到首层，消防电梯切换到备用电源上，并在中心控制室显示动作完成情况，通过CCTV进行监控。

⑩消火栓按钮动作后直接启动消火栓泵，也可在中心控制室遥控，并进行显示打印。

⑪水流开关动作后，经DGP送中心控制室，当确认无误后，直接遥控喷淋泵启动。

⑫气体自动消防泵系统动作后，有信号经DGP送中心控制室报警、显示、打印和记录。

⑬所有火警信号除显示外，均自动打印、记录火警地址、状态、时间和日期等。

三、消防系统的设计及设计实例

（一）消防系统的设计

1. 设计内容

消防系统的设计一般有两大部分内容：一是火灾自动报警系统；二是消防联动控制。具体设计内容如表4-23所列。

火灾自动报警系统设计的内容　　**表4-23**

设备名称	内容
报警设备	火灾自动报警控制器，火灾探测器，手动报警按钮，紧急报警设备
通讯设备	应急通讯设备，对讲电话，应急电话等
广　　播	火灾事故广播设备
灭火设备	喷水灭火系统的控制 室内消火栓灭火系统的控制 泡沫、卤代烷、二氧化碳等 管网灭火系统的控制等
消防联动设备	防火门、防火卷帘门的控制，防排烟风机、排烟阀的控制，空调、通风设施的紧急停止，电梯控制监视
避难设施	应急照明装置、诱导灯

一个建筑物内合理设计火灾自动报警系统，能及早发现和通报火灾，防止和减少火灾危害，保证人身和财产安全。设计的优劣主要从以下几方面进行评价。

（1）满足国家火灾自动报警设计规范及建筑设计防火规范的要求；

（2）满足消防功能的要求；

（3）技术先进，施工、维护及管理方便；

(4) 设计图纸资料齐全，准确无误；

(5) 投资合理，即性能价格比高。

2. 设计依据和原则

消防系统设计的最基本原则，就是应符合现行的建筑设计消防法规的要求。因此在进行消防工程设计时，要遵照下列原则进行：

(1) 熟练掌握国家标准、规范、法规等，对规范中的正面词及反面词的含义领悟准确，保证做到依法设计。

(2) 详细了解建筑物的使用功能、保护对象级别及有关消防监督部门的审批意见。

(3) 掌握所设计建筑物相关专业的标准、规范等，如车库、卷帘门、防排烟、人防等，以便于综合考虑后着手进行系统设计。

我国消防法规的分类大致有五类：即建筑设计防火规范、系统设计规范、设备制造标准、安全施工验收规范及行政管理法规。设计者只有掌握了这五大类的消防法规，设计中才能做到应用自如、准确无误。

在执行法规遇到矛盾时，应按以下几点执行：

(1) 行业标准服从国家标准；

(2) 从安全考虑就高不就低；

(3) 报请主管部门解决，包括公安部、建设部等规范制定的主管部门。

3. 已知条件与设计程序

(1) 已知条件及专业配合

①全套土建图纸：包括风道（风口）、烟道（烟口）位置，防火卷帘樘数及位置；

②水暖通风专业给出的水流指示器、压力开关等；

③电力、照明给出的供电及有关配电箱（如事故照明配电箱、空调配电箱、防排烟机配电箱及非消防电源切换箱）的位置；

④防火类别及等级。

⑤确定供电方式及配电系统：消防系统是以年为单位长期连续不间断工作的自动监视火情的系统。一般情况下（特别是一类防火建筑）应采用双路供电方式，并应配有备用电源设备，如蓄电池或发电机，以确保消防用电的不间断性。消防电源应是专用、独立的，应与正常照明及其他用电电源分开设置。火灾时，正常供电负荷电源被切断，仅消防电源工作，所有消防设备均由消防电源单独供电，不得混用。

⑥划分防火分区（报警区域）、防排烟系统分区、消防联动控制系统，确定控制中心、控制屏（台）的位置及火灾自动报警装置的设置。

总之，建筑物的消防设计是各专业密切配合的产物，应在总的防火规范指导下各专业密切配合，共同完成任务。电气专业应考虑的内容如表4-24所列。

(2) 设计程序

①确定设计依据

有关规范。

②确定设计方案

确定合理的设计方案是设计成败的关键所在，应根据建筑物的性质、疏散难易程度及全部已知条件确定采用什么规模、类型的系统，采用哪个厂家的产品。

设计项目与电气专业配合的内容 **表 4-24**

序号	设计项目	电气专业配合措施
1	建筑物高度	确定电气防火设计范围
2	建筑防火分类	确定电气消防设计内容和供电方案
3	防火分区	确定区域报警范围、选用探测器种类
4	防烟分区	确定防排烟系统控制方案
5	建筑物室内用途	确定探测器型式类别和安装位置
6	构造耐火极限	确定各电气设备设置部位
7	室内装修	选择探测器型式类别、安装方法
8	家　具	确定保护方式、采用探测器类型
9	屋　架	确定屋架探测方法和灭火方式
10	疏散时间	确定紧急和疏散标志、事故照明时间
11	疏散路线	确定事故照明位置和疏散通路方向
12	疏散出口	确定标志灯位置指示出口方向
13	疏散楼梯	确定标志灯位置指示出口方向
14	排烟风机	确定控制系统与联锁装置
15	排 烟 口	确定排烟风机联锁系统
16	排烟阀门	确定排烟风机联锁系统
17	防火烟卷帘门	确定探测器联动方式
18	电动安全门	确定探测器联动方式
19	送回风口	确定探测器位置
20	空调系统	确定有关设备的运行显示及控制
21	消 火 栓	确定人工报警方式与消防泵联锁控制
22	喷淋灭火系统	确定动作显示方式
23	气体灭火系统	确定人工报警方式、安全启动和运行显示方式
24	消防水泵	确定供电方式及控制系统
25	水　箱	确定报警及控制方式
26	电梯机房及电梯井	确定供电方式、探测器的安装位置
27	竖　井	确定使用性质、采取隔离火源的各种措施，必要时放置探测器
28	垃 圾 道	设置探测器
29	管道竖井	根据井的结构及性质，采取隔断火源的各种措施，必要时设置探测器
30	水平运输带	穿越不同防火区，采取封闭措施

③平面图的绘制

a. 按房间使用功能及层高计算布置设备包括：探测器、手动报警按钮、区域报警器（楼层显示器）、消火栓报警按钮、中继器、总线驱动器、总线隔离器、各种模块等；

b. 参考产品样本中系统图对平面图进行布线、选线，并确定敷设、安装方式并加以标注。

④系统图的绘制

根据厂家产品样本所给系统图结合平面图中的实际情况绘制系统图，要求分层清楚、布线标注明确、设备符号与平面图一致、设备数量与平面图一致。

⑤绘制其他一些施工详图

包括：消防控制室设备布置图及有关排标设备的尺寸及布置图等。

⑥编写设计说明书（计算书）

a. 编写设计总体说明：包括设计依据、厂家产品的选择、消防系统各子系统的工作原理、设备接线表、材料表、图例符号及总体方案的确定等；

b. 设备、管线的计算选择过程（此过程只在学生在校作设计时有，实际工程中可不表现在所交内容上）。

⑦装订上交材料

a. 设计总体说明；

b. 全部平面图；

c. 施工详图；

d. 系统图。

4. 设计方法

（1）设计方案的确定

火灾自动报警与消防联动控制系统的设计方案应根据保护对象的分级规定、功能要求、消防管理体制、防烟、防火分区及探测区域、报警区域的划分确定（这些具体划分方法及规定前已叙及）。

火灾自动报警系统的三种传统形式所适应的保护对象如下：

区域报警系统，一般适用于二级保护对象；

集中报警系统，一般适用于一二级保护对象；

控制中心报警系统，一般适用于特级、一级保护对象。

为了使设计更加规范化，且又不限制技术的发展，消防规范对系统的基本形式规定了很多原则，工程设计人员可在符合这些基本原则的条件下，根据工程规模和对联动控制的复杂程度，选择检验合格且质量上乘的厂家产品，组成合理、可靠的火灾自动报警与消防联动系统。

（2）消防控制中心的确定及消防联动设计要求

①消防设备的控制方式

a. 单体建筑宜集中控制；

b. 大型建筑宜采用分散与集中相结合控制。

总之消防控制设备应根据建筑的工程规模、管理体制、形式及功能要求合理确定其控制方式。另外消防控制设备的控制电源及信号回路电压应采用直流24V。联动控制系统集中控制如图4-103所示；联动控制系统分散与集中相结合控制如图4-104所示。

②消防控制室

a. 消防控制室宜选在首层（或地下一层）；

b. 消防控制室的门应向疏散方向开启，且入口处应设置明显的标志；

c. 消防控制室内设备布置应符合有关要求（已在集中报警器处叙述）；

d. 消防控制室周围不应布置电磁场较强的设备用房；

e. 消防控制室内严禁与其无关的电气线路及管路穿过；

f. 消防控制室的最小使用面积不宜小于$15m^2$；

g. 消防控制室应设有消防通讯设备；

h. 消防控制室应有备用电源；

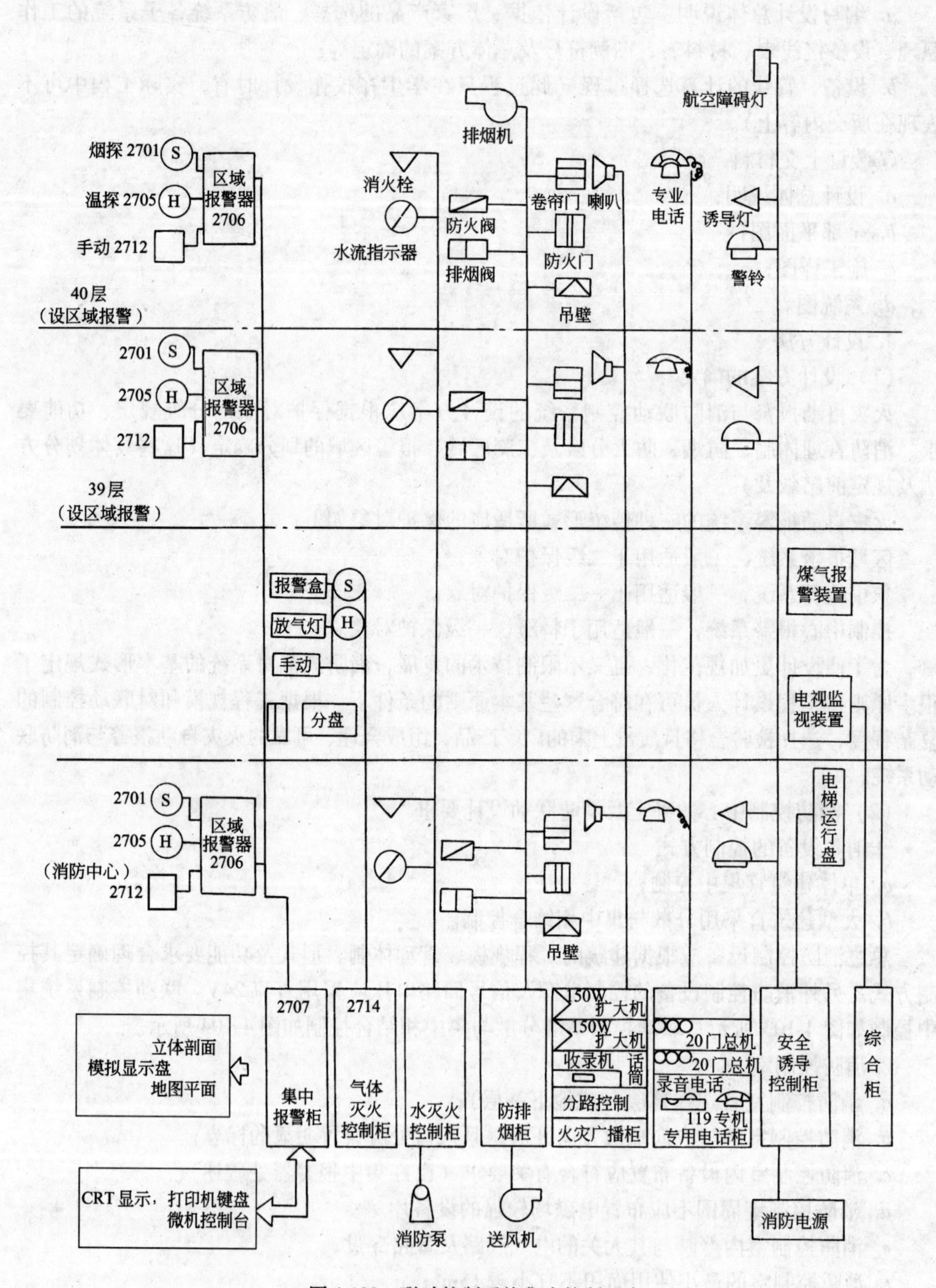

图 4-103　联动控制系统集中控制示意

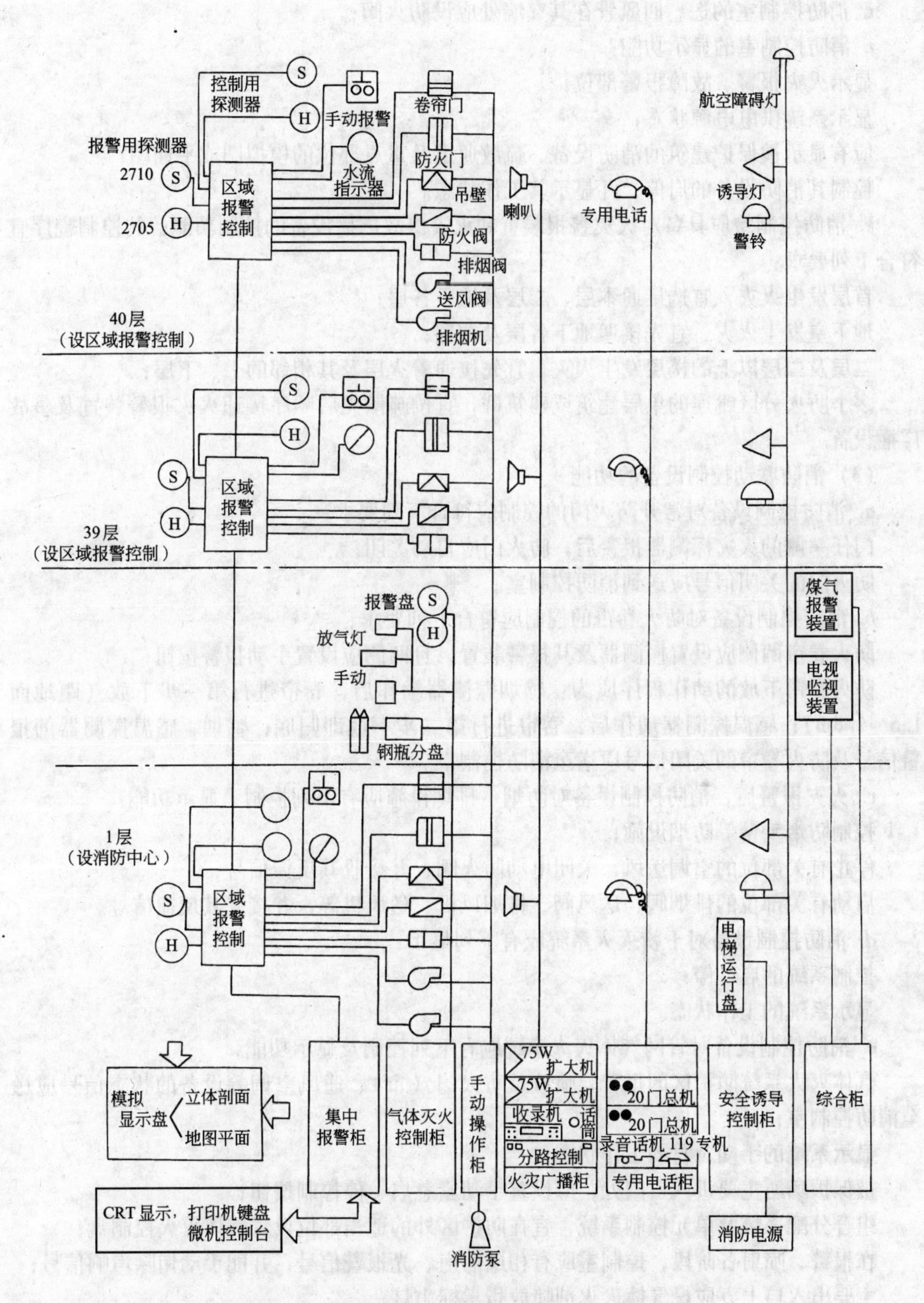

图4-104　联动控制系统分散与集中相结合控制示意

i. 消防控制室的送、回风管在其穿墙处应设防火阀；

j. 消防控制室的显示功能：

显示火灾报警、故障报警部位；

显示系统供电电源状态；

应有显示被保护建筑的消防设备、疏散通道及重点部位的模拟图或平面图；

控制其消防设备的启停，并显示其工作状态。

k. 消防控制室应具备对火灾警报装置和火灾事故广播设备的控制功能，其控制程序宜符合下列要求：

首层发生火灾，宜选接通本层、二层及地下各层；

地下室发生火灾，宜先接通地下各层及首层；

二层及二层以上的楼层发生火灾，宜先接通着火层及其相邻的上、下层；

多个防火分区毗连的单层建筑或建筑群，宜按疏散先后顺序接通火灾报警装置及事故广播设备。

（3）消防联动控制设备的功能

a. 消防控制设备对常开防火门的控制应符合下列要求：

门任一侧的火灾探测器报警后，防火门应自动关闭；

防火门的关闭信号应送到消防控制室。

b. 消防控制设备对防火卷帘的控制应符合下列要求：

防火卷帘两侧应设置探测器及其报警装置，且两侧应设置手动报警按钮；

防火卷帘下放的动作程序应为：感烟探测器动作后，卷帘进行第一步下放（距地面1.5~1.8m）；感温探测器动作后，卷帘进行第二步下放即归底；感烟、感温探测器的报警信号及防火卷帘的关闭信号应送至消防控制室。

c. 火灾报警后，消防控制设备对防烟、排烟设施应有下列控制、显示功能：

控制防烟垂壁等防烟设施；

停止有关部位的空调送风，关闭电动防火阀，并接收其反馈信号；

启动有关部位的排烟阀、送风阀、排烟风机、送风机等，并接受其反馈信号。

d. 消防控制设备对干粉灭火系统应有下列显示：

控制系统的启、停；

显示系统的工作状态。

e. 消防控制设备对管网气体灭火系统应有下列控制及显示功能：

气体灭火系统防护区的报警、喷放及防火门（帘）、通风空调等设备的状态信号应送至消防控制室；

显示系统的手动及自动工作状态；

被保护场所主要进入口门处，应设置手动紧急启、停控制按钮；

组合分配系统及单元控制系统，宜在防护区外的适当部位设置气体灭火控制盘；

在报警、喷射各阶段，控制室应有相应的声、光报警信号，并能手动切除声响信号；

主要出入口上方应设气体灭火剂喷放指示标志灯；

在延时阶段，应关闭有关部位的防火阀，自动关闭防火门、窗，停止通风空调系统。

f. 消防控制设备对泡沫灭火系统应有下列控制、显示功能：

显示系统的工作状态；

控制泡沫泵及消防泵的启、停。

g. 消防控制设备对水喷雾灭火和自动喷水系统应具有下列控制和显示功能：

控制系统的启、停；

显示消防水泵的工作及故障状态；

显示系统控制阀、报警阀及水流指示器的工作状态。

在消防控制室宜设置相应的模拟信号盘，接收水流指示器和压力报警阀上的压力开关的报警信号，显示其报警部位，值班人员可按报警信号启动水泵，也可由总管上的压力开关直接控制水泵的启动。在配水支管上装的闸阀，在工作状态下是开启的，当维修或其他原因使闸阀关闭时，在控制室应有显示闸阀开关状态的装置，以提醒值班人员注意使闸阀复原。为此应选用带开关点的闸阀或选用明杆闸阀，加装微动开关，以便将闸阀工作状态反映到控制室。

h. 消防控制设备对室内消火栓系统应具有的控制显示功能如下：

控制消防水泵的启、停；

显示消防水泵的工作、故障状态；

显示启泵按钮启动的位置。

在消防控制室内，宜设置消火栓箱消防按钮的模拟显示信号盘，有条件的话，按钮工作部位宜对应显示。一般在无消防控制室情况下，可由消火栓的消防按钮直接启动消火栓水泵。水泵的工作状态显示，由磁力启动器或接触器的辅助触点，反映到控制室。故障状态显示（包括短路、过载），由空气开关或热继电器辅助触点，反映到控制室。

i. 火灾确认后，消防控制室对联动控制对象应能实现的功能：

接通火灾事故照明和疏散指示灯；

发出控制信号强制电梯全部停于首层，并显示其工作状态；

手动切断有关部位的非消防电源。

（4）平面图中设备的选择、布置及管线计算：

①设备选择及布置

a. 探测器的选择及布置：根据房间使用功能及层高确定探测器种类，量出平面图中所计算房间的地面面积，再考虑是否重点保护建筑，还要看房顶坡度是多少，然后用 $N \geqslant \frac{S}{KA}$ 分别算出每个探测区域内的探测器数量，然后再进行布置（关于布置前已叙及）。

火灾探测器的选用原则如下：

火灾初期有阴然阶段，产生大量的烟和少量的热，很少或没有火焰辐射，应选用感烟探测器；

火灾发展迅速，有强烈的火焰辐射和少量的热、烟，应选用火焰探测器；

火灾发展迅速，产生大量的热、烟和辐射，应选用感温、感烟及火焰探测器的组合即复合型探测器；

若火灾形成的特点不可预料，应进行模拟试验，根据试验结果选用适当的探测器。

探测器种类选择在探测器中已有表可查，但这里还需进一步说明其种类选择范围。

下列场所宜选用光电和离子感烟探测器：

电子计算机房、电梯机房、通讯机房、楼梯、走道，办公楼、饭店、教学楼的厅堂、办公室、卧室等，有电气火灾危险性的场所、书库、档案库、电影或电视放映室等。

有下列情况的场所不宜选用光电感烟探测器：

存在高频电磁干扰；在正常情况下有烟滞流；可能产生黑烟；可能产生蒸汽和油雾；大量积聚粉尘。

有下列情况的场所不宜选用离子感烟探测器：

产生醇类、醚类铜类等有机物质；可能产生腐蚀性气体；有大量粉尘、水雾滞留；相对湿度长期大于95%；在正常情况下有烟滞留；气流速度大于5m/s。

有下列情况的场所宜选用火焰探测器：

需要对火焰作出快速反应；无阴燃阶段的火灾；火灾时有强烈的火焰辐射。

下列情况的场所不宜选用火焰探测器：

在正常情况下有明火作业以及X射线、弧光等影响；探测器的"视线"易被遮挡；在火焰出现前有浓烟扩散；可能发生无焰火灾；探测器的镜头易被污染；探测器易受阳光或其他光源直接或间接照射。

下列情况的场所宜选用感温探测器：

可能发生无烟火灾；在正常情况下有烟和蒸气滞留；吸烟室、小会议室、烘干车间、茶炉房、发电机房、锅炉房、厨房、汽车库等；其他不宜安装感烟探测器的厅堂和公共场所；相对湿度经常高于95%以上；有大量粉尘等；在散发可燃气体和可燃蒸气的场所（如高压聚乙烯、合成甲醇装置等的泵房、阀门间法兰盘、合成酒精装置、裂解汽油装置、乙烯装置），宜选用可燃气体探测器。

b. 火灾报警装置的选择及布置：规范中规定火灾自动报警系统应有自动和手动两种触发装置。

自动触发器件有：压力开关、水流指示器、火灾探测器等。

手动触发器件有：手动报警按钮、消火栓报警按钮等。

要求探测区域内的每个防火分区至少设置一个手动报警按钮。

手动报警按钮的安装场所：各楼层的电梯间、电梯前室；主要通道等经常有人通过的地方；大厅、过厅、主要公共活动场所的出入口；餐厅、多功能厅等处的主要出入口。

手动报警按钮的布线，宜独立设置；

手动报警按钮的数量应按一个防火分区内的任何位置到最近一个手动报警按钮的距离不大于25m来考虑。

手动报警按钮墙上安装底边距地高度为1.5m，按钮盒应具有明显的标志和防误动作的保护措施。

c. 其他附件选择及布置：

模块：由所确定的厂家产品的系统确定型号，安装距顶棚0.5m高度，墙上安装。

短路隔离器：与厂家产品配套选用，墙上安装，距顶棚0.2~0.5m；

总线驱动器：与厂家产品配套选用，根据需要定数量，墙上安装，底边距地2~2.5m。

中继器：由所用产品实际确定，现场墙上安装，距地1.5m。

d. 火灾事故广播与消防专用电话：

火灾事故广播及警报装置：

火灾报警装置（包括警灯、警笛、警铃等）是当发生火灾时发出警报的装置。火灾事故广播是火灾时（或意外事故时）指挥现场人员进行疏散的设备。两种设备各有所长，火灾发生初期交替使用，效果较好。

火灾报警装置的设置范围和技术条件：

国家规范规定：设置区域报警系统的建筑，应设置火灾警报装置；设置集中和控制中心报警系统的建筑，宜设置火灾警报装置；在报警区域内，每个防火分区至少安装一个火灾报警装置。其安装位置，宜设在各楼层走道靠近楼梯出口处。

为了保证安全，火灾报警装置应在确认火灾后，由消防中心按疏散顺序统一向有关区域发出警报。在环境噪声大于60dB 场所设置火灾警报装置时，其声压级应高于背景噪声15dB。

火灾事故广播与其他广播（包括背景音乐等）合用时应符合以下要求：

火灾时，应能在消防控制室将火灾疏散层的扬声器和公共广播扩音机强制转入火灾应急广播状态；消防控制室应能监控用于火灾应急广播时的扩音机的工作状态，并能开启扩音机进行广播；火灾应急广播应设置备用扩音机，其容量不应小于火灾应急广播扬声器最大容量总和的 1.5 倍；床头控制柜设有扬声器时，应有强制切换到应急广播的功能。（其他已在广播一章中叙及）

消防专用电话：

消防专用电话十分必要，它对能否及时报警，消防指挥系统是否畅通。起着关键作用。为保证消防报警和灭火指挥畅通，规范对消防专用电话作了明确规定，已在广播通讯中作了叙述，这里不再重复。根据以上设备选择列出材料表。

②消防系统的接地

为了保证消防系统正常工作，对系统的接地规定如下：

a. 火灾自动报警系统应在消防控制室设置专用接地板，接地装置的接地电阻值应符合下列要求：当采用专用接地装置时，接地电阻值不应大于4Ω；当采用共用接地装置时，接地电阻值不应大于1Ω。

b. 火灾报警系统应设专用接地干线，由消防控制室引至接地体。

c. 专用接地干线应采用铜芯绝缘导线，其芯线截面积不应小于25mm^2，专用接地干线宜穿硬质型塑料管埋设至接地体。

d. 由消防控制室接地板引至各消防电子设备的专用接地线应选用铜芯塑料绝缘导线，其芯线截面积不应小于4mm^2。

e. 消防电子设备凡采用交流供电时，设备金属外壳和金属支架等应作保护接地，接地线应与电气保护接地干线（PE 线）相连接。

f. 区域报警系统和集中报警系统中各消防电子设备的接地亦应符合本措施上述“1～5”条。

③布线及配管

布线及配管如表4-25 所列。

火灾自动报警系统用导线最小截面　　表 4-25

类　别	线芯最小截面 (mm²)	备　注
穿管敷设的绝缘导线	1.00	
线槽内敷设的绝缘导线	0.75	
多芯电缆	0.50	
由探测器到区域报警器	0.75	多股铜芯耐热线
由区域报警器到集中报警器	1.00	单股铜芯线
水流指示器控制线	1.00	
湿式报警阀及信号阀	1.00	
排烟防火电源线	1.50	控制线 >1.00mm²
电动卷帘门电源线	2.50	控制线 >1.50mm²
消火栓控制按钮线	1.50	

a. 火灾自动报警系统的传输线路应采用铜芯绝缘导线或铜芯电缆，其电压等级不应低于交流 250V，线芯最小截面一般应符合表 4-25 规定。

b. 火灾探测器的传输线路，宜采用不同颜色的绝缘导线，以便识别，接线端子应有标号。

c. 配线中使用的非金属管材、线槽及其附件，均应采用不燃或非延燃性材料制成。

d. 火灾自动报警系统的传输线，当采用绝缘电线时，应采取穿管（金属管或不燃、难燃型硬质、半硬质塑料管）或封闭式线槽进行保护。

e. 不同电压、不同电流类别、不同系统的线路，不可共管或在线槽的同一槽孔内敷设。

横向敷设的报警系统传输线路，若采用穿管布线，则不同防火分区的线路不可共管敷设。

f. 消防联动控制、自动灭火控制、事故广播、通讯、应急照明等线路，应穿金属管保护，并宜暗敷设在非燃烧体结构内，其保护层厚度不宜小于 3cm。当必须采用明敷时，则应对金属管采取防火保护措施。当采用具有非延燃性绝缘和护套的电缆时，可以不穿金属保护管，但应将其敷设在电缆竖井内。

g. 弱电线路的电缆宜与强电线路的电缆竖井分别设置。若因条件限制，必须合用一个电缆竖井时，则应将弱电线路与强电线路分别布置在竖井两侧。

h. 横向敷设在建筑物内的暗配管，钢管直径不宜大于 25mm；水平或垂直敷设在顶棚内或墙内的暗配管，钢管直径不宜大于 20mm。

i. 从线槽、接线盒等处引至火灾探测器的底座盒、控制设备的接线盒、扬声器箱等的线路，应穿金属软管保护。

5. 画出系统图及施工详图

设备、管线选好后在平面图中标注后，根据厂家产品样本，再结合平面图画出系统图，并进行相应的标注：如每处导线根数及走向，每个设备数量、所对应的层楼等。

施工详图主要是对非标产品或消防控制室而言的。比如非标控制柜（控制琴台）的外形、尺寸及布置图；消防控制室设备布置图，应标明设备位置及各部分距离等。

6. 编写设计说明书（计算书）及装订

前已叙述，不再重复。

总之，消防工程设计是一项十分严肃认真的事情，一定按规范、按消防法规进行，决不能凭感情减少任何应该设置的项目，否则，一旦发生火灾，系统出现误报、漏报或灭火不当、联动不合理等，设计者将会受到法律的制裁。

另外还应注意的是：目前教学、设计、施工单位这三个环节仍有一定距离，设计者的设计一定要联系工程实际，切实保证能正常施工，不要纸上谈兵，在实际施工中漏洞百出。这就要求设计者多向工程实际学习，掌握消防施工的实际情况，设计就会得心应手。

（二）设计实例

1. 工程概况

某综合楼共18层，1～4层为商业用房，每层在商业管理办公室设区域报警控制器或楼层显示器；5～12层是宾馆客房，每层服务台设区域报警控制器；13～15层是出租办公用房，在13层设一台区域报警控制器，警戒13～15层；16～18层是公寓，在16层设一台区域报警控制器。全楼共18层按用途及要求设置了14台区域报警控制器或楼层显示器和一台集中报警控制器及联动控制装置，其设计系统图如图4-105所示。本工程采用上海松江电子仪器厂生产的JB-QB-DF 1501型火灾报警控制器，是一种可编程的两总线制通用报警控制器。选用一台立柜式二总线制报警控制器作集中报警器；有8对输入总线，每对输入总线可并联127个（总计8×127=1016个）编码底座或模块（烟感、温感探测器及手动报警开关等）；2对输出总线，每对输出总线可并联32台重复显示器（总计62台）；通过RS—232通讯接口（三线）将报警信号送入联动控制器，以实现对建筑物内消防设备的自动、手动控制；内装有打印机，可通过RS—232通讯接口与PC258连机，用彩色CTR图形显示建筑的平、立面图，并显示着火部位，并有中西文注释；报警器的形式有柜式和台式的，其外形尺寸（宽×高×厚）：柜式（mm）600×1800×400；台式（mm）380×540×166。

每层设置一台重复显示屏，可作为区域报警控制器，显示屏可进行自检，内装有四个输出中间继电器，每个继电器有输出触点四对（触点容量～220V，2A），计16对触点，根据需要可以控制消防联动设备，控制方式由屏内联动控制器发出的控制总线控制。

消防广播系统：采用一台定压式120V、150W扩音机一台，也可根据配接的扬声器数量而定。

消防电话系统：选用一台电话总机，其容量可根据每层电话数量而定，每部电话机占用一对电话线，电话插孔可单独安装，也可以和手动按钮组合装在一起。

2. JB-QB-DF 1501型火灾报警控制器系统

系统配置如图4-106所示。

3. 火灾报警及联动控制系统

当需要进行联动控制时，JB-QB-DF 1501型报警控制器可与HJ-1811型（或HJ-1810型）联动控制器构成火灾报警及联动系统，如图4-107所示。

4. 中央/区域火灾报警联动系统

当一台1501报警器容量不足时，可采用中央/区域机联机通讯的方法，组成中央/区域机报警系统，如图4-108所示（其报警点最多可达1016×8个点）。

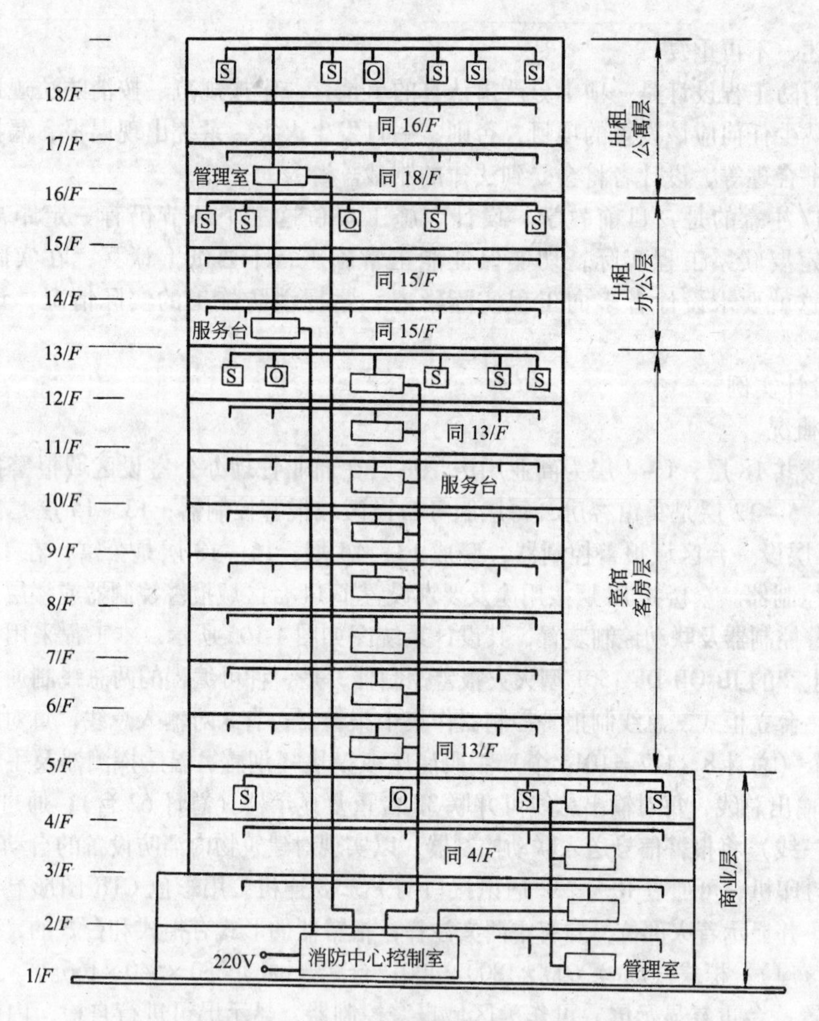

图 4-105　宾馆、商场综合楼自动报警系统示意

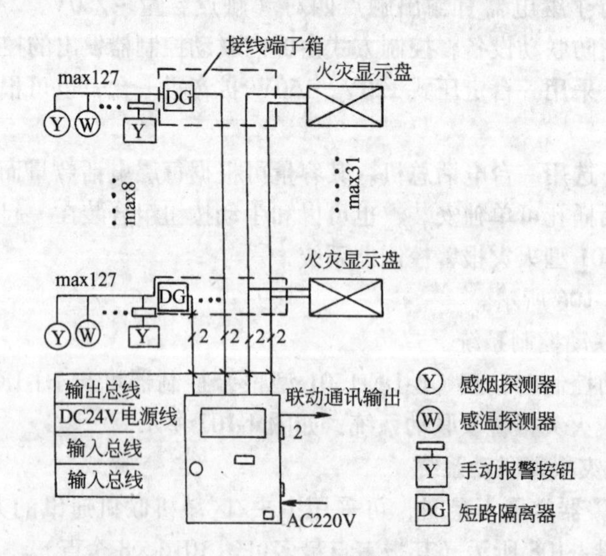

图 4-106　JB-QB-DF 1501 型火灾报警控制器系统配置示意

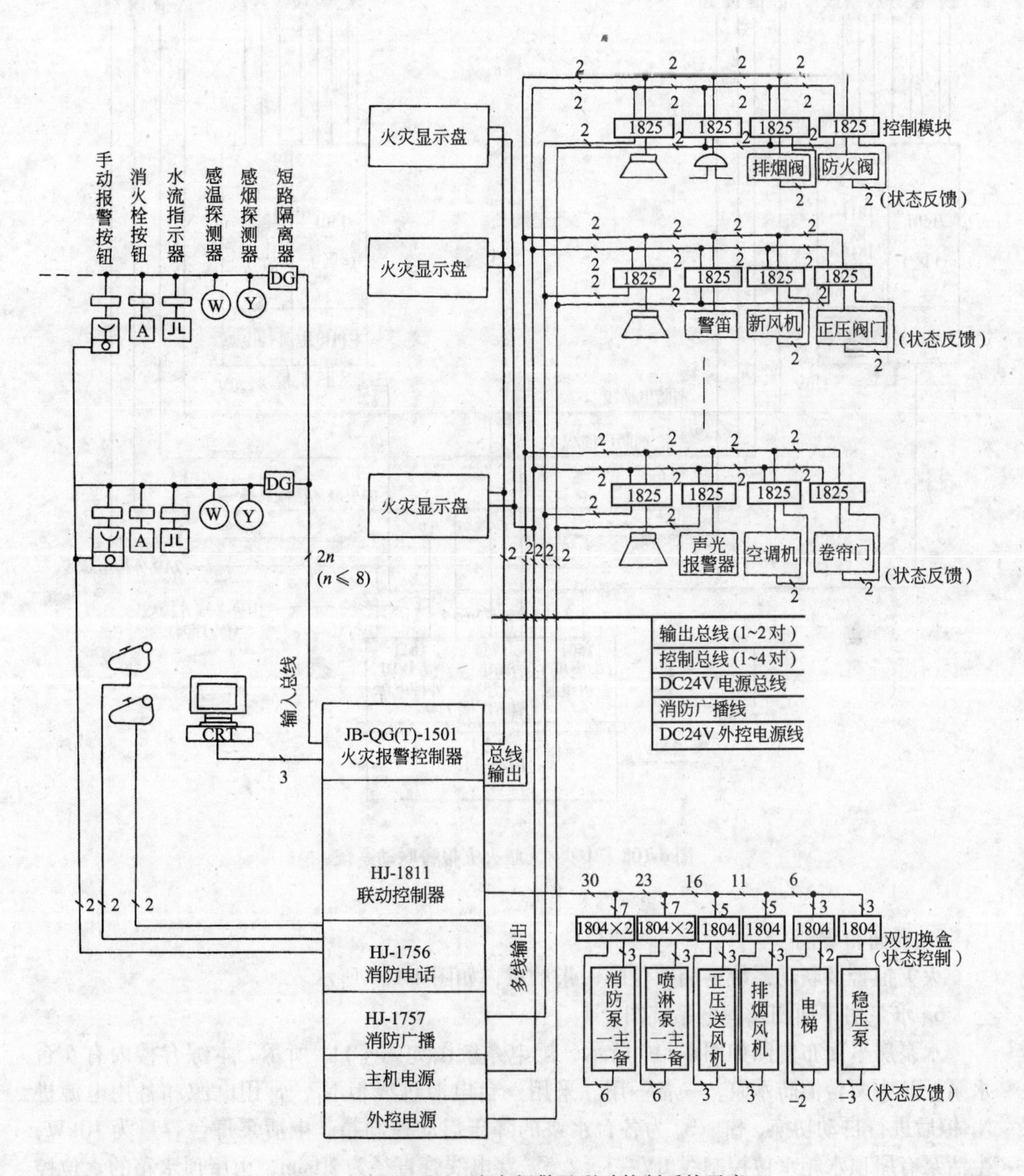

图 4-107　1501-1811 火灾报警及联动控制系统示意

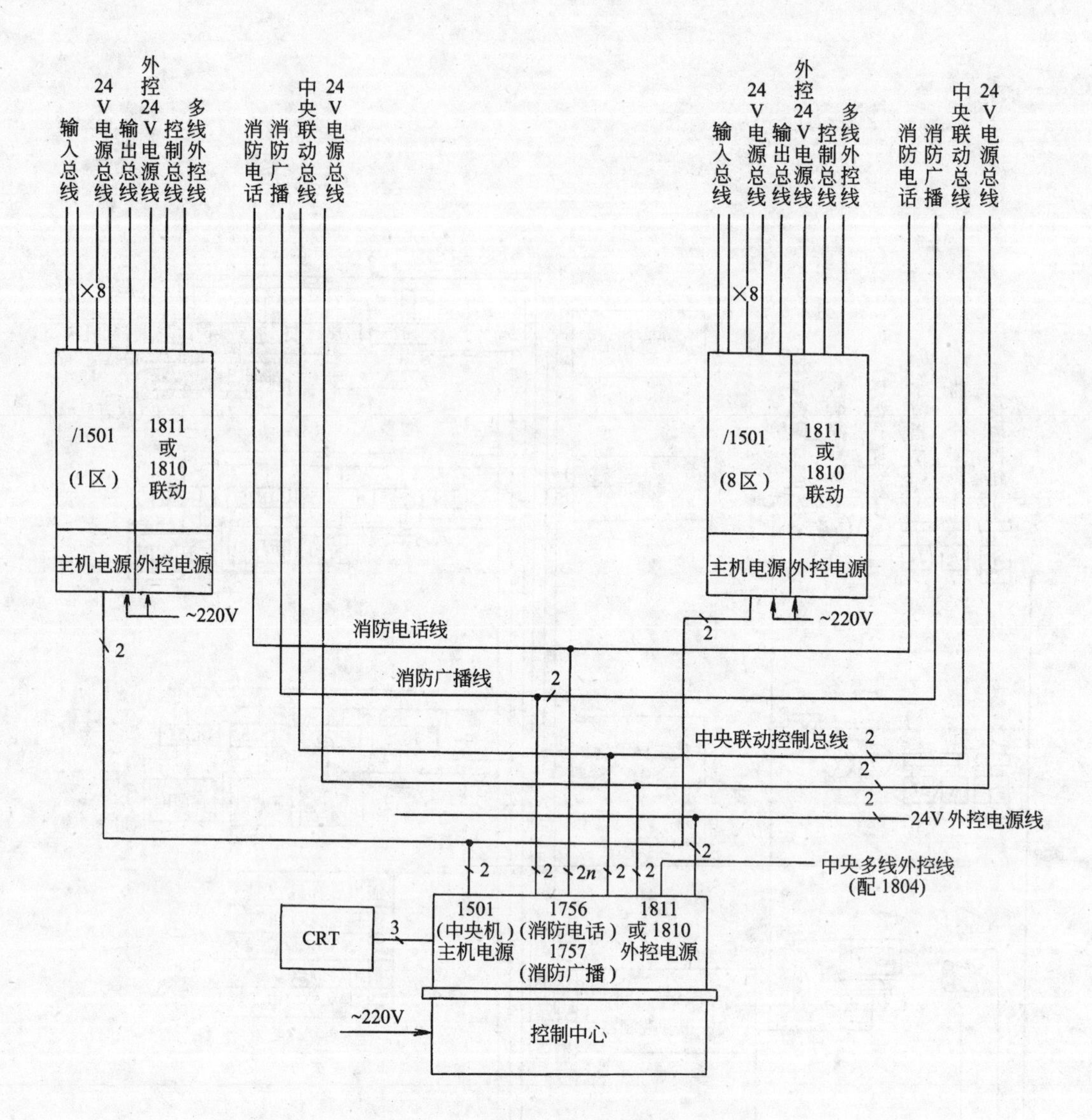

图 4-108　中央/区域火灾报警联动系统

5. 平面布置图

火灾报警及联动系统平面图仅画一张示意，如图 4-109 所示。

6. 水泵房平面图及配电系统图

水泵房平面布置图如图 4-110 所示，配电系统图如图 4-111 所示。本综合楼内有 6 台水泵，其中两台消防水泵，一备一用。采用一台电源进线柜 N_1，常用电源和备用电源进 N_1 柜后进行自动切换，$S_1 \sim S_6$ 为各台水泵的降压启动控制箱。生活泵每台容量为 10kW，生活泵有屋顶水箱水位控制线 BV－3×2.5，穿电线管直径为 20mm，由屋顶水箱的水位控制器（采用干簧水位控制器）引入生活水泵控制箱。

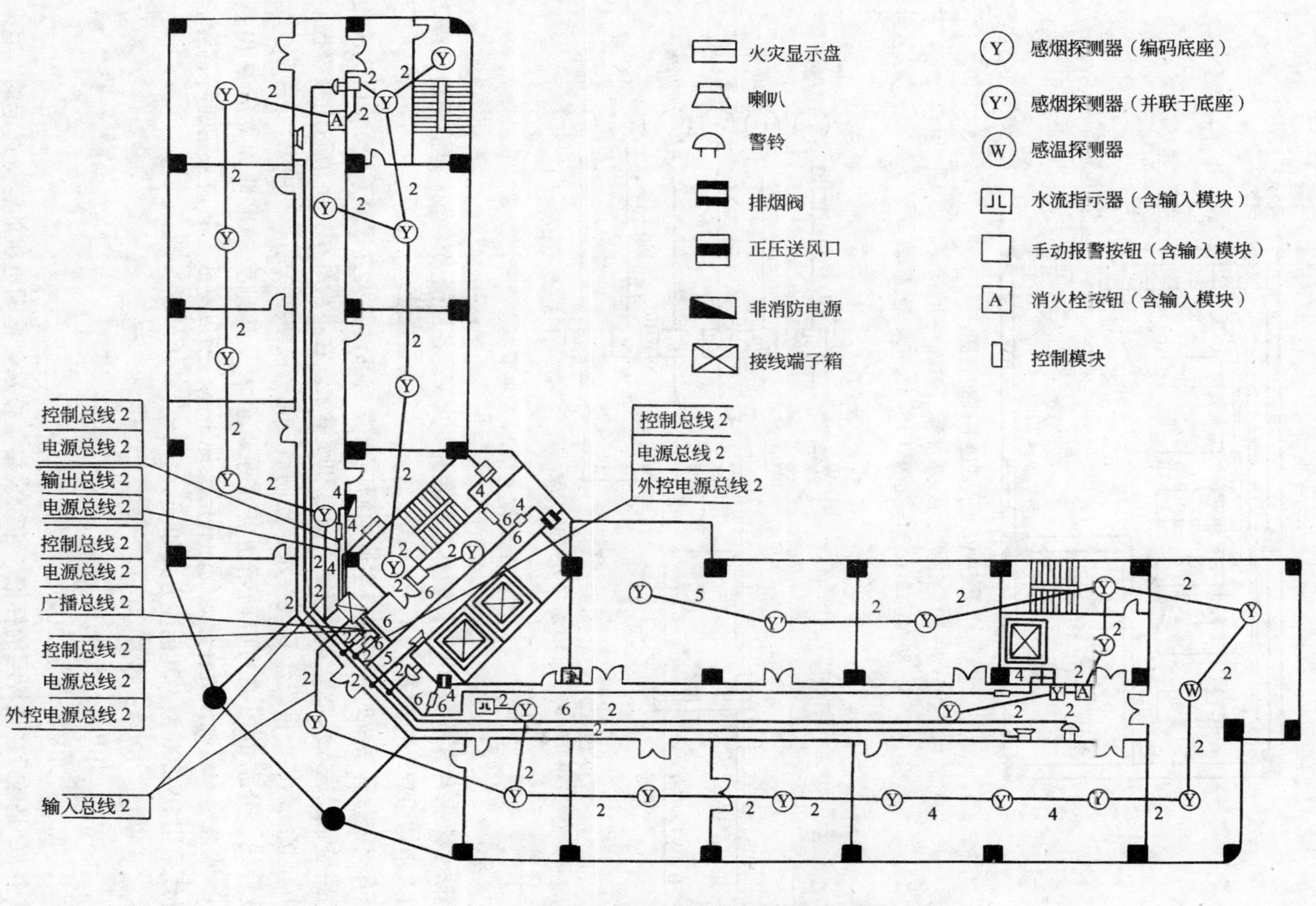

图 4-109　火灾报警及联动控制平面图(1:100)

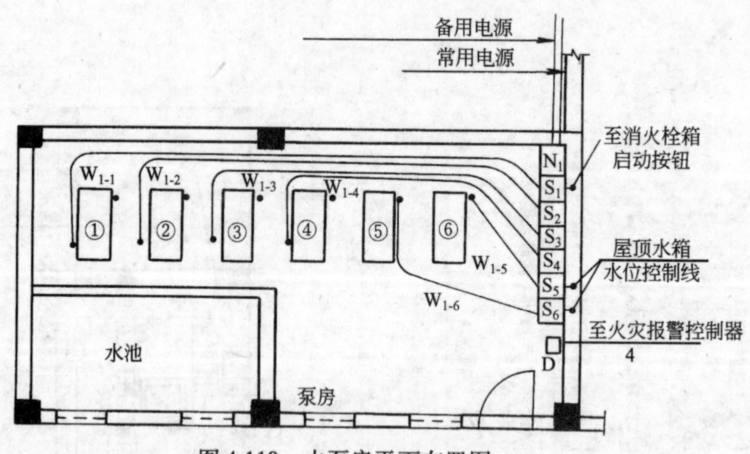

图 4-110　水泵房平面布置图

①、②—消防泵；③、④—喷淋泵；⑤、⑥—生活水泵；

D—86 型接线盒；N_1—电源柜；S_1～S_6—水泵控制箱

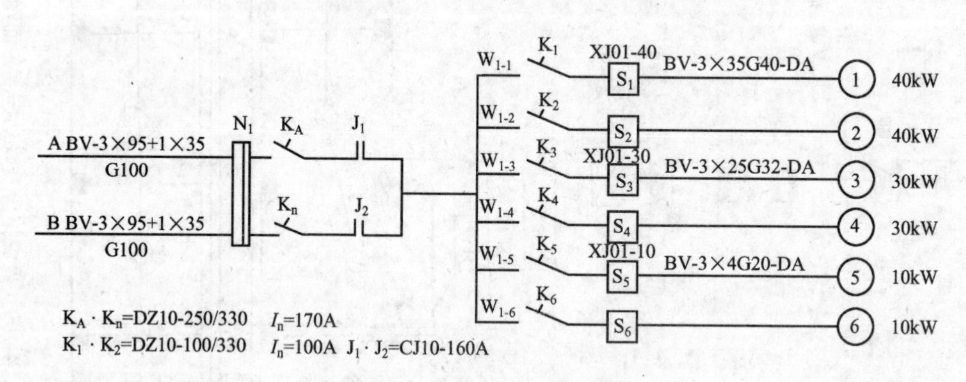

图 4-111　配电箱 N_1 配电系统

消防水泵每台容量为 40kW，喷淋泵每台为 30kW，各层消火栓箱内有消防启动按钮控制线引入消防泵启动控制箱。

当有火灾报警系统时（一般有空调的酒店、宾馆都设置火灾报警系统），由火灾报警器引两路控制线进入水泵房分别控制消防泵和喷淋泵。在本设计中，将消防用报警控制线引入 86 型接线盒内，接线盒 D 装在水泵控制启动箱旁以便接线用。图中 W_{1-1}～W_{1-6} 为埋地敷设管线，分别由相关的启动箱至各水泵，至水泵基础旁的出地面立管高出基础 100mm，水泵房一般都设置在建筑物的底层或地下室，所以穿线导管应采用镀锌钢管。设计中导线采用 BV-500 型，其标注方式如下：

W_{1-1}、W_{1-2}：BV-3×35-SC40-FC；

W_{1-3}、W_{1-4}：BV-3×25-SC32-FC；

W_{1-5}、W_{1-6}：BV-3×4-SC20-FC。

其中 FC 是敷设在地坪层的标记。导线规格是按水泵拖动电机的容量选定的，管子直径是按穿线线径和导线根数选定的。

水泵启动控制箱 S_1～S_4 选用 XJ01 型，电源进线箱 N_1 采用 XL-21 型动力配电箱的改进型。

综上是设计实例，在消防工程的设计中，采用不同厂家的不同产品，就有不同的系统图，其线制也各异，读者可根据实际情况选取。

第三节　智能大厦的保安监控系统

智能大厦的保安监控系统是一个自动化程度很高的系统，且具有智能功能，故又可称为智能保安监控系统。

一、智能楼宇对保安监控系统的要求

由于智能大厦内人员层次多、成分复杂，不仅要对外部人员进行防范，而且还要对内部人员加强管理，对重要的地点还应进行特殊保护，使它的安保系统更显得必不可少，而且要求更加智能化，更加完善，具有如下功能：

1. 防范

不论是对财物、人身或重要数据和情报等的安全保护，都应把防范放在首位。也就是说，安保系统使罪犯不可能进入或在企图犯罪时就能察觉，从而采取措施。把罪犯拒之门外的设施主要是机械式的，例如安全栅、防盗门、门障、保险柜等。也有机械电气式的，例如报警门锁、报警防暴门等。还有电气式的，如各类探测触发器等。

为了实现防范的目的，报警系统具有布防和撤防功能，即当工作人员离开时应能布防，例如一个门，工作人员离开时布了防，当工作人员以后正常进入，则通过开“锁”，使系统撤防，这样就不至于产生误报。

2. 报警

当发现安全受到破坏时，系统应能在安保中心和有关地方发出各种特定的声光报警，并把报警信号通过网络送到有关安保部门。

3. 监视与记录

在发生报警的同时，系统应能迅速地把出事的现场图像和声音传送到安保中心进行监视，并实时记录下来。

此外，系统应有自检和防破坏功能，一旦线路遭到破坏，系统应能触发出报警信号；系统在某些情况下布防应有适当的延时功能，以免工作人员还在布防区域就发出报警信号，造成误报。

智能楼宇的安保系统作为智能建筑物管理系统（IBMS）的一个子系统，应该具有受控于 IBMS 主计算机的功能。

二、安全监控系统的组成

保安监控系统一般由三部分组成，即出入口控制子系统、防盗报警子系统和电视监视系统。

1. 门禁系统（亦称出入口控制子系统）

主要任务是禁止那些从正常设置的门进入的人员。一般有两类：一类是正常进入，但对人员需加以限制的门禁系统，这类系统主要是对进入人员的身份进行辨识；另一类是针对不正常的强行闯入的门禁系统，这类系统主要是通过设定的各种门磁开关等发现闯入者并报警。

2. 防盗报警系统

该系统是利用各种探测装置对楼宇重要地点或区域进行布防。当探测装置探测到有人非法侵入时，系统将自动发出报警信号。附设的手动报警装置通常还有紧急按钮、脚踏开关等。

3. 电视监视系统

电视监视系统能把事故现场显示并记录下来，以便取得证据和分析案情。显示与记录装置通常与报警系统联动，即当报警系统发现事故点时，联动装置使显示与记录装置即跟踪显示并记录事故现场情况。

在设计安保系统时选择方案的主要依据是：被保护的对象和它的重要程度。例如对智能楼宇中某些重要文件、情报资料、金融机构的金库、保险柜、安保控制中心等的保护就应考虑采取高度可靠性的系统，除了有门禁系统外，还要设置多重探测器的防盗报警系统和联动的显示和记录装置，以及要考虑联动装置的反应速度等。

三、智能保安监控系统的智能性

1. 智能识别

在许多场合，需要计算机识别各种图形、文字和符号。比如在贵重物品仓库或金库等重要部门，只允许少数人进出，这时可以采用指纹或眼底视网膜图像识别设备来进行出入控制。将允许出入人员的指纹信息存储在计算机中，当某人到来时，将其指纹输入，计算机将其输入的指纹图像与存储的图像按一定规则进行比较，只有符合的才允许通过。而人的视网膜在正常、有病、死亡等不同情况下，其图像是不同的，所以视网膜图像识别系统比指纹识别的安全性还要高。在以前，指纹和眼底图像识别都是靠专业人员进行的，而今计算机可以自动识别，所以可以说它具有此项智能。

2. 智能判断

人可以根据以往的经验来预测某一事件的结果，这是人类智能的一个标志。保安系统的计算机可以对许多事件的分立数据进行逻辑推理，得出正确的判断，做出适当的处理。比如用多种探测器封锁某一区域时，一旦有报警产生，计算机可以综合这些探测器的信息，对它们进行分析，最后做出是否有入侵的判断。这样做要比采用单种探测方式误报率小得多。计算机所采用的推理判断方法很多，复杂的可以用人工神经元网络来处理，简单的可以用差分表达式来判断。

用规定的推理程序来判断事件的结果，在人工智能中称为“专家系统诊断”的方法。专家系统和传统的固定计算机程序最本质的不同之处在于专家系统所要解决的问题一般没有算法解，并且经常在不完全、不精确或不确定的信息基础上作出结论。在保安系统中采用这种方法非常有利于降低误报率。

3. 智能跟踪

报警系统和闭路电视监视系统的结合使自动对目标进行跟踪成为可能。在智能建筑内，报警探测器和监视用的摄像机的分布可以综合考虑。这样，一旦某个区域产生报警，计算机将把图像切换到此区域的摄像机上，随着目标的移动，将跟踪到其所在的区域。目前先进的带位置待服的云台，可以有几百个预置位置，这些位置可以对应多个报警点，这样目标在什么地方，摄像机将对准什么地方，以实现目标的自动跟踪。

4. 智能调度

智能调度指出现情况后，如何合理地调度保安设备和力量，来对付突发事件，如巡更系统出现异常，到指定的时间没有信号发回或不按规定的次序出现信号，普通的巡更系统只能派保安人员前往查看，而智能保安系统会自动采取一些措施。如这些区域的摄像机会自动对准出事地点并进行录像；对这些地点的探测设备进行自动检查；计算机屏幕上提示处理方案供值班人员考虑等一系统措施。

总之，大量的信息、高速的信息传输和人工智能技术的应用使现代保安系统具有了智能性。

四、门禁管制系统

1. 系统的基本结构

出入口控制子系统过去大多是由保安人员来实现。它主要对智能大厦正常的出入通道进行管理，即控制了人员的出入，又控制了人员在楼内及其相关区域的活动。现在智能大厦采用电子出入口（磁卡）控制系统，这既节省了人力、提高了效率，同时也防止犯罪分子从正常的通道侵入。

目前，先进的出入口控制子系统是通过计算机网络来进行管理，其结构如图 4-112 所示。

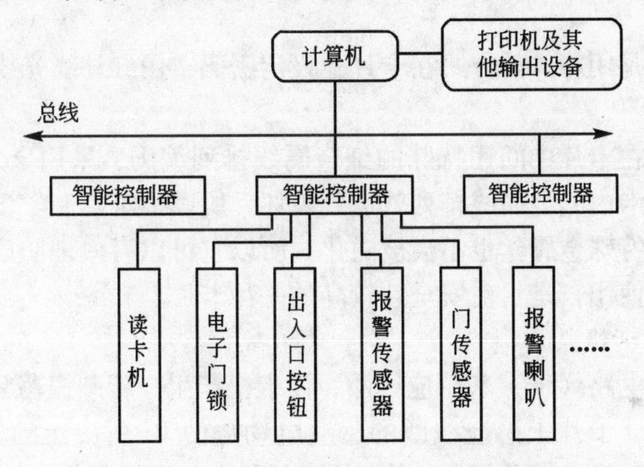

图 4-112　计算机管理的出入口控制系统基本结构

从图 4-112 可以看出，出入口控制子系统由三个层次的设备组成。第一层是与人直接打交道的设备（读卡机、电子门锁、出入口按钮、报警传感器、门传感器、报警喇叭等），用来接收输入的信息。第二层是智能控制器，它将第一层发来的信息同自己存储的信息相比较，作出判断后，再给第一层发出相关信息。第三层是一个局域网络，可以管理整个大厦的出入口，它管理着所有的智能控制器，对智能控制器所产生的信息进行分析、处理和管理。

2. 读卡机的种类

卡片由于轻便、易于携带而且不易被复制，使用起来安全方便等特性，是传统钥匙理想的替代品。读卡的原理是利用卡片在读卡器中的移动，由读卡机阅读卡片上的密码，经解码后送到控制器进行判断。读卡机到控制器的连接，近距离一般用 RS-232 通信，远距离（1km 以上）用 RS-422 或 RS-485 等方式。卡片目前已发展到免刷卡接近式感应型读卡技术，还可以结合指纹辨识机来进行更安全的管制。

随着卡片的材料、技术的不断更新，刷卡的读卡机是由早期的光学卡发展到最新的生物辨识系统。其发展的过程、种类和特性简述如下。

(1) 光学卡

光学卡的原理是利用塑料或纸卡打孔，利用机械或光学系统读卡。这种卡片非常容易被复制，所以目前已被淘汰。

(2) 磁矩阵卡

磁矩阵卡的原理是用磁性物质按矩阵方式排列在塑料卡的夹层中，让读卡机阅读。这种卡也容易被复制，而且易被消磁。

(3) 磁码卡

磁码卡就是常说的磁卡，它是把磁性物质贴在塑料卡片上制成的。磁卡可以被轻松地改写，使用户可随时更改密码，应用方便。其缺点是易被消磁、磨损。磁卡价格便宜，是目前使用最普遍的产品。

(4) 条码卡

条码卡的原理是在塑料片上印上黑白相间的条纹组成条码，就像商品上贴的条码一样。这种卡片在出入口系统中已逐渐被淘汰，因为它可以用复印机等设备轻易复制。

(5) 红外线卡

红外线卡的原理是用特殊的方式在卡片上设定密码，用红外线光线读卡机阅读。

(6) 铁码卡

铁码卡的原理是在卡片中间用特殊的细金属线排列编码，采用金属磁扰的原理制成。卡片如果遭到破坏，卡内的金属线排列就遭到破坏，所以很难复制。读卡机不用磁的方式阅读卡片，卡片内的特殊金属丝也不会被磁化，所以它可以有效地防磁、防水、防尘，可以在恶劣环境下长期使用，是目前安全性较高的一种卡片。

(7) 智能卡及读卡机

卡片内装有集成电路（IC）和感应线圈，读卡机产生一特殊振荡频率，当卡片进入读卡机振荡能量范围时，卡片上感应线圈的感应电动势使 IC 所决定的信号发射到读卡机，读卡机将接收的信号转换成卡片资料，送到控制器加以比较识别。当卡片上的 IC 为 CPU 时，卡片就有了“智能”，此时的 IC 卡也称智能卡。它制造工艺略复杂，但其具有不用在刷卡槽上刷卡，不用换电池，不易被复制，寿命长和使用方便等突出优点，因而是相当理想的卡片系统。

(8) 生物识别系统

①指纹机　每个人的指纹均不完全相同，因而利用指纹机把进入人员的指纹与原来预存的指纹加以对比辨识，可以达到很高的安全性，但指纹机的造价要比磁卡机或 IC 卡系统高。

②视网膜辨识机　利用光学摄像对比原理，比较每个人的视网膜血管分布的差异。这种系统几乎是不可能复制的，安全性高，但技术复杂。同时也还存在着辨识时对人眼不同程度的伤害，人有病时，视网膜血管的分布也有一定变化而影响准确度等不足之处。

此外，还有声音辨识机、掌纹辨识机等，或是存在某些不足或是技术复杂，成本高，不常用，在此就不一一细述了。

上面介绍了各种读卡机，要根据具体情况选用。磁码卡由于价格便宜，仍广泛应用在各种建筑的出入口管理与停车场管理系统中。铁码卡和智能卡由于保安性能好，在国外比较流行。生物辨识技术安全性极高，对视网膜的复制几乎是不可能的，所以把它应用在军政要害部门或者大银行的金库等处是比较合适的。

3. 门禁系统的计算机管理

（1）系统管理

这部分软件的功能是对系统所有的设备和数据进行管理，它有以下几项内容：

①设备注册。比如在增加控制器或是卡片时，需要重新登记，以使其有效；在减少控制器或是卡片遗失、人员变动时，取消登记使其失效。

②级别设定。在已注册的卡片中，设定哪些可以通过哪些门，哪些不可以通过。设定某个控制器可以让哪些卡片通过，不允许哪些卡片通过。对于计算机的操作要设定密码，以控制可以操作的人员。

③时间管理。可设定某些控制器在什么时间允许或不允许持卡人通过；哪些卡片在什么时候可以或不可以通过哪些门等。

④数据库的管理。对系统所记录的数据进行转存、备份、存档和读取等处理。

（2）事件记录

系统正常运行时，对各种出入事件、异常事件及其处理方式进行记录，保存在数据库中，以备日后查询。

（3）报表生成

能够根据要求定时或随机地生成各种报表。比如，可以查找某个人在某段时间内所有的出入情况，某个门在某段时间内都有推进出等，生成报表，并可用打印机打印出来。

（4）网间通信

系统不是作为一个单一的系统存在，它要向其他系统传送信息。比如在有非法闯入时，要向电视监视系统发出信息，使摄像机能监视该处情况，并进行寻像。所以要求支持系统之间的通信。

管理系统除了完成所要求的功能外，还应有漂亮、直观的人机界面，使人员便于操作。

五、防盗报警系统

（一）系统的基本结构

防盗报警系统一般由探测器、区域控制器和报警控制中心的计算机三个部分组成，如图4-113所示。防盗报警分自动报警和人工报警两种。自动报警根据探测到的信息及时发布警报。人工报警是在人员受到威胁或遇到紧急事态需要外部救援时使用的，如紧急按钮、脚踏开关等。

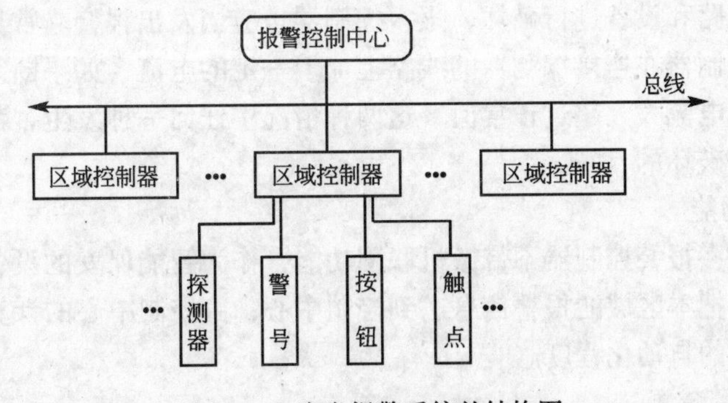

图4-113　防盗报警系统的结构图

从图4-113可以看出，第一层是探测和执行设备，用来将探测到的信息和人们在异常情况下发出的报警信号发送到第二层区域控制器。区域控制器将第一层发来的信息进行加工处理，然后发至第三层。第三层报警控制器根据第二层发来的信息向自己所控制的区域发出报警。报警系统的简图如图4-114所示。

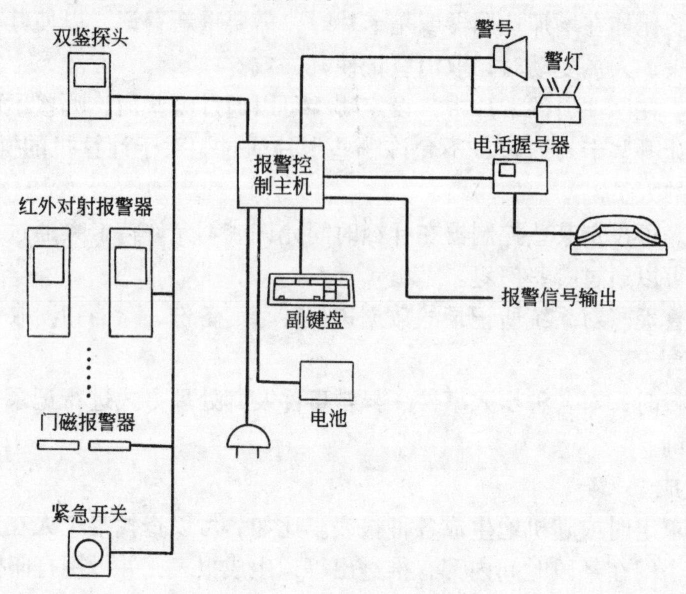

图4-114 报警系统的简图

报警系统中报警控制器功能有以下四个方面：

1. 布防与撤防

在正常工作时，工作人员频繁出入探测器所在的区域，报警控制器即使接到探测器发来的报警信号也不能发出报警，这时就需要撤防。下班后，需要布防，如果再有探测器的报警信号进来，就要报警了。报警控制器一般都带有键盘来完成上述设定。

2. 布防后的延时

如果布防时，操作人员正好在探测区域之内，那么布防就不能马上生效，这需要报警控制器能够延时一段时间，等操作人员离开后再生效。这是报警控制器的延时功能。

3. 防破坏

如果有人对线路和设备进行破坏，报警控制器也应当发出报警。常见的破坏是线路短路或断路。报警控制器在连接探测器的线路上加上一定的电流，如果断线，则线路上的电流为零；有短路则电流大大超过正常值，这两种情况中任何一种发生，都会引起控制器报警，从而达到防止破坏的目的。

4. 微机联网功能

目前市场上许多报警控制器不带微机联网功能，作为智能保安的设备，需要有通信联网功能，这样才能把本区域的报警信息送到控制中心，由控制中心的计算机来进行数据分析处理，提高系统的自动化程度。

（二）防盗报警装置

1. 电磁式探测报警装置

电磁式探测器也称门磁开关。它由一个条形永久磁铁和一个常开触点的干簧管继电器组成，如图4-115所示。其工作原理是：当条形磁铁和干簧继电器平行放置时，干簧管两边的金属片被磁化而吸合在一起，电路接通；当条形磁铁与干簧管继电器分开时，干簧管触点在自身弹力的作用下，自动打开而断路。

安装使用时：把干簧管装于被监视房门或窗门的门框边上，把永久磁铁装在门扇边上。关门后两者的距离小于1cm，从而保证干簧管能在磁铁作用下接通，当门打开后，干簧管自动断开。利用门磁开关构成的防盗报警装置组成框图如图4-116所示。

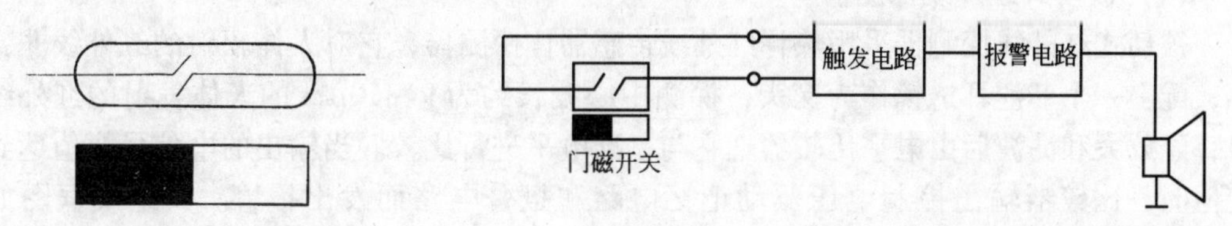

图4-115　电磁式探测器的结构　　图4-116　门磁开关防盗报警装置组成框图

2. 红外探测器

有主动红外探测器和被动红外探测器之分，主动红外探测器又分遮断式和反射式两种。

（1）主动红外探测器

①遮断式主动红外探测器　它由一个红外线发射器和一个红外线接收器组成，两者对应布置。其组成框图如图4-117所示。其工作原理是：当有人从门窗进入而挡住了不可见的红外线时报警。为了提高可靠性，以防罪犯利用另一个红外光束来瞒过探测器，所以，探测用的红外线必须先调制到特定的频率再发送出去，而接收器也必须配有相位和频率鉴别的电路来判断光束的真假。

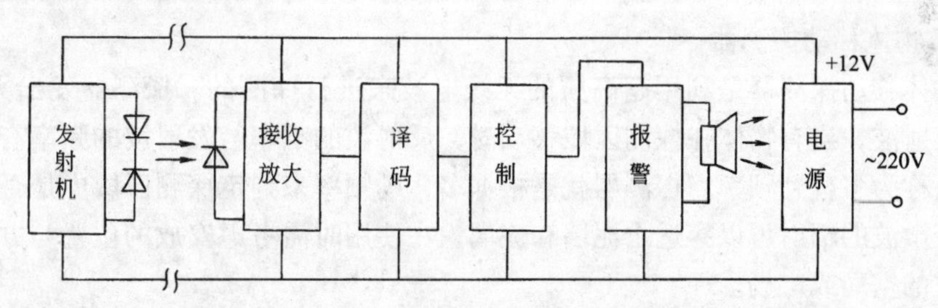

图4-117　遮断式红外探测器框图

这种报警器是本身主动发出红外线的，故属于主动式红外线探测器。它适用于各种布防范围大的场合使用。

②反射式主动红外探测报警装置　该装置的红外发射器与接收器装在一起。报警电路框图如图4-118所示，红外线发射头向布防区发出红外信号，当有人从接收器前面走过时，红外线信号被人体反射回来，由接收管接收，并经译码电路译码，控制报警器工作，发出报警。记忆电路的作用是当人走过后仍能维持报警器工作一段时间。

这种报警器由于发射器与接收器装在一起，不易被人发觉，其最大报警距离为1.5m，适用于安装在不允许人接近的地方，如金库的出入口，保险柜的附近，还可在夜间进行监视。

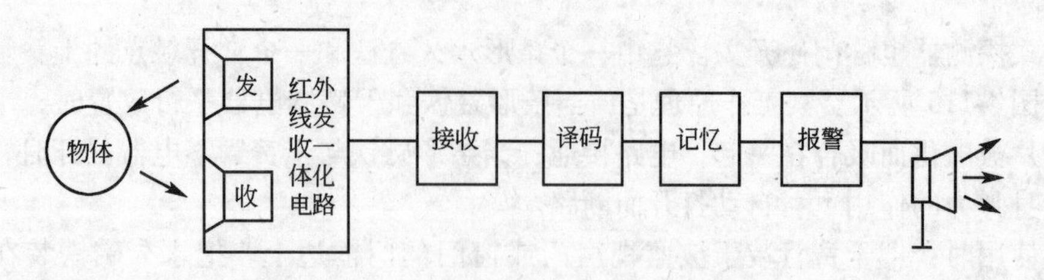

图 4-118　反射式红外防盗探测器框图

（2）被动式红外线探测器

被动式红外线探测器采用热释红外线传感器作探测器，它对人体辐射的红外线非常敏感，配上一个菲涅耳透镜作为探头，探测中心波长约为 9～10μm 的人体发射的红外线信号，经放大和滤波后由电平比较器把它与基准电平进行比较。当输出的电信号幅值达到一定值时，比较器输出控制电压驱动记忆电路和报警电路而发出报警。其组成框图如图 4-119所示。

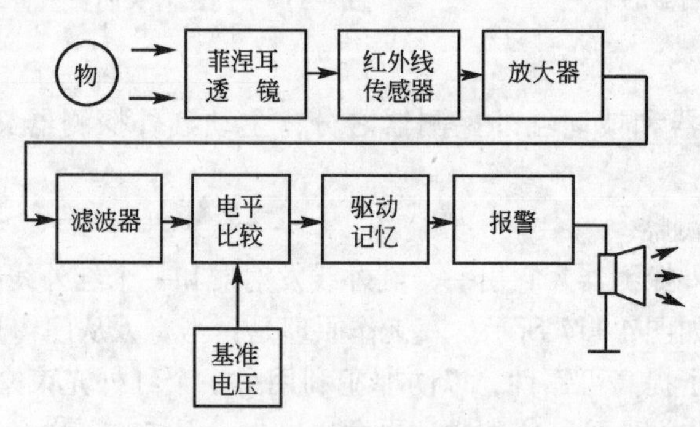

图 4-119　被动式红外探测器框图

3. 微波物体移动探测器

微波物体移动探测器是利用超高频的无线电波来进行探测的。探测器发出无线电波，同时接受反射波，当有物体在探测区域移动时，反射波的频率与发射波的频率有差异，两者的频率差称为多普勒频率。探测器就是根据多普勒频率来判定探测区域中是否有物体移动的。由于微波的辐射可以穿透水泥墙和玻璃，在使用时需考虑安放的位置与方向，通常适合于开放的空间或广场。

4. 超声波物体移动探测器

超声波物体移动探测器与微波物体移动探测器一样，都是采用多普勒效应的原理实现的，不同的是它们所采用的波长不一样，通常将 20kHz 以上频率的声波称为超声波。超声波物体移动探测器由于其采用频率的特点，容易受到振动和气流的影响，在使用时，不要放在松动的物体上，同时也要注意是否有其他超声波源存在，防止干扰。

5. 侦光式移动探测器

侦光式移动探测器必须在有光线的环境中才能使用。它是利用两个光电池或光电晶体组成差动探测装置，能够探测出周围光线的微量变化。当视野内情况正常时，两个传感器的输出是一定值，如果有物体通过，不论是进入还是离开它的视野，所造成的光线变化，会使两个传感器产生差异而脱离正常值。但是整体性背景光线的变化，不会造成它的差异。这种探测器不需要发送能量，可以做得很小且省电。其惟一的条件是需要有稳定的背景光源，一般利用灯光作为光源比较合适，如果用于室外利用阳光作为光源，会因太阳从东到西的移动使两个传感器无法平衡而产生误报。在室内还要防止因窗外的闪电或夜晚的汽车灯光所产生的影响。

6. 视觉探测器

视觉探测器也称影角侦测器，又可分为摄像管和固态影像侦测器两种。摄像管是早期从电视发展而来的，在安全系统中用来做闭路监视用，因其使用的是真空管，因此体积和耗电都大，目前已逐渐被CCD（电荷耦合器件）取代。CCD具有轻小、寿命长、高稳定、防振、灵敏度高、不怕磁场、分辨率高、高阻抗、低耗电等优点。用它来做物体移动探测器，主要是利用类比对数位转换器，把图像的图素转换成数字存在存储器中，然后与以后每一幅图像相比较，如果有很大差异，就可以检测出有移动物体。

（三）防盗报警装置的选用

防盗系统主要是探测器的选择，其依据如下：

（1）保护对象的重要程度　例如对于保护对象特别重要的应加多重保护等。

（2）保护范围的大小　例如，小范围可采用感应式报警装置或反射式红外线报警装置，要防止人从窗门进入可采用电磁式探测报警装置，大范围可采用遮断式红外报警器等。

（3）预防对象的特点和性质　例如，主要是防人进入某区域的活动，则可采用移动探测防盗装置，可考虑微波防盗报警装置或被动式红外线报警装置，或者同时采用两者作用兼有的混合式探测防盗报警装置等。

另外还有玻璃破碎探测器和振动探测器等。探测器选择是否适当、布置是否合理直接影响防盗效果，所以设计时要充分考虑。

（四）防盗报警系统的计算机管理

智能建筑内的防盗报警系统需要由计算机来管理以提高其自动化程度，增强其智能性。报警系统的计算机管理主要有以下内容。

（1）系统管理

计算机将对系统中所有的设备进行管理。在增加或减少区域控制器和探测器时，要注册或注销。系统运行时，要对控制器和探测器进行定时自检，以便及时发现系统中的问题。在计算机上可以对探测区域进行布防和撤防。可以对系统数据进行维护。可以通过密码方式设定操作人员的级别以保护系统自身的安全。

（2）报警后的自动处理

采用计算机后，可以设定自动处理程序，当报警时，系统可以按照预先设定的程序进行处理。比如可以自动拨通公安部门的电话，自动启动保安设备、自动录音录像等。报警的时间地点也自动存储在计算机的数据库中。

六、楼宇巡更系统

巡更是智能楼宇维护治安的一个重要手段。应有专人负责巡逻，重要场所应设巡更站，定时巡更，以确保楼宇安全。

1. 巡更系统的组成

该系统由巡更站、控制器、计算机通信网络和微机管理中心组成，如图4-120所示。

巡更站的数量和位置由楼宇的具体情况而定，一般在几十个点以上，巡更站可以是密码台，也可以是电锁。巡更站安在楼内重要场所。

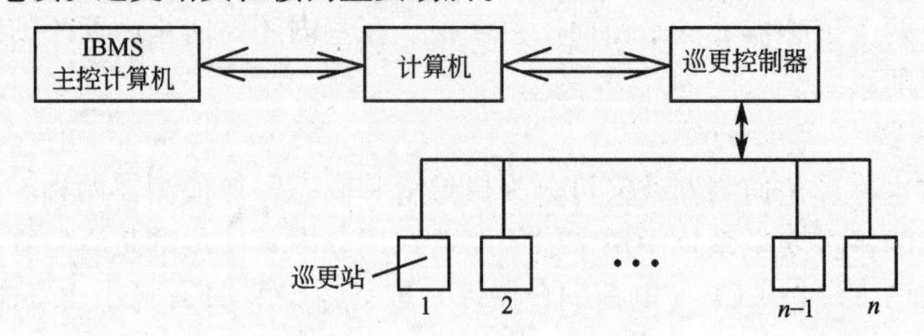

图 4-120　巡更系统构成框图

2. 巡更系统的原理及功能要求

（1）巡更系统的工作原理

巡更员必须按规定的时间到达每个巡更站，并输入该站密码，向微机管理中心报到，信号通过巡更控制器输入计算机，管理人员通过显示装置了解巡更情况。

除了上述实时巡更系统外，还有一种系统是在每一巡更站安置一个类似磁卡一样的记忆装置，各个巡更站间均无联接。巡更员只需拿着巡更器（类似读卡机）在每个巡更站感应一下，巡更站的资料就可输入巡更器，巡更员完成整个巡更路线后把巡更器交回安保中心，输入计算机，即可了解整个巡更情况。这种系统较简单，具有安装简便，也可达到数百个巡更点和多条指定的、不规划的或受时限的巡更路线等优点。例如 BOSS 智能型 2000 系列，其巡更站可达 500 个，具有 6 条指定的巡更路线，备有 99 个数码作为巡查设备状况记录，可与 PC 机接驳。但由于这类巡更系统无法实时显示，巡更员拿着贵重设备也容易损坏，因而只适用于巡更点很多而要求又不很高的情况。

（2）巡更系统的功能要求

①巡更系统必须可靠连续运行，停电后应能维持 24h 工作。

②备有扩展接口，应配置报警输出接口和输入信号接口。

③有与其他子系统之间可靠通信的联网能力，且具备网络防破坏功能。

④应具有先进的管理功能，主管可以根据实际情况随时更改巡更路线及巡更次数，在巡更间隔时间可调用巡更系统的巡更资料，并进行统计、分析和打印等。

七、停车场自动管理系统

在智能化小区中均有大型停车场，其自动管理系统的作用是：防盗和收费。

1. 系统的组成

该系统由 IC 卡、读卡机、电动闸门和计算机组成，如图 4-121 所示。

2. 工作原理

当车辆进入时，司机插入 IC 卡，系统通过读卡机把该车的相关资料和进入时间进行登记，电动闸门打开，允许车辆进入。当车辆开出时，插入 IC 卡并按下用户密码，系统核对该车的相关资料，只有当系统认为该车“合法”时，计算停车时间和费用，在 IC 卡中扣除费用，然后开闸放行。

对临时停车用户，先发卡、车辆登记等。

为了提高系统的安全性能，还有装闭路电视监控的，当车进入时，把车辆图像录下

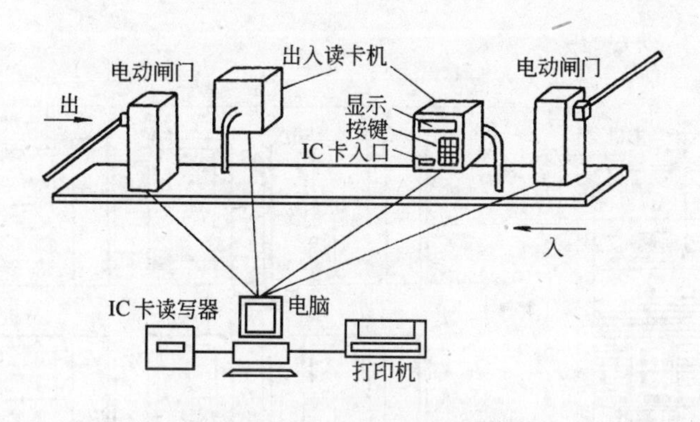

图 4-121　停车场自动管理系统

来，车辆开出时，电视进行图像对照，只有当 IC 卡、密码和车辆图像三者一致时才放行。

通常在入口电动闸门内 8 ~ 10m 处的车道下埋装感应线圈（前后安装 2 ~ 3 个），当车辆经过该线圈时，感应出信号送到计算机加以确认。同理可在入口电动闸门前和出口电动闸门内的车道下面埋装感应线圈，在车辆进入和开出前均能发出信号，并可利用该信号启动照相机对进出的车辆拍下照片。

综上可知，停车场自动管理系统，通过计算机、传感器（探测器、线圈及摄像机等）可以显示车场内车位的实时信息，并对进入的车辆安排车位。

八、可视对讲系统

1. 系统的组成

该系统由主机（室外机）、分机（室内机）、不间断电源和电控锁组成，组成框图如图 4-122 所示。主机采用超薄型结构，上面带有摄像机、数位显示、话筒、扬声器和数位按钮，由于红外线 LED 的辅助，夜间视觉良好，采用数位式按键选择，门户可扩展至 256 户，容量很大。每户分机也采用超薄型结构，上面有 100mm 显像管，图像清晰，通过听筒与主机联系。

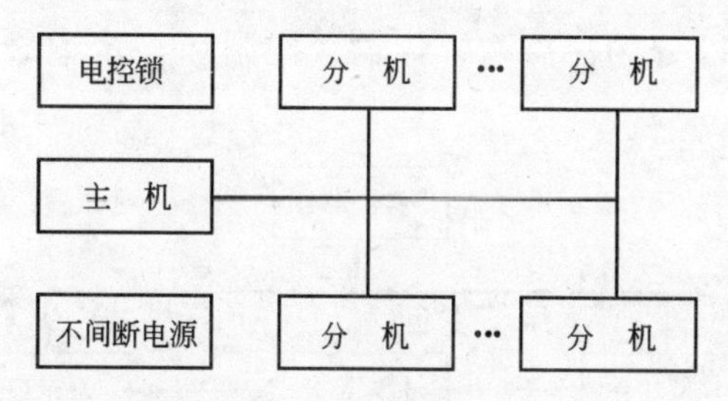

图 4-122　对讲防盗系统框图

上述系统的视频与音频联线均独立联接，而在大系统中其视频信号利用楼宇的 CATV 网传送，即门口摄像机输出经同轴电缆接入调制器，由调制器输出的射频电视通过混合器进入大楼 CATV 系统。调制器的输出电视频道应调制在 CATV 系统的空闲频道上，并将调定的频道通知用户。在用户与来访者通话的同时，可通过安装在分机面板上的小屏幕或开启电视机来观看室外情况。其原理接线如图 4-123 所示。

2. 可视对讲系统工作原理

图 4-123 的原理是：来访者按下探访对象的楼层和单元号按钮盘的相应按钮，被访者

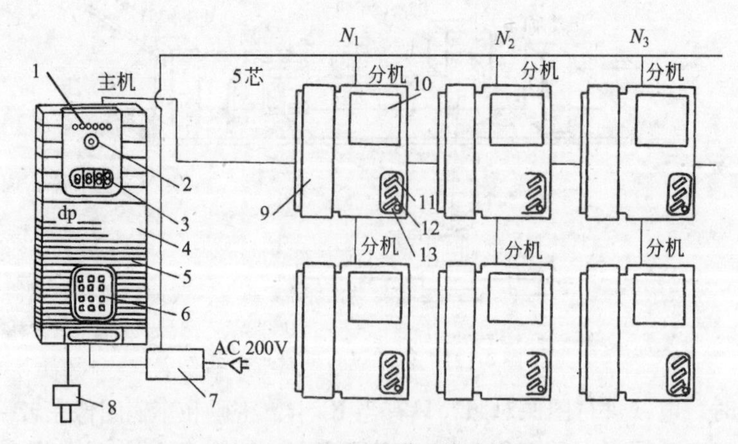

图 4-123　可视对讲系统接线图

1—LED；2—摄像机；3—数位显示；4—话筒；5—扬声器；6—数位按键；
7—电源；8—电控锁；9—听筒；10—显像管；11—影像开关；12—呼叫钮；13—开门钮

的对讲机铃响，被访者拿起话机与来访者对话，摄像机将来访者显示出来，大门外也装有对讲机，当被访者同意探访时，可按动附设于话筒上的按钮，此时入口电锁门的电磁铁通电动作将门打开，来访者可推门进入。

可视对讲系统实现了安全防范，是现代家居的理想选择。

九、电视监视系统

电视监视系统在智能楼宇的安保系统中有如人的一对“眼睛”，它的作用是不言而喻的。且由于摄像器件的固体化和小型化，以及电视技术的飞速发展，电视监视系统用于楼宇安保系统中愈来愈广泛，显得愈来愈不可缺少。本节将介绍电视监视系统的结构、设备、原理和功能。

1. 系统构成

该系统按其原理可以分为：摄像、传输、控制和显示记录四个部分。其组成如图 4-124所示。

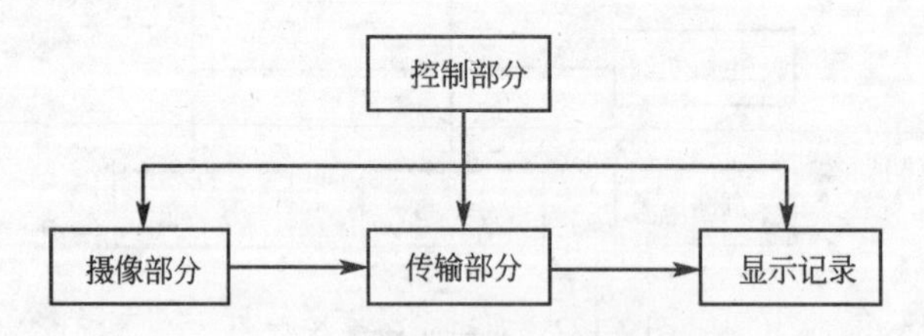

图 4-124　电视监视系统的组成框图

2. 各环节作用

图中摄像部分包括摄像机、镜头、防护罩、支架和电动云台，其作用是对被摄体摄像并转换成电信号。传输部分包括线缆、调制与解调设备、线路驱动设备，其作用是把摄像机发出的电信号传送到控制中心。显示与记录部分包括监视器、画面处理器和录像机等，其作用是把从现场传来的电信号转换成图像在监视设备上显示出来，必要时，用录像机录下来。控制部分是负责所有设备的控制和图像信号的处理。电视监视系统所需的控制种类如图 4-125 所示。

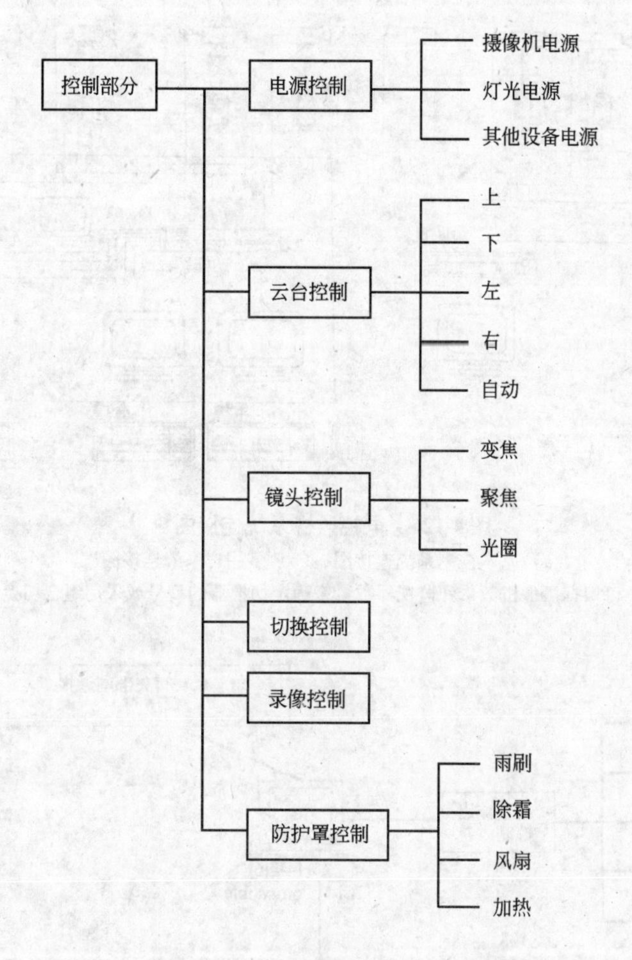

图 4-125　电视监视系统控制的种类

电视监视系统有简单、多级、复杂系统之分，如图 4-126 所示为两种电视监视系统的连接图。

十、智能大厦安全防范监视系统综合实例

1. 系统组成

为了将上述系统进行综合运用，给出图 4-127 实例。

2. 系统基本原理

本系统核心控制由计算机实现，从计算机引出一条通信总线，监控设备均连在这条总线上，计算机通过总线得到各个子系统状态信息。信息经计算机的应用软件处理后输出处理信息。输出的信息通过局域网向有关部门和有关监控点发送或报警。报警时除发出声音外，在计算机屏幕上还显示有关监控点的图像。通过摄像机对监控点摄像并存在磁盘中，也可用打印机打印出来。根据计算机上显示的画面，可对相应的云台、镜头、雨刷、电源、灯光等进行控制。显示与控制同步切换，可以控制所监视的画面在计算机上循环显示，每幅画面驻留时间连续可调。监视器上的图像可以随报警联动切换，以达到跟踪目标的目的。所有信息，如报警时间、响应方式、地理位置、提供的信息等均能存储起来以备查找使用。

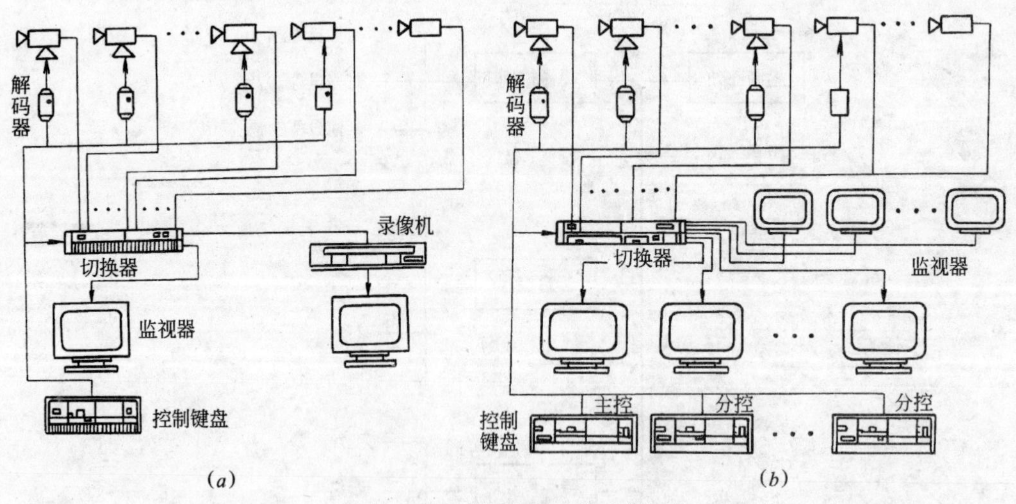

图 4-126　电视监视系统连接图

(*a*) 基本控制系统连接图；(*b*) 多用户系统连接图

注：系统用户可根据摄像机数量和监视器数量来确定切换器的型号或采用组合切换矩阵方式

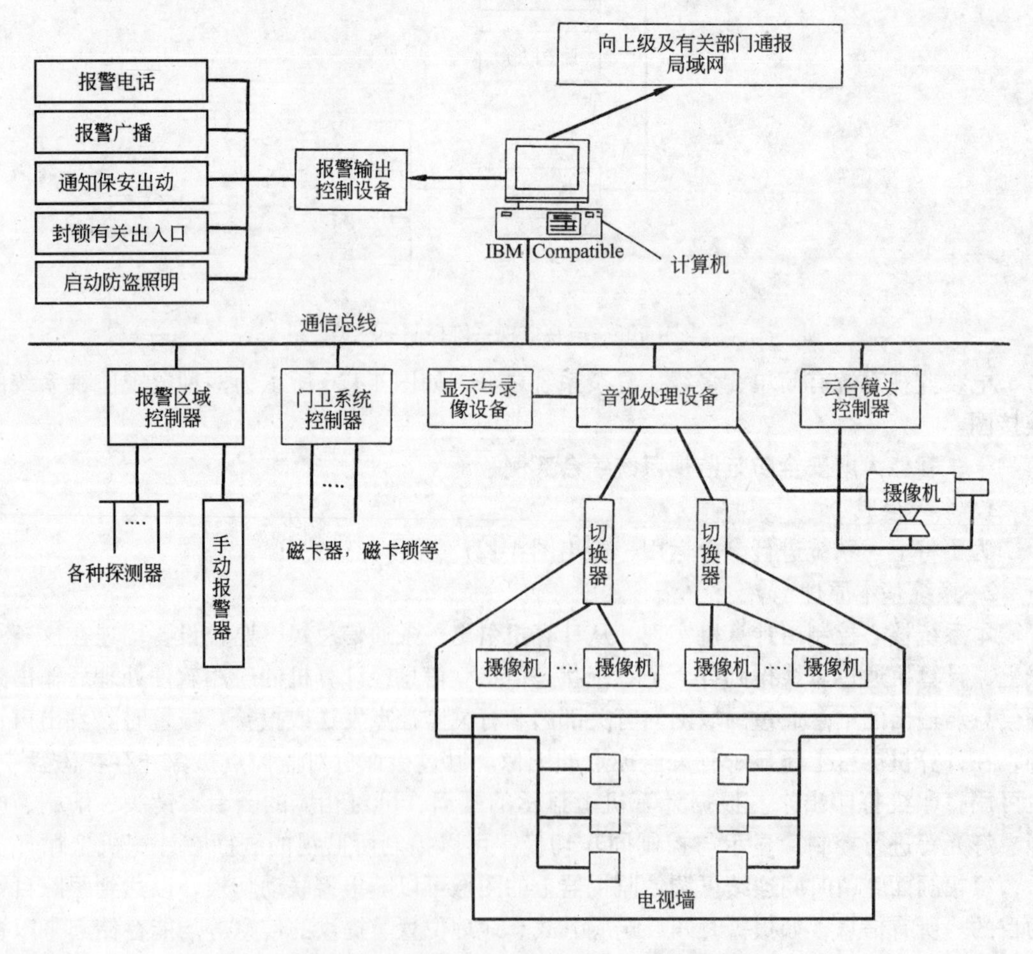

图 4-127　智能大厦安全防范监控系统综合实例

第四节　楼宇自动化系统

一、楼宇自动化（BA）系统组成

BA 系统的任务是完成智能建筑中的供配电系统、照明系统、给排水系统、电梯监控系统、空调制冷系统、消防系统、保安系统、背景音乐广播系统等的计算机监控管理等，通过计算机对各子系统进行监测、控制、记录，实现分散节能控制和集中科学管理，以达到为大厦中的用户提供良好的工作环境，为大厦的管理者提供方便的管理手段，减少能耗，降低成本。BA 系统组成如图 4-128 所示。

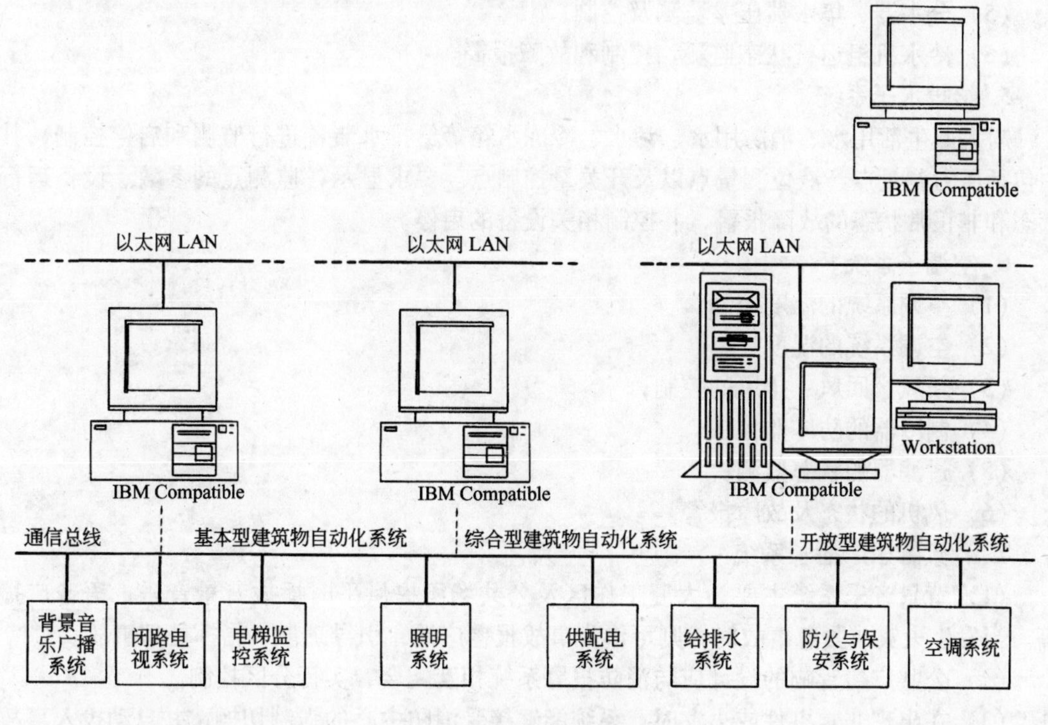

图 4-128　楼宇自动化系统

二、各子系统的监控要求

1. 变配电子系统

变配电监控系统包括低压配电系统。要求对计算机不间断 UPS 电源系统、冷冻站配电、变压器、高压系统和高压二次线中的各个点进行监测控制，主要包括电流量、电压量、有功电度、无功电度、功率因数、温度等量的测量和开关量的控制。要求实时监测和计量供电系统的运行参数，显示主接线图、交直流系统和 UPS 系统运行图及运行参数，对系统各开关变位和故障变位进行正确区分，对参数超限报警，对事故、故障进行顺序记录，可查询事故原因并显示、制表和打印，可绘制负荷曲线并显示、打印运行报表。

2. 照明子系统

由中央监控系统按每天预定的时间顺序进行开关控制及监视其开关状态，工作状态可用文字、图形显示和打印出来。

3. 热力站子系统

由中央监控系统监测热交换器的热水出水温度、热水流量和控制热水泵的启停。

4. 冷冻站子系统

该系统包括冷冻水泵、冷却塔风机的自动控制、冷水机组台数的节能控制、冷冻水系统的压差控制及中央管理站对冷冻站的控制。其监测内容如下：

（1）冷却塔风机运行状态监测、控制和故障报警；

（2）冷却水泵运行状态监测、控制和故障报警；

（3）冷水机组冷却水进水温度监测及控制；

（4）冷水机组冷却水出水温度、流量监测及控制；

（5）分水器、集水器压差监测及控制；

（6）冷水机组运行状态监测、控制和故障报警。

5. 给排水子系统

对大厦生活用水、消防用水、污水、冷冻水箱等给排水装置进行监测和启停控制，其中包括压力测量点、液位测量点以及开关量控制点。要求显示各监测点的参数、设备运行状态和非正常状态的故障报警，并控制相关设备的启停。

6. 空调子系统

（1）空调系统的温度控制；

（2）空调系统的湿度控制；

（3）新风、回风、排风的控制；

（4）制冷器的防冻监控；

（5）过滤器的状态监测；

（6）风机的状态及故障报警。

7. 背景音乐广播子系统

（1）背景音乐系统主要为大厦工作区及公共场所提供平时播放背景音乐、语音广播等。当发生火灾或紧急事故时，则可作为事故报警广播，引导疏散，指挥处理事故。

（2）公共广播音响的设计应与消防报警系统相互配合，实行分区控制。

（3）在出现非常事件或火灾时，系统能够接受消防中心的强制切换，并自动投入事故广播和火灾报警广播，将着火区平时播放的背景音乐立即切换为事故广播。

8. 消防子系统

（1）火灾监控及报警；

（2）各种消防设备的状态检测及故障报警；

（3）有关水管路水压测量；

（4）其他各联动系统的控制状态。

9. 保安子系统

（1）出入口控制系统；

（2）出入口、主要通道和闭路电视监视；

（3）停车场的闭路电视监视；

（4）各区域、各部门防盗报警设备状态监测；

（5）巡更值班系统。

10. 电梯子系统

（1）电梯运行状态监测；

（2）停电及紧急状况处理；

（3）语言报告服务系统。

本 章 小 结

本章从楼宇自动化特征入手，阐述了楼宁智能化的技术依据，4C技术即现代计算机技术、控制技术、通信技术和图形显示技术。说明了建设智能化的目标、智能楼宇的主要特征及楼宇智能化技术的主要内容及智能化系统的协调关系和集成。对其子系统侧重了消防子系统和安全子系统的阐述。

消防子系统：首先介绍了高层建筑的特点及消防系统的组成，然后分别阐述了建筑防火类型、耐火等级及相关区域的划分，接着介绍了消防系统的设计及施工依据。

火灾自动报警系统：对火灾的形成、火灾报警系统的组成及发展进行了概述，对火灾探测器构造原理、选择及布置结合实例进行了充分说明。对火灾报警设备的配套设备的构造、原理及使用进行了分析；对火灾报警控制器的构造、原理及相关要求进行了说明，对火灾报警系统的线制分为传统型和现代型阐述，并列举了火灾自动报警系统的实例，最后对消防系统的设计进行了详细的讨论。通过学习，可掌握消防系统的设计、施工方法，为从事消防工程打下良好基础。

智能大厦的保安监控系统：智能大厦要求保安系统具有：防范、报警、监控与记录功能。安全监控系统由出入口控制系统、防盗报警系统和电视监控系统组成。

智能大厦的保安监控系统的智能化在于：智能识别、智能判断、智能跟踪、智能调度。

门禁管制系统由读卡机、智能控制器和局域网络构成，以实现门禁的现代化管理。

防盗报警系统：由探测器、区域控制器和中心计算机三部分组成，当有人非法闯入设防区时进行报警，确保安全。

楼宇巡更系统：由巡更站、控制器和计算机通信网络和微机管理中心组成。

停车场自动管理系统：由IC卡、读卡机、电动闸门和计算机组成，实现防盗和收费。

电视监视系统：由摄像、传输、控制和显示记录组成，实现监视作用。

楼宇自动化系统由供配电子系统、照明子系统、给排水子系统、电梯监控子系统、冷热源子系统、消防子系统、保安子系统、背景音乐广播子系统、计算机中心及通信网络组成，对各子系统有不同的监控要求。

通过本章学习，对智能化技术有相应的了解，以适应现代化工程发展需要。

习题与思考题

1. 什么叫3A系统？主要功能是什么？什么叫4C技术？
2. 建筑智能化的目标是什么？
3. 楼宇智能化的主要特征是什么？

4. 楼宇自动化系统由什么组成？

5. 简述可视对讲系统的原理，说明设置该系统的意义。

6. 防盗探测器有几种？各有何特点？

7. 门禁系统的适用场所如何？

8. 电视监视系统的作用是什么？简述电视监视系统的结构。

9. 如何解决误报警问题？

10. 简述现代高层建筑对火灾报警消防系统的要求。

11. 火灾自动报警系统由什么组成？有几种类型？

12. 什么是探测区域？什么是报警区域？

13. 已知某新建4层旅店楼，1层到3层每层均20个房间，每个房间面积均为14m²；第4层为15个房间，每个房间13m²。计划每个房间安装感烟探测器1个。试画出该区报警系统示意图。已知该感烟探测器为二线（+、X），非编码。

14. 某银行新建办公楼10层，1~5层，每层12个房间，每个房间安装1个感烟探测器。第6层有1个大会议室，计划安装5个感烟探测器，并联，共占1个部位号，另有6个房间办公，每个房间安装1个感烟探测器。第7~第10层每层8个房间，每个房间安装1个感烟探测器，非编码。探测器为三线（+、-、X）。试画出该建筑采用2台区报器组成的区报警系统图。

15. 简述各类区域报警器特点及输入输出接线方式。

16. 简述各类集中报警器特点及输入输出接线方式。

17. 简述各类通用报警器特点及输入输出接线方式。

18. 已知某办公楼25层，1~5层每层有办公室20间，每间面积均为40m²；6~24层每层有办公室15间，每间面积均为30m²；第25层有10间办公室，面积均为20m²，还有一间大会议室，面积100m²。选用感烟探测器组成火灾自动报警系统。试用JB-JB-W99/20型火灾报警控制器组成该系统，画出该系统接线示意图及平面布置接线图。

19. 消防系统由什么组成？有几种类型？

20. 什么叫高层建筑？有何特点？

21. 防火分为几类？如已知某教学楼楼高为58m，试问应属于几类防火？

22. 探测器分为几类？

23. 下列型号代表的意义如何？

（1）JTY-LZ-101；

（2）JTW-DZ-262/062；

（3）JTW-BD-C-KA-Ⅱ。

24. 什么叫灵敏度？它对火灾报警系统有何意义？

25. 布置探测器时应考虑哪些方面的问题？

26. 报警器的功能是什么？

27. 选择消防控制中心应考虑哪些因素？

28. 台式报警器和壁挂式报警器在与探测器连接时有何不同？

29. 手动报警按钮的数量及安装如何考虑？

30. 区域报警器与楼层显示器的区别？

31. 已知某教室房间高度为7m，地面面积为15m×20m，房顶坡度为12°，属于非重点保护建筑。（1）确定探测器种类；（2）求出探测器的数量；（3）布置探测器。

32. 已知某开水间，地面面积为10m×15m，平顶棚，属重点保护建筑。（1）确定探测器种类；（2）求数量；（3）进行布置。

33. 已知某高层建筑，规模为45层，每层为一个防火分区，每层有50只探测器、手动报警开关15

个，系统中有一台集中报警器，试问该系统中还应有什么设备？为什么？

34. 输入模块、输出模块、总线驱动器、总线隔离器、报警中继器的作用？

35. 分别在七位、八位编码开关中编出126号、68号、15号。

36. 区域与集中报警控制器的设计要求有哪些？

37. 模块、总线隔离器、手动报警开关安装在什么部位？

38. 已知某综合楼20层楼，每层一台区域报警器，每层有40个报警点，每个报警点安一只探测器，试用两线制：二总线制及四总线制分别画图。

第五章　建筑电气施工

第一节　概　　述

建筑电气施工是建筑安装工程的重要组成部分，从基本建设的角度看，安装工作是设计与制造工作的补充，也可以说是基本建设的最后一道工序。建筑电气施工是把各类电气装置根据设计图纸要求的位置进行安装，构成一个符合生产工艺或建筑设施要求的安全、可靠、经济的电气系统。

建筑电气施工一般可分为三大阶段，即施工准备阶段、安装施工阶段和竣工验收阶段。

（1）施工准备阶段，组织安装工程及其他与安装工程有关的开工前的准备；

（2）安装施工阶段，配合土建进行预埋、预留、线路的敷设、电气设备的安装和调试；

（3）竣工验收阶段，试运行、质量评定、工程验收和交接。

一、施工前的准备工作

施工准备工作是保证安装工程能够顺利地连续施工，全面完成各项技术经济指标的重要前提，它贯穿于整个施工过程之中。

施工准备工作就其工作范围，一般可分为阶段性施工准备和作业条件的施工准备。所谓阶段性施工准备是指工程开工前针对工程全面所做的各项准备工作；所谓作业条件的施工准备是指为某一施工阶段、某一分部（项）工程或某个施工环节所做的准备工作，它是局部性、经常性的施工准备工作。一般来说，工程开工前应做好以下几方面的准备工作。

（一）技术准备

（1）熟悉、会审图纸。设计图纸是工程的语言，是进行施工的主要依据。工程开工前，要全面熟悉施工图纸，了解设计内容及设计意图，明确工程中所采用的设备、材料及图纸中所提出的施工要求。要全面、细致地核对安装图、原理图以及电气管线布置是否正确、合理、无遗漏。

（2）熟悉有关电气施工的生产工艺、建筑施工与电气施工的配合顺序、预埋构件和孔洞地沟的位置、电气线路的走向以及与其他管线的安全距离。

（3）熟悉和工程有关的施工及验收规范、技术规程、质量检验评定标准以及设备制造厂提供的设备安装使用说明书、产品合格证、试验记录等。

（4）在全面熟悉图纸的基础上，依据图纸并根据施工现场情况、技术力量及技术装备情况，做出合理的施工方案。

（5）编制施工图预算和施工预算。

（二）施工机具和材料的准备

根据施工方案和施工预算，进行施工机具的调配及材料的采购工作，并根据施工进度有计划地组织施工机具和材料进场。

（三）了解和创造施工条件

要了解施工组织设计或施工方案中有关施工条件的内容；要深入施工现场确切掌握现场的实际情况；要做好一切施工准备，以创造有利的施工条件。

一般在施工前应了解以下几方面内容：

（1）设计图纸中所列的各项主要电气设备、主要材料及各类加工件等的到货与交付情况。

（2）电气施工过程中所需的施工机具、专用工具及仪表的情况。

（3）土建工程的施工进度以及与电气施工有关的设备基础、地坪、沟道、墙面等的完成情况。

（4）施工现场临时用电、用水、道路以及设备材料仓库等临时设施的状况。

（5）其他安装工种的施工进度以及各工种在综合施工进度下，现场施工顺序的协同安排。

（6）高空作业、防火、触电保护等施工安全措施在现场落实的情况。

二、电气工程施工与土建工程施工的配合

电气工程施工与土建工程施工的配合是电气施工中一项非常重要的工作，它是贯穿于整个工程的施工过程当中。配合的好坏对于工程进度、工程质量及工程造价都有直接影响。

电气工程施工与土建工程施工的配合一般包括以下内容：

（1）预埋敷设在墙体、基础，楼板及地坪等结构内部的电气管路及接地装置。

（2）预埋固定电气设备用的基础支座与支架。

（3）预留敷设电气管线用的穿楼板及过墙的孔洞。

（4）检查加工件的形式与尺寸是否符合建筑结构的实际情况。

（5）检查由土建施工的有关电气设备安装用的混凝土基础、沟道、地脚螺栓、梁柱构件等的位置尺寸和标高是否与电气设计图纸相符合以及建筑物中，门、通道等的尺寸是否满足电气设备搬运与安装的要求。

（6）在施工条件允许的情况下，争取把高空敷设的管、槽、支架等电气安装所需的构件，在地面上组装后，随土建梁、柱、屋架等构件一起吊装就位，以减少电气施工的高空作业量。

第二节　室内配线工程施工

在建筑电气工程中把敷设在建筑物内的配线统称为室内配线，也称为室内配线工程。一般根据建筑结构及要求的不同，室内配线又可分为暗配线和明配线两种方式。暗配线（导线在线管等保护体内）是指敷设于墙壁、顶棚、地面及楼板等处内部；明配线（导线直接或在线管等保护体内）是指敷设于墙壁、顶棚的表面及桁架等处。本节主要介绍线管配线和钢索配线。

一、室内配线工程的一般要求

室内配线工程施工，首先应符合电气装置安装的基本要求，即安全、可靠、经济、方便、美观。

（一）安全

室内配线施工时所选用的电气设备和材料必须符合图纸要求，必须是合格产品，对导线的连接，敷设及接地线的安装等均应符合质量要求，以保证室内配线及电气设备的安全运行。

（二）可靠

室内配线的布局必须合理，以免由于不合理的设计与施工给室内用电设备运行的可靠性带来影响。

（三）经济

在保证安全可靠运行和发展的前提下，应该考虑其经济性，选用最合理的施工方法，尽量节约材料，降低工程的成本。

（四）方便

室内配线应保证施工操作与维护方便。

（五）美观

室内配线施工时，应注意选定配线位置及电器安装位置，不要损坏建筑物的美观，而应有助于建筑物的美化。

室内配线工程的一般要求如下：

（1）室内配线所用导线的额定电压应大于线路的工作电压，导线的绝缘应符合线路的安装方式和敷设环境的条件。导线截面应能满足供电质量和机械强度的要求，不同敷设方式导线线芯的最小截面应符合表5-1的规定。

（2）敷设导线时，应尽量避免导线接头。因为导线接头质量不好容易造成事故，如果必须进行接头时，应采用压接或焊接。

不同敷设方式导线线芯的最小截面 **表5-1**

<table>
<tr><th colspan="3" rowspan="2">敷 设 方 式</th><th colspan="3">线芯最小截面（mm^2）</th></tr>
<tr><th>铜芯软线</th><th>铜 线</th><th>铝 线</th></tr>
<tr><td colspan="3">敷设在室内绝缘支持件上的裸导线</td><td>—</td><td>2.5</td><td>4.0</td></tr>
<tr><td rowspan="4">敷设在绝缘支持件上的绝缘导线其支持点间距 L（m）</td><td rowspan="2">$L \leq 2$</td><td>室内</td><td>—</td><td>1.0</td><td>2.5</td></tr>
<tr><td>室外</td><td>—</td><td>1.5</td><td>2.5</td></tr>
<tr><td colspan="2">$2 < L \leq 6$</td><td>—</td><td>2.5</td><td>4.0</td></tr>
<tr><td colspan="2">$6 < L \leq 12$</td><td>—</td><td>2.5</td><td>6.0</td></tr>
<tr><td colspan="3">穿管敷设的绝缘导线</td><td>1.0</td><td>1.0</td><td>2.5</td></tr>
<tr><td colspan="3">槽板内敷设的绝缘导线</td><td>—</td><td>1.0</td><td>2.5</td></tr>
<tr><td colspan="3">塑料护套线明敷</td><td>—</td><td>1.0</td><td>2.5</td></tr>
</table>

（3）导线的连接和分支处不应受到机械力的作用，导线与电器端子连接时应牢靠压实。

（4）各种明配线应水平和垂直敷设，要求横平竖直，导线水平高度距地面不应小于2.5m；垂直敷设不应低于1.8m，否则应加管、槽保护，以防止导线受到机械损伤。

（5）穿在管内的导线，无论在什么情况下都不允许有接头，若必须接头时，应把导线接头放在接线盒、灯光盒或开关盒内。

（6）导线穿过墙体时应装过墙管保护，过墙管两端伸出墙面不小于10mm。

（7）采用线管配线，在通过建筑物伸缩缝的地方应设补偿盒，以适应建筑物的伸缩。

（8）为确保用电安全，室内电气管线与其他管道间应保持表5-2中所规定的距离。

电气线路与管道间最小距离（mm） **表5-2**

管道名称	配线方式		穿管配线	绝缘导线明配线	裸导线配线
蒸 气 管	平行	管道上	1000	1000	1500
		管道下	500	500	1500
	交叉		300	300	1500
暖气管 热水管	平行	管道上	300	300	1500
		管道下	200	200	1500
	交叉		100	100	1500
通风、给排水及压缩空气管	平行		100	200	1500
	交叉		50	100	1500

施工中，若不能满足表中所列数值时，可采取以下措施：

①电气管线与蒸气管不能保持表中距离时，可在蒸气管外包以隔热层，这样平行净距可减到200mm；交叉距离须考虑施工维修方便。但管线周围温度应经常在35℃以下；

②电气管线与暖水管不能保持表中距离时，可在暖水管外包隔热层；

③裸导线应敷设在管道上方，当不能保持表中距离时，可在裸导线外加装保护网或保护罩。

二、线管配线

将绝缘导线穿在管内敷设称为线管配线。这种配线方式可避免腐蚀性气体的侵蚀和遭受机械损伤，比较安全可靠，且换线较方便，是一种被广泛采用的配线方式。

线管配线可采用暗配和明配两种方式。暗配是把线管敷设于墙壁、地坪、楼板等处的内部，要求管路短、变曲少，以便于穿线。明配是把线管敷设于墙壁、顶棚、桁架等表面明露处，要求线管横平竖直、整齐美观。

（一）常用线管

线管配线常使用的线管有水煤气钢管（又称焊接钢管、厚壁钢管，分镀锌和非镀锌两种，其管径以内径计算）、电线管（管壁较薄，管径以外径计算）、硬塑料管、半硬塑料管、塑料波纹管、软塑料管及金属软管（俗称蛇皮管）等。

（二）线管选择

选择线管时，首先应根据其敷设环境来决定采用哪种线管，然后再来决定线管的规格。一般明配或暗配于干燥场所的钢管，宜使用薄壁钢管。明配于潮湿场所和埋于地下的管子均应使用厚壁钢管。硬塑料管适用于室内或有酸、碱等腐蚀介质场所，但不得在高温和易受机械损伤场所敷设。半硬塑料管和塑料波纹管适用于一般民用建筑的照明工程暗敷设，但不得在高温场所敷设。金属软管多用来作为钢管和设备的连接。

线管规格的选择应根据管内所穿导线的截面和根数来决定，一般规定线管内导线的总截面积（包括导线的外护层）不应超过线管内径截面积的40%。线管规格的选择可参照表5-3所列数据。

单芯导线穿管选择表 **表5-3**

<table>
<tr><th rowspan="2">线芯截面（mm^2）</th><th colspan="9">焊接钢管（管内导线根数）</th><th colspan="9">电线管（管内导线根数）</th><th rowspan="2">线芯截面（mm^2）</th></tr>
<tr><th>2</th><th>3</th><th>4</th><th>5</th><th>6</th><th>7</th><th>8</th><th>9</th><th>10</th><th>10</th><th>9</th><th>8</th><th>7</th><th>6</th><th>5</th><th>4</th><th>3</th><th>2</th></tr>
<tr><td>1.5</td><td colspan="3">15</td><td colspan="2">20</td><td colspan="4">25</td><td colspan="4">32</td><td colspan="2">25</td><td colspan="3">20</td><td>1.5</td></tr>
<tr><td>2.5</td><td colspan="2">15</td><td colspan="3">20</td><td colspan="4">25</td><td colspan="4">32</td><td colspan="3">25</td><td colspan="2">20</td><td>2.5</td></tr>
<tr><td>4</td><td>15</td><td colspan="3">20</td><td colspan="3">25</td><td colspan="2">32</td><td colspan="5">32</td><td colspan="2">25</td><td colspan="2">20</td><td>4</td></tr>
<tr><td>6</td><td colspan="3">20</td><td colspan="3">25</td><td colspan="3">32</td><td colspan="3">40</td><td colspan="3">32</td><td colspan="2">25</td><td>20</td><td>6</td></tr>
<tr><td>10</td><td>20</td><td colspan="2">25</td><td colspan="2">32</td><td colspan="2">40</td><td colspan="2">50</td><td colspan="4"></td><td colspan="2">40</td><td colspan="2">32</td><td>25</td><td>10</td></tr>
<tr><td>16</td><td colspan="2">25</td><td colspan="2">32</td><td>40</td><td colspan="4">50</td><td colspan="5"></td><td colspan="2">40</td><td colspan="2">32</td><td>16</td></tr>
<tr><td>25</td><td colspan="2">32</td><td colspan="2">40</td><td colspan="2">50</td><td colspan="3">70</td><td colspan="7"></td><td>40</td><td>32</td><td>25</td></tr>
<tr><td>35</td><td>32</td><td>40</td><td colspan="3">50</td><td colspan="2">70</td><td colspan="2">80</td><td colspan="7"></td><td colspan="2">40</td><td>35</td></tr>
<tr><td>50</td><td>40</td><td colspan="2">50</td><td colspan="3">70</td><td colspan="3">80</td><td colspan="9" rowspan="6"></td><td rowspan="6"></td></tr>
<tr><td>70</td><td colspan="2">50</td><td colspan="2">70</td><td colspan="2">80</td><td colspan="3"></td></tr>
<tr><td>95</td><td>50</td><td colspan="2">70</td><td colspan="2">80</td><td colspan="4"></td></tr>
<tr><td>120</td><td colspan="2">70</td><td colspan="2">80</td><td colspan="5"></td></tr>
<tr><td>150</td><td colspan="2">70</td><td>80</td><td colspan="6"></td></tr>
<tr><td>185</td><td>70</td><td>80</td><td colspan="7"></td></tr>
</table>

（三）钢管配线

1. 钢管的除锈涂漆

非镀锌钢管在敷设前应对其进行除锈和刷防腐漆。钢管内壁除锈可采用圆形钢丝刷。将两根细钢丝分别绑在钢丝刷两头，穿过钢管，来回拉动钢丝刷，将钢管内铁锈清除干净。钢管外壁除锈可采用钢丝刷打磨，也可采用电动除锈机。除锈后，将钢管的内外表面涂以防腐漆。钢管外壁刷防腐漆的要求：

（1）埋入混凝土内的钢管不刷防腐漆；

（2）埋入砖墙内的钢管应刷红丹漆等防腐漆；

（3）埋入道渣垫层和土层内的钢管应刷两道沥青或使用镀锌钢管；

（4）明敷设钢管应刷一道防腐漆，一道面漆（若设计无规定颜色，一般刷灰色漆）；

（5）敷设在有腐蚀性土层中的钢管，应按设计规定进行防腐处理。

电线管一般已刷防腐黑漆，所以只需在管子连接处及漆脱落处补刷同样色漆。

2. 钢管的切割套丝

钢管敷设时，应根据实际需要长度对钢管进行切割。钢管的切割应使用钢锯或电动无齿锯，严禁使用气割。

焊接钢管套丝可用管子绞扳（俗称代丝）或电动套丝机，电线管套丝可用圆丝扳。

套丝时，先将钢管在管子压力上固定压紧，然后再进行套丝。丝扣套好后，应随即清扫管口，将管口端面和内壁毛刺用锉刀锉光，以免穿线时割破导线绝缘。

3. 钢管的弯曲

钢管一般都采用弯管器进行弯曲，如图 5-1 所示。

图 5-1　用弯管器弯管

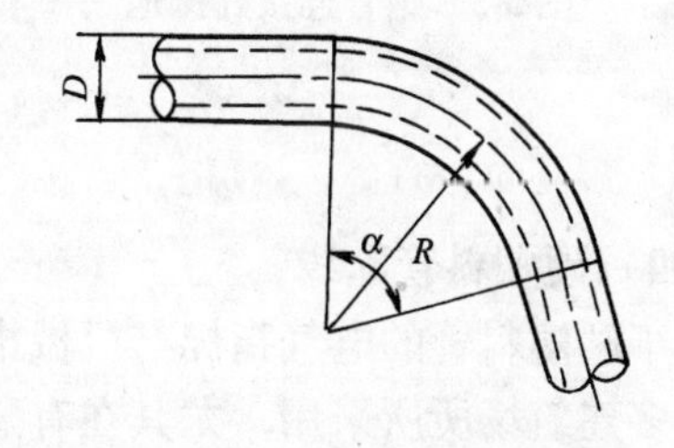

图 5-2　钢管的弯曲半径

D—管子直径；α—弯曲角度；R—弯曲半径

弯曲时，首先将钢管需要弯曲部位的前段放在弯管器内，焊缝放在弯曲方向背面或侧面，以防钢管弯扁，然后用脚踩住钢管，手扳弯管器进行弯曲，并逐点移动弯管器，便可得到所需要的弯度，弯曲半径（图 5-2）应符合以下要求：

（1）暗配时，弯曲半径不应小于管外径的 6 倍，敷设于地下或混凝土楼板内时，不应小于管外径的 10 倍。

（2）明配时，一般不小于管外径的 6 倍，只有一个弯时，可不小于管外径的 4 倍。

为便于穿线，电线管路的弯曲不宜过多，当管路较长或弯曲较多时，中间应加装接线盒或拉线盒，且接线盒或拉线盒的位置应便于穿线。根据规范规定：管子长度每超过 30m，无弯曲；管子长度每超过 20m，有一个弯曲；管子长度每超过 15m，有两个弯曲；管子长度每超过 8m，有三个弯曲，都应加装加线盒或拉线盒。否则应选择大一级管径的管子。

当钢管直径超过 50mm 时，可采用弯管机或热煨法进行弯曲。

4. 钢管的连接

无论是明敷设还是暗敷设，钢管一般都采用管箍连接，钢管端部丝扣的长度不应小于管箍长度的 1/2。为保证管接口的严密性，管子的丝扣部分应缠上麻丝涂以铅油，用管钳子拧紧，使两管口间吻合，不允许将钢管对焊连接。对于直径在 50mm 及以上的暗配管可采用套管焊接连接的方式，套管的长度为连接管外径的 1.5～3 倍。焊接前，先将连接管从两端插入套管，并使连接管的对口处在套管的中心，然后在套管两端焊接牢固。钢管采用管箍连接时，管箍两端应焊接跨接线，以保证接地良好，如图 5-3 所示。跨接线焊接应整齐一致，焊接面不得小于接地线截面的 6 倍，但不能将管箍焊死。跨接线采用圆钢或扁钢制作，其规格可参照表 5-4 来选择。

钢管进入灯头盒、开关盒、接线盒及配电箱时，暗配管可用焊接固定，管口进入箱（盒）的长度应小于 5mm；明配管应用锁紧螺母或管帽固定，钢管的丝扣宜露出锁紧螺母 2～3 扣。

镀锌钢管和薄壁钢管应采用管箍连接，不应采用焊接连接。

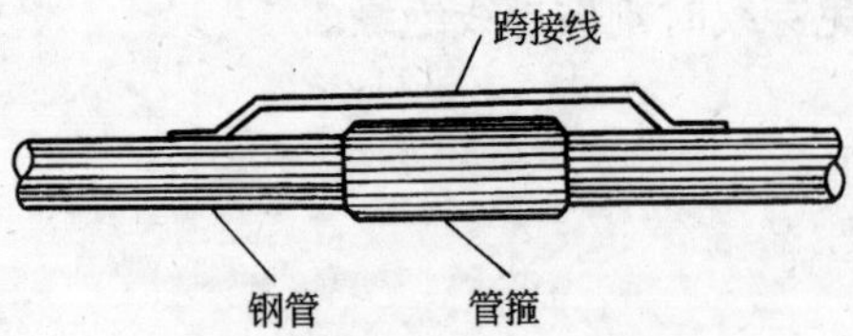

图 5-3　钢管连接处接地

跨接线选择表　　表 5-4

公称直径（mm）		跨接线（mm）	
电线管	钢　管	圆　钢	扁　钢
≤32	≤25	$\phi6$	
40	32	$\phi8$	
50	40～50	$\phi10$	
70～80	70～80		25×4

（四）硬塑料管配线

由于硬塑料管的电气指标与机械指标都已能满足电气施工的要求，所以硬塑料管配线已被很多建筑场所所采用。尤其在有酸碱盐腐蚀的场所，采用硬塑料管配线更加显示出它的优越性。

1. 硬塑料管的切割与套丝

硬塑料管用钢锯切割时，要采用细齿锯条。套丝时，应采用圆丝板。

2. 硬塑料管的弯曲

硬塑料管的弯曲，均采用热弯的方法。因为它的材质是热塑性塑料，所以弯曲时加热温度不能超过 130～140℃，且加温时间也不能过长，否则它将变形而无法使用。

硬塑料管的弯曲半径必须大于管外径的 6 倍，明敷设时，个别弯曲部分可大于管外径的 4 倍，对于敷设在混凝土内的硬塑料管，其弯曲半径应大于管外径的 10 倍。

3. 硬塑料管的连接

硬塑料管的连接通常可以采用丝扣连接和粘接连接。丝扣连接的方法与钢管丝扣连接方法相同。粘接法有插入法和套接法。插入法又可分为一步插入法和二步插入法。一步插入法适用于直径为 50mm 及以下的硬塑料管，二步插入法适用于直径为 65mm 及以上的硬塑料管。

（1）一步插入法

①将管口倒角。将需要连接的两个管端，一个管端加工长内斜角（作阴管），一个管端加工长外斜角（作阳管），角度均为 30°，如图 5-4 所示。

②用汽油或酒精将阴管、阳管的插接段擦干净。

③将阴管插接深度部分（插接长度为管径的 1.1～1.8 倍）。放在电炉上加热数分钟，使其处于柔软状态。加热温度为 145℃左右。

④将阳管插入部分涂上胶合剂（如过氯乙烯胶），厚薄要均匀，迅速插入阴管中。待两管的中心线一致时，立即用湿布冷却定型，使管口恢复原来硬度，如图 5-5 所示。

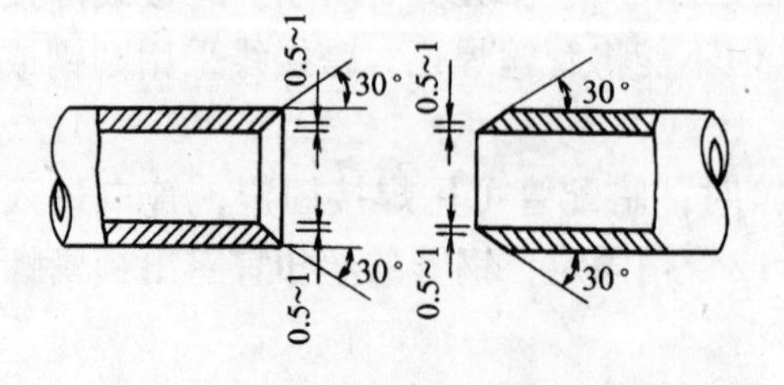

图 5-4　管口倒角

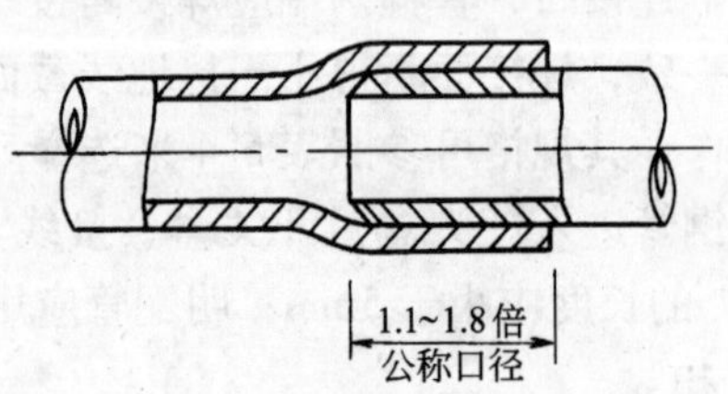

图 5-5　插接情况

(2) 二步插入法

①将管口倒角，同一步插入法。

②清理插接段，同一步插入法。

③将阴管放入温度为145℃的热甘油或石蜡中（也可用电炉、喷灯、电烘箱）加热，加热部分长度为管径的1.1~1.3倍，使其处于柔软状态。然后将其插入到事先加热好的金属模具进行扩口，如图5-6所示。

④扩口后，待冷却至50℃左右时取下模具，再用冷水浸浇管的内外壁，使管子冷却成型。

⑤将阴管、阳管插接段涂以胶合剂，把阳管插入阴管内，加热阴管使其扩大部分收缩，然后急加水冷却。也可采用焊接连接，即将阳管插入阴管后，用聚氯乙烯焊条在接合处焊2~3圈，以保证可靠的密封。焊接情况见图5-7。

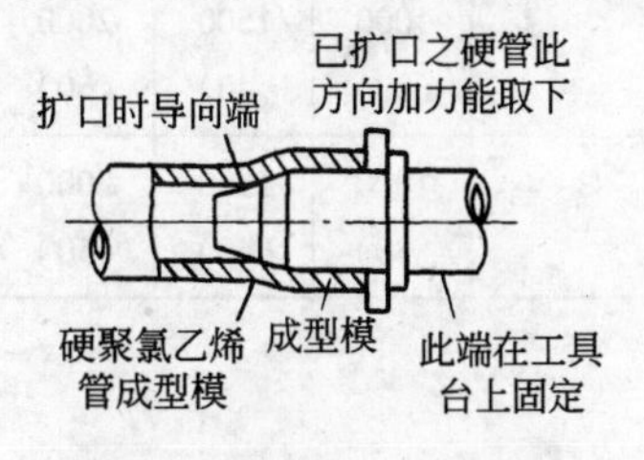

图5-6　成型模插入情况

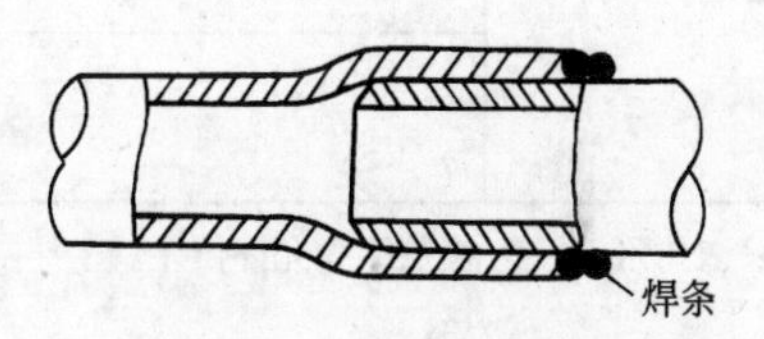

图5-7　焊接连接情况

(3) 套接法

①将同直径的硬塑料管加热到软化状态，作为热套管。

②将需要连接的两管倒角，清除油污杂物，涂上胶合剂。

③迅速将两管插入热套管中，并用湿布冷却成型。套接连接情况见图5-8。

若不采用胶合剂，也可在套接后用塑料焊加以密封。

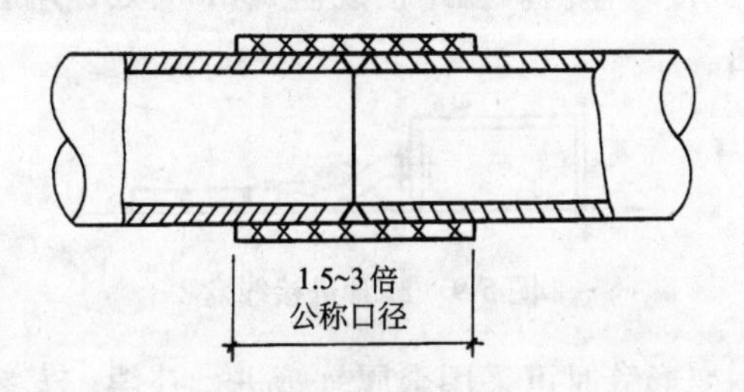

图5-8　套接法连接

（五）半硬塑料管配线

半硬塑料管配线时，应尽量少弯曲，当线路直线段长度超过15m或直角弯超过三个时，均应装设接线盒。需要连接时，应采用套管粘接法，套管长度不应小于连接管外径的2倍，接口处应用胶合剂粘接牢固。

（六）线管敷设

通常把线管敷设称为配管。配管可以采用暗配方式，也可以采用明配方式，一般是从配电箱开始，逐段配至用电设备处，有时也可从用电设备处开始，逐段配至配电箱处。

1. 明配管

明配管路应沿着建筑物水平或垂直敷设，其允许偏差在2m长度内均为3mm，全长不应超过管子内径的1/2。当管子沿墙、柱或屋架等处明配时，可采用管卡子固定。要求管路排列整齐，固定点间距均匀。中间管卡子最大间距应符合表5-5的规定。管卡子与管路终端、转弯中点、电气器具或箱（盒）边缘的距离为150～500mm。

线管中间管卡最大距离和最大允许偏差 表5-5

敷设方式	最大允许距离(mm) / 线管直径(mm) / 线管类别	15～20	25～32	40～50	65～100
吊架、支架或沿墙敷设	水煤气钢管	1500 (30)	2000 (40)	2500 (50)	3500 (60)
	电线管	1000 (30)	1500 (40)	2000 (50)	
	塑料管	1000 (30)	1500 (40)	2000 (50)	

注：表中（ ）内数字为允许偏差。

管卡子的固定方法，可用塑料胀管或膨胀螺栓直接固定在墙上，也可以固定在支架上。支架形式可根据具体情况按照国家标准图集D463（二）选择。钻塑料胀管孔时，孔径应与塑料胀管外径相同，孔深度不应小于胀管的长度。钻膨胀螺栓套管的孔时，钻头外径宜与套管外径相同，钻出的孔径与套管外径的差值不应大于1mm，孔深不应小于套管长度加10mm。

线管贴墙敷设进入插座、开关、灯头等接线盒时，应将线管煨成双弯（鸭脖弯），见图5-9，不能将线管斜插到接线盒内。在距接线盒300mm处，用管卡子将线管固定，并应使线管平整地紧贴于墙面。

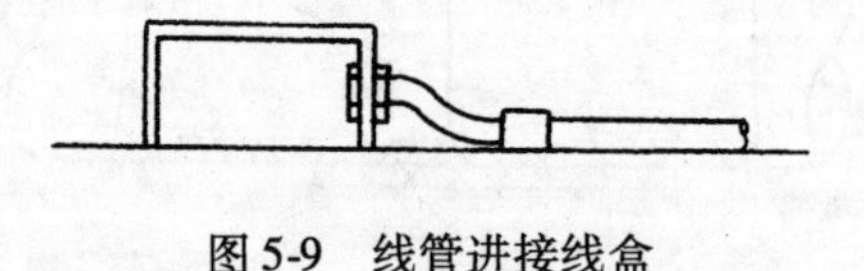

图5-9 线管进接线盒

明配钢管通过建筑物变形缝时可采用金属软管进行补偿。安装时，应使金属软管略有弧度，以便基础下沉时，能够借助软管的弹性而伸缩，如图5-10所示。

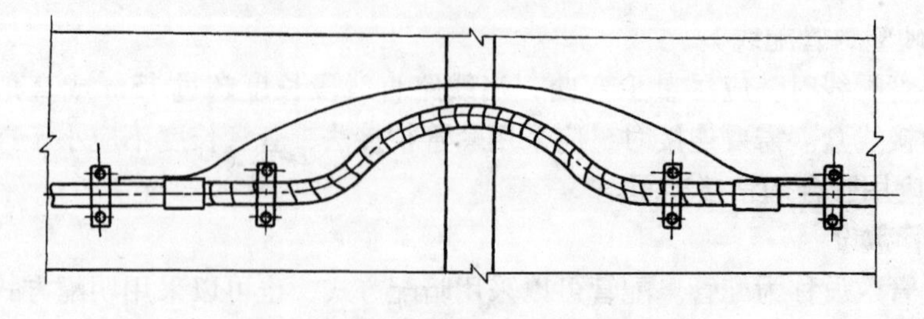

图5-10 明配钢管经过伸缩缝补偿装置

硬塑料管明配时，一般应贴着建筑物结构的表面敷设。穿越楼板的明配管，在距地面500mm以下的一段应加装钢管保护。由于塑料的线膨胀细数很大（约为普通碳钢的5~7倍），所以在硬塑料管沿建筑物表面敷设的直线段管路中，每隔30m应加装一个补偿装置以适应其膨胀，如图5-11所示。安装在支架上架空敷设时，可以不装补偿装置，因为硬塑料管在温度变化时引起的自身挠度变化能自动起到补偿作用。

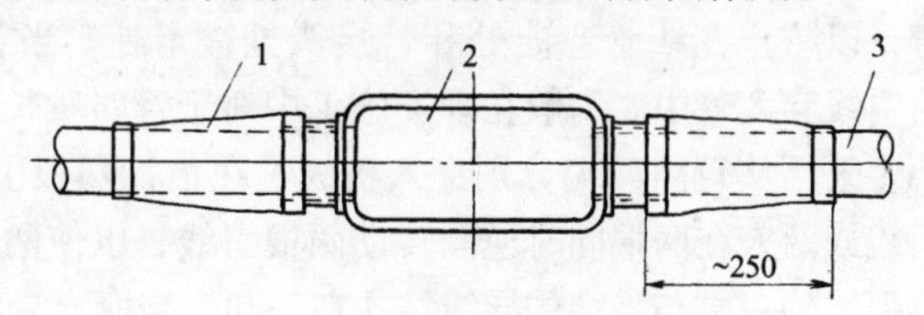

图5-11　硬塑料管温度补偿装置

1—软聚氯乙烯管；2—塑料分线盒；3—硬塑料管

2. 暗配管

敷设在现浇混凝土构件内的线管，在模板支好后，未敷设钢筋前进行测位划线，待钢筋底网绑扎垫起后进行敷设。可用钢丝将线管绑扎在钢筋上或用钉子钉在模板上，以防捣固混凝土时受振动而移位。线管应在浇灌混凝土前用垫块垫高15mm以上，垫块可采用碎石块。预埋在混凝土内的线管外径不能超过混凝土厚度的1/2，并列敷设的线管间距不应小于25mm，以保证线管间也能灌入混凝土。在地坪内敷设线管时，必须在土建浇灌混凝土前埋设。为使线管能够全部埋设在地坪混凝土层内，应将线管垫高，离土层15~20mm，减少地下湿土对线管的腐蚀。固定方法可用钢丝将线管绑扎在打入地中的木桩或圆钢上。

埋入地下的电线管路不宜穿过设备或建筑物、构筑物的基础，当必须穿过时，要加设保护套管，其内径不宜小于配管外径的2倍。进入落地式配电箱的线管应排列整齐，管口高出基础面不应小于50mm，以防止地面污水、液体和油类等流入管内，降低导线的绝缘强度。

线管在砖墙、加气块墙及空心砖墙内敷设时，一般应随同土建砌墙时预埋，若为钢管应做好防腐，管口朝上处要注意密封。

当电线管路通过建筑物变形缝时，要在其两侧各埋设接线盒（箱）做补偿装置，接线盒（箱）相邻面穿一短管，短管一端与盒（箱）固定，另一端应能活动自如，此端盒（箱）侧面开一长孔，并应大于管外径。图5-12为暗配钢管变形缝补偿装置。

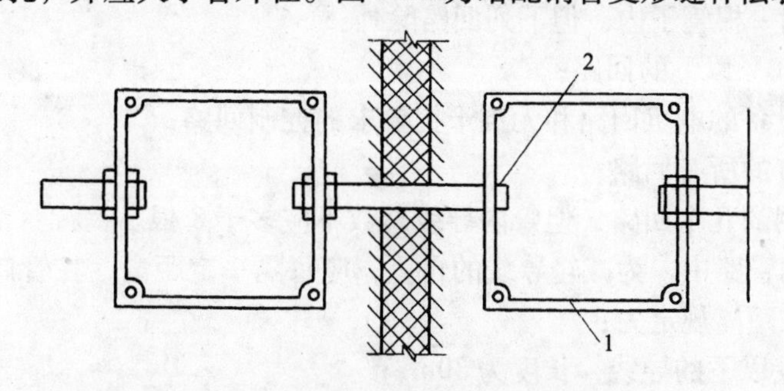

图5-12　暗配钢管变形缝补偿装置做法之一

1—接线盒（箱）；2—箱上开长孔

（七）管内穿线

管内穿线一般应在管路全部敷设完毕及建筑物抹灰、粉刷、地面工程结束后进行。穿线前，管内积水杂物应清除干净，钢管护口已配齐全。

1. 穿线方法

线管经过清扫后就可以进行穿线。穿线前，应先在线管中穿入一根钢线作引线。引线的一端应弯成一个小圆弯，以防止在线管弯曲处和管接头处被卡住。当管路较长或弯曲较多时，也可在配管时就将引线穿入管中。一般在现场施工中对于管路较长、弯曲较多，从一端穿入钢引线有困难时，多采用从管路两端分别穿入引线，在估计两根引线已达相交距离后，再用手转动其中一根引线或两人在两端同时逆向转动两根引线，以使两根引线绞在一起，然后把一根引线拉出，将引线的一端与需穿的导线结扎在一起。当所穿导线根数较多时，可以将导线分段结扎，如图 5-13 所示。导线与引线的结扎必须牢固，防止穿线时脱开。

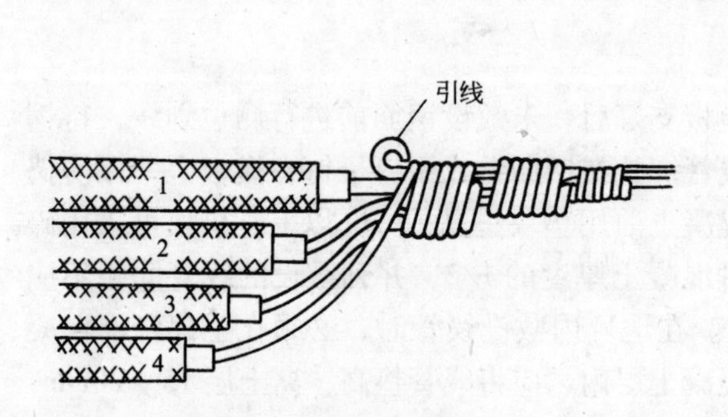

图 5-13　多根导线的绑法

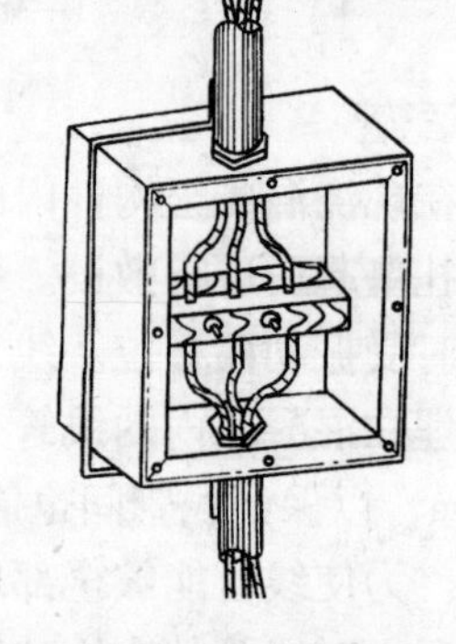
图 5-14　导线在接线盒内的固定方法示意

为减小导线与管壁的摩擦力，可在导线上抹少量的滑石粉以予润滑。穿线时，应由两人操作，管路一端有人拉线，另一端有人送线，两人拉送动作要配合协调，不可硬拉硬送，以免将引线或导线拉断。

2. 穿线要求

穿线时应严格按照规范要求进行。同一交流回路的导线必须穿于同一钢管内。否则将引起钢管因涡流而发热，导线过热，电压损失与电能损耗增大。导线在线管内不允许有接头和扭结，导线需要连接时，其接头应放在接线盒内。不同回路、不同电压和交流与直流的导线不得穿入同一根管子内，但下列回路除外：

（1）电压为 50V 以下的回路；

（2）同一台设备的电机回路和无抗干扰要求的控制回路；

（3）照明花灯的所有回路；

（4）同类照明的几个回路，但管内导线总数不应多于 8 根。

在垂直敷设的管路中，为减轻导线的自重，应每隔一定距离，在管口处或接线盒中对导线加以固定。该距离规定为：

（1）$50mm^2$ 及以下的导线，长度为 30m；

（2）$70 \sim 95mm^2$ 的导线，长度为 20m；

（3）$120 \sim 240mm^2$ 的导线，长度为 18m。

导线在接线盒内的固定方法如图 5-14 所示。

三、绝缘导线的连接

在室内配线工程中绝缘导线的连接是一项非常重要的工作。施工时，应按照要求采用相应的连接方法。但不论采用哪种连接方法均应符合下列要求：

（1）导线线芯接触紧密，使接头处电阻最小。

（2）导线线芯连接处的机械强度与非连接处相同。

（3）导线线芯连接处的绝缘强度与非连接处相同。

（4）导线线芯连接处应耐腐蚀。

（一）单股铜导线的连接

单股铜导线可以采用绞接和绑接两种连接方法。对于截面较小的单股铜导线（如 $6mm^2$ 以下），一般多采用绞接连接，截面在 $6mm^2$ 以上的，则常用绑接法连接。

1. 绞接法

绞接连接又可分成直线绞接连接和分支绞接连接。进行直线绞接连接时先将导线互绞3圈，再将导线两端分别在另一线芯上紧密地缠绕5圈，余线割弃，使端部紧贴导线，如图5-15（*a*）所示，分支绞接连接时先将支线在干线上粗绞1～2圈，再用钳子紧密缠绕5圈，余线割弃连接，如图5-15（*b*）所示。

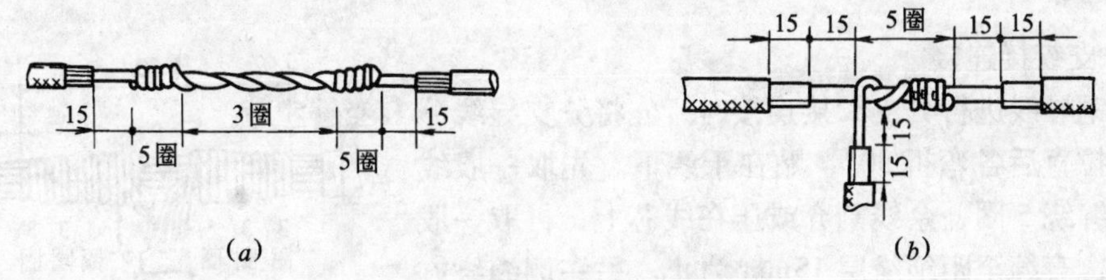

图5-15　单股铜导线的绞接连接

（*a*）直线接头；（*b*）分支接头

2. 绑接法

绑接连接也可分为直线绑接连接和分支绑接连接。进行直线绑接连接时先将两根导线端部用钳子弯起一段并在一起，然后用一根截面为 $1.5mm^2$ 的单股裸铜线做绑线，从两根导线搭接长度的中间开始向两侧缠绑，缠绑长度为导线直径的10倍，将两线芯端部折回再单独向外缠绑5圈，余下线芯与辅助线绞合，剪掉多余部分，如图5-16（*a*）所示。当导线截面较大时可在两线芯中间加一根相同截面的裸铜线作辅助线。分支绑接连接时先将分支线作垂直弯曲（线芯端部也稍作弯曲），然后将两线并合，用上述绑线紧密缠绕，方法及要求同直线绑接连接，如图5-16（*b*）所示。

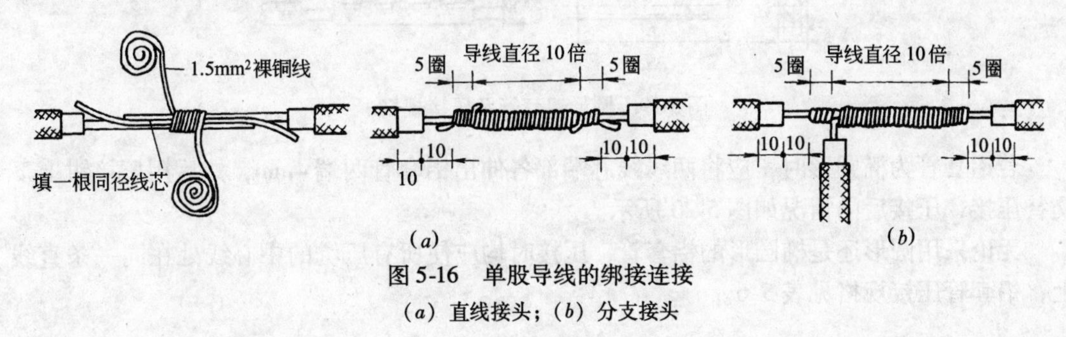

图5-16　单股导线的绑接连接

（*a*）直线接头；（*b*）分支接头

（二）多股铜导线的连接

多股铜导线一般采用绞接连接的方法，可分成直线绞接连接和分支绞接连接。

1. 直线绞接连接

进行直线绞接连接时先将多股导线线芯依次解开，让线芯成30°伞状，用钳子将每根线芯拉直并剪掉中心一股，然后将张开的线端相互交叉插入，参照线径大小选择合适的缠绕长度。先取任意两股同时缠绕5～6圈，余线割弃或顺在线芯上，再取两股缠绕5～6圈（若前两股余线未割弃，应将其压住），依此下去，一直缠至导线解开点，将余下线芯剪掉，用钳子敲平线头。另一侧作法相同，见图5-17。

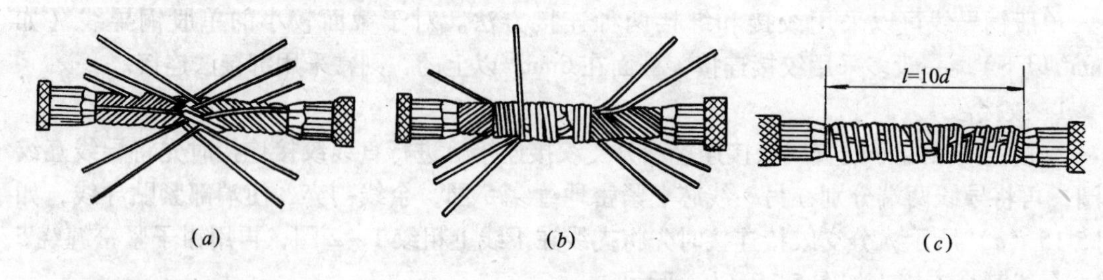

图5-17　多芯导线直线连接法

2. 分支绞接连接

多股铜导线进行分支绞接连接时，先将分支导线分为两股，拉直后各弯折90°，贴在干线下。先取一股线芯用钳子缠绕5圈，余线割弃或压在线芯上，再取一股依次缠绕，直缠至距绝缘层15mm为止。另一侧缠绕方法相同，但缠绕方向应相反，见图5-18。

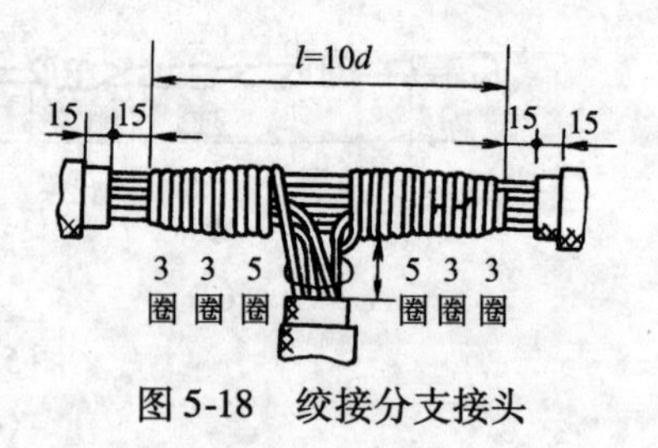

图5-18　绞接分支接头

（三）单股铝导线的连接

单股铝导线通常是采用铝套管压接连接，这种连接方法主要适用于10mm² 及以下的单股铝导线。铝套管的截面有圆形和椭圆形两种，不同截面形状的套管其压接形式也有所不同。

压接前，先将要连接的两根导线线芯表面及铝套管内壁氧化膜去掉，再涂上一层中性凡士林油膏。若铝套管为圆形时，将两线芯插到铝套管中心，然后用压接钳在铝套管一侧进行压接。压接后的情况如图5-19所示。

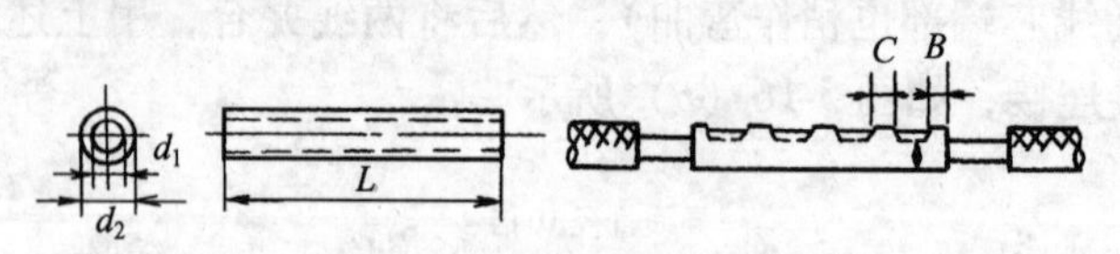

图5-19　圆形铝套管及压接规格

若铝套管为椭圆形时，应将两线线芯端部各伸出铝套管两端4mm，然后用压接钳上下交替压接，压接后的情况如图5-20所示。

无论采用圆形还是椭圆形的铝套管，压接时均应使所有压坑的中心线处在同一条直线上，铝套管压接规格见表5-6。

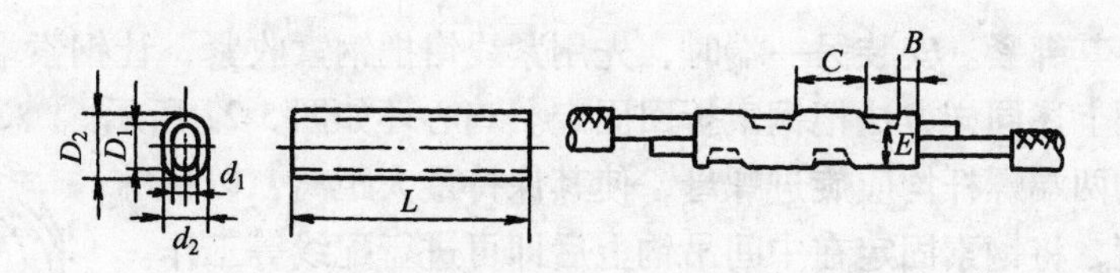

图 5-20　椭圆形铝套管及压接规格

铝套管压接规格表　　　　表 5-6

套管型式	导线截面 (mm^2)	线芯外径 (mm)	铝套管尺寸（mm）					管压接尺寸（mm）		压后尺寸 E (mm)
			d_1	d_2	D_1	D_2	L	B	C	
圆形	2.5	1.76	1.8	3.8			31	2	2	1.4
	4	2.24	2.3	4.7			31	2	2	2.1
	6	2.73	2.8	5.2			31	2	1.5	3.3
	10	3.55	3.6	6.2			31	2	1.5	4.1
椭圆形	2.5	1.76	1.8	3.8	3.6	5.6	31	2	8.8	3.0
	4	2.24	2.3	4.7	4.6	7	31	2	8.4	4.5
	6	2.73	2.8	5.2	5.6	8	31	2	8.4	4.8
	10	3.55	3.6	6.2	7.2	9.8	31	2	8	5.5

四、钢索配线

钢索配线是借助钢索的支持，在钢索上吊装瓷瓶配线、钢管配线、硬塑料管配线或塑料护套线配线，同时灯具也吊装在钢索上的一种配线方式。它一般适用于屋架较高，但对灯具安装高度要求较低的工业厂房内。

（一）钢索安装

安装钢索时，可根据设计要求将钢索安装在墙上或柱子上。图 5-21 是钢索在墙上的安装方法。

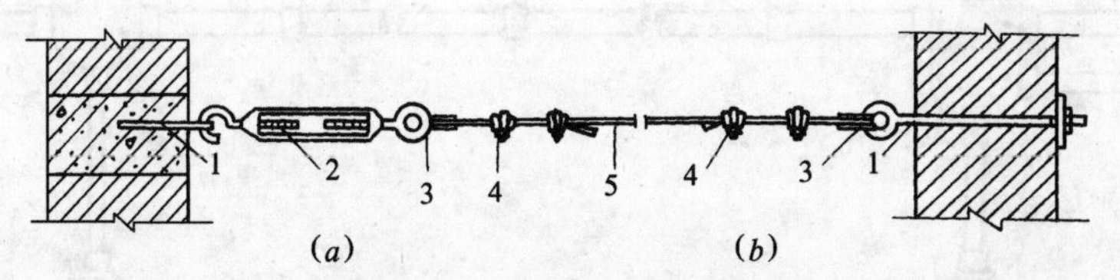

图 5-21　钢索在墙上安装示意图

（*a*）钢索的起端；（*b*）钢索的终端

1—终端拉环；2—花篮螺栓；3—鸡心环；4—钢丝绳扎头；5—钢索

钢索的终端拉环应牢固可靠，并能承受钢索在全部负载下的拉力。除在两端将钢索拉紧固定外，在中间也需要用吊钩作辅助固定。中间吊钩宜使用直径不小于 8mm 的圆钢，吊钩的深度不应小于 20mm，并应设置防止钢索跳出的锁定装置。中间吊钩的间距一般不应大于 12m。

钢索长度在 50m 及以下时，可在钢索一端装花篮螺栓，长度超过 50m 时，两端均应装设花篮螺栓，且长度每增加 50m，就应增设一个中间花篮螺栓。

安装钢索时，应根据设计要求的位置先将钢索两端固定点和钢索中间的吊钩装好，然后将钢索一端穿入鸡心环的三角圈内，用两只钢索卡一反一正夹牢。为防止钢索端部松散，可用钢丝将其绑紧。安装另一端时，先用紧线钳把钢索收紧，让钢索端部穿过花篮螺栓的鸡心环，用上述同样方法把钢索折回固定。鸡心环如图5-22所示。

花篮螺栓的两端螺杆均应旋进螺母，使其保持最大距离，以备继续调整钢索弛度，将钢索固定在中间吊钩上后即可进行配线等工作。

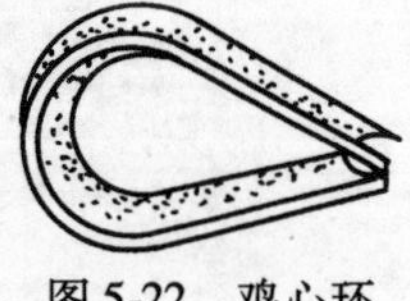
图5-22 鸡心环

在钢索上敷设导线及安装灯具后，钢索的弛度不应大于100mm，若采用花篮螺栓调节后，弛度仍达不到要求时，应增加中间吊钩。

（二）钢索吊管配线

此种配线方式就是在钢索上进行线管配线，线管可以采用钢管，也可以采用硬塑料管。若采用钢管配线，首先在钢索上每隔1.5m设一个扁钢吊卡，再用管卡将钢管固定在吊卡上，在灯位处的钢索上，安装吊盒钢板用来安装灯头盒。

灯头盒两端的钢管应跨接接地线，以保证管路有良好的电气连接，钢索本身也应可靠接地。

钢索上吊硬塑料管配线时，灯头盒可改为塑料灯头盒，管卡也可改为塑料管卡，吊卡可用硬塑料板弯制。

钢索配线的零件间和线间距离应符合表5-7的规定。

钢索配线线间距离及支持件间距（mm） **表5-7**

配线类别	支持件最大间距	支持件与灯头盒间最大距离	线间最小
钢管	1500	200	—
硬塑料管	1000	150	—
塑料护套线	200	100	—
瓷柱配线	1500	100	35

钢索吊管配线的安装作法如图5-23所示。

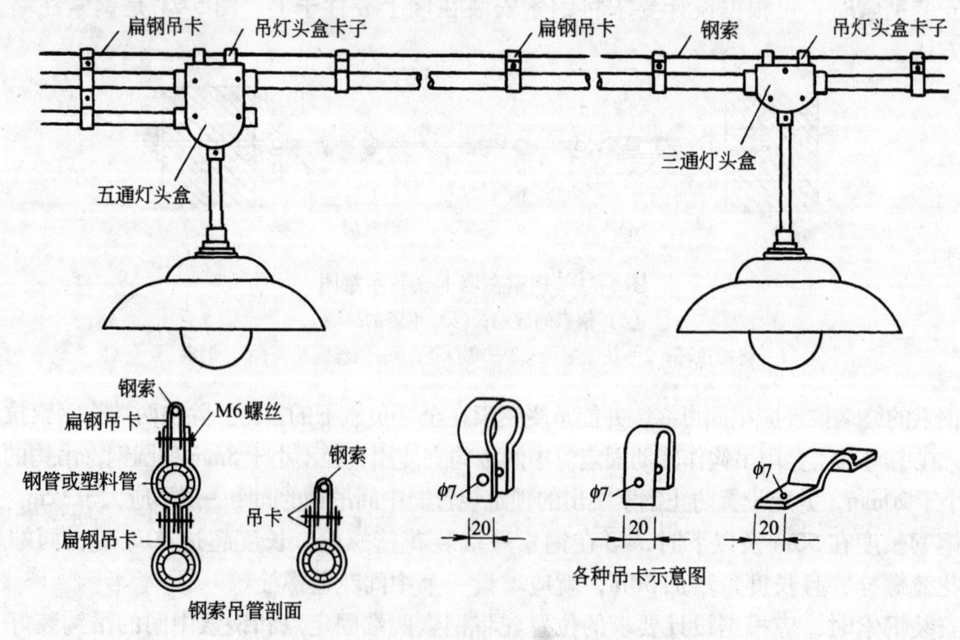

图5-23 钢索吊管灯具安装做法图

第三节 配电箱安装

配电箱的安装可分为照明配电箱的安装和电力配电箱的安装。

一、照明配电箱安装

照明配电箱有两种，一种为标准型，另一种为非标准型。前者可向生产厂家直接购买，后者可根据实际需要自行制作，有悬挂明装和暗装两种安装方式。

（一）明装式配电箱的安装

明装式配电箱一般是悬挂在墙上或柱子上进行安装。

在墙上安装时，可采用埋设螺栓或用膨胀螺栓直接将配电箱固定在墙上，也可以在墙体里埋设支架，将配电箱固定在支架上。配电箱在墙上的固定方法如图 5-24 所示。

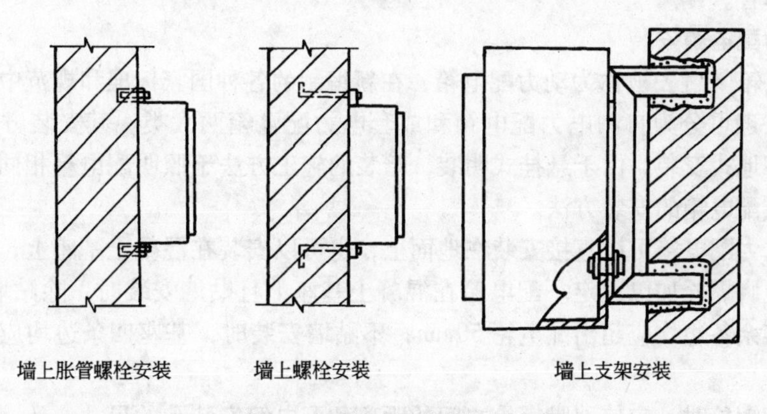

图 5-24 悬挂式配电箱墙上安装

固定配电箱的螺栓规格应根据配电箱的型号和重量进行选择。螺栓长度应为其埋设深度（一般为 120～150mm）加箱壁厚度、螺帽及垫圈厚度再加 3～5 扣的螺纹长度。

安装时，先根据配电箱安装孔的尺寸在墙上打洞，然后用混凝土埋设螺栓（或采用金属膨胀螺栓）。待混凝土牢固后即可安装配电箱。在支架上安装时，先在加工好的支架上钻孔，然后将支架固定在墙上，再用螺栓将配电箱固定在支架上。支架的焊接应平整，不能歪斜，严禁使用气焊进行下料和钻孔，支架除锈后刷一道樟丹漆，两道灰色油漆。

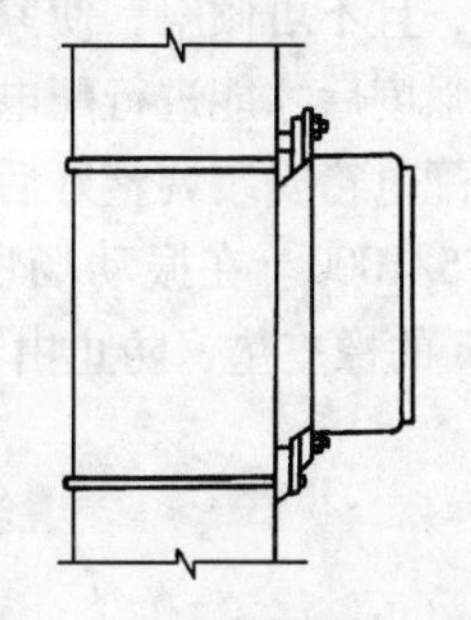

图 5-25 配电箱柱上安装

在柱子上安装时一般采用抱箍固定，如图 5-25 所示。

照明配电箱的安装高度应按施工图纸的要求，若无要求时，一般配电箱底边距地面为 1.5m。另外，配电箱上应注明用电回路名称。安装配电箱时，要把水平尺放在箱顶上，测量箱体的水平度，同时在箱体侧面用磁力吊线锤测量垂直度，安装垂直误差不应大于 3mm，否则应进行调整。

（二）暗装式配电箱安装

配电箱暗装通常是土建砌墙时将箱体埋入墙内。埋入箱体时，应按需要打掉箱体敲落孔的压片，预埋的箱体应横平竖直，箱体放置后要用靠尺板找好箱体的垂直度。箱体垂直度的允许偏差应符合要求：箱体高度为500mm以下时，不应大于1.5mm；箱体高度为500mm及以上时，不应大于3mm。要根据箱体的结构形式和墙面装饰厚度来确定突出墙面的尺寸。

当配电箱箱体宽度超过300mm时，箱顶部应增设过梁，防止箱体受压变形。箱体宽度在500mm以下时，在顶部可设置不少于3根 ϕ6mm 钢筋的钢筋砖过梁。钢筋两端伸出墙体两端不应小于250mm，钢筋两端应弯成弯钩。箱体宽度超过500mm时，箱顶部要安装钢筋混凝土过梁。

配电箱安装之前，应对箱体和线管的预埋质量进行检查，确认符合设计要求后再进行配电盘的安装。安装配电盘时，应检查盘面安装的各种部件是否齐全、牢固，补齐护帽。暗装配电箱安装高度一般为底边距地面1.5m，安装垂直误差不大于3mm。导线引出盘面，均应装绝缘套管。

二、电力配电箱安装

电力配电箱（过去被称为动力配电箱，在新编制的各种国家标准和规范中统一称为电力配电箱）一般可分为自制电力配电箱和成套电力配电箱两大类，其安装方式有悬挂明装、暗装和落地式安装。由于悬挂式明装，暗装的施工方法于照明配电箱相同，所以在此只介绍落地式配电箱的安装方法。

落地式电力配电箱可以直接安装在地面上，也可以安装在混凝土基座上，两种方法均采用预埋的地脚螺栓加以固定。配电箱在混凝土基座上且贴墙安装时，除贴墙的一边外，混凝土基座其余各边均应超出配电箱50mm；不贴墙安装时，基座四条边均应超出配电箱50mm为宜。

埋设地脚螺栓时，应使地脚螺栓之间的距离和配电箱安装孔的尺寸一致，螺栓长度要适当，且不可倾斜，使紧固后的螺栓高出螺帽3~5扣为宜。地脚螺栓及混凝土基座达到安装强度后才能进行配电箱的安装。

配电箱安装调整好后，水平误差不应大于其宽度的1/1000，垂直误差不应大于其高度的1.5/1000。在振动场所安装时，应采取防振措施，可在箱与基础间加以厚度不小于10mm的橡皮垫，防止由于振动使电器发生误动作造成事故。

第四节 照明开关和插座的安装

照明开关和插座的安装也分为明装和暗装两种方式。

开关和插座明装时，首先将木台固定在墙上，然后将开关（或插座）安装在木台上。一般木台厚度不小于10mm，如图5-26所示。

暗装时，先将开关盒（或插座盒）按图纸要求的位置预埋在墙体内，盒体的埋设应牢固平整，盒口应与粉刷面或修饰平面一致。待穿完导线后进行接线，然后将开关（或插座）及其面板用螺栓固定在开关盒（或插座盒）上，见图5-27。

安装开关时，不论是明装还是暗装，一般开关向上扳是接通电路，向下扳是切断电路。

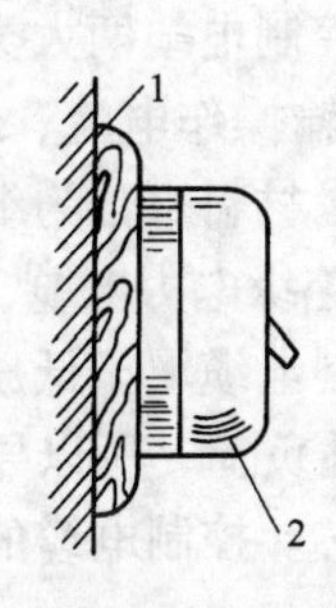

图 5-26 明开关固定法

1—木台；2—开关

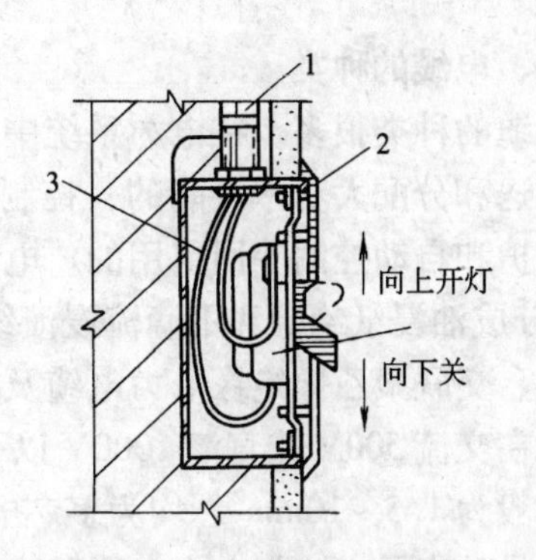

图 5-27 暗开关的安装

1—电线管；2—开关面板；3—开关盒

安装插座时，不论是明装还是暗装，其接线孔的排列顺序必须严格按规定执行：单相双孔插座，垂直安装时，相线在上孔，零线在下孔；水平安装时，面对插座相线在右孔，零线在左孔。单相三孔插座，面对插座时接地线在上孔，相线在右孔，零线在左孔。三相四孔插座，接地（或接零）线接在上孔。插座的接地线必须单独敷设，不允许在插座内与零线孔直接相连，不可与工作零线相混同。插座的接线如图 5-28 所示。

插座安装高度设计图纸未提出要求时，一般可按 1.3m 安装，在托儿所、幼儿园、住宅及小学校等不应低于 1.8m，同一场所安装的插座高度应一致。车间及试验室的明、暗装插座一般距地面高度不低于 0.3m，特殊场所暗装插座一般不应低于 0.15m。同一室内安装的插座高低差不应大于 5mm，成排安装的插座不应大于 2mm。交直流或不同电压的插座安装在同一场所内时，应有明显区别，且其插头与插座均不能互相插入。

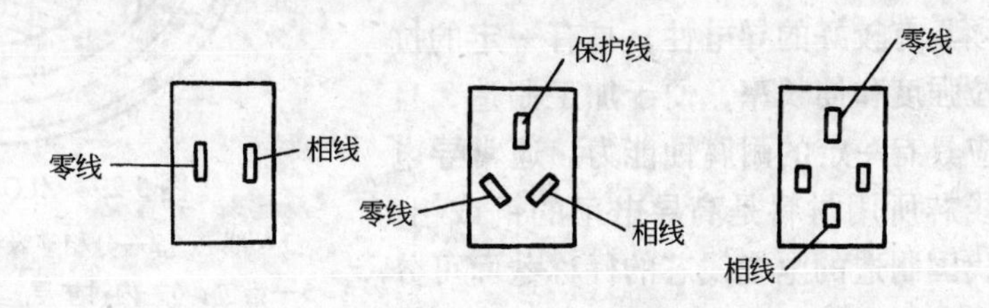

图 5-28 插座插孔排列顺序图

开关的安装位置应便于操作，其安装高度应符合要求：拉线开关一般距地为 2～3m，距门框为 0.15～0.2m，开关相邻间距一般不小于 20mm，且拉线的出口应向下。其他各种开关安装高度一般为 1.3m，距门框 0.15～0.2m。成排安装的开关高度应一致，高低差不应大于 2mm。

第五节 电缆线路施工

目前，电缆的应用越来越广泛，特别是现代化的工矿企业及民用建筑、现代化的城市电网，以及海底、水下的输电线等均采用电缆线路。电缆线路具有敷设方式多样，占地少，不占或占用空间少、整齐美观、受气候条件和周围环境的影响小、传输性能稳定、维护工作量较小等优点。但是电缆线路也有一些不足之处，如投资费用较大、敷设后不易变动、线路不易分支、寻测故障较难、电缆头制作工艺复杂等。

一、电缆的种类

电缆的种类很多，在电力系统中最常用的有电力电缆和控制电缆两大类。电力电缆是用来输送和分配大功率电能的，控制电缆是在配电装置中传输操作电流、连接电气仪表、继电保护和自动控制等回路用的。电力电缆按其所采用的绝缘材料可分为纸绝缘电力电缆（又可分成油浸纸绝缘和不滴流浸渍纸绝缘两种）、聚氯乙烯绝缘电力电缆、聚乙烯绝缘电力电缆、交联聚乙烯绝缘电力电缆及橡皮绝缘电力电缆。控制电缆属于低压电缆，运行电压一般在交流500V或直流1000V以下，电流较小且是间断性负荷，所以导电线芯截面较小，一般为$1.5\sim10mm^2$，均为多芯电缆，芯数从4芯到37芯。控制电缆的绝缘层材料及规格型号的表示方法与电力电缆基本相同。

二、电力电缆的结构

电力电缆是由三个主要部分组成的，即导电线芯、绝缘层和保护层。图5-29是ZLQ_{20}型电力电缆的剖面图。

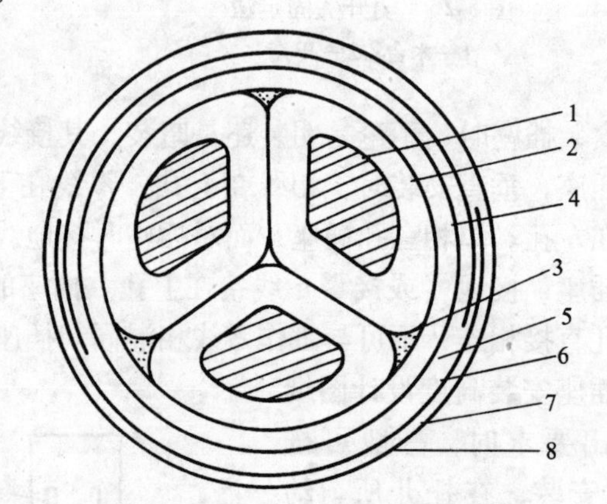

图5-29　ZLQ_{20}型电力电缆剖面图

1—线芯；2—分相绝缘；3—相间填料；4—统包绝缘；5—铅包；6—内衬垫层；7—钢带铠装；8—外黄麻防腐层

（一）导电线芯

导电线芯是用来传导电流的，必须具有较好的导电性，具有一定的抗拉强度和伸长率，便于加工制造，且应具有一定的耐腐蚀能力。通常导电线芯所用材料是高导电率的铜或铝。我国制造的电缆线芯的标称截面可分为$2.5mm^2$、$4mm^2$、$6mm^2$、$10mm^2$、$16mm^2$、$25mm^2$、$35mm^2$、$50mm^2$、$70mm^2$、$95mm^2$、$120mm^2$、$150mm^2$、$185mm^2$、$240mm^2$、$300mm^2$、$400mm^2$、$500mm^2$、$625mm^2$、$800mm^2$等。

电缆按其芯数可分为单芯、双芯、三芯和四芯等几种。电缆线芯的截面形状有圆形、半圆形、椭圆形和扇形等。当线芯截面为$16mm^2$及以上时，通常由多股绞线做成，这样做成的电缆比较柔软易弯曲。

对于用来输送直流电、单相交流电或用作高压静电发生器的引出线一般采用单芯电缆。双芯电缆用来输送直流电和单相交流电。三芯电缆是应用最广的一种，它用于三相交流网中。四芯电缆用于中性点接地的三相四线制系统中。由于四芯电缆其中有一根线芯主要是通过不平衡电流，因此该线芯截面仅为主线芯截面的40%～60%。

（二）绝缘层

绝缘层是用来保证导电线芯之间、导电线芯与外界的绝缘，使电流沿线芯传输。绝缘层包括分相绝缘和统包绝缘，统包绝缘在分相绝缘层之外。绝缘层通常采用纸、橡皮、聚氯乙烯、聚乙烯、交联聚乙烯等。

（三）保护层

电力电缆的保护层分内护层和外护层两部分。内护层主要是保护电缆统包绝缘不受潮湿和防止电缆浸渍剂外流及轻度机械损伤。内护层所用材料有铅包、铝包、橡套、聚氯乙烯套和聚乙烯套。外护层是用来保护内护层的，防止内护层受到机械损伤或化学腐蚀等。

外护层包括铠装层和外被层两部分。一般铠装层为钢带或钢丝，外被层有纤维绕包、聚氯乙烯护套和聚乙烯护套。

三、电缆的型号及名称

我国电缆的型号是采用汉语拼音字母组成，带外护层的电缆则在字母后加上两个阿拉伯数字。常用电缆型号中汉语拼音字母的含义及排列次序见表5-8。

常用电缆型号字母含义及排列次序　　表5-8

类　别	绝缘种类	线芯材料	内护层	其他特征	外护层
电力电缆不表示 K——控制电缆 Y——移动式软电缆 P——信号电缆 H——市内电话电缆	Z——纸绝缘 X——橡皮 V——聚氯乙烯 Y——聚乙烯 YJ——交联聚乙烯	T——铜 （省略） L——铝	Q——铅护套 L——铝护套 H——橡套 （H）F——非燃性橡套 V——聚氯乙烯护套 Y——聚乙烯护套	D——不滴流 F——分相铅包 P——屏蔽 C——重型	两个数字（含义见表5-9）

电缆外护层的结构采用两个阿拉伯数字表示，前一个数字表示铠装层结构，后一个数字表示外被层结构。阿拉伯数字代号的含义见表5-9。为方便新老代号对照，特列出电缆外护层代号新旧对照表5-10。

电缆外护层代号的含义　　表5-9

第一个数字		第二个数字	
代　号	铠装层类型	代　号	外被层类型
0	无	0	无
1	—	1	纤维绕包
2	双钢带	2	聚氯乙烯护套
3	细圆钢丝	3	聚乙烯护套
4	粗圆钢丝	4	—

电缆外护层代号新旧对照表　　表5-10

新代号	旧代号	新代号	旧代号
02，03	1，11	（31）	3，13
20	20，120	32，33	23，39
（21）	2，12	（40）	50，150
22，23	22，29	41	5，25
30	30，130	（42，43）	59，15

注：表内括号中数字的外护层结构不推荐使用。

根据电缆型号进行读或写一般是按导电线芯→绝缘→内护层→铠装层→外被层的顺序进行。电缆型号实际上就是电缆名称的代号，但反映不出电缆具体的规格和尺寸。在订货和使用中，除了型号外，还必须写明下列规格尺寸：额定工作电压、芯数、线芯截面和电缆长度等。所以电力电缆的完整表示方法是型号、芯数×截面、额定电压、长度。

例如：VV_{22} － 3 × 95 － 10 －250

3：芯数；95：线芯截面（mm^2）；10：额定电压（kV）；250：长度（m）

四、电缆敷设

（一）电缆的敷设方式

电缆可以采用多种敷设方式，有电缆沟敷设、电缆隧道敷设、电缆排管敷设、穿钢管（或混凝土管、水泥石棉管等）敷设、直埋敷设、采用支架、托架及悬挂敷设等。采用哪种敷设方式，应根据电缆的根数、电缆线路的长度以及周围环境条件等因素决定。一般在电缆根数较少，且敷设距离较长时可采用直埋敷设的方式。当电缆与地下管网交叉不多，地下水位较低且无高温介质和熔化金属液体流入可能的地区，同一路径的电缆根数为18根及以下时，宜采用电缆沟敷设。18根以上时，宜采用电缆隧道敷设。施工单位施工时只能依据设计图纸要求进行。

（二）电缆敷设的一般规定

电缆敷设时不论采用哪种敷设方式，都应遵守下列规定：

（1）在三相四线制系统中，应使用四芯电力电缆，不可采用三芯电缆加一根单芯电缆或以导线、电缆金属护套作中性线，以免当三相电流不平衡时，使电缆铠装发热。如在三相系统中使用单芯电缆，敷设时三根电缆应按正三角形排列，且每隔1m用绑带扎牢。

（2）敷设时，在电力电缆终端头及中间接头附近均应留有一定的备用长度。

（3）电缆敷设时，不应损坏电缆隧道、电缆沟、电缆井和人井的防水层。

（4）并联使用的电力电缆其规格、型号及长度宜相同。

（5）电缆敷设时，不应使电缆过度弯曲，且不应有机械损伤，电缆的弯曲半径不应小于表5-11中的规定。

电缆最小弯曲半径　　表5-11

<table>
<tr><th colspan="3">电缆型式</th><th>多芯</th><th>单芯</th></tr>
<tr><td colspan="3">控制电缆</td><td>10D</td><td></td></tr>
<tr><td colspan="3">橡皮绝缘电力电缆</td><td></td><td></td></tr>
<tr><td rowspan="3">橡皮绝缘电力电缆</td><td colspan="2">无铅包、钢铠护套</td><td colspan="2">10D</td></tr>
<tr><td colspan="2">裸铅包护套</td><td colspan="2">15D</td></tr>
<tr><td colspan="2">钢铠护套</td><td colspan="2">20D</td></tr>
<tr><td colspan="3">聚氯乙烯绝缘电力电缆</td><td colspan="2">10D</td></tr>
<tr><td colspan="3">交联聚乙烯绝缘电力电缆</td><td>15D</td><td>20D</td></tr>
<tr><td rowspan="3">油浸纸绝缘电力电缆</td><td colspan="2">铅包</td><td colspan="2">30D</td></tr>
<tr><td rowspan="2">铅包</td><td>有铠装</td><td>15D</td><td>20D</td></tr>
<tr><td>无铠装</td><td>20D</td><td></td></tr>
<tr><td colspan="3">自容式充油（铅包）电缆</td><td></td><td>20D</td></tr>
</table>

注：表中 D 为电缆外径。

(6) 放电缆时，电缆应从电缆盘的上端引出，不应使电缆在支架上及地面上被摩擦地拖拉，且不可使铠装压扁、电缆绞拧及护层折裂等。采用机械敷设时其最大牵引强度不宜大于表 5-12 的数值，敷设速度不宜超过 15m/min。

电缆最大牵引强度（N/mm²） **表 5-12**

牵引方式	牵引头		钢丝网套		
受力部位	铜芯	铝芯	铅套	铝套	塑料护套
允许牵引强度	70	40	10	40	7

(7) 油浸纸绝缘电缆最高点与最低点之间的最大位差不应超过表 5-13 的规定。若不能满足要求时，应采用适用于高位差的电缆，或在电缆中间设置塞止式接头。

油浸纸缘缘铅包电力电缆最大允许敷设位差 **表 5-13**

电压等级（kV）	电缆护层结构	最大允许敷设位差（m）
1	无铠装	20
	有铠装	25
6～10	无铠装或有铠装	15

(8) 电缆垂直敷设或超过 45°倾斜敷设，电缆在每个支架上均需进行固定（桥架上每隔 2m 固定一次）。若为水平敷设只需在电缆首末两端、转弯及接头的两端固定。所用电缆固定夹具宜统一。交流系统的单芯电缆或分相铅套电缆在分相后的固定，其夹具不应有铁件构成的闭合磁路。电缆各支持点间的距离应按设计规定，若设计无规定，则不应大于表 5-14 中的数值。

电缆各支持点间的距离（mm） **表 5-14**

电缆种类		敷设方式 水平	敷设方式 垂直
电力电缆	全塑型	400	1000
	除全塑型外的中低压电缆	800	1500
	35kV 及以上高压电缆	1500	2000
控制电缆		800	1000

注：全塑型电力电缆水平敷设沿支架能把电缆固定时，支持点间的距离允许为 800mm。

(9) 电缆敷设时应排列整齐，不宜交叉，并应按要求进行固定，同时还要及时装设标志牌。电缆的标志牌应装设在电缆终端头、中间接头、拐弯处、夹层内、隧道及竖井的两端和人井内等地方。标志牌的规格宜统一，挂装要牢固且能防腐。标志牌上应注明线路编号（当设计无编号时，应写明规格、型号及起止点），并联使用的电缆应有顺序号。标志牌上的字迹应清晰，不易脱落。直埋电缆沿线路及其接头处应有明显的方位标志或牢固的标桩。

（10）在电缆敷设前24h内的平均温度以及敷设现场的温度低于表5-15中的数值时，应对电缆进行加热或躲开寒冷期，否则不宜敷设。

电缆允许敷设最低温度 **表5-15**

电缆类型	电缆结构	允许敷最低温度（℃）
油浸纸绝缘电力电缆	充油电缆	-10
	其他油纸电缆	0
橡皮绝缘电力电缆	橡皮或聚氯乙烯护套	-15
	裸铅套	-20
	铅护套钢带铠装	-7
塑料绝缘电力电缆		0
控制电缆	耐寒护套	-20
	橡皮绝缘聚氯乙烯护套	-15
	聚氯乙烯绝缘聚氯乙烯护套	-10

对电缆加热可采用下列两种方法：

①提高周围空气温度。当周围温度为5～10℃时，需72h；周围温度为25℃时则需24～36h。

②用电流通过电缆线芯进行加热。当用单相电流加热铠装电缆时，为防止在铠装内形成感应电流，可将单相电流在两根线芯间形成回路，以使铠装无损耗。加热电流不得超过电缆的额定电流。加热后电缆的表面温度一般不得低于+5℃，但也不能过高，对于3kV及以下的电缆加热后的表面温度不应超过40℃；6～10kV的电缆不应超过35℃；35kV的电缆不应超过25℃。

经过加热的电缆温度符合要求后应尽快敷设，敷设前放置的时间一般不超过1h。

（11）电缆进入电缆隧道、电缆沟、建筑物、竖井、盘（柜）以及穿入管子时，出入口应封闭，管口应密封。

（12）并列敷设的电力电缆，应使其接头位置相互错开，其净距不应小于500mm。明敷设电缆的接头，应用托板托置固定。直埋电缆的接头盒外面要有防止机械损伤的保护盒，位于冻土层内的保护盒，盒内应浇注沥青，以防止水分进入盒内因冻胀而损坏电缆接头。

（三）电缆的直埋敷设

电缆直埋敷设就是沿选定的路径挖沟，然后将电缆埋设在沟内。此种方法，适用于沿同一路径敷设的室外电缆根数在8根及以下且场地有条件的情况。电缆直埋敷设施工简便，费用较低，电缆散热好，但土方量大，电缆还易受到土壤中酸碱物质的腐蚀。

电缆直埋敷设时，首先应根据选定的路径进行挖沟，电缆沟的宽度与沟里埋设电缆的根数有关。电缆沟的形状基本上是一个梯形，对于一般土质，沟顶应比沟底宽200mm。电缆沟的宽度及电缆在沟里的敷设情况可见表5-16及图5-30。

电 缆 沟 宽 度 表

表 5-16

电缆沟宽度 *B*（mm）		控制电缆根数						
		0	1	2	3	4	5	6
10kV 及以下电力电缆根数	0		350	380	510	640	770	900
	1	350	450	580	710	840	970	1100
	2	500	600	730	860	990	1120	1250
	3	650	750	880	1010	1140	1270	1400
	4	800	900	1030	1160	1290	1420	1550
	5	950	1050	1180	1310	1440	1570	1800
	6	1100	1200	1330	1460	1590	1720	1850

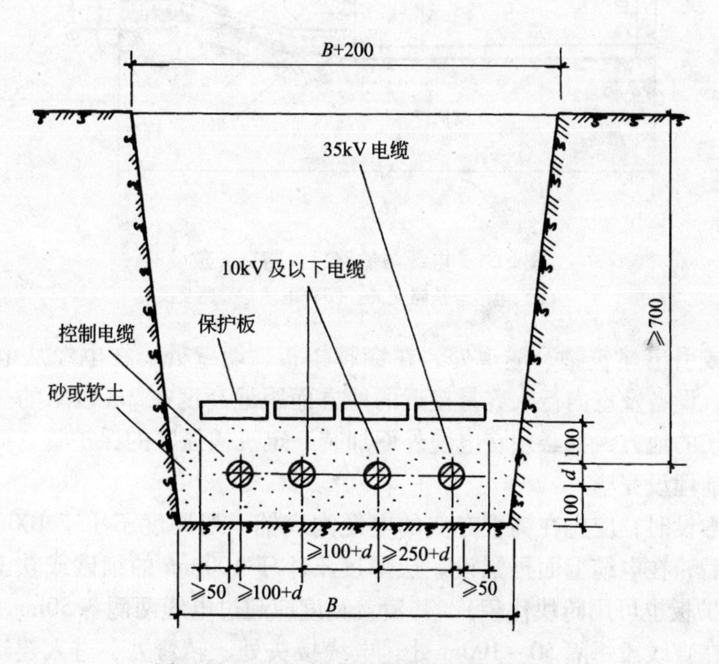

图 5-30　10kV 及以下电缆沟的宽度尺寸

电缆的埋设深度一般要求电缆的表面距地面的距离不应小于 0.7m，穿越农田时不应小于 1m。在寒冷地区，电缆应埋设于冻土层以下。在引入建筑物、与地下建筑物交叉及绕过地下建筑物处，可埋设浅些，但应采取保护措施（一般采用穿管保护）。

电缆与公路、铁路、厂区道路及城市街道交叉时，应敷设于坚固的保护管内。电缆保护管顶面距轨底或公路面的距离不小于 1m，保护管两端宜伸出道路路基两边各 2m，伸出排水沟 0.5m，在城市街道应伸出车道路面。保护管可采用钢管或水泥管，其内径不应小于电缆外径的 1.5 倍。使用水泥管、石棉水泥管或陶土管时内径不应小于 100mm。保护管内应无积水、无杂物堵塞。电缆与铁路、公路交叉敷设做法如图 5-31 所示。

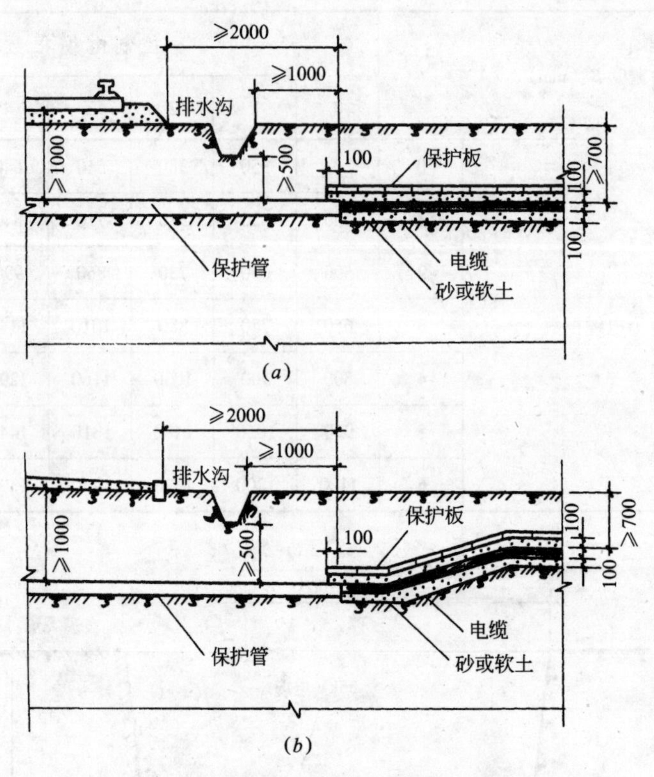

图 5-31　电缆与铁路、公路交叉敷设
（a）电缆与铁路交叉；（b）电缆与公路交叉

电缆引入或引出建筑物、隧道处，在穿越楼板、墙壁处，在电缆从电缆沟中引至电杆、沿墙表面、设备及室内行人容易接近的地方而距地高度在 2m 以下的一段以及其他可能受到机械损伤的地方，都必须在电缆外面加装一定机械强度的保护管，而这些保护管均应在电缆敷设前埋设完毕。

直埋电缆敷设时，应先在铺平夯实的电缆沟底铺一层厚度不小于 100mm 的细砂或软土，敷设完毕后，在电缆上面再铺设一层厚度不小于 100mm 的细砂或软土，并盖以混凝土保护板（保护板也可用砖块代替），其覆盖宽度应超过电缆两侧各 50mm。

直埋电缆在直线段每隔 50 ~ 100m 处，电缆接头处、转弯处、进入建筑物等处，应设置明显的方位标志或标示桩。电缆方位标志设有标志牌和标示牌，标志牌应能防腐。直埋电缆沟标示牌用 150mm × 150mm × 0.6mm 镀锌铁皮制作，符号文字最好采用钢印压制。当电缆沟附近有建筑物时，应将电缆沟标示牌安装在建筑物外墙上，安装高度底边距地面 450mm。电缆标志牌用 2mm 厚的铅板或切割下的电缆铅皮制成，文字用钢印压制，并用镀锌钢丝系在电缆上。标志牌规格宜统一，字迹应清晰，不易脱落，且挂装应牢固。电缆标示桩采用 C15 钢筋混凝土预制，直埋电缆回填土前，应经隐蔽工程验收合格。对电缆的埋深、走向、坐标、起止点及埋入方法等作好隐蔽工程记录。电缆沟应分层夯实。覆土要高出地面 150 ~ 200mm，以备松土沉陷。

电缆之间，电缆与管道、道路、建筑物之间平行交叉时的最小净距　　表 5-17

项目		最小净距（m）	
		平行	交叉
电力电缆间及其与控制电缆间	10kV 及以下	0.10	0.50
	10kV 以上	0.25	0.50
控制电缆间		—	0.50
不同使用部门的电缆间		0.50	0.50
热管道（管沟）及热力设备		2.00	0.50
油管道（管沟）		1.00	0.50
可燃气体及易燃液体管道（沟）		1.00	0.50
其他管道（管沟）		0.50	0.50
铁路路轨		3.00	1.00
电气化铁路路轨	交流	3.00	1.00
	直流	10.0	1.00
公路		1.50	1.00
城市街道路面		1.00	0.70
杆基础（边线）		1.00	—
建筑物基础（边线）		0.60	—
排水沟		1.00	0.50

注：1. 电缆与公路平行的净距，当情况特殊时可酌减。

2. 当电缆穿管或者其他管道有保温层等保护设施时，表中净距应从管壁或保护设施的外壁算起。

直埋电缆敷设时，严禁将电缆平行敷设在其他管道的上方或下方。同沟敷设两条及以上电缆时，电缆之间、电缆与管道、道路、建筑物之间平行或交叉时的最小净距应符合表5-17的规定。电缆之间不得重叠、交叉、扭绞。

（四）电缆在电缆沟和隧道内敷设

电缆敷设在电缆沟内和隧道内，一般多采用支架固定。电缆沟和电缆隧道通常由土建专业施工。室外电缆沟断面如图5-32所示。

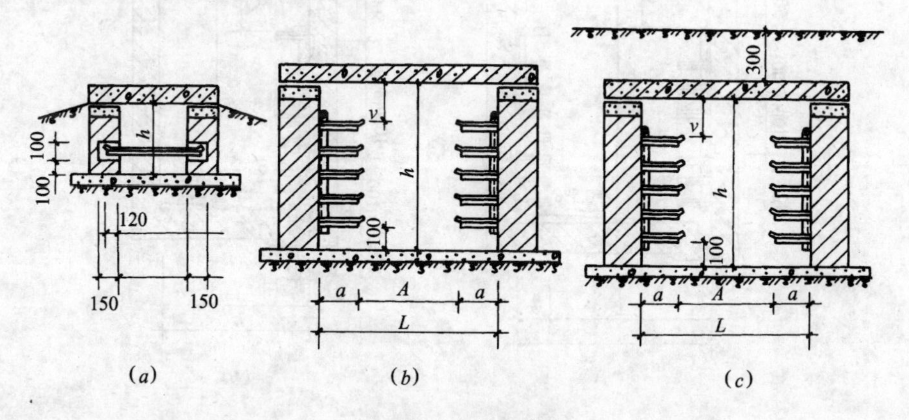

图 5-32　室外电缆沟

（a）无覆盖电缆沟（一）；（b）无覆盖电缆沟（二）；（c）有覆盖电缆沟

电缆沟内各部分尺寸见表5-18、表5-19、表5-20。电缆隧道内净高不应低于1.9m，有困难时局部地段可适当降低。电缆隧道直线段如图5-33所示。图中尺寸C与电缆的种类有关：当电力电缆为36kV时，$C \geqslant 400$mm；电力电缆为10kV及以下时，$C \geqslant 300$mm；若为控制电缆，$C \geqslant 250$mm。电缆隧道各部分尺寸见表5-21。

无覆盖层电缆沟尺寸（一）（mm） **表5-18**

沟宽（L）	沟深（h）	沟宽（L）	沟深（h）
400	400	600	400

无覆盖层电缆沟尺寸（二）（mm） **表5-19**

沟宽（L）	层架（a）	通道（A）	沟深（h）	沟宽（L）	层架（a）	通道（A）	沟深（h）
1000	$\frac{200}{300}$	500	700	1000	200	600	900
1200	300	600	1100	1200	$\frac{200}{300}$	700	1300

有覆盖层电缆沟尺寸（mm） **表5-20**

沟宽（L）	层架（a）	通道（A）	沟深（h）	沟宽（L）	层架（a）	通道（A）	沟深（h）
1000	$\frac{200}{300}$	500	700	1000	200	600	900
1200	300	600	1100	1200	$\frac{200}{300}$	700	1300

电缆沟和电缆隧道应采取防水措施，其底部应做成坡度不小于0.5%的排水沟，积水可及时直接接入排水管道或经集水坑、集水井用水泵排出，以保证电缆线路在良好环境条件下运行。

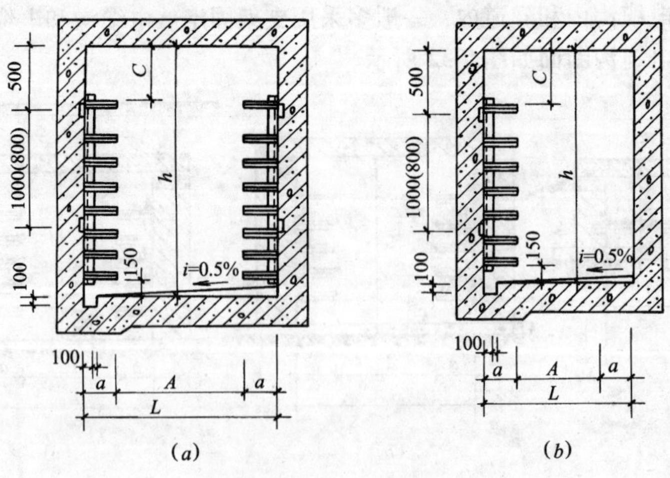

图5-33 电缆隧道直线段

（a）双侧支架；（b）单侧支架

电缆隧道选择（mm）　　　　表5-21

支架形式	隧道宽	层架宽	通道宽	隧道高
	L	a	A	h
单侧支架	1200	300	900	1900
	1400	400	1000	1900
	1400	500	900	1900
双侧支架	1600	300	1000	1900
	1800	400	1000	2100
	2000	400	1200	2100
	2000	500	1000	2300
	2000	$\frac{400}{500}$	1100	2300

电缆沟内和隧道内支架的选择由工程设计决定，常用的支架有角钢支架和装配式支架。角钢支架一般需要自行加工制作，装配式支架由工厂加工制作。在电缆沟内支架的层架（横撑）的长度不宜大于0.35m，在电缆隧道内支架的层架（横撑）的长度不宜大于0.5m，保证支架安装后在电缆沟内、电缆隧道内留有一定的通路宽度。角钢支架可以根据工程设计图纸制作，也可以按标准图集的做法加工制作。电缆沟支架组合及主架安装尺寸见表5-22。表中各部分尺寸见图5-34。

制作电缆支架所使用的材料必须是标准钢材，且应平直无明显扭曲，安装在电缆沟内角钢支架的主架，若采用膨胀螺栓或射钉枪固定时，应根据给定的位置在主架上用电钻钻$2\times\phi13$孔，两孔的间距误差不宜大于2mm，严禁使用电、气焊割孔。

电缆沟支架组合、主架安装尺寸（mm）　　　　表5-22

沟深（h）	主架长度（l）	层架总间距（$n\times m$）					层架层数	安装间距（F）	
		$n\times300$	$n\times250$	$n\times200$	$n\times150$	$n\times120$		膨胀螺栓	预埋件
500	270			200			2	170	150
700	470			2×200			3	370	350
700	470		250		150		3	370	350
700	490				2×150	120	4	390	370
700	490	300				120	3	300	370
900	670			3×200			4	530	550
900	670		250	200	150		4	530	550
900	690			200	2×150	120	5	550	570
1100	870			4×200			5	730	750

续表

沟深（h）	主架长度（l）	层架总间距（$n\times m$）					层架层数	安装间距（F）	
		$n\times300$	$n\times250$	$n\times200$	$n\times150$	$n\times120$		膨胀螺栓	预埋件
1100	870		250	2×200	150		5	730	750
1100	890	300		2×200		120	5	750	770
1300	1070			5×200			6	930	950
1300	1090	300	250	200	150	120	6	950	970
1300	1070	300		2×200	2×150		6	930	950

注：1. 当主架安装采用膨胀螺栓时，$F_1=50$ 或 70；采用预埋件时，$F_1=60$；

2. m 分别为 120，150，200，250，300mm 五种间距，由工程设计决定；

3. C 值为 150～200mm，D 值为 50mm。

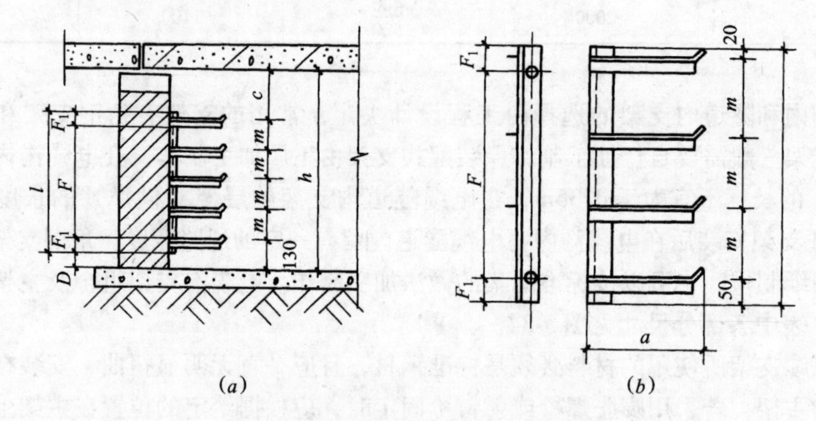

图 5-34　支架安装和支架组合尺寸图

（a）支架安装尺寸；（b）支架组合尺寸

电缆支架层间垂直距离和通道宽度，工程设计中的最小净距不应小于表 5-23 中所规定的数值。支架层间允许的最小距离，当设计无规定时，可按照表 5-24 中的规定，但层间净距不应小于电缆外径的 2 倍加 10mm，35kV 及以上高压电缆不应小于电缆外径的 2 倍加 50mm。

支架层间垂直距离和通道宽度的最小净距（m）　　**表 5-23**

名称	敷设条件	电缆隧道（净高 1.90）	电缆沟	
			沟深 0.60 以下	沟深 0.60 及以上
通道高度	两侧设支架	1.00	0.30	0.50
	一侧设支架	0.90	0.30	0.45
支架层间垂直距离	电力电缆	0.20	0.15	0.15
	控制电缆	0.12	0.10	0.10

电缆支架的层间允许最小距离值（mm） **表 5-24**

电缆类型和敷设特征		支架
控制电缆		120
电力电缆	10kV 及以下（除 6～10kV 交联聚乙烯绝缘外）	150～200
	6～10kV 交联聚乙烯绝缘	200～250
	35kV 单芯	
	35kV 三芯 110kV 及以上，每层多于 1 根	300
	110kV 及以上，每层 1 根	250
电缆敷设于槽盒内		$h+80$

注：h 表示槽盒外壳高度。

支架在室外使用时应进行镀锌处理，否则，宜采用涂磷代底漆一道，过氯乙烯漆两道。如支架用于湿热、盐雾以及有化学腐蚀地区时，应根据设计作特殊的防腐处理。角钢支架的主架与层架应采用焊接固定，焊接后应无明显变形，支架各层架间的垂直净距与设计尺寸偏差不应大于5mm。

安装支架时，宜先找好直线段两端支架的准确位置，先安装固定好，然后拉通线再安装中间部位的支架，最后安装转角和分岔处的支架。电缆沟或电缆隧道内，电缆支架最上层至沟顶及最下层至沟底的距离，当工程设计没有明确规定时，不宜小于表 5-25 中所列数值。

电缆支架最上层及最下层至沟顶、楼板或沟底、地面的距离（mm） **表 5-25**

敷设方式	电缆隧道及夹层	电缆沟	吊架	桥架
最上层至沟顶或楼板	300～350	150～200	150～200	350～450
最下层至沟底或地面	100～150	50～100		100～150

电缆支架本体应保证安装牢固，横平竖直和安全可靠。电缆支架间的距离应符合设计规定，见表 5-26。当电缆支架设计没有给出确切的距离时，施工中也不应大于表 5-27 中所列数值。

电缆支架间或固定点间的最大间距（m） **表 5-26**

电缆种类 / 敷设方式	塑料护套、铝包、铅包钢带铠装		钢丝铠装
	电力电缆	控制电缆	
水平敷设	1.00	0.80	3.00
垂直敷设	1.50	1.00	6.00

电缆各支持点间的距离（mm）　　表 5-27

电缆种类		敷设方式	
		水平	垂直
电力电缆	全塑型	400	1000
	除全塑型外的中低压电缆	800	1500
	35kV 及以上高压电缆	1500	2000
控制电缆		800	1000

注：全塑型电力电缆水平敷设沿支架能把电缆固定时，支持点间的距离允许为 800mm。

在电缆沟和电缆隧道内，各电缆支架的同层层架（横撑）应在同一水平面上，高低偏差不应大于 5mm。在有坡度的电缆沟内安装支架，要求支架有与电缆沟相同的坡度。电缆支架同预埋件采用焊接固定时，预埋件采用 120mm×120mm×6mm 的钢板与两根 ϕ12mm 长为 500mm 的圆钢固定条组合焊成一体。预埋件应配合土建在电缆沟（电缆隧道）施工中预埋。电缆沟上部有护边角钢时，支架的主架上部与护边角钢焊接在一起，下部与沟壁上的预埋扁钢相焊接。

为防止电缆产生故障时危及人身安全，电缆支架全长均应有良好的接地，当电缆线路较长时，还应根据设计进行多点接地。接地线宜采用直径不小于 ϕ12mm 镀锌圆钢，并应在电缆敷设前与支架焊接。当电缆支架利用电缆沟或电缆隧道的护边角钢或预埋的扁钢作接地线时，不需再敷设专用的接地线。

（五）电缆在排管内敷设

电缆在排管内敷设的方式，一般适用于电缆数量不多（通常不超过 12 根），而道路交叉较多且路径拥挤，又不宜采用直埋或电缆沟敷设的地区。排管可采用混凝土管，也可采用石棉水泥管。排管孔的内径不应小于电缆外径的 1.5 倍，但电力电缆的管孔内径不应小于 90mm，控制电缆的管孔内径不应小于 75mm。施工时，应先安装好电缆排管。要求排管倾向人孔井侧有不小于 0.5% 的排水坡度，并在人孔井内设集水坑，以便集中排水。排管的埋设深度为排管顶部距地面不小于 0.7mm，在人行道下面可不小于 0.5m。排管沟的底部应垫平夯实，并应铺设厚度不小于 800mm 的混凝土垫层。在选用的排管中，还应留有必要的备用管孔数，一般不得少于 1～2 孔。

在敷设线路的转角处，分支处应设置人孔井。在较长的直线段上也应设置一定数量的电缆人孔井。以便于拉引电缆。人孔井间距不宜大于 150m，净空高度不应小于 1.8m，其上部直径不应小于 0.7m。

（六）电缆架空敷设

对于地下情况复杂不宜采用直埋、电缆沟等敷设方式，且用户密度较高、用户的位置与数量变化较大，以后可能需要调整或扩充，总体上又无隐蔽要求时的低压电力电缆，可采用架空敷设的方式。

电缆架空敷设时，每条吊线上宜架设一根电缆。杆上有两层吊线时，上下两吊线的垂直距离不应小于 0.3m。吊线应采用不小于 7/D 或不小于 ϕ3.0mm 的镀锌铁绞线或具有同等强度及直径的绞线，吊线上的吊钩间距不应大于 0.5m。

架空电缆与架空线路同杆敷设时，电缆应敷设在架空线的下面，电缆与最下层的架空线的横担的垂直间距不应小于0.6m。

低压架空电力电缆与地面的最小净距，在居民区为5.5m；非居民区为4.5m；交通困难地区为3.5m。

（七）敷设电缆

敷设电缆应按合理的程序进行，通常在敷设前对电缆要进行核对检查及做好有关的准备工作。

拖放电缆前，应充分熟悉图纸，核对电缆的规格、型号是否与设计规定相符。应熟悉电缆的编号、走向以及在支架上的位置和大约长度。电缆的外观应无损伤且绝缘良好。电缆放线架放置稳妥，钢轴的强度与长度应与电缆盘的重量和宽度相配合。

拖放电缆可采用人力、畜力或机械。但人力拖放仍是普遍采用的方法。根据经验，一般人员安排为：总指挥1人；电缆盘处3~4人；拖放电缆人数根据电缆规格、长度决定，一般$95mm^2$以上电缆2~3m设1人，$95mm^2$以下电缆3~5m设1人；线路转角处的两侧各设1人；电缆穿过楼板处上下各设1人等。

放电缆时，先敷设集中的电缆，再敷设分散的电缆；先敷设长的电缆，再敷设短的电缆；先敷设电力电缆，再敷设控制电缆。应根据设计图纸及现场实际路径计算每根电缆的长度，以便合理安排每盘电缆，尽量减少电缆的中间接头和避免材料的浪费。

每放完一根电缆，应随即将电缆的标志牌挂好。在敷设铝（铅）包电缆时，最好先把电缆从盘上散开放在地上，待量好尺寸，两端截断后再托上支架，防止电缆在支架上拉动时把铝（铅）包损伤。在电缆终端头、中间接头、伸缩缝及电缆转弯处，都要适当留有余量。以便于补偿电缆本身和其所依附的结构件因温度变化而产生的变形，也便于将来检修接头用。

电缆排列时，1kV以下的电力电缆和控制电缆可并列敷设在同一层支架上。当电缆沟或电缆隧道内两侧均有支架时，1kV以下的电力电缆和控制电缆宜与1kV及以上的电力电缆分别敷设在不同侧的支架上。电缆在支架上一般应是按电压等级的高低、电力电缆和控制电缆、强电和弱电电缆的顺序自上而下进行排列。但当电缆外径较大，从支架上引出或进入电气盘柜有弯曲困难并难以满足电缆最小允许弯曲半径的要求时，允许将含有35kV以上高压电缆放在下面。

电力电缆在电缆沟或电缆隧道内并列敷设时，水平净距应符合设计要求，一般可为35mm，但不应小于电缆的外径。控制电缆和交流三芯电力电缆在支架上敷设不宜超过一层。交流单芯电力电缆应布置在同侧支架上。电缆在支架上可采用管卡子或单边管卡子固定，也可用U形夹以及Ⅱ形夹固定，如图5-35和图5-36所示。

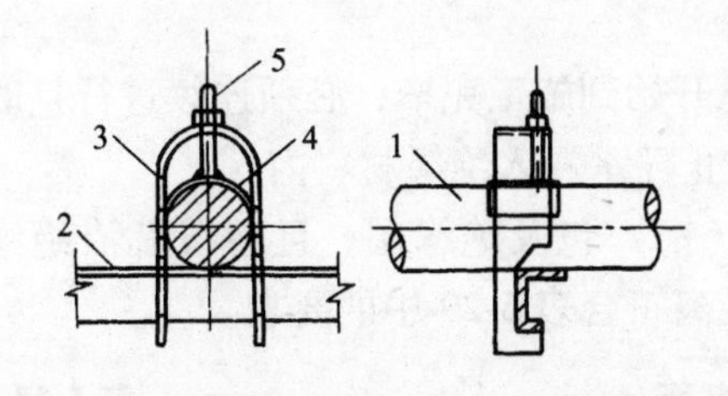

图5-35　电缆在支架上用U形夹固定安装

1—电缆；2—支架；3—U形夹；4—压板；5—螺栓

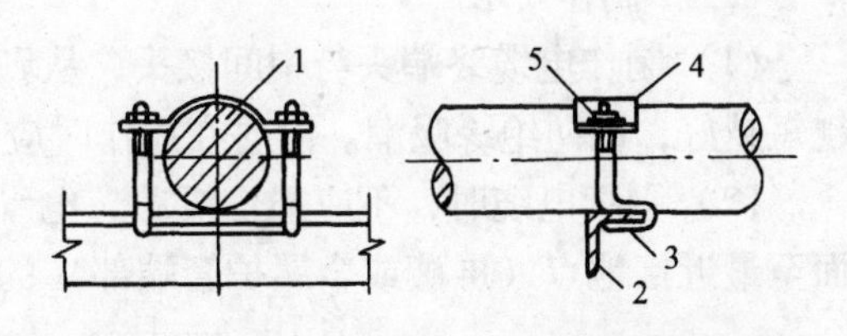

图5-36　电缆在支架上用Ⅱ形夹固定安装

1—电缆；2—支架；3—Ⅱ形夹；4—压板；5—螺母

电缆敷设经检查完毕后，施工人员应立即根据现场实际情况填写技术记录，并画出竣工草图，以满足以后运行维护的需要。

五、电缆终端头和中间接头的制作

电缆终端头和中间接头一般是在电缆敷设就位后在现场进行制作。电缆线路两末端的接头称为终端头，中间的接头称为中间接头。它们的主要作用是使电缆保持密封，使线路畅通，并保证电缆接头处的绝缘等级，使其能够安全可靠地运行。

电缆终端头和中间接头的种类和型式较多，结构、材料不同，要求的操作技术也各有特点。由于当前新材料、新结构、新工艺的迅速发展。电缆终端头与中间接头的技术也日异更新，在此只简要介绍10kV电压等级热缩型电缆终端头和中间接头的制作工艺。

（一）制作电缆终端头和中间接头的一般规定

（1）制作电缆终端头和中间接头前，应熟悉安装工艺资料。

（2）对电缆进行检查。要求电缆绝缘状况良好，无受潮；附件规格与电缆一致，零部件齐全，无损伤，绝缘材料不受潮，密封材料不失效。

（3）做好制作前的准备工作。施工用机具应齐全、完好，辅助材料齐备。

（4）应注意制作现场的环境条件（如温度、湿度、尘埃等），因为环境条件会直接影响绝缘处理的效果。

（5）在室外制作6kV及以上电缆终端头与中间接头时，其空气相对湿度宜为70%及以下，否则，可提高环境温度或加热电缆。

（6）制作110kV及以上高压电缆终端头和中间接头时，应搭设临时工棚，环境温度严格控制，温度宜在10～30℃。

（7）制作35kV及以下电缆终端头和中间接头时，规格、型式应与电缆类型（如电压、芯数、截面、护层结构和环境要求等）一致；结构应简单、紧凑，便于安装；所用材料、部件应符合技术要求。

（8）采用的附加绝缘材料，除电气性能应满足要求外，还应与电缆本体的绝缘具有相容性。电缆线芯连接金具应采用符合标准的连接管和接线端子。其内径应与电缆线芯紧密配合，间隙不应过大，截面宜为线芯截面的1.2～1.5倍。铝芯电缆与接线端子的连接应采用压接连接，铜芯电缆与接线端子的连接应采用焊接或压接。所用的压接钳和模具应符合规格要求。

（9）电力电缆接地线，应采用铜绞线或镀锡铜编织线，其截面积不应小于表5-28中的规定。110kV及以上电缆的接地线截面积应符合设计规定。

（二）制作要求

（1）制作电缆终端头与中间接头，从剥切电缆开始到施工完毕，必须连续进行且时间越短越好，以防绝缘吸潮。同时在操作时应特别防止汗水浸入绝缘材料内。

（2）剥切电缆时，不应损伤线芯、电缆的铅（铝）包及绝缘层，且使线芯沿绝缘表面至最近接地点（屏蔽或金属护套端部）的最小距离符合表5-29中的要求。

电力电缆接地线截面 表5-28

电缆截面（mm^2）	接地线截面（mm^2）	电缆截面（mm^2）	接地线截面（mm^2）
120及以下	16	150及以下	25

电缆终端和接头中最小距离 **表 5-29**

额定电压（kV）	最小距离（mm）	额定电压（kV）	最小距离（mm）
1	50	6	100
10	125	35	250

（3）充油电缆线路中有接头时，应先制作接头。电缆两端有高低位差时，应先制作低位终端头后再制作高位终端头。

（4）三芯电力电缆接头两侧电缆的金属屏蔽层（或金属套）、铠装层应分别连接良好，不得中断，电缆终端处的金属护层必须接地良好。

（5）电缆终端头的出线应保持固定位置，并保证必要的电气间距和合适的弯曲半径。

（三）10kV 纸绝缘电力电缆热缩型终端头制作。

热缩型电缆终端头是一种较新型的电缆终端头。制作工艺十分简便，易于掌握和施工。所用热缩型附件主要包括：绝缘隔油管、直套管、三叉手套、密封套和防雨罩（户外终端头用）等。其制作工艺如下：

（1）将制作电缆终端头所需的材料、工具准备齐全，并应核对电缆的规格、型号、测量电缆的绝缘电阻，根据设备接线位置决定电缆所需长度，割去多余电缆等。

（2）确定剥切尺寸，锯剥电缆铠装。清擦铅（铝）套，并将铠装切口向上 130mm 处以上部分的铅（铝）套剥除。

（3）将铅（铝）套切口以上 25mm 部分统包纸绝缘保留，其余剥除，并将电缆线芯分开。

（4）用干净的白布（白布上可蘸汽油或无水乙醇）将线芯绝缘表面油渍擦净，从铅（铝）套口以上 40～50mm 处至线芯末端 60mm 处套进隔油管，并加热使隔油管紧贴线芯绝缘。加热时，一般以“液化气烤枪”为宜，也可使用喷灯。加热温度应控制在 110～130℃。加热收缩时，应从管子中间向两端逐渐延伸，或从一端向另一端延伸，以利于收缩时排出管内空气，加热火焰应螺旋状前进，以保证隔油管沿圆周方向充分均匀受热收缩。

（5）套上应力管（下端距铅（铝）套切口 80mm），并从下往上均匀加热，使其收缩紧贴隔油管。

（6）在铅（铝）套切口和应力管之间包缠耐油填充胶，包成平果形，中部最大直径约为统包绝缘外径加 15mm，填充胶与铅（铝）套口重叠 5mm，以确保隔油密封。线芯之间也应填以适量的填充胶。

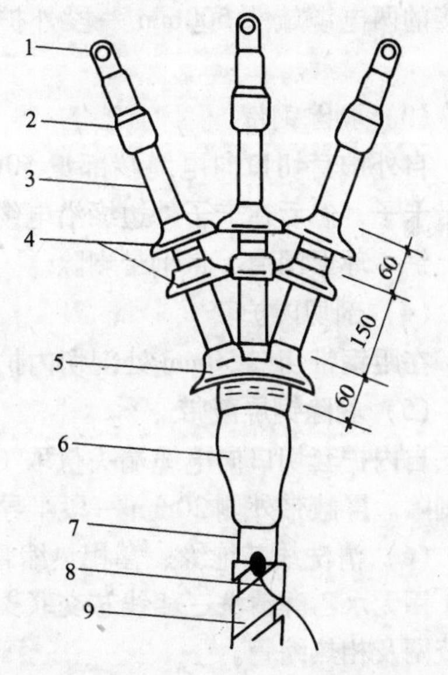

图 5-37 10kV 纸绝缘电缆热缩型终端头

1—端子；2—密封套；3—相绝缘管；4—相防雨罩；5—共用防雨罩；6—三叉表；7—铅套；8—接地线；9—钢带

（7）再次清洁铅（铝）套密封段，并进行预热，套上三叉分支手套。分支手套应与铅（铝）套重叠70mm。先从铅（铝）套切口位置开始加热收缩，再往下均匀加热收缩密封段，随后再往上加热收缩直至分支指套。

（8）剥切线芯端部绝缘（剥切长度为接线端子孔深加5mm），安装接线端子，并用填充胶填堵绝缘端部的5mm间隙，与上下均匀重叠5mm。

（9）套绝缘外管，下端插至手套的三叉口，从下往上加热，使其收缩，上端与接线端子重叠约5mm，多余部分割弃。套密封套管，加热均匀收缩后，再套上相序标志套。至此，户内热缩型电缆头即制作完毕。

若为户外终端头，只需在户内终端头上再加装防雨罩即可。

加装防雨罩时，先套入三孔防雨罩（三相共用），自由就位后加热收缩，然后每相线芯再套两个单孔防雨罩，加热收缩。收缩完毕后，再安装顶端密封套，热缩后装上相序标志套。户外型电缆终端头即制作完毕。

电缆热缩型终端头如图5-37所示。

（四）10kV交联聚乙烯电缆热缩型中间接头制作

热缩型中间接头所用主要热缩附件和材料包括：外热缩管、内热缩管、相热缩管、铜屏蔽网、热熔胶带、未硫化乙丙橡胶带、半导体带、聚乙烯带、接地线（$25mm^2$ 软铜线）等。其制作工艺如下：

（1）将制作中间接头所需材料、工具准备齐全，核对电缆规格、型号、测量电缆的绝缘电阻、确定剥切尺寸（图5-38）。

（2）剖切电缆外护套

先将内、外热缩管套入一侧电缆上，将需连接的两电缆端头500mm一段外护套剖切剥除。

（3）剥除钢带

自外护套切口向电缆端部量50mm，装上钢带卡子，然后在卡子外边缘沿电缆周长在钢带上锯一环形深痕，将钢带剥除。

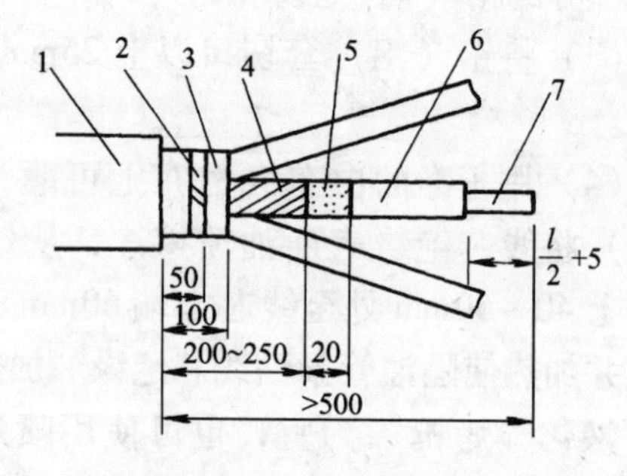

图5-38　电缆剖切尺寸

1—外护套；2—钢带卡子；3—内护套；4—铜屏蔽带；5—半导体布；6—交联聚乙烯绝缘；7—线芯

（4）剖切内护套

在距钢带切口50mm处剖切内护套。

（5）剥除铜屏蔽带

自内护套切口向电缆端头量取100～150mm，将该段铜屏蔽带用细铜线绑扎，其余部分剥除。屏蔽带外侧20mm一段半导体布保留，其余部分去掉。

（6）清洗线芯绝缘、套相热缩管

用无水乙醇清洗三相线芯交联聚乙烯绝缘层表面，以除净半导体薄膜，并分相套入铜屏蔽网及相热缩管。

（7）剥除绝缘，压接连接管

剥除线芯端头绝缘层，剥除长度为连接管长度的1/2加5mm，然后用无水乙醇清洗线芯表面，将清洗好的两端头分别从连接管两端插入连接管，用压接钳进行压接，每相接头不少于4个压点。

（8）包橡胶带

在压接管及其两端裸线芯处包绕未硫化乙丙橡胶带，采用半迭包方式绕包2层，与绝缘接头处的绕包一定要严密。

（9）加热相热缩管

先在接头两边的绝缘层上适当缠绕热熔胶带，然后将事先套入的相热缩管移至接头中心位置，用喷灯沿轴向加热，使热缩管均匀收缩，裹紧接头。加热收缩时应注意不应产生皱折和裂缝。

（10）焊接铜屏蔽带

先用半导体带将两侧半导体屏蔽布缠绕连接，再将铜屏蔽网与两侧的铜屏蔽带焊接，每一端不少于3个焊点。

（11）加热内热缩管

先将三根线芯并拢，用聚氯乙烯带将线芯及填料绕包在一起，在电缆内护套处适当缠绕热熔胶带，然后将内热缩管移至中心位置，用喷灯加热使其均匀收缩。

（12）焊接地线

在接头两侧电缆钢带卡子处焊接接地线。

（13）加热外热缩管

先在电缆外护套上适当缠绕热熔胶带，然后将外热缩管移至中心位置，用喷灯加热使其均匀收缩。

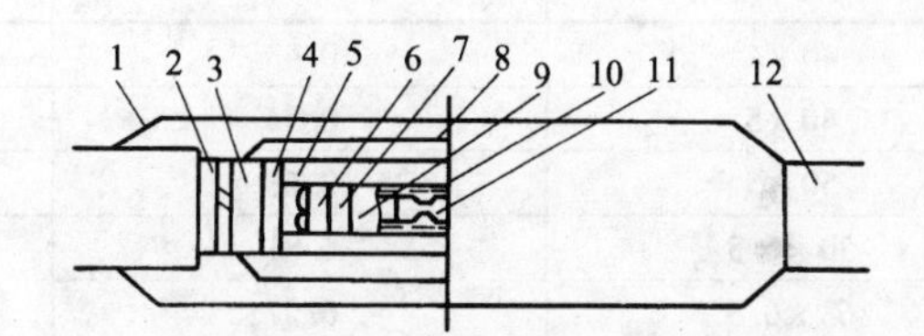

图5-39　交联聚乙烯电缆热缩型中间头结构

1—外热缩管；2—钢带卡子；3—内护套；
4—铜屏蔽带；5—铜屏蔽网；6—半导体屏蔽带；
7—交联聚乙烯绝缘层；8—内热缩管；9—相热缩管；
10—未硫化乙丙橡胶带；11—中间连接管；12—外护套

制作完毕的电缆热缩型中间接头如图5-39所示。

第六节　硬母线安装

硬母线主要在工业厂房和变配电所中应用，其他场所应用很少。

硬母线按材质可分为铜母线、铝母线和钢母线。按形状可分为矩形母线、圆形母线和管母线。本节主要介绍矩形硬母线的安装。

铜母线的特点是电阻率小，导电性能好，机械强度高，有较强的抗腐蚀能力，但因价格较贵，除技术要求必须应用铜母线外较少使用，铝母线的电阻率稍高于铜，但重量轻，加工方便，价格便宜、贮量多，使用比较广泛。钢母线虽然价格便宜、机械强度高，但其电阻率较大，另外，钢是磁性材料，用于交流时，会产生较大的涡流损失，功率损耗和电压降，所以不宜用来输送大电流，通常只用来作零母线和接地母线。

矩形母线一般应用于35kV及以下的户内配电装置中。矩形截面母线与相同截面积的圆形线比较，散热条件较好，集肤效应较小，在容许发热温度下通过的允许工作电流大。工程中常用的矩形铜母线和矩形铝母线的规格见表5-30和表5-31。

TMY 矩形铜母线常用规格表 表 5-30

母线规格宽×厚（mm）	每米重量（kg）	母线规格宽×厚（mm）	每米重量（kg）
40×4	1.42	80×6.3	4.48
40×5	1.78	100×6.3	5.60
50×5	2.22	80×8	5.68
50×6.3	2.80	100×7	7.11
63×6.3	3.52	100×10	8.89

LMY 矩形铝母线常用规格表 表 5-31

母线规格宽×厚（mm）	每米重量（kg）	母线规格宽×厚（mm）	每米重量（kg）
40×4	0.43	80×6.3	1.3
40×5	0.54	100×6.3	1.62
50×5	0.68	80×8	1.72
50×6.3	0.81	100×8	2.16
63×6.3	0.97	100×10	2.7

一、母线的检查与加工

（一）加工前的检查

母线加工前应对母线材料进行检查，以防不合格材料用到工程中。首先应根据施工图纸对母线的材质与规格进行检查，均应符合设计要求。母线表面应光洁平整。不应有裂纹、折皱、夹杂物和扭曲现象。用于分尺测量母线的厚度和宽度是否符合标准截面的要求，由母线缺陷引起的截面误差，对于铜母线不应超过计算截面的1%，铝母线不应超过计算截面的3%，否则应将母线缺陷部分割弃。

母线应有出厂合格证，当无出厂合格证或资料不全以及对材料有怀疑时，应对母线进行抗拉强度、伸长率及电阻率检验，检验结果应符合表5-32的规定。

母线的机械性能和电阻率 表 5-32

母线名称	母线型号	最小抗拉强度（N/mm^2）	最小伸长率（%）	20℃时最大电阻率（$\Omega \cdot mm^2/m$）
铜母线	TMY	255	6	0.01777
铝母线	LMY	115	3	0.0290
铝合金管母线	$LF_{21}Y$	137	—	0.0373

（二）母线矫正

运到施工现场的母线，一般不是很平直，所以在安装前应对母线进行矫正，使其在安装后能横平竖直，整齐美观。母线的矫正方法可采用机械矫正，也可采用手工矫正。对于大截面矩形母线可采用母线矫正机进行矫正。将母线的不平整部分放在矫正机平台上，然后转动操作圆盘，利用丝杠压力将母线矫正平直，见图5-40。手工矫正时，将母线放在平台上或平直的型钢上，用硬木锤直接敲打平直，一般不能用铁锤直接敲打。当母线弯曲过大，可在母线上垫上铜、铝、木块，再用铁锤间接敲打平直。敲打时用力要均匀适当，不能过猛，否则会引起母线再次变形。手工矫正母线如图5-41所示。

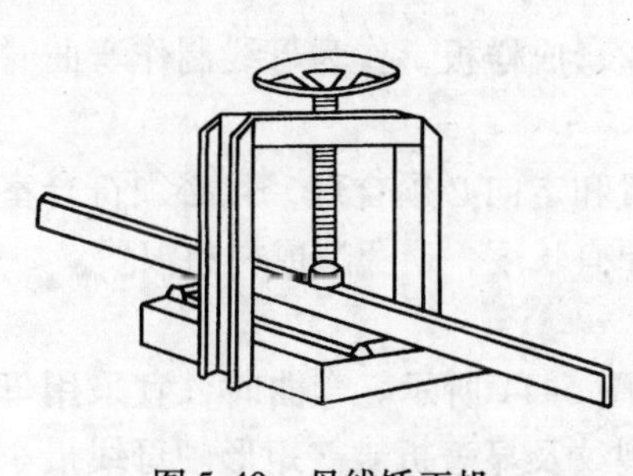

图5-40　母线矫正机

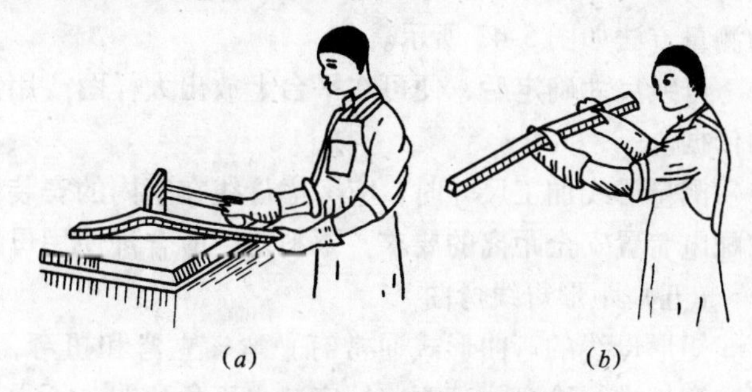

图5-41　母线的矫正

(*a*) 矫正母线；(*b*) 检查矫正结果

(三) 母线切断

切断母线时，应按预先测量的尺寸在母线上划线，然后再进行切断。切断的方法有钢锯切断和机械切断，但不得用电弧或乙炔进行切割。

采用钢锯手工锯割时，当母线的厚度与硬度不同时，应选用不同齿数的锯条，否则锯齿会很快磨损。用手工锯割母线，虽然使用工具轻便，但工作效率较低。有条件时可采用手动剪切机或电动无齿锯剪切母线。切断时，先将母线置于锯床的托架上，然后接通电源，使电动机带动锯片转动，慢慢压下操作手柄，一直到切断为止，如图5-42所示。

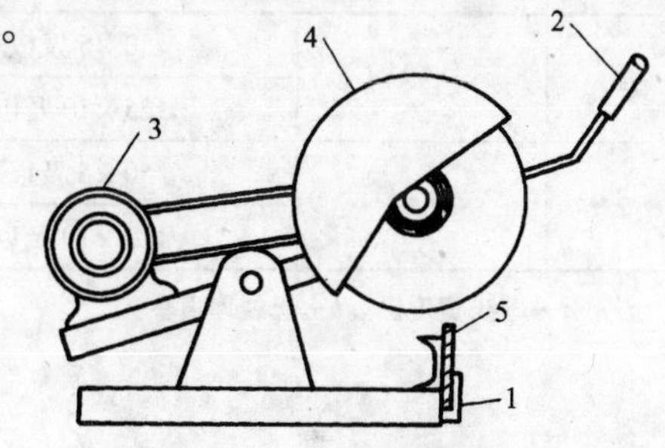

图5-42　电动无齿锯

1—托架；2—手柄；3—电动机；4—保护罩；5—母线

无论采用哪种方法切断，母线切断面均应平整，无毛刺，否则应用锉刀或其他刮削工具将毛刺除掉。

母线下料切断时，要留有适当余量，避免弯曲时产生误差，造成整根母线报废。对要弯曲的母线，最好弯曲后再进行切割，以保证尺寸的准确。

母线切割后一般应立即进行下一工序施工，否则应将母线平直堆放，防止弯曲及碰伤。如母线规格很多，可用油漆编号分别存放，以利于施工。

(四) 母线测量

在设计图纸上，一般不标出母线加工尺寸，在母线下料前，施工人员应到现场测量出各段母线的实际安装尺寸，然后进行下

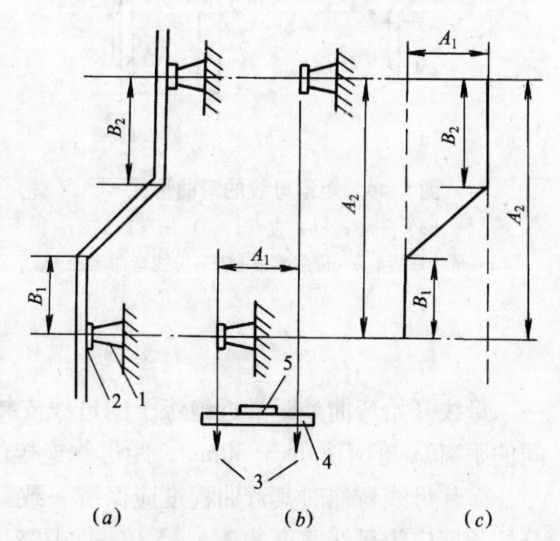

图5-43　母线尺寸的测量方法

1—支持绝缘子；2—母线金具；3—线锤；4—平板；5—水平尺

料。测量时所用的工具有线锤、卷尺、直尺等。如在两个不同垂直面上装设一段母线，可按下述方法进行测量。先在两个绝缘子与母线接触面的中心各悬挂一线锤，用尺量出两线锤间的距离 A_1 及两绝缘子中心距离 A_2，B_1 与 B_2 的尺寸可根据实际需要而定。母线尺寸的测量方法如图 5-43 所示。

母线尺寸确定后，便可在平台上放出大样图或用钢丝弯成样板，作为母线制作弯曲时的依据。

测量母线加工尺寸时，应考虑母线在室内的安装位置和走向必须合理，且必须符合室内配电装置安全距离的要求。下料时，应合理使用母线原有长度，避免造成材料浪费。

（五）距形母线弯曲

矩形母线的弯曲形式通常有平弯、立弯和扭弯，如图 5-44 所示。弯曲时，宜采用母线冷弯机进行冷弯，其弯曲处应减少直角弯曲，不得有裂纹及显著折皱。矩形硬母线最小弯曲半径应符合表 5-33 的规定。

矩形硬母线最小允许弯曲半径（R）值 **表 5-33**

项目	弯曲种类	母线断面尺寸（mm）	最小弯曲半径（mm）		
			铜	铝	钢
1	平弯	50×5 及以下	$2b$	$2b$	$2b$
		125×10 及以下	$2b$	$2.5b$	$2b$
2	立弯	50×5 及以下	$1a$	$1.5a$	$0.5a$
		125×10 及以下	$1.5a$	$2a$	$1a$

注：a—母线宽度； b—母线厚度。

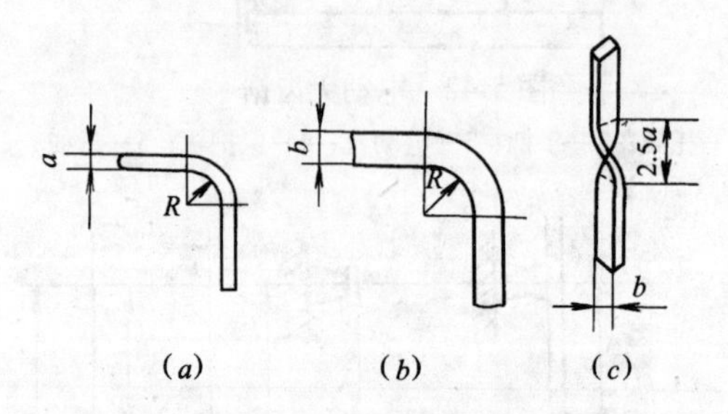

图 5-44 矩形母线的弯曲形式

（a）平弯；（b）立弯；（c）扭弯；

a—母线厚度；b—母线宽度；R—母线弯曲半径

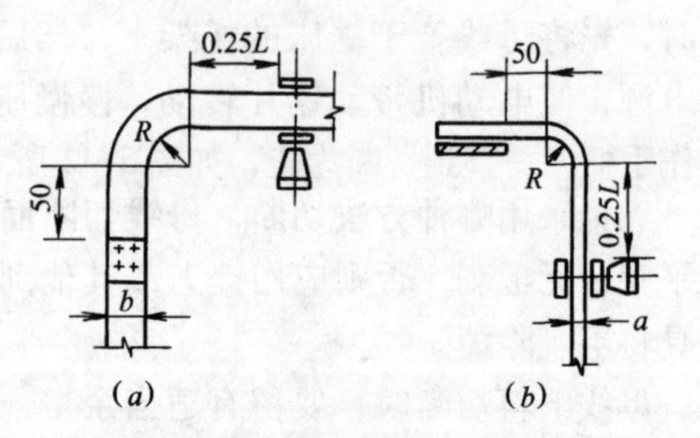

图 5-45 硬母线的平弯与立弯

（a）立弯母线；（b）平弯母线

a—母线厚度；b—母线宽度；

L—两母线支持点间的距离；

R—母线弯曲半径

母线开始弯曲处距最近绝缘子的母线支持夹板边缘不应大于 0.25L（L 为母线两支点间的距离），但不得小于 50mm，距母线连接位置不应小于 50mm，见图 5-45。

多片母线弯曲时其弯曲程度应保持一致。以求整齐美观。母线扭弯 90°时，其扭转部分的长度应为母线宽度的 2.5～5 倍，如图 5-46 所示。

母线扭弯可用扭弯器。将母线需要扭弯部分的一端夹在台虎钳上，钳口部分应垫上薄铝皮或硬木片，防止虎钳口损伤母线。母线另一端用扭弯器夹住，双手抓住扭弯器手柄用力扭动，使母线弯曲达到需要的形状为止。此种冷弯的方法，通常只能弯曲 100mm × 8mm 以下的铝母线，超过此规格时应将母线弯曲部分加热后再进行弯曲，母线加热温度不应超过规定的数值。母线扭弯器如图 5-47 所示。

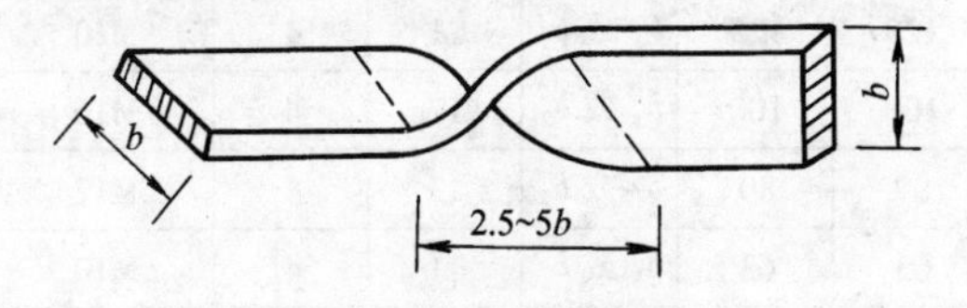

图 5-46　母线扭转 90°
b—母线宽度

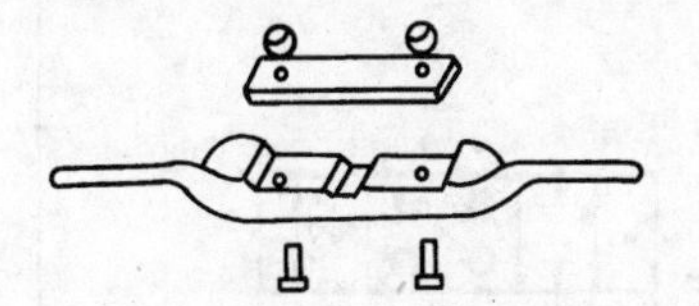

图 5-47　母线扭弯器

母线进行平弯可用平弯机。平弯方法操作简便、工效高。弯曲时，提起手柄，将母线穿在平弯机两个滚轮之间，弯曲部分放在滚轮上校正无误后，拧紧压力丝杠，然后压下平弯机手柄，使母线逐渐弯曲。可用样板复合，直到达到所需要的弯曲程度。操作时，用力不可过猛，防止母线产生裂缝。对于小型母线，也可采用台虎钳进行弯曲。弯曲时，将母线弯曲的部位置于钳口中，钳口上应垫上铝板或硬木，然后用手扳动母线，使其弯曲至合适的角度。母线平弯机如图 5-48 所示。

母线立弯可采用立弯机。弯曲时，先将母线需要弯曲部分套在立弯机的夹板上，再装上弯头，拧紧夹板螺栓，校正无误后，操作千斤顶，使母线弯曲。立弯时其弯曲半径不能过小，否则会使母线产生裂痕和折皱。母线立弯机如图 5-49 所示。

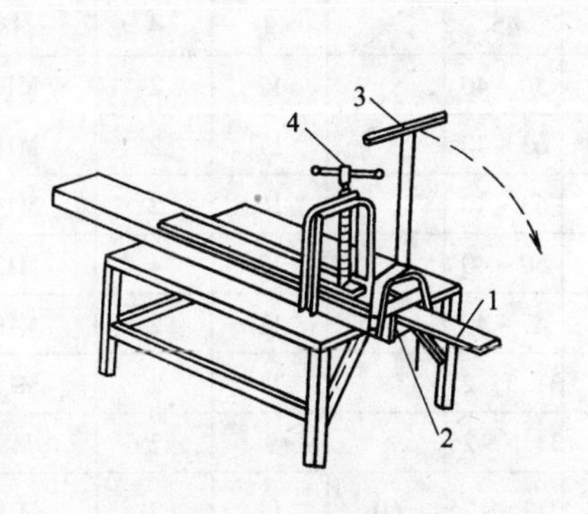

图 5-48　母线平弯机
1—母线；2—滚轮；3—手柄；4—压力丝杠

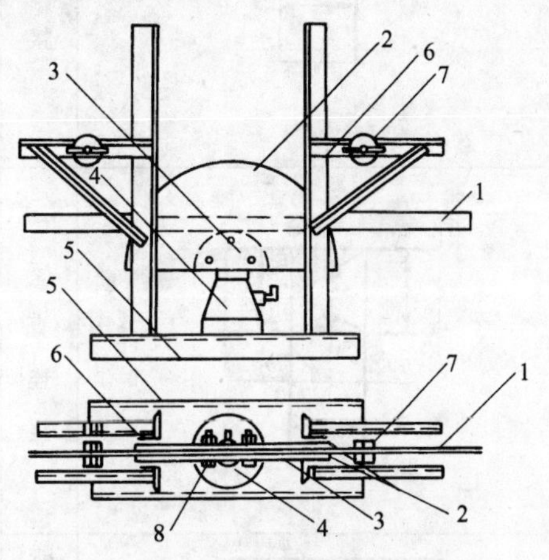

图 5-49　母线立弯机
1—母线；2—夹板；3—弯头；4—千斤顶；5—槽钢；6—角钢；7—档头；8—夹板螺栓

二、矩形硬母线连接

矩形硬母线可采用螺栓搭接连接和焊接连接两种方法。

（一）螺栓搭接连接

矩形硬母线采用螺栓搭接连接时，要先将母线调直，选择较平的面作搭接面进行钻孔。螺栓在母线搭接面上的分布尺寸和孔径大小应符合表 5-34 中的规定。母线连接螺栓的孔径一般不应大于螺栓直径 1mm，钻孔应垂直，不应歪斜，螺孔间中心距离的误差不应超过 0.5mm。

矩形母线搭接要求　　表5-34

搭接形式	类别	序号	连接尺寸（mm）			钻孔要求		螺栓规格
			b_1	b_2	a	ϕ（mm）	个数	
	直线连接	1	125	125	b_1 或 b_2	21	4	M20
		2	100	100	b_1 或 b_2	17	4	M16
		3	80	80	b_1 或 b_2	13	4	M12
		4	63	63	b_1 或 b_2	11	4	M10
		5	50	50	b_1 或 b_2	9	4	M8
		6	45	45	b_1 或 b_2	9	4	M8
	直线连接	7	40	40	80	13	2	M12
		8	31.5	31.5	63	11	2	M10
		9	25	25	50	9	2	M8
	垂直连接	10	125	125		21	4	M20
		11	125	100～80		17	4	M16
		12	125	63		13	4	M12
		13	100	100～80		17	4	M16
		14	80	80～63		13	4	M12
		15	63	63～50		11	4	M10
		16	50	50		9	4	M8
		17	45	45		9	4	M8
	垂直连接	18	125	50～40		17	2	M16
		19	100	63～40		17	2	M16
		20	80	63～40		15	2	M14
		21	63	50～40		13	4	M12
		22	50	45～40		11	2	M10
		23	63	31.5～25		11	2	M10
		24	50	31.5～25		9	2	M8
	垂直连接	25	125	31.5～25	60	11	2	M10
		26	100	31.5～25	50	9	2	M8
		27	80	31.5～25	50	9	2	M8
	垂直连接	28	40	40～31.5		13	1	M12
		29	40	25		11	1	M10
		30	31.5	31.5～25		11	1	M10
		31	25	22		9	1	M8

母线钻好孔后，应除去孔口毛刺，使其保持光洁。搭接面下面的母线应弯成鸭脖弯，如图5-50所示。

为降低母线搭接面的接触电阻，确保搭接面接触良好，对搭接面的处理应符合以下规定：

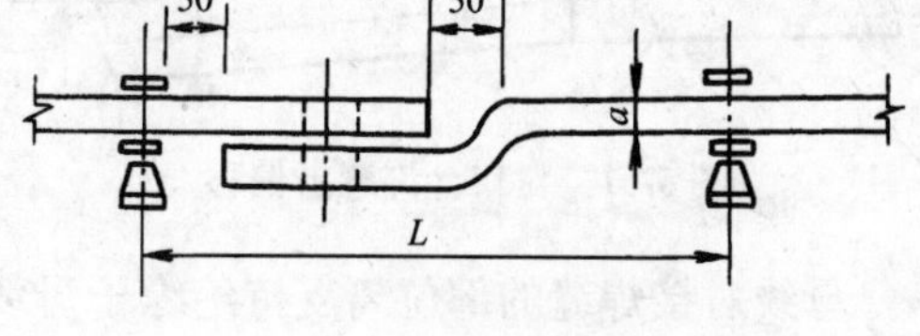

图5-50 矩型母线搭接
L—母线两支持点之间的距离；
a—母线厚度

（1）铜与铜搭接：在干燥室内可直接连接，室外、高温且潮湿的室内或对母线有腐蚀性气体的室内，必须搪锡。

（2）铝与铝搭接：直接连接。

（3）钢与钢搭接：必须搪锡或镀锌，不得直接连接。

（4）钢与铜或铝搭接：钢搭接面必须搪锡。

（5）铜与铝搭接：在干燥室内铜母线应搪锡，室外或特殊潮湿的室内，应采用铜铝过渡板，铜端搪锡。

连接母线用的螺栓，应采用符合国家标准的镀锌螺栓、螺母和垫圈。搭接面表面要除去氧化层，保持清洁并涂以电力复合酯。母线平置时，螺栓应由下往上穿，其余情况下，螺栓应置于维护侧，螺栓长度宜露出螺母2~3扣。母线的搭接面应连接紧密，连接螺栓应使用力矩扳手紧固，其紧固力矩值应符合表5-35的规定。

钢制螺栓的紧固力矩值 **表5-35**

螺栓规格（mm）	力矩值（N·m）	螺栓规格（mm）	力矩值（N·m）
M8	8.8~10.8	M16	78.5~98.1
M10	17.7~22.6	M18	98.0~127.4
M12	31.4~39.2	M20	156.9~196.2
M14	51.0~60.8	M24	274.6~343.2

（二）焊接连接

母线焊接常用的方法有气焊、碳弧焊和氩弧焊。

母线焊接前应将母线加工成坡口，坡口加工面应无毛刺和飞边，并保证坡口均匀。坡口两侧表面各50mm范围内应清刷干净，不得有氧化膜、水分和油污。一般铜母线可用钢丝刷清除母线坡口两侧焊件表面的氧化膜，使焊口清洁。铝母线可用5%苛性钠（火碱）溶液进行表面清洗，直到露出银白色的干净表面再用清水冲洗、擦干。

为保证焊缝的接触面积和母线的平直美观，焊接时对口应平直，其弯折偏移不应大于1/500，中心线偏移不得大于0.5mm，见图5-51和图5-52。

焊接时，每个焊缝应一次焊完，除瞬间断弧外不得停焊。母线焊完未冷却前不得移动或使母线受力，防止焊接处产生变形和裂缝。母线焊接后，接头表面应无肉眼可见的裂缝、凹陷、缺肉、未焊透、气孔、夹渣等缺陷。咬边深度不得超过母线厚度的10%，且总长度不得超过焊缝总长度的20%。

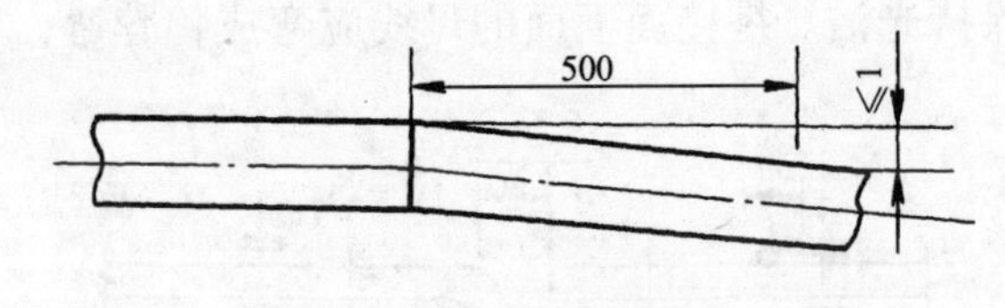

图 5-51　对口允许弯折偏移

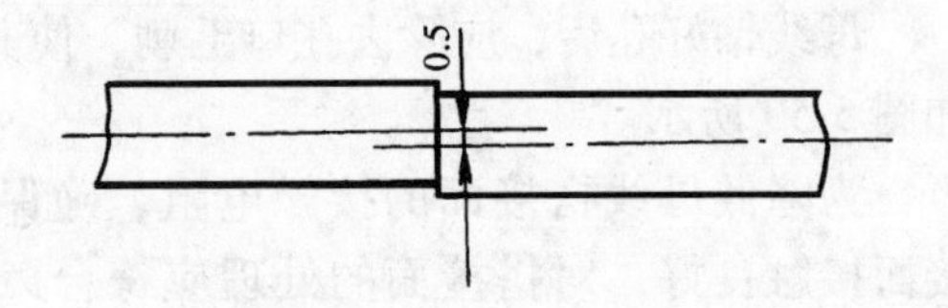

图 5-52　对口中心线允许偏移

母线对接焊缝的部位离支持绝缘子母线夹板边缘的距离不应小于 50mm，同一相如有多片母线对接焊缝，其相互间错开距离不应小于 50mm。施工时，应尽量减少对接焊缝。

为保证母线焊接质量，焊工应经考试合格后才能进行焊接操作。考试用的试样及焊接材料、接头型式、焊接位置、工艺等均应与实际施工相同。所焊试件可任取一件进行检查，按下列项目进行检验：

（1）焊缝表面不应有影响到载流截面减小和机械强度降低的凹陷、裂纹、未熔合、未焊透等缺陷；

（2）焊缝应用 X 光无损探伤，其质量检验应按有关标准的规定；

（3）铝母线焊接接头的平均最小抗拉强度不得低于原材料的 75%；

（4）焊缝处直流电阻应不大于同截面、同长度的原金属的电阻值。

以上各项中，如有一项检验不合格时，应加倍取样重复试验，如仍不合格，则认为考试不合格。

三、低压硬母线安装

在工业厂房内，一般都采用低压硬母线来作配电干线，在此，主要介绍工业厂房内硬母线的安装方法。

安装在工业厂房内的硬母线多采用沿墙、沿梁、沿柱或跨梁、跨柱的敷设方式。各种敷设方式的安装过程都基本包括支架的制作和安装、绝缘子的安装、母线在绝缘子上的固定、补偿装置的安装及拉紧装置安装等。

（一）支架的制作和安装

母线支架采用 50mm×50mm×5mm 的角钢制作，角钢断口必须锯断，不得采用电、气焊切割。支架上的螺孔宜加工成长孔，以便于调整。螺孔中心距离偏差应小于 2mm，且不应使用气焊割孔或电焊吹孔。

母线安装前，应先确定支架的安装位置，然后将加工好的支架埋设在墙上或固定在建筑物构件上。

在墙上安装支架时，宜配合土建砌墙时将支架埋入或预留安装孔进行埋设，尽量避免临时凿洞。孔洞要用混凝土填实，灌注牢固。在梁上或柱上安装支架时多采用螺栓抱箍固定。支架安装应横平竖直，可用水平尺找正找平。

支架的间距应符合要求，当母线沿墙、沿梁敷设时，一般不超过 3m，沿墙或沿柱垂直敷设时则不宜超过 2m，跨柱或跨梁敷设一般不超过 6m。成排支架的安装应排列整齐，间距应均匀一致，两支架之间的距离偏差不应大于 50mm。几种不同型式的支架安装如图 5-53 所示。

（二）安装绝缘子

工业厂房内的低压母线应使用相应的低压绝缘子，通常采用的绝缘子的型号为 WX-01 型，外形如图 5-54 所示。绝缘子的外观应无裂纹、缺损现象，安装前应用水泥砂浆或水

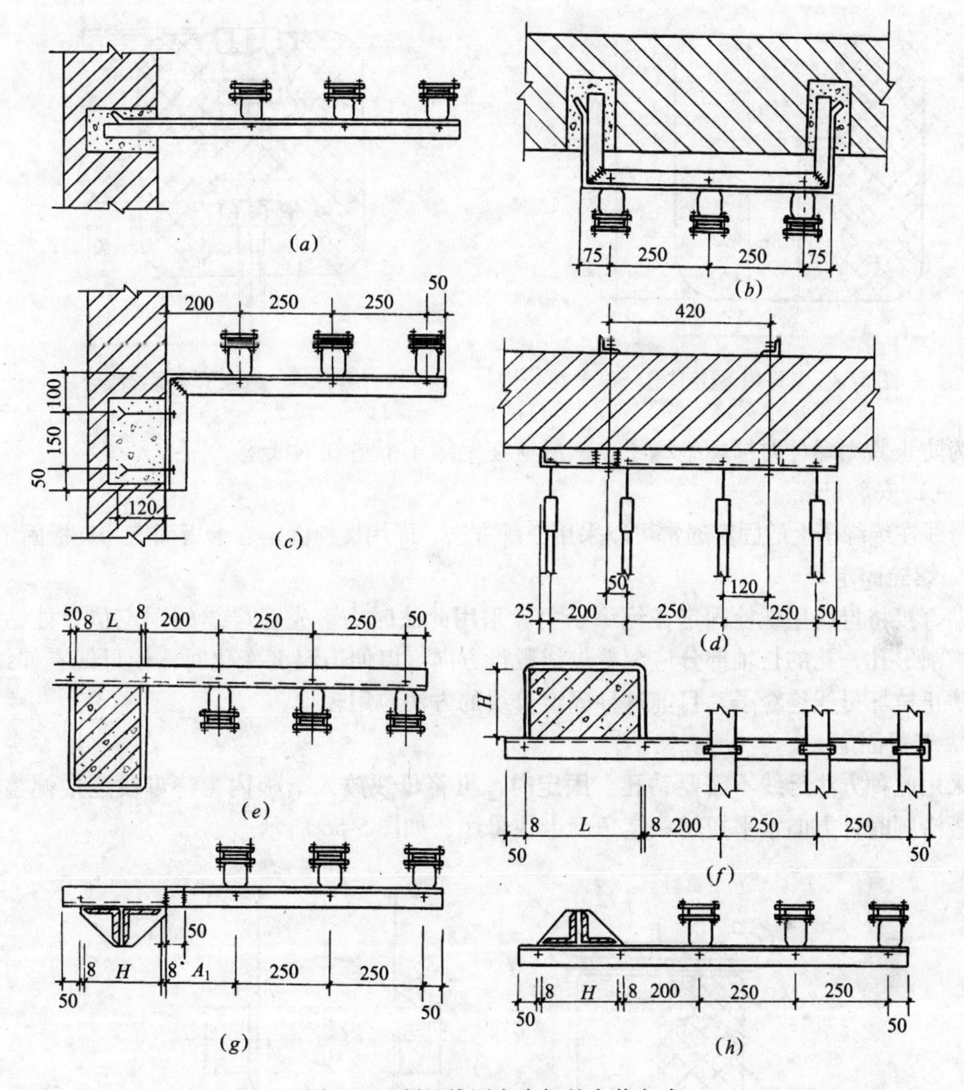

图5-53　硬母线固定支架的安装方式

（*a*）母线沿墙敷设固定支架一；（*b*）母线沿墙敷设固定支架二；（*c*）母线沿墙敷设固定支架三；（*d*）母线终端拉紧支架；（*e*）母线沿柱垂直敷设固定支架；（*f*）母线跨柱水平垂直固定支架；（*g*）母线沿三铰拱屋架敷设的固定支架；（*h*）母线沿钢屋架敷设的固定支架

泥石棉将螺栓和螺母埋入绝缘子孔内。先把水泥和砂子（重量比为1∶1）均匀混合后，加入0.5%的石膏，加水调匀，湿度控制在用手紧抓能结成团为宜。绝缘子孔应清洗干净，把螺栓和螺母放入孔内，放入水泥砂浆压实。也可采用水泥石棉胶合螺栓，其配比为3∶1（即3份水泥，1份石棉）。绝缘子与螺栓的胶合见图5-55。

绝缘子胶合好后，一般要养护3天。其间，不可产生结冰现象或在阳光下暴晒，待填料干固后再用同样方法胶合另一面孔中的螺栓。

安装绝缘子前，应将胶合好的绝缘子用布擦净，经检查无缺陷后，即可在支架上固定。如果在直线段上有许多支架时，为使绝缘子安装整齐，可先安装好两端支架上的绝缘子，并拉一根细钢线，再将绝缘子顺钢线依次固定在每个支架上，使绝缘子的中心在同一直线上。

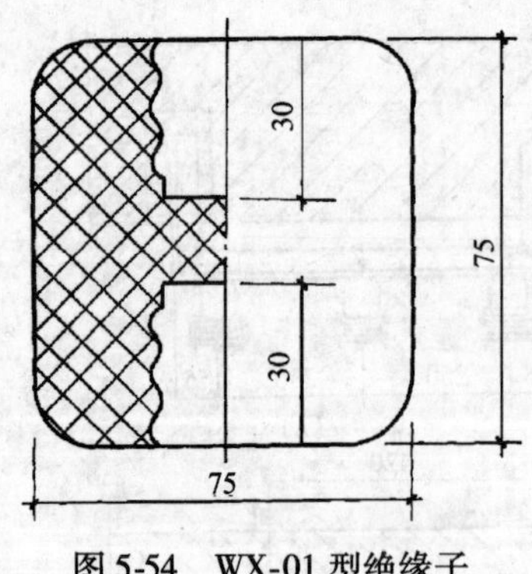

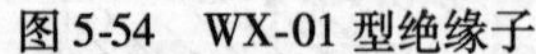

图 5-54　WX-01 型绝缘子

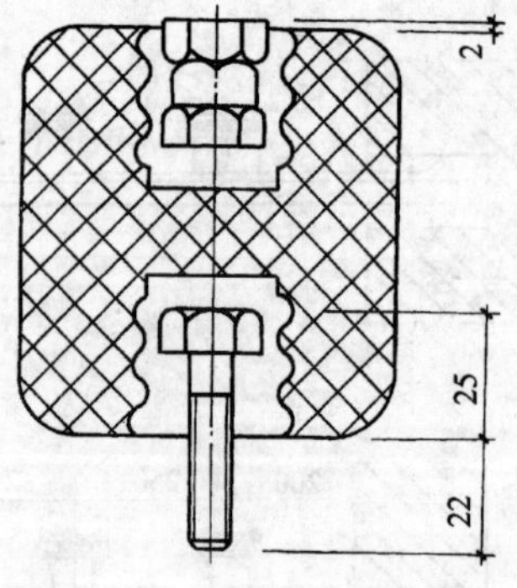

图 5-55　绝缘子与螺栓胶合

为防止紧固螺母时损坏绝缘子，一般应在绝缘子下垫红钢纸垫。

（三）安装母线

母线在绝缘子上的固定通常可以采用三种方法，即用螺栓固定、卡板固定和夹板固定。

1. 螺栓固定

即直接将母线用螺栓固定在绝缘子上。采用此法时需事先在母线的固定位置处钻孔，且为椭圆形孔，孔的长轴部分应顺着母线敷设方向，以便当温度变化时，使母线有伸缩余地，防止拉坏母线绝缘子。目前这种固定母线的方法应用较少。

2. 卡板固定

采用此种方法母线不需要钻孔。固定时，可将母线放入卡板内，待母线连接调整后，将卡板沿顺时针方向水平扭转一定角度卡住母线，如图 5-56 所示。

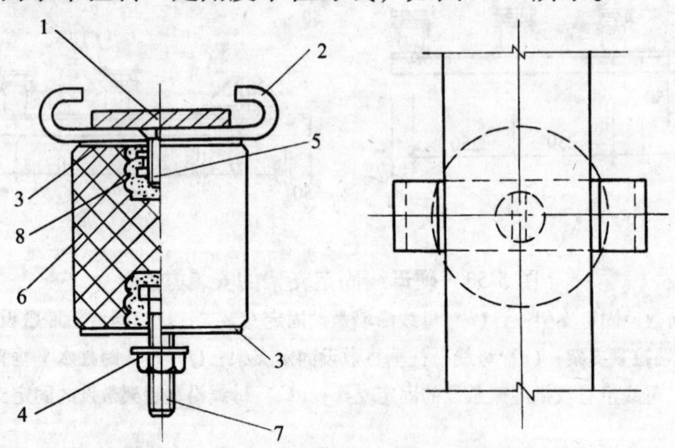

图 5-56　母线用卡板固定

1—母线；2—30mm×5mm 母线卡板；3—红钢纸垫圈；4—M10 螺母；
5—M10×30 沉头螺钉；6—绝缘子；7—M10×40 螺栓；8—填料

3. 夹板固定

采用夹板固定也不需在母线上钻孔，只需将母线穿过夹板中间，在夹板两边用螺栓固定，如图 5-57 所示。母线在夹板内水平敷设时，上夹板与母线之间应保持 1～1.5mm 的间隙，母线在夹板中立置时，上部夹板应与母线保持 1.5～2mm 的间隙。

母线固定金具与绝缘子间的固定应平整牢固，不应使其所支持的母线受到额外应力，

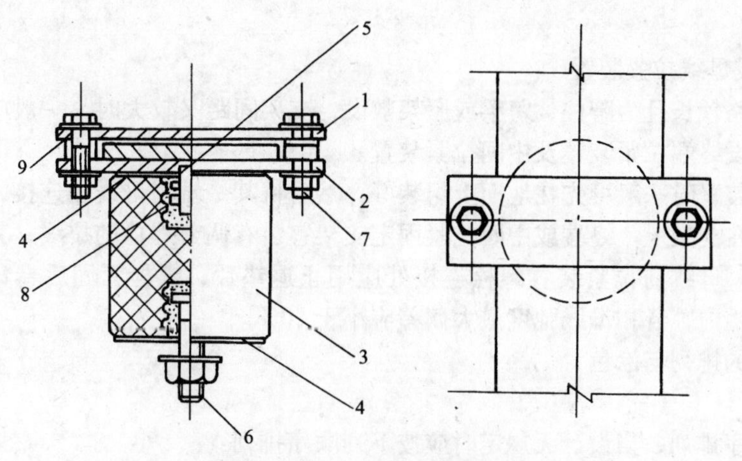

图 5-57　母线用夹板固定

1—上夹板；2—下夹板；3—绝缘子；4—红钢纸垫圈；5—M10×30 沉头螺栓；6—M10×40 螺栓；7—M8×40 螺栓；8—M10 螺母；9—套筒

交流母线的固定金具或其他支持金具不应构成闭合磁路。

多片母线间应保持不小于母线厚度的间隙，相邻的间隔垫边缘间距应大于5mm，不应相互碰撞，以保证母线的散热和避免形成闭合磁路。另外还应注意母线固定装置应无棱角和毛刺，以防尖端放电，造成损耗和对弱电信号的干扰。

（四）安装母线补偿装置

母线补偿装置又称伸缩节，一般装设在建筑物的伸缩缝处和两端不采用拉紧装置的水平安装的母线中。当温度变化时，补偿装置可使母线有伸缩的自由。在设计无规定时，补偿装置宜每隔下列长度设置一个：铝母线每隔20～30m；铜母线每隔30～50m；钢母线每隔35～60m。母线补偿装置可采用0.2～0.5mm 厚的铜片或铝片（用于铝母线）叠成后焊接或铆接而成，见图5-58和表5-36。

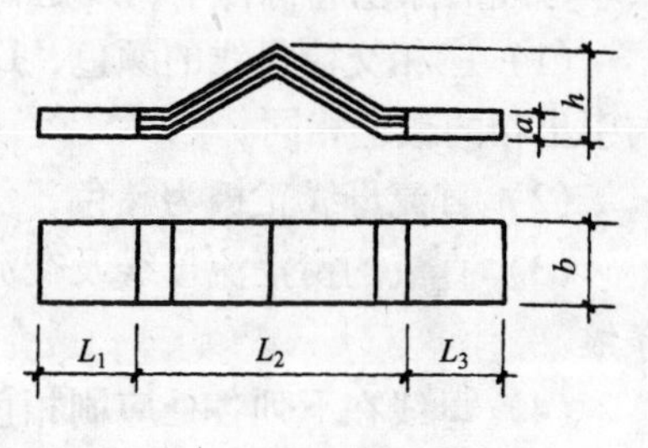

图 5-58　母线伸缩节

补偿装置不得有裂纹断股和折皱现象，其总截面积不应小于母线截面的1.2倍。

母线与母线连接的伸缩节尺寸表　　表 5-36

型号规格	主要尺寸（mm）					
	b	a	h	L_1	L_2	L_3
$SHB_2-50\times5$	50	5	50	75	160	75
$SHB_2-60\times6$	60	6	50	90	160	90
$SHB_2-80\times6$	80	6	50	50	180	90
$SHB_2-80\times8$	80	8	60	80	180	90
$SHB_2-100\times8$	100	8	60	110	190	110
$SHB_2-120\times8$	120	8	60	130	190	130
$SHB_2-100\times10$	100	10	60	110	190	110
$SHB_2-120\times10$	120	10	60	130	190	130
$SHB_2-120\times12$	120	12	60	130	190	130

（五）装设母线拉紧装置

当母线线路较长且为跨柱、跨梁或屋架敷设，支架间距又较大时，一般应在母线终端及中间分别装设终端拉紧装置及中间拉紧装置。

安装拉紧装置时一般可先在地面上组装好，然后将其一端与母线相连接，另一端采用双头螺栓固定在支架上。终端或中间拉紧固定支架宜装有调节螺栓的拉线，其固定点应能承受拉线张力。母线与拉紧装置螺栓连接处应用止退垫片，螺栓紧固后卷角，以防止松脱。在同一档距内，各相母线弛度最大偏差应小于10%。

四、母线的排列与涂色

1. 排列

母线的相序排列，当设计无规定时应按下列顺序排列：

（1）上、下布置的交流母线，由上到下的排列顺序为 L_1、L_2、L_3 相，直流母线正极在上，负极在下。

（2）水平布置的交流母线，由盘后向盘面的排列顺序为 L_1、L_2、L_3 相，直流母线正极在后，负极在前。

（3）引下线的交流母线由左至右的排列顺序为 L_1、L_2、L_3 相，直流母线正极在左，负极在右。

2. 涂色

母线的涂色应符合下列规定：

（1）三相交流母线的颜色，L_1 相为黄色、L_2 相为绿色、L_3 相为红色。单相交流母线与引出相的颜色相同。

（2）直流母线正极为赭色，负极为蓝色。

（3）直流均衡汇流母线及交流中性汇流母线，不接地者为紫色，接地者为紫色带黑色条纹。

（4）母线在下列各处应刷相色漆：

①单片母线的所有各面；

②多片母线的所有可见面；

③钢母线的所有表面应涂防腐相色漆。

（5）母线在下列各处不应刷相色漆：

①母线的螺栓连接处及支持连接处；

②母线与电器的连接处以及距所有连接处 10mm 以内的地方；

③供携带式接地线连接用的接触面上，不刷漆部分的长度应为母线的宽度，且不应小于50mm，并在其两侧涂以宽度为10mm 的黑色标志带。

五、高、低压母线过墙施工方法

（一）低压母线过墙施工方法

低压母线穿过墙体时，要经过安装在墙上的过墙隔板。过墙隔板一般采用硬质塑料板（厚度不应小于7mm）或耐火石棉板制作，分上下隔板两部分，下隔板上应开槽，母线由槽内通过。

过墙隔板用螺栓固定在埋设在墙体上的角钢框架上，如图5-59和图5-60所示。

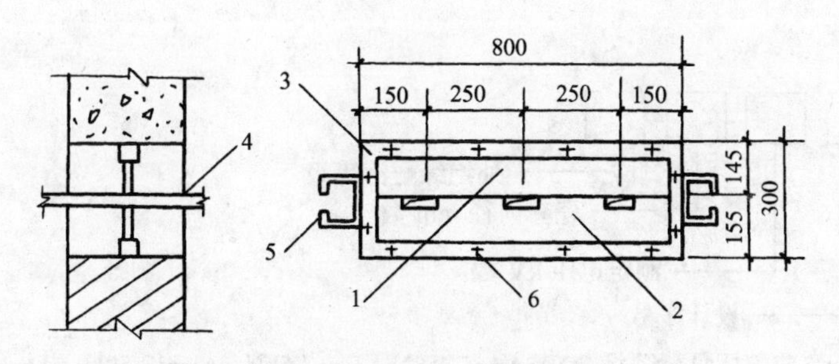

图 5-59　低压母线穿墙板做法之一

1—聚氯乙烯上夹板；2—聚氯乙烯下夹板；3—∟30×30×4 角钢；

4—母线；5—ϕ10 圆钢；6—M5×25 螺栓

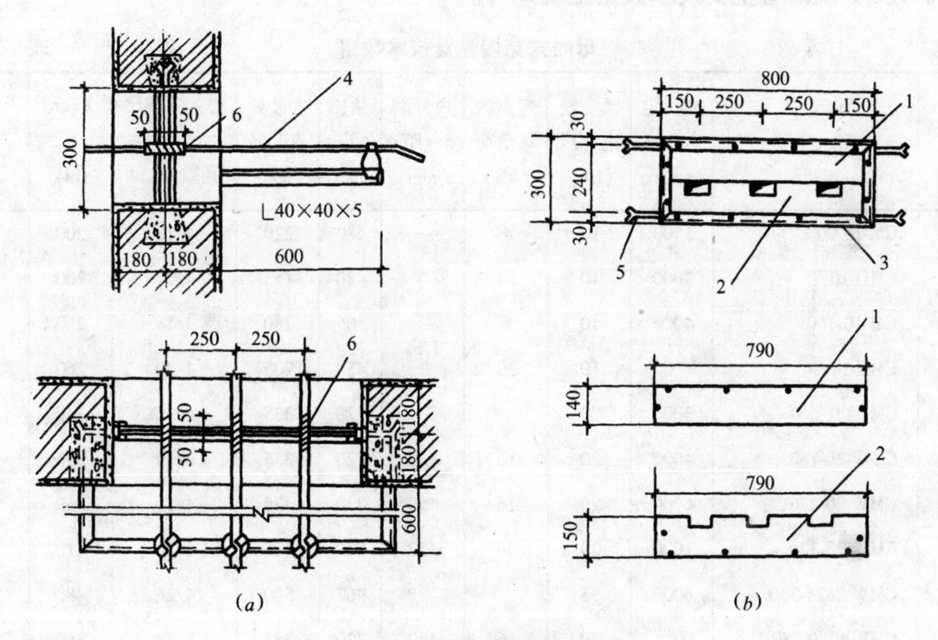

图 5-60　低压母线穿墙板做法之二

(a) 母线穿墙做法；(b) 穿墙板

1—耐火石棉上夹板；2—耐火石棉下夹板；3—∟30×30×4 角钢；

4—母线；5—ϕ10×100 燕尾螺栓；6—绝缘带

过墙隔板的安装在母线布线完成后进行上下隔板的合成，合成后中间缝隙不得大于1mm，过墙隔板缺口与母线应保持 2mm 的空隙。隔板的固定螺栓上须装垫橡胶垫圈，应将每个螺栓同时拧紧，避免受力不均匀而损坏隔板。使用耐火石棉板做隔板时，在母线穿过隔板孔洞处应加缠三层绝缘带。固定隔板的角钢框架应作接地处理。

（二）高压母线过墙施工方法

高压母线过墙时，应在墙体上安装高压穿墙套管。

高压穿墙套管有户内穿墙瓷套管、户外穿墙瓷套管和母线式穿墙套管等。

母线式穿墙套管由瓷套和接地法兰组成。它是一种不带导体供应的穿墙套管，供母线穿过隔板、墙壁、楼板或其他接地物时作绝缘和支持之用，分为户内户外两种，用户可根据实际选用的母线型式和规格开口安装。

型号含义：

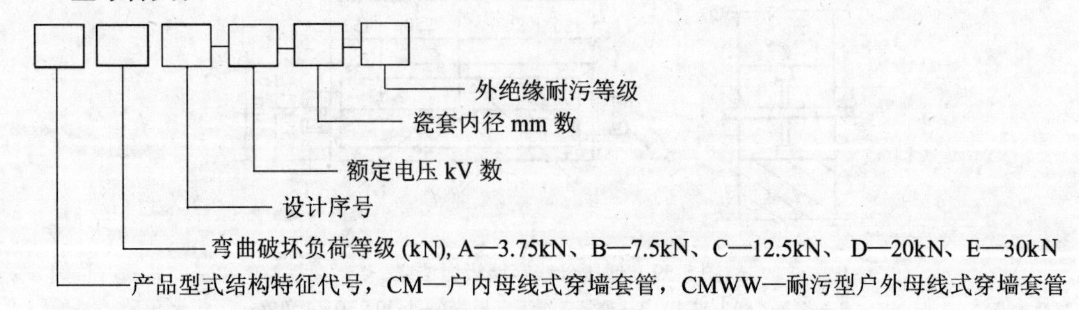

母线式穿墙套管主要技术数据见表5-37。

母线式穿墙套管技术数据 **表5-37**

序号	型号	额定电流（A）	额定电压（kV）	弯曲破坏负荷（kN）	户外端爬电距离（mm）	总长 L（mm）	安装处直径（mm）	法兰安装尺寸（mm）		瓷套孔径（mm）
								孔数/孔径	孔距	
1	CM-10-90	1500	10	4	—	480	220	4/18	200	90
2	CMD-10	2000	10	20		480	155	4/17	200	101
3	CM-10-160	4000	10	8	—	505	280	4/18	260	160
4	CME-10		10	30		488	205	4/20	260	142
5	CMD-20	3000	20			720	335	4/18	260	
6	CMW-20-180	4000	20	16	450	720	335	4/18	300	180
7	CMW-20-270	6000	20	16	450	720	425	4/18	360	270
8	CMW-20-330	1000	20	30	450	720	490	4/22	410	330
9	CMW-2475-330	6000	35			962	500	4/26	480	320
10	CMWW-20-180-1		20	16	450	720	335	4/18	360	180
11	CMWW-20-270-1		20	16	450	720	425	4/18	360	270
12	CMWW-20-330-1		20	16	450	720	500	4/18	420	330

穿墙套管的安装方法有两种。一种是安装在混凝土板上（也可直接安装在墙上），另一种是安装固定在钢板上。在混凝土板上安装时，要求混凝土板的厚度不应超过50mm。施工时，在混凝土板上预留三个套管圆孔，并将固定用螺栓预埋在混凝土板内，待土建工程结束后，将穿墙套管固定在混凝土板上，如图5-61所示。（在墙上安装可参照在混凝土板上的安装方法）。

图5-61　穿墙套管在混凝土板上固定
1—混凝土板；2—预埋螺栓；3—喇叭口

穿墙套管固定在钢板上时，需在土建施工时在墙体上预留一长方形孔洞，在孔洞内安装一角钢框架，用以固定钢板。钢板上钻孔，将穿墙套管固定在钢板上，见图 5-62。

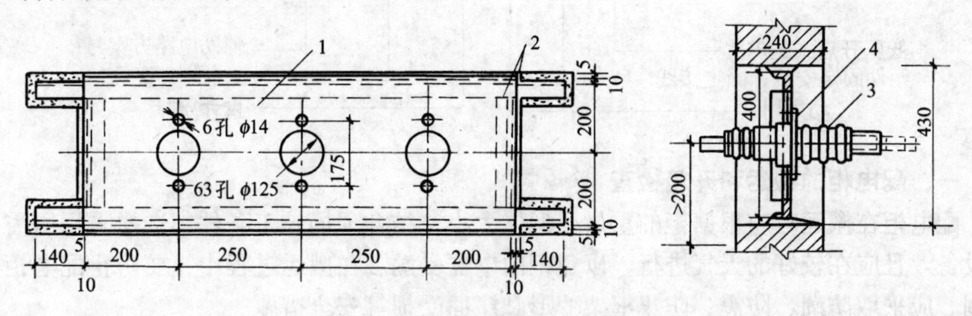

图 5-62　穿墙套管固定在钢板上

1—钢板；2—焊接位置；3—套管；4—螺栓

穿墙套管在混凝土板上安装时，为便于检修时更换穿墙套管，其法兰盘不得埋入混凝土抹灰层内。垂直安装时，法兰盘应向上，水平安装时，法兰盘应在外。

穿墙套管的孔径应比套管嵌入部分大 5mm 以上，套管的中心线应与支持绝缘子中心线在同一直线上，尤其是母线式套管更应注意，否则母线穿过时会发生困难。

当穿墙套管直接固定在钢板上，而额定电流在 1500A 及以上时，为防止涡流造成严重发热，对钢板应采用开槽或铜焊的处理方法，使套管周围不能构成闭合磁路。固定钢板的角钢框架应良好接地，防止发生意外事故。

第七节　成套配电柜的安装

成套配电柜可分为高压配电柜和低压配电柜。高压配电柜也称为高压开关柜，有固定式和手车式；低压配电柜也称为低压配电屏，有固定式和抽屉式两种类型。

高压开关柜适用于发电厂、变电所、工矿企业变配电站，可接受和分配电力，用于大型交流电机的启动、保护。目前，常用的型号包括：JYN-10 型移开式交流金属封闭间隔式开关柜、KYN-10 型铠装型移开式金属封闭式开关柜、KGN-10 型铠装型固定式金属封闭式开关柜。高压开关柜型号含义如下：

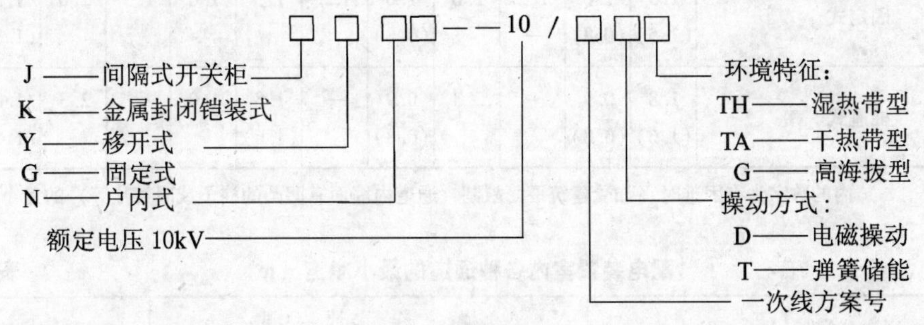

低压配电柜适用于三相交流系统中，额定电压为 380V 及以下，额定电流为 1500A 及以下的低压配电室，作为电力及照明配电之用。

目前，在发电厂、变电站和工矿企业，交流频率 50Hz，额定电压 380V 及以下的低压配电系统中，普遍采用型号为 PGL 型的低压配电屏，其型号含义如下：

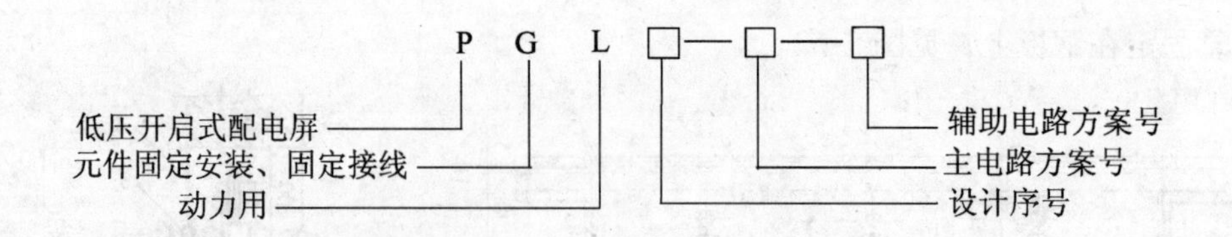

一、配电柜的搬运和开箱检查

配电柜在搬运时应根据柜的重量及形体大小，结合现场施工条件，选择采用所需的运输设备。且应在较好的天气进行，以免柜内电器受潮。在搬运过程中，要防止配电柜发生倾倒。应采取防潮、防震、防止框架变形和漆面受损等安全措施。

配电柜吊装时，吊索应穿过柜体上的吊环，无吊环时，吊索应挂在柜的四角主要承力结构处，不得将吊索挂在设备部件上吊装。吊绳的长度应一致，角度应小于45°以防受力不均，使柜体变形或损坏部件。

配电柜到达现场后，应存放在室内或能避雨、雪、风、沙的干燥场所。安装单位与建设单位应在规定的期限内，共同进行开箱验收检查。可按厂家规定及合同协议要求进行检查。开箱时要小心谨慎，不要损坏设备。将配电柜擦干净后，检查其型号、规格应与工程设计相符，厂家提供的技术文件、附件及备件应齐全、无损坏，整个柜体应无损伤及变形，油漆无脱落，柜内所有电器应完好。

二、配电柜的布置

配电柜在室内布置时应考虑设备的操作、搬运、检修和试验的方便，并应考虑电缆或架空线进出线方便。

成排布置的低压配电柜，其柜前柜后的通道宽度应不小于表5-38中所列数值。

高压开关柜室内各种通道的宽度（净距）不应小于表5-39中所列的数值。

配电柜前（后）通道安装宽度（m） **表5-38**

通道最小宽度 / 装置种类	单排布置			双排对面布置			双排背对背布置			多排同向布置		
	柜前	柜维护	后操作	柜前	柜维护	后操作	柜前	柜维护	后操作	柜间	前后排柜距墙 前排	后排
固定式	1.5 (1.5)	1.0 (0.8)	1.2 —	2.0	1.0 (0.8)	1.2	1.5	1.0	1.3	2.0	1.5 (1.3)	1.0 (0.8)
抽屉式	1.8 (1.6)	0.9 (0.8)	—	2.3	0.9 (0.8)	—	1.8 (1.6)	1.0	—	2.3	1.8 (1.6)	0.9 (0.8)

注：（　）内的数字为有困难时（如受建筑平面限制，通道内墙面有凹凸的柱子或暖气片等）的最小宽度。

配电装置室内各种通道的最小净宽（m） **表5-39**

通道分类 / 布置方式	维护通道	操作通道 固定式	操作通道 手车式	通往防爆间隔的通道
一面有开关设备时	0.80	1.50	单车长+0.90	1.20
两面有开关设备时	1.00	2.00	双车长+0.60	1.20

三、基础型钢的加工和安装

配电柜一般都安装在由槽钢或角钢加工成的基础型钢底座上。通常多采用∠75角钢或10号槽钢。

型钢在安装之前，应进行调直，除去铁锈，按图纸给出的尺寸进行下料，（若采用螺栓固定还应在型钢上钻孔）。

基础型钢加工制作好后，应按图纸所标位置或有关规定配合土建进行埋设，一般可采用以下两种埋设方法：

1. 配合土建直接进行埋设

采用此法是土建浇筑混凝土时，根据图纸要求的标高尺寸和安装位置直接将基础型钢埋设好。埋设时，应使两根型钢处在同一水平面上并且保持平行，调好后，将型钢焊在钢筋上进行固定或用钢丝绑在钢筋上固定。在型钢下面可支一些钢筋，防止型钢下沉而影响水平。

2. 预留沟槽进行埋设

此种方法是在土建浇筑混凝土时，先根据图纸要求的位置预埋固定型钢用的铁件（钢筋或钢板）或基础螺栓，同时预留出沟槽。待混凝土强度符合要求后，将基础型钢放入预留槽内，调平后（可在型钢下加垫铁）与预埋铁件焊接或固定在基础螺栓上。型钢周围缝隙应用混凝土填实。

埋设型钢时，应用水平尺找正、找平。当水平尺长度不够时，可用一平板尺放在两根型钢上面，再把水平尺放在手板尺上，型钢埋设偏差不应大于表5-40中所列数值。

配电柜（屏）基础型钢埋设允许偏差 **表5-40**

项　目	允许偏差	
	mm/m	mm/全长
不 直 度	<1	<5
水 平 度	<1	<5
位置误差及不平行度		<5

注：环形布置按设计要求。

基础型钢放置方法如图5-63所示。

基础型钢顶部宜高出室内抹平地面10mm，手车式成套柜基础型钢高度应符合制造厂产品技术要求。

基础型钢应有可靠接地，一般用扁钢在基础型钢两端分别与接地网用电焊焊接，焊接面为扁钢宽度的2倍，最少应在三个棱边焊接。

四、安装配电柜

配电柜安装应在稳固基础型钢的混凝土强度符合要求后再进行。

安装前，应根据图纸核对配电柜规格、型号，检查柜内电器元件是否完好。经确认完好后，再按图纸规定的顺序将柜作好编号，用起重设备把柜依次放置到安装位置上。就位时，一般是以不妨碍其他柜就位为原则，先内后外，先靠墙处后入口处。配电柜就位后，可先把每个柜调整到大致的位置，然后再进行精调。当柜数量较少时，先精确地调整第一

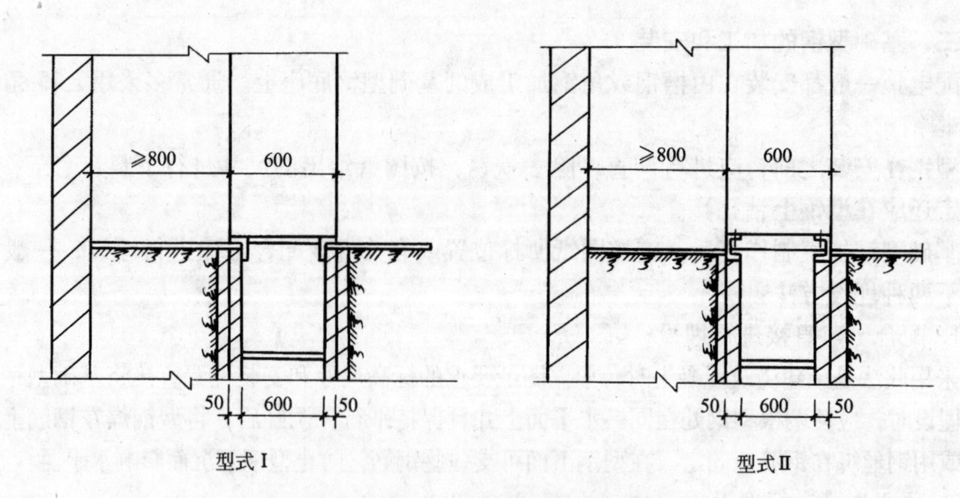

图 5-63　配电柜（屏）基础型钢放置方式

面柜，再以该柜为标准依次调整其余柜。当柜数量较多时，宜先调整中间一面柜，再以中间柜为标准，依次调整两侧其余柜。调整时可在柜与型钢之间加垫铁，但每处垫铁最多不能超过 3 块，找平找正后，柜面应一致，排列整齐，柜之间缝隙均匀，安装好后的允许偏差应符合表 5-41 中的规定。

盘、柜安装的允许偏差　　　　**表 5-41**

项目		允许偏差（mm）
垂直度（每米）		<1.5
水平偏差	相邻两盘顶部	<2
	成列盘顶部	<5
盘面偏差	相邻两盘边	<1
	成列盘面	<5
盘间接缝		<2

配电柜在基础型钢上多采用螺栓固定。紧固件应是镀锌制品，且宜采用标准件。如图纸说明采用电焊固定柜时，可按图纸要求进行焊接。但主控制柜、继电保护盘、自动装置盘等有移动或更换可能，不宜与基础型钢焊死。采用电焊固定时，每台柜的焊缝不应少于四处，每处焊缝长约 100mm 左右。为保持柜面美观，焊缝应在柜体内侧，同时应把垫在柜下的垫片也一并焊在基础型钢上。

配电柜安装在振动场所时，应按设计要求视不同振动情况采取相应的防振措施。一般是在柜下加装厚度约为 10mm 的弹性垫。

配电柜的接地应牢固可靠。装有电器的可开启的门，应用裸铜软线与接地的金属构架可靠地连接。裸铜软线要有足够的机械强度，防止或减少断线的可能性。

成套柜、抽屉式配电柜、手车式柜的安装应符合下列规定。

1. 成套柜安装

（1）机械闭锁、电气闭锁应动作准确、可靠。

（2）动触头与静触头的中心线应一致，触头接触紧密。

（3）二次回路辅助开关的切换接点应动作准确，接触可靠。

（4）柜内照明齐全。

2. 抽屉式配电柜安装

（1）抽屉推拉应灵活轻便，无卡阻、碰撞现象，抽屉应能互换。

（2）抽屉的机械联锁或电气联锁装置动作应正确可靠，断路器分闸后，隔离触头才能分开。

（3）抽屉与柜体间的二次回路连接插件应接触良好。

（4）抽屉与柜体间的接触及柜体、框架的接地应良好。

3. 手车式柜安装

（1）防止电气误操作的“五防”（防止带负荷拉合刀闸、防止带地线合闸、防止带电挂地线、防止误入带电间隔、防止误拉合开关）装置齐全，并动作灵活可靠。

（2）手车推拉应灵活轻便，无卡阻、碰撞现象，相同型号的手车应能互换。

（3）手车推入工作位置后，动触头顶部与静触头底部的间隙应符合产品要求。

（4）手车和柜体间的二次回路连接插件应接触良好。

（5）安全隔离板应开启灵活，随手车的进出而相应动作。

（6）柜内控制电缆的位置不应妨碍手车的进出，并应牢固。

（7）手车与柜体间的接地触头应接触紧密，当手车推入柜内时，其接地触头应比主触头先接触，拉出时接地触头比主触头后断开。

第八节　电力变压器安装

电力变压器是用来改变交流电压大小的一种重要的电气设备，它在电力系统和供电系统中占有很重要的地位。变压器利用电磁感应原理，将输入的交流电压升高或降低为同频率的交流输出电压，以满足高压输电，低压供电、配电及其他用途的需要。除能改变电压外，还能改变电流大小和阻抗大小。随着变压器容量的不同，其安装的工作内容也有所区别。容量一般在1600kVA以下的变压器多为整体安装，容量在3150kVA以上的变压器通常是解体运到现场，油箱和附件则分别安装。

一、电力变压器的结构

变压器由绕组和铁芯组成变压器的器身，是变压器的主要组成部分。变压器工作时，绕组会产生一定的热量。为改善散热条件，电力变压器的绕组和铁芯常浸在盛满变压器油的封闭油箱中，利用油的热循环将运行中变压器的热量散发到空气中，变压器各绕组对外线路的联接通过绝缘套管从油箱内引出。变压器上还设有储油柜、气体继电器（俗称瓦斯继电器）和安全气道等附件。

图5-64是一台三相油浸式电力变压器的外形图。下面将该图上的各种附件作一简要介绍。

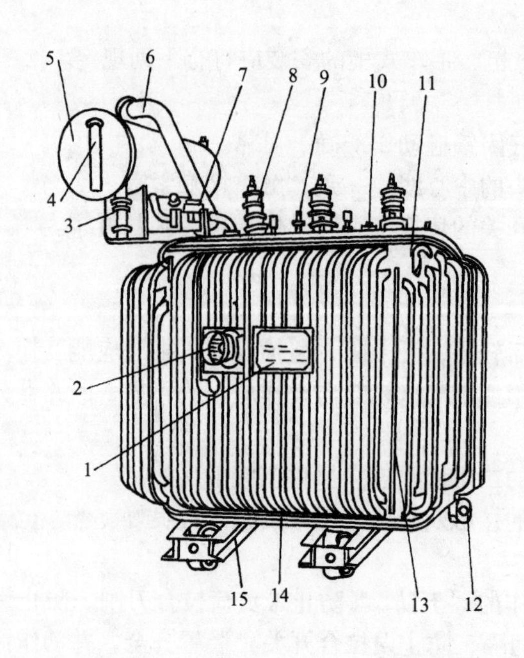

图 5-64　三相油浸式电力变压器外形图

1—铭牌；2—讯号式温度计；3—吸湿器；4—油表；5—储油柜；6—安全气道；
7—气体继电器；8—高压套管；9—低压套管；10—分接开关；11—油箱；12—放油阀门；
13—器身；14—接地板；15—小车

1. 讯号式温度计

讯号式温度计可以反映出变压器内部温度，从而进行报警、启动风扇等。

2. 吸湿器

吸湿器可以吸去与变压器油面接触的空气中的水分潮气。

3. 油表

油表可看到变压器中变压器油的油面高低。

4. 高低压套管

高低压套管由变压器内高低压绕组引出，上端分别和高低压线路相连。

5. 油箱

油箱就是油浸式电力变压器的外壳，其中装满变压器油。变压器油既可起到绝缘作用，又可起到冷却作用。在油箱壁的外侧装有散热管，箱内热油通过箱壁和散热管把铁芯和绕组产生的热量散放到周围的空气中去。

6. 储油柜

储油柜（也叫油枕）装在油箱顶盖上端，是一圆筒形的容器，用管道与变压器的油箱连通，使变压器油达到油枕的一半，油面的升降被限制在油枕中。外界空气经过存放氯化钙等干燥剂的吸湿器，将潮湿吸除后通入油枕上部与变压器的油面接触，进行自然流通。油箱内部与外界空气隔绝，避免了潮气侵入。

7. 气体继电器

气体继电器装在油箱和油枕之间的管道中。当变压器内部发生故障，周围的变压器油就被分解产生气体，变压器内部故障越严重，产生的气体越多。当故障达到一定程度时，气体继电器便动作，发出报警信号，即通常称的轻瓦斯动作。当变压器内部故障更严重，将损伤设备，影响安全运行时，产生的气流已特别大，冲动气体继电器使其动作，立即将变压器电源切断，使变压器停止运行，保护变压器的安全，即通常说的重瓦斯动作。

8. 安全气道

安全气道也称为防暴管，装在油箱顶盖上部。外形是一个长钢筒，上端装有防爆膜。当变压器内部发生严重故障而产生大量气体，使油箱内部的压力超过一定值时，油流和气体便冲破防爆管的防爆膜向外喷出，防止油箱受到强大的压力而爆裂。

9. 分接开关

变压器运行时，其输出电压是随输入电压的高低和负载电流的大小及性质而变动的。在电力系统中，为使变压器的输出电压控制在允许的变化范围内，变压器原绕组的匝数要求能在一定范围内进行调节，因此原绕组一般都备有抽头，即分接头。分接开关与不同分接头连接，改变分接开关的位置就可改变原绕组的匝数，达到调节电压的目的。

二、变压器安装前的检查

变压器到达施工现场后，应及时对变压器进行检查。检查人员由建设单位（或监理单位）、施工单位、供货单位等代表组成，共同进行核验并应做好记录。检查内容如下：

（1）根据设计图及设备技术文件、清单，检查变压器的型号、规格是否符合设计图要求，备件、附件是否齐全，有无损坏丢失。

（2）变压器出厂合格证、出厂试验报告、使用说明书及装箱清单等均应齐全。

（3）变压器外表无机械损伤及变形，油漆应完好无脱落。

（4）油箱密封应良好，无渗油、漏油现象，充油套管的油位应正常，瓷体无损伤。

（5）带油运输的变压器储油柜油位应正常，充氮运输的变压器应检查剩余压力，其压力为0.01~0.03MPa。

（6）变压器轮距与轨道设计距离应相符。

除上述的外观检查外，一般还应对变压器进行器身检查。变压器的器身检查主要是检查一些外观检查不出来的缺陷（如变压器经过长途运输和搬运，可能会受到剧烈振动或冲击使其芯部螺栓松动等），以便及时处理，保证安装质量。变压器的器身检查是一项比较繁杂且麻烦的工作，尤其是大型变压器更是如此，需耗用大量人力和物力。因此，现场安装变压器应向不做器身检查的方向发展。

当变压器满足下列其中一个条件时，可不进行器身检查：

（1）变压器制造厂规定可不作器身检查。

（2）容量为100kVA及以下，运输过程中无异常情况者。

（3）就地产品仅作短途运输的变压器。如果事先参加了制造厂的器身总装，质量符合要求，且在运输过程中进行了有效的监督，无紧急制动，剧烈振动、冲撞或严重颠簸等异常情况者。

当不具备上述条件时，就需要对变压器进行器身检查。

进行器身检查时，器身要暴露在空气中，为防止器身受潮，应遵守下列规定：

（1）周围空气温度不宜低于0℃，变压器器身温度不宜低于周围空气温度，当器身温度低于周围空气温度时，应将器身加热，宜使器身温度高于周围空气温度10℃。

（2）器身暴露在空气中的时间应符合规定。当空气相对湿度小于75%时，不得超过16h。时间的计算方法为：带油运输的变压器，由开始放油时算起；不带油运输的变压器，由揭开顶盖或打开任一堵塞算起，到开始抽真空或注油为止。

（3）器身检查时，场地四周应清洁，并应有防尘措施；雨雪天或雾天，不应在室外进行。

器身检查的内容应按《电气装置安装工程电力变压器、油浸电抗器、互感器施工及验收规范》（GBJ 148—90）所规定的项目和要求进行。

三、变压器安装

变压器在安装前，与变压器安装有关的建筑工程应具备以下条件：

（1）室内地面平整，门窗安装完毕，屋顶、楼板不得有渗漏现象。

（2）混凝土基础及构架的强度达到安装要求，预埋件、预留孔洞及进出线尺寸位置应符合设计规定，且预埋件埋设牢固。

（3）模板及施工设施拆除，场地清理干净，并应有足够的施工用场地且道路通畅。

（4）受电后无法进行再装饰的工程以及影响运行安全的项目施工完毕。

（5）变压器基础导轨应水平，轨距与轮距相吻合。

变压器就位安装应注意以下一些事项：

（1）变压器安装的位置应符合设计图纸的要求。如图纸中无标注时，变压器离大门、墙或设备的最小净距应满足：1000kVA 及以下容量的变压器，离大门为0.8m，离墙或设备0.6m；1250～1600kVA 的变压器，离大门为1m，离墙或设备为0.8m。

（2）变压器往室内推入时，要注意检查高、低压侧方向应与变压器室内的高、低压电气设备的装设位置一致。否则，在室内调转变压器方向就比较困难。

（3）装有气体继电器的变压器，应使其顶盖沿气体继电器气流方向有1～1.5%的升高坡度（制造厂规定不需安装坡度者除外）。其作法是将靠近油枕一侧的滚轮下用垫铁垫高即可。以便使变压器由于内部故障而产生的气体易于跑向油枕侧的气体继电器内。

（4）母线中心线应与套管中心线相符。紧固母线螺母时，为防止套管中的连接螺栓一起转动，通常采用两把扳手。一把扳手固定套管压紧螺母，另一扳手旋转压紧母线的螺母。应特别注意不能使套管端部受到额外拉力。

（5）装有滚轮的变压器，滚轮应能灵活转动，变压器就位后，应将滚轮用能拆卸的制动装置加以固定，但应注意不能采用电焊将滚轮焊死在轨道上。

（6）变压器的中性线与外壳应作良好接地。中性线沿变压器器身向下接至接地装置的线段应固定牢靠。外壳接地，应用螺栓拧紧，不可使用电焊，以便检修。变压器油箱外表面油漆脱落处，应进行喷漆或补刷。

（7）变压器安装完毕后，应使用油布将变压器盖好，如需上变压器顶部工作时，必须使用梯子上下，不得攀拉变压器的附件上下。并应注意防止工具材料跌落，损坏变压器或附件。

四、变压器的试运行

变压器安装工作全部结束，并在进行必要的检查和试验后，才能投入试运行。

在试运行前，一般应对变压器进行补充注油、整体密封检查及有关规范所规定的检查项目。

（一）补充注油

变压器进行补充注油时，应防止过多的空气进入油中，在施工现场通常是通过油枕进行。注油前，先把油枕与油箱间联管上的控制阀关闭，再把合格的绝缘油从油枕顶部注油孔经净油机注入油枕，使油面达到油枕额定油位，静止15～30min，让油中的空气逐渐逸出。适当打开控制阀，使油枕中的绝缘油缓慢地注入油箱。依此反复操作，直到绝缘油充满油箱和变压器的有关附件，且达到油枕额定油位为止。

（二）变压器整体密封检查

变压器安装完毕，补充注油后应在油枕上用气压或油压进行整体密封试验，其压力为油箱盖上能承受0.03MPa压力，试验持续时间为24h，应无渗漏。

整体运输的变压器可不进行整体密封试验。

（三）试运行前的检查

变压器试运行，是指其开始带电，并带一定的负荷即可能的最大负荷连续运行24h所经历的过程。变压器在试运行前，应进行全面检查，确认其符合运行条件时，方可投入运行。检查项目如下：

（1）本体、冷却装置及所有附件应无缺陷，且不渗油。

（2）轮子的制动装置应牢固。

（3）油漆应完整，相色标志正确。

（4）变压器顶盖上应无遗留杂物。

（5）事故排油设施应完好，消防设施齐全。

（6）储油柜、冷却装置、净油器等油系统上的油门均应打开，且指示正确。

（7）接地引下线及其与主接地网的连接应满足设计要求，接地应可靠。

铁芯和夹件的接地引出套管、套管的接地小套管及电压抽取装置不用时其抽出端子均应接地；套管顶部结构的接触及密封应良好。

（8）储油柜和充油套管的油位应正常。

（9）分接头的位置应符合运行要求；有载调压切换装置的远方操作应动作可靠，指示位置正确。

（10）变压器的相位及绕组的接线组别应符合并列运行要求。

（11）测温装置指示应正确，整定值符合要求。

（12）冷却装置试运行应正常，联动正确；水冷装置的油压应大于水压；强迫油循环的变压器应启动全部冷却装置，进行循环4h以上，放完残留空气。

（13）变压器的全部电气试验应合格；保护装置整定值符合规定；操作及联动试验正确。

（四）变压器试运行

变压器第一次投入时，可全电压冲击合闸，如有条件时应从零起升压：冲击合闸时，变压器宜由高压侧投入。对发电机变压器组结线的变压器，当发电机与变压器间无操作断开点时，可不作全电压冲击合闸。

接于中性点接地系统的变压器，在进行冲击合闸时，其中性点必须接地。

变压器应进行五次空载全电压冲击合闸，应无异常情况；第一次受电后持续时间不应少于10min；励磁涌流不应引起保护装置的误动。

带电后，检查本体及附件所有焊缝和连接面，不应有渗油现象。

冲击合闸正常，带负荷运行24h，如无任何异常情况，则可认为试运行合格。

五、变压器试验

(一) 绝缘电阻测量

对变压器进行绝缘电阻的测量是一项很重要的试验项目，通过试验数据可以初步判断变压器内部绝缘好坏。

测量绝缘电阻的仪表为兆欧表，俗称摇表。主要是由一只手摇发电机和一只磁电系比率表组成。可分为500V、1000V、2500V和5000V等几种。测量时，可根据变压器的额定电压选择适当的兆欧表。

测量步骤如下：

(1) 用干净抹布擦去变压器表面及引线套管上的污垢，并将线圈接地放电至少2min。

(2) 检验兆欧表。将兆欧表水平放置，接线端子开路，用额定转数（120r/min）转动兆欧表手柄，此时指针应指到“∞”位置，再慢速转动手柄，并用导线将兆欧表上“*L*”和“*E*”端子短接，此时指针应指到“0”位，否则，该兆欧表不能使用。

(3) 按图5-65接线。

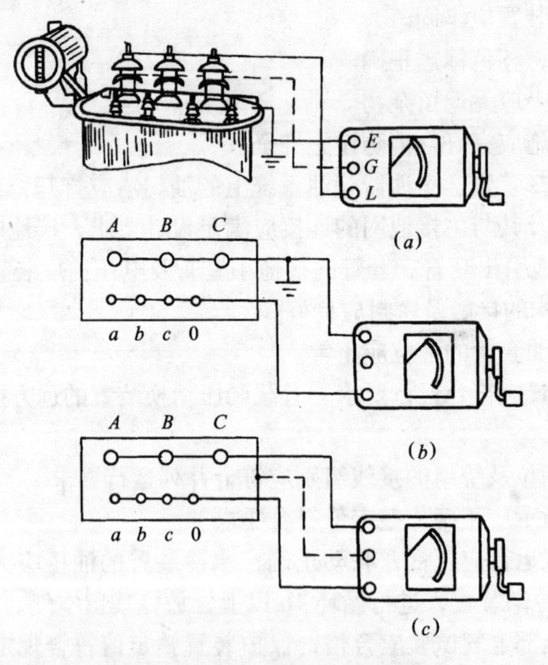

图5-65 变压器绝缘电阻测试接线图

(*a*) 高压对地带屏蔽线测试接线；(*b*) 低压对地测试接线；

(*c*) 高压对低压带屏蔽线测试接线

（4）以额定转数转动手柄，待指针稳定后，读取绝缘电阻值。

若需测量吸收比（通常变压器电压等级为35kV及以上，且容量在4000kVA及以上时，应进行测量），在开始转动手柄时即应计时，分别在第15s和60s时读取绝缘电阻值 R_{15} 和 R_{60}，则吸收比为 R_{60}/R_{15}。所测吸收比与变压器出厂值相比应无明显差别，在常温下不应小于1.3。

测量的绝缘电阻值一般不作明确规定，但不应低于被试变压器出厂试验值的70%（同一温度下）。如果没有出厂试验报告可参考表5-42中的允许值。

油浸式电力变压器绕组绝缘电阻的最低允许值（MΩ）　　表5-42

高压绕组额定电压（kV）	温度（℃）								
	5	10	20	30	40	50	60	70	80
3～10	675	450	300	200	130	90	60	40	25
20～35	900	600	400	270	180	120	80	50	35

对于同一个绝缘物体，当温度升高时其绝缘电阻会降低，当温度降低时其绝缘电阻又会增高，因此绝缘电阻值与温度有密切关系。当现场测量时的温度与变压器出厂试验时的温度不同时，则应换算到同一温度后才可进行比较。温度换算系数见表5-43。

油浸式电力变压器绝缘电阻的温度换算系数　　表5-43

温度差	*K*	5	10	15	20	25	30	35	40	45	50	55	60
换算系数	*A*	1.2	1.5	1.8	2.3	2.8	3.4	4.1	5.1	6.2	7.5	9.2	11.2

注：表中 K 为实测温度减去20℃的绝对值。

测量绝缘电阻时，为尽量减小测量误差，应注意下列问题：

（1）连接用导线绝缘必须良好，接线正确，火线与地线不应相碰。

（2）要考虑绝缘温度、变压器油温和室温的一致性，一般取顶层油温作为绝缘温度。

（3）吸收比的大小受时间误差的影响较大，一般规定 R_{15} 时间偏差不应大于1s，R_{60} 时间偏差为3s，误差应在5%以内。

（4）测量时，兆欧表应保持额定转数（120r/min），不允许时快时慢。

（二）交流耐压试验

变压器交流耐压试验，是对被试变压器施加以超过工作电压一定倍数的高电压，而且经过一定的时间对变压器绝缘进行的一次考验。交流耐压试验对变压器的绝缘有一定的破坏性，可能会将有缺陷的绝缘击穿，也可能使局部缺陷有所发展，甚至使尚能运行的变压器在高电压下受到一定的损伤，故称作破坏性试验。交流耐压试验进行前，应先做绝缘电阻、吸收比等项试验，对绝缘状况进行初步鉴定，若发现绝缘不良，应处理后再进行交流耐压试验。

当变压器的容量为8000kVA以下，绕组额定电压在110kV以下时，交流耐压试验的试验电压标准见表5-44。

电力变压器工频交流耐压试验标准　　表 5-44

额定电压（kV）		3	6	10	15	20	35	63	110	220
最高工作电压（kV）		3.5	6.9	11.5	17.5	23.0	40.5	69.0	126.0	252.0
油浸电力变压器（kV）	出厂	18	25	35	45	55	85	140	200	395
	交接	15	21	30	38	47	72	120	170	335
干式电力变压器（kV）	出厂	10	20	28	38	50	70			
	交接	8.5	17.0	24	32	43	60			

交流耐压试验一般情况下可采用不带球隙保护的接线方式。当被试变压器的电容量较大且工作电压较高时，应采用带球隙保护的接线方式，见图 5-66。球隙对变压器可起到保护作用。一旦电压超过规定的试验电压值时，球隙将被击穿（短路），保护装置动作，切断试验电源。球隙的放电电压值应调整在试验电压值的 1.1 ~ 1.15 倍范围内。图中 R_1 为限流保护电阻，可按不大于 1Ω/V 计算；R_2 为阻尼保护电阻，亦可按 1Ω/V 计算。

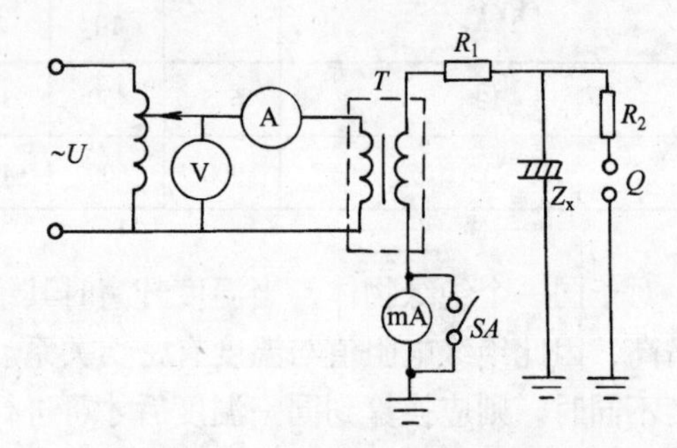

图 5-66　带球隙保护的接线示意图

T—试验变压器；V—电压表；A—电流表；mA—毫安表；SA—短路开关；R_1—限流保护电阻；R_2—阻尼保护电阻；Z_x—被试物；Q—球隙

三相变压器试验时，被试线圈所有出线套管均应短路连接，非被试线圈也要短接并应可靠接地，试验接线必须正确无误。

试验操作应注意下列问题：

（1）试验前，被试变压器表面应保持清洁干燥，外壳应接地。试验接线应经由第二人检查，确认无误后才可进行试验。

（2）试验时，应先将调压器手柄调至零位后，再进行冲击合闸或切断电源。

（3）试验时，电压的上升速度和下降速度应均匀且缓慢，在达到 40% 试验电压值之后的升压速度，不应超过 3% 的试验电压值，在耐压过程的持续时间内，应保持试验电压的稳定。

（4）如果在升压和持续耐压的过程中，发现电压表指针剧烈摆动或有异常响声、绝缘烧焦冒烟等现象应立即降压并切断电源。

目前在工频交流耐压试验中主要还是凭监视仪表、听声音及经验来判断被试变压器的试验情况。如果在试验过程中，仪表指示不跳动，没有绝缘击穿或放电声，油枕及其他开启的通气孔没有出现内部有焦烟产生的现象，则认为交流耐压试验合格。

如果被试变压器有放电声响且电流表的指示突然上升或突然下降，则是变压器被击穿的象征。

（三）变压器油耐压试验

变压器油主要起到绝缘和冷却的作用。如果在油中有杂质和水分，绝缘强度就会下降，另外油与氧气接触后，在高温下也容易氧化而变质。所以变压器在进行交流耐压试验前，必须进行变压器油击穿强度试验。

变压器油的电气强度是指开始击穿时的电压，通常以击穿电压的平均值表示。标准要求为：15kV 及以下的变压器，油的击穿电压不应低于25kV；20~35kV 的变压器，油的击穿电压不应低于35kV。

油击穿耐压试验所用设备与工频交流耐压试验设备相同，但使用较多的是油击穿试验器，其原理接线见图 5-67。试验时，要求室温在15~35℃，湿度不高于75%。试验方法如下：

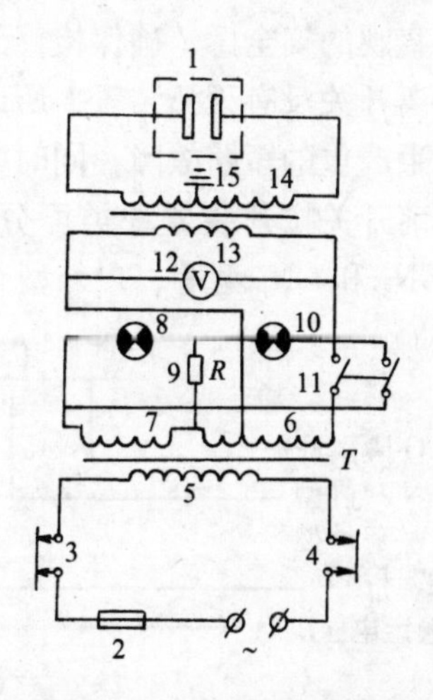

图 5-67　油击穿试验器原理接线

1—油杯；2—熔断器；3、4—窗连锁；5—调压器一次线圈；6—调压器调压线圈；7—调压器信号线圈；8—电源指示灯；9—电阻；10—合闸指示灯；11—油击穿的自动跳闸开关；12—电压表；13—试验变压器低压线圈；14—试验变压器高压线圈；15—线圈中间接地

1. 油样的采取

(1) 取油样的瓶子宜使用500~1000mL 的广口带磨口塞的无色玻璃瓶，先用汽油或酒精洗干净再用蒸馏水洗净，放入105℃的烘干箱中干燥4h。冷却后将瓶塞盖紧。取样前不要开启。

(2) 将放油阀门清洗干净，再把取样瓶用油清洗2~3 次后取油样，瓶中注满油后，将瓶盖塞紧。

(3) 取油样应在晴天和无风沙时进行，油瓶上应标明单位、设备名称、油样名称、取样日期、气候条件等。取样后应立即送试验室进行试验，防止放置时间过长降低绝缘强度。

2. 试验方法

(1) 油样至试验室后必须在原密封状态下放置2~8h，待油样温度基本接近室温后方可开盖试验。开盖前，应将油颠倒数次，使油均匀混合，但不得留有气泡。

(2) 将试验用油杯、量规、玻璃棒等用油样冲洗2~3 次。将油杯电极的间隙调整为2.5mm，开始注油。注油时，应尽量避免产生气泡，直到油面达到内壁油面线为止，再静放10~15min 使气泡逸出。

(3) 合上电源和自动跳闸开关，此时电源指示灯应亮，电压表指示应为零。

(4) 以不大于3kV/s 的速度升压，直到油击穿为止（电极间发生明显的火花放电即为油被击穿）。发生击穿瞬间，电压表所指示的电压值即为击穿电压。

(5) 击穿后将调压器调回零位并切断电源。按上述方法连续试验5 次，取其平均值作为油样的击穿电压值。

在升压过程中，如发生不大的破裂声或电压表指针抖动，不能算击穿，应继续升压直至击穿为止。

每次击穿后，在两电极间将产生游离碳，应使用干净的玻璃棒将电极间的游离碳拨离，静置5min 后再进行下一次试验。

第九节　隔离开关、负荷开关及高压熔断器的安装

一、隔离开关的安装

(一) 隔离开关的用途和型号

隔离开关的主要用途是保证高压装置中检修工作的安全。采用隔离开关后，可以将高压装置中需要修理的设备与其他带电部分可靠地断开，并构成明显的断开点，使检修人员有一个直观的安全感，确保检修工作的安全进行。

隔离开关没有灭弧装置，所以严禁带负荷操作，否则电弧不仅使隔离开关烧毁，而且可能发生严重的短路故障，同时电弧对工作人员也会造成伤亡事故。

隔离开关按其装置种类可分为户内型和户外型。目前常用户内型隔离开关有 GN_2、GN_6、GN_8 和 GN_{10}型等，户外型有 GW 系列。隔离开关型号表示如下：

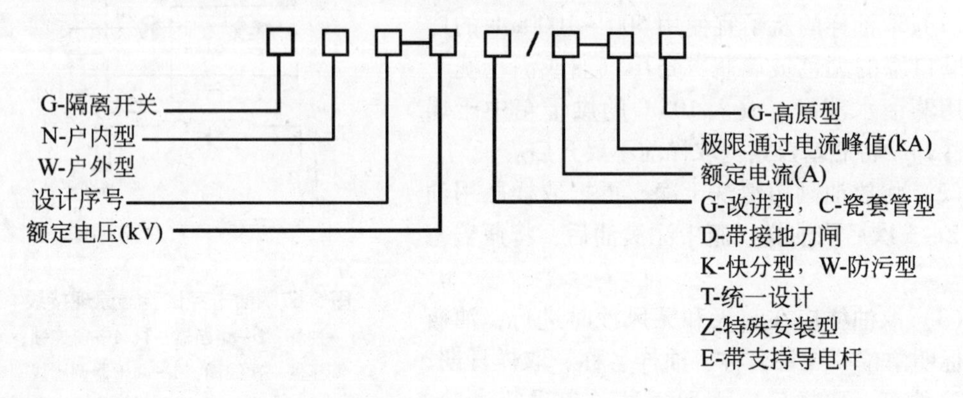

（二）户内隔离开关的安装和调整

1. 安装前的检查

（1）应详细检查隔离开关的型号、规格、电压等级是否符合设计图纸的要求。

（2）绝缘子表面应清洁、无裂纹、无破损、无焊接残留斑点等缺陷，瓷铁粘合应牢固。

（3）所有的部件、附件及备件应齐全，无损伤变形及锈蚀。

（4）底座转动部分应灵活，联动机构应完好，接线端子及载流部分应清洁，且接触良好。

（5）闸刀应无变形。动、静触头的接触应良好，其接触情况可用 0.05mm × 10mm 的塞尺进行检查。对于线接触的刀闸，塞尺应塞不进去；对于接触表面宽度为 50mm 及以下的面接触的刀闸，塞尺塞进的深度不应超过 4mm；接触表面宽度为 60mm 及以上的面接触的刀闸，塞尺塞进的深度不应超过 6mm。

2. 开关的安装方法

（1）根据设计图纸指定的位置，将开关座的底脚螺栓及操作机构支架预埋好。

（2）将开关本体吊装到安装位置，并使开关底座上的安装孔套入底脚螺栓，找正找平后将螺母紧固。

（3）若开关的转动轴需要加长时，则可加装延长轴。延长轴可采用与开关转动轴相同规格的圆钢（一般多为 $\phi30$ 圆钢）进行加工。延长轴用轴套与开关转动轴相连接，并应在延长轴上加装轴承支架，轴承支架的间距不得超过 1m，在延长轴末端 100mm 处也应装设轴承支架。

（4）安装操作机构。户内高压隔离开关多配装 CS_6 型操作机构。操作机构的固定轴距地面高度一般为 1 ~ 1.2m。安装时，先将操作机构固定在支架上，然后配装操作拉杆。操作拉杆一般采用直径为20mm的焊接钢管制作（一般不用镀锌管）。操作拉杆应在开关处于完全合闸位置、操作机构手柄到达合闸终点处装配。拉杆两端采用直叉型接头分别和开关的轴臂、操作机构扇形板的舌头连接。

（5）将开关底座和操作机构可靠地接地。

隔离开关在墙上安装示意如图5-68所示。

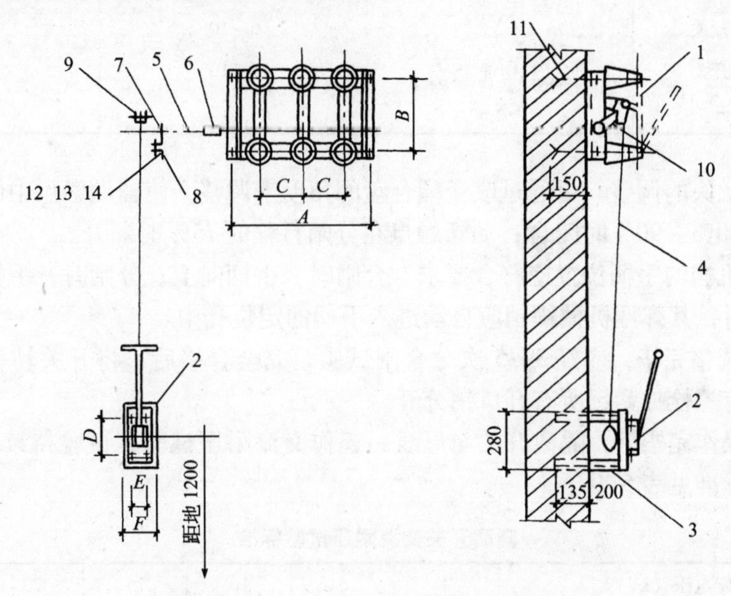

图5-68　隔离开关在墙上安装示意图

1—开关；2—操动机构；3—支架；4—拉杆；5—轴；6—轴连接套；7—轴承；
8—轴承支架；9—直叉型接头；10—轴臂；11—开尾螺栓；12—螺栓；13—螺母；14—垫圈

3. 开关调整

（1）合闸调整。合闸时，要求隔离开关的动触头无侧向撞击或卡住，否则可通过改变静触头的位置，使动触头刚好进入插口。合闸后动触头进入插口的深度一般不应小于静触头长度的90%，但也不应过深，应使动、静触头底部保持4～6mm的距离，以防止在合闸过程中冲击固定静触头的绝缘子。若不能满足上述要求，则可通过调整操作拉杆的长度以及操作机构的旋转角度来达到。

合闸时，要求三相刀片同步。对于10kV的隔离开关，三相刀片前后相差不得大于5mm。若不能满足要求，可调整中间支持绝缘子的高度，以改变刀片的位置。

（2）分闸调整。分闸时触头间的净距应符合产品的技术规定，见表5-45。若不能满足要求，可调整操作拉杆的长度或改变操作拉杆在扇形板上的位置。

负荷开关和隔离开关分闸后刀片拉开距离　　**表5-45**

开关名称	型号	额定电压（kV）	拉开距离（mm）
户内高压负荷开关	FN_2	10	182
户内高压负荷开关	FN_3	10	182±3

续表

开关名称	型号	额定电压（kV）	拉开距离（mm）
户内高压隔离开关	GN_2	10	160±5
户内高压隔离开关	GN_3	10	150
户内高压隔离开关	GN_6	6~10	≥160
户内高压隔离开关	GN_8	6~10	≥160
户内高压隔离开关	GN_{10}	10	≥150

（3）辅助触头的调整。可通过改变耦合盘的角度来调整，使辅助触点中的动合触点在开关合闸行程80%~90%时闭合；动断触点在分闸行程的75%时断开。

（4）操作机构的手柄位置应符合要求。合闸时，手柄向上；分闸时，手柄向下。在分闸或合闸位置时，其弹性机械锁销应自动进入手柄的定位孔中。

（5）开关调整完毕，应经3~5次分合闸试验，完全合格后，将开关转轴上轴臂位置固定，并将所有螺栓拧紧，所有开口销分开。

以上各项操作完毕后，隔离开关与母线一起作交流耐压试验，试验持续时间为1min，交流耐压试验标准见表5-46。

隔离开关交流耐压试验标准 **表5-46**

开关额定电压（kV）	3	6	10	15	20	35
出厂及交接试验电压（kV）	25	32	42	57	68	100

二、负荷开关的安装

（一）负荷开关的用途和型号

负荷开关就其结构来看与隔离开关相似，开路状态下有可见的断开间隙，可以起到隔离电源的作用。另外，由于负荷开关具有特殊的灭弧装置，所以可切断较大的负荷电流。但负荷开关不能切断短路电流，通常需和高压熔断器配合使用，由熔断器来切断短路电流。常用负荷开关有 FN_2、FN_3 型等。负荷开关型号表示如下：

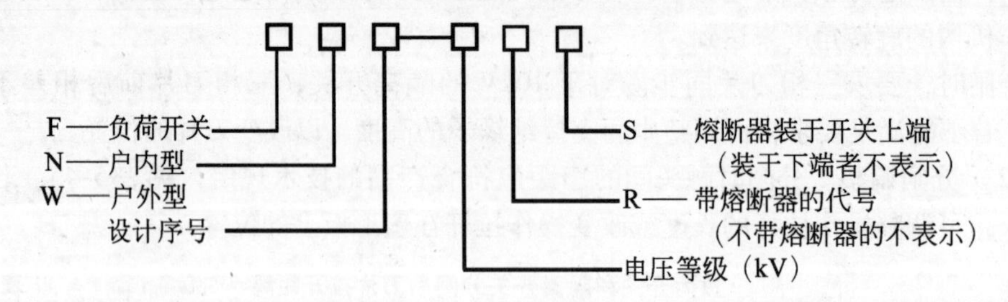

（二）户内负荷开关的安装和调整

户内负荷开关的安装方法与隔离开关的安装方法完全相同。调整时，除应符合隔离开关的调整要求外，还应符合下列要求：

（1）负荷开关合闸时，灭弧刀片先闭合，主刀片后闭合；分闸时，主刀片先断开，灭弧刀片后断开。

(2) 负荷开关合闸时，主固定触头应可靠地与主刀刃接触，且无任何撞击现象。分闸时，三相灭弧刀片应同时跳离固定灭弧触头。

(3) 合闸时，主刀片上的小塞子应正好插入灭弧装置的喷嘴内，不应有对喷嘴有剧烈碰撞的现象。

(4) 灭弧筒内产生气体的有机绝缘物应完整无裂纹，灭弧触头与灭弧筒的间隙应符合要求。

(5) 负荷开关三相触头接触的同期性和分闸状态时触头间净距及拉开角度应符合产品的技术规定。刀闸打开的角度，可通过改变操作杆的长度和操作杆在扇形板上的位置来实现。

图 5-69 是 FN_2-10 型负荷开关的安装调整示意图。

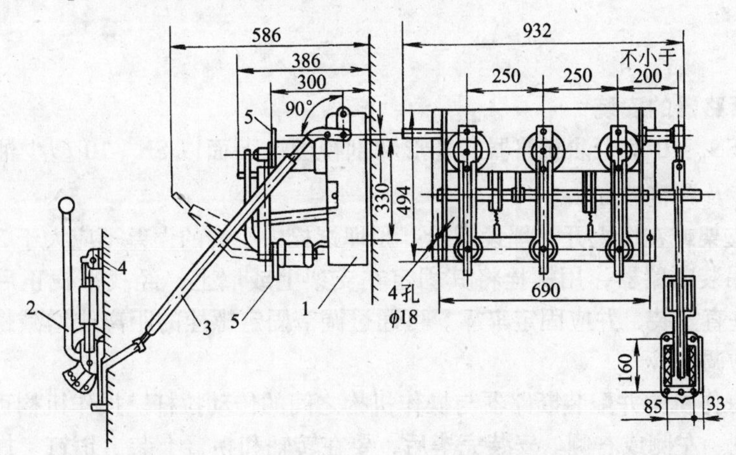

图 5-69　FN_2-10 型负荷开关安装调整示意图

1—负荷开关；2—操作机构；3—操作拉杆；4—组合开关；5—接线板

三、高压熔断器安装

安装高压熔断器时，应符合下列要求：

(1) 带钳口的熔断器，其熔丝管应紧密地插入钳口内。

(2) 跌落式熔断器的熔管的有机绝缘物应无裂纹、变形，熔管轴线与铅垂线的夹角应为 15°～30°，其转动部分应灵活，跌落时不应碰及其他物体而损坏熔管。

(3) 熔丝的规格应符合设计要求，且无弯曲、压扁或损伤。

第十节　少油断路器的安装

高压断路器也称高压开关，是高压供电系统中最重要的控制保护设备。高压断路器能在有负荷的情况下接通或者断开电路，也可以在系统发生故障时，通过继电保护装置作用于断路器，将有故障部分从电网中迅速切除，保证电网的无故障部分能够正常运行。

一、高压断路器的型号

高压断路器的类型较多，少油断路器就是其中的一种。断路器的有关特征都是通过其型号表示出来的。

断路器的型号表示如下：

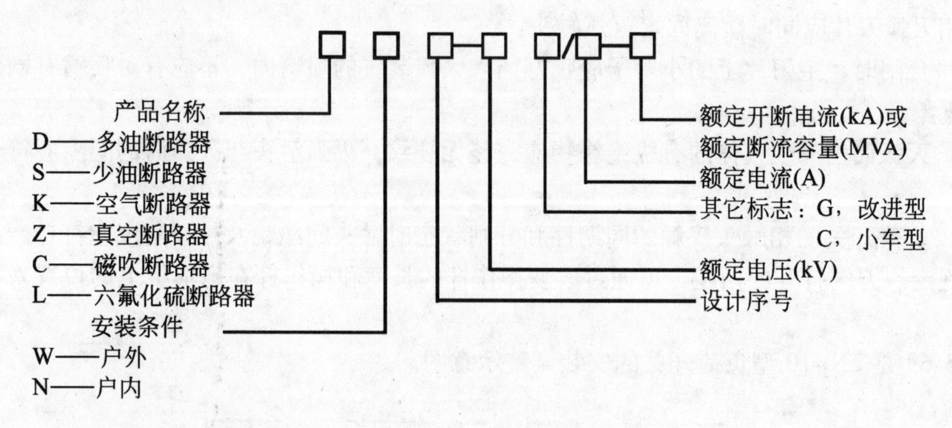

二、少油断路器的安装

图5-70是SN_{10}-10型少油断路器的外形和剖视图。下面以SN_{10}-10型少油断路器为例简要介绍其安装及调整的方法。

（1）制作支架或在墙上开孔埋设螺栓。预埋螺栓中心线的误差不应大于2mm。

（2）整组吊装断路器，用螺栓将其固定在支架上或墙上，经找平找正后，将螺栓拧紧。断路器应垂直安装，并应固定牢靠。可通过调节固定螺栓的距离或增减螺栓的垫圈来完成其垂直度的调整。

（3）安装操作机构并配装断路器与操作机构之间的传动拉杆。操作机构可以装在断路器的前侧或后侧、左侧或右侧。安装完毕后，要在转轴和拐臂上装上销钉。操作机构安装应垂直，且固定应牢靠，其零部件应齐全，分合闸线圈的铁芯动作应灵活、无卡阻现象。

（4）检查断路器的各个部件是否完好、齐全，并应进行清洗和润滑工作。

（5）确有必要才对灭弧室进行检查。

（6）油箱无油时，油缓冲器就不起作用，一旦分、合闸，就会损坏机件，所以，油箱内必须灌注绝缘油。为操动所必需的注油量不得少于1kg，一组SN_{10}-10型的少油断路器的注油量为5～8kg。

（7）少油断路器的调整。少油断路器的调整工作一般可分为操作机构的调整、开关本体的调整和操作试验三个方面。可根据生产厂提供的技术文件进行。

①操作机构的调整，应保证开关成功地分闸与合闸；保证操作机构带动的辅助开关的触头应接触良好、动作灵活，动触头的回转角度为90°；保证脱扣器动作可靠灵活；保证辅助开关的拐臂与水平线的角度在分闸时调到规定的角度。

②断路器本体调整。本体调整包括：触头接触的调整；灭弧片上端面至上引线座上端面距离的调整；动触头合闸位置高度的调整；三相触头不同期性的调整；导电杆总行程的调整；合闸弹簧缓冲器的调整；动、静触头同心度的调整。

③操作试验。操作试验应在断路器调整结束灌注绝缘油后进行，包括慢速试验和快速试验。

进行操作试验应先进行慢速试验，无异常情况后再进行快速试验。

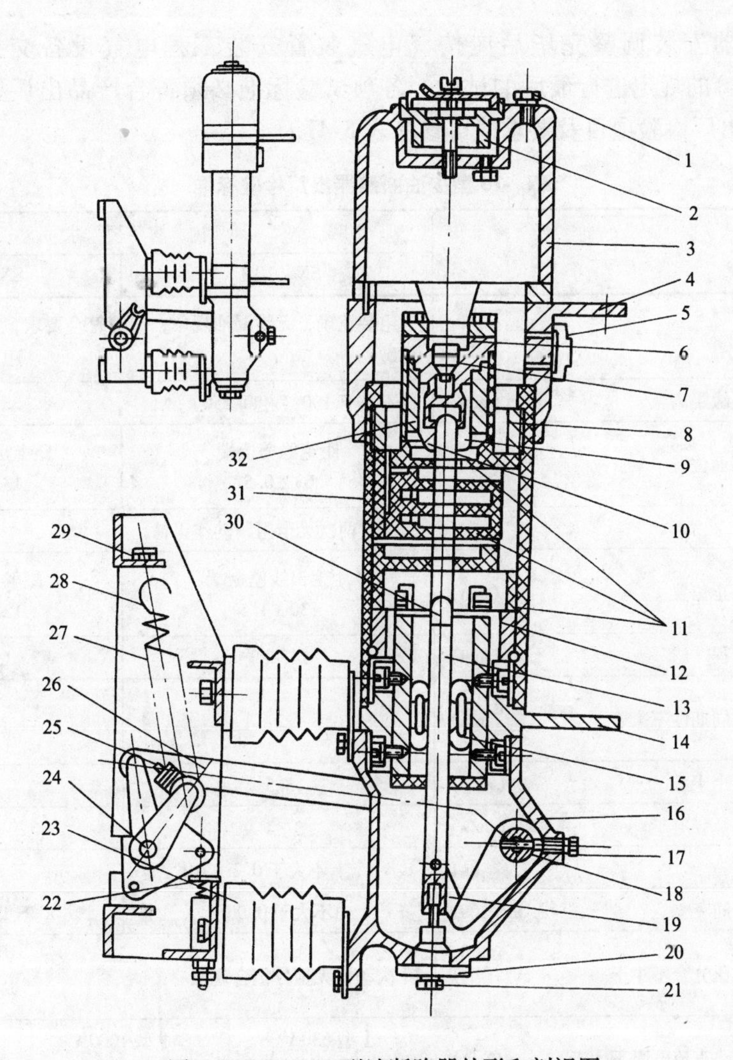

图 5-70　SN_{10}-10 型油断路器外形和剖视图

1—注油螺栓；2—油气分离器；3—上帽；4—上引线座；5—油标；6—静触座；7—逆止螺栓；8—螺纹压圈；9—指形触头；10—静触头；11—灭弧室；12—下压圈；13—导电杆；14—下引线座；15—滚动触头；16—基座；17—螺栓；18—小轴；19—连杆；20—油缓冲器；21—放油螺栓；22—合闸缓冲；23—支持绝缘子；24—传动轴；25—分闸限位；26—绝缘连杆；27—框架；28—分闸弹簧；29—螺母；30—动触头；31—绝缘筒；32—绝缘套筒

所谓慢速试验就是用人力控制操作手柄、操作杆等，使断路器缓慢地分闸和合闸。在慢速试验过程中，检查断路器和操作机构的动作是否准确、灵活，部件之间有无摩擦和卡阻等现象。检查动、静触头的接触是否良好，缓冲器的压缩行程是否符合规定，三相缓冲器的同期性是否符合要求，缓冲作用是否均衡，运动机构是否有明显的冲击等。

快速试验就是按正常的操作速度使断电器分闸或合闸。在快速试验过程中，仍应重复检查有关的距离、间隙、角度和行程等是否满足要求，各部件有否磨损、变形和松动，检查紧固件是否齐全、拧紧、开口销是否撇开。另外，还要检查轴间窜动情况（不应大于1mm）及分、合闸线圈和脱扣器的启动性能。

配合操作试验还要进行分、合闸速度和时间的测量等。

少油断路器安装调整完毕后应按《电气装置安装工程电气设备交接试验标准》（GB 50150—91）的规定进行最后的试验，各项试验标准必须符合产品出厂要求。SN_{10}-10型少油断路器出厂检验项目及要求值可参考表5-47。

SN_{10}-10型少油断路器出厂检验标准　　表5-47

<table>
<tr><th rowspan="2">序号</th><th rowspan="2" colspan="2">项　目</th><th colspan="6">内 容 要 求</th></tr>
<tr><th colspan="3">SN_{10}-10Ⅰ</th><th colspan="3">SN_{10}-10Ⅱ</th></tr>
<tr><td>1</td><td colspan="2">外观要求</td><td colspan="6">组装正确，无渗漏油现象，焊缝符合要求，上帽排气口方向正确</td></tr>
<tr><td>2</td><td>最小空气绝缘距离</td><td>(mm)</td><td colspan="6">不小于100（相间250）</td></tr>
<tr><td>3</td><td>灭弧室上端面位置</td><td>(mm)</td><td colspan="3">距绝缘筒上端
63±0.5</td><td colspan="3">距上出线座上端
135±0.5</td></tr>
<tr><td>4</td><td>慢分合检查</td><td>(次)</td><td colspan="6">分合两次无卡阻，动作正常</td></tr>
<tr><td>5</td><td>触头合闸终止位置</td><td>(mm)</td><td colspan="3">距上出线座上端
130±1.5</td><td colspan="3">距触头架上端
120±1.5</td></tr>
<tr><td>6</td><td>导电杆全行程</td><td>(mm)</td><td colspan="3">145±3</td><td colspan="3">155±3</td></tr>
<tr><td>7</td><td>三相分闸不同期性不大于</td><td>(mm)</td><td colspan="3">2</td><td colspan="3">2</td></tr>
<tr><td>8</td><td>刚合速度不小于</td><td>(m/s)</td><td colspan="3">3.5</td><td colspan="3">4</td></tr>
<tr><td>9</td><td>刚分速度</td><td>(m/s)</td><td colspan="3">$3^{+0.3}$</td><td colspan="3">$3^{+0.3}$</td></tr>
<tr><td>10</td><td>合闸时间</td><td>(s)</td><td colspan="3">不大于0.2</td><td colspan="3">不大于0.2</td></tr>
<tr><td>11</td><td>固有分闸时间</td><td>(s)</td><td colspan="3">不大于0.06</td><td colspan="3">不大于0.06</td></tr>
<tr><td>12</td><td>额定操作电压分合不小于</td><td>(次)</td><td colspan="6">10次动作无拒分拒合现象</td></tr>
<tr><td rowspan="2">13</td><td rowspan="2">每相导电回路直流电阻不大于</td><td rowspan="2">(μΩ)</td><td colspan="2">Ⅰ型630A</td><td colspan="2">Ⅰ型1000A</td><td colspan="2">Ⅱ型1000A</td></tr>
<tr><td colspan="2">100</td><td colspan="2">55</td><td colspan="2">60</td></tr>
<tr><td>14</td><td colspan="2">工频耐压42kV</td><td colspan="6">对地1min，断口间5min</td></tr>
<tr><td>15</td><td>合闸时，合闸缓冲器间隙</td><td>(mm)</td><td colspan="6">$\delta=2\sim6$</td></tr>
</table>

第十一节　二次结线安装

在电力系统中可把电力设备分为两类，一类是直接参与发电、变电、输电、配电和用电的设备，如发电机、变压器、断路器、隔离开关、负荷开关、电力电缆、母线、电动机等，这些设备被称为一次设备。由一次设备所连成的电路称为一次回路，也称为一次结线或电气主结线。另一类是对一次设备的工作状态进行监视、测量、控制和保护的辅助电气设备，如监察测量仪表、控制和信号装置、继电保护装置及自动装置等，这些设备被称为二次设备。由二次设备所连成的电路称为二次回路或二次结线。

通常在施工中接触比较多的是成套配电设备，其二次结线在出厂时已经完成。在施工现场安装设备时，主要是进行二次结线的校验检查。但在施工中有时也会碰到非标准配电柜的安装，在这种情况下，就需要进行二次结线的配线和二次设备的安装。

一、二次结线安装主要技术要求

（1）按图施工，接线正确。

（2）电气回路的连接应牢固可靠。

（3）电缆芯线和所配导线的端部均应标明其回路编号；编号应正确，字迹清晰且不易脱色。

（4）配线整齐、清晰、美观；导线绝缘良好，无损伤。

（5）柜、盘内导线不应有接头，导线芯线应无损伤。

（6）每个接线端子的每侧接线宜为1根，不得超过2根。对于插接式端子，不同截面的两根导线不得接在同一端子上，对于螺栓连接端子，当接两根导线时，中间应加平垫片。

（7）盘、柜内配线，电流回路应采用电压不低于500V的铜芯绝缘导线，其截面不应小于$2.5mm^2$，其他回路截面不应小于$1.5mm^2$，但对电子元件回路、弱电回路采用锡焊连接时，在满足载流量和电压降及有足够机械强度的情况下，可使用不小于$0.5mm^2$的绝缘导线。

（8）使用于连接可动部位（门上电器、控制台板等）的导线还应满足下列要求：

①应采用多股软导线，敷设长度应有适当余量。

②线束应有加强绝缘层（如外套塑料管等）。

③与电器连接时，端部应绞紧，不得松散、断股，并应加终端附件或搪锡。

④在可动部位两端应用卡子固定。

（9）引进盘、柜内的控制电缆及其芯线应符合下列要求：

①引进盘、柜内的电缆应排列整齐，编号清晰，避免交叉，并应固定牢固，不得使所接的端子排受到机械应力。

②铠装电缆的钢带不应进入盘、柜内；铠装钢带切断处的端部应扎紧，并应将钢带接地。

③用于晶体管保护、控制等逻辑回路的控制电缆应采用屏蔽电缆。其屏蔽层应按设计要求的接地方式接地。

④橡皮绝缘芯线应外套绝缘管保护。

⑤盘、柜内的电缆芯线，应按垂直或水平有规律地配置，不得任意歪斜交叉连接。备用芯线长度应留有适当余度。

⑥强、弱电回路不应使用同一根电缆，并应分别成束分开排列。

二、柜内配线

（一）柜内导线的敷设

当柜上的仪表、继电器和其他电器全部安装好后就可以进行柜内配线。配线时，柜、盘上同一排电器的连接线都应汇集到同一水平线束中，各排水平线束再汇集成一垂直总线束，当总线束敷设至端子排时，再逐步分散至各排端子排上。柜内设备可直接连接，柜内与柜外设备的连接应通过端子排进行。端子排竖放时，柜内导线一般应接在端子排的内侧；端子排横放时，柜内导线一般应接在端子排的上侧。

敷设导线时，首先应根据安装接线图确定导线的敷设位置，可用直尺或线锤划好线。并划好线夹固定位置。导线垂直敷设时，线夹的间距为200mm，水平敷设时为150mm。

为避免导线在接线时交叉，在敷设导线前应根据安装图的编号及端子的排列顺序，安排好导线的排列顺序。然后根据导线实际需要长度切割导线并将其拉直。敷设时，先用一个线夹将导线的一端夹住，使其成束（单层或多层），然后沿导线敷设方向逐步将导线用线夹夹好，并使线束横平竖直。

（二）导线的分列和连接

导线的分列：

导线的分列是指导线由线束引出并有次序地与端子相连。分列的形式通常有以下几种：

（1）单层分列法　当接线端子数量不多，而且位置较宽时，可采用此法，如图5-71所示。为使导线分列整齐美观，一般应从外侧端子开始分列，使导线依次接在相应的端子上。

（2）多层分列法　当位置较狭窄且有大量导线需要与端子连接时，常采用多层分列法，如图5-72所示。

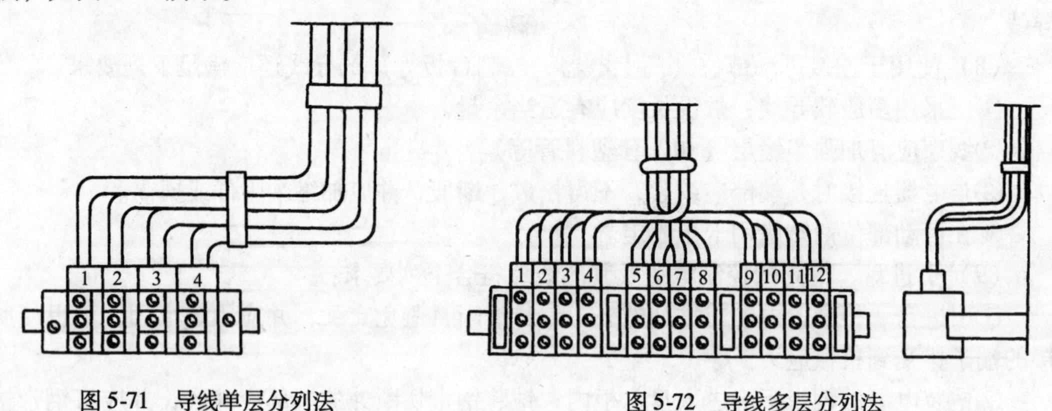

图5-71　导线单层分列法　　图5-72　导线多层分列法

（3）扇形分列法　在不复杂的单层或双层配线的线束中，也可采用此种方法，如图5-73所示。

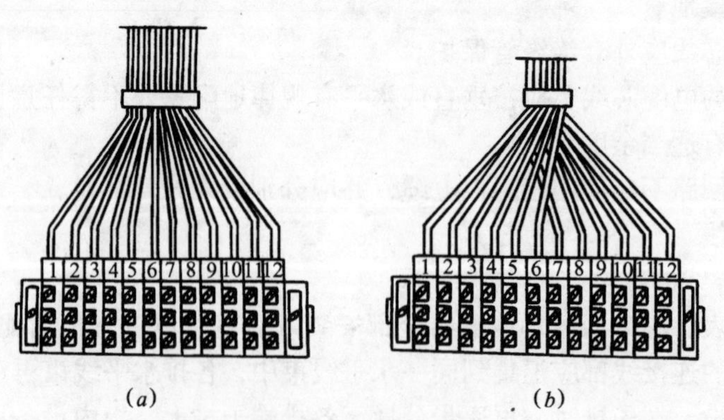

图5-73　导线扇形分列

（*a*）单层；（*b*）双层

导线从线束引出经分列后接到接线端子上。导线与端子连接时应量好距离，将多余导线剪掉，然后使用剥线钳或电工刀去掉绝缘层，并应清除线芯上的氧化层，套上标号，将线芯端部弯成弯曲方向和螺钉旋紧方向相同的小圆环，套上螺钉将线芯紧固牢靠，见图5-74。

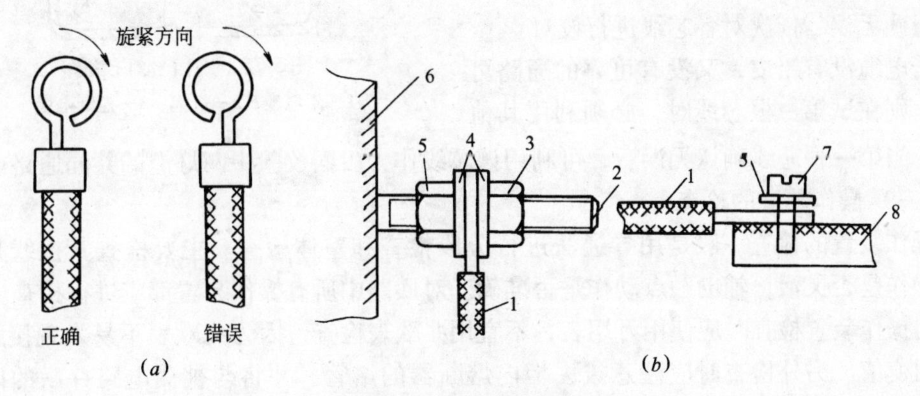

图5-74　导线和端子连接

(a) 导线末端弯曲；(b) 导线末端固定

1—导线；2、7—螺钉；3、5—螺帽；4—垫圈；6—继电器；8—金属板

三、二次结线的检验

二次结线施工安装结束后，为保证电气设备能够安全可靠的运行，必须对二次结线严格进行检查和试验，全部符合要求后才能投入使用。

检查试验项目通常包括下列各项：

(1) 柜内检查。

(2) 柜间联络电缆检查。

(3) 操作装置检查。

(4) 二次电流回路和电压回路检查。

(5) 绝缘电阻测量及交流耐压试验。

(6) 操作试验。

(一) 柜内检查

(1) 根据安装图对柜内两侧的端子排进行检查，要求不能缺少，导线及端子的标号应正确。

(2) 柜内装设的各种仪表、继电器和操作器件等其规格型号应符合设计要求，安装位置应正确，且无缺少。

(3) 柜内各设备间的连线及由柜内设备引至端子排的连线必须正确，不能有接线错误。校线时，为防止因并联回路而造成错误，可根据实际情况将被查部分的一端解开后检查。

(4) 对控制开关进行检查时，应将开关转动至各个位置逐一检查。

(5) 最后用万用表检查所有控制及保护回路，其导通情况应良好。

(二) 柜间连络电缆的检查

柜与柜之间的连络电缆需要逐一进行校对，校对方法见图5-75。

在图5-75中，A端小灯泡一端接在电缆芯线上，另一端经过电池接到电缆的铅皮上，B端小灯泡一端接在电缆的铅皮上，另一端接在要校对的芯线上，若双灯亮，则此芯线正确无误，依次对各芯线进行校对。

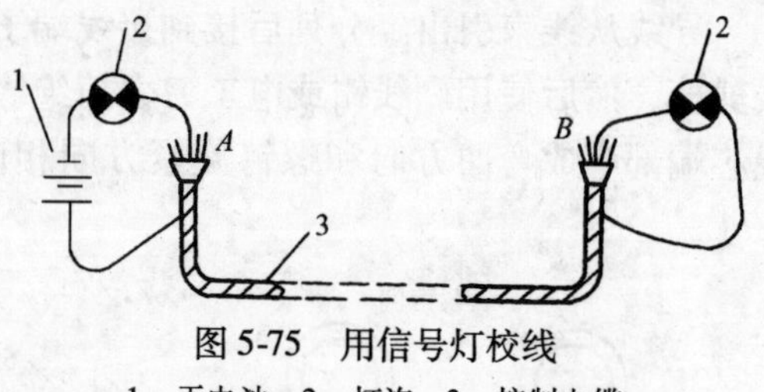

图5-75　用信号灯校线

1—干电池；2—灯泡；3—控制电缆

若电缆没有铅皮，又没有可靠的通路可利用，则在试第一根芯线时，必须利用其他回路。当第一根芯线确认无误后，可利用该芯线作为后面校验中两灯泡的共同通路。

（三）操作装置的检查

操作装置的检查一般是用导通法进行分段检查和整体检查。主要检查其接线是否正确，操作是否灵活，辅助触点动作是否准确。对回路中所有操作装置都应进行检查。

对操作装置检查时应使用万用表，不宜用兆欧表检查，因为兆欧表不易发现接触不良或电阻变值。另外检查时应注意拔去柜内熔断器的熔管，并将与被测电路并联的回路断开。

（四）二次电流回路和电压回路的检查

电流互感器应接线正确，极性正确，二次侧不开路，准确度符合要求，二次侧有1点接地。

电压互感器二次侧不准短路，有1点可靠接地，准确度符合要求。

（五）二次结线绝缘电阻测量及交流耐压试验

1. 绝缘电阻测量

（1）测量绝缘电阻时，对于48V及以下的回路应使用不超过500V的兆欧表。

（2）小母线在断开所有其他并联支路时，其绝缘电阻值不应小于10MΩ。

（3）二次回路的每一支路和断路器、隔离开关的操作机构的电源回路等，绝缘电阻均不应小于1MΩ，在比较潮湿的地方可不小于0.5MΩ。

2. 交流耐压试验

（1）交流耐压试验电压标准为1000V。当回路绝缘电阻在10MΩ以上时，可采用2500V兆欧表代替，试验持续时间为1min。

（2）发电厂、变电所的二次回路均应进行交流耐压试验，其他二次回路可按其用途自行规定。

（3）48V及以下的回路可不作交流耐压试验。

（4）回路中有电子元器件设备的，试验时应将插件拔出或将其两端短接。

第十二节　建筑物防雷及接地装置安装

雷电是雷云对地面或雷云之间放电的一种自然现象。雷电流流过地面的被击物时，破坏性极大，其电压和电流可达到数百万至数千万伏和数十万安，使人畜伤亡、建筑物被击毁或燃烧、线路停电及电气设备损坏等严重事故。所以我们必须根据被保护物的不同要求，雷电的不同形式，装设各种防雷装置，以确保建筑物和电气设备的安全。

一、建筑物防雷等级划分

在《民用建筑电气设计规范》（JGJ/T 16—92）中，按建筑物的重要性、使用性质、发生雷电事故的可能性及后果，将民用建筑物的防雷分为三级。

1. 一级防雷的建筑物

（1）具有特别重要用途的建筑物。如国家级的会堂、办公建筑、档案馆、大型博展建筑；特大型、大型铁路旅客站；国际性的航空港、通讯枢纽、国宾馆、大型旅游建筑、国际港口客运站等。

（2）国家级重点文物保护的建筑物和构筑物。

（3）高度超过 100m 的建筑物。

2. 二级防雷的建筑物

（1）重要的或人员密集的大型建筑物。如部、省级办公楼；省级会堂、博展、体育、交通、通讯、广播等建筑；以及大型商店、影剧院等。

（2）省级重点文物保护的建筑物和构筑物。

（3）19 层及以上的住宅建筑和高度超过 50m 的其他民用建筑。

（4）省级及以上大型计算中心和装有重要电子设备的建筑物。

3. 三级防雷的建筑物

（1）当年计算雷击次数大于或等于 0.05 时或通过调查确认需要防雷的建筑物。

（2）建筑群中最高或位于建筑群边缘高度超过 20m 的建筑物。

（3）高度为 15m 及以上的烟囱、水塔等孤立的建筑物或构筑物。在雷电活动较弱地区（年平均雷暴日不超过 15 日）其高度可为 20m 及以上。

（4）历史上雷害事故严重地区或雷害事故较多地区的较重要建筑物。

在确定建筑物防雷分级时，除按上述规定外，在雷电活动频繁地区或强雷区可适当提高建筑物的防雷等级。

二、雷电危害的形式

1. 直接雷击

直接雷击又称直击雷，是雷电直接对建筑物、电气设备等进行放电，引起强大的雷电流，并通过建筑物、电气设备等流入大地，在一瞬间产生的热效应与机械效应破坏性很大。

2. 感应雷击

感应雷击又称感应雷，是由静电感应与电磁感应引起的过电压。建筑物或电气设备上形成过电压后，可能会引起火花放电，造成火灾或爆炸。

3. 高电位引入

高电位引入又称雷电波侵入。当架空线路或金属管道遭受直击雷，或由于雷云在附近放电使导体上产生感应雷，则其冲击电压将被引入到建筑物内，可能会引起危及人身安全、损坏电气设备及火灾等事故。

三、防雷装置

防雷装置由三个部分组成，即接闪器、引下线、接地装置。

1. 接闪器

接闪器是指直接接受雷击的部分。如：避雷针、避雷带（线）、避雷网、以及用作接闪的金属屋面和金属构件等。

2. 引下线

用来连接接闪器与接地装置的金属导体。

3. 接地装置

接地装置是接地体和接地线的总合，它的作用是将雷电流安全地泄入大地。

四、建筑物防直击雷措施

1. 一级民用防雷建筑物的防雷措施

接闪器应采用装设在屋角、屋脊、女儿墙或屋檐上的避雷带，并在屋面上装设不大于10m×10m的网格。突出屋面的物体应沿其顶部四周装设避雷带，在屋面接闪器保护范围外的物体应装接闪器，并和屋面防雷装置相连。

2. 二级民用防雷建筑物的防雷措施

采用装设在屋角、屋脊、女儿墙或屋檐上的环状避雷带，并在屋面上装设不大于15m×15m的网格。也可采用装设在建筑物上的避雷网（带）和避雷针或由这两种混合组成的接闪器，并将所有的避雷针用避雷带连接起来。在屋面接闪器保护范围之外的物体应装接闪器，并将其与屋面上的防雷装置相连接。

3. 三级民用防雷建筑物的防雷措施

在建筑物屋角、屋檐、女儿墙或屋脊上装设避雷带或避雷针。当采用避雷带保护时，应在屋面上装设不大于20m×20m的网格。采用避雷针保护时，被保护的建筑物及突出屋面的物体均应处在接闪器的保护范围内。

五、防雷装置安装

（一）避雷针

1. 避雷针的作用

避雷针的作用原理是它能对雷电场产生一个附加电场（这个附加电场是由于雷云对避雷针产生静电感应引起的），使雷电场发生畸变，从而改变雷云放电的路径，即将雷云原有可能的放电通路吸引到避雷针上来，再经与它相连的引下线和接地体把雷电流安全泄放到大地中去，使附近的建筑物和设备免受雷击。

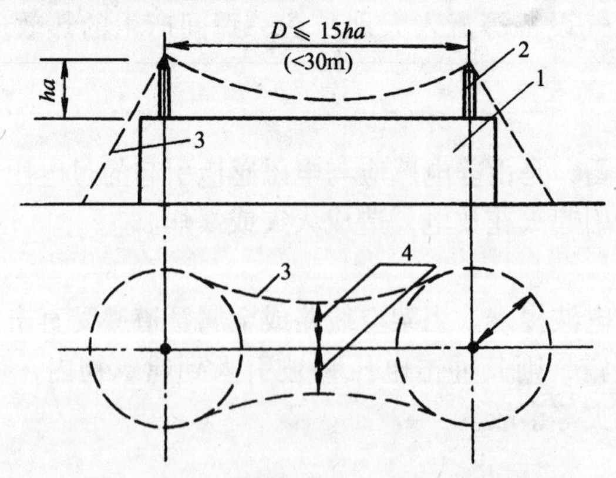

图5-76　双支避雷针简化保护范围示意

1—建筑物；2—避雷针；3—保护范围；4—保护宽度

避雷针根据其保护范围有单支、双支、多支等几种情况。在屋面上安装时，单支避雷针的保护角 α 可按45°或60°考虑。两支避雷针的保护范围如图5-76所示。两支避雷针外侧的保护范围按单支避雷针确定，两支避雷针之间的保护范围，对民用建筑可简化两针间的距离不小于避雷针的有效高度（避雷针突出建筑物的高度）的15倍，且不宜大于30m来布置。

2. 避雷针的安装

避雷针一般采用镀锌钢管或镀锌圆钢制作，顶部制成针尖形状。当针长为1m以下时，若采用圆钢制作，则其直径不应小于12mm，若采用钢管制作，则其直径不应小于20mm。当针长为1～2m时，若采用圆钢制作，则其直径不应小于16mm，若采用钢管制作，则其直径不应小于25mm。装在烟囱顶端上的圆钢避雷针，其直径不应小于20mm。

当避雷针须加长时，可采用针尖与几节不同管径的针管（采用镀锌钢管制作）组装而成。组装时，各节针管的尺寸见表5-48。

每节钢管的相互连接一般可采用两种方法。一种方法是在外套管的管壁上开四个 ϕ10mm的长孔，然后将上段钢管插入预定尺寸250mm，在管口上进行点焊，以初步固定并校直，最后在长孔处用电焊钉焊固，并在管口处环焊一周。另一种方法是先将上段钢管插入外套管，并进行点焊、校直，然后在钢管连接处钻两个 ϕ13mm的对穿孔，再用 ϕ12mm圆钢穿孔，并将其端部与管壁焊接牢固。若相邻两节钢管的插套间隙过大，可在管口填入圆钢环圈后再进行环焊。应去除焊接处的焊渣，先刷一道红丹漆，再刷两道防腐银粉漆。

针体各节尺寸表 **表5-48**

针全高（m）		1.00	2.00	3.00	4.00	5.00
各节尺寸（mm）	A G25	1000	2000	1500	1000	1500
	B G40	—	—	1500	1500	1500
	C G50	—	—	—	1500	2000

避雷针一般安装在电杆上、建筑物的山墙、侧墙或立装在屋面等结构上。图5-77和图5-78分别为避雷针在建筑物屋面上安装和避雷针在建筑物山墙上安装的情况。

避雷针在屋面上安装时，由土建施工人员浇灌混凝土支座，并预埋好地脚螺栓。电气专业应向土建施工人员提供地脚螺栓和混凝土支座资料。

地脚螺栓预埋在支座内，最少有2根与屋面、墙体或梁内钢筋焊接。待混凝土强度符合要求后，再安装避雷针，连接引下线。

避雷针在屋面安装时，先在避雷针支座底板上（底板采用8mm厚的钢板制作）相应的位置焊上一块肋板（肋板也采用8mm厚钢板制作），再将事先组装好的避雷针立起，找直、找正后进行点焊，然后加以校正并焊上其他三块肋板。

避雷针的安装、与引下线的焊接要牢固，若屋面上有避雷带（网）还要与其焊成一个整体。避雷针安装后针体应垂直，其允许偏差不应大于顶端针杆的直径。设有标志灯的避雷针灯具应完整并显示清晰。

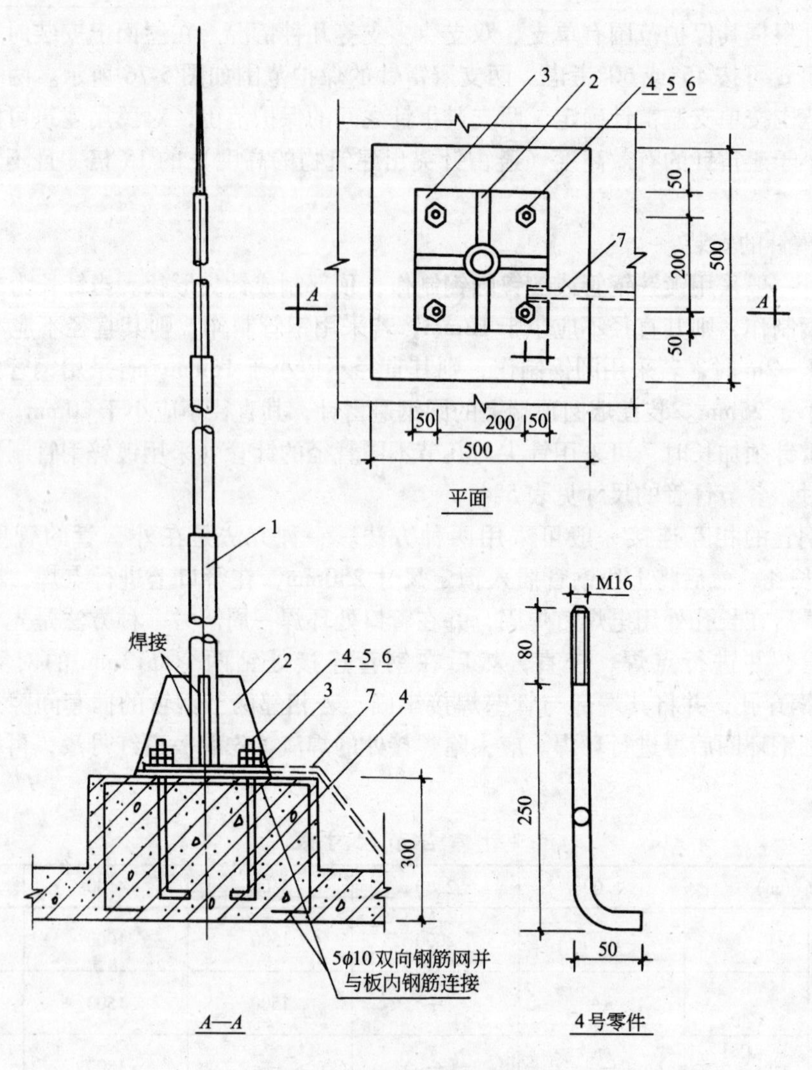

图5-77　避雷针在屋面上安装

1—避雷针；2—肋板；3—底板；4—底脚螺栓；5—螺母；6—垫圈；7—引下线

（二）避雷带

避雷带是沿建筑物易受雷击部位（如屋脊、屋檐、屋角等处）装设的带形导体，用来保护建筑物免受直击雷和感应雷。

避雷带一般采用镀锌扁钢或镀锌圆钢制作。采用镀锌圆钢时其直径不应小于8mm，采用镀锌扁钢时其截面积不应小于48mm^2，厚度为4mm。

避雷带安装在女儿墙或建筑物天沟上时，应先在女儿墙或天沟上安装支架，然后将避雷带与支架焊接连成一体或采用卡固方式固定，如图5-79和图5-80所示。

在女儿墙上安装支架时应尽量随结构施工预埋，否则应在墙体施工时预留不小于100mm×100mm×100mm的孔洞埋设支架（用水泥砂浆注牢）。在直线段应先埋设两端支架，然后拉通线埋设中间支架。直线段支架水平间距为1～1.5m，垂直间距为1.5～2m，转弯处为0.5m，且支架间距应均匀分布。

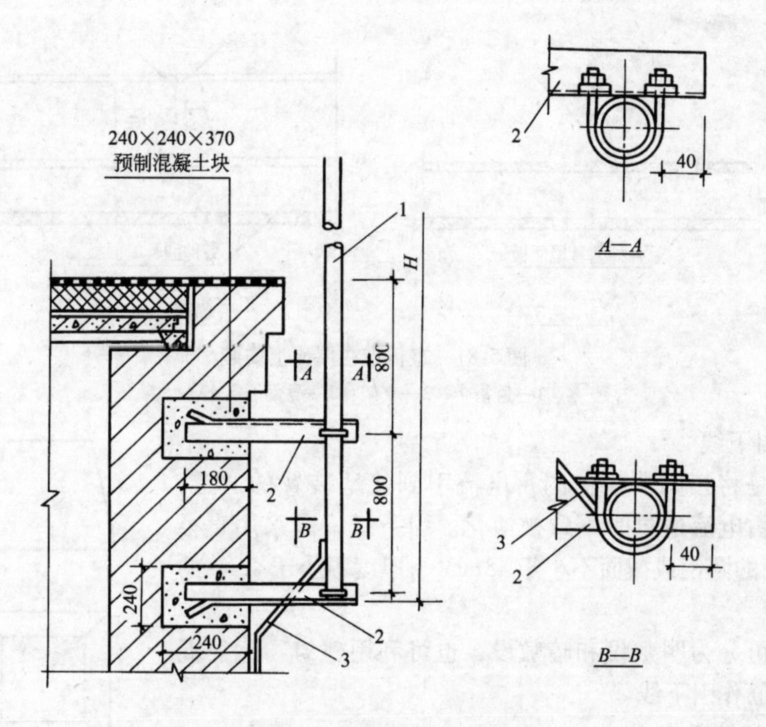

图 5-78　避雷针在山墙上安装

1—避雷针；2—支架；3—引下线

在建筑物天沟上安装支架时，应配合土建先设置好预埋件，再将支架焊接在预埋件上。

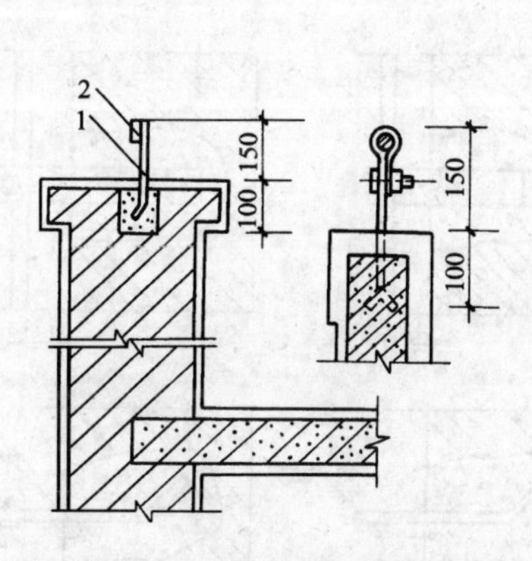

图 5-79　支持卡子在女儿墙上安装

1—支持卡子；2—避雷带

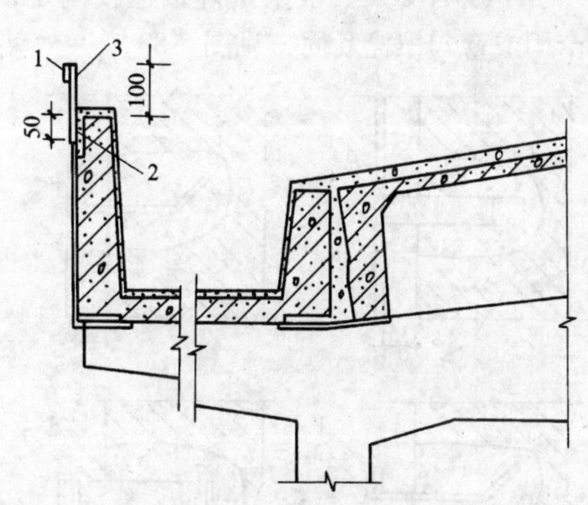

图 5-80　避雷带在天沟上安装

1—避雷带；2—预埋件；3—支架

避雷带沿屋面安装时，一般采用混凝土支座固定。中间支座的间距为 1 ~ 1.5m，且应均匀分布，转弯处支座的间距为 0.5m。安装支座时，应在直线段两端点拉通线，根据间距来确定中间支座位置。避雷带与混凝土支座中支架焊接固定或采用卡固方式固定。避雷带在屋面上的安装及混凝土支座的尺寸分别见图 5-81 和图 5-82。

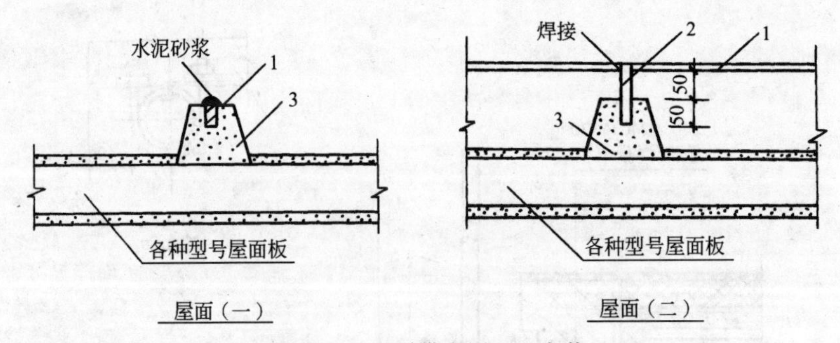

图 5-81 避雷带在屋面上安装

1—避雷带；2—支架；3—混凝土支座

（三）引下线

引下线是将接闪器接受的雷电流引到接地装置的通道，并应保证在雷电流通过时不致被溶化。引下线一般采用直径不小于8mm的圆钢或截面不小于48mm²、厚度不小于4mm的扁钢。

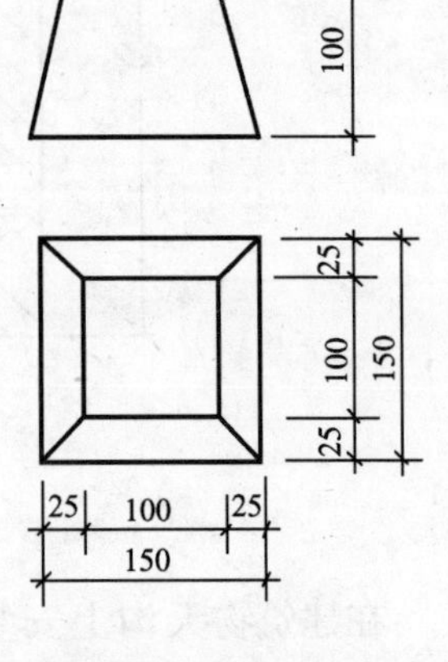

图 5-82 混凝土支座

引下线可分为明敷设和暗敷设，也可利用建筑物钢筋混凝土中的钢筋作引下线。

1. 引下线明敷设

明敷引下线的安装应在建筑物外墙装饰工程完成后进行。安装时，应先在外墙上预埋固定引下线的支架，再将引下线固定在支架上。

引下线与支架一般采用焊接连接固定，也可采用专用套环卡固或弯勾螺栓紧固，见图 5-83。

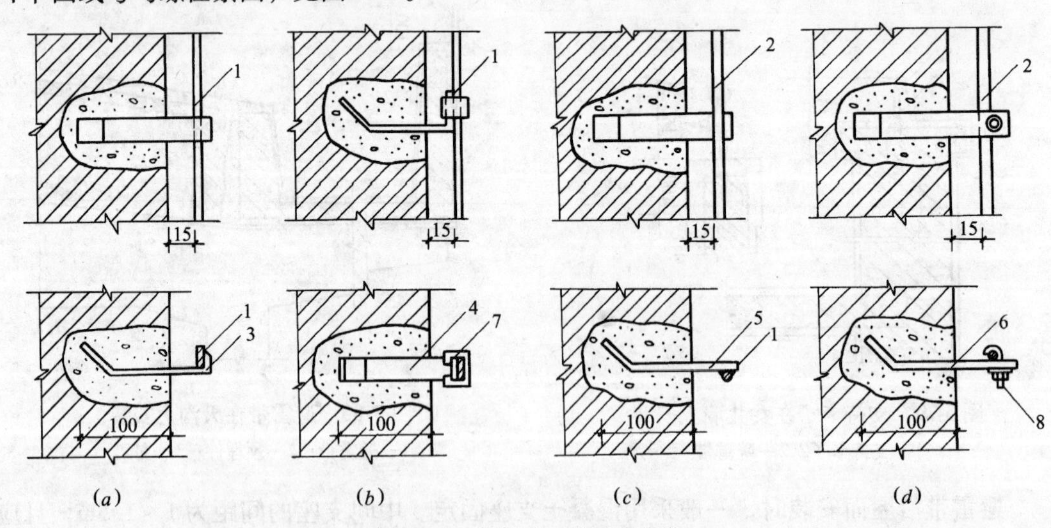

图 5-83 明敷引下线固定安装

(*a*) 用一式固定钩安装；(*b*) 用二式固定钩安装；(*c*) 用一式托板安装；(*d*) 用二式托板安装

1—扁钢引下线；2—圆钢引下线；3— -12×4，*L*=141 支架；4— -12×4，*L*=141 支架；5— -12×4，*L*=130 支架；6— -12×4，*L*=135 支架；7— -12×4，*L*=60 套环；8—M8×59 螺栓

引下线应离开建筑物出入口3m以上，一般应设置在建筑物周围的拐角或山墙背面，以尽量减少行人的接触，避免雷电流对人员的伤害，并应离开外墙上的落水管道。

引下线在敷设前，应在地面上将用作引下线的圆钢或扁钢调直后再进行敷设。

引下线支架的间距为1.5～2m。

2. 引下线暗敷设

引下线暗敷设时可沿砖墙或混凝土构造柱内敷设，并应配合土建主体外墙（或混凝土构造柱）施工。先将作为引下线的圆钢或扁钢调直，与接地体连接好，再由下至上随墙体施工敷设至屋顶与屋顶上的避雷带焊接连接。

暗敷引下线也可安装在建筑物外墙抹灰层内，施工时，应在外墙装饰抹灰前将引下线（圆钢或扁钢）由上至下敷设好，并用卡钉或方卡钉固定，垂直固定距离为1.5～2m。暗敷引下线在外墙抹灰层内安装见图5-84。

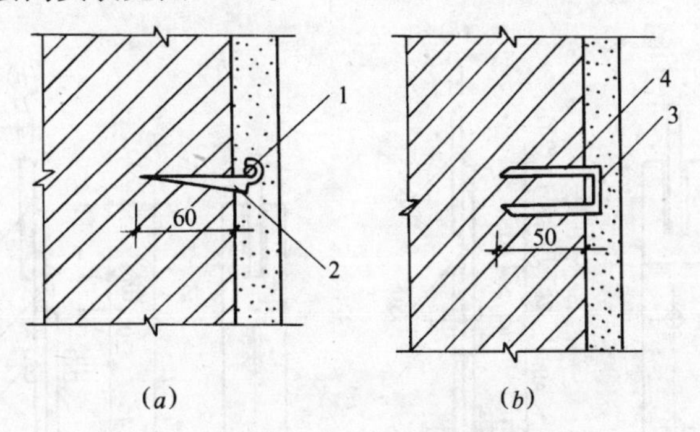

图5-84　暗设引下线在外墙抹灰层内安装

（a）圆钢引下线用卡钉固定；（b）扁钢引下线用方卡钉固定

1—圆钢引下线；2—卡钉；3—扁钢引下线；4—方卡钉

暗敷引下线其敷设路径应尽量短而直，并应注意与墙上的配电箱、电气管线、电气设备以及金属构件、工艺管道的安全距离，以防止雷电流的危险。

3. 利用建筑物钢筋混凝土中的钢筋作引下线

利用建筑物钢筋混凝土中的钢筋做防雷引下线时，必须保证钢筋具有贯通性的电气连接。当钢筋直径为16mm及以上时，应利用两根主钢筋（绑扎或焊接）作为一组引下线；当钢筋直径为10mm及以上时，应利用四根主钢筋（绑扎或焊接）作为一组引下线。引下线的数量不作具体规定。

一级防雷建筑物引下线间距不应大于18m，但建筑物外廓各个角上的柱筋应被利用；二级防雷建筑物引下线间距不应大于20m，但建筑物外廓各个角上的柱筋应被利用；三级防雷建筑物引下线间距不应大于25m，但建筑物外廓易受雷击的几个角上的柱子钢筋宜被利用。

建筑物钢筋混凝土中用做防雷引下线的钢筋，其上部（屋顶上）应与接闪器焊接连接，下部应在室外地坪下0.8～1m处焊出一根直径为12mm的镀锌圆钢或40mm×4mm的镀锌扁钢，伸向室外距外墙皮的距离不小于1m，以保证有测量接地电阻的测量点。

利用建筑物钢筋做引下线，施工时应配合土建按设计要求找出全部钢筋位置，并用油漆做好标记，保证每层钢筋上、下进行贯通性连接（绑扎或焊接），直至顶层。

建筑物内钢筋作为引下线时，其上部（屋顶上）与接闪器相连的钢筋不应做绑扎连接，必须采用焊接连接，焊接长度不应小于钢筋直径的6倍，且应在两面进行焊接。

在建筑结构完成后，必须通过测试点测试接地电阻，如果达不到设计要求，可在柱（或墙）距室外地下0.8～1m处焊一钢筋，引到室外，长度不小于1.5m。

4. 安装断接卡子

建筑物上的防雷设施采用多根引下线时，为便于测量接地电阻及检查引下线的连接情况，宜在各引下线距地面的1.5～1.8m处设置断接卡子。

断接卡子可采用40×4或25×4的镀锌扁钢制作，并用两根镀锌螺栓将断接卡子拧紧。圆钢引下线与断接卡子采用搭接焊接，其搭接长度不应小于圆钢直径的6倍，且应在两面进行焊接。

断接卡子明装和暗装的安装方法分别见图5-85和图5-86。

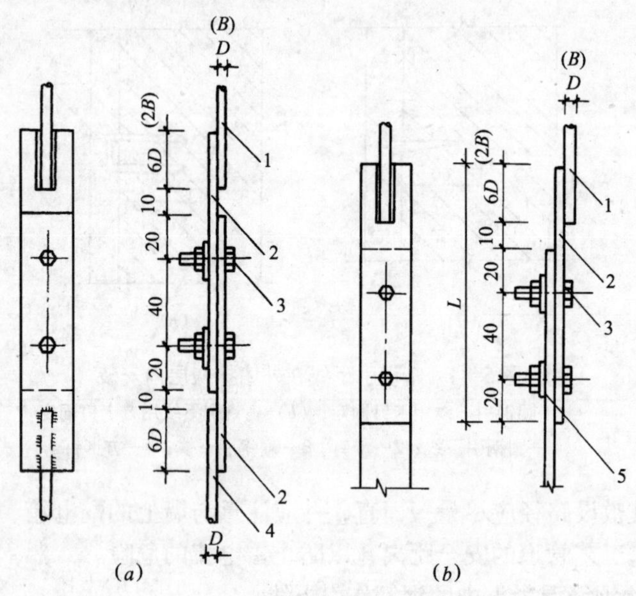

图5-85　明装引下线断接卡子安装

(*a*) 用于圆钢连接线；(*b*) 用于扁钢连接线；*D*—圆钢直径；*B*—扁钢宽度

1—圆钢引下线；2—－25×4，*L*=90+6*D*连接板；3—M8×30镀锌螺栓；4—圆钢接地线；5—扁钢接地线

5. 明敷防雷引下线保护管安装

防雷引下线采用明敷设时，应在断接卡子下部外套竹管、硬塑料管、角铁或开口钢管保护，以防止受到机械损伤。

引下线保护管（或保护角铁）深入地下部分不应小于300mm，如图5-87所示。

6. 引下线的连接

引下线需要连接时，应采用搭接焊接连接的方法，其搭接长度应符合要求。扁钢引下线的搭接长度不应小于扁钢宽度的2倍，且最少在三个棱边处焊接；圆钢引下线的搭接长度不应小于圆钢直径的6倍，且应在两面焊接。

明敷引下线其接头处应与支持卡子相互错开，焊缝应饱满并有足够的机械强度，不得有夹渣、咬肉、裂纹、虚焊及气孔等缺陷。焊接处应刷红丹防锈漆和银粉做防腐处理（刷

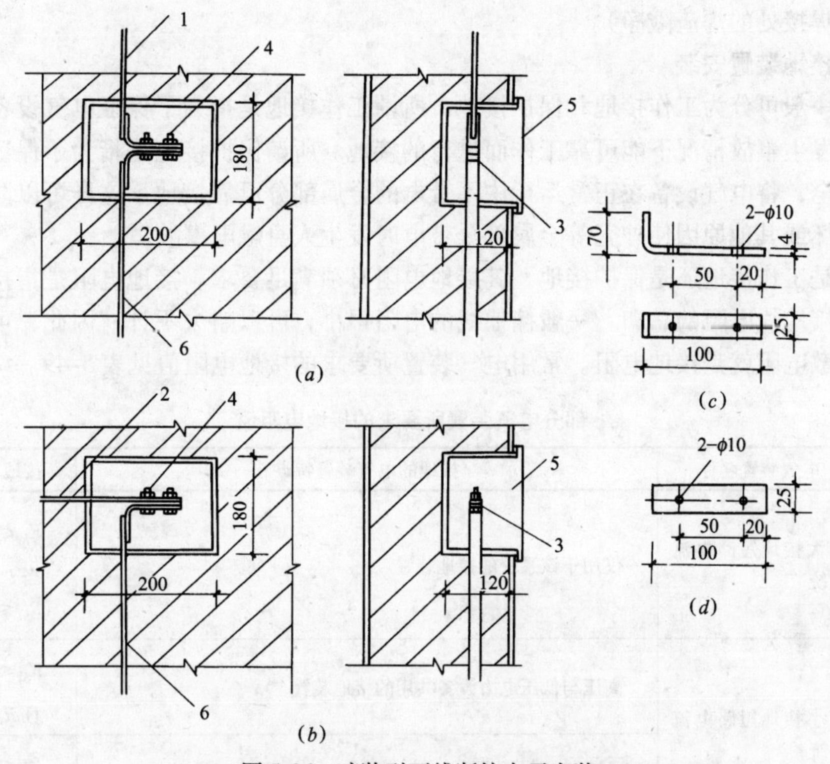

图 5-86　暗装引下线断接卡子安装

（*a*）专用暗装引下线；（*b*）利用柱筋作引下线；（*c*）连接板；（*d*）垫板

1—专用引下线；2—至柱筋引下线；3—断接卡子；4—M10×30 镀锌螺栓；5—断接卡子箱；6—接地线

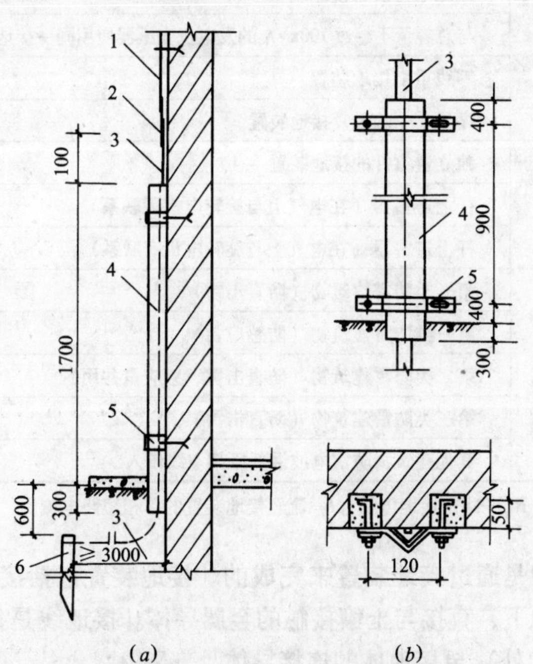

图 5-87　明装防雷引下线保护设施做法

（*a*）安装示意图；（*b*）保护角钢设施

1—引下线；2—断接卡；3—接地线；4—保护设施；5—扁钢卡子；6—接地体

漆前应将焊接处的焊渣敲净)。

六、接地装置安装

接地一般可分为工作接地和保护接地。所谓工作接地是指为了保证电气设备在系统正常运行和发生事故情况下能可靠工作而进行的接地。所谓保护接地是指为了保证人身安全和设备安全,将电气设备在正常运行中不带电的金属部分可靠接地。这样可以防止电气设备绝缘损坏或其他原因使外壳等金属部分带电时发生人身触电事故。

无论是工作接地还是保护接地,其接地电阻必须满足要求。接地电阻是指接地体的流散电阻与接地线电阻的总和。一般接地线的电阻很小,可以略去不计。因此,可以认为接地体的流散电阻就是接地电阻。常用电气装置所要求的接地电阻值见表5-49。

部分电气装置所要求的接地电阻值 **表5-49**

序号	电气装置名称	接地的电气装置特点	接地电阻(Ω)
1	大接地短路电流系统	仅用于该系统的接地装置	$R_{jd}\leqslant\frac{2000}{I}$ 当 $I>4000$A 时,$R_{jd}\leqslant0.5$
2	小接地短路电流系统	高压与低压电力设备共用的接地装置	$R_{jd}\leqslant\frac{120}{I}$ 且 $R_{jd}\leqslant10$
3		仅用于高压电力设备的接地装置	$R_{jd}\leqslant\frac{250}{I}$ 且 $R_{jd}\leqslant10$
4	1kV 以下系统	低压电力设备接地装置	$R_{jd}\leqslant4$
5		与总容量不超过100kVA的发电机变压器使用同一接地装置	$R_{jd}\leqslant10$
6		零线重复接地装置	$R_{jd}\leqslant10$
7		序号5中的重复接地装置	$R_{jd}\leqslant30$
8	防雷设备	独立避雷针的接地装置	$R_{jd}\leqslant10$
9		杆上避雷器(在电气上与旋转电机无联系)	$R_{jd}\leqslant10$
10		杆上避雷器(在电气上与旋转电机有联系)	$R_{jd}\leqslant5$
11	建筑物	第一类防雷建筑物(防直击雷)	$R_{ej}\leqslant10$
12		第一类防雷建筑物(防感应雷)	$R_{ej}\leqslant10$
13		第二类防雷建筑物(防直击雷、感应雷共用)	$R_{ej}\leqslant10$
14		第三类防雷建筑物(防直击雷)	$R_{ej}\leqslant30$
15		其他建筑物防雷电波沿低压架空线侵入	$R_{ej}\leqslant30$

注:R_{jd}—工频接地电阻;R_{ej}—冲击接地电阻;I—流经接地装置的单相短路电流。

一般电气装置接地是通过接地装置来完成的。接地装置包括接地体和接地线两部分。其中接地体是指埋入地下,直接与土壤接触的金属导体。接地线是指电气设备需接地的部分(或从引下线断接卡处)至接地体的连接导体。

(一)接地装置的选择

1. 接地体的选择

接地体可分为自然接地体和人工接地体两种。自然接地体是指直接与大地接触的各种金属管道（输送易燃、易爆气体或液体的管道除外）、金属构件、金属井管及钢筋混凝土基础等。人工接地体是指人为埋入地下的金属导体，按其敷设方式可分为垂直接地体和水平接地体。垂直接地体一般采用镀锌角钢（可选用 *L*40mm × 40mm × 5mm 或 *L*50mm × 50mm ×5mm 两种规格）或镀锌钢管（一般直径为 50mm、壁厚不小于 3.5mm），水平接地体一般采用 25mm ×4mm 的扁钢或直径为 10mm 的圆钢。钢接地体的规格不应小于表 5-50 中所要求的数值。

选择接地体时，在可能条件下应尽量选择自然接地体，以便节约钢材，降低工程成本。但在选择自然接地体时必须保证自然接地体全长有可靠的电气连接，以形成为连续的导体，同时应采用两根以上导体在不同地点与接地干线相连。

钢接地体和接地线的最小规格 **表 5-50**

种类规格及单位		地上		地下
		室内	室外	
圆钢直径（mm）		5	6	8（10）
扁钢	截面（mm^2）	24	48	48
	厚度（mm）	3	4	4（6）
角钢厚度（mm）		2	2.5	4（6）
钢管管壁厚度（mm）		2.5	2.5	3.5（4.5）

注：括号内数值系指直流电力网中经常流过电流的接地线和接地体的最小规格。

2. 接地线的选择

接地线也可分为自然接地线和人工接地线两种。自然接地线如建筑物的金属结构（金属梁、柱等）及设计规定的混凝土结构内部的钢筋、生产用的金属结构（起重机的轨道、配电装置的构架等）、配线的钢管（钢管壁厚不应小于 1.5mm，以免锈蚀成为不连续导体）及不会引起燃烧、爆炸的所有金属管道。人工接地线一般都采用扁钢或圆钢制作，其最小尺寸应符合表 5-50 中的要求。

选择自然接地线时，应保证其全长有可靠的连接，以形成连续的导体。

（二）人工接地装置的安装

1. 人工接地体的安装

人工接地体可分为垂直接地体和水平接地体，我们在此主要介绍垂直接地体的安装。

垂直接地体可采用镀锌角钢或镀锌钢管，通常在坚实土壤中采用钢管接地体，在一般土壤中采用角钢接地体。

（1）垂直接地体的加工　垂直接地体的长度一般为 2.5m，若采用镀锌角钢，则将角钢的一端加工成尖头形状；若采用镀锌钢管，则将钢管的一端加工成扁尖形或斜面形或圆锥形，如图 5-88 所示。为防止锤打接地体时产生接地体弯曲、打劈等现象，通常在角钢接地体上端部焊上一段长约 100mm 的加强短角钢，在钢管接地体上端部用圆钢加工一个护管帽，套入钢管内，如图 5-89 所示。

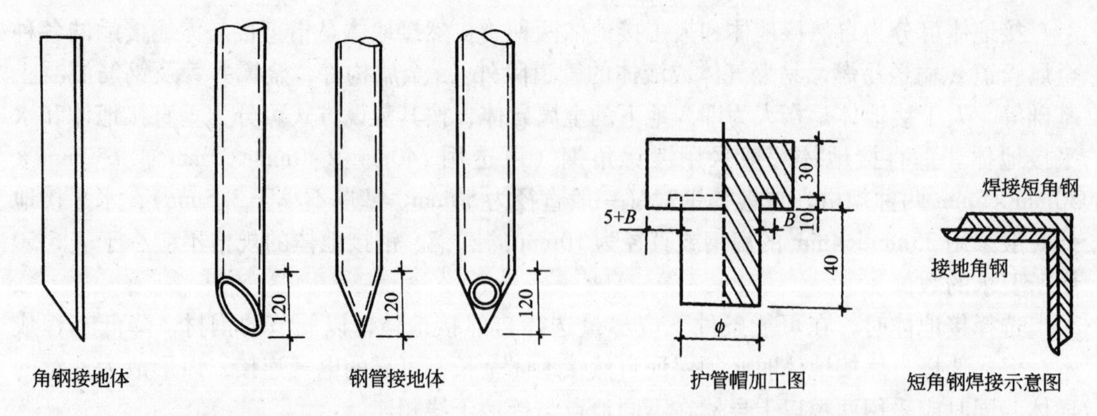

图 5-88　接地体端部加工形状

图 5-89　接地钢管和角钢的加固方法
ϕ—钢管直径；B—钢管管壁厚度

（2）挖洞　装设接地体前，应按设计图纸确定的位置及线路走向先挖沟，以便打入接地体和敷设连接接地体的扁钢。为使接地装置不遭到破坏及接地电阻的稳定，接地体顶端埋设于地下的深度不应小于0.6m，所以沟深一般为0.8～1m，沟宽约为0.5m，沟的上端应稍宽，沟底部应稍窄。在接地体位置处，应挖一个较宽的坑，以利于锤击接地体与焊接接地体间的扁钢连线。

挖沟时，附近如果有建筑物或构筑物，则沟的中心线与建筑物或构筑物的距离不宜小于1.5m。

（3）安装接地体　挖好沟以后，应尽快将接地体锤打到地中。锤打时，应使接地体与地面保持垂直，并按设计位置将接地体打在沟的中心线上，当接地体顶端露出沟底150～200mm时（沟深为0.8～1m），就可停止打入。垂直接地体之间的距离不宜小于接地体长度的2倍。接地体与地下电缆、管道等交叉时，相距不应小于100mm，平行时不应小于300～350mm。

2. 人工接地线安装

（1）垂直接地体的连接　垂直接地体间的连接，一般采用40mm×4mm 的镀锌扁钢。连接时，先将扁钢调直，然后用电焊与接地体依次连接。扁钢应立放以减小其流散电阻及便于焊接。扁钢与钢管（或角钢）。除应在其接触部位两侧进行焊接外，还应焊上用钢带弯成的弧形（或直角形）卡子，或将钢带本身弯成弧形（或直角形）直接焊接在钢管（或角钢）上。其连接方法见图5-90。

当焊接确认牢固无虚焊时，即可对焊接部位涂刷沥青油以防腐。

（2）接地平线与接地支线的安装　室外接地干线与接地支线在安装前应按设计要求挖沟，沟的深度不得小于0.5m，然后将接地干线与接地支线安装在沟内，其末端应露出地面0.5m，以便引接。接地干线与接地体及接地支线均采用焊接连接，焊接部位应涂刷沥青油防腐。

室内接地线是供室内的电气设备接地使用的，一般多采用明敷方式，可敷设在墙上、母线架上及电缆构架上。因设备的接地需要也可暗敷在地面或混凝土层中。

接地线在室内沿墙敷设时，有时需穿过墙体或楼板，为保护接地线和便于检查，可在

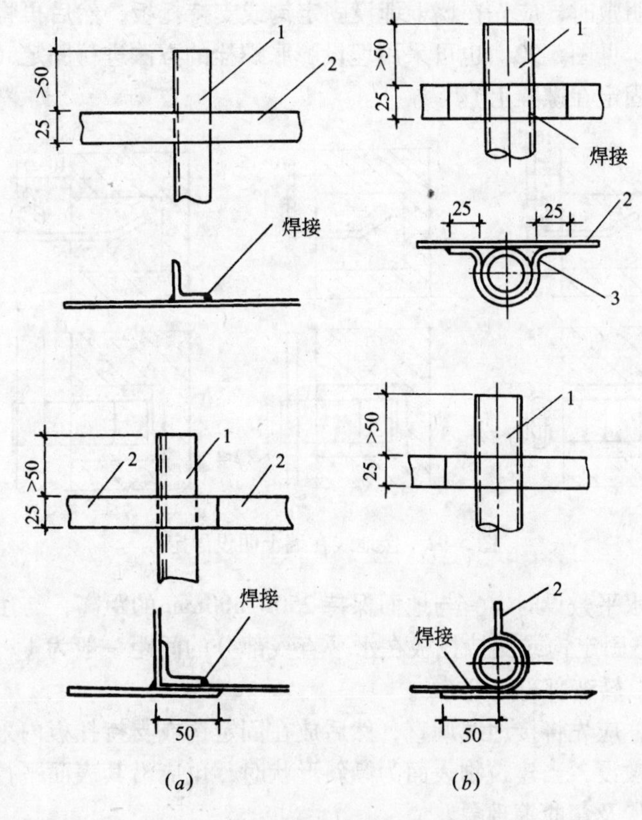

图 5-90　接地体与连接扁钢的焊接

1—接地体；2—扁钢；3—卡箍

墙体内加设保护套管或预留孔。保护套管可采用厚度为 1mm 以上的钢板制作成圆形或方形。预留孔的位置一般距墙壁表面的距离为 15 ~ 20mm，其尺寸应与接地线规格相适应，一般应比接地线的宽度、厚度各大 6mm 左右为宜。保护套管的安装及预留孔尺寸见图 5-91。

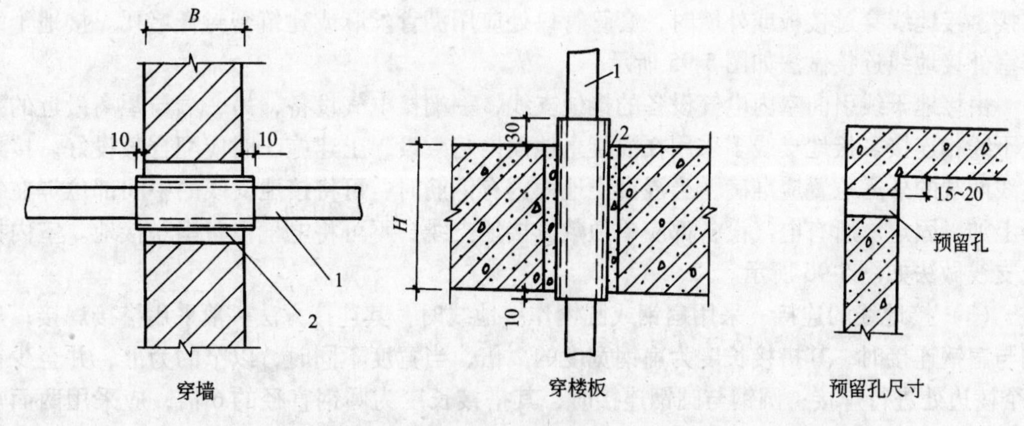

图 5-91　保护套管安装及预留孔尺寸

1—接地线；2—套管

接地线在墙上明敷时，应先在墙上埋设固定钩或支持托板，然后再将接地线固定在固定钩或支持托板上，见图 5-92。也可采用埋设膨胀螺栓的方法进行固定（在扁钢接地线上钻孔，用螺母将其固定在螺栓上）。

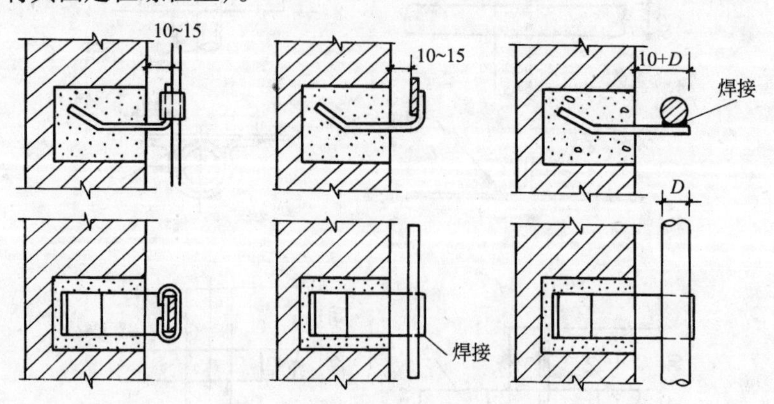

图 5-92　接地线在墙上明设固定

接地线在墙上水平敷设时，宜与地面保持 250 ~ 300mm 的距离，与建筑物墙壁间保持 10 ~ 15mm 的间隙。固定钩或支持托板在水平直线部分的间距一般为 1 ~ 1.5m，垂直部分的间距为 1.5 ~ 2m，转弯部分为 0.5m。

敷设接地线时，应先将接地线调直，然后放在固定钩或支持托板内采用焊接固定。接地线应水平或垂直敷设，当建筑物表面为倾斜形状时，也应沿其表面平行敷设。在直线段上，不应有高低起伏及弯曲等现象。

接地线跨越建筑物伸缩缝、沉降缝时，应设置补偿器。补偿器可用接地线本身弯成弧状来代替，也可先将该处的接地线断开，然后用 $50mm^2$ 的软裸铜线或弯成弧形的 $\phi12$ 圆钢跨接在接地线两端，如图 5-93 所示。

接地线跨越门时，可将接地线埋入门口的地中或从门的上方通过，如图 5-94 所示。

接地干线由室内引向室外接地网时，为保证接地的可靠性，接地干线应在不同的两点及以上与接地网相连接。为便于测量接地电阻，室内接地干线与室外接地线必须采用螺栓连接。接地线穿过楼板或外墙时，套管管口处应用沥青丝麻或建筑密封膏堵死。接地干线与室外接地线连接做法如图 5-95 所示。

由接地干线引向室内电气设备的接地支线，一端接电气设备，另一端与距离最近的接地干线相连接。接地支线多采用在混凝土地面内暗敷设，土建施工时应配合敷设好。接地支线两端的外露位置应准确，当混凝土地面内有钢筋时，可将接地支线的中间部位焊在钢筋上加以固定。所有电气设备都应单独敷设接地支线，不可将电气设备串联接地。室内接地支线做法如图 5-96 所示。

（3）接地线的连接　采用扁钢或圆钢作接地线时，其连接方法一般采用搭接焊接；扁钢与扁钢连接时，其搭接长度为扁钢宽度的 2 倍，当宽度不同时，以窄的为准，并至少在 3 个棱边处进行焊接；圆钢与圆钢连接时，其搭接长度为圆钢直径的 6 倍，应采用两面焊接；圆钢与扁钢连接时，其搭接长度为圆钢直径的 6 倍，也应在两面焊接。接地线不同形式的连接做法如图 5-97 所示。

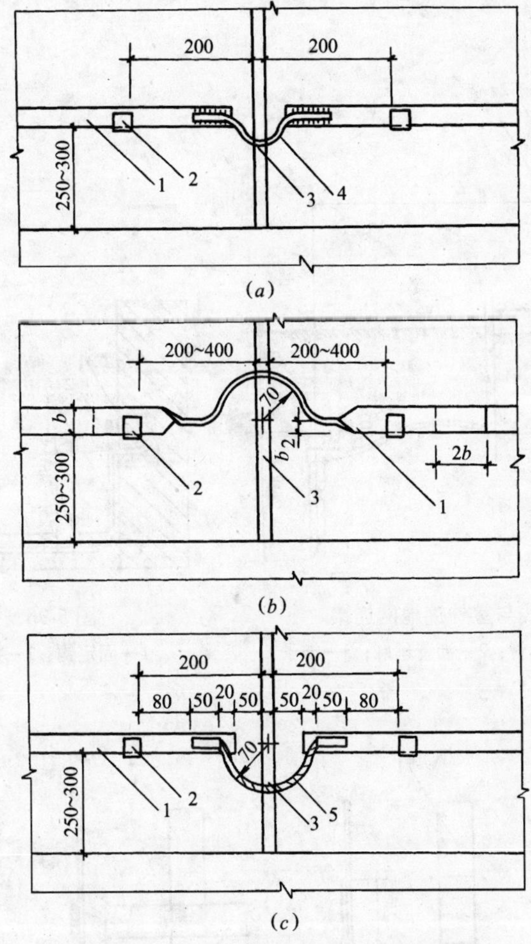

图 5-93 接地线在伸缩、沉降缝处做法

(a) 圆钢跨接线；(b) 扁钢跨接线；(c) 软铜绞线跨接线

1—接地线；2—支持件；3—变形缝；4—圆钢；5—50mm² 裸铜软绞线

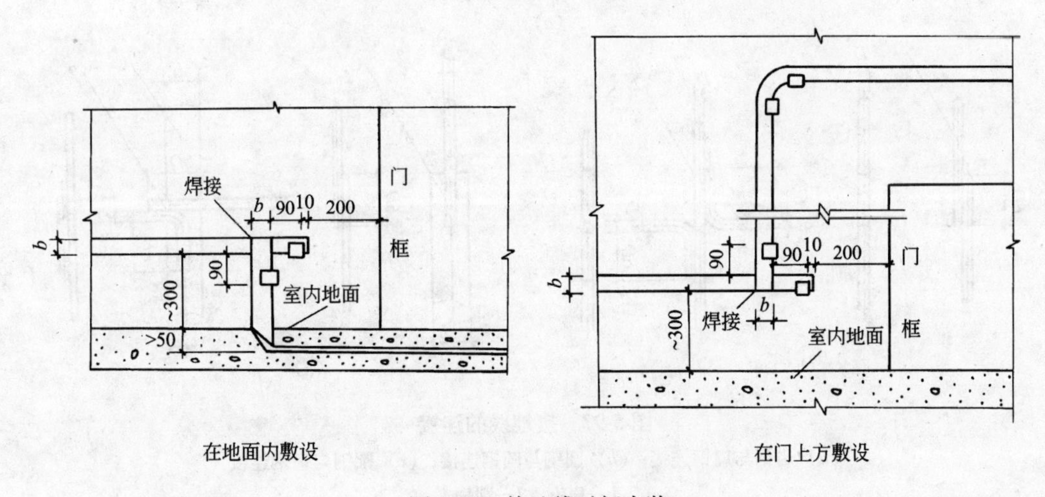

图 5-94 接地线过门安装

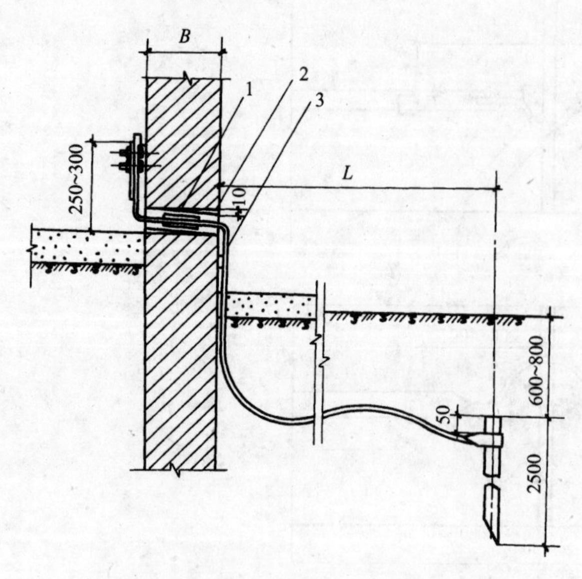

图 5-95 接地干线与室外接地网连接

L—工程设计尺寸；1—套管；2—沥青丝麻；3—卡子

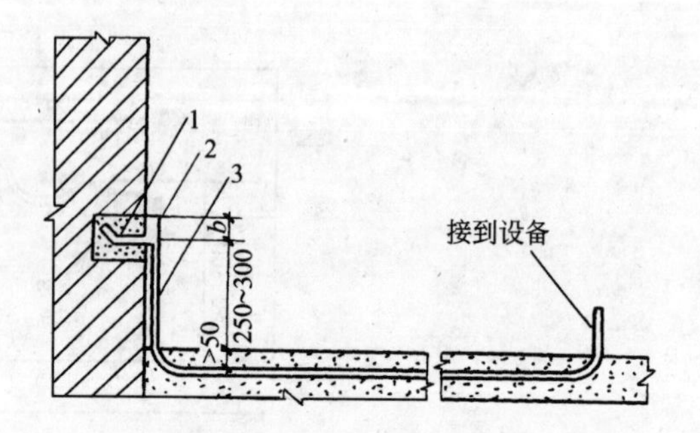

图 5-96 接地分支线做法

1—固定钩；2—接地干线；3—接地支线

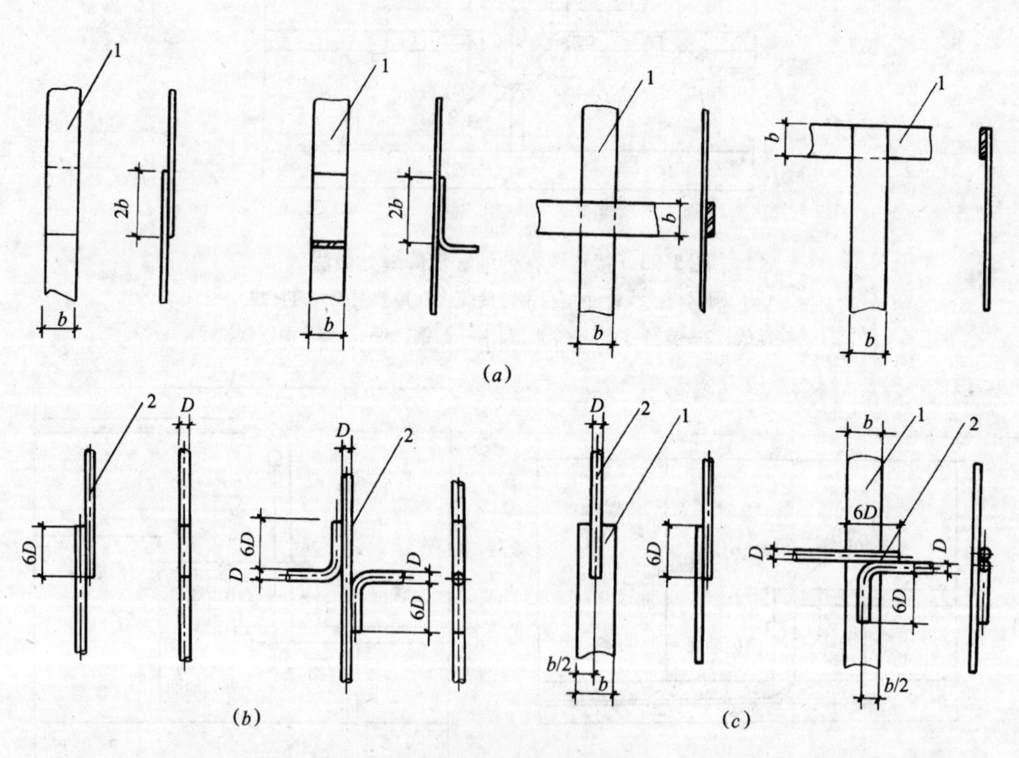

图 5-97 接地线的连接

(*a*) 扁钢与扁钢连接；(*b*) 圆钢与圆钢连接；(*c*) 圆钢与扁钢连接

1—扁钢；2—圆钢

（4）接地线与金属管道连接　接地线与金属管道连接时，应在靠近建筑物的进口处焊接。若不能采用焊接连接时，应用卡箍连接，卡箍的内表面应搪锡。管道的连接处表面应刮试干净，安装完毕后涂沥青。管道上的水表、法兰、阀门等处应用裸铜线将其跨接。接地线与金属管道的连接如图 5-98 所示。

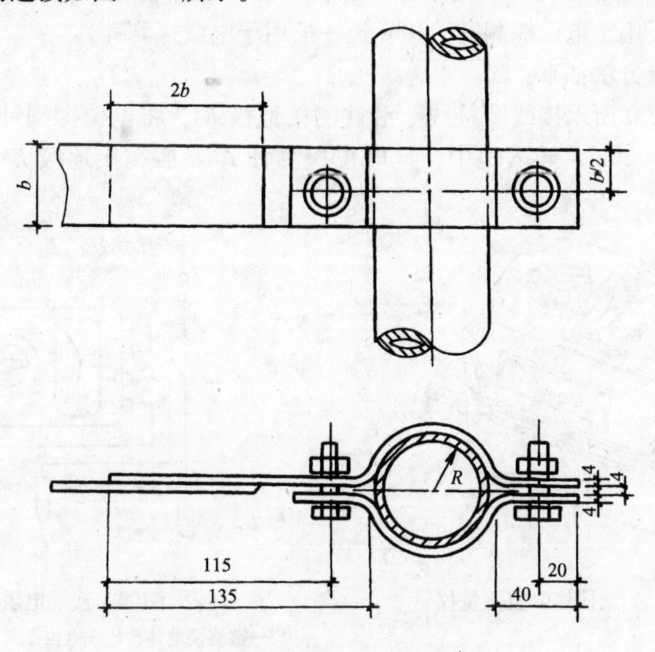

图 5-98　接地线与埋地管道的连接

七、接地线外观检查与涂色

接地线安装后应对其外露部分以及电气设备的接地部分进行外观检查。

检查电气设备是否按接地的要求接有接地线，各接地线的螺栓连接是否可靠，螺栓连接处是否使用了弹簧垫圈。

检查接地线是否完整、平直和连续，接地线穿过建筑物的墙壁、基础和经过建筑物伸缩缝处是否加装了保护套管和补偿装置，利用电线管、行车轨道等作接地干线时，各分段处是否有良好的焊接。

明敷接地线表面应涂以 15～100mm 宽度相等的绿色和黄色相间的条纹。在每个导体的全部长度上或只在每个区间或每个可接触到的部位上宜作出标志。当使用胶带时，应使用双色胶带。中性线宜涂淡蓝色标志。

在接地线引向建筑物内的入口处和检修用临时接地点处，均应刷白色底漆后标以黑色记号“≟”。

八、接地电阻的测量

接地装置的接地电阻是接地体的对地电阻和接地线电阻的总和。接地体的接地电阻又称为流散电阻，其数值比接地线的电阻大得多，所以接地电阻一般可认为等于流散电阻。接地电阻的数值等于接地装置对地电压与通过接地体流入地中电流的比值。

（一）接地电阻的测量方法

接地电阻的测量方法很多，目前使用最多的是采用接地电阻测量仪（接地摇表）

测量。

常用的接地电阻测量仪有 2C-8 型和 ZC-29 型两种。图 5-99 是 ZC-8 型接地电阻测量仪的外形，主要是由手摇发电机、电流互感器、滑线电阻及零指示器等几部分组成。另外附接地探测针两支（电位探测针和电流探测针各一支），导线 3 根（其中 5m 长一根用于接地极，20m 长一根用于电位探测针，40m 长一根用于电流探测针）。

接地电阻测量方法如下：

（1）按图 5-100 所示接线图接线。沿被测接地极 E'，将电位探测针 P' 和电流探测针 C' 依直线彼此相距 20m，插入地中，且电位探测针 P' 要插在接地极 E' 和电流探测针 C' 之间。

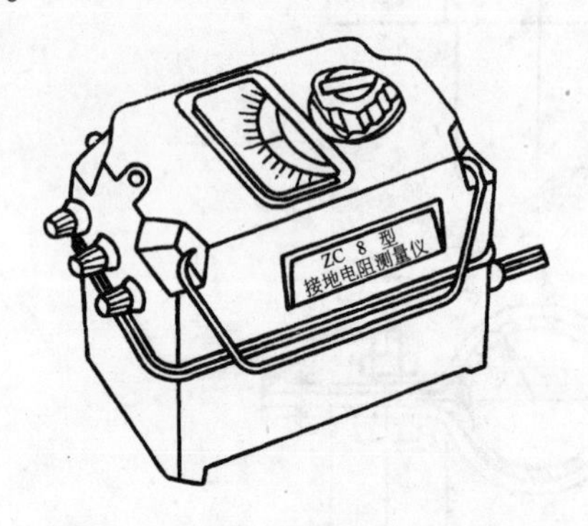

图 5-99　ZC-8 型接地电阻测量仪

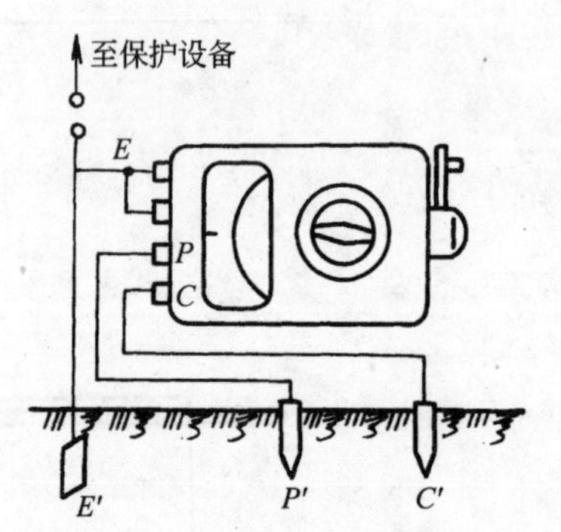

图 5-100　接地电阻测量接线

E'—被测接地体；P'—电位探测针；C'—电流探测针

（2）用仪表所附的导线分别将 E'、P'、C' 连接到仪表相应的端钮 E、P、C 上。

（3）将仪表水平放置，调整零指示器，使零指示器指针指到中心线上。

（4）将“倍率标度”置于最大倍数，慢慢转动发电机的手柄，同时旋动“测量标度盘”，使零指示器的指针指于中心线。当零指示器指针接近中心线时，加快发电机手柄转数，并调整“测量标度盘”，使指针指于中心线。

（5）如果“测量标度盘”的读数小于 1 时，应将“倍率标度”置于较小倍数，然后再重新测量。

（6）当指针完全平衡指在中心线上后，将此时“测量标度盘”的读数乘以倍率标度，即为所测的接地电阻值。

使用接地电阻测量仪测量接地电阻时，应注意以下问题：

（1）若“零指示器”的灵敏度过高时，可将电位探测针在土壤中插浅一些，若其灵敏度不够时，可沿电位探测针和电流探测针注水使其湿润。

（2）测量时，必须将接地线路与被保护的设备断开，以保证测量数据准确。

（3）当接地极 E' 和电流探测针 C' 之间的距离大于 20m 时，电位探测针 P' 的位置插在 E'、C' 之间直线几米以外时，则测量误差可以不计，但当 E'、C' 间的距离小于 20m 时，则应将电位探测针 P' 正确地插于 $E'C'$ 直线中间。

（4）当用 0 ~ 1/10/100Ω 规格的接地电阻测量仪测量小于 1Ω 的接地电阻时，应将 E 的联接片打开，然后分别用导线连接到被测接地体上，以消除测量时连接导线的电阻造成附加测量误差。

（二）降低接地电阻的措施

接地体的流散电阻与土壤的电阻有直接关系。土壤电阻率愈低，接地体的流散电阻也就愈低，接地电阻就愈小。但在砂质、岩石以及长期冰冻的电阻率较高的土壤中装设人工接地体，往往很难达到设计所要求的接地电阻值，所以需采取适当的措施来降低接地电阻以满足设计要求。其常用方法如下：

1. 换土

用电阻率较低的土壤（如黏土、黑土等）换电阻率较高的土壤。置换范围是在接地体周围0.5m以内和接地体长度的上部1/3处。

2. 增加接地体埋设深度

当碰到地表面岩石或高电阻率土壤不太厚，而下部就是低电阻率土壤时，可采用将接地体埋深的方法降低接地电阻。用人工深埋接地体施工难度较大，须采用振动器等机械方法才能达到深埋的目的。因此，在确定采用此法时，除应先实测深层土壤的电阻率是否符合要求外，还要考虑有无机械设备，能否适宜采用机械化施工，否则也无法进行深埋工作。

3. 人工处理

在接地体周围土壤中加入降阻剂，以降低土壤电阻率。一般可在接地体周围土壤中加入煤渣、木炭、炭黑等，或用氯化钙、食盐等溶液浸渍周围土壤，对降低土壤电阻率更为有效。另外还有采用木质素等长效化学降阻剂，效果也十分显著。

4. 外引式接地

当接地处土壤电阻率很大而在接地处附近有导电良好的土壤或有不冰冻的湖泊、河流时，可采用外引式接地。对于必须装设外引式接地的电气设备与外引式接地装置至少要有两处相连，连接线一般采用扁钢或圆钢，在特别容易锈蚀地区，则应采用软铜线，以免锈蚀。

第十三节　火灾自动报警系统安装

火灾自动报警系统一般由火灾探测器、建筑物布线及火灾报警控制器三部分组成。它可以自动捕捉火灾监测区域内发生火灾时的烟雾或热气，从而能够发出声光报警，并能控制自动灭火系统。

一、火灾探测器

（一）火灾探测器的种类

探测器的固定主要是底座的固定。常用的探测器底座就其结构形式有普通底座和编码型底座、防暴底座、防水底座等专用底座。按其安装方式有明装和暗装两种，底座又可以区分成直接安装和用预埋盒安装。

需要与专用盒配套安装的探测器，盒体应与土建工程配合预埋施工，底座外露建筑物表面的如图5-101所示。预埋施工时，应根据施工图中探测器位置和有关规定，确定探测器的实际位置，将专用盒或灯位盒及配管一并埋入到楼板层内。

探测器底座与各种预埋盒一般用两个螺钉进行固定。当使用灯位盒安装时，应根据探测器底座固定螺钉的间距和直径选择相配套的灯位盒。

探测器的底座明装时，一般可以直接安装在建筑物室内装饰吊顶的顶板上，如图5-102所示。

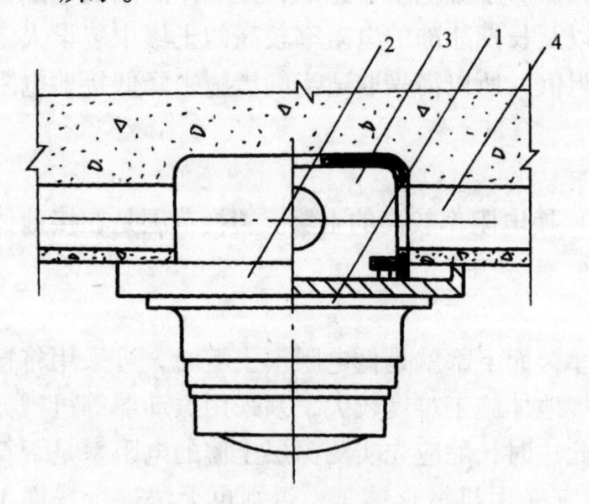

图 5-101　探测器用预埋盒安装

1—探测器；2—底座；3—预埋盒；4—配管

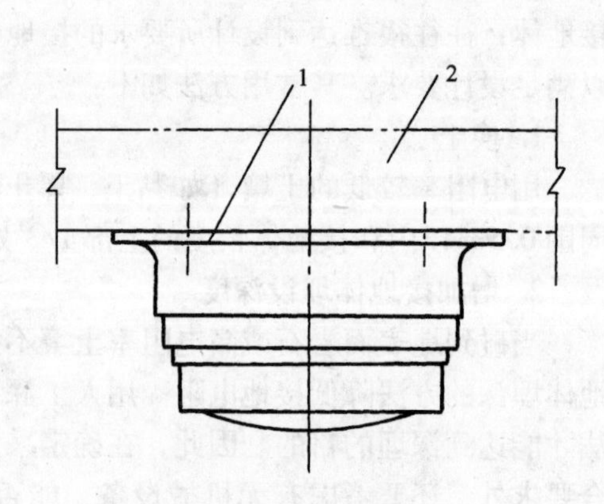

图 5-102　探测器在吊顶顶板上安装

1—探测器；2—吊顶顶板

由于探测器的型号、规格繁多，其安装方式各异，所以在施工图下发后应仔细阅读图纸和产品样本，了解产品的技术说明书，做到正确的安装，达到合理使用的目的。

（二）探测器的接线与安装

探测器的接线实质上就是探测器底座的接线。在实际施工中底座的安装和接线是同时进行的。

安装探测器底座时，先将预留在盒内的导线剥去绝缘层，露出线芯 10～15mm，剥线时，注意不要碰掉编号套管。将剥好的线芯顺时针连接在探测器底座的各级相对应的接线端子上，需要焊接连接时，导线剥头应焊接焊片，通过焊片接于探测器底座接线端子上。

火灾探测器的生产厂家很多，其规格与型号也不一样，故接线方法也有所不同。在接线和安装时，应参照产品说明书进行接线。线接好后，将底座用配套的机螺栓固定在预埋盒上，并上好防潮罩。经检查无误后，再拧上探测器的探头。

二、火灾报警控制器

火灾报警控制器是火灾自动报警系统的重要组成部分，它是用来接收火灾探测器发出的火警电信号，并将此火警信号转换为声、光报警信号并显示着火部位或报警区域。

火灾报警控制器可分为区域报警控制器和集中报警控制器两种。

区域报警控制器是一种能直接接收火灾探测器或中继器发来的报警信号的多路火灾报警控制器，是由声、光报警单元、记忆单元、输出单元、检查单元、电源单元等电子电路组成。

声、光报警单元的作用是将本区域各探测器送来的火灾信号转换为报警，即发出声响警报，并在显示器上以光的形式显示出着火部位（地址及火警等级）。

记忆单元的作用是记下第一次报警时间。当有火灾信号输入时，电子钟停走，记下报警时间，为调查起火原因提供时间依据。

输出单元一方面将本区域内火灾信息送到集中报警装置（或消防中心控制室）上显示火灾报警，另一方面向有关联锁子系统和联动子系统输出操作指令。

检查单元是为防止区域报警装置与探测器间的连接发生断路、探测器接触不良或探测器被取走等故障出现而设置的，亦称故障自动监测电路。当线路出现故障，则故障显示黄灯亮，故障声警报也动作。

电源单元可将220V交流电转换为本装置所需的高稳定度的直流工作电压24V、18V、10V、1.5V等，以满足本装置的正常工作，并同时向本区域各探测器供电。

集中报警控制器是一种能接收区域报警控制器发来的报警信号的多路火灾报警控制器，并能显示出火灾区域和部位与故障区域，发出声、光报警信号。集中报警控制器的工作原理与区域报警控制器类似，主要由声报警单元、光报警单元、巡回检测单元、记时单元、电源单元等电路组成。

火灾报警控制器分为台式、壁挂式和落地式3种。区域火灾报警控制器一般为壁挂式，可以直接安装在墙上，也可以安装在支架上，如图5-103所示。墙壁内需设分线箱，所有探测线路汇集于箱内再引出至报警器下部的端子排上。报警控制器底边距地面高度一般不应小于1.5m，靠近其门轴的侧面距墙不应小于0.5m，正面操作距离不应小于1.2m。

在墙上安装时应先根据施工图位置确定控制器的具体位置，然后进行钻孔（孔应垂直墙面），采用膨胀螺栓固定。

在支架上安装时应先将支架加工好，并钻好固定螺栓的孔眼，然后将支架固定在墙上，控制器固定在支架上。支架应做防腐处理。

集中火灾报警控制器一般为落地式安装，柜下面有进出线地沟，如图5-104所示。

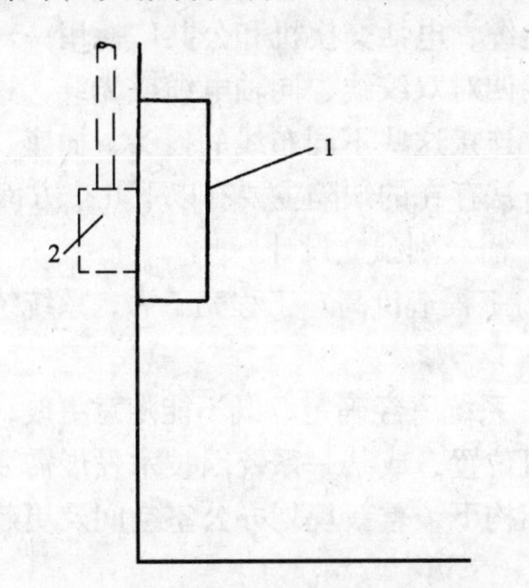

图5-103　区域火灾报警控制器安装

1—区域火灾报警控制器；2—分线箱

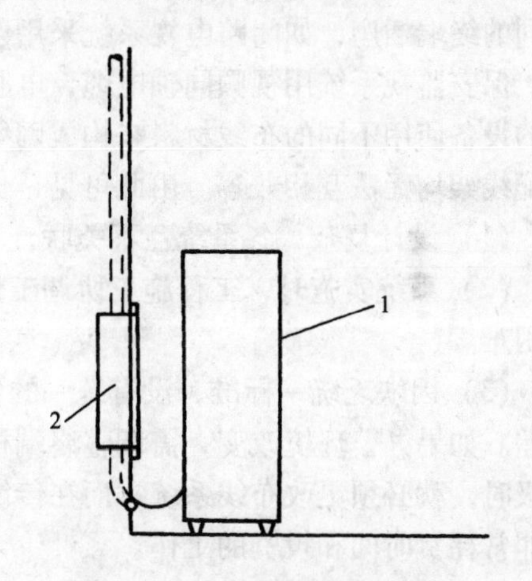

图5-104　集中火灾报警控制器安装

1—集中火灾报警控制器；2—分线箱

集中火灾报警控制器的正面操作距离，当设备单列布置时不应小于1.5m，双列布置时不应小于2m，在值班人员经常工作的一面，控制盘前距离不应小于3m。

落地式集中火灾报警器的安装方法与成套配电柜的安装方法基本相同，有关内容请参见本章第九节成套配电柜的安装。

火灾报警控制器宜安装在专用房间或楼层值班室，也可设在经常有人值班的房间或场所，如确因建筑面积限制而不可能时，也可安装在过厅、门厅、走道等处，但安装位置应能确保设备安全。

报警控制器的主电源引入线，应直接与消防电源连接，严禁使用电源插头。主电源应有明显标志。引入报警控制器的电缆或导线，应符合下列要求：

(1) 配线整齐，固定牢靠，避免交叉。

(2) 电缆线芯和所配导线的端部，均应标明编号，并与图纸一致，字迹清晰不易脱落，且应留有不小于200mm的余量。

(3) 端子板的每个接线端子上，接线不得超过2根。

(4) 导线应绑扎成束，引入线进线管处应封堵。

报警控制器应可靠接地，并应有明显标志。

第十四节 综合布线系统

综合布线系统（PDS）又称结构化布线系统，是一种集成化通用传输系统，它利用无屏蔽双绞线（UTP）或光纤束传输智能化建筑（IB）或建筑群内的语言、数据、图像和监控信号，是智能化建筑的基础设施。综合布线打破了数据传输和语言传输的界限，使这两种不同的信号在一条线路中传输，为综合业务数据网络的实施提供了传输保证。

智能化建筑出现后，传统布线的缺点就日益暴露出来。在传统布线系统中，电话交换机、电脑网络、保安监控系统、火灾报警系统、有线电视系统及建筑设备自动化控制系统等都是各自独立的，各系统分别由不同的设计厂商设计和安装，布线也采取不同的缆线和不同的终端插座，如闭路电视系统采用射频同轴电缆，电话交换机和公共广播用一对双绞线，保安监视系统用视频同轴电缆，电脑区域网用四对双绞线、同轴电缆或光纤，这些不同的设备使用不同的布线材料来构成网络。另外，连接这些不同布线的插头、插座、接头及配线架均无法互相兼容。由此可见，传统布线方法存在的缺陷主要有以下几个方面：

(1) 设计复杂，各系统互不关联，不能兼容，需分别独立设计。

(2) 系统实施时，工程施工协调工作量很大，工程造价高。工程完工后，系统统一管理困难。

(3) 因缺乏统一标准，没有统一的传输媒介，系统一经确定，既不能随意更改，灵活性差。如果办公环境改变，需调整终端机和电话机位置，或某一系统因技术发展需要更新升级时，就必须更改布线系统，而在传统的布线结构下，重新规划办公室空间及更新系统是非常耗费时间和投资的工作。

综合布线的出现完全克服了传统布线的缺陷，它具有更宽的频带和更高的传输速率。

一、综合布线系统的特点

1. 具有灵活性

综合布线系统是一套标准的配线系统，任一信息插座均能连接不同类型的设备，如计算机、打印机、电话机、传真机等，所有设备的开通及更改只需增减相应的网络设备及进行必要的跳线管理即可，而不用改变系统布线，系统组网也灵活多样，显示了很大的灵活性。

2. 具有兼容性

综合布线系统对不同厂家的语音、数据设备均可兼容，且使用相同的电缆与配线架，相同的插头和模块插孔。因此不再需要为不同的设备准备不同的配线零件及复杂的线路标志与管理线路图。

3. 具有开放性

综合布线系统是开放式体系结构，符合多种国际上流行的标准，对所有厂商的产品都是开放的，对所有通信协议也是开放的。

4. 具有模块化及扩充性

综合布线系统采用模块化设计，除敷设在建筑物内的铜芯线缆或光缆外，其余所有的接插件都是积木式标准件，易于扩充及重新配置。一旦用户需要增加配线时也不会影响整个布线系统。综合布线系统可为所有语音、数据和图像设备提供一套实用的、灵活的、可扩展的模块化的介质通路。

5. 具有经济性

传统布线每个系统均独立设计、独立布线，每增加一个系统，费用增加很大。而综合布线系统初投资较大，但当系统增加时，费用增加很少，综合布线维护费用也低，因此具有很好的经济性。

二、综合布线系统的组成

综合布线系统一般采用模块化结构和分级星形网络分布，以利于信息的采集和传递。它有由六个子系统（即六个独立模块）组成，分别为工作区子系统、水平布线子系统、垂直干线子系统、管理子系统、设备间子系统及建筑群室外连接子系统，如图 5-105 所示。

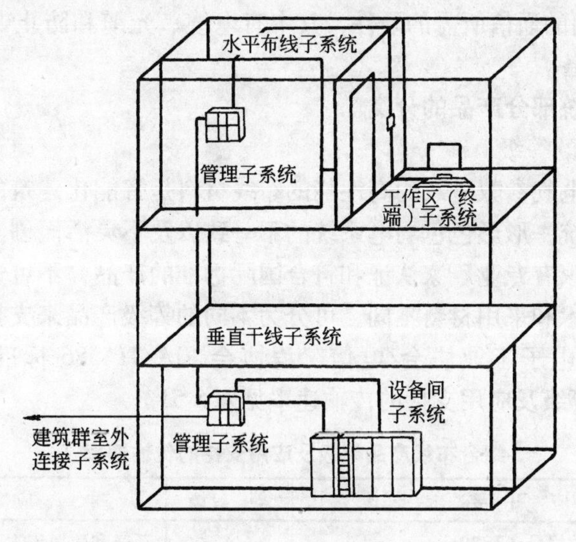

图 5-105　PDS 结构

1. 工作区子系统

工作区子系统是由工作区内终端设备到信息插座的连线组成，它包括信息插座、连接软线、适配器等。信息插座有墙上、地上、桌上、软基型多种。

2. 水平布线子系统

水平布线子系统是将电缆从楼层配线架连接到各用户工作区上的信息插座上，它通常是处在同一楼层，可采用 8 芯 4 对无屏蔽双绞线。在有要求宽带传输时，可采用“光纤到桌面”的方案。当水平工作间面积较大，有一个或多个卫星接线间，水平线还要通过卫星接线间，把终端接到信息出口处。

3. 垂直干线子系统

垂直干线子系统是由主设备间至各层管理间，采用大对数的电缆馈线或光缆，两端分别接在设备间和管理间的跳线架上，它是综合布线系统的神经中枢，其主要功能是将主配线架系统与各楼层配线架系统连接起来。

4. 管理子系统

管理子系统由楼层配线架组成，是干线子系统和水平子系统的桥梁，同时又可为同层组网提供条件。其中包括双绞线跳线架、跳线。在有光纤需要的布线系统中，还应有光纤跳线架和光纤跳线。当终端设备位置或局域网的结构变化时，有时只要改变跳线方式即可解决，而不需要重新布线。因此管理子系统起着管理各层的水平布线连接相应网络设备的作用。

5. 设备间子系统

设备间子系统由主配线架和各公共设备组成。其主要功能是将各种公共设备（如计算机主机、各种控制系统、网络交换设备等）与主配线架连接起来。

6. 建筑群室外连接子系统

建筑群室外连接子系统是指主建筑物中的主配线架延伸到另外一些建筑物的主配线架的连接系统，通常采用光纤或大对数铜缆连接。它是整个布线系统的一部分（包括传输介质），并提供楼群之间的通信所需的硬件，其中有电缆、光缆和防止电缆的浪涌电压进入建筑物的电气保护设备。

三、综合布线系统部分产品的分类

1. 综合布线产品的等级

选择传输性能和电气参数一致的高性能的布线材料是智能化建筑的重要生命线。综合性一体化布线正是为统一形形色色弱电系统的不一致以及不灵活而创立的。因此在选用产品时，要选用其中一家有专业厂家认证和符合国际标准的产品，不可选用多家产品。综合布线产品根据生产技术和采用材料不同，可分为不同的等级产品来支持语音、数据、图像等信号的传输。按照电子工业协会/电信工程协会 EIA/TIA586 标准（ISO/IEC11801 标准），综合布线产品等级及应用支持的传输速率见表 5-51。

综合布线产品等级及应用支持的传输速率　　表 5-51

等　级	应 用 要 求	等　级	应 用 要 求
1	话音和低速数据最高至 20kbps	4	话音和数据传输速率最高 16Mbps
2	话音和数据传输速率最高至 1Mbps	5	话音和数据传输速率最高至 155Mbps
3	话音和数据传输速率最高至 10Mbps		

2. 综合布线系统中传输介质的分类

（1）水平布线传输介质的分类　传输介质水平区用线如图 5-106 所示。

（2）干线布线传输介质的分类　传输介质干线区用线如图 5-107 所示。

（3）综合布线系统中交连/直连设备的分类

在设备间主配线架、中间配线架以及楼层配线架上应用的交叉连接和直接连接的设备如图 5-108 所示。

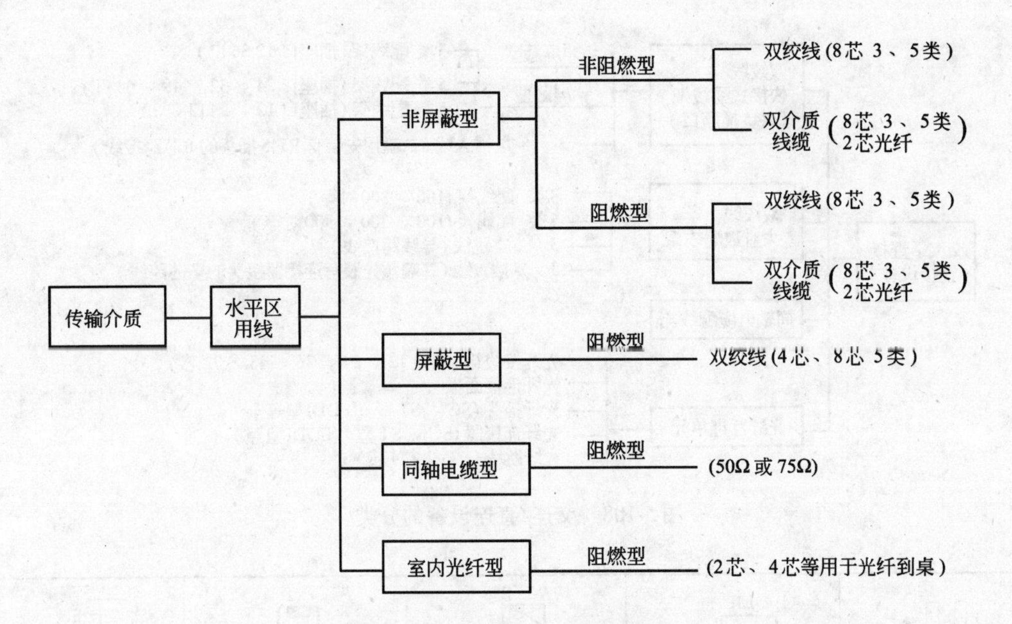

图 5-106　水平布线传输介质的分类

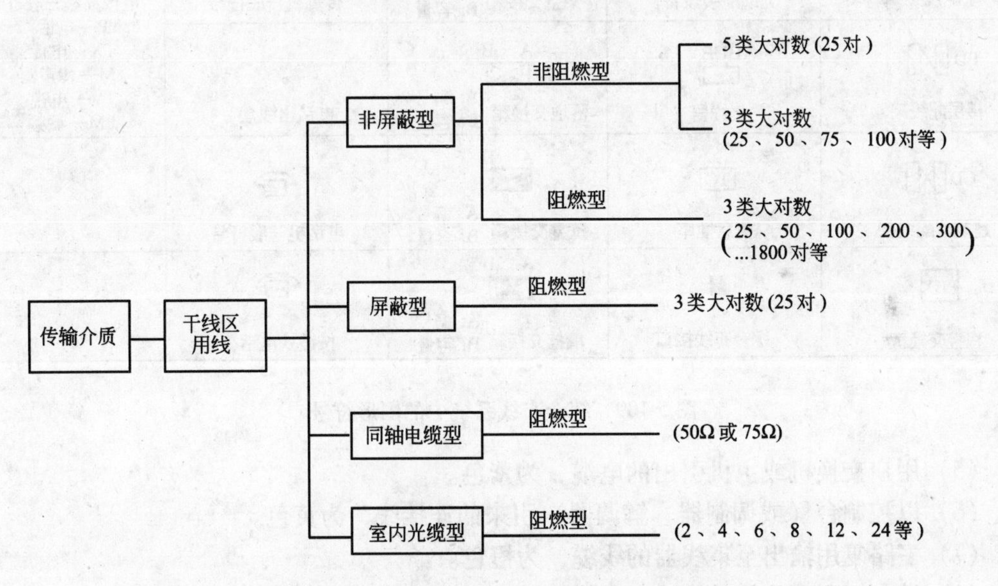

图 5-107　干线（垂直）布线传输介质的分类

四、综合布线系统中的图形符号

综合布线系统中的图形符号如图 5-109 所示。

五、综合布线系统中线缆颜色的规定

综合布线系统中对线缆的颜色有专门规定：

（1）配电箱至 I/O 接口，配电箱包括接线箱或设备间的配线箱，为蓝色。

（2）配线干线，设备间到配线间，为白色。

（3）在同一平面内的配电箱至配电箱，为灰色。

（4）市话电缆、中继电缆，为绿色。

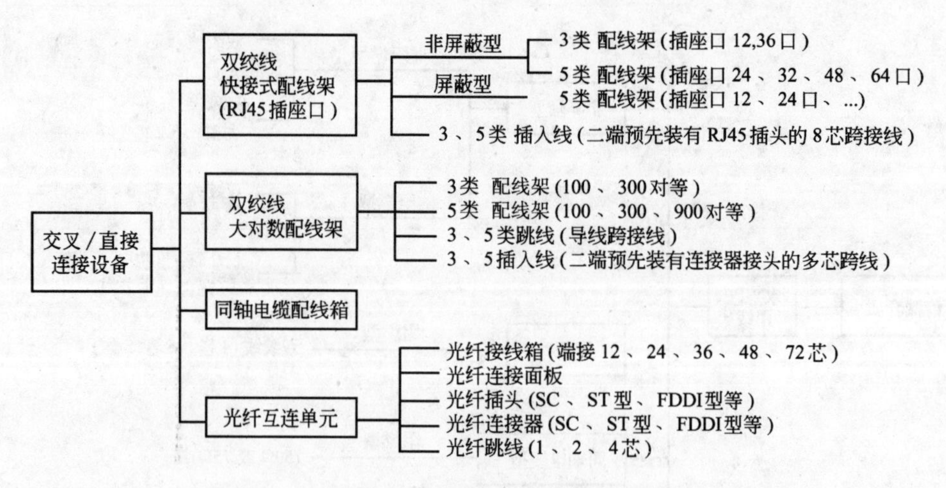

图5-108　交连/直连设备的分类

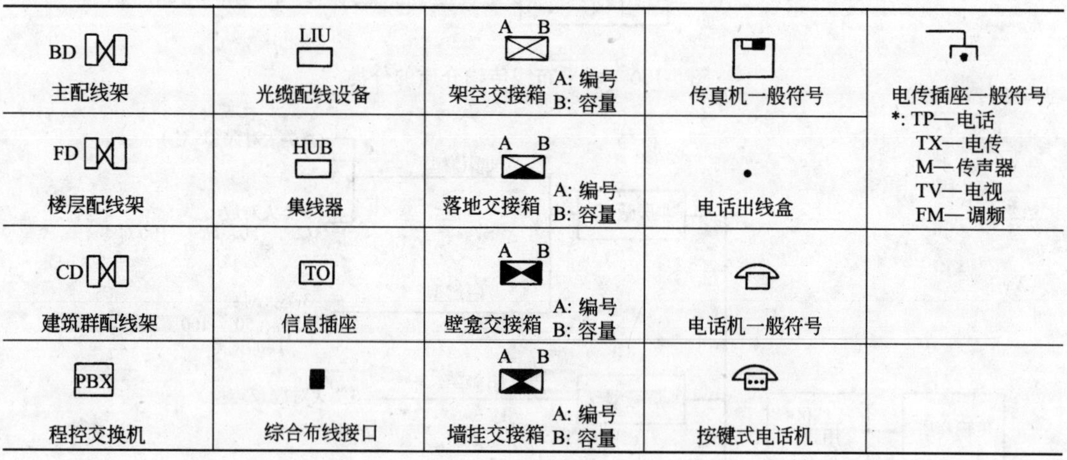

BD 主配线架	LIU 光缆配线设备	A B 架空交接箱 A: 编号 B: 容量	传真机一般符号	电传插座一般符号 *: TP—电话 TX—电传 M—传声器 TV—电视 FM—调频
FD 楼层配线架	HUB 集线器	A B 落地交接箱 A: 编号 B: 容量	电话出线盒	
CD 建筑群配线架	TO 信息插座	A B 壁龛交接箱 A: 编号 B: 容量	电话机一般符号	
PBX 程控交换机	综合布线接口	A B 墙挂交接箱 A: 编号 B: 容量	按键式电话机	

图5-109　综合布线系统中的图形符号

(5) 用户交换机或主机引出的电缆，为紫色。

(6) 以控制台（或调制器、解调器）引来的连接线，为黄色。

(7) 多路复用输出至集线器的线缆，为橙色。

(8) 设备间到建筑物的线缆，为棕色。

六、综合布线系统的线路敷设方法

进行综合布线系统的线路敷设时，若在房间内可以采用普通穿管敷设，如果有吊顶或设备层，可采用电缆桥架敷设，在地面下敷设，常采用封闭式金属线槽。

训 练 题 1

一、填空

1. 钢管暗配时，其弯曲半径应不小于管子外径的(　　)倍，埋入(　　)时，弯曲半径不小于管子外径的10倍。

2. 采用钢索配线时，钢索弛度不应大于(　　)mm，用花篮螺栓调整仍达不到要求时，应增加(　　)。

3. 电力电缆是由(　　)、(　　)和(　　)三个主要部分组成。

4. 给三相交流母线涂色，L_1 相应涂(　　)色，L_2 相应涂(　　)色，L_3 相应涂(　　)色。

5. 同一(　　)回路的导线必须穿于同一根管内。

6. 由于隔离开关没有(　　)装置，所以严禁带(　　)操作。

7. 火灾报警控制器可分为(　　)报警控制器和(　　)报警控制器两种。

8. 单相双孔插座接线时，面对插座的右孔接(　　)线，左孔接(　　)线。

9. 人工接地体按其敷设方式分为垂直接地体和水平接地体。垂直接地体一般常用(　)或(　)。

10. 电线管路沿建筑物表面明敷设，其允许偏差在全长内不应超过管子内径的(　)。

二、单选题

1. 电缆直埋敷设与铁路、公路等交叉时应加保护管，使用钢管做保护管时其内径不应小于电缆外径的________。

a. 2 倍　　b. 3 倍　　c. 1.5 倍

2. 一般在建筑物的伸缩缝处和两端不采用拉紧装置的水平安装的母线中间宜装设补偿装置。在设计无规定时，铝母线的补偿装置宜每隔________设置一个。

a. 20 ~ 30m　　b. 30 ~ 50m　　c. 35 ~ 60m

3. 落地式电力配电箱安装调整后，其水平误差不应大于其宽度的________。

a. 1/1000　　b. 1.5/1000　　c. 2/1000

4. 接地线的连接采用搭接焊接的方法，当用圆钢做接地线时，其搭接长度为圆钢直径的________倍。

a. 5 倍　　b. 6 倍　　c. 7 倍

5. 钢管暗敷设时进入箱盒的长度应小于________。

a. 15mm　　b. 10mm　　c. 5mm

6. 在女儿墙上安装避雷带时，直线段上支架的间距为________。

a. 0.5 ~ 1m　　b. 1 ~ 1.5m　　c. 1.5 ~ 2m

7. 成套配电柜盘间接缝允许偏差不应超过________。

a. 2mm　　b. 1.5mm　　c. 1mm

8. 硬母线沿墙水平敷设时，支架的间距为________。

a. ≤6m　　b. ≤3m　　c. ≤2m

9. 铝导线与设备铜端子或铜母排连接时，应使用________。

a. 铝接线端子　　b. 铜接线端子　　c. 铜铝过渡接线端子

10. 铝母线与铜母线在干燥的室内搭接连接，其搭接面处理方法为________。

a. 铜母线搪锡　　b. 铝母线搪锡　　c. 直接连接

三、简答题

1. 简述低压母线过墙的施工方法及要求。
2. 电缆直埋敷设的要求包括哪些内容？
3. 安装电力变压器时可不做器身检查的条件是什么？
4. 简述落地式电力配电箱的安装方法及要求。
5. 简述垂直接地体的安装方法及要求。

训　练　题　2

一、填空

1. 钢管明配时，其弯曲半径一般不小于管外径的(　　)倍，只有一个弯时可不小于管外径的(　　)倍。

2. 线管穿线时，不同(　　)、不同(　　)和(　　)与(　　)的导线，不得穿入同一根管子内。

3. 单相三孔插座接线时，面对插座的右孔接(　　)线，左孔接(　　)线，上孔接(　　)线。

4. 钢索配线中的中间吊钩是用直径不小于(　　)mm 的圆钢制作的，其间距不应大于(　　)mm。

5. 电缆直埋时，电缆表面距地面的距离一般不应小于(　　)m，穿越农田时不应小于(　　)m。

6. 负荷开关具有特殊的(　　)装置，所以它可以切断较大的负荷电流。

7. 火灾自动报警系统一般由(　　)、建筑物布线及(　　)三部分组成。

8. 电气安装工程施工的三大阶段为施工准备阶段、安装施工阶段和(　　)阶段。

9. 在女儿墙上安装避雷带时，直线段上支架的间距为(　　)m，转弯处为(　　)m。

10. 铝导线与设备铜端子或铜导线连接时，应采用(　　)。

二、单选题

1. 电缆直埋敷设时，应在电缆上下铺厚度不小于________的细砂或软土。

a. 100mm　　b. 150mm　　c. 200mm

2. 落地式电力配电箱安装调整后，其垂直误差不应大于其高度的________。

a. 1/1000　　b. 1.5/1000　　c. 2/1000

3. 硬母线沿墙或柱垂直敷设时，支架的间距不宜超过________。

a. 3m　　b. 6m　　c. 2m

4. 采用扁钢做接地线进行搭接焊接时，其搭接长度为扁钢宽度的________。

a. 1.5 倍　　b. 2 倍　　c. 3 倍

5. 钢母线与铝母线进行搭接连接，其搭接面处理方法为________。

a. 钢母线搪锡　　　　b. 铝母线搪锡　　　　c. 直接连接

6. 电线管路敷设遇到建筑物伸缩缝时应装设________。

a. 保护装置　　　　b. 补偿装置　　　　c. 固定装置

7. 10mm^2 以下的单股铝导线应采用________连接。

a. 绞接　　　　b. 绑接　　　　c. 铝套管压接

8. 线管明敷设时，其允许偏差在2m以内均不能超过________。

a. 2mm　　　　b. 3mm　　　　c. 4mm

9. 低压母线过墙安装穿墙隔板时，上下隔板安装好后其缝隙不得大于________。

a. 1mm　　　　b. 2mm　　　　c. 3mm

10. 垂直接地体的间距不宜小于其长度的________。

a. 2倍　　　　b. 3倍　　　　c. 4倍

三、简答题

1. 简述高压母线过墙的施工方法及要求。

2. 简述降低接地电阻的措施。

3. 绝缘导线连接的基本要求是什么?

4. 简述暗装照明配电箱的安装方法及要求。

5. 两根非镀锌钢管采用管箍连接，简述连接方法及要求。

训　练　题　3

一、填空

1. 钢管采用套管焊接连接时，套管的长度为连接管外径的(　　)倍。

2. 电缆直埋敷设时，应在其上下铺厚度不小于(　　)mm的细砂或软土，并盖以保护板，保护板覆盖宽度应超过电缆两侧各(　　)mm。

3. 开关（拉线开关除外）的安装高度一般为(　　)m，距门框为(　　)m。

4. 并联运行的电力电缆其(　　)、(　　)、(　　)宜相同。

5. 在室内配线工程中，所用导线的额定电压应(　　)线路的工作电压，导线的(　　)应符合线路的安装方式和敷设环境的条件，导线(　　)应能满足供电质量和机械强度的要求。

6. 当变压器的容量在1000kVA及以下，且运输过程中无异常情况时，可不进行(　　)检查。

7. 负荷开关具有特殊的灭弧装置，所以它可切断较大的(　　)电流，但它不能切断(　　)电流。

8. 安装避雷带是建筑物防直击雷较普遍采用的措施，制作避雷带的材料可采用(　　)或(　　)。

9. 安装低压母线穿墙隔板时，上下隔板缝隙不得大于(　　)mm，穿墙隔板缺口与母线应保持(　　)空隙。

10. 室内配线施工首先应符合电气装置安装的基本原则，即(　　)、(　　)、经济、方便、美观。

二、单选题

1. 管子规格的选择应根据管内所穿导线的根数和截面决定，一般规定管内导线的总截面积（包括外护层）不应超过管子内径截面的________。

a. 40%　　b. 50%　　c. 60%

2. 电缆直埋敷设时，保护板的覆盖宽度应超过电缆两侧各________。

a. 40mm　　b. 50mm　　c. 60mm

3. 线管在现浇混凝土构件内敷设时，应将管子垫高________以上。

a. 15mm　　b. 20mm　　c. 25mm

4. 三相交流母线涂色时，L_1 相、L_2 相、L_3 相应分别涂以________三种颜色。

a. 黄、绿、红　　b. 红、绿、黄　　c. 绿、红、黄

5. 硬母线跨柱、跨梁敷设时，其支架间距一般不超过________。

a. 5m　　b. 6m　　c. 7m

6. 垂直接地体常用镀锌角钢或镀锌钢管，其长度一般为________。

a. 1.5m　　b. 2m　　c. 2.5m

7. 钢索配线后的弛度不应大于100mm，当用花篮螺栓调节后，弛度仍不能达到时应增加中间吊钩，中间吊钩的间距不应大于________。

a. 10m　　b. 12m　　c. 15m

8. 各种明配线应垂直和水平敷设，导线水平高度距地不应小于________。

a. 1.8m　　b. 2m　　c. 2.5m

9. 一般明配于潮湿场所和埋于地下的管子，均应使用________。

a. 厚壁钢管　　b. 薄壁钢管　　c. 半硬塑料管

10. 测量接地装置的接地电阻时，沿被测接地极，使电位探测针和电流探测针依直线彼此相距20m 插入地中，并应将________。

a. 电位探测针插于接地极和电流探测针之间

b. 电流探测针插于接地极和电位探测针之间

c. 电位探测针和电流探测针插于接地极两侧

三、简答题

1. 非镀锌钢管外壁刷防腐漆有哪些规定？
2. 简述成套配电柜的安装方法及要求。
3. 线管穿线时有哪些技术要求？
4. 电缆的敷设方式包括哪些？
5. 两段铝母线进行搭接连接，简述其连接方法及要求。

复习思考题

1. 建筑电气施工的三大阶段是什么？
2. 建筑电气施工前的准备工作都包括哪些主要内容？
3. 建筑电气施工时怎样与土建工程搞好配合？
4. 室内配线一般技术要求是什么？
5. 采用钢管配线时，钢管弯曲半径的大小是如何规定的？

6. 管内穿线有哪些要求和规定？
7. 钢索配线敷设后的弛度是怎样规定的？若超过规定值时如何解决？
8. 电线管路在什么情况下中间应增加接线盒？
9. 绝缘导线连接的基本要求是什么？
10. 简述明装照明配电箱的安装方法。
11. 落地式电力配电箱安装调整好其允许偏差是如何规定的？
12. 插座的安装高度是如何规定的？
13. 安装开关时都有哪些要求？
14. 安装插座时应如何接线？
15. 电力电缆由哪几个主要部分组成的？
16. 电缆敷设的一般规定是什么？
17. 电缆直埋敷设时都有哪些要求？
18. 电缆都有哪些敷设方式？
19. 制作电缆头时有什么要求？
20. 安装硬母线时在什么情况下应装设补偿装置？
21. 硬母线在绝缘子上有几种固定方法？固定时有哪些要求？
22. 硬母线弯曲时应符合哪些规定？
23. 硬母线搭接连接时，其搭接面应如何处理？
24. 三相交流母线应如何涂色？
25. 简述高、低压母线过墙施工方法。
26. 简述成套配电柜的安装方法。
27. 配电柜调整后其允许偏差是如何规定的？
28. 配电柜基础型钢的允许偏差是如何规定的？
29. 变压器在什么情况下可不做器身检查？
30. 变压器做器身检查时应遵守哪些规定？
31. 简述变压器安装就位时应注意的事项。
32. 简述隔离开关和负荷开关的用途。
33. 隔离开关安装前应做哪些检查？
34. 安装高压熔断器时应符合哪些要求？
35. 少油断路器的调整一般包括几个方面？
36. 什么是慢速试验和快速试验？检查的内容是什么？
37. 什么是二次结线？
38. 柜内导线分列有几种形式？
39. 二次结线的检验包括哪些项目？
40. 防雷装置由哪几部分组成的？
41. 接地线连接时其搭接长度是如何规定的？
42. 简述降低接地电阻的方法。
43. 简述垂直接地体的安装方法。
44. 综合布线系统有哪些特点？
45. 综合布线系统由哪些部分组成的？

第六章　电气安装工程预算

第一节　预算的基本知识

当前，我国正处在加入世贸组织后的改革进程中，机械电子、汽车制造、石油化工和建筑业是国民经济支柱产业，作为四大支柱产业之一的建筑业，随着改革开放深入发展，正在积极建立统一、开放、竞争、有序的建筑市场，建筑业市场的竞争，主要表现在工程造价上，而预算是建筑工程造价管理的重要组成部分。因此，掌握预算的基本知识、组成和编制方法、审核方法，对电气造价管理人员及负责工矿企事业单位预算审核的经济管理人员尤为重要。

一、基本建设工程项目的划分

正确理解有关工程项目名称的概念，并能准确地划分，对于编制工程预算是很必要的。建设工程项目预算分解图见图6-1。

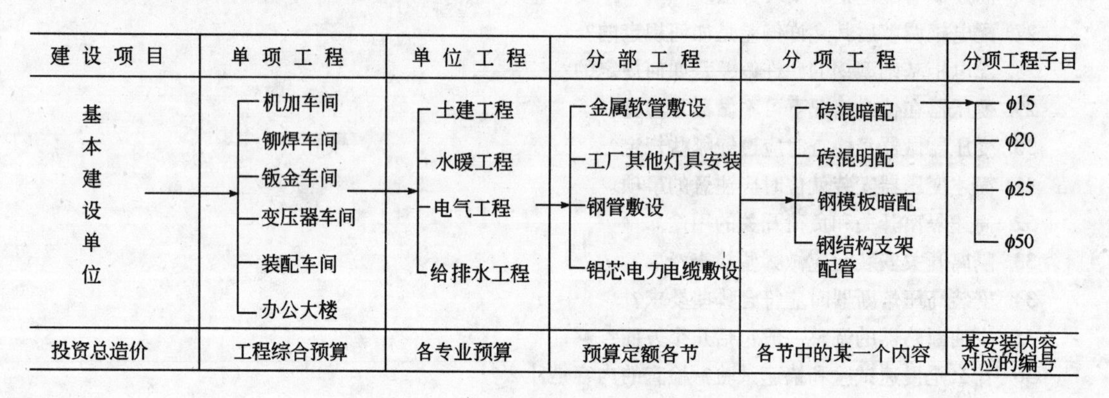

建设项目
单项工程
单位工程
分部工程
分项工程
分项工程子目
基本建设单位
机加车间
铆焊车间
钣金车间
变压器车间
装配车间
办公大楼
土建工程
水暖工程
电气工程
给排水工程
金属软管敷设
工厂其他灯具安装
钢管敷设
铝芯电力电缆敷设
砖混暗配
砖混明配
钢模板暗配
钢结构支架配管
ϕ15
ϕ20
ϕ25
ϕ50
投资总造价
工程综合预算
各专业预算
预算定额各节
各节中的某一个内容
某安装内容对应的编号

图6-1　建设工程项目预算分解图

（一）建设项目

建设项目具有单独的计划任务书和独立的总体设计。

在工业建设项目中，一般以一个工厂为一个建设项目，现以某电控厂为例说明。

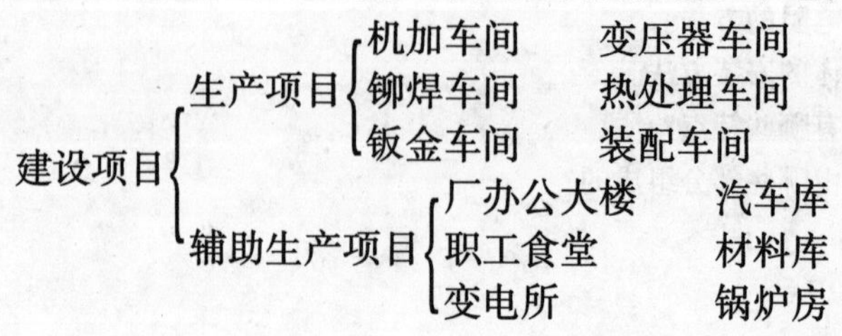

（二）单项工程

单项工程是指具有独立的设计文件，建成后可以独立发挥生产能力或效益的工程。如工厂的车间、学校的教学楼等。

（三）单位工程

单位工程是指具有单独的设计文件、可以独立组织施工，竣工后不能单独发挥生产能力或效益的工程。如房屋建筑中的电气工程、暖通工程等。

（四）分部工程

分部工程是指电气工程中的某一道工序，也就是说是预算定额各节的安装工程内容。如金属软管敷设、半硬质阻燃管暗敷设等。

（五）分项工程

分项工程是指安装工程中某一道工序中的不同敷设方式、不同灯具安装等。

（六）分项工程子目

分项工程子目是指分项工程中不同规格的材料敷设、不同容量的设备安装等，也就是每个分项工程安装项目所对应的编号。如 ϕ20 半硬质阻燃管暗敷设、800kVA 三相油浸电力变压器安装等。

按照建设项目的性质，基本建设可以划分为新建、扩建、改建、恢复和迁建项目。

1. 新建项目（新建工程）

新建项目是指从无到有，平地起家，新开始建设的项目。有的建设项目原有基础很小，重新建设的资金超过原有的三倍以上，也属于新建项目。

2. 扩建项目（扩建工程）

扩建项目是指原有企业或事业单位，为了扩大原有产品的生产能力和效益，或为增加新的生产能力和效益，而新建的主要生产车间和工程。

3. 改建项目（改建工程）

指原有企业或事业单位为了提高生产效率，改进产品质量或改变产品方向，对原有设备、工艺流程进行技术改造的项目。有些企业或事业单位为了提高综合生产能力，增加一些附属和辅助车间或非生产性工程，也属于改建项目。

4. 恢复项目（恢复工程）

指原有企业或事业单位的固定资产，因自然灾害、战争和人为的灾害等原因已全部或部分报废，重新投资复建的项目。

5. 迁建项目（迁建工程）

迁建项目是指原有的企业或事业单位，由于各种原因迁到另外的地方建设的项目。

二、电气安装工程的施工程序

电气安装工程是建设工程的一项重要内容，随着国家各项建设法规的颁布和实施，电气安装工程越来越复杂，涉及的领域越来越广泛。电气安装工程包括：电气照明安装、动力设备安装与调试、消防设施安装与调试、楼宇监控系统安装与调试等。电气安装工程的全部施工过程，从顺序上可分为以下几个阶段。

1. 接受任务

在开始接受任务时，先签初步协议。协议的主要内容是由建设单位与施工单位初步协商工程的有关要求和条件，即工程批准文号、工期要求、图纸、材料供应日期、工程拨款方式等。协议签订后，建设单位向施工单位提供所需要的图纸、设备说明书，施工单位根据所提供的图纸和设计说明，熟悉图纸，了解设计者的意图，并把图纸中的错误或与其他专业在安装上存在位置冲突的地方记录下来，以便在参加图纸会审时解决。

2. 编制施工组织设计或施工方案

编制施工组织设计或施工方案应根据工程需要，考虑暂设工程、施工方法、安全技术措施、工程总进度的要求，同时考虑劳动力、施工机械、主要材料的需用量，并列出计划图表。

3. 编制施工图预算和施工预算

施工单位编制出的施工图预算，经建设单位及建设银行审查后，即为签订合同的根据。签订合同后，电气工长对所承担的任务编制施工预算，作为向班组进行内部承包的依据。

4. 现场准备

（1）对现场设备进行清点和检查。

（2）对土建工程及设备基础进行验收。

（3）准备施工机具。

（4）准备主要材料和辅助材料等。

5. 开工报告

在正式施工之前需要提出开工报告，经主管部门批准后才能正式开工。

6. 施工阶段

（1）前期为与土建的配合阶段。按设计要求将需要预留的孔、预埋件等设置好；设备的进线管、过墙管也应按设计要求设置好；基础槽钢、地脚螺栓也应保证位置准确，标高误差符合要求。

（2）各类线路的敷设应按图施工，并符合验收规范的各项要求。

（3）所有电气设备均需按图纸要求安装、接线。

（4）试运行。对安装好的电气设备，在移交给建设单位之前，应按规定试运行。试运行合格后由建设单位、施工单位双方签字作为交工验收的资料。

7. 交工验收

经过上述试运行符合要求后，即可将电气安装工程交付给建设单位。交工时必须将隐蔽工程的记录、质量检查记录、试运行记录等有关资料一起交给建设单位存档。

三、建筑工程与电气工程“三算”的区别

国家建设部明确规定：凡是基本建设工程都要编制建设预算。初步设计阶段必须编制初步设计总概算，单位工程开工前，必须编制出施工图预算。

基本建设“三算”是指设计概算、施工图预算、竣工决算而言，设计概算和施工图预算总称为基本建设预算。而竣工决算是在建设项目或工程完工之后，按照实际财务支出计算它的实际价值，作为核实新增固定资产价值及办理交付使用的依据。工程结算是竣工决算的一部分。

电气安装工程“三算”不同于基本建设“三算”，而是反映工程造价的施工图预算、施工过程中的施工预算、工程交工验收后的工程结算。

（一）施工图预算

施工图预算是依据施工图计算工程量，然后根据电气工程预算定额算出直接费、人工费，再按地区建筑工程费用定额计算出单位工程总造价。

（二）施工预算

施工预算是在施工图预算的基础上，依据施工方案及施工定额编制的。它反映人工、材料、施工机械的消耗数量（也可用金额形式表示），将施工预算与施工图预算进行对比，可以衡量工程成本的节余和亏损。它还可以作为编制施工作业计划的依据和对班组实行经济包干与核算的依据。

（三）工程结算

当电气工程完工之后，在规定的时间内，施工单位应提交工程结算表。

工程结算主要以施工图预算为基础，再考虑设计变更与现场签证进行编制。对于跨年度的工程，可按合同规定，定期结算或年末进行结算。

四、电气安装工程类别的划分

在计算电气安装工程造价时，涉及工程类别，工程类别不同，取费就不同，直接影响工程预算价格的准确性。

对于房屋建筑工程，电气安装工程类别随土建工程类别划分。土建工程类别分为一类、二类、三类、四类，又分为工业建筑、民用建筑和构筑物，其中民用建筑分为公共建筑和居住建筑，公共建筑按高度、跨度和建筑面积划分，居住建筑按高度、层数和建筑面积划分。土建单位工程有数个指标时，除另有规定外，以符合其中一个指标为准；一个单位工程有多个跨度时，以最大跨度为准；建筑面积大于标准层50%的且超出屋面封闭的楼梯出口间、电梯间、水箱间、塔楼、了望台等要计算层数及高度；建筑面积大于标准层50%的地下室计算层数，不计算高度；冷库工程建筑面积大于4000m^2 的为一类；小于或等于4000m^2 的为二类；扩建工程按扩建部分确定工程类别；改建工程按改建后工程确定工程类别。

电气安装工程分为三类，即一类、二类、三类；若土建工程为三类、四类，电气安装工程均按三类计算。

独立的电气安装工程类别划分如下：

一类工程

（1）单台重量50t及以上的各类机械设备及自动、半自动或程控机床安装；

（2）自动、半自动电梯安装；

（3）自动化系统安装、调试；

（4）10t及以上的锅炉及其附属设备安装；

（5）1000kVA及以上的变配电系统安装；

（6）3000kW及以上的发电机机组安装；

（7）2000kW及以上的压缩机机组安装；

（8）50t及以上的起重设备安装等；

（9）附属于本类型各种设备的配管、电气安装工程。

二类工程

（1）单台重量在30t及以上，50t以下的各类机械设备安装；

（2）载货电梯安装；
（3）单独敷设电缆工程；
（4）10kV 及以下的架空线路工程；
（5）6t 及以上、10t 以下的锅炉及其附属设备安装；
（6）1000kVA 以下的变配电系统安装；
（7）3000kW 以下的发电机机组安装；
（8）1000kW 及以上，2000kW 以下的压缩机机组安装；
（9）30t 及以上、50t 以下的起重设备安装等；
（10）附属于本类型工程各种设备的配管、电气安装和调试工程。

三类工程

（1）单台重量 30t 以下的各类机械设备安装；
（2）单台重量 3t 以下的泵类单独安装；
（3）6t 以下的锅炉及其附属设备安装；
（4）1000kW 以下的压缩机机组安装；
（5）30t 以下的起重设备安装等。

复习思考题

1. 什么是基本建设项目，举例说明？
2. 什么是单项工程，举例说明？
3. 什么是单位工程，举例说明？
4. 什么是分部工程，举例说明？
5. 什么是分项工程，举例说明？
6. 什么是分项工程子目，举例说明？
7. 什么是新建工程？
8. 什么是扩建工程
9. 什么是改建工程？
10. 基本建设“三算”是什么？
11. 电气安装工程“三算”是什么？
12. 电气安装工程类别如何划分？

第二节　建筑电气安装工程定额

一、预算定额的性质和作用

工程定额是确定一定计量单位的分项工程的人工、材料、施工机械台班消耗数量和资金标准。因此，工程定额是确定工程造价和物资消耗数量的主要依据。

（一）工程预算定额所具有的性质

1. 科学性

定额是用科学的方法确定的，它是在吸取现代科学管理新成果的基础上，采用科学的方法，对电气工程的安装过程进行严密的测定、统计与分析而制定的。

2. 法令性

定额是国家授权的主管部门组织制定、颁发的，一经颁布，便具有法令的性质。执行定额不能有随意性，任何单位都必须认真执行。

3. 有限灵活性

国家工程建设主管部门颁发的全国统一定额是根据全国生产力平均水平编制的，由于全国各地区情况差异较大，国家允许省（直辖市、自治区）级工程建设主管部门，根据本地区的实际情况，在全国统一定额基础上制定地方定额，并以地方法令性文件颁发，在本地区范围内执行。某一定额中缺项时，允许套用相近定额中雷同项目。如无雷同项目，也允许企业编制补充定额，但需经建设主管部门批准后才生效。

4. 先进性

定额的先进性体现在编制定额时，考虑了新工艺、新材料、新技术。

5. 合理性

定额的合理性体现在定额规定的人工、材料及施工机械台班消耗量是在正常施工条件下，按中等施工企业水平编制的，大多数施工企业可以达到或超额，起到了鼓励先进，鞭策后进的作用，因而定额具有合理性。

6. 群众性

定额的群众性体现在群众是编制定额的参与者，也是定额的执行者。定额的制定是对实际工程的施工过程进行分析，并结合群众的先进经验和操作方法，聘请有实际经验的施工人员参与，定额产生于生产和管理之中，又服务于生产，不仅符合生产的需要，又具有广泛的群众基础。

（二）预算定额的作用

预算定额具有以下作用：

1. 预算定额是确定工程造价和工程结算的依据

根据施工图在工程开工前和竣工后，依据相应定额所规定的人工、材料、机械设备的消耗量，以及单位预算价值和各种费用标准来确定工程造价和工程结算费用。

2. 预算定额是建筑安装企业对招标承包工程计算投标报价的依据

建筑施工企业根据建设单位发出的招标文件及各种资料，依据预算定额和费用标准来确定投标报价，参与招投标竞争。

3. 预算定额是施工单位加强组织管理和经济核算的依据

建筑安装企业以定额为标准，来分析比较企业各种成本的消耗，并通过经济分析找出薄弱环节，提出改进措施，不断降低人工、材料、机械台班等费用在单位建筑产品中的消耗，从而降低单位工程成本，取得更好的经济效益。为了更好地组织和管理施工生产，必须编制施工进度计划和施工作业计划。在编制计划和组织管理施工生产中，直接或间接地要以各种定额来作为计算人工、物力和资金需用量的依据。

4. 预算定额是设计单位对设计方案进行技术经济分析对比的依据

结构方案是整个设计中的重要环节，结构方案的选择既要符合技术先进、适用、美观的要求，又要符合经济的要求。在满足技术先进、适用、美观要求的前提下，如何在不同的设计方案中选择出最佳的结构方案，关键就是根据预算定额对方案进行经济性比较，以衡量各种方案所需要的消耗是多少，选择出最经济的方案。

二、全国统一安装工程预算定额

（一）电气安装工程定额简介

现行的《全国统一安装工程预算定额》由国家建设部组织修订的，并于2001年7月颁发，共十一册。

在全国统一安装工程预算定额中，以下两册定额属于电气安装工程定额。

第二册《电气设备安装工程》：内容分为14章，依次是变压器；配电装置；母线、绝缘子；控制设备及低压电器；蓄电池；电机；滑触线装置；电缆；防雷及接地装置；10kV以下架空配电线路；电气调整试验；配管、配线；照明器具；电梯电气装置。第二册是本专业使用的主要定额之一。

第七册《消防及安全防范设备安装工程》：内容分为6章，依次是火灾自动报警系统安装；水灭火系统安装；气体灭火系统安装；泡沫灭火系统安装；消防系统调试；安全防范设备安装。第七册是本专业使用的主要定额之一。

（二）电气设备安装工程预算定额与其他各册定额的执行界限

本专业电气设备安装及架空线路安装的电压等级均为10kV以下，主要使用第二册定额。现将第二册《电气设备安装工程》预算定额与其他册预算定额的执行界限介绍如下：

1. 与第一册《机械设备安装工程》预算定额的划分界限

（1）电动机、发电机安装执行第一册安装定额项目。

（2）各种电梯的机械设备安装部分执行第一册定额有关项目。电气设备安装部分执行第二册定额。

（3）起重运输设备的轨道、设备本体安装、各种金属加工机床的安装，执行第一册定额的有关项目。与之配套安装的各种电气盘箱、开关控制设备、照明装置、管线敷设及电气调试执行第二册定额。

2. 与第三册《热力设备安装工程》预算定额的划分界限

设备本身附带的电动机，执行第三册锅炉成套附属机械设备安装预算定额项目，由锅炉设备安装专业负责。电动机检查接线、电动机干燥、压（焊）接线端子、电动机调试应执行第二册定额。

3. 与第七册《消防及安全防范设备安装工程》预算定额的划分界限

火灾自动报警设备安装、安全防范设备安装、消防系统调试执行第七册相应定额项目。电缆敷设、桥架安装、配管配线、接线盒安装、动力控制设备、应急照明控制设备、应急照明器具、电动机检查接线、防雷接地装置等安装，均应执行第二册定额。

（三）预算定额的内容

预算定额的基本内容主要由册说明、分章说明、分项工程项目表、附录等组成。

1. 册说明

主要说明定额的适用范围，编制依据，施工条件，关于人工、材料、施工机械标准的确定，对定额中有关费用按系数计取的规定及其他有关问题的说明。

2. 分章说明

主要解释本章的有关内容、工程量计算规则等。

3. 分项工程项目表

它以表格形式列出各分项工程项目、计量单位、工作内容、定额编号、单位工程量的定额基价和其中的人工、材料及机械台班消耗数量及单价。分项工程项目表由表头和表格中的上、中、下三部分组成。表头部分列出工作内容和计量单位。表的上部列出分项工程子目及其定额编号。表的中部列出人工、材料和机械台班的消耗量及其单价，表中各分项工程子目所给定的人工、材料、机械台班消耗数量乘以各自的单价，各自的费用之和就是该子目的人工费、材料费和机械费。可见，分项工程项目表由“量”和“价”两部分组成，既有实物消耗量标准，又有资金消耗量标准。表的下部列出单位工程量的定额基价和其中的人工费、材料费、机械台班费。

按预算定额确定的工程费用，通常称为定额直接费。其中的人工费、材料费和施工机械台班使用费，分别称为定额人工费、定额材料费和定额机械费。定额直接费还应包括预算定额中末计价的主要材料费用。而定额人工费是计算其他各项取费的计费基础。

4. 附录

附录包括主要材料损耗率表、装饰灯具安装工程示意图集等。主要是提供编制预算时计算主材的损耗率与确定装饰灯具安装子目时参考。

（四）电气设备安装工程预算定额册说明

1. 适用范围

本定额适用于工业与民用新建、扩建工程中10kV以下变配电设备及线路安装工程、车间动力电气设备及电气照明器具、防雷及接地装置安装、配管配线、电梯电气装置、电气调整试验等的安装工程。

2. 本定额除工作内容外，还应有以下内容

施工准备、设备器材工器具的场内搬运、开箱检查、安装、调整试验、收尾、清理、配合质量检查、工种间交叉配合、临时移动水、电源的停歇时间。

3. 本定额不包括的内容

（1）10kV以上及专业专用项目的电气设备安装。

（2）电气设备（如电动机等）配合机械设备进行单体试运转和联合试运转工作。

4. 人工工日消耗量的确定

（1）本定额的人工工日不分列工种和技术等级，一律以综合工日表示，内容包括基本用工、超运距用工和人工幅度差。

（2）综合工日的单价采用北京市1996年安装工程人工费单价，每个工日23.22元，包括基本工资和工资性津贴等。

5. 材料消耗量的确定

（1）本定额中的材料量包括直接消耗在安装工作内容中的主要材料、辅助材料和零星材料等，并计入了相应损耗。其内容和范围包括：从工地仓库、现场集中堆放地点或现场加工地点到操作或安装地点的运输损耗、施工操作损耗、施工现场堆放损耗。

（2）凡定额内未注明单价的材料均为主材，基价中不包括其价格，应根据“（　）”内所列的用量，按各省、自治区、直辖市的材料预算价格计算。

（3）凡定额附注内注明未计价的材料都是主要材料，应将主要材料的数量加上损耗数量以后，再按各省、自治区、直辖市的材料预算价格计算。

（4）主要材料损耗率。主要材料损耗率表见表6-1。

主要材料损耗率表 表6-1

序号	材料名称	损耗率（%）
1	裸软导线（包括铜、铝、钢线、钢芯铝线）	1.3
2	绝缘导线（包括橡皮铜、塑料铅皮、软花）	1.8
3	电力电缆	1.0
4	控制电缆	1.5
5	硬母线（包括钢、铝、铜、带型、管型、棒型、槽型）	2.3
6	拉线材料（包括钢绞线、镀锌铁线）	1.5
7	管材、管件（包括无缝、焊接钢管及电线管）	3.0
8	板材（包括钢板、镀锌薄钢板）	5.0
9	型钢	5.0
10	管体（包括管箍、护口、锁紧螺母、管卡子等）	3.0
11	金具（包括耐张、悬垂、并沟、吊接等线夹及连板）	1.0
12	紧固件（包括螺栓、螺母、垫圈、弹簧垫圈）	2.0
13	木螺栓、圆钉	4.0
14	绝缘子类	2.0
15	照明灯具及辅助器具（成套灯具、镇流器、电容器）	1.0
16	荧光灯、高压水银、氙气灯等	1.5
17	白炽灯泡	3.0
18	玻璃灯罩	5.0
19	胶木开关、灯头、插销等	3.0
20	低压电瓷制品（包括鼓绝缘子、瓷夹板、瓷管）	3.0

6. 关于材料损耗的说明

（1）导线及电缆损耗率不包括连接配电箱、柜、盘及电动机等处的预留长度。

（2）硬母线及电缆损耗率中不包括因各种弯曲而增加的长度。这些长度应计算在工程量的基本长度中去。

（3）裸软母线的损耗率中包括因弧垂及杆位高低差而增加的长度。

（4）拉线用的镀锌铁线损耗率中不包括制作拉线上、中、下把所需的预留长度。

计算式：

预留头数×每头预留长度×股（根）数

预留头数：上把、中把和下把各2个头。

每头预留长度：

上把　　1~1.5m

中把　　1~1.5m

下把　　0.5~1m

计算拉线用量的基本长度时，应以整根拉线的展开长度为准。

7. 关于各项费用的规定

（1）脚手架搭拆费（10kV以下架空线路除外）。

计算式：

定额人工费×4%

其中人工费占脚手架搭拆费的25%。

（2）工程超高增加费（已考虑了超高因素的定额项目除外）。

操作物高度离楼地面5m以上20m以下的电气安装工程。

计算式：

超高部分人工费×33%

超高增加费费用全部为人工费。

（3）高层建筑增加费。

指高度在6层或20m以上的工业与民用建筑均可计取。按高层建筑增加费系数表计算。高层建筑增加费系数表见表6-2。

高层建筑增加费系数表 **表6-2**

层数	9层以下（30m）	12层以下（40m）	15层以下（50m）	18层以下（60m）	21层以下（70m）	24层以下（80m）	27层以下（90m）	30层以下（100m）	33层以下（110m）
按人工费的%	1	2	4	6	8	10	13	16	19
层数	36层以下（120m）	39层以下（130m）	42层以下（140m）	45层以下（150m）	48层以下（160m）	51层以下（170m）	54层以下（180m）	57层以下（190m）	60层以下（200m）
按人工费的%	22	25	28	31	34	37	40	43	46

注：为高层建筑供电的变电所和供水等动力工程，如装在高层建筑的底层或地下室的，均不计取高层建筑增加费。装在6层以上的变配电工程和动力工程则同样计取高层建筑增加费。

（4）安装与生产同时进行增加费。

指扩建工程现场有障碍等使人工降效而增加的费用。

计算式：

安装工程的总人工费×10%

（5）施工降效增加费。

指在有害人身健康的环境（包括高温、多尘、噪声超过标准和在有害气体等有害环境）中施工时而增加的费用。

计算式：

安装工程的总人工费×10%

施工降效增加费全部为降效而增加的人工费。

（五）工程量计算规则及计算方法

本专业电气安装工程中，经常使用的预算定额为第二册《电气设备安装工程》、第七册《消防及安全防范设备安装工程》。现将上述两册定额的工程量计算方法介绍如下：

电气设备安装工程量计算：

（1）变压器安装工程量计算

10kV以下变配电装置，有架空进线和电缆进线等安装方式，工程量计算顺序均从进户装置开始进行工程量的计算。

1）变压器安装，按不同容量以“台”为单位计算。

2）干式变压器如果带有保护罩时，其定额人工和机械费乘以系数2.0。

3）变压器通过试验，判定绝缘受潮时才需进行干燥，所以只有需要干燥的变压器才能计取干燥费用（编制施工图预算时可列此项），工程结算时根据情况再作处理，以

"台"为单位计算。

4）变压器需要过滤时，可按制造厂提供的油量计算。油断路器及其他充油设备的绝缘油过滤，可按制造厂规定的充油量计算。

（2）配电装置安装工程量计算

1）断路器、电流互感器、电压互感器、油浸电抗器、电力电容器及电容器柜的安装以"台（个）"为单位计算。

2）隔离开关、负荷开关、熔断器、避雷器、干式电抗器的安装以"组"为单位，每组按三相计算。

3）交流滤波装置的安装以"台"为单位计算。每套滤波装置包括三台组架安装，不包括设备本身及铜母线的安装，其工程量应按本册相应定额另计算。

4）高压设备安装定额内均不包括绝缘台的安装，其工程量应按施工图设计执行相应定额。

5）高压成套配电柜和箱式变电站的安装以"台"为单位计算，均未包括基础槽钢、母线及引下线的配置安装。

6）配电设备安装的支架、抱箍及延长轴、轴套、间隔板等，按施工图设计的需要量计算，执行铁构件制作安装定额或成品价。

7）配电设备的端子板外部接线，应按第四章控制设备及低压电器相应定额另行计算。

8）设备安装用的地脚螺栓按土建预埋考虑，不包括二次灌浆。

（3）母线及绝缘子安装工程量计算

母线按材质分有铜母线、铝母线、钢母线。母线安装分变配电装置母线和车间母线，注意正确区分，车间母线安装套用第十二章定额项目。

母线按刚度分有硬母线和软母线；母线按断面形状分有带形、槽形、管形、组合形；母线按安装方式分有带形母线安装、组合母线安装，带形母线按每相一片、二片、三片、四片，组合母线有2、3、10、14、18、26根。10kV以下裸软母线架设执行第十章定额项目。

1）带形、槽形母线安装均以"m/单相"计算。其长度（L）计算式如下：

$$L = \Sigma(\text{按母线设计单片延长米} + \text{母线预留长度})$$

母线预留长度见表6-3。

硬母线配置安装预留长度（m/根） **表6-3**

序号	项　目	预留长度	说　明
1	带型、槽型母线终端	0.3	从最后一个支持点算起
2	带型、槽型母线与分支线连接	0.5	分支线预留
3	带型母线与设备连接	0.5	从设备端子接口算起
4	多片重型母线与设备连接	1.0	从设备端子接口算起
5	槽型母线与设备连接	0.5	从设备端子接口算起

2）带形母线安装分别按不同截面和片数区分定额子目，槽形母线按不同截面区分定额子目，母线和固定母线的金具均应按设计量加损耗量计算。

3）钢带型母线安装，按同规格的铜母线定额执行，不得换算。

4）母线伸缩接头及铜过渡板安装均以“个”为单位计算。伸缩接头、铜过渡板均为未计价材料。

5）悬式绝缘子安装按单、双串分别以“串”为单位计算，耐张绝缘子串的安装，已包括在软母线安装定额内。

6）支持绝缘子安装分别按安装在户内、户外、单孔、双孔、四孔固定，以“个”为单位计算。

7）穿墙套管安装不分水平、垂直安装，均以“个”为单位计算。

8）封闭式插接母线槽安装以“m”为单位计算，在竖井内安装时，人工和机械费乘以系数2。

（4）控制设备及低压电器安装工程量计算

1）成套配电箱安装分落地式和悬挂嵌入式两种形式套定额，悬挂嵌入式均按箱的半周长套定额项目。

2）控制设备及低压电器安装均以“台”为单位计算。以上设备安装均未包括基础槽钢、角钢的制作安装，其工程量应按相应定额另行计算。

3）铁构件制作安装均按施工图设计尺寸，以成品重量“kg”为单位计算。主结构厚度在3mm以上时，套一般铁构件制作安装项目；主结构厚度在3mm以下时，套轻型铁构件制作安装项目。

4）网门、保护网制作安装，按网门或保护网设计图示框的外围尺寸，以“m^2”为单位计算。

5）盘柜配线指盘柜内组装电气元件之间的连接线，分不同规格，以“m”为单位计算。成套柜不得套用此项目，现场制作的盘柜、利用成套柜现场改制的可套用此项目。盘柜配线长度按下式计算：

盘柜配线总长度＝盘柜半周长×导线根数

6）盘、箱、柜的外部进出线预留长度按表6-4计算。

盘、箱、柜的外部进出线预留长度（m/根） **表6-4**

序号	项　目	预留长度	说　明
1	各种箱、柜、盘、板、盒	高＋宽	盘面尺寸
2	单独安装的铁壳开关、自动开关、刀开关、启动器、箱式电阻器、变阻器	0.5	从安装对象中心算起
3	继电器、控制开关、信号灯、按钮、熔断器等小电器	0.3	从安装对象中心算起
4	分支接头	0.2	分支线预留

7）焊（压）铜接线端子定额只适用于导线，主材接线端子材料费包括在定额材料费中，不应另计接线端子费用。但实际分项工程项目内容与定额项目内容不同时，应调整接线端子价差。电缆终端头制作安装定额中已包括压接线端子，不得重复计算。

8）所有与盘、柜、箱、台联接的控制、保护和信号仪表配线均按端子板外部接线处理，按外部接线图计算，以“个”为单位计算。

(5) 蓄电池安装工程量计算

1) 铅酸蓄电池和碱性蓄电池的安装，分别按容量大小以单体蓄电池“个”为单位计算，按施工图设计的数量计算工程量。定额内已包括了电解液的材料消耗，执行时不得调整。

2) 免维护蓄电池安装以“组装”为单位计算，其具体计算如下例。

某项工程设计一组蓄电池为220V/500 (A·h)，由12V的组件18个组成，那么就应该套用12V/500 (A·h) 的定额18组件。

3) 蓄电池充放电按不同容量以“组”为单位计算。

(6) 电机及滑触线安装工程量计算

1) 发电机、调相机、电动机的电气检查接线，均以“台”为计量单位。直流发电机组和多台一串的机组，按单台电机分别执行定额。

2) 起重机上的电气设备、照相装置和电缆管线等安装均执行本册的相应定额。

3) 滑触线安装以“m/单相”为单位计算，其附加预留长度按表6-5的规定计算。

滑触线安装附加预留长度 (m/根) **表6-5**

序号	项　目	预留长度	说　明
1	圆钢、铜母线与设备连接	0.2	从设备接线端子接口起算
2	圆钢、铜滑触线终端	0.5	从最后一个固定点起算
3	角钢滑触线终端	1.0	从最后一个支持点起算
4	扁钢滑触线终端	1.3	从最后一个固定点起算
5	扁钢母线分支	0.5	分支线预留
6	扁钢母线与设备连接	0.5	从设备接线端子接口起算
7	轻轨滑触线终端	0.8	从最后一个支持点起算
8	安全节能及其他滑触线终端	0.5	从最后一个固定点起算

4) 电气安装规范要求每台电机接线均需要配金属软管，设计有规定的，按设计规格和数量计算，设计没有规定的，平均每台电机配相应规格的金属软管1.25m和与之配套的金属软管专用活接头。

5) 本章的电机检查接线定额，除发电机和调相机外，均不包括电机干燥，发生时其工程量应按电机干燥定额另行计算。电机干燥定额系按一次干燥所需的工、料、机消耗量考虑的，在特别潮湿的地方，电机需要进行多次干燥，应按实际干燥次数计算。在气候干燥、电机绝缘性能良好、符合技术标准而不需要干燥时，则不计算干燥费用。实行包干的工程，可参照以下比例，由有关各方协商而定。

①低压小型电机3kW以下，按25%的比例考虑干燥。

②低压小型电机3kW以上至220kW，按30%~50%比例考虑干燥。

③大中型电机按100%考虑一次干燥。

6) 电机定额的界线划分：单台电机重量在3t以下的为小型电机；单台电机重量在3t以上至30t以下的为中型电机；单台电机重量在30t以上的为大型电机。

7) 小型电机按电机类别和功率大小执行相应定额，大中型电机不分类别一律按电机重量执行相应定额。

8）滑触线及支架安装是按 10m 以下标高考虑的，如超过 10m 时按册说明的超高系数计算。

9）滑触线的辅助母线安装，执行“车间带型母线”安装定额。

10）滑触线伸缩器和坐式电车绝缘子支持器的安装，已分别包括在“滑触线安装”和“滑触线支架安装”定额内，不应另行计算。

11）滑触线支架制作套用一般铁构件制作定额，滑触线支架安装按固定方式和支架形式，以“副”为单位计算。

12）滑触线支架安装包括信号灯安装，信号灯安装板制作应另套用信号灯板定额项目，以“套”为单位计算，信号灯安装板、瓷灯头、绕线电阻等材料费均包括在材料费用中，不应另计。

13）角钢、扁钢滑触线、圆钢滑触线安装包括滑触线拉紧装置安装，均以安装对象分规格，以“单相 m”为单位计算。

14）安全节能型滑触线安装以电流大小区分定额子目，以“单相 m”为单位计算。定额中未包括滑触线的导轨、支架、集电器及其附件等装置性材料的费用，应另计。三相组合为一根的滑触线，按单相滑触线定额乘以系数 2。

15）移动软电缆安装，分沿钢索架设和沿轨道架设两种：沿钢索架设包括钢索拉紧装置安装，按移动行程长度计算。沿轨道架设的软电缆，行程范围在 100m 以内的，按电缆截面分规格计算。

（7）电缆敷设工程量计算

1）直埋电缆的挖、填土（石）方，除特殊要求外，可按表 6-6 计算土方量。

直埋电缆的挖、填土（石）方量 **表 6-6**

项　　目	电缆根数	
	1 ~ 2	每增一根
每米沟长挖方量（m^3）	0.45	0.153

注：1. 埋 1 ~ 2 根电缆的电缆沟土方量按上口宽度 600mm、下口宽度 400mm、深度 900mm 计算的常规土方量（深度按规范的最低标准）；2. 每增加一根电缆，其宽度增加 170mm；3. 以上土方量系从自然地坪起算埋深，如设计埋深超过 900mm 时，多挖的土方量应另行计算。

2）电缆沟盖板揭、盖定额，按每揭或每盖一次以延长米计算，如又揭又盖，则按两次计算。

3）电缆直埋敷设铺砂盖砖或铺砂盖保护板，以“m”为单位计算。主材红砖、保护板、砂子材料费包括在定额材料费中，不应另计。

4）电缆保护管长度，除按设计规定长度外，遇下列情况，应按以下规定增加保护管长度。

①横穿道路，按路基宽度两端各增加 2m。

②垂直敷设时，管口距地面增加 2m。

③穿过建筑物外墙时，按基础外缘以外增加 1m。

④穿过排水沟时，按沟壁外缘以外增加 1m。

5）电缆保护管按不同种类、不同管径套各项定额项目，以“m”为单位计算。

6）电缆敷设按单根以延长米计算，一个沟内（或架上）敷设三根各长100m的电缆，应按300m计算，以此类推。

7）电缆敷设长度除应根据敷设路径的水平和垂直敷设长度计算外，还应考虑预留长度。电缆敷设预留长度见表6-7。

电缆敷设预留长度 表6-7

序号	项目名称	预留长度	说明
1	电缆敷设弛度、弯度、交叉	2.5%	按全长计算
2	电缆进入建筑物	2.0m	规程规定最小值
3	电缆进入沟内或吊架时引上值	1.5m	规程规定最小值
4	变电所进线、出线	1.5m	规程规定最小值
5	电力电缆终端头	1.5m	检修余量
6	电缆中间接头盒	两端各2.0m	检修余量
7	电缆进控制及保护屏	高+宽	按盘面尺寸
8	高压开关柜及低压动力盘	2.0m	盘下进出线
9	电缆至电动机	0.5m	不包括接线盒至地坪距离
10	厂用变压器	3.0m	从地坪起算
11	车间动力箱	1.5m	从地坪起算
12	电梯电缆与电缆固定点	每处0.5m	规范最小值

8）电缆敷设长度可按下式计算：

$$L=(L_1+L_2+L_3+L_4+L_5)\times(1+2.5\%)$$

式中 L——电缆总长（m）；

L_1——电缆水平长度（m）；

L_2——电缆垂直长度（m）；

L_3——电缆预留长度（m）；

L_4——电缆进入建筑物前预算长度（m）；

L_5——沿电杆引上或引下长度（m）；

2.5%——波形敷设系数。

9）电缆敷设应按电缆最大单芯截面积套定额项目。

10）竖直通道电缆敷设适用于高层建筑电气管井内电缆和电视塔等电缆工程。

11）电力电缆敷设按材质套相应定额项目，电缆头制作安装均按铝芯电缆考虑，铜芯电缆头制作安装按相应定额乘以系数1.2。

12）电缆在山地、丘陵地区直埋敷设时，人工费乘以系数1.3。所发生的材料按实另计。

13）控制电缆敷设按不同芯数套相应项目。

14）户内干包式电缆终端头制作安装适用于塑料绝缘和橡皮绝缘电缆，应按不同截面，分别以“个”为单位计算。

15）户外电力电缆终端头制作安装，应按不同浇注形式和电压，区别不同截面分别以“个”为单位计算。

16）电力电缆中间头制作安装，应按不同电压，区别不同截面，分别以“个”为单位计算。

17）控制电缆头制作安装，应区别控制电缆的终端头和中间头，按控制电缆的芯数划分子目，分别以“个”为单位计算。

18）桥架安装，以“m”为单位计算。

19）吊电缆的钢索计算长度以两端固定点的距离为准，不扣除拉紧装置的长度。

（8）防雷及接地装置工程量计算

1）接地极制作安装以“根”为单位计算，其长度按设计长度计算，设计无规定时，每根长度按2.5m计算。若设计有管帽时，管帽另按加工件计算。

2）接地母线敷设，按设计长度以“m”为计量单位计算工程量。接地母线、避雷线敷设均按延长米计算，其长度按施工图设计水平和垂直规定长度另加3.9%的附加长度（包括转弯、上下波动、避绕障碍物、搭接头所占长度）计算。计算主材费时，应另增加规定的损耗率。

3）接地跨接线以“处”为单位计算，按规定凡需作接地跨接线时，每跨接一次按“一处”计算，户外配电装置构架均需接地，每副构架按“一处”计算。

4）避雷针的加工制作、安装，以“根”为单位计算，独立避雷针安装以“根”为单位计算。长度、高度、数量均按设计规定。独立避雷针的加工制作执行一般铁构件制作定额或按成品计算。

5）半导体少长针消雷装置安装以“套”为单位计算，按设计安装高度分别执行相应定额。装置本身由设备制造厂成套供货。

6）利用建筑物内主筋作接地引下线安装以“m”为单位计算，每一柱子内按焊接两根主筋考虑，如果焊接主筋数超过两根时，可按比例调整。

7）断接卡子制作安装以“套”为单位计算，按设计规定装设的断接卡子数量计算，接地检查井内的断接卡子安装按每井一套计算。

8）高层建筑物屋顶的防雷装置应执行“避雷网安装”定额，电缆支架的接地线安装应执行“户内接地母线敷设”定额。

9）均压环敷设以“m”为单位计算，主要考虑利用圈梁内主筋作均压环接地连线，焊接按两根主筋考虑，超过两根时，可按比例调整。长度按设计需要作均压接地的圈梁中心线长度，以延长米计算。

10）钢、铝窗接地以“处”为计量单位（高层建筑六层以上的金属窗设计一般要求接地），按设计规定接地的金属窗数进行计算。

11）柱子主筋与圈梁连接以“处”为单位计算，每处按两根主筋与两根圈梁钢筋分别焊接连接考虑。如果焊接主筋和圈梁钢筋超过两根时，可按比例调整，需要连接的柱子主筋和圈梁钢筋“处”数按规定设计计算。

（9）10kV以下架空配电线路工程量计算

1）工地运输是指定额内未计价材料从集中材料堆放点或工地仓库运至杆位上的工程运输，分人工运输和汽车运输，以“t·km”为单位计算。

运输量计算公式如下：

$$工程运输量 = 施工图用量 \times (1 + 损耗率)$$

预算运输重量 = 工程运输量 + 包装物重量（不需要包装的可不计算包装物重量）

运输重量可按表6-8的规定进行计算。

运 输 重 量 表 **表6-8**

材料名称		单位	运输重量（kg）	备注
混凝土制品	人工浇制	m^3	2600	包括钢筋
	离心浇制	m^3	2860	包括钢筋
线材	导线	kg	W[1] ×1.15	有线盘
	钢绞线	kg	W×1.07	无线盘
木杆材料		m^3	500	包括木横担
金属、绝缘子		kg	W×1.07	
螺栓		kg	W×1.01	

①W为理论重量，没有W者均按净重计算。

2）无底盘、卡盘的电杆坑，其挖方体积V为：

$$V = 0.8 \times 0.8 \times h$$

式中 h——坑深（m）。

3）有底盘、卡盘的电杆坑，其挖方体积可按表6-9计算。

杆 坑 土 方 量 计 算 表 **表6-9**

放坡系数	杆高（m）	7	8	9	10	11	12	13	15
	埋深（m）	1.2	1.4	1.5	1.7	1.8	2.0	2.2	2.5
	底盘（长×宽）（m×m）	600×600			800×800			1000×1000	
1:0.2	混凝土杆土方量（m^3）	1.36	1.78	2.02	3.39	3.76	4.60	6.87	8.76
	木杆土方量（m^3）	0.82	1.07	1.21	2.03	2.26	2.76	4.12	5.26

4）杆坑土质按一个坑的主要土质而定，如一个坑大部分为普通土，少量为坚土，则该坑应全部按普通土计算。

5）带卡盘的电杆坑，如原计算的尺寸不能满足卡盘安装时，因卡盘超长而增加的土（石）方量另计。

6）底盘、卡盘、拉线盘按设计用量以“块”为计量单位。

7）电杆组立，以“根”为单位计算。

8）拉线制作安装按施工图设计规定，区别不同形式以“组”为计量单位。

9）横担安装按施工图设计规定，区别不同形式和截面以“根”为单位计算。

10）拉线制作安装分普通拉线、水平及弓形拉线三种，按拉线不同截面区分定额项目，以“根”为计量单位，定额按单根拉线考虑，若安装V形拉线，按2根计算。定额中不包括拉线材料费，应另行计算。

11）10kV以下架空线路拉线长度可按表6-10计算。水平拉线间距以15m为准，如实际长度增加1m，则拉线长相应增加1m。

架空线路拉线长度表（m/根）　　表6-10

项　目		普通拉线	V型拉线	弓型拉线
杆高（m）	8	11.47	22.94	9.33
	9	12.61	25.22	10.10
	10	13.74	27.43	10.92
	11	15.10	30.20	11.82
	12	16.14	32.28	12.62
	13	18.69	37.38	13.42
	15	19.68	39.36	15.12
水平拉线		26.47		

12）导线架设，区别导线类型和不同截面以"m/单线"为单位计算。导线预留长度按表6-11的规定计算。

导线预留长度（m/根）　　表6-11

项目名称		预留长度
高　压	转　角	2.5
	分支、分段	2.0
低　压	分支、终端	0.5
	交叉、跳线、转角	1.5
与设备连接		0.5
进户线		2.5

导线长度按线路总长度和预留长度之和计算。计算主材费时应另增加规定的损耗率。

13）导线跨越架设，包括跨越线架的搭、拆和运输以及因跨越（障碍）施工难度增加而增加的工作量，以"处"为单位计算。每个跨越间距按50m以内考虑，大于50m而小于100m时按2处计算，以此类推。

14）杆上变配电设备安装以"台"或"组"为单位计算，定额内包括钢支架、横担、撑铁安装，设备安装固定等的安装工作，但钢支架主材、连引线、线夹、金具等应按设计规定另行计算。

15）线路一次施工工程量5根电杆以内时，其全部工程定额人工、机械费增加30%。

16）架空配电线路定额按平原施工条件考虑的，如在其他地形条件下施工时，其人工和机械费按表6-12规定计算。

其他地形人工和机械费调增表　　表6-12

地形类别	丘陵、市区	一般山地、泥沼地带
增加费率（%）	20	60

（10）电气调整试验工程量计算

1）变压器系统调试，均以每个电源侧一台断路器为准，多出部分按相应电压等级的送配电设备系统调试的相应定额另行计算。变压器系统调试，分别以“系统”为单位计算。干式变压器调试，按相应容量变压器调试定额的0.8倍计算。

2）送配电设备系统调试适用于各种送配电设备和低压供电回路的系统调试。包括系统内的电缆试验、瓷瓶耐压等全部调试工作。但从配电箱至电动机的供电回路已包括在电动机的系统调试定额内，应另行计算。

3）1kV以下交流供电系统划分如下：

①室内未设变电所，以电气供电系统图划分，有几处进户就按几个送配电系统调试项目计算。但必须具备空气断路器，方可套用一次系统调试定额。

②车间内变电所、百货商场内变电所，以电源屏至分配电箱的供电回路划分，有几个分回路就按几个送配电系统调试项目计算，每个分回路必须是三相四线。

4）线路自动重合闸调试系统，按采用自动重合闸装置的线路自动断路器的台数计算系统数量。

5）事故照明切换装置调试，按设计凡能完成交直流切换的一套装置为一个调试系统计算。

6）备用电源自动投入装置调试，按连锁机构的个数确定备用电源自动投入装置系统数。

7）接地网调试，一般的发电厂或变电站连为一体的母网，按一个系统计算；自成母网不与厂区母网相连的独立接地网，另按一个系统计算。

8）建筑物避雷网，进户重复接地按每个断接卡子测试点，均按独立接地装置一个系统计算。

9）避雷器、电容器的调试，按每三相为一组计算。

10）高压电气除尘系统调试，按一台升压变压器、一台机械整流器及附属设备为一个系统计算，分别按除尘器平方米范围执行定额。

11）硅整流装置调试，按一套硅整流装置为一个系统计算。

12）普通电动机的调试，分别按电机的控制方式、功率、电压等级，以“台”为单位计算。

13）可控硅调速直流电动机调试以“系统”为单位计算，其调试内容包括可控硅整流装置系统和直流电动机控制回路系统两个部分的调试。

14）交流变频调速电动机调试以“系统”为单位计算，其调试内容包括变频装置系统和交流电动机控制回路系统两个部分的调试。

15）微型电机系指功率在0.75kW以下的电机，不分类别，一律执行微电机综合调试定额，以“台”为单位计算。功率在0.75kW以上的电机调试应按电机类别和功率进行计算。

16）电动机连锁装置调试按连锁台数区分定额项目，以“组”为单位计算。

（11）配管配线

1）各种配管应区别不同敷设方法、敷设位置、管材材质、规格，以“延长米”为单位计算。不扣除管路中间的接线箱（盒）、灯头盒、开关盒所占长度。

2）定额中未包括钢索架设及拉紧装置、接线箱（盒）、支架的制作安装，其工程量应另行计算。

3）管内穿线的工程量，应区别导线材质、导线截面，以单线“延长米”为计量单位计算。线路分支接头线的长度已综合在定额中，不得另行计算。

照明线路中的导线截面大于或等于6mm^{2}以上时，应执行动力线路穿线相应项目。

4）线槽配线工程量应区别导线截面，以单根线路“延长米”为单位计算。

5）钢索架设工程量应区别圆钢、钢索直径（ϕ6、ϕ9），按图示墙（柱）内缘距离，以“延长米”为单位计算，不扣除拉紧装置所占长度。

6）母线拉紧装置及钢索拉紧装置制作安装工程量，应区别母线截面、花篮螺栓直径（12、16、18）以“套”为单位计算。

7）车间带形母线安装工程量，应区别母线材质（铝、钢）、母线截面、安装位置（沿屋架、梁、柱、墙，跨屋架、梁、柱）以“延长米”为单位计算。

8）动力配管混凝土地面刨沟是指施工后，设计变更要求沿混凝土地面刨沟配管时，才能执行动力配管混凝土地面刨沟相应定额子目。

9）接线箱安装工程量，应区别安装形式（明装、暗装）、接线箱半周长，以“个”为单位计算。

10）接线盒安装工程量，应区别安装形式（明装、暗装、钢索上）以及接线盒类型，以“个”为计量单位计算。

11）灯具、明、暗开关、插座、按钮等预留线，已分别综合在相应定额内，不应另计。

（12）照明器具安装

1）普通灯具安装工程量，应区别灯具的种类、型号、规格，以“套”为单位计算。普通灯具安装定额适用范围见表6-13。

普通灯具安装定额适用范围 **表6-13**

定额名称	灯具种类
圆球吸顶灯	材质为玻璃的螺口、卡口圆球独立吸顶灯
半圆球吸顶灯	材质为玻璃的独立的半圆球吸顶灯、扁圆罩吸顶灯、平圆形吸顶灯
方形吸顶灯	材质为玻璃的独立的矩形罩吸顶灯、方形罩吸顶灯、大口方罩吸顶灯
软线吊灯	利用软线为垂吊材料，独立的，材质为玻璃、塑料、搪瓷，形状如碗伞、平盘灯罩组成的各式软线吊灯
吊链灯	利用吊链作辅助悬吊材料，独立的，材质为玻璃、塑料罩的各式吊链灯
防水吊灯	一般防水吊灯
一般弯脖灯	圆球弯脖灯、风雨壁灯
一般墙壁灯	各种材质的一般壁灯、镜前灯
软线吊灯头	一般吊灯头
声光控座灯头	一般声控、光控座灯头
座灯头	一般塑胶、瓷质座灯头

2）吊式艺术装饰灯具的工程量，应根据装饰灯具示意图所示，区别不同装饰物以及

灯体直径和灯体垂吊长度，以“套”为计量单位计算。灯体直径为装饰物的最大外缘直径，灯体垂吊长度为灯座底部到灯梢之间的总长度。

3）吸顶式艺术装饰灯具安装的工程量，应根据装饰灯具示意图所示，区别不同装饰物、吸盘的几何形状、灯体直径、灯体周长和灯体垂吊长度，以“套”为计量单位计算。灯体直径为吸盘最大外缘直径；灯体半周长为矩形吸盘的半周长；吸顶式艺术装饰灯具的灯体垂吊长度为吸盘到灯梢之间的总长度。

4）荧光艺术装饰灯具安装的工程量，应根据装饰灯具示意图所示，区别不同安装形式和计量单位计算。

①组合荧光灯光带安装的工程量，应根据装饰灯具示意图所示，区别安装形式、灯管数量，以“延长米”为计量单位计算。灯具的设计数量与定额不符时，可以按设计量加损耗量调整主材。

②内藏组合式灯安装的工程量，应根据装饰灯具示意图所示，区别灯具组合形式，以“延长米”为计量单位。灯具的设计数量与定额不符时，可根据设计数量加损耗量调整主材。

③发光棚安装的工程量，应根据装饰灯具示意图所示，以“m^2”为计量单位，发光棚灯具按设计用量加损耗量计算。

④立体广告灯箱、荧光灯光沿的工程量，应根据装饰灯具示意图所示，以“延长米”为计量单位。灯具设计用量与定额不符时，可根据设计数量加损耗量调整主材。

5）几何形状组合艺术灯具安装的工程量，应根据装饰灯具示意图所示，区别不同安装形式及灯具的不同形式，以“套”为计量单位计算。

6）标志、诱导装饰灯具安装的工程量，应根据装饰灯具示意图所示，区别不同安装形式，以“套”为计量单位计算。

7）水下艺术装饰灯具安装的工程量，应根据装饰灯具示意图所示，区别不同安装形式，以“套”为计量单位计算。

8）点光源艺术装饰灯具安装的工程量，应根据装饰灯具示意图所示，区别不同安装形式、不同灯具直径，以“套”为计量单位计算。

9）草坪灯具安装的工程量，应根据装饰灯具示意图所示，区别不同安装形式，以“套”为计量单位计算。

10）歌舞厅灯具安装的工程量，应根据装饰灯具示意图所示，区别不同灯具形式，分别以“套”、“延长米”、“台”为计量单位计算。

装饰灯具安装定额适用范围见表6-14。

装饰灯具安装定额适用范围 **表6-14**

定额名称	灯 具 种 类（形式）
吊式艺术装饰灯具	不同材质、不同灯体垂吊长度、不同灯体直径的蜡烛灯、挂片灯、串珠（穗）、串棒灯、吊杆式组合灯、玻璃罩（带装饰）灯
吸顶式艺术装饰灯具	不同材质、不同灯体垂吊长度、不同灯体几何形状的串珠（穗）、串棒灯、挂片、挂碗、挂吊蝶灯、玻璃（带装饰）灯
荧光艺术装饰灯具	不同安装形式、不同灯管数量的组合荧光灯光带，不同几何组合形式的内藏组合式灯，不同几何尺寸、不同灯具形式的发光棚，不同形式的立体广告灯箱、荧光灯光沿

续表

定额名称	灯具种类（形式）
几何形状组合艺术灯具	不同固定形式、不同灯具形式的繁星灯、钻石星灯、礼花灯、玻璃罩钢架组合灯、凸片灯、反射挂灯、筒形钢架灯、U型组合灯、弧形管组合灯
标志、诱导装饰灯具	不同安装形式的标志灯、诱导灯
水下艺术装饰灯具	简易形彩灯、密封形彩灯、喷水池灯、幻光形灯
点光源艺术装饰灯具	不同安装形式、不同灯体直径的筒灯、牛眼灯、射灯、轨道射灯
草坪灯具	各种立柱式、墙壁式的草坪灯
歌舞厅灯具	各种安装形式的变色转盘灯、雷达射灯、幻影转彩灯、维纳斯旋转彩灯、卫星旋转效果灯、飞蝶旋转效果灯、多头转灯、滚筒灯、频闪灯、太阳灯、雨灯、歌星灯、边界灯、射灯、泡泡发生器、迷你满天星彩灯、迷你单立（盘彩灯）、多头宇宙灯、镜面球灯、蛇光管

11）荧光灯具安装的工程量，应区别灯具的安装形式、灯具种类、灯管数量，以“套”为计量单位计算。

荧光灯具安装定额适用范围见表6-15。

荧光灯具安装定额适用范围　　表6-15

定额名称	灯具种类
组装形荧光灯	单管、双管、三管、吊链式、吸顶式、现场组装独立荧光灯
成套形荧光灯	单管、双管、三管、吊链式、吊管式、吸顶式、成套独立荧光灯

12）工厂灯及防水防尘灯安装的工程量，应区别不同安装形式，以“套”为计量单位计算。

工厂灯及防水防尘灯安装定额适用范围见表6-16所示。

工厂灯及防水防尘灯安装定额适用范围　　表6-16

定额名称	灯具种类
直杆工厂吊灯	配照（GC_1-A）、广照（GC_3-A）、深照（GC_5-A）、斜照（GC_7-A）、圆球（$GC_{17}-A$）、双罩（$GC_{19}-A$）
吊链式工厂灯	配照（GC_1-B）、深照（GC_3-B）　斜照（GC_5-C）、圆球（GC_7-B）、双罩（$GC_{19}-A$）、广照（$GC_{19}-B$）
吸顶式工厂灯	配照（GC_1-C）、广照（GC_3-C）、深照（GC_5-C）、斜照（GC_7-C）、双罩（$GC_{19}-C$）
弯杆式工厂灯	配照（GC_1-D/E）、广照（GC_3-D/E）、深照（GC_5-D/E）、斜照（GC_7-D/E）、双罩（$GC_{19}-C$）、局部深罩（$GC_{26}-F/H$）
悬挂式工厂灯	配照（$GC_{21}-2$）、深照（$GC_{23}-2$）
防水防尘灯	广照（GC_9－A、B、C）、广照保护网（GC_{11}－A、B、C）、散照（GC_{15}－A、B、C、D、E、F、G）

13）工厂其他灯具安装的工程量，应区别不同灯具类型、安装形式、安装高度，以“套”、“个”、“延长米”为计量单位计算。

工厂其他灯具安装定额适用范围见表6-17。

工厂其他灯具安装定额适用范围 **表 6-17**

定额名称	灯 具 种 类
防潮灯	扁形防潮灯（GC－31）、防潮灯（GC－33）
腰形舱顶灯	腰形舱顶灯 CCD－1
碘钨灯	DW 型，220V，300～1000W
管形氙气灯	自然冷却式，200V/380V，20kW 内
投光灯	TG 型室外投光灯
高压水银灯镇流器	外附式镇流器具，125～450W
安全灯	（AOB－1、2、3）、（AOC－1、2）型安全灯
防爆灯	CB C－200 型防爆灯
高压水银防爆灯	CB C－125/250 型高压水银防爆灯
防爆荧光灯	CB C－1/2 单/双管防爆型荧光灯

14）医院灯具安装的工程量，应区别灯具种类，以“套”为计量单位计算。

医院灯具安装定额适用范围见表 6-18。

医院灯具安装定额适用范围 **表 6-18**

定额名称	灯 具 种 类
病房指示灯	病房指示灯
病房暗脚灯	病房暗脚灯
无影灯	3～12 孔管式无影灯

15）路灯安装工程，应区别不同臂长、不同灯数，以“套”为计量单位计算。

工厂厂区内、住宅小区内路灯安装执行本册定额，城市道路的路灯安装执行《全国统一市政工程预算定额》。

路灯安装定额范围见表 6-19。

路 灯 安 装 定 额 范 围 **表 6-19**

定额名称	灯 具 种 类
大马路弯灯	臂长 1200mm 以下、臂长 1200mm 以上
庭院路灯	三火以下、七火以下

16）开关、按钮安装的工程量，应区别开关、按钮安装形式，开关、按钮种类，开关极数以及单控与双控，以“套”为计量单位计算。

17）插座安装的工程量，应区别电源相数、额定电流、插座安装形式、插座插孔个数，以“套”为计量单位计算。

18）安全变压器安装的工程量，应区别安全变压器容量，以“台”为计量单位计算。

19）电铃、电铃号码牌箱安装的工程量，应区别电铃直径、电铃号牌箱规格（号），以“套”为计量单位计算。

20）门铃安装工程量计算，应区别门铃安装形式，以“个”为计量单位计算。

21）风扇安装的工程量，应区别风扇种类，以“台”为计量单位计算。

22）盘管风机三速开关、“请勿打扰”灯，须刨插座安装的工程量，以“套”为计量单位计算。

（13）电梯电气设置

1）交流手柄操纵或按钮控制（半自动）电梯电气安装的工程量，应区别电梯层数、站数，以“部”为计量单位计算。

2）交流信号或集选控制（自动）电梯电气安装的工程量，应区别电梯层数、站数，以“部”为计量单位计算。

3）直流信号或集选控制（自动）快速电梯电气安装的工程量，应区别电梯层数、站数，以“部”为计量单位计算。

4）直流集选控制（自动）高速电梯电气安装的工程量，应区别电梯层数、站数，以“部”为计量单位计算。

5）小型杂物电梯电气安装的工程量，应区别电梯层数、站数，以“部”为计量单位计算。

6）电梯增加厅门、自动轿厢门及提升高度的工程量，应区别电梯形式、增加自动轿厢门数量、增加提升高度，分别以“个”、“延长米”为计量单位计算。

（六）消防及安全防范设备

1. 火灾自动报警系统

（1）点型探测器按线制的不同分为多线制与总线制，不分规格、型号、安装方式与位置，以“只”为计量单位。探测器安装包括了探头和底座的安装及本体调试。

（2）红外线探测器以“对”为计量单位。红外线探测器是成对使用的，在计算时一对为两只。定额中包括了探头支架安装和探测器的调试、对中。

（3）火焰探测器、可燃气体探测器按线制的不同分为多线制与总线制两种，计算时不分规格、型号、安装方式与位置，以“只”为计最单位。探测器安装包括了探头和底座的安装及本体调试。

（4）线形探测器的安装方式按环绕、正弦及直线综合考虑，不分线制及保护形式，以“10m”为计量单位。定额中未包括探测器连接的一只模块和终端，其工程量应按相应定额另行计算。

（5）按钮包括消火栓按钮、手动报警按钮、气体灭火启/停按钮，以“只”为计量单位，按照在轻质墙体和硬质墙体上安装两种方式综合考虑，执行时不得因安装方式不同而调整。

（6）控制模块（接口）是指仅能起控制作用的模块（接口），亦称为中继器，依据其给出控制信号的数量，分为单输出和多输出两种形式。执行时不分安装方式，按照输出数量以“只”为计量单位。

（7）报警模块（接口）不起控制作用，只能起监视、报警作用，执行时不分安装方式，以“只”为计量单位。

(8) 报警控制器按线制的不同分为多线制与总线制两种，其中又按其安装方式不同分为壁挂式和落地式。在不同线制、不同安装方式中按照“点”数的不同划分定额项目，以“台”为计量单位。

多线制“点”是指报警控制器所带报警器件（探测器、报警按钮等）的数量。

总线制“点”是指报警控制器所带的有地址编码的报警器件（探测器、报警按钮、模块等）的数量。如果一个模块带数个探测器，则只能计为一点。

(9) 联动控制器按线制的不同分为多线制与总线制两种，其中又按其安装方式不同分为壁挂式和落地式。在不同线制、不同安装方式中，按照“点”数的不同划分定额项目，以“台”为计量单位。

多线制“点”是指联动控制器所带联动设备的状态控制和状态显示的数量。

总线制“点”是指联动控制器所带的控制模块（接口）的数量。

(10) 报警联动一体机按其安装方式不同分为壁挂式和落地式。在不同安装方式中按照“点”数的不同划分定额项目，以“台”为计量单位。

这里的“点”是指报警联动一体机所带的有地址编码的报警器件与控制模块（接口）的数量。

(11) 重复显示器（楼层显示器）不分规格、型号、安装方式，按总线制与多线制划分，以“台”为计量单位。

(12) 警报装置分为声光报警和警铃报警两种形式，均以“只”为计量单位。

(13) 远程控制器按其控制回路数以“台”为计量单位。

(14) 火灾事故广播中的功放机、录音机的安装按柜内及台上两种方式综合考虑，分别以“台”为计量单位。

(15) 消防广播控制柜是指安装成套消防广播设备的成品机柜，不分规格、型号，以“台”为计量单位。

(16) 火灾事故广播中的扬声器不分规格、型号，按照吸顶式与壁挂式，以“只”为计量单位。

(17) 广播分配器是指单独安装的消防广播用分配器（操作盘），以“台”为计量单位。

(18) 消防通讯系统中的电话交换机按“门”数不同，以“台”为计量单位；通讯分机、插孔是指消防专用电话分机与电话插孔，不分安装方式，分别以“部”、“个”为计量单位。

(19) 报警备用电源综合考虑了规格、型号，以“台”为计量单位。

2. 消防系统调试

(1) 消防系统调试包括自动报警系统、水灭火系统、火灾事故广播、消防通讯系统、消防电梯系统、电动防火门、防火卷帘门、正压送风阀、排烟阀、防火阀控制装置、气体灭火系统装置。

(2) 自动报警系统包括各种探测器、报警按钮、报警控制器组成的报警系统，根据不同点数以“系统”为计量单位，其点数按多线制与总线制报警器的点数计算。

(3) 水灭火系统控制装置按照不同点数以“系统”为计量单位，其点数按多线制与总线制联动控制器的点数计算。

（4）火灾事故广播、消防通讯系统中的消防广播喇叭、音箱和消防通讯的电话分机、电话插孔，按其数量以“10只”为计量单位。

（5）消防电梯与控制中心间的控制调试，以“部”为计量单位。

（6）电动防火门、防火卷帘门指可由消防控制中心显示与控制的电动防火门、防火卷帘门，以“10处”为计量单位，每樘为一处。

（7）正压送风阀、排烟阀、防火阀以“10处”为计量单位，一个阀为一处。

（8）气体灭火系统装置调试包括模拟喷气试验、备用灭火器贮存器切换操作试验，按试验容器的规格（L），分别以“个”为计量单位。试验容器的数量包括系统调试、检测和验收所消耗的试验容器的总数，试验介质不同时可以换算。

3. 安全防范设备安装

（1）设备、部件按设计成品以“台”或“套”为计量单位。

（2）模拟盘以“m^2”为计量单位。

（3）入侵报警系统调试以“系统”为计量单位，其点数按实际调试点数计算。

（4）电视监控系统调试以“系统”为计量单位，其头尾数包括摄像机、监视器数量之和。

（5）其他联动设备的调试已考虑在单机调试中，其工程量不得另行计算。

三、全国统一房屋修缮工程预算定额

现行的《全国统一房屋修缮工程预算定额》是国家建设部于1996年1月1日颁发执行的。该定额包括5个分册和附录共14本，各册名称为：电气分册（上、下）、电梯分册、暖通分册（上、下）、土建分册（上、中、下）、古建筑分册（唐，宋，明清上、中、下）、附录。

《全国统一房屋修缮工程预算定额》是按着一定的计量单位以分项工程表示的人工、材料用量的消耗标准及相应价格，是确定房屋修缮工程造价和编制房屋修缮工程招投标文件、确定标底的依据，亦可作为制定企业定额的基础。

该定额适用于各类房屋建筑和附属设备的修缮工程，以及随同房屋修缮工程施工的零星（300m^2以内）添建工程、装饰工程、装修工程、抗震加固工程、一般单层房屋的翻建工程、古建筑保护性的移地翻建工程。如电气分册中的电线管拆除，配线拆除，灯具及箱、盘、闸具拆除，仪表、高低压开关柜及控制闸器具拆除等。这些项目在《全国统一安装工程预算定额》中没有单独列项，需要使用修缮工程预算定额的相应项目。

本专业主要使用电气分册和电梯分册。电气定额分为上、下两册共十八章。上册共九章902个定额子目。各章名称依次列为：拆除工程、拆换工程、整修工程、配管工程、配线及穿线工程、一般灯器具安装工程、美术吊灯、吸顶灯、壁灯及庭院灯安装工程、节日灯工程、弱电工程。下册共九章730个定额子目。各章名称依次列为：配电箱、盘及闸器具设备安装、变配电工程、防雷及接地装置、外线工程、电缆工程、蓄电池及整流装置工程、附属辅助工程、金属部件制作安装工程、电气调整等项目。以上各章项目均包括拆除和制作、安装。

在使用《全国统一房屋修缮工程预算定额》电气分册时，应按照定额分册说明中的适用范围、工作内容以及工程量计算规则执行。有关问题说明如下：

（1）电气分册适用于一般工业与民用建筑，电压在10kV以下的电气线路、器具、设备的拆、修、装工程。不适用于暂设工程和零修工程。

（2）电气分册定额内的材料均为合格品，安装操作损耗均包括在定额内，不应调整及换算。

（3）本册定额已综合考虑了修缮工程的特点，人工费已综合考虑在定额内。

（4）本册定额除各章节另有规定外，均包括设备、材料、成品、半成品、构件等现场内的全部水平和垂直运输。

（5）分册说明未尽者，以各章说明为准。

电梯分册共三章496个子目。各章名称依次列为：电梯拆除工程、电梯整修工程、电梯更新工程等项目。

在使用《全国统一房屋修缮工程预算定额》电梯分册时，应按照定额分册说明以及工程量计算规则执行。有关问题说明如下：

（1）电梯分册适用于交、直流快速电梯，交流双速自动电梯，交流双速半自动电梯及小型杂物电梯的拆除；电梯整（检）修、更换零部件及调试；曳引机、电机、发电机组等大型设备的单独更换；电梯更新工程。

（2）电梯分册定额不适用于轿厢内新增空调设备、冷热风机、音响设备、闭路电视、监控、对讲机和防盗报警装置等设备安装，需要时应另套相应定额。

（3）本册定额中所使用的自加工件包括制作和安装。

（4）本册定额未包括喷刷油漆，接地极、地线的改装项目，发生时另套相应定额。

（5）杂物电梯的起重量以0.2t以内为准，若起重量超过0.2t，且轿厢内有司机操作者，应执行客货电梯相应子目。

（6）样板制作稳装和电梯总调试的子目，只适用于电梯大中修工程，不适用于电梯更新工程；电梯更新的子目中已包括此项内容。

（7）分册说明未尽者，以各章说明为准。

由于电气分册、电梯分册定额所列基价、人工费、材料费、机械费均依据建设部、中国人民建设银行建标（1993）894号文件规定的内容，并以北京地区1994年一季度人工、材料、机械台班预算价格为准计算的，在全国范围内贯彻执行时，因各地情况不同，不能直接使用，需结合工程所在地的人工、材料、机械价格制定单价标准。一般可编制《地区房屋修缮工程预算定额》或《全国统一房屋修缮工程预算定额地方预（结）算单价表》，与《全国统一房屋修缮工程预算定额》配套使用。

另外，修缮定额中不含二次搬运费、中小型机械费、冬雨季施工费等其他直接费内容，其他直接费可根据所附“其他直接费内容表”所列内容由各省、自治区、直辖市另行确定。

四、施工定额

（一）施工定额的概念及组成

施工定额是建筑安装企业内部直接用于管理的一种定额。根据施工定额可以直接计算出不同工程项目的人工、材料、施工机械台班的需用量。

施工定额由劳动定额、材料消耗定额和机械台班使用定额三部分组成。

（二）施工定额的内容

（1）总说明。总说明是对施工定额的全面说明。它包括定额的编制依据、适用范围和作用、工程质量要求、有关规定和要求等。如工作班制说明、有关定额的表现形式、施工技术要求、特殊规定等。

（2）按施工对象、施工部位、分项工程等划分章节。其中包括分章说明、工作内容、施工方法、工程量计算规则、其他有关规定及说明。

（3）附表。如材料损耗表、材料换算表、材料地区价格表等。

（三）施工定额的作用

施工定额是施工企业内部使用的定额，它的作用如下：

1. 编制施工预算的依据

施工预算是根据施工定额编制的，用以确定分项工程所用的人工、材料、机械和资金的数量和金额。

2. 编制施工组织设计的依据

在施工组织设计中，尤其是分项工程的作业设计中，需要确定资源需用量，拟定使用资源的最佳安排时间，编制进度计划，以便在施工中合理地利用时间和资源。这些都离不开施工定额，都是以施工定额为依据。

3. 编制作业计划的依据

编制施工作业计划，必须以施工定额和施工企业的实际施工水平为尺度，计算工程实物量和确定劳动力、施工机械和运输力量、材料的需用量等，以此来安排施工进度。

4. 编制预算定额和补充单位估价表的基础

预算定额的编制是以施工定额水平为基础，不仅可以省去大量的测定工作，而且可以使预算定额符合施工生产和经营管理的现实水平，并保证施工中人力、物力消耗能够得到足够的补偿。施工定额作为补充单位估价表的基础，是指由于新设备、新材料、新工艺的采用而引起预算定额缺项时，补充预算定额和单位估价表，必须以施工定额为基础。

5. 向班组签发施工任务书和限额领料单的依据

施工企业通过施工任务书把工程任务落实到班组。它记录班组完成任务的具体情况，并据此结算工人的工资。限额领料单是随施工任务书同时签发的班组领取材料的凭证，它是根据施工定额的材料消耗定额填写的。

6. 实行按劳分配的依据

施工定额是衡量工人劳动成果，计算计件工资的尺度，体现了按劳分配的原则。

7. 加强企业基层单位成本管理和经济核算的依据

施工预算成本，可看作是工程的计划成本，它体现了施工中人工、材料、机械等直接费的支出水平，对间接费也有较大的影响。因此，严格执行施工定额不仅可以降低成本，同时对加强班组核算起十分重要的作用。

（四）劳动定额

劳动定额也称“人工定额”，它是在正常施工技术组织条件下，完成单位合格产品所消耗的劳动力数量标准。

建筑施工企业使用的劳动定额有建设部的全国建筑安装工程统一劳动定额、地方补充劳动定额、企业补充劳动定额、一次性的临时劳动定额等。

劳动定额表示形式有两种，即“时间定额”和“产量定额”。

1. 时间定额

指在正常施工技术组织条件下，完成符合质量要求的单位合格产品所消耗的工作时间（工日）。

时间定额以“工日”为计量单位，每工日按8小时计算，包括准备与结束时间、基本工作时间、辅助工作时间、不可避免的中断时间及工人必需的休息时间。计算方法为

$$单位产品时间定额(工日)=\frac{1}{每工产量}或单位产品时间定额=\frac{小组成员工日数总和}{每班产量}$$

2. 产量定额

指在合理的劳动组织与合理使用材料的条件下，某专业某种技术等级的工人班组或个人在单位时间内应完成的符合质量要求的产品数量。计算方法为

$$每工产量=\frac{1}{单位产品时间定额(工日)}；或每班产量=\frac{小组成员工日数总和}{单位产品时间定额（工日）}$$

$$时间定额（工日）=\frac{1}{产量定额（每工产量）}$$

由于定额标定的对象不同，劳动定额又分为单项工序定额和综合定额。

单项定额：上述时间定额和产量定额定为单项定额。

综合定额：综合定额分为综合时间定额和综合产量定额。

$$综合时间定额(工日)=各单项(或工序)时间定额的总和$$

$$综合产量定额=\frac{1}{综合时间定额(工日)}$$

时间定额和产量定额表示同一劳动定额，但各有用途。时间定额以工日为单位，用于计算定额用工比较方便；产量定额具有形象化特点，便于分配任务等。

劳动定额的表示方法分单式和复式两种。

单式表示法：只表示时间定额或产量定额。

表6-20所示即为综合时间定额单式表示法。此表为滑触线安装每100m单根的时间定额，其工作内容包括搬运、下料、平直、除锈、焊接、刷油、伸缩器连接、装（焊）、连接板、调整安装固定等操作过程。

滑触线安装每100m单根的时间定额（工日） **表6-20**

项目		等边角钢		扁钢	圆钢	轻轨型号			序号
		40~50	63~75	40×4 60×6	ϕ8~12	8	11	15	
综合		8.02	11	4.7	3.18	8.57	12	16.8	一
平直		2.5	3.33	1.25	1	3.57	5	7	二
安装	合计	3.92	5.48	2.65	2.18	5	7	9.8	三
	电工	2.8	4.13	1.94	1.58	3.2	4.5	6.3	四
	电焊工	1.12	1.35	0.71	0.6	1.5	2.5	3.5	五
滑触线除锈刷油		1.6	2.19	0.8					六
编号		1132	1133	1134	1135	1136	1137	1138	

复式表示法：一般用分式表示，即

$$\frac{\text{时间定额}}{\text{产量定额}}$$

（五）材料消耗定额

指在节约和合理使用建筑材料的情况下，完成单位合格产品所必须消耗的一定规格的工程材料、半成品或配件的数量标准。

材料消耗定额包括材料的净用量和必要的损耗数量。

材料消耗率可按下式计算，即

$$\text{材料损耗率} = \frac{\text{材料损耗量}}{\text{材料净用量}} \times 100\%$$

材料的损耗率确定后，材料的损耗量通常按下式计算，即

$$\text{材料消耗量} = \text{材料净用量} \times (1 + \text{材料损耗率})$$

（六）机械台班使用定额

机械台班使用定额，简称机械台班定额。施工机械台班使用定额是指完成单位合格产品所消耗的机械台班数量标准。

施工机械台班使用定额按下式计算，即

$$\text{单位产品机械时间定额(台班)} = \frac{1}{\text{每台班机械产量}}$$

施工机械台班时间定额的计量单位用“台班”表示。一台施工机械工作 8h 为一个“台班”。

施工机械产量定额按下式计算，即

$$\text{机械台班产量定额} = \frac{1}{\text{机械时间定额(台班)}}$$

与劳动定额一样，施工机械台班时间定额与施工机械台班产量定额互为倒数关系。

五、建筑电气安装工程费用

建筑安装工程费由直接费、综合费用、利润、有关费用、劳动保险基金、工程定额编制管理费和劳动定额测定费及税金等内容组成，如表 6-21 所示（本节以 2000 年黑龙江省建筑安装工程费用定额为准）。

建筑安装工程费用的组成 **表 6-21**

<table>
<tr><td rowspan="2">建筑安装工程费</td><td>一、直接费</td><td colspan="2">1. 人工费
2. 材料费
3. 施工机械使用费</td></tr>
<tr><td>二、综合费用</td><td>1. 其他直接费用</td><td>（1）冬季施工增加费
（2）二次搬运费
（3）雨季施工增加费
（4）夜间施工增加费
（5）生产工具用具使用费
（6）检验试验费
（7）特殊工种培训费
（8）工程定位复测、工程点交、场地清理费</td></tr>
</table>

续表

建筑安装工程费	二、综合费用	2. 现场经费	（1）临时设施费 （2）现场管理费
		3. 间接费	（1）企业管理费 （2）财务费用
	三、利润		
	四、有关费用	1. 远地施工增加费 2. 赶工措施增加费 3. 文明施工增加费 4. 住房集中供暖等项费用 5. 地区差价 6. 材料差价 7. 其他 8. 工程风险系数	
	五、劳动保险基金		
	六、工程定额编制管理费、劳动定额测定费		
	七、税金	1. 营业税 2. 城市维护建设税 3. 教育费附加	

（一）直接费

指施工过程中耗费的构成工程实体和有助于工程形成的各项费用，包括人工费、材料费、施工机械使用费。

1. 人工费及计算方法

人工费是指支付给直接从事建筑安装工程施工的工人的费用，定额的人工包括基本用工、超运距用工和人工幅度差，定额的人工工日不分工种和级别，均以综合工日表示。综合工日的工资单价按定额日工资标准计算。人工费内容包括基本工资、工资性补贴、生产工人辅助工资、职工福利费和劳动保护费。分项工程人工费及单位工程人工费按下式计算，即

分项工程人工费 = 换算成定额单位后的工程数量 × 相应子目人工费单价

单位工程人工费 = 分项工程人工费之和

2. 材料费及计算方法

材料费是指为完成安装工程而使用的主要材料、辅助材料、消耗材料、零星材料之和。主要材料费取自地区材料预算价格，辅助材料、消耗材料、零星材料费用为定额材料费之和，按下式计算，即

分项工程材料费 = 换算成定额单位后的工程数量 × 相应子目的材料费单价

未计价主要材料费 = 加损耗后的工程数量 × 地区材料预算单价

3. 施工机械使用费及计算方法

施工机械使用费是指在完成安装工程中使用的施工机械而发生的费用，按下式计算，即

分项工程机械费 = 换算成定额单位后的工程数量 × 相应子目机械费单价

4. 直接费及计算方法

直接费可根据工程量和定额基价计算，也可按上述的人工费、材料费、施工机械使用费之和计算，其计算方法如下，即

分项工程直接费 = 换算成定额单位后的工程量 × 相应子目基价单价或分项工程直接费
= 分项工程人工费 + 分项工程材料费 + 分项工程施工机械使用费

单位工程直接费 = Σ（分项工程直接费 + 分项工程未计价主要材料费）

（二）综合费用

综合费用由其他直接费、现场经费及间接费三项费用组成。

1. 其他直接费

其他直接费是指定额直接费以外，在施工过程中发生的直接消耗于工程上的其他费用。其他直接费与直接费的主要区别是其他直接费不能直接计入具体的分项工程，而是以整个单位工程为对象的共同费用。其他直接费应按各省规定的取费办法进行计算。黑龙江省其他直接费内容包括：

（1）冬季施工增加费

冬季施工增加费是指在冬季施工所增加的费用，包括材料费、燃料费、人工费、保温设施、人工室内外作业临时取暖及降低工效等费用。

（2）雨季施工增加费

雨季施工增加费是指在雨季施工期所增加的费用，其范围包括防雨措施、排水、工效降低等费用。

（3）夜间施工增加费

夜间施工增加费是指根据建设单位要求，为保证工期和工程质量，需要夜间施工增加的费用，其内容包括夜间施工机械和人工降低工效费、照明设施费以及夜餐补助费等。

（4）生产工具用具使用费

生产工具用具使用费是指施工生产所需不属于固定资产的生产工具及检验用具等的购置摊销和维修费以及支付给工人自备工具的补贴费。

（5）二次搬运费

二次搬运费是指设备、材料运输，因施工场地狭小等特殊原因而发生的二次搬运费用。

（6）检验试验费

检验试验费是指对建筑材料、构件和建筑安装物进行一般鉴定、检查发生的费用，包括自设试验室进行试验所耗用的材料和化学药品等费用，以及技术革新和研究试制试验费。

（7）特殊工种培训费

特殊工种培训费指在承担某些特殊工程、新型建筑施工任务时，根据技术规范要求对某些特殊工种的培训费。

（8）工程定位复测、工程点交、场地清理费指工程开、竣工时的定位测量和复测，工程所用设备、材料的交接，竣工时场内垃圾清理等费用。

2. 现场经费

现场经费是指为施工准备、组织施工生产和管理所需的费用，应按各省规定的取费办

法进行计算。其内容包括：

（1）临时设施费

临时设施费是指施工企业为进行建筑安装工程施工所必需的牛活和生产用的临时建筑物、构筑物和其他临时设施费用等。

临时设施包括临时宿舍、文化福利及公用事业房屋与构筑物、仓库、办公楼、加工厂以及规定范围内的道路、水、电、管线等设施和小型临时设施。

临时设施费用包括临时设施的搭设、维修、拆除和摊销费。

（2）现场管理费

现场管理费是指组织现场施工所发生的管理费用，其内容包括：

1）现场管理人员的基本工资、工资性补贴、职工福利费、劳动保护费等。

2）办公费。是指现场管理办公用的文具、纸张、账表、印刷、邮电、书报、会议、水、电、饮用热水和集体取暖（包括现场临时宿舍取暖）用煤等费用。

3）差旅交通费。是指职工因公出差期间差旅费，住勤补偿费，市内交通费和误餐补贴费，职工探亲路费，劳动力招募费，职工离退休、退职一次性路费，工伤人员就医路费，工地转移费以及管理使用的交通工具的油料、燃料、养路费及牌照费。

4）固定资产使用费。是指现场管理及试验部门使用的属于固定资产的设备、仪器等的折旧、大修理、维修费或租赁费等。

5）工具用具使用费。是指现场管理使用的不属于固定资产的工具、器具、家具、交通工具和检验、试验、测绘、消防用具等的购置、维修和推销费。

6）保险费。是指施工管理用财产、车辆保险，高空、井下、水上作业等特殊工种安全保险等。

7）工程排污费。是指施工现场按规定交纳的排污（包括噪声污染）费用。

8）其他费用

3. 间接费

间接费是指施工企业为组织和管理工程施工所发生的非生产性开支费用。

间接费由企业管理费和财务费用组成。

（1）企业管理费

企业管理费是指施工企业为组织施工生产经营活动所发生的管理费用，内容包括：

1）管理人员的基本工资、工资性补贴及按规定标准计提的职工福利费。管理人员是指施工企业从事非生产性经营活动的工作人员。

2）差旅交通费。是指企业职工因公出差、工作调动的差旅费、住勤补助费，市内交通及误餐补助费，职工探亲路费，劳动力招募费，离退休职工一次性路费及交通工具油料、燃料、牌照、养路费等。

3）办公费。是指企业办公用文具、纸张、账表、印刷、邮电、书报、会议、水、电、燃煤（气）等费用。

4）固定资产折旧、修理费。是指企业属于固定资产的房屋、设备、仪器折旧及修理等费用。

5）工具用具使用费。是指企业管理使用的不属于固定资产的工具、用具、家具、交通工具、检验、试验、消防等的摊销及维修费用。

6）工会经费。是指企业按职工工资总额2%计提的工会经费。

7）职工教育经费。是指企业为职工学习先进技术和提高文化水平，按职工工资总额1.5%计提的费用。

8）职工养老保险费及待业保险费。是指企业职工退休养老金积累及按规定标准计提的职工待业保险费。

9）保险费。是指企业财产保险、管理用车辆保险费用。

10）税金。是指企业按规定交纳的房产税、车船使用税、土地使用税、印花税及土地使用费。

11）其他。包括技术转让费、技术开发费、业务招待费、排污费、绿化费、广告费、公证费、法律顾问费、审计费、咨询费等。

（2）财务费用

财务费用是指企业为筹集资金而发生的各项费用，包括企业经营期间发生的短期贷款利息净支出、汇兑净损失、调剂外汇手续费、金融机构手续费以及企业筹集资金发生的其他财务费用。

综合费用为其他直接费、现场经费和间接费三项费用之和，由于三项费用的计费基础均为人工费，为计算方便，将三项费用费率合并，计算式如下：

$$综合费用=人工费\times综合费率$$

综合费率的取定，应根据费用定额、承发包合同和工程类别确定。

（三）其他各项费用

1. 利润

利润是指施工企业完成建筑产品按国家规定应计入建筑安装工程造价的利润。

在市场经济条件下，利润是依据国家《关于发布全民所有制建筑安装企业转换经营机制实施办法的通知》中，有关“对工程项目的不同投资来源或工程类别，实行在计划利润基础上的差别利润率”的规定加以明确的。也就是应根据不同投资来源和工程类别，选择相应的费率计算，计算式如下：

$$利润=人工费\times费率$$

利润可以浮动，其具体标准由承发包双方在合同中约定。

2. 有关费用

有关费用是指承包建筑安装工程中发生的，并根据合同条款和规定计算的，但未包括在直接费、综合费用中的相关费用。

（1）远地施工增加费

远地施工增加费是指施工地点与承包单位所在地的实际距离超过25km（不包括25km）承建工程而增加的费用，其内容如下：

1）施工力量调遣费和管理费

施工力量调遣费和管理费包括调遣职工往返差旅费、调遣期间的工资、施工机具、设备以及周转性材料的运杂费；在施工期间因公、因病、探亲、换季而往返于原驻地之间的差旅费和职工在施工现场食宿增加的水电费、采暖费和主副食运输费等。

2）增加的临时设施费

增加的临时设施费是指到外地施工比在本地施工需增加一些生产、行政和生活用的临时设施所发生的费用。

3）异地施工补贴

异地施工补贴是指施工人员跨地区施工而增加的施工补贴费用。

远地施工增加费应根据施工地点与承包单位所在地的实际距离，按着费率增加的规定进行计算，计算式如下：

远地施工增加费 = 人工费 × 远地施工增加费率

（2）赶工措施增加费

赶工措施增加费是指发包单位要求按照合同工期提前竣工而增加的各种措施费用，计算式如下：

赶工措施增加费 = 人工费 × 费率

（3）文明施工增加费

文明施工增加费是指按政府有关文件规定超常规增加的文明施工措施费用，计算式如下：

文明施工增加费 = 人工费 × 费率

（4）集中供暖等项费用

主要是对职工的各类补贴，如住房集中供暖费、住房公积金及住房补贴、市内上下班交通补贴、自来水补贴、管道燃气补贴等。计算方法和费率，应按各地、市工程造价主管部门规定执行。

（5）地区差价

地区差价是指定额编制中心地区与其他地区之间存在的材料预算价格差、工资类别差、地区津贴等地区性差价。计算方法应按各地、市工程造价主管部门的规定执行。

（6）材料差价

各地区编制的统一材料预算价格，是在某一时期市场材料行情以综合价格编制的，它只适用于本地区并在一段时间相对稳定。随着商品经济的不断发展，材料价格也频繁发生变化，致使各地区编制的材料预算价格偏离当时、当地材料实际价格。根据国家经济合同法第十七条、国家计委和国家建设部有关文件规定，在建设过程中，由于材料价格涨落，应对工程造价进行合理调整。

（7）工程风险系数

工程风险系数是指在签订建筑安装工程施工承包合同时，对于建筑安装造价包干的工程，应考虑风险因素而增加的风险费用。其计算方法应根据工程特点、工期，承发包双方协商工程风险系数，并在合同中注明。其计算式如下：

工程风险系数 =（直接费 + 综合费用 + 利润）× 费率

（8）其他

对于国家、省或本地区规定的政策性调整费用及其他相关费用，应根据工程实际情况，按国家、省或本地区工程造价主管部门规定计算其他各项费用。

（四）劳动保险基金

劳动保险基金是指企业支付离退休职工的退休金（包括提取的离、退休职工劳保统筹基金）、价格补贴、医药费、异地安家补助费、职工退职金及六个月以上的病假人员工资、职工死亡丧葬补助费、遗属生活补贴、抚恤费、按规定支付给离休干部的各项经费。

目前，全国很多地市已实行了劳动保险行业统筹管理。劳动保险实行行业统筹，有利于解决建筑施工企业劳保收入的差异；有利于离退休职工的生活稳定和社会安定；有利于加快国有建筑施工企业转换经营机制，促进建筑业发展。

实行行业统筹管理的地区，大部分将劳动保险基金从企业管理费中提出单列项目计算。劳动保险基金的计算式如下：

劳动保险基金 =（直接费 + 综合费用 + 利润 + 有关费用）× 费率

（五）工程定额编制管理费和劳动定额测定费

（1）工程定额编制管理费。是指用于各级工程定额管理机构编制工程概预算定额、费用定额、估算指标和管理人员经费等支出。

（2）劳动定额测定费。是指用于工时测定、劳动定额的编制、劳动定额的管理以及人员经费等支出。

工程定额编制管理费和劳动定额测定费由各地、市工程定额（造价）管理机构负责收缴。收缴方式是由施工企业代工程定额（造价）管理机构向建设单位计取，然后上缴各级工程定额（造价）管理机构。其计算式如下：

工程定额编制管理费及劳动定额测定费 =（直接费 + 综合费用 + 利润 + 有关费用）× 费率

（六）税金

税金是指国家税法规定的应计入建筑安装工程造价内的营业税、城市维护建设税及教育费附加。其计算式如下：

税金 =（直接费 + 综合费用 + 利润 + 有关费用 + 劳动保险基金 +
工程定额编制管理费、劳动定额测定费）× 费率

六、安装工程费用计算程序

在建筑安装工程费用组成项目中，除定额直接费根据施工图纸和预算定额计算外，其余各项费用均需按照规定的取费标准进行计算。由于各省所划分的费用项目不尽相同，因此，各省均需制定和颁发适于本省的建筑安装工程费用的取费标准。为了统一计费程序，应制定和颁发建筑安装工程费用计算程序表。在该表中列有费用项目名称、各项费率标准和计算的先后顺序。因此，在计算建筑安装工程费用时，必须执行本省、自治区、直辖市规定的现行取费标准和计算程序。表6-22为黑龙江省2000年安装工程费用计算程序表。

2000年黑龙江省安装工程费用计算程序　　表6-22

代 号	费用名称	计 算 式	备 注
（一）	直接费	按预（概）算定额或预算定额价格表计算项目的基价之和	
A	人工费	按预（概）算定额或预算定额价格表计算项目的人工费之和	
（二）	综合费用	A×58.5%～70.4%（一类）	二类45.8%～54% 三类31.6%～36.8%
（三）	利润	A×85%（一类）	二类50% 三类28%
（四）	有关费用		

续表

代号	费用名称	计算式	备注
1	远地施工增加费	A×15%（25~100km）	100~200km以内　17% 200~300km以内　19% 300~400km以内　21% 400~500km以内　23%
2	赶工措施增加费	A×5%~10%	
3	文明施工增加费	A×2%~4%	
4	集中供暖费等项费用	A×26.14%	哈尔滨市
5	地区差价		
6	材料差价		
7	其他	按有关规定计算	
8	工程风险系数	[（一）+（二）+（三）]×3%~8%	
（五）	劳动保险基金	[（一）+（二）+（三）+（四）]×3.32%	
（六）	工程定额编制管理费、劳动定额测定费	[（一）+（二）+（三）+（四）]×0.16%	
（七）	税金	[（一）+（二）+（三）+（四）+（五）+（六）]×3.41%	县城、镇3.35%，城镇以外3.22%
（八）	单位工程费用	（一）+（二）+（三）+（四）+（五）+（六）+（七）	

复习思考题

1. 什么是建筑电气安装工程预算定额？它有哪些性质？
2. 建筑电气安装工程预算定额的作用是什么？
3. 预算定额主要由哪几部分组成？
4. 分项工程项目表主要由哪几部分组成？
5. 全国统一房屋修缮工程预算定额适用范围是什么？
6. 全国统一房屋修缮工程预算定额电气分册适用于哪些工程？
7. 全国统一房屋修缮工程预算定额电梯分册适用于哪些工程？
8. 全国统一房屋修缮工程预算定额不包括哪些费用，应如何计算？
9. 什么是施工定额？
10. 施工定额由哪几部分组成？
11. 施工定额的作用是什么？
12. 劳动定额表示形式有哪几种？
13. 劳动定额的表示方法有哪几种？
14. 什么是材料消耗定额？
15. 什么是机械台班使用定额？
16. 建筑电气安装工程费用由哪些内容组成？
17. 综合费用由哪几项费用组成？如何计算？费率与什么有关？

18. 什么是现场经费？现场经费由哪些内容组成？

19. 什么是间接费？间接费由哪些内容组成？

20. 什么是有关费用？一般包括哪些内容？

21. 什么是远地施工增加费？包括哪些内容？如何计算？

22. 什么是工程风险系数？如何计算？

23. 什么是税金？如何计算？费率与什么有关？

第三节　电气安装材料和设备的预算价格

一、常用电气材料和设备

（一）材料与设备的划分原则

在基本建设过程中，为了便于国家统计部门对建设项目各项费用的统计，必须对设备和材料进行划分。同时，设备与材料的划分，直接关系到投资构成的合理划分、概预算的编制以及施工产值的计算，并对施工企业的管理等都有影响，也是调整安装材料差价和正确执行定额的基础。可见，正确划分材料和设备的范围，在工程建设上具有重要意义。其划分原则如下：

1. 设备

凡是经过加工制造，由多种材料和部件按各自用途组成独特结构，具有功能、容量及能量传递或转换性能，并在生产中能够独立完成特定工艺过程的机器、容器和其他生产工艺单体，均为设备。设备一般还包括：

（1）各种设备的本体及随设备到货的配件、备件和附属于设备本体制作（或成型）的梯子、平台、栏杆、管道等；

（2）各种计量器、控制仪表等，实验室内的仪器、设备及属于本体部分的仪器、仪表等；

（3）在生产厂或施工现场按设计图纸制造的非标准设备；

（4）随设备带来的油类、化学药品等视为设备的组成部分；

（5）无论用于生产或生活或附属于建筑物的有机构成部分的水泵、锅炉及水处理设备、电气、通风设备等。

2. 材料

为完成建筑安装工程所需的经过工业加工的原料和在生产工艺过程中不起单元工艺生产作用的设备本体以外的零配件、附件、成品、半成品等，均为材料。材料一般还包括：

（1）由施工企业自行加工制作或委托加工制作的平台、梯子、栏杆及其他金属构件等；

（2）各种充填物、防腐、绝热材料。

设备与材料的划分，可从《全国统一安装工程预算定额》第一册至第十五册中的计价材料和未计价材料这一项里去掌握。

（二）常用电气设备与材料

根据上述划分原则，可以对电气安装工程中的材料和设备进行正确的划分。

1. 常用的电气设备

各种电力变压器、互感器、调压器、感应移相器、电抗器、高压断路器、高压熔断器、称压器、电源调整器、高压隔离开关、装置式空气开关、电力电容器、蓄电池、磁力启动器及其按钮、电加热元件、交直流报警器、成套供应的箱、盘、柜、屏及其随设备带来的母线和支持瓷瓶等均为电气设备。

2. 常用的电气材料

各种电缆、电线、电线杆、软硬母线、配管及其接头零件、灯具、保险器、杆上避雷器、避雷针、绝缘子、金具、线夹、铁塔、装在墙上的小型照明配电箱、0.5kVA 照明变压器、电扇、铁壳开关、电铃、型钢、桥架、槽盒、立柱、托臂、插座、按钮等均为电气材料。

二、材料预算价格

电气安装工程所需要的各种材料、零配件等，其货源有三个渠道，一是从生产厂家直接购买的定型系列产品或新试制的产品；二是从材料供销部门购买的材料；三是从市场商业批发部门采购的材料和设备。不管哪种渠道，材料都具有不同规定的价格，如出厂价格、调拨价格、批发价格。材料既然有了上述价格，为什么还要编制材料预算价格呢？下面从四个方面加以说明。

（1）材料仅仅只有出厂价（或调拨价、批发价）格是不够的，因为它反映不出该商品的完整成本，建筑安装企业在生产过程中所需的建筑材料，都要发生采购、包装、运输、保管等项费用，这是产品从生产到流通之间必须产生的差价。建筑安装企业由于工程分散，材料来源地点不固定，这样就很难准确地计算出工程预算成本。因此，建设单位也就很难确定统一的工程投资计划，这样就产生了一种方法，即由当地建委根据上几个年度实际发生的情况，经综合调查分析后，制定出该地区建筑安装材料的统一预算价格，各建设单位和施工企业共同遵照执行，并以此计算工程的材料费用。

（2）编制工程预决算、工程招投标及对建筑安装工程的估价，都必须依照国家颁发的现行预算定额、间接费定额和其他有关规定进行计算。而材料价格是定额基价的主要组成部分，在建筑安装工程中，材料费约占工程造价的60% ~70%。因此，在一个地区内，建筑安装工程材料必须规定一个统一的价格，这就是该地区的材料预算价格。材料价格统一也就使建筑安装产品的价格接近一致，这样对核算工程成本和施工企业的管理水平，就有了一个较为可靠的依据。

（3）预算价格又分为两类，一类是地区建筑安装材料预算价格，主要作为建设单位和施工单位供应材料转账及采购核算的依据。它是以“地区材料预算价格表”的形式由地区主管部门制定的。另一类是综合预算价格，它是在地区材料预算价格的基础上，根据预算定额的要求加以综合，作为计算定额基价的依据。它的反映形式就是预算定额中的材料价格表。

（4）两种预算价格的用途各不相同。预算定额中规定的价格，是按照常用的标准图纸，经过测算，依照一定的比例以地区材料预算价格的基础，综合各种因素而制定的，故称为综合预算价格。它是作为建设单位与施工单位编制工程预、结算的依据。而地区材料预算价格，是以各生产厂家及各种产品目录所列的品种、规格和价格为依据而制定的。它是作为施工单位采购、供应材料的和核算的依据，也是建设单位向施工单位供料和结算材料款价及转账的依据。

建筑安装工程中材料费用是工程造价的重要组成部分，材料费占工程预算造价的70%左右，其价格组成又比较复杂，材料价格的高低直接影响工程造价。因此，要真实地反映工程造价，就必须了解材料预算价格的组成内容和有关规定。

材料预算价格的组成：

工程材料的预算价格是指材料从来源地（或交货点）运到工地仓库（或施工现场存放地点）后的出库价格。

材料预算价格 = 材料供应价格 + 市内运杂费 + 采购保管费

1. 材料供应价格

是指材料在本地的销售价格。

材料供应价格 =（材料原价 + 供销部门手续费 + 包装费 + 外地至本地的运输费 + 材料采购保管费）- 包装材料回收价值

（1）材料原价

材料原价是确定价格的基础。材料原价的确定：

1）国营工业产品

按国家规定的出厂价计算。

2）地方工业产品

按地方主管部门规定的出厂价计算。

3）地方乡镇企业产品

按地方主管部门规定的价格计算。

4）市场采购材料

按国营批发价格计算。如工程急需，可考虑部分零售价格。

5）企业自销产品

按工商主管部门规定的出厂价计算。

6）外委加工的零部件、产成品，按主管部门批准的计划价格计算。

7）进口材料

按国家批准的进口材料调拨价格计算。

（2）材料供销部门手续费

是指由当地物资供销部门进货时，应计取的费用，只能计取一次。

计算式：材料供销部门手续费 = 材料原价 × 供销部门手续费费率

费率：金属材料2.5%，建筑材料3%，机电产品1.5%，轻工产品2%。

（3）材料包装费

指材料在运输过程中所需的包装，为便于材料运输和保证材料不受损失而发生的费用。

凡材料原有包装的，可不再取包装费。但电缆盘、电线盘是可以重复使用的包装物，应考虑其回收值。

（4）材料运输费

指材料由生产地、销售地起，包括中间仓库转运，运至供销部门或车站、码头货场运输过程中所发生的费用。

（5）材料采购保管费

是指材料供应部门，在组织采购、保管、供应中发生的各项费用。

材料采购保管费 = 材料供应价格 × 采购保管费率

费率：建材 3%、照明材料 2%。

（6）包装材料回收值

是指可以反复利用的包装品。如电缆轴、架空线线轴等。

2. 市内运杂费

是指从当地供货部门运至工地仓库所发生的费用，或从外地订购的材料，由车站、码头货场运至工地仓库所发生的费用。包括装卸费等。

市内运杂费应按各省规定的各项运杂费的计算方法计算。

3. 采购保管费

是指采购保管材料所发生的费用。

采购保管费 =（材料供应价 + 市内运杂费）× 采购保管费率

采购保管费费率按各地区主管部门的规定执行。

工程材料是构成工程实体的因素。材料费用在工程中占有很大比重，一般安装工程材料费占工程造价的 70% 左右。因此确定材料预算价格，克服价格的偏高偏低现象，对加强工程造价管理具有重要意义。

为了克服材料预算价格计算和取定的随意性，各地区工程建设主管部门，除规定材料运杂费、采购及保管费率以外，还制定和颁发《地区工程材料预算价格表》，作为本地区统一的材料预算价格使用。表 6-23 所列，为 1998 年哈尔滨市地区材料预算价格表的实例。

哈尔滨市 1998 年材料预算价格举例 **表 6-23**

序　号	材料名称	规格型号	单位	预算价格	其　中		
					供应价	运杂费	采保费
030001	圆　钢	φ6	t	2348.83	2254.00	33.08	61.75
030031	等边角钢	4 号	t	2601.47	2500.00	33.08	68.39
030061	槽　钢	10 号	t	2683.63	2580.00	33.08	70.55
030101	扁　钢	40 × 4mm	t	2652.82	2550.00	33.08	69.74
030162	焊接钢管	¾″	t	3114.97	3000.00	33.08	81.89
141782	聚乙烯阻燃塑料管	⅜″ ~ 3″	kg	9.86	9.50	0.10	0.25
142851	两位单极开关	86K21 – 10 250V ~ 6A	个	3.86	3.71	0.05	0.10
143030	单相三极插座	T426/15CS 250V ~ 15A	套	24.49	23.80	0.05	0.64
150443	应急荧光灯	YD02 单 1 × 8W	套	580.94	557.28	8.39	15.27
150156	浅扁圆吸顶灯	X03C6	套	32.76	30.96	0.94	0.86

由表 6-23 可看出，哈尔滨市 1998 年材料预算价格，由供应价、运杂费、采保费三项

构成，哈尔滨市除钢材等少数材料按吨计算外，其他材料的运杂费可按简费率计算。各种材料的简化运杂费率可按材料预算价格表中给出的该类材料的运杂费除以供应价求得，即：

$$运杂费率=\frac{运杂费}{供应价}$$

对于缺口材料，供应价已知，供应价乘以换算后的运杂费率，就可计算出运杂费费用。而材料采购保管费均按规定计算，即：

（材料供应价＋运杂费）×采保费率

哈尔滨市2000年建筑安装工程的材料采购保管费率为1.8%，材料供应价加运杂费加采购保管费之和就是缺口材料的预算价格。

三、材料差价的调整和处理方法

（一）材料差价的形成

材料差价是指预算定额基价所依据的材料预算价格和定额内未计价的主要材料价格与电气安装工程所在地的现行材料预算价格之间的差异，主要包括地区差价和时间差价。

由于预算定额基价中的材料费是按省会所在地的材料预算价格计算的，而各工程所在地的材料预算价格各不相同，因此就产生了材料预算价格的地区差价。

即使是省会所在地，也会由于时间的推移发生材料预算价格的变化，这样就产生了材料预算价格的时间差价。

（二）材料差价的调整和处理方法

在计算电气安装工程造价的过程中，为了合理确定工程造价，就需结合当地实际情况，实时有效地调整材料的差价，并要正确处理，予以抵消。为此在确定电气安装工程的材料费时，要严格执行当地材料预算价格表的规定价格进行计算，同时要按主管部门不同时期规定的材料调整方法和系数进行调整。常用调整方法有三种：

1. 单项材料差价调整

单项材料差价调整的方法适用于对工程造价影响较大的主要材料进行差价调整。如电气照明工程中的灯具、电缆、电线等电气材料。其计算公式为：

材料差价＝Σ[单位工程某种材料用量×（地区现行材料预算价格－原地区材料预算价格）]

2. 材料差价综合系数调整

采用综合系数的方法调整材料的差价，就是将各项材料统一用综合的调价系数调整材料差价。该方法适用于电气安装工程中一些数量大而价值较低的材料差价的调整，如电气照明工程中的按钮、插座等。其计算公式为：

某单位工程综合系数调整的材料差价＝单位工程定额材料费×材料差价综合调整系数

材料差价综合调整系数一般由地区工程造价管理部门制定。

3. 安装辅助材料差价调整

当电气安装工程预算定额执行一段时间后，由于材料预算价格发生了变化，在编制电气安装工程施工图预算时，需调整预算定额中的辅助材料差价。其计算式为：

安装辅助材料调整差价＝单位工程定额辅助材料费×辅助材料费调整系数

四、电气设备的预算价格

（一）电气设备预算价格的组成

设备预算价格是决定施工图预算价值的重要因素，正确确定设备预算价格，对正确编制概预算，提高概预算质量具有重要意义。

电气设备预算价格是指设备由其来源地，运到施工现场仓库后的出库价格。设备预算价格由原价、供销部门手续费、包装费、采购及保管费组成。如果是成套局（公司）成套供应的设备，还应加上成套设备服务费。由于设备品种繁多，规格繁杂，各地基建主管部门在编制设备预算价格时，只编一少部分确定厂家的常用设备的预算价格。大多数设备预算价格需要在编制设计概预算时，由概预算工作人员按有关规定补充。

设备预算价格包括的各项费用比较复杂，难以详细计算，尤其是在设计前期编制投资估算和初步设计阶段编制工程概算时，因为还不清楚设备的具体供应渠道和生产厂家，就更难以详细计算。因此一般都采用简单的方法计算，即将原价以外的其他费用统称为运杂费，按一定的费率计算，这样设备预算价格的计算公式就可简写为：

设备预算价格 = 设备原价 + 运杂费

值得指出，按上述公式计算出的设备预算价格，只起确定设备投资额的作用，不作为建设单位的设备实际购置费。

（二）电气设备预算价格的确定

电气设备类型、品种繁多，其分类方法也有多种。一般都根据各种需要分别划分。在电气安装概预算中，可按下述方法划分：

电气设备
- 需要安装的电气设备
  - 标准电气设备
  - 非标准电气设备
- 不需要安装的电气设备

根据设备的分类我们知道：需要安装的电气设备分标准和非标准设备，由于两类设备来源不同，其原价（出厂价）也不同。

1. 标准电气设备原价的确定

标准电气设备的原价即出厂价，应以国家和地方有关部门规定的价格为准。标准设备因国产设备和进口设备而异，现分别介绍如下：

（1）国产电气设备原价的计算

计算依据有：

1）国家计委及各主管部门颁发的产品出厂价格；

2）各省、市、自治区颁发的地方产品出厂价格；

3）各地区电器公司的供应价格；

4）各制造厂新产品的计划价格。

电器产品目录和产品样本中给出的价格就是厂家的出厂价格，在计算预算价格时可以直接采用。但有些产品的出厂价格不断调整，应注意积累和搜集这方面的信息和有关文件，以使所计算的预算价格较准确。

电器供应公司的供应价格，不能直接作为原价处理，因为供应价里已包括了供销部门的手续费，应扣除手续费后才是原价。

不同的生产厂家，相同的设备其出厂价有时也不同，在计算设备的原价时，应按设计指定厂家的出厂价计算；如果设计没有指定厂家，一般应按距工程所在地较近的生产厂家的产品出厂价格计算。

（2）进口电气设备原价的计算

国外进口电器设备原价的确定依据有：

1）我国各专业进口公司规定的进口设备价格；

2）国外承制厂订货报价，国外订货设备价格。

这些价格如果是以国外货币为单位的，确定设备原价一般需要按国家规定的相应牌价换算成人民币，有时也可按外币单位直接计算。

各专业公司规定的价格一般已包括国外部分的运杂费、实属供应价。但实际计算时，往往也作为原价计算，原因是国外部分运杂费比较复杂，难以扣除。

2. 非标准电气设备原价的确定

所谓非标准电气设备是指国家尚无定型标准，各制造厂不能批量生产，使用单位通过贸易关系又不易购到的设备，而必须先行设计后，委托承制厂或施工企业单独制作的设备，这类设备国家无统一的价格，要按设备加工情况核定。

非标准设备的原价，一般应按设备的设计类型、规格、材质等条件和有关规定确定。

（1）重量估价法

根据非标准设备净重和元/t 指标计算价格（元/t 指标包括人工费、材料费、其他费用和专业工具费等）。元/t 指标有规定者，按规定计算，无规定者可参照类似指标或研究分析确定。这种方法适用于无特殊制作要求的非标准设备定价。

（2）成本计算法

应按制作非标准设备成本的各项费用，依据有关资料计算确定，其内容包括：

1）材料费：包括材料原价和运杂费，即

$$材料费 = 材料净重 \times 1/材料综合利用率 \times 材料预算价格$$

材料净重：按设计图纸计算各零部件的净重。外购零部件应另计，均不包括在材料内。

2）加工费：包括生产工人工资和工资附加费，加工过程耗用的燃料动力费、车间经费和企业管理费等。

$$加工费 = 设备总重 \times 设备每吨加工费$$

设备总重：材料净重加外购件重量。

每吨加工费：据规定费用和调查资料确定。

3）辅助燃料费：包括电焊条、油漆等费用，可按制作设备重量加一定百分率计算。

4）专用工具费：按实际需要计算。

5）废品损失：按以上（1）~（4）之和的百分率计算，百分率一般在2% ~5%。

6）外购件费用：外购件数量乘以出厂价格，再加上运杂费计算。

7）包装费：一般按（1）~（6）之和的2% ~5%计算。

8）利润和税金：按国家规定计算。

（3）分部组合法

为了简化估价工作，可按组成设备的部件确定价格，包括外购件购入价格。其部件价格汇总后，再加装配费和其他费用确定设备的原价。此法适于外购件较多的价格确定。

第四节　施工图预算的编制

以单位工程为对象，以施工图和预算定额为依据，以地区材料预算价格为计费标准，用来反映单位工程造价的经济文件，称为施工图预算。

一、施工图预算的编制步骤和方法

（一）熟悉施工图纸、全面了解工程情况

在编制施工图预算之前，必须认真阅读图纸，领会设计意图，了解工程内容。把图纸中的疑难问题记录下来，通过查找有关资料或向有关技术人员咨询解决，这样才能正确确定分项安装工程项目及数量，否则就会影响施工图的进度和质量。

（二）计算工程量

工程量的计算在编制预算过程中至关重要，它是整个预算的基础，工程量计算的准确性直接影响工程的造价，所以在计算工程量时应严格按要求进行，才能保证预算的质量。

（1）划分和排列分项工程项目

首先根据施工图所包括的分项工程内容，按所选预算定额中的分项工程项目，划分排列分项工程项目。例如，一般民用多层住宅室内照明工程，其划分的分项工程项目大体排列如下：

①悬挂式配电箱安装；
②嵌入式配电箱安装；
③砖、混结构钢管暗配；
④半硬质阻燃管暗敷设；
⑤暗装接线盒安装；
⑥暗装开关盒安装；
⑦照明线路管内穿线；
⑧扳式（单控）暗开关安装；
⑨单相暗插座安装；
⑩座灯头安装；
⑪半圆球吸顶灯安装；
⑫软线吊灯安装；
⑬防水灯头安装；
⑭壁灯安装；
⑮成套吊链式荧光灯安装；
⑯户内接地母线敷设；
⑰利用建筑物主筋引下线安装（或沿建筑物引下线安装）；
⑱接地端子箱安装；
⑲断接卡子制作安装；
⑳户外接地母线敷设；
㉑钢管接地极制作安装；
㉒接地跨接线安装；

㉓避雷网沿墙板支架敷设；

㉔独立接地装置调试；

㉕1kV 以下交流供电系统调试。

以上各项均属于全网统一安装工程预算定额第二册定额范围。

（2）逐项计算工程量

在划分排列分项工程项目后，可根据工程量计算规则逐项计算工程量。在计算工程量时，应严格按下列要求进行。

①应严格按定额规定进行计算，其工程量单位应与定额一致。

②要按一定的顺序进行计算。

在一张电气平面图上有时设计多种工程内容，这样计算起来很不方便。为准确计算工程量，应对图纸中内容进行分解，一部分一部分地按一定顺序计算。如果图纸中只设计一种工程内容，比如电气照明工程，应从引入电源处开始，按着事先划分的分项工程项目计算。

③计算过的工程项目在图纸上作出标记。

初学者在计算工程量时，可在图纸上按施工程序或事先排列好的分项工程项目计算工程量，计算过的工程项目在图纸上作出标记，这样既能避免重复计算和漏算，又便于核对工程量。

④平面图中线路各段长度的计算均以轴线尺寸或两个符号中心为准，力争计算准确，严禁估算。

⑤所列分项工程项目应包括工程的全部内容。

（三）工程量汇总

线管工程量是在平面图上逐段计算和根据供电系统图计算出的，这样在不同管段，不同的位置上会有种类、规格相同的线管。同样在各张平面图上统计出的各种工程量也有种类、规格相同的。因此，要将单位工程中型号相同、规格相同、敷设条件相同、安装方式相同的工程量汇总成一笔数字，这就是套用定额计算定额直接费时所用的数据。

（四）套定额单价，计算定额直接费

根据选用的预算定额套用相应项目的预算单价，计算出定额直接费。通常采用填表的方法进行计算。

（1）将顺序号、定额编号、分项工程名称或主材名称、单位、换算成定额单位以后的数量抄写在表中相应栏目内；再按定额编号，查出定额基价以及其中的人工费、材料费、机械费的单价，也填入定额直接费计算表中相应栏目内。用工程量乘以各项定额单价，即可求出该分项工程的预算金额。

（2）凡是定额单价中未包括主材费的，在该分项工程项目下面应补上主材费的费用，定额直接费表中的安装费加上材料费，才是该安装项目的全部费用。

（3）在定额直接费中，还包括各册定额说明中所规定的按系数计取的费用及由定额分项工程子目增减系数而增加或减少的费用。

（4）在每页定额直接费表下边最后一行进行小计（页计），计算出该页各项费用，便于汇总计算。在最后一页小计下面，写出总计，即工程基价、人工费、材料费、机械费各项目的总和，为计取工程各项间接费等提供依据。

如果最后一页的分项工程项目没填满，小计紧跟最后项目填写。

（五）计取工程各项费用，计算工程造价

在计算出单位工程定额直接费后，应按各省规定的安装工程取费标准和计算程序表计取各项费用，并汇总得出单位工程预算造价。

（六）编写施工图预算的编制说明

编制说明是施工图预算的一个重要组成部分，它是用来说明编制依据和施工图预算必须进行说明的一些问题。

预算书编制说明的主要内容如下：

1. 编制依据

（1）说明所用施工图纸名称、设计单位、图纸数量、是否经过图纸会审。

（2）说明采用何种预算定额。

（3）说明采用何种地方预（结）算单价表。

（4）说明采用何地区工程材料预算价格。

（5）说明执行何种工程取费标准。

2. 其他费用计取的依据

（1）施工图预算以外发生的费用计取方法。

（2）说明材料预算价格是否调差及调差时所采用的主材价格。

3. 其他需要说明的情况

（1）本工程的工程类别。

（2）本工程施工地点。

（3）本工程开竣工时间。

（4）施工图预算中未计分项工程项目和材料的说明。

要求编制说明简明扼要，语言文字简练，书写工整。

（七）编制主要材料表

定额直接费计算表中各分项工程项目下所补的主要材料数量，就是表中每一项目的主要材料需要量。把各种材料按材料表各栏要求逐项填入表内，材料数额小数点后一位采用四舍五入的方法以整数形式填写。主要材料表如表 6-24 所示。

主 要 材 料 表 **表 6-24**

序 号	材 料 名 称	单 位	规 格 型 号	数 量	单 价	金 额

表中金额最后进行总计。

较小的工程可不编制主要材料表，规模较大的或重点工程必须编制，便于预算的审核。

（八）填写封面，装订送审

预算封面应采用各地规定的统一格式。封面需填写的内容一般包括：工程名称、建设单位名称、施工单位名称、建筑面积、经济指标、建设单位预算审核人专用图章以及建设单位和施工单位负责人印章及单位公章、编制日期等。

最后，把预算封面、编制说明、费用计算程序表、工程预算表等按顺序编排并装订成册。装订好的工程预算，经过认真的自审，确认准确无误后，即可送交主管部门和有关人员审核并签字加盖公章，签字盖章后生效。

装订份数按建设单位要求。

二、施工图预算的编制依据

1. 会审后的施工图纸和设计说明

编制预算必须是经过建设单位、施工单位和设计部门三方共同会审后的施工图纸。图纸会审后，会审记录要及时送交预算部门和有关人员。编制施工图预算不但要有全套的施工图纸，而且要具备所需的一切标准图集、验收规范及有关的技术资料。

2. 电气安装工程预算定额

它包括国家颁发的《全国统一安装工程预算定额》中的《电气设备安装工程》、《消防及安全防范设备安装工程》、《自动化控制仪表安装工程》和各地方主管部门颁发的现行预算定额以及地区单位估价表。

3. 材料预算价格

安装材料预算价格是计算《全国统一安装工程预算定额》及地方预算定额中未计价材料价值的主要依据。在计算材料价格时，应使用各省、市建设委员会编制的地区建设工程材料预算价格表。

4. 建筑安装工程费用定额

目前各省、市、自治区都颁布有各地区的建筑安装工程费用定额，地区不同，取费项目、取费标准也有所不同，编制施工图预算时，应按工程所在地的规定执行。

5. 工程承包合同或协议书

工程承包合同中的有关条款，规定了编制预算时的有关项目、内容的处理办法和费用计取的各项要求，在编制施工图预算时必须充分考虑。

6. 施工组织设计或施工方案

它所确定的施工方法和组织方法是计算工程量，划分分项工程项目，确定其他直接费时不可缺少的依据。为确保施工图预算编制的准确，必须在编制预算前熟悉施工组织设计或施工方案，了解施工现场情况。

7. 有关工程材料设备的出厂价格

对于材料预算价格表中查不到的价格，可以以出厂价格为原价，按预算价格编制方法编制出预算价格。

8. 有关资料

如电气安装工程施工图册、标准图集、本书所述的技术参数及有关材料手册等。

三、室内照明安装工程施工图预算编制实例

下面以×××市某住宅楼为例，介绍照明工程施工图预算的编制方法。

（一）施工图与设计说明

1. 施工图纸

本例所用施工图见图6-2～图6-6。

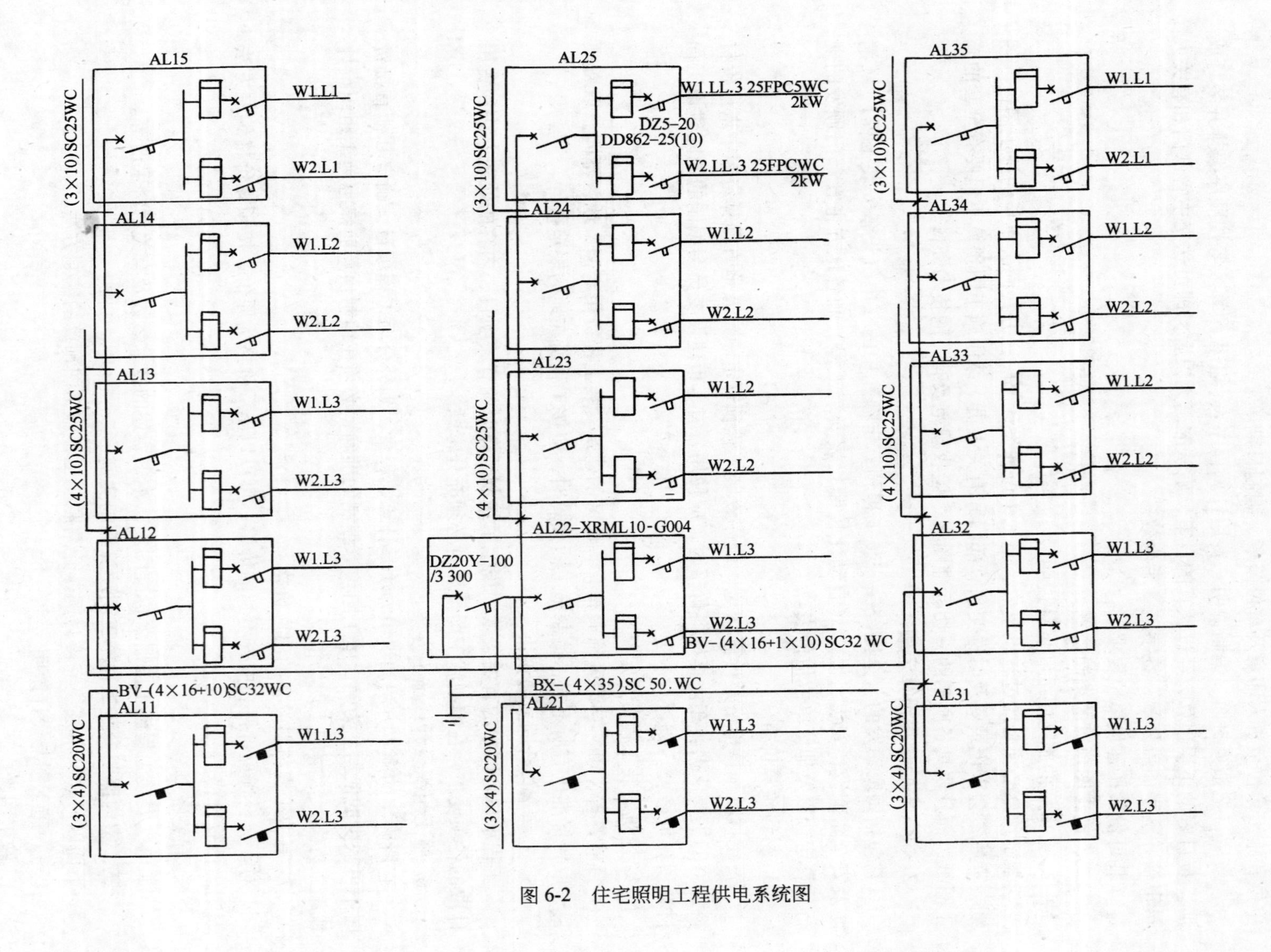

图 6-2 住宅照明工程供电系统图

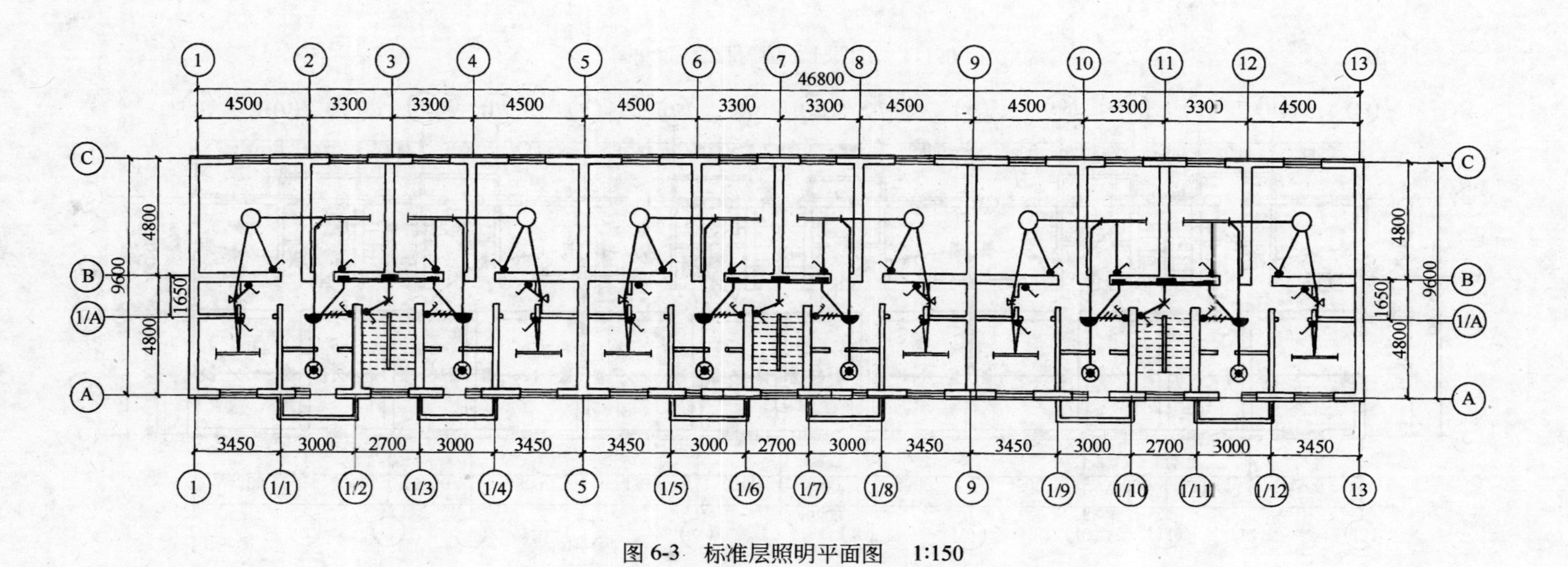

图 6-3 标准层照明平面图 1:150

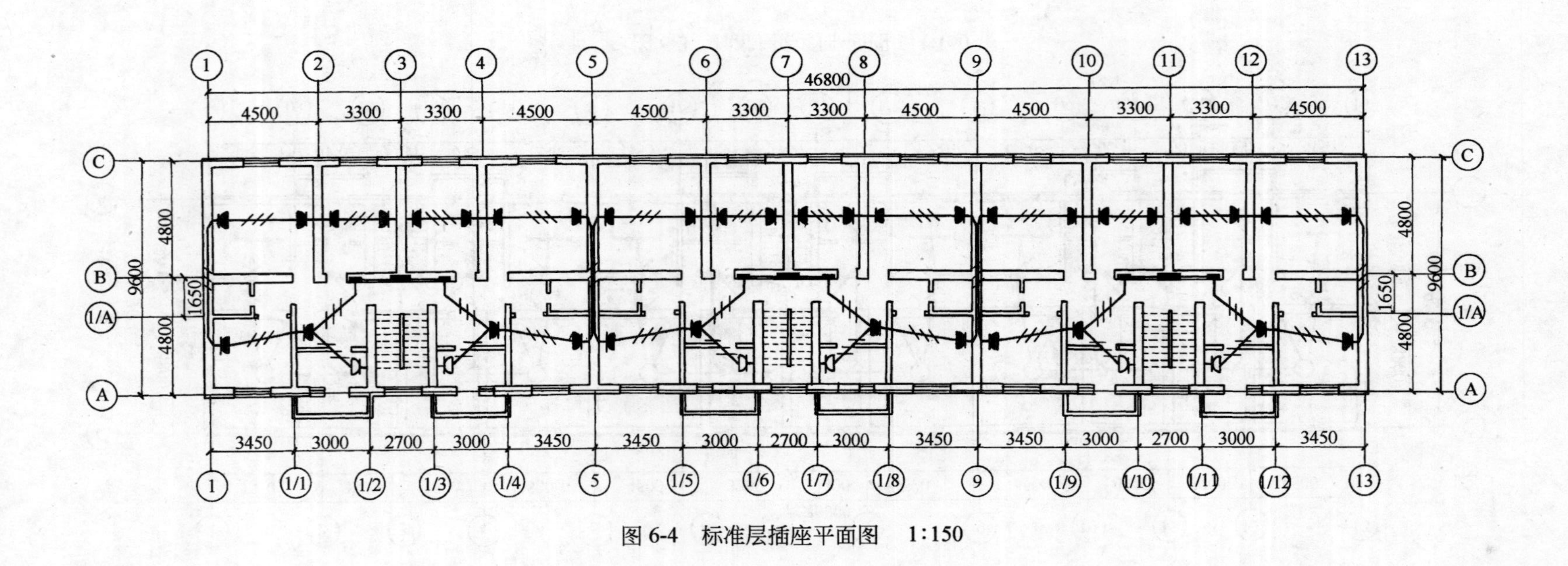

图 6-4 标准层插座平面图 1:150

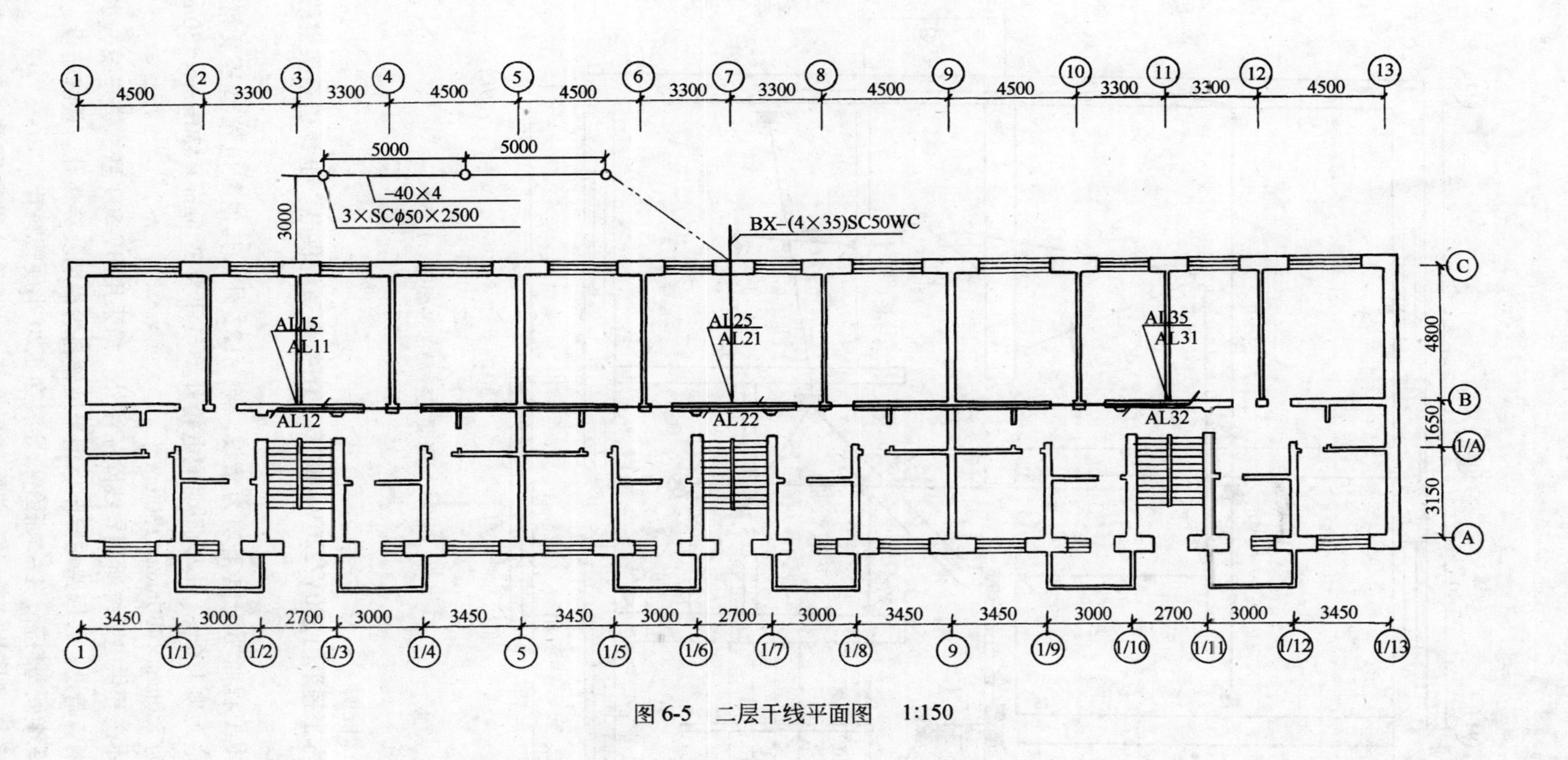

图 6-5　二层干线平面图　1:150

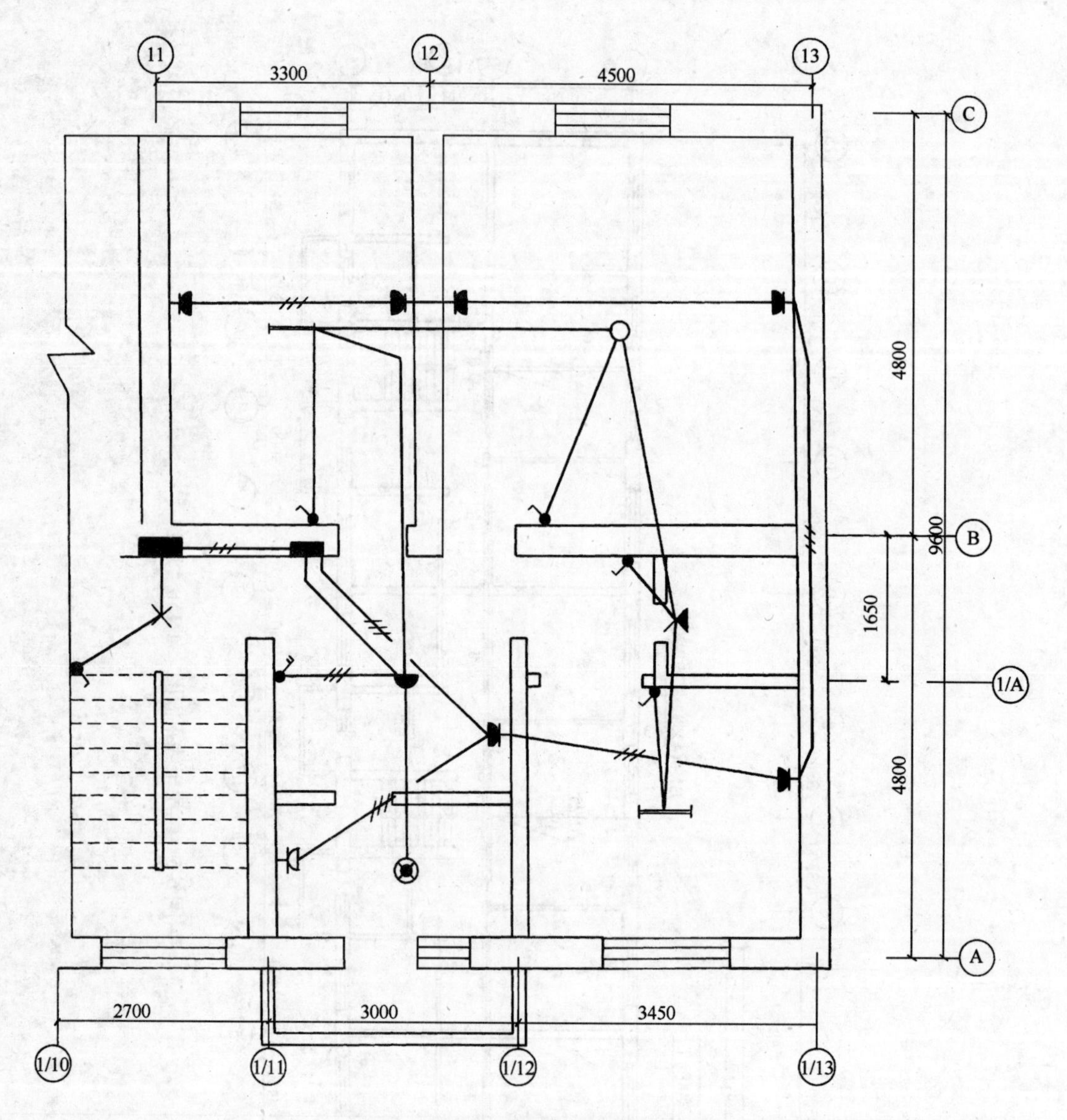

图 6-6　照明工程局部平面图　1:50

2. 设计说明

（1）本工程采用 380V/220V、50Hz、TN-C-S 系统供电。电源引至架空线路，进户处高度为 6m。

（2）本工程照明配电箱均为暗设，除 AL22 外，其他配电箱型号及箱内设备均同 AL25，中心距地 1.6m。AL25 照明配电箱外型尺寸为 390mm × 430mm × 130mm，AL22 照明配电箱为 780mm × 430mm × 130mm。

（3）本工程供电系统所用导线除标注外，均采用 BV-500 型，进户线、水平及垂直干线采用穿钢管暗设，各回路均穿阻燃型半硬塑料管沿墙及穿板孔、板缝暗设，2 ~ 3 根绝缘导线穿 ϕ15 半硬塑料管，4 ~ 5 根绝缘导线穿 ϕ20 半硬塑料管。

（4）各居室选用 YG_2-1C 控照型荧光灯（40W），吸顶安装。客厅选用软线吊灯

(25W)，安装高度为2.5m。方厅选用 $X_{03}C_5$ 浅扁圆吸顶灯（60W），吸顶安装。厨房选用 $X_{04}A_6$ 防水圆球吸顶灯（60W），吸顶安装。卫生间选用瓷质墙壁座灯头25W白炽灯，在门口上0.2m处安装。各楼梯间选用顶棚座灯头25W白炽灯，直接从各层配电箱引出。

(5) 各房间及方厅内插座选用 $A86Z_{223}$-10 二、三孔安全插座，暗设在墙内，中心距地0.3m 厨房选用 $86Z_{223}$-10 二、三孔防溅安全插座，暗设在墙内，中心距地1.8 m。

(6) 开关选用 $86K_{11}$-6 单极开关、$86K_{21}$-6 双极开关暗设墙内，开关中心距地1.4 m。

(7) 分户开关箱选用XHK-Ⅱ型暗设每户墙内，中心距地1.8m，分户箱为300mm×200mm×150mm。

(8) 重复接地引下线采用 $\phi10$ 圆钢，距地1.8m处安装断接卡子箱。接地母线为40×4镀锌扁钢，接地极为 $\phi50$ 镀锌钢管，接地母线埋深1m。

(9) 施工中，应与土建专业密切配合，做好预埋预留工作。

(二) 划分与排列分项工程项目

在计算工程量之前，应列出照明工程的安装项目，所列安装项目应与预算定额项目一致，并按预算定额排列分项工程项目。本例分项工程项目排列如下：

1. 嵌入式配电箱安装
2. 单相电度表安装
3. 压铜接线端子
4. 钢管接地极制作安装
5. 户外接地母线敷设
6. 接地跨接线安装
7. 沿建筑物引下线安装
8. 断接卡子制作安装
9. 接地端子箱安装
10. 1kV以下铁横担安装
11. 进户线横担安装
12. 进户线架设
13. 1kV以下交流供电系统调试
14. 独立接地装置调试
15. 砖、混结构钢管暗配
16. 半硬质阻燃管暗配
17. 照明线路管内穿线
18. 暗装接线盒安装
19. 暗装开关盒安装
20. 圆球吸顶灯安装
21. 半圆球吸顶灯安装
22. 软线吊灯安装
23. 座灯头安装
24. 成套吸顶式荧光灯安装

25. 扳式（单控）暗开关安装

26. 单相暗插座安装

本例除接地端子箱安装外，分项工程只涉及《全国统一安装工程预算定额》第二册定额。

（三）工程量计算

1. 嵌入式配电箱安装

照明配电箱工程量按供电系统图计算。照明配电箱安装不包括配电箱材料费，应按不同规格单独计算。

总配电箱	$XRML_{10}$-G004	1 台
层间配电箱	$XRML_{10}$-G002	14 台
分户开关箱	XHK-Ⅱ	30 台

分户开关箱按标准层平面图计算。分户开关箱材料费按开关箱规格、型号另计。

有些图纸将分户开关箱画在供电系统图和干线平面图上，计算工程量时可在系统图上统计分户开关箱数量，在干线平面图上计算由配电箱至分户开关箱的线管长度及导线长度。

2. 单相电度表安装

照明配电箱的材料费不包括单相电度表费用，为此应计算单相电度表的工程量时，应计取单相电度表安装费用和单相电度表材料费。工程量如下：

单相电度表	DD_{862}-4　220V、5（10）A、30 块	30 块

3. 压铜接线端子

压铜接线端子定额材料费中包括主材铜接线端子材料费，不应另计主材费。但 $10mm^2$ 的铜接线端子套用 $16mm^2$ 以内的定额项目，应调整 $10mm^2$ 与 $16mm^2$ 的差价。铜接线端子工程量如下：

$35mm^2$	4 个
$16mm^2$	16 个
$10mm^2$	70 个

以上工程量计算按供电系统图累计计算。

4. 钢管接地极制作安装

重复接地极制作安装工程量按干线平面图中图例符号统计计算，干线平面图中用圆圈表示的接地极为钢管接地极，以“根”为单位计算。工程量如下：

钢管接地极　Φ50 镀锌钢管	3 根

钢管接地极材料费应另计。

5. 户外接地母线敷设

计算式为

（接地端子箱中心距地高度 + 接地母线埋深 + 接地极距墙水平距离 + 接地极之间连接长度）×(1 +3.9%) = (1.8 +1 +3 +10) ×(1 +3.9%) =16.42(m)

其中 3.9% 为接地母线上下波动、搭接头等所占长度。户外接地母线材料费应另计。

6. 接地跨接线安装

接地跨接线以“处”为单位计算。为了保证钢管与接地母线连接可靠，成为一个良好的接地导体，应在钢管与扁钢焊接处用Ω形铁件包住钢管，并焊接牢固。工程量如下：

接地跨接线

接地跨接线材料费包括在定额材料费中，不应另计材料费。

7. 沿建筑物引下线安装

重复接地引下线安装执行沿建筑物引下线安装项目，计算式如下：

(进户电源管距地高度－接地端子箱中心距地高度)×(1＋3.9%)＝(6－1.8)×(1＋3.9%)＝4.36(m)

重复接地引下线材料费应另计。

8. 断接卡子制作安装

断接卡子是指连接引下线与接地母线的卡子。工程量与引下线数量相同。工程量如下：

断接卡子　　1个

断接卡子材料费包括在定额材料费中，不应另计材料费。

9. 接地端子箱安装

接地端子箱是指安装断接卡子的专用暗装箱。工程量与引下线数量相同。工程量如下：

接地端子箱　　XHK-Ⅱ300×200×150mm　　1台

接地端子箱安装不包括箱的材料费，应另计箱的材料费。

10. 1kV以下铁横担安装

接户杆横担安装，在平面图及系统图上均反映不出来。从设计说明已知，电源线引至附近架空线路。根据施工验收规范规定，架设的导线不应承受导线的拉力。所以进户线与架空电源线连接时，应在电杆上另安装一组角钢横担，接户线横担安装分二线、四线、六线三类，本施工图采用TN-C-S系统供电，应选用四线角钢横担。从电杆引下至建筑物的电杆相当于终端杆，应选双横担。水泥杆横担安装不包括横担、绝缘子、连接件及螺栓的材料费。工程量如下：

四线双根角钢横担　　1组

应另计未计价的材料费。

11. 进户横担安装

架空进户还应计算进户横担安装这个项目。进户横担安装在图纸上也反映不出来，进户横担的作用是用来固定引至建筑物绝缘导线的。进户横担安装分两类，一类是一端固定，另一类是两端固定，应根据进户线引入室内的位置确定哪种固定方式，本例施工图为二单元二层进户，采用两端固定。进户横担的规格又分为二线、四线、六线三种，选四线角钢横担。进户横担安装不包括横担、绝缘子、防水弯头、支撑铁件及螺栓的材料费。工程量如下：

四线角钢横担　　1根

应另计未计价的材料费。

12. 进户线架设

首先从图纸上了解所用导线的型号和规格。架空进户线的距离按设计说明计算，计算式为

（进户线架设距离 + 导线预留长度）× 导线根数 = 进户线架设长度

如果架设距离设计说明无规定时，按 25m 计算，计算式为

进户线架设距离 × 导线根数 = 进户线架设长度

进户线架设不包括绝缘导线的材料费，应另计材料费用。

本例进户线架设工程量计算如下：

进户线架设长度 = 25 × 4 = 100(m)

13. 1kV 以下交流供电系统调试

住宅照明工程送配电设备系统调试工程量计算，按供电系统图中进户处数量统计，本例一处进户，送配电设备系统调试为一个系统。

14. 独立接地装置调试

独立接地装置调试是指按施工图纸要求，用接地电阻测试仪器对已施工完的接地装置进行测试，看是否达到设计要求。本例重复接地装置测试，执行独立接地装置调试项目，以“组”为单位计算工程量，工程量如下：

独立接地装置调试。 1 组

15. 砖、混结构钢管暗配

线管工程量计算方法有两种：一种方法是按图纸标注尺寸计算；另一种是按图纸标注比例计算。若采用后一种方法时，计算方法如下：

首先量取平面图上各段线路的水平长度，量取的规定是：以两处符号中心为一段，逐段量取。然后根据层高及照明器具安装高度，按规定计算出垂直长度，水平长度加上垂直长度即为线管敷设工程量。量取平面长度时，不扣除配电箱、接线盒和灯具的长度。为减少工程量计算，可采用分数表示计算法，即线管敷设与管内穿线工程量同时计算，计算式为

$$\frac{\text{导线长度}}{\text{线管长度}} = \frac{\text{线管长度} \times \text{导线根数}}{\text{线管长度}}$$

将各段分子数量相加为导线长度；

将各段分母数量相加为线管长度。

注意：不同规格线管、导线均应单独计算。计算管内穿线工程时，灯位、开关、插座及接线盒处均不考虑预留，因管内穿线定额内已综合考虑了接线头长度。

由土建施工图查得：层高 2.8m，门间墙 0.28m、大屋，中屋门宽均为 0.84m，门高 1.9m。

下面按第一种方法，即图纸标注尺寸法计算本例干线平面图中的线管工程量。

电源钢管暗敷设：

1）⑦轴外墙至配电箱，SC50 焊接钢管 5.98m，其计算式为

0.2(外墙预留) + 4.8(轴线Ⓒ至轴线Ⓑ水平长度) + 0.98[轴线⑦顶棚至 AL_{22} 立管长度:2.8(层高) − 1.82(配电箱顶面距地高度)] = 5.98(m)

2）总配电箱 AL_{22} 至 AL_{12} 配电箱，SC32 焊接钢管 17.56m，其计算式为

15.6(轴线③至轴线⑦水平长度) + 1.96[2(顶棚至 AL_{22} 立管长度):2 × (2.8 − 1.82)] = 17.56(m)

3）总配电箱 AL_{22} 至 AL_{32} 配电箱，SC32 焊接钢管 17.56m，其计算式为

15.6(轴线⑦至轴线⑪水平长度)+1.96[2(顶棚至 AL_{22} 立管长度):2×(2.8-1.82)]=17.56(m)

4）三个单元的立管，SC25 焊接钢管 23.13m，SC20 焊接钢管 7.71m，其计算式为

[(层数-1)×(层高-配电箱高+管进上、下箱预留长度)]×单元数=各单元总立管长度

如果各层立管管径不同，应按不同管径分别计算。

二层至五层立管：SC25

$$[(4-1)\times(2.8-0.43+0.2)]\times 3=23.13(m)$$

二层至一层立管：SC20

$$[(2-1)\times(2.8-0.43+0.2)]\times 3=7.71(m)$$

16. 半硬质阻燃管暗配

本住宅为三个单元、五层、一梯两户，各户建筑结构相同，房间使用功能相同，电气线路设计、照明器具安装位置、照明器具规格种类相同，所以只要计算出一户线管敷设工程量，就可以算出整个单位工程的线管敷设工程量。下面以轴线⑪～⑬轴为例，按图纸标注比例法计算工程量。

水平长度：(插座回路)

$$\frac{BV-2.5mm^2}{FPC15}=\frac{(1.8+3.2+5.5+7.5+3.3)\times 3}{1.8+3.2+5.5+7.5+3.3}=\frac{63.9(m)}{21.3(m)}$$

(照明回路)

$$\frac{BV-2.5mm^2}{FPC15}=\frac{1.9\times 2+1.6\times 3+(7.2+2.2+3.9+2.5+3.4+1+2.2+1.4)\times 2}{1.9+1.6+7.2+2.2+3.9+2.5+3.4+1+2.2+1.4}$$

$$=\frac{56.2(m)}{27.3(m)}$$

(楼梯间照明回路)

$$\frac{BV-2.5mm^2}{FPC15}=\frac{(1+1.3)\times 2}{1+1.3}=\frac{4.6(m)}{2.3(m)}$$

垂直长度：(楼梯间照明回路)

$$\frac{BV-2.5mm^2}{FPC15}=\frac{\left[2.8-1.6-\frac{0.43}{2}+(0.39+0.43)+2.8-0.1-1.4\right]\times 2}{\left(2.8-1.6-\frac{0.43}{2}\right)+(2.8-0.1-1.4)}$$

$$=\frac{6.2(m)}{2.28(m)}$$

(居室插座、接线盒回路)

$$\frac{BV-2.5mm^2}{FPC15}=\frac{(2.8-0.1-0.3-0.3)\times 4\times 3+(0.3+0.1)\times 11\times 3+(2.8-1.8-0.1)\times 3+(0.3+0.2)\times 3}{(2.8-0.1-0.3-0.3)\times 4+(0.3+0.1)\times 11+(2.8-1.8-0.1)}$$

$$=\frac{42.6(m)}{13.7(m)}$$

(厨房插座回路)

$$\frac{BV-2.5mm^2}{FPC15}=\frac{(2.8-0.1-1.8)\times 3}{2.8-0.1-1.8}=\frac{2.7(m)}{0.9(m)}$$

（配电箱、分户箱）

$$\frac{BV-2.5mm^2}{FPC15}=\frac{\left(2.8-1.6-\frac{0.43}{2}+0.39+0.43\right)\times3+(2.8-1.8-0.1)\times2\times3+(2.8-1.8-0.1)\times2+(0.3+0.2)\times8}{\left(2.8-1.6-\frac{0.43}{2}\right)+(2.8-1.8-0.1)\times3}$$

$$=\frac{16.6}{3.68}$$

（开关回路）

$$\frac{BV-2.5mm^2}{FPC15}=\frac{(2.8-0.1-1.4)\times4\times2+(2.8-0.1-1.4)\times3}{(2.8-0.1-1.4)\times4+(2.8-0.1-1.4)}$$

$$=\frac{14.3(m)}{6.5(m)}$$

（卫生间门灯回路）

$$\frac{BV-2.5mm^2}{FPC15}=\frac{(2.8-0.1-1.9-0.2)\times2\times2}{(2.8-0.1-1.9-0.2)\times2}=\frac{2.4(m)}{1.2(m)}$$

工程量汇总：

FPC15	74.58m
FPC15（楼梯间）	4.58m
$BV-2.5mm^2$	198.7m
$BV-2.5mm^2$（楼梯间）	10.8m

一层至五层线管工程量计算

FPC15：74.58（每户线管数量）×6（每层户数）×5（层数）+4.58（每个楼梯间线管数量）×3（每层楼梯间数量）×5（层数）=2306.1（m）

17. 照明线路管内穿线

采用图纸标注尺寸计算法计算管内穿线工程量时，应将线管长度乘以管内导线根数，管径相同导线根数不同应分别计算；不同管径应分别计算；管径相同，管内导线截面不同，应按导线截面分别计算出导线工程量。除配电箱、分户开关箱内每根导线预留箱的半周长外，其他各处均不预留。工程量如下：

$35mm^2$（电源管管内穿线）

[5.98（轴线⑦外墙至总配电箱 AL_{22} 钢管长度）+1.21（配电箱半周长）]×4（导线根数）=28.76（m）

$16mm^2$（电源管管内穿线）

35.12（AL_{22} 至 AL_{12}、AL_{32} 水平和垂直线管长度）×4（导线根数）+0.82（配电箱半周长）×8（导线根数）+1.21（配电箱半周长）×8（导线根数）=156.72（m）

$10mm^2$（电源管管内穿线）

35.12（AL_{22} 至 AL_{12}、AL_{32} 水平和垂直线管长度）+0.82（配电箱半周长）×2（导线根数）+1.21（配电箱半周长）×2（导线根数）=39.18（m）

$4mm^2$（一层～二层立管管内穿线）

[(2.8－0.43＋0.2)(标准层层间立管长度)＋2×0.82(配电箱半周长)]×2(单元数量)×3(导线根数)＋[(2.8－0.43＋0.2)(标准层层间立管长度)＋0.82(AL_{21}配电箱半周长)＋1.21(AL_{22}配电箱半周长)]×3(导线根数)＝39.06(m)

$10mm^2$（二层至四层立管管内穿线）

[5.14(二层至四层层间立管长度)＋3(配电箱半周长数量)×0.82(配电箱半周长)＋1(配电箱半周长数量)×1.21(配电箱半周长)]×1(单元数量)×4(导线根数)＋[5.14(二层至四层层间立管长度)＋4(配电箱半周长数量)×0.82(配电箱半周长)]×2(单元数量)×4(导线根数)＝102.6(m)

$10mm^2$（四～五层立管管内穿线）

[(2.8－0.43＋0.2)(四～五层立管长度)＋2(配电箱半周长数量)×0.82(配电箱半周长)]×3(单元数量)×3(导线根数)＝37.89(m)

$2.5mm^2$（一层至五层管内穿线）

198.7(每户导线数量)×6(每层户数)×5(层数)＋(0.78－0.39)(总配电箱与层间分配电箱宽度差)×2(户数)×3(导线根数)＋10.8(每个楼梯间导线数量)×3(每层楼梯间数量)×5(层数)＝6125.34(m)

18. 暗装接线盒安装

工程量计算方法：按平面图线路中的接线盒符号，按回路、按单元、按层累计计算。如平面图中未标出或表示不清，可按下述原则计算。

(1) T字形连接处；

(2) 十字形连接处；

(3) 明设管线的灯位处；

(4) 现浇楼板内灯位处（无盖接线盒）。

计算工程量时，应区分明接线盒、暗接线盒、明装防爆接线盒和钢索上铸铁接线盒。在计算材料费时，应分清接线盒的种类、型号和规格。

本施工图为现浇楼板，暗装塑料接线盒、灯位盒，工程量如下：

接线盒	1×6×5	30个
灯位盒	5×6×5＋1×3×5	165个

19. 暗装开关盒安装

凡是暗装的开关和插座都必须安装在开关和插座内。常用的开关盒、插座盒可分为钢盒和塑料盒两种。开关盒又分为单联、双联、三联和四联盒。开关盒和插座盒数量同开关和插座数量。开关盒、插座盒材料费单独计算。

在套定额时，开关盒与插座盒数量合并在一起计算，套开关盒定额项目，因定额中无插座盒安装项目。本例平面图中单联开关盒、双联开关盒、插座盒工程量如下：

单联开关盒	4×6×5＋1×3×5	135个
双联开关盒	1×6×5	30个
插座盒	7×6×5	210个
合计		375个

20. 圆球吸顶灯安装

圆球吸顶灯应区分灯罩直径正确套定额，本施工图中采用的圆球吸顶灯直径为

250mm，灯具材料费应另计，工程量如下：

防水圆球吸顶灯　　1×6×5　　30套

21. 半圆球吸顶灯

半圆球吸顶灯安装应区分灯罩直径正确套定额，本施工图采用的浅半圆吸顶灯直径为250mm，灯具材料费应另计，工程量如下：

浅半圆吸顶灯　　1×6×5　　30套

22. 软线吊灯安装

其他普通灯具安装应区分灯具不同种类正确套定额项目，灯具材料费应另计。本例软线吊灯工程量如下：

软线吊灯　　1×6×5　　30套

23. 座灯头安装

座灯头安装应将瓷座灯头和胶木座灯头工程量合并在一起套定额，补灯具材料费时应分别计算其价格。本例座灯头工程量如下：

座灯头　　45套

其中瓷座灯头　　1×6×5　　30套

胶木座灯头　　1×3×5　　15套

24. 成套吸顶式荧光灯安装

荧光灯具安装应区分组装型还是成套型，成套型还要区分吊链式、吊管式、吸顶式及灯管数量后，再套相应定额子目，灯具材料费另计。本例施工图中荧光灯为成套型40W单管吸顶式荧光灯。其工程量如下：

单管吸顶式荧光灯　　2×6×5　　60套

25. 扳式（单控）暗开关安装

工程量计算方法：按平面图中开关符号、按回路、按单元、按层累计计算。

计算工程量时，应区分明装、暗装开关，开关应分清拉线、扳把或扳式开关，扳式开关区分单联、双联、三联、四联。应按安装方式和种类正确套定额，开关材料费应另计。在计算开关材料费时，应分清开关的种类、型号和规格。其工程量如下：

单联跷板式开关　　4×6×5+1×3×5　　135套

双联跷板式开关　　1×6×5　　30套

26. 单相暗插座安装

插座工程量计算方法同开关。计算工程量按插座符号累计计算，区分插座、防爆插座，插座还要分清单相还是三相，单相明插座、单相暗插座及额定电流和孔数。插座安装套定额时，应按不同孔数正确执行定额。插座安装费用不包括插座材料费用，应另计材料费。计算材料费时，应分清插座的种类、型号和规格。本例工程量如下：

五孔安全暗插座　　6×6×5　　180套

五孔防溅安全暗插座　　1×6×5　　30套

27. 工程量计算表和工程量汇总表

本例工程量计算表见表6-25，工程量汇总表见表6-26。

工程量计算表 表6-25

序号	工程名称	计算式	单位	工程量
1	嵌入式配电箱安装		台	45
其中:	照明配电箱	780mm×430mm×130mm	台	1
		390mm×430mm×130mm	台	14
	分户开关箱	300mm×200mm×150mm	台	30
2	单相电度表安装	DD862-4 220V 5(10)A	块	30
3	压铜接线端子	$10mm^2$	个	70
		$16mm^2$	个	16
		$35mm^2$	个	4
4	钢管接地极制作安装	ϕ50 镀锌钢管	根	3
5	户外接地母线敷设	40×4 镀锌扁钢 (1.8+1+3+10)×(1+3.9%)	m	16.42
6	接地跨接线安装		处	3
7	沿建筑物引下线安装	(6-1.8)×(1+3.9%)	m	4.36
8	断接卡子制作安装		个	1
9	接地端子测试箱安装	250mm×150mm×100mm	台	1
10	1kV 以下铁横担安装		组	1
11	进户横担安装		根	1
12	进户线架设	BX-$35mm^2$ 25×4	m	100
13	1kV 以下交流供电系统调试		系统	1
14	独立接地装置调试		组	1
15	砖混结构钢管暗配	SC50 0.2+4.8+0.98	m	5.98
		SC32 15.6+1.96	m	17.56
		SC32 15.6+1.96	m	17.56
		SC25 [(4-1)×(2.8-0.43+0.2)]×3	m	23.13
		SC20 [(2-1)×(2.8-0.43+0.2)]×3	m	7.71
16	半硬质阻燃管暗配	FPC15 74.58×6×5+4.58×3×5	m	2306.1
17	照明线路管内穿线	$35mm^2$ (5.98+1.21)×4	m	28.76
		$16mm^2$ 35.12×4+0.82×8+1.21×8	m	156.72
		$10mm^2$ 35.12+0.82×2+1.21×2+(5.14+3×0.82+1×1.21)×1+(5.14+4×0.82)×2×4+[(2.8-0.43+0.2)+2×0.82]×3×3	m	179.67
		$4mm^2$ [(2.8-0.43+0.2)+2×0.82]×2×3+[(2.8-0.43+0.2)+0.82+1.21]×3	m	39.06
		$2.5mm^2$ 197.5×6×5+(0.78-0.39)×2×3+10.8×3×5	m	6125.34
18	暗装接线盒安装		个	195
其中	塑料接线盒	1×6×5	个	30
	塑料灯位盒	5×6×5+1×3×5	个	165

续表

序号	工程名称	计算式	单位	工程量
19	暗装开关盒安装		个	375
其中	单联开关盒	4×6×5+1×3×5	个	135
	双联开关盒	1×6×5	个	30
	插座盒	7×6×5	个	210
20	圆球吸顶灯安装	1×6×5	套	30
21	半圆球吸顶灯安装	1×6×5	套	30
22	软线吊灯安装	1×6×5	套	30
23	座灯头安装		套	45
其中	瓷座灯头	1×6×5	套	30
	胶木座灯头	1×3×5	套	15
24	成套吸顶式荧光灯安装	单管 2×6×5	套	60
25	扳式暗开关安装	单联 4×6×5+1×3×5	套	135
		双联 1×6×5	套	30
26	单相暗插座安装		套	210
其中	五孔安全暗插座	6×6×5	套	180
	五孔防溅安全暗插座	1×6×5	套	30

工程量汇总表

工程名称：住宅楼照明工程

表 6-26

序号	定额编号	分项工程名称	单位	数量	序号	定额编号	分项工程名称	单位	数量
1	2-265	嵌入式配电箱安装	台	1	16	2-849	1kV 以下交流供电系统调试	系统	1
2	2-264	嵌入式配电箱安装	台	14	17	2-885	独立接地装置调试	组	1
3	2-263	嵌入式配电箱安装	台	30	18	2-1009	砖、混凝土结构暗配	100m	0.08
4	2-307	单相电度表安装	块	30	19	2-1010	砖、混凝土结构暗配	100m	0.23
5	2-338	压铜接线端子	10 个	0.4	20	2-1011	砖、混凝土结构暗配	100m	0.35
6	2-337	压铜接线端子	10 个	8.6	21	2-1013	砖、混凝土结构暗配	100m	0.06
7	2-688	钢管接地极制作安装	根	3	22	2-1131	半硬质阻燃管暗配	100m	23.06
8	2-697	户外接地母线敷设	10m	1.64	23	2-1172	照明线路管内穿线	100m 单线	60.89
9	2-701	接地跨接线安装	10 处	0.3	24	2-1173	照明线路管内穿线	100m 单线	0.39
10	2-745	沿建筑物引下线安装	10m	0.44	25	2-1201	照明线路管内穿线	100m 单线	1.80
11	2-747	断接卡子制作安装	10 套	0.1	26	2-1202	照明线路管内穿线	100m 单线	1.57
12	黑 9-60	接地端子箱安装	10 套	0.1	27	2-1204	照明线路管内穿线	100m 单线	0.29
13	2-794	1kV 以下铁横担安装	组	1	28	2-1377	暗装接线盒安装	10 个	19.5
14	2-802	进户横担安装	根	1	29	2-1378	暗装开关盒安装	10 个	37.5
15	2-825	进户线架设	100m 单线	1	30	2-1382	圆球吸顶灯安装	10 个	3

续表

序号	定额编号	分项工程名称	单位	数量	序号	定额编号	分项工程名称	单位	数量
31	2-1384	半圆球吸顶灯安装	10套	3	35	2-1637	单联（单控）扳式暗开关安装	10套	13.5
32	2-1389	软线吊灯安装	10套	3	36	2-1638	双联（单控）扳式暗开关安装	10套	3
33	2-1396	座灯头安装	10套	4.5	37	2-1670	单相暗插座安装	10套	21
34	2-1594	成套吸顶式荧光灯安装	10套	6					

（四）套定额单价，计算定额直接费

1. 所有定额单价和材料预算价格

（1）本例所用定额为全国统一安装工程预算定额第二册电气设备安装工程。

（2）定额单价采用2000年黑龙江省建设工程预算定额哈尔滨市单价表。

（3）材料预算价格采用2000年哈尔滨市建设工程材料预算价格表。

2. 编制定额直接费计算表

直接费计算表见表6-27。

对表中的有关问题说明如下：

（1）本实例分项工程项目内容，仅有$10mm^2$接线端子安装和$35mm^2$接线端子安装与定额项目内容不同，需进行调整。

①$10mm^2$接线端子也套$16mm^2$以下压铜接线端子定额子目。但该子目中的单价，哈尔滨市建设工程材料预算价格为3.15元/个，而$10mm^2$的接线端子预算价格为2.91元/个，应调整价差。

每个价差：3.15－2.91＝0.24（元）

②定额中$35mm^2$以内压铜接线端子主材费是按$25mm^2$和$35mm^2$各占50%计算的，但本例用的全部都是$35mm^2$的，应增加两者价差。$35mm^2$的铜接线端子单价，哈尔滨市建设工程材料预算价格为4.61元/个，而$25mm^2$的接线端子预算价格为3.39元/个。

每个价差：4.61－3.39＝1.22（元/个）

（2）按定额中规定系数计取的费用。

本例按规定系数计取的费用有脚手架搭拆费和超高部分增加费，按下列规定计取：

脚手架搭拆费按定额总人工费的4%计算，其中人工费占脚手架搭拆费的25%，其余75%计入材料费金额中。

超高部分增加费按进户横担安装人工费的33%计算，同时计入人工费金额中。

（3）接地端子箱安装，执行黑龙江省2000年电气预算定额。

（五）计算安装工程取费，汇总单位工程预算造价

安装工程取费应按照各省颁发的《建筑安装工程费用定额》（或称取费标准）和取费计算程序表进行取费。本例按2000年黑龙江省建筑安装工程费用定额安装工程费用计算程序计算。工程地点在市内，工程类别为三类工程，按上述条件编制的安装工程取费计算表，见表6-28。

至此，照明安装工程施工图预算已编制完毕。但还应按本章第一节的要求，编写施工图预算的编制说明和按程序装订成册。

定额直接费计算表

表 6-27

工程名称：

顺序号	定额编号	分项工程名称	工程量		价值/元		其中					
							人工费		材料费		机械费	
			定额单位	数量	定额单价	金额	单价	金额	单价	金额	单价	金额
1	2-263	嵌入式配电箱安装	台	30	58.43	1 752.90	34.32	1 029.60	24.11	723.30		
		XHK-2	台	30	102.82	3 084.60			102.82	3 084.60		
2	2-264	嵌入式配电箱安装	台	14	69.61	974.54	41.18	576.52	28.43	398.02		
		XRML10-G002	台	14	292.49	4 094.86			292.49	4 094.86		
3	2-265	嵌入式配电箱安装	台	1	83.02	83.02	52.62	52.62	30.40	30.40		
		XRML10-G004	台	1	457.03	457.03			457.03	457.03		
4	2-307	单相电度表安装	块	30	71.36	2 140.80	10.52	315.60	60.84	1 825.20		
		DD862-4 220 V 5（10）A	块	30	97.73	2 931.90			97.73	2 931.90		
5	2-337	压铜接线端子	10 个	8.6	45.48	391.13	10.07	86.60	35.41	304.53		
		扣 16mm² 与 10mm² 价差	个	71.05	-0.24	-17.05			-0.24	-17.05		
6	2-338	压铜接线端子	10 个	0.4	60.39	24.16	15.10	6.04	45.29	18.11		
		增 35mm² 与 25mm² 价差	个	2.03	1.22	2.48			1.22	2.48		
7	2-668	钢管接地极制作安装	根	3	48.22	144.66	14.19	42.57	2.32	6.96	31.71	95.13
		SC50 镀锌钢管	kg	37.7	3.01	113.48			3.01	113.48		
8	2-697	户外接地母线敷设	10m	1.64	75.63	124.03	69.78	114.44	1.15	1.89	4.70	7.71
		40×4 镀锌扁钢	kg	21.7	2.43	52.73			2.43	52.73		
		页　计				16 355.27		2 223.99		14 028.44		102.84

工程名称：　　　　　　　　　　　　　　　　　　　　　　　　续表

顺序号	定额编号	分项工程名称	工程量		价值/元		其中					
			定额单位	数量	定额单价	金额	人工费		材料费		机械费	
							单价	金额	单价	金额	单价	金额
9	2-701	接地跨接线安装	10处	0.3	79.23	23.77	25.40	7.62	30.34	9.10	23.49	7.05
10	2-745	避雷沿建筑物引下线敷设	10m	0.44	69.02	30.36	25.85	11.37	13.81	6.07	29.36	12.92
		φ10 圆钢	kg	28.51	2.27	64.72			2.27	64.72		
11	2-747	断接卡子制作安装	10套	0.1	101.32	10.13	82.37	8.23	18.80	1.88	0.15	0.02
12	黑9-60	接地端子测试箱安装	10套	0.1	20.18	2.02	19.45	1.95	0.73	0.07		
		接地端子测试箱	台	1	35.99	35.99			35.99	35.99		
13	2-794	1kV 以下铁横担安装	组	1	14.97	14.97	9.84	9.84	5.13	5.13		
		镀锌角钢横担 ∟63×6×1500	根	2	46.67	93.34			46.67	93.34		
		镀锌角钢拉带 ∟50×5×1030	根	4	21.60	86.40			21.60	86.40		
		低压茶台 ED-2	个	4.08	1.34	5.47			1.34	5.47		
14	2-802	进户横担安装	根	1	25.89	25.89	8.47	8.47	17.42	17.42		
		镀锌角钢横担 ∟63×6×1500	根	1	46.67	46.67			46.67	46.67		
		低压茶台 ED-2	个	4.08	1.34	5.47			1.34	5.47		
		防水弯头 φ50 塑制	个	1	4.02	4.02			4.02	4.02		
		超高部分增加费	系统	33%	8.47	2.80	8.47	2.80				
15	2-825	进户线架设	100m单线	1	73.82	73.82	19.91	19.91	53.91	53.91		
		页　　计				525.84		70.19		435.66		19.99

工程名称：　　　　　　　　　　　　　　　　　　　　　　　　续表

顺序号	定额编号	分项工程名称	工程量		价值/元		其中					
			定额单位	数量	定额单价	金额	人工费		材料费		机械费	
							单价	金额	单价	金额	单价	金额
		BX－35mm^2	m	101.8	13.07	1 330.53			13.07	1 330.53		
16	2-849	1kV以下交流供电系统调试	系统	1	283.28	283.28	228.80	228.80	4.64	4.64	49.84	49.84
17	2-885	独立接地装置调试	系统	1	123.62	123.62	91.52	91.52	1.86	1.86	30.24	30.24
18	2-1009	砖、混凝土结构暗配	100m	0.08	245.81	19.66	164.74	13.18	39.96	3.20	41.11	3.29
		SC20	kg	13.43	2.68	35.99			2.68	35.99		
19	2-1010	砖、混凝土结构暗配	100m	0.23	317.08	72.93	199.74	45.94	58.15	13.37	59.19	13.61
		SC25	kg	57.33	2.66	152.50			2.66	152.50		
20	2-1011	砖、混凝土结构暗配	100m	0.36	346.23	124.64	212.56	76.52	74.48	26.81	59.19	21.31
		SC32	kg	116.06	2.66	308.72			2.66	308.72		
21	2-1013	砖、混凝土结构暗配	100m	0.06	564.79	33.89	363.79	21.83	123.07	7.38	77.93	4.68
		SC50	kg	30.16	2.64	79.62			2.64	79.62		
22	2-1131	半硬质阻燃管暗配	100m	23.06	186.42	4 298.85	152.84	3 524.49	33.58	774.36		
		FPC15	kg	464.43	9.60	4 458.53			9.60	4 458.53		
		FPC20	kg	5.15	9.60	49.44			9.60	49.44		
		页　　计				11 372.20		4 002.28		7 246.95		122.97

工程名称：

续表

顺序号	定额编号	分项工程名称	工程量		价值/元		其中					
							人工费		材料费		机械费	
			定额单位	数量	定额单价	金额	单价	金额	单价	金额	单价	金额
23	2-1172	照明线路管内穿线	100m单线	60.89	34.27	2 086.70	22.88	1 393.16	11.39	693.54		
		BV-2.5mm²	m	7 063.24	0.72	5 085.53			0.72	5 085.53		
24	2-1173	照明线路管内穿线	100m单线	0.39	27.72	10.81	16.02	6.25	11.70	4.56		
		BF-4mm²	m	42.9	1.14	48.91			1.14	48.91		
25	2-1201	照明线路管内穿线	100m单线	1.80	33.81	60.86	21.74	39.13	12.07	21.73		
		BV-10mm²	m	189	3.13	591.57			3.13	591.57		
26	2-1202	照明线路管内穿线	100m单线	1.57	37.39	58.70	25.17	39.52	12.22	19.18		
		BV-16mm²	m	164.85	4.87	802.82			4.87	802.82		
27	2-1204	照明线路管内穿线	100m单线	0.29	47.47	13.77	33.18	9.63	14.29	4.14		
		BV-35mm²	m	30.45	10.09	307.24			10.09	307.24		
28	2-1377	暗装接线盒安装	10个	19.5	18.50	360.75	10.30	200.85	8.20	159.90		
		塑料接线盒	个	30.6	1.05	32.13			1.05	32.13		
		塑料灯位盒	个	168.3	0.70	117.81			0.70	117.81		
29	2-1378	暗装开关盒安装	10个	37.5	14.77	553.87	10.98	411.75	3.79	142.12		
		开关盒（单联）	个	137.7	1.40	192.78			1.40	192.78		
		页　　计				10 324.25		2 100.29		8 223.96		

工程名称：

续表

顺序号	定额编号	分项工程名称	工程量		价值/元		其中					
			定额单位	数量	定额单价	金额	人工费		材料费		机械费	
							单价	金额	单价	金额	单价	金额
		开关盒（双联）	个	30.6	1.40	42.84			1.40	42.84		
		插座盒	个	214.2	1.40	299.88			1.40	299.88		
30	2-1382	圆球吸顶灯安装	10套	3	95.37	286.11	49.42	148.26	45.95	137.85		
		$X_{04}A_6$	套	30.3	39.30	1 190.79			39.30	1 190.79		
31	2-1384	半圆球吸顶灯安装	10套	3	96.47	289.41	49.42	148.26	47.05	141.15		
		$X_{03}C_5$	套	30.3	28.39	860.22			28.39	860.22		
32	2-1389	软线吊灯安装	10套	3	48.79	146.37	21.51	64.53	27.28	81.84		
		无开关灯头	套	30.3	1.15	34.85			1.15	34.85		
33	2-1396	座灯头安装	10套	4.5	35.78	161.00	21.51	96.80	14.27	64.22		
		瓷质座灯头	套	30.3	1.85	56.06			1.85	56.06		
		胶木座灯头	套	15.15	1.15	17.42			1.15	17.42		
34	2-1594	成套吸灯式荧光灯安装	10套	6	64.50	387.00	49.65	297.90	14.85	89.10		
		YC_2-1C	套	60.6	81.84	4 959.50			81.84	4 959.50		
35	2-1637	单联扳式暗开关安装	10套	13.5	21.36	288.36	19.45	262.58	1.91	25.79		
		86K11-6	套	137.7	2.60	358.02			2.60	358.02		
36	2-1638	双联扳式暗开关安装	10套	3	22.78	68.34	20.36	61.08	2.42	7.26		
		页　　计				9 446.17		1 079.41		8 366.79		

工程名称：　　　　　　　　　　　　　　　　　　　　　　　　　　　　　　续表

顺序号	定额编号	分项工程名称	工程量		价值/元		其中					
			定额单位	数量	定额单价	金额	人工费		材料费		机械费	
							单价	金额	单价	金额	单价	金额
		86K21-6	套	30.6	3.86	118.12			3.86	118.12		
37	2-1670	单相暗插座安装	10套	21	29.74	624.54	25.17	528.57	4.57	95.97		
		A86Z223-10	套	183.6	12.79	2 348.24			12.79	2 348.24		
		86Z223-10	套	30.6	12.68	388.01			12.68	388.01		
		白炽灯泡25W	只	77.25	0.83	64.12			0.83	64.12		
		白炽灯泡60W	只	61.8	0.90	55.62			0.90	55.62		
		荧光灯管40W	支	60.9	6.40	389.76			6.40	389.76		
		页　　计				3 988.41		528.57		3 459.84		
		合　　计				52 012.14		10 004.70		41 761.64		245.80
		脚手架搭拆费	系数	4%	10 004.70	400.19	400.19×25%	100.05	400.19×75%	300.14		
		总　　计				52 412.31		10 104.76		42 061.76		245.80

工 程 费 用 计 算 表

表 6-28

工程名称：

序号	工程费用名称	费率计算公式	金额/元	序号	工程费用名称	费率计算公式	金额/元
(一)	直接费		52 412.31	(五)	劳动保险基金	[(一)+(二)+(三)+(四)]×3.32%	2 061.03
(A)	其中　人工费		10 630.00	(六)	工程定额编制管理费，劳动定额测定费	[(一)+(二)+(三)+(四)]×0.16%	99.33
(二)	综合费用	(A)×36.8%	3 911.84	(七)	税金	[(一)+(二)+(三)+(四)+(五)+(六)]×3.44%	2 209.84
(三)	利润	(A)×28%	2 976.40	(八)	单位工程费用	[(一)+(二)+(三)+(四)+(五)+(六)+(七)]	66 449.43
(四)	有关费用	(1)+…+(12)	2 778.68				
(1)	远地施工增加费	(A)×%					
(2)	特种保健津贴	(A)×%					
(3)	赶工措施增加费	(A)×%					
(4)	文明施工增加费	(A)×%					
(5)	集中供暖等项费用	(A)×26.14%	2 778.68				
(6)							
(7)	材料价差						
(8)							
(9)	预制构件增加费						
(10)							
(11)							
(12)	工程风险系数	[(一)+(二)+(三)]×%					

编制说明：

一、本施工图为××住宅照明工程施工图，图纸由市建筑设计院设计，图纸共3张，图纸经过会审；

二、本施工图预算采用黑龙江省建设工程预算定额（电气）；

三、本施工图预算采用2000年哈尔滨市建设工程材料预算价格表；

四、本施工图预算执行2000年黑龙江省建筑安装工程费用定额；

五、施工图预算之外发生的费用以现场签证的形式计入结算；

六、工程地点：市内；

七、工程类别：三类；

八、本工程2002年4月5日开工，2002年10月30日竣工。

建设单位：　　　　施工单位：

四、锅炉房安装工程施工图预算编制实例

下面以某市某民用住宅锅炉房为例，介绍锅炉房电气安装动力工程施工图预算的编制方法。

（一）施工图与设计说明

1. 施工图纸

本例所用图纸见图 6-7 和图 6-8。

2. 设计说明

（1）本工程电源采用电缆直埋引入室外电缆接转箱，电压 380V/200V 三相四线式配电。电缆引至小区变电亭，变电亭距锅炉房 35m。

（2）配线均采用铜芯绝缘导线，均穿钢管保护，沿地沿墙暗敷设。

（3）动力配电箱采用定型标准铁制箱，底边距地 1.5m 嵌墙暗装。动力配电箱外型尺寸 AP1 为 800mm × 800mm × 120mm，AP2（AP3）为 800mm × 400mm × 120mm。

（4）按钮箱采用厂家加工的非标准铁制空箱，底边距地 1.5m 嵌墙暗装。按钮箱外型尺寸 ANX1 为 800mm × 250mm × 100mm；ANX2（ANX3）为 200mm × 250mm × 100mm。

（5）电源进户处做重复接地，接地电阻值不大于 10Ω。

（6）接地母线为 40 × 4 镀锌扁钢，接地极为 ϕ50 镀锌钢管，接地母线埋深 1m。

（二）划分和排列分项工程项目

1. 成套配电箱安装
2. 按钮安装
3. 盘柜配线
4. 焊铜接线端子
5. 交流电动机检查接线
6. 电缆沟挖填
7. 电缆沟铺砂、盖砖
8. 电缆保护管敷设
9. 铜心电力电缆敷设
10. 户内干包式电力电缆头制作、安装
11. 户外电力电缆终端头制作、安装
12. 接地极制作安装
13. 户外接地母线敷设
14. 接地跨接线安装
15. 接地端子测试箱安装
16. 断接卡子制作安装
17. 1kV 以下交流供电送配电装置系统调试
18. 独立接地装置调试
19. 低压交流笼型异步电动机调试
20. 电动机连锁装置调试
21. 砖、混凝土结构钢管暗配
22. 金属软管敷设

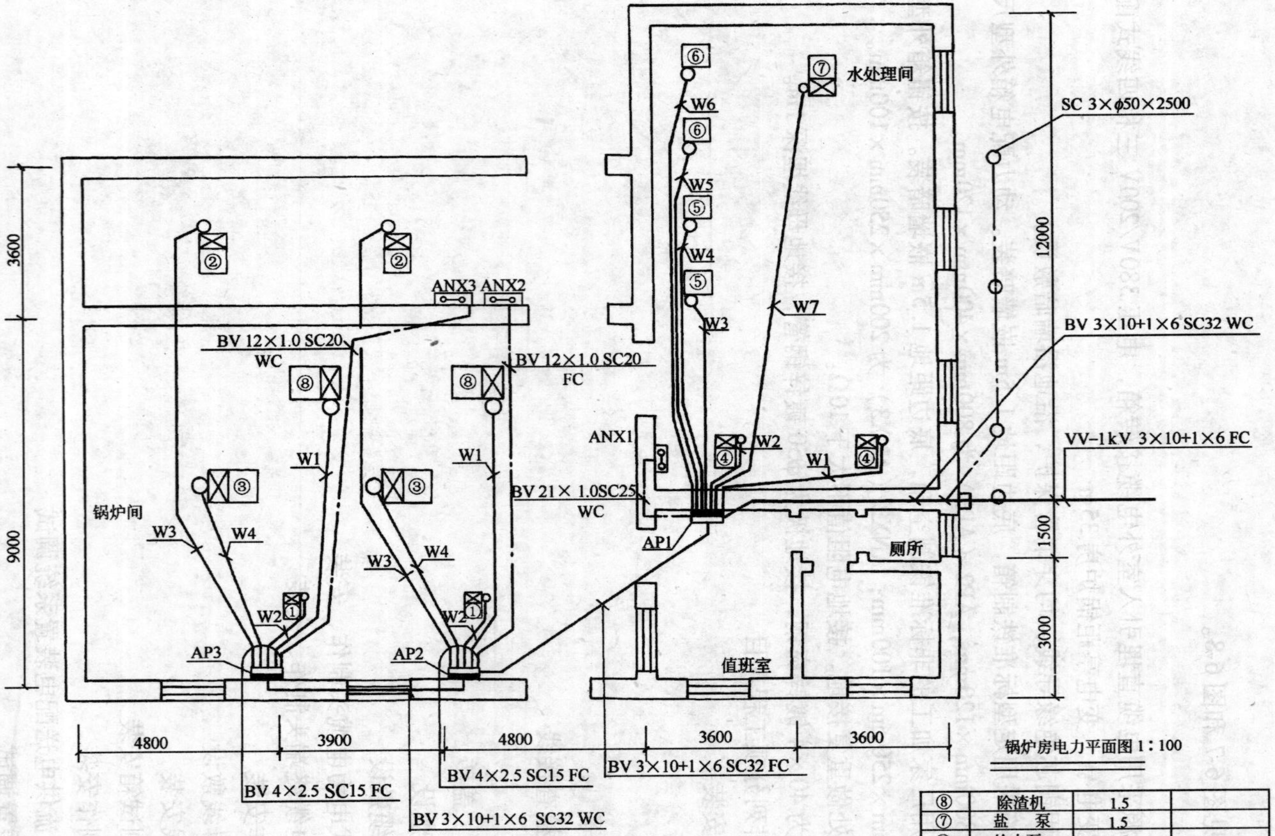

序号	名　　称	容量(kW)	备　住
⑧	除渣机	1.5	
⑦	盐　泵	1.5	
⑥	给水泵	1.5	
⑤	软化水泵	1.5	
④	循环水泵	1.5	
③	鼓风机	3.0	
②	引风机	7.5	
①	上煤机	1.5	

主要设备材料表

图 6-7　住宅楼锅炉房电力平面图　1:100

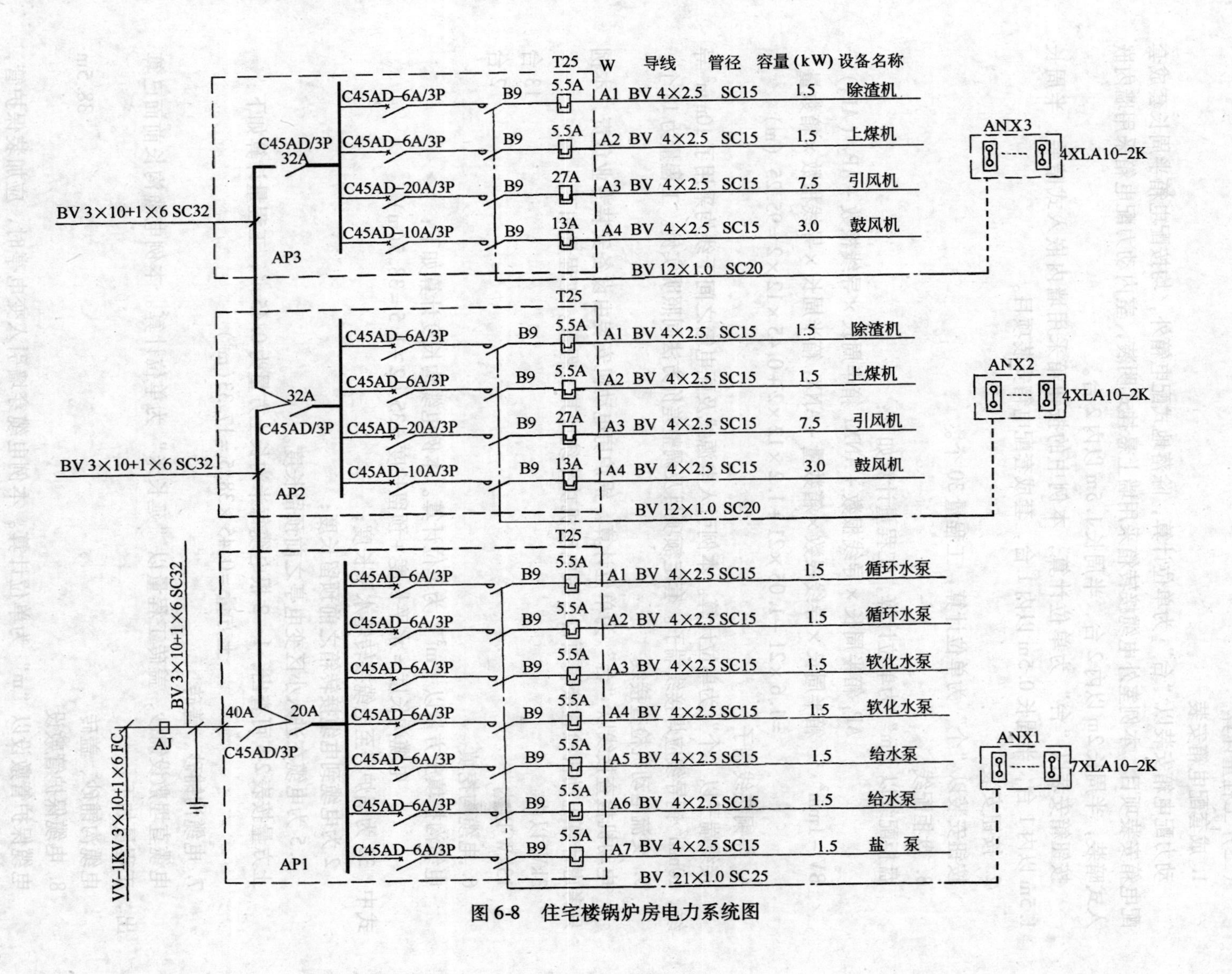

图 6-8 住宅楼锅炉房电力系统图

23. 动力线路管内穿线

（三）工程量计算

1. 成套配电箱安装

动力配电箱安装以“台”为单位计算，除落地式配电箱外，均按配电箱半周长套成套配电箱安装项目。本例室外电缆接转箱采用墙上悬挂式明装，室内动力配电箱采用墙内嵌入式暗装，半周长 2m 以内 2 台，半周长 1.5m 以内 2 台。

按钮箱安装以“台”为单位计算，本例中的按钮箱采用墙内嵌入式暗装，半周长 1.5m 以内 1 台，半周长 0.5m 以内 1 台，套成套配电箱安装项目。

2. 按钮安装

按钮安装以“个”为单位计算，工程量 30 个。

3. 盘柜配线

盘柜配线以“m”为单位计算，工程量计算如下：

BV－$1mm^2$　AP_1 箱半周长×导线根数＋ANX1 箱半周长×导线根数＋AP_2（AP_3）箱半周长×导线根数×箱数量＋ANX_2 箱半周长×导线根数×箱数量

$$=1.6\times21+1.05\times21+1.2\times12\times2+0.45\times12\times2=95.25\ (m)$$

4. 焊铜接线端子

接线端子以“个”为单位计算。本例引入电源线及配电箱之间干线均采用了 $10mm^2$ 导线，$10mm^2$ 铜导线应焊接线端子。套定额项目及调整差价方法同照明实例。工程量为 18 个。

5. 交流电动机检查接线

电动机检查接线以“台”为单位计算。锅炉房电动机安装由设备安装专业负责，本例只考虑计算电动机检查接线项目，按电动机功率统计其工程量。工程量如下：

3kW 以内　13 台

13kW 以内　2 台

6. 电缆沟挖填

电缆沟挖填土方量以“m^3”为单位计算。本例电缆沟长度计算如下：

$$电缆沟长度=水平长度+预留长度=35+2+1.5=38.5(m)$$

式中　35 为锅炉房至电缆接转箱水平长度；

2 为电缆到电缆接转箱之前预留长度；

1.5 为电缆在进入小区变电亭之前预留长度。

土方量按表 2-3 可查出，1～2 根电缆每米沟长土方量为 $0.45m^3$，工程量计算如下：

$$土方量=0.45\times38.5=17.33(m^3)$$

7. 电缆沟铺砂、盖砖

电缆直埋敷设铺砂、盖砖工程量以“延长米”为单位计算。本例电缆沟长前面已算出，工程量如下：

电缆沟铺砂、盖砖　38.5m

8. 电缆保护管敷设

电缆保护管敷设以“m”为单位计算。本例电缆穿墙引入变电亭时，应加装保护管，直埋电缆引入室外电缆接转箱之前，应加保护管，工程量如下：

$$钢管保护管长度=1.5+3.5=5(m)$$

钢管保护管内径不应小于电缆外径的1.5倍，选ϕ32钢管。

由工程量计算规则已知，钢管直径ϕ100mm以下的电缆保护管敷设执行砖混结构钢管敷设定额。

9. 铜芯电力电缆敷设

电缆长度以“m”为单位计算。

计算式如下：

$$L = [35 + (1.5 \times 2 + 1.5 + 0.5) + (1.5 \times 2 + 0.5 + 2) + (2 + 1.5)] \times (1 + 2.5\%) = 50.23$$

式中 35——电缆水平长度；

$(1.5 \times 2 + 1.5 + 0.5)$——电缆垂直长度，其中$1.5 \times 2$为2个电缆沟引上两处垂直长度，1.5为地面至电缆接转箱中心垂直长度，0.5为室内地面至电源屏内隔离开关垂直长度；

$(1.5 \times 2 + 0.5 + 2)$——电缆预留长度，其中1.5×2为2个电缆终端头预留长度，0.5为电缆过墙长度，2为电源屏屏下进线预留长度；

$(2 + 1.5)$——电缆进建筑物之前预留长度，其中2为电缆进入电缆接转箱之前预留长度，1.5为进入变电亭之前预留长度；

2.5%——电缆波形敷设系数。

10. 户内干包式电力电缆终端头制作、安装

户内干包式电力电缆终端头制作安装以“个”为单位。工程量如下：

户内干包式电力电缆终端头 1个

11. 户外电力电缆终端头制作、安装

户外电力电缆终端头制作安装以“个”为单位计算。工程量如下：

户外热缩式电力电缆终端头 1个

12. 接地极制作安装

重复接地接地极制作安装以“根”为单位计算，工程量按电力平面图中图例符号统计计算，工程量如下：

接地极制作安装 ϕ50镀锌钢管 3根

13. 户外接地母线敷设

户外接地母线敷设以“m”为单位计算。本例接地母线采用40×4镀锌扁钢，工程量如下：

户外接地母线敷设 $(1.5 + 1 + 3 + 10) \times (1 + 3.9\%) = 16.1$m

14. 接地跨接线安装

接地跨接线安装以“处”为单位计算，工程量如下：

接地跨接线安装 3处

15. 接地端子测试箱安装

接地端子测试箱安装以“套”为单位计算，工程量如下：

接地端子测试箱安装 1套

16. 断接卡子制作安装

断接卡子制作安装以“套”为单位计算，工程量如下：

断接卡子制作安装　1套

17. 1kV以下交流供电送配电装置系统调试

送配电装置系统调试，按系统图中进户数量统计，以“系统”为单位计算。本例一处进户，工程量如下：

1kV以下交流供电送配电装置系统调试　1系统

18. 独立接地装置调试

独立接地装置调试以“组”为单位计算，工程量如下：

独立接地装置调试　1组

19. 低压交流笼型异步电动机调试

低压交流笼型异步电动机调试以“台”为单位计算，本例电动机调试执行电磁控制定额项目，工程量如下：

低压交流笼型异步电动机调试　15台

20. 电动机连锁装置调试

电动机连锁装置调试以“组”为单位计算，本例鼓风机与引风机相互连锁，电动机连锁原理可见电动机原理接线图。工程量如下：

电动机连锁装置调试　2组

21. 砖、混凝土结构钢管暗配

为简便计算，采用分数表示法将管线同时算出。

（1）进户电源钢管及导线

$$\frac{BX-10mm^2}{SC32}\quad \frac{(1.3+5.8+1.9)\times3+(0.7+1)\times3+(0.8+0.8)\times3}{1.3+5.8+1.9}=\frac{36.9(m)}{9(m)}$$

$$BX-6mm^2\quad (1.3+5.8+1.9)+(0.7+1)+(0.8+0.8)=12.3(m)$$

（2）干线钢管及导线

$$\frac{BV-10mm^2}{SC32}\quad \frac{(1.9+7.2+1.9)\times3+(0.8+0.8)\times3+(0.8+0.4)\times3}{1.9+7.2+1.9}+\frac{(1.9+4.8+1.9)\times3+(0.8+0.4)\times3\times2}{1.9+4.8+1.9}=\frac{74.4(m)}{19.6(m)}$$

$$BV-6mm^2\quad (1.9+7.2+1.9)+(0.8+0.8)+(1.9+4.8+1.9)+(0.8+0.4)\times2=22.4(m)$$

（3）分支回路钢管及导线

①AP1分支回路

$$\frac{BV-2.5mm^2}{SC15}\quad \frac{(1.9+2.7+0.6)\times4+(0.8+0.8)\times4}{1.9+2.7+0.6}+\frac{(1.9+1.6+0.6)\times4+(0.8+0.8)\times4}{1.9+1.6+0.6}+\frac{(1.9+4.6+0.6)\times4+(0.8+0.8)\times4}{1.9+4.6+0.6}+\frac{(1.9+5.6+0.6)\times4+(0.8+0.8)\times4}{1.9+5.6+0.6}+\frac{(1.9+7.6+0.6)\times4+(0.8+0.8)\times4}{1.9+7.6+0.6}+\frac{(1.9+8.6+0.6)\times4+(0.8+0.8)\times4}{1.9+8.6+0.6}+\frac{(1.9+11.7+0.6)\times4+(0.8+0.8)\times4}{1.9+11.7+0.6}=\frac{284.4(m)}{59.9(m)}$$

②AP2 分支回路

$$\frac{BV-2.5mm^2}{SC15} \quad \frac{(1.9+6.8+0.8)\times4+(0.8+0.4)\times4}{1.9+6.8+0.8}+\frac{(1.9+2.3+1.1)\times4+(0.8+0.4)\times4}{1.9+2.3+1.1}+$$

$$\frac{(1.9+4.6+0.6)\times4+(0.8+0.4)\times4}{1.9+4.6+0.6}+\frac{(1.9+10.8+0.6)\times4+(0.8+0.4)\times4}{1.9+10.8+0.6}$$

$$=\frac{160(m)}{35.2(m)}$$

③AP3 分支回路

同 AP2 分支回路

$$\frac{BV-2.5mm^2}{SC15} \quad \frac{160(m)}{35.2(m)}$$

(4) 控制按钮箱回路

ANX1：

$$\frac{BV-1.0mm^2}{SC25} \quad \frac{(1.9+3.6+1.8)\times21+(0.8+0.8)\times21+(0.8+0.25)\times21}{1.9+3.6+1.8}=\frac{208.95(m)}{7.3(m)}$$

ANX2：

$$\frac{BV-1.0mm^2}{SC15} \quad \frac{(2\times1.9+9+13.3+2\times1.8)\times12+(0.8+0.4)\times2\times12+(0.2+0.25)\times2\times12}{2\times1.9+9+13.3+2\times1.8}$$

$$=\frac{396(m)}{29.7(m)}$$

钢管工程量合计：

SC15	160m
SC25	7.3m
SC32	28.6m

绝缘导线工程量合计：

$BX-10mm^2$	36.9m
$BX-6mm^2$	12.3m
$BV-10mm^2$	74.4m
$BV-6mm^2$	22.4m
$BV-2.5mm^2$	604.4m
$BV-1mm^2$	604.95m

22. 金属软管敷设

一般出地面钢管管口至电动机接线盒多采用金属软管保护导线，金属软管两端分别用金属软管接头连接。本例所涉及的钢管与电动机接线盒连接均应考虑金属软管敷设，金属软管长度每处按 1.25m 考虑。工程量如下：

ϕ15 金属软管敷设　　1.25×15　　18.75m

23. 动力线路管内穿线

钢管内绝缘导线前面已算出。工程量如下：

铜导线 $10mm^2$　　118.8m

铜导线 $6mm^2$　　36m

铜导线 2.5mm² 604.4 + (18.75 × 4) 679.4m

铜导线 1mm² 604.95m

24. 工程量计算表和工程量汇总表

本例工程量计算表见表6-29 工程量汇总表见表6-30。

（四）套用定额单价，计算定额直接费

1. 所用定额单价和材料价格

（1）本例所用定额为全国统一安装工程预算定额第二册电气设备安装工程。

（2）定价单价采用2000年黑龙江省建设工程预算定额哈尔滨市单价表。

（3）材料预算价格采用2000年哈尔滨市建设工程材料预算价格表。

工 程 量 计 算 表 **表6-29**

工程名称：锅炉房动力工程

序号	工 程 名 称	计 算 式	单位	工程量
1	成套配电箱安装			
	动力配电箱	AP1 半周长 2.5m 以内	台	1
	电缆接转箱	AJ 半周长 2.5m 以内	台	1
	动力配电箱	AP2、AP3 半周长 1.5m 以内	台	2
	按钮箱	ANX1 半周长 1.5m 以内	台	1
	按钮箱	ANX2 半周长 0.5m 以内	台	2
2	按钮安装	LA10 - 2K	个	30
3	盘柜配线	BV - 1mm²	m	95.2
4	焊铜接线端子	10mm²	个	18
5	交流电动机检查接线	3kW 以内	台	13
		13kW 以内	台	2
6	电缆沟挖填		m³	17.33
7	电缆沟铺砂盖砖		m	38.5
8	电缆保护管敷设	SC32	m	5
9	铜芯电力电缆敷设	VV - 1kV 3 × 10 + 1 × 6	m	50.23
10	户内干包式电力电缆终端头制作安装		个	1
11	户外电力电缆终端头制作、安装	热缩式	个	1
12	接地极制作安装	ϕ50 镀锌钢管	根	3
13	户外接地母线敷设	(1.5 + 1 + 3 + 10) × (1 + 3.9%) 40 × 4 镀锌扁钢	m	16.1
14	接地跨接线安装		处	3
15	接地端子测试箱安装		套	1

工程名称：锅炉房动力工程　　　　　　　　　　　　　　　　　　　　　　　　续表

序号	工 程 名 称	计 算 式	单位	工程量
16	断接卡子制作安装		套	1
17	1kV 以下交流供电送配电装置系统调试		系统	1
18	独立接地装置调试		组	1
19	低压交流笼型异步电动机调试		台	15
20	电动机连锁装置调试		组	2
21	砖、混凝土结构钢管暗配			
	进户电源钢管	SC32	m	9
	干线电源钢管	SC32	m	19.6
	AP1 回路钢管	SC15	m	59.9
	AP2 回路钢管	SC15	m	35.2
	AP3 回路钢管	SC15	m	35.2
	控制按钮箱回路钢管	SC25（ANX1）	m	7.3
	控制按钮箱回路钢管	SC15（ANX2）	m	29.7
22	金属软管敷设	ϕ15 每根管长 1.25m	m	18.75
23	动力线路管内穿线			
	铜导线	10mm²	m	118.8
	铜导线	6mm²	m	36
	铜导线	2.5mm²	m	679.4
	铜导线	1mm²	m	604.95

2. 编制定额直接费表

本例定额直接费计算表见表 6-31。

对表中的有关问题说明如下：

本实例分项工程项目内容，仅有 10mm² 接线端子安装与安装项目内容不同，需进行调整。

10mm² 接线端子也需套用 16mm² 焊铜接线端子定额子目。但该子目中的单价 3.15 元/个，应调整价差。

每个价差　　　　　　　　3.15 − 2.91 = 0.24 元/个

（五）计算安装工程取费，汇总单位工程造价

锅炉房安装工程的取费计算方法，与室内照明安装工程施工图预算编制实例相同，本例省略。

工程量汇总表 表6-30

工程名称：锅炉房动力工程

序号	定额编号	分项工程名称	单位	数量	序号	定额编号	分项工程名称	单位	数量
1	2-263	嵌入式按钮箱安装	台	2	19	2-747	断接卡子制作安装	10套	0.1
2	2-265	嵌入式按钮箱、动力配电箱安装	台	3	20	2-849	1kV以下交流供电送配电装置系统调试	系统	1
3	2-266	悬挂、嵌入式动力配电箱安装	台	2	21	2-885	独立接地装置调试	组	1
4	2-299	按钮安装	个	30	22	2-930	低压交流笼型异步电动机调试	台	15
5	2-317	盘柜配线	10m	9.5	23	2-963	电动机连锁装置调试	组	2
6	2-331	焊铜接线端子	10个	1.8	24	2-1008	砖、混凝土结构钢管暗配	100m	1.60
7	2-438	交流电动机检查接线	台	13	25	2-1010	砖、混凝土结构钢管暗配	100m	0.07
8	2-439	交流电动机检查接线	台	2	26	2-1011	砖、混凝土结构钢管暗配	100m	0.29
9	2-521	电缆沟挖填	m^3	17.33	27	2-1155	金属软管敷设	10m	1.88
10	2-529	电缆沟铺砂、盖砖	100m	0.39	28	2-1196	动力线路管内穿线	100m单线	6.05
11	2-1011	砖、混凝土结构暗配	100m	0.05	29	2-1198	动力线路管内穿线	100m单线	6.79
12	2-618	铜芯电力电缆敷设	100m	0.50	30	2-1200	动力线路管内穿线	100m单线	0.36
13	2-626	户内干包式电力电缆终端头制作安装	个	1	31	2-1201	动力线路管内穿线	100m单线	1.19
14	2-648	户外热缩式电力电缆终端头制作安装	个	1					
15	2-688	接地极制作安装	根	3					
16	2-697	户外接地母线敷设	10m	1.61					
17	2-701	接地跨接线安装	10处	0.3					
18	黑9-60	接地端子测试箱安装	10套	0.1					

定额直接费计算表

表 6-31

工程名称：

顺序号	定额编号	分项工程名称	工程量		价值/元		其中					
			定额单位	数量	定额单价	金额	人工费		材料费		机械费	
							单价	金额	单价	金额	单价	金额
1	2-263	嵌入式按钮箱安装	台	2	58.43	116.86	34.32	68.64	24.11	48.22		
2	2-265	嵌入式按钮箱、动力配电箱安装	台	3	83.02	249.06	52.62	157.86	30.40	91.20		
3	2-266	悬挂式、嵌入式动力配电箱安装	台	2	102.85	205.70	64.06	128.12	27.04	54.08	11.75	23.50
4	2-299	按钮安装	个	18	15.65	281.70	6.86	123.48	7.62	137.16	1.17	21.06
5	2-317	盘柜配线	10m	9.5	21.59	205.10	11.44	108.68	10.15	96.42		
		BV - 1mm^2	m	96.71	0.35	33.85			0.35	33.85		
6	2-331	焊铜接线端子	10 个	1.8	51.40	92.52	6.86	12.35	44.54	80.17		
		扣减 16mm^2 与 10mm^2 差价	个	18.27	-0.24	-4.38			-0.24	-4.38		
7	2-438	交流电动机检查接线	台	13	58.92	765.96	30.66	398.58	16.25	211.25	12.01	156.13
8	2-439	交流电动机检查接线	台	2	103.63	207.26	58.57	117.14	29.53	59.06	15.53	31.06
9	2-251	电缆沟挖填	m^3	17.33	11.90	206.23	11.90	206.23				
10	2-529	电缆沟铺砂、盖砖	100m	0.39	739.66	288.47	143.00	55.77	596.66	232.70		
11	2-1011	砖、混凝土结构暗配	100m	0.34	346.23	117.72	212.56	72.27	74.48	25.32	59.19	20.13
		SC32	kg	109.61	2.66	291.56			2.66	291.56		
		页计				3 057.61		1 449.12		1 356.61		251.88

工程名称：

续表

顺序号	定额编号	分项工程名称	工程量		价值/元		其中					
			定额单位	数量	定额单价	金额	人工费		材料费		机械费	
							单价	金额	单价	金额	单价	金额
12	2-618	铜芯电力电缆敷设	100m	0.50	259.82	129.91	160.85	80.43	92.78	46.39	6.19	3.09
		VV－1kV 3×10＋1×6	m	50.73	15.81	802.04			15.81	802.04		
13	2-626	户内干包式电力电缆终端头制作安装	个	1	57.74	57.74	12.58	12.58	45.16	45.16		
14	2-648	户外热缩式电力电缆终端头制作安装	个	1	103.99	103.99	59.49	59.49	44.50	44.50		
15	2-688	接地极制作安装	根	3	48.22	144.66	14.19	42.57	2.32	6.96	31.71	95.13
		SC50 镀锌钢管	kg	37.70	2.64	99.53			2.64	99.53		
16	2-697	户外接地母线敷设	10m	1.61	75.63	121.76	69.78	112.35	1.15	1.85	4.70	7.56
		40×4 镀锌扁钢	kg	21.30	2.43	51.76			2.43	51.76		
17	2-701	接地跨接线安装	10处	0.3	79.23	23.77	25.40	7.62	30.34	9.10	23.49	7.05
18	黑2-60	接地端子测试箱安装	10套	0.1	20.18	2.02	19.45	1.95	0.73	0.07		
		接地端子测试箱	套	1	35.99	35.99			35.99	35.99		
19	2-747	断接卡子制作安装	10套	0.1	118.66	11.87	82.37	8.24	36.14	3.61	0.15	0.02
20	2-849	1kV以下交流供电送配电装置系统调试	系统	1	283.28	283.28	228.80	228.80	4.64	4.64	49.84	49.84
		页　计				1 868.32		554.03		1 151.60		162.69

工程名称：　　　　　　　　　　　　　　　　　　　　　　　　续表

顺序号	定额编号	分项工程名称	工程量		价值/元		其中					
			定额单位	数量	定额单价	金额	人工费		材料费		机械费	
							单价	金额	单价	金额	单价	金额
21	2-855	独立接地装置调试	组	1	123.62	123.62	91.52	91.52	1.86	1.86	30.24	30.24
22	2-930	低压交流笼型异步电动机调试	台	15	269.68	4 045.20	183.04	2 745.60	3.72	55.80	82.92	1 243.80
23	2-963	电动机连锁装置调试	组	2	135.52	271.04	91.52	183.04	1.86	3.72	42.14	84.28
24	2-1008	砖、混凝土结构钢管暗配	100m	1.60	228.20	365.12	154.44	247.10	32.65	52.24	41.11	65.78
		SC15	kg	207.65	2.69	558.58			2.69	558.58		
25	2-1010	砖、混凝土结构钢管暗配	100m	0.07	317.08	22.19	199.74	13.98	58.15	4.07	59.19	4.14
		SC25	kg	17.45	2.66	46.42			2.66	46.42		
26	2-1155	金属软管敷设	10m	1.88	50.30	94.56	32.49	61.08	17.81	33.48		
		CP15	m	19.36	2.29	44.33			2.29	44.33		
27	2-1196	动力线路管内穿线	100m单线	6.05	23.75	143.69	15.56	94.14	8.19	49.55		
		BV - 1mm²	m	635.25	0.35	222.34			0.35	222.34		
28	2-1198	动力线路管内穿线	100m单线	6.79	24.72	167.85	16.02	108.78	8.70	59.07		
		BV - 2.5mm²	m	712.95	0.72	513.32			0.72	513.32		
29	2-1200	动力线路管内穿线	100m单线	0.36	28.61	10.30	18.30	6.59	10.31	3.71		
		BV - 6mm²	m	24.78	1.72	42.62			1.72	42.62		
		页　　计				6 671.18		3 551.83		1 691.11		1 428.24
		BX - 6mm²	m	13.02	2.58	33.59			2.58	33.59		
30	2-1201	动力线路管内穿线	100m单线	1.19	33.81	40.23	21.74	25.87	12.07	14.36		
		BV - 10mm²	m	78.33	3.12	244.39			3.12	244.39		
		BX - 10mm²	m	39.06	4.14	161.71			4.14	161.71		
		页　　计				479.92		25.87		454.05		
		合　　计				12 077.03		5 580.85		4 653.37		1 842.81
		脚手架搭拆费	系数	4%	5 580.85	223.23	223.23 ×25%	55.81	223.23 ×75%	167.42		
		总　　计				12 300.26		5 636.66		4 820.79		1 842.81

五、消防安装工程施工图预算编制实例

从某市某综合楼工程为例，介绍电气消防安装工程施工图预算。本工程电气消防施工图纸共11张，地下一层，地上22层（其中包括出屋面机房消防平面图），共23层，总建筑面积20336m²，本例受篇幅所限，仅以首层~12层为例说明消防预算的编制方法。

（一）施工图与设计说明

1. 施工图

本例使用的施工图纸为：图例符号见表6-32；火灾自动报警及消防控制系统图如图6-9所示；一层消防平面图如图6-10所示；三~十二层消防平面图如图6-11所示。

2. 设计说明及图例符号

图例符号 **表6-32**

序号	图例	符号	名称	型号	安装高度（m）
1		FJX	消防系统接线箱	箱内端子数见系统图	底边距地 1.5
2		（系统）	总线短路隔离器	ZA6152	吸顶
3	D	D（平面）	总线短路隔离器	ZA6152	吸顶
4			离子感烟探测器	ZA6011	吸顶
5			多态感温探测器	ZA6031	吸顶
6		SA	手动报警按钮	ZA6121B	中心距地 1.5
7			消火栓箱内控制按钮	ZA6122B	中心距地 1.9
8	C	C	控制模块	ZA6211	中心距顶棚 0.5
9	M	M	输入模块	ZA6132	中心距顶棚 0.5
10			固定式对讲电话	ZA5712	中心距地 0.4
11			火警电话插孔	ZA2714	中心距地 1.5
12			声光报警器	ZA2112	中心距顶棚 0.5
13			紧急广播扬声器	ZA2724 3W	（吸顶）中心距顶棚 0.5
14			强电切换盒	ZA2224	
15			水流指示器	消防水系统元件	棚下安装 0.5
16			安全信号阀	消防水系统元件	棚下安装
17		SF PY	正压送风阀 排烟阀		安装高度见风施
18		YL	压力开关		
19			消防排烟系统防火阀		安装高度见风施
20			正压送风系统防火阀		安装高度见风施
21		AEL	事故照明箱		底边距地 1.5
22		AEP	消防动力配电箱		底边距地 1.5
23			消防电梯自带控制装置		落地安装
24					
25					

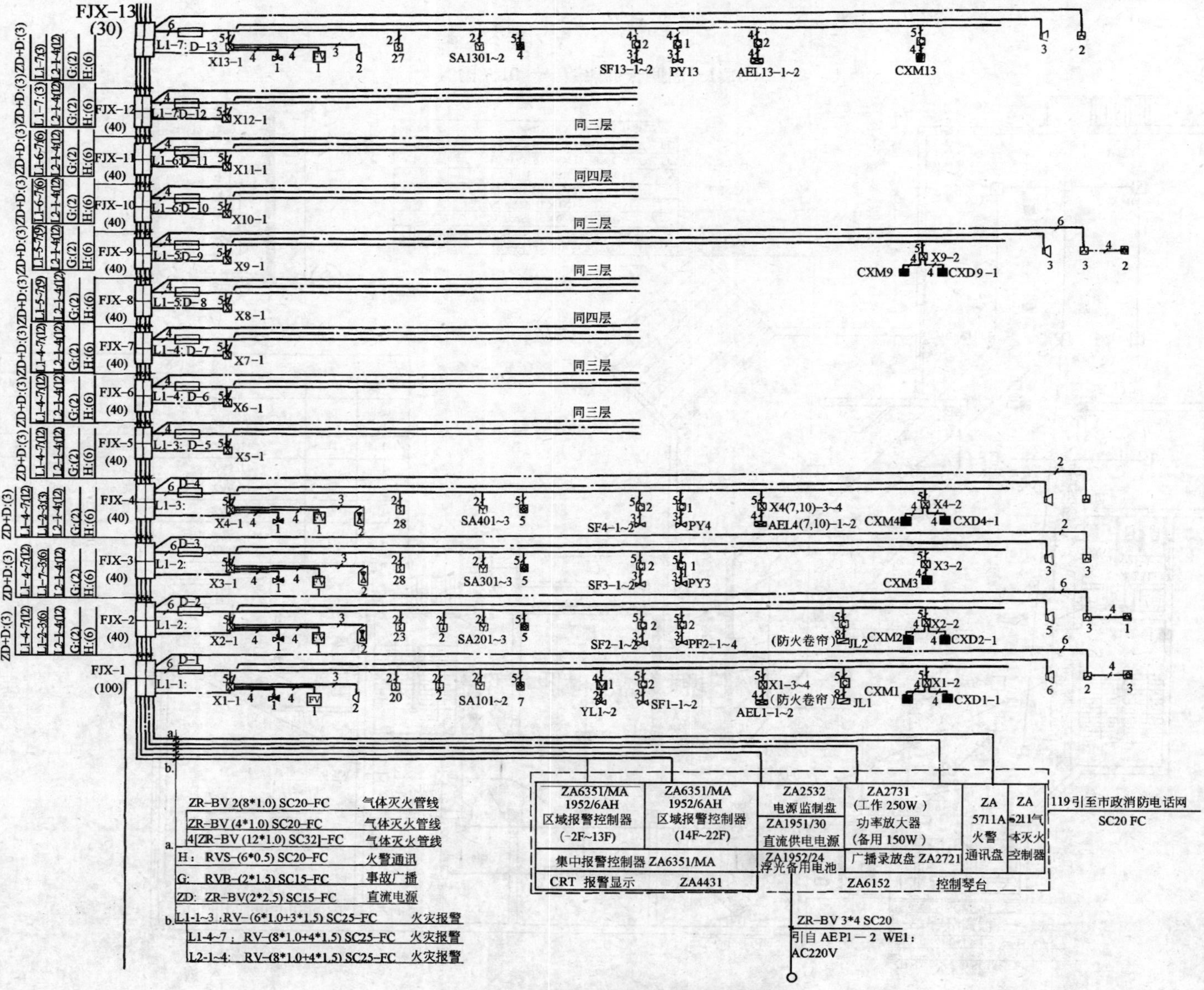

图 6-9　火灾自动报警及消防控制系统图

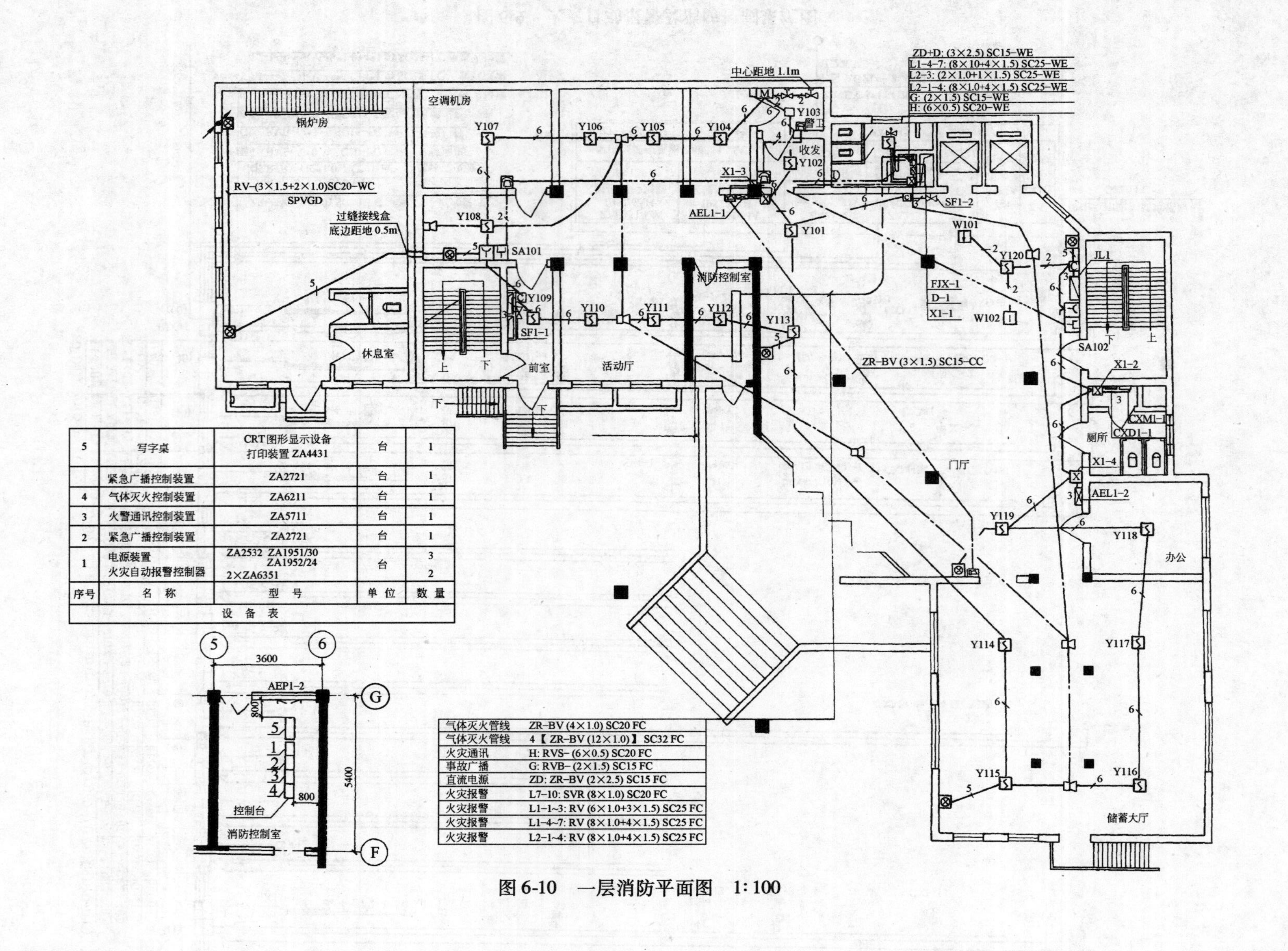

序号	名　称	型　号	单 位	数 量
5	写字桌	CRT图形显示设备 打印装置 ZA4431	台	1
	紧急广播控制装置	ZA2721	台	1
4	气体灭火控制装置	ZA6211	台	1
3	火警通讯控制装置	ZA5711	台	1
2	紧急广播控制装置	ZA2721	台	1
1	电源装置 火灾自动报警控制器	ZA2532 ZA1951/30 ZA1952/24 2×ZA6351	台	3 2
设　备　表				

气体灭火管线	ZR-BV (4×1.0) SC20 FC
气体灭火管线	4【ZR-BV (12×1.0)】SC32 FC
火灾通讯	H: RVS- (6×0.5) SC20 FC
事故广播	G: RVB- (2×1.5) SC15 FC
直流电源	ZD: ZR-BV (2×2.5) SC15 FC
火灾报警	L7-10: SVR (8×1.0) SC20 FC
火灾报警	L1-1~3: RV (6×1.0+3×1.5) SC25 FC
火灾报警	L1-4~7: RV (8×1.0+4×1.5) SC25 FC
火灾报警	L2-1~4: RV (8×1.0+4×1.5) SC25 FC

图 6-10　一层消防平面图　1:100

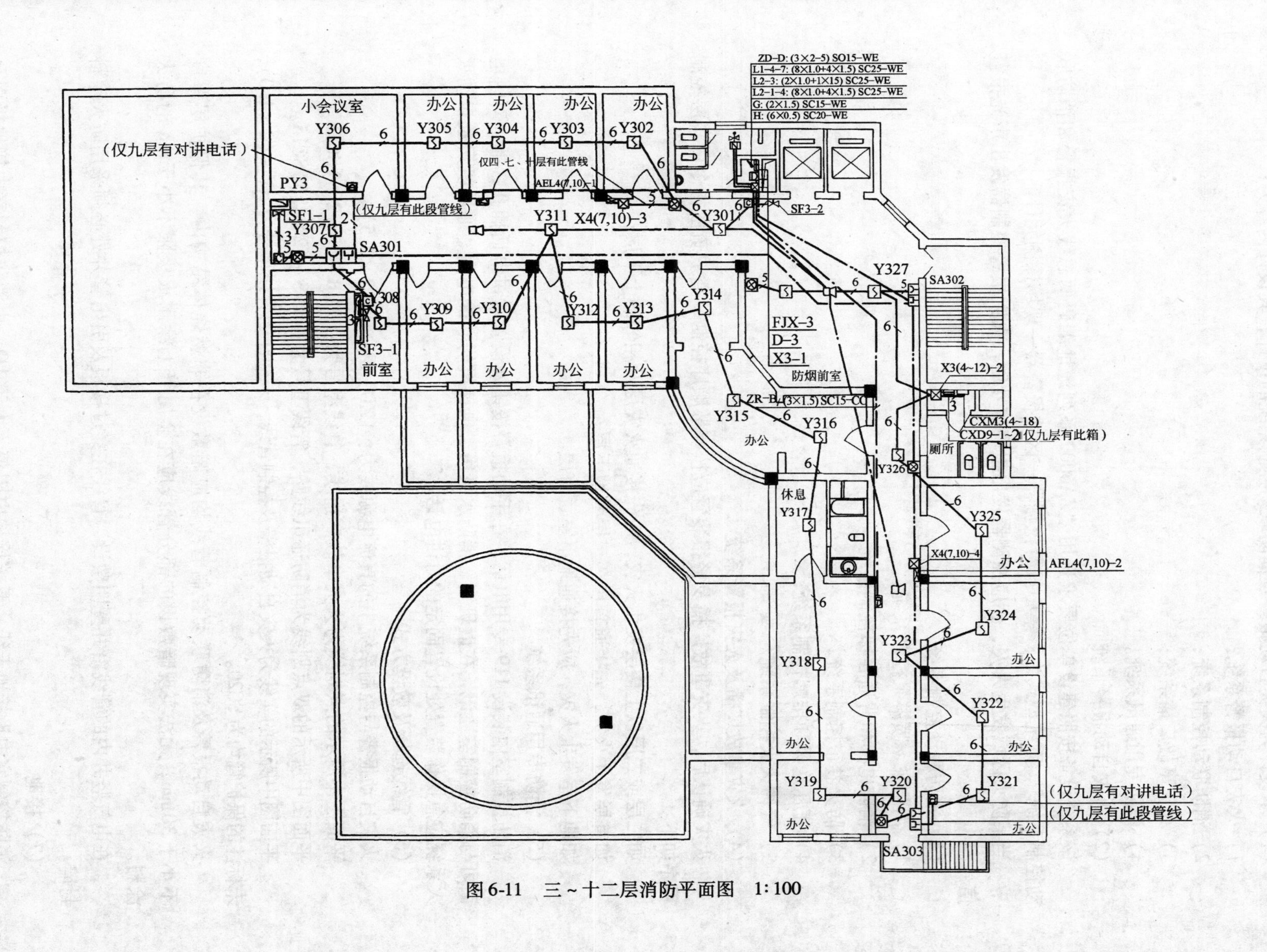

图 6-11　三～十二层消防平面图　1:100

（1）本设计为火灾自动报警及消防联动控制系统的设计，其设计内容为：

1）火灾自动报警系统；

2）消防联动控制系统；

3）火灾事故广播系统；

4）消防专用通讯系统。

（2）火灾自动报警系统

该系统设备按照建设单位要求选用“ZA6000 系列地址编码两总线火灾报警和消防联动控制系统”，系统型式为：集中报警挖掘器—区域报警器—现场探测元件。

当某防火区域发生火灾，相应探测器发出报警信号后，火灾报警控制器发出声光报警信号。

（3）消防联动控制系统

1）消防泵、喷淋泵控制系统；

2）消防电梯和普通客梯控制系统；

3）防火卷帘控制系统；

4）正压送风和排烟控制系统；

5）气体灭火控制系统。

（4）火灾事故广播及火灾报警系统

火灾确认后，火灾事故广播及警报装置应按疏散顺序控制，播放疏散指令的楼层控制程序如下：

如二层或二层以上楼层发生火灾，应先接通火灾层及相邻的上下层；

如首层发生火灾，先接通首层、二层及地下层；

如地下室发生火灾，应先接通地下室、首层。

（5）消防专用通讯系统

消防控制室内装设 119 专用电话，在手动报警按钮处设置对讲电话插孔，插上对讲电话可与消防控制室通讯，在值班室、消防水泵房、电梯机房、配电室、通风机房及自动灭火系统应急操作装置处设置固定的对讲电话。

（6）管线选择及敷设方式

火灾自动报警与控制系统中的直流电源线为：(ZD)ZR－BV(2×2.5)。

平面图中所示的点划线为火灾事故广播线，管线型号为：RVB－(2×2.5)SC15。

平面图中所示的双点划线为消防通讯线路，管线型号为：RVS－(2×1.5)SC15。

平面图中所示的实线为火灾自动报警及控制管线，未标注的管线型号为 RV－(2×1.0)，未标注的保护管均为 SC20。

火灾自动报警及消防联动控制管线均应暗敷设在非燃烧体结构内，其保护层厚度不小于 30mm，无法实现暗敷设的部分管线应在金属管上涂耐火极限不小于 1h 的防火涂料。

在电气竖井内的管线沿井壁明敷设，管线在穿过楼板及引出管井处必须采用防火涂料封墙。

（7）接地

消防控制室内设接地干线，要求接地电阻值不大于 1Ω，由消防控制室内接地极引至各消防设备的接地线选用截面为4mm^2 的铜芯绝缘软线。

（8）其他

火灾确认后，在管井插接箱处切断正常照明电源，同时投入火灾事故照明和疏散指示照明，普通电梯电源的切断需待普通电梯强降首层后并接到反馈信号后才能进行，其他非消防电力电源亦应切断。

探测器的设置要求：

探测器至梁边及墙壁的距离不应小于0.5m；

探测器与照明灯具的水平净距不应小于0.2m；

探测器与自动喷水灭火喷头的净距不小于0.3m。

（9）火灾报警及控制系统元件接线如表6-33所示。

（10）模块箱一览表如表6-34所示。

火灾报警元件接线　　表6-33

控制总线 / 元件名称	S	P	V	G	E	D
总线短路隔离器	√	√	√	√		
离子感烟探测器	√	√				
多态感温探测器	√	√				
手动报警按钮	√	√				
消火栓箱控制按钮	√	√	√	√		√
控制模块	√	√	√	√	√	
输入模块	√	√				

模块箱一览表　　表6-34

图例符号	箱内模块型式	外形尺寸	安装方式	安装高度（m）	备注
☒ 3-2	1C+1×2224	350×350×100	W	箱顶距棚0.3	未表示的同☒ 3-2
☒ 22-5	2C+2×2224	600×400×100	W	箱顶距棚0.3	
☒ 22-1	6C+3M	600×400×100	W	箱顶距棚0.3	
☒ 22-4	2C+1M	350×350×100	W	箱顶距棚0.3	
☒ 22-3	2C+1M	350×350×100	W	箱顶距棚0.3	
☒ 22-2	2C+1M	350×350×100	W	箱顶距棚0.3	
☒ 19-2	3C+2×2224	500×400×100	W	箱顶距棚0.3	
☒ 15-2	4C+4×2224	600×400×100	W	箱顶距棚0.3	
☒ 1-2	2C+2×2224	350×350×100	W	箱顶距棚0.3	☒ 2(9)-2同此箱
☒ 01-3	6C+6×2224	600×600×100	W	箱顶距棚0.3	
☒ 01-2	12C+12×2224	700×850×100	W	箱顶距棚0.3	
☒ 01-1	2C+2M	350×350×100	W	箱顶距棚0.3	☒ 1-21同此箱

（二）划分和排列分项工程项目

1. 控制屏安装
2. 配电屏安装
3. 集中控制台安装
4. 按钮安装
5. 一般铁构件制作
6. 一般铁构件安装
7. 砖、混凝土结构钢管明配
8. 砖、混凝土结构钢管暗配
9. 管内穿线
10. 接线箱安装
11. 接线盒安装
12. 消防分机安装
13. 消防电话插孔安装
14. 功率放大器安装
15. 功率放大器安装
16. 录放盘安装
17. 吸顶式扬声器安装
18. 壁挂式扬声器安装
19. 正压送风阀检查接线
20. 排烟阀检查接线
21. 防火阀检查接线
22. 感烟探测器安装
23. 感温探测器安装
24. 报警控制器安装
25. 报警联动一体机安装
26. 压力开关安装
27. 水流指示器安装
28. 声光报警器安装
29. 控制模块安装
30. 自动报警系统装置调试
31. 广播扬声器、消防分机及插孔调试
32. 水灭火系统控制装置调试
33. 正压送风阀、排烟阀、防火阀调试
34. 刷第一遍防火漆
35. 刷第二遍防火漆

（三）工程量计算

1. 控制屏安装

控制屏安装以“台”为单位计算。本例采用 ZA5711 火警通讯控制装置，工程量 1

台；采用ZA6122气体灭火控制装置，工程量1台。

2. 配电屏安装

配电屏安装以"台"为单位计算。本例采用ZA2532电源监控盘，ZA1951/30直流供电单元，ZA1952/24浮充备用电池电源装置，工程量3台。

3. 集中控制台安装

集中控制台安装以"台"为单位计算。本例采用ZA6152控制琴台，工程量1台。

4. 按钮安装

按钮安装以"个"为单位计算。本例采用ZA6122B消火栓控制按钮，安装在消火栓箱内，工程量62个；采用ZA6121B手动报警按钮，工程量35套。

5. 一般铁构件制作

电气管井内钢管明敷设，用角钢支架固定。本例采用63×6等边角钢做⊔支架固定钢管，每层两个支架，1~12层24个支架，每个支架用料1.6m，工程量38.4m。

6. 一般铁构件安装

工程量同上。

7. 砖、混凝土结构钢管明配

查土建图已知，一层层高为5.3m，其余二~十二层层高为3.5m。

电气管井内钢管工程量如下：

①H：RVS-(6×0.5)SC20　　1~12层

SC20=[5.3(层高)-0.44(接线箱高)+0.2(管进上下箱预留长度)]×[2(层数)-1]+[3.5(层高)-0.4(接线箱高)+0.2(管进上下箱预留长度)]×[11(层数)-1]=38.06(m)

②G：RVB-(2×1.5)SC15　　1~12层

计算式如上。

SC15=38.06(m)

③L2-1~4：RV(8×1.0+4×1.5)SC25

SC25=[5.3(层高)+0.1(进箱预留)]×[2(层数)-1]+3.5(层高)×[11(层数)-1]=40.4(m)

④L1-2~3：RV-(4×1.0+2×1.5)SC25

SC25=[5.3(层高)-0.44(接线箱高)+0.2(管进箱上下预留)]×[2(层数)-1]+[(3.5(层高)-0.4(接线箱高)+0.2(管进箱上下预留)]×[(2(层数)-1)]=8.36(m)

⑤L1-3：RV(2×1.0+1×1.5)SC25

SC25=[3.5(层高)-0.4(接线箱高)+0.2(管进箱上下预留)]×[3(层数)-1]=6.6(m)

⑥L1-4~7：RV(8×1.0+4×1.5)SC25

SC25=[5.3(层高)-0.44(接线箱高)+0.1(管进箱预留))×[2(层数)-1]+3.5(层高)×[6(层数)-1]=22.46(m)

⑦L1-5~7：RV(6×1.0+3×1.5)SC25

SC25=[3.5(层高)-0.4(接线箱高)+0.2(管进箱上下预留)]×[3(层数)-1]=6.6(m)

⑧L1-6~7：RV(4×1.0+2×1.5)SC25

计算式如上。

SC25 = 6.6(m)

⑨L1 ~ 7：RV(2 × 1.0 + 1 × 1.5)SC25

SC25 = [3.5(层高) - 0.4(接线箱高) + 0.2(管进箱上下预留)] × [2(层数) - 1] = 3.3(m)

⑩DZ + D：ZR - BV(3 × 2.5)SC15

SC15 = [5.3(层高) - 0.44(接线箱高) + 0.2(管进箱上下预留)] × [2(层数) - 1] + [3.5(层高) - 0.4(接线箱高) + 0.2(管进箱上下预留)] × [11(层数) - 1] = 38.06(m)

8. 砖混凝土结构钢管暗配

钢管以"m"为单位计算，本例钢管暗配工程量如下：

(1) 一层火灾报警线路水平工程量

①感烟探测器回路

RV - (4 × 1.0 + 2 × 1.5)SC20

(FJX - 1)→D - 1→Y101→Y102→Y103→Y104→Y105→Y106→Y107→Y108→Y109→(X1 - 4)→SA102→控制模块

SC20 = 1.6 + 5 + 1.4 + 3.6 + 2.6 + 1.2 + 3 + 3.5 + 3.5 + 4.6 + 3.6 + 3.8 + 2.6 + 3.5 + 3.4 + 3.4 + 12.6 + 7.4 + 6.6 + 6.4 + 4 + 6.5 + 4 + 6.2 + 3.6 = 107.6(m)

②消火栓控制按钮回路

RV - (3 × 1.5 + 2 × 1.0)SC20

SA101→消火栓按钮→锅炉房消火栓按钮

SC20 = 2 + 7.6 + 9.4 = 19(m)

Y119→消火栓按钮

SC20 = 2.6m

Y115→消火栓按钮

SC20 = 3m

Y113→消火栓按钮

SC20 = 2m

控制模块→消火栓按钮

SC20 = 1.2m

③感温探测器回路

RV - (2 × 1.0)SC20

控制模块→Y120→W101→W102

SC20 = 3 + 1.4 + 1.2 = 5.6(m)

④X1 - 1→水流指示器回路

RV - (4 × 1.0)SC20

SC20 = 2.2(m)

⑤X1 - 1→安全信号阀回路

RV - (4 × 1.0)SC20

SC20 = 2.8(m)

⑥X1 -2→CXD1 -1 回路

RV -(4 ×1.0)SC20

SC20 =0.4m

⑦X1 -2→CXM1 回路

RV -(4 ×1.0)SC20

SC20 =0.8(m)

⑧X1 -3→AEL1 -1 回路

RV -(3 ×1.0)SC20

SC20 =1.2(m)

⑨X1 -4→AEL1 -2 回路

RV -(4 ×1.0)SC20

SC20 =0.6(m)

⑩控制模块→JL1 回路

RV -(8 ×1.0)SC20

SC20 =0.6(m)

⑪控制模块→SF1 -1 回路

RV -(3 × 1.0)SC20

SC20 =1(m)

⑫控制模块→SF1 -2 回路

RV -(3 ×1.0)SC20

SC20 =1.2(m)

⑬输入模块→压力开关回路

RV -(2 ×1.0)SC20

SC20 =2.2(m)

⑭X1 -1→声光报警器回路

ZR -BV(3 ×1.5)SC15

SC15 =8.2 +18 =26.2(m)

(2) 一层消防通讯线路水平工程量

RVS -(2 ×0.5)SC15

SC15 =2.5 +15.5 =18(m)

RVS -(6 ×0.5)SC15

SC15 =21.5 +1.5 =23(m)

(3) 一层事故广播线路水平工程量

RVB -(2 ×1.5)SC15

SC15 =11 +7.5 +12.5 +12 +7.5 +15 +6.5 +2.5 =74.5(m)

(4) 一层 FJX -1→消防控制室线路水平工程量

①火灾报警

L1 -1 ~3：RV -(6 ×1.0 +3 ×1.5)SC25

SC25 =16.5(m)

L1 - 4 ~ 7：RV -（8 ×1.0 +4 ×1.5）SC25

SC25 =16.5（m）

12 - 1 ~ 4：RV -（8 ×1.0 +4 ×1.5）SC25

SC25 =16.5（m）

②事故广播

G：RVB -（2 ×1.5）SC15

SC15 =17（m）

③火警通讯

H：RVS -（6 ×0.5）SC20

SC20 =17.5（m）

④气体灭火

ZR - BV2（8 ×1.0）SC20

SC20 =18（m）

ZR - BV（4 ×1.0）SC20

SC20 =18（m）

4[ZR - BV（12 ×1.0）SC32]

SC32 =18 ×4 =72（m）

⑤直流电源

ZD：ZR - BV（2 ×2.5）SC15

SC15 =16.5（m）

（5）一层消防控制室至墙外 119 电话预埋管工程量

SC20 =6（水平长度）+1（埋深）+0.1（引出地面）=7.1（m）

（6）一层火灾报警线路垂直工程量

接线箱：FJX - 1（100）　0.32（宽）×0.44（高）

RV -（4 ×1.0 +2 ×1.5）SC20（消防报警回路）

SC20 =[5.3（层高）-1.5（接线箱底边距地高度）-0.44（接线箱高）] ×1（立管数量）=3.36（m）

RVB -（2 ×1.5）SC15（事故广播回路）

SC15 =（5.3 -1.5 -0.44）×1 =3.36（m）

ZR - BV（3 ×1.5）SC15（声光报警回路）

SC15 =（5.3 -1.5 -0.44）×1 =3.36（m）

控制模块

计算式：（中心距顶棚高度 + 棚内预留长度）× 立管数量

RV -（8 ×1.0）SC20　SC20 =（0.5 +0.1）×1 =0.6（m）

RV -（2 ×1.0）SC20　SC20 =（0.5 +0.1）×1 =0.6（m）

RV -（4 ×1.0 +2 ×1.5）SC25　SC25 =（0.5 +0.1）×1 =0.6（m）

RV -（3 ×1.5 +2 ×1.0）SC20　SC20 =（0.5 +0.1）×1 =0.6（m）

RV -（3 ×1.0）SC20　SC20 =（0.5 +0.1）×2 =1.2（m）

输入模块（计算方法同上）

RV－(4×1.0＋2×1.5)SC20　SC20＝(0.5＋0.1)×2＝1.2(m)

手动报警按钮

RV－(2×1.0)SC20

SC20＝[5.3(层高)－1.5(手动报警中心距地高度)－0.2(楼板厚度)－0.3(接线盒中心距顶棚高度)]×2(立管数量)＝6.6(m)

消火栓报警按钮

RV－(3×1.5＋2×1.0)SC20

SC20＝[5.3(层高)－1.9(消火栓报警按钮中心距地高度)－0.1(楼板厚度/2)]×9(立管数量)＝29.7(m)

过缝接线盒　RV－(3×1.5＋2×1.0)SC20

SC20＝[5.3(层高)－0.1(楼板厚度/2)－0.55(接线盒中心距地高度)]×2(立管数量)＝9.3(m)

(7) 一层事故广播线路

广播扬声器 (壁装)

RVB－(2×1.5)SC15

SC15＝[0.5(中心距顶棚高度)＋0.1(楼板厚度/2)]×1(立管数最)＝0.6(m)

(8) 一层消防通讯线路

固定电话：RVS－(6×0.5)SC20

SC20＝[0.4(中心距地高度)＋0.1(楼板厚度/2)]×7(立管数量)＝3.5(m)

火警电话插孔：RVS－(2×0.5)SC20

计算方法同上。SC20＝(1.5＋0.1)×2＝3.2(m)

(9) 一层 FJX－1 (接线箱) 至消防控制室线路垂直工程量

接线箱处立管长度：

计算式：(埋入楼板内长度＋接线箱底边距地高度＋进箱预留长度)×立管数景

气体灭火：SC20＝0.1＋1.5＋0.1＝1.7(m)

气体灭火：SC32＝(0.1＋1.5＋0.1)×4＝6.8(m)

火警通讯：H：SC20＝0.1＋1.5＋0.1＝1.7(m)

事故广播：G：SC15＝0.1＋1.5＋0.1＝1.7(m)

直流电源：ZD：SC15＝0.1＋1.5＋0.1＝1.7(m)

气体灭火：SC20＝0.1＋1.5＋0.1＝1.7(m)

火灾报警：L1－1～3：SC25＝0.1＋1.5＋0.1＝1.7(m)

火灾报警：L1－4～7：SC25＝0.1＋1.5＋0.1＝1.7(m)

火灾报警：L2－1～4：SC25＝0.1＋1.5＋0.1＝1.7(m)

消防控制室内引上长度：

管长＝(埋入楼板内长度＋引出地面长度)×数量

气体灭火：SC20＝0.1＋0.1＝0.2(m)

气体灭火：SC32＝(0.1＋0.1)×4＝0.8(m)

火警通讯：H：SC20＝0.1＋0.1＝0.2(m)

事故广播：G：SC15＝0.1＋0.1＝0.2(m)

直流电源：ZD：SC15 =0.1 +0.1 =0.2(m)

气体灭火：SC20 =0.1 +0.1 =0.2(m)

火灾报警：L1 -1 ~3：SC25 =0.1 +0.1 =0.2(m)

火灾报警：L1 -4 ~7：SC25 =0.1 +0.1 =0.2(m)

火灾报警：L2 -1 ~4：SC25 =0.1 +0.1 =0.2(m)

(10) 一层模块箱等处立管长度

X1 -2→CXM1、CXD1 -1

SC20 =(层高 - 楼板厚度 - 模块箱顶面距棚高度 - 模块箱高度 + 管进箱预留长度 - 照明(动力)箱底边距地高度 - 箱高 + 管进箱预留长度) ×数量 =(5.3 -0.2 -0.3 -0.35 +0.1 -1.5 -0.5 +0.1) ×2 =5.3(m)

X1 -3→AEL1 -1(计算方法同上)

SC20 =2.65(m)

X1 -4→AEL1 -2(计算方法同上)

SC20 =2.65(m)

X1 -1→声光报警器

SC20 =(模块箱顶面距棚高度 + 棚内预留长度) +(声光报警器中心距顶棚高度 + 棚内预留长度) ×声光报警器立管数量 =(0.3 +0.1) +(0.5 +0.1) ×3 =2.2(m)

X1 -1→水流指示器(计算方法同上)

SC20 =(0.3 +0.1) +(0.5 +0.1) ×1 =1(m)

X1 -1→安全信号阀(计算方法同上)

SC20 =(0.3 +0.1) +(0.8 +0.1) ×1 =1.3(m)

输入模块→压力开关

SC20 = 输入模块中心距地高度 + 楼板内预留长度 +(楼板内预留长度 + 压力开关中心距高度) ×压力开关立管数量 =(5.3 -0.2 -0.5) +0.1 +(0.1 +1.1) ×3 =8.3(m)

RV -(3 ×1.0)CP20

控制模块→SF1 -1　CP20 =1m

RV -(3 ×1.0)CP20

控制模块→SF1 -2　CP20 =1.6m

控制模块→JL1　RV -(8 ×1.0)SC20

SC20 =5.3(层高) -0.2(楼板厚度) -0.5(控制模块中心距棚高度) -2(卷帘控制箱顶面距地高度) +0.1(管进控制箱内预留长度) =2.7(m)

金属软管

RV -(4 ×1.0 +2 ×1.5)CP20

CP20 =[0.8(吊棚高长) +0.2(预留长度)] ×22(探测器数量) =22(m)

RVB -(2 ×1.5)CP15

CP15 =[0.8(吊棚高度) +0.2(预留长度)] ×7(吸顶扬声器数量) =7(m)

9. 管内穿线

导线以“m”为单位计算。管内穿线工程量如下：

(1) 电气管井内钢管管内穿线

①消防通讯线路（H）

RVS－(2×0.5)＝[电源管立管长度＋(FJX－1 半周长)＋(FJX－2 半周长)＋2(箱半周长数量)×(FJX－2 半周长)×(层数－1)]×导线根数＝[38.06＋(0.32＋0.44)＋(0.25＋0.4)＋2×(0.25＋0.4)×(11－1)]×3＝157.41(m)

②火灾事故广播线路(G)　　1～12 层

计算式同上。

RVS－(2×1.5)＝[38.06＋(0.32＋0.44)＋(0.25＋0.4)＋2×(0.25＋0.4)×(11－1)]×1＝52.47(m)

③火灾自动报警及控制线路

L2－1～4

RV－1.0＝[40.4(钢管长度)＋0.76(FJX－1 半周长)]×8(导线根数)＝329.28(m)

RV－1.5＝[40.4＋0.76(FJX－1 半周长)]×4＝164.64(m)

L1－2～3

RV－1.0＝[8.36(钢管长度)＋(0.32＋0.44)(FJX－1 半周长)＋(0.25＋0.4)(EJX－2 半周长)×3(半周长数量)]×4(导线根数)＝44.28(m)

RV－1.5＝[8.36＋(0.32＋0.44)＋(0.25＋0.4)×3]×2＝22.14(m)

L1－3

RV－1.0＝{6.6(钢管长度)＋[3(层数)－1]×0.65(箱半周长)}×2(导线根数)＝15.8(m)

RV－1.5＝[6.6＋(3－1)×0.65]×1＝7.9(m)

L1－4～7

RV－1.0＝[22.46(钢管长度)＋0.76(FJX－1 半周长)＋0.65(FJX－2 半周长)×3(半周长数量)]×8(导线根数)＝201.36(m)

RV－1.5＝(22.46＋0.76＋0.65×3)×4＝100.68(m)

L1－5～7

RV－1.0＝[6.6(钢管长度)＋0.65(箱半周长)×4(半周长数量)]×6(导线根数)＝55.2(m)

RV－1.5＝(6.6＋0.65×4)×3＝27.6(m)

L1－6～7

RV－1.0＝[6.6(钢管长度)＋0.65(箱半周长)×4(半周长数量)]×4(导线根数)＝36.8(m)

RV－1.5＝(6.6＋0.65×4)×2＝18.4(m)

L1－7

RV－1.0＝[3.3(钢管长度)＋0.65(箱半周长)×2(半周长数量)]×2(导线根数)＝9.2(m)

RV－1.5＝(3.3＋0.65×2)×1＝4.6(m)

④ZD＋D

ZR－BR－2.5＝[38.06(钢管长度)＋0.76(FJX－1 半周长)＋0.65(FJX－2 半周长)＋2(箱半周长数量)×0.65(FJX－2 半周长)×(11－1)(层数－1)]×3(导线根数)＝157.41(m)

(2) 一层火灾报警线路管内穿线

①感烟探测器回路

RV－1.0＝［107.6（水平长度）＋3.36（接线箱立管长度）＋1.2（输入模块立管长度）＋0.6（控制模块立管长度）＋0.76（箱内预留长度）］×4（导线根数）＝454.08（m）

RV－1.5＝（107.6＋3.36＋1.2＋0.6＋0.76）×2＝227.04（m）

②消火栓控制按钮回路

RV－1.0＝［（19＋2.6＋3＋2＋1.2）（水平长度）＋29.7（垂直长度）＋0.6（控制模块处立管长度）＋9.3（过缝接线盒引上立管长度）］×2（导线根数）＝134.8（m）

RV－1.5＝［（19＋2.6＋3＋2＋1.2）＋29.7＋0.6＋9.3］×3＝202.2（m）

③感温探测器回路

RV－1.0＝［5.6（水平长度）＋0.6（控制模块处立管长度）］×2（导线根数）＝12.4（m）

④X1－1→水流指示器回路

RV－1.0＝［2.2（水平长度）＋1（垂直长度）＋0.7（接线箱预留长度）］×4（导线根数）＝15.6（m）

⑤X1－1→安全信号阀回路

RV－1.0＝［2.8（水平长度）＋1.3（垂直长度）＋0.7（接线箱预留长度）］×4（导线根数）＝19.2（m）

⑥X1－1→声光报警器回路

ZR－BV－1.5＝［26.2（水平长度）＋2.2（垂直长度）＋0.7（接线箱预留长度）］×3（导线根数）＝87.3（m）

⑦手动报警按钮回路

RV－1.0＝7.4（钢管垂直长度）×2（导线根数）＝14.8（m）

⑧X1－2→CXD1 回路

RV－1.0＝［0.4（水平长度）＋2.7（垂直长度）＋0.7（模块箱预留长度）＋1.2（CXD1 箱预留长度）］×4（导线根数）＝20（m）

⑨X1－2→CXM1 回路

RV－1.0＝［0.8＋2.7＋（0.7＋1.2）］×4＝21.6（m）

⑩X1－3→AEL1－1 回路

RV－1.0＝［1.2＋2.65＋（0.7＋1.2）］×3＝17.25（m）

⑪X1－4→AEL1－2 回路

RV－1.0＝［0.6＋2.65＋（0.7＋1.2）］×3＝15.45（m）

⑫控制模块→JL1 回路

RV－1.0＝［0.6（水平长度）＋0.6（控制模块处立管长度）＋2.7（垂直长度）＋1.2（JL1 箱预留长度）］×8（导线根数）＝40.8（m）

⑬控制模块→SF1－1 回路

RV－1.0＝［1（水平长度）＋0.6（垂直长度）＋1（金属软管长度）］×3（导线根数）＝7.8（m）

⑭控制模块→SF1－2 回路

RV－1.0＝（1.2＋0.6＋1.6）×3＝10.2（m）

⑮输入模块→压力开关回路

RV－1.0＝［2.2（水平长度）＋8.3（垂直长度）＋0.6（输入输块立管长度）］×2（导线根数）＝22.2（m）

（3）一层消防通讯线路

电话插孔

RVS－(2×0.5)＝[18(水平长度)＋3.2(垂直长度)]×1(导线根数)＝21.2(m)

电话

RVS－(2×0.5)＝(23＋3.5)×3＝79.5(m)

（4）一层事故广播线路

RVB－1.5＝[74.5(水平长度)＋(33.6＋0.6)(垂直长度)＋0.76(接线箱预留长度)]×2(导线根数)＝218.92(m)

（5）一层 FJX－1→消防控制室线路

RV－1.0＝[(16.5＋16.5)(水平长度)＋(1.7＋0.2＋1.7＋0.2)(垂直长度)＋0.76(接线箱预留长度)＋1.5(火灾报警装置半周长)]×8(导线根数)＋[16.5(水平长度)＋(1.7＋0.2)(垂直长度)＋0.76(接线箱预留长度)＋1.5(报警装置预留长度)]×6(导线根数)＝436.44(m)

RV－1.5＝[(16.5＋16.5＋16.5)＋(1.7＋0.2＋1.7＋0.2＋1.7＋0.2)＋0.76＋1.5]×4＋[16.5＋(1.7＋0.2)＋0.76＋1.5]×3＝291.82(m)

RVS－(6×0.5)＝[17.5(水平长度)＋(1.7＋0.2)(垂直长度)＋(0.76＋1.5)(预留长度)]×3(导线根数)＝64.98(m)

RVB－(2×1.5)＝[17(水平长度)＋(1.7＋0.2)(垂直长度)＋(0.76＋1.5)(预留长度)]×1(导线根数)＝21.16(m)

ZR－BV－1.0＝[18(水平长度)＋(1.7＋0.2)(垂直长度)＋(0.76＋1.5)(预留长度)]×16(导线根数)＋[18(水平长度)＋(1.7＋0.2)(垂直长度)＋(0.76＋1.5)(预留长度)]×4(导线根数)＋[72(水平长度)＋(6.8＋0.8)(垂直长度)＋(0.76＋1.5)(预留长度)]×12(导线根数)＝1425.52(m)

ZR－BV－2.5＝[16.5(水平长度)＋(1.7＋0.2)(垂直长度)＋(0.76＋1.5)(预留长度)]×2(导线根数)＝41.32(m)

（6）金属软管管内穿线

探测器

RV－1.0＝1(垂直长度)×22(探测器数量)×4(导线根数)＝88(m)

广播扬声器

RVB－(2×1.5)＝1(垂直长度)×6(吸顶扬声器数量)×1(导线根数)＝6(m)

以上一层消防平面图中水平和垂直管线计算完毕，三～十二层消防平面图中管线计算方法与一层相同，这里不再叙述，可作为课后练习。

10. 接线箱安装

接线箱安装以“个”为单位计算。本例采用的接线箱和模块箱共 44 个，其中消防系统接线箱 320mm×440mm×160mm 1 个，消防系统接线箱 250mm×400mm×160mm 11 个；模块箱 350mm×350mm×100mm 32 个。

11. 接线盒安装

接线盒安装以“个”为单位计算。本例采用的接线盒均暗装在棚内、墙内，工程量 608 个。其中 ZA1914/B1 模块预埋盒 39 个；ZA1914/S1 手动报警开关预埋盒 35 个；

86H60 预埋盒 1 个。

12. 消防分机安装

消防分机安装以“部”为单位计算。本例采用固定式火警对讲电话，工程量 6 部。

13. 消防电话插孔安装

消防电话插孔安装以“个”为单位计算。本例采用电话插孔 ZA2714，工程量 35 个。

14. 功率放大器安装

功率放大器安装以“台”为单位计算。本例采用 ZA2731 备用功率放大器，工程量 1 台。

15. 功率放大器安装

功率放大器安装以“台”为单位计算。本例采用 ZA2731 工作功率放大器，工程量 1 台。

16. 录放盘安装

录音机安装以“台”为单位计算。本例采用 ZA2721 广播录放盘，工程量 1 台。

17. 吸顶式扬声器安装

吸顶式扬声器安装以“只”为单位计算。本例采用 ZA2724、3W 吸顶式扬声器，工程量 40 只。

18. 壁挂式扬声器安装

壁挂式扬声器安装以“只”为单位计算。本例采用 ZA2725、3W 壁挂式扬声器，工程量 1 只。

19. 正压送风阀检查接线

正压送风阀检查接线以“个”为单位计算。本例正压送风阀工程量 24 个。

20. 排烟阀检查接线

排烟阀检查接线以“个”为单位计算。本例排烟阀工程量 14 个。

21. 防火阀检查接线

防火阀检查接线以“个”为单位计算。本例防火阀工程量 12 个。

22. 感烟探测器安装

感烟探测器安装以“只”为单位计算。本例感烟探测器采用 ZA6011，工程量 323 只。

23. 感温探测器安装

感温探测器安装以“只”为单位计算。本例感温探测器采用 ZA6031，工程量 4 只。

24. 报警控制器安装

报警控制器安装以“台”为单位计算。本例区域报警控制器采用 ZA6351MA/1016，工程量 2 台。

25. 报警联动一体机安装

报警联动一体机安装以“台”为单位计算。本例采用 ZA6351MA/254 集中报警控制器，工程量 1 台。

26. 压力开关安装

压力开关安装以“套”为单位计算。本例压力开关工程量 2 套。

27. 水流指示器安装

水流指示器安装执行隐藏式开关定额项目，以“套”为单位计算。本例水流指示器工程量 12 个。

28. 声光报警器安装

声光报警器安装以“只”为单位计算。本例采用 ZA2112 声光报警器，工程量 24 只。

29. 控制模块安装

控制模块安装以“只”为单位计算。输入模块、强电切换盒、总线短路隔离器、控制模块均执行控制模块安装定额项目。本例采用 ZA6132 输入模块，工程量 25 只，采用 ZA2224 强电切换盒，工程量 22 只，采用 ZA6152 总线短路隔离器，工程量 12 只，采用 ZA6211 控制模块，工程量 84 只，合计 143 只。

30. 自动报警系统装置调试

自动报警系统装置调试以“系统”为单位计算。本例自动报警系统装置调试为 1 个系统。

31. 广播扬声器、消防分机及插孔调试

广播扬声器、消防分机及插孔调试以“个”为单位计算。本例广播扬声器为 41 个，消防分机为 6 个，话机插孔 35 个，合计 82 个。

32. 水灭火系统控制装置调试

水灭火系统控制装置调试以“系统”为单位计算。本例水灭火系统控制装置调试为 1 个系统。

33. 正压送风阀、排烟阀、防火阀调试

正压送风阀、排烟阀、防火阀调试以“处”为单位计算。本例正压送风阀 24 处，排烟阀 14 处，防火阀 12 处，合计 50 处。

34. 管道刷漆

管道刷漆以“m^2”为单位计算。本例电气管井内钢管应刷耐火极限不小于 1h 的防火涂料，防火涂料刷两遍，工程量 31.84m^2。

35. 工程量计算表和工程量汇总表

本例中工程量计算表见表 6-35，工程量汇总表如表 6-36 所示。

（四）套用定额单价，计算定额直接费

1. 所用定额单价和材料预算价格

（1）本例所用定额为全国统一安装工程预算定额第二册、第七册、第十一册和黑龙江省建设工程预算定额（电气）。

（2）定额单价采用 2000 年黑龙江省建设工程预算定额哈尔滨市单价表。

（3）材料预算价格采用 2000 年哈尔滨市建设工程材料预算价格表。

2. 编制主要材料费计算表

本例主要材料费计算表见表 6-37。

3. 编制消防设备费用表

本例消防设备费用表见表 6-38。

4. 编制定额直接费计算表

对表中的有关问题说明如下：

（1）表中工程量的钢管、导线按一层消防平面图计算，电气管井中管线按 1 ~ 12 层计算，其他设备按 1 ~ 12 层计算。

（2）消防控制室没备按就地安装考虑。

（3）定额直接费计算表见表6-39。

（五）计算安装工程费用、汇总单位工程造价

消防安装工程取费方法与照明安装工程相同，本例省略。

工 程 量 计 算 表 **表6-35**

工程名称：消防安装工程

序号	工 程 名 称	计 算 式	单位	工程量
1	控制屏安装	ZA5711、ZA6211	台	2
2	配电屏安装	ZA2532、ZA1951/30、ZA1952/24	台	3
3	集中控制台安装	ZA6152	台	1
4	按钮安装	ZA6122 B 62个 ZA6121B 35个	个	97
5	一般钢构件制作	∟63×6	kg	275.00
6	一般钢构件安装	∟63×6	kg	275.00
7	砖、混凝土结构钢管明配			
	H	SC20 (5.3−0.44+0.2)×(2−1)+(3.5−0.4+0.2)×(11−1)	m	38.06
	G	SC15 (5.3−0.44+0.2)×(2−1+3.5−0.4+0.2)×(11−1)	m	38.06
	L2−1~4	SC25 (5.3+0.1)×(2−1)+3.5×(11−1)	m	40.40
	L1−2~3	SC25 (5.3−0.44+0.2)×(2−1)+(3.5−0.4+0.2)×(2−1)	m	8.36
	L1−3	SC25 (3.5−0.4+0.2)×(3−1)	m	6.60
	L1−4~7	SC25 (5.3−0.44+0.1)×(2−1)+3.5×(6−1)	m	22.46
	L1−5~7	SC25 (3.5−0.4+0.2)×(3−1)	m	6.60
	L1−6~7	SC25 (3.5−0.4+0.2)×(3−1)	m	6.60
	L1−7	SC25 (3.5−0.4+0.2)×(2−1)	m	3.30
	DZ+D	SC15 (5.3−0.44+0.2)×(2−1)+(3.5−0.4+0.2)×(11−1)	m	38.06
8	砖、混凝土结构钢管暗配			
(1)	一层火灾报警线路			
①	感烟探测器回路（水平）	SC20 1.6+5+1.4+3.6+2.6+1.2+3+3.5+3.5+4.6+3.6+3.8+2.6+3.5+3.4+3.4+12.6+7.4+6.6+6.4+4+6.5+4+6.2+3.6	m	107.60
②	一层消火栓控制按钮回路（水平）	SC20 2+7.6+9.4+2.6+3+2+1.2	m	27.80
③	感温探测器回路（水平）	SC20 3+1.4+1.2	m	5.60
④	X1−1→水流指示器回路（水平）	SC20 2.2	m	2.20
⑤	X1−1→安全信号阀回路（水平）	SC20 2.8	m	2.80
⑥	X1−2→CXD1−1 回路（水平）	SC20 0.4	m	0.40

工程名称：消防安装工程　　续表

序号	工　程　名　称	计　　算　　式	单位	工程量
⑦	X1－2→CXM1 回路（水平）	SC20 0.8	m	0.80
⑧	X1－3→AEL1－1 回路（水平）	SC20 1.2	m	1.20
⑨	X1－4→AEL1－2 回路（水平）	SC20 0.6	m	0.60
⑩	控制模块→JL1 回路（水平）	SC20 0.6	m	0.60
⑪	控制模块→SF1－1 回路（水平）	SC20 1	m	1
⑫	控制模块→SF1－2 回路（水平）	SC20 1.2	m	1.20
⑬	输入模块→压力开关回路（水平）	SC20 2.2	m	2.20
⑭	X1－1→声光报警器回路（水平）	SC15 26.2	m	26.20
(2)	一层消防通讯线路（水平）	SC15 18＋23	m	41
(3)	一层事故广播线路（水平）	SC15 11＋7.5＋12.5＋12＋7.5＋15＋6.5＋2.5	m	74.50
(4)	一层 FJX－1→消防控制室线路（水平）			
①	火灾报警			
	L1－1～3	SC25 16.5	m	16.50
	L1－4～7	SC25 16.5	m	16.50
	L2－1～4	SC25 16.5	m	16.50
②	事故广播 G	SC15 17	m	17
③	火警通讯 H	SC20 17.5	m	17.50
④	气体灭火	SC20 18	m	18
		SC20 18	m	18
		SC32 18×4	m	72
⑤	直流电源	SC15 16.5	m	16.50
(5)	一层消防控制室→墙外 119 电话预埋管	SC20 6（水平）＋1（埋深）＋0.1（引出地面）	m	7.10
(6)	一层火灾报警线路垂直工程量			
	接线箱：FJX－1	SC20（5.3－1.5－0.44）×1	m	3.36
	事故广播回路	SC15（5.3－1.5－0.44）×1	m	3.36
	声光报警回路	SC15（5.3－1.5－0.44）×1	m	3.36
	控制模块	SC20 0.6＋0.6＋0.6＋1.2	m	3
	控制模块	SC25	m	0.60
	输入模块	SC20	m	1.20
	手动报警按钮	SC20（5.3－1.5－0.2－0.3）×2	m	6.60
	消火栓报警按钮	SC20 29.7＋9.3	m	39
(7)	一层事故广播线路	SC15	m	0.60
(8)	一层消防通讯线路	SC20 3.5＋3.2	m	6.70

工程名称：消防安装工程

续表

序号	工 程 名 称	计 算 式	单位	工程量
(9)	一层 FJX－1→消防控制室线路	SC20 1.7＋1.7＋1.7＋0.2＋0.2＋0.2		5.70
		SC15 1.7＋1.7＋0.2＋0.2	m	3.80
		SC25 1.7＋1.7＋1.7＋0.2＋0.2＋0.2	m	5.70
		SC32 6.8＋0.8	m	7.60
(10)	一层模块箱等处立管长度			
	X1－2→CMX1、CXD1－1	SC20 (5.3－0.2－0.3－0.35＋0.1－1.5－0.5＋0.1)×2	m	5.30
	X1－3→AEL1－1	SC20 2.65	m	2.65
	X1－4→AEL1－2	SC20 2.65	m	2.65
	X1－1→声光报警器	SC20 (0.3＋0.1)＋(0.5＋0.1)×3	m	2.20
	X1－1→水流指示器	SC20 (0.3＋0.1)＋(0.5＋0.1)×1	m	1
	X1-1→安全信号阀	SC20 (0.3＋0.1)＋(0.8＋0.1)×1	m	1.30
	输入模块→压力开关	SC20 (5.3－0.2－0.5)＋0.1＋(0.1＋1.1)×3	m	8.30
	控制模块→SF1－1	CP20 1	m	1
	控制模块→SF1－2	CP20 1.6	m	1.60
	控制模块→JL1	SC20 5.3－0.2－0.5－2＋0.1	m	2.70
	探测器	CP20 (0.8＋0.2)×22	m	22
	扬声器	CP15 (0.8＋0.2)×7	m	7
9	管内穿线			
(1)	电气管井内消防线路			
①	通讯线路 H	RVS－(2×0.5)[38.06＋(0.32＋0.44)＋(0.25＋0.4)＋2×(0.25＋0.4)×(11－1)]×3	m	157.41
②	事故广播线路 G	RVS－(2×0.5)[38.08＋(0.32＋0.44)＋(0.25＋0.4)＋2×(0.25＋0.4)×(11－1)]×1	m	52.47
③	自动报警及控制线路 L2－1～4	RV－1.0mm^2(40.4＋0.76)×8	m	329.28
		RV－1.5mm^2(40.4＋0.76)×4	m	164.64
	L1－2～3	RV－1.0mm^2[8.36＋(0.32＋0.44)＋(0.25＋0.4)×3]×4	m	44.28
		RV－1.5mm^2[8.36＋(0.32＋0.44)＋(0.25＋0.4)×3]×2	m	22.14
	L1－3	RV－1.0mm^2[6.6＋(3－1)×0.65]×2	m	15.80
		RV－1.5mm^2[6.6＋(3－1)×0.65]×1	m	7.90
	L1－4～7	RV－1.0mm^2(22.46＋0.76＋0.65×3)×8	m	201.36
		RV－1.5mm^2(22.46＋0.76＋0.65×3)×4	m	100.68
	L1－5～7	RV－1.0mm^2(6.6＋0.65×4)×6	m	55.20
		RV－1.5mm^2(6.6＋0.65×4)×3	m	27.60
	L1－6～7	RV－1.0mm^2(6.6＋0.65×4)×4	m	36.80
		RV－1.5mm^2(6.6＋0.65×4)×2	m	18.40

工程名称：消防安装工程　　　　　　　　　　　　　　　　　　　　　　　　　　　　　　　　　续表

序号	工程名称	计算式	单位	工程量
	L1－7	RV－1.0mm^2(3.3＋0.65×2)×2	m	9.20
		RV－1.5mm^2(3.3＋0.65×2)×1	m	4.60
④	ZD＋D	ZR－BV－2.5mm^2[38.06＋0.76＋0.65＋2×0.65×(11－1)]×3	m	157.41
(2)	一层火灾报警线路			
①	感烟探测器回路	RV－10mm^2(107.6＋3.36＋1.2＋0.6＋0.76)×4	m	454.08
		RV－1.5mm^2(107.6＋3.36＋1.2＋0.6＋0.76)×2	m	227.04
②	消火栓控制按钮回路	RV－1.0mm^2[(19＋2.6＋3＋2＋1.2)＋0.6＋9.3]×2	m	134.80
		RV－1.5mm^2[(19＋2.6＋3＋2＋1.2)＋0.6＋9.3]×3	m	202.20
③	感温探测器回路	RV－1.0mm^2(5.6＋0.6)×2	m	12.40
④	X1－1→水流指示器回路	RV－1.0mm^2(2.2＋1＋0.7)×4	m	15.60
⑤	X1－1→安全信号阀回路	RV－1.0mm^2(2.8＋1.3＋0.7)×4	m	19.20
⑥	X1－1→声光报警器回路	ZR－BV－1.5mm^2(26.2＋2.2＋0.7)×3	m	87.30
⑦	手动报警按钮回路	RV－1.0mm^2　7.4×2	m	14.80
⑧	X1－2→CXD1 回路	RV－1.0mm^2(0.4＋2.7＋0.7＋1.2)×4	m	20.00
⑨	X1－2→CXM1 回路	RV－1.0mm^2[0.8＋2.7＋(0.7＋1.2)]×4	m	21.60
⑩	X1－3→AEL1－1 回路	RV－1.0mm^2[1.2＋2.65＋(0.7＋1.2)]×3	m	17.25
⑪	X1－4→AEL1－2 回路	RV－1.0mm^2[0.6＋2.65＋(0.7＋1.2)]×3	m	15.45
⑫	控制模块→JL1 回路	RV－1.0mm^2[0.6＋0.6＋2.7＋1.2]×8	m	40.80
⑬	控制模块→SF1－1 回路	RV－1.0mm^2(1＋0.6＋1]×3	m	7.80
⑭	控制模块→SF1－2 回路	RV－1.0mm^2(1.2＋0.6＋1.6)×3	m	10.20
⑮	输入模块→压力开关回路	RV－1.0mm^2(2.2＋8.3＋0.6)×2	m	22.20
(3)	一层消防通讯线路	RVS－(2×0.5)(18＋3.2)×1(电话插孔)	m	21.20
		RVS－(2×0.5)(23＋3.5)×3(电话)	m	79.50
(4)	一层事故广播线路	RVB－(2×1.5)[74.5＋(3.36＋0.6)＋0.76]×2	m	218.92
(5)	一层 FJX－1→消防控制室线路	RV－1.0mm^2[(16.5＋16.5)＋(1.7＋0.2＋1.7＋0.2)＋0.76＋1.5]×8[16.5＋(1.7＋0.2)＋0.76＋1.5]×6	m	436.44
		RV－1.5mm^2[(16.5＋16.5＋16.5)＋(1.7＋0.2＋1.7＋0.2＋1.7＋0.2)＋0.76＋1.5]×4＋[16.5＋(1.7＋0.2)＋0.76＋1.5]×3	m	291.82
		RVS－(2×0.5)[17.5＋(1.7＋0.2)＋(0.76＋1.5)]×3	m	64.98
		RVB－(2×1.5)[1.7＋(1.7＋0.2)＋(0.76＋1.5)]×1	m	21.16

工程名称：消防安装工程　　　　　　　　　　　　　　　　　　续表

序号	工程名称	计算式	单位	工程量
		ZR－BV－1.0mm^2[18＋(1.7＋0.2)＋(0.76＋1.5)]×4＋[72＋(6.8＋0.8)＋(0.76＋1.5)]×12＋[18＋(1.7＋0.2)＋(0.76＋1.5)]×16	m	1 425.52
		ZR－RV－2.5mm^2[16.5＋(1.7＋0.2)＋(0.76＋1.5)]×2	m	41.32
(6)	金属软管内探测器、广播扬声器回路	RV－1.0mm^2　1×22×4	m	88.00
		RVB－(2×1.5) 1×6×1	m	6.00
10	接线箱安装	32(模块箱)＋12(接线箱)	个	44
11	接线盒安装	42(模块盒)＋35(话机插口)＋35(手报)＋41(扬声器)＋12(短路器)＋6(电话)＋323(感烟)＋4(感温)＋24(声光报警)＋62(消报)＋2(过缝)	个	586
12	消防通讯分机安装	3(一层)＋1(二层)＋2(九层)	部	6
13	消防通讯电话插孔安装	2(一层)＋3(二层)＋3(标准层)×10	个	35
14	功率放大器安装	ZA2731(备用150W)	台	1
15	功率放大器安装	ZA2731(工作250W)	台	1
16	录放盘安装	ZA2721	台	1
17	吸顶式扬声器安装	ZA2724 3W	只	40
18	壁挂式扬声器安装	ZA2725 3W	只	1
19	正压送风阀检查接线	2×12(层)	个	24
20	排烟阀检查接线	4(二层)＋1×10(三层～十二层)	个	14
21	防火阀检查接线	1×12(层)	个	12
22	感烟探测器安装	ZA6011	只	323
23	感温探测器安装	ZA6031	只	4
24	报警控制器安装	ZA6351 MA/1016	台	2
25	报警联动一体机安装	ZA6351 MA/254	台	1
26	压力开关安装	2(一层)	套	2
27	水流指示器安装	1×12(层)	套	12
28	声光报警器安装	2×12(层)	只	24
29	控制模块安装	25(ZA6132 输入模块)＋22(强电切换盒 ZA2224)＋12(总线短路隔离器 ZA6152)＋84(控制模块 ZA6211)	只	143
30	自动报警系统装置调试		系统	1
31	广播扬声器、消防分机及插孔调试	41(广播扬声器)＋6(消防分机)＋(35)插孔	个	82
32	水灭火系统控制装置调试		系统	1
33	正压送风阀、排烟阀、防火阀调试	24(正压送风阀)＋14(排烟阀)＋12(防火阀)	处	50
34	管道刷防火漆	第一遍	m^2	15.92
		第二遍	m^2	15.92

工 程 量 汇 总 表　　表 6-36

工程名称：住宅楼照明工程

序号	定额编号	分项工程名称	单位	数量	序号	定额编号	分项工程名称	单位	数量
1	2-236	控制屏安装	台	2	24	7-12	按钮安装	只	97
2	2-240	配电屏安装	台	3	25	7-13	控制模块安装	只	143
3	2-260	集中控制台安装	台	1	26	7-26	报警控制器安装	台	2
4	2-358	一般钢构件制作	100kg	2. 75	27	7-45	报警联动一体机安装	台	1
5	2-359	一般钢构件安装	100kg	2. 75	28	7-50	声光报警器安装	只	24
6	2-997	砖、混凝结构明配	100m	0. 76	29	7-54	125W 功率放大器安装	台	1
7	2-998	砖、混结构明配	100m	0. 38	30	7-55	250W 功率放大器安装	台	1
8	2-999	砖、混结构明配	100m	0. 94	31	7-56	录放盘安装	台	1
9	2-1008	砖、混结构暗配	100m	1. 86	32	7-58	吸顶式扬声器安装	只	40
10	2-1009	砖、混结构暗配	100m	3. 06	33	7-59	壁挂式扬声器安装	只	1
11	2-1010	砖、混结构暗配	100m	0. 56	34	7-64	消防通讯分机安装	部	6
12	2-1011	砖、混结构暗配	100m	0. 80	35	7-65	消防通讯电话插孔安装	个	35
13	2-1151	金属软管敷设	10m	0. 07	36	7-198	自动报警系统装置调试	系统	1
14	2-1152	金属软管敷设	10m	0. 25	37	7-202	水灭火系统控制装置调试	系统	1
15	2-1196	消防线路管内穿线	100m 单线	38. 24	38	7-203	广插扬声器、消防分机及插孔调试	10 只	8. 2
16	2-1197	消防线路管内穿线	100m 单线	11. 54	39	7-207	正压送风阀、排烟阀、防火阀调试	10 处	5
17	2-1198	消防线路管内穿线	100 单线	1. 99	40	7-216	压力开关安装	套	2
18	2-1199	消防线路管内穿线	100m 单线	1. 86	41	7-221	水流指示器安装	套	12
19	2-1373	明装接线箱安装	10 个	4. 3	42	黑 16-13	正压送风阀检查接线	个	24
20	2-1374	明装接线箱安装	10 个	0. 1	43	黑 16-14	排烟阀检查接线	个	14
21	2-1377	暗装接线盒安装	10 个	58. 6	44	黑 16-15	防火阀检查接线	个	12
22	7-6	感烟探测器安装	只	323	45	11-78	钢管刷第一遍防火漆	m^2	15. 92
23	7-7	感温探测器安装	只	4	46	11-79	钢管刷第二遍防火漆	m^2	15. 92

主要材料费计算表

表 6-37

工程名称：消防安装工程

顺序号	定额编号	分项工程或费用名称	工程量		预算价值（元）		其中					
							人工费（元）		材料费（元）		机械费（元）	
			定额单位	数量	定额单价	总价	单价	金额	单价	金额	单价	金额
1		∟63×63×6	kg	288.75	2.10	606.38			2.10	606.38		
2		SC15	kg	340.59	2.69	916.19			2.69	916.19		
3		SC20	kg	578.08	2.68	1 549.25			2.68	1 549.25		
4		SC25	kg	374.19	2.66	995.35			2.66	995.35		
5		SC32	kg	256.62	2.66	682.61			2.66	682.61		
6		CP20	m	25.75	3.26	83.95			3.26	83.95		
7		CP15	m	7.21	2.29	16.51			2.29	16.51		
8		ZR－BV－1.0mm²	m	1496.80	0.58	868.14			0.58	868.14		
9		ZR－BV－1.5mm²	m	91.67	0.79	72.42			0.79	72.42		
10		ZR－BV－2.5mm²	m	208.67	1.23	256.66			1.23	256.66		
11		RVS－(2×0.5)	m	394.36	0.55	216.90			0.55	216.90		
12		RVB－(2×1.5)	m	194.88	1.79	348.84			1.79	348.84		
13		RV－1.0mm²	m	2124.00	0.59	1 253.16			0.59	1 253.16		
14		RV－1.5mm²	m	1120.35	0.83	929.89			0.83	929.89		
15		模块预埋盒 ZA1914/B1	个	39.78	28.96	1 152.03			28.96	1 152.03		
16		手报预埋盒 ZA1914/S1	个	35.7	28.96	1 033.87			28.96	1 033.87		
17		预埋盒 86H60	个	175.44	1.92	336.84			1.92	336.84		
18		话机插口 ZA2714	套	35	74.97	2 623.95			74.97	2 623.95		
		小　　计				13 942.93				13 942.93		

消防设备费用表

表 6-38

工程名称：

序号	设备名称及型号	单价(元)	数量	合计金额(元)
1	集中火灾通用报警控制器　ZA6351MA/254	64 057.07	1	64 057.07
2	区域火灾通用报警控制器　ZA6351MA/1016	1 847.57	2	3 695.14
3	电源监控盘　ZA2532	2 182.38	1	2 182.38
4	直流供电单元　ZA1951/30	4 955.28	1	4 955.28
5	浮充备用电源　ZA1952/24	4 113.14	1	4 113.14
6	控制琴台　ZA1942	4 970.68	1	4 970.68
7	消火栓按钮　ZA6122B	274.21	62	17 001.02
8	接线箱　ZA1921/100	393.34	1	393.34
9	接线箱　ZA1921/40	290.64	11	3 197.04
10	模块箱　350×350×100	311.18	32	9 957.76
11	固定式编址火警电话分机　ZA5712	948.95	6	5 693.70
12	广播功率放大器　ZA2731	30 835.68	1	30 835.68
13	紧急广播扬声器　ZA2724 3W（吸顶）	181.78	40	7 271.20
14	控制模块　ZA6211	638.79	84	53 658.36
15	输入模块　ZA6132	284.48	25	7 112.00
16	强电切换盒　ZA2224	230.00	22	5 060.00
17	紧急广播扬声器（壁挂式）ZA2725	141.73	1	141.73
18	声光报警器　ZA2112	452.91	24	10 869.84
19	离子感烟探测器　ZA6011	434.42	323	140 317.66
20	多态感温探测器　ZA6031	403.61	4	1 614.44
21	手动报警按钮　ZA6121B	257.78	35	9 022.30
22	火警通讯控制装置　ZA5711A	25 619.54	1	25 619.54
23	气体灭火控制装置　ZA3211A/4	5 484.18	1	5 484.18
24	总线短路隔离器　ZA6152	226.97	12	2 723.64
25	微机 CRT 显示控制系统　ZA4431	102 849.90	1	102 849.90
	设备总价			522 797.02

定额直接费计算表

表 6-39

工程名称：

顺序号	定额编号	分项工程名称	工程量		价值（元）		其中					
			定额单位	数量	定额单价	金额	人工费（元）		材料费（元）		机械费（元）	
							单价	金额	单价	金额	单价	金额
1	2-236	控制屏安装	台	2	211.23	422.46	108.45	216.90	41.81	83.62	60.97	121.94
2	2-240	配电屏安装	台	3	201.17	603.51	108.22	324.66	31.98	95.94	60.97	182.91
3	2-260	集中控制台安装	台	1	727.03	727.03	411.84	411.84	122.44	122.44	192.75	192.75
4	2-358	一般钢构件制作	100kg	2.75	440.06	1 210.17	247.10	679.53	87.55	240.76	105.41	289.88
5	2-359	一般钢构件安装	100kg	2.75	258.17	709.97	160.62	441.71	17.07	46.94	80.48	221.32
6	2-997	砖、混结构明配	100m	0.76	416.82	316.78	270.90	205.88	104.81	79.66	41.11	31.24
7	2-998	砖、混结构明配	100m	0.38	452.34	171.89	287.83	109.38	123.40	46.89	41.11	15.62
8	2-999	砖、混结构明配	100m	0.94	533.04	501.06	331.30	311.42	142.55	134.00	59.19	55.64
9	2-1008	砖、混结构暗配	100m	1.86	228.20	424.45	154.44	287.26	32.65	60.73	41.11	76.46
10	2-1009	砖、混结构暗配	100m	3.06	245.81	752.18	164.74	504.10	39.96	122.28	41.11	125.79
11	2-1010	砖、混结构暗配	100m	0.56	317.08	177.56	199.74	111.85	58.15	32.56	59.19	33.15
12	2-1011	砖、混结构暗配	100m	0.80	346.23	276.98	212.56	170.05	74.48	59.58	59.19	47.35
13	2-1151	金属软管敷设	10m	0.07	99.87	6.99	58.12	4.07	41.75	2.92		
14	2-1152	金属软管敷设	10m	0.25	120.56	30.14	72.53	18.13	48.03	12.00		
15	2-1196	消防线路管内穿线	100m单线	38.24	23.75	908.20	15.56	595.01	8.19	313.19		
16	2-1197	消防线路管内穿线	100m单线	11.54	24.06	277.65	15.79	182.21	8.27	95.44		
		页　　计				7 517.02		4 574.01		1 548.95		1 394.05

工程名称：

续表

顺序号	定额编号	分项工程名称	工程量		价值（元）		其中					
			定额单位	数量	定额单价	金额	人工费（元）		材料费（元）		机械费（元）	
							单价	金额	单价	金额	单价	金额
17	2-1198	消防线路管内穿线	100m单线	1.99	24.72	49.19	16.02	31.88	8.70	17.31		
18	2-1199	消防线路管内穿线	100m单线	1.86	27.32	50.82	17.16	31.92	10.16	18.90		
19	2-1373	明装接线箱安装	10个	4.3	239.12	1 028.21	218.28	938.60	20.84	89.61		
20	2-1374	明装接线箱安装	10个	0.1	320.07	32.01	295.15	29.52	24.92	2.49		
21	2-1377	暗装接线盒安装	10个	58.6	18.50	1 084.10	10.30	603.58	8.20	480.52		
22	7-6	感烟探测器安装	只	323	11.82	3 817.86	8.69	2 806.87	2.90	936.70	0.23	74.29
23	7-7	感温探测器安装	只	4	11.68	46.72	8.69	34.76	2.94	11.76	0.05	0.20
24	7-12	按钮安装	只	97	15.08	1 462.76	12.81	1 242.57	1.90	184.30	0.37	35.89
25	7-13	控制模块安装	只	143	45.97	6 573.71	41.64	5 954.52	3.75	536.25	0.58	82.94
26	7-26	报警控制器安装	台	2	781.32	1 562.64	547.75	1 095.50	47.98	95.96	185.59	371.18
27	7-45	报警联动一体机安装	台	1	1 106.63	1 106.63	922.52	922.52	40.63	40.63	143.48	143.48
28	7-50	声光报警器安装	只	24	20.61	494.64	18.08	433.92	2.26	54.24	0.27	6.48
29	7-54	125W 功率放大器安装	台	1	21.77	21.77	13.73	13.73	8.04	8.04		
30	7-55	250W 功率放大器安装	台	1	25.77	25.77	17.16	17.16	8.61	8.61		
31	7-56	录放盘安装	台	1	22.49	22.49	14.41	14.41	8.08	8.08		
32	7-58	吸顶式扬声器安装	只	40	8.96	358.40	5.72	228.80	3.04	121.60	0.20	8.00
		页计				17 737.72		14 400.26		2 615.00		722.46

工程名称：　　　　　　　　　　　　　　　　　　　　　　　　　　　续表

顺序号	定额编号	分项工程名称	工程量		价值（元）		其中					
			定额单位	数量	定额单价	金额	人工费（元）		材料费（元）		机械费（元）	
							单价	金额	单价	金额	单价	金额
33	7-59	壁挂式扬声器安装	台	1	6.12	6.12	4.58	4.58	1.34	1.34	0.20	0.20
34	7-64	消防通讯分机安装	部	6	11.18	67.08	5.03	30.18	6.15	36.90		
35	7-65	消防通讯电话插孔安装	个	35	4.82	168.70	2.75	96.25	2.07	72.45		
36	7-198	自动报警系统装置调试	系统	1	8 677.69	8 677.69	6 217.18	6 217.18	1 144.33	1 144.33	1 316.18	1 316.18
37	7-202	水灭火系统控制装置调试	系统	1	9 301.26	9 301.26	8 348.45	8 348.45	235.36	235.36	717.45	717.45
38	7-203	广播扬声器、消防分机及插孔调试	10 只	8.2	105.88	868.21	34.32	281.42	59.90	491.18	11.66	95.61
39	7-207	正压送风阀、排烟阀、防火阀调试	10 处	5	198.05	990.25	103.19	515.95	84.49	422.45	10.37	51.85
40	7-216	压力开关安装	套	2	23.10	46.20	18.30	36.60	2.19	4.38	2.61	5.22
41	7-221	水流指示器安装	套	12	23.35	280.20	18.30	219.60	2.44	29.28	2.61	31.32
42	黑 16-13	正压送风阀检查接线	个	24	40.11	962.64	37.75	906.00	1.83	43.92	0.53	12.72
43	黑 16-14	排烟阀检查接线	个	14	38.97	545.58	36.61	512.54	1.83	25.62	0.53	7.42
44	黑 16-15	防火阀检查接线	个	12	36.68	440.16	34.32	411.84	1.83	21.96	0.53	6.36
45	11-78	钢管刷第一遍防火漆	m^2	15.92	11.80	187.86	8.01	127.52	3.79	60.34		
46	11-79	钢管刷第二遍防火漆	m^2	15.92	11.36	180.85	8.01	127.52	3.35	53.33		
		页　　计				22 722.80		17 835.63		2 642.84		2 244.13
		防火漆	kg	1.74	23.01	40.04			23.01	40.04		
		页　　计				40.04				40.04		
		1～4 页合计				48 017.58		3 680.90		6 846.83		4 360.84
		脚手架搭拆费	系数	5%	36 809.90	1 840.50	1 840.50 ×25%	460.13	1 840.50 ×75%	1 380.38		
		合　　计				49 858.08		37 270.03		8 277.21		4 360.84
		高层建筑增加费	系数	2%	37 270.03	745.40	37 270.03	745.40				
		主要材料费				13 942.93				13 942.93		
		总　　计				64 546.47		38 015.43		23 550.51		4 360.84
		消防设备费				522 797.02						

复习思考题

1. 什么是施工图预算?

2. 施工图预算的编制步骤包括哪些内容?

3. 简述施工图预算的编制依据。

4. 线管工程量计算方法有哪几种?

5. 采用按图纸标注比例方法如何计算管线?

6. 选择一套照明工程施工图，按照图纸标注尺寸方法计算管线工程量，并计算出其他工程量，按当地预算定额计算出定额直接费。

7. 选择一套小型动力工程施工图，采用图纸标注比例方法，按照当地的预算定额及材料预算价格，费用定额和其他文件规定，编制一份完整的施工图预算书。

第五节　施工预算的编制

一、概述

施工预算是施工安装企业在单位工程开工前，以施工图预算为基础，根据施工图纸、施工定额或劳动定额、材料消耗定额及机械台班定额，并结合施工组织设计及施工现场实际情况而编制的用于施工企业内部控制工程成本的经济文件。它规定了拟建工程或分部分项工程所需人工、材料、机械台班的消耗数量和直接费标准。

施工安装企业为了保质保量地完成所承担的工程任务，取得较好的经济效益，就必须加强企业的生产经营管理。施工预算就是为了适应施工企业内部加强计划管理的需要，按照企业经济核算及班组核算的要求而编制的。它是施工企业内部控制生产成本和指导施工生产活动的计划文件，同时又是与施工图预算和实际工程成本进行分析对比的基础资料。

二、施工预算的编制依据

施工预算的主要编制依据如下：

（1）施工图纸和设计说明。施工预算编制所用的图纸和说明，必须是经过图纸会审后的全套图纸。

（2）图纸会审记录和标准图册。

（3）经过审批后的施工图预算。施工图预算的造价，是确定建筑施工企业预计收入的依据，而施工预算确定的费用，是建筑施工企业控制各项费用预计支出的依据。因此，在编制施工预算时，应把施工预算和施工图预算进行对比，使施工预算各方面消耗不超出施工图预算。应尽量利用施工图预算中的有关数据，如工程量、人工和主要材料的预算消耗量，以及相应的人工费、材料费、机械费等，都给施工预算的编制提供了有利条件和可比数据。

（4）施工定额。施工定额是确定施工预算中人工、材料和机械台班需要量的依据。由于目前还没有全国统一的施工定额，编制施工预算时，只能使用现有的定额，采用所谓“混合使用定额的方法”。如人工部分，可以执行《全图建筑安装工程统一劳动定额》和各地区的补充劳动定额；材料部分按照预算定额规定的用量（需调整损耗率）或按图纸及规定的计算方法加损耗率计算；机械部分，可以参照相应的预算定额规定用量扣除一定幅差后套用，或根据施工现场实际机械配备情况确定其消耗量。

（5）施工组织设计或施工方案。施工组织设计或施工方案明确规定了工程具体采用的施工方法、技术组织措施、现场平面布置等，在编制施工预算时，应根据施工组织设计或施工方案合理地选用定额和进行计算。

（6）现行的地区人工工资标准、材料预算价格、机械台班价格、市场信息价格和其他有关费用标准资料。

三、施工预算编制的内容

施工预算的内容，主要由编制说明和各种计算表格两大部分组成。

（一）编制说明

编制说明主要包括以下内容：

1. 编制依据

采用的有关施工图纸、施工定额、人工工资标准、材料价格、机械台班单价、施工组织设计或施工方案。

2. 施工技术措施

设计变更或图纸会审记要的处理方法、质量及安全技术措施等。

3. 本预算已考虑的问题

图纸会审记要中的修改及局部设计变更、施工中采取的降低成本措施和其他方面已考虑的问题等。

4. 遗留项目和暂估项目有哪些，并说明原因及处理办法

5. 其他需要说明的问题

（二）表格部分的内容

施工预算的主要内容采用表格形式编制，其表格一般包括：

1. 工程量计算表（表6-40）

工 程 量 计 算 表 **表6-40**

序 号	定 额 编 号	分项工程名称	单 位	计 算 式	数 量

2. 人工需用量分析表（表6-41）

人 工 需 要 量 分 析 表 **表6-41**

<table>
<tr><th rowspan="3">序号</th><th rowspan="3">定额编号</th><th rowspan="3">分项工程名称</th><th rowspan="3">工程量</th><th colspan="5">综 合 工 日</th><th colspan="6">其 中</th></tr>
<tr><th rowspan="2">定额</th><th rowspan="2">人工平均等级</th><th rowspan="2">合计</th><th colspan="2">折合四级工</th><th colspan="2">电工</th><th colspan="2">焊工</th><th colspan="2">……</th></tr>
<tr><th>系数</th><th>合计</th><th>定额</th><th>合计</th><th>定额</th><th>合计</th><th>…</th><th>…</th></tr>
<tr><td></td><td></td><td></td><td></td><td></td><td></td><td></td><td></td><td></td><td></td><td></td><td></td><td></td><td></td><td></td></tr>
<tr><td></td><td></td><td></td><td></td><td></td><td></td><td></td><td></td><td></td><td></td><td></td><td></td><td></td><td></td><td></td></tr>
<tr><td></td><td></td><td></td><td></td><td></td><td></td><td></td><td></td><td></td><td></td><td></td><td></td><td></td><td></td><td></td></tr>
<tr><td></td><td></td><td></td><td></td><td></td><td></td><td></td><td></td><td></td><td></td><td></td><td></td><td></td><td></td><td></td></tr>
</table>

3. 材料、机械台班需用量分析表（表6-42）

材料、机械台班需用量分析表 表6-42

序号	定额编号	分项工程名称	工程量		主材		辅材			机械	
			单位	数量							

4. 加工件计划表（表6-43）
5. 人工需用量汇总及费用表（表6-44）
6. 材料需用量汇总及费用表（表6-45）
7. 施工机械需用量汇总及费用表（表6-46）

加工件计划表 表6-43

序号	名称	规格	单位	数量	单价（元）	合价（元）	备注

人工需用量汇总及费用表 表6-44

工程名称	综合工日数	其中（工日）		折合四级工工日数	定额日工资标准	人工费（元）
		电工	焊工			

材料需用量汇总及费用表 表6-45

序号	材料名称	单位	数量	预算价格（元）	金额（元）

施工机械需用量汇总及费用表 表6-46

序号	机械设备名称	单位	数量	预算价格（元）	机械费（元）

8. 两算对比表（表6-47、表6-48）

两算对比表（一）直接费对比　　表 6-47

序号	项目	施工图预算（元）	施工预算（元）	对比结果	
				起支	节约
一	人工费				
二	材料费				
三	机械费				
四	合计				
五	预算低率	$\frac{\text{施工图预算价值}-\text{施工预算价值}}{\text{施工图预算价值}}\times 100\%=$			

两算对比表（二）实物量对比表　　表 6-48

序号	名称及规格	单位	施工图预算			施工预算			结果	
			数量	单位	金额（元）	数量	单位	金额（元）	起支	节约
一	人工									
二	材料									
1	……									
2	……									
三	机械									
1	……									
2	……									

对于不编制单位工程施工组织设计或施工方案的小型施工项目，其施工预算的内容可从简，但也应提出人工需用量和材料需用量。

四、施工预算的编制步骤和方法

编制施工预算也同编制施工图预算一样，首先应当熟悉有关资料，了解定额内容以及分项工程定额所包括的范围。为了便于“两算”对比，编制施工预算时，尽量与施工图预算的分部分项工程项目相对应。

编制施工预算，可按下列步骤进行。

1. 熟悉编制施工预算的有关资料

（1）熟悉施工图纸、设计说明及有关标准图。

（2）熟悉施工组织设计或施工方案。

（3）熟悉施工现场情况。

（4）熟悉定额的内容。由于目前尚没有全国统一的施工定额，只有全国统一劳动定额和预算定额。因此，施工预算人工部分的分析计算可执行劳动定额，材料和机械台班部分的分析可参考预算定额。在选定定额后，应认真熟悉定额的总说明和分章说明，明确定额的适用范围及使用注意事项。

2. 划分和排列分项工程项目

根据施工图纸、施工组织设计或施工方案，按劳动定额划分和排列项目。

全国统一劳动定额第 20 册电气安装工程，共分十三章，计 1 430 个定额子目。表6-49对常用情况作了概括归纳，对于初学者能起到节省时间，提高预算编制速度的作用。

劳动定额第20册电气安装工程常用项目划分 表6-49

分部（章）	项　　目	定额编号	分目方法	计量单位
一、配管配线	电线管明配	1-13	按建筑结构、管径分目	100m
	厚钢管明配	14-42		
	电线管、厚钢管、塑料管暗配	43-36	按管径分目	
	钢管套丝、揻弯、硬塑料管揻弯	61-71	按管径分目	10个
	接线箱（盒）安装	72-82	按箱半周长、盒的材质和种类分目	
	硬塑料管明配	83-95	按建筑结构、管径分目	100m
	金属软管明配	96-104	按管径、单根长度	10根
	管内穿线	105-116	按照明和动力工程、导线截面分目	100m
	瓷（塑）夹板配线	142-149	按建筑结构、导线截面分目	
	鼓形绝缘子配线	150-157	按建筑结构、导线截面分目	100m
	木（塑）槽板配线	171-186		
	塑料护套线配线	187-203		
	钢索架设	204-207	按材质、直径分目	根
二、照明及器具	灯具安装	208-317	按灯具种类、光源数量、建筑结构分目	10套
	开关、插销安装	218-338	按电器种类、建筑结构、电源相数及额定电流分目	10个
	烟囱、水塔、指示灯、安全变压器、风扇安装	350-360	按灯安装高度、变压器容量、风扇种类分目	个台
三、电视、广播、电话、报警装置	电视共用天线装置	361-370	按电器元件、电缆敷设方式分目	套100m
	电话线、电话电缆、分线箱、终端盒安装	371-380	按电缆、分线箱线对分目	100m个
	火灾报警装置	381-392	按报警器回路数、探测器安装方式分目	台10个
四、架空线路	进户线槽担安装	545-553	按安装方式、线数分目	处
	进户线架设	554-568	按线数、导线截面分目	组
五、防雷及接地装置	接地极制作、安装	583-588	按地级材质、规格及土质分目	根
	按地母线敷设、屏蔽室接地、接地跨接线安装	589-599	按材质、敷设方式、连接方式分目	10m、10处
	避雷针制作	600-606	按材质、针长分目	根
	避雷针安装	607-625	按安装地点、高度和安装部位、针长分目	根
	避雷网安装	626-628	按安装部位分目	10m
	避雷引下线敷设	629-645	按敷设方式、建筑物高度或层数分目	根、柱

续表

分部（章）	项　目	定额编号	分目方法	计量单位
六、电气控制设备	自动空气开关	646-654	按开关类型、额定电流分目	台
	铁壳开关、胶盖闸刀开关安装	739-748	按电器类型、额定电流分目	10个
	端子板、熔断器安装接线	749-759	按电器类型、额定电流分目	组、10个
	定型动力配电箱安装	760-767	按安装方式、回路数分目	台
	定型照明配电箱、组合箱、配电箱、板安装	768-779	按回路数、半周长分目	个、块
	零线端子板安装	780-781	按回路数分目	块
	盘柜配线	789-795	按导线截面分目	10m
七、电缆工程	电缆沟挖填土	1015-1020	按土质类型分目	m^3
	电缆沟铺沙盖砖、揭、盖沟盖板	1035-1041	按砖块数、沟盖板规格分目	100m10块
	电缆保护管敷设	1042-1046	按保护管长度分目	根
	电缆敷设	1047-1058	按电缆每米重量分目	100m
	电力电缆中间、终端头制作、安装	1059-1078	按电缆额定电压、线心截面分目	个

3. 计算工程量

为了加快工程量计算速度，当施工预算项目的名称、计量单位与施工图预算的相应项目一致时，可直接采用施工图预算的工程量；与施工图预算不同的，需另行计算工程量。

4. 套用定额进行工料分析，编制工料分析表

（1）人工部分的分析计算

从劳动定额中查出定额子目的各工种人工的时间定额和合计时间定额，填入人工分析表的相应栏目中，以工程量乘以时间定额便得出合计工日数和各工种的工日数，填入人工分析表相应栏目中，见表6-41。

在套定额时，定额规定不允许换算的项目，应直接套用；定额规定允许换算的项目，需按定额规定进行换算后，再套用。

综合时间定额计算：

$$综合时间定额 = 综合时间定额 \times 调整系数$$

当同时使用两个及两个以上调整系数时，应按连乘方法计算。

由于劳动定额各章的平均技术工人等级不相同，所以按以上方法计算出的综合工日数还不便进行分析对比。为此，可将各分项工程的综合工日合计数，折算成一级工工日数。其折算方法如下：

$$折合一级工工日数 = 某等级工综合工日合计数 \times 该等级折算系数$$

式中，折算系数参见表6-50，当处于表中两个工资等级之间时，其系数可用插入法求得。

另外，在预算定额中，定额人工是以四级工综合工日表示。因此，为了便于进行“两算”对比，施工预算中的工日数也必须折算为四级工综合工日数。折算公式如下：

$$折合四级工综合工日数 = 某级综合工日合计数 \times \frac{该级折算系数}{1.6350}$$

表6-41中“系数”一栏，就是$\frac{该级折算系数}{1.6350}$的值。

安装工人工资等级系数表 表6-50

等级	系数	等级	系数	等级	系数	等级	系数
1	1.0000	4.4	1.7514	5.1	1.9603	5.8	2.2004
2	1.1730	4.5	1.7805	5.2	1.9946	5.9	2.2347
3	1.3880	4.6	1.8096	5.3	2.0289	6.0	2.2690
4	1.6350	4.7	1.8387	5.4	2.0632	7.0	2.6730
4.1	1.6641	4.8	1.8678	5.5	2.0975	8.0	3.1500
4.2	1.6932	4.9	1.8969	5.6	2.1318		
4.3	1.7223	5.0	1.9260	5.7	2.1661		

（2）材料部分的分析计算

1）主要材料的分析计算

主要材料是指根据施工图纸能直接计算出的材料。

主要材料的净用量绝大部分可由材料分析表中的工程量数量一栏反映，见表6-42。

2）辅助材料的分析计算

辅助材料是指不能从施工图纸中直接计算出的材料。例如胶布、铅油、锯条等材料。这类材料可借套预算定额中给出的消耗标准，按实际需要进行分析和计算，实际计算时一般应低于预算定额给定的消耗数量。

在编制时，按定额编号从预算定额中查出该子目的各种辅助材料定额含量，再根据实际需要综合取定，以工程量乘以取定的定额含量，便得出材料的合计用量，填入材料分析表的相应栏目中，见表6-42。

（3）施工机械部分的分析计算

施工机械部分需用量的计算，目前尚需借套预算定额，可按各分项工程施工实际需要的施工机械，选套预算定额中给出的施工机械台班消耗数量，将它乘以工程量便得出施工机械台班合计数量，填入材料、机械分析表的相应栏目中，见表6-42。

5. 编制人工、材料和施工机械需用量汇总表

将人工、材料和施工机械需用量分析表中的同工种人工工日数、同型号和同规格的施工机械台班数以及单独计算的同型号和同规格的材料数量进行汇总，分别填入各自相应的汇总表。

在编制材料汇总表时，由于主要材料数量是根据施工图纸确定的，没有包括材料损耗率，所以应增加损耗率后再填入汇总表，但应注意损耗率应低于规定的数值。

在工料机械数量汇总后，即可根据现行的地区人工工资标准，材料预算价格和机械台班预算价格，在汇总表中分别计算出单位工程的人工费和机械费。

五、施工预算与施工图预算的对比

“两算”对比是施工图预算和施工预算中有关数额的对比，其对比的内容主要是工程量、用工数和材料消耗量。通过“两算”对比，不仅能有效地控制施工预算不超过施工图预算的限额，同时还能起到互相检验、互相控制的作用。发现差异时，可以找出原因并加

以纠正。既可以保证符合国家的方针政策要求，防止多算或漏算，确保企业的合理收入；又可以使施工准备工作中的人工、材料和机械台班数量，做到准确无误，确保施工生产的顺利进行；还可以使企业领导和管理部门掌握收支情况，进而提高企业的核算水平和经济效益。

两算对比是通过表格的形式进行，见表6-51、表6-52。

实物金额对比表 **表6-51**

序号	项目	施工图预算（元）	施工预算（元）	对比结果	
				节约（元）	超支（元）
1	人工费				
2	材料费				
3	机械费				
	合计				

实物对比表 **表6-52**

序号	项目名称	单位	施工图预算			施工预算			数量差			金额差		
			数量	单价（元）	合计（元）	数量	单价（元）	合计（元）	节约（元）	超支（元）	%	节约（元）	超支（元）	%
1	工人	工日												
2	电缆	m												
3	钢管	m												
4	导线	m												
5	·													
6	·													
7	·													
8	交流电焊机	台班												
9	台式砂轮机	台班												
10	电动揻弯机	台班												
11	·													
12	·													
13	·													
	合计													

表6-51为实物金额对比表。实物金额对比表是将施工图预算与施工预算中各自的人工费、材料费、机械费对比。

表6-52为实物对比表。实物对比法是将施工预算中的人工、材料、机械台班用量与施工图预算的用量进行对比。

通过“两算”对比，表内各项数字的对比，工程是盈余还是亏损就一目了然了。

复 习 思 考 题

1. 什么是施工预算?
2. 施工预算的编制依据是什么?
3. 施工预算由哪几部分组成?
4. 编制施工预算的步骤是什么?
5. 施工预算的分项工程项目依据什么划分和排列?
6. 什么是“两算”对比? 对比的主要内容是什么? 它在施工企业中起什么作用?

第六节　竣工结算的编制

一、竣工结算的概念

施工图预算是在单位工程开工前编制的，在工程施工过程中往往由于工程条件的变化、设计变更、材料的代用等，使原施工图预算不能反映工程的实际造价。工程竣工结算就是在单位工程竣工后，由施工单位根据施工过程中实际发生的设计变更、材料代用、现场经济签证等情况，对原施工图预算进行调整修改，重新确定工程总造价的经济文件。

单位工程竣工后，施工单位应及时办理竣工结算，并真实反映工程造价。为了正确反映工程造价，在编制过程中必须贯彻实事求是的原则，以原始资料为依据，严禁高估冒算。同时施工单位应在施工过程中及时做好签证工作，收集保管好原始资料。

二、竣工结算的编制依据和原则

1. 竣工结算的编制依据

编制竣工结算，通常需要以下技术资料为依据:

(1) 经审批的原施工图预算。

(2) 工程承包合同或甲乙双方协议书。

(3) 设计单位修改或变更设计的通知单。

(4) 建设单位有关工程的变更、追加、削减和修改的通知单。

(5) 图纸会审记录。

(6) 现场经济签证。

(7) 全套竣工图纸。

(8) 现行预算定额、地区预算定额单价表、地区材料预算价格表、取费标准及调整材料价差等有关规定。

(9) 材料代用单。

2. 竣工结算应遵守的原则

(1) 凡编制竣工结算的项目，必须是具备结算条件的工程，也就是必须经过交工验收的工程项目，而且要在竣工报告的基础上，实事求是的对工程进行清点和计算，凡属未完的工程，未经交工验收的工程和质量不合格的工程，均不能进行竣工结算，需要返工的工程或需要修补的工程，必须在返工和修补后并经验收检查，合格后方能进行竣工结算。对跨年度的工程，可按当年完成的工程量办理年终结算，待工程竣工后，再办理竣工结算。

(2) 坚持“实事求是”原则。工程竣工结算一般是在施工图预算的基础上，按照施工中的更改变动后的情况编制的。所以，在竣工结算中要实事求是，该调增的调增，该调减的调减，正确地确定工程的最终造价。

（3）要严格按照国家和所在地区的预算定额、取费规定和施工合同的要求进行编制。

（4）施工图预算等结算资料必须齐全，并严格按竣工结算编制程序进行编制。

三、竣工结算的方式

1. 施工图预算加签证的结算方式

这是一种常用的结算方式，在编制原施工图预算时，已按费用定额的规定把预算包干费考虑在工程总造价内。工程中预算包干费之外发生的费用，按现场经济签证的形式计入竣工结算。

2. 施工图预算加系数包干结算方式

这种结算方式是先由甲乙双方共同商定施工图预算包干费之外的包干范围和系数，在编制施工图预算时乘上一个不可预见费的包干系数。如果发生包干范围以外的增加项目，必须由双方协商同意后方可变更，并随时填写工程变更结算单，经双方签证作为结算工程价款的依据。

3. 平方米造价包干的结算方式

适用范围具有一定的局限性，对于可变因素较多的项目不宜采用。

4. 招、投标的结算方式

招标的标底，投标的标价，都是以施工图预算为基础核定的，投标单位根据实际情况合理确定投标价格。中标后双方签订承包合同，承包合同确定的工程造价就是结算造价。包干范围之外发生的费用应另行计算。

四、竣工结算的编制步骤和方法

1. 竣工结算的编制步骤

（1）仔细了解有关竣工结算的原始资料

结算的原始资料是编制竣工结算的依据，必须收集齐全，在了解时要深入细致，并进行必要的归纳整理，一般按分部分项工程的顺序进行。

（2）对竣工工程进行观察和对照

根据原有施工图纸，结算的原始资料，对竣工工程进行观察和对照，必要时应进行实际测量和计算，并作好记录。如果工程的作法与原设计施工要求有出入时，也应做好记录，以便在竣工结算时调整。

（3）计算工程量

根据原始资料和对竣工工程进行观察的结果，计算增加和减少的工程量。这些增加或减少的工程量是由设计变更和设计修改所造成的必要计算，对其他原因造成的现场签证项目，也应逐项计算出工程量。如果设计变更及设计修改的工程量较多且影响又大时，可将所有的工程量按变更或修改后的设计重新计算工程量。计算方法同前所述。

（4）套预算定额单价，计算定额直接费

其具体要求与施工图预算编制套定额相同，要求准确合理。

（5）计算工程费用

计算工程费用方法同施工图预算。

2. 竣工结算的编制方法

根据工程变化大小，竣工结算的编制方法一般有两种。

（1）如果工程变动较大，按照施工图预算的编制方法重新编制。

（2）如果工程变动不大，只是局部修改，竣工结算一般采用以原施工图预算为基础，加减工程变更的费用。计算竣工结算直接费的方法为：

竣工结算直接费=原预算直接费+调增小计-调减小计

计算调增部分的直接费，按调增部分的工程量分别套定额，求出调增部分的直接费，以“调增小计”表示。

计算调减部分的直接费，按调减部分的工程量分别套定额，求出调减部分的直接费，以“调减小计”表示。

根据竣工结算直接费，按取费标准就可计算出竣工结算工程造价。竣工结算的装订、送审同施工图预算编制所述。

第七节 施工图预（结）算的审核

一、概述

（一）预、结算审核的目的

工程预、结算审核是建设工程造价管理的重要环节，是更好地获得基本建设投资效益的一项有力措施。

工程预、结算审核，一般在两个阶段进行。一是施工前工程概预算的审核阶段，主要审定工程概预算造价的准确性，为确定工程投资总额，为工程招投标、工程项目贷款以及建设单位拨款等工作确定可靠依据；二是竣工时工程结算审查阶段，主要审定工程竣工造价的准确性，为建设单位与施工单位办理竣工结算，为建设单位与国家主管部门办理竣工决算以及固定资产的入账提供可靠的依据。

（二）审核部门

工程预、结算的审核工作已经走向社会化，由过去政府职能部门审定改为发包方和承包方之间的中介机构来审核。这些中介机构必须是取得工程造价咨询单位资质证书、具有独立法人资格的企、事业单位。我国造价工程师注册考核制度的执行，使得社会中介机构的审核有更广泛的基础。

（三）工程预、结算审核的依据

审核的主要依据有：

1. 设计资料

设计资料主要指施工图。包括设计说明、选用的标准图、图纸会审记录、设计变更通知等。

2. 经济合同书

经济合同书是指建设单位和施工单位，根据国家合同法和建筑安装工程合同管理条例，经双方协商确定承发包方式，承包内容，工程预、结算编制原则和依据，费用和费率的取定，工程价款结算方式等具有法律效力的重要经济文件。

3. 现行的概预算定额和地区预（结）算单价表

概预算定额和地区预（结）算单价表主要用于确定定额直接费。

4. 工程费用定额

主要用于确定工程直接费、其他直接费、间接费、计划利润和税金等。

5. 建设工程材料预算价格表

电气安装工程造价中，材料费的比重较大。掌握好材料预算价格，是审核工程预、结算的重要环节。

6. 国家及地方主管部门颁发的有关经济文件

是指由主管部门颁发的有关工程价款结算、材料价差调整、人工费和机械费调整等规定的文件。

（四）工程预、结算的审核形式

1. 单独审核

即按次序分别由施工单位内部自审、建设单位复审、工程造价中介机构审定。

主要特点是：审核专一，时间和地点比较灵活，不易受外界干扰。

2. 联合会审

是指建设单位、设计部门、工程造价管理部门及中介机构联合起来共同会审。

主要特点是：涉及的部门多，出现的问题容易解决，质量能够得到保证。

3. 委托审核

是指在不具备会审条件、建设单位不能单独审查，或者需权威机构进行审核裁定等原因情况下，由建设单位委托工程造价管理部门或中介机构进行审查。

主要特点是：审核费用较低，审核结果有效。

二、工程预、结算的审核程序

（一）审核内容

工程预、结算的审核内容主要包括：工程量、定额套用、材料预算价格、直接费计算，间接费和税金的计算等。

1. 审核工程量

工程量的审核，包括项目是否完整和工程量计算的准确性两个方面。

（1）审核工程量项目的完整程度

工程量项目是否完整。主要指项目重复计算或漏算项目的问题。在审核工程量项目时，看所列分项工程项目是否包括工程全部内容，是否超出设计范围，有无重复列项或漏项。如果所列工程项目是已计算的分项工程项目工作内容的一部分，就称为是重复列项（简称重项）。对于所列工程项目不能包括工程全部内容，称为漏项。如发现有重项和漏项问题，应合理解决。

（2）审核工程量的准确性

审核工程量计算的准确性，主要依据工程量计算规则和施工图进行。在审核工程量的准确性时，看工程量计算是否符合计算规则和定额规定。对列入工程量计算表中工程量应逐一审查，如果发现所列计算式有误，计算过程有错，重复计算、错算和漏算的，应与编制人员研究并进行更正，必要时共同计算查正。

2. 定额套用审核

定额套用审核，主要审查定额套用是否正确，有无错套、高套现象；该换算的定额单位数量是否与定额单位一致，套用是否准确。

3. 直接费审核

直接费审核，主要包括每个分项工程项目的直接费是否正确，各页直接费小计是否准确，各页直接费小计相加是否与合计中的定额直接费相等。

4. 材料预算价格审核

材料预算价格的审核应依据地区材料预算价格及地区主管部门的有关规定，对补充的材料预算价格应按照材料预算价格组成的方法计算并应取得建设单位的同意。

5. 工程费用审核

工程费用审核，主要审核整个数据计算过程是否正确。工程费用计取是否符合费用定额、经济合同条款和预（结）算文件有关规定等。

（二）审核方法

审核工程预（结）算除了要熟悉施工图纸，对工程内容进行深入了解，做好审核准备工作外，还必须采取有效的审核方法，保证审查的质量和速度。常用的方法有以下三种形式：

1. 全面审查法

全面审查法也称逐项审查法。

全面审查法是指对施工图的内容进行全面、细致的审查，其作法与编制工程预算相同，相当于重编一次预算。这种方法全面、细致，能纠正错误，所以审核质量高。

特点是：审查全面，造价准确，工作量大，时间长。

2. 重点审查法

重点审查法是指对施工图预算中的重点项目进行审查。重点项目指数量多，单价高，占造价较大的分项工程项目、工程量计算复杂，定额缺项多，对工程造价有明显影响的和容易出错误或容易弄虚作假地方。而对价值低的项目可粗略审查。审查中发现问题，应经协商解决后才能定案。

特点是：时间短，也能保证工程造价的准确性。

3. 分析对比审核法

分析对比审核法是指所审查的预算项目价值与收集、掌握的现行同类项目或相似项目进行对比的审查方法。作法是按已掌握的同类或相似工程项目价值与被审查的预（结）算造价进行分析、比较，对其中的问题，经共同协商更改后定案。

特点是：速度快，简单易行，但建设地点、材料供应、施工等级及管理水平等不同，均会影响预（结）算的结果。

（三）审核程序

1. 准备工作

（1）熟悉送审预、结算和承包合同。

（2）搜集并熟悉有关设计资料，核对与工程预、结算有关的图纸和标准图。

（3）了解施工现场情况，熟悉施工组织设计或技术措施方案，掌握与编制预、结算有关的设计变更、现场签证情况。

（4）熟悉送审工程预、结算所依据的预算定额、费用标准和有关文件。

2. 确定审核方法

根据实际情况，确定采用哪一种审核方法。

3. 审核计算

(1) 核对工程量，根据施工图纸进行核对。

(2) 核对所列的分项工程项目，根据施工图纸及工程量计算规则进行核对。

(3) 核对所选的定额项目，根据预算定额进行核对。

(4) 核对定额直接费计算。

(5) 核对工程费用计算。

在审核过程中，将审核出的问题做出详细记录。

4. 交换意见审核单位与工程预算编制单位交换审核意见，做进一步核对，以便更正预、结算项目和费用。

(四) 审核定案

根据交换意见确定的结果，将更正后的项目进行计算汇总，填制工程预、结算审核调整表，具体格式如表6-53和表6-54所列，由编制单位负责人签字加盖公章，审核人签字加盖资格证印章，审核单位加盖公章。至此，工程预结算审核定案。

分项工程定额直接费调整表 **表6-53**

年 月 日

序号	分部分项工程名称	原预算							调整后预算							核减金额（元）	核增金额（元）
		定额编号	单位	工程量	直接费（元）		人工费（元）		定额编号	单位	工程量	直接费（元）		人工费（元）			
					单价	合计	单价	合计				单价	合计	单价	合计		

编制单位（印章）　　责任人：　　审核人（资格证印章）　　审查单位（印章）

工程预算费用调整表 **表6-54**

年 月 日

序号	费用名称	原预算			调整后预算			核减金额（元）	核增金额（元）
		费率（%）	计算基础	金额（元）	费率（%）	计算基础	金额（元）		

编制单位（印章）　　责任人：　　审核人（资格证印章）　　审查单位（印章）

本章小结

本章主要介绍了预算的基本知识、建筑电气安装工程定额、电气安装材料设备的预算价格、施工图预算的编制、施工预算的编制竣工结算的编制、施工图预算的审核。

1. 通过预算的基本知识的学习，应掌握基本建设工程项目的含义和内容；了解电气安装工程的施工程序，掌握电气安装工程施工过程，注意电气工程与土建工程的配合；了解电气安装工程“三算”在整个施工过程中的作用和意义；了解工程类别划分方法，掌握工程类别划分的规定。

2. 安装工程定额是确定一定计量单位的分项工程的人工、材料、施工机械台班消耗数量和资金标准。

工程定额的性质主要表现在它的科学性、法令性、有限灵活性、先进性、合理性和群众性等方面。安装工程定额按用途分，可分为全国统一安装工程预算定额、全国统一房屋修缮工程预算定额、施工定额等。

安装工程预算定额在编制施工图预算时，计算工程造价和计算工程中人工、材料、机械台班需用量使用的一种定额。预算定额是一种计价性定额。它是在开工前和竣工后确定工程造价和工程结算的依据。在工程招投标时，是确定标底和投标报价的依据。在施工单位，是加强组织管理和经济核算的依据。在设计单位是对设计方案进行技术经济分析对比的依据。另外，预算定额是概算定额或估算指标的基础，可以说预算定额在计价定额中是基础性定额。

修缮工程预算定额是在编制施工图预算时，计算修建和零星添建等工程造价的一种计价性定额。它是确定房屋修缮工程造价和编制房屋修缮工程招投标文件、确定标底的依据，亦可作为制定企业定额的基础。电气修缮定额主要有电气分册和电梯分册。电气分册适用于一般工业与民用建筑，电压在10kV以下的电气线路、器具、设备的拆、修、装工程。不适用于暂设工程和零修工程。电梯分册适用于交、直流快速电梯，交流双速自动电梯，交流双速半自动电梯及小型杂物电梯的拆除；电梯整修、更换零部件及调试；电梯更新工程等。不适用于轿厢内新增空调设备、冷热风机、音响设备、闭路电视、监控、对讲机和防盗报警装置等设备安装，需要时应另套相应定额。

另外，修缮定额中不含二次搬运费、中小型机械费、冬雨季施工费等其他直接费内容，其他直接费可按各省、自治区、直辖市另行确定。

施工定额是施工企业组织生产和加强管理，在企业内部使用的一种定额，属于企业生产定额。它是由劳动定额、材料消耗定额和机械消耗定额三个相对独立的部分组成。施工定额是计算劳动、材料、机械消耗的数量标准的基础性定额，是编制预算定额的重要依据，也是编制施工预算的主要依据。

3. 电气安装材料和设备的预算价格主要介绍了电气安装材料与设备的划分，同时列出了常用的电气设备和材料，在此基础上详细讲解了电气材料与设备预算价格的组成方法，以及材料差价的调整及处理方法。

材料预算价格分为两类，一类是地区建筑安装材料预算价格，作为编制施工图预算时，计算定额中未计价主要材料单价的依据。另一类是综合预算价格，作为计算定额基价的依据。

材料差价调整有单项材料差价调整，材料差价综合系数调整和安装辅助材料差价调整。材料差价调整应按适用范围和地区工程造价管理部门规定计算。

电气设备的预算价格是指设备由来源地运到施工现场仓库后的出库价格。需要安装的电气设备有标准和非标准两种，标准电气设备预算价格按设备原价加运杂费计算，非标准电气设备预算价格可按重量估价法、成本计算法或分部组合法计算。

4. 施工图预算的编制主要介绍了编制步骤和方法、编制依据和编制实例。通过学习，应了解施工图预算的编制步骤和方法，重点是熟悉施工图纸、划分和排列分项工程项目、计算工程量。所列分项工程项目应包括工程的全部内容，工程量计算应准确，套定额单价应转换成本地区定额单价，准确计算出工程定额直接费。计取各项费用应按各省规定的安装工程取费标准和计算程序计算，并汇总得出单位工程造价。

通过照明、动力、消防工程举例，把握识图、划分和排列分项工程项目、计算工程量的方法和技巧，是编制施工图预算的重点。正确使用预算定额、费用定额和材料预算价格，并能熟练掌握，也是编制施工图预算的一个重要组成部分。

5. 施工预算是施工单位编制的，主要的作用是加强生产经营管理，实行经济核算，控制工程成本和提高经济效益。施工预算编制的主要依据是：施工图纸和设计说明、施工定额、施工组织设计或施工方案、地区材料预算价格、人工工资标准、机械台班价格等。

工程量计算准确，计价合理，编制步骤完整的施工预算，要通过全面认真的学习才能完成。

6. 工程竣工结算是在单位工程竣工后，由施工单位根据施工过程中实际发生的设计变更、材料代用、现场签证等重新编制的预算。在编制过程中必须实事求是，以原始资料为依据，严禁高估冒算。同时施工单位应在施工中注意收集保管好原始资料。

套预算定额单价、计算定额直接费、计算工程造价与施工图预算相同 。

7. 施工图预（结）算的审核，主要是审核工程造价的准确性，为建设单位与施工单位办理竣工结算提供依据，为建设单位与国家主管部门办理竣工决算以及固定资产的入账提供可靠的依据。

了解审核内容、审核方法及审核程序，对以后的工作是非常重要的。

训练试题 1

一、填空题（每空 1 分，共 40 分）

1. 全国统一安装工程预算定额第二册电气设备安装工程适用于工业与民用（　　、　　）工程中（　　　　）kV 以下变配电设备等安装工程。

2. 断接卡子箱安装应套用（　　　　　　）安装项目。

3. 电力电缆敷设定额是按（　　　　　　）编制的。

4. 在计算管内穿线工程量时，不应考虑（　　　　　　）的预留长度。

5. 在计算避雷网安装费用时，不应计取（　　　　　　）的增加费用。

6. 绝缘导线的损耗率中不包括连接（　　　　）的预留长度。

7. 3kW 交流异步电动机检查接线属于分项（　　　　）。

8. 直径 80mm 的钢管电缆保护管暗敷设，应执行（　　　　　）定额项目。

9. 定额项目表中带括号的材料，定额中（　　　　）的价格，应根据（　　　　）内用量计算材料费。

10. 全国定额第二册电气设备安装工程定额中装饰灯具项目均（ ）因素，灯具安装高度超过5m，（ ）超高增加费。

11. 单项工程指有独立的设计文件，可以独立组织施工，竣工后（ ）发挥作用的工程。

12. 各种配管工程量的计算，不应扣除管路中（ ）所占的长度。

13. 高层建筑增加费是全部（ ）增加的费用。

14. 全国统一安装工程预算定额主要由（ ）组成。

15. 新建工程是指（ ）的工程。

16. 取费程序表中的间接费由（ ）和（ ）组成。

17. 以（ ）工程为对象，根据施工图纸、预算定额等编制出的，能反映工程造价的经济文件，称为施工图预算。

18. 取费程序表中综合费用由（ ）费、间接费和（ ）组成。

19. 电气工程“三算”由（ ）预算、（ ）预算和（ ）组成。

20. 超高增加费应按超高部分的电气安装工程（ ）费的（ ）计算。

21. 施工图纸是施工图预算的（ ）依据之一。

22. 材料预算价格由（ ）、运杂费和（ ）组成。

23. （ ）工程一般指专业工程中的某一道工序。

24. （ ）工程是指建成后可以独立发挥生产能力和作用的工程。

25. 做预算计算定额中未计价的主要材料价格应该是（ ）建筑材料的实际价格。

26. 控制电缆敷设，按（ ）确定分项工程子目。

27. （ ）是指不同规格的材料敷设，不同容量的设备安装等。

28. 变压器油过滤工程量应按（ ）计算。

29. 盘柜配线适用于现场（ ）。

30. 套用铁构件制作、安装项目时，主结构厚度在（ ）以下时，套用轻型铁构件制作安装项目。

31. 焊压铜接线端子工程量由（ ）mm^2 起计算。

32. 垂直通道电缆敷设适用于民用（ ）电缆工程。

二、单选题（每题1分，共20分）

1. 电气安装工程上所用的型钢有圆钢、角钢和（ ）等。

A. 槽钢　　B. 钢板

C. 钢管　　D. 防水弯头

2. 扩建工程是指为了扩大原有产品效益和（ ）。

A. 为提高综合生产能力而增设的一些辅助车间

B. 为扩大原有产品生产能力，而新增设的主要工程

C. 为提高生产效率、改进产品质量的工程

D. 为改变产品方向，对原有设备、工艺流程进行技术改造的工程

3. 下面的分项工程项目是（　　）。

A. ϕ15 阻燃型半硬塑料管暗敷设　　B. 普通灯具安装

C. 刚性阻燃管敷设　　D. 防爆钢管砖混结构明配

4. 照明平面图中管线的计算方法有按图纸标注比例法和（　　）。

A. 按估算法　　B. 按分数表示法

C. 按管线分开法　　D. 按标注尺寸法

5.（　　）的工业与民用建筑均可计取高层建筑增加费。

A. 5 层以上或 18m 以上　　B. 6 层以上或 20m 以上

C. 7 层以上或 22m 以上　　D. 10 层以上或 30m 以上

6. 取费程序表中现场经费包括的内容有现场管理费和（　　）。

A. 财务经费　　B. 二次搬运费

C. 企业管理费　　D. 临时设施费

7. 适用于单项材料差价调整的主材有（　　）。

A. 灯具　　B. 开关

C. 接线盒　　D. 插座

8. 某电气工程，钢管明敷设，钢管、灯具安装高度均在 5m 以上，应计取的超高增加费的项目有钢管、灯具、接线盒和（　　）。

A. 配电箱　　B. 测量导线绝缘

C. 管内穿线　　D. 导线连接

9. 软线灯头安装应补主材有无关灯头和（　　）。

A. 吊线盒　　B. 伞形螺栓

C. 灯头线　　D. 灯泡

10. 配电箱安装应按（　　）确定分项工程子目。

A. 箱的半周长　　B. 箱的材质

C. 箱的周长　　D. 箱的高度

11. 电缆保护管垂直敷设时，管口距地面加（　　）。

A. 0.5m　　B. 1m

C. 1.5m　　D. 2m

12. 保护网制作安装按保护网框架面积套定额，未计价材料有（　　）。

A. 保护网的角钢框架　　B. 镀锌铁网

C. 保护网和角钢框架　　D. 调合漆

13. 封闭式母线槽在竖井内安装，其定额人工费和机械费增加（　　）。

A. 30%　　B. 60%

C. 80%　　D. 100%

14. 套用铁构件制作安装项目时，主结构厚度在（　　）以上时，套一般铁构件制作安装项目。

A. 2mm　　B. 2.5mm

C. 3mm　　D. 4mm

15. 高压配电柜安装应按（　　）套定额。

A. 容量大小　　B. 柜的宽度

C. 柜名　　D. 柜的半周长

16. 铝接线端子与多股铝芯绝缘导线连接，可采用（　　）方法。

A. 焊接　　B. 压接

C. 粘接　　D. 插接

17. 标志、诱导装饰灯具安装工程量，应根据装饰灯具示意图所示，（　　），以“套”为单位计算。

A. 区别不同的安装方法

B. 区别不同的安装形式

C. 区别不同的安装场合

D. 区别不同的安装高度

18. 动力配管混凝土地面刨沟定额项目适用于（　　）。

A. 施工中的疏忽，在打好的地面刨沟

B. 维修工程刨沟下管

C. 由于设计变更的原因，重新刨沟下管

D. 在混凝土墙面上刨沟下管

19. 电缆在电缆沟内敷设时，电缆沟盖板揭盖，按（　　）计算。

A. 沟的延长米　　B. 盖板的块数

C. 每揭每盖一次，以延长米　　D. 盖板的宽度和厚度

20. 在计算半硬塑料管暗敷设直接费时，（　　）。

A. 应补上半硬塑料管的材料费

B. 应补上套接管的材料费

C. 定额内包括半硬塑料管的材料费，不应另计

D. 应补上半硬塑料管和套接管材料费

三、计算题（20分）

1. ϕ25 钢管，砖混暗配，工程量 2000m，计量单位：100m，基价 317. 08 元，材料栏钢管（103）m，钢管 2. 42kg/m，钢管 3 元/kg，试计算定额直接费为多少元？（5分）

2. 某民用住宅五层，高度 19m，电源进户两处，计量单位：系统，送配电系统调试基价 283. 28 元，试计算送配电设备系统调试费用。（5分）

3. 50×4 角钢支架制作安装，工程量 2000m，计算单位：100kg，制作基价单价 440. 06，安装基价单价 258. 17 元，试计算制作费用、安装费用及材料费用各为多少元？（10分）

四、简答题（20分）

1. 说明照明工程平面图按图纸标注尺寸法计算时，水平工程量如何计算？（10分）

2. 主要材料表何时编制？作用是什么？（5分）

3. 说明施工图预算的装订顺序是什么？（5分）

训练试题2

一、填空题（每空1分，共40分）

1. 工程定额的性质具有（　　　　）、先进性、（　　　　）、合理性、（　　　　）和（　　　　）。

2. 预算定额是确定工程（　　　　）和工程（　　　　）的依据。

3. 预算定额项目表主要由（　　　　）、（　　　　）、定额编号、相应单价和（　　　　）项目组成。

4. 压铝接端子工程量由（　　　　）mm^2 起计算。

5. 凡定额内带括号的材料均为（　　　　）。

6. 常用接地极有（　　　　）和（　　　　）接地极。

7. 专业工程中的某一道工序为电气预算中的（　　　　）工程。

8. 悬挂式或嵌入式配电箱安装，应按（　　　　）套定额。

9. 盘柜配线适用于（　　　　）动力盘。

10. 套用铁构件制作安装项目时，主结构厚度在（　　　　）以上时，应执行一般铁构件制作安装项目。

11. 在计算管内穿线工程量时，应将（　　　　）的预留长度加到总的长度内。

12. 在计算半硬质阻燃塑料管暗敷设直接费时，应补（　　　　）材料费。

13. 取费程序表中现场经费包括（　　　　）和（　　　　）两项。

14. 在计算电气安装工程中所用的圆钢、角钢和槽钢的材料费时，损耗率一律按（　　　　）计算。

15. 工程超高增加费是指操作物离楼地面（　　　　）的分项工程增加费用。

16. 电气工程脚手架搭拆费（10kV以下架空线路除外）按（　　　　）的4%计算，其中人工费占（　　　　）。

17. （　　　　）的工业与民用建筑均可计取高层建筑增加费。

18. 照明平面图中管线计算方法有按（　　　　）和按（　　　　）两种。

19. 建设项目具有单独的（　　　　）和独立的（　　　　）。

20. 软线灯头安装，应补主材有（　　　　）和（　　　　）。

21. 预算定额内的辅助材料、消耗材料单价是材料预算（　　　　）单价。

22. 按国营商店批发的市场采购价格可以作为材料的（　　　　）。

23. 材料差价的形成有（　　　　）差价和（　　　　）差价。

24. 消防电气工程高层建筑增加费的计算基础是（　　　　），按高层建筑增加费（　　　　）计算。

25. 适用于单项材料差价调整的主材有（　　　　）、（　　　　）等。

二、单选题（每题1分，共20分）

1. 预算定额的主要作用有以下几个方面：是确定工程造价和工程结算的依据、（　　）的依据。

A. 是衡量设计能力　　　　B. 是计算投标报价

C. 是编制作业计划　　D. 是保证降低成本

2. 预算定额项目表主要由工作内容、计量单位、定额编号、相应单价和（　　）组成。

A. 分项工程项目　　B. 分章说明

C. 附录　　D. 单项工程项目

3.（　　）是指有独立的施工图纸，可以独立地组织施工，竣工后不能独立发挥作用的工程。

A. 建设项目　　B. 单位工程

C. 分部工程　　D. 单项工程

4. 材料差价的形成有地区差价和（　　）。

A. 地方差价　　B. 时间差价

C. 城乡差价　　D. 单项差价

5. 电气工程“三算”指施工图预算、施工预算和（　　）。

A. 工程结算　　B. 竣工决算

C. 竣工结算　　D. 中间结算

6. 继电器、信号灯、按钮等小电器的外部进出线的预留长度为（　　）。

A. 0.2m　　B. 0.3m

C. 0.5m　　D. 1m

7. 端子板无端子外部接线定额项目适用于（　　）以内的导线。

A. 2.5mm^2　　B. 4mm^2

C. 6mm^2　　D. 10mm^2

8. 大、中型电机干燥费用，（　　）。

A. 应按电机种类套相应定额项目

B. 应按电机功率套用相应定额项目

C. 应按电机重量套相应定额项目

D. 已综合在电动机检查接线定额中，不应另计

9. 电力电缆敷设按（　　）确定分项工程子目。

A. 电力电缆单根最大截面　　B. 电力电缆总截面

C. 电力电缆芯线根数　　D. 电力电缆单根最小截面

10. 电缆在山地、丘陵地区直埋敷设时，人工费乘以系数（　　）。

A. 1.2　　B. 1.3

C. 1.5　　D. 1.6

11. 电力电缆终端头预留长度为（　　）。

A. 0.8m　　B. 1m

C. 1.5m　　D. 2m

12. 电缆长度计算出以后，还应考虑增加（　　）的波形敷设系数。

A. 1%　　B. 1.5%

C. 2%　　D. 2.5%

13. 单相暗插座安装，（　　）套定额。

A. 应按面板上孔数　　B. 应按面板上联数

C. 应按电流大小　　D. 应按设计功率

14. 风扇安装（　　）。

A. 包括调速开关安装

B. 不包括调速开关安装

C. 包括调速开关安装，不包括接线

D. 包括调速开关安装，接线

15. 若设计无要求，室外接地极每根长度按（　　）计算。

A. 1m　　B. 2.5m

C. 3.5m　　D. 5m

16. 利用建筑物主筋作引下线时，焊接柱内主筋（　　）调整。

A. 多于两根可按比例调整

B. 多于三根可按比例调整

C. 按定额执行，不许换算和调整

D. 高层建筑可按50%调整

17. 竣工结算的编制必须坚持“实事求是”的原则，施工图预算等资料必须齐全，并严格按竣工结算编制程序进行编制、（　　）等。

A. 深入现场，调查研究

B. 严格按照国家和所在地区的预算定额编制

C. 结合实际，合理确定工程费用

D. 抓住重点，严格控制工程预算造价

18. 施工图预算审核的依据有经济合同、现行的预算定额和地区预（结）算、（　　）等。

A. 非标准设备价格资料　　B. 设备清单、材料表

C. 工程承包合同　　D. 建设工程材料预算价格表

19. 五芯电力电缆敷设，定额相应基价应增加（　　）。

A. 20%　　B. 30%

C. 50%　　D. 60%

20. 取费程序表中税金费率的计取与（　　）有关。

A. 施工所在地　　B. 工程大小

C. 施工单位性质　　D. 施工单位所在地

三、计算题（20分）

1. 某电信大厅安装18套吸顶灯，安装高度距地6m，灯具300元/套，计量单位：10套，定额基价870.81元，其中人工费587.33元，材料栏成套灯具（10、1）套，试计算定额直接费、灯具材料费、超高增加费各为多少元？（灯泡材料费暂不计）（10分）

2. 某市某种照明分户配电箱的出厂价为280元/台，工程量472台，市内运杂费率为1%，市内采购保管费率为1.8%，试计算配电箱的预算价格。（5分）

3. 刚性阻燃管砖混结构明配，ϕ20管200m，计量单位：100m，材料栏刚性阻燃管（110）m，试计算消耗在工程中的刚性阻燃管多少米？（5分）

四、简答题（20分）

1. 说明编制施工图预算的步骤主要包括哪些内容？（10分）

2. 说明施工图预算的编制依据主要包括哪些内容?(10 分)

训练试题 3

一、填空(每空 1 分,共 40 分)

1. 基本建设"三算"是指(　　　　)、(　　　　)和(　　　　)。

2. 室外电缆接转箱安装应执行(　　　　)定额项目。

3. 取费程序表中税金费率的计取与(　　　　)有关。

4. 利用建筑物主筋作引下线时,焊接柱内主筋多余两根可按(　　　　)。

5. 端子板安装以"组"为单位计算,每(　　　　)为一组,端子板材料费另计。

6. 动力配管混凝土地面刨沟定额项目适用于(　　　　)原因,重新刨沟下管的分项工程。

7. 六芯电力电缆敷设,定额相应基价应增加(　　　　)。

8. 施工图预算审核的依据有经济(　　　　)、现行的(　　　　)和地区(　　　　)、建设工程材料预算价格表等。

9. 竣工结算的编制必须坚持"实事求是"的原则,施工图预算等结算资料(　　　　),并严格按竣工结算编制(　　　　)进行编制。

10. 电缆在电缆沟内支架上敷设时,若沟长 200m,电缆沟盖板揭盖工程量按(　　　　)m 计算。

11. 线路一次施工工程量 5 根电杆以内时,其全部工程定额人工、机械增加(　　　　)。

12. 风扇安装包括(　　　　)安装,不应另列项目。

13. 电缆在山地、丘陵地区直埋敷设时,人工费乘以系数(　　　　)。

14. 保护网制作安装按保护网框架面积套定额,未计价材料有(　　　　)。

15. 端子板无端子外部接线定额项目适用于(　　　　)以内的导线。

16. 单相暗插座安装,应按(　　　　)套定额。

17. 电力电缆敷设按(　　　　)确定分项工程子目。

18. 大、中型电机干燥费用,应按电机(　　　　)套相应定额项目。

19. 铝接线端子应套用(　　　　)定额项目。

20. 封闭式母线槽在电气竖井内安装,定额(　　　　)和(　　　　)费用增加 100%。

21. 建设单位指定厂家由施工单位订货、提货,其采购和保管费全归(　　　　)单位。

22. 电气工程脚手架搭拆费等于(　　　　)乘以系数(　　　　)。

23. 户外接地母线敷设定额中包括(　　　　)和(　　　　)工作,不应另计(　　　　)。

24. 在计算钢索架设工程量时,按图示延长米以(　　　　),不扣除(　　　　)的长度。

25. 接地母线、避雷线及防雷引下线,其长度计算后应另加(　　　　)的附加长度。

26. 导线跨越架设时，每个跨越间距均按（　　）以内考虑的，（　　）按2处计算，以此类推。

27. 定额内括号内的数量（　　）损耗数量。

28. 成套单管吊链荧光灯安装，应补吊链、（　　）和（　　）。

二、单选题（每题1分，共20分）

1. 竣工结算的编制依据有工程承包合同、建设单位有关工程的变更、追加、消减和修改的通知单、（　）等。

A. 设计资料　　B. 隐蔽工程记录
C. 材料预算价格　　D. 全套竣工图纸

2. 可以确定为材料原价的有按国家规定的产品出厂价和（　　）。

A. 按企业自销产品的浮动价格
B. 按市场采购的零售价格
C. 按国家批准的进口材料计划价格
D. 按国营商店批发的市场采购价格

3. 预算定额中规定的非主要价格是（　　）价格。

A. 地区材料预算价格　　B. 市场价格
C. 综合预算价格　　D. 信息造价的价格

4. 消防电气工程高层建筑增加费的计算基础是（　　）。

A. 消防设备费用之和　　B. 消防电气工程定额人工费之和
C. 定额直接费之和　　D. 消防设备费用的50%

5.（　　）是指有单独的计划任务书和独立的总体设计。

A. 扩建工程　　B. 单项工程
C. 新建工程　　D. 建设项目

6.（　　）一般指专业工程中的某一道工序。

A. 分部工程　　B. 分项工程
C. 单项工程　　D. 分项工程子目

7.（　　）是指有独立的施工图纸，可以独立地组织施工，竣工后不能独立发挥作用的工程。

A. 建设项目　　B. 单位工程
C. 分部工程　　D. 单项工程

8. 电气工程脚手架搭拆费应按定额人工费的（　　）计算。

A. 4%　　B. 5%
C. 8%　　D. 10%

9. 凡定额内带括号的材料均为（　　），应按材料预算价格计算。

A. 辅助材料　　B. 消耗材料
C. 主要材料　　D. 其他材料

10. 工程预算定额的性质具有法令性、先进性、科学性、合理性、群众性和（　　）。

A. 可靠性　　B. 灵活性
C. 有限灵活性　　D. 适用性

11. 工程超高增加费（已考虑超高因素的定额项目除外）是指操作物离楼地面(　　)的电气安装工程。

A. 5m 以上、10m 以下　　B. 10m 以上、20m 以下

C. 5m 以上、20m 以下　　D. 20m 以上

12. 导线跨越架设时，每个跨越间距按（　　）以内考虑的。

A. 40m　　B. 50m

C. 80m　　D. 100m

13. 电缆进入建筑物之前应预留（　　）。

A. 1m　　B. 1.5m

C. 2m　　D. 3m

14. 改建工程是指（　　）。

A. 为提高综合生产能力而增设的一些附属和辅助车间

B. 为扩大原有产品的生产能力，而新建的主要工程

C. 平地起家，新开始建设的工程

D. 由于某种原因迁到另外的地方建设的工程

15. 在计算高层防雷避雷带安装时，(　　)。

A. 应按高度计取超高增加费

B. 应按定额人工费的 30% 计取超高增加费

C. 应按定额直接费的 3.3% 计取超高增加费

D. 不应计取超高增加费

16. 控制电缆敷设定额是按，(　　) 编制的。

A. 单根电缆截面积　　B. 电缆总截面

C. 电缆芯线根数　　D. 电缆芯线总截面

17. 预算定额由册说明、附录、分项工程项目表和（　　）组成。

A. 工作内容　　B. 计量单位

C. 分章说明　　D. 定额编号

18. 预算定额的作用主要包括：预算定额是建筑安装企业对招标承包工程计算投标报价的依据、是施工单位加强组织管理和经济核算的依据、是设计单位对设计方案进行技术经济分析对比的依据、是（　　）的依据。

A. 编制作业计划　　B. 设计单位衡量设计能力

C. 确定工程造价和工程结算　　D. 确定工程质量

19. 远地施工增加费与（　　）有关。

A. 施工单位所在地　　B. 施工地点

C. 企业性质　　D. 工程大小

20. 套户外接地母线敷设定额时，(　　)。

A. 不应计算土方量　　B. 应根据建设单位要求计算土方量

C. 应计算土方量　　D. 应按土方量的 90% 计算

三、计算题（20 分）

1. 压铜接线端子，工程量 $25mm^2$ 40 个、$35mm^2$ 100 个，计量单位：10 个，材料栏内接

线端子数量为5.08个，25mm² 单价为3.39元、35mm² 单价为4.61元，压35mm² 铜接线端子定额基价单价60.39元，其中材料费单价45.29元，试计算调整后的直接费。(5分)

2. 单相五孔安全插座暗装，工程量800套，计量单位：10套，定额基价29.74元，材料栏成套插座（10、20）套，每套插座13元，试计算定额直接费为多少元？(5分)

3. 动力工程，管内穿BV－10mm² 导线，工程量1000m，计量单位：100m单线，定额基价33.81元，材料栏绝缘导线（105）m，绝缘导线3.12元/m，试计算定额直接费为多少元？(5分)

4. 软线吊灯安装，工程量118套，每套58元，100W白炽灯泡0.96元/个，计量单位：10套，基价48.79元，材料栏成套灯具（10、1）套，试计算定额直接费为多少元？(5分)

四、简答题（20分）

1. 说明照明工程平面图按图纸标注比例法计算时，水平工程量如何计算？(10分)

2. 施工图预算编制说明包括哪些内容？(10分)